신편 전기기기
ELECTRIC MACHINES

신흥교 편저

EDITED BY
HEUNG-KYO SHIN, PH.D.

편저자 소개

창연 **신흥교** (滄淵 辛興敎)

- 한양대학교 학사, 석사, 공학박사(전기기기 해석)
- 한양대학교 조교, 강사
- 경상국립대학교 공과대학 전기공학과 교수
- 대한전기학회 전기기기 및 에너지변환시스템 부문회 회장
- 대한전기학회 부회장, 감사
- 현 경상국립대학교 공과대학 전기공학과 명예교수

신편 전기기기

인　쇄: 2025년 9월 8일 초판 1쇄
발　행: 2025년 9월 12일 초판 1쇄

편저자: 신흥교
발행인: 송 준
발행처: 도서출판 홍릉
주　소: 01093 서울시 강북구 인수봉로 50길 10
등　록: 1976년 10월 21일 제5-66호

전　화: 02-999-2274~5
팩　스: 02-905-6729
e-mail: hongpub@hongpub.co.kr
http://www.hongpub.co.kr
ISBN: 979-11-5600-988-7(93560)

정　가: 35,000원

EDITOR'S PREFACE

현재 전기공학을 전공하는 학생들을 위한 훌륭한 전기기기 과목의 교재가 시중에서 매우 다양하게 출판되고 있다. 하지만 그러한 출판물의 상당수는 기사 시험 또는 공무원 시험의 준비를 위한 수험서이며, 본 편저자의 느낌으로는 전기기기 과목을 위한 대학 과정의 교과서로 출판된 책들 마저 현대의 산업 추세에 맞춰 전기기기—특히 전동기—의 제어와 관련된 내용에 상당한 비중을 할애하다 보니 정작 전자기 및 에너지 변환 원리를 기초로 한 전기기기의 기본 원리와 특성의 설명에 대한 부분들이 부족하다고 생각된다. 이로 인해 전기기기의 제어와 관련된 분야에 종사하는 전기공학자들이 전기기기의 기본 이론과 특성에 대한 이해의 부족으로 현장에서 발생하는 문제점에 대한 해결에 상당한 어려움을 겪고 있는 것으로 보이는 경우가 많다. 본 편저자의 은사께서는 이러한 상황에 대하여 "전기기기가 뭔지도 모르며 그걸 응용하고 제어하겠다고 하니 문제야"라고 하시기도 하였다. 이에 본 편저자는 약 40년에 걸친 전기기기와 전자 에너지 변환 공학 그리고 전자기학 과목의 교육 경험을 살려, 전동기 제어와 관련된 내용은 전력전자 공학 또는 전동력 응용 과목에 맡기고 전기기기의 기본 원리와 특성의 설명을 위주로 한, 전기공학 전공 학생들을 위한 전기기기 교재를 저술하고자 하였다. 그러나 본인의 무능력과 게으름을 절감하며, 지금까지 전기기기 과목을 가르치며 느꼈던 전기공학 전공자로서 반드시 습득해야 한다고 생각되는 전기기기의 내용들을, 해설이 잘되어 있다고 생각되는 사용했던 교재들에서 정리하여, 편저의 형태로 된 전기기기 교재를 출판하기로 하였다. 이를 위하여 본 편저자가 사용했던 교재 중에서 비교적 폭넓게 전기기기의 전반적인 내용을 다루고 있다고 생각되었던 Vincent Del Toro(명예 교수, 전기공학과, City University of New York)가 1990년에 출판한 "BASIC ELECTRIC MACHINES"를 저본으로 삼아 완역하고, 거기에서는 다루지 않았지만 전기공학을 전공하는 공학자는 반드시 습득하고 이해해야 한다고 생각되는 내용들을 정리하여 Part III Supplements에 추가로 수록하여 교재를 완성하였다. 이 책은 세 부분으로 나누어져 있다. Part I은 전기기기에서의 핵심 과정의 기본 주제를 구성하는 것으로 고려될 수 있는 논제의 설명에 충당된다. Part II는 Part I의 기본 논제에 의해 확립된 기초 위에서 쉽사리 세워지는 취사 선택된 논제와 관련된다. 그리고 Part III은 Part I과 II에서는 다루지 않았지만 전기공학 전공의 공학사로서는 반드시 이해하고 습득해야 할 필요가 있다고 생각되는 내용을 다룬다. 대부분의 경우 적절한 학기 과정이 Chapter 1에서 9까지를 포함하는 교과 과정으로 만들어질 수 있다. 물론 각 chapter에서의 모든 내용이 그러한 교과 과정의 부분으로 반드시 필요한 것은 아니다. 특히 전기공학을 전공하는 전문학사 학위 과정의 학생 또는 다른 공학을 전공하며 전기공학을 부전공으로 이수하는 학생들은 Chapter 1에서 9까지의 내용 중에서 적절히 선택된 내용을 공부하면 어느 정도는 전기기기에 관련된 기초를 이해할 수 있을 것으로 생각된다. 하지만 전기공학을 전공하는 공학사 학위 과정의 학생은 이 책의 전반적인 내용을 모두 이해해야 할 필요가 있다. 이를 위해서는 2개 학기에 걸친 주당 3시간의 강의로 이루어지는 교과 과정이 필요할 것이다.

Part I의 첫 세개의 chapter는 통상적인 전기기기—즉, 단상 및 3상 유도전동기, 직류발전기와 전동기, 그리고 동기발전기와 전동기—의 해석을 가능하게 만드는 기본적인 배경을 확립하는데 소용된다. 가장 간단히 말해서, 전기기기의 연구는 두 가지 기본 법칙을 포함한다고 말할 수 있다: 이동 또는 시변 자계에 의한 권선 내에서의 전압의 발전을 설명하는 전자기 유도에 관한 패러데이의 법칙(Faraday's law); 자계 내에서 전류 운반 도체에서의 토크의 생성을 설명하는 암페어의 법칙(Ampère's law). 이 법칙들에서의 자계의 출중함 때문에, Chapter 1에서 자기 이론과 자기회로에 대한 설명으로 서술을 시작한다. 여기에서의 주된 목표는 여러가지 자기량을 정의하고 자기회로 이론에서의 그들의 역할을 묘사하는 것이다. 어쨌든, 전기기기는 자계에 대한 적절한 경로를 제공하는 것이 중요한 단계로 이루어진다. Chapter 2는 매우 유용한 장치—변압기—의 해석을 위한 기초로서 패러데이의 법칙의 응용에 관한 내용을 다룬다. 변압기는 전기공학의 많은 분야에서 많은 유용한 목적을 충족시키며, 운전 원리의 이해는 모든 전기기기의 운전을 쉽사리 이해할 수 있게 한다. 여기에서는 취급이 변압기 운전의 **물리적**(*physical*) 이해로 몹시 치우쳐 진다. 이 태도는 등가회로의 유도에서 조차 반영된다. 하지만, 더 수학적인 취급을 선호하는 독자를 만족시키기 위하여, 그러한 부분도 역시 포함된다. Chapter 3에서는 노력이 두가지 기본 법칙의 사용에 의한 기본 기계에서의 토크 생성의 해석과 에너지 보존 법칙(Law of Conservation of Energy)을 통하여 잇달아 일어나는 전기적인 양 e 그리고 i가 관련된 기계적인 양 T 그리고 ω와 어떻게 관련되는 지에 대한 설명으로 향한다. 실제적인 기계 배치와 관련된 상황에서의 토크 생성과 전압 발전의 좀 더 상세한 해석은, 간단을 위하여, Part III의 Supplement of Chapter 3에 나타나 있다. 하지만, 이 보충에서 찾아지는 결과는 Chapter 3의 마지막 절에서 교류기 및 직류기에 대한 응용으로서 토크와 전압 방정식의 **실제적인** 형태(*practical* form)를 유도하는데 사용된다. 이 형태는 책의 나머지 chapter들을 통하여 종종 불러내어진다.

Chapter 1에서 3의 연구로부터 확립된 일반적인 배경에 의지함으로써, 여러가지 형태의 전기기기에 대한 연구가 일상적인 일로 된다. 먼저 Chapter 4에서는 주의가 3상 유도전동기로 향해진다. 이 전동기가 산업에서 가장 일반적으로 찾아질 뿐만 아니라, 회전 요소가 포함된다는 사실에도 불구하고 해석이 정지 변압기와 매우 가깝게 관련되기 때문에, 이 선택이 이루어졌다. 등가회로는 변압기의 등가회로와 정확히 같은 형태이다. 하지만, 약간의 회로 매개변수의 중요성이 다르며, 물리적인 설명의 강조로 계속하는 한편 동시에 엄격한 수학적 정식화를 속행함으로써 이 차이가 상당히 효과적으로 그려진다. 전력 흐름도가 이 chapter에서 처음으로 도입되며, 전동기 성능을 평가하는데 있어서의 유용성이 상세히 설명된다. 이 전동기의 속도 제어는 중요한 응용 양상이며, 따라서, 제어의 전자적 수단(electronic means)에 대한 특별한 강조와 함께 상당한 주의를 받는다. Chapter는 운전 양상과 응용 영역의 목록은 물론 제어기에 대한 논의로 마친다.

Chapter 5와 6은, 각각, 3상 동기발전기와 전동기의 주제를 다룬다. 일반적인 방법과 동기 리액턴스법에 의한 선형 및 비선형 해석이 고려되며 이 과정이 원통형 회전자 뿐만 아니라 철극기에 적용된다. 부하 하에서의 정적 안정도, 역률 제어를 위한 동기전동기의 사용, 그리고 정류 전원에 의한 계자 권선의 여자는 상당한 주의를 기울일 만한 논제이다. 다시 이 chapter들에서는 수학적인 결과의 물리적 설명을 강조하는 주제가 계속된다.

직류발전기와 전동기의 운전과 성능이 Chapter 7과 8에서 다루어진다. 직류기는 유도된 교류 코일 전압을 단방향 형태로 변환하기 위하여 기계적인 정류기(정류자)가 설비되기 때문에, 좋은 정류에 대한 요구가 긴요하며, 이와 부합하여, 이 논제에 상당한 주의가 할당된다. 또한 직류기 성능의 더 완전한 이해를 위해 중요한 것은 전기자 권선 기자력에 의해 생기는 감자 효과의 평가이다. 따라서, 이 논제 역시 특별히 다룬다. 더욱이, 그들의 응용 적합성에 씌어지는 여러가지 형태의 직류전동기의 속도-토크 특성의 기울기와 형상의 중요성 때문에, 분권, 복권, 그리고 직권 전동기의 특성에 대하여 광범위한 해석이 주어진다. 이 연구는 또한 이 전동기의 속도 제어의 다양한 방법을 이해하는데 도움을 준다. 계자 제어, 전기자 회로 저항 조정, 그리고 전기자 전압 조정의 통상적인 책략에 의한 속도 제어의 취급에 덧붙여, 사이리스터와 초퍼 구동을 기초로 한 전자적 과정(electronic procedure)의 사용 또한 충분히 논의된다.

Chapter 9는, Part I에서 다루어지는 가장 복잡한 기계인, 단상 유도전동기를 다룬다. 이 전동기를 해석하기 위한 두가지 과정이 설명된다. 하나는, 앞의 chapter들에서 나타난 것을 넘어서는 새로운 이론을 요구하지 않는, 2중 회전 자계 이론이다. 다른 것은, 새로운 이론으로 불리는, 대칭 좌표법의 사용이다. 하지만, 단순함과 연속성의 관점에서, 이 새로운 이론의 유도는 Chapter 10에 배치되지만 결과는 2중 회전 자계 이론에 의해 얻어진 것과 동일하게 보여지는 등가회로를 유도하기 위하여 Chapter 9에서 사용된다. Chapter 9의 나머지는 상업 및 가전 환경에서 종종 만나게 되는 여러가지 형태의 단상 전동기의 구조와 운전 양상에 대한 설명에 충당된다.

불평형 2상 전동기가, Part II의 첫째 chapter인, Chapter 10에서 다루어진다. 그것은 단상 전동기 또는 서보 전동기 같은 불평형 2상 전동기에 적용할 수 있는 결과를 제공하도록 수정될 수 있는 4상 대칭 성분의 상세한 해석을 내포한다. 이 chapter의 후반은 오로지, 많은 서보 기구에서 찾아지는, 서보 전동기와 관련된다.

스텝 전동기는 Chapter 11에서 그것의 구동 증폭기 그리고 번역기 논리 장치와 함께 이 전동기의 영구자석 형태의 상세한 설명을 통하여 소개된다. 릴럭턴스형 스텝 전동기 또한 간단히 논의된다. Chapter 12는 다른 특별한 논제—싱크로—를 다룬다. 여러가지 형태의 구조 양상이 그들의 전압 관계식, 응용, 오차, 그리고 잔류 전압과 함께 상세하게 상술된다.

Part I의 기계의 모든 해석은 정상 상태 거동으로 제한된다. 대비하여, Chapter 13에서는 강조가 정상 상태는 물론 **동적**(*dynamic*) 거동이 설명되는 것을 허용하는 정식화에 주어진다. 이 결과들은 전달 함수 해석 또는 상태 변수 정식화에 의해 이루어질 수 있다. 두 과정 모두 다루어지며 직류기 및 교류기에 적용된다.

Part III에서는 Part I과 II에서는 다루지 않았지만 전기기기의 기본 원리와 특성의 이해를 위해서는 반드시 습득해야 한다고 생각되는 내용들을 수록한다. 먼저 Supplement of Chapter 1에서는 영구자석의 특성과 해석, 자기 에너지와 수반 에너지에 의한 에너지 변환 장치의 해석 등에 대하여 설명한다. Supplement of Chapter 2에서는 단상 및 3상 변압기의 병렬 운전, 변압기에 의한 상수 변환, 그리고 변압기 효율에 대한 보충 내용을 수록한다. Supplement of Chapter 4에서는 3상 유도전동기의 성능 특성을 도식적으로 파악할 수 있는 원선도를 다룬다. 원선도의 원리를 이해하기 위한 전류 궤적도의 소개, 하이랜드 및 정밀 원선도의 작성법, 그리고 원선도에서 파악할 수 있는 3상 유도전동기의 특성 등을 설명한다. 또한 유도발전기, 3상 유도 전압 조정기, 그리고 선형 유도전동기에 대하여 간략히 소개한다. Supplement of Chapter 5에서는 동기발전기의 전압변동률, 병렬 운전, 그리고 난조에 대하여 설명한다. Supplement of Chapter 6에서는 선형 동기전동기에 대하여 간략히 소개한다. Supplement of Chapter 7에서는 직류발전기의 병렬 운전에 대하여 설명한다.

Supplement of Chapter 8에서는 영구자석 직류전동기에 대한 보충 내용을 수록한다. Supplement of Chapter 10에서는 전력 계통의 표준인 3상으로 교류 전력을 해석하는 방법으로서 단상, 평형 또는 불평형 2상을 불평형 3상으로 고려하여 3상 대칭 좌표법에 의해 해석하는 방법을 소개한다. Supplement of Chapter 11에서는 스텝 전동기에 대한 보충 내용을 수록한다.

전기공학을 전공하는 공학자가 습득하고 이해해야 한다고 생각되는 내용들을 망라하다 보니 분량이 상당히 많아진 것처럼 여겨지기는 하지만, 전기공학 전공의 공학사로서는 전기기기에 관하여 여기에 수록된 내용 정도는 당연히 알고 있어야 한다고 사료된다. 다만 전문학사 또는 다른 공학 전공의 전기공학 부전공자는 이 책의 Part I의 내용을 습득하는 정도로도 전기기기 과목의 이수를 인정할 수 있을 것이다.

문맥이 매끄럽지 못하거나 내용 속에 포함되었을지도 모를 잘못되었거나 부정확한 표현은 전적으로 본 편저자의 부족한 능력 탓이다. 혹시 그런 부분이 있더라도 독자 여러분들의 너그러운 이해를 바라며, 아낌없는 지도를 부탁드린다.

이 교재가 전기공학과 학부생들을 위한 좋은 전기기기 교재로서뿐만 아니라 전기공학자들이 현장에서 필요로 하는 전기기기의 기본 이론과 특성에 관한 유용한 참고 자료로 소용될 수 있을 것으로 기대한다.

끝으로, 이 교재의 출판을 결정해 주신 도서출판 홍릉에게 깊이 감사드린다.

2025년 8월

편저자 창연 신 흥 교

CONTENTS

Part I

Basic Topics

1 MAGNETIC THEORY AND CIRCUITS

전자기학의 이해는 그것이 산업에서 뿐만 아니라 가정에서 찾아지는 대부분의 전기 장치의 운전의 열쇠이기 때문에 전기공학의 학습에 필수적이다. 크기로 가전기구에서 찾아지는 분마력(fractional horsepower)으로부터 어떤 산업에서 사용되는 25000 [hp]의 대형 기계까지의 범위인, 모든 전동기(motor)와 발전기(generator)는 전기 계통과 기계 계통 사이의 그리고 반대로의 에너지의 상호 교환을 가능하게 하는 결합 장치로서 전자장(전자계, electromagnetic field)에 종속된다. 비슷하게, 정지형 변압기(static transformer)는 자계의 매질을 통하여 한 전기 계통으로부터 다른 전기 계통으로 에너지를 변환하는 수단을 제공한다. 변압기는 라디오와 텔레비전 수신기 그리고 전력 배전 회로 같은 다양한 응용에서 찾아진다. 다른 중요한 장치–예를 들어, 회로 차단기(circuit breaker), 자동 스위치, 계전기(relay), 그리고 자기 증폭기(magnetic amplifier)—는 그것들의 적절한 운전을 위한 제한 자계(confined magnetic field)의 존재를 요구한다. 이 장은 독자가 자계와 그것의 두드러진 특성을 식별하고 전기 장치 내에서 자계의 기능을 쉽사리 이해할 수 있는 배경을 제공한다.

전기공학의 과학은 기본 실험으로부터 유도된 몇가지 기본 법칙을 발견하였다. 전자기학의 영역에서 그것은 우리가 관심을 가지며, 사실, 처리의 출발점으로 적당한 암페어의 법칙(Ampère's law)이다.† 1820년에 암페어(André-Marie Ampère, 1775-1836)에 의해, 2개의 전류 운반 도체 사이에 존재하는 힘에 관한 그의 실험에서, 얻어진 결과를 기초로 하여, 자속밀도(magnetic flux density), 자계의 세기(magnetic field intensity), 투자율(permeability), 그리고 자속(magnetic flux) 같은 양이 바로 정의되었다. 일단 이 기초가 확립되어, 그 다음 관심은 어떤 유용한 공학 물질의 자기적 성질의 논의뿐만 아니라 자기 장치의 계산에 포함된 계산을 간단하게 하는 데 도움이 되는 "자기회로(magnetic circuit)"의 개념으로 향하였다.

1-1 AMPÈRE'S LAW–DEFINITION OF MAGNETIC QUANTITIES

†이것이 자기회로의 양적인 이론(quantitative theory)을 전개하는데 있어서 유일한 출발점이라고 추단해서는 안될 것이다. 유도(induction)의 패러데이 법칙(Faraday's law) 역시 마찬가지로 출발점으로서 정당하며, 목적이 전기-기계 에너지 변환(electromechanical energy conversion)의 취급으로 이끄는 이론이기 보다는 오히려 전자파 이론(electromagnetic wave theory)의 전개일 때 택해진다.

그림 1-1은 암페어의 실험의 단순화된 수정이다. 배치는 일정한 크기의 전류 I_1을 운반하는 매우 긴 도체 1과 I_1과 반대 방향으로 일정한 크기의 전류 I_2를 운반하는 길이 l의 기본 도체(elemental conductor)로 이루어져 있다. 기본 도체와 전류 I_2를 함께 취하면 **전류 요소**(*current element*) I_2l을 구성한다. 기본 도체 2는 실제로 I_2가 흐르는 폐회로(closed circuit)의 부분이지만, 간단함과 편리를 위하여 회로의 세부는 길이 l을 제외하고는 생략되었다. 더욱이, 도체 1과 2는 같은 수평면 내에 놓였으며 서로 평행인 것으로 가정되었다. 암페어의 법칙에 따라, 이 배치에서는 기본 도체에 오른쪽으로 향하는 힘이 존재한다는 것이 찾아진다. 더구나, 힘의 크기는 I_1, I_2, l과 도체를 둘러싸는 매질에 직접 비례할 뿐만 아니라 그들 사이의 거리에 역으로 비례한다는 것이 찾아진다. MKS 단위계†에서는, 이 힘의 크기가

$$F = \frac{\mu I_1}{2\pi r} I_2 l \qquad \text{[N] (newtons)} \tag{1-1}$$

로 주어진다는 것이 찾아질 수 있다. 여기서 I_1과 I_2는 [A]로 표현되며, l과 r은 [m], 그리고 μ는 매질의 성질이다. 이 실험에 있어서 더 흥미로운 사실은, 기본 도체 2가 힘이 일정한 크기이며 외향으로 향하는 공간 내에서의 점을 찾기 위한 탐지 장치로 사용된다면, 궤적이 도체 1의 축을 따르는 중심인 반경 r의 원으로 찾아진다는 사실이다. 바꾸어 말하면, 일정한 **력선**(**힘의 선**, *lines of force*)을 갖는 장(계, field)을 인지하는 것이 가능하다. 이 전후 관계에서는 이 점에서 식 (1-1)을 다음과 같이 다시 적는 것이 유용하다:

$$F = I_2 l B \qquad \text{[N]} \tag{1-2}$$

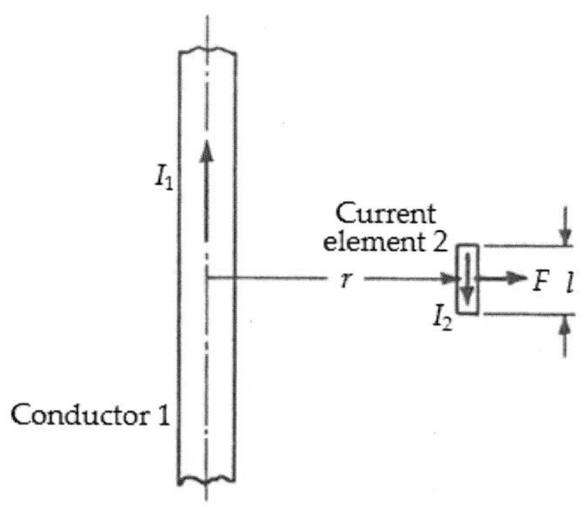

Figure 1-1 Illustrating the force existing between a current element I_2l and a very long conductor carrying current I_1 as described by Ampère's law.

†미터-킬로그램-초 단위계(Meter-kilogram-second system of units).

여기서

$$B \equiv \frac{\mu I_1}{2\pi r} \qquad [T] \tag{1-3}$$

이다. 여기에서 더 명확하게 하기 위한 이유로, B는 자계(magnetic field) 또는, 더욱 좋은, 기본 도체 2가 놓인 영역 내에 존재하는 **자속밀도**(*magnetic flux density*)로 정의되며† **단위면적당 자속**(*webers/m²*, [Wb/m²]) 또는 **테슬라**(*teslas*, [T])의 단위를 가진다. 식 (1-2)가 나타내는 바와 같이, 자속밀도는 알려진 전류 요소 $I_2 l$당 측정된 힘 F로 정의된다. 식 (1-3)은 단지 전류 I_1이 전류 요소에 대한 력장(force field)에 영향을 미치는 방식을 확인하는 수단일 뿐이다. I_2가 0이 아닌 한, 력장과 자계는 같은 특성–둘 다 원형 궤적을 가지며 둘 다 크기와 방향을 가지는 벡터량–을 가진다는 것에 유의하는 것이 중요하다. 하지만, B가 정의된 방식 때문에, 자계는 I_2의 값에 관계없이 I_1이 0이 아닌 한 존재한다. 자속밀도는 따라서 I_1을 마련하는 운동 전하에 기인한 효과를 나타낸다.

뒤에 나타나는 전기기기의 연구에서는, 도체 1은 그것이 작동 자계(working magnetic field)를 만들기 때문에 **계자 권선**(*field winding*)으로 언급될 것인 한편, 기본 도체의 전체 회로는 **전기자 권선**(*armature winding*)으로 불리는 부분이다.

자계의 방향은, 계자 권선 도체(이 경우에는 1)가 엄지손가락이 전류 흐름의 방향을 가리키도록 오른손을 움켜쥔다면, 자속(또는 자속밀도)의 선은 도체 주위를 감싸는 손가락이 향하는 방향이 될 것이라는 **오른손 법칙**(*right-hand rule*)에 의해 바로 결정된다.

Permeability μ

식 (1-1)을 일견하면, 이 식에서 둘러싸는 매질의 특성인 비례 인자 μ를 제외하고는 모든 인자가 알려짐을 본다. 공기가 아니라 철 내에서 그림 1-1의 실험을 반복함으로써, I_1, I_2, l, 그리고 r의 같은 값에 대하여 힘이 여러 배 더 크다는 것이 찾아진다. 그러므로, μ는 여러가지 매질에 대하여, 단지 그것만이 미지량이기 때문에, 식 (1-1)로부터 정의될 수 있음이 따라온다. 더욱이, 자속밀도가 정의된 방식때문에, 식 (1-3)은 둘러싸는 매질의 효과가 특정한 전류 I_1에 대하여 자속밀도가 증가하거나 감소하는 정도로써 나타내어질 수 있음을 가리킨다. 따라서 자유 공간(free space)이 아니라 철이 매질일 때, 철은 주어진 영역 내에 자계의 더 많은 관통을 제공한다고, 즉, 더 큰 자속밀도라고 말해질 수 있다. 도체가 파묻혀 있는 둘러싸는 매질

†B의 이 정의는 그림 1-1의 배치의 경우 옳다. 다른 배치의 경우에는 형태는 비슷할 것이지만, 상수(계수)는 일반적으로 다를 것이다.

의 이 성질은 **투자율**(*permeability*)이라고 불린다.

그림 1-1의 도체가 진공(자유 공간) 내에 놓여져 있다고 가정되며 힘이 I_1, I_2, l, 그리고 r의 특정한 값에 대하여 측정될 때, 자유 공간의 투자율에 대한 해(solution)는 식 (1-1)로부터 얻어지며 MKS 단위로 표현하여

$$\mu_0 = 4\pi \times 10^{-7} \qquad [\mathrm{H/m}] \tag{1-4}$$

가 된다. 투자율의 단위는 또한 식 (1-1)로부터 따라온다. 따라서

$$\mu_0 \propto \frac{[\mathrm{N}]\ (\text{newtons})}{[\mathrm{A}^2]\ (\text{ampere}^2)}$$

이다. 여기서 ∝는 "에 비례한다"를 나타낸다. 그러나

$$\begin{aligned}[\mathrm{N\text{-}m}]\ (\text{newton-meters}) &= [\mathrm{J}]\ (\text{joules}) \\ &= [\mathrm{V}]\ (\text{volts}) \times [\mathrm{A}]\ (\text{amperes}) \times [\mathrm{s}]\ (\text{seconds})\end{aligned}$$

또는

$$\mu_0 \propto \frac{[\mathrm{V}] \times [\mathrm{A}] \times [\mathrm{s}]}{[\mathrm{A}^2] \times [\mathrm{m}]} = \frac{[\mathrm{V}] \times [\mathrm{s}]}{[\mathrm{A}] \times [\mathrm{m}]}$$

이다. 하지만, $[\mathrm{V}] \times [\mathrm{s}]/[\mathrm{A}]$는 헨리(henrys, [H])로 나타낸 인덕턴스(inductance)의 단위이다. 따라서, 투자율은 [H/m] (henrys/meter)의 단위로 표현된다.

둘러싸는 매질이 자유 공간이 아닌 경우에는, 절대 투자율(absolute permeability)이 다시 식 (1-1)로부터 바로 찾아진다. 자유 공간에 대해 얻어진 결과와 비교하면 **비(상대)투자율**(*relative permeability*) μ_r이라 불리는 양(quantity)으로 이끈다. 수학적으로 표현하면

$$\mu_r = \frac{\mu}{\mu_0} \tag{1-5}$$

이다. 식 (1-5)는 명백히 비투자율은 단순히 자속밀도가 자유 공간을 넘어 증가되거나 감소되는 정도를 나타내는 수치라는 것을 가리킨다. 델타막스(Deltamax)같은 어떤 물질의 경우, μ_r의 값은 십만을 초과할 수 있다. 하지만, 대부분의 강자성 물질(ferromagnetic material)은 μ_r이 수백 또는 수천의 값을 가진다.

Magnetic Flux Φ

이 양이 정의되는 방식을 고려하기 전에, 먼저 정의 표현식 (1-2)로 나타내어진 것

과 같은 자속밀도 B의 차원(dimension)을 더 정확하게 조사하자. 따라서

$$B \propto \frac{[\mathrm{N}]}{[\mathrm{A}] \times [\mathrm{m}]}$$

$$B \propto \frac{[\mathrm{V}] \times [\mathrm{s}] \times [\mathrm{A}]}{[\mathrm{A}] \times [\mathrm{m}^2]} = \frac{[\mathrm{V}] \times [\mathrm{s}]}{[\mathrm{m}^2]} \tag{1-6}$$

이다. 이 표현식의 검토는 B가, 그것이 분모에 미터 제곱을 포함하기 때문에, 사실 밀도라는 것을 나타낸다. 따라서, B가 자속밀도로 정의되었기 때문에, 관통하는 B에 유효 면적(effective area)을 곱하면 총 **자속**(total *magnetic flux*)를 산출해야 할 것임을 기대하는 것이 합당하다. 이 점을 설명하기 위하여, 도체 1을 내포하는 같은 수평면 내에 놓인 면적 ab의 코일을 보이는, 그림 1-2를 참조한다. 전류 I_1이 이 도체를 통하여 흐를 때, 자계가 공간 내에 생성되며 구체적으로 식 (1-3)으로 묘사된다는 것을 이미 안다. 코일을 관통하는 총 자속을 찾기 위해서는 단지 포함된 표면적에 걸친 B의 적분을 수행하는 것이 필요할 뿐이다. 물론, B가 고려하는 면적에 걸쳐 일정하다면, 자속은 단순히 B와 면적 ab의 적(곱, product)이다. 다음으로 코일의 평면이, 그림 1-3에 그려진 바와 같이, 도체 1의 평면에 대하여 60° 기울어진 경우를 고려한다. 명백하게 지금은 코일을 관통하는 총 자속이 ½의 인자로 줄어든다. 코일이 수평면에 대하여 90°의 위치로 향해진다면, 코일을 통과하는 자속은

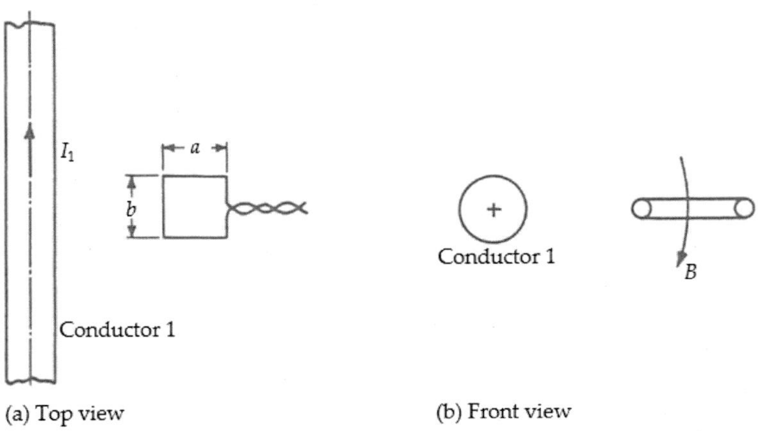

Figure 1-2 Associating an area with a magnetic field B to identify a magnetic flux.

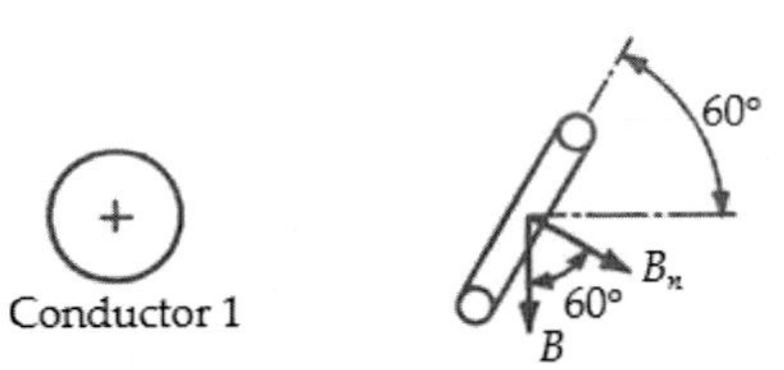

Figure 1-3 Same as Fig. 1-2 (b) except that the coil is tilted 60° relative to the horizontal plane.

없다.

이 관찰을 기초로 하여, 그 다음, 임의의 표면을 통하는 자속이 벡터 자속밀도 B의 법선 성분(normal component)의 표면 적분으로서 좀 더 엄격하게 정의된다. 이것을 수학적으로 표현하면

$$\Phi = \int_s B_n \, dA \qquad [\mathrm{Wb}] \tag{1-7}$$

을 가진다. 여기서 s는 표면 적분을 나타내며, A는 코일의 면적을, 그리고 B_n은 코일 면적에 대한 B의 법선 성분을 나타낸다. 표현식 (1-6)으로부터 자속은 **[V-s]** (*volt-seconds*)의 차원(dimension)을 가져야 함을 안다. 하지만, 이것은 더 일반적으로 **웨버**(*webers*)로 불리며 [Wb]로 나타내어진다. 자속의 [V-s] 단위는 유도의 패러데이의 법칙으로 더 잘 이해된다(식 (2-8)을 보라).

Magnetic Field Intensity *H*

자기회로 계산에 있어서는 종종, 자속이 존재하는 매질과 무관한 자계를 나타내는 양으로 다루는 것이 편리하다. 이것은 공통의 자속이, 공기를 포함하여, 몇 가지 다른 물질을 관통하는 전기기기에서 찾아지는 것과 같은 상황에서 특히 그렇다. 식 (1-3)을 일견하면, B를 μ로 나누는 것이 그런 양과 같아짐을 드러낸다. 따라서, 자계의 세기는

$$H \equiv \frac{B}{\mu} \tag{1-8}$$

와 같이 정의되며,

$$\frac{\dfrac{[\mathrm{N}]}{[\mathrm{A}] \times [\mathrm{m}]}}{\dfrac{[\mathrm{N}]}{[\mathrm{A}^2]}} = \frac{[\mathrm{A}]}{[\mathrm{m}]} = [\mathrm{A/m}] \text{ (amperes/meter)}$$

의 단위를 가진다. 따라서 H는 그것을 생성하는 전류와 또한 배치의 기하(geometry)에 종속되지만 매질과는 무관하다. 그림 1-1의 계통의 경우, 자계의 세기의 값은 식 (1-3)으로부터 바로 따라오며

$$H = \frac{B}{\mu} = \frac{I_1}{2\pi r} \qquad [\mathrm{A/m}]$$

로 주어진다. H가 매질과 무관하기 때문에, 종종 세기가 매질을 통하여 자속밀도를

구동하는 원인이 되는 것으로 보여진다. 실제로는, 그렇지만, H는 유도된 결과이다.

더 일반적으로 H의 단위는 [A/m]이기 보다는 [A-t/m] (ampere-turns/meter)이다. 작은 생각으로, 계자 권선이 바로 단일 도체보다 많게 만들어졌을 때는 언제나 이것을 명백하게 해야 할 것이다.

Ampère's Circuital Law

자계의 세기가 정의되었으며 [A-t/m]의 차원을 가짐을 보였으니까, 매우 유용한 관계식을 전개할 수 있다. H가 자계 B와 같은 방향을 가지는 벡터임을 상기한다. 그림 1-1의 배치의 경우, H는 B와 같은 원형 경로를 가진다. 물론, H가 단위 길이 당의 차원(per unit length dimension)을 포함하기 때문에 **선**(*line*) 적분이 고려된다. 따라서

$$\oint H\,dl = \int_0^{2\pi r} \frac{I_1}{2\pi r}\,dl = I_1 \qquad \text{[A] (amperes)} \tag{1-9}$$

이다. (다시 1개 보다 많은 도체가 그림 1-1에 포함되었다면 여기의 단위는 [A-t]이 될 것임을 염두에 둔다.) 식 (1-9)는 자계의 세기의 폐곡선 적분(closed line integral)은 자계 선(magnetic field line)을 생성하는 둘러싸인 전류(또는 암페어-턴(ampere-turns))과 같음을 나타낸다. 이 관계식은 **암페어의 주회 법칙**(*Ampère's circuital law*)이라 불리며 좀 더 일반적으로

$$\oint H\,dl = \mathcal{F} \qquad \text{[A]} \tag{1-10}$$

으로 적어진다. 여기서 $\mathcal{F}$는 가정된 닫힌 자속선 경로(closed flux line path)에 의해 둘러싸인 암페어-턴을 나타낸다. 양 $\mathcal{F}$는 또한 **기자력**(*magnetomotive force*)으로 알려져 있으며 종종 *mmf*로 단축된다. 이 관계식은 전자 장치(electromagnetic device)의 연구에 유용하며 후속되는 장에서 참조된다.

Derived Relationships

앞에서 기본적인 자기량–자속밀도, 자속, 자계의 세기, 그리고 투자율–이 2개의 전류 운반 도체를 포함하는 암페어의 기본 실험으로 출발하여 정의되었다. 이 양들의 적절한 조작에 의해 부가적인 유용한 결과가 얻어질 수 있다.

식 (1-8)은 주어진 기하와 전류에 대한 자계의 세기를 나타내는 벡터 방정식이다. 자속선의 총 경로 길이가 l로 가정된다면, 특정한 자속선에 관련된 총 기자력(mmf)은

$$\mathcal{F} = Hl = \frac{B}{\mu} l \qquad [\mathrm{A}] \tag{1-11}$$

이다. 이제 B가 일정하며, 면적 A로 알려진 고정된 면을 관통하는 상황에서는, 대응하는 자속은 식 (1-7)로부터

$$\Phi = BA \qquad [\mathrm{Wb}] \tag{1-12}$$

와 같이 적어질 수 있다. 식 (1-12)를 식 (1-11)에 대입하면

$$\mathcal{F} = Hl = \Phi \left(\frac{l}{\mu A} \right) \qquad [\mathrm{A}] \tag{1-13}$$

을 산출한다. 이 마지막 표현식에서 괄호 속에 있는 양이 전기회로에서의 저항의 정의†와 매우 강한 유사점을 갖고 있기 때문에 흥미롭다. 전기회로에서의 저항이 구동 전압의 영향 아래에서 전류의 흐름의 방해를 나타내는 것임을 상기한다. 식 (1-13)의 조사는 자기회로에 대한 비슷한 해석을 제공한다. $\mathcal{F}$가 특정한 단면적 A를 관통하는 자속 Φ를 생성하는 구동 기자력이라는 것을 이미 알고 있다. 하지만, 이 자속은

$$\mathcal{R} = \frac{l}{\mu A} \qquad [\mathrm{A\text{-}t/Wb}] \tag{1-14}$$

와 같이 정의되는 자기회로의 **자기저항**(**릴럭턴스**, *reluctance*)이라 불리는 것에 의해 그 값이 제한된다. 자기저항의 매우 많은 단위계를 제외하고는 자기저항의 차원에 대한 특정한 명칭은 없다.

식 (1-14)는 자기회로에 나타나는 자속의 흐름의 방해는, 물리적 추론에 완전히 부합하는 결과인, 길이에 직접 비례하며 투자율과 단면적에 역으로 비례한다는 것을 나타낸다.

식 (1-14)를 식 (1-13)에 대입하면 종종 자기회로의 옴의 법칙(Ohm's law)이라 불리는

$$\mathcal{F} = \Phi \mathcal{R} \qquad [\mathrm{A\text{-}t}] \tag{1-15}$$

를 산출한다. 하지만, 이 조작은 B와 A가 고정된 양일 때에만 허용할 수 있다는 것을 염두에 두어야 한다.

†길이 l과 단면적 A의 구리 도선의 저항은 $R = \rho l/A$ [Ω]으로 주어진다. 여기서 ρ는 구리의 저항률(resistivity)이다.

대부분의 실제 강자성 물질에서는, $\mathcal{F}$와 Φ(또는 대응하는 양인 $H = \mathcal{F}/l$와 $B = \Phi/A$) 사이의 함수적 관계가, 자기저항 $\mathcal{R}$이 인가 mmf에 따라 변하는 것을 가리키는, 비선형이다. 그림 1-10을 일견하면 이것이 명백하다. 어떤 응용에서는 운전점에 대한 자기저항의 변화가 자기저항의 전체 값보다 더 중요하다. 이것은 자연스럽게

$$\mathcal{R}_d = \frac{d\mathcal{F}}{d\Phi} = \frac{d(Hl)}{d(BA)} = \frac{l}{A} \cdot \frac{dH}{dB} = \frac{l}{\mu_d A} \qquad \text{[A-t/Wb]} \qquad (1\text{-}16)$$

과 같이 정의되는 **미분(증분) 자기저항**(*differential*(*incremental*) *reluctance*)의 개념으로 이끈다. 여기에서 μ_d는 미분(증분) 투자율(differential permeability)이며 도식적으로는 H에 대한 B의 곡선에 그려진 접선(tangent)의 기울기로 나타내어진다.

Ampère's Law for Various Orientations of the Current Element

그림 1-1에서는 가정이 전류 요소가 도체 1에 평행하게 위치되어 있으며 같은 평면 내에 놓인 것으로 만들어졌다. 이 배향은, 고려하고 있는 기본적인 자기량을 정의하기 위한 목적을 위해 충분했기 때문에, 편의의 문제로서 수행되었다. 하지만, 실험의 더 완전한 상(picture)을 제공하기 위해서는, 부가적인 두가지 다른 배향으로 전류 요소 $I_2 l$의 위치가 힘에 미치는 효과를 고려해야 할 것이다. 먼저 전류 요소가 더 이상 도체 1에 평행하게 위치되어 있지 않지만 같은 수평면 내에 위치된 경우를 고려한다. 그림 1-4를 참조하라. 이 그림에서 점(dot)과 십자(크로스, cross) 표시는 오른손 법칙에 의해 밝혀지는 바와 같이 자계가 도체 1의 왼쪽에서는 (지면에 대하여) 외향(outward)이며 도체의 오른쪽에서는 내향(inward)임을 가리킨다. 이 실험의 결과는 힘의 크기가 그림 1-1의 배치를 사용하여 찾아진 것과 같다.† 이

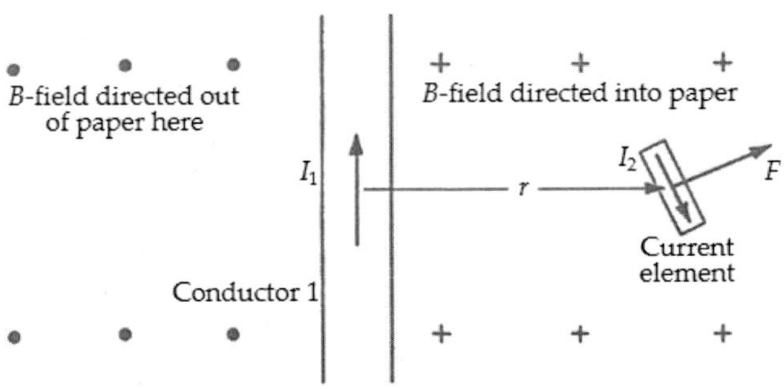

Figure 1-4 Showing the direction of the force when the current element is no longer located parallel to conductor 1 but remains in the same plane.

†전류 요소의 무한소의 성질(infinisimal nature) 때문에, B의 값은 $I_2 l$에 대하여 그 배향에 관계없이 일정하다고 가정된다.

결론은 자속밀도의 값뿐만 아니라 I_2와 l이 변하지 않고 남아있어서 식 (1-2)가 힘을 설명하는데 있어서 여전히 정당하기 때문에 놀라운 것은 아니다. 유일한 변화는 힘의 방향이다. 하지만, 그림 1-4가 가리키는 바와 같이, 힘은 계속하여 전류요소에 법선인 방향이다. 이것은 염두에 둘만한 가치가 있다. 곧 모든 배치에 대한 힘의 방향을 확립하기 위한 일반 법칙이 설명된다.

다음으로 도체 1에 평행이지만 수직에 대하여 각도가 $\theta = 30°$ 기울어진 전류 요소의 배향을 고려하자. 배치의 측면 투영이 그림 1-5에 묘사되어 있다. 자계는 이 광경에 대하여 수직을 따라 아래로 향함에 유의하라. 사실은, 물론, B의 궤적은 원형이지만, 그림 1-5에서는, 도체 1을 내포하는 평면에 대한 B 자계의 작은 부분 만을 본다. 이 배치로, 전류 요소에 작용하는 힘은 같은 방향이지만 그림 1-1의 배향에서 얻어진 크기의 2분의 1을 가진다는 것이 찾아진다. 그것은 그러면, 전류 벡터 $I_2 l$과 자속밀도 B 사이의 각도가 힘의 크기에 영향을 미친다는 것이 따라온다. 사실은, 더 나아간 실험이 힘에 대한 일반 표현식이

$$F = I_2 l B \sin\theta \qquad [\mathrm{N}] \tag{1-17}$$

이라는 것을 드러낸다

식 (1-17)은 단지 힘의 방향이 아니라 크기에 대한 정보만을 알려준다. 하지만, 벡터 해석의 표기법을 채용함으로써, 크기뿐만 아니라 방향에 대한 정보를 나타내도록 식 (1-17)을 다시 적을 수 있다. 이 결과는, 크기와 방향을 가지는 세번째 벡터를 산출하는, 두개의 벡터 사이의 **외적**(**벡터적**, *cross-product*)의 사용에 의해 쉽사리 수행된다. 따라서 식 (1-17)은

$$\bar{F} = I_2 \bar{l} \times \bar{B} \qquad [\mathrm{N}] \tag{1-18}$$

와 같이 더 완전하게 표현된다. 크로스 표기법은 항상 두개의 벡터 $\bar{B}$와 $\bar{l}$(또는 l의

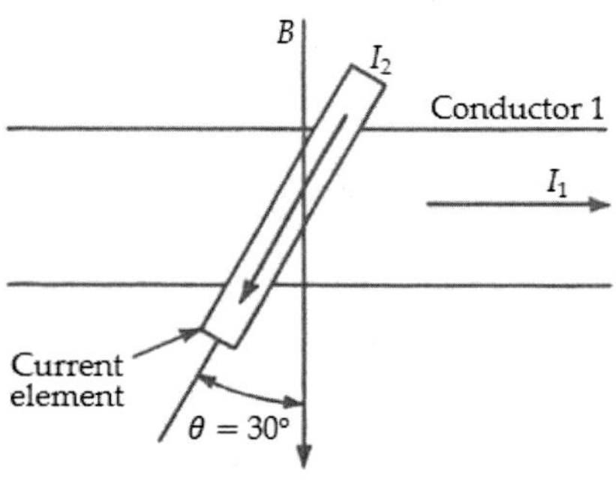

Figure 1-5 Side-view projection of Fig. 1-1 but with the current element tilted relative to the horizontal plane. The force is directed out of the paper.

배향에 의해 결정되는 I_2의 방향) 사이의 각도의 **정현(사인**, *sine*)을 포함하는 것으로 이해되어야 한다. 더욱이, 외적이 포함되는 경우에는, 결과 벡터의 방향은 항상, 두 벡터에 의해 만들어지는 두 각도 중 작은 쪽을 통하여 $\bar{l}$에서 $\bar{B}$ 쪽으로 오른 나사가 회전함에 따라 나아가는 방향에 의해 결정되는 방식인, 벡터 $\bar{B}$와 $\bar{l}$를 내포하는 평면에 법선인 방향이다. 따라서, 그림 1-5의 배치의 경우, 힘의 방향은 $I_2\bar{l}$을 $\bar{B}$의 방향으로 돌리고 이것이 오른 나사가 지면의 바깥으로 나아가는 원인이 될 것임을 유의함으로써 찾아진다. 그러므로 힘은 외향으로 향하며, 이것은 실험적으로 확립된 결과에 대응한다.

또한, 둘 다 같은 평면에 놓인 것으로 가정된, 검지(forefinger)를 전류의 방향으로 두고 중지(middle finger)를 $\bar{B}$의 방향으로 두는 것을 요구하는, 다른 오른손 법칙에 의해 힘의 방향을 결정하는 것이 가능하다. 그러면 오른손의 엄지(thumb)를 다른 두 손가락에 수직으로 두었을 때, 엄지가 힘의 방향을 가리킨다.

1-2 THEORY OF MAGNETISM

물질의 자기적 거동을 이해하기 위해서는, 물질의 미시적 관점을 취하는 것이 필요하다. 적절한 출발점은, 보어(Niels H. D. Bohr, 1885-1962)가 무거운 원자핵과 특정한 궤도 내에서 핵 주위를 움직이는 다수의 전자로 설명한, 원자의 구성이다. 더 면밀한 조사는 어떤 물질의 원자가 자계 내에 위치되었을 때 토크(torque)를 겪는다는 것을 드러낸다; 이것은 **자기 모멘트**(*magnetic moment*)라 불린다. 원자의 결과적인 자기 모멘트는 세가지 인자에 종속된다–핵의 축 위에서 회전(스핀)하는(spinning) 핵의 정전하(양전하, positive charge), 전자의 축 위에서 회전하는 전자의 부전하(음전하, negative charge), 그리고 궤도 위에서 움직이는 전자의 효과. 전자의 스핀과 궤도 운동의 자기 모멘트는 스핀 핵의 그것을 훨씬 초과한다. 하지만, 이 자기 모멘트는 인접 원자의 존재에 의해 영향을 받을 수 있다. 따라서, 두개의 수소 원자가 수소 **분자**(hydrogen *molecule*)의 형태로 결합되었다면, 전자 스핀, 양성자 스핀, 그리고 각 원자의 전자의 궤도 운동이 서로 반대되어 0의 결과적인 자기 모멘트가 기대되어야 할 것이라는 것이 찾아진다. 이것이 대부분의 경우이기는 하지만, 실험은 수소의 비투자율이 1과 같지 않고 1보다 매우 약간 작음을 드러낸다. 바꾸어 말하면, 분자 반응은 수소가 매질일 때 자유 공간인 경우에 비하여 약간의 자계 감소가 있는 것과 같다. 이 거동은, 자계 방향에 대한 모든 회전 전하의 세차 운동(precessional motion)이 있으며, 이 세차 운동의 효과가 스핀 또는 궤도 운동의 방향에 관계없이 인가 자계에 반대되는 자계를 수립하기 때문에 일어난다. 이 거동이 스스로 나타나는 물질은 명백한 이유로 **반자성체**(*diamagnetic*)라 불린다. 수소 외에, 이 특성을 갖고 있는 물질은 은(sliver)과 구리(copper)이다.

수소 분자로 더 계속하여, 다음에는 전자를 잃어버려, 수소 이온(hydrogen ion)을 산출한다고 가정하자. 명백히 스핀과 궤도 전자 운동의 완전한 중성화(neutralization)가 더 이상 일어나지 않는다. 사실상, 자계가 인가되었을 때, 이온은 순(net) 자기 모멘트가 자계에 스스로 정렬하도록 배향되어, 그것에 의해 자속밀도의 약간의 증가의 원인이 된다. 이 거동은 **상자성**(*paramagnetism*)으로 불리며 알루미늄(aluminum)과 백금(platinum)같은 물질과 같은 특성이다. 상자성 물질은 단위 값(unity, 1)을 약간 초과하는 비투자율을 가진다.

지금까지는, 자기적 성질이 자유 공간과 단지 매우 약간만 다른 원소를 고려하였다. 사실상, 대다수의 물질이 이 범주에 해당한다. 하지만, 비투자율이 자유 공간보다 매우 여러 배 더 큰 물질의 한 종류–주로 철(iron)과 그것의 니켈(nickel), 코발트(cobalt), 그리고 알루미늄 합금인–가 있다. 이 물질은 **강자성체**(*ferromagnetic*)† 라 불리며 전기공학에서 매우 중요한 물질이다. 이 때 왜 철(그리고 그것의 합금)이 다른 원소보다 훨씬 더 자기적인가에 대하여 물을 수 있다. 본질적으로, 그 답은 자기(magnetism)의 **자구** 이론(*domain* theory)에 의해 준비된다. 모든 금속 원소처럼, 철은 공간 격자(space lattice) 내에서 정렬된 원자를 가진 구조의 결정체이다. 하지만, 자구는 근사적으로 10^{-9} [cm^3]의 체적 내에 대략 10^{15}개의 원자를 내포하는 크기와 형상이 변하는 아결정 입자(subcrystalline particle)이다. **자구의 구별되는 특징은 그것을 구성하는 원자의 자기 모멘트가 같은 방향으로 정렬되어 있다는 것이다**. 따라서 강자성 물질 내에서는, 내부 궤도(inner orbit) 내에서의 전자의 중성화되지 않은 스핀에 기인한 자기 모멘트가 존재해야 할 뿐만 아니라, 자구 내에 있는 모든 이웃 원자의 합성 스핀이 평행이어야 한다.

지금까지의 설명으로는, 철이 완전히 자화된 자구로 이루어져 있다면, 철은 자화력(magnetizing force)의 인가가 없더라도 물질의 몸체를 통하여 완전한 자화의 상태에 있어야 할 것이라고 보여질 것이다. 실제로는, 자구가 서로 독립적으로 작용하며, 자화되지 않은 철의 경우 순(net) 자기 모멘트가 재료에 걸쳐 0이 되도록 이 자구가 모든 방향에서 무작위적으로 정렬되기 때문에, 그렇지 않다. 그림 1-6은 단순화된 방식으로 도식적으로 설명한다. 철의 결정 격자 구조 때문에, 자구 정렬의 "용이(easy)" 방향은 인가 자화력의 방향에 따라 6개의 방향–왼쪽, 오른쪽, 위쪽, 아래쪽, 바깥, 또는 안 방향–중 어느 한 방향으로 일어날 수 있다. 그림 1-6 (a)는 자화되지 않은 배치를 보인다. 그림 1-6 (b)는 크기가 모든 자구의 정렬을 초래하도록 자화력이 왼쪽에서 오른쪽으로 인가된 결과를 묘사한다. 이 상태에 도달하였을

†철에 대한 라틴어 단어–*ferrum*–로부터 파생되었다.

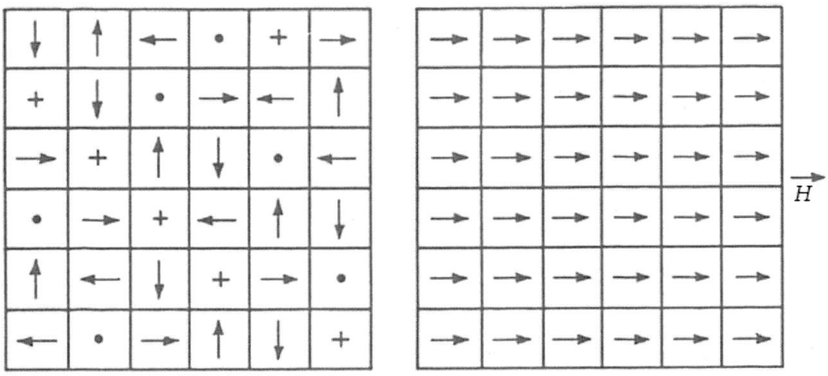

Figure 1-6 Representation of a ferromagnetic crystal: (a) unmagnetized and (b) fully magnetized by the field H.

때 철은 **포화되었다**(*saturated*)고 일컬어진다–자화력의 더한 증가에 대하여 자유 공간에서의 증가를 넘어서는 자속밀도의 더 큰 증가는 없다.

철의 자화된 조각의 온도의 큰 증가는 그것의 자화 능력의 감소를 나타낸다. 온도 증가는 750 [°C]의 온도에서 동요가 자구의 이웃 원자의 자기 모멘트 사이에 존재하는 평행을 깨뜨리고 그것에 의해 자기적 성질을 잃어버리는 원인이 될 정도로 극심할 때까지 원자 사이에 존재하는 동요를 강제한다. 이것이 일어나는 온도는 **퀴리점**(**자기 변태점**, *Curie point*)이라 불린다.

1-3 MAGNETIZATION CURVES OF FERROMAGNETIC MATERIALS

그림 1-1의 실험이 계자 권선 전류 I_1의 증가하는 값과 매질로써 철 또는 강(steel)으로 반복되고 대응하는 μ의 값이 계산된다면, 비투자율이 운전 자속밀도를 확립하는 자화력에 따라 상당히 변한다는 것이 찾아진다. 주강(cast steel)에 대한 μ_r의 변동이 그림 1-7에 나타나 있다. 여기에서는, 자속밀도가 투자율의 변화를 일으키는 더욱 더 많은 자구의 재정렬의 시작이기 때문에, μ_r이 자화력보다는 자속밀도에 대하여 그려져 있다. 유감스럽게도, 지금까지는 자기 이론의 개발 상태가 물질의 완전한 구성이 알려져 있더라도 순수하게 이론적인 기초에서 물질의 자기적 성질의 예측을 허용할 정도로 발전하지는 않았다. 예를 들어, 현재의 이론으로는 자화력의 특정한 값에 대하여 철의 주어진 시료 내에서 얼마의 자속밀도가 있을 것인지를 정확하게 말하는 것은 가능하지 않다. 오히려, 시료의 **전형적인 표본**(*representative sample*)의 측정된 자기적 성질이 발표된 기술 및 서술 회보의 참고에 의해 이 정보를 얻는 것이 통례이다. 이 회보는 자기 강(magnetic steel)의 제조자에 의해 이용자가 이용할 수 있게 만들어지며, 판(sheet), 선(wire), 봉(bar), 그리고 심지

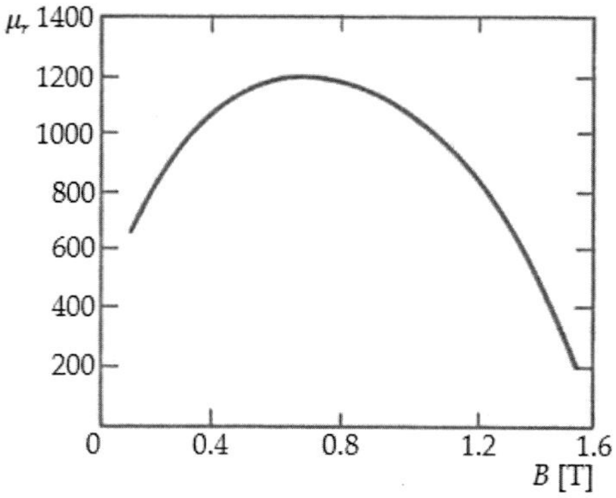

Figure 1-7 Graph of relative permeability versus flux density.

어 수백 톤까지의 중량의 주물의 다양한 형태와 모양에 대한 정보를 포함한다.

보통, 발표된 여러가지 철과 강 견본의 자기적 특성은 자계의 세기 H의 함수로 써 자속밀도 B의 그림으로 보여진다. 이 두 양 사이에 존재하는 함수적 관계의 완전한 도식적 상(graphical picture)을 나타내는 것은 물론 이 관계에서 사용되는 부가적인 항을 정의하기 위해서는 그림 1-8을 참조한다. 강 시료(steel specimen)가 초기에 자화되어 있지 않으며 주위에 N [turn]의 코일이 둘러 감긴 환상 철심(toroidal ring)의 형태라고 가정한다. 또한 코일은 코일 내에 양쪽 방향으로 공급 전류를 흘릴 수 있는 가변 전압원(variable voltage source)으로부터 에너지가 주입될 수 있다고 가정한다. 전류 I가 정방향(양방향, positive direction)(코일 위쪽 단자 안으로 흐르는 전류)으로 0에서부터 증가됨에 따라, 시계 방향으로 환상 철심(토로이드, toroid)의 내부에서 생기는 증가하는 자속 Φ가 측정될 수 있다. I의 어떤 고정된 값에 대하여, 자속의 특정한 값이 있다. 그러면 식 (1-12)에 의해 토로이드의 단면적이 알려져 있기 때문에 대응하는 자속밀도가 결정된다. 더욱이, 기자력 NI는 암페어의 주회 법칙[식 (1-10)]에 따라 Hl_m으로 대체될 수 있다. 여기서 l_m은 (그림 1-

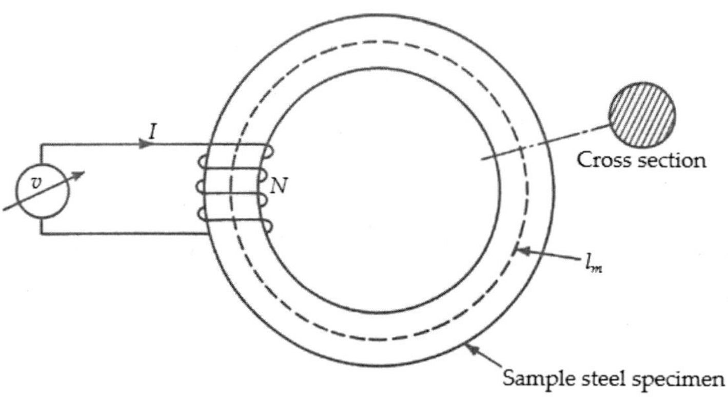

Figure 1-8 Obtaining the magnetization curve of a sample steel specimen.

8에서 파선으로 보여진 바와 같은) 토로이드의 경로의 평균 길이이다. 이 배열에 포함된 두가지 기본적인 양은 그러면 [Wb/m^2]로 표현된 B와 [A-t/m]인 H이다. 같은 자속밀도에 대하여, 평균 자기 경로가 2배가 되면 H는 변하지 않을 것이지만, 2배의 기자력을 요구할 것이기 때문에, 다루기를 원하는 양은 기자력이기 보다는 오히려 H이다. 그려지는 결론은 H에 대한 B의 그림이, 임의의 단면적과 길이의 기하로 확장될 수 있기 때문에, 주어진 물질에 대한 **보편** 도형(*universal* plot)이다. 대비하여, NI에 대한 Φ의 그림은 단일 기하 배치로 제한된다. 그러므로, 물질의 자기 특성의 그림은 항상 H에 대하여 B를 그리는 것을 포함한다. 그림 1-8의 첫(최초) 견본(virgin sample)의 경우, H에 대한 B의 그래프는 H_a까지의 자계의 세기에 대하여 그림 1-9의 곡선 Oa를 따른다. 이 두 양 사이에 비선형 관계가 존재함에 유의하라.

강자성 물질의 다른 흥미로운 특성은, 이를테면 H_a인, 어떤 값으로 증가된 자계의 세기가 계속하여 감소될 때 나타난다. 물질은 반대로 감자되며, 이에 따라, 자화 곡선 Oa를 따라 되돌아가지 않고 오히려 Oa 위에 위치된 곡선을 따른다. 그림 1-9에서 곡선 ab를 보라. 게다가, 자계의 세기가 0으로 되돌아갔을 때, 자속밀도가 이제는 첫 견본의 경우에서와는 달리 0이 아닌 것이 보여진다. 이것은 약간의 자구가 원래 인가된 자계의 방향으로 배향되어 남아 있기 때문에 일어난다. 자계 H가 제거된 후에 남아 있는 B의 값은 **잔류 자속밀도**(*residual flux density*)라 불린다. 더욱이, 그 값은 물질이 자화되는 정도에 따라 변한다. 잔류 자속밀도의 가능한 최대 값은 **최대 잔류 자속밀도**(**보자성**, *retentivity*)라 불리며 사용된 H의 값이 완전한

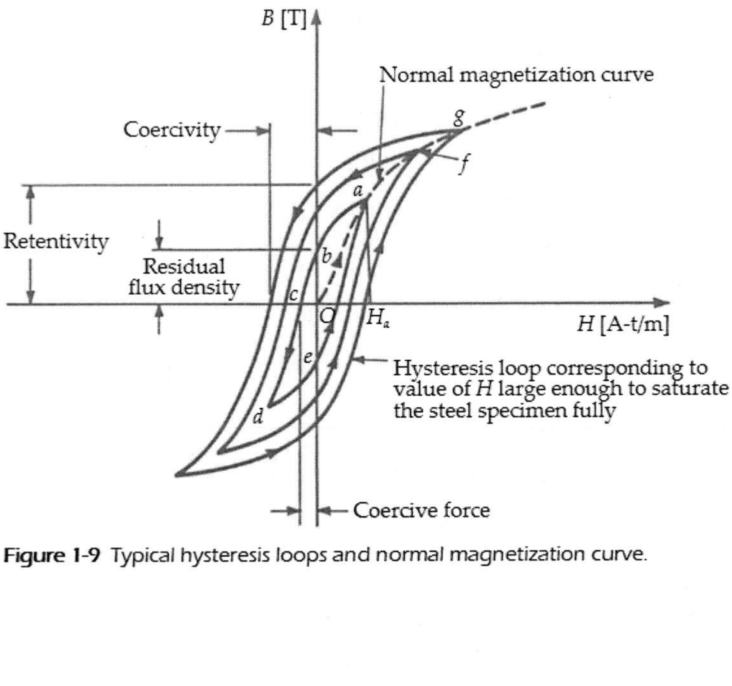

Figure 1-9 Typical hysteresis loops and normal magnetization curve.

포화를 일으킬 때 마다 생긴다.

종종, 강자성 물질의 공학적 응용에서는, 강(steel)이 같은 정(양)과 부(음)의 한계를 가지는 *H*의 주기적으로 변하는 값에 드러내어 진다. *H*가 여러가지 동일한 주기로 변함에 따라, *H*에 대한 *B*의 그래프는 점차 그림 1-9에 그려진 바와 같은 고정된 폐곡선(fixed closed curve)에 접근한다. 루프(loop)는 항상 화살표로 그려진 방향으로 이동한다. 시간이 이 루프에 대한 암묵적인 변수이기 때문에, *B*는 항상 *H*에 뒤짐에 유의하라. 따라서, *H*가 0일 때, 점 *b*에서와 같이, *B*는 정(양)의 유한한 값이며, *B*가 0일 때에는, 점 *c*에서와 같이, *H*는 부(음)의 유한한 값 등등이다. 강자성 물질이 대칭적으로 주기적인 자화 조건에 있을 때 자속밀도가 자계의 세기에 **뒤지는**(*lag behind*) 경향은 **히스테리시스**(*hysteresis*)†라 불리며 폐곡선 *abcdea*는 **히스테리시스 루프**(*hysteresis loop*)라 불린다. 더욱이, 물질이 이 주기적인 조건에 있을 때, 잔류 자속밀도를 0으로 줄이기 위해 요구되는 자계의 세기는 **항자력**(**보자력**, *coercive force*)이라 불린다. 보통, 더 큰 잔류 자속밀도 일수록, 더 큰 항자력이어야 한다. 항자력의 최대 값은 **최대 항자력**(*coercivity*)이라 불린다.

그림 1-9의 히스테리시스 루프를 일견하면, 특별한 자계의 세기에 대응하는 자속밀도가 단가(single-valued)가 아니라는 것이 확실히 분명하다. 그 값은 강자성 물질의 이전의 이력(previous history)에 종속하는 어떤 한계 사이에 놓인다. 하지만, 자기 장치를 포함하는 많은 상황에서 이 이전의 이력이 미지이기 때문에, **정규 자화 곡선**(*normal magnetization curve*)이라 불리는 단가 곡선(single-valued curve)으로 다룸으로써 자기 계산을 하는 절충 과정이 사용된다. 이 곡선은 주기적인 조건 동안에 생성되는 히스테리시스 루프 군(group)의 꼭지점을 통하는 곡선을 그림으로써 찾아진다. 그러한 곡선은 그림 1-9에서 *Oafg*이다. 일반적으로 사용되는 강자성 물질의 전형적인 정규 자화 곡선이 그림1-10에 나타나있다.

이 시점에서 마지막 관찰을 할 순서이다. 식 (1-8)에 의해, 물질의 투자율은 *H*에 대한 *B*의 비(ratio)이다. 이것을 *B*와 *H* 사이에 존재하는 비선형 변동(그림 1-9를 보라)과 결합하면, 그림 1-7과 관련하여 이미 인용된 바와 같은 자속밀도에 따른 투자율의 변동이 산출된다. 사실상, 주기적인 조건 내에 있는 물질의 경우, 투자율은 히스테리시스 루프를 따르는 여러 점에 있어서의 *H*에 대한 *B*의 비(ratio) 이상 아무 것도 아니다.

1-4 THE MAGNETIC CIRCUIT: CONCEPT AND ANALOGIES

†뒤에 있거나 뒤진다는 것을 의미하는 희랍어 단어 *hysterein*으로부터 파생되었다.

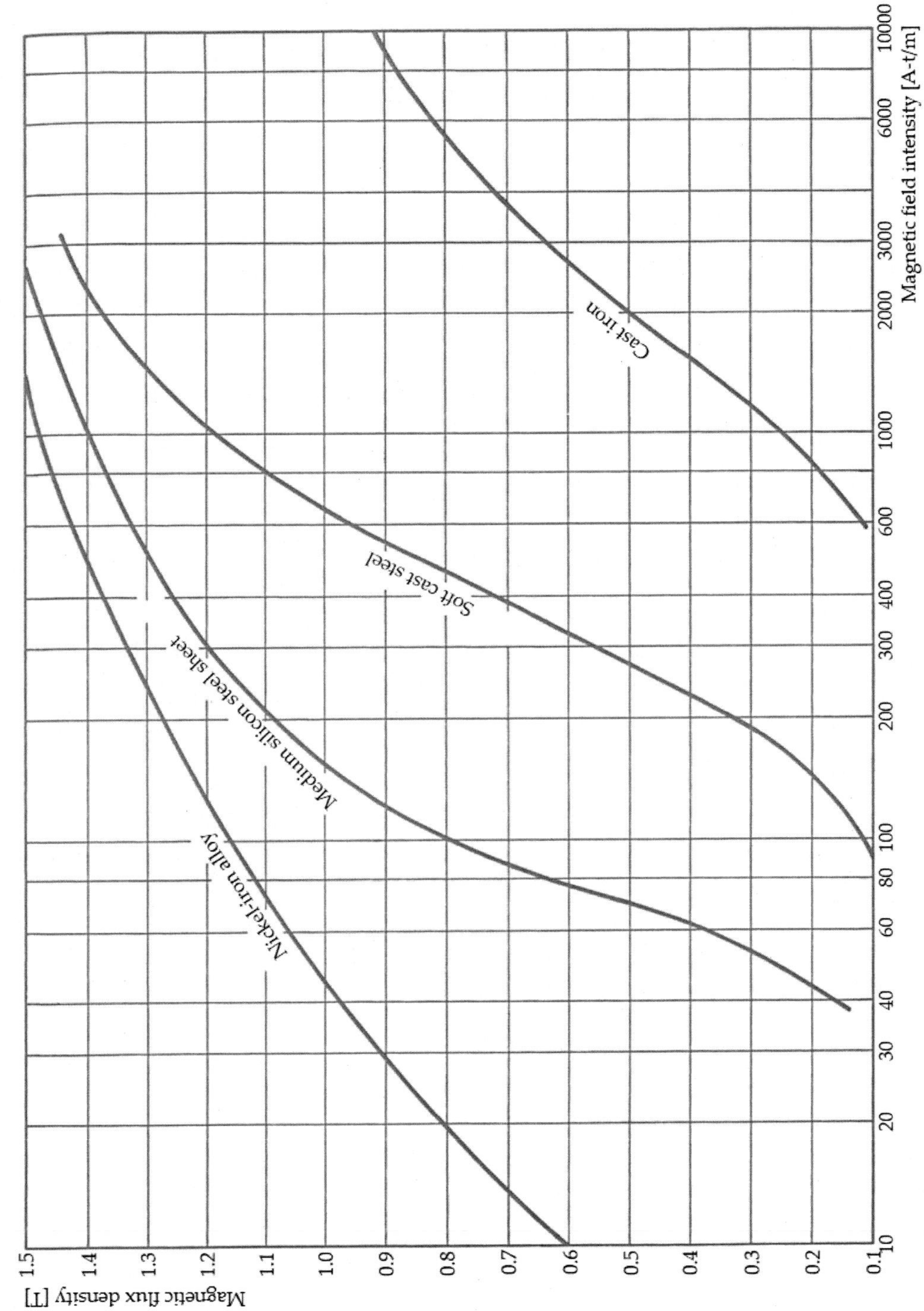

Figure 1-10 Magnetization curves of typical ferromagnetic materials.

일반적으로, 자기 장치를 포함하는 문제는 3차원 공간에서 일어나는 Φ와 B같은 양과 관련되기 때문에 기본적으로 장 문제(field problem)이다. 하지만, 다행히도, 대부분의 경우 공학자에게 관심이 있는 공간의 주요 부분은 의도 또는 필요에 의해 존재하는 작은 공극(air gap)을 제외하고는 강자성 물질이 점유한다. 예를 들어, 전기-기계 에너지 변환 장치(electromechanical energy-conversion device)에서는, 자속이 강자성 물질의 정지뿐만 아니라 회전하는 질량을 관통해야 하기 때문에, 따라서 공극이 없어서는 안되게 만든다. 또 다른 한편으로, 다른 장치에서는 공극이 B와 H 사이에 존재하는 비선형 관계를 가리기 위하여 공극이 고의로 삽입될 수 있다. 그러나 공극의 존재에도 불구하고, 자계에 의해 점유되는 공간과 강자성 물질에 의해 점유되는 공간이 실제적으로는 같다. 보통은 이것이 공극이 허용하는 회전과 정지 부분 사이의 기계적 빈틈으로서 작게 만들어지는 이유이며, 또한 구리 도선이 전류를 제한하거나 도관(파이프, pipe)이 물을 제한하는 것처럼 철이 높은 투자율에 의해 자속을 그 자신으로 제한하기 위한 것이다. 이 기초 위에서, 3차원 장 문제는 1차원 회로 문제로 되며, 식 (1-15)에 따라 **자기회로**(*magnetic circuit*)의 개념으로 이끈다. 따라서 자기회로가 대개 자속을 제한하기 위해 소용되는 특정한 기하의 철 경로로 이루어져 있는 것으로 볼 수 있다; 공극이 포함될 수 있다. 그림 1-11은 주로 철로 이루어진 전형적인 자기회로를 보인다. 코일의 기자력이 철 그리고 실질적으로 같은 단면적을 가지는 공극의 부분으로 제한되는 자속을 생성함에 유의하라. 게다가, 약간만 생각하면 이 자기회로는 그림 1-12에 그려진 단선 등가회로(single-line equivalent circuit)로 대체될 수 있음을 드러낸다. 식 (1-14)와 식 (1-15)로 시사된 바와 같이, 등가회로는 2개의 직렬로 연결된 자기저항—철의 자기저항 $\mathcal{R}_i$와 공기의 자기저항 $\mathcal{R}_a$—을 통하는 자속을 구동하는 기자력으로 이루어진다.

이 자기회로의 전기회로와의 상사(analogy)는 많은 다른 세목에서 이루어진다. 완전을 위하여, 이 세목이 같은 평균 반경 r과 단면적 A를 가지는 환상 구리 링(toroidal copper ring)과 환상 철심의 경우에 대하여 다음에 나타내어진다.

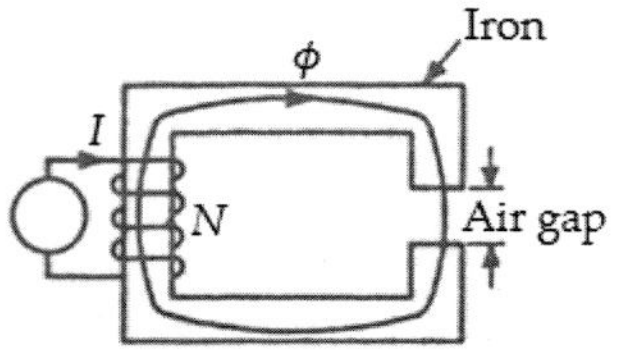

Figure 1-11 Typical magnetic circuit involving iron and air.

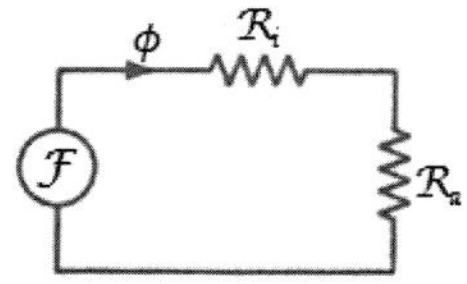

Figure 1-12 Single-line equivalent circuit of Fig. 1-11.

Electric Case

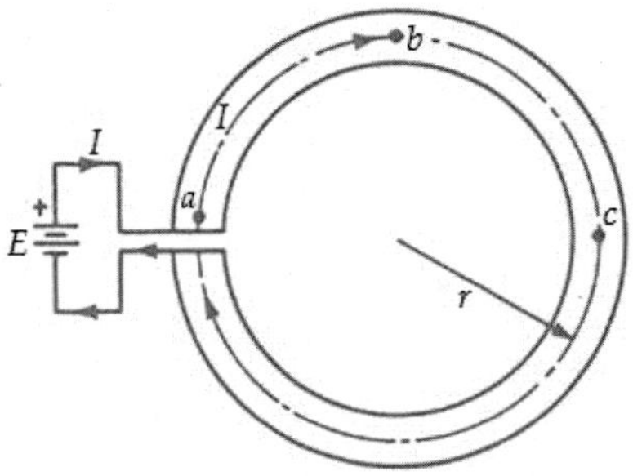

환상 구리 링은 전지(배터리, battery)에 연결된 끝 부분으로 무한히 작게 열려 있다고 가정된다; I [A]의 전류가 링을 통하여 흐른다.

Magnetic Case

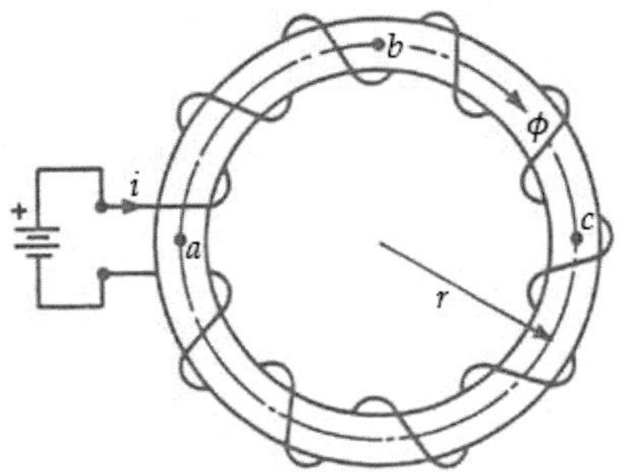

환상 철심은 도선을 통하여 전류 i가 흐르도록 N [turn]의 도선이 감겨져 있다; 기자력이 자속 Φ를 생성한다.

Driving Force

applied battery voltage = E [V]

applied ampere-turns = $\mathcal{F}$ [A-t]

Response

$$\text{current} = \frac{\text{driving force}}{\text{electric resistance}}$$

$$\text{flux} = \frac{\text{driving force}}{\text{magnetic reluctance}}$$

또는

$$I = \frac{E}{R}\ \text{[A]}$$

$$\Phi = \frac{\mathcal{F}}{\mathcal{R}}\ \text{[Wb]} \qquad (1\text{-}19)$$

Impedance

임피던스는 응답의 확립에 있어서 구동력에 미치는 방해를 가리키기 위해 사용되는 일반적인 용어이다.

$$\text{resistance} = R = \rho\frac{l}{A}\ [\Omega]\ \text{(ohms)}$$

여기서 $l = 2\pi r$은 토로이드의 평균 길이이며, A는 토로이드의 단면적이다.

$$\text{reluctance} = \mathcal{R} = \frac{l}{\mu A}\ \text{[A-t/Wb]} \qquad (1\text{-}20)$$

여기서 $l = 2\pi r$은 토로이드의 평균 길이이며, A는 토로이드의 단면적이다.

Equivalent Circuit

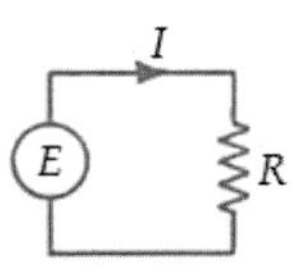

$E = IR$

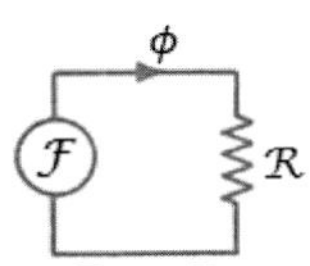

$\mathcal{F} = \phi\mathcal{R}$

Electric Field Intensity

전압 E가 균질(homogeneous) 구리 토로이드에 인가됨에 따라, 물질 내부에

$$\mathcal{E} \equiv \frac{E}{l} = \frac{E}{2\pi r}\ \text{[V/m]}$$

로 주어지는 전위 경도(electric potential gradient)가 생성된다.

이 상태가 유지된다면 이 전계가 폐경로 내에 생겨야 한다. 그러면 $\mathcal{E}$의 폐곡선 적분은 전지 전압

Magnetic Field Intensity

기자력이 균질 철 토로이드에 인가됨에 따라, 물질 내부에

$$H \equiv \frac{\mathcal{F}}{l} = \frac{\mathcal{F}}{2\pi r}\ \text{[A-t/m]} \qquad (1\text{-}22)$$

로 주어지는 자기 포텐셜(자위) 경도(magnetic potential gradient)가 생성된다.

암페어의 주회 적분과 관련하여 지적된 바와 같이, H의 폐곡선적분은 둘러싸이는 기자력과 같다.

E와 같다는 것이 따라온다. 따라서

$$\oint \mathcal{E}\,dl = E\ [\text{V}]$$

Electric Potential Difference

구리 토로이드의 두 점 a와 b 사이에 생기는 전압 강하(voltage drop)를 찾는 것을 원한다면 다음과 같이 적을 수 있다:

$$V_{ab} = \int_a^b \mathcal{E}\,dl = \frac{E}{l}\int_a^b dl = \frac{IR}{l}l_{ab}$$
$$= \frac{I}{l}\rho\frac{l}{A}l_{ab} = I\rho\frac{l_{ab}}{A} = IR_{ab}$$

즉,

$$V_{ab} = IR_{ab}\ [\text{V}]$$

여기서 R_{ab}는 점 a와 b 사이의 구리 토로이드의 저항이다.

Current Density

정의에 의해, 전류밀도는 단위 면적당 암페어 수(number of amperes)이다. 따라서

$$J \equiv \frac{I}{A} = \frac{E}{AR} = \frac{\mathcal{E}l}{A\rho(l/A)} = \frac{\mathcal{E}}{\rho}\ [\text{A/m}^2]$$

또는

$$\mathcal{E} = \rho J\ [\text{V/m}]$$

이 마지막 표현식은 옴의 법칙의 **미시**형(**미분**형, **점**형, *microscopic*(*differential*, *point*) form)으로 일컬어진다.

따라서

$$\oint H\,dl = \mathcal{F}\,[\text{A-t}] \qquad (1\text{-}23)$$

Magnetic Potential Difference

이것은 자속이 흐를 때 두 점 사이에 나타나는 기자력 강하(mmf drop)이다. 따라서 점 a와 b 사이에 나타나는 총(total) 인가 기자력의 부분은 비슷하게 찾아진다:

$$U_{ab} = \int_a^b H\,dl = \frac{\mathcal{F}}{l}l_{ab} = \frac{\Phi\mathcal{R}}{l}l_{ab}$$
$$= \frac{\Phi}{l}\frac{l}{\mu A}l_{ab} = \Phi\frac{l_{ab}}{\mu A} = \Phi\mathcal{R}_{ab}$$

$$U_{ab} = \Phi\mathcal{R}_{ab}\ [\text{A-t}] \qquad (1\text{-}24)$$

여기서 $\mathcal{R}_{ab}$는 점 a와 b 사이의 철 토로이드의 자기저항이다.

Flux Density

자속밀도는 단위 면적당 웨버로 표현된다. 따라서

$$B = \frac{\Phi}{A} = \frac{\mathcal{F}}{A\mathcal{R}} = \frac{Hl}{A(l/\mu A)} = \mu H\ [\text{T}]$$

$$H = \frac{B}{\mu}\ [\text{A-t/m}] \qquad (1\text{-}25)$$

전술한 것으로부터 전기와 자기회로가 **모든**(*all*) 세목에서 상사라고 추단되지는 않아야 할 것이다. 예를 들어, 전기회로에 대해 존재하는 것으로 알려진 것과 상사인 자기 절연체(magnetic insulator)는 없다. 또한, 직류 전류가 전기회로 내에서 확립되고 유지될 때에는, 에너지가 계속해서 공급되어야 한다. 자속이 확립되고 일정하게 유지되는 자기의 경우에는 상사인 상황이 일어나지 않는다.

1-5 UNITS FOR MAGNETIC CIRCUIT CALCULATIONS

자기회로 계산은 몇몇의 다른 단위계(system of units) 중 어느 한가지의 사용에 의해 수행될 수 있다. 전기와 자기의 현상이 서로 관련되지 않는다는–각각에 대해 각자의 단위계의 개발로 이끄는–생각이 있었기 때문에, 그리고 둘째로, 일단 둘 사

이의 관계가 발견되자 단위의 실제적인 값으로 다루어야 할 필요가 있었기 때문에 이런 다양한 단위계가 처음에 생겼다. 지금까지의 대처는 대략 20세기의 전환기에 기오르기(Giorgi Melikishvili, 1918-2002)에 의해 개발된 MKS(meter-kilogram-second) 단위계에 독점적으로 주어졌다. 이 정책은 1960년에 과학적인 작업에 대한 표준으로서 MKS 단위계의 승인에 의해 촉구되었으며, 지금은 국제 단위계(SI 단위계, SI units, Système International Unités)로 불린다. 하지만, 지난 문헌의 대부분이 CGS (centimeter-gram-second) 단위계로 쓰여졌다. 게다가, 오늘날의 많은 계산이 인치(inches, [in])로 표현된 치수로 다루는데 편리를 제공하기 때문에[A-t/in] (ampere-turns/inch), [Mx/in^2] (maxwells/inch^2), 그리고 [A-t]같은 단위를 사용하는 **혼합** 단위계(*mixed* system)에서 수행된다. 이런 이유로, 표 1-1에는 세가지 단위계가 모두 보여져 있다.

MKS 단위계에서의 자속의 단위인 웨버(webers, [Wb])는 10^8 맥스웰(maxwells, [Mx]) (또는 [line] (lines))과 같다. 여기서 맥스웰은 CGS 단위계에서의 자속의 단위이다. 길버트(gilberts, [gilbert])는 기자력에 대한 CGS 단위이며, [A-t] 값의 0.4π배이다. 자계의 세기 H에 대한 CGS 단위는 에르스테드(oersteds, [Oe])(또는 [gilbert/cm])이며 자속밀도 B에 대한 CGS 단위는 가우스(gausses, [gauss])(또는 [line/cm^2]) 이다. 여러가지 단위계 사이의 같은 양에 대해 존재하는 관계가 표의 마지막 열(column)에 주어져 있다.

1-6 MAGNETIC CIRCUIT COMPUTATIONS

기본적으로 강자성 물질을 포함하는 자기회로 계산은 두가지 종류로 나뉜다. 첫째는 자속의 값이 알려져 있으며 그것을 생성하는 기자력을 찾는 것이 요구된다. 이것은 교류 및 직류 전기-기계 에너지 변환기(ac and dc electromechanical energy converter)의 설계에 있어서의 전형적인 상황이다. 발전기의 원하는 전압 정격(rating) 또는 전동기의 토크(torque) 정격을 기초로 하여 요구되는 자속에 대한 정보가 바로 얻어진다. 그 다음 이 지식과 자기회로의 배치로 자속을 확립하기 위해 필요로 하는 총 기자력이 단도직입적으로 결정된다. 둘째 경우에서는 자기회로의 기하와 인가 기자력을 알고, 풀어야 하는 것이 자속이다. 이 상황이 우세한 공학 응용은, 하나 또는 그 보다 많은 제어 권선(control winding)에 기인하는 합성 자속을 찾는 것이 종종 필요한, 자기 증폭기(magnetic amplifier)이다. 강자성 물질의 자기저항(또는 투자율)이 일정하지 않기 때문에, 다음의 예제에서 설명되는 바와 같이, 첫번째 형태보다 이 문제의 풀이(solution)가 상당히 더 많이 포함된다.

EXAMPLE 1-1 그림 1-13에 그려진 바와 같이 토로이드가 세 가지 강자성 물질로 구성되어 있

TABLE 1-1 MAGNETIC UNITS

		CGS		SI units			Mixed English system		
Quantity	Symbol	Unit	Relation	Unit	Symbol	Relation	Unit	Relation	Conversion factors
mmf	$\mathcal{F}$	[gilbert]	$\mathcal{F} = 0.4\pi NI$	ampere-turns	[A-t]	$\mathcal{F} = NI$	[A-t]	$\mathcal{F} = NI$	1 [pragilbert] = 10 [gilbert] 1 [A-t] = 0.4π [gilbert] = 1.257 [gilbert]
Permeability Free space Abs. permea. Norm. permea.	μ_0 μ		$\mu_0 = 1$ $\mu = \mu_0\mu_r$ μ_r	$\frac{\text{henrys}}{\text{meter}}$	[H/m]	$\mu_0 = 4\pi \times 10^{-7}$ $\mu = 4\pi \times 10^{-7}\mu_r$		$\mu_0 = 3.19$ $\mu = 3.19\mu_r$	
Length	l	[cm]		meters	[m]		[in]		1 [cm] = 0.01 [m] 1 [m] = 39.4 [in]
Area	A	[cm^2]		meters^2	[m^2]		[in^2]		1 [m^2] = 1550 [in^2]
Reluctance	$\mathcal{R}$		$\mathcal{R} = \frac{l}{\mu_r A}$	$\frac{\text{ampere-turns}}{\text{weber}}$	[A-t/Wb]	$\mathcal{R} = \frac{l}{4\pi \times 10^{-7}\mu_r A}$		$\mathcal{R} = \frac{l}{3.19\mu_r A}$	
Flux	Φ	[Mx] [line]	$\Phi = \frac{0.4\pi NI}{\frac{l}{\mu_r A}}$	webers	[Wb]	$\Phi = \frac{NI}{\frac{l}{4\pi \times 10^{-7}\mu_r A}}$	[Mx] [line]	$\Phi = \frac{NI}{\frac{l}{3.19\mu_r A}}$	1 [Wb] = 10^8 [line]
Magnetic field intensity	H	[gilbert/cm] [Oe]	$H = \frac{0.4\pi NI}{l}$	$\frac{\text{ampere-turns}}{\text{meter}}$	[A-t/m]	$H = \frac{NI}{l}$	[A-t/in]	$H = \frac{NI}{l}$	1 [Oe] = 79.6 [A-t/m] 1 [praOe] = 100 [Oe] 1 [A-t/in] = $\frac{0.4\pi}{2.54}$ = 0.495 [Oe] 1 [praOe] = $\frac{2.02}{100}$ [A-t/in]
Flux density	B	[line/cm^2] [gauss]	$B = \mu_r H$	$\frac{\text{webers}}{\text{meter}^2}$	[T]	$B = \mu_r\mu_0 H$	[line/in^2]	$B = 3.19\mu_r H$	1 [gauss] = 6.45 [line/in^2] 1 [Wb/m^2] = 64500 [line/in^2] = 10000 [gauss] = 1 [T]

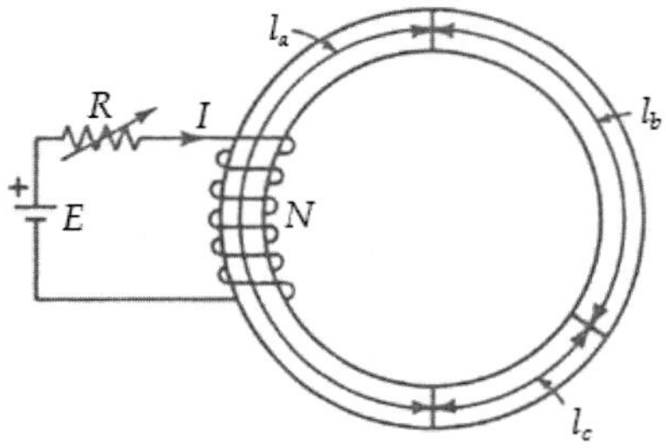

Figure 1-13 Toroid composed of three different materials.

으며 100 [turn]을 가지는 코일이 갖추어져 있다. 물질 a는 0.3 [m]의 평균 호(arc) 길이 l_a를 갖는 니켈-철 합금이다. 물질 b는 규소강(silicon steel) 매질이며 0.2 [m]의 평균 호 길이 l_b를 가진다. 물질 c는 0.1 [m]와 같은 평균 호 길이 l_c를 가지는 주강(cast steel)이다. 각 물질은 0.001 [m^2]의 단면적을 가진다.

(a) $\Phi = 6 \times 10^{-4}$ [Wb] = 60000 [line]의 자속을 확립하기 위해 필요로 하는 기자력을 찾아라.

(b) 코일을 통하여 얼마의 전류가 흐르도록 만들어야 하는가?

(c) 각 강자성 물질의 비투자율과 자기저항을 계산하라.

SOLUTION (a) 코일의 총 기자력을 얻기 위해서는 암페어의 주회 법칙을 적용하는 것이 필요하다. 따라서

$$\mathcal{F} = U_a + U_b + U_c = H_a l_a + H_b l_b + H_c l_c \text{ [A-t]}$$

여기에서 미지량은 H_a, H_b, 그리고 H_c이다. 이들은, 여기에서는 자속이 공통이며 단면적이 같기 때문에 각 부분에 대해 같은, 자속밀도의 지식으로부터 쉽사리 찾아질 수 있다. 그러므로

$$B_a = B_b = B_c = \frac{\Phi}{A} = \frac{0.0006}{0.001} = 0.6 \text{ [T]}$$

이제 $B_a = 0.6$ [T]에 대응하는 H_a가 그림 1-10의 니켈-철 합금의 B-H 곡선에 들어감으로써 찾아진다. 이것은

$$H_a = 10 \text{ [A-t/m]}$$

를 산출한다. 비슷하게,

$$H_b = 77 \text{ [A-t/m]}$$

$$H_c = 320 \text{ [A-t/m]}$$

따라서, 요구되는 총 기자력은

$$\begin{aligned}\mathcal{F} &= H_a l_a + H_b l_b + H_c l_c = 10 \times 0.3 + 77 \times 0.2 + 320 \times 0.1 \\ &= 3.0 + 15.4 + 32.0 = 50.4 \text{ [A-t]}\end{aligned}$$

주강의 경로 길이가 가장 짧기는 하지만, 그런데도 불구하고 특정한 자속이 통하는 것을 강제하기 위하여 가장 큰 기자력의 부분을 요구한다는 것에 유의하라. 이것은 문제 (c)에서 보여지는 바와 같이 그것의 훨씬 더 낮은 투자율 때문에 생긴다.

(b) 국제 단위계에서 기자력은 [A-t]의 값과 같다. 그러므로

$$I = \frac{\mathcal{F}}{N} = \frac{50.4}{100} = 0.504\ [\text{A}]$$

(c) 식 (1-8)로부터

$$\mu_a = \frac{B_a}{H_a} = \frac{0.6}{10} = 0.06\ [\text{H/m}]$$

또한

$$\mu_{ra}\mu_0 = \mu_a$$

$$\therefore \mu_{ra} = \frac{\mu_a}{\mu_0} = \frac{0.06}{4\pi \times 10^{-7}} = 47746$$

게다가, 식 (1-13)으로부터 자기저항은

$$\mathcal{R}_a = \frac{\mathcal{F}_a}{\Phi} = \frac{3.0}{6 \times 10^{-4}} = 5000\ [\text{A-t/Wb}]$$ (자기저항의 유리화(합리화) mks 단위)

과 같이 찾아진다.

물질 b와 c에 대하여 비슷한 방식으로 계속하면 다음의 결과로 이끈다:

$$\mu_{rb} = 6207 \qquad \mathcal{R}_b = 25667\ [\text{A-t/Wb}]$$

$$\mu_{rc} = 1492 \qquad \mathcal{R}_c = 53333\ [\text{A-t/Wb}]$$

다음으로 더 어려운 문제를 고려한다: 주어진 자기회로 내에서 특정한 기자력에 대응하는 자속 찾기. B와 H 사이의 비선형 관계의 결과에 따라 너무 많은 미지수가있기 때문에, 직접 해(solution)에 도달될 수 없다. 해를 찾는 가장 쉬운 방법은 그들의 자화 곡선에서 나타나는 것과 같은 물질의 투자율 지식에 의해 인도되는 시행착오 과정(cut-and-try procedure)을 사용하는 것이다. 다음의 예제가 포함되는 기법을 설명한다.

EXAMPLE 1-2 그림 1-13에 보여진 예제 1-1의 토로이드에 대하여 $\mathcal{F} = 35$ [A-t]의 인가 기자력에 의해 생성되는 자속을 찾아라.

SOLUTION 자속밀도가 알려져 있을 때에만 알 수 있는 자기회로의 각 부분의 자기저항을 알아야 하기 때문에 해가 직접 결정될 수 없다–Φ가 시작에서 알려져 있어야 한다는 것을 의미한다. 이것은 명백히 불가능하다.

시행착오 과정에 의해 해를 얻기 위하여, 처음에 모든 인가 기자력이 가장 높은 자기저항을 갖는 물질을 가로질러 나타난다는 가정으로 시작한다. 이것은 계속해서 개선될 수 있는 Φ의 근사값을 산출한다. 그림 1-10을 일견하면, 가장 나쁜 자기 "도체(conductor)"는 주강임을 본다. 그러므로 전체 기자력이 물질 c를 가로질러 나타난다는 가정에 의해 H를 찾을 수 있으며, 이로부터 B가 따라오고, 다음에 Φ를 산출한다. 따라서

$$H_c = \frac{U_c}{l_c} = \frac{\mathcal{F}}{l_c} = \frac{35}{0.1} = 350\ [\text{A-t/m}]$$

그림 1-10으로부터,

$$B_c = 0.65\ [\text{T}]$$
$$\therefore \Phi_1 = B_c A_c = 0.65 \times 0.001 = 0.00065\ [\text{Wb}]$$

이 값은 하첨자로 나타내어진 바와 같이 자속에 대한 첫번째 근사를 나타낸다.
또한, 단면적이 각 물질에 대하여 같기 때문에, 다음이 따라온다:

$$B_a = B_b = B_c = 0.65\ [\text{T}]$$

니켈-철 자화 곡선을 참조하면, B_a에 대응하는 H_a의 값은 H_c에 비하여 무시할 수 있을 정도로 작다는 것을 드러낸다. 그러므로 모든 실제적인 목적에서는, 그것의 효과가 무시될 수 있다. 하지만, 중간 실리콘 강의 경우에는 H_b의 값이 거의 81 [A-t/m] 임에 유의하라. $l_b = 2l_c$라는 사실과 결합하여, 이것은 자속의 흐름을 유지하는데 있어서 물질 b가 대략 물질 c의 기자력의 절반을 취한다는 것을 가리킨다. 바꾸어 말하면, 해석의 이 단계에서, 전체 기자력이 물질 c에 할당된다는 원래의 가정을 개선할 수 있다는 것이다. 이제 대략 c에 할당된 것의 50 [%]가 b에 할당되어야 할 것이다. 따라서

$$U_b + U_c = \mathcal{F}\ [\text{A-t}]\ (\text{assumed})$$

그러나

$$U_b = 0.5U_c\ [\text{A-t}]\ (\text{assumed})$$

그러므로

$$1.5U_c = \mathcal{F} = 35\ [\text{A-t}]$$
$$\therefore U_c = 23.3\ [\text{A-t}]$$

따라서 해에 대한 두번째 근사가 얻어질 수 있다. 그러므로

$$H_c = \frac{23.3}{0.1} = 233\ [\text{A-t/m}]$$

이것은 다음에

$$B_c = 0.4\ [\mathrm{T}]$$

를 산출하여 자속의 값은 이제

$$\Phi_2 = 0.0004\ [\mathrm{Wb}]$$

가 된다.
이것이 옳은 답인지 아닌지를 결정하기 위하여, 이 단계에서 각 물질에 대한 기자력 강하를 계산하고 더하여 인가 기자력과 같은 값을 산출하는지를 보아야 한다. 그렇지 않다면, 앞의 과정이 암페어의 주회 법칙이 만족될 때까지 반복되어야 한다. 두번째 근사에 대하여 이 점검을 하면 다음을 가진다:

$$H_b = 62\ [\mathrm{A\text{-}t/m}]\ (\text{corresponding to } B_b = 0.4\ [\mathrm{T}])$$

그리고

$$H_a = 5.7\ [\mathrm{A\text{-}t/m}]\ (\text{for } B_a = 0.4\ [\mathrm{T}])$$

따라서

$$\begin{aligned}\mathrm{mmf} &= H_a l_a + H_b l_b + H_c l_c = 5.7 \times 0.3 + 62 \times 0.2 + 233 \times 0.1 \\ &= 1.7 + 12.4 + 23.3 = 37.4\ [\mathrm{A\text{-}t}]\end{aligned}$$

명백히 이것은 대략 7 [%] 더 높다. 그러므로, 세번째 시도로서, 기자력에 대한 가장 큰 기여자(contributor)를 5 [%]의 인자로 줄인다. 즉, 이제는

$$U_c = 22\ [\mathrm{A\text{-}t}]$$

으로 가정한다. 그러면

$$H_c = 220\ [\mathrm{A\text{-}t/m}] \qquad \text{and} \qquad B_c = 0.375\ [\mathrm{T}]$$
$$\therefore \Phi_2 = 0.000375\ [\mathrm{Wb}]$$

이 자속에 대응하여,

$$H_b = 59\ [\mathrm{A\text{-}t/m}] \qquad \text{and} \qquad H_a = 5\ [\mathrm{A\text{-}t/m}]$$

를 찾는다. 그러므로

$$\mathrm{mmf} = 5 \times 0.3 + 59 \times 0.2 + 22 = 35.3\ [\mathrm{A\text{-}t}]$$

이 기자력의 합(summation)이 35 [A-t]의 인가 기자력에 부합하기 때문에, 자속에 대한 옳

은 해는

$$\Phi = 0.000375\ [\text{Wb}] = 37500\ [\text{line}]$$

지금 막 설명된 종류의 자기회로 계산을 할 때, 정확한 해의 ±5 [%] 이내에 들어온 어떤 해는 정당한 것으로 받아들이는 것이 통상 관례이다. 그 이유는 특정한 회로에서 모두 실제로 사용되는 물질의 히스테리시스를 무시하며 단지 **전형적인**(*typical*) 정규 자화 곡선으로 다루기 때문이다. 편차(deviation)가 있을 수 있으며 종종 존재한다.

자기회로 계산을 설명하는 마지막 예로서, 공극의 존재는 물론 병렬 자기 경로를 포함하는 문제를 풀어야 할 것이다. 더욱이, 단지 특정한 자속을 확립하기 위해 필요로 하는 기자력이 찾아지는 첫번째 형태만을 고려해야 할 것이다. 이것은 해가 명백할 뿐만 아니라 공학자에게 관련됨직한 훨씬 더 대표적인 자기회로 문제이기 때문에 정당화된다.

EXAMPLE 1-3 그림 1-14에 보여진 배치와 치수를 가진 자기회로가 0.05 [m]의 두께를 가진 주강과 점 g와 h 사이에 나타나는 길이 0.002 [m]의 공극으로 만들어져 있다. 문제는 4×10^{-4} [Wb](또는 40000 [line])의 공극 자속을 확립하기 위해 코일에 의해 생성되는 기자력을 찾는 것이다.

SOLUTION 풀이 방법은 그림 1-15에 보여진 것과 같은 이 자기회로의 등가회로를 참조함으로써 쉽사리 확인될 수 있다. Φ_g에 대한 지식은 b와 c를 가로질러 나타나는 기자력 강하를 찾을 수 있게 한다. 이 정보로부터 철심각(leg) bc 내의 자속이 결정될 수 있으며, 그것에 Φ_g를 더하여 철심각 cab 내의 자속을 찾는다. 다음에, 철심각 cab 내의 총(total) 자속을 유지하기 위해 필요로 하는 기자력이 계산될 수 있으며, 그것에 bc를 가로지르는 기자력 강하를 더하면 합성 기자력을 얻는다.

자기회로의 여러 부분에 포함되는 계산은 다음과 같다:

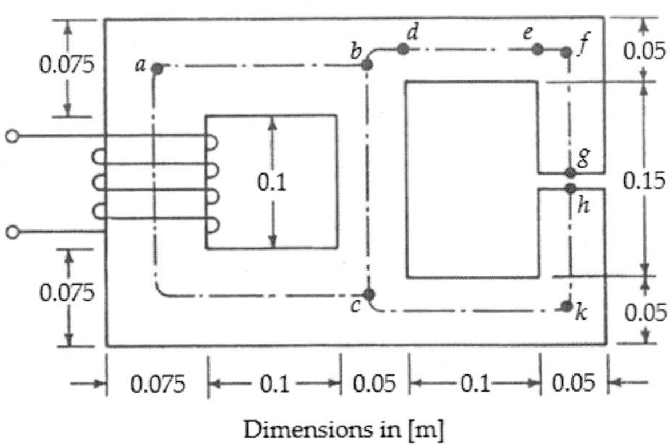

Figure 1-14 Magnetic circuit for Example 1-3.

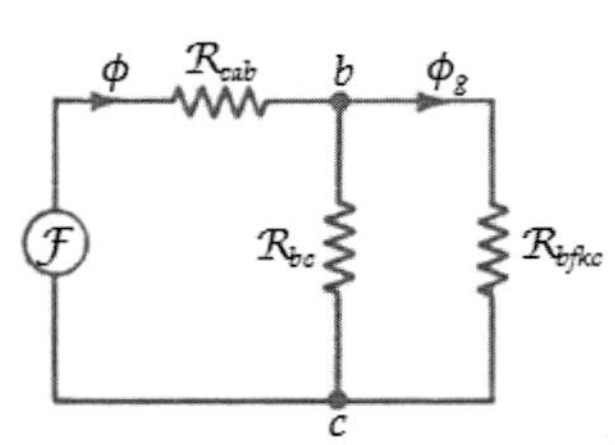

Figure 1-15 Equivalent circuit of Fig. 1-14.

Part gh. 이것은 자속이 4×10^{-4} [Wb]로 특정된 공극이다. 공극의 단면적은 $0.05 \times 0.05 = 0.0025$ [m^2]이다. 보통은, 하지만, 이 면적은 공극의 단부(가장자리, edge)를 따라 바깥으로 튀어나오는 자속의 경향–이것은 종종 **프린징**(*fringing*)이라 불린다–때문에 약간 더 크다. 편의를 위하여 이 효과는 무시된다. 따라서, 공극 자속밀도는

$$B_g = \frac{\Phi_g}{A_g} = \frac{4 \times 10^{-4}}{0.0025} = 0.16\ [\mathrm{T}]$$

로 찾아진다. 공기의 투자율은 사실상 자유 공간의 그것과 같기 때문에, 다음을 가진다:

$$H_g = \frac{B_g}{\mu_0} = \frac{0.16}{4\pi \times 10^{-7}} = 127300\ [\mathrm{A\text{-}t/m}]$$

그리고

$$U_g = H_g l_g = 127300 \times 0.002 = 255\ [\mathrm{A\text{-}t}]$$

Part bg and hc. 여기에 포함된 강자성 물질의 길이는

$$\begin{aligned} l_{bg} + l_{hc} &= 2\left(l_{bd} + l_{de} + l_{ef} + \frac{l_{fk}}{2}\right) - l_g \\ &= 2 \times (0.025 + 0.1 + 0.025 + 0.1) - 0.002 \\ &= 0.498\ [\mathrm{m}] \end{aligned}$$

더욱이, 0.16 [T]의 주강 내의 자속밀도에 대응하여, 자계의 세기 H는 125 [A-t/m]로 찾아진다. 그러므로

$$U_{bg+hc} = 125 \times 0.498 = 62.2\ [\mathrm{A\text{-}t}]$$

또한

$$l_{bc} = 0.1 + 0.075 = 0.175\ [\mathrm{m}]$$

$$\therefore H_{bc} = \frac{317.2}{0.175} = 1810\ [\mathrm{A\text{-}t/m}]$$

그리고 주강에 대한 그림 1-10으로부터 대응하는 자속밀도는

$$B_{bc} = 1.38\ [\mathrm{T}]$$

로 찾아진다. 그러므로

$$\Phi_{bc} = 1.38 \times 0.0025 = 0.00345\ [\mathrm{Wb}]$$

Part cab. 따라서, 철심각 *cab*에 존재하는 총 자속은

$$\Phi_{cab} = \Phi_{bc} + \Phi_g = 0.00345 + 0.0004 = 0.00385 \text{ [Wb]}$$

이 자속의 지식은 그 다음 그것을 유지하기 위해 철심각 *cab* 내에서 필요로 하는 기자력의 결정으로 이끈다. 따라서

$$B_{cab} = \frac{0.00385}{0.00375} = 1.026 \text{ [T]}$$

이로부터

$$H_{cab} = 690 \text{ [A-t/m]}$$

그러므로

$$U_{cab} = H_{cab} l_{cab} = 690 \times 0.5 = 345 \text{ [A-t]}$$

그러므로 원하는 공극 자속을 생성하기 위해 요구되는 총 기자력은

$$\mathcal{F} = U_{cab} + U_{bc} = 345 + 317.2 = 662.2 \text{ [A-t]}$$

1-7 THE INDUCTANCE PARAMETER

인덕턴스는 자계의 특성이며, 1831년의 유명한 실험으로 패러데이(Michael Faraday, 1791-1867)에 의해 발견되었다. 일반적인 방식으로 **인덕턴스**(*inductance*)는 자계 내에 에너지를 저장하는 능력이 있는 회로 소자(circuit element)의 성질로써 특성이 기술될 수 있다. 인덕턴스의 중요하며 특징적인 양상은, 하지만, **변동 전류**(*changing current*) 또는 자속이 있을 때에만 회로 내에서 그것을 느끼게 만든다는 것이다. 따라서, 회로 소자가 그것의 기하학적 및 자기적 성질 덕분으로 인덕턴스를 가질 수 있기는 하지만, 회로 내에서의 그것의 존재는 전류의 시간 변화율이 있는 경우 외에는 나타나지 않는다. 인덕턴스의 이 양상은 그것을 회로 관점으로 고찰할 때 특히 강조된다. 하지만, 완전을 위하여, 인덕턴스는 또한 에너지와 물리적 관점으로 다루어진다.

Circuit Viewpoint

인덕턴스 매개변수를 포함하는 전류-전압 관계식은

$$v_L = L\frac{di}{dt} \qquad \text{[V]} \tag{1-26}$$

으로 표현된다. 일반적으로 v_L과 i는 둘 다 시간의 함수이다. 그림 1-16은 변화하는 전류가 단자 *c* 안으로 흐를 때 인덕턴스 매개변수의 단자를 가로질러 나타나는

전위차 v_L을 나타낸다. 양 v_L 위의 화살촉이, 이 단자가 단자 d에 대하여 순시적으로 정(양)(instantaneously positive)임을 가리키는, 단자 c에 보여져 있음에 유의하라. 다음에, 이것은 전류가 정(양)의 의미(positive sense)로 증가함을, 즉, 식 (1-26)에서 기울기 di/dt가 정(양)임을, 의미한다. 인덕턴스의 성질을 나타내는 회로 소자는 **유도(용량)기**(**인덕터**, *inductor*)라 불리며, 그림 1-16에 보여진 기호로 나타내어진다. 실제로는 인덕터 코일이 형성되는 것으로부터 권선 저항을 내포해야 하지만, 이상적인 관점에서는, 인덕터는 저항이 없는(resistanceless) 것으로 고려된다.

식 (1-26)으로부터, 인덕턴스에 대한 적절한 정의 식(defining equation)은

$$L = \frac{v_L}{di/dt} \qquad \text{[V-s/A] (volt-seconds per ampere)] or [H] (henrys)} \qquad (1\text{-}27)$$

이라는 것이 따라온다. 따라서 주어진 순간(time instant)에 인덕터의 단자를 가로지르는 전위차를 기록하고 대응하는 전류 시간 함수의 도함수(derivative)로 나누면 인덕턴스 매개변수를 결정할 수 있다. 인덕턴스의 단위는 [V-s/A] 임에 유의하라. 간단을 위하여 이것은 보통 **헨리**(*henry*, [H])로 불린다.

선형 인덕터(*linear inductor*)는 전류에 독립인 인덕턴스 매개변수의 한가지이다. 전류가 인덕터를 통하여 흐름에 따라, 공간 자속을 생성한다. 이 자속이 공기로 퍼질 때, 인덕턴스 매개변수가 전류의 모든 값에 대하여 일정하게 머무는, 전류와 자속 사이의 엄격한 비례가 나타난다. 식 (1-27)의 그림인, 전류의 도함수의 함수로써 나타낸 코일을 가로지르는 전위차의 그림은, 그림 1-17에 보여진 것과 같이 나타난다. 하지만, 자속이 철을 관통하도록 만들어질 때에는, 높은 전류의 경우, 그것이 생성하는 전류와 자속 사이의 비례 관계가 뒤집어지는 것이 가능하다. 그러한 경우에는 인덕터는 **비선형**(*nonlinear*)이라 불리며 식 (1-27)의 그림은 더 이상 직선이 되지 않을 것이다.

저항 매개변수의 경우, 옴의 법칙이 전류의 항으로 전압 또는 전압의 항으로 전류를 표현하는 것으로 적어질 수 있다. 같은 과정이 인덕턴스에 대하여 따라올 수

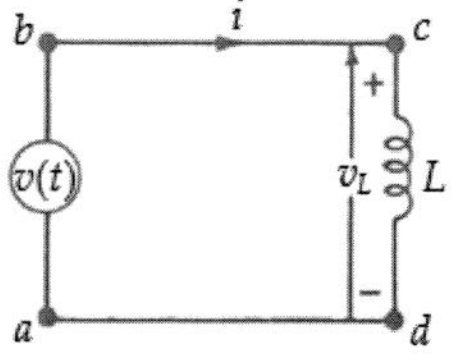

Figure 1-16 Circuit with pure inductance parameter.

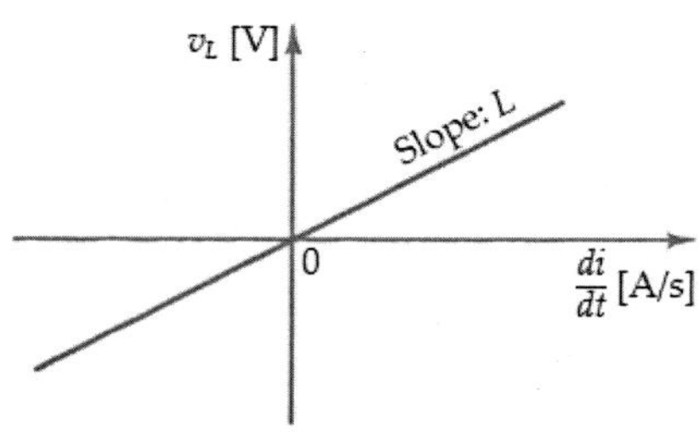

Figure 1-17 Graphical representation of the inductance parameter L from the circuit viewpoint.

있다. 식 (1-26)은 이미 전류의 함수로써 전압을 표현한다. 하지만, 인덕터를 가로지르는 전위차의 항으로 전류를 표현하기 위해서는, 식 (1-26)이 이해를 위하여 다음과 같이 전치되어야(transposed) 한다:

$$di = \frac{1}{L} v_L \, dt \tag{1-28}$$

적분형(integral form)에서는 이것이

$$\int_{i(0)}^{i(t)} di = \frac{1}{L} \int_0^t v_L \, dt \qquad [\text{A}] \tag{1-29}$$

또는

$$i(t) = \frac{1}{L} \int_0^t v_L \, dt + i(0) \qquad [\text{A}] \tag{1-30}$$

으로 된다. 식 (1-30)은 따라서 인덕터 내에서의 전류는 그것의 단자를 가로지르는 전압의 적분뿐만 아니라 적분의 출발에서 코일에 있는 초기 전류에 종속됨을 나타낸다.

식 (1-26)과 (1-30)의 검토는 인덕턴스의 중요한 성질을 드러낸다: **인덕터 내의 전류는 0의 시간 내에 갑자기 변화할 수 없다**. 이것은 식 (1-26)으로부터, 0의 시간 내의 전류의 유한한 변화는 인덕터를 가로질러 나타나는 무한대의 전압을 불러 온다—이는 물리적으로 불가능하다—는 것에 유의하면, 명백하게 된다. 다른 한편으로, 식 (1-30)은 0의 시간 내에 적분항으로부터 인덕터 전류에 미치는 기여는 0이어서, 전압의 인가 바로 전후의 전류는 같다는 것을 보인다. 이런 의미에서, 그러면, 인덕턴스는 관성(inertia)의 성질을 나타내는 것으로 볼 수 있다.

EXAMPLE 1-4 인덕터가 그것을 통하여 지나가는, 그림 1-18 (a)에 그려진 방식으로 시간에 따라 변하는, 전류를 가진다. 코일의 인덕턴스가 0.1 [H]로 가정될 때 인덕터 단자를 가로질러 나타나는 대응하는 전압 강하의 시간 변동을 찾아라.

SOLUTION 해가 그림 1-18 (b)에 나타나 있다. 0으로부터 0.1 [s]까지의 구간에서, $di/dt = 100$ [A/s]임에 유의하라. 그러므로 코일을 가로지르는 전압은 일정한

$$v_L = L\frac{di}{dt} = 0.1 \times 100 = 10 \text{ [V]} \quad \text{for} \quad 0 < t < 0.1 \text{ [s]}$$

로 주어진다. 0.1로부터 0.3 [s]까지의 시간 범위에서 전류 곡선의 기울기는 −50 [A/s]이다. 그러므로 코일을 가로지르는 전압은 −5 [V]이다. 마지막으로, 0.3으로부터 0.6 [s]까지의 구간

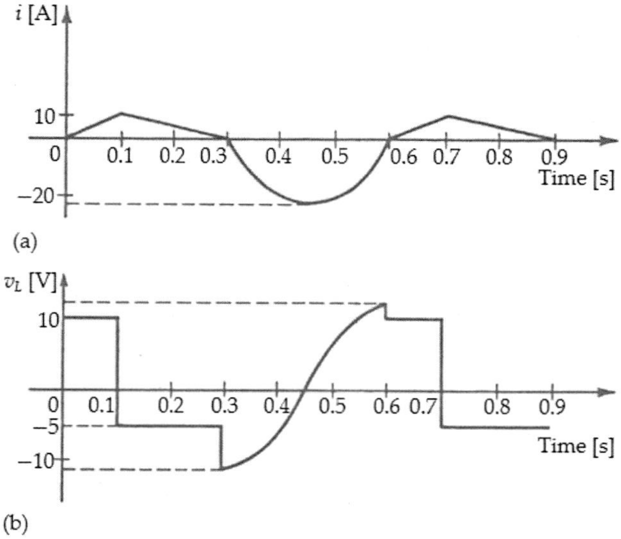

Figure 1-18 (a) Input current waveshape to an inductor; (b) corresponding voltage variation across the inductor terminal.

에서는, 전류 파형이 정현(사인, sinusoidal)이어서 대응하는 전압파는 여현(코사인, cosine)이다. 여현파를 그리는데 있어서, 사인파의 최대 기울기가 100 [A/s]를 초과한다고 가정된다. 그림 1-18에서, 인덕터 내에서의 전류와는 달리, 인덕터를 가로지르는 전압은 불연속적으로 변화하는 것이 허용된다는 것에 유의함이 흥미롭다.

Energy Viewpoint

인덕터가 0의 초기 전류를 가진다고 가정한다. 그 다음, 전류 i가 코일을 통하여 흘러 전위차 v_L이 인덕터를 가로질러 나타나도록 만들어진다면, 0으로부터 t까지의 시간 구간 내에서 받는 총 에너지는

$$W = \int_0^t v_L i \, dt \qquad \text{[J] (joules)} \tag{1-31}$$

이다. 식 (1-26)을 대입하면

$$W = \int_0^t \left(L\frac{di}{dt} \right) i \, dt = \int_0^t Li \, di \qquad \text{[J]} \tag{1-32}$$

또는

$$W = \frac{1}{2} Li^2 \qquad \text{[J]} \tag{1-33}$$

으로 이끈다. 인덕터가 권선 저항을 가지지 않는다는 가정으로 계속하면, 식 (1-33)

은 인덕터가 흡수하는 에너지의 양은 인덕턴스 매개변수 L 뿐만 아니라 전류의 순시치(instantaneous value)의 제곱에 비례한다는 것을 나타낸다. 따라서 에너지는 인덕터에 의해 자계 내에 저장된다. 그것은 유한한 값이며 회복할 수 있다. 전류가 증가됨에 따라, 저장되는 자기 에너지도 또한 그렇다. 하지만, 전류가 0일 때는 언제나 에너지가 0임에 유의하라. 인덕턴스 매개변수에 관련된 에너지가 전류에 따라 증가하거나 감소하기 때문에, 인덕터가 전원으로부터 받은 에너지를 되돌려 줄 수 있는 성질을 가진다고 적당하게 결론지을 수 있다.

식 (1-33)을 일견하면, 인덕턴스 매개변수를 그것의 순시 전류에 대응하는 자계 내에 저장되는 에너지의 항으로 나타내는 다른 방식이 나타난다. 따라서, 수학적인 형식으로는

$$L = \frac{2W}{i^2} \qquad [\mathrm{H}] \tag{1-34}$$

와 같이 적을 수 있다. 이것은 인덕턴스 매개변수의 에너지 표현이다.

유의할 만한 마지막 요점이 하나 있다. 인덕터 단자를 가로질러 존재하는 전위차를 위해서는 전류가 변화해야 한다는 것이 이미 설명되었다. 일정한 전류는 이상적인 인덕터를 가로질러 0의 전압 강하로 귀결한다. 하지만 이것은, 인덕터의 자계 내에 흡수되고 저장되는 에너지에 대하여 참(true)이 아니다. 식 (1-33)이 이 사실을 바로 입증한다. 일정한 전류는 고정된 에너지 저장으로 귀결한다. 이 에너지 상태를 바꾸려는 어떤 시도는 초기 에너지 저장의 효과에 의해 굳게 저항을 받는다. 이것은 다시 인덕턴스의 관성적 양상(inertial aspect)을 반영한다.

Physical Viewpoint

인덕터의 단자를 가로지르는 전압은 회로 관점으로부터 식 (1-26)으로 표현될 수 있다. 하지만, 이와 같은 전압이 패러데이 법칙에 의해 인덕터 코일의 전류와 권수(number of turns) N에 의해 생성되는 자속의 항으로 설명될 수 있다. 따라서,

$$v_L = L\frac{di}{dt} = N\frac{d\phi}{dt} \qquad [\mathrm{V}] \tag{1-35}$$

로 적을 수 있다. 그러면

$$L = N\frac{d\phi}{di} \qquad [\mathrm{H}] \tag{1-36}$$

이 따라온다. 자속 ϕ가 모든 값에 대하여 전류 i에 직접 비례하는 (즉, 선형 인덕터인) 경우에서는, 마지막 표현식이

$$L = \frac{N\phi}{i} = \frac{N\Phi}{I} \qquad \text{[Wb-t/A] or [H]} \tag{1-37}$$

로 된다. 여기에서 인덕턴스 매개변수는, 그것이 일부는 회로 변수 I의 항으로 그리고 일부는 자계 변수 Φ의 항으로 표현되기 때문에, 혼성 표현(hybrid representation)을 가진다. 이것을 피하기 위하여, 자속을 그것의 등가, 즉,

$$\Phi = \frac{\text{mmf}}{\text{magnetic reluctance}} = \frac{\mathcal{F}}{\mathcal{R}} \qquad \text{[Wb]} \tag{1-38}$$

로 대체한다. 여기서 mmf는 자기저항 $\mathcal{R}$을 가지는 자기회로 내에 자속 Φ를 생성하는 기자력이다. 그림 1-19에 나타난 것은 원형 철심 주위에 감긴 N [turn]으로 이루어진 인덕터이다. 철심이 l [m]의 평균 길이와 A_m [m^2]의 단면적을 갖는 것으로 가정된다면, 자기저항은

$$\mathcal{R} = \frac{l}{\mu A_m} \qquad \text{[A-t/Wb]} \tag{1-39}$$

와 같이 적어질 수 있다. 여기서 μ는 자성체의 물리적 성질인 투자율이다.

식 (1-38)과 (1-39)를 (1-37)에 대입하면, 그림 1-19의 회로의 인덕턴스 매개변수에 대한 표현식으로 귀결한다. 따라서,

$$L = \frac{N^2 \mu A_m}{l} = \frac{N^2}{\mathcal{R}} \qquad \text{[H]} \tag{1-40}$$

이다.

식 (1-40)을 조사하면, 이 양이 회로 또는 에너지 관점으로부터 정의되었을 때에는 바로 이용할 수 없는 인덕턴스 매개변수에 대한 몇 가지 흥미롭고 유용한 사실을 드러낸다. 가장 인상적인 것은 인덕턴스가, 저항과 같이, 물리적 치수의 기하와 매질의 자기적 성질에 종속한다는 사실이다. 이것은 어떻게 하여 L의 값을 바꿀 수 있는지를 말해주기 때문에 중요하다. 따라서, 그림 1-19에 그려진 인덕터의 경우, 인덕턴스 매개변수가 4가지 방법중 어느 한가지로 증가될 수 있다: 권수의 증가, 더 높은 투자율의 철심의 사용, 철심 길이의 감소, 그리고 철심 단면적의 증가.

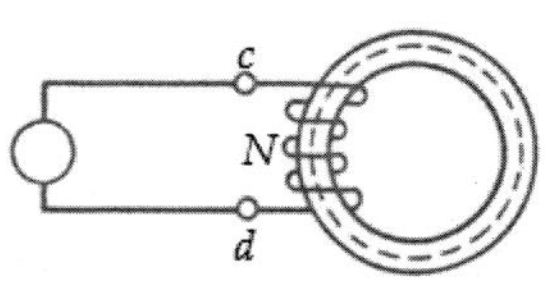

Figure 1-19 Linear inductor with iron core.

회로 관점이나 에너지 관점 어느 쪽도, 본질적으로 주어진 인덕터 기하에 관련된 효과를 다루기 때문에, 이러한 것을 말해줄 수 없다는 것에 유의하는 것이 흥미롭다. 세가지 관점 모두 이 회로 소자의 상(picture)을 완성하기 위해 필요하다는 것을 강조한다.

1-8 HYSTERESIS AND EDDY-CURRENT LOSSES IN FERROMAGNETIC MATERIALS

대칭적으로 주기적인 조건에서 강자성 물질의 자화와 감자의 과정은 완전히 가역이 아닌 에너지의 저장과 방출을 포함한다. 물질이 각 반주기 동안 자화됨에 따라, 자계 내에 저장되는 에너지의 양이 감자에 따라 방출되는 에너지를 초과하는 것이 찾아진다. 이 거동을 이해하기 위한 배경이 1-3절에서 마련되었다. 거기에서 히스테리시스 루프는 주기적인 조건에서 강자성 물질에 대한 자계의 세기의 함수로써 자속밀도의 변동으로 인지되었다. 히스테리시스 루프의 두드러진 양상은 주기적으로 변하는 자화력(magnetizing force)에 응답하는 자구의 뒤지는 재배향(delayed re-orientation)이다. 단일 히스테리시스 루프가 그림 1-20에 그려져 있다. 이 곡선에 있는 화살표의 방향은 H가 0으로부터 정(양)의 최대를 통하여 0으로, 다시 부(음)의 최대를 통하여 0으로 되돌아감에 따라 B가 변화하여, 따라서 루프를 완성하는 방식을 나타낸다. 그림 1-20에 보여진 여러가지 빗금친 면적의 의미를 평가하기 위하여, B와 H의 적(곱, product)과 관련된 단위를 살펴보자. 따라서

$$\text{units of } HB = \frac{[\text{A}]}{[\text{m}]} \times \frac{[\text{N}]}{[\text{A-m}]} = \frac{[\text{N}]}{[\text{m}^2]}$$

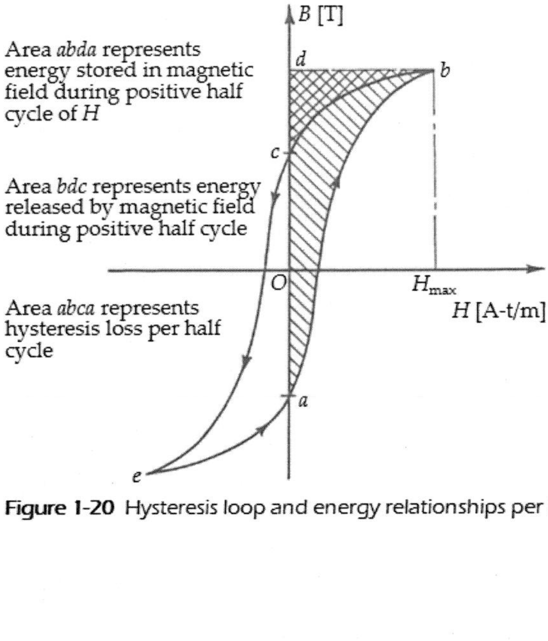

Figure 1-20 Hysteresis loop and energy relationships per half-cycle.

이다. 그러나

$$[\text{N-m}] = [\text{J}]$$

이므로

$$\text{units of } HB = \frac{[\text{J}]}{[\text{m}^3]}$$

이다. 명백히 이것은 에너지 밀도라는 것이 인지된다. 그러므로, 히스테리시스 루프와 관련하여 B와 H를 포함하는 면적을 다루는 것은, 히스테리시스 루프가 H의 각 주기적 변동에 대해 반복되기 때문에, 사실상 주기당 기저(per-cycle basis)로 표현된 에너지 밀도를 다루는 것이다.

전술한 것은 시간에 관한 전력(동력, 일률, power)의 적분으로써 에너지를 다룸에 의해 더 정확하게 그려진다. 따라서,

$$W\,(\text{energy in [J]}) = \int_{t_a}^{t_b} p\,dt$$

이다. 그러나,

$$p = ei = N\left(\frac{d\phi}{dt}\right)i \qquad [\text{W}]\ (\text{watts})$$

이어서

$$W = \int_{\phi_a}^{\phi_b} Ni\left(\frac{d\phi}{dt}\right)dt = \int_{\phi_a}^{\phi_b} Ni\,d\phi \qquad [\text{J}] \tag{1-41}$$

이다. 또한,

$$i = \frac{\mathcal{F}}{N} = \frac{Hl}{N} \qquad [\text{A}] \qquad \text{and} \qquad \phi = BA \qquad [\text{Wb}] \qquad \text{for } A \text{ fixed}$$

이다. 이 마지막 표현식을 식 (1-41)에 대입하면

$$W = \int_{B_a}^{B_b} N\left(\frac{Hl}{N}\right)A\,dB = Al\int_{B_a}^{B_b} H\,dB \qquad [\text{J}] \tag{1-42}$$

를 산출한다. 그러므로 에너지 밀도는

$$w = \frac{W}{Al} = \int_{B_a}^{B_b} H\,dB \qquad [\mathrm{J/m^3}] \tag{1-43}$$

이다.

H가 0으로부터 그것의 정(양)의 최대 값으로 증가되는 변동의 주기적인 부분 동안에 (물질이 이미 주기적인 상태에 있다고 가정하여) 자계 내에 저장되는 에너지는 MKS 단위계가 사용되었을 때 특히

$$w_1 = \int_{B_a}^{B_b} H\,dB \qquad [\mathrm{J/m^3}] \tag{1-44}$$

로 주어진다; 즉, H는 [A-t/m], 그리고 B는[$\mathrm{Wb/m^2}$; T]로 표현되어야 한다. 그림 1-20의 축이 그렇게 표시되어 있음에 유의하라. 더욱이, H가 정(양)의 최대 값으로부터 0으로 감소되는 주기적인 변동의 부분 동안에 (히스테리시스 루프의 곡선 bc를 따라가는), 에너지는 자계에 의해 방출되고 전원으로 되돌아 가며, 이 양은

$$w_2 = \int_{B_b}^{B_c} H\,dB \qquad [\mathrm{J/m^3}] \tag{1-45}$$

로 표현될 수 있다. 이 식에서, $B_b > B_c$이기 때문에, 양 w_2는 에너지가 자계에 의해 저장되기 보다는 방출된다는 것을 나타내는, 부(음)가 될 것이다.

식 (1-44)의 도식적인 해석은 H가 정(양)의 방향으로 증가할 때 자계에 의해 흡수되는 에너지는 면적 $abdca$로 나타내어질 수 있다는 결과로 이끈다. 비슷하게, H가 $H_{\max}$로부터 0으로 변함에 따라 방출되는 에너지는 면적 $bdcb$에 의해 나타내어질 수 있다. 이 두 에너지 밀도 사이의 차이는 전원으로 되돌아 가지 않고, 오히려 자구가 변화하는 자계의 세기에 응답하여 재정렬 됨에 따라 열로 소산되는 에너지의 양을 나타낸다. 이 에너지의 소산은 **히스테리시스 손실**(*hysteresis loss*)이라 불린다. 그림 1-20은 H의 반주기 변동에 대한 이 에너지 밀도 손실을 나타낸다는 것을 마음에 새겨라. 그러므로 면적 $abca$는 반주기당(per half-cycle) 히스테리시스 손실을 나타낸다. 대칭성으로부터, 확실히 H의 부(음)의 반주기 변동의 완성으로 같은 에너지 손실이 생긴다는 것이 따라온다. 그러므로, H가 완전한 한주기(one complete cycle)에 걸쳐 변함으로써, 세제곱 미터당 총 에너지 손실은 히스테리시스 루프의 면적으로 나타내어진다. 더 구체적으로, 이 주기당 에너지 손실은 수학적으로

$$w_h = (\text{area of hysteresis loop}) \qquad [\mathrm{J/m^3/cycle}] \tag{1-46}$$

과 같이 표현될 수 있다. 여기서 MKS 단위계가 B와 H에 대하여 사용되었다.

종종 강자성 물질의 히스테리시스 손실을 와트(watt, [W])–전력의 단위–로 표현하는 것이 바람직하다. 식 (1-46)에서 w_h의 단위에 대한 작은 생각은 이것이 어떻게 하여 바로 달성될 수 있는 지를 보인다. 따라서

$$w_h = \frac{\text{energy}}{\text{vol.} \times \text{cycles}} = \frac{\text{power} \times \text{seconds}}{\text{vol.} \times \text{cycles}} = \frac{\text{power}}{\text{vol.} \times \text{cycles/second}} \tag{1-47}$$

이다. 이제

P_h [W] = power loss

ν [m^3] = volume of ferromagnetic material

f [Hz] (hertz) = frequency of variation of H

라 하자. 그러면, 식 (1-47)은

$$w_h = \frac{P_h}{\nu f} \qquad [\text{W/m}^3/\text{Hz}] \tag{1-48}$$

또는

$$P_h = w_h \nu f \qquad [\text{W}] \tag{1-49}$$

로 된다. 여기서 w_h–에너지 밀도 손실–는 식 (1-46)으로부터 결정된다.

식 (1-49)로부터 히스테리시스 손실을 [W]로 계산하기 위하여 히스테리시스 루프의 면적을 찾아야 하는 필요를 없애기 위하여, 슈타인메츠(Charles Proteus Steinmetz, 1865-1923)는 여러가지 강자성 물질에 대한 다수의 측정을 기초로 하여 w_h에 대한 실험식(empirical formula)을 얻었다. 그는 히스테리시스 손실을

$$P_h = K_h \nu f B_m{}^n \qquad [\text{W}] \tag{1-50}$$

으로 표현하였다. 여기서 B_m은 자속밀도의 최대치이며 n은 사용된 물질에 따라 범위 $1.5 \le n \le 2.5$ 내에 놓인다. 매개변수 K_h도 역시 물질에 종속한다. 몇 가지 전형적인 값은 다음과 같다: 주강 0.025, 규소 강판(silicon sheet steel) 0.001, 그리고 퍼말로이(permalloy) 0.0001.

히스테리시스 손실에 더하여, 시변 자계의 지배를 받는 강자성 물질 내에서 생기는 다른 중요한 손실이 있다–**와전류** 손실(**와류**손, *eddy-current* loss). 이 용어는 강자성 물질의 몸체 내에서 폐경로 내에 존재하는 것으로 찾아지며 바람직하지 않은 열 손실의 원인이 되는 순환 전류(circulating current)에 관련된 전력 손실을 나타

내기 위해 사용된다. 이 순환 전류는 변화하는 자속의 작용으로 인하여 물질의 몸체를 통하여 존재하는 자기 포텐셜에서의 차이에 의해 생성된다. 자기회로가 고체철(solid iron)으로 구성되어 있다면, 순환 전류가 비교적 작은 저항과 마주치기 때문에 계속하여 일어나는 전력 손실이 상당하다. 이 와류가 만나는 저항을 상당히 증가시키기 위하여, 정상 운전에서 변동 자속이 침투하는 전자기 장치일 때는 언제나 자기회로는 변함없이 매우 얇은 **성층**(*lamination*)(보통 두께 14 내지 25 [mil]†)으로 구성된다. 이것은 변압기 그리고 모든 교류 전동기와 발전기의 경우이다. 와류손에 대한 실험식은

$$P_e = K_e f^2 B_m{}^2 \tau^2 v \qquad [\mathrm{W}] \tag{1-51}$$

이다. 여기서

K_e = a constant dependent upon the material

f [Hz] = frequency of variation of flux

B_m [T] = maximum flux density

τ [m] = lamination thickness

v [m^3] = total volume of the material

이다. 이 식을 식 (1-50)과 비교하면, 와류손은 주파수의 제곱에 따라 변하는 반면, 히스테리시스 손실은 직접 주파수에 따라 변한다는 것이 드러난다.

히스테리시스 손실과 와류손을 함께 취하면 종종 운전에서 시변 자속을 포함하는 전자기 장치의 **철손**(*core loss*)이라 불리는 손실을 구성한다. 앞으로 보게 될 바와 같이, 철손이 전자기 장치의 온도 상승, 효율, 그리고 정격(rating)에 중요한 관련을 가지기 때문에, 단순한 주목 이상의 것이 여기에서의 이 손실에 기울여진다.

1-9 RELAYS-AN APPLICATION OF MAGNETIC FORCE

계전기(*relay*)는 종종, 가동 강자성 전기자(movable ferromagnetic armature)가 많은 양의 에너지를 다루는 다른 제어 회로 또는 주회로(main circuit)에 위치된 하나 또는 여러 쌍의 전기적 접점을 열거나 닫는, 비교적 적은 에너지로 동작될 수 있는 전자기 장치이다. 교류 및 직류 전동기 기동기(starter)는 기동과 운전 조건 동안 전동기의 적절한 운전을 보장하도록 설계된 계전기로 설비된다. 이 장치는 공학의 모든 분야에서, 특히 공정 또는 기계의 제어가 포함된 상황에서, 많은 응용이 찾아

†1 [mil] = 10^{-3} [in] = 0.0254 [mm].

진다. 이 절의 목적은 이러한 전자기 장치의 기초가 되는 원리를 설명하는 것이다. 그것이 주는 지식에 더하여, 이 취급법은 자계와 자기회로의 이론의 연구에 대한 동기를 부여한다.

자기력 방정식의 유도는, 그것이 어떻게 하여 자계 내에 저장된 에너지로부터 빼앗은 에너지에 의해 기계적 일–계전기 전기자의 동작–을 하는 것이 가능한지를 보여주기 때문에, 주요 관심사이다. 더욱이, 중요한 것은 포함된 원리이기 때문에, 포화가 되지 않으며 손실이 없다는 단순화 가정이 부여된다; 즉, 선형 해석이 처음부터 끝까지 사용된다. 따라서, 강자성 물질의 자화 곡선은 그림 1-21 (a)에 그려진 바와 같이 직선으로 가정된다. (단지 H의 정(양)의 값에 대응하는 곡선만이 보여져 있다.) 이제, 그림 1-21 (a)에 그려진 곡선의 축을 적당히 수정함으로써, 의미있으며 유용한 것이 생긴다. 먼저 B 축과 자화 곡선 사이의 면적은 단위 체적당 기저(per-unit-volume basis)로 전원으로부터 흡수되어 자계 내에 저장되는 에너지를 나타낸다. 식 (1-44)는 이 결과를 수학적으로 기술한다:

$$w_f = \int_{B_a}^{B_b} H\,dB \qquad [\mathrm{J/m^3}] \tag{1-52}$$

그림 1-21 (a)의 단순화된 상황에서는, 식 (1-52)가 단지 삼각형 OaB의 면적으로 된다. 따라서,

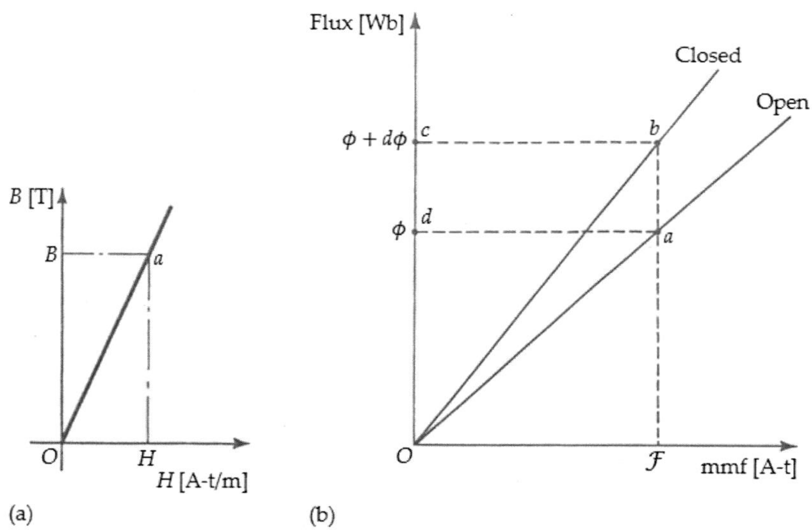

Figure 1-21 Linear magnetization curve of a relay: (a) Area OaB gives the energy density corresponding to fixed H; (b) Area Oad gives the total stored magnetic field energy corresponding to fixed $\mathcal{F}$.

$$w_f = \frac{1}{2}BH \qquad [\mathrm{J/m^3}] \tag{1-53}$$

이다. 여기서 H는 보여진 값에서 고정되었다고 가정된다.

더욱이, w_f가 에너지 밀도이기 때문에, 자계 내에 저장되는 총 에너지는 식 (1-44)에 체적을 곱함으로써 찾아진다. 따라서

$$W_f = w_f v = w_f Al \qquad [\mathrm{J}] \tag{1-54}$$

이다. 여기서 l은 자기회로의 길이이며 A는 단면적이다. 식 (1-53)을 (1-54)에 대입하면

$$W_f = \frac{1}{2}(BA)Hl = \frac{1}{2}\Phi\mathcal{F} \qquad [\mathrm{J}] \tag{1-55}$$

를 산출한다. 이 식에서 A는 자속 Φ를 밝히기 위하여 B와 결합되었으며, H는 기자력 $\mathcal{F}$를 밝히기 위하여 l과 결합되었다. 식 (1-55)의 도식적 표현이 그림 1-21 (b)에 나타나 있다. 그림 1-21 (b)는 세로 좌표에 A를 곱하고 가로 좌표에 l을 곱함으로써 유도되며, 따라서 $\mathcal{F}$에 대한 Φ의 그림이라는 것이 명백할 것이다. 그러면, 고정된 H(또는 $\mathcal{F}$)에 대하여 그림 1-21 (a)의 면적 OaB는 에너지 밀도를 주는 반면, 그림 1-21 (b)의 대응하는 면적 Oad는 자계 내에 저장되는 총 에너지를 준다.

어떻게 하여 자계 내에 저장된 에너지를 빼앗음으로써 기계적 일을 하도록 할 수 있는 지를 이해하기 위하여, 전자(기) 계전기의 기본 구성을 묘사한 그림 1-22에 나타나 있는 회로를 고려한다. 그것은 **계전기 전기자**(*relay armature*)라 불리는 가동 요소(movable element)와 함께 설비된 고정된 강자성 철심에 위치된 여자 코일(exciting coil)로 이루어진다. 계전기는 조정된 저항기(resistor) R을 통하여 일정 전압원으로부터 여자된다. R이 그림 10-21 (b)에 보여진 것과 같이 $\mathcal{F}$와 같은 기자력을 만들고 자속 Φ를 생성하는 값으로 고정된 것으로 고려하여, 초기에 계전기 전기자가 단단히 붙잡혀서 이동이 방해되는 것으로 시작한다. 이제 계전기 전기자

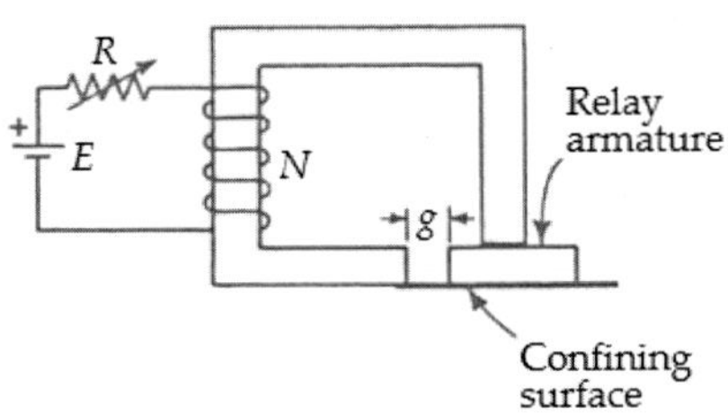

Figure 1-22 Basic composition of an electromagnetic relay.

가 더 작은 공극 위치로 움직이는 것이 허용된다면, 자화 곡선 *Oa*는, 자기회로의 더 작은 자기저항에 모순이 없게, 더 가파른 위치 *Ob*로 움직인다. 그림 1-22의 배치에서는, 계전기의 열린 위치에서 닫힌 위치로의 운전은, 일정 전원 전압의 경우 **코일 전류가 자기회로의 자기저항에 의하지 않고 회로 저항에 의해 결정되기** 때문에, 일정 기자력의 조건 하에서 생긴다. 닫힌 전기자 위치에서 자기회로의 더 낮은 자기저항은 단순히 주어진 기자력이 더 많은 자속을 생성한다는 것을 의미한다. 자속에서의 증가가 그림 1-21 (b)에 양 $d\phi$로 표시되어 있다.

그림 1-21 (b)에서 사각형 *abcd*의 면적은 계전기가 열린 상태에서 닫힌 상태로 감에 따르는 에너지의 증가(dW_i)를 나타낸다. 양적으로, 그것은

$$dW_i = \mathcal{F}\,d\phi \qquad [\mathrm{J}] \tag{1-56}$$

으로 설명될 수 있다. 입력 회로를 통하여 계전기로 인가되는 에너지는 두가지 형태로 분포될 수 있다: 저장되는 자계 에너지로, 그리고 열린 위치에서 닫힌 위치로의 이동으로 계전기에 의해 하게 되는 일(work)로. 계전기 입력 에너지의 총 변화 중, 얼마나 많은 양이 열린 위치에서 닫힌 위치로의 이동에 따른 기계적인 일로 소비되며, 얼마나 많은 양이 초기 자계 에너지를 새로운 값으로 증가시키기 위해 사용되는가? 뒤의 양은 그림 1-21 (b)에서 삼각형 *Obc*의 면적에 의해 바로 결정된다. 따라서,

$$\left(W_f\right)_{\text{relay closed}} = \frac{1}{2}\mathcal{F}(\phi + d\phi) = \frac{1}{2}\mathcal{F}\Phi + \frac{1}{2}\mathcal{F}\,d\phi \qquad [\mathrm{J}] \tag{1-57}$$

이다. 우변의 첫째 항은 열린 위치에 대응하는 자계 에너지이기 때문에, 식 (1-56)에 의해 나타내어진 에너지의 **절반**(*half*)이 자계 저장 에너지의 증가로 될 것이라는 것이 따라온다. 물론, 나머지 절반이 x가 거리를 나타내는 ($F\,dx$)에 의해 미분형으로 나타내어질 수 있는 기계적인 일을 하는 것으로 소용된다. 이 기계적인 일이 그림 1-21 (b)에서 삼각형 *Oab*로 나타내어진다는 것에 유의하는 것이 도움이 된다. 이 계전기의 힘에 대한 표현식은 이 두 항을 같게 놓음으로써 바로 유도될 수 있다. 따라서,

$$F\,dx = \frac{1}{2}\mathcal{F}d\phi = \frac{1}{2}\mathcal{F}\,d\left(\frac{\mathcal{F}}{\mathcal{R}}\right) = \frac{1}{2}\mathcal{F}^2 d\left(\frac{1}{\mathcal{R}}\right) \qquad [\mathrm{J}] \tag{1-58}$$

이다. 편의를 위하여,

$$\mathcal{P} \equiv \frac{1}{\mathcal{R}} = \text{permeance of the magnetic circuit} \qquad [\mathrm{Wb/A\text{-}t}] \tag{1-59}$$

를 도입한다. 그러면,

$$F\,dx = \frac{1}{2}\mathcal{F}^2 d\mathcal{P} \qquad [\text{J}]$$

또는,

$$F = \frac{1}{2}\mathcal{F}^2 \frac{d\mathcal{P}}{dx} \qquad [\text{N}] \tag{1-60}$$

이다. 식 (1-60)은 계전기 전기자에 작용하는 힘은 항상, 자기회로의 퍼미언스(permeance)를 증가시키는 방향으로 작용한다는 것을 나타내며, 이것은 F가 자기저항을 줄이는 방향으로 작용한다고 말하는 것과 등가이다.

계전기가 교류 전원에 의해 여자될 때, 자속은 본질적으로 자기회로의 자기저항에 관계없이 일정하게 남아 있어야 한다(3장을 보라). 그러한 상황에서는, 전류가 자동적으로 자기회로의 기자력 필요를 충족하도록 맞추어진다. 계전기 전기자가 일정한 자속에서의 운전을 요구하는 환경에서 움직임에 따라, 열리고 닫힌 계전기 위치에서의 자기회로에 대한 B-H 곡선은 이제 그림 1-23으로 그려진다. 여기에서도 계전기 전기자를 열린 위치에서 닫힌 위치로 움직이는 에너지는 그림 1-23에서 삼각형 Oab의 면적으로 나타내어진다. 수학적으로 표현하면

$$\begin{aligned}\text{mechanical work on relay armature} &= \text{reduced magnetic field energy}\\ &= \text{area of triangle } Oab \qquad [\text{J}]\end{aligned}$$

또는

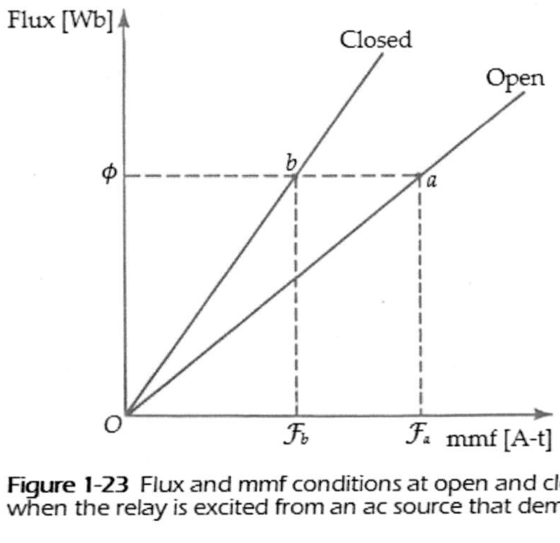

Figure 1-23 Flux and mmf conditions at open and closed positions of the relay armature when the relay is excited from an ac source that demands operation at constant flux.

$$F\,dg = -\frac{1}{2}\phi(\mathcal{F}_b - \mathcal{F}_a) \qquad \text{[J]} \tag{1-61}$$

을 가진다. 여기서

$$\mathcal{F}_a = \phi\mathcal{R}_a \text{ [A-t]} \qquad \text{and} \qquad \mathcal{F}_b = \phi\mathcal{R}_b \text{ [A-t]} \tag{1-62}$$

이며, 여기서 $\mathcal{R}_a$는 계전기가 열린 위치인 경우의 자기회로의 자기저항이며, $\mathcal{R}_b$는 닫힌 위치에서의 자기저항을 나타낸다. 더욱이, $\mathcal{R}_a > \mathcal{R}_b$이다. 식 (1-62)를 식 (1-61)에 대입하면

$$F\,dg = -\frac{1}{2}\phi(\phi\mathcal{R}_b - \phi\mathcal{R}_a) = -\frac{1}{2}\phi^2(\mathcal{R}_b - \mathcal{R}_a) \qquad \text{[J]} \tag{1-63}$$

을 산출한다. 이제 열린 위치로부터 닫힌 위치로의 자기저항의 변화

$$d\mathcal{R} = -(\mathcal{R}_a - \mathcal{R}_b) \qquad \text{[A-t/Wb]} \tag{1-64}$$

를 도입할 수 있다. 부(음) 부호(negative sign)는 자기저항에서의 감소가 생긴다는 사실을 인정하는 것이다. 식 (1-64)를 (1-63)에 대입하면 마지막으로

$$F = -\frac{1}{2}\phi^2\frac{d\mathcal{R}}{dg} \qquad \text{[N]} \tag{1-65}$$

를 산출한다.

식 (1-65)는 자계 저장 에너지의 작용은, 식 (1-60)에서의 결론과 부합하는 결과인, 자기회로의 자기저항을 감소시키는 것이라는 것을 나타낸다.

EXAMPLE 1-5 그림 1-22의 계전기 회로에서 고정된 철심과 계전기 전기자의 단면적을 A 그리고 회로 기자력을 $\mathcal{F}$로 가정하라. 철의 자기저항을 무시하여, 계전기 전기자에 존재하는 자기력의 표현식을 찾아라.

SOLUTION 힘은 식 (1-60)을 인용함으로써 쉽사리 찾아진다. 따라서,

$$F = \frac{1}{2}\mathcal{F}^2\frac{d\mathcal{P}}{dx} \text{ [N]}$$

여기서

$$\mathcal{P} = \frac{1}{\mathcal{R}} = \frac{\mu_0 A}{g} \text{ [Wb/A-t]}$$

이다. 그러므로,

$$F = \frac{1}{2}\mathcal{F}^2 \frac{d}{dx}\left(\frac{\mu_0 A}{g}\right) \text{ [N]}$$

다음으로 계전기 전기자의 이동이 공극 길이를 줄이기 때문에

$$dx = -dg \text{ [m]}$$

를 도입한다. 따라서, 계전기에서의 힘은

$$F = -\frac{1}{2}\mathcal{F}^2 \frac{d}{dg}\left(\frac{\mu_0 A}{g}\right) = \frac{1}{2}\mathcal{F}^2 \frac{\mu_0 A}{g^2} \text{ [N]}$$

으로 된다.

이 힘에 대한 그 대신의 표현식은 마지막 식을

$$F = \frac{1}{2}\mathcal{F}^2\left(\frac{\mu_0 A}{g}\right)\frac{1}{g} = \frac{1}{2}\mathcal{F}^2 \frac{1}{\mathcal{R}}\cdot\frac{1}{g} = \frac{1}{2}\phi^2\frac{\mathcal{R}^2}{\mathcal{R}}\cdot\frac{1}{g} = \frac{1}{2}\phi^2\mathcal{R}\frac{1}{g} = \frac{1}{2}\phi^2\frac{g}{\mu_0 A}\cdot\frac{1}{g} = \frac{1}{2}\frac{\phi^2}{\mu_0 A} \text{ [N]}$$

과 같이 다시 적음으로써 찾아진다.

EXAMPLE 1-6 원통형 플런저(plunger) 자석의 단면도가 그림 1-24에 나타나 있다. 플런저(또는 전기자)는 코일이 원통형 강 외각(cylindrically shaped steel shell)으로 둘러싸인 비자성 도자(가이드)(nonmagnetic guide)의 내부에서 자유롭게 움직인다. 플런저는 길이 g의 공극에 의해 외각과 분리되어 있다.

(a) 플런저가 그림 1-24에 보여진 위치에 있을 때 플런저에서 발휘되는 자기력에 대한 표현식을 유도하라. 플런저의 길이는 적어도 외각의 길이와 같다. 또한 그것은 a [m]의 반경을 가진다. 강(steel)의 자기저항은 무시하라.

(b) 기자력이 1414 [A-t]이며 플런저 자석의 치수가

$x = 0.025$ [m] $h = 0.05$ [m]
$a = 0.025$ [m] $g = 0.00125$ [m]

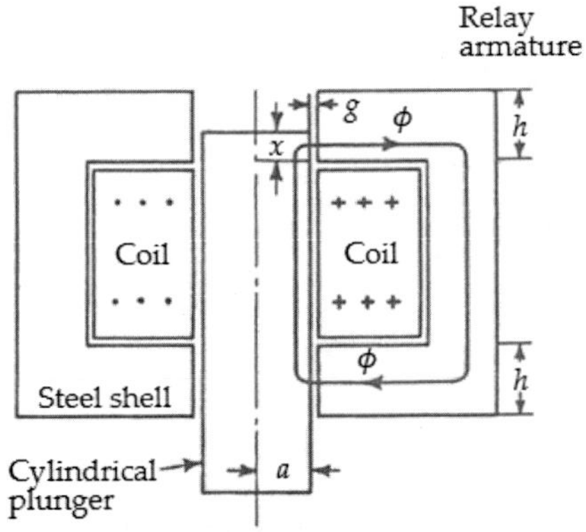

Figure 1-24 Plunger magnet for Example 1-6.

일 때 힘의 크기를 찾아라.

SOLUTION 계산을 진행하기 전에, 힘을 일으키는 원리를 재검토하자. 가정된 코일 전류 방향의 경우, 전형적인 자속 경로는 그림 1-24에 보여져 있는 것과 같다. 자속 경로가 공극을 두 번 가로질러야 하는 것에 유의하라. 플런저의 낮은 부분에서의 자기회로의 단면적이 높은 부분에서 보다 더 작기 때문에 바닥 공극을 가로지르는 자속에 의해 "보여지는(seen)" 자기저항이 플런저의 높은 부분에서 공극을 가로지르는 같은 자속에 의해 보여지는 것보다 더 작다는 것에 유의하는 것이 특히 중요하다. 사실상, 플런저의 낮은 부분에서 자속에 의해 보여지는 단면적은 범위 $0 \le x \le h$ 내에 놓인 플런저의 모든 위치에 대해 고정되며 특히 $2\pi ah$ [m^2]와 같다(g가 a에 비하여 작다는 가정으로). 따라서, 힘은 플런저에서 자기저항을 감소시키는 방향으로 생성된다. 이것은 자기력이 플런저를 위로 움직이도록 작용한다는 것을 의미한다.

(a) 이 부분의 해(solution)는 식 (1-65)로부터 얻어지지만, 먼저 자속에 의해 보여지는 자기저항에 대한 옳은 표현을 밝히는 것이 필요하다. 강(steel)의 자기저항은 무시할 수 있다. 그러므로 그림 1-24에서 보여진 전형적인 자속에 관련된 자기저항은 단지 각 공극에 관련된 자기저항의 합일 뿐이다. 따라서,

$$\mathcal{R} = \frac{g}{\mu_0 2\pi ah} + \frac{g}{\mu_0 2\pi ax} = \frac{g}{2\pi a\mu_0}\left(\frac{1}{h} + \frac{1}{x}\right) \quad \text{[A-t/Wb]} \tag{1-66}$$

그러면

$$\frac{d\mathcal{R}}{dx} = \frac{g}{2\pi a\mu_0}\left(-\frac{1}{x^2}\right) \tag{1-67}$$

또한,

$$\Phi = \frac{\mathcal{F}}{\mathcal{R}} = \frac{\mathcal{F}}{g/2\pi a\mu_0} \cdot \frac{xh}{x+h} \text{ [Wb]} \tag{1-68}$$

식 (1-67)과 (1-68)을 (1-65)에 대입하면 다음을 산출한다:

$$F = \pi a\mu_0 \frac{\mathcal{F}^2 h^2}{g}\left(\frac{1}{x+h}\right)^2 = 3.94 \times 10^{-6} \times \frac{ah^2}{g}\mathcal{F}^2\left(\frac{1}{x+h}\right)^2 \text{ [N]} \tag{1-69}$$

(b) 식 (1-69)에 특정한 치수를 대입하면 다음의 자기력을 준다:

$$F = 70 \text{ [N]} = 15.74 \text{ [lb] (pounds)}$$

PROBLEMS

1-1 공기 중에 위치된 긴 직선 도선이 4 [A]의 전류를 운반한다. 공기의 비투자율은 1이라

고 가정한다.

(a) 도선의 중심으로부터 0.5 [m]의 거리에서 자계의 세기의 값을 찾아라.

(b) 2 [A]의 전류를 운반하는 두번째 긴 직선 도선이 같은 방향으로 흐르는 전류를 가진 첫번째 도선과 0.5 [m]의 거리에 평행하게 위치되어 있다. 도선 사이에 존재하는 [m]당 힘의 크기와 방향을 찾아라.

(c) 10000의 비투자율을 가지는 철 속에 파묻혀 있으며 0.05 [m]의 간격인 도선에 대하여 문제 (b)를 반복하라.

1-2 그림 P1-2에 보여진 도선이 긴 직선이고, 평행이며, 1000의 비투자율을 가지는 철 내에 완전히 파묻혀 있다. 각 도선은 10 [A]의 전류를 운반한다.

(a) I_2 [A]가 흐르는 도선에서의 [m]당 합성력(resultant force)의 크기와 방향을 계산하라.

(b) I_1 [A]가 흐르는 도선에서의 [m]당 힘의 크기와 방향을 계산하라.

(c) 세번째 도선에 대하여 문제 (a)를 반복하라.

1-3 I_1 및 I_3과는 반대 방향으로 흐르는 전류 I_2에 대하여 문제 1-2를 반복하라.

1-4 철 내에 0.7 [Wb/m^2]의 균일 자계가 그림 P1-2의 배치에 인가된다.

(a) 자계가 지면에 수직으로 들어가는 방향일 때 [m]당 합성력의 크기와 방향을 계산하라.

(b) 자계가 도선의 평면 내에 있으며 오른쪽에서 왼쪽으로 향하는 방향으로 인가될 때 [m]당 합성력의 값은 얼마인가?

(c) 자계가 지면과 45°의 각도이며 오른쪽에서 왼쪽으로 들어가는 방향으로 인가될 때 [m]당 합성력을 계산하라.

(d) 자계가 지면과 60°의 각도이며 위에서 아래로 들어가는 방향으로 인가될 때 [m]당 합성력은 얼마인가?

1-5 그림 P1-5의 배치에서, 전류 I_1은 40 [A]의 값을 가진다. 점 P에서 자계가 나타나지 않도록 하는 I_2의 값을 찾아라.

1-6 그림 P1-6에 보여진 바와 같이 반경 r [m]와 단일 [turn]으로 이루어진 도선의 원형 루프가 전류 I [A]를 운반한다. 중심에서 자계의 세기에 대한 표현식을 유도하라.

1-7 규소 강판으로 구성된 자기회로가 그림 P1-7에 보여진 정사각형 구조를 가진다.

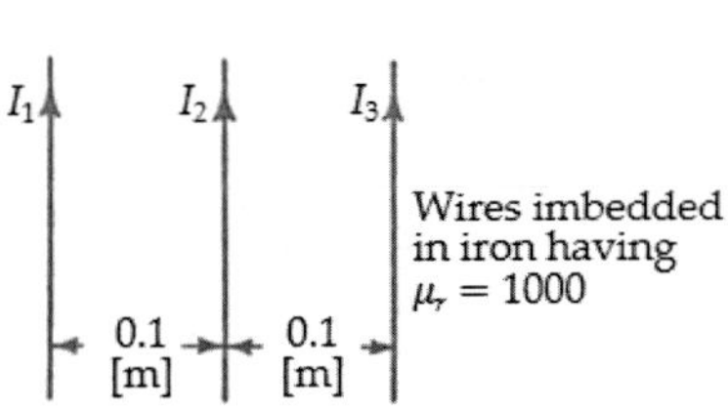

Figure P1-2.

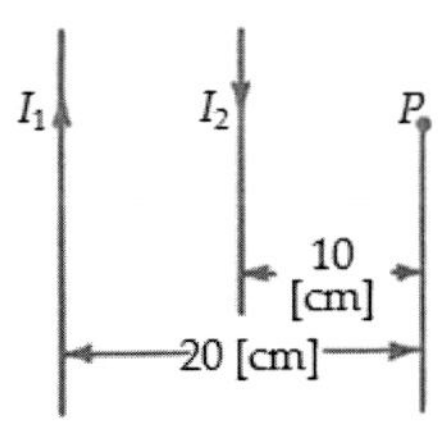

Figure P1-5.

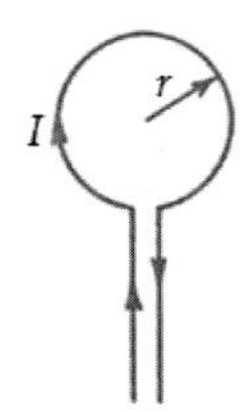

Figure P1-6.

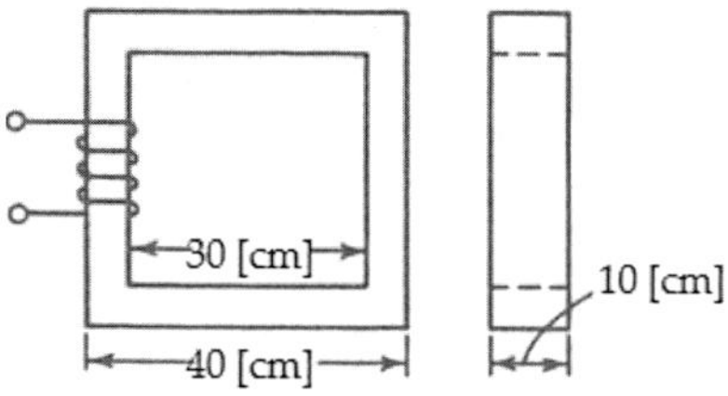

Figure P1-7.

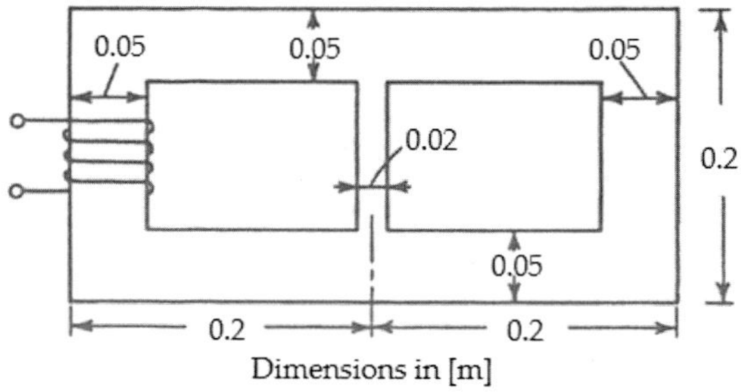

Figure P1-9.

(a) 25×10^{-4} [Wb]의 철심 자속을 생성하기 위해 요구되는 기자력을 찾아라.

(b) 코일이 80 [turn]을 가진다면, 얼마의 전류가 코일을 통하여 흐르도록 만들어야 하는가?

1-8 문제 1-7의 자기회로가 오른쪽 철심각이 잘린 0.1 [cm]의 공극을 가진다. 100 [turn]을 가지는 코일에 대하여 0.0025 [Wb]의 자속밀도를 위해 흘러야 하는 전류를 찾아라.

1-9 그림 P1-9의 자기회로에서, 오른쪽 철심각에 0.0014 [Wb]의 자속을 생성하기 위해 필요로 하는 코일 기자력을 결정하라. 자기회로의 두께는 0.04 [m]이며 전체에 걸쳐 균일하다. 매질로는 규소강이 사용되었다.

1-10 중앙 철심각에 위치된 코일에 대하여 문제 1-9를 반복하라.

1-11 문제 1-7의 자기회로에서, 200 [A-t]의 코일 전류에 의해 생성되는 철심 자속을 찾아라.

1-12 문제 1-8의 자기회로에서, 600 [A-t]의 코일 전류에 의해 생성되는 철심 자속을 찾아라.

1-13 그림 P1-13에 보여진 철심이 2 [in^2]의 균일 단면적과 12 [in]의 평균 길이를 가진다. 또한, 코일 A는 200 [turn]으로 0.5 [A]를 운반하고, 코일 B는 400 [turn]으로 0.75 [A]를 운반하며, 코일 C는 1.0 [A]를 운반한다. 철심 자속이 120000 [line]이 되기 위해서는 코일 C가 얼마나 많은 권수를 가져야 하는가? 코일 전류는 그림에 보여진 방향이다. 철심은 규소 강판으로 만들어졌다.

1-14 그림 P1-14에 보여진 자기회로에서, 코일 $\mathcal{F}_1$은 표시된 방향으로 350 [A-t]을 공급한다. 180000 [line]의 공극 자속에 대하여 코일 $\mathcal{F}_2$에 요구되는 기자력의 방향과 크기를 찾아

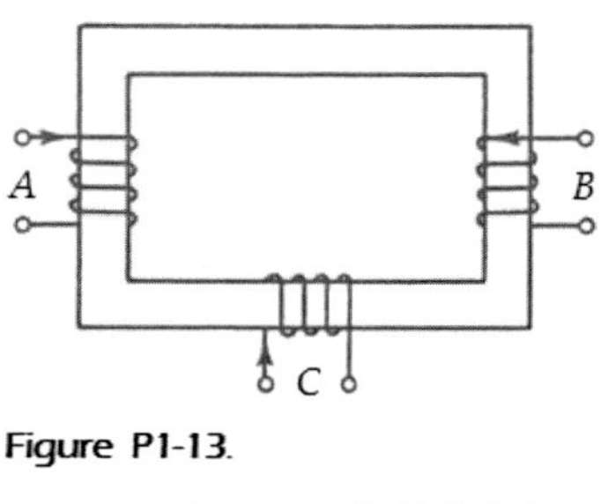

Figure P1-13.

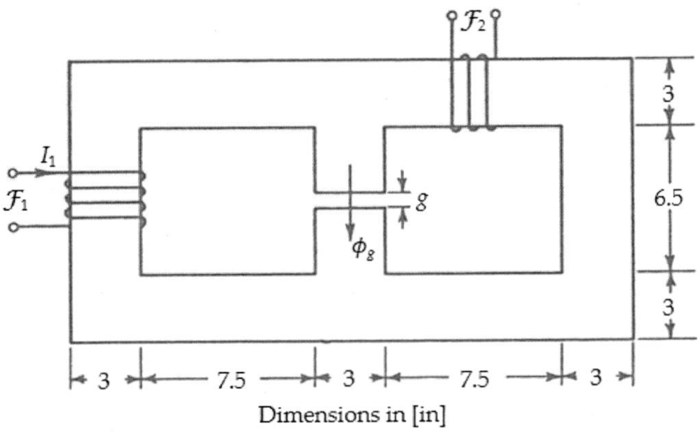

Figure P1-14.

라. 철심은 9 [in^2]의 유효 단면적을 가지며 규소 강판으로 만들어졌다. 공극의 길이는 0.05 [in]이다.

1-15 그림 P1-14의 자기회로에서, 코일 $\mathcal{F}_1$은 표시된 방향으로 200 [A-t]을 공급한다. 90000 [line]의 공극 자속에 대하여 코일 $\mathcal{F}_2$에 요구되는 기자력의 방향과 크기를 찾아라.

1-16 다음과 같은 코일의 인덕턴스를 찾아라:

(a) 0.1 [A]의 전류가 0.05 [J]의 에너지 저장을 산출한다;

(b) 0.2 [s] 동안 0으로부터 0.1 [A]까지 선형으로 증가하는 전류가 5 [V]의 전압을 생성한다;

(c) 0.5 [A/s]의 비율로 증가하는 0.1 [A]의 전류가 ½ [W]의 전력 흐름을 나타낸다.

1-17 그림 1-19의 배치에 있는 코일이 100 [turn]으로 설비되어 있다. 더욱이, 자기 철심의 턴(turn)의 평균 길이는 0.2 [m]로 알려져 있으며 단면적은 0.01 [m^2]이다. 철의 투자율의 값은 10^{-3} [H/m]이다.

(a) 코일의 인덕턴스를 찾아라.

(b) 직류 전압이 인덕터에 인가될 때 0.1 [A]의 전류가 얻어지는 것이 찾아진다. 자계 내에 얼마나 많은 에너지가 저장되는가?

1-18 문제 1-17의 코일에 직류 전압이 인가될 때, 전류는 $i = 0.1(1 - \epsilon^{-5t})$ [A]에 따라 변하는 것으로 찾아진다. 더욱이, 0.2 [s]가 경과된 후에, 코일에 유도되는 전압은 0.16 [V]이다. 코일의 인덕턴스를 찾아라.

1-19 16.4 [cm^3]의 체적을 가지는 철 표본이 400 [Hz]의 주파수에서 정현적으로 변하는 자화력의 지배를 받고 있다. 히스테리시스 루프의 면적은 [k-line/in^2]로 그려진 자속밀도와 [A-t/in]인 자화력으로 64.5 [cm^2]인 것으로 찾아진다. 환산 계수(scale factor)는 1 [in] = 5 [k-line/in^2]와 1 [in] = 12 [A-t/in]이다. [W]로 히스테리시스 손실을 찾아라.

1-20 강자성 물질의 원환(링, ring)이 직사각형 단면을 가진다. 내직경(inner diameter)은 7.4

[in], 외직경(outer diameter)은 9 [in], 그리고 두께는 0.8 [in]이다. 600 [turn]의 코일이 링에 감겨 있다. 코일이 2.5 [A]의 전류를 운반할 때, 링 내에 생성되는 자속은 1.2×10^{-3} [Wb]이다. MKS단위로 표현된 다음의 양을 찾아라:

(a) 기자력;

(b) 자계의 세기;

(c) 자속밀도;

(d) 자기저항;

(e) 투자율;

(f) 비투자율.

1-21 히스테리시스 루프를 그리는데 있어서 다음의 축척(scale)이 사용되었다: 1 [cm] = 10 [A-t/in], 그리고 1 [cm] = 20 [k-line/in^2]. 어떤 물질에 대한 루프의 면적이 6.2 [cm^2]로 찾아졌다. 체적이 400 [cm^3]라면 시험된 표본에 대한 히스테리시스 손실을 [J/cycle]로 계산하라.

1-22 자기 철심 내의 자속이 500 [Hz]의 주파수에서 정현적으로 교번한다. 최대 자속밀도는 50 [k-line/in^2]이다. 그러면 와류손은 14 [W]이다. 주파수가 750 [Hz] 그리고 자속밀도가 40 [k-line/in^2]일 때 이 철심 내에서의 와류손을 찾아라.

1-23 자기 강판의 시료에 대한 총 철손(히스테리시스 더하기 와류)이 60 [Hz]에서 1800 [W]로 찾아졌다. 자속밀도가 일정하게 유지되며 공급기의 주파수가 50 [%] 증가되었다면, 총 철손이 3000 [W]로 찾아진다. 두 주파수에서 분리된 히스테리시스와 와류손을 계산하라.

1-24 자속 ϕ [Wb]가 그림 P1-24에서 보여진 것과 같은 철봉(iron bar)의 완전한 체적을 관통한다. 봉이 g [m]로 분리된 것으로 가정될 때, 두개의 평행 표면 사이에 존재하는 힘에 대한 표현식을 찾아라. 철의 자기저항은 무시하라.

1-25 자속 ϕ [Wb]가 그림 P1-25에 그려진 바와 같이 전자석의 N극과 S극에 대하여 수직으로 어긋나게 정렬된 가동 자기 철심을 관통한다. 철심과 전자석의 깊이 치수는 b [m]이다. 철심을 수직으로 정렬하려고 작용하는 힘에 대한 표현식을 결정하라. 결과를 공극 자속밀도와 물리적 치수로 표현하라. 철의 자기저항은 무시하라.

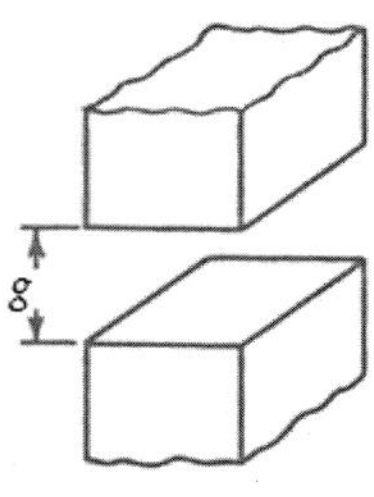

Figure P1-24.

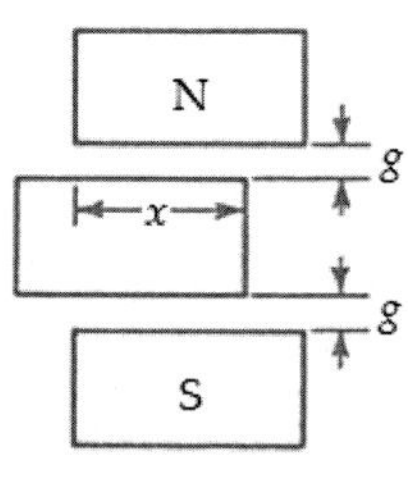

Figure P1-25.

1-26 계전기의 자화 곡선이 그림 P1-26에 보여져 있다.

(a) 계전기가 열린 위치일 때 자계 내에 저장되는 에너지를 찾아라.

(b) 계전기 전기자가 일정한 자속의 조건 하에서 빠르게 움직인다고 가정하라. 열린 위치로부터 닫힌 위치로 갔을 때 한 일을 계산하라.

(c) 문제 (b)에서 전기자에서 발휘되는 힘을 [N]으로 계산하라.

(d) 계전기 전기자가 일정한 기자력에서 천천히 움직인다고 가정하라. 열린 위치로부터 닫힌 위치로 갔을 때 한 일을 계산하라.

(e) 문제 (d)의 에너지는 원래 저장된 자계 에너지로부터 온 것인가? 설명하라.

1-27 그림 P1-27의 자기회로에서, 공극의 단면적은 0.0025 [m^2]이며 그것의 길이는 0.05 [cm]이다. 더욱이, 주강 철심은 0.2 [m]의 평균 길이를 가지며 1000 [turn]이 설비되어 있다. 1.0 [T]의 공극 자속밀도로 회로를 운전하는 것이 바람직하다.

(a) 이 공극 자속밀도를 확립하기 위해 필요로 하는 코일 전류를 결정하라.

(b) 공극 내에 저장되는 에너지를 계산하라.

(c) 회로의 주강 부분 내에 저장되는 에너지를 찾아라.

(d) 이 자기회로의 인덕턴스는 [H]로 얼마인가?

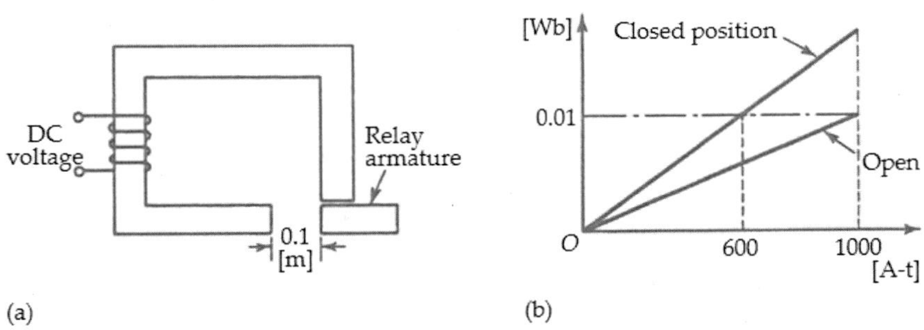

Figure P1-26.

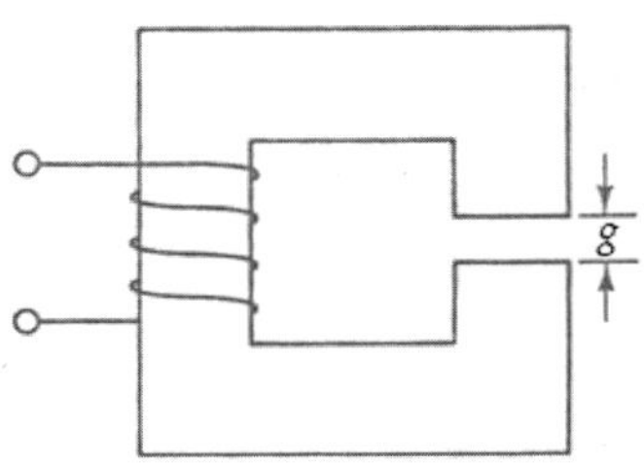

Figure P1-27.

2 TRANSFORMERS

변압기의 이해는 전기-기계 에너지 변환의 연구에 있어서 필수적이다. 전기-기계 에너지 변환은 전기 계통과 기계 계통 사이의 에너지의 교환을 포함하는 반면, 변압기는 둘 또는 그보다 많은 전기 계통 사이의 에너지의 교환을 포함하기는 하지만, 그런데도 불구하고 두 경우에 있어서의 결합 장치는 자계이며, 각 경우에 있어서 그것의 거동은 기본적으로 같다. 그 결과 변압기 이론의 많은 직접 관계가 있는 식과 결론이 교류기(ac machinery)의 해석과 직류기(dc machinery)의 어떤 양상에 같은 응용성을 가짐이 찾아진다. 예를 들어, 단상 및 3상 유도전동기의 등가회로는 변압기의 등가회로와 형태가 동일함이 찾아진다. 다른 예는 바로 나타나는 다음의 장들을 통하여 일견으로 인용될 수 있다.

전기-기계 에너지 변환의 연구에 상당한 허두로서 도움이 되는 것에 덧붙여, 변압기 이론의 이해는 전기공학의 두드러진 분야에서 수행하는 변압기의 많은 유용한 기능 때문에 그 자체로 중요하다. 가청 주파(오디오, audio)로부터 무선 전신(라디오, radio) 및 영상(비디오, video)까지의 범위에 있는 통신 계통에서는, 매우 다양한 목적을 충족하는 변압기가 찾아진다. **입력 변압기**(*input transformer*)(전자 증폭기(electronic amplifier)의 첫 단계에 마이크로폰 출력을 연결하는), **단간 변압기**(*interstage transformer*), 그리고 **출력 변압기**(*output transformer*)가 라디오 및 텔레비전 회로에서 찾아진다. 변압기는 또한 입력 회로로부터 결합 회로로 전력의 최대 전달을 허락하는 임피던스 변환 장치로서 통신 회로 내에서 사용된다. 전화 선로와 제어 회로는 변압기가 광범위하게 사용되는 두 가지 추가 영역이다. 전력 배전 계통에서는 변압기가 전력을 대략 15에서 20 [kV](발전기 설계 한계로부터 결정되는)의 발전 전압으로부터 380에서 750 [kV]의 값으로 변환하는 것을 가능하게 만들며, 따라서 구리의 비용뿐만 아니라 송전선로에서의 전력 손실의 엄청난 절약으로 적절한 배전점(distribution point)(예를 들면, 도시 영역)까지 먼 거리에 걸쳐 송전을 허용한다. 그 다음 배전점에서는, 변압기가 이 위험하게 높은 전압이 가정, 사무실, 가게, 기타 등등에서의 사용을 위해 안전한 수준(208에서 120 [V])으로 감소되는 수단이다. 요컨대, 변압기는 전기공학의 많은 국면에서 찾아지는 유용한 장치이며 그러므로 이 장에서는 그러한 장점에 주의가 주어진다.

2-1 THEORY OF OPERATION AND DEVELOPMENT OF PHASOR DIAGRAMS

명확과 동기 부여를 위하여, 변압기 운전의 이론이, 이상 철심 리액터(ideal iron-core reactor)로 출발하여 끝으로 부하 하에서의 변압기 페이서도(phasor diagram)까지, 다섯 단계로 전개된다. 그 과정에서, 중요한 변압기 관계식이 어떻게 변압기가 작동하는 지에 대한 물리적 설명으로 전개된다. 장치의 물리적 거동의 완전한 이해의 강조가 역설된다. 왜냐 하면, 일단 이것이 납득되면, 이론뿐만 아니라 관련된 수학적 설명이 바로 따라오기 때문이다.

가장 간단한 형태에서는, 변압기가 상호 결합된 두개의 코일로 이루어진다. 결합이 강자성 링(원형 또는 다른 형태인)을 통하여 마련된다면, 변압기는 **철심 변압기**(*iron-core transformer*)라 불린다. 강자성 물질이 없고 단지 공기만 있을 때, 장치는 **공심 변압기**(*air-core transformer*)라 설명된다. 이 장에서 주의는 오로지 철심형으로만 제한된다. 두개의 코일 중 전력을 받는 하나는 **1차 코일**(*primary coil*)이라 불리는 한편, 적당한 부하 회로로 전력을 내놓을 수 있는 다른 하나는 **2차 권선**(*secondary winding*)이라 불린다.

Ideal Iron-Core Reactor

변압기의 이론 전개의 첫번째 단계로서, 정현 전압원 v_1으로부터 여자되는 이상 철심 리액터(ideal iron-core reactor)를 묘사한 그림 2-1을 참조한다. 리액터는 코일 저항과 철손이 0인 것으로 가정되며 자화 곡선이 선형인 것으로 가정되기 때문에 이상적이다.

지금의 관심은, 페이서도가 이론에 대한 많은 것을 드러내 보이기 때문에, 그림 2-1의 회로에 적용되는 페이서도를 전개하는 것이다. v_1이 그것의 정현 변동으로 증가함에 따라, 그것이 코일의 N_1 [turn]을 통하여 흐르는 정현 자화 전류 i_ϕ†를 일으키고, 그것은 다시 전류와 같은 시 위상(time phase)으로 정현적으로 변동하는 자속을 생성한다. 달리 말해, 전류가 0일 때 자속은 0이며, 전류가 정(양)의 최대값

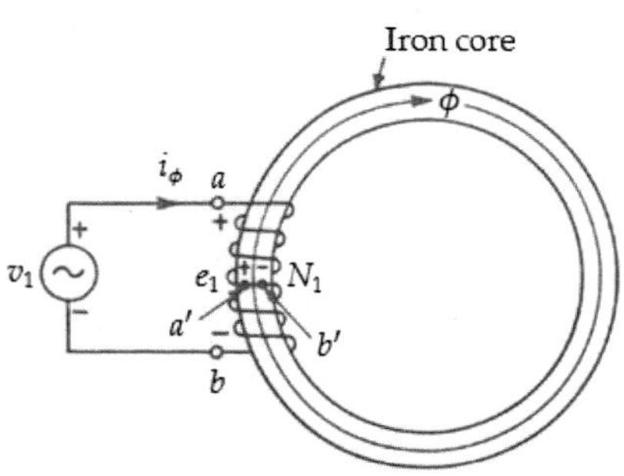

Figure 2-1 Ideal iron-core reactor: zero winding resistance and no core losses. Polarities are instantaneous.

†소문자는 순시치(instantaneous value)를 나타내기 위해 사용된다.

일 때 자속 역시 그러하다. 회로에 키르히호프(Gustav Robert Kirchhoff, 1824-1887)의 법칙을 적용하면

$$v_1 - e_1 = 0 \tag{2-1}$$

을 가진다. 여기서 e_1은 코일을 통하여 흐르는 전류와 관련된 **전압 강하**(*voltage drop*)이며 i_ϕ의 항으로

$$e_{ab} = e_1 = L\frac{di_\phi}{dt} \qquad [\mathrm{V}] \tag{2-2}$$

와 같이 적어질 수 있다. 여기서 L은 코일의 인덕턴스이며 $i_\phi = i_{ab}$이다. 식 (2-2)를 (2-1)에 대입하고 재배열하면

$$v_1 = e_1 = L\frac{di_\phi}{dt} = e_{ab} \qquad [\mathrm{V}] \tag{2-3}$$

을 산출한다. 또한 인가 전압이 정현이며 자화 곡선이 선형으로 가정되기 때문에 자화 전류가 정현임을 안다. 따라서 자화 전류에 대하여 표현식

$$i_\phi = \sqrt{2}\, I_\phi \sin \omega t \qquad [\mathrm{A}] \tag{2-4}$$

으로 적을 수 있다. 여기서 I_ϕ는 전류의 실효치(rms (root mean square) value)이다.

식 (2-4)를 (2-3)에 대입하고 미분을 수행하면

$$v_1 = e_1 = \sqrt{2}\,(\omega L) I_\phi \cos \omega t = \sqrt{2}\,(\omega L) I_\phi \sin\left(\omega t + \frac{\pi}{2}\right) \qquad [\mathrm{V}] \tag{2-5}$$

를 산출한다. 이 양의 최대 값은 $\cos \omega t$가 1의 값을 가질 때 생긴다. 그러면

$$E_{1\,\max} = \sqrt{2}\,(\omega L) I_\phi = \sqrt{2}\, E_1 \qquad [\mathrm{V}] \tag{2-6}$$

이다. 여기서

$$E_1 \equiv \omega L I_\phi \ [\mathrm{V}] = \text{rms value of the inductive reactance drop} \tag{2-7}$$

이다.

식 (2-4)와 (2-5)의 비교는 자화 전류가 코일을 가로질러 나타나는 전압보다 90 [elec. deg] (electrical degrees)만큼 뒤짐을 보인다. 그림 2-2 (a)의 페이서도는 이 조건을 묘사한다. 여기에서 포함된 모든 양이 정현이기 때문에, 보여진 페이서는 양(quantity)의 실효치를 나타낸다.

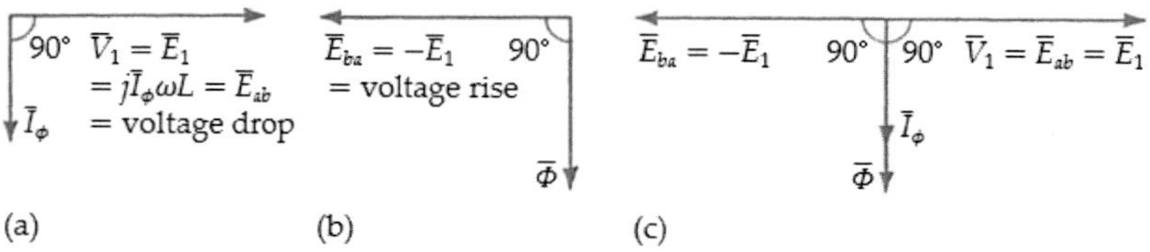

Figure 2-2 Phasor diagrams of the ideal iron-core reactor: (a) circuit viewpoint; (b) field viewpoint; (c) combined diagram.

이상 철심 리액터에 대한 페이서도에 도달하기 위해 사용될 수 있는 다른 접근법이 나중의 사용 때문에 고려할 가치가 있다. 지금 막 설명된 접근법은 단지 회로 매개변수 L뿐만 아니라 I_ϕ가 흐르는 전기회로만으로 다루기 때문에 **회로적 관점**(*circuit viewpoint*)이라고 불릴 수 있다. 공간(또는 자계)량인, 자속 ϕ를 만들기 위해 직접 사용되는 것은 없다. 이와 대비하여 두번째 접근법은 유도의 패러데이(Michael Faraday, 1791-1867)의 법칙에서 나타나는 자계로 출발한다. 이것은 전기공학의 기초가 되는 기본 법칙 중 하나이다. 패러데이의 법칙은 코일 내에서 유도되는 기전력이 자속이 쇄교하는 권수 뿐만 아니라 쇄교 자속의 시간 변화율에 비례한다고 말한다. 그림 2-1의 회로에 패러데이의 법칙을 적용하면, 표현식이 전압 강하(a에서 b로) 또는 전압 상승(b에서 a로)으로 적어질 수 있다. 앞의 설명에 의해

$$e_{ab} = e_1 = +N_1 \frac{d\phi}{dt} \qquad [\mathrm{V}] \tag{2-8}$$

을 적을 수 있다. 전압 상승으로 표현되면, 유도 기전력 식은

$$e_{ba} = -e_1 = -N_1 \frac{d\phi}{dt} \qquad [\mathrm{V}] \tag{2-9}$$

가 된다. 두 경우 모두에서, 부호(sign)는 렌쯔(Heinrich Friedrich Emil Lenz, 1804-1865)의 법칙(Lentz's law, 1834)에 기인한다. 부(음, minus) 부호는 자속의 변화에 의해 유도되는 기전력이 항상 전류가 변동하는 자속을 방해하도록 흘러야 할 방향임을 말한다. 다른 한편으로, 식 (2-8)에서 정(양, plus) 부호는, 전류 흐름의 방향에 의해 결정된 것으로서, 자속의 시간 변화율이 정(양, positive)일 때 a의 극성(polarity)이 정(양)이라는 것을 나타낸다.

식 (2-9)는 그러면 그림 2-1의 회로를 해석하는 두번째 접근법을 위한 출발점을 나타낸다. 식 (2-4)에 의해 표현된 것과 같은 자화 전류의 정현 변동에 대응하여,

$$\phi = \Phi_m \sin \omega t \qquad [\mathrm{Wb}] \tag{2-10}$$

과 같이 표현될 수 있는 자속의 정현 변동 역시 존재한다. 여기서 Φ_m은 자속의

최대 값을 나타낸다. 이 표현식을 식 (2-9)에 넣고 요구되는 미분을 수행하면

$$e_{ba} = -e_1 = -N_1\frac{d\phi}{dt} = -N_1\Phi_m\omega\cos\omega t = E_{1\,\max}\sin\left(\omega t - \frac{\pi}{2}\right) \qquad [\mathrm{V}] \quad (2\text{-}11)$$

로 이끈다. 여기서

$$E_{1\,\max} \equiv N_1\Phi_m\omega \equiv \sqrt{2}\,E_1 \qquad [\mathrm{V}] \qquad (2\text{-}12)$$

그리고

E_1 [V] = rms value of the induced emf

이다.

식 (2-10)과 (2-11)을 비교하면 반작용 기전력(reaction emf) $-e_1$이 그것을 생성하는 변동 자속보다 90° **뒤진다**(*lag*)는 것이 명백하다. 이 상황이 그림 2-2 (b)에 묘사되어 있다. 기본적으로, 기전력 $-e_1$은, 자유롭게 작용한다면, 전류가 I_ϕ의 작용을 방해하도록 흐르는 원인이 될 방향을 가지는 전압 상승(또는 유기 기전력(generated emf))이다. 이것을 작용-반작용 법칙(action-reaction law) 만으로 증명하기 위하여, 그림 2-1에서 코일 N_1 위에 있는 a', b'와 같은 어떤 두개의 인접한 점을 고려한다. 자속이 보여진 방향에서 증가한다고 가정된다면, 코일 내에서의 반작용은 증가하는 자속을 방해하도록 전류가 점 b'로부터 a'로 흘러야 하는 것과 같아야 한다. **오른손 법칙**(*right-hand rule*)에 의해 b'로부터 a'로 흐르는 것으로 가정된 어떤 전류는 증가하는 자속을 방해하는 자속선을 생성한다는 것을 상기하라. 이 조건의 경우 효과가 나타나기 위해서는, 그러므로 고려되고 있는 어떤 순시에 대하여 점 a'가 b'에 대하여 정(양)으로 되는 것이 필요하다. 전체 코일로 확장된 이 추리 과정은 그림 2-1에 보여진 극성 표시(polarity marking)로 이끈다. 여기에서 상기해야 할 흥미로운 것은 자속 관점의 기초에서 그림 2-1에 있는 기전력 $-e_1$은 b'로부터 a'로 나아가는 반작용(또는 유기) 전압 상승으로 다루어진다는 것이다. 다른 한편으로, 회로적 관점으로부터, 전압 e_1과 그것의 극성은, 전류 I_ϕ가 흐르는 방향에서 고려될 때, 전압 강하로 나타난다. 전압 e_1은 같게 남아있다; 바뀌는 것은 단지 관점일 뿐이다.

I_ϕ와 자속 Φ가 같은 시 위상(in time phase)이기 때문에, 그림 2-2 (c)에 묘사된 바와 같이 두가지 관점을 단일 페이서도로 결합하는 것이 관례이다. $E_{ab} = E_1$이 전압 강하를 나타내기 때문에, 전압 상승이 되는, 변동 자속에 대한 반작용을 기초로 하여 보여지는 마찬가지 유도 기전력은 E_1과 같으며 반대 방향이라는 것이 따라온다.

즉, $E_{ba} = -E_1$이다. 이것을 설명하는 다른 방식은 단자 전압(terminal voltage)은 항상 전압 상승과 같으며 반대 방향인 성분을 내포해야 한다고 말하는 것이다.

지금까지는 그림 2-1에서 b'로부터 a'로 보여지는 반작용 전압이 실제로 증가하는 자속을 방해하는 역전류를 확립하는 것을 계속하지 않아야 한다는 것이 명백해야 할 것이다. 이것이 2권선 변압기(two-winding transformer)의 1차 권선에서는 절대 일어나지 않지만, 곧 설명되는 바와 같이 2차 권선에서는 일어난다.

이 장의 후속 연구에서 우선하는 것은 전압 강하로써 유도 기전력을 다루는 것에 주어진다. 즉, 패러데이 법칙의 적용에 있어서, 식 (2-8)로 설명된 형태(version)가 사용될 것이다. 당연한 주의가, 그림 2-1의 배치에서 자속의 시간 변화율이 정(양)일 때 점 a의 극성 역시 정(양)이라는 것을 상기함으로써, 이 식에서 렌쯔의 법칙으로 주어진다.

Practical Iron-Core Reactor

변압기 이론 전개의 두번째 단계로서, 실제 리액터가 히스테리시스 및 와류손은 물론 권선 저항 손실을 가진다는 사실을 산입하기 위하여, 그림 2-2 (a)의 페이서도가 어떻게 수정되어야 하는 지를 고찰하자. 비선형성의 효과는 자화 전류에 존재하는 기본파 주파수보다 더 높은 고조파—물론, 페이서도에는 포함될 수 없는—를 일으키기 때문에 선형 자화 곡선으로 가정되는 것을 계속할 것이다. 단지 같은 주파수의 양만이 보여질 수 있다.

이 경우에 대한 페이서도를 전개하기 위하여, 자속 페이서 Φ로 시작하고 그 다음 90° 앞서는 유도 기전력 $\bar{E}_1$을 그린다. 이 중대한 것이 그림 2-3 (a)에 보여져 있다. 다음으로, 전류의 위치를 고려해야 한다. 철이 주기적인 조건, 즉, 자속이 시간에 따랄 정현적으로 변동한다는 것을 마음에 새겨라. 더욱이, 철손이 더 이상 0이 아닌 것으로 가정되기 때문에 이 주기적인 변동은 유한한 면적의 히스테리시스 루프를 따라 생긴다. 이제, 1장에서 지적된 바와 같이, 주기적인 조건 내에서의 강자성 물질의 특성은 자속이 **히스테리시스 각**(*hysteretic angle*) γ라 불리는 양만큼 자화 전류보다 **뒤진다**(*lag*). 그림 2-3 (b)를 보라. 페이서도에서 회전의 정(양) 방향이 반시

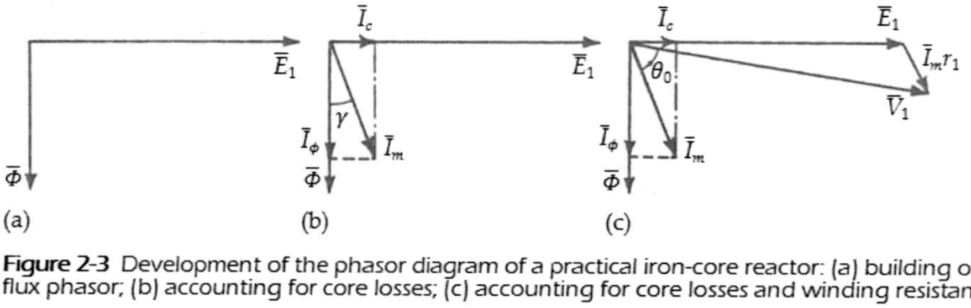

Figure 2-3 Development of the phasor diagram of a practical iron-core reactor: (a) building on the flux phasor; (b) accounting for core losses; (c) accounting for core losses and winding resistance.

계 방향이기 때문에, 물리적 사실을 지지하도록 $\bar{I}_m$이 $\bar{\Phi}$보다 앞서는 것으로 보여 보여져 있다. 또한, 자화 전류 $\bar{I}_m$이 이제는 두가지 가상적인 성분 $\bar{I}_\phi$와 $\bar{I}_c$로 이루어지는 것으로 고려됨에 유의하라. 양 $\bar{I}_\phi$는 순전히 무효 성분(reactive component)이며 철손이 0이었다면 흐를 전류이다. 양 $\bar{I}_c$는 정확히, 변동 자속에 의해 생성되는 전압 $\bar{E}_1$이 곱해졌을 때, 같은 변동 자속에 기인하는 철손을 공급하기 위해 필요로 하는 전력을 나타낸다. 따라서

$$I_c E_1 \equiv P_c \qquad [\text{W}] \tag{2-13}$$

또는

$$I_c \equiv \frac{P_c}{E_1} \qquad [\text{A}] \tag{2-14}$$

로 적을 수 있다. 여기서 P_c는 히스테리시스와 와류손의 합을 나타낸다. 전자기 장치의 철손을 다루는 이 기법은 유용한 기법이며 종종 교류기의 연구에 적용된다.

실제 철심 리액터에 대한 페이서도를 완성하기 위해서는, 단지 권선 저항 강하를 산입하는 것이 필요할 뿐이다. 이것은 회로에 키르히호프의 전압 법칙을 적용함으로써 바로 이루어진다. 따라서

$$\bar{V}_1 = \bar{I}_m r_1 + \bar{E}_1 \qquad [\text{V}] \tag{2-15}$$

이다. 여기서 r_1은 [Ω]으로 나타낸 권선 저항이다. r_1이 일정하기 때문에, $\bar{I}_m r_1$ 강하가 $\bar{I}_m$과 동상(in phase)이거나 그림 2-3 (c)에 묘사된 바와 같이 $\bar{I}_m$과 평행으로 위치되어야 함이 따라온다. 그 위에, 인가 전압 $\bar{V}_1$과 동상인 $\bar{I}_m$의 성분은, 이 성분이 철손 뿐만 아니라 권선 동손(copper loss)도 공급해야 할 것이기 때문에, $\bar{I}_c$를 초과함에 유의하라. 따라서, 입력 전력은

$$P_{in} = V_1 I_m \cos\theta_0 = I_m{}^2 r_1 + P_c \qquad [\text{W}] \tag{2-16}$$

으로 표현될 수 있다. 여기서 θ_0은 역률각(power-factor angle)을 나타낸다.

The Two-Winding Transformer

그림 2-1의 리액터의 철심 위에 2차 권선을 배치함으로써, 변압기의 가장 간단한 형태를 얻는다. 이것이 그림 2-4에 묘사되어 있다. 1차 권선 ab에 나타나는 유도 기전력 E_1의 실효치는 식 (2-12)로부터

$$E_1 = \frac{N_1 \Phi_m \omega}{\sqrt{2}} = \frac{2\pi f}{\sqrt{2}} \Phi_m N_1 = 4.44 f \Phi_m N_1 \qquad [\text{V}] \tag{2-17}$$

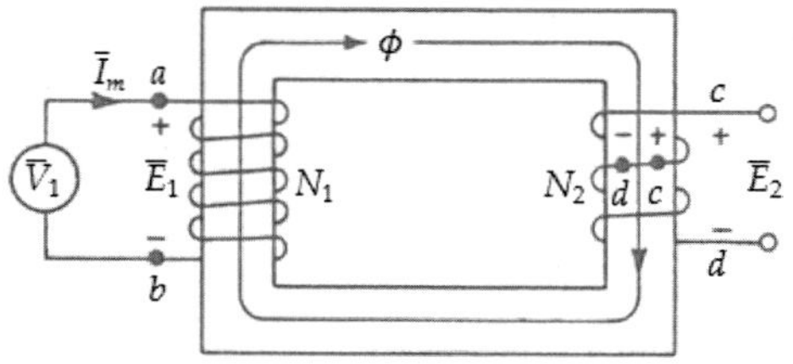

Figure 2-4 Two-winding transformer.

와 같이 바로 따라온다. 이 결과는 패러데이의 법칙으로부터 직접 유도되며 기기의 해석에서 매우 중요하다는 것을 마음에 새겨라. 이 식으로부터 추론할 수 있는 한가지 중요한 결과는 비교적 적은 권선 저항을 가지는 (즉, $E_1 \approx V_1$) 변압기의 경우, **최대 자속의 값은 인가 전압에 의해 결정된다**는 것이다.

2차 권선 단자를 가로질러 나타나는 유도 기전력은 E_1을 일으키는 것과 같은 자속에 의해 생성된다. 따라서 실효치에서의 차이는 단지 권수의 차이에 의해 야기된다. 따라서

$$E_2 = 4.44 f \Phi_m N_2 \qquad [\text{V}] \tag{2-18}$$

을 적을 수 있다. 식 (2-17)을 (2-18)로 나누면

$$\frac{E_1}{E_2} = \frac{N_1}{N_2} \equiv a = \text{ratio of transformation} \tag{2-19}$$

로 이끈다. 유의할 만한 다른 사실은 E_1과 E_2가, 같은 변동 자속에 의해 생성되기 때문에, 같은 시 위상(in time phase)이라는 것이다.

Transformer Phasor Diagram at No-Load

변압기가 무부하일 때, 2차 전류는 흐르지 않는다. 그림 2-5는 그 상황을 묘사한다. 그림 2-5를 검토하면 페이서도의 전개가 그림 2-3 (c)로부터 두가지 수정을 함으로써 따라온다는 것이 명백할 것이다. 한가지는 그림에서 2차 유도 기전력을 밝히는 것이다. 그러나, 앞 단계에서 이미 관찰된 바와 같이, 2차 권선 내에서 유도되는 기

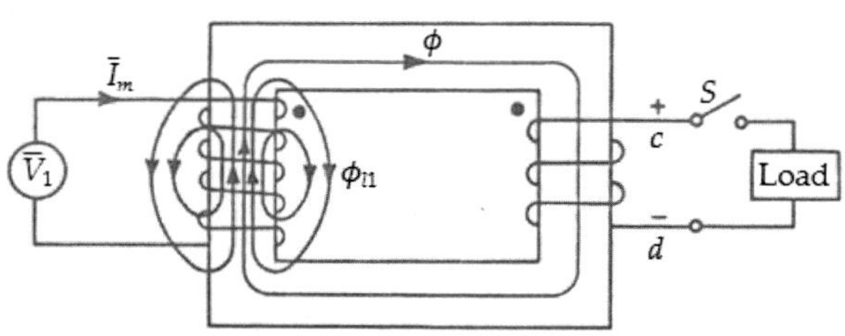

Figure 2-5 Two-winding transformer at no-load; S open.

전력은 1차 권선의 대응하는 전압 $\bar{E}_1$과 동상이어야 한다. 편의를 위하여 이 2차 유도 기전력을 $\bar{E}_2$라 하자. 그러면 그림 2-6에서 보여진 바와 같이 $\bar{E}_2$와 $\bar{E}_1$은 둘 다 자속 페이서보다 90° 앞서야 한다. 편의를 위하여 권수비(turns ratio) a는 단위 값(unity, 1)인 것으로 가정된다. 두번째 수정은 1차 권선에 의해 생성되는 자속 모두가 2차 권선과 쇄교하지는 않는다는 사실을 감안하는 것과 관련된다. 1차 권선과 쇄교하는 총(total) 자속과 두 권선 모두와 쇄교하는 상호 자속(mutual flux) 사이의 차이는 **1차 누설 자속**(*primary leakage flux*)이라 불리며 ϕ_{l1}로 나타내어진다. ϕ_{l1}을 나타내기 위해 그려진 경로의 약간은 단지 몇 [turn]을 둘러싸며 모든 N_1 [turn]을 둘러싸지는 않음에 유의하라. 그러한 폐경로가 0이 아닌 기자력을 둘러싸는 한, 그러한 자속 경로가 실제로 존재한다. 이것은 암페어의 주회 법칙에 의해 확인된다.

중요한 구별이 상호 자속 ϕ와 1차 누설 자속 ϕ_{l1} 사이에 존재한다. 그것은 이렇다. 상호 자속은 철 내에 전적으로 존재하며 그래서 유한한 면적의 히스테리시스 루프를 포함한다. 누설 자속은, 다른 한편으로, 다소의 공기 경로를 항상 포함하며, 약간의 철이 폐경로 내에 포함되더라도, 누설 자속이 겪게 되는 자기저항이 사실상 공기의 자기저항이다. 결과적으로 누설 자속의 주기적인 변동은 히스테리시스(또는 뒤지는) 효과를 포함하지 않는다. 따라서 페이서도에서, 1차 누설 자속은 그림 2-6에서 보여진 바와 같이 1차 권선 전류와 동상으로 위치되어야 한다. 이제 이 누설 자속은 $\bar{\Phi}_{l1}$보다 90° 앞서야 하는 전압 $\bar{E}_{l1}$을 유도한다. 누설 자속에 기인하는 이 기전력은 등가 **1차 누설 리액턴스 강하**(equivalent *primary leakage reactance drop*)로 대체될 수 있다. 따라서

$$I_m x_1 \equiv E_{l1} \qquad [\mathrm{V}] \tag{2-20}$$

이다. 이 양은 $\bar{I}_m$보다 90° 앞서야 한다. 이 강하와 1차 권선 저항 강하뿐만 아니라 상호 자속과 관련된 전압 강하 $\bar{E}_1$의 페이서 합(phasor addition)은 그림 2-6에 묘사된 바와 같이 1차 인가 전압 $\bar{V}_1$을 산출한다.

식 (2-20)의 양 x_1은 **1차 누설 리액턴스**(*primary leakage reactance*)라 불린다; 이것은 1차 누설 자속의 효과를 나타내기 위해 편의상 도입된 가상적인 양이다.

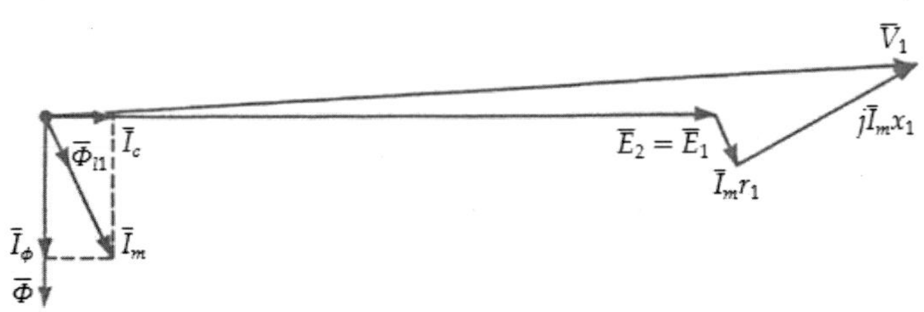

Figure 2-6 Phasor diagram of a transformer at no-load.

Transformer under Load

변압기의 운전 이론의 전개에 있어서의 이 마지막 단계에서는, 먼저 2차 회로에 적용하는 것으로서 키르히호프(Gustav Robert Kirchhoff, 1824-1887)의 전압 법칙의 페이서도 표현에 주의를 기울인다. 간단을 위하여, 그림 2-7의 2차 회로에 나타난 부하가 순 저항성이며 나아가 자속이 자속이 증가하는 것을 가리키는 방향을 가지는 것으로 고려한다. 렌쯔의 법칙에 의해, 순시적으로 2차 권선 내에 유도되는, 단자 c를 단자 d에 대하여 정(양)으로 만드는, 기전력이 있다. 스위치 S가 닫힐 때, 전류 $\bar{I}_2$가 c로부터 부하를 통하여 d로 순시적으로 흐른다. 편의를 위하여, 부하 저항기(load resistor)는 정격 2차 전류가 흐르도록 조정되었다고 가정된다. $\bar{E}_2$는 2차 회로 내에 존재하는 다른 전압 강하를 감당하는 것에 덧붙여 2차 부하 전압을 확립한다. 부하 스위치가 닫힌 후 평형이 확립되었을 때, 적절한 페이서도는 그림 2-8에서 묘사된 바와 같이 $\bar{V}_2$와 $\bar{I}_2$가 동상으로 보여야 한다. 2차 권선이 1차 권선과 같은 공간을 차지하는 것이 물리적으로 불가능하기 때문에, 1차 권선과는 쇄교하지 않는 자속이 2차 전류에 의해 생성된다. 이것은 **2차 누설 자속**(*secondary leakage flux*)이라 불린다. 이 2차 누설 자속에 의해 생성되는 전압 $\bar{E}_{l2}$는 $\bar{\Phi}_{l2}$보다 90° 앞선다. 다시 편의상 이 2차 누설 자속 전압은 2차 누설 리액턴스 강하로 대체된다. 따라서

$$E_{l2} \equiv I_m x_2 \qquad [\mathrm{V}] \tag{2-21}$$

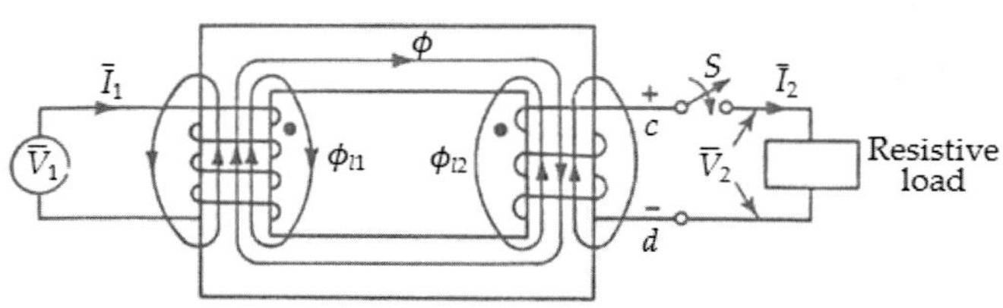

Figure 2-7 Two-winding transformer under load; S closed.

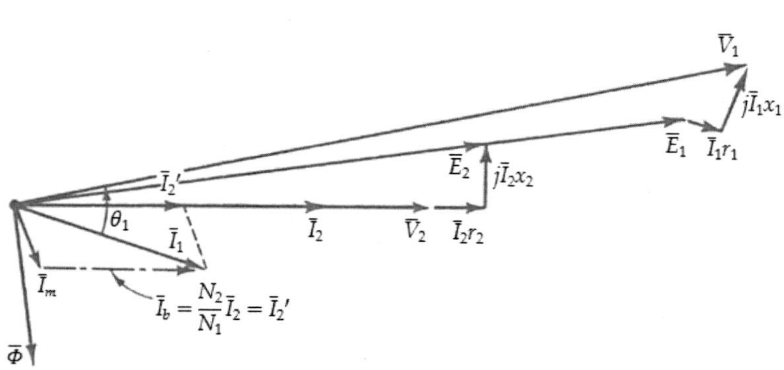

Figure 2-8 Complete phasor diagram of a transformer under load for the case where $a = N_1/N_2 > 1$.

이다. 여기서 x_2는 2차 누설 자속의 효과를 나타내는 가상 2차 누설 리액턴스이다. 또한, 누설 자속이 대개 공기에서의 자기저항을 갖기 때문에, 식 (2-21)은 선형 방정식이다. 따라서, 전류가 2배로 되면 누설 자속이 2배로 되고 $\bar{E}_{l2}$가 2배로 되며, 식 (2-21)에 의해 2배로 된 리액턴스 강하로 나타난다. 단자 전압, 2차 권선 저항 강하, 그리고 2차 누설 리액턴스 강하의 페이서 합은 그림 2-8에서 설명된 바와 같이 전원 전압 $\bar{E}_2$가 된다.

페이서도가 동상인 $\bar{V}_2$와 $\bar{I}_2$를 보일 때, 함의는 부하로 공급되는 전력은 V_2I_2와 같다는 것이다. 명백히, 이 전력은 1차 회로로부터 와야 한다. 그러나 어떤 기구(메카니즘, mechanism)에 의해 이것이 생기는가? 이 질문에 대한 답을 이해하기 위해서, 그림 2-7에 묘사된 상황을 고려한다. 보여진 방향으로 증가하는 자속으로, 2차 기전력은 표시된 극성을 가져서, 스위치가 닫힐 때 2차 전류의 작용은 상호 자속에서의 감소를 일으키는 것이다. N_2I_2의 작용 때문인 자속이 감소하는 이러한 경향은 전압 강하 E_1(또는 $e_1 = N_1(d\phi/dt)$)의 감소를 일으킨다. 하지만, 인가 전압 $\bar{V}_1$이 일정하기 때문에, $\bar{E}_1$에서의 약간의 감소는 1차 전류에서의 상당한 증가를 일으킨다. 사실, 1차 전류는, 1차 권수 N_1을 통하여 흐를 때, 2차 기자력의 감자 작용(demagnetizing action)을 중화시키기에 충분한 기자력을 나타내는 값으로 증가하는 것이 허용된다. 수학적으로 표현하면

$$N_1\bar{I}_b - N_2\bar{I}_2 = 0 \qquad (2\text{-}22)$$

이다. 여기서 $\bar{I}_b$는 자속을 줄이는 2차 기자력의 효과를 없애기 위해 필요로 하는 1차 전류에서의 증가를 나타낸다. $\bar{I}_b$는 종종 **평형** 전류(*balance* current)라 불린다. 이것은 운전 자속을 확립하기 위해 필요로 하는 값 $\bar{I}_m$ 이상이다. 식 (2-22)는 $N_1\bar{I}_b$가 $N_2\bar{I}_2$와 반대인 방향이어야 한다는 것을 드러낸다. 요컨대, 그런 연유로, 그것은 전력이 변압기의 1차 회로로부터 2차 회로로 자속의 매질을 통하여 전달되는, 작은 수반되는 변화이다. 물론, 전체 1차 전류는 $\bar{I}_b$와 $\bar{I}_m$의 페이서 합이다. 이 경우, 1차 누설 자속은, 무부하의 경우에서와 같이 $\bar{I}_m$과 동상이기 보다는, $\bar{I}_1$과 동상이다.

권선 저항 강하와 누설 리액턴스 강하가 무시할 수 있을 정도로 작은 변압기의 경우에는, 부하 상태에서의 자화 기자력이 무부하에서와 같다. 달리 말해, 전체 1차 기자력 $N_1\bar{I}_1$과 2차 기자력 $N_2\bar{I}_2$의 페이서 합이 $N_1\bar{I}_m$을 산출해야 한다. 따라서

$$N_1\bar{I}_1 - N_2\bar{I}_2 = N_1\bar{I}_m \qquad [\text{A-t}] \qquad (2\text{-}23)$$

이다. N_1로 나누면

$$\bar{I}_1 - \frac{N_2}{N_1}\bar{I}_2 = \bar{I}_m \qquad [\text{A}] \qquad (2\text{-}24)$$

로 이끈다. 그 다음 식 (2-22)를 대입하면

$$\bar{I}_1 - \bar{I}_b = \bar{I}_m = \bar{I}_1 - \bar{I}_2' \qquad [A] \tag{2-25}$$

를 산출한다. 여기서 $\bar{I}_2'$는 $\bar{I}_b$와 등가이다. 이 식은 그림 2-8의 페이서도로부터 바로 입증된다.

Transformer Construction Features

그림 2-7의 개략적인 표현에 반하여, 1차 권선의 모든 턴(turn)이 강자성 철심의 한 쪽 철심각(leg)에 배치되며 2차 권선의 모든 턴(turn)이 다른 철심각에 배치되는 것으로 함축되어서는 안될 것이다. 그러한 배치는 과도한 양의 누설 자속을 이끌어, 주어진 전원 전압에 대하여 상호 자속이 상응하여 더 적어진다. 변압기 구성에 있어서 유용한 과정은 1차와 2차 턴(turn)을 쪼개는 것이다. 이것은 누설 자속을 상호 자속의 수 [%] 이내로 유지한다. 물론 여전히 누설 자속에서의 더 많은 감소가 1차와 2차 권선을 더 세분하고 사이에 끼움(sandwiching)으로써 이루어질 수 있지만, 이것은 명백하게 조립 비용에 있어서의 상당한 증가를 가져온다.

단상 변압기에 대해 사용되는 구조의 두가지 주된 형태는 **내철형**(*core type*)과 **외철형**(*shell type*)이다. 내철형에서는 권선이 그림 2-9에 설명된 방식으로 철을 둘러싸도록 만들어진다. 전형적인 배치에서는 저압 코일 턴(turn)의 절반이 적절한 절연층에 의해 분리되어 철에 가장 가까이에 각 철심각에 위치된다. 그 다음 다른 적당

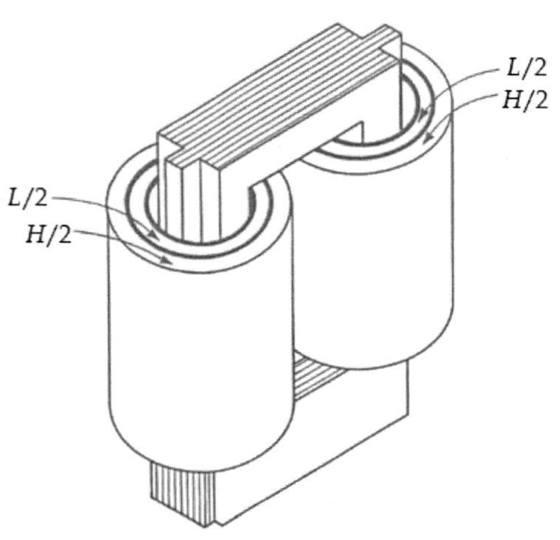

Figure 2-9 Construction features of the core-type transformer. *H* denotes the number of turns of the high voltage coil; *L* denotes the number of turns of the low voltage coil.

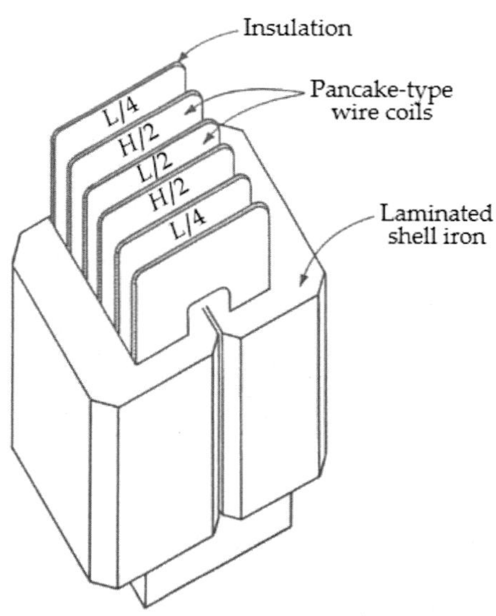

Figure 2-10 Construction features of the shell-type transformer. *H* denotes the number of turns of the high voltage coil; *L* denotes the number of turns of the low voltage coil.

한 절연층 다음에 고압 권선 턴(turn)의 절반이 저압 코일 위에 위치된다. 과정이 두번째 철심각에 대해서도 마찬가지로 반복된다. 내철형 구조는 절연 문제가 더 쉽기 때문에 고압 변압기에 선호된다. 외철형 변압기에서는 그림 2-10에 묘사된 바와 같이 철이 코일을 둘러싸는 것으로 나타난다. 이 배치에서는 코일이 일반적으로, 내철형 변압기에서 사용되는 원통형(cylindrical form)과 구별되는, 팬케이크 형태(pancake form)이다. 종종 그림에 표시된 바와 같이 저압 권선은, 각각 턴(turn)의 4분의 1을 가지는 두개의 바깥 부분과, 나머지 절반이 두개의 절반 고압 코일 사이에 끼워지는, 세개의 부분으로 나누어진다. 외철형 구조는 큰 전류가 흐르도록 만들어지는 전력용 변압기(power transformer)에서 선호된다. 철 외각(iron shell)은 그러한 환경에서 권선에 더 좋은 기계적 보호를 제공한다.

Effect of Saturation on Magnetizing Current

그림 2-8에 묘사된 것과 같은 페이서도에 나타난 모든 양은 필연적으로 같은 주파수를 가져야 한다. 결과적으로, 전류 $\bar{I}_1$의 자화 성분 $\bar{I}_m$은 그렇게 사용될 때 정현 형상을 가지는 양으로 다루어져야 한다. 하지만, 실제 자화 전류의 참된 형상은 자기 철심의 영향 때문에 대개 정현과는 다르다. 이 상황의 고려에 있어서 두가지 인자가 중요하다. 한가지는 자기 철심의 포화의 상태이며 다른 것은 히스테리시스와 철손의 결합 효과이다.

종종, 변압기는 운전점이 포화 곡선의 무릎부 바로 위에 위치하는 자속 변동으로 시간에 따라 작용한다. 그러한 운전 양식(mode of operation)의 결과를 검토하는 것이 도움이 된다. 이것은 그림 2-11을 참조함으로써 매우 잘 이루어진다. 최초에, 이 그림에서 설명된 상황은 일시적인 상황이라는 것을 이해하는 것이 중요하다. 자화 전류의 최종 형상을 생성하는 힘을 투시법에 넣기 위하여 그것을 고려한다.

변압기의 1차 권선에 인가되는 전압 파형은 순전히 정현인 것으로 가정된다. 따라서 이 전압원은 변압기의 1차 코일에 단지 정현 자화 전류 만을 공급할 수 있을 뿐이다. 그림 2-11은, 상당한 정도의 포화를 갖지만 히스테리시스는 없는 것으로 그려진 자화 곡선의 아래에 그려진 자화 전류를 보인다. 자기 철심 물질에서의 히스테리시스 효과는 단순함을 위해 잠시 동안 무시된다. 정현적으로 변동하는 자화 전류의 자화 곡선 위로의 사영(projection)은 자화 곡선의 오른쪽에 보여진 바와 같이 위가 평평한 자속파(flat-topped flux wave)를 생성한다. 더욱이, 이 위가 평평한 자속파는 원래 두개의 고조파 성분을 내포한다: 큰 기본파 성분 ϕ_1과 상당한 부(음)의 3차 고조파 성분 ϕ_3. 기본파 자속 성분은 무시할 수 있는 1차 권선 저항의 가정 하에서 1차 코일 내에 인가 1차 전압 v_1과 같으며 반대 방향인 전압 e_1을 유도한다. 하지만, 부(음)의 3차 고조파 성분 역시 1차 코일 내에 전압 e_3을 유도한

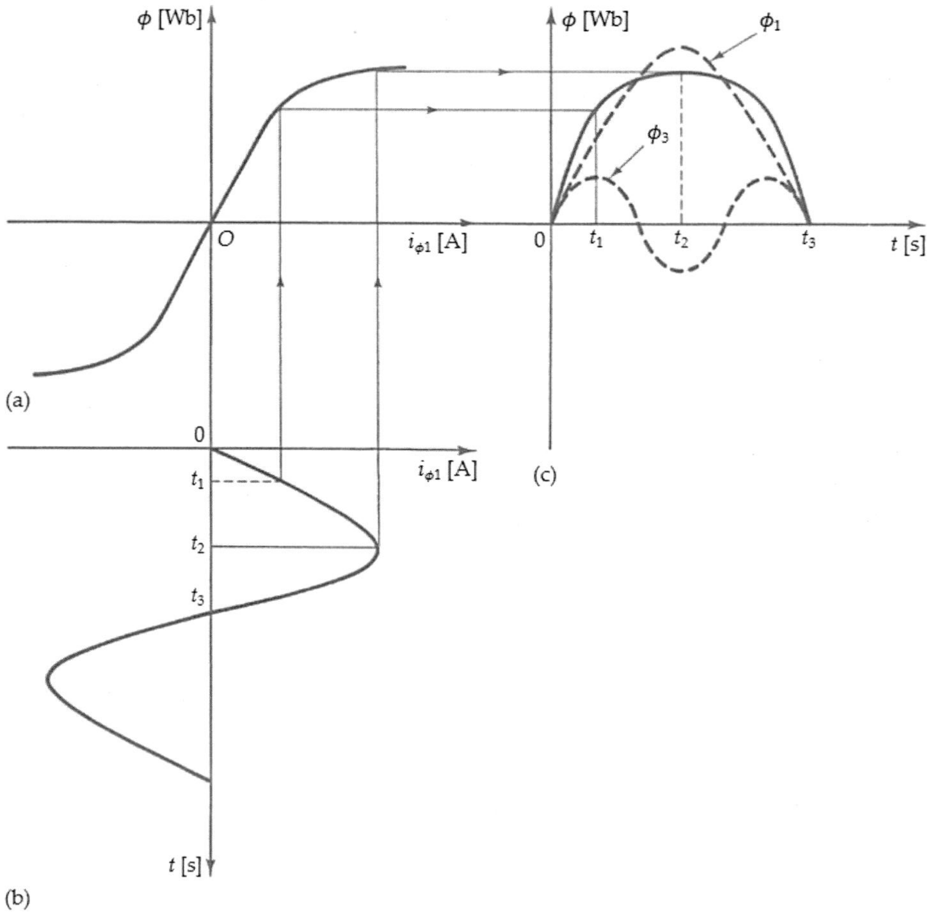

Figure 2-11 Illustrating the effect of a sinusoidal magnetizing current: (a) magnetization curve showing saturation at high magnetizing forces and no hysteresis; (b) sinusoidal magnetizing current assumed to flow from source voltage to primary coil; (c) resultant flat-topped flux wave produced by the current of (b).

다. 그러나 1차 전원 전압이 순전히 정현적인 양이기 때문에 이 전압은 1차 전원 전압에서 같으며 반대 방향인 성분과 만나지 않는다. 그 결과, 코일 유기 3차 고조파 전압은 1차 회로 내에서 부(음)의 3차 고조파 전류를 생성하고 그 다음 전원 전압에 의해 공급된 정(양)의 기본파 성분과 결합하도록 자유롭게 작용한다. 따라서, 합성 자화 전류는 이 두 성분의 중첩이다. 결과는 그림 2-12에 묘사된 바와 같이 특징적으로 **뾰족한**(*peaked*) 자화 전류에 대한 파형이다. 뾰족하게 하는 효과는 3차 고조파 성분이 1차 코일로부터 기원하는 기본파 성분과 반대 방향으로 흐르게 만든다는 사실과 관련된다.

부(음)의 3차 고조파 전류는 또한 다음에 위가 평평한 자속파의 원래의 3차 고조파 성분을 없애기 위해 도움이 되는 부(음)의 3차 고조파 자속을 생성하도록 작용하는 1차 코일 기자력을 생성하는 것으로 해석할 수 있다는 것을 관찰하는 것이 흥미롭다. 결국, 물론, 키르히호프의 전압 법칙은, 단지 그러한 자속은 인가 정현 전원 전압과 균형이 되는 유도 코일 전압 만을 생성하기 때문에, 합성 철심 자속이 정현이어야 한다는 것을 요구한다.

합성 자화 전류의 뾰족한 성질은 또한 정현 전원 전압은 1차 회로 내에서 정현 철심 자속의 존재에 의해서만 균형될 수 있다는 조건으로 출발함에 의해서도 입증될 수 있다. 그러면 그러한 정현 자속 변동의 포화 자화 곡선으로의 후속의 사영은 바로 자화 전류의 뾰족한 파형으로 이끈다. 하지만, 그러한 접근법은 3차 고조파 전류 성분의 전원을 밝히지 않으며, 지금 아는 것은 바로 정현 전압이 아니라는 것이다.

자화 전류의 마지막 파형은 그림 2-12의 뾰족한 곡선에 히스테리시스와 와류손을 감안하기 위하여 기본파 정현 성분(v_1 또는 e_1과 동상인)을 더함으로써 얻어진다. 그림 2-13은 그 결과를 보인다.

2-2 THE EQUIVALENT CIRCUIT

Derivation

전기공학에서 장치의 해석에 있어서는 적절한 등가회로(equivalent circuit)에 의해 장치를 나타내는 것이 통상적이다. 이 방식으로 더 나아간 해석과 설계는 물론 계산 정밀도가 전기회로 이론 기법의 직접 적용에 의해 손쉽게 된다. 이 과정이 새로

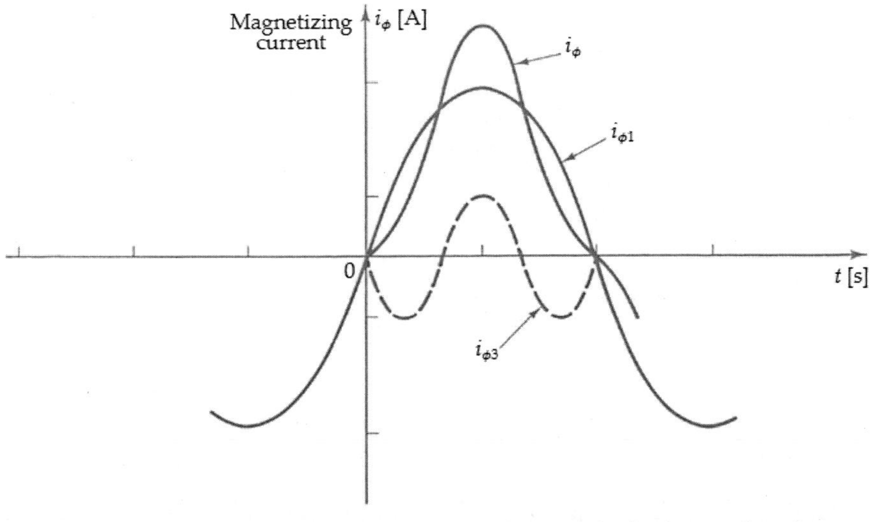

Figure 2-12 Transformer magnetizing current waveshape neglecting hysteresis and core losses. Here $i_{\phi 1}$ denotes the component supplied by the source voltage and $i_{\phi 3}$ is the component supplied by the transformer coil arising from saturation of the magnetic core.

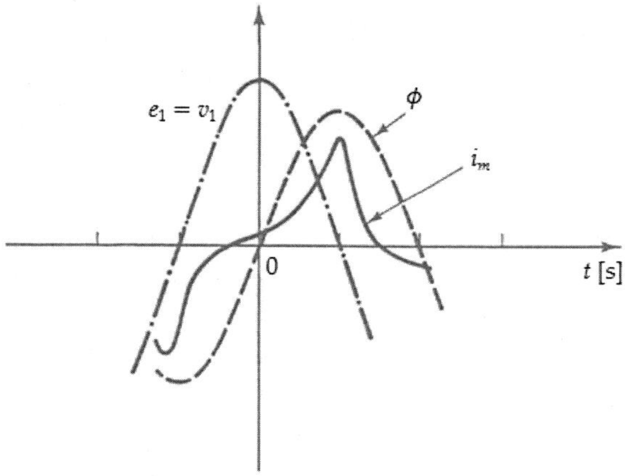

Figure 2-13 Final waveshape of magnetizing current i_m that results upon adding a sinusoidal fundamental component (in phase with the source voltage) to i_ϕ of Fig. 2-12. The in-phase component takes care of the hysteresis and eddy current losses.

운 장치가 조사될 때는 언제나 따라온다. 따라서, 등가회로가 변압기뿐만 아니라 모든 교류 및 직류 전동기는 물론 트랜지스터(transistor) 같은 중요한 전자 장치(electronic device)에 대하여 유도된다. 일반적으로, 등가회로는 단지 장치의 거동을 설명하는 방정식(들)의 회로 해석일 뿐이다. 당면한 경우를 위해 두개의 방정식이 있다—1차 권선과 2차 권선에 대한 키르히호프의 전압 방정식. 따라서, 1차 권선의 경우

$$\bar{V}_1 = \bar{I}_1 r_1 + j\bar{I}_1 x_1 + \bar{E}_1 \qquad [\text{V}] \tag{2-26}$$

그리고 2차 권선의 경우

$$\bar{E}_2 = \bar{V}_2 + \bar{I}_2 r_2 + j\bar{I}_2 x_2 \qquad [\text{V}] \tag{2-27}$$

을 가진다. 두 식이 모두 그림 2-8의 페이서도에 나타내어져 있으며, 대응하는 회로 설명이 그림 2-14 (a)에 나타나 있다. 점 표기(dot notation)는 순시적으로 같은 극성을 갖는 코일의 끝(side)을 나타내기 위해 사용되었다. 그림 2-14 (a)의 개략적인 그림은 $\bar{I}_1$이 $\bar{I}_b$와 $\bar{I}_m$으로 이루어진다는 것을 인지함으로써 그림 2-14 (b)의 등가회로로 대체될 수 있다. 더욱이, $\bar{I}_m$이 두개의 성분 $\bar{I}_c$와 $\bar{I}_\phi$로 이루어진다는 정의에 의해, 그것은 두개의 병렬 지로(branch)로 쪼개지는 것으로 고려될 수 있다. 한 지로는 순 저항성이며, $\bar{E}_1$과 동상인 것으로 정의된, 전류 $\bar{I}_c$를 운반한다. 다른 지로는, 그림 2-3 (b)에 묘사된 바와 같이, 그것이 $\bar{E}_1$ 보다 90° 뒤지는 것으로 정의된, 전류 $\bar{I}_\phi$를 운반하기 때문에 순 무효성(reactive; 유도성, inductive)이어야 한다. 1차와 2차 권선 사이에 생기는 전압과 전류의 변환을 감안하기 위하여 이상 변압기(ideal trans-

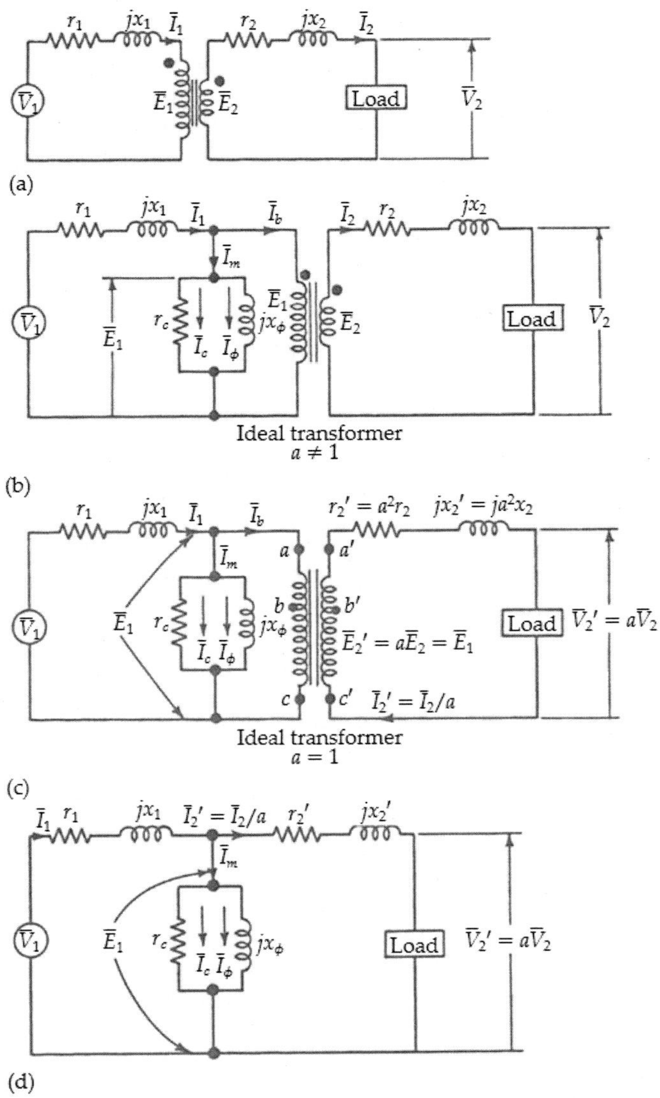

Figure 2-14 Development of the exact equivalent circuit: (a) schematic diagram; (b) two-winding equivalent circuit; (c) replacing the actual secondary winding with an equivalent winding having N_1 [turn]; (d) final complete form.

former)가 그림 2-14 (b)에 포함되었다. 따라서, 변환비(ratio of transformation) $a = 2$인 경우, 이상 변압기는 $\overline{E}_2 = ½\,\overline{E}_1$과 $\overline{I}_2 = 2\overline{I}_b$의 정보를 전달한다. 실제 변압기는 1차 권선 저항과 누설 자속을 가지며 자화 전류를 운반해야 한다는 사실은 그림 2-14 (b)에서 이상 변압기에 대한 기호 이전의 회로 소자에 의해 고려되어야 한다.

저항 소자 r_c는, 전압 E_1이 그것을 가로질러 나타날 때, 전류 I_c가 흐르는 것을 허용하는 값이어야 한다. 따라서

$$r_c \equiv \frac{E_1}{I_c} = \frac{P_c}{I_c^2} \qquad [\Omega] \tag{2-28}$$

이다. 이 식의 두번째 형태는 E_1을 식 (2-13)의 표현식으로 대체함으로써 얻어진다. 따라서, r_c는 또한 변압기 철손을 감안하는 저항으로 보여질 수 있다. 비슷하게, 변압기의 자화 리액턴스는, E_1이 그것을 가로질러 나타날 때, 전류 I_ϕ가 흐르는 원인이 되는 리액턴스로 정의될 수 있다. 따라서

$$x_\phi \equiv \frac{E_1}{I_\phi} \qquad [\Omega] \tag{2-29}$$

이다.

변압기의 단선 등가회로(single-line equivalent circuit)가 바람직한 목표이다. 하지만, $E_2 \neq E_1$인 한은, 1차와 2차 권선을 따르는 전위 분포(potential distribution)가 절대 동일할 수 없기 때문에 이것을 이루는 것은 불가능하다. 단지 이것이 가능한 조건은 $a = 1$일 때만 이다. 그러므로, 등가회로에서 원하는 단순성을 성취하는 입장에서, 실제 2차 권선을 1차 권선과 같은 권수를 가지는 등가 권선으로 대체하는 것을 조사하자. N_1 [turn]을 가지는 등가 2차 권선이 실제 2차 권선에서와 같은 kVA(kilovolt-amperes), 같은 동손과 누설 자속, 그리고 같은 출력 전력을 다루도록 만들어진다면, 인가 전압원이 관계되는 한 N_2 [turn]의 실제 2차 권선과 N_1 [turn]의 등가 2차 권선 사이의 차이를 검지할 수 없다고 기대하는 것이 타당하도록 하는 약간의 고려가 이루어져야 할 것이다. 즉, 하나의 권선은 1차량(primary quantity)들의 어떠한 변화도 일으킴이 없이 다르게 대체될 수 있다.

등가 2차 권선이 N_1 [turn]을 가지는 것으로 가정되기 때문에, 대응하는 유도 기전력은 인자 a에 의해 달라져야 할 것이다.

$$E_2' = aE_2 = E_1 \qquad [\text{V}] \tag{2-30}$$

을 가진다. 여기서 프라임(prime, ′) 표기는 N_1 [turn]을 가지는 등가 권선을 나타내기 위해 사용되었다. 등가 2차 권선의 kVA가 실제 2차 권선의 그것과 같게 되는 경우, 다음의 식이 만족되어야 한다:

$$E_2' I_2' = E_2 I_2 \qquad [\text{VA}] \tag{2-31}$$

식 (2-30)을 마지막 식에 대입하면 등가 2차 권선의 전류 정격(current rating)이

$$I_2' = \frac{I_2}{a} \qquad [\text{A}] \tag{2-32}$$

이여야 함을 보인다. 이 전류는 평형 전류 I_b임에 유의하라.

일반적으로는 $a \neq 1$이기 때문에, 등가 2차의 권선 저항은 동손이 둘 다에서 같아지도록 조정되어야 함이 따라온다. 따라서

$$(I_2')^2 r_2' = I_2^2 r_2 \qquad [\mathrm{W}] \tag{2-33}$$

이다. 이 식은 식 (2-32)와 함께, 등가 2차의 권선 저항의 값을 확립한다. 따라서

$$r_2' = \left(\frac{I_2}{I_2'}\right)^2 r_2 = a^2 r_2 \qquad [\Omega] \tag{2-34}$$

이다. 종종 양 r_2'는 1차로 환산된 2차 저항으로 나타내어진다. 구(phrase) "1차로 환산된(referred to the primary)"은 1차 권선과 같은 권수를 갖는 등가 2차 권선으로 다루기 때문에 사용된다.

같은 방식으로 계속함으로써, 1차로 환산된 2차 누설 리액턴스는

$$x_2' = a^2 x_2 \qquad [\Omega] \tag{2-35}$$

와 같이 표현될 수 있다.

더욱이, kVA 부하가 두 권선에 대하여 같아야 하기 때문에,

$$V_2' I_2' = V_2 I_2 \qquad [\mathrm{VA}] \tag{2-36}$$

을 가지며, 이로부터 등가 2차 권선에서의 부하 단자 전압이

$$V_2' = \frac{I_2}{I_2'} V_2 = a V_2 \qquad [\mathrm{V}] \tag{2-37}$$

임이 따라온다.

그림 2-14 (c)에 나타난 것은 모두 단위 값의 권수비(unity turns ratio)를 갖는 이상 변압기에 더한 전술한 결과이다. 그림 2-14 (c)는 N_1 [turn]을 가지는 등가 2차 권선으로 그려졌음에 반하여, 그림 2-14 (b)는 실제 2차 권선으로 그려졌음을 염두에 두어라. 지금까지는 둘 사이에서 구별될 수 없는 1차와 관련되었다. 그림 2-14 (c)의 이상 변압기의 경우, 점 a를 a'에, b를 b'에, 그리고 c를 c'에 연결하는 것은, 순시적으로 이 점들이 같은 전위이기 때문에, 아무런 교란(disturbance)도 일으키지 않음에 유의하라. 따라서, 이 이상 변압기는, 그림 2-14 (c)가 변압기의 **완전 등가회로**(*complete equivalent circuit*)라 불리는 그림 2-14 (d)로 되는 데 있어서, 완전히 없애질 수 있다. 그림 2-14 (c)가 유도하려고 한 단선도(single-line diagram)이다.

Approximate Equivalent Circuit

전력과 배전 응용에서 사용되는 것과 같은 대부분의 일정 전압, 고정 주파수 변압기에서는, 자화 전류 I_m의 크기가 단지 정격 권선 전류의 수 퍼센트(2 내지 5)에 불과하다. 이것은 고투자율 강(high-permeability steel)이 자기 철심으로 사용되며 그래서 I_ϕ가 매우 작게 유지되기 때문에 생긴다. 더구나, 수 [%]의 규소가 첨가된 강(steel)이 종종 사용되며 이것이 철손을 줄이는데 도움이 되고, 그 때문에 I_c가 작게 유지된다. 결과적으로, 아주 작은 오차를 받아들여, I_m이 무시할 수 있을 정도로 작다는 가정에 의해 상당한 단순화가 이루어진다. 이것은 그림 2-14 (d)의 등가회로가 그림 2-15에 보여진 배치를 받아들이도록 만든다. 1차 전류 $\bar{I}_1$은 이제 환산된 2차 전류 $\bar{I}_2'$와 같음에 유의하라. 또한 이제는 1차로 환산된 등가 저항은

$$R_{e1} \equiv r_1 + r_2' = r_1 + a^2 r_2 \qquad [\Omega] \tag{2-38}$$

이며 1차로 환산된 등가 누설 리액턴스는

$$X_{e1} \equiv x_1 + x_2' = x_1 + a^2 x_2 \qquad [\Omega] \tag{2-39}$$

라고 말할 수 있다. 하첨자 1은 1차를 나타낸다.

근사 등가회로에 대하여 그려진 페이서도가 그림 2-16에 나타나 있다. 그림 2-8에 나타난 정확한 등가회로의 페이서도를 넘어선 상당한 단순화에 유의하라.

앞 페이지의 해석은 1차 권선과 같은 권수를 갖는 등가 권선에 의해 실제 2차 권선을 대체한 것과 관련된다. 잠깐 생각하면 비슷한 과정이 모든 양을 2차로 환산한 단선 등가회로를 그리는 데 사용될 수 있다는 것이 명백하다. 달리 말해, 실제 1차 권선이 N_2 [turn]을 가지는 등가 1차 권선으로 대체될 수 있다. 결과적인 등가회로는 그러면 그림 2-17에 묘사된 형태라고 여겨진다. 1차 권선 저항 r_1을 2차 권선으로 환산할 때에는, a^2으로 나누는 것이 필요하다. 따라서

$$r_1' = \frac{r_1}{a^2} \qquad [\Omega] \tag{2-40}$$

이다. 더구나, 2차로 환산된 등가 권선 저항은

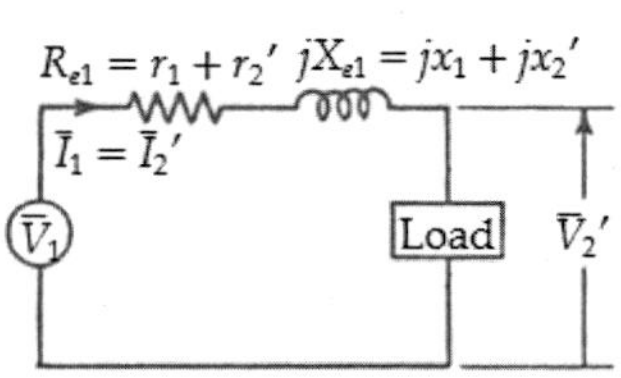

Figure 2-15 Approximate equivalent circuit referred to the primary.

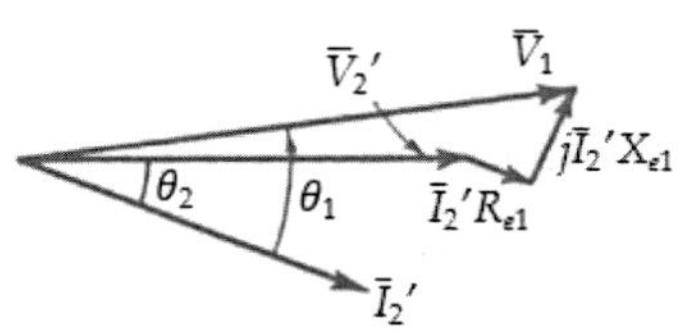

Figure 2-16 Phasor diagram of the approximate equivalent circuit for a lagging power factor angle θ_2.

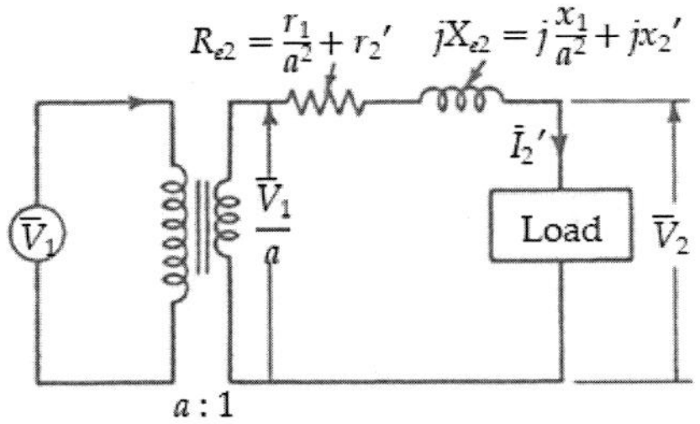

Figure 2-17 Approximate equivalent circuit referred to the secondary.

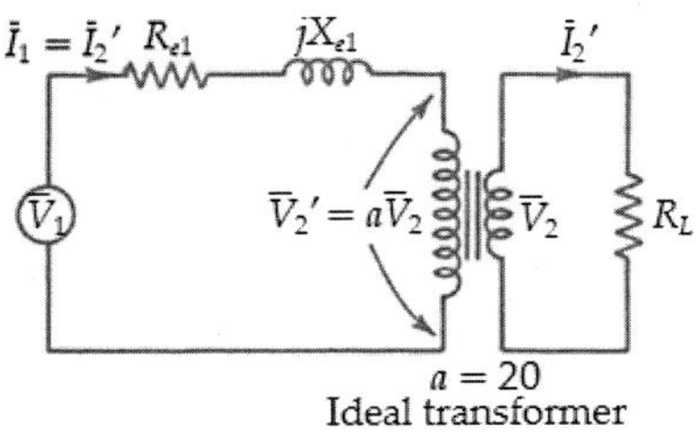

Figure 2-18 Approximate equivalent circuit drawn with the ideal transformer.

$$R_{e2} = r_1' + r_2 = \frac{r_1}{a^2} + r_2 \qquad [\Omega] \tag{2-41}$$

이며 2차로 환산된 등가 누설 리액턴스는

$$X_{e2} = x_1' + x_2 = \frac{x_1}{a^2} + x_2 \qquad [\Omega] \tag{2-42}$$

이다. 역시 그림 2-17에서 이상 변압기는 단지 변환이 1차측으로부터 2차측으로 생긴다는 것을 강조하기 위해 포함되었을 뿐이다. 보통은, 단선 2차 회로만 남기고 1차 회로는 완전히 생략된다.

Meaning of Transformer Nameplate Rating

전형적인 변압기는 다음의 정보를 담고 있는 명판(nameplate)을 갖고 있다: 10 [kVA], 2200/110 [V]. 용어와 지금까지 전개된 해석에서 이 숫자의 의미는 무엇인가? 답을 이해하기 위하여 실로, 1차와 2차 회로 사이에 존재하는 변환 동작을 증거로 가져오는 이상 변압기를 포함하여 그려진, 그림 2-18의 근사 등가회로를 참조한다. 숫자 110은 정격 2차 전압에 관련된다. 그것은 정격 kVA에서 정격 전류가 흐를 때 부하를 가로질러 나타나는 전압이다. 이것을 V_2라고 부른다. 숫자 2200은, 정격 2차 전압을 취하고 1차와 2차 사이의 권수비(turns ratio) a를 곱하여 얻어지는, 1차 권선 전압 정격에 관련된다. 이 교재에서의 용어로 이것은 V_2'이다. 명판 위에서 비 $V_2'/V_2 = 2200/110$을 지정함으로써, 권수비에 관한 정보가 주어진다. 마지막으로, kVA 숫자는 항상 2차 부하 단자에서 나타나는 **출력**(*output*) kVA에 관련된다. 물론 입력 kVA는 R_{e1}과 X_{e1}의 효과 때문에 약간 다르다.

Transfer Function

변압기의 전달 함수는 전압 또는 전류에 관하여 지정될 수 있다. 전압 전달 함수는 부하가 연결되었을 때 입력 전압 $\bar{V}_1$에 대한 출력 전압 $\bar{V}_2$의 비로 정의된다. 따라서

$$\overline{T}_V = \frac{\overline{V}_2}{\overline{V}_1} = \frac{\overline{V}_2}{a\overline{V}_2 + \overline{I}_2'R_{e1} + j\overline{I}_2'X_{e1}} \approx \frac{1}{a} \tag{2-43}$$

이다. 식 (2-43)은, 권선 저항과 누설 리액턴스가 무시할 수 있을 정도로 작을 때, 전압 전달 함수 $\overline{T}_V$가 근사적으로 변환비의 역수(reciprocal)임을 가리킨다. 이 양이 무시될 수 없을 때에는, $\overline{T}_V$가 부하에 따라 변하는 복소수(complex)일 것이다.

전류 전달 함수 $\overline{T}_I$는 출력 전류를 입력 전류로 나눈 것으로 정의된다. 그림 2-18의 근사 등가회로의 경우,

$$\overline{T}_I = \frac{\overline{I}_2}{\overline{I}_2'} = a \tag{2-44}$$

를 가진다. 여기에서 전류 전달 함수는 자화 전류가 무시할 수 있는 것으로 가정되었기 때문에 정확히 a와 같다. $\overline{I}_m$을 무시할 수 없을 때에는, $\overline{T}_I$가 a보다 어느 정도 더 작으며 복소수일 수 있다.

Input Impedance

변압기의 입력 임피던스는 1차 권선의 입력 단자에서 측정된 임피던스이다. 그림 2-18에 보여진 근사 등가회로의 경우,

$$\overline{Z}_i = \frac{\overline{V}_1}{\overline{I}_1} = R_{e1} + a^2R_L + jX_{e1} \qquad [\Omega] \tag{2-45}$$

를 가진다. 이 결과를 일견하면, 입력 임피던스는 부하 임피던스와는 무관함을 나타낸다. 전력 응용의 경우에는, 전원의 임피던스가 무시할 수 있을 정도로 작기 때문에 입력 임피던스는 특별히 고려하지 않는다. 통신 응용에서는, 하지만, $\overline{V}_1$이 트랜지스터로부터 얻어지는 곳에서, 입력 임피던스가 전압원에 미치는 변압기의 효과를 설명하기 때문에 유용한 양이다.

Frequency Response

관심을 갖는 것 중의 한가지는, 전원 전압 $\overline{V}_1$의 주파수가 바뀜에 따라 전압 전달 함수가 고정된 부하에 대해 바뀌는 방식이다. $\overline{V}_1$의 크기는 고정된 것으로 가정된다. 전력용 변압기의 경우에는, 장치가 단일 고정 주파수—보통 60 [Hz] 그리고 때때로 50 [Hz]—에서 운전되기 때문에 주파수 응답은 심각한 관심사가 아니다. 하지만, 통신 회로에서는, 전원 전압의 주파수가 광범위하게 바뀔 수 있다. 예를 들어, 음성 증폭기(audio amplifier)의 전력단(power stage)을 확성기(loudspeaker)에 연결하는 경우에는, 주파수가 전체 가청 주파 범위에 걸쳐 바뀔 수 있다. 그러면, 전압

전달 함수에 미치는 이 변동 주파수의 효과는 무엇인가? 답은 그림 2-14 (d)의 조사로부터 따라온다. 유도성 리액턴스는 주파수에 직접 비례함을, 즉,

$$x = \omega L = 2\pi f L \qquad [\Omega] \tag{2-46}$$

임을 염두에 두어라. 따라서 낮은 주파수에서는, 보통은 회로로부터 제거될 수 있을 정도로 높은 리액턴스 x_ϕ가, 이제는 더 이상 무시될 수 없다. 사실은, 이 낮은 자화 리액턴스가 고정된 부하 임피던스에 대해 실제상 분로(shunt)를 만들 수 있어서 그 때문에 그림 2-20에 묘사된 바와 같이 출력 전압의 심각한 강하(drop-off)를 일으킨다. 그림 2-19 (a)는 매우 낮은 주파수에서 적용되는 등가회로의 배치를 보인다. x_1과 x_2'가 이 주파수에서는 매우 작아서, 그림으로부터 완전히 생략될 수 있음에 유의하라.

중간 주파수 범위에서는, 통신 계통을 위한 변압기의 설계가 x_1과 x_2'는 여전히 작은 한편, x_ϕ는 생략될 수 있을 정도로 충분히 크게 만들어진다. 적절한 회로 소자가 그림 2-19 (b)에 나타나 있다. 저항 부하의 경우, 등가회로가 단지 저항 소자가

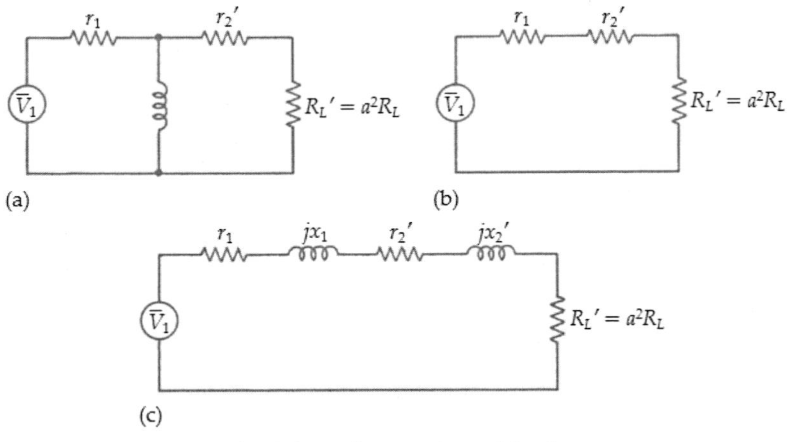

Figure 2-19 Equivalent circuit for various portions of the frequency spectrum: (a) low frequencies; (b) intermediate frequencies; (c) high frequencies.

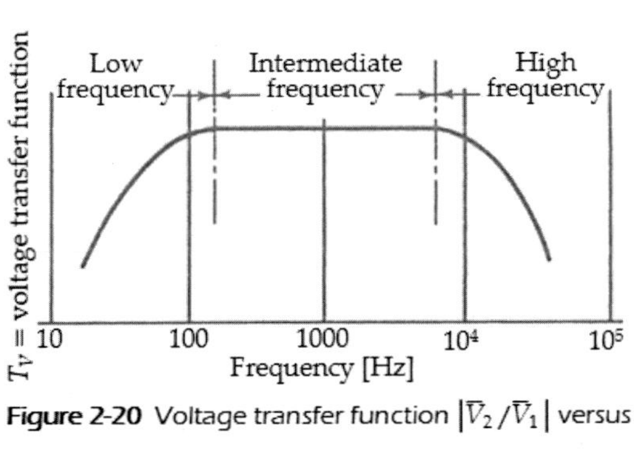

Figure 2-20 Voltage transfer function $|\bar{V}_2/\bar{V}_1|$ versus frequency.

그림 2-19 (b)에 나타나 있다. 저항 부하의 경우, 등가회로가 단지 저항 소자 만으로 이루어지고 전달 함수는 중간 주파수의 대역(band)에 걸쳐 일정하게 남아 있게 됨에 유의하라. 그림 2-20을 참조하라.

매우 높은 주파수에서는, x_1과 x_2'를 더 이상 무시할 수 없으며 그러므로 회로 내에 포함되어야 한다. 하지만, x_ϕ는 계속 생략될 수 있다. 등가회로는 이제 그림 2-19 (c)의 형태를 취한다. 짧게 생각하면, 주파수가 점점 더 높아짐에 따라, 점점 더 높은 전원 전압이 x_1과 x_2'를 가로질러 나타나고 점점 더 낮은 전압이 고정된 부하 저항을 가로질러 나타난다는 것을 드러낸다. 그러므로 다시 그림 2-20에 묘사된 바와 같이 심각한 강하가 전압 전달 함수의 값에서 생긴다. 통신용 변압기에서는 빈번히 그림 2-20에 보여진 것과 같은 적당한 주파수 응답이 장치의 가장 중요한 특성이다.

EXAMPLE 2-1 100 [kVA], 1100/220 [V], 60 [Hz]의 명판 정격을 갖는 배전 변압기가 0.1 [Ω]의 고압 권선 저항과 0.3 [Ω]의 누설 리액턴스를 가진다. 저압 권선 저항은 0.004 [Ω]이며 누설 리액턴스는 0.012 [Ω]이다. 전원은 고압측에 공급된다.

(a) 고압측과 저압측으로 환산된 등가 권선 저항과 누설 리액턴스를 찾아라.

(b) [V]와 1차 량(primary quantity)으로 표현된 정격 권선 전압의 백분율로 등가 저항과 등가 리액턴스 강하를 계산하라.

(c) 저압측으로 환산된 양(quantity)에 대하여 문제 (b)를 반복하라.

(d) 1차측과 2차측으로 환산된 변압기의 **등가 누설 임피던스**(*equivalent leakage impedance*)를 계산하라.

SOLUTION 명판 자료로부터 권수비는 $a = 1100/220 = 5$이다.

(a) 따라서 1차로 환산된 등가 권선 저항은 식 (2-38)로부터

$$R_{e1} = r_1 + a^2 r_2 = 0.1 + 5^2 \times 0.004 = 0.2\ [\Omega]$$

또한

$$X_{e1} = x_1 + a^2 x_2 = 0.3 + 5^2 \times 0.012 = 0.6\ [\Omega]$$

2차로 환산된 대응하는 양은

$$R_{e2} = \frac{0.1}{25} + 0.004 = 0.008\ [\Omega]$$

$$X_{e2} = \frac{0.3}{25} + 0.012 = 0.024\ [\Omega]$$

이 계산은 $r_1 = r_2'$ 그리고 $x_1 = x_2'$를 드러낸다. 이것은 잘 설계된 변압기에서 매우 일반적인 일이다. 잘 설계된 변압기는 특정한 출력에 대하여 최소 양의 철과 구리를 사용하는 변압

기이다. 또한, 2차 권선의 저항이 1차 권선의 저항보다 상당히 더 작음에 유의하라. 이것은 2차의 더 큰 전류 정격에 부합된다.

(b) 이 경우의 1차 권선 전류 정격은

$$I_2' = \frac{100\ [\text{kVA}]}{220\ [\text{V}]} = 91\ [\text{A}]$$

따라서

$$I_2'R_{e1} = 91 \times 0.2 = 18.2\ [\text{V}]$$

고압 권선의 정격 전압의 백분율로 표현된 이것은

$$\frac{I_2'R_{e1}}{V_2'} \times 100 = \frac{18.2}{1100} \times 100 = 1.65\ [\%]$$

또한

$$I_2'X_{e1} = 91 \times 0.6 = 54.6\ [\text{V}]$$

그리고

$$\frac{I_2'X_{e1}}{V_2'} \times 100 = \frac{54.6}{1100} \times 100 = 4.96\ [\%]$$

(c) 2차 권선 전류 정격은

$$I_2 = aI_2' = 5 \times 91 = 455\ [\text{A}]$$

따라서

$$I_2R_{e2} = 455 \times 0.008 = 3.64\ [\text{V}]$$

그리고

$$\frac{I_2R_{e2}}{V_2} \times 100 = \frac{3.64}{220} \times 100 = 1.65\ [\%]$$

2차측에서의 권선 저항 강하의 백분율 값은 1차측에서의 값과 동일함에 유의하라. 비슷하게, 누설 리액턴스에 대해서는,

$$I_2X_{e2} = 455 \times 0.024 = 10.9\ [\text{V}]$$

$$\frac{I_2X_{e2}}{V_2} \times 100 = \frac{10.9}{220} \times 100 = 4.96\ [\%]$$

(d) 1차로 환산된 등가 누설 임피던스는

$$\overline{Z}_{e1} \equiv R_{e1} + jX_{e1} = 0.2 + j0.6 = 0.634\angle 71.6° \ [\Omega]$$

2차로 환산된 이것은

$$\overline{Z}_{e2} = \frac{\overline{Z}_{e1}}{a^2} = 0.0253\angle 71.6° \ [\Omega]$$

2-3 PARAMETERS FROM NO-LOAD TESTS

변압기의 정확한 등가회로는 그림 2-24 (d)에 보이는 바와 같이 총(total) 6개의 매개변수를 가진다. 이 매개변수에 대한 지식은 모든 운전 조건 하에서의 변압기의 성능을 계산하는 것을 허용한다. 변압기의 완전한 설계 자료를 이용할 수 있을 때, 매개변수는 포함된 물질의 치수와 성질로부터 계산될 수 있다. 따라서, 1차 권선 저항 r_1은 구리의 저항률, 총 권선 길이, 그리고 단면적으로부터 찾아질 수 있다. 비슷한 방식으로, 자화 리액턴스 x_ϕ 같은 매개변수는 1차 권수, 자기 경로의 자기 저항, 그리고 운전 주파수로부터 결정될 수 있다. 누설 리액턴스의 계산은 부분적인 누설 자속에 대해 감안하는 것을 포함하기 때문에 좀 더 복잡하다. 하지만, 공식(formula)이 이 양의 신뢰성 있는 결정을 허용한다.

변압기 매개변수를 결정하는 더 직접적이며 더 쉬운 방법은, **무부하 시험**(*no-load test*)이라 불리는, 매우 적은 전력 소비를 포함하는 시험이다. 전력 소비는 단지 포함되는 적절한 손실을 공급하기 위해 요구될 뿐이다. 1차 권선(또는 2차 권선) 저항은 그림 2-21에 보여진 방식으로 작은 직류 전압을 인가함으로써 바로 결정된다. 권선을 가로질러 나타나는 전압은 근사적으로 정격 전류의 흐름을 일으키도록 충분히 커야 한다. 그 다음, 직류 전압계(dc voltmeter) VD에 의해 기록된, 권선을 가로지르는 전압을, 직류 전류계(dc ammeter) AD에 의해 기록된, 권선을 통하여 흐르는 전류로 나눈 비(ratio)가 권선 저항의 값을 산출한다.

Open-Circuit Test

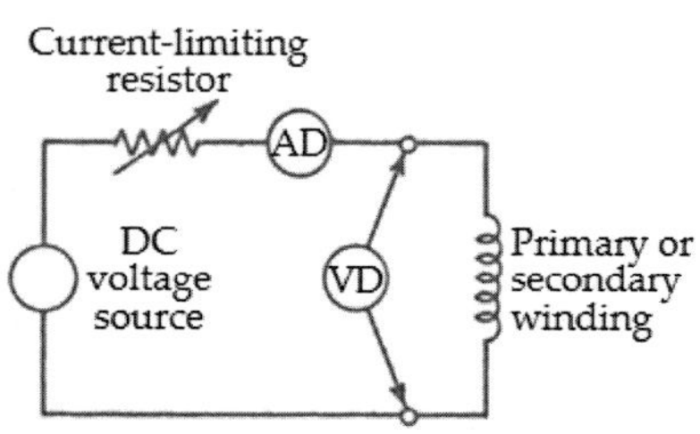

Figure 2-21 Circuitry for finding winding resistance.

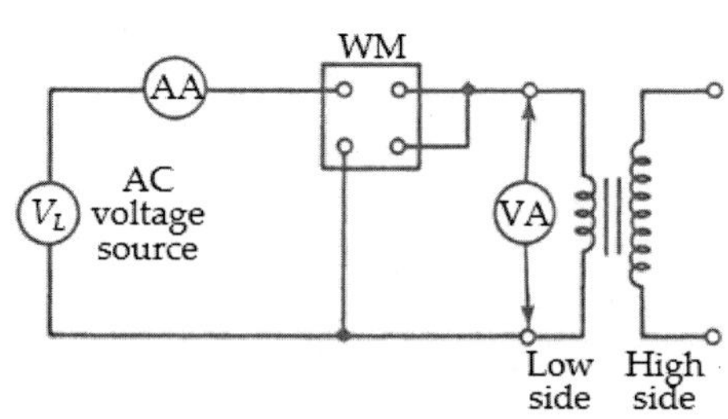

Figure 2-22 Wiring diagram for the transformer open-circuit test.

철손 저항기(core-loss resistor) r_c와 자화 리액턴스 x_ϕ에 대한 정보는, 그림 2-22에 나타난 회로인, **개방 회로 시험**(*open-circuit test*)으로부터 얻어진다. 2차 권선은 개방됨에 유의하라. 그러므로, 그림 2-14 (d)가 나타내는 바와 같이, 입력 임피던스는 1차 누설 임피던스와 자화 임피던스로 이루어진다. 이 경우에서 전류계와 전압계는 교류 계기(ac instrument)이며 두번째 문자 A는 이것을 강조하기 위해 사용되었다. 따라서 AA는 교류 전류계를 나타낸다. 그림 2-22에 보여진 (유효) 전력계(wattmeter)는 변압기에 의해 그려지는 전력을 측정하기 위해 사용된다. 개방 회로 시험은, 어느 쪽이 더 편리한 지에 따라, 전압을 고압 또는 저압측에 인가함으로써 수행된다. 따라서, 예제 2-1의 변압기가 시험된다면, 220 [V]의 전원이 1100 [V]의 전원보다 더 쉽게 이용할 수 있기 때문에, 전압이 저압측에 인가될 것이다. 철손은 220 [V]가 더 적은 권수를 가지는 권선에 인가되든지 1100 [V]가 더 많은 권수를 가지는 권선에 인가되든지 여하간에 같다. 철손을 좌우하는 자속의 최대 값은 식 (2-17), (2-18)이 나타내는 바와 같이 두 경우 모두에서 같다. 이제 편의를 위하여, 개방 회로 시험에서 사용된 계기가 다음의 지시치를 산출했다고 가정한다:

$$\text{wattmeter reading} = P$$
$$\text{ammeter reading} = I_m$$
$$\text{voltmeter reading} = V_L$$

전압계 지시치에 있는 하첨자 L은 시험이 저압측에 있는 전원과 계기로 수행되었음을 강조하기 위한 것이다.

계기 손실을 무시하면, 전력계 지시치는 전적으로 철손과 같게 취해질 것이다. 즉, $P_c = P$이다. 이것은 부수하는 동손이 무시할 수 있을 정도로 작기 때문이다. 더욱이, I_m이 매우 작기 때문에, 1차 누설 임피던스 강하가 무시될 수 있어서, 모든 실제적인 목적의 경우, 유도 기전력은 인가 전압과 같다. 즉, $E_1 = V_L$이다. 이 단순화에 따라, 개방 회로 페이서도는 그림 2-3 (b)로 나타내어 진다. 무부하 역률각 θ_0은

$$\theta_0 = \cos^{-1}\frac{P}{V_L I_m} \tag{2-47}$$

로부터 계산된다. 그러면

$$I_c = I_m \cos\theta_0 \qquad [\mathrm{A}] \tag{2-48}$$

그리고

$$I_\phi = I_m \sin\theta_0 \qquad [\text{A}] \tag{2-49}$$

가 따라온다. 이 전류는 저압측으로 환산된 것임을 염두에 두는 것이 중요하다. 고압측에서의 대응하는 값은 인자 $1/a$로 작을 것이다. 저압측 철손 저항기는

$$r_{cL} = \frac{P}{I_c^2} = \frac{P}{(I_m \cos\theta_0)^2} \qquad [\Omega] \tag{2-50}$$

이다. 대응하는 고압측 철손 저항기는

$$r_{cH} = a^2 r_{cL} \qquad [\Omega] \tag{2-51}$$

이다. 저압측으로 환산된 자화 리액턴스는 식 (2-29)로부터 따라온다. 따라서

$$x_{\phi L} = \frac{E_1}{I_\phi} = \frac{V_L}{I_m \sin\theta_0} \qquad [\Omega] \tag{2-52}$$

이다. 고압측에서는 이것이

$$x_{\phi H} = a^2 x_{\phi L} \qquad [\Omega] \tag{2-53}$$

으로 된다.

자화 임피던스를 찾는 방법이 앞에서 시도되었음에도 불구하고, 동기는 완전성을 위한 요구만큼 필요한 것은 아니다. 변함없이, 근사 등가회로의 사용이, 변압기의 약간의 특별한 응용에서는 그렇지 않지만, 모든 응용에서 충분하다. 따라서, 개방 회로 시험으로부터 얻어지는 이 정보는 변압기의 효율(efficiency)을 결정하는데 도움이 되는 철손의 값이다.

Short-Circuit Test

정확한 등가회로의 6개의 매개변수 중 두개를 결정하는 것이 남아있다: 1차와 2차 누설 리액턴스 x_1과 x_2. 이 정보는 그림 2-23 (a)에 묘사된 바와 같이 작은 교류 전압이 한 권선에 위치하고 다른 권선은 단락 회로로 된 것을 포함하는 단락 회로 시

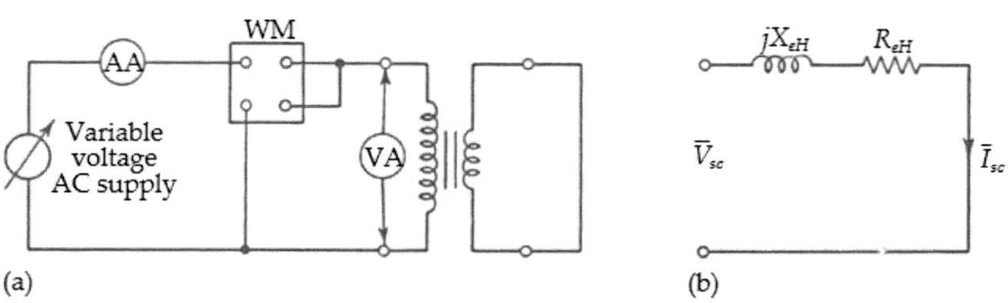

Figure 2-23 Transformer short-circuit test: (a) wiring diagram; (b) equivalent circuit.

험으로부터 얻어진다. 그림 2-23 (b)에 나타난 것은 2차 권선이 단락 회로로 된 근사 등가회로이다. 입력 임피던스는 단지 등가 임피던스일 뿐임을 유의하라.

단락 회로 시험이 수행될 때에는 보통, 그렇게 하는 것이 더 편리하기 때문에, 줄여진 교류 전압이 고압측에 인가된다. 예제 2-1의 계산으로부터, 누설 임피던스 강하는 단지 권선 전압 정격의 5 [%] 정도일 뿐임을 상기하라. 따라서 1100 [V]의 5 [%]인 55 [V]가 220 [V]의 5 [%]인 11 [V]보다 다루기가 더 쉬우며 더 정확하다. 또한, 그림 2-23 (a)의 회로에서 전력계의 지시치는 권선 동손과 완전히 같게 취해질 수 있다. 이것은 단락 회로 시험에서 사용되는 크게 줄여진 전압이 철손을 무시할 수 있을 정도로 작게 만든다는 사실로부터 따라온다. 전력계 지시치 P_{sc}와 전류계 지시치 I_{sc}를 불러오면, 등가 권선 저항을

$$R_{eH} = \frac{P_{sc}}{I_{sc}^2} \qquad [\Omega] \tag{2-54}$$

와 같이 결정할 수 있다. 1차측이 고압측인 결선도(wiring diagram)로부터 알려지기 때문에 하첨자 H가 L 대신에 사용되었다. 저압측으로 환산된 등가 저항은 그러면

$$R_{eL} = \frac{R_{eH}}{a^2} \qquad [\Omega] \tag{2-55}$$

이다. 여기서

$$a = \frac{N_H}{N_L} = \frac{\text{high-side turns}}{\text{low-side turns}} \tag{2-56}$$

이다.

등가 리액턴스가 결정될 수 있기 전에 먼저, 그림 2-23 (b)를 일견하면

$$Z_{eH} = \frac{V_{sc}}{I_{sc}} \qquad [\Omega] \tag{2-57}$$

로 드러나는, 등가 임피던스를 찾는 것이 필요하다. 시험 동안에, 인가 전압 V_{sc}는 I_{sc}가 적어도 정격 권선 전류와 같도록 조정된다. 등가 리액턴스는 식 (2-54)와 (2-57)로부터 따라온다. 따라서

$$X_{eH} = \sqrt{Z_{eH}^2 - R_{eH}^2} \qquad [\Omega] \tag{2-58}$$

이다.

이 계산은 1차와 2차 누설 리액턴스의 **합**(*sum*)을 제공한다는 것에 유의함이 중요하다. 이것은 x_1과 x_2 사이의 각각의 내역에 대한 정보는 주지 않는다. 해석에서 근사 등가회로가 사용될 때는 언제나. 그러한 내역이 필요하지 않다. 몇 가지 경우에서 각각의 내역을 필요로 할 때에는,

$$x_1 = x_2' \qquad [\Omega] \tag{2-59}$$

로 가정하는 것이 보통이다. 이 설명은 변압기가 잘 설계되었다는 가정을 기초로 한다.

One Final Note. 변압기 동작의 이론으로부터, 고압측 권선에서의 정격 전류의 확립은 대응하는 2차 회로에서의 정격 전류의 흐름을 요구한다는 것이 명백할 것이다. 이런 이유로 **총**(*total*) 권선 동손이 단락 회로 시험에서 측정된다.

EXAMPLE 2-2 다음의 자료가 50 [kVA], 2400/120 [V] 변압기에서 얻어졌다:

개방 회로 시험, 저압측에 있는 계기:

wattmeter reading = 396 [W]

ammeter reading = 9.65 [A]

voltmeter reading = 120 [V]

단락 회로 시험, 고압측에 있는 계기:

wattmeter reading = 810 [W]

ammeter reading = 20.8 [A]

voltmeter reading = 92 [V]

1차와 2차측으로 환산된 등가회로의 6개의 매개변수를 계산하라.

SOLUTION 개방 회로 시험으로부터

$$\theta_0 = \cos^{-1}\frac{P}{V_L I_m} = \cos^{-1}\frac{396}{120 \times 9.65} = 70°$$

$$\therefore I_{cL} = I_m \cos\theta_0 = 9.65 \times 0.342 = 3.3 \text{ [A]}$$

$$I_{\phi L} = I_m \sin\theta_0 = 9.65 \times \sin 70° = 9.07 \text{ [A]}$$

따라서

$$r_{cL} = \frac{396}{3.3^2} = 36.4 \text{ [}\Omega\text{]}$$

이것은 또한

$$r_{cL} = \frac{E_1}{I_c} = \frac{V_L}{I_{cL}} = \frac{120}{3.3} = 36.4\ [\Omega]$$

으로부터 찾아질 수 있다. 고압측에서 이 양은 다음과 같이 된다:

$$r_{cH} = a^2 r_{cL} = 400 \times 36.4 = 14560\ [\Omega]$$

저압측으로 환산된 자화 리액턴스는

$$x_{\phi L} = \frac{E_1}{I_\phi} = \frac{V_L}{I_{\phi L}} = \frac{120}{9.07} = 13.2\ [\Omega]$$

대응하는 고압측 값은

$$x_{\phi H} = a^2 x_{\phi L} = 400 \times 13.2 = 5280\ [\Omega]$$

단락 회로 시험의 자료로부터, 다음을 직접 얻는다:

$$Z_{eH} = \frac{92}{20.8} = 4.42\ [\Omega] \qquad \therefore Z_{eL} = \frac{4.42}{400} = 0.011\ [\Omega]$$

또한

$$R_{eH} = \frac{810}{20.8^2} = 1.87\ [\Omega] \qquad \therefore R_{eL} = \frac{1.87}{400} = 0.0047\ [\Omega]$$

그리고

$$X_{eH} = \sqrt{Z_{eH}{}^2 - R_{eH}{}^2} = \sqrt{4.42^2 - 1.87^2} = 4.0\ [\Omega] \qquad \therefore X_{eL} = \frac{4.0}{400} = 0.01\ [\Omega]$$

2-4 EFFICIENCY AND VOLTAGE REGULATION

변압기의 성능을 설명하는 방식은 그것이 설계된 응용 분야에 종속된다. 통신 회로에서는 변압기의 주파수 응답이 매우 중요한 경우가 많다. 그러한 변압기의 다른 중요한 특성은 전력의 최대 전달을 위하여 전원을 부하에 적합하게 하는 것을 제공하는 것이다. 효율(efficiency)과 (전압)변동률(regulation)이 보통 2차적으로 중요하다. 이것은, 하지만, 일정한 실효치 전압과 주파수의 조건 하에서 운전하도록 설계된, 전력 및 배전 변압기에서는 그렇지 않다. 따라서, 다음에 나오는 자료는 주로 이러한 변압기와 직접적인 관련성을 가진다.

다른 장치의 경우에서와 같이, 변압기의 효율은 입력 전력에 대한 유용한 출력 전력의 비로써 정의된다. 따라서

$$\eta = \frac{\text{output [W]}}{\text{input [W]}} \qquad \text{[pu] (per units)} \tag{2-60}$$

이다. 보통 효율은 무부하 시험으로부터 얻어진 것과 같은 손실의 측정을 통하여 찾아진다. 그러므로

$$\text{output [W]} = \text{input [W]} - \sum \text{losses [W]} \tag{2-61}$$

을 인정하고 식 (2-60)에 대입하면, 효율에 대한 표현식의 더 유용한 형태로 귀결한다. 따라서

$$\eta = 1 - \frac{\sum \text{losses [W]}}{\text{input [W]}} \qquad \text{[pu]} \tag{2-62}$$

이다. 여기서

$$\sum \text{losses} = \text{core loss} + \text{copper loss} = P_c + I_2{}^2 R_{e2} \qquad \text{[W]} \tag{2-63}$$

이다. 식 (2-62)는 또한 효율의 더 정확한 값으로 이끈다.

전력 및 배전 변압기는 매우 자주, 아주 적은 전류를 끌어내든 전부하 전류를 끌어내든 관계없이 본질적으로 일정한 전압에서 운전하도록 설계된, 부하에 전력을 공급한다. 예를 들어, 점점 더 많은 백열 전구(light bulb)가, 배전 변압기로부터 유래했을 가능성이 매우 높은, 공급선로(supply line)을 가로질러 배치됨에 따라, 공급 변압기로부터 끌어내어지는 증가되는 전류가 부하 전압에서의 현저한 감소(10 [%] 보다 많은)를 일으키지 않는 것이 중요하다. 이런 일이 일어난다면, 전구로부터의 조명 출력이 급격하게 줄어든다. 비슷한 바람직하지 않은 효과가 같은 공급선로를 가로질러 연결된 텔레비전 수상기(television set)에서 생긴다. 줄어든 전압은 줄어든 영상 크기(picture size)를 의미한다. 증가하는 부하 요구에 따른 선 전압(line voltage)에서의 상당한 강하는 또한 냉장고, 세탁기, 기타 등등에서 찾아지는 것과 같은 연결된 전동기에 해가 되는 효과를 일으킬 수 있다. 낮은 전압에서의 계속되는 운전은 이 장치에 과열(overheat)과 결국은 소손(burn-out)을 일으킬 수 있다. 배전 회로에서 증가하는 부하에 따른 공급 전압에서의 강하를 예방하는 방법은 작은 누설 임피던스를 가지도록 설계된 배전 변압기를 사용하는 것이다. 이 특성을 밝히기 위해 사용되는 성능 지표(figure of merit)는 전압변동률이다.

전압변동률(*voltage regulation*)은, 1차 전압을 고정된 값으로 유지하고, 전류가 전부하로부터 무부하로 변화함에 따르는 2차 전압의 크기에서의 변화로 정의된다.

따라서 방정식 형(equation form)으로는

$$\text{voltage regulation} = \frac{|\overline{V}_1| - |\overline{V}_2'|}{|\overline{V}_2'|} = \frac{\left|\frac{\overline{V}_1}{a}\right| - |\overline{V}_2|}{|\overline{V}_2|} \qquad [\text{pu}] \tag{2-64}$$

이다. 여기서 미리 정의된 양을 나타내는 기호인 절대값 기호(absolute sign)는 **크기에서의 변화**(*change in magnitude*)가 중요하다는 것을 강조하기 위해 사용되었다. 식 (2-64)는 단위법 기저(per unit basis)로 전압변동률을 표현한다. 백분율로 변환하기 위해서는, 100을 곱하는 것이 필요하다. 더 작은 값의 전압변동률을 가지는 변압기는 일정 전압 부하에 전력을 공급하기에 더 적합하다(일정 전압은 대부분의 상용 및 산업용 부하의 특성이다).

전압변동률의 결정에 있어서는, 정격 전류가 부하를 통하여 흐를 때 부하를 가로질러 나타나는 전압이 정격 전압이 되도록 하는 값으로 $\overline{V}_1$이 조정되었다고 가정하는 것이 통상적이다. 이 조건 하에서, $\overline{V}_1$의 필요한 크기는 키르히호프의 전압 법칙을 근사 등가회로에 적용함으로써 찾아진다. 그림 2-15와 2-16을 참조하라. 지상(lagging)으로 가정된 2차 회로의 역률각 θ_2의 경우, $\overline{V}_1$에 대한 표현식은

$$\overline{V}_1 = V_2'\angle 0^\circ = I_2'\angle(-\theta_2) \cdot Z_{e1}\angle\theta_z \qquad [\text{V}] \tag{2-65}$$

이다. 여기서

$$\theta_z = \tan^{-1}\frac{X_{e1}}{R_{e1}} \tag{2-66}$$

이다. 식 (2-65)는 기준으로서 정격 2차 단자 전압의 환산된 값을 사용하여 적어졌다.

EXAMPLE 2-3 예제 2-2의 변압기에 대하여, (a) 정격 kVA가 0.8 지상의 역률을 가지는 부하에 전해질 때의 효율을 찾아라; (b) 전압변동률을 계산하라.

SOLUTION (a) 정격 부하 전류와 정격 전압에서 손실은

$$\sum \text{losses} = 396 + 810 = 1206\ [\text{W}] = 1.2\ [\text{kW}]$$

또한

$$\text{output kW} = 50 \times 0.8 = 40\ [\text{kW}]$$
$$\text{input kW} = 40 + 1.2 = 41.2\ [\text{kW}]$$

따라서

$$\eta = 1 - \frac{\sum \text{losses}}{\text{input [kW]}} = 1 - \frac{1.2}{41.2} = 1 - 0.029 = 0.971 \text{ [pu]}$$

또는

$$\eta = 97.1 \text{ [\%]}$$

(b) 식 (2-65)로부터

$$\overline{V}_1 = \overline{V}_H = 2400 + 20.8\angle(-37.4°) \cdot 4.42\angle 65° \text{ [V]}$$

를 가진다. 여기서

$$\theta_z = \tan^{-1}\frac{X_{eH}}{R_{eH}} = \tan^{-1}\frac{4.0}{1.87} = 65°$$

그러므로

$$\overline{V}_1 = \overline{V}_H = 2400 + 92\angle 28° = 2400 + 81.1 + j43.1 \text{ [V]}$$

$$|\overline{V}_H| \approx 2481.1 \text{ [V]}$$

j-성분은 동상(in-phase) 성분에 비하여 무시할 수 있음에 유의하라. 이 계산은, 정격 전류가 끌어내어질 때 부하를 가로질러 정격 전압이 나타나기 위해서는, 1차 전압 $\overline{V}_1$이 2400 [V]의 1차 권선 전압 정격과 약간 달라야 함을 나타낸다. 백분율로 나타낸 전압변동률은 따라서 다음과 같이 찾아진다:

$$\text{percent of voltage regulation} = \frac{2481.1 - 2400}{2400} \times 100 = 3.38 \text{ [\%]}$$

EXAMPLE 2-4 이 예제에서의 목표는 예제 2-3의 변압기가 **입력 단자**(*input terminals*)에서 2400 [V]의 정격 전압으로 운전된다는 가정에 의해 전압변동률을 찾는 것이다. 잇따르는 결과와 예제 2-3에서 얻어진 결과의 비교를 손쉽게 하기 위하여, 정격 전압이 2차 단자에서 나타날 때 정격 출력 전류를 산출하는 같은 임피던스로 이루어진 부하를 사용하라; 달리 말해, 부하 임피던스는 고압측으로 환산된 값 $\overline{Z}_L' = 115.4\angle 30° = 100 + j57.8$ [Ω]을 가진다.

SOLUTION 1차 회로에 대한 키르히호프의 전압 법칙에 의해 다음을 가진다:

$$\overline{V}_1 = 2400\angle 0° = \overline{I}_1[R_{e1} + R_L' + j(X_{e1} + X_L')] = \overline{I}_1[1.87 + 100 + j(4.0 + 57.8)] \text{ [V]}$$

$$\therefore \overline{I}_1 = \frac{2400}{101.87 + j61.8} = \frac{2400}{119.15\angle 31.24°} = 20.14\angle(-31.24°) \text{ [A]}$$

$$\therefore \overline{V}_2' = \overline{I}_1\overline{Z}_L' = 20.14\angle(-31.24°) \times 115.4\angle 30° = 2324.465\angle(-1.24°) \text{ [V]}$$

$$\text{percent voltage regulation} = \frac{2400 - 2324.465}{2324.465} \times 100 = 3.25 \text{ [\%]}$$

2-5 MUTUAL INDUCTANCE

전기회로 이론의 방법에 의한 2권선 변압기의 해석은 자기(self) 및 상호(mutual) 인덕턴스의 사용을 포함한다. 지금까지는, 1차 권선에 적용된 키르히호프의 전압 방정식이 식 (2-26)으로 이끌었다. 다음의 자료에서는 이 결과가 고전적인 접근법에 의해 얻어지는 결과와 동일하게 됨을 보일 것이다.

간단함을 위하여, 강자성 물질이 철손이 없는 선형 자화 곡선을 가진다고 가정한다. 그림 2-24를 참조하면, 나타내어진 전류 방향의 경우 키르히호프의 방정식은

$$v_1 = i_1 r_1 + L_1 \frac{di_1}{dt} - M\frac{di_2}{dt} \qquad [\mathrm{V}] \tag{2-67}$$

로 된다. 여기서 전류와 전압에 대한 소문자는 순시치(instantaneous value)를 나타낸다. 여기에서 양 $L_1\,di_1/dt$는 i_1에 의해 생성되며 1차 N_1 [turn]과 쇄교하는 총(total) 자속과 관련된 전압 강하를 나타낸다. 비슷하게, 양 $-M\,di_2/dt$는 i_2에 의해 생성되며 1차와 쇄교하는 자속과 관련된 **전압 상승**(*voltage rise*)을 나타낸다. i_2의 가정된 방향에 대하여 1차 회로 내에서의 전압 상승의 존재는 쉽사리 입증된다. 2차 기자력 $N_2 i_2$는, 자유롭게 작용하는 것이 허용된다면, 그림 2-24의 배치에서 반시계 방향으로 통과하는 자속을 생성한다. 그러면 1차 코일 내에서의 a와 b 같은 두 점 사이의 반작용은 렌쯔의 법칙에 의해 점 b가 a보다 더 높은 전위가 될 것을 요구한다. 따라서, 이 유도 기전력은 i_1의 특정한 방향에 대하여 전압 상승으로 된다.

인가 1차 전압이 사인 곡선(sinusoid)이라고 가정하면, 식 (2-67)은 실효치 양으로

$$\overline{V}_1 = \overline{I}_1 r_1 + j\omega L_1 \overline{I}_1 - j\omega M \overline{I}_2 \qquad [\mathrm{V}] \tag{2-68}$$

과 같이 적어질 수 있다. a가 변환비인 관계식

$$\overline{I}_2 = a\overline{I}_2{}' \qquad [\mathrm{A}] \tag{2-69}$$

를 대입하면

$$\overline{V}_1 = \overline{I}_1 r_1 + j\omega L_1 \overline{I}_1 - j\omega a M \overline{I}_2{}' \qquad [\mathrm{V}] \tag{2-70}$$

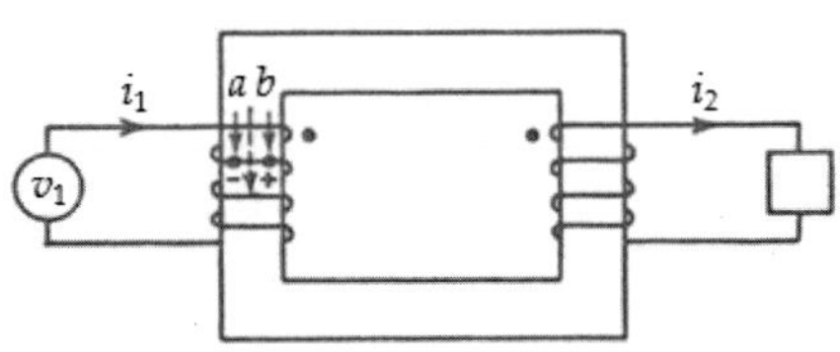

Figure 2-24 Elementary transformer for analysis by the classical approach.

을 얻는다. 그러나 식 (2-24)에 의해

$$\bar{I}_2' = \bar{I}_1 - \bar{I}_m = \bar{I}_1 - \bar{I}_\phi \qquad [\text{A}]$$

이어서

$$\bar{V}_1 = \bar{I}_1 r_1 + j\omega(L_1 - aM)\bar{I}_1 + j\omega aM\bar{I}_\phi \qquad [\text{V}] \tag{2-71}$$

이다. 식 (2-71)은 이제 약간의 대수적 조작 후에 식 (2-26)과의 대응이 가능한 형태이다.

1차 권선의 자기 인덕턴스에 대한 표현식은

$$L_1 = N_1 \frac{d\phi_1}{di_1} = N_1 \frac{\phi_1}{i_1} = N_1 \frac{\Phi_1}{I_1} \qquad [\text{H}] \tag{2-72}$$

와 같이 적어질 수 있다. 이 마지막 표현식에서 총량(total quantity)과 미분형의 등가는 선형 조건에 의해 허용된다. 1차 코일과 쇄교하는 총 자속은 상호 자속 Φ_m 더하기 1차 누설 자속 Φ_{l1}로 이루어진다는 것을 상기하면, 식 (2-72)는

$$L_1 = N_1 \frac{\Phi_m + \Phi_{l1}}{I_1} \qquad [\text{H}] \tag{2-73}$$

과 같이 적어질 수 있다. 또한,

$$\Phi_m = \frac{N_1 I_1}{\mathcal{R}_m} \qquad \text{and} \qquad \Phi_{l1} = \frac{N_1 I_1}{\mathcal{R}_{l1}} \qquad [\text{Wb}] \tag{2-74}$$

이다. 여기서 $\mathcal{R}_m$은 상호 자속이 겪는 자기저항으로서 오로지 철로만 이루어지며, $\mathcal{R}_{l1}$은 공기 중에서 1차의 누설 자속이 겪는 자기저항이다. 따라서, 식 (2-73)은

$$L_1 = \frac{N_1^2}{\mathcal{R}_m} + \frac{N_1^2}{\mathcal{R}_{l1}} = L_m + L_{l1} \qquad [\text{H}] \tag{2-75}$$

로 된다. 여기서 L_m은 상호 자속과 관련된 인덕턴스를 나타내며 L_{l1}은 1차 누설 자속과 관련된 인덕턴스이다. 여기에서 L_m은 상호 인덕턴스가 아님에 유의하는 것이 중요하다.†

상호 인덕턴스의 고전적인 정의는 이 경우에는

†L_m은 사실상 1차 권선으로 환산된 상호 인덕턴스이다.

$$M_{21} = N_2 \frac{d\phi_{m1}}{di_1} = N_2 \frac{\phi_{m1}}{i_1} = N_2 \frac{\Phi_{m1}}{I_1} \qquad [\mathrm{H}] \tag{2-76}$$

으로 주어진다. 따라서 상호 인덕턴스는 권선 2의 권수와 상호 자속 Φ_{m1}을 생성하는 권선 1에서의 전류에 관한 자속의 변화에 관련된다. $N_1 I_1 = \Phi_{m1}\mathcal{R}_m$을 식 (2-76)에 대입하면,

$$M_{21} = \frac{N_2 N_1}{\mathcal{R}_m} \qquad [\mathrm{H}] \tag{2-77}$$

의 결과가 된다. 상호 인덕턴스에 대한 표현식은 또한 N_1 [turn]과 쇄교하는 2차 전류 i_2의 변화에 대응하는 상호 자속의 변화를 고려함으로써도 찾아질 수 있다. 따라서

$$M_{12} = N_1 \frac{d\phi_{m2}}{di_2} = N_1 \frac{\phi_{m2}}{i_2} = N_1 \frac{\Phi_{m2}}{I_2} \qquad [\mathrm{H}] \tag{2-78}$$

이다. 그러나

$$\Phi_{m2}\mathcal{R}_m = N_2 I_2 \qquad [\mathrm{A\text{-}t}] \tag{2-79}$$

이다. 이것을 식 (2-78)에 대입하면

$$M_{12} = \frac{N_1 N_2}{\mathcal{R}_m} = M \qquad [\mathrm{H}] \tag{2-80}$$

을 산출한다. 식 (2-80)과 (2-77)의 비교는 그들이 같음을 보이며, 식 (2-80)에서와 같이 표현식에서 M으로 나타낼 것이다.

식 (2-71)로 돌아가서, 이제 괄호 속에 있는 항의 의미를 평가할 위치에 있다. 따라서 식 (2-75)와 (2-77)에 의해

$$L_1 - aM = \frac{{N_1}^2}{\mathcal{R}_m} + \frac{{N_1}^2}{\mathcal{R}_{l1}} - \frac{N_1}{N_2}\frac{N_2 N_1}{\mathcal{R}_m} = \frac{{N_1}^2}{\mathcal{R}_{l1}} = L_{l1} \qquad [\mathrm{H}] \tag{2-81}$$

이다. 명백히 이 양은 1차 누설 인덕턴스이며, 1차 누설 자속의 효과를 나타낸다. 물론 총량(total quantity)

$$\omega(L_1 - aM) = \omega L_{l1} I_1 = x_1 I_1 \qquad [\mathrm{V}] \tag{2-82}$$

는 1차 누설 리액턴스 강하 외에 아무 것도 아니며, 식 (2-26)의 두번째 항의 대응항(counterpart)이다.

이제 식 (2-71)의 마지막 항을 검토하자. 따라서

$$\omega a M I_\phi = \omega \frac{N_1}{N_2} \frac{N_2 N_1}{\mathcal{R}_m} I_\phi = \omega N_1 \frac{N_1 I_\phi}{\mathcal{R}_m} \qquad [\text{V}] \tag{2-83}$$

이다. 마지막 식의 우변에 있는 분수량(fraction quantity)은 상호 자속에 대한 표현식이다. 하지만, 명확히, 그것이 자기저항과 자화 전류의 실효치 값을 포함하기 때문에, 이 표현식은 상호 자속의 최대 값을 $\sqrt{2}$로 나눈 크기를 나타낸다. 즉,

$$\frac{N_1 I_\phi}{\mathcal{R}_m} = \frac{\Phi_m}{\sqrt{2}} \qquad [\text{Wb}] \tag{2-84}$$

이다. 여기서 Φ_m은 상호 자속의 최대 값을 나타낸다. 따라서, 식 (2-83)은

$$\omega a M I_\phi = \omega N_1 \frac{\Phi_m}{\sqrt{2}} = \frac{2\pi}{\sqrt{2}} f N_1 \Phi_m = E_1 \qquad [\text{V}] \tag{2-85}$$

로 된다. 그러므로 식 (2-85)로부터, 선형 회로 해석에서 일반적으로 만나게 되는 상호 인덕턴스 매개변수는 유도 기전력에 대한 표현식 내에 함축된다. 명백히, 유도 기전력과 상호 인덕턴스는 둘 다 같은 상호 자속에 의해 관련된다.

2-6 THE EQUIVALENT CIRCUIT: COUPLED CIRCUIT VIEWPOINT

2-3절에서는, 변압기의 등가회로가 상호 작용하는 기자력과 자속을 기초로 한 자계의 관점으로부터 유도되었다. 이 접근법은 이 장치의 운전과 거동의 기초가 되는 기구의 보다 나은 이해를 촉진하기 때문에 종종 선호된다. 하지만, 요컨대 변압기라고 하는 결합 회로에 회로 해석의 기법을 적용함으로써 완전히 같은 등가회로에 도달하는 것이 가능하다. 그러한 해석에 있어서 유용한 출발점은, 편의를 위하여 여기에 다시 반복된, 식 (2-67)이다. 따라서

$$v_1 = i_1 r_1 + L_1 \frac{di_1}{dt} - M \frac{di_2}{dt} \qquad [\text{V}] \tag{2-86}$$

이다. L_1은 $N_1{}^2$과 관련된 1차 권선의 자기 인덕턴스를 나타낸다는 것을 염두에 두어라; 다른 한편으로, M은 1차 권선과 2차 권선 사이의 상호 인덕턴스를 나타내며 식 (2-80)에 나타나 있는 바와 같이 N_1과 N_2의 적(곱, product)을 포함한다. 그림 2-25는, 키르히호프의 전압 법칙과 일관되는 방식으로 1차 회로 내에서 성립하는 상황을 명백하게 설명하는, 식 (2-86)으로부터 얻어지는 개략적인 배열을 묘사한다. 다루기 쉽도록 하기 위하여, 미분(differentiation)을 도함수 연산자(derivative opera-

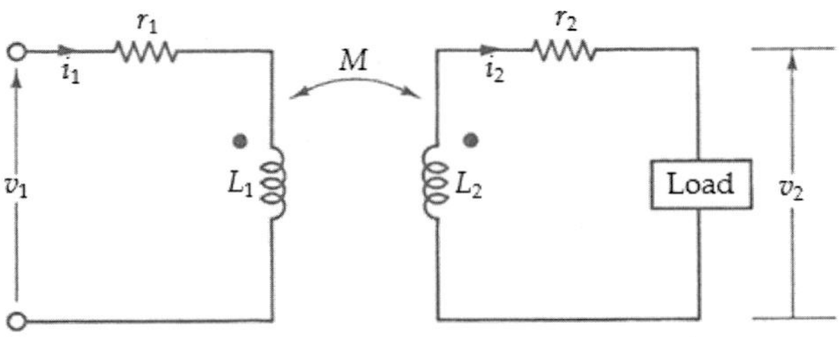

Figure 2-25 Schematic diagram of the two-winding transformer expressed in terms of the mutual and self-inductances

tor) s로 대체하여 마지막 식을 다시 쓰자. 따라서,

$$v_1 = i_1 r_1 + L_1 s i_1 - M s i_2 \qquad [\text{V}] \tag{2-87}$$

이다. 더욱이, 2차 기전력은 권수비 a에 의해 1차 기전력과 관련되며 전력은, 무시할 수 있는 철손에 의해, 보존되기 때문에,

$$i_2 = a i_b \qquad [\text{A}] \tag{2-88}$$

이 따라온다. 여기서 i_b는 전력 평형(power balance)을 보장하기 위해 1차 권선에서 필요로 하는 요구되는 평형 전류이다. 달리 말해,

$$e_2 i_2 = \frac{e_1}{a}(a i_b) \qquad [\text{VA}] \tag{2-89}$$

이다. 여기서 e_1과 e_2는, 각각, 1차와 2차 권선 내에서 유도되는 순시 전압이다. 식 (2-88)을 (2-87)에 대입하면

$$v_1 = i_1 r_1 + L_1 s i_1 - a M s i_b \qquad [\text{V}] \tag{2-90}$$

을 산출한다. 다음으로, 이 식의 우변에 다음과 같은 형태의 0을 더한다: $aMsi_1 - aMsi_1$. 따라서

$$v_1 = i_1 r_1 + (L_1 - aM) s i_1 - aMs(i_1 - i_b) \qquad [\text{V}] \tag{2-91a}$$

를 얻는다. 정현 전원의 경우, 미분 연산자(differential operator) s는 $j\omega$로 대체될 수 있어서 마지막 식은

$$v_1 = i_1 r_1 + j\omega(L_1 - aM) i_1 - j\omega a M(i_1 - i_b) \qquad [\text{V}] \tag{2-91b}$$

와 같이 다시 적어질 수 있다. 이 식의 회로 설명을 진행하기 전에, 그림 2-25의 2차 회로에 대해 앞의 해석을 반복하자.

점 표기법(dot notation)에 따라, 전류 i_1이 그림 2-25에서 보여진 방향을 취할 때, 변압기 동작은 2차 코일의 점이 찍힌 쪽이 정(양)이며 전류 i_2는 표시된 시계 방향이 된다. 키르히호프의 전압 법칙은 그러면

$$M\frac{di_1}{dt} = i_2r_2 + v_2 + L_2\frac{di_2}{dt} \qquad [\text{V}] \tag{2-92}$$

를 이끈다. 이 표현식에서, 전압 강하는 우변에 나타나 있다. 그 다음 도함수 연산자의 사용은 이 식을

$$Msi_1 = i_2r_2 + v_2 + L_2si_2 \qquad [\text{V}] \tag{2-93}$$

과 같이 다시 적는 것을 허용한다. 이제 식 (2-93)의 양변에 권수비 a를 곱하면

$$aMsi_1 = av_2 + ai_2r_2 + aL_2si_2 \qquad [\text{V}] \tag{2-94}$$

를 산출한다. 그 다음 식 (2-88)을 대입하면

$$aMsi_1 = av_2 + i_b(a^2r_2) + (a^2L_2)si_b \qquad [\text{V}] \tag{2-95}$$

로 이끈다.

이제 계속되는 해석이 식 (2-91)과 전적으로 부합할, 결국 식 (2-91)은 1차 회로 내에서의 모습을 제공하는 한편 후자는 2차 회로 내에서의 모습인 차이와 함께 같은 설비의 부분이 되는 방식으로, 이 표현식을 조작하는 것이 필요하다. 상호 인덕턴스가 1차와 2차 회로를 연결하는 회로 매개변수이기 때문에, 그것이 식 (2-91)과 (2-95) 사이의 결합을 제공하는 중요한 역할을 해야 할 것이다. 식 (2-91)을 검토하면 우변 마지막 항, 즉, $aMs(i_1 - i_b)$가 이 결합을 나타내는 항이다. 이 결론은, 자화 전류와 상호 인덕턴스가 서로 협조하기 때문에, 식 (2-25)로 불려진 바와 같이 $(i_1 - i_b)$가 i_m으로 대체되었을 때 더욱 더 명백하게 된다. 그러므로 식 (2-95)에서 이 항을 확립하기 위해서는, 단지 이 식의 좌변에 다음과 같은 형태의 0을 더하는 것이 필요할 뿐이다: $aMsi_b - aMsi_b$. 그렇게 한 후 다시 배열하면, 결과는

$$aMs(i_1 - i_b) = av_2 + i_b(a^2r_2) + (a^2L_2 - aM)si_b \qquad [\text{V}] \tag{2-96a}$$

이다. 그 다음 s를 $j\omega$로 대체하면

$$j\omega aM(i_1 - i_b) = av_2 + a^2r_2i_b + j\omega(a^2L_2 - aM)i_b \qquad [\text{V}] \tag{2-96b}$$

를 얻는다.

식 (2-91b)와 (2-96b)를 함께 취한 회로 연출은 그림 2-26에 묘사된 T 배치로 이끈다. 여기에서 몇 가지 중요한 주목할 만한 점이 있다. 첫째로, 양 aM은 실제로 N_1 [turn]을 가지는 등가 권선으로 환산된 상호 인덕턴스이다. 이것은

$$aM = \frac{N_1}{N_2}\left(\frac{N_2N_1}{\mathcal{R}_m}\right) = \frac{N_1^{\,2}}{\mathcal{R}_m} \qquad [\text{H}] \tag{2-97}$$

로부터 명백하다. 더욱이, 양 $(L_1 - aM)$은 필연적으로 1차 누설 자속을 나타내어야 한다. L_1은 1차 코일과 쇄교하는, 상호 자속 뿐만 아니라 누설 자속을 포함하는, 총 자속을 나타내는 반면, aM은 1차 턴(turn)으로 환산된 상호 자속을 나타낸다. 그러면 $\omega(L_1 - aM)$은 1차 누설 리액턴스를 나타낸다는 것이 따라온다. 비슷한 상황이, 모든 양이 실제 2차 턴 N_2가 1차 턴 N_1로 대체하는 것을 기초로 한 등가로 표현된 것을 제외하고는, 이 회로의 2차 부분에서 유력하다. 따라서 부하 전압 v_2가 N_2 [turn]을 가지는 2차 권선에서 나오기는 하지만, 식 (2-96)에서 a를 곱한 것은 수준이 N_1 [turn]을 가지는 권선의 수준으로 높아진다는 것을 의미한다. 비슷하게, 일반적으로 $L_2 = N_2^{\,2}/\mathcal{R}_m$으로 표현되는 2차 권선의 자기 인덕턴스는 식 (2-96)에서 보여진 바와 같이 a^2이 곱해졌을 때 N_1 [turn]의 등가 인덕턴스로 변환된다. 그러면 양 $(a^2L_2 - aM)$은 1차로 환산된 2차 누설 자속을 나타내는 인덕턴스로 고려될 수 있다는 것이 따라온다. 저항 매개변수 역시 같은 방식으로 수정된다. 식 (2-96)은 물론 그림 2-26의 회로에서 나타난 2차 권선 저항은 a^2r_2의 수준으로 높아진다. 이것은, 변화된 전압 수준 av_2에 의해 요구되는 바와 같이, 전류가 $1/a$로, 즉, $i_b = i_2/a$로 줄어드는 사실과 부합된다. 결과는, 전력이 N_2 [turn]의 권선의 N_1 [turn]의 권선으로의 변환에 의해 바뀔 수 없도록, 같은 동손을 유지한다. 전압 v_2가 나타나는 부하로의 적절한 천이(transition)를 제공하기 위해 이상 변압기가 그림 2-26의 등가회로에 포함되었다. 일단 그림 2-26의 배치가 얻어지면, 철손을 감안하는 내용은, 상호 인덕턴스 매개변수 aM과 직렬로, 정현 전원에 대한 자화 전류의 실효치의 제곱을 곱했을 때 철손과 같은 값이 되는 저항기를 삽입함으로써 바로 풀어

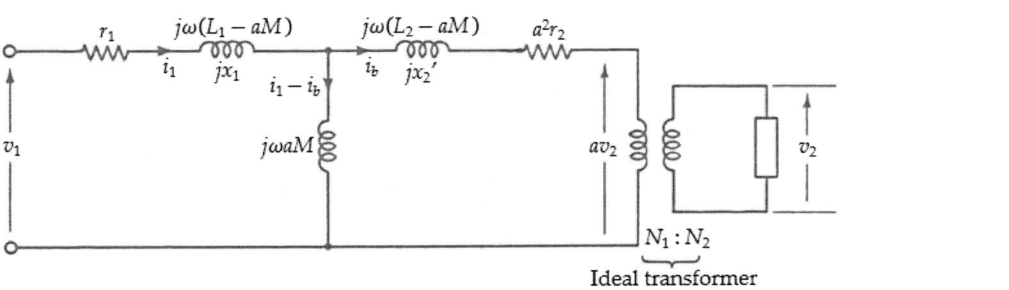

Figure 2-26 Equivalent circuit of the two-winding transformer derived from the coupled-circuit viewpoint.

질 수 있다.

2-7 THE AUTOTRANSFORMER

변압기의 통상적인 배치(그림 2-24를 보라)의 주된 양상 중 한가지는 1차와 2차 권선 사이에 존재하는 전기적인 절연이다. 따라서 4400 [V]로부터 220 [V]로 전력을 변환하는 배전 변압기의 경우에는, 2차 단자에서 나타나는 4400 [V]의 위험이 존재하지 않는다. 큰 변환비가 포함될 때는 언제나, 안전이 통상의 변압기가 사용되는 것을 요구한다. 하지만, 변환비가 단위 값에 매우 가까운 (위험을 최소로 하는) 경우에는, 탭(중간 접점)이 있는 단일 권선(single tapped winding)을 사용한 변압기가 주목할만한 이점과 함께 사용될 수 있다.

이 이점의 몇 가지를 이해하기 위하여, 그림 2-27 (a)에 나타나 있는 보통 변압기의 배치를 고려한다. 간단을 위하여 변압기는 이상적이라고 가정한다. 저항성 부하는 100 [V]의 단자 전압에서 12 [A]를 끌어내는 것으로 보여져 있다. 대응하는 1차 전류는 10 [A]이다. 이 배열이 만드는 중요한 관찰은, 점 b'와 c' 사이의 2차 권선을 따르는 모두와 점 b와 c 사이의 1차 권선의 부분을 따르는 모두에서, 같은 순시 전위(instantaneous potential)를 갖는 점을 확인하는 것이 가능하다. 점 b와 b'가 그러한 두개의 점이라면, 그들은 해로운 효과없이 묶어질 수 있다. 권선 bc와 $b'c'$의 전체 길이에 걸친 이 과정의 확장은 그림 2-27 (b)에 나타난 단순화된 배치로 이끈다. 이 배열은 **단권변압기**(*autotransformer*)라 불린다.

여기에서 몇 가지 주목할 만한 점이 있다. 첫째로, 보통 변압기의 2차 권선 $b'c'$는 완전히 제거될 수 있으며, 1차 권선 내의 적절한 탭점(tap point), 즉, 점 b와 c가 요구되는 2차 전압을 제공하기 위해 사용될 수 있다. 출력 VA가 그림 2-27 (b)의 배열에서 그대로 남아있기 때문에, 부하에서 필요로 하는 kVA를 제공하기 위한 단권변압기의 사용은 비용에서의 절감으로 이끈다. 같은 출력에 대해 더 적은 구리가 요구된다. 사실상 구리의 절감은 이미 나타내어진 것보다 훨씬 더 두드러진다.

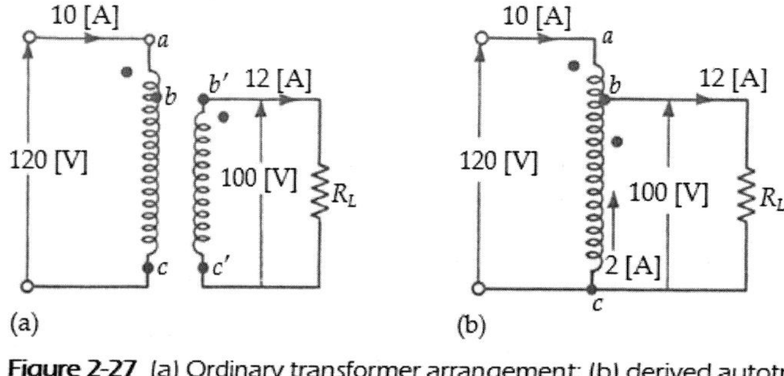

Figure 2-27 (a) Ordinary transformer arrangement; (b) derived autotransformer arrangement. Comparison is on the basis of same output kVA.

단권변압기의 공통 권선 내에서 흐르는 전류는 항상 보통 변압기의 1차와 2차 권선 전류 사이의 차이이다. 고려하고 있는 경우에서는 이 전류가 2 [A]이다. 따라서, 단권변압기의 권선 *bc*의 구리의 단면적은 전류밀도의 같은 설계 값에 대하여 보통 변압기의 1차의 단면적보다 훨씬 더 작을 수 있다. 둘째로, 같은 출력에 대하여 단권변압기의 효율이 더 높다. 이 결과는 더 적은 동손으로부터 바로 따라온다. 셋째로, 단권변압기의 전압변동률이 줄어든 저항 강하와 더 낮은 누설 리액턴스 강하 때문에 더 우수하다. 한 권선이 완전히 제거되었음을 염두에 두어라. 따라서 이 권선의 저항과 누설 자속이 0이다. 넷째로, 단권변압기는 같은 출력에 대하여 크기가 더 작다. 이것은 또한 줄어든 구리 요구로부터 따라온다.

그림 2-27 (b)의 단권변압기가 보통 변압기로부터 유도될 수 있는 다른 방식이 있다. 두번째 접근법은 적절한 보통 변압기의 1차와 2차 권선을 완전히 사용한다는 사실에 기초를 둔다. 첫번째 접근법은 보통 변압기와 단권변압기에 대하여 같은 출력을 기초로 한다. 이에 비하여 두번째 접근법은 같은 구리와 철의 사용을 기초로 한다; 그러므로 대응하는 보통 변압기보다 더 큰 출력 정격을 가질 것임이 기대되어야 할 것이다. (이 경우에서 사용되는 보통 변압기는 첫째 접근법에서 사용된 보통 변압기와 같지 않다.)

그림 2-27 (b)의 꼼꼼한 조사는 단권변압기가 더해지는 직렬(series aiding)로 연결된 두개의 분리된 코일 *ab*와 *b′c*의 권선 전압으로 대체함으로써 유도될 수 있다는 것을 드러낸다. 그러면, 그림 2-28 (a)에 묘사된 바와 같이 코일 *ab*와 *b′c*는, 각각, **등가 보통 변압기**(*equivalent ordinary transformer*)의 1차와 2차 권선으로 다루어질 수 있다. 등가 보통 변압기의 VA 정격은, 유도된 단권변압기에 대한 1200과 비교하여, 200이다. 실제 상황에서는, 코일 *ab*와 *b′c*가 같은 철심 위에 나타난다. 그림 2-28 (b)

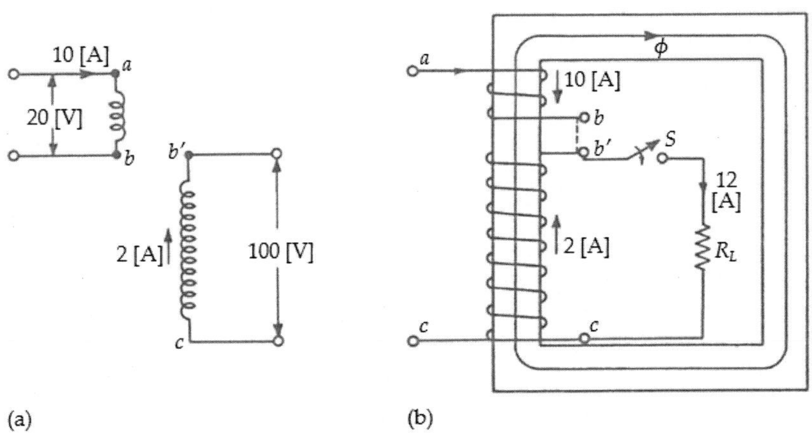

Figure 2-28 (a) Equivalent ordinary transformer; (b) its derived autotransformer arrangement. Comparison is on the basis of same copper and iron.

를 참조하라. 코일의 직렬로 더해지는 연결(series-aid connection)은 먼저 한 개의 코일, 말하자면 *ab*를 정격 전압으로 여자하고, 그 다음 첫째 코일의 한 단자, 말하자면 *b*를 둘째 코일의 한 단자, 말하자면 *b′*에 연결한 후, 마지막으로 남은 두 단자 *a*와 *c* 사이에 위치된 전압계의 지시치가 각 코일의 전압 정격의 합을 산출하는지를 점검함으로써 이루어진다. 전압계가 차이를 지시한다면, 둘째 코일의 연결을 거꾸로 해야 한다. 그림 2-28 (b)의 배치의 경우에 대한 권선 *b′c*의 방향은 *b*가 *b′*에 연결되었을 때 직렬로 더해지는 연결이 되도록 취해져 있다.

Current and Voltage Relations for Step-Down Autotransformer

체강(강압, step-down) 단권변압기는 1차 전압이 2차 전압보다 더 높은 변압기이다. 그림 2-28 (b)에서 전원 전압이 전체 권선 *abc*에 인가되고 부하가 *bc*를 가로질러 위치됨으로써, 체강 단권변압기로서의 동작이 생긴다. 이 배치에서는, 인가 1차 전압이 전체 권선 *ac*를 통하여 흐르는 자화 전류를 일으킨다. 그것의 크기가 정격 입력 전류에 비하여 작다는 관점에서, 해석의 용이와 간단을 위하여, 이제부터는 이 전류가 0과 같은 것으로 고려될 것이다.

보통 변압기 동작의 근저가 되는 것과 같은 기본 원리가 단권변압기의 동작을 지배한다는 것이, 즉, 평형되는 기자력에 대한 필요가 찾아진다. 이것을 단권변압기에 대한 전류와 전압 관계식을 계산하는 출발점으로 사용한다. 표기를 단순하게 하기 위하여, 그림 2-29에 묘사된 기호를 사용한다. 그림 2-28 (b)의 단권변압기의 2차에 있는 부하 스위치 *S*가 닫힐 때, 전류 $\bar{I}$가 공통 코일 *bc* 내에서 흐르기 시작한다. 그것은 운전 자속을 줄이려 하지만, 이 시작이 일어나자 마자 권선 *ab* 내의 기자력이 권선 *bc* 내의 기자력을 중화시키는 값이 되도록 1차 전류 $\bar{I}_H$에서의 증가가 일어난다. 즉,

$$n\bar{I}_H = N_L\bar{I} \qquad [\text{A-t}] \tag{2-98}$$

또는

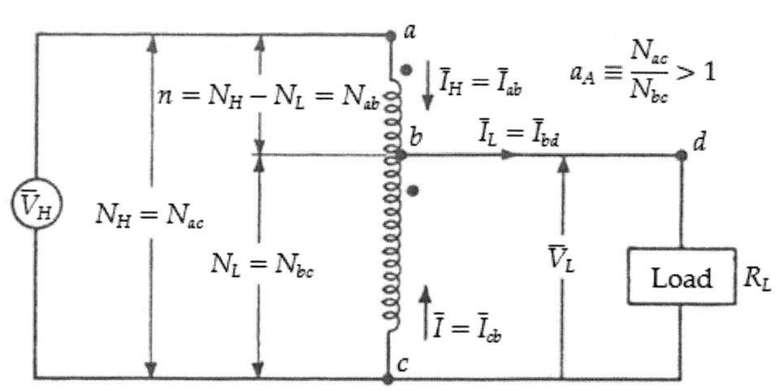

Figure 2-29 Symbolism for analysis of the step-down autotransformer.

$$(N_H - N_L)\bar{I}_H = N_L\bar{I} \qquad [\text{A-t}] \tag{2-99}$$

이다. 따라서,

$$\frac{\bar{I}}{\bar{I}_H} = \frac{I}{I_H} = \frac{N_H}{N_L} - 1 = a_A - 1 \tag{2-100}$$

이다. 여기서

$$a_A \equiv \frac{N_H}{N_L} = \frac{N_{ac}}{N_{bc}} > 1 \tag{2-101}$$

이다. 식 (2-100)의 우변이 순수한 숫자이기 때문에, 코일 ab와 bc 내의 전류가 동상(in-phase)이라는 것이 따라온다. 기자력의 반대되는 작용은 오히려 권선의 방향으로부터 나온다.

점 b에서 키르히호프의 전류 법칙을 적용하면

$$\bar{I}_L = \bar{I}_H + \bar{I} \qquad [\text{A}] \tag{2-102}$$

를 산출한다. 그러나 $\bar{I}_H$와 $\bar{I}$가 둘 다 같은 시 위상(in time phase)이기 때문에, 식 (2-102)가 단지 크기가 사용되었을 때에도 역시 정당하다는 것이 따라온다. 따라서,

$$I_L = I_H + I \qquad [\text{A}] \tag{2-103}$$

이다. $I = I_L - I_H$를 식 (2-100)에 대입하면 저압과 고압측 전류 사이의 관계식을 산출한다. 따라서

$$\frac{I_L - I_H}{I_H} = a_A - 1$$

또는

$$\frac{I_L}{I_H} = a_A \tag{2-104}$$

이다. 마지막으로, $I_H = I_L/a_A$를 식 (2-100)에 대입하면

$$\frac{I}{I_L} = \frac{a_A - 1}{a_A} \tag{2-105}$$

를 준다. 권선 ab와 bc 내에서의 유도 전압 역시 그들이 같은 자속에 기인하기 때문에 같은 시 위상이다. $E_1 = E_{ac} = E_H$, $E_2 = E_{bc} = E_L$, 그리고 $E_n = E_{ab}$로 두면,

$$\frac{E_n}{E_L} = \frac{E_H - E_L}{E_L} = a_A - 1 \tag{2-106}$$

을 가진다.

식 (2-100)과 (2-106)의 조사는 그들이 그림 2-28에 설명된 등가를 수학적으로 지원하는 것을 보인다. 이 식들은 코일 ab와 bc 내에서의 전압과 전류의 비가, $n = N_{ab}$ [turn]이 **1차**(*primary*)를 이루며 $N_2 = N_{bc}$ [turn]이 **2차**(*secondary*)를 이루는, $a_A - 1$의 변환비를 갖는 보통 변압기와 같다는 것을 나타낸다. 그림 2-28 (b)의 단권변압기에 대한 a_A의 값은 1.2이다. 따라서 등가 보통 변압기는 $a_A - 1$, 또는 1/5의 권수비를 가져야 할 것이다. 그림 2-28 (a)의 일견은 결과를 확증한다.

단권변압기를 등가 보통 변압기로 다루는 한가지 이점은 앞에서 확립된 결과를 바로 사용할 수 있다는 것이다. 예를 들어, 고압측으로 환산된 단권변압기의 등가 저항을 얻기 위해 필요한 것은, 권선 ab를 1차로 그리고 권선 bc를 2차로 하여, 등가 보통 변압기의 등가 저항으로 적는 것이 전부이다. 그러면 보통 변압기에 대한 앞에서의 지식으로부터

$$R_{eH} = r_{ab} + (a_A - 1)^2 r_{bc} = r_n + (a_A - 1)^2 r_2 \qquad [\Omega] \tag{2-107}$$

을 적을 수 있다. 여기서 $r_n = r_{ab}$는 권선 ab의 저항이며, $r_2 = r_{bc}$는 권선 bc의 저항이다. 비슷하게 고압측으로 환산된 등가 리액턴스는

$$X_{eH} = x_{ab} + (a_A - 1)^2 x_{bc} = x_n + (a_A - 1)^2 x_2 \qquad [\Omega] \tag{2-108}$$

로 된다.

식 (2-107)에 표현된 결과는 2차 부하 단자가 단락 회로로 되었을 때 전체 동손에 대한 표현식을 적음으로써 입증될 수 있다. ab를 통하여 흐르는 전류가 I_H이며 bc를 통하는 것은 I라면, 단락 회로에서의 동손은

$$P_{\text{Cu}} = I_H^{\,2} r_{ab} + I^2 r_{bc} \qquad [\text{W}] \tag{2-109}$$

로 주어진다. 고압측으로부터 보여지는 등가 저항은 I_H로 표현될 수 있는 I가 주어지는 식 (2-109)로부터 유도될 수 있다. 이것은 식 (2-100)에 의해 바로 이루어진다. 따라서,

$$P_{\text{Cu}} = I_H^{\,2} r_{ab} + (a_A - 1)^2 I_H^{\,2} r_{bc} \qquad [\text{W}]$$

또는

$$P_{\text{Cu}} = I_H{}^2[r_{ab} + (a_A - 1)^2 r_{bc}] \qquad [\text{W}] \tag{2-110}$$

이다. 대괄호 속에 있는 양은, 고압측 전류의 제곱이 곱해졌을 때 동손을 산출하는, 등가 고압측 저항으로 해석될 수 있다.

Power and Volt-Ampere Relations

통상의 변압기와는 달리, 단권변압기는 그것과 관련된 두 종류의 VA 전력을 가진다. 그것은 전원과 부하 사이에 존재하는 직접 구리 연결의 결과이다. 그 두가지를 구별하기 위해서는 그림 2-29를 참조하라. 단권변압기 내에서 존재하는 변압기 동작이 권선 ab와 bc에서 일어나기 때문에, 권선 ab 내에서의 VA의 숫자와 권선 bc 내에서의 VA의 숫자가 같으며 특히 변환되는 피상 전력을 나타낸다는 것이 따라온다. 이것을 수학적으로 표현하면

$$\text{transformed VA} = E_{ab}I_{ab} = E_{bc}I_{bc} \qquad [\text{VA}] \tag{2-111}$$

을 가진다. 여기서 VA는 volt-amperes를 나타낸다. 간단을 위하여 무시할 수 있는 권선 저항과 누설 리액턴스를 가정하면, 식 (2-111)은 단자 전압의 항으로 적어질 수 있다. 따라서

$$\text{transformed VA} = V_{ab}I_{ab} = V_{bc}I_{bc} \qquad [\text{VA}] \tag{2-112}$$

이다. 그림 2-38에 있는 특정한 값의 경우에는 변환 VA(transformed volt-amperes)가 $20 \times 10 = 2 \times 100 = 200$임에 유의하라.

하지만, 특정한 변압기 전류에 대응하는 입력은 $V_{ac}I_{ab} = 120 \times 10 = 1200$ [VA]이다. 이것은 변환되지 않는 VA의 숫자가

$$V_{ac}I_{ab} - V_{ab}I_{ab} = (V_{ac} - V_{ab})I_{ab} = V_{bc}I_{ab} \qquad [\text{VA}] \tag{2-113}$$

임을 의미한다. 이 예에 대한 특정한 값은 그러면

$$V_{bc}I_{ab} = 100 \times 10 = 1000 \qquad [\text{VA}]$$

이다. 식 (2-113)으로 나타내어진 양은 **전도 VA**(*conducted volt-amperes*)라고 불린다. 이 서술에 대한 이유는 전위 V_{bc}에서 입력 전류 I_{ab}가 부하로 **전도적으로**(*conductively*) 흐른다는 사실로부터 나온다. I_{ab}가 전위 V_{ac}에서 시작하기는 하지만, 변환을 통하여 강하 V_{bc}를 겪고, 그 다음 줄어든 전위에서 부하에 계속 흐른다. 하지만, I_{ab}가 부하로 흐르는 것에서 줄어든 전위는 변압기 동작으로부터 기원하는 부하 전류에서의 증가에 의해 완전히 보상된다는 것을 유념하는 것이 중요하다.

그림 2-29에서의 표기로, 체강 단권변압기에 대하여

$$\text{transformed VA} = V_n I_H = V_L I \tag{2-114}$$

$$\text{conducted VA} = V_L I_H \tag{2-115}$$

를 적을 수 있다. 여기에서 얻어지는 흥미로운 비교는 변환 VA에 대한 단권변압기의 출력 VA의 비(ratio)이다. 변환 VA의 양은 본질에 있어서 같은 전류밀도와 자기밀도(magnetic density) 정격을 가지는 보통 변압기의 출력이다. 따라서,

$$\frac{\text{output VA of autotransformer}}{\text{transformed VA}} = \frac{\text{output VA of autotransformer}}{\text{output VA of equi. ord. autotransformer}} = \frac{V_L I_L}{V_L I} = \frac{a_A}{a_A - 1} \tag{2-116}$$

이다. 여기서 a_A는 단권변압기의 변환비이다. 앞 식의 마지막 항은 식 (2-105)로부터 따라온다. 식 (2-116)을 그림 2-28에 적용하면, 다수의 단권변압기 응용(단위 값 (1)에 가까운 a_A)의 경우 부하로 내어놓아지는 전력의 대부분이 직접 전도를 통하여 생기며 단지 작은 부분만이 변환을 통하여 유도된다는 것을 강조하는, 6의 인자를 산출한다.

Phasor Diagram. 체강 단권변압기의 페이서도는 고압측 회로에 키르히호프의 전압 법칙을 적용하고 양 $V_{ab} = V_n$을 확립하는 등가 보통 변압기를 사용함으로써 편리하게 전개될 수 있다. 따라서, 그림 2-29에서 키르히호프의 전압 법칙은

$$\bar{V}_H = \bar{V}_{ab} + \bar{V}_{bc} = \bar{V}_n + \bar{V}_L \qquad [\text{V}] \tag{2-117}$$

을 산출한다. 권선 ab를 등가 보통 변압기의 1차로 취급함으로써,

$$\bar{V}_{ab} = \bar{V}_n = (a_A - 1)\bar{V}_L + \bar{I}_H[r_{ab} + (a_A - 1)^2 r_{bc}] + j\bar{I}_H[x_{ab} + (a_A - 1)^2 x_{bc}] \qquad [\text{V}] \tag{2-118}$$

또는

$$\bar{V}_{ab} = \bar{V}_n = (a_A - 1)\bar{V}_L + \bar{I}_H(R_{eH} + jX_{eH}) = (a_A - 1)\bar{V}_L + \bar{I}_H\bar{Z}_{eH} \qquad [\text{V}] \tag{2-119}$$

가 따라온다. 식 (2-119)를 (2-117)에 대입하면

$$\bar{V}_H = (a_A - 1)\bar{V}_L + \bar{I}_H\bar{Z}_{eH} + \bar{V}_L \qquad [\text{V}] \tag{2-120}$$

또는 더 간단히

$$\overline{V}_H = a_A\overline{V}_L + \overline{I}_H\overline{Z}_{eH} \qquad [\text{V}] \tag{2-121}$$

을 산출한다. 그림 2-30 (a)에 나타난 것은 식 (2-120)의 페이서도 표현이다. 간략화된 형이 그림 2-30 (b)에 묘사되어 있다.

Step-Up Autotransformer

체승(승압, step-up) 단권변압기는 체강 배치에 대하여 사용된 것과 비슷한 방식으로 해석될 수 있다. 체승의 경우에서는 전원이 권선 bc에 인가되고 부하는 전체 권선 ac를 가로질러 위치된다. 그림 2-31을 참조하라. 입력, 출력, 그리고 공통 권선 전류 사이의 기능적 관계식은 코일 ab와 bc에서 성립해야 하는 평형 기자력 조건으로 출발함으로써 유도될 수 있다. 이것이 이루어지고 체승의 경우의 변환비가 1보다 큰 것으로, 즉, $a_A \equiv N_{ac}/N_{bc} = V_H/V_L$로 정의된다면, 다음의 결과가 얻어진다:

$$\frac{I}{I_H} = a_A - 1 \tag{2-122}$$

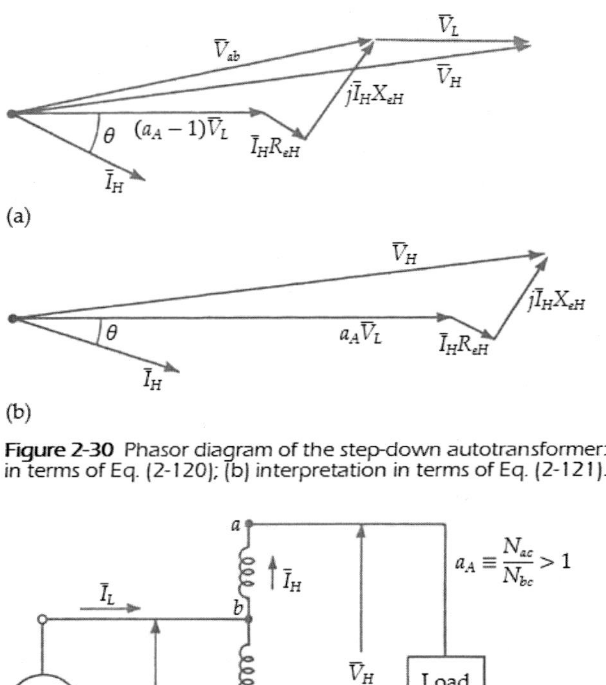

Figure 2-30 Phasor diagram of the step-down autotransformer: (a) interpretation in terms of Eq. (2-120); (b) interpretation in terms of Eq. (2-121).

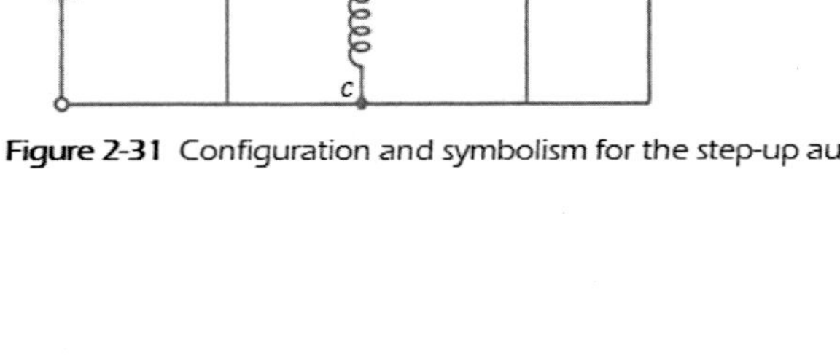

Figure 2-31 Configuration and symbolism for the step-up autotransformer.

$$\frac{I_L}{I_H} = a_A \tag{2-123}$$

$$\frac{I}{I_L} = \frac{a_A - 1}{a_A} \tag{2-124}$$

$$I_L = I_H + I \qquad [A] \tag{2-125}$$

그리고

$$E_{ab} = E_n = E_{bc}(a_A - 1) = E_L(a_A - 1) \qquad [V] \tag{2-126}$$

식 (2-100) 그리고 식 (2-103)에서 (2-104)와 이 식의 비교는 체승의 경우에 대한 결과가, a_A가 두 경우 모두에서 같은 방식으로 정의되는 것을 **조건으로**(*provided that*), 단지 전류 I_L과 I_H의 상호 교환 만에 의해 체강의 경우의 결과로부터 얻어질 수 있다는 것을 드러낸다.

EXAMPLE 2-5 체강 단권변압기가 230 [V]의 선전압 정격(line voltage rating)에 대하여 기동 전류의 크기를 34 [A]로 알려진 허용 수준으로 제한하기 위하여 사용된다. 기동할 때, 단권변압기는 80 [%] 탭점으로 설정된다.

(a) 전압이 명확하게 나타내어진 단권변압기 기동기 배열의 간략화된 그림을 보여라.

(b) 단권변압기 입력 전류를 찾아라.

(c) 공통 코일 내에서의 전류의 값은 얼마인가?

(d) 변환 VA를 결정하라.

(e) 전도 VA의 값은 얼마인가?

(f) 특정된 조건에 대한 단권변압기의 VA 정격을 찾아라.

(g) 단권변압기로 사용될 수 있는 등가 보통 변압기의 정격을 확인하라.

SOLUTION (a) $V_H = 230$ [V], $V_L = 0.8 \times 230 = 184$ [V], $I_L = 34$ [A] (그림 2-32를 보라.)

(b) 먼저 $a_A = N_{ac}/N_{bc} = 1/0.8 = 1.25$를 찾는다. 그 다음 식 (2-104)에 의해

$$I_H = \frac{I}{a_A} = \frac{34}{1.25} = 27.2 \text{ [A]}$$

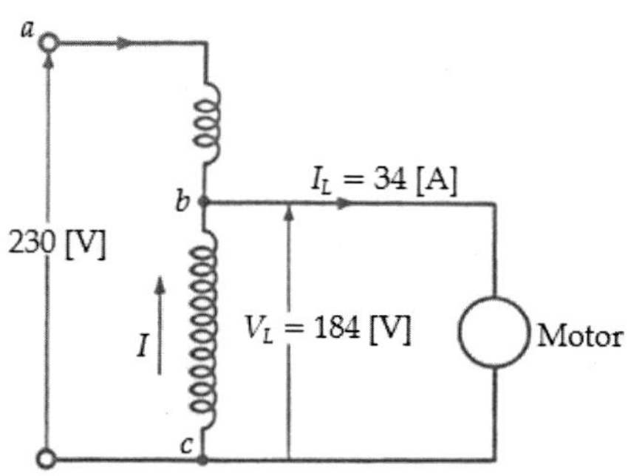

Figure 2-32 Solution to part (a) of Example 2-5.

(c) $I = I_L - I_H = 34 - 27.2 = 6.8$ [A]

(d) Transformed VA $= V_L I = 184 \times 6.8 = 1251.2$
$= (V_H - V_L)I_H = 46 \times 27.2 = 1251.2$ [VA]

(e) Conducted VA $= V_L I_H = 27.2 \times 184 = 5004.8$ [VA]

(f) VA rating of autotransformer $= V_H I_H = 230 \times 27.2 = 6256$ [VA]

(g) VA rating of equivalent ordinary transformer: 46/184 [V], 1251.2 [VA]

2-8 PER-UNIT CALCULATIONS

단위 값(per-unit value)에서의 계산은 처음에 종종 몇 대의 발전기와 많은 변압기를 포함하는 송전선로 계산에서 광범위하게 사용되었다. 단위법 표기의 한가지 양상은 변압기의 고압 또는 저압측으로 양(quantity)을 환산할 필요가 없게 된다는 것이다. 1차 권선 저항 같은 회로 소자의 단위 값은 양측(either side)에서 같다. 부기 과정이 그러므로 그러한 표기법에 의해 상당히 간단하게 된다. 하지만, 단위법 표기는 다른 주목할만한 이점을 갖고 있다. 그것은 적용될 때 장치의 설계 및 성능 특성에 관한 중요한 정보를 드러낸다. 이 절에서 강조되는 것은 이 양상이다.

표기에 단위법 계통의 적용은 다른 비슷한 양들이 표현될 수 있는 특정한 기저량(base quantity)의 조합의 확립에 종속된다. 예를 들어, 변압기의 저압측 회로 내에서의 모든 전압 강하는 기저(base), 또는 기준(reference) 전압으로 인정되는 정격 저압측 전압에 대한 비(ratio)로써 표현될 수 있다. 사실상 단위법 계산이 수행될 때는 언제나 장치의 **정격 량**(*rated quantity*)을 기저 값(base value)으로 사용하는 것이 보통이다. 이 선택에는 제한이 없다. 오히려, 기저 값으로 정격 량을 사용하는 선택은 단지 결과적인 숫자에 부여될 수 있는 중요성 때문에 이루어질 뿐이다. 이제 특히 2권선 변압기에 주의를 돌려, 다음의 기저 량을 인정한다:

base voltage on high side = rated voltage on high side $= V_R'$ [V]

base current on high side = rated current on high side $= I_R'$ [A]

base impedance on high side $= \dfrac{\text{rated high-side voltage}}{\text{rated high-side current}} = \dfrac{V_R'}{I_R'} = Z_{BH}$ [Ω]

base admittance on high side $= \dfrac{\text{rated high-side current}}{\text{rated high-side voltage}} = \dfrac{I_R'}{V_R'} = Y_{BH}$ [S]

base output VA = rated output VA $= V_R' I_R' = V_R I_R$ [VA]

base voltage on low side = rated voltage on low side $= V_R$ [V]

base current on low side = rated current on low side $= I_R$ [A]

base impedance on low side $= \dfrac{\text{rated low-side voltage}}{\text{rated low-side current}} = \dfrac{V_R}{I_R} = Z_{BL} = \dfrac{Z_{BH}}{a^2}$ [Ω]

$$\text{base admittance on low side} = \frac{\text{rated low-side current}}{\text{rated low-side voltage}} = \frac{I_R}{V_R} = Y_{BL} = a^2 Y_{BH}\ [\mathrm{S}]$$

기저(base) 량은 단위를 가진다는 것이 유념할 만한 가치가 있다. 양의 단위 값은 대응하는 기저 값으로 나누어진 실제 값의 비 또는 몫이라는 정의로 인하여 이 양들은 **단위 값**(*per-unit value*)이 아니다. 따라서 변압기의 정격 저압측 전압의 단위 값을 얻기 위해서는,

$$\text{p-u } V_R \equiv \frac{V_R\ [\mathrm{V}]}{\text{base voltage on low side [V]}} = \frac{V_R}{V_R} = 1 \qquad [\mathrm{pu}] \tag{2-127}$$

을 적는다. 명백히, 장치의 정격 량이 기저 값으로 선택된다면, 모든 기저 량의 단위 값은 1과 같다. 다른 양들의 단위 값을 찾기 위해 비슷한 과정이 따라온다. 더 설명하기 위하여, 2권선 변압기의 고압측으로 환산된 등가저항 R_{eH}의 단위 값을 찾자. 여기에서

$$\text{p-u } R_{eH} = \frac{R_{eH}\ [\Omega]}{Z_{BH}\ [\Omega]} \qquad [\mathrm{pu}] \tag{2-128}$$

을 적는다. 결과는 수치 값이다—단위가 없는. 하지만, I_R'/I_R'의 형태로 단위 값(1)을 식 (2-128)에 곱함으로써 주목할 만한 중요성이 이 숫자에 부여될 수 있다. 식 (2-128)은 그러면

$$\text{p-u } R_{eH} = \frac{R_{eH} I_R'}{Z_{BH} I_R'} = \frac{R_{eH} I_R'}{(V_R'/I_R') I_R'} = \frac{I_R' R_{eH}}{V_R'} \qquad [\mathrm{pu}] \tag{2-129}$$

가 된다. I_R'와 V_R'가, 각각, 전류와 전압의 정격 값을 나타낸다는 것을 상기하면, 식 (2-129)의 우변으로부터, R_{eH}의 단위 값은 정격 전류가 흐를 때 등가 권선 저항을 가로질러 나타나는 전압 강하로써 인가 전압의 부분에 대한 정보를 준다.

EXAMPLE 2-6 10 [kVA], 200/100 [V] 변압기가 0.1 [Ω]의 등가 고압측 저항과 0.16 [Ω]의 등가 고압측 누설 리액턴스를 가진다. 다음을 결정하라: (a) R_{eH}의 단위 값, 그리고 (b) 등가 권선 저항에 의해 흡수되는 정격 전압의 백분율.

SOLUTION (a) 변압기 정격으로부터

$$I_R' = \frac{10}{0.2} = 50\ [\mathrm{A}]$$

$$Z_{BH} = \frac{V_R'}{I_R'} = \frac{200}{50} = 4\ [\Omega]$$

따라서 식 (2-128)에 의해

$$\text{p-u } R_{eH} = \frac{R_{eH}}{Z_{BH}} = \frac{0.1}{4} = 0.025 \text{ [pu]}$$

(b) 식 (2-129)에 의해

$$0.025 V_R' = 0.025 \times 200 = 5 \text{ [V]}$$

또는 등가 권선 저항을 가로질러 나타나는 정격 전압의 2.5 [%].

여전히 식 (2-129)에 다시 한번 I_R'/I_R'의 형태로 단위 값(1)을 곱함으로써 R_{eH}의 단위 값에 더한 중요성이 부여될 수 있다. 따라서

$$\text{p-u } R_{eH} = \frac{I_R' R_{eH}}{V_R'} \frac{I_R'}{I_R'} = \frac{(I_R')^2 R_{eH}}{V_R' I_R'} = \frac{\text{total copper loss at rated value [W]}}{\text{rated volt-amperes}} \text{ [pu]} \tag{2-130}$$

이다. 이 마지막 표현식은 R_{eH}의 단위 값이 또한 정격 전류에서 동손으로써 소비되는 정격 VA의 부분에 대한 정보를 나타낸다. 따라서 예제 2-4의 변압기의 경우, 정격 전류가 부하에 내어놓아질 때, 변압기 정격의 2.5 [%]가 동손으로써 소산된다고 말해질 수 있다. [W]로는, 이것이 $0.025 \times 10000 = 250$ [W]의 손실을 나타낸다. 단지 절대 값을 인용하는 것보다 R_{eH}의 단위 값으로 다루는 것이 얼마나 더 의미가 있는지에 유념하라.

변압기의 등가 저항이 저압측을 기준으로 하여 특정된다면, 단위 값은 저압측 기저 임피던스를 사용함으로써 찾아진다. 따라서

$$\text{p-u } R_{eL} = \frac{R_{eL}}{Z_{BL}} = \frac{R_{eL}}{V_R/I_R} = \frac{I_R R_{eL}}{V_R} = \frac{I_R^{\,2} R_{eL}}{V_R I_R} \qquad \text{[pu]} \tag{2-131}$$

이다. 이 표현식을 일견하면 R_{eL}의 단위 값은 R_{eH}의 단위 값과 같은 해석을 가짐이 드러난다. 더욱이, 수치 값은 전압 강하의 백분율 그리고 동손의 백분율과 동일하다.

변압기의 성능—전압변동률과 효율—을 계산하는 것은 단위 값으로 매우 편리하게 수행될 수 있다. 예를 들어, 지상 역률에 대한 전압변동률을 찾는데 있어서, 요구되는 1차 전압에 대한 표현식이

$$\begin{aligned}\overline{V}_1 &= \overline{V}_R' + \overline{I}_R' \overline{Z}_{e1} = \overline{V}_R' + I_R'(\cos\theta - j\sin\theta)(R_{e1} + jX_{e1}) \\ &= V_R' \angle 0^\circ + I_R' R_{e1}\cos\theta + I_R' X_{e1}\sin\theta + j(I_R' X_{e1}\cos\theta - I_R' R_{e1}\sin\theta) \qquad \text{[V]}\end{aligned} \tag{2-132}$$

라는 것을 안다. 이 식의 양변을 V_R'로 나누면

$$\frac{\bar{V}_1}{V_R'} = 1 + \frac{I_R'R_{e1}}{V_R'}\cos\theta + \frac{I_R'X_{e1}}{V_R'}\sin\theta + j\left(\frac{I_R'X_{e1}}{V_R'}\cos\theta - \frac{I_R'R_{e1}}{V_R'}\sin\theta\right) \qquad (2\text{-}133)$$

을 산출한다. I_R'와 V_R'가 정격 양을 나타낸다는 것을 염두에 두고, 등가 저항과 등가 리액턴스의 단위 값으로써 삼각항(trigonometric term)의 계수를 알아낸다. 다루고 있는 경우에 대해

$$\frac{I_R'R_{e1}}{V_R'} = \text{p-u}\,R_{e1} \equiv \varepsilon_r \text{ [pu]} \qquad (2\text{-}134)$$

$$\frac{I_R'X_{e1}}{V_R'} = \text{p-u}\,X_{e1} \equiv \varepsilon_x \text{ [pu]} \qquad (2\text{-}135)$$

그리고

$$\frac{\bar{V}_1}{V_R'} = \text{p-u}\,\bar{V}_1 \text{ [pu]} \qquad (2\text{-}136)$$

이라 하자. 식 (2-133)은 그러면 간단한 단위법 표기(shorthand per-unit notation)로

$$\text{p-u}\,\bar{V}_1 = 1 + \varepsilon_r\cos\theta + \varepsilon_x\sin\theta + j(\varepsilon_x\cos\theta - \varepsilon_r\sin\theta) \qquad \text{[pu]} \qquad (2\text{-}137)$$

과 같이 표현될 수 있다. 이 식에 대한 대응하는 페이서도가 그림 2-33에 나타나 있다. 실제 변압기의 경우 ε_r과 ε_x의 단위 값이 좀처럼 0.1을 초과하지 않기 때문에, $\bar{V}_1$의 단위 값을 결정하는데 있어서 식 (2-137)의 j 부분의 기여가 무시할 수 있을 정도로 적다. 따라서 모든 실제적인 목적의 경우 식 (2-137)은 더 간단히

$$\text{p-u}\,\bar{V}_1 = 1 + \varepsilon_r\cos\theta + \varepsilon_x\sin\theta \qquad \text{[pu]} \qquad (2\text{-}138)$$

와 같이 표현될 수 있다. 그러면 단위법 표기로 전압변동률에 대한 표현식은

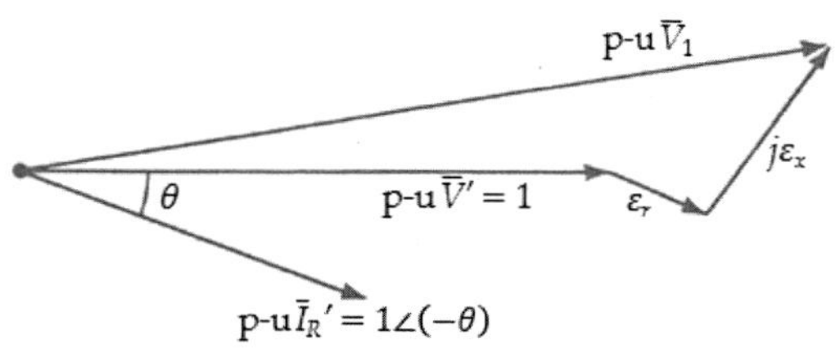

Figure 2-33 Phasor diagram of a transformer for lagging power factor, with all quantities expressed in per-unit notation.

$$\varepsilon = \frac{|\text{p-u}\,\overline{V}_1| - |\text{p-u}\,\overline{V}_R'|}{|\text{p-u}\,\overline{V}_R'|} = \frac{1 + \varepsilon_r \cos\theta + \varepsilon_x \sin\theta - 1}{1} \qquad [\text{pu}]$$

또는

$$\varepsilon = \varepsilon_r \cos\theta + \varepsilon_x \sin\theta \qquad [\text{pu}] \qquad (2\text{-}139)$$

가 된다. 식 (2-139)는 전압변동률을 계산하는 정확한 수단을 제공하기 때문일 뿐만 아니라 더욱 그것의 존재에 대한 원인이 되는 인자, 즉, 권선 저항, 누설 리액턴스, 그리고 역률각의 영향 등을 강조하기 때문에 중요하다.

변압기가 진상 역률의 부하에 전력을 내어놓을 때에는, 식 (2-139)에서 θ가 부(음)의 양(negative quantity)으로 도입된다. 단위법 전압변동률에 대한 표현식은 그러면

$$\varepsilon = \varepsilon_r \cos\theta - \varepsilon_x \sin\theta \qquad [\text{pu}] \qquad (2\text{-}140)$$

으로 찾아진다. 식 (2-139)와 비교하면, 명백히 지상 역률보다 진상 역률의 존재에서 일정한 부하 전압을 유지하는 능력이 더 크다는 것을 나타낸다.

변압기의 효율 역시 단위법 표기로 표현될 수 있다. 하지만, 먼저 단위 량으로 철손을 확인하는 것이 도움이 된다. 식 (2-28)은 철손이 $P_c = I_c^2 r_c$로 주어짐을 보인다. 철손 전류 I_c가 $E_1/r_c \approx V_R'/r_c$로 대체된다면, 철손은

$$P_c \approx \frac{(V_R')^2}{r_c} \approx (V_R')^2 g_c \qquad [\text{W}] \qquad (2\text{-}141)$$

와 같이 다시 적어질 수 있다. 여기서

$$g_c \equiv \frac{1}{r_c}\ [\text{S}] = \text{core loss conductance} \qquad (2\text{-}142)$$

이다. 철손 콘덕턴스(conductance)는 그러면 바로 단위 량으로

$$\text{p-u}\,g_c = \frac{g_c}{Y_{BH}} = \frac{g_c}{I_R'/V_R'} = \frac{V_R' g_c}{I_R'} = \frac{(V_R')^2 g_c}{V_R' I_R'} = \frac{\text{core loss [W]}}{\text{rated VA}} \qquad [\text{pu}] \quad (2\text{-}143)$$

으로 표현될 수 있다. 식 (2-143)은 철손을 나타내는 단위법 콘덕턴스가 [W]로 표현된 철손 자체의 지식 또는 철손과 관련된 회로 매개변수(g_c 또는 r_c)의 지식으로부터 찾아질 수 있음을 나타낸다.

변압기의 효율은 철손과 동손의 존재에 의해 영향을 받는다. 이제 이 두 손실이

단위법 표기로 어떻게 표현되는지를 알고 있기 때문에, 효율에 대한 일반적인 표현식 (2-62)로 되돌아가고, 단위법 표기가 들어가도록 적절하게 수정하자. 따라서

$$\eta = 1 - \frac{\text{core loss} + \text{copper loss}}{\text{rated output} + \text{core loss} + \text{copper loss}} \qquad [\text{pu}] \qquad (2\text{-}144)$$

이다. 정격 전압, 정격 전류, 그리고 $\cos\theta$의 역률에서의 운전을 가정하여,

$$\eta = 1 - \frac{(V_R')^2 g_c + (I_R')^2 R_{e1}}{V_R' I_R' \cos\theta + (V_R')^2 g_c + (I_R')^2 R_{e1}} \qquad [\text{pu}] \qquad (2\text{-}145)$$

를 가진다. 재배열하면

$$\eta = 1 - \frac{\dfrac{(V_R')^2 g_c}{V_R' I_R'} + \dfrac{(I_R')^2 R_{e1}}{V_R' I_R'}}{\cos\theta + \dfrac{(V_R')^2 g_c}{V_R' I_R'} + \dfrac{(I_R')^2 R_{e1}}{V_R' I_R'}} \qquad [\text{pu}] \qquad (2\text{-}146)$$

을 산출하며 이것은 식 (2-130)과 (2-143)에 의해

$$\eta = 1 - \frac{\text{p-u}\, g_c + \text{p-u}\, R_e}{\cos\theta + \text{p-u}\, g_c + \text{p-u}\, R_e} \qquad [\text{pu}] \qquad (2\text{-}147)$$

로 간단하게 된다. 마지막 식에서 등가 저항에 대한 두번째 하첨자는, 단위 값이 고압 또는 저압측에 관계없이 같기 때문에, 없앴음에 유의하라. 식 (2-147)은 효율을 찾는 경우에 **정격 부하에서만**(*rated load only*) 정당함을 이해하는 것이 중요하다. 어떤 다른 부하 조건의 경우에는, R_e의 단위 값이 전류의 단위 값의 제곱에 의해 수정되어야 한다. 따라서 부하 전류 I_2'에서 효율을 찾기 위해서는 식 (2-147)이

$$\eta = 1 - \frac{\text{p-u}\, g_c + (\text{p-u}\, R_e)\left(\frac{I_2'}{I_R'}\right)^2}{\left(\frac{I_2'}{I_R'}\right)\cos\theta + \text{p-u}\, g_c + (\text{p-u}\, R_e)\left(\frac{I_2'}{I_R'}\right)^2} \qquad [\text{pu}] \qquad (2\text{-}148)$$

로 된다. g_c의 단위 값은, 계속해서 정격 전압에서 운전하는 것으로 가정되기 때문에, 원래대로 남아있다.

EXAMPLE 2-7 예제 2-3의 변압기에 대하여 정격 전류가 0.8 역률 부하에 내어놓아질 때의 효율을 계산하라.

SOLUTION

$$\text{p-u } g_c = \frac{\text{core loss [W]}}{\text{rated VA}} = \frac{396\text{ [W]}}{50000\text{ [VA]}} = 0.00792\text{ [pu]}$$

$$\text{p-u } R_e = \frac{\text{copper loss at rated current [W]}}{\text{rated VA}} = \frac{810}{50000} = 0.0162\text{ [pu]}$$

이 값을 식 (2-147)에 대입하면 원하는 결과를 산출한다:

$$\eta = 1 - \frac{0.00792 + 0.0162}{0.8 + 0.0241} = 1 - 0.0293 = 0.9707\text{ [pu]}$$

따라서

$$\eta\text{ [\%]} = 97.07\text{ [\%]} \approx 97.1\text{ [\%]}$$

이것은 예제 2-3에서 계산된 결과와 안성맞춤으로 비교된다.

2-9 TRANSFORMERS FOR THREE-PHASE CIRCUITS

효율과 구리 사용에 있어서의 상당한 경제성을 이유로, 전력의 발전 송전, 그리고 배전은 단상보다는 오히려 3상을 기본으로 취한다. 과정은, 3상 전압을 발전하도록 설계된, 발전기로 시작한다. 특징적으로, 3상 전압 계통은 각 상전압이 같은 최대 크기를 갖지만 다른 상 량(phase quantity)으로부터 시간으로 120 [elec. deg] 이격되어 있다는 사실이 특징이다. 원래의 에너지 원천은 보일러(boiler)로부터 기원하는 증기(steam), 적절한 수두(head)를 통하여 떨어지는 물, 또는 휘발유(가솔린, gasoline)이나 경유(디젤, diesel) 연료의 연소일 수 있다. 종종, 발전기의 출력 전압은 물리적인 고려에 의해 대략 25 [kV]로 제한된다. 그러한 비교적 낮은 전압에서 상당한 거리에 걸친 많은 양의 전기 에너지의 송전은 막대한 손실을 필연적으로 수반할 것이며, 그 때문에 그렇게 하는 것을 비실용적인 것으로 만든다. 통상적인 해법(solution)은 관련된 선로 손실을 관리할 수 있는 수준으로 송전 전압을 승압하기 위하여 발전기와 송전선로 사이에 변압기를 도입하는 것이다. 종종 송전선로 전압은 체승(승압) 변압기에 의해 230 [kV] 또는 그 이상의 수준으로 높여진다. 송전선로의 수전단(receiving end)에서는, 변전소(substation)에서 전압을 더 합리적인 수준으로 낮추기 위해 변압기가 다시 필요하게 된다. 종종 전기 에너지가 마지막으로 소비되는 배전 회로망을 따르는 많은 장소에서 더 나아간 감소가 따라온다. 과정을 통하여, 변압기는 요구되는 변환을 마련하기 위하여 3상 형식(three-phase mode)에서 사용된다.

운전의 3상 형식은, 3상 운전을 위하여 적절하게 결선된, 단일 3상 변압기의 사용을 통하여 또는 3대의 단상 변압기의 사용에 의해 이루어질 수 있다. 단일 단위

(유닛)(single-unit) 3상 변압기는, 각 철심각에 한 상(one phase)의 1차와 2차 코일이 있는, 3-철심각(three-legged) 구조로 이루어진다. 같은 VA를 다루도록 설비된 3대의 단상 변압기와 비교하면, 단일 3상 단위는 더 경량, 더 저가, 더 작은 공간을 요구하며, 약간 더 효율이 높다. 비용이 중시되는 약간의 설비에서는 더 작은 초기 투자 때문에 그것을 택한다. 하지만, 3대의 단상 변압기의 선택이 어떤 주목할만한 이점을 가진다. 더 큰 총 표면적은, 예를 들어, 더 좋은 냉각과 훨씬 더 쉬운 보수를 이루게 한다. 더욱이, 전력 계통의 초기 구축에서는, 줄어든 용량이긴 하지만, 바로 2대의 변압기로 운전하는 것이 완전히 가능하게 될 수 있다. 언젠가 계통의 전체 용량이 필요하게 될 때 세번째 유닛이 추가될 수 있다. 또한 비상 조건을 만나 예비 유닛이 필요하게 된다면, 완전한 단일 3상 변압기를 가져야 하는 필요와 비교하여 종종 가까이에 단지 한대의 더 작은 유닛을 가지는 것으로 충분하다. 덧붙여, 예비 3상 변압기는 저장을 위해 더 많은 공간을 요구할 것이며 주위로 이동하는 것이 더 어렵다. 이러한 장단점의 관점에서, 특정한 상황에서의 선택은 그 특수한 경우에 둘러싸인 특별한 환경에 의해 강하게 영향을 받을 것임이 명백하다. 어떤 형태에서든 변압기의 운전이 사실상 동일하기 때문에 이 절에서의 주된 내용의 전개는 3대의 단상 변압기의 사용으로 다루는 것이 계속된다. 선택은 편견없이 이루어진다.

The Δ-Δ Connection

3상 운전을 위하여 3대의 단상 변압기를 결선할 때, 2차 단자가 전압의 평형 계통을 제공하는 것을 보장하도록 주의가 기울여져야 한다. 1차 코일은 임의로 결선될 수 있다. 이 점을 설명하기 위하여, 그림 2-34에 묘사된 배치를 참조하라. 목적은 2차 선전압(line voltage)이 평형이 되고 2차 코일 내에서 순환 전류(circulating current)가 생기지 않도록 2차 코일 결선을 배치하는 것이다. 1차 권선과 2차 권선을 구별하는데 도움을 주기 위하여, 대문자는 1차에 대해 그리고 소문자는 2차에 대해 사용된다. 더욱이, 공통 문자(대문자이든 소문자이든)의 사용은 코일이 같은 철심과 관련된다는 것을 의미하기 위하여 취해진다. 따라서, 그림 2-34 (a)에서 코일 *AB*는 1차 권선을 나타내며 코일 *ab*는 같은 단상 변압기의 2차 권선을 나타낸다. 3대의 변압기의 1차 코일에 전압을 인가하는 발전기는 그림 2-34 (b)에 보여진 바와 같이 평형 3상 조합(balanced three-phase set)을 제공하는 것으로 가정된다. 이 조합이 페이서도에 의해 닫힌 형태(closed form)로 나타내어져 있음을 관찰하라. 또한, 그림 2-34 (a)에서, 2차 코일은 결선되지 않은 채 남아있음에 유의하라. 이 결선이 이제 정해진 방식으로 이루어져야 한다.

코일 *ab*의 단자 *b*를 코일 *bc*의 단자 *b*에 연결하는 것으로 시작한다. 1차 상전압

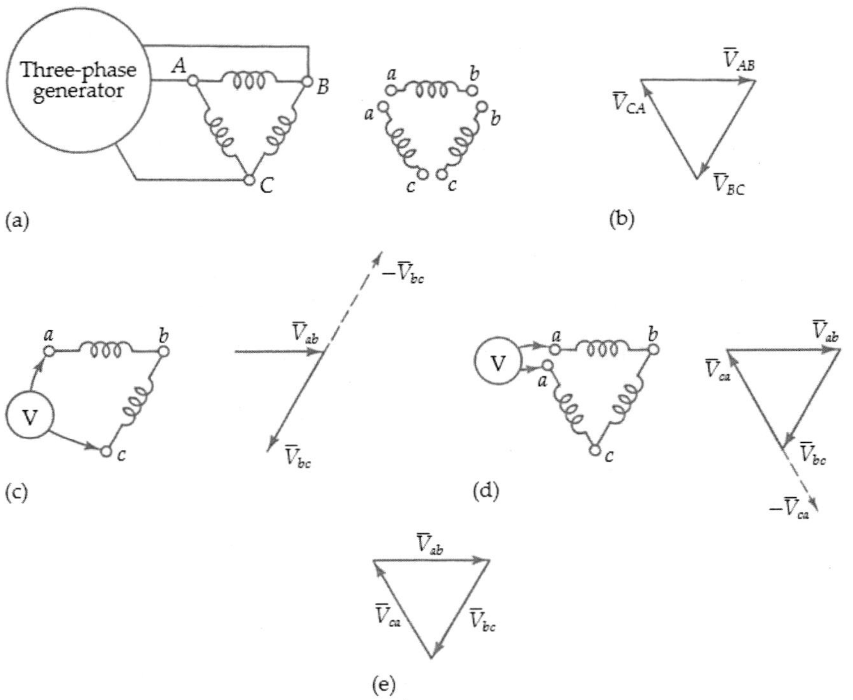

Figure 2-34 Transformer phasing procedure: (a) excitation of the primaries; secondaries unconnected; (b) phasor diagram of primary voltages; (c) phasing two secondary coils; (d) phasing the third coil for balanced voltages; (e) phasor diagram of the balanced secondary voltages.

(primary phase voltage)의 크기는 각각이 서로 같다. 즉, $V_{AB} = V_{BC} = V_{CA} = V_{p1}$이다. 여기서 V_{p1}는 실효치 1차 상전압을 나타낸다. 비슷하게, 2차 상전압의 값 역시 변압기가 이상적이라는 것을 기초로 하여 각각이 서로 같다. 따라서 $V_{ab} = V_{bc} = V_{ca} = V_{p2}$이다. 여기서 V_{p2}는 실효치 2차 상전압을 나타낸다. 이 전압이 크기는 같지만, 위상이 다르다는 것을 인식하는 것이 도움이 된다. 결론적으로, 전압계가 그림 2-34 (c)에 그려진 방식으로 개방 단자 ac를 가로질러 위치될 때, 지시치는 둘 중 하나로 선택될 것이다. 그것은 $\sqrt{3}V_{ab}$이거나 V_{ab}의 크기와 같을 것이다. 페이서 전압 $\bar{V}_{bc}$는 60°의 각도로(그림 2-34 (c)의 페이서도에서 파선으로 보여진 바와 같이) 또는 −120°의 각도로(실선으로 나타내어진 바와 같이) 페이서 전압 $\bar{V}_{ab}$에 더해질 수 있다. 이 값은 1차에서의 $\bar{V}_{AB}$에 대한 $\bar{V}_{BC}$의 관계에 의해 지시된다는 것을 염두에 두어라. 두 값 중 높은 것이 시험에서 찾아진다면, 연결이 제거되고 코일 결선이 역전되어야 할 것이다. Δ 배치에서는 상전압이 선전압과 같음을 염두에 두는 것이 중요하다.

이 **상 맞춤 과정**(*phasing procedure*)의 마지막 단계에서는, 전압계의 삽입을 제외하면 그림 2-34 (d)에서 열린 채로 남아있는 간격(gap)과 함께, 코일 ac의 단자 c가 코일 bc의 단자 c에 연결된다. 이 전압 역시 두가지 가능성 중 하나를 나타낸다:

지시치가 V_{ab}의 2배가 되거나 0이 될 것이다. 결과는 코일 ac의 전압이 $-60°$의 방향을 따르는지 120°의 방향인 지에 종속된다. 명백히, 코일 ac의 결선은 0의 간격 전압(gap voltage)을 산출하도록 선택되어야 한다. 확실히, 이 단자들의 전위가 같을 때를 제외하고는 두개의 a 단자를 연결하기를 원하지 않을 것이다. 이것은 불꽃 발생을 피한다. 이 설명을 마치기 전에, 하지만, 변압기 제조자가 3상 변압기의 적절한 상 맞춤으로 이끄는 표시(marking)를 사용한다는 것에 유념하는 것이 좋다. 그러나 명백히 상 맞춤 과정은 누군가에 의해 이루어졌어야 한다. 그림 2-34 (e)는 평형 2차 전압에 적합한 최종 페이서도를 보인다.

Δ-Δ 결선의 경우 1차로부터 2차로의 선(line)과 상 량(phase quantity) 사이의 두드러진 특성은 다음에 설명되는 바와 같이 요약될 수 있다.

$$a = \frac{V_{AB}}{V_{ab}} = \frac{V_{p1}}{V_{p2}}$$

를 도입하자. 여기서 우변에 있는 양은 1차와 2차 상전압을 나타낸다. 평형 3상 부하가 2차 권선에 인가되는 것으로 가정한다. 그러면

$$\text{Ratio of phase voltages: } \frac{V_{AB}}{V_{ab}} = a$$

$$\text{Ratio of line voltages: } \frac{V_{L1}}{V_{L2}} = \frac{V_{AB}}{V_{ab}} = a$$

이다. 여기서 V_{L1}과 V_{L2}는 1차와 2차 선전압을 나타낸다. 1차와 2차 상 및 선전압 역시, 각각, 서로 동상이다(in phase); 즉, $\bar{V}_{AB}$는 $\bar{V}_{ab}$와 동상이고, $\bar{V}_{BC}$는 $\bar{V}_{bc}$와 동상이며, $\bar{V}_{CA}$는 $\bar{V}_{ca}$와 동상이다. 그림 2-34 (e)와 그림 2-34 (d)의 비교는 이 설명을 자명하게 만든다. 또한,

$$\text{Ratio of phase currents: } \frac{I_{AB}}{I_{ab}} = \frac{1}{a}$$

$$\text{Ratio of line currents: } \frac{I_{L1}}{I_{L2}} = \frac{\sqrt{3}\,I_{p1}}{\sqrt{3}\,I_{p2}} = \frac{I_{AB}}{I_{ab}} = \frac{1}{a}$$

이다. 여기에서 사용한 것은 평형 Δ-결선에서 선전류(line current)는 상전류(phase current)의 $\sqrt{3}$배라는 사실이다.

이 배치에서 사용되는 변압기는 순환 전류의 존재를 최소화하기 위하여 같은 변환비를 가져야 한다는 것이 중요하다. 더욱이, 변압기의 등가 누설 리액턴스는 운전 동안에 적절한 부하 배분을 보장하도록 가능한 한 거의 동일해야 할 것이다.

델타 2차의 사용은 또한 중성선(neutral wire)을 포함하는 것이 불가능하여 단지 한 가지의 전압 만을 이용할 수 있게 만든다.

마지막으로, 이야기할 것은 이 배치에서의 자화 전류에 관한 것이다. 그림 2-34 (a)의 배치에서는, 세 변압기의 1차 코일에 정현 전압이 인가되는 것으로 가정된다. 정현의 성질 때문에, 발전기는 그 자체로 정현인 자화 전류를 변압기에 내어 놓을 수 있다. 그러한 정현 전류는, 하지만, 변압기의 철심의 포화의 결과로 위가 평평한 자속파를 생성한다. 주된 기본파 성분에 더하여, 위가 평평한 자속파는, 다음에, 패러데이의 법칙에 의해, 3차 고조파 전압을 유도하는데 소용이 되는, 큰 3차 고조파 부분을 내포한다. 이 작용은 각 변압기의 1차에서 일어난다. 더욱이, 코일 BC에서 유도되는 3차 고조파 전압은 $3\times(-120°)=-360°$의 각도에서, 또는 상 AB에서 나타나는 성분과 동상으로 생긴다. 비슷하게, 코일 CA에서는, 3차 고조파 전압의 위상이 $3\times 120°=-360°$이어서, 역시 다른 두 코일에서의 3차 고조파 전압과 동상이다. 정현 발전기는 전압 주기에 그러한 성분을 내포하지 않기 때문에, 3차 고조파 전압의 중성화가 취해질 수 없다. 따라서, 이 3차 고조파 전압의 부가적인 효과는 3대의 변압기 1차 내에 존재하는 3차 고조파 순환 전류의 원인이 된다. 이 전류는, 그러면, 자화 전류를 정현 변동으로부터 정현 자속 변동을 보장하기 위해 필요한 정도로 뾰족한 변동으로 변화시키는 유용한 목적에 도움이 된다. 정현 자속 변동은 그 다음 변압기의 1차 단자에서 정현 전압 변동을 제공하고, 이에 의해 발전기-변압기 1차 회로 내에서 키르히호프의 전압 법칙이 만족된다.

The Δ-Y Connection

변압기의 델타-와이(delta-wye, Δ-Y) 배치는 송전선로의 송전단(transmitting end) 뿐만 아니라 배전단(distribution end)에서 일반적으로 찾아진다. 송전단에서는, Δ-Y 결선이 각 변압기와 관련된 값을 넘어서는 증가된 승압비(체승비, step-up ratio)의 이점을 제공한다. 배전단에서는 중성선의 포함이 고객의 용도를 위한 두가지 전압의 선택을 허용한다. 전력 회사로부터 가정과 상업 시설로의 공급에서 이용할 수 있는 가장 선호되는 조합은 208/120 [V] 계통이다. 높은 전압은 Y-결선의 임의의 두개의 선 단자 사이에서 이용할 수 있는 반면, 낮은 전압은 선으로부터 중성까지의 전압에서 나타난다.

Δ-Y 결선에 대한 상 맞춤 과정은 2차 결선에 관련되는 한에 있어서는 Δ-Δ 결선과는 다르게 진행된다. 각 경우에서 1차 코일은 닫힌 델타 배치로 임의로 배선될 수 있다. 와이 2차가 중성 단자를 포함하기 때문에, 그림 2-35 (a)에 그려진 바와 같이, 수정된 단자 표시가 각 변압기에 대해 사용된다. 물론, 1차 권선이 폐회로를 이루도록 연결될 때, n 표시는 그림 2-35 (b)에 보여진 바와 같이 없앨 수 있다. 하

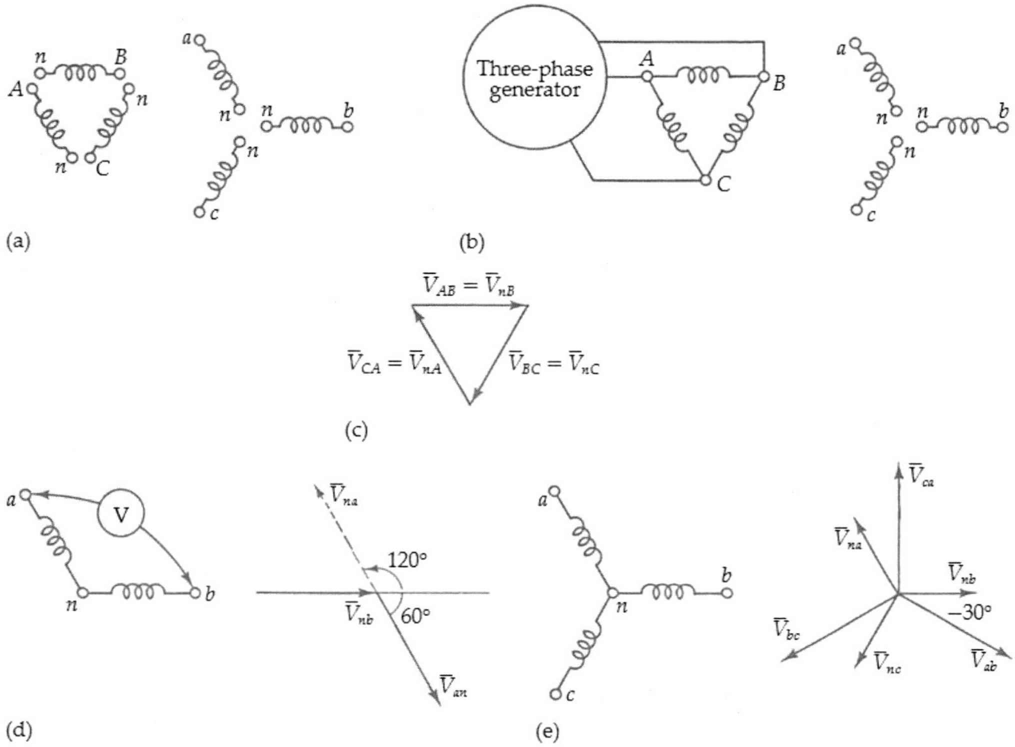

Figure 2-35 Phasing procedure for the Δ-Y connection: (a) terminal markings for the primary and secondary coils of transformers A, B, and C; (b) primaries in Δ mode with generator excitation; (c) phasor diagram of primary line and phase voltages; (d) phasing secondary coils *a* and *b*; (e) phasing coil *c* for balanced line-to-line and line-to-neutral secondary voltages.

지만, 그것이 2차에서 일어나는 상황을 더 쉽게 이해할 수 있도록 만들기 때문에, 그림 2-35 (c)에 묘사된 1차 전압의 페이서 표시에서 n 표기가 속행된다.

2차에서 코일 na의 n을 코일 nb의 n에 연결하는 것으로 상 맞춤 과정을 시작한다. 남은 단자를 가로질러 위치된 전압계는, Δ-Δ 결선의 경우에서와 같이, 두가지 전압 중 한가지를 가리킬 것이다. 특정한 지시치는 권선의 상대적인 방향에 의존된다. 결선은 코일 an 내의 전압이 페이서도에서 −60° 방향 또는 120° 방향을 따라 코일 bn 내의 전압에 더해진다. 거기에는 단지 두가지 선택만이 있으며 두 단자가 연결되었을 때 권선의 상대적인 방향에 종속하여 나타난다. 전압계가 선전압 V_{ab}에 대한 값으로 V_{nb}와 동일한 값을 지시한다면, 더하기가 120° 방향을 따라 일어난다는 것을 의미하며(그림 2-35 (d)에서 파선 성분을 보라), 연결이 제거되어야 한다. 이 상황을 수정하기 위해서는, 단지 코일 결선의 하나를 거꾸로 하는 것이 필요할 뿐이다. 이제 전압계가 V_{ab}에 대하여 $\sqrt{3}V_{nb}$의 값을 산출할 것이다. 이것은 와이 결선의 선간 전압(line-to-line voltage)에 대하여 타당한 값이다. 선전압은 항상 $\sqrt{3}$의 인자로 상전압보다 커야 한다. 세번째 코일 nc가 그림 2-35 (e)의 방식으로 연결되었을 때, 단자의 각 쌍 사이의 전압의 크기가 상전압의 $\sqrt{3}$배로 동일할 때 옳은 상 맞춤으로 결정된다. (코일 nc가 옳지 않게 상 맞춤 되었을 때의 전압 지시치는 얼마인가?)

그림 2-35 (e)에 나타난 바와 같은 적절히 상 맞춤된 Δ-Y 결선의 페이서도의 비교는 2차에서의 선간 전압이 1차에서의 선간 전압으로부터 30 [elec. deg] 이격되어 있음을 드러낸다. 따라서, 그림 2-35에 묘사된 상황의 경우, 2차에서 단자 a와 b 사이의 선전압은 $\overline{V}_{ab} = V_{ab}\angle(-30°)$인 반면, 1차에서 단자 A와 B 사이의 선전압은 $\overline{V}_{AB} = V_{AB}\angle 0°$이다. 따라서, 이 배치에서는 30 [elec. deg]의 **뒤짐**(*lag*)이 있다. 이 조건은 1차와 2차 사이의 선간 전압이 모두 동상이었던 것으로 찾아진 Δ-Δ 결선에서는 일어나지 않았음이 상기될 것이다. 이 차이의 중요성은 전압이 대응하는 크기라고 하더라도 Δ-Δ 결선된 변압기 뱅크(bank)가 Δ-Y 변압기의 뱅크와 병렬로 위치될 수 없다는 결론에 있다. 이 결선에 본질적으로 있는 위상각 불일치는 헛된 순환 전류로 귀결할 것이다.

송전선로의 발전기측 단부에서는, 발전기 전압을 적당한 송전 선전압으로 승압하기 위해 Δ-Y 결선이 사용된다. 승압비(step-up voltage ratio)가

$$a = \frac{V_{nA}}{V_{na}} = \frac{V_{p1}}{V_{p2}} \tag{2-149}$$

로 나타내어진다고 하자. 여기서 a는 승압 배치의 경우 1보다 작으며, V_{p1}은 상전압의 실효 1차 값을 나타내고 V_{p2}는 상전압의 실효 2차 값을 나타낸다. 1차에서의 선간 전압에 대한 2차에서의 선간 전압의 비(ratio)는 그러면

$$\frac{(V_{L\text{-}L})_{Y}}{(V_{L\text{-}L})_{\Delta}} = \frac{V_{ab}}{V_{AB}} = \frac{\sqrt{3}\,V_{p2}}{V_{p1}} \tag{2-150}$$

과 같이 표현될 수 있다. V_{p1}을 식 (2-149)로부터 그것의 등가로 대체하면,

$$\frac{(V_{L\text{-}L})_{Y}}{(V_{L\text{-}L})_{\Delta}} = \frac{V_{ab}}{V_{AB}} = \frac{\sqrt{3}\,V_{p2}}{aV_{p2}} = \frac{\sqrt{3}}{a} \tag{2-151}$$

로 귀결한다. 따라서, a가 10분의 1의 값으로 할당된다면, 2차에서의 선간 전압은 1차에서의 선간 전압보다 17.32배로 더 클 것이다. 이 배치에 대한 매력적인 양상은, 물론, 2차 권선에 대한 절연이 1차 전압의 17.32배 보다는 오히려 단지 10의 인자 정도가 준비되는 것이 필요하다는 것이다. 더욱이, 무시할 수 있는 손실의 가정 하에서 Y인 2차에서의 출력 VA가 Δ인 1차에서의 출력 VA와 같아야 한다는 사실로

부터, 평형 부하의 경우 1차에서의 선전류 $(I_L)_\Delta$에 대한 2차에서의 선전류 $(I_L)_Y$의 비(ratio)는 식 (2-151)의 역수(reciprocal)라는 것이 따라온다. 즉,

$$\frac{(I_L)_Y}{(I_L)_\Delta}=\frac{I_{p2}}{\sqrt{3}\,I_{p1}}=\frac{I_{p2}}{\dfrac{\sqrt{3}\,I_{p2}}{a}}=\frac{a}{\sqrt{3}} \tag{2-152}$$

이다. 여기서 I_{p1}과 I_{p2}는, 각각, 1차와 2차 상전류를 나타낸다. 그러므로, 선전압을 충분히 높임으로써, 대응하는 송전 선전류는 현저하게 줄여질 수 있으며, 다음에는 송전 효율을 상당히 개선하는데 도움이 될 수 있다.

3차 고조파 전류 성분이 흐르는 것을 허용하는 1차측에 있는 Δ 배치의 존재는 Y측에 있는 선-중성 전압(line-to-neutral voltage)이 정현일 것을 보장한다. 물론, 앞의 기술은 Δ-결선된 1차에 전압을 가하는 전원 전압이 자체로 순전히 정현이라는 전제를 기초로 한다.

The Y-Y Connection

1차와 2차 중성이 갖추어 졌을 때, 와이-와이(wye-wye, Y-Y) 결선은 두가지 이점을 제공한다: (1) 2차측에서 두가지 전압의 선택을 제공한다; 그리고 (2) 변압기는 선간 전압보다는 오히려 선-중성 전압의 크기를 방호하는 절연에 대하여 특정되는 것이 필요하다. 또한, 2차 상전압에 대한 1차 상전압의 비(ratio)가 a라면, 선간 전압에 대하여 이것과 같은 비를 얻는다. 다른 한편으로, 2차 상 또는 선전류에 대한 1차 상 또는 선전류의 비는 $1/a$이다. 더욱이, 양측에서, 선전압은 위상이 가장 가까운 상전압으로부터 30 [elec. deg]의 크기로 이격된다.

1차 중성 결선의 존재없이 변압기의 Y-Y 배치로 운전하려고 하는 어떤 시도는 어려움과 전위 결핍(potential failure)으로 이끌 것이다. 사실상, 그런 사태는 무부하 조건 하에서 조차 생긴다. 그 점을 설명하기 위하여, 1차 Y-결선에 정현 3상 발전기로부터 전압이 가해진다고 가정한다. 그러한 발전기는 정현 자화 전류를 내어 놓기 때문에, 변압기 철심의 전형적인 포화 자화 곡선이 위가 평평하게 되는 자속 변동을 일으킨다. 다음에, 이 평평한 자속파는 변압기 코일 내에 상당한 3차 고조파 전압을 유도하는 큰 3차 고조파 성분을 내포한다. 이 전압의 크기는 철심의 포화의 정도에 종속되며, 대부분의 경우에서 이 3차 고조파 전압은 무시할 수 없다. 이와 같은 조건이 Δ-결선된 1차에서 존재한다는 것이 유의된 것을 상기하라. 그러나 Y-Y 결선에서는, 중요한 차이가 있다. Δ-결선된 1차에서는 3차 고조파 전압이 순환 전류가 흐르는 것을 허용하는 폐경로와 함께 나타났던 반면, 이 상황이 중성이 없는 Y-결선에서는 일어나지 않는다. 사실은, 3차 고조파 상전압이 각각 서로

동상이기 때문에, 선간 단자에서 그들의 존재를 느끼지 못한다. 그림 2-36은 각 상에서 선-중성 3차 고조파 실효 전압의 위상과 크기를 보인다. 그들의 크기와 위상각이 동일함을 관찰하라. 선 단자 사이에서 그 전압들의 효과를 얻기 위해서는, 명백하게 0으로 더해지는 페이서 합산(phasor summation)

$$(\overline{V}_{ab})_3 = \overline{V}_{an3} + \overline{V}_{nb3} = -\overline{V}_{na3} + \overline{V}_{nb3} = 0$$

을 수행하는 것이 필요하다. 발전기-1차 변압기 회로에서 이 결과의 중요성은 변압기 철심 내에서의 위가 평평한(비정현인) 자속파의 존재에도 불구하고 키르히호프의 전압 법칙이 만족된다는 것이다. 이 조건의 한가지 결과는 합성 선-중성 전압이 이제 정격 변압기 전압을 쉽게 초과할 수 있어서, 해로운 절연 압박(스트레스)(insulation stress)가 생길 수 있다는 것이다. 물론, 1차 중성 결선이 확립되었을 때에는, 선-중성으로부터 변압기 내에 생기는 3차 고조파 전압이 이제는 다시 한번 뾰족한 형상으로 되는 자화 전류를 허용하는 경로가 준비되어, 이에 의해 정현 자속 변동으로 되돌린다. 다음에, 이것이 사실상 변압기 코일 내에서 3차 고조파 전압을 제거한다. 계속되는 3차 고조파 중성 접지 전류가 전화 또는 다른 관련된 간섭을 일으키는 곳에서는, 1차 또는 2차측에 Δ 배치를 포함하는 그 대신의 변압기 결선에 의존하거거나 또는 그렇지 않으면 Δ 형태로 결선될 수 있는 제 3 권선(tertiary winding)이 설비된 변압기를 획득하는 것이 필요할 수 있다.

1차 중성이 없는 Y-Y 결선의 다른 심각한 결점은 2차측에 선-중성으로 위치된 부하에 전력을 공급하는 것이 사실상 불가능하게 된다는 것이다. 그러한 배치로 된 부하에 에너지를 내어놓기 위해서는, 1차 권선에 공급하는 발전기 원천이 두개의 무부하로 된 1차를 통하도록 해야 한다. 하지만, 이 장의 앞에서 공부한 바와 같이, 무부하로 된 변압기는 본질적으로 자화 리액턴스인 임피던스를 나타낸다. 이 높은 임피던스는 중요한 전류의 흐름에 영향을 미친다. 이에 관해서는, 2차에 단락 회로가 하나의 선-중성에 위치되었다고 하더라도, 매우 작은 전류가 흐를 것임을 상기하는 것이 흥미롭다. 그러한 단락 회로는 하나의 선 단자(line terminal)의 전위에 중성이 위치하는 효과를 가지기 때문에, 무부하로 된 변압기의 각각을 가로질러 나타나는 선-중성 전압이 거의 $\sqrt{3}$의 인자로 증가되는 것이 따라온다. 그러한 높

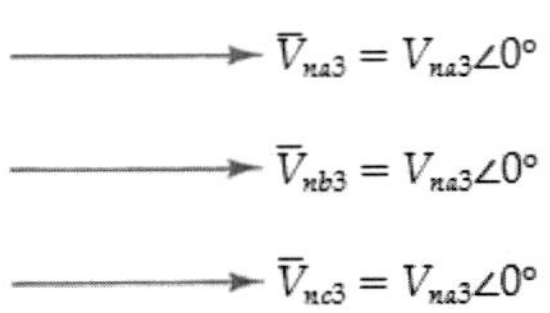

Figure 2-36 The line-to-neutral voltages caused by the third harmonic flat-topped flux wave present in a Y-Y connection without a primary neutral.

은 과전압은 바로 절연에 손상을 일으킬 수 있다. 결론으로서, Y-Y 결선은 전원에 연결된 1차 중성 없이는 사용될 수 없을 것임이 명백해야 한다.

The Y-Δ Connection

단상 변압기의 와이-델타(Y-Δ) 배치는 송전선로의 수전단(receiving end)에서 종종 찾아진다. 그 이유는 그것이 1차 선전압으로부터 2차 선전압으로 큰 강압비(체강비, step-down voltage ratio)를 제공한다는 것이다. a를 2차 상전압(Δ측)에 대한 1차 상전압(Y측)의 비(ratio)를 나타낸다고 하면, 1차로부터 2차로의 선전압의 비는 $\sqrt{3}\,a$라는 것이 따라온다. 대응하여, 2차 선전류에 대한 1차 선전류의 비는 $1/\sqrt{3}\,a$이다.

3차 고조파 전압 스트레스는, 존재하는 3차 고조파 자화 전류를 허용하는 2차 Δ-결선에 의해 제공되는 폐경로 때문에, Y-Δ 배치에서는 존재하지 않는다. 다음에, 이 전류는 사실상 위가 평평한 자속파 내의 3차 고조파 성분을 제거하는 작용을 하고, 따라서 정현 자속 변동을 보장한다. 불평형 2차 부하는, 하지만, 1차 중성이 없이는, Y-Y 결선의 경우에서 설명된 바와 같이, 약간의 어려움이 있을 수 있다. 이 문제를 피하기 위하여, 1차 중성을 전원에 확립하는 것이 가장 좋다.

EXAMPLE 2-8 Δ-Y 결선이 대형 3상 발전기를 부하가 있는 송전선로에 연결하기 위해 사용된다. 1차측으로부터 2차측으로의 각 단상 변압기의 권수비는 0.1이다(그림 2-37을 보라). 송전선로에 있는 3상 부하는 240 [kV]의 선간 전압에서 10 [MVA]이다. 부하 역률은 0.8 지상이다.

(a) 고압과 저압 양측에서 변압기 권선 전류의 크기를 찾아라. 모든 손실은 무시할 수 있는 것으로 가정하라.

(b) 발전기에 의해 공급되는 선전류의 크기를 결정하라.

(c) 고압측에서의 선간 전압이

$$\overline{V}_{ab} = 240\angle 0° \text{ [kV]}, \overline{V}_{bc} = 240\angle(-120°) \text{ [kV]}, \overline{V}_{ca} = 240\angle(-240°) \text{ [kV]}$$

로 나타내어진다면, Δ-측에서의 선간 전압의 대응하는 표현식을 찾아라. 모든 누설 임피던스는 무시할 수 있는 것으로 가정하라.

SOLUTION (a) 송전선로의 고압측에서 VA에 대한 표현식으로 작업하면 다음을 적을 수 있다:

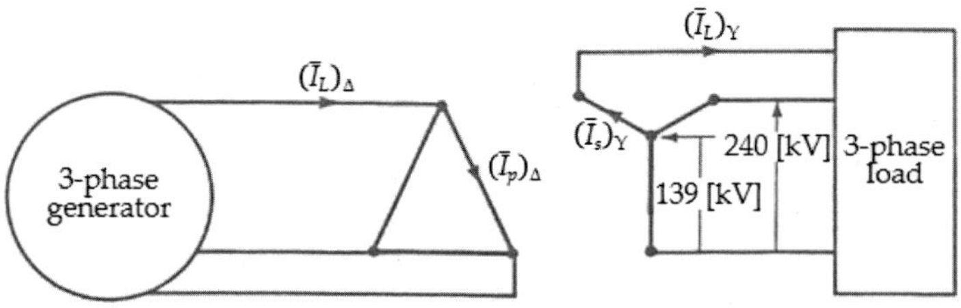

Figure 2-37 Schematic diagram for Example 2-8.

$$(I_L)_Y = \frac{10^7}{\sqrt{3}\,(V_L)_Y} = \frac{10^7}{\sqrt{3} \times 240 \times 10^3} = 24\,[\text{A}] = (I_s)_Y$$

$$\left(I_p\right)_\Delta = \frac{(I_L)_Y}{a} = \frac{24}{0.1} = 240\,[\text{A}]$$

(b) 여기에서,

$$(I_L)_\Delta = \sqrt{3}\left(I_p\right)_\Delta = \sqrt{3} \times 240 = 415.7\,[\text{A}]$$

또는, 식 (2-152)에 의해,

$$(I_L)_\Delta = \frac{\sqrt{3}\,(I_L)_Y}{a} = \frac{\sqrt{3} \times 24}{0.1} = 415.7\,[\text{A}]$$

(c) 그림 2-35 (e)와 관련된 논의에 의하여, Δ-측의 대응하는 선전압은 Y-측에 있는 관련되는 선전압보다 30° 앞선다. 따라서,

$$\overline{V}_{AB} = 24\angle 30°\,[\text{kV}],\ \overline{V}_{BC} = 24\angle(-90°)\,[\text{kV}],\ \overline{V}_{CA} = 24\angle(-210°)\,[\text{kV}]$$

PROBLEMS

2-1 철심이 있는 리액터가 400 [turn]을 가진다. 그것은 115 [V], 60 [Hz]전력선을 가로질러 연결되었다.

(a) 저항 강하를 무시하여, 운전 자속의 최대 값을 계산하라.

(b) 자속밀도가 75 [k-line/in^2]을 초과하지 않는다면, 철심의 단면적은 얼마가 되어야 하는가?

2-2 고정된 정현 전압이 그림 P2-2에 보여진 회로에 인가된다. 전압이 연결된 채로 남아있으며 철심의 빗금친 부분이 제거되었다면, 자속의 최대 값과 자화 전류의 최대 값에 어떤 일이 일어나는지를 설명하라. 무시할 수 있는 누설 임피던스와 권선 저항을 가정하라.

2-3 철심에 인가되는 전압이 고정된 직류 양인 것으로 가정하여 문제 2-2를 반복하라. 직류 전류는 외부 저항기에 의해 제한된다고 가정하라.

2-4 정격이 200 [V]이며 100 [turn]을 가지는 변압기 코일이 0.5 탭으로 설비되어 있다. 50 [V]가 권수의 절반에 인가된다면, 최대 자속의 값을 찾아라. 주파수는 60 [Hz]이다.

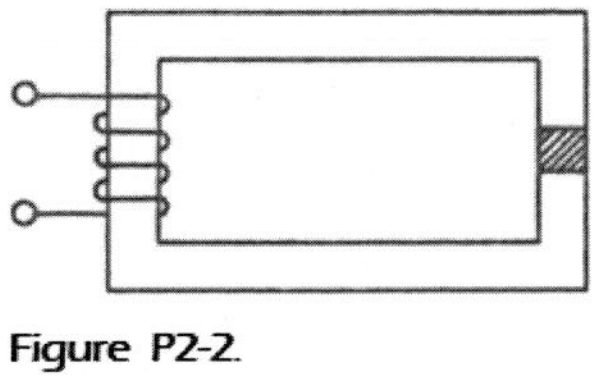

Figure P2-2.

2-5 문제 2-4의 변압기 코일을 참조하라.

(a) 150 [V]가 권수의 절반을 가로질러 인가될 때 운전 자속의 최대 값을 결정하라.

(b) 문제 (a)에서 자화 전류의 요구되는 변화는 얼마인가? 포화는 무시하라.

(c) 포화가 무시되지 않았다면 문제 (b)에서 자화 전류의 효과를 간단히 설명하라.

(d) 자속이 바뀌지 않고 남아있다면 문제 (a)에서 150 [V] 전원의 주파수는 얼마여야 하는가?

2-6 저압측에서 이루어진 25 [kVA], 2400/240 [V] 변압기의 개방 회로 시험에서, 전류, 전압, 그리고 전력의 보정된 지시치는, 각각, 1.6 [A], 240 [V], 그리고 114 [W]이다. 단락 회로 시험에서는 저압측이 단락 회로로 되었으며 고압측에서의 전류, 전압, 그리고 전력이, 각각, 10.4 [A], 55 [V], 그리고 360 [W]로 측정되었다.

(a) 철손을 찾아라.

(b) 전부하 동손(full-load copper loss)은 얼마인가?

(c) 0.8 역률 진상의 전부하에 대한 효율을 찾아라.

(d) 문제 (c)에 대한 백분율 전압변동률을 계산하라.

2-7 정격이 25 [kVA], 2400/240 [V] 인 변압기가 다음의 매개변수를 가진다: $R_{eH} = 3.33$ [Ω] 그리고 $Z_{eH} = 5.28$ [Ω]. 정격 전압에서 철손은 114 [W]이다.

(a) 변압기가 0.8 *pf* 지상에서 정격 kVA를 내어놓을 때 효율을 찾아라.

(b) 문제 (a)에서 고압측 전압의 값은 얼마인가?

(c) 문제 (a)에서 백분율 전압변동률을 결정하라.

2-8 50 [kVA], 2300/230 [V], 60 [Hz] 변압기가 0.65 [Ω]의 고압측 권선 저항과 0.0065 [Ω]의 저압측 권선 저항을 가진다. 실험실 시험은 다음의 결과를 보였다:

Open-circuit test:	$V = 230$ [V],	$I = 5.7$ [A],	$P = 190$ [W]
Short-circuit test:	$V = 41.5$ [V],	$I = 21.7$ [A],	P = none used

(a) 변압기가 **체승**(**승압**, *step-up*)으로 결선되었으며 0.8 지상의 역률에서 50 [kVA]를 내어놓을 때 정격 2차 전압을 주기 위해 필요로 하는 1차 전압의 값을 계산하라.

(b) 문제 (a)의 조건 하에서 효율을 계산하라.

2-9 100 [kVA]의 변압기가 정격 전압에서 1250 [W]의 철손을 가지는 것으로 측정되었다. 단락 회로 시험이 정격 전류의 125 [%]에서 수행되었으며 입력 전력이 2875 [W]로 측정되었다. 0.9 지상의 *pf*에서 정격 kVA를 내어놓을 때 이 변압기의 효율을 계산하라.

2-10 다음의 시험 자료가 15 [kVA], 2200/440 [V], 60 [Hz] 변압기에서 취해졌다:

Short-circuit test:	$P = 620$ [W],	$I = 40$ [A],	$V = 25$ [V]
Open-circuit test:	$P = 320$ [W],	$I = 1$ [A],	$V = 440$ [V]

(a) 0.8 *pf* 지상에서 전부하를 공급할 때 이 변압기의 전압변동률을 계산하라. 자화 전

류는 무시하라.

(b) 문제 (a)의 부하 조건에서 효율을 찾아라.

2-11 다음의 시험 자료가 110 [kVA], 4400/440 [V], 60 [Hz] 변압기에서 취해졌다:

Short-circuit test: $P = 2000$ [W], $I = 200$ [A], $V = 18$ [V]
Open-circuit test: $P = 1200$ [W], $I = 0.2$ [A], $V = 4400$ [V]

0.8 *pf* 지상에서 정격 전류를 공급할 때 이 변압기의 전압변동률을 계산하라. 자화 전류는 무시하라.

2-12 50 [kVA], 2300/230 [V], 60 [Hz] 배전 변압기가 고압 권선에 공급된 2300 [V]와 개방 회로로 된 저압 권선으로 0.4의 역률에서 360 [W]가 취해졌다. 이 변압기가 고압측이 무부하로 저압측에 가해진 230 [V]를 가질 때 저압 권선에서의 전류는 얼마가 될 것인가? 포화는 무시하라.

2-13 25 [kVA], 2400/240 [V] 변압기가 개방 회로로 된 고압 권선으로 240 [V]가 저압측에 가해졌을 때 0.15의 *pf*에서 254 [W]를 그렸다. 개방 회로로 된 저압측으로 2400 [V]가 고압측에 인가되었을 때 선(line)으로부터 그려지는 전류를 찾아라.

2-14 10 [kVA], 2400/240 [V] 변압기가 고압측 개방으로 220 [V]가 저압측에 인가되었을 때 0.2의 *pf*에서 165 [W]를 그렸다. 저압측 개방으로 2400 [V]가 고압측에 인가되었을 때 고압측에 의해 그려지는 전류를 찾아라.

2-15 200/100 [V], 60 [Hz] 변압기가 200 [V] 권선에서 $0.3 + j0.8$ [Ω]의 임피던스를 가지며 100 [V] 권선에서는 $0.1 + j0.25$ [Ω]의 임피던스를 가진다. 고압측에 인가된 200 [V]로 단락 회로가 저압측에서 생겼을 때 고압과 저압측에서의 전류는 얼마인가?

2-16 60 [Hz], 3-권선 변압기가 총(total) 300 [turn]을 가지는 고압측에서 2300 [V]가 정격이다. 각각이 200 [kVA]를 다루도록 설계된 두개의 2차 권선 중에서, 하나는 575 [V]가 정격이며 다른 것은 230 [V]이다. 230 [V] 권선에서의 정격 전류는 단위 역률이며 575 [V] 권선에서의 정격 전류는 0.5 *pf* 지상일 때 1차 전류를 결정하라. 모든 누설 리액턴스 강하와 자화 전류는 무시하라.

2-17 변압기가 3개의 권선으로 설비되어 있다. 고압측(1차)은 2300 [V]가 정격이며 총(total) 3000 [turn]을 가지는 고압측에서 2300 [V]가 정격이다. 각각의 저압측 2차 권선은 200의 kVA 정격과 460 [V]와 230 [V]의 전압 정격을 가진다. 단위 *pf*에서 정격 전류가 460 [V] 권선을 통하여 흐르며 동시에 정격 전류가 230 [V] 권선을 통하여 흐르도록 만들어질 때 1차 전류는 $122.98\angle 45°$ [A]가 되는 것으로 찾아진다. 230 [V] 권선을 가로질러 나타나는 부하의 형태를 설명하라. 모든 누설 임피던스와 자화 전류는 무시하라.

2-18 "이상" 변압기가 점 b에 탭이 있는 2차 권선을 가진다. 1차 권수는 100이며 a와 b 사이의 권수는 300, 그리고 b와 c 사이는 200이다. 변압기는 a와 c 사이에 연결된 저항성

부하를 공급하며 7.5 [kW]를 그린다. 더욱이, $10\angle 45°$ [Ω]의 부하 임피던스가 a와 b 사이에 연결되어 있다. 1차 전압은 1000 [V]이다. 1차 전류를 찾아라.

2-19 정격 조건에서 운전하는 변압기의 적절한 페이서도를 그려라. $N_1/N_2 = 2$와

$$I_1 r_1 = 0.1E_1 \text{ [V]}, \quad I_2 r_2 = 0.1V_R \text{ [V]}, \quad I_m = 0.3I_R' \text{ [A]}$$
$$I_1 x_1 = 0.2E_1 \text{ [V]}, \quad I_2 x_2 = 0.2V_R \text{ [V]}, \quad I_c = 0.1I_R' \text{ [A]}$$

를 가정하라. 부하 역률은 0.6 진상인 것으로 고려하라. $\overline{V}_R$을 기준 페이서로 사용하고 눈금으로 그려진 모든 전류와 전압을 보여라.

2-20 10 [kVA], 500/100 [V] 변압기가 $R_{eH} = 0.3$ [Ω]과 $X_{eH} = 5.2$ [Ω]을 가지며, 지상 역률을 가지는 부하에 전력을 공급하기 위해 사용된다. 이 부하에 전력을 공급할 때 고압측 회로에 위치된 전류계, 전력계, 그리고 전압계의 지시치는 다음과 같다:

$$I_1 = 20 \text{ [A]}, \quad V_1 = 500 \text{ [V]}, \quad \text{WM} = 8 \text{ [kW]}$$

이 조건에 대하여 전압계가 2차 부하 단자를 가로질러 연결된다면 어떤 값을 지시할 것인지 계산하라. 자화 전류는 무시할 수 있을 정도로 작다고 가정하라.

2-21 10 [kVA], 460/115 [V] 변압기가 0.4 [Ω]의 고압측 권선 저항과 0.02 [Ω]의 저압측 권선 저항을 가진다. 고압측에서의 등가 누설 리액턴스는 3.2 [Ω]이다. 이 변압기가 수동 부하(passive load)에 전력을 공급하기 위해 사용될 때, 460 [V]에서 21.7 [A]의 지상 전류와 8 [kW]를 그린다. 부하 임피던스의 저항과 무효 성분을 결정하라. 자화 전류는 무시하라.

2-22 다음의 시험 자료가 30 [kVA], 2400/240 [V], 60 [Hz] 변압기에서 취해졌다:

Short-circuit test: $V = 70$ [V], $I = 18.8$ [A], $P = 1050$ [W]
Open-circuit test: $V = 240$ [V], $I = 3.0$ [A], $P = 230$ [W]

(a) 240 [V]에서 12.5 [A]가 0.8 pf 지상의 부하에 공급하는 저압측으로부터 취해졌을 때 1차 전압을 결정하라.
(b) 문제 (a)에서의 효율을 계산하라.

2-23 30 [kVA], 240/120 [V], 60 [Hz] 변압기가 다음의 자료를 가진다:

$$r_1 = 0.14 \text{ [Ω]}, \quad r_2 = 0.035 \text{ [Ω]}$$
$$x_1 = 0.22 \text{ [Ω]}, \quad x_2 = 0.055 \text{ [Ω]}$$

변압기가 전부하 전류를 운반할 때 1차 단자 전압과 크기가 같은 1차 유도 기전력을 갖기를 원한다. 이 결과를 이루기 위해서는 변압기의 부하는 어떠해야 하는가?

2-24 48 [kVA], 2400/240 [V], 60 [Hz] 변압기의 두개의 권선이, 각각, 고압과 저압 권선에 대하여 0.6 [Ω]과 0.025 [Ω]의 저항을 가진다. 이 변압기는 정격 전류가 단락 회로로 된 저

압 권선 내에서 순환되도록 하기 위해서는 고압 코일에 238 [V]가 가해지는 것을 요구한다.

(a) 고압측으로 환산된 등가 누설 리액턴스를 계산하라.

(b) 단락 회로 내에 정격 전류가 순환하기 위해서 필요로 하는 전력은 얼마인가?

(c) 역률이 0.8 지상일 때 전부하에서의 효율을 계산하라. 철손은 동손과 같다고 가정하라.

2-25 0.5 탭이 설비된 변압기가 100 [turn]을 가지며, 정격이 200 [V]이다. 이 전압이 전체 권선에 인가되었을 때, 자화 전류는 1 [A]이다. 이제 50 [V]가 권수의 절반에 인가되었다면, 자화 전류는 얼마가 될 것인가? 포화는 없다고 가정하라.

2-26 단락 회로 시험이 50 [kVA], 460/115 [V]의 정격을 가진 변압기에서 수행되었다. 고압측과 저압측 저항은, 각각, 0.06 [Ω]과 0.004 [Ω]으로 알려져 있다. 더욱이, 단락 회로 조건에서의 역률은 0.3이다. 단락 회로인 저압측 코일을 통하여 정격 전류가 강제되도록 하기 위해 요구되는 입력 전압을 계산하라.

2-27 철심에 위치된 코일이 그것에 인가되는 일정한 60 [Hz] 전압을 가진다. 총(total) 인덕턴스는 10 [H]로 찾아진다. 두번째 동일한 철심이 첫번째 철심과 평행으로 위치되며, 거드는(더해지는, aiding) 자속을 생성하도록 감긴다. 병렬 조합의 총 인덕턴스는 얼마인가? 각 권선의 권선 저항과 누설 자속은 무시히라.

2-28 두번째 동일한 코일이 첫번째 코일과 직렬로 위치된 경우에 대하여 문제 2-27을 반복하라. 거드는 자속이 생성되는 것으로 가정하라.

2-29 정현 강제 함수 그리고 포화가 없는 경우 식 (2-68)이 (2-67)로부터 적어지는 것을 허용하는 과정을 보여라.

2-30 2권선 변압기가 1000 [turn]이 설비된 고압 코일과 100 [turn]이 설비된 저압 코일을 가진다. 고압 1차의 자기 인덕턴스는 20 [H]로 알려져 있다. 더욱이, 1차 권선은 1 [H]의 누설 인덕턴스를 가진다. 2차 누설 인덕턴스는 0.01 [H]이다.

(a) [H]로 상호 인덕턴스를 찾아라.

(b) 2차 권선의 자기 인덕턴스의 값을 [H]로 결정하라.

2-31 10 [kVA], 2000/1000 [V]의 정격을 가진 보통 변압기를 이용할 수 있다.

(a) 이 변압기를 2000 [V]의 2차 전압을 가지는 체강 단권변압기로 사용하기 위해서는 어떻게 배치하는지를 보여라.

(b) 0.8 *pf* 지상 부하의 경우, 변압기 코일의 과부하없이 내어놓을 수 있는 최대 전류는 얼마인가?

(c) 문제 (b)의 부하 조건에서, 보통 변압기의 정격의 백분율로써 단권변압기의 전도 kVA를 표현하라.

(d) 같은 작업을 하는 경우, 단권변압기가 같은 kVA와 전압 정격의 보통 변압기를 넘

어서 가지는 이점을 열거하라.

2-32 10 [kVA], 2300/230 [V] 변압기가 정격 전압과 정격 전류에서 190 [W]의 철손과 196 [W]의 동손을 가진다. 2차 권선은, 각 부분이 230 [V] 운전을 위하여 직렬로 연결된, 두개의 동일한 부분으로 만들어졌다. 이 보통 변압기를 2300 [V]공급 선로를 2415 [V]로 올리고 코일의 과열없이 최대 전력을 내어놓기 위하여 단권변압기로 다시 결선하려고 한다. 변압기의 **모든**(*all*) 권선을 사용하여, 정격 전류에 대하여 다음을 결정하라:

(a) 부하로 내어놓는 kVA,

(b) 전도 kVA,

(c) 0.8 지상의 부하 역률에 대한 효율,

(d) 같은 작업을 하는 보통 변압기의 정격(전압과 kVA). 단권변압기를 사용하는 이점은 무엇인가?

2-33 다음의 시험 자료가 22 [kVA], 440/330 [V]의 정격을 가지는 단권변압기에 대한 단락 회로 시험에서 찾아졌다. 단락 회로로 된 저압측으로 전압이 고압측에 인가되어, 지시치는:

$$P = 320\ [\mathrm{W}], \quad V = 20\ [\mathrm{V}], \quad I = 50\ [\mathrm{A}]$$

(a) 전부하 출력과 단위 역률에서 이 단권변압기의 전압변동률을 찾아라.

(b) 권선의 공통이 아닌 부분이 0.064 [Ω]의 저항을 가진다면, 공통 부분의 저항을 [Ω]으로 결정하라.

(c) 단위 역률에서 전부하 출력에 대한 변환 및 전도 전력을 찾아라.

(d) 같은 작업을 하기 위해 사용될 수 있는 보통 변압기의 정격(kVA와 전압)은 얼마여야 하는가?

2-34 고압 단자로 보는 단권변압기의 등가 저항에 대한 표현식이 식 (2-107)로 주어진다. 단락 회로로 된 고압측으로, 저압 단자로 보는 단권변압기의 등가 저항에 대한 표현식을 유도하라.

2-35 문제 2-15의 변압기가 체승 단권변압기(200/300)로 사용될 때, 저압측에 인가된 200 [V]로 단락 회로가 300 [V] 측에서 일어났다면, 고압과 저압측에서의 선전류는 얼마인가?

2-36 단권변압기가 $N_{ac} = 100$ [turn]과 $N_{bc} = 60$ [turn]을 가진다. 여기서 N_{ac}는 전체 권선을 나타낸다. 단락 회로 시험이 단락 회로로 한 권선 *ab*와 권선 *bc*에 인가된 줄여진 전압으로 수행된다. 권선 *bc*로 본 등가 임피던스는 $1.5 + j4.5$ [Ω]으로 찾아진다.

(a) 권선 *bc*가 단락 회로로 된 조건에 대하여 권선 *ac*로 본 등가 임피던스를 결정하라.

(b) *ac*가 단락 회로로 되고 전압이 *bc*에 인가되었을 때 *bc*로 본 등가 저항을 찾아라.

2-37 정격이 40 [kVA]인 단상 단권변압기가 250 [V]의 공급기로부터 200 [V]의 단자 전압에서 $4\angle 36.9°$ [Ω]의 부하 임피던스를 공급한다. 모든 전력 손실과 누설 리액턴스는 무시할 수 있다. 0.075 [pu]의 자화 전류를 고려하여, 변압기 권선의 공통과 비공통 부분에

서의 전류의 크기를 계산하라.

2-38 25 [kVA], 2400/240 [V] 단상 변압기가 2400으로부터 2640 [V]로의 승압기(booster)로서 작용하도록 연결된다. 변압기 코일의 과부하없이 공급하는 것이 가능한 최대 kVA 부하로, 다음을 결정하라:

(a) 받고 내어놓는 kVA,

(b) 변환 kVA,

(c) 전도 kVA.

모든 손실, 자화 전류, 그리고 누설 임피던스는 무시하라.

2-39 2차 코일이 거꾸로 되어 출력(부하) 전압이 2160 [V]인 경우에 대하여 문제 2-38을 반복하라.

2-40 정격이 40 [kVA]인 변압기가 정격 전류의 50 [%]에서 운전할 때 250 [W]의 총(total) 동손을 가진다. 등가 저항의 단위 값을 결정하라.

2-41 그림 P2-41의 배치를 참조하라.

(a) 단자 *a*로 들어가는 전류가 정(양) 방향으로 증가한다고 가정하라. 각 단자의 순시 극성 표시(instantaneous polarity marking)를 확인하라.

(b) 코일이 표시된 권수를 가진다. 20 [A]를 그리는 저항성 부하가 단자 *c*와 *d*를 가로질러 위치된다. 40 [A]를 그리는 순 용량성 부하(purely capacitive load)가 *ef*를 가로질러 위치된다. 전원 전류를 찾아라. 모든 누설 임피던스와 자화 전류는 무시하라.

(c) 권선 *ef*를 무시하라. 권선 *ab*가 400 [V]의 전압 정격과 50 [A]의 전류 정격을 가진다고 가정하라. 이 변압기에 대한 단락 회로 시험은 다음의 자료를 산출한다:

WM = 800 [W], VM = 50 [V], AM = 20 [A]

단위 *pf*에서 전압변동률을 찾아라.

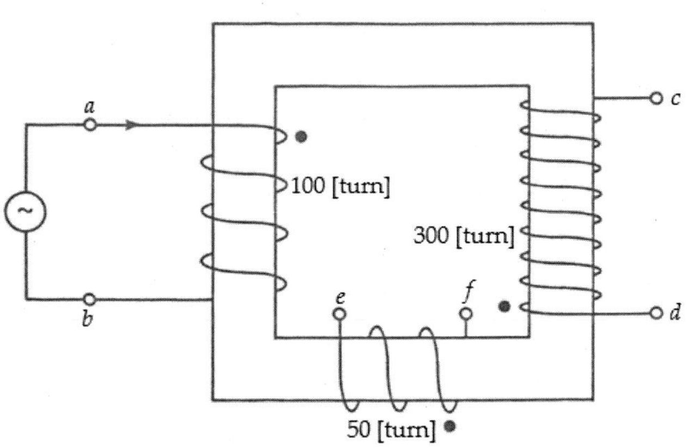

Figure P2-41.

2-42 100 [kVA], 440/110 [V] 단상 변압기의 고압측과 저압측 권선 저항이, 각각, 0.04 [Ω]과 0.0025 [Ω]이다.

(a) 고압과 저압 권선 저항의 단위 값을 찾아라.

(b) 정격 전압에서 철손이 1200 [W]라면, 변압기가 단위 역률에서 정격 kVA의 절반을 내어놓을 때 변압기 효율을 찾아라.

2-43 정격이 2500 [kVA], 10000/2000 [V], 60 [Hz]인 변압기가 정격 부하의 80 [%]에서 최대 효율로 설계된다. 이 변압기의 단위 등가 임피던스는 $0.02 + j0.06$ [pu]이다. 저항성 부하와 최대 효율에서의 운전에 대하여, 손실과 80 [%] 부하로부터 (정격 전압에서) 무부하로 바뀔 때의 전압의 변동을 찾아라.

2-44 정격 1100 [kVA]인 변압기가 정격 값의 75 [%]와 같은 전류에서 집행되는 단락 회로 시험을 가지며, 7030 [W]와 같은 전력의 양을 취한다. 개방 회로 시험 역시 집행되며 정격 전압에서 입력 전력이 9850 [W]인 것으로 측정된다.

(a) 등가 저항의 단위 값을 찾아라.

(b) 콘덕턴스의 단위 값을 찾아라.

2-45 문제 2-31의 보통 변압기의 등가 저항의 단위 값이 0.02 [pu]라면, 고압측으로 환산된 단권변압기의 등가 저항의 값을 [Ω]으로 찾아라.

2-46 단상 변압기를 사용하는 Y-Δ 3상 변압기 결선의 1차 자화 전류의 지배적인 파형을 설명하라.

2-47 3상 변압기 뱅크가 1차는 Δ로 그리고 2차는 Y로 결선되었다. 1차측에서의 선전압은 120 [V]이며 2차측에서는 240 [V]이다. 각 단상 변압기의 2차 권수에 대한 1차 권수의 비(ratio)를 찾아라.

2-48 2400/120 [V]의 정격인 3대의 단상 변압기가 배전선로 전압을 4160 [V]로부터 더 낮은 값으로 강압하기 위해 사용된다.

(a) Y-Δ 배치의 사용을 가정하여, 2차 Δ-측 전압의 값을 찾아라.

(b) 자속의 최대 값이 자화 곡선의 무릎부를 넘는 동작으로 나아간다면, 3차 고조파 전압이 Y-측의 선과 중성 단자 사이에 존재하는가? 설명하라.

2-49 그림 P2-49에 보여진 배치를 참조하라. 단상 변압기는 정격이 2400/120 [V]이다. 2차 Δ-

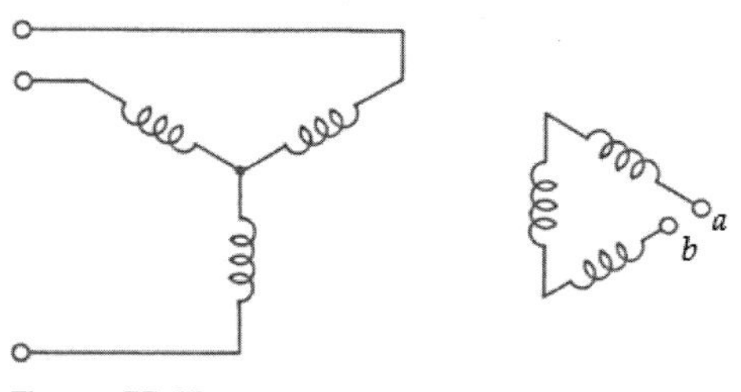

Figure P2-49.

결선에 대한 3개의 코일은 기본파 유도 전압 성분에 관하여 적당하게 접속된 것으로 고려하라. 더하여 3차 고조파 유도 전압의 크기는 기본파의 3분의 1이라고 가정하라.

(a) 4160 [V rms]의 정현 전압이 Y의 선 단자에 인가되었을 때 간격 전압을 찾아라.

(b) Y-결선에서의 선-중성 전압을 찾아라.

(c) 간격이 닫혔을 때, 이 변압기의 운전에 있어서 문제 (a)에서 찾아진 전압이 하는 역할을 설명하라. 구체적으로 설명하라.

2-50 변압기의 Y-Y 결선이 69/6.9 [kV]의 정격을 가지는 단상 변압기로 이루어진다. 120 [kV]의 정현 송전선로 전압이 고압측에 인가된다. 3차 고조파 전압은, 그것이 존재할 때, 기본파 전압의 값의 3분의 1인 것으로 알려져 있다. 고압측에도 저압측에도 중성 접지가 제공되지 않는다.

(a) 각 측에서의 선-중성 전압의 실효치를 결정하라.

(b) 어떤 추천이 선-중성 전압으로부터 3차 고조파 전압을 제거하도록 만들 수 있는가?

3 FUNDAMENTALS OF ELECTRO-MECHANICAL ENERGY CONVERSION

전기-기계 에너지 변환은 결합 자계의 매질을 통한 전기 계통과 기계 계통 사이의 에너지의 상호 교환을 포함한다. 과정은 열 에너지로써 없어지는 적은 양을 제외하고는 본질적으로 가역적이다. 변환이 전기적인 형태로부터 기계적인 형태로 취해질 때 장치는 **전동기**(*motor*)라 불린다. 기계 에너지가 전기 에너지로 변환될 때 장치는 **발전기**(*generator*)라 불린다. 더욱이, 전기 계통이 교류 전류로 특징지어질 때 장치는, 각각, **교류**(*ac*) 전동기와 **교류**(*ac*) 발전기의 이름으로 불린다. 비슷하게, 전기 계통이 직류 전류로 특징지어질 때 전기-기계 변환 장치는 **직류**(*dc*) 전동기와 **직류**(*dc*) 발전기로 불린다.

같은 기본 원리가 교류기와 직류기 모두의 운전에 기초가 되며, 그들은 같은 기본 법칙에 의해 지배된다. 따라서, 전기-기계 에너지 변환 장치의 발생 토크의 계산에 있어서, 기계가 교류이든 직류이든 하나의 기본 토크 공식(암페어의 법칙으로부터 바로 유도되는)을 적용한다. 토크 방정식의 마지막 형태는, 단지 기계 구조의 세목이 다르기 때문에, 두가지 형태의 기계에 대해 다르게 나타난다. 달리 말해, 전자기적 토크의 발생에 대한 같은 기본 원리로 출발하여, 토크 방정식의 최종 형태는 기계적인 세목이 다른 만큼 다르다. 이 설명은 기계가 교류이든 직류이든 기계의 전기자 권선 내에서의 유기 기전력에도 동등하게 적용된다. 다시 한번 단순한 기본 관계식(패러데이의 법칙)이 유도되는 전압을 지배한다. 전압 방정식의 최종 형태는 단지 기계의 구조에 있어서의 차이의 반영으로 다를 뿐이다. 이 장에서 표명하는 주제의 논의의 주된 목적이 독자에게 교류기가 직류기와 기본적으로 다르지 않다는 사실을 기억시키는 것이기 때문에, 이것을 출발에서 이해하는 것이 중요하다. 그들은 단지 구조의 세목에서 다를 뿐이다; 기초가 되는 원리는 같다.

이 장은 이 주제에 대한 더욱 더 큰 강조를 주기 위해 배치되었다. 주의는 먼저 고전적인 기본 법칙으로 출발하는 전자기적 토크의 생성뿐만 아니라 전압의 발전의 기본 해석에 주어진다. 그 다음 어떻게 하여 토크와 전압의 생성을 위한 조건이 달성되는 지를 나타내고 또한 왜 차이가 필요한지를 지적하기 위한 목적으로 다양한 형태의 전기기계의 구조적인 특징이 조사된다. 일단 이 배경이 수립된 후, 발생 토크와 유도 전압에 대한 기본 방정식이, 포함된 기계의 구조적인 특징과 부합하는 표현식으로 되도록, 수정된다. 이 방식에서, 방정식은 해석과 설계의 목적에 대해 더 유용한 형태로 된다. 다음에 주의는 따라오는 장들에서 산업을 통하여 그리고 가정, 상점 및 사무실 등의 도처에서 헤아릴 수 없는 과업을 수행하는 것이 찾아지는 주된 형태의 전기-기계 에너지 변환 장치의 해석으로 향한다.

3-1 ELECTROMAGNETIC TORQUE

전기-기계 에너지 변환은 전기와 기계 계통 사이의 에너지의 상호 교환을 포함하기 때문에, 기계 계통에 포함되는 기본적인 양은 토크와 속도인 한편, 전기 계통에서의 상사적인 양은, 각각, 전류와 전압이다. 그림 3-1은 상황을 도식적으로 나타낸다. **전동기 동작**(*motor action*)은 전기 계통이 자계 내에 위치된 도체를 통하여 흐르는 전류 i를 일으킬 때 생긴다. 그러면 식 (1-2)에 의해 힘이 각 도체에 생성되고, 도체가 자유롭게 회전하는 구조 위에 위치된다면, 다음에는 그 자체에서 각속도(angular velocity) ω_m으로 나타나는 전자기 토크 T로 귀결한다. 더욱이, 이 전동기 동작의 발생으로 회전하는 도체는 자계를 절단하고 그것에 의해, 변압기의 1차 권선에서의 유도 기전력과 상사로, 사실은 반작용 전압인 기전력 e를 겪는다. 결합 자계는 전자기 토크 T 뿐만 아니라 반작용 유도 기전력 e의 확립에 포함됨에 유의하라. **발전기 동작**(*generator action*)의 경우에는, 역과정(reverse process)이 일어난다. 여기에서 회전부(rotating member)—**회전자**(*rotor*)—는 원동기(증기 터빈, 휘발유 기관, 기타 등등)에 의해 구동되며, 전기자 권선 단자를 가로질러 나타나는 유도 전압 e를 일으킨다. 이 단자에 전기 부하가 적용됨에 따라, 부하에 전력을 내어놓는, 전류 i가 흐르도록 만들어진다. 물론 전기자 도체를 통하는 이 전류의 흐름은 원동기로부터 기원하는 인가 토크에 반대되는 반작용 토크를 생성하도록 자계와 상호 작용한다.

이 전동기와 발전기 동작 그리고 결합 자계와의 관계의 특성에 대한 더 나아간 강조는, 이제 수학적인 설명이 떠맡는다. 정지부(stationary member)—**고정자**(*stator*)—와 회전부인 회전자로 이루어진 전기-기계 에너지 변환 장치를 고려한다. 그림 3-2 (a)를 참조하라.

고정자는, 점-십자 표기(dot-cross notation)로 보여진 방향으로 흐르는 일정 전류

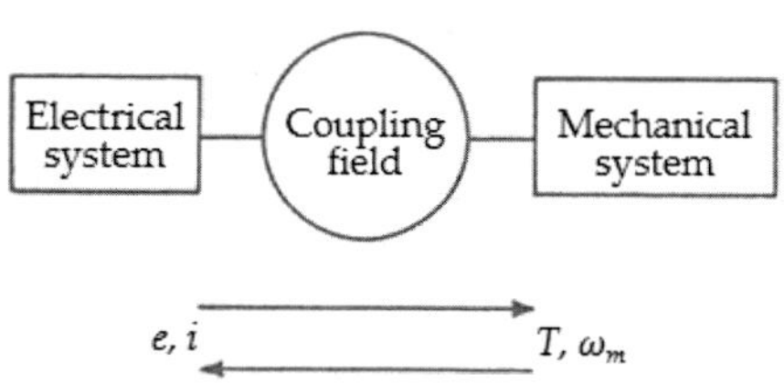

Figure 3-1 Block representation of electromechanical energy conversion.

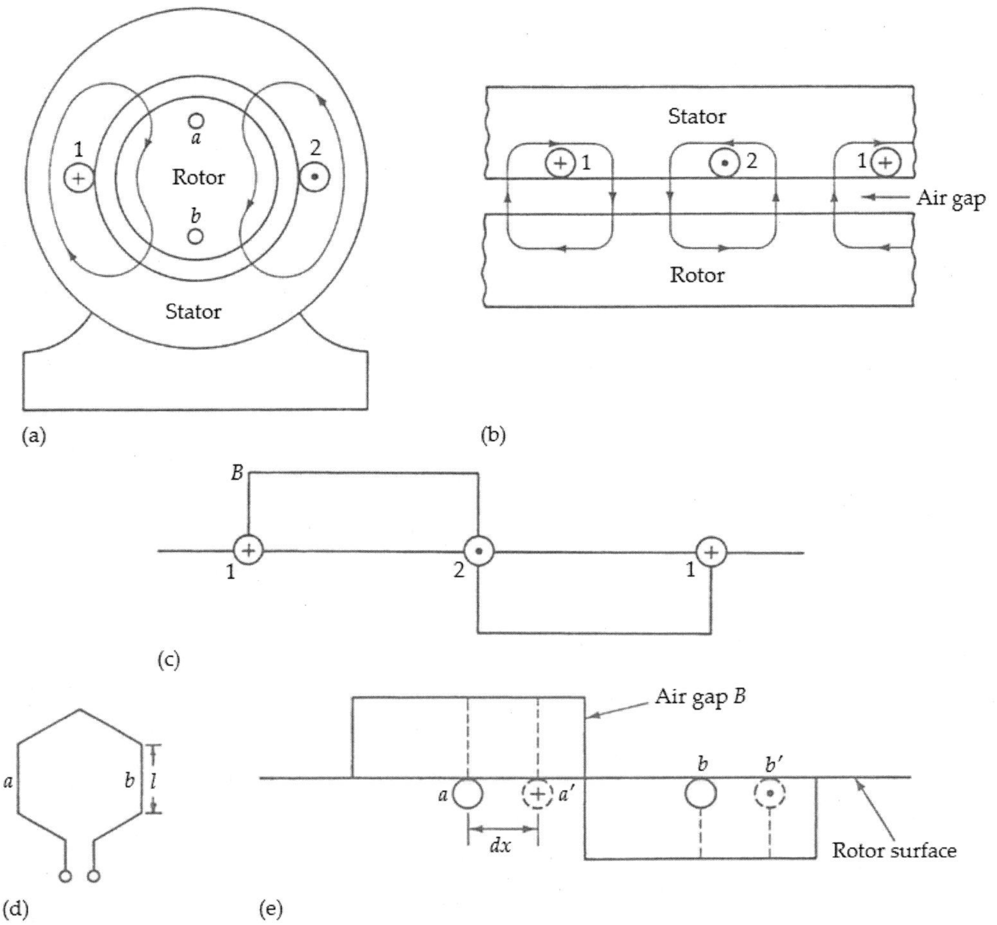

Figure 3-2 Illustrating some construction features of an electromechanical energy conversion device: (a) stator and rotor; (b) a plan view; (c) a uniform air gap flux density produced by coil 1-2; (d) a full-pitch coil with axial length l; (e) changing flux linkage of coil a-b with displacement dx.

를 일으키도록 전압이 가해지는 코일 1-2로 설비되어 있다고 가정한다. 플레밍(John Ambrose Fleming, 1849-1945)의 오른손 법칙에 의해, 코일 암페어-턴(ampere-turns)에 의해 생성되는 자속선은 상반부(upper half)로부터 고정자를 떠나, 공극을 가로질러, 회전자 철을 관통한 후, 공극을 다시 한번 가로질러, 그림 3-2 (a)에 그려진 폐경로의 형태를 이룬다. 회전자와 고정자 면이 절단되고 평평한 방식으로 펼쳐진다면, 결과적인 배치는 그림 3-2 (b)에 보여진 바와 같이 나타날 것이다. 철의 자기저항이 무시된다면, 코일 기자력의 절반이 각 공극을 가로지르는데 사용된다. 따라서, 그림 3-2 (b)에서 코일변(coil side) 1-2 사이에 나타나는 자속밀도의 값은 코일 기자력의 절반을 공극 자기저항과 극당 단면적으로 나눈 값이다. 이 양이 고정되기 때문에, 자속밀도 역시 코일변 1에서 2까지 그리고 2에서 1까지 일정하다는 것이 따라온다. 이 상황이 고정자(코일변 1-2 사이의 윗부분에 있는)를 떠나는 자속이 N-극처럼 거동하는 한편, 고정자(코일변 2-1 사이의 아래 부분에 있는)로 들어가는 자속이 S-극처럼 거동한다는 것을 강조하는 방식으로 그림 3-2 (c)에 묘사되어 있다.

이제 확립된 균일하게 분포하는 자계로, 단지 2개(a와 b)가 그림 3-2 (a)에 보여진, 총 Z개의 도체로 설비된 것으로 가정된, 회전자로 관심이 옮겨진다. 더 나아가 그림 3-2 (d)에 그려진 방식으로 코일을 이루도록 도체 a가 도체 b에 연결되었다고 가정된다. 전기-기계 에너지 변환의 원리는 자계에 대한 코일의 상대적인 운동에 관련되기 때문에, 해석은 이제, 자속밀도만이 중요성 때문에 나타나 있으며 그것의 원천은 나타나 있지 않은, 그림 3-2 (e)에 보여진 배치로 계속한다. 초기에 회전자 코일 a-b와 쇄교하는 자속이 0임을 관찰하는 것이 도움이 된다. 그림 3-2 (e)에서는, 이 상황이 코일 a-b가 0의 합성에 대하여 정(양)(N-극) 공극 자속의 절반 더하기 부(음)(S-극) 공극 자속의 절반과 쇄교하는 것에 유의하여 나타내어져 있다. 패러데이의 법칙에 의해, 미소 거리 dx에 의한 새로운 위치 a'-b'로의 코일의 변위는

$$d\phi = 2B\,dA \qquad [\text{Wb}] \tag{3-1}$$

로 표현되는 코일의 쇄교 자속에서의 변화를 일으킨다. 인자 2는 2개의 코일변을 감안한 것이다; B는 도체 a와 b가 있는 점에서의 자속밀도의 값이며, dA는 B-자계가 통하여 투과하는 미소 면적이다. 잠깐 생각하면 이 면적은 회전자의 축방향 길이 l 곱하기 dx와 같게 된다는 것을 드러낸다. 따라서

$$dA = l\,dx \qquad [\text{m}^2] \tag{3-2}$$

이다. 하지만, 더 나아가 dx가 미소 시간 dt 동안 도체에 전달되는 선형 속도(linear velocity) v로부터 귀결한다고 가정된다면,

$$dx = v\,dt \qquad [\text{m}] \tag{3-3}$$

이 따라온다. 그러면 식 (3-2)와 (3-3)을 식 (3-1)에 대입하면

$$d\phi = 2Blv\,dA \qquad [\text{Wb}] \tag{3-4}$$

로 이끈다. 코일 a-b 내에 유도되는 대응하는 기전력은, 패러데이의 법칙에 의해,

$$e = \frac{d\phi}{dt} = 2Blv \qquad [\text{V}] \tag{3-5}$$

가 된다.

코일 a-b가 왼쪽으로부터 오른쪽으로 구동되는 것으로 가정되기 때문에, $\bar{v} \times \bar{B}$ 법칙은 유도 기전력의 방향이 코일변 a'에서는 지면으로 들어가는 방향이며 코일변 b'에서는 지면으로부터 나오는 방향임을 나타낸다. 자계는 변 a'에서는 아래로 향하며 변 b'에서는 위로 향하는 방향으로 고려된다. 더욱이, $\bar{I} \times \bar{B}$ 법칙의 적용은 오른쪽으로부터 왼쪽으로 향하는 코일 전류와 관련하여 발생 힘이 변 a'와 b'에 존재함을 드러낸다. 이것은 코일을 구동하는 토크와 반대 방향인 토크를 생성한다.

코일이 2개의 도체를 포함하기 때문에 식 (3-5)에 인자 2가 나타난다. 그러면, 회전자가, 모두 직렬로 연결된, 총(total) Z개의 도체로 설비되어 있다면, 총(total) 유도 전압은

$$e = ZBlv \qquad [\text{V}] \tag{3-6}$$

으로 표현될 수 있다는 것이 따라온다.

전류 i가 그림 3-2 (e)의 배치에서 도체 a와 b를 통하여 흐를 때, i의 방향과 B의 방향은 90° 이격된다. 따라서, 각 도체에 식 (1-2)로 주어지는 힘이 존재한다. 따라서

$$F_c = Bli \qquad [\text{N}] \tag{3-7}$$

이다. 여기서 F_c는 개별 도체에서 발생되는 힘이다. 하지만, 이제 회전자 표면에 Z개의 도체가 있기 때문에, 총 발생 힘은

$$F = ZBli \qquad [\text{N}] \tag{3-8}$$

이라는 것이 따라온다.† 더욱이, 이 힘이, 회전자의 반경인, 모멘트 팔(moment arm) r을 통하여 작용하도록 만들어진다면, 결과적인 발생 토크는

$$T = Fr = ZBlri \qquad [\text{N-m}] \tag{3-9}$$

와 같이 표현될 수 있다.

식 (3-6)과 (3-9)의 일견은 발생 전압과 발생 전자기적 토크 둘 다 결합 자계에 종속됨을 보인다. 유도 전압 e와 발생 토크 T가 작용인지 반작용인지를 결정하는 인자는 발생되는 동작이 발전기 동작인지 또는 전동기 동작인지에 종속된다.

자계 B의 매질을 통하여 결합되는, 두개의 기계적인 양 T와 ω_m 그리고 두개의 전기적인 양 e와 i는 에너지 보존 법칙(law of conservation of energy)에 의해 더욱

†이 식은 직렬 연결된 코일이 한 **극간격**(one *pole pitch*)의 폭(간격, 스팬, span)을 가지는 형태가 되도록 도체가 짝을 이루는 것을 조건으로 정당하다. 한 극간격은 180 [elec. deg]와 같다.

더 관련된다. 이것은 식 (3-6)을 (3-9)로 나눔으로써 바로 입증된다. 따라서

$$\frac{e}{T}=\frac{ZBlv}{ZBlri}=\frac{\omega_m}{i} \qquad [\text{V/N-m}] \text{ or } [\text{rad/s/A}] \tag{3-10}$$

이다. 여기서

$$\omega_m=\frac{v}{r}\ [\text{rad/s}] = \text{mechanical angular velocity of the rotor} \tag{3-11}$$

이다. 식 (3-10)을 재배열하면 발생되는 전력(electric power)은 발생되는 기계 동력(mechanical power)과 같다는 것을 기술하는

$$ei=T\omega_m \qquad [\text{W}] \tag{3-12}$$

로 이끈다. 이 설명은 발전기는 물론 전동기 동작에 대해서도 정당하다.

마지막으로, 앞의 논의를 기초로 하여, 통상적인 전기-기계 에너지 변환 장치는 명백하게 두개의 성분을 포함해야 할 것이다. 하나는 결합 자계 B를 생성하는 기계의 부분으로 정의되는 **계자 권선**(*field winding*)이다. 다른 것은 "작동(working)" 기전력 e와 전류 i가 존재하는 기계의 부분으로 정의되는 **전기자 권선**(*armature winding*)이다.

EXAMPLE 3-1 2극 전기기계가 높이 0.4 [T]의 직사각형 자속밀도파를 가진다. 그것은 또한 l = 0.2 [m]의 축방향 길이와 r = 0.1 [m]의 반경인 회전자를 가진다. 회전자는 전절(full-pitch) 20 [turn]의 단일 코일로 설비되어 있다. 5 [A]의 전류가 코일에 공급된다.

(a) [Wb]로 코일과 쇄교하게 만들어질 수 있는 최대 자속을 찾아라.

(b) 코일이 5 [A]를 운반할 때, [N-m]로 발생 토크를 찾아라.

(c) 문제 (b)에서 생성된 토크가 900 [rpm]의 속도로 귀결한다고 가정하여, 코일 유도 기전력을 결정하라.

(d) 그 대신의 과정에 의해 문제 (c)에서의 결과를 얻어라.

(e) 발생되는 기계 동력은 [W]로 얼마인가?

SOLUTION (a) 코일이 그림 3-2 (c)에 그려진 자속밀도파에 관련된 위치에 있을 때 최대 자속이 생긴다. 면적은 회전자 표면의 2분의 1과 관련된다. 따라서

$$\phi = BA = B\pi rl = 0.4\pi \times 0.1 \times 0.2 = 0.025133\ [\text{Wb}]$$

(b) 식 (3-9)에 의해

$$T = ZBlri = 2NBlri = 40 \times 0.4 \times 0.2 \times 0.1 \times 5 = 1.6\ [\text{N-m}]$$

(c) 에너지 보존의 원리로부터

$$ei = T\omega_m \text{ [W]}$$

여기서

$$\omega_m = \frac{2\pi n}{60} = 0.10472 \times 900 = 94.25 \text{ [rad/s]}$$

$$\therefore e = \frac{T\omega_m}{i} = \frac{1.6 \times 94.25}{5} = 30.16 \text{ [V]}$$

(d) 식 (3-6)을 불러내면 다음을 얻는다:

$$e = ZBlv = 2NBlv = 40 \times 0.08 \times 0.1 \times \omega_m r = 0.32 \times 94.25 \times 0.1 = 30.16 \text{ [V]}$$

(e) 두가지 다른 표현식이 결과를 제공한다:

$$T\omega_m = 1.6 \times 94.25 = 150.8 \text{ [W]}$$

또는

$$ei = 5 \times 30.16 = 150.8 \text{ [W]}$$

Important Note. 전자기 토크의 발생에 관한 앞의 개념은 실제 교류기와 직류기에서 찾아지는 실제의 자계와 암페어-도체(ampere-conductors) 분포에 일반적인 방식으로 적용될 수 있다. 이 시도는 이 책의 끝 부분에 있는 Supplement of Chapter 3에서 나타난다. 기본적인 결과가 그 다음 3-4절에서 이러한 실제 교류기와 직류기에 대한 토크 공식의 더욱 쉬운 유용한 형태를 유도하는데 있어서의 출발점으로 인용된다.

3-2 INDUCED VOLTAGES

전기-기계 에너지 변환 과정은 에너지 보존의 법칙과 결합 자계를 통하여 관련되는 두가지 기본량의 상호 작용을 포함한다. 그것들은, 물론, 전자기 토크와 유도 전압이다. 전자기 토크가 발생되는 방식은 앞 절에서 설명되었다. 여기에서 쇄교 자속의 변화에 의해 야기되는 전기자 권선에서의 전압의 발전을 고려한다. 이 전압의 극성은 자속에 관한 권선의 상대적인 운동의 방향에 종속되며 기계가 전동기인지 발전기인지 와는, 즉, 에너지 흐름의 방향과는 무관하다.

그림 3-3에 보여진 배치를 고려한다. 자속밀도 곡선은 기계의 공극을 따라 정현적으로 분포되는 것으로 가정되며, 전기자 권선은 N [turn]을 가지는 전절 코일(full-pitch coil)로 가정된다. 전절 코일은 π [elec. rad] (electrical radians)의 스팬을 갖는 코일이다. 암페어의 법칙이 토크 관계식의 전개에서의 출발점으로서 도움이 되었던

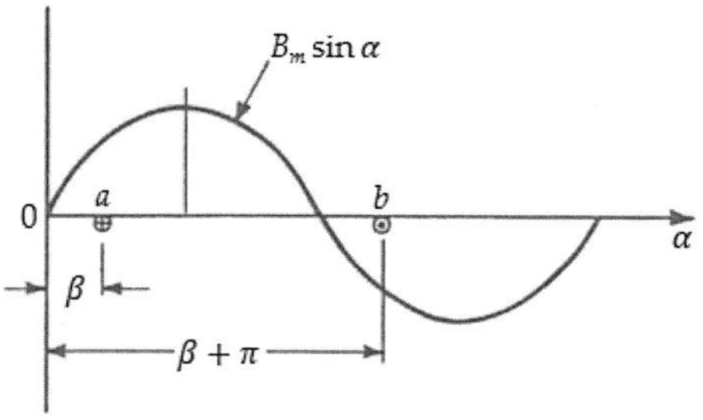

Figure 3-3 Configuration for derivation of the induced-emf equation.

것과 같이, 패러데이의 법칙이 유도 전압 관계식을 확립하는데 있어서의 출발점으로 도움이 된다. 식 (3-5)는, 자속밀도 곡선이 극간격에 걸쳐 일정할 때 적용되기 때문에, 찾고 있는 결과가 아니다. 뒤에서 더 완전히 설명되는 바와 같이, 일반적으로 자속밀도를 정현 분포로 다루는 것이 더 유용하다. 에너지 변환 과정이 계자와 전기자 권선 사이의 상대적인 운동을 포함하기 때문에, 코일과 쇄교하는 자속은 정(양)의 최대로부터 0으로, 부(음)의 최대로, 그리고 다시 0으로 되돌아가며 변화한다. 이 주기는 코일이 자속밀도 자극의 쌍을 통하여 지나가는 매 시간마다 반복된다. 그림 3-3으로부터 최대 자속은, 코일이 $\beta = 0°$ 또는 $\beta = 180°$ 또는 그것의 배수에 대응하는 위치에 있을 때, 코일을 관통한다. 최소 쇄교 자속은 $\beta = 90°$ 또는 $\beta = 270°$ 또는 그것의 배수에 대응하는 위치에 있을 때 생긴다. 코일과 쇄교하는 최대 자속은 명확하게, 정현 분포의 경우 Supplement of Chapter 3의 식 (3-64)로 주어지는, 극당 자속(flux per pole)과 같아야 할 것이다. 더욱이, 코일이 자계에 대하여 움직임에 따라, 코일과 쇄교하는 순시 자속은

$$\phi = \Phi \cos \beta = \frac{4}{p} B_m l r \cos \beta \qquad \text{[Wb]} \tag{3-13}$$

과 같이 표현될 수 있다. $\cos \beta$ 인자는 정현 분포 때문에 포함되었다. 더구나, β는 [elec. rad/s]로 표현된 ω로

$$\beta = \omega t \qquad \text{[elec. rad]} \tag{3-14}$$

에 따라 시간에 따라 증가하기 때문에, 순시 쇄교 자속에 대한 표현식은

$$\phi = \frac{4}{p} B_m l r \cos \omega t = \Phi \cos \omega t \qquad \text{[Wb]} \tag{3-15}$$

로 된다.

그 다음 패러데이의 법칙에 의해 순시 유도 전압에 대한 표현식은

$$e = -N\frac{d\phi}{dt} = \omega N\Phi \sin \omega t \qquad [V] \tag{3-16}$$

이 된다. Φ는, 극당 자속과 같은, **최대 자속**(*maximum flux*)을 나타낸다는 것을 염두에 두는 것이 중요하다.

식 (3-16)은 직류기는 물론 교류기에도 적용할 수 있다. 뒤의 절에서는 교류기에서의 상당(per phase) 유도 기전력과 직류기에서 브러시(brush) 사이에 나타나는 유도 전압이 식 (3-16)으로 출발하여 유도된다. 직류기에서 자속밀도 곡선이 비정현이라는 (Supplement of Chapter 3의 그림 3-16에서 보이는 바와 같이) 사실은 비교적 중요하지 않다; 제 1의 중요성은 비정현 분포의 기본파 성분이다. 이에 대한 이유는 식 (3-16)이 정현 분포에 대하여 유도된다는 것이다. 푸리에(Jean-Baptise-Joseph Fourier, 1768-1830) 급수에 의해 어떤 비정현 주기파는 완전히 정현 곡선으로 표현될 수 있다.

EXAMPLE 3-2 이 예제의 목적은 그림 3-4 (a)에 그려진 바와 같이 **수직으로 향하는**(*vertically directed*) 균일 자계와 그림 3-4 (b)의 배치에서 생기는 것과 같은 **반경 방향으로 향하는**(*radially directed*) 균일 자계의 영향 하에서 찾을 때 회전 코일 내에서 유도되는 전압의 특징의 구별을 나타내는 것이다. 코일 A-A'는 총 40 [turn]이며 변의 길이가 30 [cm]인 정사각형으로 가정된다. 코일은 200 [rad/s]의 일정한 속도로 구동된다. 두 경우에 있어서의 균일 자계의 값은 0.1 [T]이다.

(a) 시간의 함수로써 코일을 통하는 쇄교 자속에 대한 표현식을 얻어라.

(b) 패러데이의 법칙을 사용하여 시간의 함수로써 코일 내에 유도되는 전압에 대한 표현식을 찾아라.

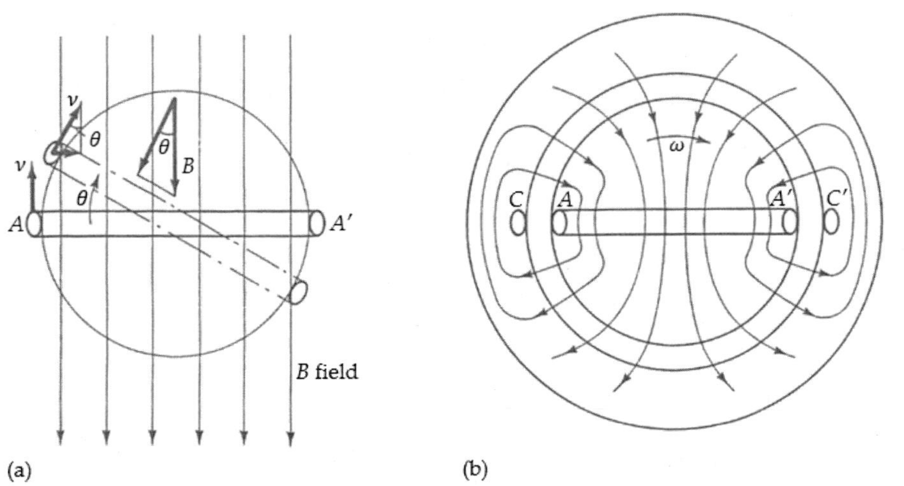

Figure 3-4 Calculation of induced voltages: (a) coil A-A' operating in a vertically directed field; (b) coil A-A' operating in a radially directed field.

(c) 식 (3-5)를 사용하는 Blv 개념을 사용함으로써 문제 (b)에서 찾아진 결과를 결정하라.

(d) 이제 코일 A-A'가 그림 3-4 (b)에 보여진 바와 같이 반경 방향으로 향하는 자계의 영향하에 놓인다고 가정한다. 코일 C-C'는 고정된 단방향(unidirectional) 전류를 운반하며, 그것에 의해 공극의 전체 주위에 걸쳐 일정한 자계 분포를 생성한다고 가정된다. 이 경우에서의 코일 기전력을 시간의 함수로써 찾아라.

SOLUTION (a) 그림 3-4 (a)에서 코일이 수평 위치에 있을 때를 출발로 하여 헤아려진다고 하자. 시간이 지나감에 따라, 회전하는 코일은 기준 위치로부터 $\theta = \omega t$ [rad]만큼 이격된 새로운 위치를 취한다. 이 새로운 위치에서, 직각 형식(quadrature fashion)으로 코일을 관통하는 수직 자계의 성분은

$$B\cos\theta = B\cos\omega t \ \ [\mathrm{T}]$$

코일과 쇄교하는 자속의 대응하는 양은

$$BA\cos\theta = BA\cos\omega t \ \ [\mathrm{Wb}]$$

또는

$$\Phi_m\cos\theta = \Phi_m\cos\omega t = \phi \ [\mathrm{Wb}]$$

로 설명된다. 여기서 Φ_m은 코일과 쇄교하는 최대 자속을 나타낸다. 그러나 쇄교 자속은 단순히 이 자속에 코일의 권수를 곱한 것이다. 따라서

$$\lambda = N\phi = N\Phi_m\cos\omega t = 40\times0.1\times0.3\times0.3\times\cos\omega t = 0.36\cos200t \ \ [\mathrm{Wb\text{-}t}]$$

(b) 패러데이의 법칙에 의해, 유도 기전력은 시간에 따른 쇄교 자속의 변화율과 같음을 안다. 따라서

$$e = -\frac{d\lambda}{dt} = -\frac{d\lambda}{dt}(0.36\cos\omega t) = 0.36\times200\times\sin200t = 72\sin200t \ \ [\mathrm{V}]$$

이 결과는 기전력이 시간에 따라 정현적으로 바뀜을 나타낸다.

(c) Blv 접근법으로, 초점을 받는 것은 도체에 의한 자속선의 절단 동작(cutting action)이다. 코일이 수평 위치에 있을 때, 도체가 B-자계의 영향 하에 있지 않아서, 전압의 순시 값은 0이다. 코일변이 자속선을 절단하지 않는다. 이 위치에서는 도체의 속도 벡터가 자계와 공선적(collinear)임에 유의하는 것이 중요하다. 따라서 자계와 직각인 속도 성분이 0이어서 절단이 일어나지 않는다. 시간이 경과하는 것이 허용되고 코일이 그것의 수평 기준점으로부터 위치 θ [rad]을 취함에 따라, 속도 벡터의 직각 성분은 더 이상 0이 아니다. 오히려, 그림 3-4 (a)에서 볼 수 있는 바와 같이, 그것은 $v\sin\theta = v\sin\omega t$와 같다. 속도 벡터의 유용한 성분만을 사용하면, 유도 기전력이

$$e = 2NBlv \sin \omega t = 2NBl\omega r \sin \omega t = 2 \times 40 \times 0.1 \times 0.3 \times 200 \times 0.15 \times \sin \omega t$$
$$= 72 \sin \omega t = 72 \sin 200t \text{ [V]}$$

와 같이 적어지는 것을 허용한다.

(d) 그림 3-4 (a)의 기하에서 생긴 상황과는 달리, 반경 방향으로 향하는 자계의 사용은 속도 벡터가 모든 시간에서 B-자계와 직각의 위치에 있다는 것을 의미한다. 따라서 이 경우에서 유도되는 전압은

$$e = 2NBlv = 2NBl\omega r = 2 \times 40 \times 0.1 \times 0.3 \times 200 \times 0.15 = 72 \text{ [V]}$$

이 양은 시간에 따라 크기가 일정하며 특히 문제 (c)에서 찾아진 첨두 값(peak value)과 같다. 그림 3-4 (a)의 기하와 비교하여 그림 3-4 (b)의 기하와 관련된 다른 흥미로운 점은 그림 3-4 (b)의 경우에서의 쇄교 자속이 여현(코사인, cosine) 함수로 나타나지 않으며 오히려 3-1 절에서 이미 설명된 방식으로 나타난다는 점이다.

3-3 CONSTRUCTION FEATURES OF ELECTRIC MACHINES

에너지 변환 과정은 보통 주어진 전기-기계 장치에서 두가지 중요한 양상을 포함한다. 그것은 자속밀도를 생성하는 계자 권선과, 작동 기전력이 유도되는 전기자 권선이다. 이 절에서는, 이러한 권선의 위치를 보일 뿐만 아니라, 그러한 기계의 일반적인 구성을 설명하기 위하여, 전기기계의 주된 형태의 현저한 구조 양상이 기술된다.

The Three-Phase Induction Motors

이것은 가장 튼튼하며 산업에서 가장 널리 사용되는 기계 중 한가지이다. 고정자는 고품질 강판의 적층(lamination)으로 구성된다. 내표면(inner surface)은 3상 권선을 수용하기 위하여 슬롯(slot)이 파진다. 그림 3-5 (a)에서는 3상 권선이, 축이 120 [elec. deg]씩 이격된, 3개의 코일로 나타내어져 있다. 코일 a-a'는 하나의 자극쌍

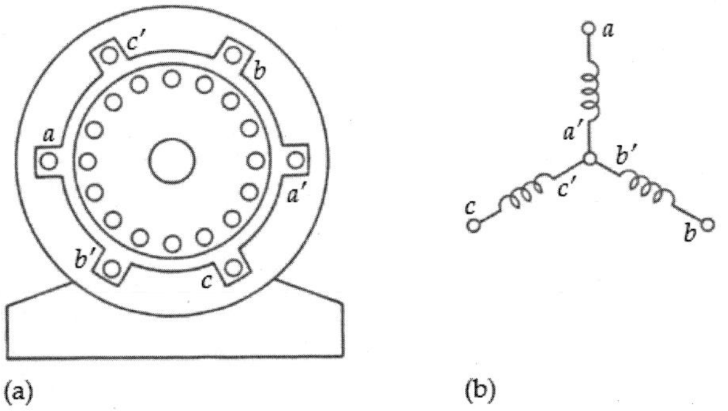

Figure 3-5 Three-phase induction motor: (a) showing a stator with three-phase winding and squirrel-cage rotor; (b) schematic representation of a three-phase Y-connected stator winding.

에 대하여 상 *a*에 부여된 모든 코일을 나타낸다. 비슷하게, 코일 *b-b′*는 상 *b* 코일을 나타내며, 코일 *c-c′*는 상 *c* 코일을 나타낸다. 그림 3-5 (b)에 묘사된 바와 같이, 각 상의 한쪽 끝이 공통으로 연결되었을 때, 3상 고정자 권선은 와이 결선(wye(Y)-connected)이라 일컬어진다. 그러한 권선은 회전하는 자속밀도장(revolving flux density field)에 의해 3개의 상 각각에 유도되는 전압이 120 [elec. deg]씩 위상이 어긋나기 때문에 3상 권선이라 불린다—대칭 3상 계통의 두드러진 특성.

회전자 역시 슬롯이 파진 강자성 물질의 적층으로 이루어지지만, 회전자 권선은 농형(squirrel-cage type) 또는 권선형 회전자(wound-rotor type) 중 어느 쪽일 수 있다. 권선형 회전자의 권선 단자는 그림 3-6 (a)에 묘사된 바와 같이 3개의 슬립 링(slip ring)으로 끌어내어진다. 이것은 속도 제어를 제공하는 목적을 위하여 외부 3상 저항기가 회전자 권선에 연결되는 것을 허용한다. 사실상, 권선형 회전자 유도전동기의 사용이 꽤 많이 차지하는 것은 속도 제어의 필요에서 이다. 그렇지 않으면, 농형 유도전동기가 사용될 것이다. 농형 권선은 그림 3-6 (b)에 묘사된 바와 같이 단지 회전자 슬롯 내에 파묻힌 다수의 구리 봉(copper bar)으로 이루어지며 구리 단부 환(copper end ring)에 의해 양 끝이 연결되어 있다. (약간의 작은 크기에서는 알루미늄이 사용된다.) 농형 구조는 권선형 회전자 보다 더 단순하며 더 경제적일 뿐만 아니라 더욱이 더 튼튼하다. 거기에는 성가시게 하는 슬립 링 또는 탄소 브러시(brush)가 없다.

정상 운전에서는, 그림 3-5에서 3상 전압이 점 *a-b-c*에서 고정자 권선에 인가된다. 4-1절에서 설명되는 바와 같이, 각 상 내에서 흐르는 자화 전류가 함께 2극을 가지는 회전 자계(revolving magnetic field)를 만든다. 자계의 속도는 자화 전류의 주파수와 고정자 권선이 설계된 극수에 의해 고정된다. 그림 3-5는 2극에 대한 배치를 보인다. 형태(pattern) *a-c′-b-a′-c-b′*가 단지 180 [mech. deg]에 걸치도록 만들어지며, 그 다음 남아 있는 180 [mech. deg]에 걸쳐 반복된다면, 4극 자계 분포를 가지는 기계로 귀결한다. p-극 기계의 경우, 기본적인 권선 형태가 고정자의 내표면의 원주 내에서 $p/2$번 반복되어야 한다.

고정자 권선에 의해 생성된 회전 자계는 회전자 도체를 절단하고, 그에 의해 전압을 유도한다. 회전자 권선이 단부 환에 의해 단락 회로로 되어 있기 때문에, 유도 전압은 전류의 흐름을 일으키며 그 다음 전자기적 토크를 생성하도록 자계와 반작용한다—그리고 그래서 전동기 동작으로 귀결한다.

따라서, 앞의 설명을 기초로 하여, 3상 유도전동기의 경우 계자 권선은 고정자 위에 위치되며 전기자 권선은 회전자 위에 위치된다는 것이 명백할 것이다. 유념할 만한 다른 점은 이 기계는 단일 여자된다는, 즉, 전력이 단지 고정자 권선에만

(a)

(b)

Figure 3-6 (a) Wound rotor for three-phase induction motor; (b) showing details of rotor bars of squirrel-cage induction motor.

인가된다는 점이다. 전류는 유도에 의해 회전자 권선을 통하여 흐른다. 결과적으로, 자계를 확립하는 자화 전류와 에너지를 축 부하에 내어놓는 것을 허용하는 전력(동력) 전류(power current) 둘 다가 고정자 권선을 통하여 흐른다. 이런 이유로, 그리고 전력(동력) 성분(power component)을 주어진 정격에 대하여 상응하여 더 크게 되도록 자화 전류를 가능한 한 작게 유지하기 위하여, 유도전동기의 공극은 기계적인 간극(clearance)이 허용하는 만큼 작게 만들어진다. 공극 길이는 소형기의 경우 대략 0.02 [in]로부터 높은 정격과 속도의 경우 0.05 [in]까지 변한다.

Synchronous Machines

동기기의 본질적인 구조 특징이 그림 3-7에 묘사되어 있다. 고정자는 고정자 틀(stator frame), 자속에 대한 낮은 자기저항 경로를 제공하는 슬롯이 파진 고정자 철심, 그리고 슬롯에 파묻힌 3상 권선으로 이루어진다. 4극을 위해 설계된 3상 권선은 그림 3-5 (a)의 기본적인 2극 형태가 2번 반복됨에 유의하라. 회전자는 원통형이며 분포 권선(distributed winding)으로 설비되거나 그렇지 않으면 그림 3-7 (b)에서 볼 수 있는 바와 같이 코일이 각 철심각(leg)에 감긴 철극(돌극, salient pole)을

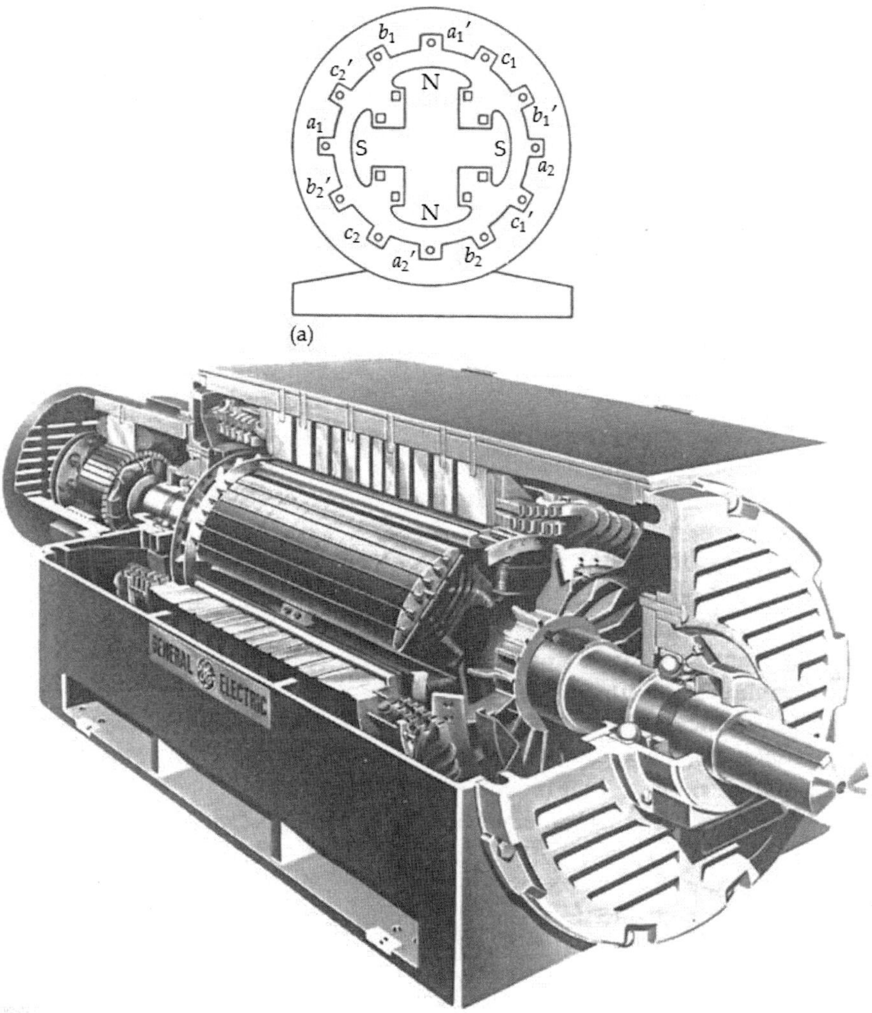

(b)

Figure 3-7 Salient-pole synchronous machine: (a) schematic diagram; (b) photograph showing field coils wrapped around salient poles. Note too the squirrel-cage winding embedded in the pole faces.

가진다. 원통형 구조는 고속에서 운전하는 터보 발전기(turbogenerator)의 경우에 거의 독점적으로 사용된다. 다른 한편으로, 철극 구조는 1800 [rpm] 또는 그보다 낮은 속도에서 운전하는 동기전동기의 경우에 독점적으로 사용된다.

발전기로 운전될 때, 동기기는 증기 터빈같은 원동기로부터 기계 에너지를 받으며 어떤 고정된 속도로 구동된다. 또한, 회전자 권선은 직류 전원으로부터 전압이 인가되며, 그에 의해 공극을 따르는 자계 분포를 제공한다. 회전자가 정지 상태이며 직류 전류가 회전자 권선을 통하여 흐를 때에는, 자속이 고정자 코일을 절단하지 않기 때문에 고정자 권선에는 전압이 유도되지 않는다. 하지만, 회전자가 전 속도(full speed)로 구동될 때에는, 전압이 고정자 권선 내에 유도되며 적당한 부하의 적용에 따라 전기 에너지가 그것에 내어 놓아질 수 있다.

약간 생각하면, 동기기의 경우 명백하게 계자 권선은 회전자 위에 위치되어야 할 것이다; 전기자 권선은 고정자 위에 위치된다. 이 결론은 동기기가 전동기로서 운전될 때 조차 정당하다. 이 형식(mode)에서는, 교류 전력이 고정자에 공급되며 계자극을 여자할 목적으로 직류 전력이 회전자 권선에 공급된다. 기계 에너지는 그러면 축으로부터 취해진다. 게다가, 유도전동기와는 달리, 동기전동기는 2중 여자 기계(doubly fed machine)임에 유의하라. 사실, 이 기계는 단지 한가지 속도에서만 0이 아닌 토크를 발생할 수 있는 특성이 있다—따라서 명칭 “동기(synchronous)”가 부여되었다. 이에 대해서는 6장에서 더 논의된다.

동기기에 대한 자화 전류가 독립된 전원(직류 공급기 또는 그림 3-7 (b)의 가장 왼쪽에 있는 것과 같은 여자 발전기(exciter generator))으로부터 생기기 때문에, 공극 길이가 비교되는 크기와 정격의 유도전동기에서 찾아지는 것보다 더 크다. 하지만, 동기기는 계자 권선에 도전되는 직류 전류를 허용하기 위한 슬립 링과 브러시가 설비되어야 하기 때문에 작은 마력 정격에서 유도전동기보다 더 고가이며 덜 튼튼하다.

Direct-Current Machines

직류 전류로 특징지어지는 전기-기계 에너지 변환 장치는 교류형보다 더 복잡하다. 계자 권선과 전기자 권선에 덧붙여, 유도된 교류 전기자 전압을 직류로 변환하는 기능을 제공하기 위해 세번째 성분이 필요하게 된다. 기본적으로 그 장치는 기계적인 정류기(mechanical rectifier)이며 **정류자**(*commutator*)라 불린다.

그림 3-8에 나타난 것은 직류기의 주된 양상이다. 고정자는 주위에 코일이 감싸진 불쑥 나온 구조로 설비된 적층 강자성 물질로 이루어진다. 코일을 통한 직류 전류의 흐름은 동기기의 회전자에서 일어난 것과 거의 같은 방식으로 공극의 주위를 따라 자계 분포를 확립한다. 따라서 직류기에서는 계자 권선이 고정자 위에 위

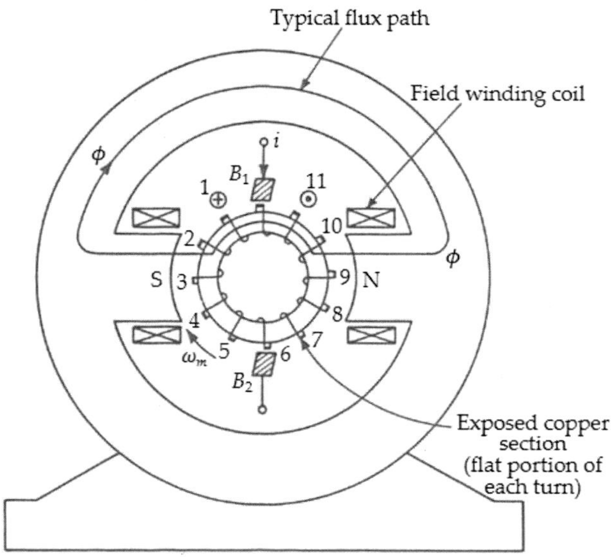

Figure 3-8 Construction features of the dc machine, showing the Gramme-ring armature winding.

치된다. 그러면 전기자 권선이 회전자 위에 있다는 것이 따라온다. 회전자는, 전기자 권선을 수용하기 위하여 슬롯이 파진, 적층 철심으로 구성된다. 그것은 또한 정류자—그림 3-9 (a)에서 보여진 것과 같이 서로 절연되고 원통 형식으로 배열된 구리 조각의 열(series)—를 내포한다. 정류자 위에 얹혀 움직이는 탄소 브러시가 전동기 또는 발전기 동작이 취해지는지에 종속하여 직류 전류가 전기자 권선으로 또는 전기자 권선으로부터 도전되는 것을 제공하도록 적절하게 위치된다.

그림 3-8에서는 전기자 권선이 토로이드 주위에 감싸진 코일로 묘사되어 있다. 이것은 단지 개략적인 편의일 뿐이다. 실제 권선은, 투과하는 자속이 없는 회전자 철심의 내표면에 위치됨으로써, 낭비되는 도체가 없도록 감긴다. 그림 3-8에서 브러시 폭의 바로 아래에 놓인 전기자 권선의 부분은 절연이 제거된 것으로, 즉, 구리가 드러나 있는 것으로 가정된다. 이것은 회전자가 회전함에 따라 브러시를 통하여 전기자 권선으로 그리고 전기자 권선으로부터 도전되는 전류를 허용한다. 실제 권선에서는, 그림 3-9 (a)에서 나타내어진 바와 같이 코일이 개개의 정류자 편(commutator segment)에 연결됨으로써 그 다음 브러시가 정류자 위에 위치됨으로써 각 코일이 브러시에 접근할 수 있도록 만들어진다.

전동기 동작의 경우, 직류 전류가 계자 권선은 물론 전기자 권선을 통하여 흐르도록 만들어진다. 그림 3-8에서 전류가 브러시 B_1 안으로 흐르는 것으로 가정된다면, 회전자의 왼편에서는 **바깥쪽**(*outside*) 도체 전류가 지면 안으로 흐르는 한편, 회전자의 오른편의 외표면(outer surface)에 위치된 도체에서는 반대로 됨에 유의하라. 식 (1-2)에 의해, 힘이 각 도체에서 생성되고, 그것에 의해 시계 방향 회전을 일

Figure 3-9 (a) Armature winding of a dc machine, showing the coils connected to the commutator. (Courtesy of General Electric Company)

Figure 3-9 (b) Complete stack of stator laminations for the two-pole dc machine equipped with interpoles.

Figure 3-9 (c) Complete stator structure of the two-pole dc machine of Fig. 3-9 (b) with field and interpole windings in place.

으키는 토크가 생성된다. 이제 정류자의 기능은, 그림 3-8에서 1과 같은 도체가 회전하고 따라서 브러시 B_1의 왼편으로부터 오른편으로 감에 따라, 그것을 통하여 흐르는 전류가 역전되어 전체 전기자 권선에 대해 연속적인 단방향(unidirectional) 토크가 계속되는 것을 보장한다. 역전된 극성의 자계 내에서 역전된 도체 전류는 단방향의 토크를 유지함을 상기하라. 정류자가 항상 전기자가 회전하든 회전하지 않든 간에 전기자 권선의 양편에서 같은 방향으로 도전되는 전류를 허용하기 때문

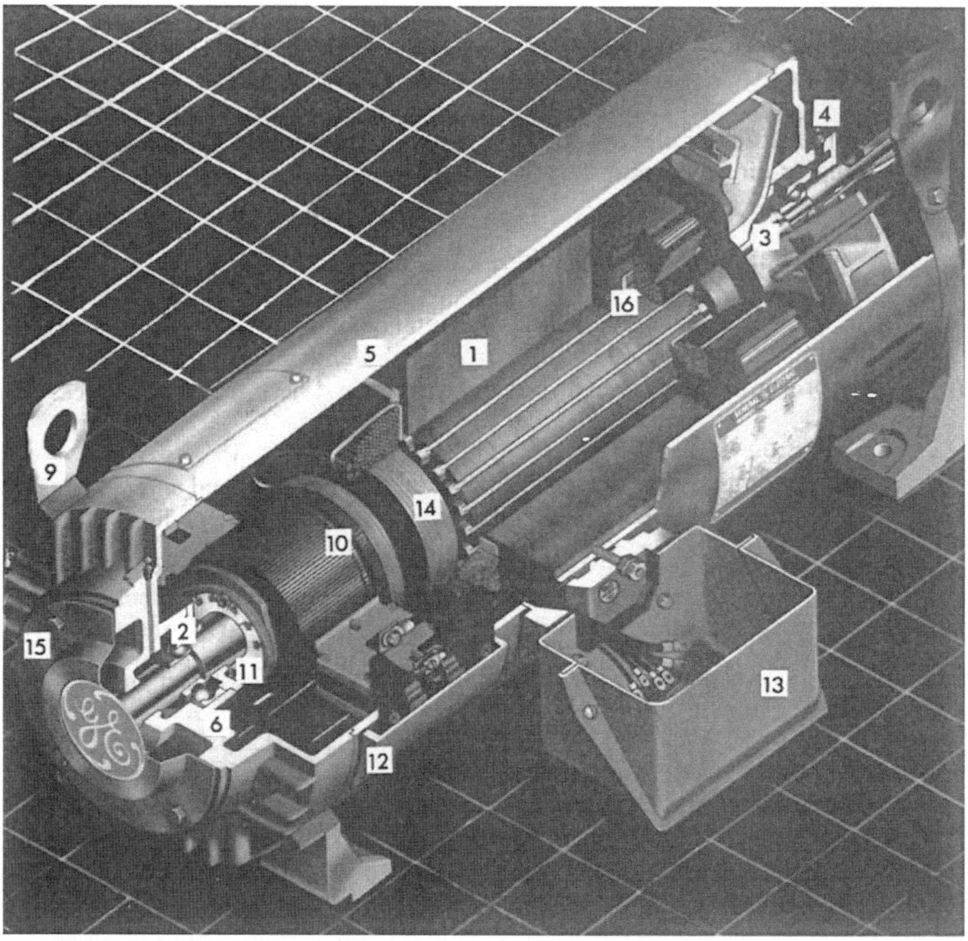

Figure 3-9 (d) Cutaway view of completely assembled two-pole dc machine with notations for various construction features. See text for descriptions. (Courtesy of General Electric Company)

에 전류의 역전이 생긴다.

그림 3-8에서 흥미로운 다른 점은 브러시의 위치와 관련된다. 자계 축에 수직인 선 위에 브러시가 위치함으로써 모든 도체가 단방향 토크의 생성에 기여한다. 다른 한편으로, 자계 축과 같은 선 위에 위치되었다면, 도체의 절반은 시계 방향 토크를 생성하고 나머지 절반은 반시계 방향 토크를 생성할 것이어서, 0의 순(net) 토크를 산출한다.

직류기의 부가적인 구조 양상이 그림 3-9의 나머지 부분에 나타나 있다. 그림 3-9 (b)에 보여진 것은 2극기의 적층 고정자 더미(스택, stack)이다. 작은 돌기부는 보극(interpole; 정류극, commutation pole)이라 불리며 전기자 코일이 브러시의 한쪽에서 다른 쪽으로 지나감에 따르는 전기자 코일 내에서의 전류의 변화를 돕기 위해 사용된다. 그림 3-9 (c)는 정위치에 있는 계자와 보극 권선을 나타낸 것이다. 마지막으로, 그림 3-9 (d)는 조립된 기계의 부분 단면도(cutaway view)를 보인다. 여기에서 항목 2에는 진공 탈기 강 볼 베어링(vacuum degassed steel ball bearing)이 위치한다; 5는 강 외함(steel enclosure)을 나타낸다; 11은 전기자 도체의 개선된 냉각을 위한 냉각 공기 통로를 포함하는 정류자 지주(commutator support)이다; 12는 보수 유지를 위한 브러시 접근구(brush-access port)와 관련된다; 14는 방오(오염에 강한, contamination resistant) 전기자 절연을 나타낸다.

3-4 PRACTICAL FORMS OF TORQUE AND VOLTAGE FORMULAS

여기에서의 목적은, 교류기이든 직류기이든, 유도 전압과 전자기적 토크의 기본적인 표현식을 특별한 전기-기계 에너지 변환 장치의 특정한 설계에 대해 더 의미있는 형태로 수정하는 것이다.

Alternating-Current Machines

Voltage. N [turn]이 3상 권선의 상당 총 권수(total number of turns per phase)라면, 어떤 한 상에서 유도되는 기전력의 순시치는, 편의를 위하여 여기에서 반복된, 식 (3-16)에 의해 나타내어질 수 있다. 따라서

$$e = \omega N \Phi \sin \omega t \qquad [\mathrm{V}] \tag{3-17}$$

이다. Φ는 극당 총 자속을 나타내며 ω는 [elec. rad/s]로 나타낸 자속밀도파에 대한 권선의 상대적인 절단 속도를 나타냄을 염두에 두어라. 그것은

$$\omega = 2\pi f \qquad [\text{elec. rad/s}] \tag{3-18}$$

에 의해 교류 장치의 주파수 f와 관련된다. 여기서 f는 [cycle/s] (cycles per second; cps) = [Hz]로 표현된다.

이 교류 전압의 최대 값은 $\sin \omega t$가 단위 값(unity; 1)을 가질 때 생긴다. 따라서

$$E_{\max} = \omega N \Phi \qquad [\mathrm{V}] \tag{3-19}$$

이다. 대응하는 실효치는

$$E \equiv \frac{E_{\max}}{\sqrt{2}} = \sqrt{2}\pi f N \Phi = 4.44 f N \Phi \qquad [\mathrm{V}] \tag{3-20}$$

이다. 이 식과 식 (2-18)의 비교는 식이 동일한 형태를 가진다는 것을 드러낸다. 하지만 거기에는 차이가 있으며, 그것은 Φ의 의미에 있다. 변압기에서는, Φ_m이 인가

전압의 크기에 부합하는 첨두 자화 전류에 대응하는 시간에서의 최대 자속이다. 교류 전기-기계 에너지 변환 장치에서는, Φ가 N [turn]을 가지며 전체 극간격(full-pole pitch)으로 걸쳐진(스팬된) 코일과 쇄교하는 극당 최대 자속(공간량)이다.

어떤 실제 기계에서는, 상당 총 턴(total turns per pole)이 단일 코일에 집중되지 않고 오히려 극간격의 3분의 1(또는 3개의 상의 각각에 대하여 60 [elec. deg])에 걸쳐 분포된다. 덧붙여, 총(total) N [turn]을 이루는 개별 코일은 전체 극간격에 걸치지 않고 오히려 단지 대략 극간격의 80 [%]에서 85 [%]에 걸치도록 의도적으로 설계된다. **분수절**(*fractional-pitch*) 코일을 사용하는 **분포** 권선(*distributed* winding)의 사용은 자속밀도파에서 나타날 수 있는 모든 고조파의 효과를 사실상 제거하는 한편 기본파 성분은 단지 약간만 줄어드는 이점을 가진다.† 기본파 성분의 축소는 K_w로 표시되는 권선 계수(winding factor)에 의해 나타내어질 수 있다. 보통 K_w는 0.85에서 0.95의 범위에 있는 값을 가진다. 따라서, 교류기에 대한 유도 실효 유도 전압 방정식의 마지막 실제적인 형태는

$$E = 4.44\, fNK_w\Phi \qquad [\mathrm{V}] \tag{3-21}$$

이다.

Torque. 실제 기계에서 유력한 전자기적 토크가 자계 분포와 전기자 암페어-도체 분포의 상호 작용에 의해 생성되는 방식의 해석이 다음과 같은 기본 표현식으로 이끈다는 것이 보여질 수 있다(Supplement of Chapter 3, 3A절을 보라):

$$T = \frac{\pi}{8} p^2 \Phi J_m \cos\psi \qquad [\mathrm{N\text{-}m}] \tag{3-22}$$

여기서 p는 극수, Φ는 [Wb]로 나타낸 극당 자속, J_m은 [A/rad] (amperes per radian)으로 표현된 이상화된 암페어-도체 분포를 나타내는 등가 전류판(current sheet), 그리고 ψ는 전류판(즉, 암페어-도체 분포)의 출발과 자극 아래의 자속밀도파의 출발 사이의 위상 변위 각도(phase displacement angle)이다.

식 (3-22)의 검토는 통상의 전기-기계 에너지 변환 장치에 있어서 토크의 발생을 위해 만족해야 하는 세가지 조건을 강조한다. 첫째로, Φ로 나타내어지는 자속 분포가 있어야 하다. 둘째로, J_m으로 나타내어지는 암페어-도체가 있어야 한다. 마지막으로, 두 분포 사이에 안성맞춤의 공간 변위 각도(space-displacement angle)가 존재해야 한다. 자계가 크기가 같으며 반대 방향인 토크를 도체에 발생시키는 형상과 같다면, 즉, $\psi = 90°$라면, 자계와 암페어-도체 분포 둘 다를 가지는 것이 가능

†부록 B를 보라.

하며 여전히 토크는 0일 수 있음에 유의하라.

발생되는 전자기적 토크에 대한 이 기본적인 표현식이 변환될 수 있는 두가지 유용하고 실제적인 형태가 있다. 첫번째 형태에서는, 강조되는 것이 전기자 권선의 암페어-도체 분포이다. 두번째에서는, 강조되는 것이 에너지의 보존이다. 극당 기자력 $\mathcal{F}_p$는

$$J_m = \mathcal{F}_p \qquad \text{[A-t/pole]} \tag{3-23}$$

에 의해 J_m과 관련된다(Supplement of Chapter 3, 식 (3-50)을 보라). 더욱이, 어떤 주어진 교류기에 대하여, 양 $\mathcal{F}_p$는 다음의 표현식에서 나타나는 바와 같이 설계 자료로부터 완전히 결정된다:†

$$\mathcal{F}_p = \frac{2\sqrt{2}}{\pi} q \frac{N_2 K_{w2}}{p} I_2 = 0.9\, q\, \frac{N_2 K_{w2}}{p} I_2 \qquad \text{[A-t/pole]} \tag{3-24}$$

여기서 q는 전기자 권선의 상수(number of phases), N_2는 전기자 권선의 상당(per phase) 권수, K_{w2}는 전기자 권선 계수, I_2는 상당 전기자 권선 전류, 그리고 p는 극수이다. 따라서 식 (3-22)에 의해 설명된 것과 같은 전자기적 토크에 대한 표현식은

$$T = \frac{\pi}{8} p^2 \Phi \mathcal{F}_p \cos\psi = \frac{\pi}{8} 0.9 p \Phi N_2 K_{w2}\, q I_2 \cos\psi \qquad \text{[N-m]} \tag{3-25}$$

가 된다. 또한, qN_2는 전기자 표면에 있는 **총**(*total*) 권수이다. 이것은 1 [turn]을 만들기 위해서는 2개의 도체를 요구한다는 사실의 사용에 의해 총 도체수 Z_2의 항으로 표현될 수 있다. 따라서

$$N_2 = \frac{Z_2}{2q} \qquad \text{[turn]} \tag{3-26}$$

이다. 이것을 식 (3-25)에 대입하면

$$T = 0.177\, p \Phi (Z_2 K_{w2} I_2) \cos\psi \qquad \text{[N-m]} \tag{3-27}$$

을 산출한다. 괄호 속에 있는 항은 전기자 권선의 암페어-도체 분포가 하는 역할을 강조한다. 물론 이 식에 의해 토크를 계산하기 위해서는, 설계 자료, 즉, p, Φ, Z_2, K_{w2}에 덧붙여 공간 변위 각도 ψ에 대한 정보가 필요하다. 보통은, 다음 장에서 뒤에 설명하는 I_2의 결정으로 이끄는 것과 같은 자료에 의해 결정될 수 있다.

†부록 C를 보라.

기본 토크 방정식의 유용한 형태를 얻는 두번째 접근법은 Φ를 식 (3-21)로, 그리고 J_m을 식 (3-23), (3-24)로 대체하고, 식 (3.22)에 대입하는 것이다. 따라서

$$T = \frac{\pi}{8}p^2\left(\frac{E_2}{\sqrt{2}\pi f N_2 K_{w2}}\right)\left(2\frac{\sqrt{2}}{\pi}q\frac{N_2K_{w2}}{p}I_2\right)\cos\psi \qquad \text{[N-m]}$$

또는

$$T = \frac{p}{4\pi f}qE_2I_2\cos\psi \qquad \text{[N-m]} \tag{3-28}$$

이다.

더욱이, 기계 각속도 ω_m은

$$\omega_m = \frac{2}{p}\omega = \frac{2}{p}2\pi f = \frac{4\pi f}{p} \qquad \text{[rad/s]} \tag{3-29}$$

에 의해 전기 각속도 ω와 관련되기 때문에, 식 (3-28)은

$$T = \frac{1}{\omega_m}qE_2I_2\cos\psi \qquad \text{[N-m]} \tag{3-30}$$

과 같이 적어질 수 있다는 것이 따라온다. 여기서 E_2와 I_2는 전기자 권선의 상당 실효 유도 전압과 전류이다.

이 식에서 **공간**-변위 각도(*space*-displacement angle) ψ는, 두개의 시간 페이서 $\bar{E}_2$와 $\bar{I}_2$ 사이에 존재하는 위상각인, 시간 변위 각도(time-displacement angle) θ_2와 동일하다.† 따라서, 전자기적 토크에 대한 표현식은

$$T = \frac{1}{\omega_m}qE_2I_2\cos\theta_2 \qquad \text{[N-m]} \tag{3-31}$$

과 같이 적어질 수 있다. 발생되는 기계 동력은 발생되는 전력과 같다는 것을 기술하는 에너지 균형에 유의하라.

Direct-Current Machines

Voltage. 직류기의 전기자 권선에서 유도되는, 그리고 브러시에서 나타나는, 기전력에 대한 표현식의 유용한 형태 역시 식 (3-16)으로부터 유도된다. 정류자의 존재가, 하지만, 원하는 결과를 얻기 위해 이 방정식이 다루어지는 방식에 있어서 차이

†186 페이지를 보라.

를 만든다. 우리는 브러시에서 나타나는 전압에 관심이 있다. 그림 3-8에서 브러시 B_2에서 떠나며 브러시 B_1로 나아가는 코일 1을 따라 간다면, 이 코일 내에서 유도되는 기전력은 항상 S-극 자속 아래에서 지면으로부터 나오는 방향임에 주목한다. 사실 이것은 B_2로부터 B_1로 움직이는 어떤 코일에 대해서도 그렇다. 전기자의 왼편에 있는 코일에 대한 이 전압의 확립된 방향으로, 그 다음 코일 1에서 유도되는 기전력의 부호에 의해 불려지는 방향에서 시작하여 권선을 따라가면 브러시 B_2에서 끝남에 유의한다. 코일 1이, 코일 11과 같이, 전기자 권선의 오른편에 있는 위치로 회전할 때, 유도 기전력의 방향은 지면으로 들어가는 방향이다. 이 가리켜진 방향으로 시작하여 전기자 권선을 따라간다면, 다시 브러시 B_2에서 끝난다. 그러므로 브러시 B_1은 고정된 **정(양)**극성(*positive* polarity)에 있으며 브러시 B_2는 고정된 **부(음)**극성(*negative* polarity)에 있다고 결론짓는 것이 합리적이다. 본질에 있어서 이것은, 브러시 B_2에서 시작하여 1회전을 통하여 횡단하는 코일 1 위에 있는 관측자(observer)를 따라 움직였다면, 유도 기전력의 기본파 성분은 그림 3-10에서 보여진 변동을 나타낼 것임을 의미한다. **브러시 B_1과 관련하여 브러시와 결합된 정류자의 작용이 전기자 권선의 회전에도 불구하고 전기자 권선을 공간 내에서 고정시키기 때문에**, 코일이 B_1로부터 B_2로 움직임에 따라 코일 내에 유도되는 전압은 **정류되어**(*rectified*) 나타남에 유의하라. 따라서, 왼편에서 B_2로부터 B_1로 움직이는 코일에서 보든 오른편에서 B_1로부터 B_2로 움직이는 코일에서 보든 유도 기전력의 방향은 B_1이 하나의 고정된 극성을 나타내고, B_2는 반대의 고정된 극성을 나타내도록 만들어진다.

N_c [turn]을 가지는 단일 코일의 경우, 브러시 사이에 나타나는 단방향 전압의 평균 값은 식 (3-16)을 π [elec. rad]에 걸쳐 적분하고 π로 나눔으로써 얻어진다. 따라서

$$E_c = \frac{1}{\pi}\int_0^{\pi} \omega N_c \Phi \sin \omega t \, d\omega t = 4 f N_c \Phi \qquad [\text{V}] \tag{3-32}$$

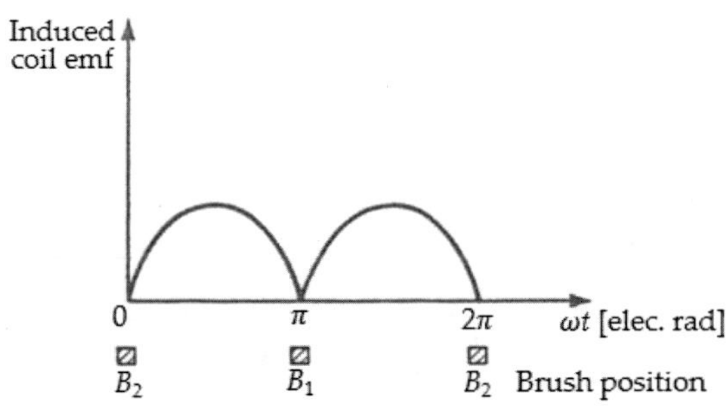

Figure 3-10 Fundamental component of the induced emf in a coil of the armature winding of the dc machine.

이다. 주파수 f를 관계식

$$f = \frac{pn}{120} \qquad [\text{Hz}] \tag{3-33}$$

으로 주어지는 **[rpm]** (*revolutions per minute*)으로 나타낸 전기자의 속도로 표현하는 것이 통상적이다.† 여기서 p는 극수이며 n은 [rpm]으로 나타낸 속도이다. 식 (3-33)을 (3-32)에 대입하고 재배열하면

$$E_c = p\Phi 2N_c \frac{n}{60} = p\Phi z \frac{n}{60} \qquad [\text{V}]$$

으로 이끈다. 여기서 z는 코일당 도체수를 나타낸다.

이 마지막 표현식은 단일 코일에 대한 유도 기전력의 평균 값이다. 많은 그러한 코일이 전기자의 전체 표면을 덮도록 위치된다면, 브러시 사이에서 나타나는 총(total) 직류 전압은 상당히 증가될 수 있다. 전기자 권선이 총 Z개의 도체와 a개의 병렬 경로를 가진다고 가정된다면, 브러시 사이에서 나타나는 전기자 권선의 유도 기전력은

$$E_a = p\Phi \frac{Z}{a}\frac{n}{60} = \frac{pZ}{60a}\Phi n = K_E \Phi n \qquad [\text{V}] \tag{3-34}$$

로 된다. 여기서 K_E는

$$K_E \equiv \frac{pZ}{60a} \tag{3-35}$$

와 같이 정의되는 권선 상수(winding constant)이다. 속도가 [rad/s]로 표현되었을 때에는 언제나, 유도 기전력 방정식이

$$E_a = K_T \Phi \omega_m \qquad [\text{V}] \tag{3-36}$$

과 같이 표현될 수 있다. 여기서

$$K_T = \frac{pZ}{2\pi a} \tag{3-36a}$$

†1 [rps] (revolutions per second)의 비율로 2극 자계 내에서 회전하는 코일은 1 [Hz]의 주파수로 귀결한다. 4극 자계의 경우 각 [rps]가 2 [Hz]를 산출한다. p-극 분포에서 [Hz]로 나타낸 주파수는 일반적으로

$$f = \frac{p}{2} \times \text{rps} = \frac{p}{2} \times \frac{\text{rpm}}{60} = \frac{pn}{120} \ [\text{Hz}]$$

이다.

이다.

교류기에 대한 유도 기전력 방정식과 직류기에 대한 유도 기전력 방정식이 같은 출발점으로부터 기원된다는 것을 염두에 둘 만 하다. 더 강조하면, 이 공통 기원은 식 (3-21)로부터 식 (3-24)가 유도될 수 있다고 말해지도록 한다. 직류 전기자 권선에 적용하기 위해서는 단지 적절한 권선 계수를 도입하는 것을 요구할 뿐이다. 사실상, 그것은 직류기의 비정현 자계 분포 특성에도 불구하고 기본파 항으로 식 (3-34)의 유도를 계속하는 것을 허용하는 고조파에 대한 권선 계수의 준소멸 효과(quasi-annihilating effect)이다. 하지만, 자속의 기본파 성분은 사실상 극당 총 자속과 같다고 줄곧 가정된다.

Torque. 전자기적 토크가 직류기에서의 자속밀도와 암페어-도체 분포의 상호 작용에 의해 생성되는 방식의 해석이 다음의 기본 공식으로 이끈다는 것이 보여질 수 있다(Supplement of Chapter 3, 3B절을 보라):

$$T = \frac{p^2}{2} J \Phi \qquad \text{[N-m]} \tag{3-37}$$

여기서 p는 극수, J는 [A/rad] (amperes per radian)으로 표현된 이상화된 암페어-도체 분포를 나타내는 전류판 등가(current-sheet equivalent), 그리고 Φ는 [Wb]로 나타낸 극당 자속이다.

다시 전자기적 토크가 Φ로 나타내어진 자계 분포, J로 나타내어진 암페어-도체, 그리고 두 분포 사이에 각변위(angular displacement)에 종속된다는 것에 유의하는 것이 의미가 있다. 물론, 간단을 위하여 전류판이 자속밀도 곡선과 동상인 것으로 가정되고, 그에 의해 전류판의 모든 부분이 단방향 토크를 겪기 때문에 ψ가 식 (3-37)에서 나타나지 않았다.

전류판 J가 적절한 설계 자료를 포함하는 그것의 등가 표현식으로 대체될 때 직류기의 이 기본 토크 표현식은 실제적인 형태로 귀결한다. 이와 관련해서는 그림 3-11을 참조하라. 보여진 전형적인 자속 경로에 암페어의 주회 법칙을 적용하면, 자극쌍당 기자력(mmf per pole pair)이

$$\mathcal{F} = \pi \text{ [rad]} \times J \text{ [A-t/rad]} \qquad \text{[A-t]} \tag{3-38}$$

로 주어진다는 것을 명백하게 만든다. 따라서 극당 기자력은

$$\mathcal{F}_p = \frac{\mathcal{F}}{2} = \frac{\pi J}{2} \qquad \text{[A-t/pole]} \tag{3-39}$$

이다. 이 표현식은 전기자 권선이 전류판으로 나타내어질 때는 언제나 적용할 수

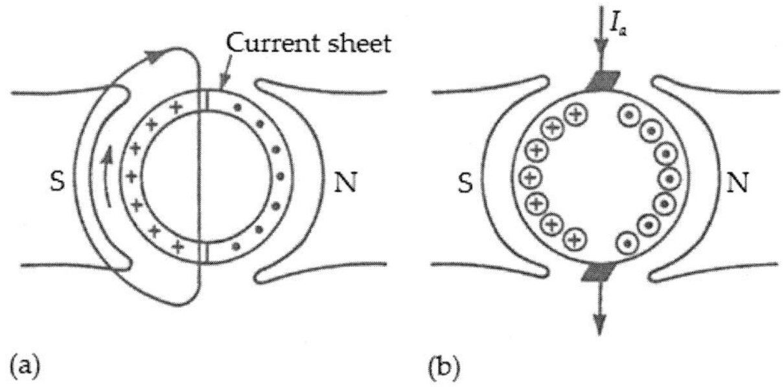

Figure 3-11 Direct-current machine: (a) armature with current sheet; (b) armature with finite ampere-conductor distribution.

있다. 실제적인 상황에서는, 전기자 권선이 항상 그림 3-11 (b)에서 묘사된 바와 같이 유한한 암페어-도체 분포에 의해 나타내어진다. 그러한 경우에는, 극당 전기자 기자력이 브러시로 들어가거나 브러시에서 나오는 총(total) 전류 I_a와 전기자 표면에 있는 총 도체 Z의 항으로 표현될 수 있다. 따라서

$$\mathcal{F}_p = \frac{I_a}{a}\frac{Z}{2}\frac{1}{p} \qquad \text{[mmf/pole] or [A-t/pole]} \tag{3-40}$$

이다. 마지막 두 식을 같게 둠으로써 J에 대한 식을 얻는다. 따라서

$$J = \frac{I_a Z}{\pi p a} \qquad \text{[A-t/rad]} \tag{3-41}$$

이다.

식 (3-41)을 (3-37)에 대입하면 직류기에 의해 발생되는 전자기적 토크에 대한 원하는 표현식을 산출한다. 따라서

$$T = \frac{p^2}{2} J \Phi = \frac{pZ}{2\pi a}\Phi I_a \qquad \text{[N-m]} \tag{3-42}$$

또는

$$T = K_T \Phi I_a \qquad \text{[N-m]} \tag{3-43}$$

이다. 여기서

$$K_T \equiv \frac{pZ}{2\pi a} = \text{torque constant} \tag{3-44}$$

이다. 토크 공식의 앞의 형태는 자속 자계와 결합하여 취해진 암페어-도체 분포를

역설한다. 그것은 교류기에 대한 식 (3-27)과 상사이다(analogous). 물론, 브러시 축이 계자축과 수직으로 위치함으로써 ψ가 0으로 만들어졌기 때문에, 식 (3-43)에서 ψ가 나타나지 않는다. 하지만, 토크의 생성에 대한 기본적인 양(fundamental quantity)이 거기에 있다는 것에 유의함이 중요하다. 방정식은 단지 구조의 기계적인 상세가 다른 한도까지만 다르다.

전자기적 토크에 대한 다른 표현식은 식 (3-34)로부터 얻어진 Φ에 대한 표현식을 식 (3-42)에 대입함으로써 귀착한다. 따라서, 식 (3-34)로부터

$$\Phi = \frac{60a}{pZn}E_a \qquad [\text{Wb}] \tag{3-45}$$

이어서

$$T = \frac{pZ}{2\pi a}\frac{60a}{pZn}E_aI_a = \frac{60}{2\pi n}E_aI_a \qquad [\text{N-m}] \tag{3-46}$$

이다. 그러나

$$\omega_m = \frac{2\pi n}{60} \qquad [\text{rad/s}] \tag{3-47}$$

이다. 그러므로

$$T = \frac{1}{\omega_m}E_aI_a \qquad [\text{N-m}] \tag{3-48}$$

이다. 이 결과의 일견은 다시 전기-기계 에너지 변환 장치의 운전에 기초가 되는 전력 균형 관계(power-balance relationship)를 가리킨다. 직류기에 대한 식 (3-48)은 교류기에 대한 식 (3-31)과 상사이다.

EXAMPLE 3-3 교류기가 4극, 3상, 그리고 36 [turn/phase]의 전기자 권선으로 설비되어 있다. 계자 권선은 0.015 [Wb]의 극당 자속을 생성하도록 설계되었다. 전기자 권선은 운전 범위에 걸쳐 본질적으로 저항성이 되도록 설계되었으며 코일의 간격은 극간격의 83.3 [%]와 같도록 만들어졌다.

(a) 전동기가 115 [N-m]의 토크를 발생할 때, [A]로 전기자 전류를 찾아라.

(b) 극당 전기자 기자력을 결정하라.

(c) 전기자 전류가 15 [A]일 때 발생 토크를 찾아라.

(d) 문제 (a)에서 발생 동력이 21677 [W]와 같다고 알려져 있다. 상당 유도 전압을 계산하라.

(e) 문제 (a)의 조건에 대해 [rpm]으로 전동기의 기계적 속도를 계산하라.

SOLUTION (a) 여기에서 전기자 전류인 I_2를 얻기 위해 식 (3-27)을 직접 사용할 수 있다. 그러나 먼저 두가지가 풀리는 것이 필요하다. 첫째는 각도 ψ이다. 문제의 설명에 의해 전기자 권선의 유도성 성분이 무시할 수 있는 것으로 고려되기 때문에 이 양은 0°이다. 둘째로, K_{w2}를 결정하는 것이 필요하다. 이 양은 부록 B의 식 (B-2)를 불러옴으로써 바로 계산될 수 있다. 따라서

$$K_{w2} = \sin\left(0.833 \times \frac{\pi}{2}\right) = \sin 75° = 0.966$$

그러므로 전기자 전류는 다음과 같다는 것이 따라온다:

$$I_2 = \frac{T}{0.177\, p\Phi Z_2 K_{w2}} = \frac{115}{0.177 \times 4 \times 0.015 \times (2 \times 3 \times 36) \times 0.966} = 51.9\ [\text{A}]$$

(b) 극당 전기자 기자력은 다음과 같이 찾아진다:

$$\mathcal{F}_p = J_m = 0.9\, q \frac{N_2 K_{w2}}{p} I_2 = 0.9 \times 3 \times \frac{36 \times 0.966}{4} \times 51.9 = 1218.3\ [\text{A-t/pole}]$$

(c) 식 (3-25)의 두번째 형태를 사용하여 다음을 얻는다:

$$T = \frac{\pi}{8} 0.9 p\Phi N_2 K_{w2}\, q\, I_2 \cos\psi = \frac{\pi}{8} \times 0.9 \times 4 \times 0.015 \times 36 \times 0.966 \times 3 \times 15 = 33.2\ [\text{N-m}]$$

(d) 식 (3-31)로부터

$$3E_2 I_2 = 21677\ [\text{W}]$$

$$E_2 = \frac{21677}{3 \times 51.9} = 139.2\ [\text{V/phase}]$$

(e) 에너지 보존에 의해

$$T\omega_m = 21677\ [\text{W}]$$

$$\omega_m = \frac{21677}{115} = 188.5\ [\text{rad/s}]$$

또는, [rpm]으로 표현하면

$$n_m = \frac{30}{\pi}\omega_m = 1800\ [\text{rpm}]$$

이다. 여기서 n_m은 [rpm]으로 나타낸 기계적 속도이다.

3-5 FINAL REMARKS

교류기와 직류기에 대한 기본 전자기적 토크 공식의 더 상세하고 엄밀한 유도에

관심이 있는 독자는 PART III에 있는 Supplement of Chapter 3을 참조하라. 연속성의 관점에서, 식과 그림 번호는 모두 3-4절에서 사용된 마지막 표기에 이어서 붙였다. 전체적인 보충 문제 역시 포함되어 있다. 덧붙여, 전기기기의 효율 특성에 관한 보충 설명도 거기에 수록한다.

PROBLEMS

3-1 2극 직류전동기가 단일 10 [turn] 전절 코일로 설비되어 있다. 그것은 높이 0.5 [T]의 직사각형 자계 분포를 가진다. 회전자의 반경은 0.2 [m]이며 축방향 길이는 0.3 [m]이다.

(a) [Wb]로 극당 자속을 찾아라.

(b) 전류가 코일에 공급되고 전동기는 625 [rpm]의 속도에 도달하는 것으로 찾아졌다. 코일 내에 유도되는 기전력을 찾아라.

(c) 시간에 따른 자속의 변화율은 얼마인가?

3-2 문제 3-1의 전동기가 500 [rpm]의 속도에서 부착된 부하에 9 [N-m]의 토크를 공급하기 위해 사용된다.

(a) 코일에 의해 그려지는 전류를 찾아라.

(b) 코일 기전력을 계산하라.

(c) 발생되는 기계 동력은 얼마인가?

3-3 특별한 부하 조건에서 문제 3-1의 전동기가 400 [W]를 내어놓는 한편 8 [A]의 코일 전류를 그린다. 모든 손실은 무시할 수 있다.

(a) 전동기 축에서의 발생 토크를 찾아라.

(b) 코일 기전력은 얼마인가?

(c) [rpm]으로 전동기 축의 회전 속도를 결정하라.

3-4 주어진 운전 조건에서 문제 3-1의 기계가 350 [rpm]으로 운전된다. 코일 유도 기전력을 찾아라.

3-5 자계 내에서 회전하는 코일 내에서 발전되는 순시 전압은 쇄교 자속 개념 또는 Blv 개념에 의해 계산될 수 있다. 이것을 염두에 두고 다음의 문제를 고려하라. 변이 20 [cm]인 정사각형 코일이 60 [turn]을 가지며 회전축이 공기 내에서 0.06 [Wb/m^2]의 수직으로 향하는 균일 자계에 직각이 되도록 위치되어 있다. 코일은 150 [rpm]의 일정한 속도에서 구동된다. 다음을 계산하라:

(a) 코일을 통하여 지나가는 최대 자속.

(b) 최대 쇄교 자속.

(c) 코일을 통하는 쇄교 자속의 시간 변동.

(d) 앞에서 언급된 두 개념을 사용한 코일 내에서 발전되는 최대 순시 전압. 이 순간에서 코일의 위치를 그림으로 나타내어라.

(e) 한 주기에 걸친 코일 내에 유도되는 전압의 평균 값.

(f) 코일의 평면이 수직으로부터 30°일 때 코일 내에서 발전되는 전압. 두 방법 모두에 의해 계산하라.

3-6 100 [turn] 정사각형 코일의 각 변이 10 [cm]이다. 그것이 300 [rpm]의 일정한 속도에서 구동된다.

(a) 코일의 회전축이 0.1 [Wb/m^2]의 수직으로 향하는 **균일**(*uniform*) 자계에 직각이 되도록 위치되어 있다. 시간 $t = 0$에서, 코일이 최대 쇄교 자속의 위치에 있다. 발전되는 순시 전압에 대한 표현식을 유도하라. 한 주기에 대한 전압 파형을 그려라.

(b) 코일이 이제는 **반경 방향**(*radial*) 자계 내에 위치되어 있다. 다른 모든 자료는 문제 (a)에서와 같다. 최대 전압의 수치 값을 보여 한 주기에 대한 전압 파형을 그려라.

3-7 그림 P3-7 (a)와 (b)에서 극당 자속은 0.02 [Wb]이다. 코일은 1800 [rpm]으로 회전하며 2 [turn]으로 이루어져 있다.

(a) 그림 P3-7 (a)의 배치에 대하여 극당 자속과 α_0의 항으로 코일과 쇄교하는 자속에 대한 표현식을 유도하라.

(b) 그림 P3-7 (a)에서 코일 전압의 순시치는 얼마인가?

(c) 그림 P3-7 (b)의 배치에서 유도되는 전압의 최대 값을 계산하라.

(d) 그림 P3-7 (b)의 코일이 정류자편(commutator segment)의 쌍에 연결되었다고 가정하여, 이 전압의 직류 값을 찾아라.

3-8 전기기계가 그림 P3-8에 보여진 것과 같은 자계 분포를 가진다. 코일은 전체 180°를 점유하며 N [turn]을 가진다. 기계는 2극과 축방향 길이 l, 그리고 회전자 반경 r을 가진다.

(a) 전기각으로 표현된 α의 항으로 극당 쇄교 자속에 대한 표현식을 얻어라.

(b) 패러데이의 법칙의 사용에 의해 극당 자속의 항으로 유도 기전력에 대한 표현식을 찾아라.

(c) 유도 기전력에 대한 Blv 형태를 사용하여 문제 (b)의 결과를 입증하라.

3-9 2극 자계 분포가 그림 P3-9에 보여진 정현 형상을 가진다. 자속밀도의 최대 값은 0.4 [T]이다. 전절, 50 [turn], 0.3 [m]의 축방향 길이, 그리고 0.2 [m]의 반경을 가지는 코일이 600 [rpm]에서 구동된다.

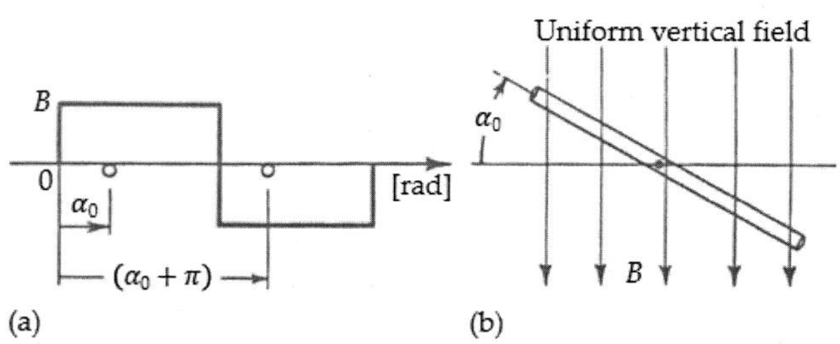

Figure P3-7.

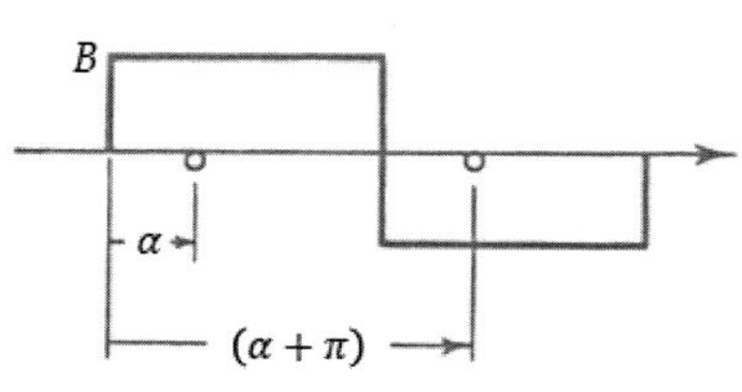

Figure P3-8.

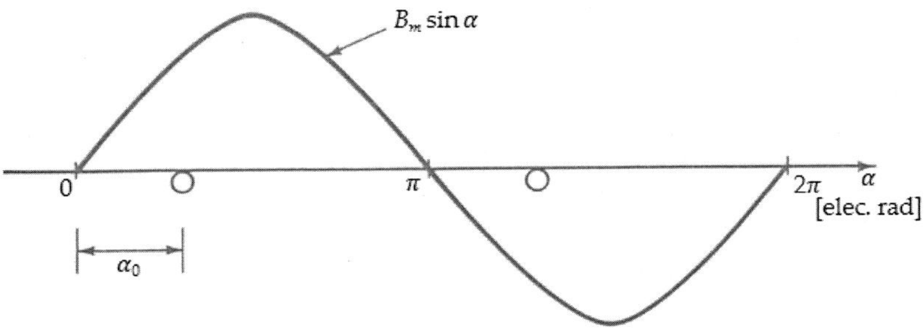

Figure P3-9.

(a) α_0의 위치에 있을 때 코일의 쇄교 자속에 대한 표현식을 유도하라.
(b) 쇄교 자속 접근법을 사용하여, $\alpha_0 = 120°$일 때 코일 전압의 순시치를 찾아라.
(c) Blv 접근법을 사용하여 문제 (b)를 반복하라.
(d) 코일 내에 유도되는 최대 전압과 그것이 생기는 위치를 찾아라.
(e) 유도되는 코일 전압의 평균 값은 얼마인가?

3-10 2극 기계가 그림 P3-10에 보여진 자계 분포를 가진다. 코일은 전절이며 N [turn], 반경 r, 그리고 축방향 길이 l을 가진다

(a) 코일 위치에 대한 쇄교 자속(λ)가

$$\lambda = \frac{NB_p lr}{\pi}\left(\frac{\pi^2}{2} - 2\alpha_0{}^2\right) \text{ [Wb-t]} \quad \text{where } 0 \le \alpha_0 \le \frac{\pi}{2} \text{ [rad]}$$

으로 주어짐을 보여라.

(b) 코일이 ω_0 [rad/s]로 구동된다고 가정하라. 쇄교 자속 변화 접근법을 사용하여 유도 되는 코일 전압에 대한 표현식을 찾아라. 범위 $0 \le \omega_0 \le \pi/2$ [rad]에 대하여 극당 자속의 항으로 결과를 표현하라.
(c) Blv 접근법을 사용하여 문제 (b)를 반복하라.

3-11 에너지 보존(즉, 식 (3-31))으로 출발하여 식 (3-27)을 유도하라.

3-12 4극 유도전동기가 정현 회전자 기자력과 정현 자속밀도로 특징지어진다. 더욱이, 극당 자속은 0.02 [Wb]이다. 특정 부하 조건에서 운전될 때, 공간 변위 각도는 53.3°로 찾아진다. 40 [N-m]의 토크를 생성하기 위해 요구되는 회전자 기자력파의 크기는 얼마인가?

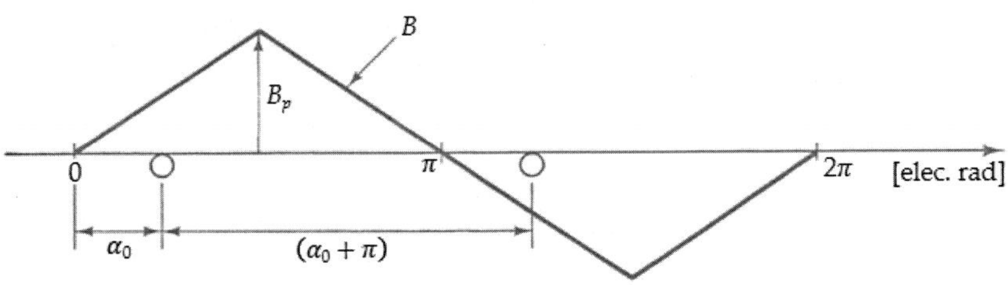

Figure P3-10.

3-13 60 [Hz], 8극 교류 전동기가 180 [turn]의 유효 권수를 갖는 전기자 권선 내에서 유도되는 440 [V]의 기전력을 가진다. 이 전동기가 10 [kW]의 동력을 발생할 때, 정현 계자 기자력의 크기는 800 [A-t]과 같다.

(a) 극당 합성 공극 자속의 값을 찾아라.

(b) 자속파와 기자력파 사이의 각도를 찾아라.

3-14 60 [Hz], 4극 유도전동기의 상당 유도 기전력이 120 [V]이다. 상당 유효 권수는 100 [turn]이다. 이 전동기가 60 [N-m]의 토크를 발생할 때 공간 변위 각도는 30°이다. 총(total) 전기자 암페어-턴의 값을 찾아라.

3-15 60 [Hz], 4극 유도전동기의 3상 전기자 권선이 상당 유효 권수 320 [turn]으로 설비되어 있다. 전동기가 10 [kW]를 발생할 때, 40 [A]의 전기자 전류, 37°의 공간 변위 각도, 그리고 1700 [rpm]의 회전 속도를 가진다.

(a) 극당 전기자 기자력의 크기를 찾아라.

(b) 발생 토크의 값은 얼마인가?

(c) 전기자 권선 내에서의 상당 유도 기전력을 계산하라.

(d) 극당 자속을 찾아라.

3-16 직류기에서 다음의 각각의 물리적 위치와 이에 의해 수행되는 기능을 밝혀라: 분권 계자 권선, 보극 권선, 보상 권선, 그리고 직권 계자 권선.

3-17 기계가 2극 단상 권선으로 만들어져 있으며 그림 P3-17에서 묘사된 바와 같이 직류 정류자 권선으로 설비되어 있다. 브러시 축은 코일 축으로부터 20° 이격되어 있다. 단상 전압이 고정자 권선에 인가된다면, 연속적인 단방향 토크가 발생될 것인가? 설명하라. 전기자 누설 자속은 무시할 수 있다고 가정하라.

3-18 다음의 형태로 된 전자기적 토크에 대한 기본 방정식이 차원적으로 옳음을 보여라:

$$T = \frac{\pi}{2}\left(\frac{p}{2}\right)^2 \Phi\mathcal{F}\sin\Delta \text{ [N-m]}$$

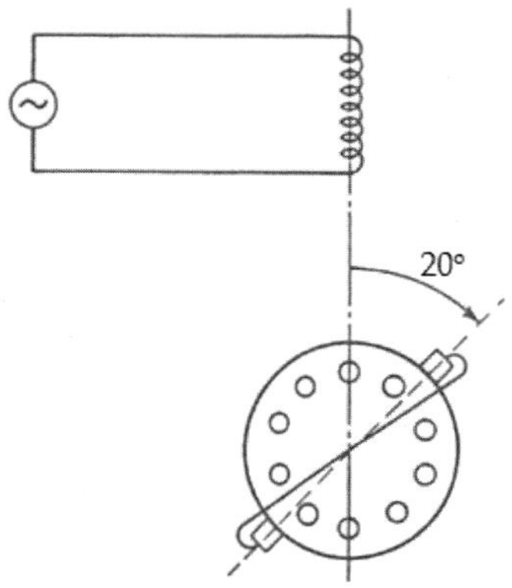

Figure P3-17.

4 THREE-PHASE INDUCTION MOTORS

유도전동기의 한가지 구별되는 양상은 그것이 **단일 여자**(*singly excited*) 기계라는 것이다. 그러한 기계는 계자 권선과 전기자 권선 둘 다가 설비되기는 하지만, 정상적인 사용에서는 에너지 원천이 계자 권선 하나에만 연결된다. 유도에 의해 전류가 전기자 권선 내에서 흐르게 만들어져, 순(net) 단방향 토크를 생성하도록 자계 분포와 상호 작용하는 암페어-도체 분포를 생성한다. 도체 내에서의 유도 전류의 주파수는 그것이 위치되는 회전자의 속도에 의해 영향을 받는다; 하지만, 회전자 속도와 전기자 전류 사이의 관계는 자계 분포에 대하여 정지 상태인 결과적인 암페어-도체 분포를 산출하도록 된다. 그 결과로서, 단일 여자 유도기는 **동기속도보다 낮은 어떤 속도에서**(*at any speed below synchronous speed*) 토크를 생성할 수 있다.† 이런 이유로, 유도전동기는 **비동기기**(*asynchronous machine*)의 종류가 된다. 이에 대비하여, **동기기**(*synchronous machine*)는 단지 한가지‡ 회전자 속도에서만 토크가 생성될 수 있다. 동기기의 구별되는 특성은 그것이 릴럭턴스 전동기(reluctance motor)로서 사용될 때를 제외하고는 **2중 여자** 장치(*doubly excited* device)라는 것이다.

3상 유도전동기의 두드러진 구조 양상이 3-3절에서 설명되었다. 유도기는 단일 여자이기 때문에, 자화 전류와 전류의 동력 성분이 같은 선로 내에서 흐르는 것이 필요하다. 더욱이, 유도기의 자기회로 내에서의 공극의 존재 때문에, 인가 전압에 의해 요구되는 극당 자속을 확립하기 위해 상당한 양의 자화 전류가 필요하게 된다. 보통은, 3상 유도전동기의 자화 전류의 값이 정격 전류의 25 [%]와 40 [%] 사이에 놓인다. 결론적으로, 유도전동기는 경부하에서 낮은 역률로 그리고 정격 출력 부근에서 1보다 낮은 역률로 운전되는 것으로 찾아진다.

이 장은 3상 유도전동기의 운전 이론과 성능 특성의 설명과 관련된다. 논의는 어떻게 하여 회전 자계가 3상 권선으로 얻어지는지에 대한 설명으로 시작한다. 결

†동기속도는 계자 권선에 인가되는 전원의 주파수와 설계된 기계에 대한 극수에 의해 결정된다. 이 양들은 식 (3-33)에 의해 관련된다. 따라서

$$\text{synchronus speed} = \frac{120f}{p} = n_s \text{ [rpm]}$$

이다.

‡이론적으로는, 0과는 다른 순(net) 토크가 존재할 수 있는 두가지 회전자 속도가 있지만, 두번째 속도에서는 막대한 전류가 흘러, 운전을 실행할 수 없게 만든다.

국 그것은 유도전동기의 이면에 있는 구동력(driving force)의 영역이다.

4-1 THE REVOLVING MAGNETIC FIELD

유도전동기의 3상 고정자 권선에 3상 전압의 적용은 변압기 동작에 의해 회전자 권선 내에 작동 기전력(working emf)을 유도하는 회전 자계를 생성한다. 회전자 유도 기전력은, 그것이 전기자 권선 도체를 통하여 흐르는 전류를 일으키기 때문에, 작동 기전력이라 불린다. 이것은 식 (3-27)에 따라 토크를 생성하도록 회전 자속밀도파와 결합한다. 결론적으로, 회전 자계를 유도전동기 동작에 있어서의 열쇠로 볼 수 있다.

회전 자계는 적절한 시 변위 전류(time-displaced current) 전류를 운반하는 공간 이격 상 권선(space-displaced phase winding)의 기여에 의해 생성된다. 이 설명을 이해하기 위하여 그림 4-1과 4-2로 주의를 돌리자. 그림 4-1에 나타난 것은 각각 상 a, b, 그리고 c 내에서 흐르는 것으로 가정된 3상 전류이다. 이 전류는 같이 120 [elec. deg]씩 시간 변위됨에 유의하라. 그림 4-2에 묘사된 것은 고정자 구조와 3상

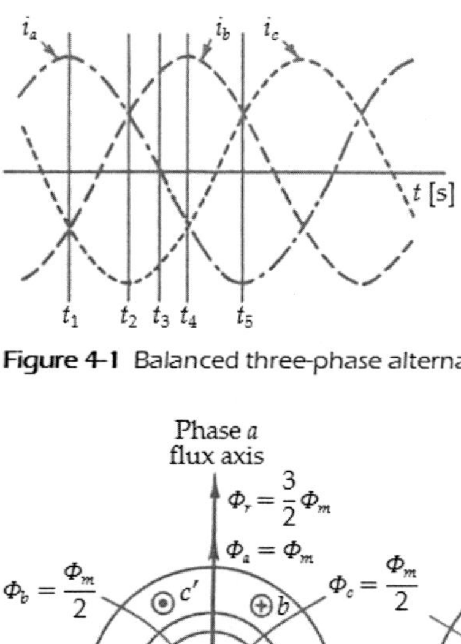

Figure 4-1 Balanced three-phase alternating currents.

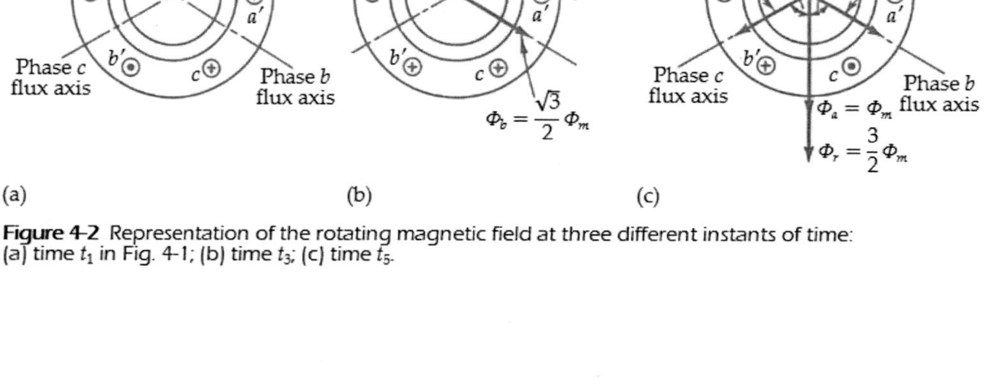

Figure 4-2 Representation of the rotating magnetic field at three different instants of time: (a) time t_1 in Fig. 4-1; (b) time t_3; (c) time t_5.

권선이다. 편의를 위하여 각 상(정상적으로는 60 [elec. deg]에 걸쳐 분포된)이 단일 코일로 나타내어져 있음에 유의하라. 따라서 코일 *a-a′*는 수직을 따르는 방향의 자속축을 가지는 전체 상 *a* 권선을 나타낸다. 이것은 상 *a*가 전류를 운반할 때는 언제나 수직을 따르는 방향—위 또는 아래로—의 자속 자계를 생성함을 의미한다. 오른손 법칙은 바로 이 설명을 입증한다. 비슷하게, 상 *b*의 자속축은 상 *a*로부터 120 [elec. deg] 이격되어 있으며, 상 *c*의 그것은 상 *b*로부터 120 [elec. deg] 이격되어 있다. 프라임 기호(′)가 없는 문자는 각 상의 시작 단자를 나타낸다.

그림 4-1에서 순시(time instant) t_1에 대응하는 합성 자속 계자의 크기와 방향을 고려하자. 이 순간에서, 상 *a* 내의 전류는 정(양)의 최대 값인 한편 상 *b*와 *c* 내의 전류는 부(음)의 최대 값의 2분의 1이다. 그림 4-2에서는 임의로, 주어진 상 내에서의 전류가 정(양)일 때, 프라임 기호가 없는 도체에 대하여 전류가 지면으로부터 나오는 것으로 가정되었다. 따라서, 시간 t_1에서 i_a가 정(양)이기 때문에, 점 표시(dot)가 도체 *a*에 대해 사용되었다. 그림 4-2 (a)를 보라. 물론 크로스 표시는 그것이 귀선 결선(return connection)을 나타내기 때문에 *a′*에 대해 사용되었다. 그러면 오른손 법칙에 의해 상 *a*가 수직을 따라 위로 향하는 방향의 자속 기여를 생성한다는 것이 따라온다. 더욱이, 전류가 최대이기 때문에 이 기여의 크기는 최대 값이다. 따라서 $\phi_a = \Phi_m$이다. 여기서 Φ_m은 상 *a*의 극당 최대 자속이다. 상 *a*는 실제로 그림 4-3에 묘사된 바와 같이 상 *a*의 축을 따라 위치되는 크기로 정현 자속 계자를 생성한다는 것을 이해하는 것이 중요하다. 하지만, 그림4-2 (a)에서는 이 정현 분포가 벡터 $\bar{\Phi}_a$로 편리하게 나타내어져 있다.

시간 t_1에서 상 *b*의 자계 기여의 크기와 방향을 결정하기 위하여, 먼저 상 *b* 내에서의 전류가 상 *a*의 전류에 대하여 부(음)임에 유의한다. 따라서 상 *b*의 시작에 있

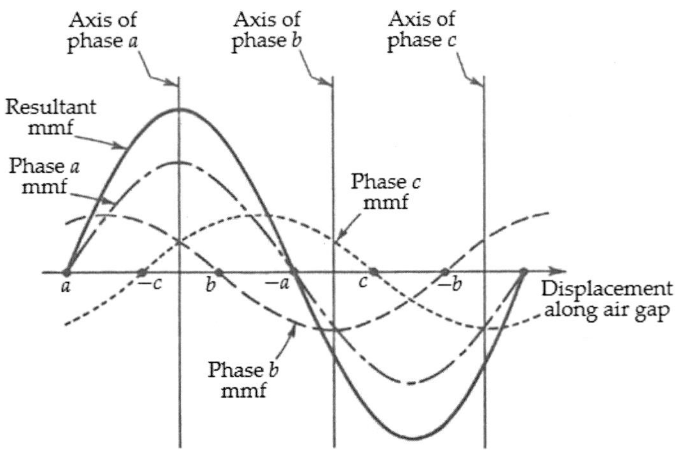

Figure 4-3 Component and resultant field distributions corresponding to t_1 in Fig. 4-1.

는 도체는 크로스 표시가 부여되는 한편 b'는 점 표시가 부여되어야 한다. 따라서 상 b의 순시 자속 기여는 그것의 자속축을 따라 위로 향하는 방향이며 전류가 최대 값의 2분의 1이기 때문에 상 b 자속의 크기는 최대 값의 2분의 1이다. 비슷한 이유가 상 c에 대하여 그림 4-2 (a)에 보여진 결과로 이끈다. 그림 4-2 (a)에 그려진 바와 같이, 시간 t_1에 대응하는 공간 상(space picture)을 일견하면 명확하게, 극당 합성 자속은 위로 향하는 방향이며 어떤 한 상의 극당 최대 자속의 3/2배의 크기를 가져야 할 것이다. 그림 4-3은 그림 4-2 (a)와 같은 결과를 묘사하지만, 자속 벡터가 아니라 정현 자속파의 항으로 나타나 있다. 그림 4-2에서 합성 자속 벡터는 공극을 가로지르는 방향임을 염두에 두어라. 일단 공극을 가로지르면, 자속은 보통의 방식으로 철(iron)로 제한된다.

다음으로 그림 4-1에서 시간이 t_1로부터 t_3으로 90 [elec. deg]를 통과하여 지나감에 따라 그림 4-2 (a)의 상황이 어떻게 변화하는지를 조사하자. 여기에서는 상 a 전류는 0으로 자속 기여를 산출하지 않는다. 상 b 내에서의 전류는 정(양)이며 최대값의 $\sqrt{3}/2$배와 같다. 상 c는 같은 전류 크기를 가지지만 부(음)이다. 상 b와 c가 함께 시간 t_1에서와 같은 크기를 가지는 합성 자속을 생성하도록 결합된다. 그림 4-2 (b)를 보라. 시간에서 90 [elec. deg]의 경과는 또한 90 [elec. deg]의 자속 계자의 회전으로 귀결한다는 것에 유의하는 것이 중요하다.

시간의 더 나아간 경과는 그림 4-2 (c)에 묘사된 상황으로 이끄는 부가적인 90 [elec. deg]와 등가이다. 자속 자계의 축이 다시 부가적인 90 [elec. deg]로 회전되었음에 유의하라.

앞의 논의를 기초로 하여, 명백하게 평형 3상 권선을 통한 3상 전류의 적용은 두가지 특성을 드러내는 회전 자계를 일으켜야 할 것이다: (1) 그것은 일정한 크기이며, (2) 일정한 속도이다. 첫번째 특성은 이미 설명되었다. 두번째 특성은 상전류에 대한 시간에서의 매 2π [elec. rad]에 대하여 합성 자속이 공간 내에서 2π [elec. rad]을 통하여 횡단한다는 사실로부터 따라온다. 따라서, 전기각과 기계각이 동일한 2극기의 경우, 전류의 매 주기의 변동은 자속 자계의 완전한 1회전을 생성한다. 따라서 이것은 전류의 주파수와 3상 권선이 설계된 극수에 종속하는 고정된 관계이다. 권선이 4극으로 설계된 경우에는, 자속 자계의 1회전을 생성하기 위해서는 전류의 2주기의 변동을 요구한다. 그러므로 p-극기의 경우 관계식은

$$f = \frac{p}{2} \times \text{rps} = \frac{p}{2} \cdot \frac{n}{60} \qquad [\text{Hz}] \tag{4-1}$$

이라는 것이 따라온다. 여기서 f는 [cycle/s] (cycles per second, cps)이며, rps는 초당 회전수(revolutions per second)이다. 식 (4-1)은 (3-33)과 동일함에 유의하라.

여러가지 순시에 있어서의 고정자 권선의 암페어-도체 분포의 조사는 개개의 상(phase)이 고정자 내에서 원통 코일 효과(solenoidal effect)를 생성하는 것과 같은 방식으로 협력한다는 것을 드러낸다. 따라서 그림 4-2 (a)에서 전류의 방향은 오른편에서는 모두 지면으로 들어가며 왼편에서는 지면으로부터 나오는 방향이다. 오른손 법칙은 그러면 자속 자계가 수직을 따라 위로 향하는 방향이라는 것을 나타낸다. 그림 4-2 (b)에서는, 크로스 및 점 분포가 이제는 합성 자속 자계가 수평으로 오른쪽으로 향하는 방향과 같다는 것을 제외하고는 비슷하다. 그러므로, 회전 자계는 고정자 권선과 관련된 회전 기자력의 결과라고 결론지을 수 있다.

앞에서는, 평형 3상 권선을 통하는 평형 3상 전류가 일정한 크기와 속도의 회전자계를 산출한다는 것을 지적하였다. 이 조건이 완전하게 만족되지 않는다면, 여전히 회전 자계를 얻는 것은 가능하지만 그것은 일정한 크기가 아닐 뿐만 아니라 일정한 선형 속도(linear speed)도 아닐 것이다. 일반적으로, q-상 기계의 경우, 일정한 크기와 일정한 속도의 회전자계는 다음의 두가지 조건이 만족될 때 생긴다: (1) 평형 상 권선(phase winding) 사이에 $2\pi/q$ [elec. rad]의 **공간** 이격(*space* displacement)가 있으며, (2) 상 권선을 통하는 전류가 평형이며 $2\pi/q$ [elec. rad]만큼 **시간** 변위되어 있어야(*time*-displaced) 한다. 3상기의 경우 $q = 3$이며 그래서 이제 익숙한 120°의 값이 얻어진다. 법칙에서 유일한 예외는 2상 기계(two-phase machine)이다. 2상의 상황은 4상 계통의 특별한 경우이기 때문에, 4와 같은 q의 값이 사용되어야 한다.

이제 마지막 한가지가 언급될 순서이다. 식 (4-1)로 설명된 자계의 회전 속도는 항상 시변 전류(time-varying current)를 운반하는 상권선에 대하여 주어진다. 따라서, 권선 자체가 회전하는 상황에서는 관성 공간(inertial space)에 대한 자계의 회전 속도는 권선에 대한 속도와는 다르다.

Mathematical Analysis

3상 유도전동기의 고정자 (계자) 권선의 기자력 분포는 보통 형상이 사다리꼴이지만, 그것은 매우 현저한 기본파 성분을 내포한다. 사실상 그림 4-3에 묘사된 것은 이 성분이다. 약간의 고조파 기자력이 존재하기는 하지만, 여기에서는 주의를 중요한 기본파 항으로 제한해야 할 것이다.

어떤 순시에 있어서의 합성 고정자 기자력은 각 상의 기여로 구성된다. 각 상 권선이 고정된 공간축을 따르는 시간에 따라 변하는 기여를 만든다는 것을 염두에 두는 것이 중요하다. 단일 상에서만 보는 관측자는 따라서 교변(교류) 계자(alternating field)를 본다. 그림 4-3에서 상 a의 축이 공극을 따르는 변위 각도 α에 대한 0 기준점(zero reference point)으로 취해진다면, 이 상에 의해 만들어지는 교번 계

자는 수학적으로

$$\mathcal{F}_a = \mathcal{F}_m \cos \omega t \cos \alpha \qquad \text{[A-t]} \tag{4-2}$$

로 표현될 수 있다. 여기서 $\mathcal{F}_m$은 극당 기자력의 최대 값을 나타내며, q가 단위 값(unity, 1)과 같게 두어질 때(단상) 식 (3-24)로 특정된다. 식 (4-2)의 의미가 이해되었는지를 확인하기 위하여 잠시 멈추는 것이 좋다. 이 식은 공간 내에, 말하자면, $\alpha = 0°$(즉, 상 a의 축)에 배치된 관측자가 시간 $t = 0$일 때 상 a 기자력의 최대 값을 본다는 것을 기술한다. 시간이 진척됨에 따라, 이 기자력의 값은 변화한다. 따라서 $\omega t = 60°$일 때 $\alpha = 0°$에 있는 관측자는 이제 상 기여로서 $\mathcal{F}_m/2$을 본다. $\omega t = 120°$일 때에는 기여가, 자극의 극성이 역전된 것을 의미하는, $-\mathcal{F}_m/2$으로 된다. $\omega t = 180°$일 때에는, 기자력 기여가 $-\mathcal{F}_m$이 되는 것으로 찾아진다. 따라서, $\alpha = 0°$에 위치된 관측자는 시간의 진척에 따라 정(양)의 $\mathcal{F}_m$과 부(음)의 $\mathcal{F}_m$ 사이에서 교번하는 상 a의 기자력 기여를 본다. 관측점이 바뀐다면, 식 (4-2)는 관측자가 교번 자계를 보는 것을 계속하지만 이제는 그것이 다른 최대 값 사이에서 변한다는 것을 기술한다. 따라서, 관측자가 $\alpha = 30°$에서 고정되었다면, 시간이 경과함에 따라 상 a 기자력은 $\pm(\sqrt{3}/2)\mathcal{F}_m$ 사이에서 교번하는 것으로 나타내어진다. 이 위치에 배치된 관측자는 상 a의 기본파 기자력의 첨두 값을 절대 볼 수 없다. 물론 $\alpha = 90°$에 위치하고 있는 관측자는 모든 순시에 대해 0의 값의 상 a 기자력을 본다.

상 b의 기자력에 대한 표현식은 식 (4-2)에서 시간 변수 t 그리고 공간 변수 α와 관련된 두가지 수정을 도입함으로써 적어질 수 있다. 평형 3상 전압이 평형 3상 고정자 권선에 인가된다는 것을 상기하면, 상 b 권선 내에서의 시변 전류는 그림 4-1에서 묘사된 바와 같이 상 a 내에서의 그것보다 120 [elec. deg] 이격되어 있다. 더욱이, 상 b의 권선의 축 역시 공간 내에서 120 [elec. deg] 이격되어 있다. 따라서, 상 b의 순시 기자력의 표현식은

$$\mathcal{F}_b = \mathcal{F}_m \cos(\omega t - 120°) \cos(\alpha - 120°) \qquad \text{[A-t]} \tag{4-3}$$

으로 된다. 여기서 $\mathcal{F}_m$은 상 a의 경우에서와 같은 의미를 갖고 있다. 비슷한 방식으로 계속하면 상 c의 기자력은

$$\mathcal{F}_c = \mathcal{F}_m \cos(\omega t - 240°) \cos(\alpha - 240°) \qquad \text{[A-t]} \tag{4-4}$$

와 같이 적어질 수 있다.

물리적인 해석에서 설명된 바와 같이, 총(total) 3상 권선의 합성 기자력은 각 상의 교번(교류) 기자력의 순시 기여를 합함으로써 찾아진다. 대수적으로 표현하면

$$\mathcal{F}_r = \mathcal{F}_a + \mathcal{F}_b + \mathcal{F}_c = \mathcal{F}_m[\cos\omega t\cos\alpha + \cos(\omega t - 120°)\cos(\alpha - 120°) + \cos(\omega t - 240°)\cos(\alpha - 240°)] \quad \text{[A-t]} \tag{4-5}$$

를 가진다. 삼각 항등식

$$\cos x\cos y = \frac{1}{2}\cos(x-y) + \frac{1}{2}\cos(x+y) \tag{4-6}$$

을 도입하면

$$\mathcal{F}_r = \frac{\mathcal{F}_m}{2}[\cos(\omega t - \alpha) + \cos(\omega t + \alpha) + \cos(\omega t - \alpha) + \cos(\omega t + \alpha - 240°) + \cos(\omega t - \alpha) + \cos(\omega t + \alpha - 120°)] \quad \text{[A-t]} \tag{4-7}$$

로 귀결한다. 이 마지막 표현식이 **공간**(*space*) 자계를 나타낸다는 것을 염두에 두면, 두번째, 네번째, 그리고 여섯번째 항은, 같은 크기이며 서로 120° 떨어져 있어, 0의 순 값(net value)를 산출한다는 것이 명백하다. 따라서 식 (4-7)은

$$\mathcal{F}_r = \frac{3}{2}\mathcal{F}_m\cos(\omega t - \alpha) \quad \text{[A-t]} \tag{4-8}$$

과 같이 간단하게 된다. 이것은 일정한 크기의 회전 자계의 방정식이다. 그림 4-2에 묘사된 결과와의 대응에 유의하라. 거기에서는 세개의 교류 자계의 협력이 어떤 상의 크기의 3/2과 같은 크기를 가지는 합성 자계를 산출함을 보였다. 이것은 식 (4-8)에서 나타난 인자 $3/2\,\mathcal{F}_m$과 부합한다. 대응을 완성하기 위해서는, 이제 $\cos(\omega t - \alpha)$가 진행파(이동파, traveling wave)에 대한 수학적 표현이라는 것을 보여야 한다.

이와 관련하여, 공간 내에서 위치 $\alpha = 30°$에 고정된 관측자를 고려하고 시간이 진척됨에 따라 어떤 일이 일어나는 지를 조사하자. $\alpha = 30°$에 대하여 식 (4-8)을 직접 적용하면 다음을 얻는다:

1. $\omega t_1 = 0°$에서

$$\mathcal{F}_r = \frac{3}{2}\mathcal{F}_m\cos(-30°) = \frac{3}{2}\mathcal{F}_m\frac{\sqrt{3}}{2} \quad \text{[A-t]}$$

2. $\omega t_1 = 30°$에서

$$\mathcal{F}_r = \frac{3}{2}\mathcal{F}_m \quad \text{[A-t]}$$

3. $\omega t_1 = 120°$에서

$$\mathcal{F}_r = \frac{3}{2}\mathcal{F}_m \cos(120° - 30°) = 0 \qquad \text{[A-t]}$$

그림 4-4에 묘사된 것은 일정한 크기의 코사인 곡선(cosinusoid)이 그것이 계산되는 것과 부합하는 값을 산출하기 위해 취해야 하는 여러가지 위치이다. 시간이 30° 전진함에 따라, ωt_1에서의 파의 위치가 α의 정(양)의 방향으로 30° 이동해야 함에 유의하라. 이렇게 하여 공간 위치 $\alpha = 30°$에 고정된 관측자만이 식 (4-8)로 불리어진 것과 같은 합성파(resultant wave)의 첨두 값을 본다. 90°에 대응하는 시간의 부가적인 경과의 경우, 관측자는 합성파의 0의 값을 본다. 이것은 위치 ②에 보여진 파가 α의 정(양)의 방향을 따라 90° 이동하여 위치 ③으로 움직였을 때 일어난다. 그러므로, 식 (4-8)은 사실상 삼각함수를 포함하는 진행파에 대한 방정식을 나타낸다. 앞에서 사용된 것과 같은 추론이 부(음)의 α 방향으로 진행(이동)하는 삼각 특성(trigonometric character)의 진행파가, 앞에서와 같이 t는 시간 변수이며 α는 공간 변수인, $\cos(\omega t + \alpha)$의 형태로 나타난다는 것을 설명하기 위해 사용될 수 있다.

4-2 INDUCTION MOTOR SLIP

3상 유도전동기는 그것이 고정자와 회전자 권선에 관하여 변화하는 쇄교 자속을 포함하는 단일 여자 장치이기 때문에 변압기와 비교될 수 있다. 이와 관련하여, 그림 4-5에 그려진 바와 같이 회전자는 권선형이며 Y-결선으로 되어있다고 가정한다. 개방 회로로 되어 있는 회전자로는 토크가 발생될 수 없다. 따라서 3상 권선에 대한 3상 전압의 적용은 선 주파수 f_1에서 고정자와 회전자 권선 둘 다를 절단하는 회전 자계를 생기게 한다. 회전자 권선의 상당 유도되는 기전력의 실효치는 식 (3-21)과 같이

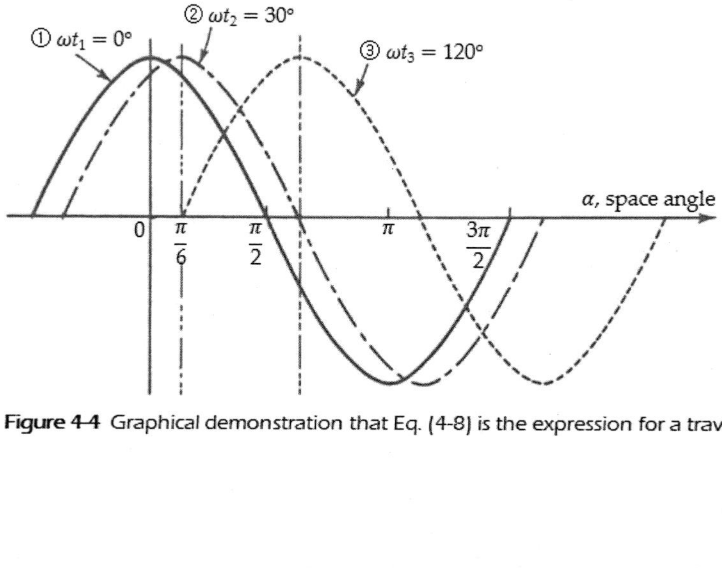

Figure 4-4 Graphical demonstration that Eq. (4-8) is the expression for a traveling wave.

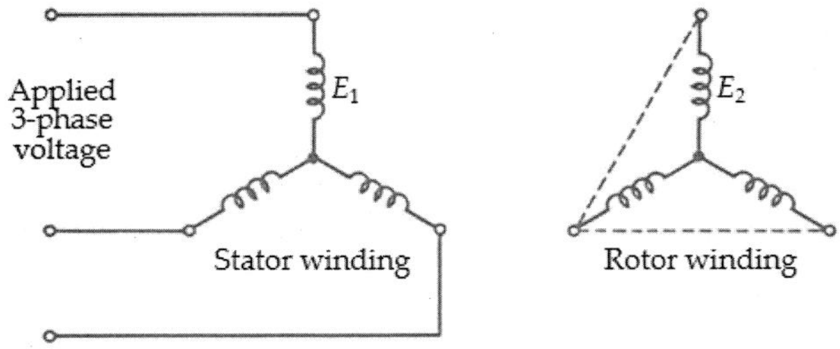

Figure 4-5 Schematic representation of the three-phase wound-rotor induction motor. The dashed line indicates short-circuit links for normal operation.

$$E_2 = 4.44 f_1 N_2 K_{w2} \Phi \qquad [\mathrm{V}] \tag{4-9}$$

로 주어진다. 여기서 하첨자 2는 회전자 권선량을 나타낸다. 여기에서는 회전자가 정지 상태이기 때문에 고정자 주파수 f_1이 사용된다. 따라서 E_2는 **선** 주파수(*line-*frequency) 기전력이다. 물론 자속 Φ는, 고정자와 회전자에 공통인, 극당 자속이다.

비슷한 표현식이 고정자 권선에서 생기는 상당 유도 기전력의 실효치를 나타낸다. 따라서

$$E_1 = 4.44 f_1 N_1 K_{w1} \Phi \qquad [\mathrm{V}] \tag{4-10}$$

이다. 식 (4-9)와 (4-10)으로부터 공식으로 비(ratio)

$$\frac{E_1}{E_2} = \frac{N_1 K_{w1}}{N_2 K_{w2}} \tag{4-11}$$

을 나타낼 수 있다. 변압기의 전압 변환비에 대한 이 표현식의 유사성에 유의하라. 차이는, 변압기에서 사용된 집중 코일에 대비되는 전동기에 대한 분포 권선의 사용에 의해 필요하게 되는, 전동기의 권선 계수의 포함에 있다. 본질적으로, 그러면, 정지 상태에서의 유도전동기는 고정자 권선이 1차 권선이며 회전자 권선이 2차인 변압기의 특성을 나타낸다.

다음으로, 운전 조건 하에서의 유도전동기의 거동을 고려하자—다시 변압기와의 유사성을 지적할 의도로. 기동 토크(그리고 그 뒤의 운전 토크)를 생성하기 위해서는, 회전자 권선을 통하여 흐르는 전류를 갖는 것이 필요하다. 이것은 그림 4-5에서 파선으로 나타내어진 방식으로 권선을 단락 회로로 함으로써 바로 이루어진다. 처음에 유도 기전력 E_2가, 기동 토크를 생성하기 위해 자속 자계와 작용하는 암페어-도체 분포를 생성하는, 단락 회로를 통하여 흐르는 상당 회전자 전류 I_2를 일으킨다. 이 토크의 방향은 항상 회전 자계와 같은 방향으로 이동하는 회전자가 되도록 한다. 그림 4-6의 검토는 이것을 명확하게 만든다. 자속 계자가 인가 고정자 주

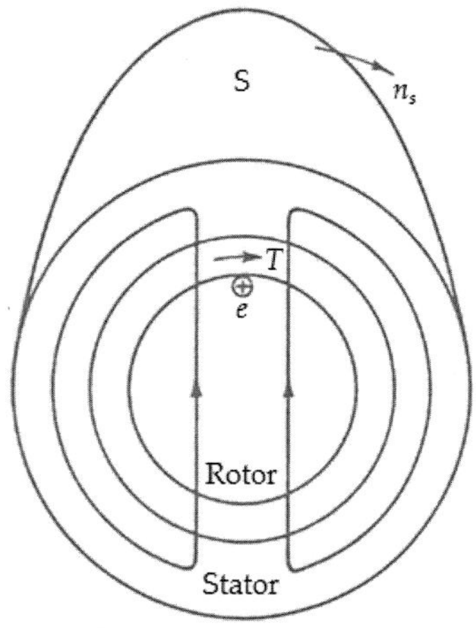

Figure 4-6 Showing the direction of induced voltage and developed torque on a typical conductor.

파수에 대응하는 속도로 시계 방향으로 회전한다고 가정한다. 이 속도는 **동기속도**(*synchronous speed*)라 불리며 식 (4-1)로 나타내어진다. 따라서

$$n_s = \frac{120 f_1}{p} \qquad \text{[rpm]} \tag{4-12}$$

이다. $\bar{v} \times \bar{B}$ 법칙에 의해 S-극 자속 아래에 놓인 전형적인 도체 내에서의 유도 기전력은 그림 4-6에 나타내어진 바와 같이 지면으로 들어가는 방향이다. 그러면 전류의 이 방향에 대하여 $\bar{I}_2 \times \bar{B}$ 법칙은 시계 방향의 토크를 드러낸다. 그러므로 회전자는 고정자 자계를 따라 잡으려는 방향으로 움직인다.

회전자 속도가 증가함에 따라, 고정자 자계가 회전자 코일을 절단하는 비율은 감소한다. 이것은 상당 합성 유도 기전력을 줄이며, 그 다음 암페어-도체 분포의 크기를 감소시키고 더 작은 토크를 산출한다. 사실상 이 과정은, 회전자 속도가 반대되는 토크와 같은 토크를 발생하기 위해 필요로 하는 바로 그 전류를 생성하기 위해 충분한 기전력을 산출하는 속도에 도달할 때까지, 계속된다. 축부하(shaft load)가 없다면, 반대되는 토크는 주로 마찰손으로 이루어진다. 극복해야 하는 반대 토크가 있는 한—작거나 그것의 기원이 무엇이건 간에—**회전자 속도는 절대 동기속도와 같을 수 없다**. 이것은 단일 여자 전기-기계 에너지 변환 장치의 특성이다. 회전자 (또는 2차) 권선 전류가 유도에 의해 생성되기 때문에, 항상 고정자 자계와 회전자 사이에 속도의 차이가 있어야 한다. 달리 말해, 고정자(또는 1차) 권선과 회전자(또는 2차) 권선 사이에서 항상 변압기 동작이 생기는 것이 허용되어야 한다.

이 속도 차이 또는 **슬립**(*slip*)은 유도전동기에 대하여 매우 중요한 변수이다. 식으로는

$$\text{slip} \equiv n_s - n \qquad [\text{rpm}] \tag{4-13}$$

과 같이 적을 수 있다. 여기서 n은 [rpm]으로 나타낸 실제 회전자 속도이다. 식 (4-13)이 고정자 자계에 실려가는 관측자가 회전자를 보는 것—그것은 후방으로 미끄러지는 것으로 나타난다—에 대하여 설명하기 때문에 용어 슬립이 사용된다. 기준으로써 동기속도를 기저로 사용한 [pu]로 표현되었을 때 슬립 량에 대한 더 유용한 형태가 얻어진다. 따라서 [pu]로 나타낸 슬립은

$$s = \frac{n_s - n}{n_s} \qquad [\text{pu}] \tag{4-14}$$

이다. 통상의 유도전동기의 경우 s의 값은 0과 단위 값(unity, 1) 사이이다.

유도전동기 해석에서는 회전자 양들(유도 전압, 전류, 그리고 임피던스 같은)을 선-주파수(line-frequency) 양과 식 (4-14)로 표현된 것과 같은 슬립의 항으로 표현하는 것이 통례이다. 예를 들어, 회전자가 어떤 속도 $n < n_s$에서 운전되는 것으로 가정된다면, 회전자 권선에서 유도되는 실제 상당 기전력은 선-주파수 양 E_2의 항으로 sE_2로 표현될 수 있다. 이 정식화(formulation)는, 다음 절에서 설명되는 바와 같은, 확실한 이점을 가진다. 비슷한 방식으로, 상당 회전자 권선 임피던스를

$$z_2 = r_2 + jsx_2 \qquad [\Omega] \tag{4-15}$$

로 표현하는 것이 가능하다. 여기서 z_2는 회전자 상 임피던스를 나타내며, r_2는 상당 회전자 저항, 그리고 x_2는 회전자 권선의 상당 선-주파수 누설 리액턴스이다. 물론 회전자가 속도 n(또는 슬립 s)에서 운전될 때 이 리액턴스의 유효한 값은 크기가 단지 s배일 뿐이다. 회전자에서의 전류의 주파수는 회전자 권선에 대한 고정자 자계의 상대 속도와 직접 관련된다는 것을 염두에 두어라. 따라서,

$$f_2 = \frac{p \times (\text{slip rpm})}{120} = \frac{p(n_s - n)}{120} \qquad [\text{Hz}] \tag{4-16}$$

으로 적을 수 있다. 여기서 f_2는 회전자 권선에서의 기전력과 전류의 주파수이다. 식 (4-14)에 의해 식 (4-16)을

$$f_2 = \frac{psn_s}{120} = s\frac{pn_s}{120} = sf_1 \qquad [\text{Hz}] \tag{4-17}$$

과 같이 다시 적는 것이 가능하다. 이것은 회전자 주파수 f_2가 단지 고정자 선-주파수에 슬립의 적절한 단위 값을 곱함으로써 얻어진다는 것을 나타낸다. 이런 이유로 f_2는 종종 **슬립 주파수**(*slip frequency*)라 불린다.

4-3 THE EQUIVALENT CIRCUIT

운전의 해석으로 향하게 하고 성능의 계산을 손쉽게 하도록 하기 위하여 3상 유도 전동기의 등가회로를 갖는 것이 바람직하다. 앞 절에서 이루어진 관찰로부터, 등가회로를 변압기의 정확한 등가회로와 동일한 것으로 가정하는 것에 놀라지 않아야 할 것이다. 이 경우에는 등가회로의 유도가 2차 권선(회전자)이 회전하며 그것에 의해 기계 동력을 발생한다는 사실을 고려하기 위해 도입되는 필요한 수정과 함께 비슷한 방식으로 계속된다.

The Magnetizing Branch of the Equivalent Circuit

등가회로의 모든 매개변수는 상당 기저(per-phase basis)로 표현된다. 이것은 고정자 권선이 Y-결선이든 Δ-결선이든 적용된다. Δ-결선의 경우에는 값이 등가 Y-결선으로 환산된다. 그림 4-7 (a)에 나타난 것은 고정자 (또는 1차) 권선을 기준으로 한 등가회로의 부분이다. 그것은 고정자 상 권선 저항 r_1, 고정자 상 권선 누설 리액턴스 x_1, 그리고 철손 저항기 r_c와 자화 리액턴스 x_ϕ로 만들어진 자화 임피던스로 이루어짐에 유의하라. 이 회로와 변압기의 등가회로 사이에 형태에서의 차이는 없다. 차이는 단지 매개변수의 크기에 있을 뿐이다. 따라서 유도전동기의 경우에서는 자기회로가 필연적으로 공극을 포함하기 때문에 총(total) 자화 전류 $\bar{I}_m$이 상당히 더 크다. 변압기에서는 이 전류가 대략 정격 전류의 2 [%]에서 5 [%]인 반면, 여기에서는 전동기의 크기에 종속하여 근사적으로 정격 전류의 25 [%]에서 40 [%]이다. 더욱이, 공극이 있기 때문은 물론 고정자와 회전자 권선이 변압기에서와 같이 철심에 집중되기 보다는 공극의 주위를 따라 분포되기 때문에 유도전동기에 대한 1차 누설 리액턴스 또한 더 크다. 회전자 (또는 2차) 권선에서 생기는 작용의 효과는 그림 4-7 (a)에 있는 단자 *a-b*에서 적당한 등가-전압 수준에서 스스로 반영되어야 한다. 다음으로 이것이 생기는 방식을 조사한다.

The Actual Rotor Circuit per Phase

슬립 s의 특별한 값을 부르는 어떤 특정한 부하 조건에 대하여, 상당 회전자 전류는

$$\bar{I}_2 = \frac{s\bar{E}_2}{r_2 + jsx_2} \qquad [\mathrm{A}] \tag{4-18}$$

로 표현될 수 있다. 여기서 $\bar{E}_2$와 x_2는 정지 상태에서의 값이다. 식 (4-18)의 회로 표현이 그림 4-7 (b)에 묘사되어 있다. 그것은 $\bar{I}_2$가 $r_2 + jsx_2$의 상당 임피던스를 가지는 회전자 회로 내에서 작용하는 슬립 주파수 유도 기전력 $s\bar{E}_2$에 의해 생성되는

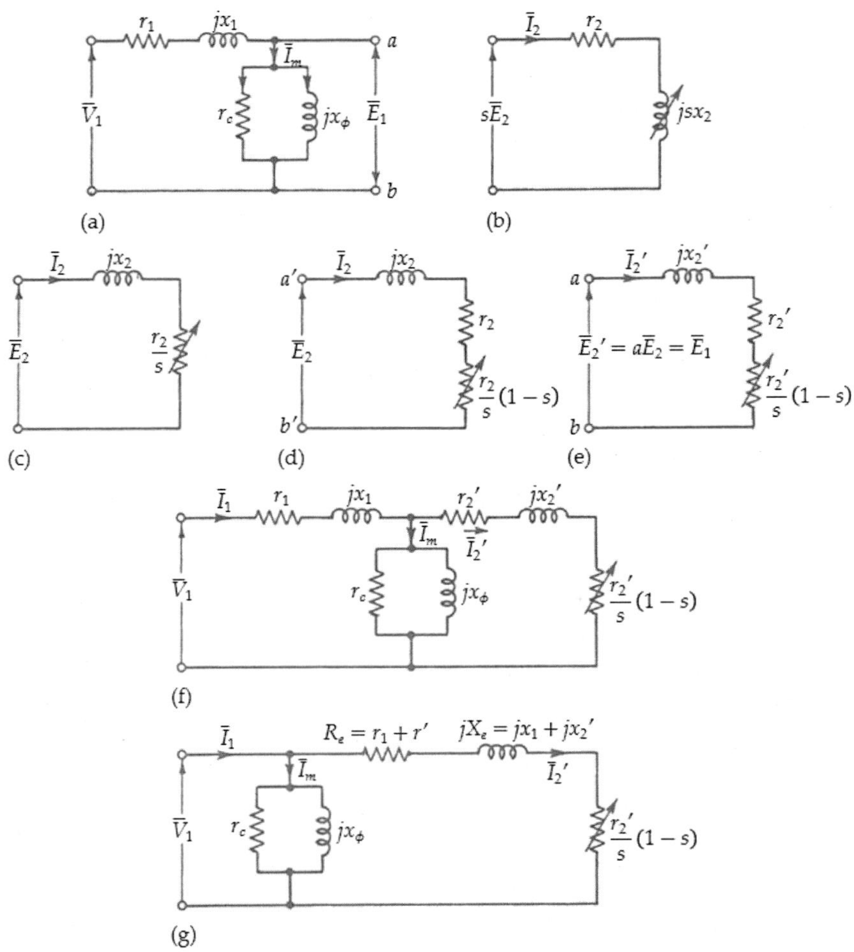

Figure 4-7 Derivation of the equivalent circuit: (a) stator winding section; (b) actual rotor circuit; (c) equivalent rotor circuit; (d) modified equivalent rotor circuit; (e) stator-referred equivalent rotor circuit; (f) exact equivalent circuit; (g) approximate equivalent circuit,

슬립 주파수 전류라는 것을 설명한다. 달리 말해, 이것은 회전자 권선에 실려가는 관측자에 의해 보여질 전류이다. 더구나, 이 회전자 회로 내에 포함되는 유효 전력의 양은 회전자 임피던스의 실수부에 전류의 제곱을 곱한 것이다. 사실상, 이 전력은 상당 회전자 동손을 나타낸다. 따라서 총(total) 회전자 동손은

$$P_{cu2} = q_2 I_2^2 r_2 \qquad [W] \tag{4-19}$$

로 표현될 수 있다. 여기서 q_2는 회전자 상수(number of rotor phases)를 나타낸다.

The Equivalent Rotor Circuit

식 (4-18)의 분자와 분모를 둘 다 슬립 s로 나눔으로써

$$\bar{I}_2 = \frac{\bar{E}_2}{(r_2/s) + jx_2} \quad [A] \tag{4-20}$$

을 얻는다. 이 표현식에 대응하는 회로 설명이 그림 4-7 (c)에 나타나 있다. $\bar{I}_2$의 크기와 위상각은 이 연산에 의해 바뀌지 않고 남아 있음에 유의하라. 하지만, 식 (4-18)과 (4-20) 사이에는 중요한 차이가 있다. 후자의 경우 $\bar{I}_2$는 $r_2/s + jx_2$의 상당 임피던스를 갖는 회전자 회로 내에서 작용하는 선-주파수 전압 $\bar{E}_2$에 의해 생성되는 것으로 고려된다. 따라서 식 (4-20)의 $\bar{I}_2$는 **선-주파수**(*line-frequency*) 전류인 반면, 식 (4-18)의 $\bar{I}_2$는 **슬립-주파수**(*slip-frequency*) 전류이다. 이 차이를 이해하는 것이 중요하다.

s에 의한 식 (4-18)의 조작은 일정 저항과 가변 누설 리액턴스로 특성지어지는 실제 회전자 회로(그림 4-7 (b)를 보라)로부터 가변 저항과 일정 누설 리액턴스로 특성지어지는 회전자 회로(그림 4-7 (c)를 보라)로 갈 수 있게 하였다. 더욱이, 그림 4-7 (c)의 등가 회전자 회로에 관련된 유효 전력은 명백히

$$P = I_2^2 \frac{r_2}{s} \quad [W] \tag{4-21}$$

이다. 따라서 q_2 상에 대한 총 전력은

$$P_g = q_2 I_2^2 \frac{r_2}{s} \quad [W] \tag{4-22}$$

이다. 식 (4-19)와 이 표현식의 비교는 그림 4-7 (c)의 등가회로와 관련된 전력이 상당히 더 크다는 것을 나타낸다. 예를 들어, 대형기에서 s의 전형적인 값은 0.02이다. 따라서 P_g는 실제 회전자 동손 보다 50의 인자로 더 크다.

이 전력 상위의 의미는 무엇일까? 답은 식 (4-20)에 의한 $\bar{I}_2$가 **선-주파수** 전류(*line-frequency* current)라는 사실에 있다. 이것은 기준점이 회전자(슬립-주파수 양이 존재하는)로부터 고정자(선-주파수 양이 존재하는)로 바뀌었다는 것을 의미한다. 그림 4-7 (c)의 회로 표현에 따라, 관측자는 그의 기준점을 회전자로부터 고정자로 바꾼다. 이제는 회전자 내에서 보는 관측자가 단지 회전자 동손 만을 보는 것이 아니라 발생되는 기계적 동력도 보기 때문에, 이 변화(shift)는 중요하다. 고정자 기저 관측자(stator-based observer)에 관하여 회전자 속도가 회전자 기저 관측자에 대한 것과 같이 더 이상 0이 아니기 때문에 후자의 양이 포함된다. 사실은, 식 (4-22)는 회전자로의 총 전력 입력을 준다. 그것은 공극을 가로질러 고정자로부터 회전자로 전달되는 전력이다. 이 사실을 강조하는 방식으로 식 (4-22)를 다음과 같이 다시 쓸 수 있다:

$$P_g = q_2 I_2^2 \frac{r_2}{s} = q_2 I_2^2 \left[r_2 + \frac{r_2}{s}(1-s) \right] \qquad [\mathrm{W}] \tag{4-23}$$

달리 말해, 그림 4-7 (c)의 가변 저항은 실제 회전자 권선 저항 r_2와 기계적 축부하를 나타내는 가변 저항 R_m으로 대체될 수 있다. 즉,

$$R_m \equiv \frac{r_2}{s}(1-s) \qquad [\Omega] \tag{4-24}$$

이다. 이 표현식은, 그것이 저항기에 의해 등가회로 내에서 나타내어질 수 있는 어떤 기계적 부하를 허용하기 때문에, 해석에 있어서 유용하다. 그림 4-7 (d)는 회전자 등가회로의 수정된 판(version)을 나타낸다. 마지막으로, 앞의 설명을 기초로 하여 명백하게 회전자 등가회로는 상당 회전자 전류의 크기와 위상각이 관련될 때에만 등가이어야 할 것이다.

The Stator-Referred Rotor Equivalent Circuit

그림 4-7 (a)에서 단자 a-b를 가로질러 나타나는 전압은 N_1K_{w1} [turn]의 유효 권수를 갖는 선-주파수 양이다. 그림 4-7 (d)에서 단자 a'-b'를 가로질러 나타나는 전압 또한 선-주파수 양이지만 N_2K_{w2} [turn]의 유효 권수를 가진다. 일반적으로 $E_1 \neq E_2$이어서, 그림 4-7 (d)에서 a'-b'는 단선 등가회로를 산출하기 위하여 a-b에 묶어질 수 없다. 이것을 이루기 위해서는 변압기에서 했던 바와 같이 실제 회전자 권선을 $N_1 K_{w1}$ [turn]의 유효 권수를 가지는 등가 권선으로 대체하는 것이 필요하다. 달리 말해, 모든 회전자 양이 그림 4-7 (e)에 묘사된 방식으로 고정자로 환산되어야 한다. 프라임이 붙은 표기(primed notation)가 고정자로 환산된 회전자 양을 나타내기 위해 사용되었다. 회전자 양을 고정자로 환산하는데 사용된 환산 계수(reduction factor)의 유도는 Appendix D에 나타나 있다. 권선형 회전자와 농형 회전자 기계 둘 다가 거기에서 다루어졌다.

The Complete Equivalent Circuit

그림 4-7 (e)에서 단자 a-b를 가로질러 나타나는 전압은 그림 4-7 (a)에서 단자 a-b를 가로질러 나타나는 전압과 같다. 따라서 이 단자는 그림 4-7 (f)에 나타난 바와 같이 완전한 등가회로를 산출하기 위해 묶어질 수 있다. 형태가 2권선 변압기에서의 형태와 동일함에 유의하라.

The Approximate Equivalent Circuit

정확도의 적은 상실로 계산의 상당한 단순화가 그림 4-7 (f)에 그려진 바와 같이 자화 지로를 기계 단자로 옮김으로써 이루어질 수 있다. 이 수정은 본질적으로 $\bar{V}_1$

$\approx \bar{E}_1 = \bar{E}_2'$라는 가정을 기초로 한다. 모든 성능 계산은 근사 등가회로를 사용하여 수행될 것이다.

4-4 COMPUTATION OF PERFORMANCE

유도전동기가 무부하에서 운전될 때, 슬립은 0에 매우 가까운 값을 가진다. 따라서 기계적 부하 저항기 R_m은 매우 큰 값을 가지며, 다음에는 작은 회전자 전류가 흐르게 한다. 대응하는 전자기적 토크는, 식 (3-27)로 설명된 바와 같이, 단지 주로 마찰과 풍손(windage)으로 이루어지는 **회전손**(*rotational loss*)을 극복하기 위해 필요한 값을 나타낸다. 다음으로 기계적 부하가 전동기 축에 인가된다면, 축 부하에 대한 초기 반작용이 전동기 속도를 약간 떨어뜨리고 그것에 의해 슬립이 증가한다. 증가된 슬립은 계속해서, 식 (3-27)에 대입될 때, 부하와 동력의 균형(balance of power)을 제공하기 위해 충분한 토크를 산출하는 값으로 $\bar{I}_2$를 증가시킨다. 따라서 평형이 확립되고 s의 특별한 값에서 운전을 계속한다. 사실상 부하 마력 요구의 각 값에 대하여 슬립의 유일한 값이 있다. 이것은, 일단 s가 특정되면 전력 입력, 회전자 전류, 발생 토크, 동력 출력, 그리고 효율이 결정됨을 보이는, 등가회로로부터 추론될 수 있다.

근사 등가회로와 함께 전력 흐름도(power-flow diagram)의 사용은 3상 유도전동기의 성능의 계산을 간단한 문제로 만든다. 그림 4-8 (a)에 묘사된 것은 설명형(statement form)으로 나타낸 전력 흐름도이다. 손실량(loss quantities)들은 흐름점(flow point)의 왼편에 위치되어 있음에 유의하라. 그림 4-8 (b)에 나타난 것은 같은 전력 흐름도이지만, 지금은 모두 성능을 계산하기 위해 필요로 하는 적절한 관계식으로 표현되었다. 명확하게 성능을 계산하기 위해서는 먼저 등가회로로부터 전류 I_2와 I_1을 계산해야 하며 그 다음 그림 4-8 (b)에 묘사된 타당한 관계식을 사용해야 할 것이다.

EXAMPLE 4-1 3상, 4극, 30 [hp], 220 [V], 60 [Hz], Y-결선 유도전동기가 0.88의 역률에서 선 전원(line source)으로부터 77 [A]의 전류를 그린다. 이 운전 조건에서, 전동기 손실은 다음과 같다고 알려져 있다:

Stator copper loss = P_{cu1} = 1033 [W]
Rotor copper loss = P_{cu2} = 1299 [W]
Stator core loss = P_c = 485 [W]
Rotational losses (friction, windage, and iron losses due to rotation) = P_{rot} = 540 [W]

다음을 결정하라: (a) 공극을 가로질러 전달되는 전력, (b) [N-m]로 나타낸 내부적으로 발생되는 토크, (c) [pu]와 [rpm]으로 표현된 슬립, (d) [W]로 나타낸 기계 동력, (e) 마력 출력, (f) [rpm]과 [rad/s]로 나타낸 전동기 속도, (g) 출력 축에서의 토크, (h) 회전손을 극복하기 위해

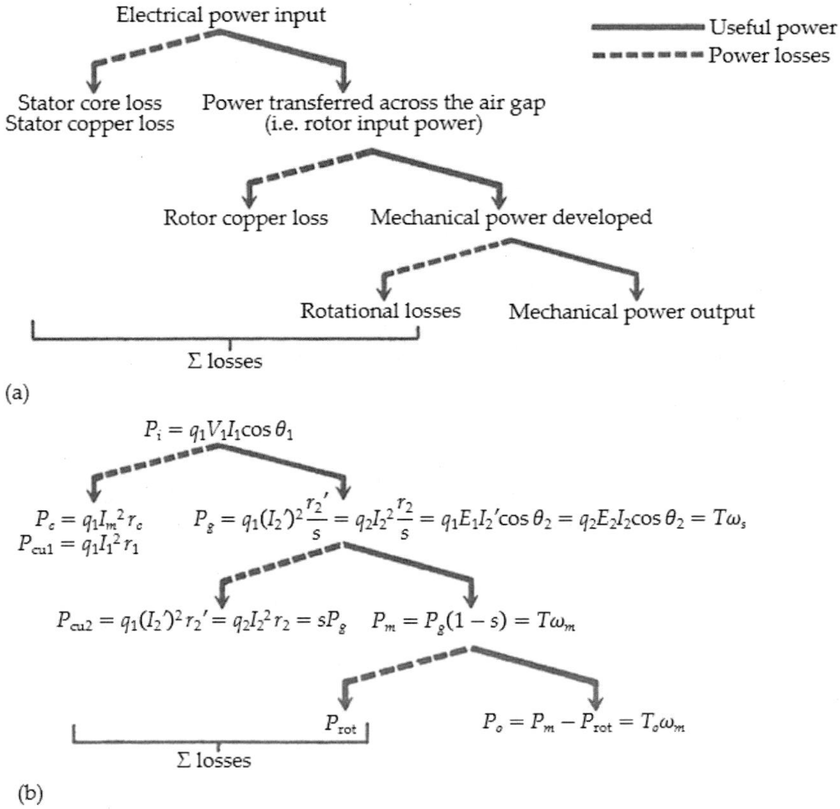

Figure 4-8 Power-flow diagram: (a) statement form; (b) equation form.

필요로 하는 토크, 그리고 (i) 설명된 조건에서의 운전 효율.

SOLUTION 이 문제에 대한 해(풀이)는 전력 흐름도의 적용에 대한 연습을 제공한다.
(a) 입력 전력을 찾는 것을 허용하도록 충분한 정보가 인용된다. 따라서

$$P_i = \sqrt{3}V_LI_L \times pf = \sqrt{3} \times 220 \times 77 \times 0.88 = 25820\ [\text{W}]$$

그림 4-8 (a)는 그러면 공극 전력이 다음과 같음을 보인다:

$$P_g = P_i - P_c - P_{cu1} = 25820 - 485 - 1033 = 24302\ [\text{W}]$$

(b) 여기에서는 중요한 관계식

$$T\omega_s = P_g\ [\text{W}]$$

이 사용된다. 여기서 이 경우에는

$$\omega_s = \frac{\pi}{30}n_s = \frac{\pi}{30}\left(\frac{120f}{p}\right) = \frac{\pi}{30} \times 1800 = 188.5\ [\text{rad/s}]$$

따라서 내부적으로 발생되는 토크는

$$T = \frac{P_g}{\omega_s} = \frac{24302}{188.5} = 128.93 \text{ [N-m]}$$

(c) 식 (4-22)로부터,

$$s = \frac{P_{\text{cu2}}}{P_g} = \frac{1299}{24302} = 0.0535 \text{ [pu]}$$

를 가진다. 그러면

$$\text{slip in [rpm]} = sn_s = 0.0535 \times 1800 = 96.2 \text{ [rpm]}$$

(d) 다시 전력 흐름도로부터 발생되는 기계 동력은 다음과 같이 표현될 수 있다:

$$P_m = P_g - P_{\text{cu2}} = 24302 - 1299 = 23003 \text{ [W]}$$

(e) 출력 동력에 대하여

$$P_o = P_m - P_{\text{rot}} = 23003 - 540 = 22463 \text{ [W]}$$

를 얻는다. 따라서

$$\text{hp}_o = \frac{P_o}{746} = \frac{22463}{746} = 30.1 \text{ [hp]}$$

(f) 실제 전동기 속도는 [rpm]으로 나타낸 슬립만큼 작다. 따라서

$$n = n_s - sn_s = 1800 - 96.2 = 1703.8 \text{ [rpm]}$$

(g) 출력 토크에 대한 표현식은

$$T_o = \frac{P_o}{\omega_m} \text{ [N-m]}$$

여기서 ω_m은 [rad/s]로 표현된 실제 전동기 속도, 또는

$$\omega_m = \frac{\pi}{30} \times n = \frac{\pi}{30} \times 1703.8 = 178.42 \text{ [rad/s]}$$

그러므로,

$$T_o = \frac{P_o}{\omega_m} = \frac{22463}{178.42} = 125.9 \text{ [N-m]}$$

(h) 128.93 [N-m]의 내부적으로 발생되는 토크와 125.9 [N-m]의 출력 토크 사이의 차이는 1703.8 [rpm]의 운전 속도에 관련된 회전손을 공급하기 위해 사용된다. 따라서

$$T_{\text{rot}} = T - T_o = 128.93 - 125.9 = 3.03 \text{ [N-m]}$$

이것과 같은 토크를 토크, 속도, 그리고 동력과 관련된 표현식으로부터 찾을 수 있음을 관찰하는 것이 도움이 된다. 따라서, 다음도 또한 적을 수 있다:

$$T_{\text{rot}} = \frac{P_{\text{rot}}}{\omega_m} = \frac{540}{178.42} = 3.03 \text{ [N-m]}$$

(i) 효율은

$$\eta = \frac{P_o}{P_i} = \frac{22463}{25820} = 0.87 \text{ [pu]}$$

따라서 전동기는 87 [%]의 효율에서 운전한다.

EXAMPLE 4-2 3상, 4극, 50 [hp], 480 [V], 60 [Hz], Y-결선 유도전동기가 다음의 상당 매개변수를 가진다:

$$r_1 = 0.10 \text{ [}\Omega\text{]}, \quad x_1 = 0.35 \text{ [}\Omega\text{]}$$
$$r_2' = 0.12 \text{ [}\Omega\text{]}, \quad x_2' = 0.40 \text{ [}\Omega\text{]}$$

고정자 철손은 1200 [W]이며 회전손은 950 [W]와 같다고 알려져 있다. 더욱이, 무부하에서 전동기는 0.89 지상의 역률에서 19.64 [A]의 선전류를 그린다.
전동기가 2.5 [%]의 슬립에서 운전될 때, 다음을 찾아라: (a) 입력 선전류와 역률, (b) [N-m]로 나타낸 전자기적 발생 토크, (c) 마력 출력, 그리고 (d) 효율.

SOLUTION (a) 계산은 상당 기저로 수행된다. 따라서 상전압은 $480/\sqrt{3}$ 또는 277.13 [V]이며, 등가회로는 그림 4-9에 묘사되어 있다. 고정자로 환산된 회전자 전류는 그러면

$$\bar{I}_2' = \frac{\bar{V}_1}{r_1 + (r_2'/s) + j(x_1 + x_2')} = \frac{277.13\angle 0°}{4.9 + j0.75} = 55.97\angle(-8.7°) = 55.33 - j8.47 \text{ [A]}$$

모든 실제적인 목적의 경우 자화 전류는, 무부하에서의 회전자 전류가 무시할 수 있을 정도로 작기 때문에, 무부하 전류와 같게 취해질 수 있다. 따라서

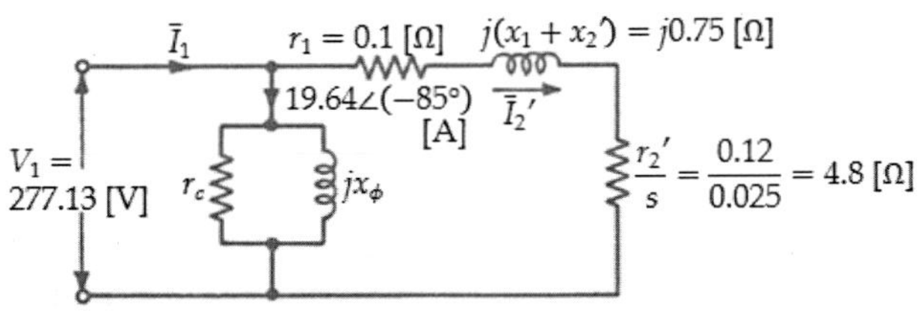

Figure 4-9 Equivalent circuit for Example 4-2.

$$\bar{I}_m = 19.64\angle(-85^\circ) = 1.75 - j19.58 \text{ [A]}$$

따라서 입력 선전류는

$$\begin{aligned}\bar{I}_1 &= \bar{I}_m + \bar{I}_2' = (1.75 + 55.33) - j(19.58 + 8.47)\\ &= 57.08 - j28.05 = 63.6\angle(-26.2^\circ) \text{ [A]}\end{aligned} \tag{4-25}$$

그리고

$$pf = \cos\theta_1 = \cos(-26.2^\circ) = 0.895 \text{ [pu] lagging}$$

(b) 발생 토크는

$$T = \frac{P_g}{\omega_s} \text{ [N-m]} \tag{4-26}$$

또한

$$P_g = q_1(I_2')^2\frac{r_2'}{s} = 3 \times 55.97^2 \times 4.8 = 45110 \text{ [W]}$$

그리고

$$\omega_s = \frac{2\pi n_s}{60} = \frac{2\pi \times 1800}{60} = 60\pi \text{ [rad/s]}$$

그러므로

$$T = \frac{45110}{60\pi} = 239.32 \text{ [N-m]}$$

(c) 전력 흐름도로부터 동력 출력은

$$P_o = P_m - P_{\text{rot}} = P_g(1-s) - P_{\text{rot}} = 43982.3 - 950 = 43032.3 \text{ [W]}$$

마력 출력은 그러므로

$$\text{horsepower} = \frac{43032.3}{746} = 57.68 \text{ [hp]}$$

이것은 50 [hp]의 정격 마력보다 약간 더 큼에 유의하라. 정격 마력은 2.5 [%]보다 약간 더 작은 슬립에서 생긴다.

(d) 관계식

$$\eta = 1 - \frac{\sum \text{losses}}{P_i} \qquad \text{[pu]} \tag{4-27}$$

로부터 찾는 효율이 입력에 대한 출력비(output-to-input ratio)로부터 찾는 것보다 더 정확하다. 손실의 표는 다음과 같다;

$$
\begin{aligned}
&P_c = \text{core loss} = 1200\ [\text{W}] \\
&\text{stator copper loss} = q_1 I_1^{\,2} r_1 = 3 \times 63.6^2 \times 0.1 = 1213.5\ [\text{W}] \\
&\text{rotor copper loss} = q_1 (I_2')^2 r_2' = sP_g = 0.025 \times 45110 = 1127.8\ [\text{W}] \\
&P_{\text{rot}} = \text{rotational losses} = 950\ [\text{W}] \\
&\sum \text{losses} = 4491.3\ [\text{W}]
\end{aligned}
$$

또한, 입력 전력은

$$P_i = \sqrt{3} \times 480 \times 63.6 \times 0.895 = 47324\ [\text{W}]$$

따라서

$$\eta = 1 - \frac{4491.3}{47324} = 1 - 0.095 = 0.905\ [\text{pu}]$$

효율은 90.5 [%]이다.

4-5 CORRELATION OF INDUCTION MOTOR OPERATION WITH THE BASIC TORQUE EQUATIONS

속도(또는 슬립)에 따른 토크의 변동은 3상 유도전동기의 중요한 특성이다. 이 곡선의 일반적인 형상은 기본 토크 방정식(식 (3-22))과 성능 계산 과정의 지식으로 밝혀질 수 있다. 전동기가, 무부하에서와 같이, 매우 작은 슬립으로 운전될 때, 식 (4-18)은 회전자 전류가 매우 작다는 것—바로 회전손을 공급하기 위한 토크를 발생하기에 충분한 정도—을 나타낸다. 더욱이, 회전자 전류의 역률각은 실제적으로 0이다. 즉,

$$\theta_2 = \tan^{-1}\frac{sx_2}{r_2} \approx 0° \quad \text{for } s \text{ very small} \tag{4-28}$$

이다. 그림 4-10에 나타난 것은 고정자 권선에 의해 생성되는 회전 자속 계자와 대응하는 회전자의 유도 암페어-도체 분포를 보이는 2극 농형 유도전동기의 단면도이다. 보여진 순간에 대하여 그리고 계자의 반시계 방향 회전의 가정으로, 봉(bar) 1에서 유도되는 기전력은 최대이며 지면에서 밖으로 향하는 방향이다. 왜 그런가? 같은 순간에 봉 2와 10에서 유도되는 기전력은 최대 값보다 작으며 봉 3과 9에서 유도되는 기전력은 여전히 더 작다. 봉 기전력의 값이 회전자 주위를 따라 공간 변위(spatial displacement)의 함수로 그려진다면, 정현 형상의 이산 분포(discrete)로 귀결한다. Supplement of Chapter 3의 그림 3-12 (b)를 보라. 더구나, 역률각이 낮

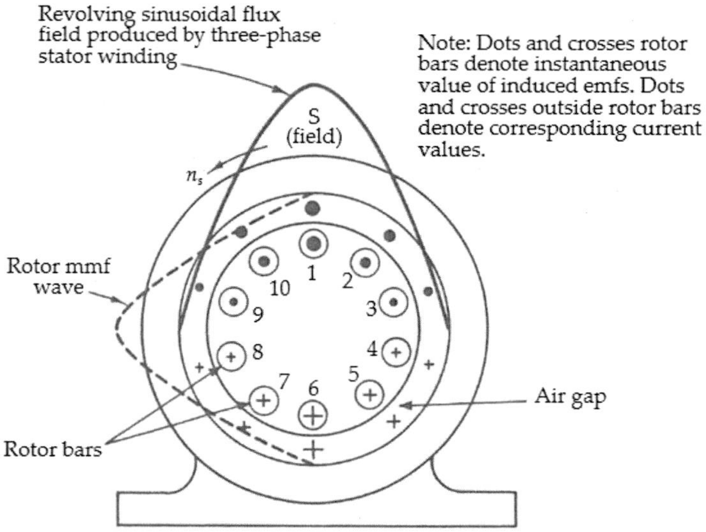

Figure 4-10 Cross-sectional view of two-pole squirrel-cage induction motor, depicting the flux and corresponding induced rotor mmf distribution at very small slips.

은 슬립에서 실제적으로 0이기 때문에, 회전자 전류의 분포는 기전력 분포와 거의 동일하다. 전류 분포가 그림 4-10에서 회전자 표면의 바깥에 위치된 점과 크로스로 나타나 있다. 더 두꺼운 점(또는 크로스)이 더 큰 전류의 값을 나타낸다.

이제 이 상(picture)을 식 (3-22)에 나타난 양과 관련시키자. 두가지 형태의 전자기적 토크 방정식이 있기 때문에, 두가지 해석이 가능하다. 먼저 식 (3-22)의 마지막 형태를 취하여, 다시 토크는 자속 계자 Φ의 존재, J_m으로 함축된 것과 같은 암페어-도체 분포(또는 전류판), 그리고 공간 변위 각도 ψ에 종속한다는 것에 유의한다. 그림 4-10의 검토는 0에 가까운 슬립의 경우 암페어-도체 분포가 계자 분포와 공간 동상(in space phase), 즉, $\psi \approx 0°$라는 것을 드러낸다. 이것은 토크의 발생을 위한 최적 자계 모양(pattern)—각 봉이 정(양) 토크를 생성하는—이 존재한다는 것을 의미한다. 하지만, 이런데도 불구하고 그러한 낮은 슬립에서는 회전자 암페어-도체 분포의 값 역시 0에 가깝기 때문에 매우 작은 순(net) 토크가 발생된다.

두번째 해석에서는, 회전자가 환상 코일(솔레노이드, solenoid) 처럼 다루어진다. 그림 4-10에서 점과 크로스의 회전자 전류 분포는 그것에 직각인 방향으로 향하는 (이 경우에서는 오른쪽으로 향하는 수평 방향을 따르는) 기자력을 생성한다는 것에 유의하라. 이 기자력이 하나의 자극에 대하여 파선으로 나타내어져 있으며 $\mathcal{F}_p$의 첨두 값을 가지는 것으로 가정된다. $\mathcal{F}_p$의 크기는 회전자 전류에 직접 종속되며 슬립의 매우 낮은 값의 경우 실제적으로 0이라는 것을 염두에 두어라. 토크각(torque angle)이 자속 계자의 축과 전기자(또는 회전자) 기자력 분포의 축 사이의 각도이기 때문에, 여기에서는 이 값이 거의 90°임을 보이며, 다시 토크의 생성을 위한 최적 자계 모양의 존재를 입증한다.

기계적 부하가 전동기 축에 인가됨에 따라 계자 모양에는 어떤 일이 일어날까? 4-4절에서 이미 설명된 바와 같이, 즉시의 반작용은, 슬립의 증가인, 전동기 속도의 약간의 감소이다. 증가된 슬립은, 10 [%]보다 작은 슬립의 값의 경우에는 식 (4-18)에 있는 sx_2 항이 무시할 수 있을 정도로 작기 때문에, 회전자 전류에서의 거의 직접적인 증가를 생성한다. 정격 마력이 내어놓아질 때 슬립은 대부분의 유도전동기에서 3 [%]와 5 [%] 사이에 놓이며 회전자 역률각의 값은 10° 부근에 놓인다(예제 4-1과 비교하라). 이런데도 불구하고, 하지만, 그림으로 나타내는 표현의 편의를 위하여, 정격 부하에서 슬립이 식 (4-28)이 36°의 회전자 역률각을 산출하는 것으로 가정할 것이다. 이것은 그림 4-10의 기계 배치에 있는 회전자 봉을 분리하는 각도의 값이다. 계자 분포가 그림 4-10에 묘사된 것과 같은 순시 위치를 취한다고 가정된다면, 기전력 분포도 같아야 한다. 이것이 그림 4-11 (a)의 회전자 봉 내부에 적절한 점-크로스 표기로 보여져 있다. 봉 1 내에서의 기전력은, 그것이 자속밀도의 최대 값의 영향 아래에 있기 때문에, 최대임에 유의하라. 고정자 자속 계자의 반시계 방향 회전의 결과로서, 기전력은, 자속 계자가 두개의 봉 사이의 거리, 또는 더 확실히 36°를 이동하는데 취하는 것과 같은 양의 시간 전에, 봉 2에서 최대였다는 것을 안다. 이 단계에서, $\bar{E}_2$와 $\bar{I}_2$ 사이의 각도인, 역률각 θ_2의 의미를 상기하는 것이 도움이 된다. θ_2가 지상각(lag angle)일 때는, 회전자 유도 기전력의 첨두 값이 생겼던 것보다 시간으로 θ_2 [elec. deg] 뒤에 회전자 전류의 첨두 값이 생긴다는 것을 나타낸다. 따라서 그림 4-11 (a)에 그려진 순시의 경우, 첨두 외향(outward-directed) 회전자 전류가 봉 2 내에 존재한다. 같은 이유로 외향 전류가 봉 1, 10, 3, 그리고 4 내에 존재하는 것이 찾아질 수 있지만, 이 봉이 봉 2로부터 이격된 각도의 여현(코사인, cosine)에 의해 크기가 첨두 전류보다 작을 것이다. 앞에서와 같이, 주의는 바로 모든 분포의 중요한 기본파 성분으로 제한할 것이다. 결과적인 회전자 암페어-도체 분포는 그러면 그림 4-11 (a)에 보여진 위치를 취하며 명확을 위하여 그림 4-11 (b)에서 반복되었다. 봉 4와 9는 부(음)(또는 시계 방향) 토크를 생성함에 유의하라. 이것이 계자 모양이 최적이 아닌 이유이다. 그럼에도 불구하고, 발생 토크는, 회전자 전류가 여러 배 더 크기 때문에, 그림 4-10에서보다 여기에서가 훨씬 더 크다. 식 (3-22)의 실제적인 형태인 식 (3-27)의 일견은 이 점을 강조한다. 거기에서 나타난 양에서 Φ는 인가 단자 전압에 의해 고정된다. 따라서, $\cos\psi$가 감소하는 것보다 I_2가 더 큰 비율로 증가한다면, 토크는 증가한다. 정상적인 운전에서 $\cos\psi$의 값은 좀처럼 0.95 아래로 내려가지 않는다.

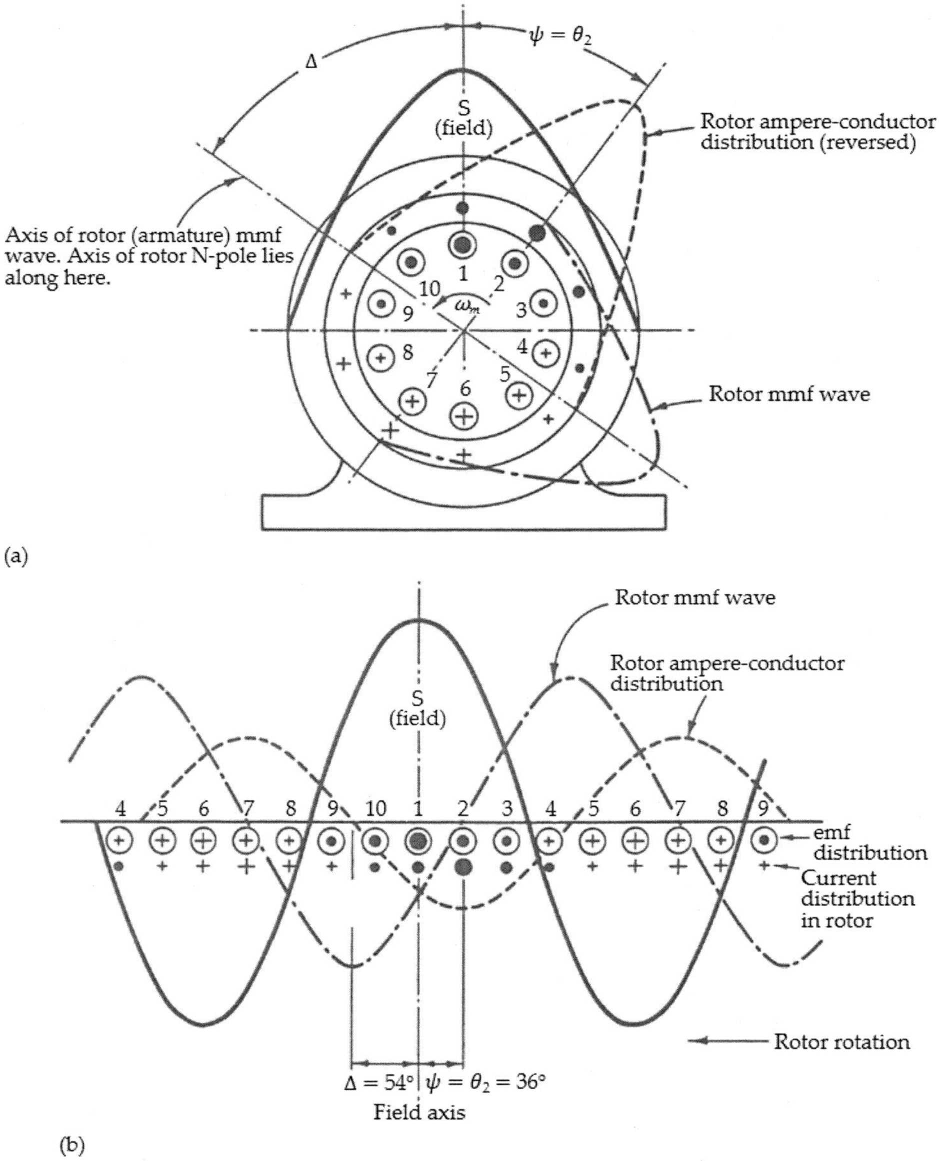

Figure 4-11 Depicting the field distribution and associated ampere-conductor and mmf waves of the rotor for $\theta = \tan^{-1}(sx_2/r_2) = 36°$. Only the fundamental components are shown. The field travels from right to left. (See p. 271 for definition of Δ)

그림 4-10과 4-11에 묘사된 상황에 대해 전개되는 이 논의는 매우 유용한 결론으로 이끈다: **다상 유도전동기에서 공간 변위 각도 ψ는 전기자 권선의 역률각과 같다**. 즉,

$$\psi = \theta_2 = \tan^{-1}\frac{sx_2}{r_2} \tag{4-28a}$$

이다.

한가지 마지막 설명은 다상 유도전동기에서의 토크의 발생에 관한 것이다. 식 (3-27)과 (3-22)의 결과는 자속 계자와 암페어-도체 분포가 서로에 대하여 정지 상태라는 것을 조건으로 정당하다는 것을 염두에 두어라. 어떻게 하여 그림 4-11의 상황에서 이 조건이 만족될까? 알고 있는 고정자 구조에 대한 고정자 자속 계자의 속도가 ω_s라는 것으로 시작한다. 그러므로 회전자 암페어-도체 분포 역시 ω_s의 고정자 구조에 대한 속도를 가진다는 것을 보이는 것이 남아있다. 회전자 권선이 슬립-주파수 전류를 운반하기 때문에, 회전자에 대한 회전자 암페어-도체 분포의 속도는 슬립 주파수, 즉, $s\omega_s$의 속도이다. 하지만, 회전자 봉이 고정자 구조에 대하여 $\omega_m = \omega_s(1-s)$의 속도로 회전하는 회전자 철 내에 파묻혀 있기 때문에, 회전자 암페어-도체 분포의 총(total) 회전 속도는 $s\omega_s$와 $\omega_s(1-s)$의 합(sum)이라는 것이 따라온다. 명백이 이것은 ω_s이다. 따라서 회전자 암페어-도체 분포와 고정자 자속 계자 분포는 서로에 대해 정지 상태이다. 사실상 이 조건은 슬립의 모든 값에서 달성되며 유도전동기의 단일 여자 성질의 결과이다.

4-6 TORQUE-SPEED CHARACTERISTIC: STARTING AND MAXIMUM TORQUES

유도전동기의 토크-속도 특성은 식 (3-27)과 (3-22)에 비추어 설명될 수 있다. 슬립이 0에 가까운 값으로부터 대략 10 [%]까지 증가하는 것이 허용될 때, 식 (4-18)은 회전자 전류가 거의 선형적으로 증가함을 보인다. 더욱이, 이와 같은 슬립의 범위에 대하여, ψ는 대략 0에서 $15°$의 범위에 걸쳐 변한다. 이것은 $\cos\psi$가 지정된 슬립 범위에 걸쳐 실제적으로 변하지 않고 남아있으며 그래서 토크가 이 영역 내에서 거의 선형적으로 증가함을 의미한다.

슬립이 여전히 더 증가하는 것이 허용됨에 따라, 회전자 전류는 계속하여 증가하지만 처음보다는 훨씬 덜 빠르다. 이유는 회전자 임피던스의 sx_2 항의 중요성의 증가에 있다. 덧붙여, 공간 각도 ψ가 이제는, 전류가 증가하는 것보다 더 빠르게 $\cos\psi$가 줄어들도록, 빠른 비율로 증가하기 시작한다. 토크 방정식이 이제는 두개의 상반된 인자를 포함하기 때문에, 슬립에서의 더 나아간 증가에 따라 드디어는 감소되는 발생 토크로 되는 점(point)에 도달한다고 기대하는 것이 전적으로 합리적이다. 달리 말해, 식 (3-27)에서 빠르게 감소하는 $\cos\psi$ 인자가 약간 증가하는 I_2 인자를 넘어서는 우세를 차지한다. ψ가 증가함에 따라, 부(음) 토크를 생성하는 점점 더 많은 도체가 주어진 자극 자속 아래에 포함되기 때문에 토크를 생성하기 위한 계자 모양이 점점 덜 알맞게 된다. 그림 4-11의 일견은 이 설명이 자명하다. 따라서, 혼합 토크-속도 곡선은 그림 4-12에 보여진 것과 비슷한 형태를 갖는다.

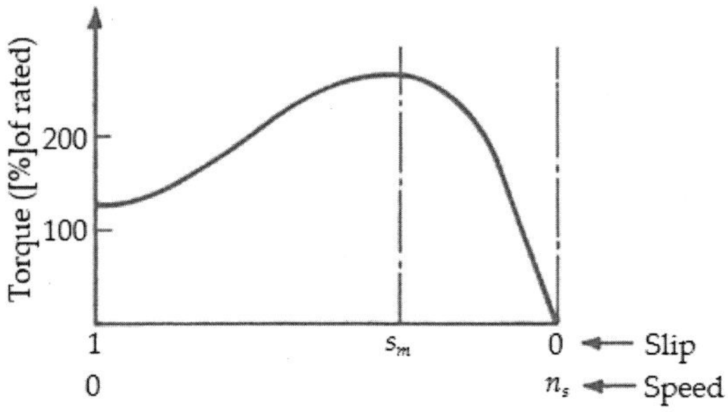

Figure 4-12 Typical torque-speed curve for a three-phase induction motor.

기동 토크(*starting torque*)는 s가 단위 값(unity, 1)일 때, 즉, 속도 n이 0일 때 발생되는 토크이다. 그림 4-12에 그려진 것은, 유도전동기에서는 상당히 전형적인, 기동 토크가 정격 토크를 어느 정도 초과하는 경우에 대해 나타낸 것이다. 기동 토크는 어떤 값의 슬립에 대하여 토크가 계산된 것과 같은 방식으로 계산된다. 여기에서는 단지 $s=1$을 사용하는 것을 요구할 뿐이다. 따라서 정지 상태에서 회전자 전류의 크기는

$$I_2' = \frac{V_1}{\sqrt{(r_1 + r_2')^2 + (x_1 + x_2')^2}} \qquad [A] \qquad (4\text{-}29)$$

이다. 대응하는 공극 전력(gap power)은 그러면

$$P_g = q_1 (I_2')^2 r_2' = \frac{q_1 V_1^2 r_2'}{(r_1 + r_2')^2 + (x_1 + x_2')^2} \qquad [W] \qquad (4\text{-}30)$$

이다. 더 높은 기동 토크는 정지 상태에서 증가된 회전자 동손의 결과로 생길 수 있다는 것에 유의하는 것이 흥미롭다.

단위 값의 슬립에서는 입력 임피던스가 매우 낮아서 큰 기동 전류(starting current)가 흐른다. 식 (4-29)는 이것을 분명하게 만든다. 이 과대한 기동 전류 전류를 제한하기 위하여, 3 [hp]을 초과하는 정격의 전동기는 보통 선 기동기(line starter)에 의해 낮춰진 전압에서 기동된다. 이 내용에 대해서는 4-10절에서 더 논의된다. 물론, 낮춰진 전압에 의한 기동은 또한 기동 토크에서의 삭감을 의미한다. 사실상, 정격 전압의 50 [%]가 기동을 위해 사용된다면, 명백하게 식 (4-30)에 의해 기동 토크는 단지 전전압 값(full-voltage value)의 4분의 1에 불과하다는 것이 따라온다.

3상 유도전동기의 다른 중요한 토크량은 최대 발생 토크이다. 이 양은 그것이 종종 유도전동기 설계에 있어서의 출발점일 정도로 중요하다. 최대 (또는 항복(breakdown)) 토크는 기계의 예비 능력(용량)(reserve capacity)의 측도(measure)이다. 그

것은 종종 정격 토크의 200 [%]에서 300 [%]의 값을 가진다. 그것은 일시적인(순간적인) 첨두 부하를 지나 전동기를 운전하는 것을 허용한다. 하지만, 흐르는 과대한 전류가 절연을 파괴할 것이기 때문에, 최대 토크가 연속적으로 내어놓아질 수 없다.

발생 토크가 공극 전력에 직접 비례하기 때문에, P_g가 최대일 때 토크가 최대라는 것이 따라온다. 또한, 등가회로 저항기 r_2'/s로 전달하는 전력이 최대일 때 P_g가 최대이다. 근사 등가회로에 최대 전력 전달 이론(maximun-power-transfer theorem)을 적용하면,

$$\frac{r_2'}{s_m} = \sqrt{r_1^2 + (x_1 + x_2')^2} \qquad [\Omega] \tag{4-31}$$

와 같은 결과로 이끈다. 즉, 저항기 r_2'/s가 전원측으로 거꾸로 보는 임피던스와 같을 때 최대 전력이 공극 전력 저항기(gap power resistor)로 전달된다. 따라서, 최대 토크가 발생되는 슬립 s_m은

$$s_m = \frac{r_2'}{\sqrt{r_1^2 + (x_1 + x_2')^2}} \qquad [\text{pu}] \tag{4-32}$$

이다. 최대 토크가 생기는 슬립은 더 큰 회전자 저항을 사용함으로써 증가될 수 있음에 유의하라. 약간의 유도전동기는 사실상 최대 토크를 기동 토크로 이용할 수 있도록, 즉, $s_m = 1$로 설계된다.

알려진 슬립 s_m으로, 대응하는 회전자 전류가 찾아질 수 있으며 항복 토크에 대한 최종 형태를 산출하도록 토크 방정식에 대입될 수 있다. 따라서

$$T_m = \frac{1}{\omega_s} q_1 (I_2')^2 \frac{r_2'}{s_m} = \frac{1}{\omega_s} \cdot \frac{q_1 V_1^2}{2\left[r_1 + \sqrt{r_1^2 + (x_1 + x_2')^2}\right]} \qquad [\text{N-m}] \tag{4-33}$$

이다. 식 (4-33)의 조사는 최대 토크가 회전자 권선 저항과는 무관하다는 흥미로운 정보를 드러낸다. 따라서 회전자 권선 저항을 증가시키면 항복 토크가 생기는 슬립을 증가시키지만, 그 토크의 크기는 변화하지 않은 채로 남겨둔다. 그림 4-13은 전형적인 토크-속도 곡선에서 회전자 저항 증가의 효과를 보인다.

지금 한가지 주의의 말이 적절하다. 식 (4-29), (4-30), 그리고 (4-33)에 나타난 결과는, 1차 누설 임피던스를 가로지르는 전압 강하가 상당 고정자 유도 기전력에 비하여 작을 때는 언제나 사용되는, 근사 등가회로에 기초를 둔 것임을 염두에 두어라. 이 가정은 무부하로부터 정격 부하까지의 범위에 걸치는 정상 운전 조건에 대

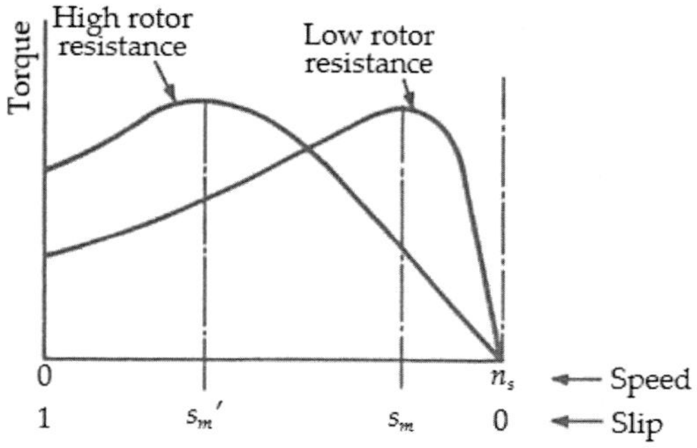

Figure 4-13 Showing the effect of increased rotor resistance on torque-speed curves.

하여 매우 정당하다. 하지만, 관심이 정격 전압에서 최대 토크 또는 기동 토크에 집중된다면, 1차 누설 전압 강하가 눈에 띄는 영향을 행사하기 시작한다. 그러므로, 더 정확한 결과가 요구될 때에는, 그림 4-7 (f)의 더 정확한 등가회로에서의 해석을 기초로 할 수 있다(예제 4-4를 보라). 보통, 이 계산이 더 간단한 근사 등가회로를 기초로 할 때 3 [%] 정도의 오차가 초래된다. 실제적인 상황에서는 이 오차의 크기가 종종, 고려되지 않은, 포화와 표피 효과(skin effect)에 기인한 효과보다 작기 때문에, 여기에서의 방침은 근사 등가회로에 머무르는 것이다.

EXAMPLE 4-3 예제 4-2의 유도전동기를 참조하라. 운전이 모든 포화 효과는 무시되며 전-정격 전압(full-rated voltage)에서 취해지는 것으로 가정하여, 다음을 결정하라: (a) 최대 토크가 발생되는 슬립, (b) 최대 토크에서의 전류, 그리고 (c) 최대 토크의 값. 이 결과를 예제 4-2에서 찾아진 결과와 비교하라.

SOLUTION 여기에서는 해(풀이)가 근사 등가회로의 사용으로부터 얻어진 결과를 이용하여 얻어진다.

(a) 식 (4-32)의 적용은 다음을 산출한다:

$$s_m = \frac{r_2'}{\sqrt{r_1^2 + (x_1 + x_2')^2}} = \frac{0.12}{\sqrt{0.1^2 + 0.75^2}} = 0.159 \text{ [pu]}$$

(b) 고정자로 환산한 회전자 전류는

$$\bar{I}_2' = \frac{277.13\angle 0°}{r_1 + (r_2'/s) + j(x_1 + x_2')} = \frac{277.13}{0.1 + (0.12/0.159) + j0.75} = \frac{277.13}{1.137\angle 41.3°}$$
$$= 243.74\angle(-41.3°) \text{ [A]}$$

이 전류는, 전동기가 정격에 가까운 조건에서 예제 4-2에서 계산된 것과 같은, 57 [hp]을 조금 초과하는 동력을 내어놓을 때의 전류의 대략 3.83배이다.

(c) 최대 토크는 식 (4-33)으로부터 바로 따라온다. 따라서

$$T_m = \frac{q_1 V_1^2}{2\omega_s} \cdot \frac{1}{r_1 + \sqrt{r_1^2 + (x_1 + x_2')^2}} = \frac{3 \times 277.13^2}{2 \times 188.5} \cdot \frac{1}{r_1 + \sqrt{r_1^2 + (x_1 + x_2')^2}}$$
$$= 611.15 \times \frac{1}{0.1 + \sqrt{0.1^2 + 0.75^2}} = 611.15 \times 1.181 = 721.77 \text{ [N-m]}$$

이것은 예제 4-2에서의 정격에 가까운 조건에서 찾아진 값의 거의 3배이다.

EXAMPLE 4-4 근사 등가회로 대신 정확한 등가회로를 사용하여 예제 4-3을 반복하라.

SOLUTION 정확한 등가회로를 사용하기 위해서는, 자화 리액턴스 x_ϕ의 값을 필요로 한다. 이것은 예제 4-2에서 나타난 자료로부터 다음과 같이 즉시 찾아진다:

$$x_\phi = \frac{V_1}{I_\phi} = \frac{277.13}{19.58} = 14.2 \text{ [}\Omega\text{]}$$

정확한 등가회로가 그림 4-14에 나타나 있다. 간단을 위하여 철손 저항기가 생략된 것에 주목하라; 그것의 결여는 무시할 수 있는 효과를 일으킨다.

그림 4-14 (a)에 있는 회로를 등가 직렬 회로(series circuit)로 바꿈으로써 식 (4-31)과 상사인 결과를 얻기 위하여, 테브난(Léon Charles Thévenin, 1857-1926)의 정리를 인용한다. 단자 a-b의 왼쪽에 있는 회로를 값

$$\bar{V}_i = \frac{jx_\phi}{r_1 + j(x_\phi + x_1)} \bar{V}_1 \text{ [V]}$$

의 등가 전압원과 단순히 $(r_1 + jx_1)$과 jx_ϕ의 병렬 조합인 내부 임피던스로 대체한다. 따라서

$$\bar{Z}_i = \frac{jx_\phi(r_1 + jx_1)}{r_1 + j(x_1 + x_\phi)} = R_i + jX_i \text{ [}\Omega\text{]}$$

테브난 등가회로가 그림 4-14 (b)에 보여져 있다. 이 회로는 이제 해석이 식 (4-31)로 이끌어지는 근사 등가회로와 형태로 등가이다. $\bar{V}_1$의 역할은 이제 $\bar{V}_i$로 대체되고, R_i는 r_1을 대체하

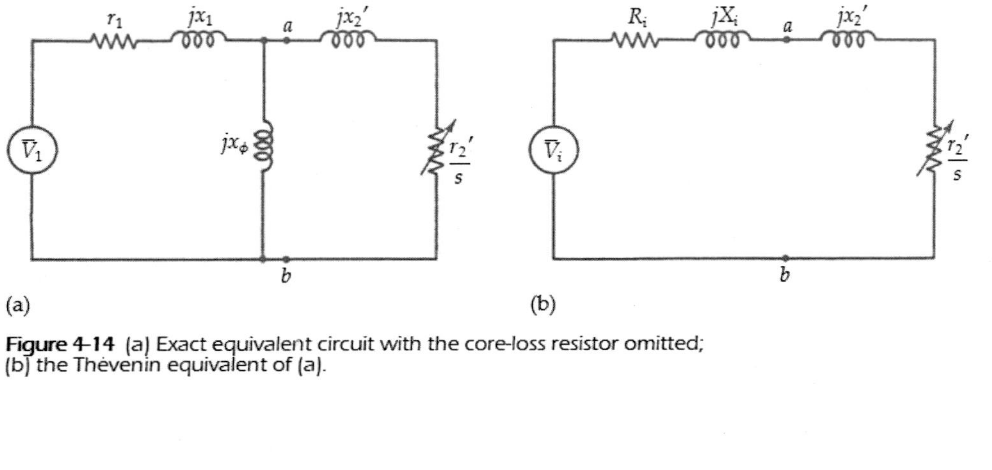

Figure 4-14 (a) Exact equivalent circuit with the core-loss resistor omitted; (b) the Thévenin equivalent of (a).

며, X_i는 x_1을 대체한다. 따라서, 지금 막 언급된 대체가 이루어진 것을 조건으로 이제는 식 (4-22)와 (4-23)을 정확한 등가회로에 적용할 수 있다. 따라서, 이 예제에서 특정된 항목의 계산을 계속하기 전에, 먼저 이 대체되는 양을 결정한다.

$$\overline{V}_i = \frac{j14.2}{0.1 + j(14.2 + 0.35)} \times 277.1\angle 0° = 270.5\angle 0.39° \text{ [V]}$$

$$\overline{Z}_i = \frac{j14.2 \times (0.1 + j0.35)}{0.1 + j14.55} = 0.09 + j0.343 = R_i + jX_i \text{ [}\Omega\text{]}$$

r_1로부터 R_i의 값과 x_1로부터 X_i의 값에서 생기는 비교적 작은 변화에 주목하라. 달리 말해, 자화 리액턴스의 분로 효과(shunting effect)는 그리 크지 않다.

(a) 이제 최대 토크가 생기는 슬립은

$$s_m = \frac{r_2'}{\sqrt{R_i^2 + (X_i + x_2')^2}} = \frac{0.12}{\sqrt{0.09^2 + (0.343 + 0.45)^2}} = 0.161 \text{ [pu]}$$

이것은 근사 등가회로를 사용하여 찾아진 값으로부터 1 [%] 보다 약간 더 큰 변화를 나타낸다.

(b) 최대 토크에서의 전류의 값은

$$I_2' = \frac{V_i}{R_i + r_2' + j(X_i + x_2')^2} = \frac{270.5}{0.09 + 0.7453 + j(0.343 + 0.45)^2} = 241.9\angle(-41.6°) \text{ [A]}$$

여기에서 다시 차이는 대략 1 [%]이다. 물론, 차이가 3 [%] 또는 4 [%] 정도일 수 있는 전동기가 있다. 그런 경우에는 더 정확한 등가회로의 사용이 정당한 것으로 나타날 수 있다. 그러나 최대 토크 조건에서 생기는 고려하지 않은 더 중요한 효과가 있기 때문에 여기에서는 이 양(amount)을 트집잡음을 유의하는 것이 중요하다. 최대 토크 조건에서 흐르는 정격 전류의 3배와 같이 큰 전류로, 상당한 양의 포화가 고정자와 회전자의 치(teeth)에서 생긴다. 50 [%] 또는 그보다 더 큰 정도의 고정자와 회전자 누설 리액턴스의 값에서의 뒤따르는 감소가 쉽게 일어날 수 있다. **이 변화의 효과는 등가회로의 근사 또는 정확한 형태 중 어느 것이 사용되었는가 보다 훨씬 더 심각(중요)하다.**

(c) 예제 4-2에서 설명된 것과 같은 문제의 설명에서 원래의 전제로 계속하여, 최대 토크에 대하여 다음을 얻는다:

$$T_m = \frac{q_1 V_i^2}{2\omega_s\left[R_i + \sqrt{R_i^2 + (X_i + x_2')^2}\right]} = \frac{3 \times 270.5^2}{2 \times 188.5 \times \left[0.09 + \sqrt{0.09^2 + (0.343 + 0.45)^2}\right]}$$
$$= 582.26 \times 1.193 = 694.77 \text{ [N-m]}$$

여기에서의 차이는 거의 4 [%]이다.

4-7 EQUIVALENT CIRCUIT PARAMETERS FROM NO-LOAD TESTS

3상 유도전동기에 대한 성능 계산은 등가회로 매개변수의 지식을 전제 조건으로 필요로 한다. 이 정보는 설계 자료 또는 적절한 시험으로부터 얻을 수 있다. 설계 자료를 이용할 수 없을 때, 자화 지로에 대한 정보는, 부하가 결합되지 않은 전동기에 평형 3상 전압을 인가함으로써 수행되는, 무부하 시험으로부터 얻어질 수 있다. 종종 입력 전력과 선전류가 정격 전압과 정격 주파수에서 측정된다. 때때로 이 무부하 시험은, 그림 4-15에 묘사된 그림으로 이끄는, 가변 전압으로 수행된다. 점 a는 정격 전압에서 운전하는 것에 대응한다. 점 b 아래의 실험점(experimental point)은, 속도가 더 이상 동기속도에 가깝지 않기 때문에, 취해질 수 없다. 세로 좌표축으로의 곡선의 외삽(보외, extrapolation)은 정상 속도에서 마찰과 풍손에 관한 좋은 지시(good indication)를 준다.

무부하와 정격 전압에서 입력 전력은 세가지 손실을 공급하기 위해 사용된다: 고정자 동손, 고정자 철손 P_c, 그리고 회전손 P_{rot}. 방정식 형으로는

$$P_0 = q_1 I_0^2 r_1 + P_c + P_{\text{rot}} \qquad \text{[W]} \tag{4-34}$$

를 가진다. 여기서 q_1은 고정자 상수(number of stator phases)를 나타내며 r_1은 상당 유효 고정자 저항이다. 회전손은 마찰과 풍손은 물론 회전자가 회전함에 따르는 고정자 치(teeth)에서의 자속의 맥동(pulsation)에 의해 생기는 철손을 포함한다. 이 회전에 기인하는 철손은 반개(semiopen; 반폐, semiclosed) 슬롯을 가진 기계보다 개구(열린 슬롯, open slot)를 가진 기계에서 더 크다. P_c 또는 P_{rot}에 대한 특정한 정보가 알려지지 않았을 때에는, 종종 통상의 기계에서 그렇게 찾아지는 바와 같이, 이 양이 같은 것으로 가정된다. 이 가정을 기초로 하여, 철손 저항기를 통하는 전류는 그러면 다음과 같이 찾아질 수 있다:

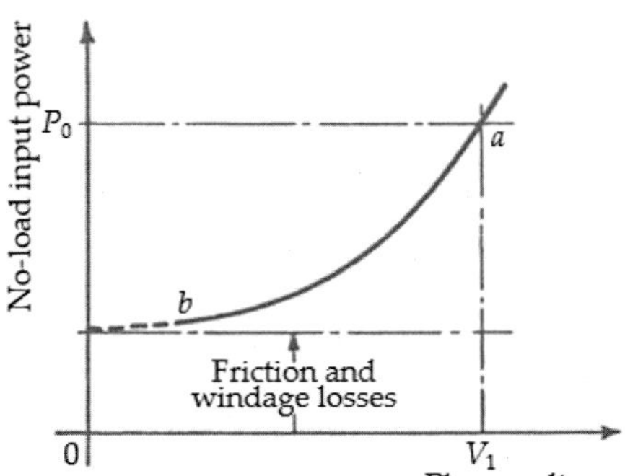

Figure 4-15 Showing the variation of no-load input power with applied voltage; *ab* is the curve obtained from experimental data.

$$I_c = \frac{P_c}{q_1 V_1} = \frac{P_0 - q_1 I_0^2 r_1}{2q_1 V_1} \qquad [A] \tag{4-35}$$

따라서

$$r_c = \frac{V_1}{I_c} \qquad [\Omega] \tag{4-36}$$

이다.

자화 리액턴스를 찾기 위해서는, 먼저 무부하 전류의 무효 성분 I_ϕ를 찾아야 한다. 무부하에서의 역률각은

$$\theta_0 = \cos^{-1} \frac{P_0}{q_1 V_1 I_0} \tag{4-37}$$

로부터 찾아진다. 그러므로

$$I_\phi = I_0 \sin \theta_0 \qquad [A] \tag{4-38}$$

이어서

$$x_\phi = \frac{V_1}{I_\phi} \qquad [\Omega] \tag{4-39}$$

이다.

무부하에서의 페이서도가 그림 4-16에 묘사되어 있다. 공극을 내포하는 자기회로에서 요구되는 극당 자속을 생성하기 위한 큰 자화 전류에 대한 필요 때문에 각도 θ_0은 보통 크다(65°에서 80°). 총(total) 동상 성분은 식 (4-34)에 나타난 세개의

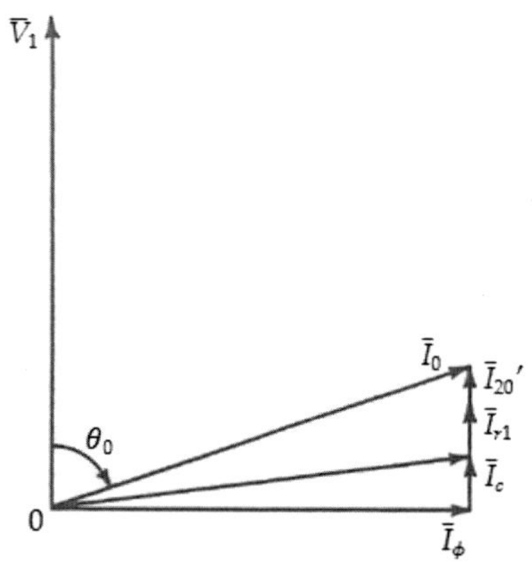

Figure 4-16 Phasor diagram of the induction motor at no-load.

손실을 고려하여 세개의 항으로 나타내어져 있다. $\bar{I}_c$와 $\bar{I}_\phi$의 페이서 합은 등가회로의 자화 지로의 총 자화 전류 $\bar{I}_m$을 산출함에 유의하라. 양 $\bar{I}_{20}'$는 $\bar{I}_c$와 같게 가정되며 회전손을 공급하기 위해 무부하에서 흐르는 작은 회전자 전류를 나타낸다. 특히, 이 양은

$$I_{20}' = \frac{P_{\text{rot}}}{q_1 V_1} = \frac{P_0 - q_1 I_0^2 r_1}{2 q_1 V_1} \qquad [\text{A}] \tag{4-40}$$

으로 적어질 수 있다. 무부하 전류의 동상 성분의 세번째 항 I_{r1}은 무부하에서의 고정자 동손을 나타낸다. 즉,

$$I_{r1} = \frac{I_0^2 r_1}{V_1} \qquad [\text{A}] \tag{4-41}$$

이다. 이것 역시 측정된 무부하 시험 자료로부터 바로 계산될 수 있다.

권선 저항과 누설 리액턴스에 대한 정보는 구속 회전자 시험(blocked-rotor test)으로부터 얻어진다. 이 시험은 변압기의 단락 회로 시험과 상사이다(analogous). 그것은 회전자가 회전하는 것을 방해하기 위하여 구속될 것과 회전자 권선이 보통의 방식으로 단락 회로로 될 것을 요구한다. 더구나, 슬립이 단위 값이기 때문에, 기계적 부하 저항기 R_m은 0이며 그래서 등가회로의 입력 임피던스가 상당히 낮다. 따라서, 이 시험에서는 회전자 전류를 합당한 값으로 제한하기 위하여, 낮춰진 전압이 사용되어야 한다—보통 정격 전압의 대략 10 [%]에서 25 [%]. 더욱이, 그러한 낮춰진 전압에서의 운전은 철손은 물론 자화 전류도 무시할 수 있을 정도로 작아지게 한다. 따라서, 이 시험에서의 등가회로는 그림 4-17에 보여진 배치로 취한다.

이제 다음의 계기 지시치가 Y-결선된 3상 권선형 회전자 유도전동기에 대해 구속 회전자 시험을 수행하여 얻어졌다고 가정한다:

P_b [W] = total wattmeter reading

I_b [A] = line current of Y-connection

V_b [V] = line voltage of Y-connection

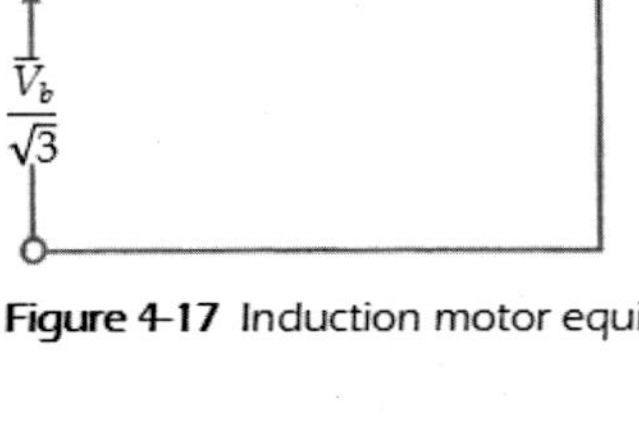

Figure 4-17 Induction motor equivalent circuit for the rotor-blocked test.

또한 고정자와 회전자 권선의 직류 상 권선(dc phase winding) 저항 r_{1dc}와 r_{2dc}가 간단한 직류 시험으로부터 얻어질 수 있으며 회전자에 대한 고정자의 변환비 a 역시 이용할 수 있다고 가정한다. 계기 지시치는 전동기의 정격 주파수에서의 운전에 일치함을 염두에 두어라. 따라서, 만일 존재한다면, 표피 효과†의 영향이 이 지시치에 반영되어야 한다. 앞의 측정으로부터, 등가 권선 저항의 유효한 값이

$$R_e \equiv r_1 + r_2' = \frac{P_b}{3{I_b}^2} \qquad [\Omega] \tag{4-42}$$

로 주어진다는 것이 따라온다. 여기에서 r_1과 r_2'는 둘 다 상당 유효 권선 저항을 나타낸다. r_1의 유효한 값을 분리하는 것은 다음 식의 사용으로 이루어진다:

$$r_1 = \frac{r_{1dc}}{r_{1dc} + a^2 r_{2dc}} R_e \qquad [\Omega] \tag{4-43}$$

이 마지막 표현식은 등가 저항의 유효한 값에 대한 r_1의 유효한 값의 비(ratio)가 등가 저항의 직류 값에 대한 r_1의 직류 값에 대한 비와 같은 관계를 갖는다는 것을 기술한다. 지금, 정상적인 슬립의 값에서 성능을 계산하기 위해 사용되는 유도전동기의 등가회로에서는 사용되는 r_1이 식 (4-43)에 의해 결정된 유효한 값이지만, 사용되는 r_2는 직류 값이라는 것을 이해하는 것이 중요하다. 이 값이 사용되는 이유는 정상 슬립(3에서 5 [%])에서는 회전자 전류의 주파수가 매우 낮기 (2에서 3 [Hz]) 때문이다.

등가 상 임피던스는

$$Z_e = \frac{V_b}{\sqrt{3} I_b} \qquad [\Omega] \tag{4-44}$$

로부터 얻어진다. 마지막으로, 등가 누설 리액턴스는

$$X_e = \sqrt{{Z_e}^2 - {R_e}^2} = x_1 + x_2' \qquad [\Omega] \tag{4-45}$$

로부터 결정된다. 계산이 근사 등가회로를 사용하여 수행되는 한, 더 이상 x_1과 x_2'로 나누지 않고 직접 X_e로 다루면 충분함에 유의하라.

낮은 값의 슬립에 대하여 등가회로에서 r_2의 직류 값으로 하는 작업의 중요성의 관점에서, 설계 자료를 이용할 수 없다면, 이 값이 농형 유도전동기에 대해서는 어

†표피 효과는, 도체의 유효 단면적을 줄이고 그것에 의해 저항을 직류 값보다 크게 증가시키는, 도체의 표면을 향하여 모이려고 하는 시변 전류의 경향에 관련된다.

떻게 찾아질까? 농형에서는 표피 효과가 매우 크기 때문에, r_2의 유효한 값의 사용은 매우 심각한 오차로 이끈다. 이것은 철에 파묻혀진 고체 구리 봉의 사용에 의해 기인된다. 60 [Hz]에서 직류 값에 대한 유효한 값의 비는 종종 3 : 1이다. 가닥으로 꼬인 도체(stranded conductor)를 사용하는 권선형 회전자 기계에서는 그러한 큰 비율이 생기지 않는다. 농형의 상 단자(phase terminal)는 이용할 수 없기 때문에 회전자 상 저항의 직류 값을 결정하는 간접법(indirect mean)이 사용되어야 한다. 회전자 시험이 낮춰진 전압에서 여러가지 주파수에 대해 수행된다면, 유효 등가 저항이 찾아질 수 있으며 그림 4-18에 묘사된 곡선을 산출하도록 그려질 수 있다. 주파수가 줄어듦에 따라 유효 등가 저항이 부합하여 더 낮은 값을 취함에 유의하라. 실험 곡선을 세로 좌표축으로 외삽함으로써 농형 전동기에 대한 직류 등가 저항이 얻어진다. 그러면 고정자로 환산된 회전자의 상당 직류 저항은

$$r_{2dc}' = R_{e\,dc} - r_{1dc} \qquad [\Omega] \tag{4-46}$$

와 같이 찾아진다. 따라서, 낮은 슬립에서 농형 유도전동기에 대한 등가회로에서는, r_1의 유효한 값과 r_2'의 직류 값(식 (4-46))이 사용되어야 한다.

EXAMPLE 4-5 무부하 시험이 3상, 4극, 60 [Hz], 20 [hp], 550 [V], 60 [Hz], Y-결선 농형 유도전동기에 대하여 수행되었으며 결과가 다음과 같이 찾아졌다:

No-load test:	550 [V],	5.8 [A],	754 [W],	60 [Hz]
Blocked-rotor test at rated frequency:	123 [V],	25 [A],	2419 [W],	60 [Hz]
Blocked-rotor test at low frequency:	55 [V],	25 [A],	2063 [W],	15 [Hz]
Dc test on stator per phase:	15 [V],	25 [A],		

이 전동기에 대한 마찰과 풍손은 328 [W]로 알려져 있다. 정상 운전 슬립(즉, 3 [%]에서 5 [%])에서 사용되는 근사 등가회로의 매개변수를 결정하라.

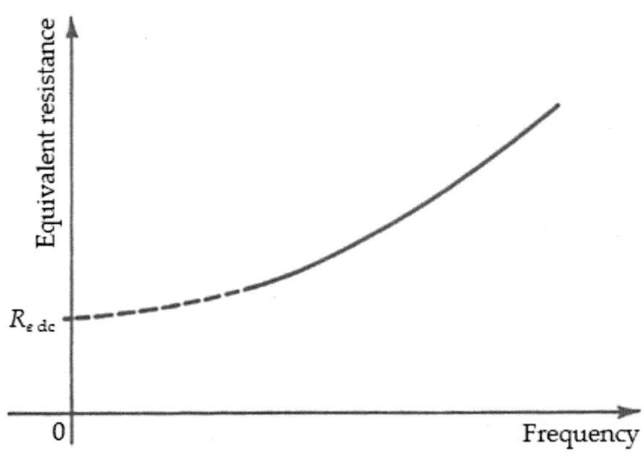

Figure 4-18 Illustrating how dc equivalent resistance of a squirrel-cage induction motor can be found from a blocked-rotor test for varying frequency.

SOLUTION 상당 직류 고정자 권선 저항은

$$r_{1dc} = \frac{15}{25} = 0.6\ [\Omega]$$

고정자 권선이 가닥으로 꼬인 도선을 사용하는 권선이기는 하지만, 약간의 작은 표피 효과가 존재한다. 그러므로, 권선 저항의 교류 값이 필요하게 된다. 이것은 정격 주파수에서 수행된 구속 회전자 시험으로부터 결정될 수 있다. 따라서

$$R_{e\,ac} = \frac{2419}{3 \times 25^2} = 1.29\ [\Omega]$$

낮은 주파수에서 수행된 구속 회전자 시험으로부터 표피 효과는 중요한 것으로 고려되지 않으며, 그래서 등가 "직류" 저항이

$$R_{e\,dc} = \frac{2063}{3 \times 25^2} = 1.1\ [\Omega]$$

와 같이 찾아진다. 그러면 식 (4-43)에 따라, 교류 고정자 권선 저항은 다음의 값을 가진다:

$$r_{1ac} = r_{1dc}\frac{R_{e\,ac}}{R_{e\,dc}} = 0.6 \times \frac{1.29}{1.1} = 0.7\ [\Omega]$$

이 값은, 전 주파수(full frequency)에서의 구속 회전자 시험 동안, 회전자의 철에 파묻힌 봉에서 생기는 표피 효과가 고정자 권선의 가닥으로 꼬인 도선의 경우보다 더 크다는 이유로, 비관적인 측면이 약간 있다. 그렇지만, 이것은 등가회로의 6개의 값 중 하나이다. 두번째 매개변수인 고정자로 환산된 회전자 저항의 "직류" 값은 식 (4-46)을 적용함으로써 결정되며, 여기에서는 다음을 산출한다:

$$r_{2dc}' = R_{e\,dc} - r_{1dc} = 1.1 - 0.6 = 0.5\ [\Omega]$$

근사 등가회로의 사용은 두개의 매개변수 x_1과 x_2'가 계산될 수 있으며 묶인 양(lumped quantity)으로 사용됨을 의미한다. 이 누설 리액턴스는 정지 상태에서의 값이기 때문에, 정격 주파수에서의 구속 회전자 시험 자료가 사용되어야 한다. 따라서,

$$Z_e = \frac{V_b}{\sqrt{3}\,I_b} = \frac{123}{\sqrt{3} \times 25} = 2.84\ [\Omega]$$

$$X_e = \sqrt{Z_e^2 - R_{e\,ac}^2} = \sqrt{2.84^2 - 1.29^2} = 2.53\ [\Omega]$$

두개의 남은 매개변수는 무부하 시험 자료로부터 찾아진다. 식 (4-37)에 의해 무부하 역률각은

$$\theta_0 = \cos^{-1}\frac{P_0}{q_1 V_1 I_0} = \cos^{-1}\frac{754}{3\times(550/\sqrt{3})\times 5.8} = 82.2°$$

이어서 무부하 전류의 무효 성분의 대응하는 값은

$$I_\phi = I_0 \sin\theta_0 = 5.8\sin 82.2° = 5.75\ [\text{A}]$$

가 되며, 다음으로 다음의 자화 리액턴스를 산출한다:

$$x_\phi = \frac{V_1}{I_\phi} = \frac{550}{\sqrt{3}\times 5.75} = 5.25\ [\Omega]$$

마지막으로, 철손 저항기는 먼저

$$P_c = P_0 - P_{\text{fw}} - 3{I_0}^2 r_{1\text{ac}} = 754 - 328 - 3\times 5.8^2 \times 0.7 = 355.4\ [\text{W}]$$

와 같이 철손의 값을 계산하고 그 다음

$$q_1\frac{{V_1}^2}{r_c} = P_c\ [\text{W}]$$

를 유의함으로써 찾아진다. 따라서 철손 저항기는 다음과 같이 계산된다:

$$r_c = \frac{q_1 {V_1}^2}{P_c} = \frac{3\times 550^2}{(\sqrt{3})^2 P_c} = \frac{550^2}{355.4} = 851.2\ [\Omega]$$

4-8 SPEED CONTROL

대부분의 산업 응용에서는 본질적으로 유도전동기의 일정 속도 특성이 바람직한 특성이다. 하지만, 속도 제어 능력이 탁월한 인자인 약간의 응용(예를 들어, 이송장치(컨베이어, conveyor), 권양기(hoist), 그리고 승강기(엘리베이터, elevator))이 있다. 그러므로 이 절에서는 유도전동기가 여러가지 부하 조건 하에서 속도의 조정에 적합하게 되는 범위를 조사한다.

단순한 회전자 권선의 닫힌 성질 때문에 그 단부(end)에서 모든 제어의 가능성을 제거하는 농형 유도전동기가 먼저 조사된다. 어떤 가능한 제어는 고정자에서의 조작을 통하여 취해져야 한다. 두가지는 식 (4-12)로부터 분명히 알 수 있는, 세가지 가능성을 소개한다. 첫번째는 **선 주파수**(*line frequency*)**를 변화**하는 것이다. 선 주파수가 높아지거나 낮아짐에 따라 동기속도가 대응하여 높아지거나 낮아져서, 만족스러운 제어를 제공한다. 하지만, 이 과정의 중대한 결점은 일반적으로 가변 주파수 전원을 이용할 수 없다는 점이다. 더욱이, 그러한 전원이 국지적으로 준비된다면, 전동기-발전기 세트(motor-geenerator set)가 적절한 제어와 제어하는 전동기의 정격에 상당하는 전력 용량으로 설비되는 것이 필요하게 된다. 더구나, 주파수가 떨어짐에 따라 최대 철-자속밀도가 줄어들게 되면, 인가 전압에서의 대응하는 감소가 실행되어야 한다.

제어의 두번째 방법은 **극수의 변화**이다. 극수는 권선 배치(layout)에 의해 결정됨을 상기하라. 각 상에 대하여 적절하게 쌍을 이루는 부분(paired section)으로 권선을 배열하는 것이 가능하다. 두개의 부분이, 예를 들어, 전류 흐름의 대칭적인 배향(orientation)을 보장하는 방식으로 연결된다면, 4극기로 귀결한다. 하지만, 두번째 부분을 통하는 전류가 스위치를 투입함으로써 역전된 방향으로 흐르게 만들어진다면, 2극기로 귀결한다. 따라서, 동기속도가 2의 인자로 바뀔 수 있다. 그러한 기계는 **다중 속도 전동기**(*multispeed motor*)라 불린다. 전동기는 두 속도 중 한가지로 운전할 수 있지만, 유감스럽게도 일단 특정한 속도가 선택되면 더 이상의 속도 제어는 얻을 수 없다. 이 경우에서의 속도 제어는 이산적인 방식으로 일어난다. 60 [Hz]의 선 주파수의 경우, 그러한 기계는 1800 또는 3600 [rpm] 가까이로 운전하는 것이 허용된다. 1800과 3600 [rpm] 사이의 속도 제어를 원한다면, 그것은 다중 속도 농형 유도전동기로는 이루어질 수 없다.

속도 제어의 세번째 방법은 **인가 선전압의 낮춤**을 포함한다. 낮춰진 전압에서의 운전은 토크-속도 곡선에서 토크의 세로 좌표 값이 낮춰진 전압비의 제곱에 따라 새로운 값으로 나타나는 것을 의미한다. 따라서, 농형 전동기가 정격 전압의 70.7 [%]에서 운전된다면, 새로운 토크-속도 곡선의 모든 점은 원래 곡선의 값의 절반을 가진다. 최대 토크는 2분의 1로 줄어든다; 기동 토크 역시 원래 값의 2분의 1로 줄어든다, 기다 등등도 마찬가지이다. 그림 4-19는 완전한 속도 범위에 걸친 상위(distinction)을 묘사한다. 또한 보여진 것은 이송 장치의 특성과 같은 일정-토크 부하와 송풍기(팬, fan)과 다른 프로펠러(나선 추진기, propeller) 형 부하의 가변 부하 토크 특성의 토크-속도 곡선이다. 정격 전압에서 유도전동기가 각 부하 형태에 정격 토크를 내어 놓는 것으로 가정되었다. 운전점은, 슬립이 대략 5 [%]의 부근인, *a*로 나타내었다. 인가 전압에서의 30 [%]의 축소는 일정 토크 부하의 운전점을 *a*로부터 *b*로 움직이며 가변 토크 부하에 대해서는 *a*로부터 *c*로 움직이게 한다. 이 책략(cheme)은 슬립을 2배 또는 어쩌면 3배로 하는 것을 허용한다는 것에 유의하라. 작은 생각은 이것이 속도 조정의—그리고 확실히 지불한 비용에 대해서는—적절한 양이 아니라는 나타낸다. 전압 제어에 의한 속도 제어는, 특히 다상 전동기의 경우, 그것의 드문 사용을 설명하는 중대한 불리한 점을 가진다. 첫째로, 그것은 비싸다. 가변 3상 전압은 적어도 제어되는 전동기만큼 큰 정격을 가지는 전동기-발전기 세

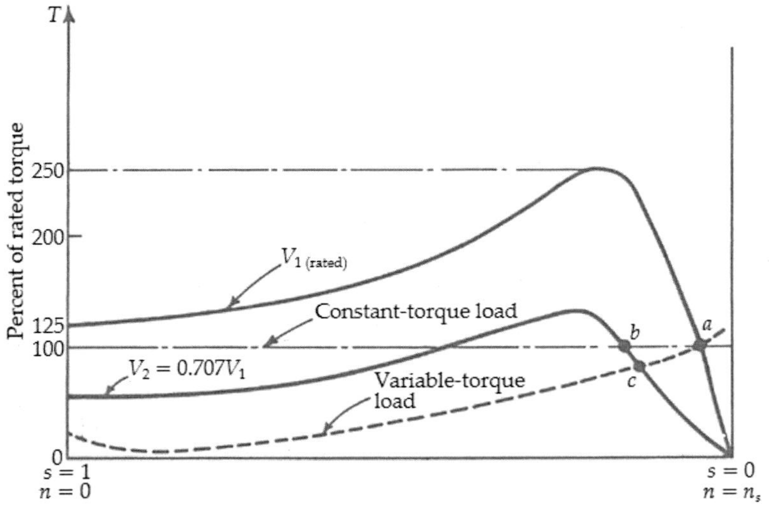

Figure 4-19 Illustrating how some degree of speed control is obtained by reducing the applied voltage.

트 또는 3상 바리악(variac)의 사용을 통하여 효과적으로 얻어진다. 둘째로, 전동기가 낮춰진 전압에서 운전될 때, 그것의 예비 능력이 위험할 정도로 줄어든다. 그림 4-19에서 설명된 상황의 경우, 일정 부하 토크에 대한 예비 능력이 전전압(full voltage)에서는 정격 토크의 250 [%]이며 정격 전압의 70.7 [%]에서는 단지 125 [%]에 불과하다. 셋째로, 낮춰진 전압에서 전체 범위에 걸쳐 전동기를 운전하려는 시도가 이루어졌다면, 그림 4-19의 일견은 단지 가변 토크 부하만이 그렇게 운전될 수 있다는 것을 명백하게 만들 것이다. 낮춰진 전압에서 62.5 [%]의 전동기의 기동 토크는 일정 토크 부하를 움직이기 위해서는 불충분하다.

결론으로서, 그러므로 농형 유도전동기의 속도 조정은 달성하기 어려우며 게다가 비싸다. 이 전동기는 일정-속도 부하에 가장 적합하다.

속도 제어는 회전자 단자의 이용 가능성 때문에 농형 전동기보다 권선형 회전자 유도전동기에서 달성하기가 더 쉽다. 물론 이미 개략된 세가지 방법에 의한 속도의 조정이 권선형 회전자 기계에 같은 정당성으로 적용된다.

다음에 포함된 세가지 부가적인 방법에 의해 속도가 제어될 수 있다: 상당 총(total) 회전자 리액턴스 x_2'의 증가; 상당 총 회전자 저항 r_2'의 증가; 그리고 회전자 단자에서 적당한 전압의 주입(injecting). 회전자 단자에 연결된 외부 3상 리액터의 사용은, 한다면, 선 역률(line power factor)에 미치는 매우 해로운 효과 때문에 드물게 사용된다. 덧붙여 슬립 항의 효과 때문에 리액터의 크기가 매우 크게 되는 것이 필요하다. 단연 3상 유도전동기의 속도를 조정하는 가장 일반적인 방법은 회전자 단자에 연결된 외부 3상 저항기를 사용하는 것이다. 이 상당 외부 저항이 커질수록, 속도는 더 낮아진다. 그 효과가 그림 4-20에 설명되어 있다. 식 (4-32)

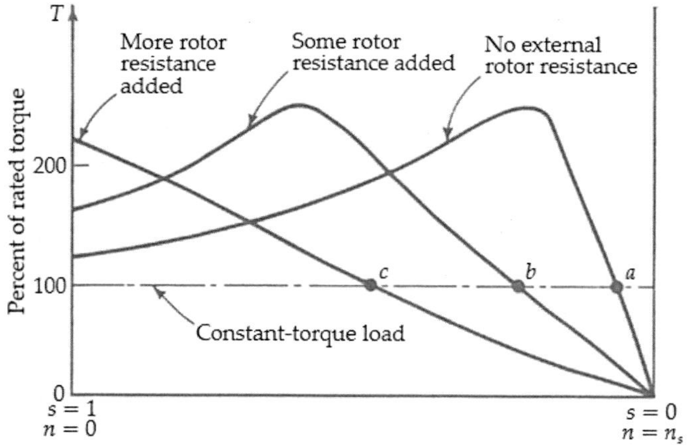

Figure 4-20 Speed control by external rotor resistance.

로부터, 저항이 회전자 권선에 더해짐에 따라, 최대 토크가 발생되는 슬립이 증가함을 상기하라. 이것이, 말하자면, 부하의 일정 토크 특성과 결합되었을 때, 같은 토크가 속도의 상당한 범위에 걸쳐 내어놓아질 수 있음을 본다. 이 방법으로 대략 동기속도의 50 [%] 아래의 속도 제어를 얻는 것이 통상적이다. 이 점 아래에서는 효율이 상당히 나쁘게 되어, 50 [%]보다 작아진다. 사실상 이것은 속도 제어 달성을 위한 대가 지불이다. 보통의 5 [%]가 아니라 50 [%]의 슬립에서 정격 토크가 부하에 내어놓아질 때, 부하에 내어놓아지는 동력은 대략 45 [%]보다 작다. 이 정격 동력(전력)의 55 [%]의 차이는 외부 저항기에서 열로 소비되며 그래서 회생할 수 없다(unrecoverable).

토크-속도 곡선의 성질로부터 특정한 슬립 s에서 발생 토크 T가 생김을 안다. 이와 같은 발생 토크가 증가된 슬립 s'에서 나타나도록 하는 상당 회전자 권선에 더해지는 저항의 양은 어떻게 결정될까? 그림 4-20에서 설명된 상황을 포함하는 논의와의 부합을 유지하기 위하여, 일정 발생 토크를 불러내는 부하의 조건으로 계속한다. $T\omega_s = P_g$이며 이것은 고정된 양이기 때문에, 전동기에 의한 일정한 발생 토크는 일정한 공극 전력을 함축한다. 회부 회전자 저항기가 사용되지 않았을 때, 공극 전력에 대한 표현식은 식 (4-22)로 주어지며, 편의를 위하여 여기에서 다시 반복한다. 따라서,

$$P_g = q_2 I_2^2 \frac{r_2}{s} \qquad [\text{W}] \tag{4-47}$$

이다. 이제 값 R_a [Ω/phase]의 저항기가 회전자의 3상 권선의 각각에 더해졌다면, 식 (4-47)은

$$P_g = q_2 I_2^2 \frac{R_a + r_2}{s'} \qquad [\mathrm{W}] \tag{4-48}$$

로 된다. 여기서 s'는 그림 4-20에서 설명된 바와 같이 R_a의 삽입이 운전 슬립을 바꾸는 것을 나타내기 위해 사용되었다. 식 (4-47)과 (4-48)에서 회전자 전류에 대한 기호는 구별이 없이 되어 있다는 점에 유의하는 것이 중요하다. 이것은 일정 토크 조건 하에서는 회전자 전류가 고정되어 남아있기 때문이다. 식 (3-27)을 참조하면, 단위 값에 매우 약간 더 가깝게 움직이는 $\cos\psi$를 포함하여, 우변에 있는 모든 항이 사실상 일정하기 때문에, 이 설명이 자명하다. 그 결과, 식 (4-47)과 (4-48)을 같게 두면, R_a에 대한 식이 찾아진다. 결과는

$$R_a = \frac{s' - s}{s} r_2 \qquad [\Omega/\mathrm{phase}] \tag{4-49}$$

이다. 식 (4-49)는 회전자 권선의 각 상에 R_a를 더함으로써, 단락 회로로 된 회전자 권선으로 슬립 s에서 발생되는 주어진 토크가 이제는 제약(constraint) $s \le s' \le 1$을 조건으로 임의로 선택된 슬립 s'에서 발생될 수 있다는 것을 설명한다. $s = s_m =$ slip at maximum torque 와 $s' = 1$을 선택함으로써 최대 토크가 기동 토크로 만들어질 수 있음을 관찰하라.

설명을 위하여, 기동에서 최대 토크를 산출하기 위하여 상당 회전자 권선에 더해지는 저항의 양을 찾자. 이 토크가 정상적으로는 단락 회로로 된 회전자로 10 [%] 슬립에서 생긴다고 가정한다. 이 경우에는 $s' = 1$과 $s = 0.1$이다; 따라서

$$R_a = \frac{1 - 0.1}{0.1} r_2 = 9 r_2 \qquad [\Omega/\mathrm{phase}] \tag{4-50}$$

이다. 따라서, 실제 상당 회전자 권선 저항의 9배와 같은 외부 저항을 더함으로써, 기동 토크는 최대 토크와 같다.

3상 전압을 회전자 권선에 주입함으로써 달성되는 속도 제어는 그림 4-21에 묘사된 연쇄(sequence)를 조사함으로써 이해될 수 있다. 간단을 위하여 가변 속도에서 정격 토크가 일정 토크 부하에 내어놓아지는 것으로 가정된다. 더욱이, 회전자 누설 자속은 무시할 수 있을 정도로 작다고 가정된다. 이것은 식 (4-28a)의 공간 변위 각도 ψ가 0이어서 기본 토크 방정식이 $T = K\Phi I_2$임을 의미한다. Φ가 일정 인가 전압에 의해 고정되기 때문에, 여러가지 속도에서 일정한 토크를 유지하기 위해서는 다만 I_2를 일정하게 유지할 필요가 있다는 것이 따라온다. 그림 4-21 (a)에 묘사된 것은 정상 운전, 즉, 단락 회로로 된 회전자로 정격 전동기 토크를 부하에 내어놓는 상태에서 회전자 내에 존재하는 상황이다. 합성 슬립 전압 $s\bar{E}_2$는 단지 회

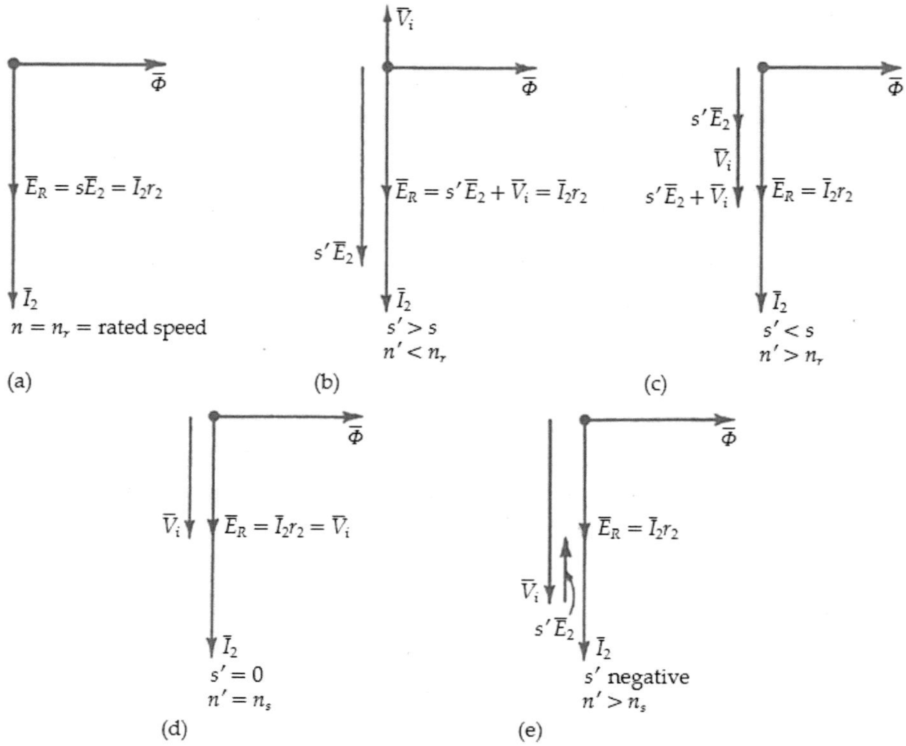

Figure 4-21 Speed control by the rotor injected-voltage method: (a) normal operation, with rated motor torque delivered to constant-torque load; (b) V_i injected opposed to sE_2; (c) V_i injected in-phase with sE_2 of part (a) but less in magnitude; (d) V_i injected in-phase with original sE_2 and equal to it; (e) V_i injected in-phase with original sE_2 but greater in magnitude.

전자 권선 저항 강하를 극복하기에 충분한 정도의 크기일 뿐임에 유의하라. 이제 상당 실효 값 $\overline{V}_i$의 전압이 원래의 $s\overline{E}_2$에 반대가 되도록 하는 방향으로 회전자 내로 주입된다고 가정한다. $\overline{V}_i$의 즉시의 효과는 회전자 전류를 낮추고, 다음에는 발생 토크의 감소를 일으킨다. 그러면, 전동기가 더 이상 정격 토크를 부하에 공급할 수 없기 때문에, 속도가 감소한다. 속도가 감소함에 따라, 슬립 기전력이 증가하고 그에 의해 회전자 전류에 대한 $\overline{V}_i$의 영향을 서서히 극복한다. 상당 합성 회전자 전압이 다시 한번 $\overline{I}_2 r_2$와 같아질 때 평형이 다시 확립된다. 이것은 대수적으로

$$s'\overline{E}_2 = s\overline{E}_2 + \overline{V}_i \qquad [\mathrm{V}] \tag{4-51}$$

일 때 일어난다. 여기서 s'는 새로운 증가된 슬립을 나타낸다. 그 조건이 그림 4-21 (b)에 묘사되어 있다. 주입 전압의 순(net) 효과는 외부 회전자 저항으로 이루어진 것과 다르지 않은 방식으로 슬립에서의 증가를 달성하는 것이다. 사실상 같은 슬립을 산출하는 외부 회전자 저항의 대응하는 값은

$$I_2 R_a = V_i \qquad [\mathrm{V}] \tag{4-52}$$

로부터 계산될 수 있다. 하지만, 두 방법의 기본적인 차이는, 저항법으로는 전력이 열로 소모되는 반면, 주입 전압원은 속도에서의 저하에 관련된 전력을 유용하게 소비하거나 그렇지 않으면 그것을 선 전원으로 되돌릴 수 있다는 사실에 있다.

주입 전압이 원래의 슬립 기전력과 동상(in phase)으로 도입되지만 크기가 더 작으면 전동기 속도에는 어떤 일이 일어날까? 그 조건이 그림 4-21 (c)에 묘사되어 있다. $\bar{V}_i$의 즉시의 효과는 $\bar{I}_2$를 정격 값보다 높게 올리고, 전동기 속도를 정상 값보다 높게 **올리는**(*raises*) 가속 토크를 일으킨다. 평형은 그러면 $s'\bar{E}_2 + \bar{V}_i = \bar{I}_2 r_2$ 일 때 확립된다. 비교를 위하여 이것은 외부 회전자 저항으로는 실현될 수 없는 상황임에 유의하는 것이 흥미롭다. 외부 회전자 저항의 사용은 증가되는 슬립에서의 속도 제어를 허용한다—줄어드는 슬립에서는 절대 불가능하다.

주입 전압이 그것에 의해 전적으로 회전자 전류를 확립하기 위해 충분한 바로 그 크기로 만들어질 때 흥미로운 상황이 생긴다. 그림 4-21 (d)를 참조하라. 전동기는 따라서 회전자 전류를 생성하는 어떤 부분의 역할에서도 벗어난다. 따라서, 슬립은 0으로 되며 전동기는 **동기속도**(*synchronous speed*)**에서 운전된다**. 이것은, 사실상 전동기가 더 이상 단일 여자되는 것이 아니라 오히려 2중 여자되며 그래서 언제나 동기전동기처럼 거동하는 권리를 가지기 때문에, 너무 많이 놀랄 일은 아니다. 그림 4-21 (e)에 묘사된 것은 $\bar{V}_i$가 요구되는 정격 회전자 전류를 생성하기 위해 필요로 하는 것보다 더 크게 만들어진 상황이다. 결과적으로, 전동기는 동기속도 위로 가속되며 부(음) 슬립을 취하는 운전을 일으킨다.

회전자 전압 주입법에 의한 속도 제어에 지불해야 하는 대가는 무엇인가? 그 방법으로 시작하기 위해서는, 보조 장치가 주입 전압을 발전하기 위해 필요하게 된다. 그 장치의 중요한 특성은 그 장치를 유도전동기의 단자에서 **항상 옳은 슬립 주파수를 가지는** 주입을 위한 전압을 이용할 수 있게 만들어야 한다는 것이다. 그렇지 않으면, 전동기 슬립 주파수 기전력에 더하는 것이 이루어질 수 없다. 더욱이, 보조 장치의 크기와 정격이 영향을 받는 제어의 정도(degree of control)에 부합해야 한다. 따라서, 속도가 동기속도 아래의 50 [%]로 제어된다면, 장치의 정격은 적어도 제어되는 전동기의 2분의 1과 같아야 한다. 하지만, 주입 전압원으로, 50 [%] 범위의 속도 제어는 동기속도의 아래 뿐만 아니라 위에서도 가능하여, 제어가 가능한 전체 범위는, 외부 회전자 저항법에 대한 2 : 1과 비교하여, 3 : 1이다. 쉬라게(H. K. Schrage)가 1911년에 설계한 쉬라게 전동기(Schrage motor)는 속도 제어를 얻기 위하여 주입 전기자 전압을 사용하는 유도전동기이다. 이 전동기는 50 [hp]까지의 용량으로 다년간 General Electric Company(GE)에 의해 제조되었다. GE는 그것을 "브러시 추이(brush-shift)" 전동기라 부른다.

EXAMPLE 4-6 15 [hp], 60 [Hz], 4극, 480 [V], 3상, 권선형 회전자, Y-결선 유도전동기가 141 [V]의 상당 선 주파수 회전자 유도 기전력, 0.27 [Ω]의 상당 회전자 누설 리액턴스, 그리고 상당 0.16 [Ω]의 회전자 권선 저항을 가진다. 전동기가 단락 회로로 된 회전자로 운전될 때, 3.5 [%]의 슬립에서 62.4 [N-m]의 토크를 발생하며 31.1 [A]의 회전자 전류를 운반한다. 같은 토크가 동기속도보다 40 [%] 위의 슬립에서 발생되도록 하기 위해 회전자 권선(단락 회로가 제거된)의 단자에 도입되는 주입 전압의 크기와 위상을 결정하라. 이와 같이 높은 슬립에서는 회전자 누설 리액턴스가 무시될 수 없다.

SOLUTION 교류기의 기본 토크 방정식(식 (3-27)을 보라)으로부터 일정 토크의 조건은

$$I_2 \cos\psi_2 = I_2{}^* \cos\psi_2{}^*$$

을 요구한다는 것을 안다. 여기서 * 표기는 새로운 슬립 조건에서의 운전을 나타낸다. 각도 ψ는 당연히 특별한 운전 슬립에서 회전자 권선에서의 역률각을 나타낸다. 고려하고 있는 경우에 대하여, 다음을 가진다:

$$\psi_2 = \tan^{-1}\frac{sx_2}{r_2} = \tan^{-1}\frac{0.035\times 0.27}{0.16} = 3.4^\circ$$

그리고

$$\psi_2{}^* = \tan^{-1}\frac{s^*x_2}{r_2} = \tan^{-1}\frac{0.4\times 0.27}{0.16} = 34^\circ$$

따라서 새로운 슬립 조건에서 회전자 전류는

$$I_2{}^* = I_2\frac{\cos\psi_2}{\cos\psi_2{}^*} = 31.1\times\frac{\cos 3.4^\circ}{\cos 34^\circ} = 37.5\ [\text{A}]$$

전동기가 단락 회로로 된 회전자로 운전될 때, 31.1 [A]의 전류를 생성하는 합성 기전력은 다음의 크기를 가진다:

$$E_R = I_2\times|r_2 + jsx_2| = 31.1\times|0.16 + j0.035\times 0.27| = 4.94\ [\text{V}]$$

이 양이 자속 페이서에 직각으로 수직선을 따라 위치된 그림 4-22 (a)에 보여져 있다. 하지만, 전동기가 높은 슬립에서 운전될 때, 회전자 권선 위상각은 이미 설명된 바와 같이 상당할 수 있다($\psi_2{}^* = 34^\circ$). 슬립 s^*에서 합성 회전자 기전력은 여전히 그것을 생성하는 자속과 직각 관계를 가져야 하지만, 크기는 이제 더 이상 권선 저항에 바로 종속되지 않는다. 누설 리액턴스 역시 기여를 만든다. 따라서 합성 회전자 권선 유도 기전력은

$$E_R{}^* = I_2{}^*\times|r_2 + js^*x_2| = 37.5\times|0.16 + j0.4\times 0.27| = 7.24\ [\text{V}]$$

와 같이 계산된다. 이 양 역시 그것의 페이서 성분과 함께 그림 4-22 (a)에 묘사되어 있다. $I_2{}^*$

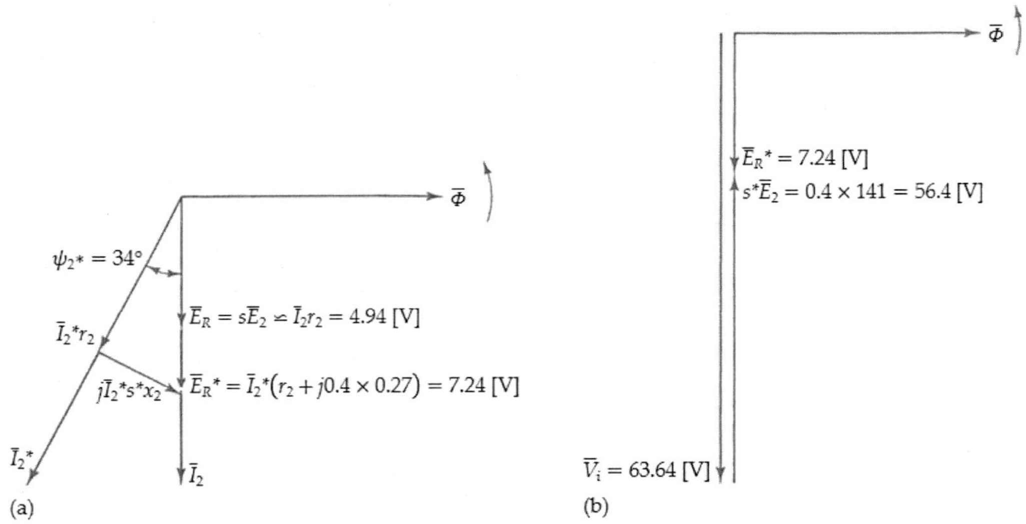

Figure 4-22 Diagram for Example 4-6: (a) showing relationships between slip-induced emfs and currents at two values of slip; (b) determination of the required injected voltage to achieve speed control above synchronous speed.by external rotor resistance.

의 수직축으로의 사영이 두 슬립 조건에 대해 같으며 따라서 일정 토크를 보장함을 관찰하라.

설계에 의해 속도 제어의 달성을 위하여 주입 전압이 항상 자속 페이서에 직각으로 도입된다는 것을 염두에 두어라. 이 경우에는 동기속도 위의 속도 제어를 원하기 때문에, 주입 전압은 그림 4-22 (b)에 설명된 방식으로 자속 페이서보다 90° **지상으로**(*lagging*) 도입되어야 한다. 양 $\bar{E}_R*, s*\bar{E}_2$, 그리고 $\bar{V}_i$는 모두 공선적(동일 직선, collinear)이며 산술적으로 표현된 그들 사이의 관계는 간단히 다음과 같다:

$$V_i - s*E_2 = E_R*$$
$$V_i = E_R* + s*E_2 = 7.24 + 0.4 \times 141 = 63.64 \text{ [V]}$$

4-9 ELECTRONIC METHOD OF SPEED CONTROL

식 (4-12)를 참조하면, 속도 제어의 매력적인 수단은 조정할 수 있는 주파수 전원의 이용 가능성이라는 것이 명백하다. 그러한 전원을 얻는 한가지 방법이 직류전동기-교류 발전기 세트의 사용이라는 것이 앞 절에서 언급되었다. 유감스럽게도, 이 해법(solution)은 적당한 직류 공급기에 대한 필요, 두개의 부가적인 기계의 구입의 필요, 줄어드는 효율 뿐만 아니라 속도 제어 범위에 있어서의 더욱 제한적인 한계 등과 같은 그것 자체의 단점을 나타낸다. 더 좋은 해법은 직류 전원을 가변 주파수 전원으로 바꾸도록 만들어질 수 있는 **인버터**(**역변환기**, *inverter*)의 사용에 있다. 직류 전력은 즉시 사용할 수 있는 것이 아니기 때문에, 적절한 정류 회로의 사용을 통하여 그것을 발생시키는 것이 필요하게 된다. 농형 유도전동기의 속도 제어의 이러한 **전자적 책략**(*electronic scheme*)의 블록도가 그림 4-23에 보여져 있다. 이것은 고도로 어려운 농형 유도전동기에 대한 속도 제어를 달성하기 위해 사용할 수 있는 몇 안되는 방법 중 한가지이다.

그림 4-23에서 3상 정류기는 일반적으로 사용할 수 있는 3상 전압을 직류 전원으로 변환하는 목적에 소용된다. 보통, 정류기의 출력은 교류 전원의 기본파 주파수의 고조파를 내포하며 이들은 적절한 여파기(필터, filter)에 의해 형편 좋게 제거된다. 그림 4-24 (a)는 4-24 (b)에 그려진 출력 전압을 가지는 전형적인 3상 반파 정류기(three-phase half-wave rectifier)를 설명한다. 이 파형이 *LC* 필터를 통하여 지나감으로써, 출력 전압은 본질적으로 직류로 된다. 그것은 그러면 일반적으로 가변 주파수, 조정할 수 있는 전압, 그리고 위상까지도 조정할 수 있는 성질을 나타내는

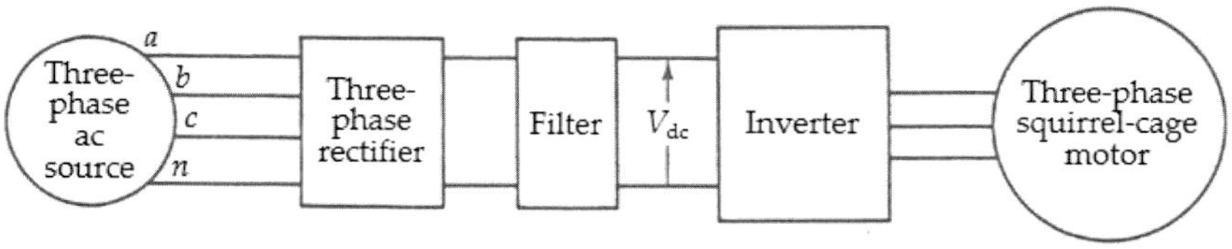

Figure 4-23 Block diagram to illustrate the principal equipment needed in the electronic speed control of a squirrel-cage three-phase motor.

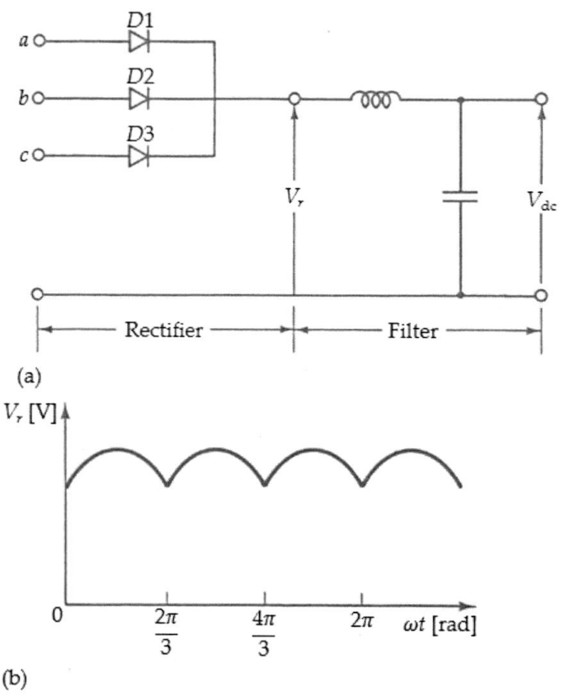

Figure 4-24 (a) A three-phase half-wave rectifier using semiconductor diodes; (b) output waveshape of the rectifier.

새로운 3상 전압원을 발생시키는 인버터의 과업에 어울린다. 제어되는 전동기의 정격 값으로부터 첨예하게 벗어나는 극당 자속의 값에서 운전되는 것을 예방하기 위하여 주파수와 인버터 출력 전압의 동시 조정이 필요하게 된다. 이것은 제어되는 주파수에 대한 인버터 출력 전압의 비(ratio)를 일정하게 유지하도록 속도 제어 계통을 설계함으로써 이루어질 수 있다. 식 (4-9)에 따라, 그러면 이 기법에 의해 극당 자속이 운전 범위에 걸쳐 보존된다. 이 예방 조치가 지켜지지 않았다면, 낮은 주파수에서 자기 회로의 심각한 포화가 쉽사리 일어날 수 있는 한편, 높은 주파수에서는 전동기의 예비 능력의 감소가 있을 것이다.

그림 4-24 (a)의 회로는 정류 회로에서 다이오드(diode)의 사용을 보인다. 그러한 다이오드는 5000 [V]까지의 전압 정격과 7500 [A]의 전류 정격에서 사용할 수 있음에 유의하는 것이 유용하다. 출력 전압은 다이오드를 실리콘 제어 정류기(silicon-controlled rectifier, SCR)로 대체함으로써 조정할 수 있게 만들어질 수 있다. SCR의 게이트(gate) 단자에 적당한 전압 펄스(voltage pulse)를 줌으로써 다이오드 부분의 점호(firing) 순간이 늦춰질 수 있으며, 그것에 의해 정류된 출력의 값을 줄일 수 있다. SCR의 전압 정격은 전력용 다이오드(power diode)의 그것에 필적하지만, 전류 정격은 대략 절반 정도이다.

앞의 개념을 사용한 전형적인 전자 속도 제어 계통의 개략도가 그림 4-25에 묘사되어 있다. 여기에서 보여진 성분은 그림 4-23의 블록도에서 불리어진 요소이지만, 실리콘 제어 정류기를 위한 제어 회로를 포함하여 수정되었다. 더욱이, 인버터의 세목 역시 표시되었다. *S*1에서 *S*6까지 표시된 스위치는 SCR이며 각각은 게이트 제어 부분으로부터 얻어지는 신호에 의해 적절하게 점호된다(gated). 게이트 신호의 목적은 단자 *a*, *b*, *c*에서 나타나는 출력 전압이 3상 전압 세트의 특성을 나타내도록 각 SCR의 ON과 OFF 시간을 배열하는 것이다. 속도 제어 전압 E_s는 두가지 기능을 한다. 첫째로, E_s에 직접 비례하는 직류 출력의 크기를 허용하는 방식으로 3상 정류기의 정류 동작을 제어한다; 그리고 둘째로, 속도 제어 전압은 또한 직접 방식(direct manner)으로 전압 제어 발진기(voltage-controlled oscillator, VCO)의 출력 주파수를 결정한다. 수학적으로 표현하면

$$V_{dc} = k_1 E_s \qquad [V] \tag{4-53}$$

그리고

$$f_o = k_2 E_s \qquad [Hz] \tag{4-54}$$

를 적을 수 있다. 여기서 V_{dc}는 3상 정류기 더하기 필터의 출력 전압을 나타내며 f_o

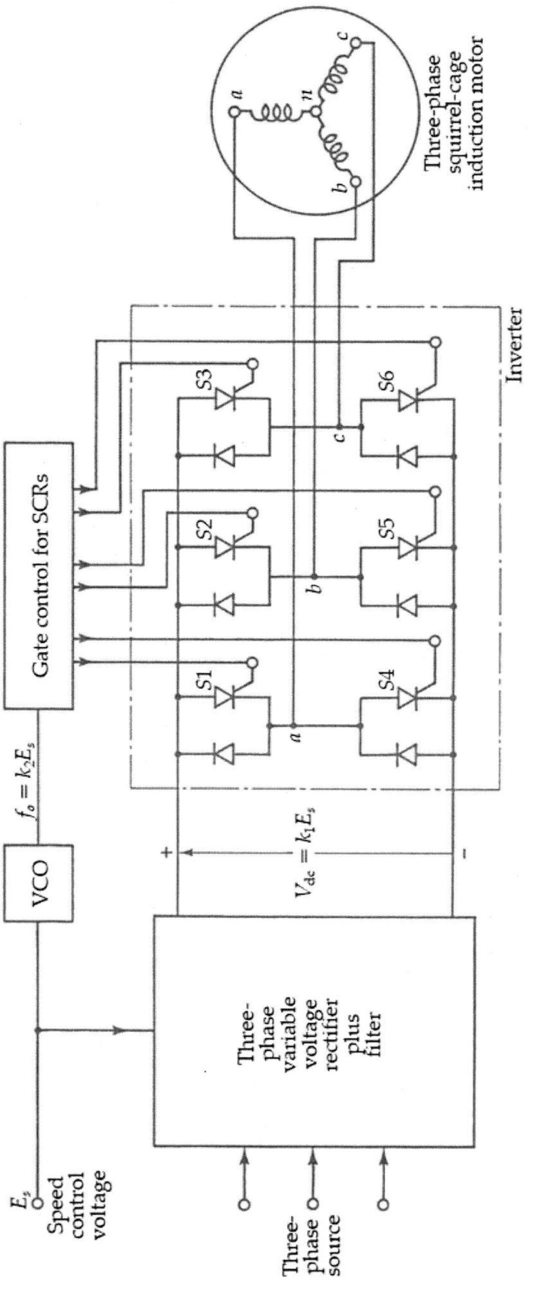

Figure 4-25 Schematic diagram for electronic speed control of a three-phase squirrel-cage induction motor. The silicon-controlled rectifiers (SCRs) are marked *S1* through *S6*.

는 발진기의 출력 주파수이다. 양 k_1과 k_2는 적절한 척도 인자(환산 계수, scale factor)이다. 사실상, 이 주파수는 인버터가 농형 유도전동기의 단자에서 부과하는 주파수이다. 역방향으로 SCR에 병렬로 위치된 다이오드는 대응하는 SCR이 소호될 (gated off) 때 무효 전류(reactive current)에 대한 경로를 준비하기 위해 필요하게 된다. 그들은 또한 유도전동기가 발전기로서 동작할 때는 언제나 에너지가 전원으로 거꾸로 흐르는 것을 허용하는데 있어서 유용하다.

이제 인버터가 어떻게 직류 전원을 취하고 3상 교류 전압 세트를 생성하기 위해 그것을 조작하는지에 대하여 설명한다. 계통의 게이트 제어 부분은, 점호 신호(gating signal)를 준비하고, 점호의 지속 시간(duration)(즉, 각 SCR이 도전 상태에 머무는 것이 허용되는 주파수 주기(frequency cycle)의 부분)뿐만 아니라 적절한 점호 순서(gating sequence)를 확립하는, 과정에서의 중대한 역할을 담당한다. 이 설명에 사용된 스위칭 순서가 그림 4-26에 보여져 있다. 주파수 f_o의 한 주기가 보여져 있으며 그것이 6개의 $\pi/3$ [rad]씩의 같은 부분으로 나누어져 있다. 최대 직류 전압을 실현하기 위해서는 각 SCR이 거의 π [rad] 동안 ON 상태가 되도록 점호된다. 실제적인 문제로서, ON-시간은, 계속해서 $S4$가 정확히 π [rad]에서 점호되는 것을 허용하기 위하여, π [rad] 바로 아래로 유지되어야 한다. 그림 4-25의 일견은 $S4$가 점호되기 전에 $S1$을 OFF 상태로 소호하는 것의 중요성을 명백하게 만든다. 그렇게 하는 것을 실패하면 직류 공급기를 가로지르는 단락 회로의 문제가 생긴다.

그림 4-26에 나타나는 스위칭 순서는 다음과 같이 결정된다. $S1$로 시작하며, 첫 3개의 60° 주기에 걸쳐 선을 그으면, $S1$이 첫 180 [elec. deg]에 대하여 점호된 ON 상태가 유지된다는 것을 나타낸다. 다음으로, 3상을 다루기 때문에, $S2$의 도전 주기(conduction period)를 $S1$의 시작보다 120 [elec. deg] 늦은 위치에서 시작한다. 비슷하게, $S3$의 도전 주기를 $S2$의 시작보다 120 [elec. deg] 늦은 위치에서 시작한다. 그 다음 이 양식이 SCR의 두번째 세트에 대하여 반복된다. 따라서, $S2$에 대한 ON-시

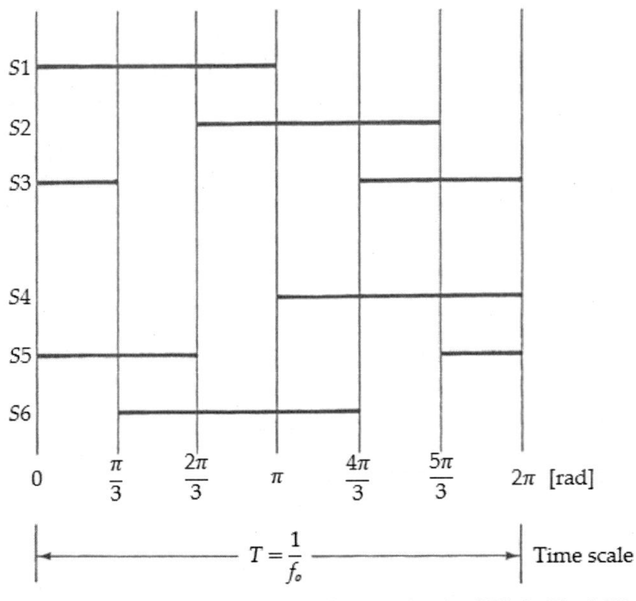

Figure 4-26 Switching sequence diagram for the SCRs in Fig. 4-25.

간은 π[rad]에서 시작하며 180°동안 지속하는 것으로 만들어진다. *S*5에 대한 도전 주기는 그 다음 *S*4보다 120° 뒤에 시작하며 180°동안 지속하는 것으로 만들어진다. 마지막으로, *S*6에 대한 도전(conduction)은 *S*5가 도전으로 들어간 후 120°에서 시작되며 다시 거의 π[rad]동안 도전 상태에 머무는 것을 허용하도록 프로그램된다. 그림 4-26의 첫 60° 열(column)을 조사함으로써, 이 주기에 걸쳐 점호되는 SCR은 *S*1, *S*3, 그리고 *S*5라고 당연히 결론지을 수 있다. 남은 3개의 SCR은 동시에 그리고 OFF 상태로 소호된다. 특정한 SCR이 ON 상태가 되도록 프로그램된 주기 동안, 바로 그때 전류가 흐르든 그렇지 않든 스위치가 닫힌 상태에 머물도록 점호 신호가 유지되는 것이 중요하다. 각 60°에 대한 과정의 반복에 따라, 스위칭 순서를 설명하는 다음의 표가 얻어진다:

Interval	SCRs in ON state
0°– 60°	*S*1, *S*5, *S*3
60°–120°	*S*1, *S*5, *S*6
120°–180°	*S*1, *S*2, *S*6
180°–240°	*S*4, *S*2, *S*6
240°–300°	*S*4, *S*2, *S*3
300°–360°	*S*4, *S*5, *S*3

일단 스위칭 순서가 확립되면, Y-결선된 고정자 권선을 갖는 것으로 가정된 농형 전동기의 단자에 나타나는 선간 전압(line-to-line voltage)을 식별하는 것이 일련의 사항(routine matter)이다. 인버터 출력은 단자 a, b, c에서 나타난다. 첫 60° 구간 동안, 스위치 *S*1, *S*3, 그리고 *S*5가 ON 상태에 있다. *S*1과 *S*3이 도전 상태이기 때문에, 단자 a와 b는 직류 전원의 +측에 연결되며 *S*5의 동작을 통하여 단자 c는 부(음, –)측에 연결된다. 이 배열은 유도전동기의 서로 병렬인 상 a와 c가 상 b와 직렬로 된 결합에 위치한다. 속도 제어 전압 E_s에 응하여 전압 제어 발진기에 의해 결정된 운전 주파수의 첫 3개의 60° 구간 동안 인버터에 의한 직류 입력 전압의 분포를 설명하는, 표 4-1의 줄 (a)에 있는 60° 구간에 대한 개략도를 참조하라. 평형 상 권선의 경우, 직류 전원 전압의 분포가 두개의 병렬 연결된 상(즉, 코일 an과 cn)을 가로질러서는 $V_{dc}/3$가 가해지며 상 b를 가로질러서는 $2/3\,V_{dc}$가 가해진다는 것이 따라온다. 키르히호프의 전압 법칙의 간단한 적용은 그러면 선전압(line voltage)이 $V_{ab} = V_{dc}$, $V_{bc} = -V_{dc}$, 그리고 $V_{ca} = 0$임을 보인다.

두번째 60° 구간 동안에는, 앞의 표가 스위치 *S*1, *S*5, 그리고 *S*6이 ON 상태에 있음을 보인다. 이 경우에는, 단지 단자 a 만이 직류 전원의 정(양, +)측에 연결되는 한편, b와 c는 둘 다 부(음)측에 연결된다. 그 효과는 표 4-1의 줄 (b)에 설명된

TABLE 4-1 DISTRIBUTION OF THE DC INPUT VOLTAGE DURING THE FIRST THREE 60° INTERVALS OF THE OPERATING FREQUENCY

Interval	ON-gated SCRs	Voltage distribution on induction motor phases	Corresponding line voltages
(a) 0°–60°	S1, S3, S5	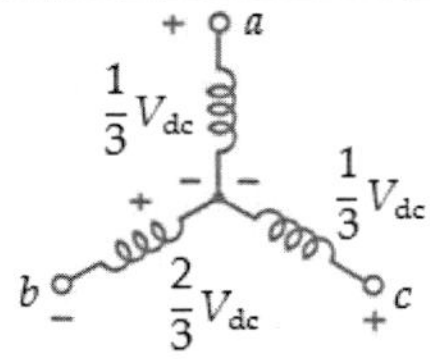	$V_{ab} = V_{dc}$ $V_{bc} = -V_{dc}$ $V_{ca} = 0$
(b) 60°–120°	S1, S5, S6	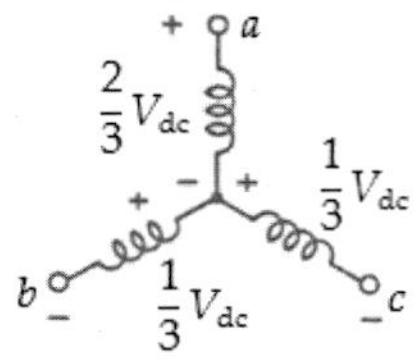	$V_{ab} = V_{dc}$ $V_{bc} = 0$ $V_{ca} = -V_{dc}$
(c) 120°–180°	S1, S2, S6	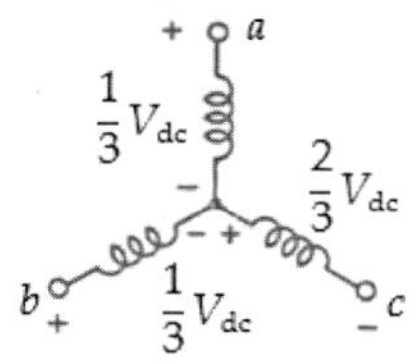	$V_{ab} = 0$ $V_{bc} = V_{dc}$ $V_{ca} = -V_{dc}$

방식으로 상 b와 c가 병렬이며 상 a와 직렬로 결합되는 것이다. 이 그림을 읽는 동안, 같은 극성으로 표시된 단자는 특정한 구간에 대해 함께 결합된다는 것을 염두에 두는 것이 도움이 된다. 직류 전압의 분포는 표시된 극성으로 상 a의 권선을 가로질러 3분의 2가 가해지며, 코일 b와 c의 각각을 가로질러 3분의 1이 가해진다. 결과는 이 두번째 주기 동안의 선전압이 $V_{ab} = V_{dc}$, $V_{bc} = 0$, 그리고 $V_{ca} = -V_{dc}$로 설명된다는 것이다.

세번째 60° 구간에서 나타나는 상황은 표 4-1의 줄 (c)에 보여진 결과로 이끈다. 여기에서는 상 a와 b의 코일이 병렬이다. 대응하는 선전압은 $V_{ab} = 0$, $V_{bc} = V_{dc}$, 그리고 $V_{ca} = -V_{dc}$로 된다. 6개의 60° 구간을 통한 이 과정의 계속은 그림 4-27에 묘사된 결과로 이끈다. 이 파형의 조사는 3상 전압이 평형 3상 전압 계통의 특성을 나타낸다는 것을 드러낸다. 그들은 같은 크기의 것이며 개별 선전압은 시간으로 요구되는 120 [elec. deg]씩 이격된다. 물론, 이 파형은 정현이 아니지만 유도전동기를 구동하는데 소용이 되는 큰 기본파 성분을 내포한다.

이 기본파 성분의 첨두 값은 선간 전압을 나타내는 직사각형 파형에 대해 푸리에 급수 해석을 적용함으로써 바로 찾아진다. 편의를 위하여, 그 속에 내포된 4분의 1 파 대칭성(quarter-wave symmetry)의 이점을 취하기 위해 0 위치를 이동시켜 이 기본 파형이 그림 4-28에 다시 그려져 있다. 그러면 푸리에 급수 해석으로부터 기본파 성분의 크기는

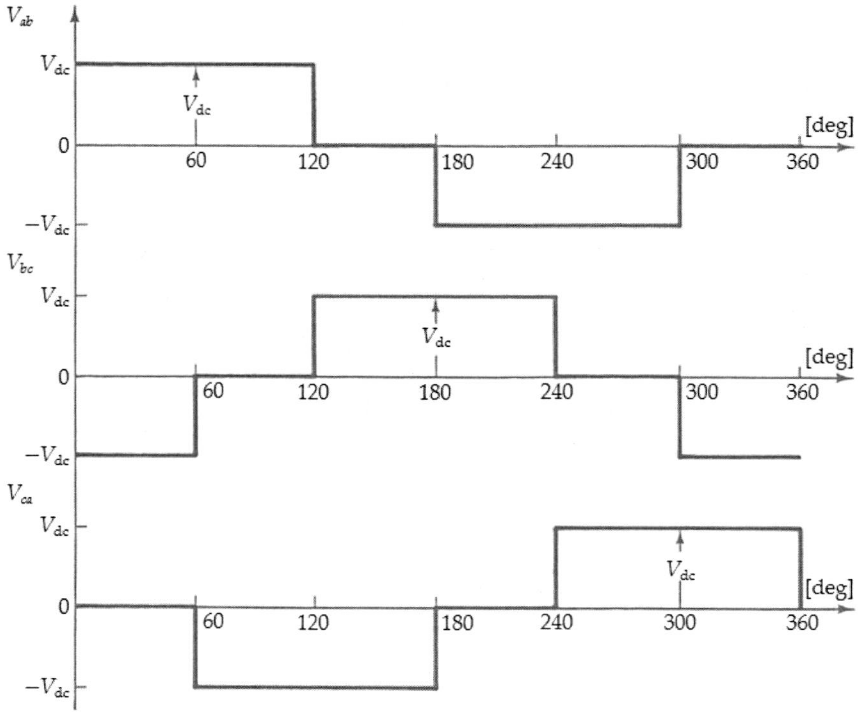

Figure 4-27 Variations of the inverter output line-to-line voltages corresponding to the switching sequence of Fig. 4-26 for one full cycle of the controlled frequency f_o.

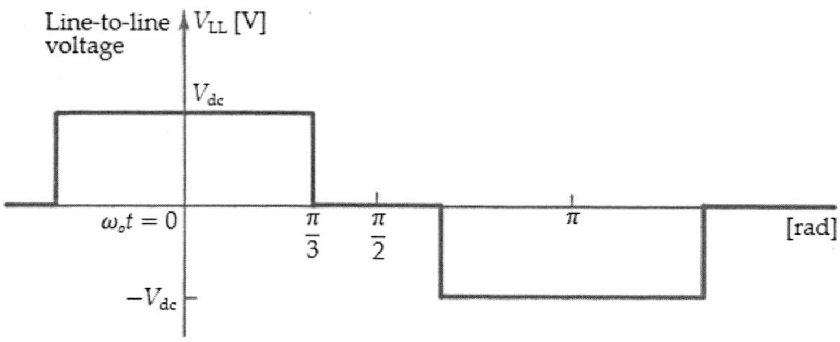

Figure 4-28 Variation of each line-to-line voltage with zero time placed at the center of the rectangular wave.

$$V_{1p} = \frac{1}{\pi}\int_0^{2\pi} V_{dc} \cos \omega t \, d(\omega t) = \frac{4}{\pi}\int_0^{\pi/2} V_{dc} \cos \omega t \, d(\omega t) \qquad [V]$$

또는

$$V_{1p} = \frac{2\sqrt{3}}{\pi} V_{dc} \qquad [V] \tag{4-55}$$

이다. 이 전압의 대응하는 실효치는 그러면

$$V_1 = \frac{V_{1p}}{\sqrt{2}} = \frac{\sqrt{6}}{\pi} V_{\mathrm{dc}} = 0.78 V_{\mathrm{dc}} \qquad [\mathrm{V}] \tag{4-56}$$

이다. 선전압의 직사각형 성질은, 물론, 고조파가 이 전압에 존재한다는 것을 의미한다. 하지만, 고조파의 상황은 처음에 나타날 수 있는 만큼 나쁘지는 않다. 예를 들어, 이 선전압에서는, 거울 대칭(mirror symmetry) 때문에, 우수(짝수, even) 고조파가 없다. 더구나, 3차 고조파 전압은 선-중성(line-to-neutral; 상, phase)에는 존재하지만, 선전압을 얻기 위해 상전압을 더할 때 상쇄(소거, cancellation)가 생기기 때문에, 선간 전압에서는 나타나지 않는다. 따라서 첫째로 중요한 고조파는 5차가 된다. 그러나 푸리에 해석은 5차 고조파의 크기가 단지 기본파의 크기의 5분의 1이라는 것을 말한다. 이것이 5차 고조파의 주파수가 기본파 주파수의 5배이며 유도전동기가 상당한 여파 효과(filtering effect)를 발휘하는, 유도성 부하를 나타낸다는 사실과 결합되면, 이 고조파의 전체 효과는 심각하지 않다. 다른 더 높은 차수의 고조파는 한층 더 작은 교란을 일으킨다. 선전압의 고조파 함유량은 더 정현파형에 가까운 선전압을 산출하는 스위칭 배열을 사용함으로써 더 줄여질 수 있다(문제 4-62를 보라). 유감스럽게도, 이것은 보통 실효 출력 전압의 줄어든 크기라는 벌칙을 부담한다.

마지막 사항으로서, 운전 범위에 걸쳐 유도전동기의 극당 자속이 변하는지 그렇지 않은지, 그 변동을 조사하자. 식 (4-53)을 (4-56)에 대입하면 유도전동기에 인가되는 전압의 실효치

$$V_1 = 0.78 V_{\mathrm{dc}} = 0.78 k_1 E_s = k_0 E_s \qquad [\mathrm{V}] \tag{4-57}$$

을 준다. 여기서 k_0은 $0.78k_1$과 같은 새로운 상수를 나타낸다. 기계 인덕턴스가 기계 성능의 결정에 있어서 성능을 줄이는 역할을 하는 매우 낮은 주파수는 제외하고, 식 (4-57)은 또한, $\sqrt{3}$으로 나누어질 때, 속도 제어 전압 E_s에 응하여 여러가지 주파수에서 운전되는 것으로서 유도전동기에서 생기는 상당 유도 기전력을 표현한다. 따라서

$$\frac{V_1}{\sqrt{3}} \approx E_1 = 4.44 N K_w f_o \phi = \frac{k_0}{\sqrt{3}} E_s \qquad [\mathrm{V}]$$

또는

$$\phi = \frac{k_0 E_s}{\sqrt{3} \times 4.44 \times N K_w f_o} = \frac{k_0}{K} \frac{E_s}{f_o} \qquad [\mathrm{Wb}] \tag{4-58}$$

을 적을 수 있다. 여기서 $K = \sqrt{3} \times 4.44 \times NK_w$는 상수이다. 그러나 지령 주파수(commanded frequency)는 식 (4054)에 나타난 관계에 따라 전압 제어 발진기에 의해 확립된다. f_o에 대한 표현식을 식 (4-58)에 도입하면,

$$\phi = \frac{k_0 E_s}{K k_2 E_s} = \frac{k_0}{K k_2} \text{ [Wb]} = \text{a constant} \tag{4-59}$$

로 귀결한다. 그러므로, 그림 4-25에 묘사된 전자 계통(electronic system)에 의해 제공되는 속도 제어는 본질적으로 일정한 자속에서의 운전을 보장하는 방식으로 이루어진다.

4-10 RATING AND APPLICATIONS OF THREE-PHASE INDUCTION MOTORS

이제 3상 유도전동기의 운전 이론, 특성, 그리고 성능이 이해되어, 그들의 표준 정격과 전형적인 응용에 대하여 검토할 수 있다. 물론, 주어진 응용에 대하여 특별한 전동기를 특정하는 것이 가능하기 전에, 부하의 특성이 알려져야 한다. 거기에는 마력 요구, 기동 토크, 가속 능력, 속도 변동, 책무 주기(duty cycle), 그리고 전동기가 운전되는 환경 같은 세목이 포함된다. 일단 이 정보가 입수되면, 종종 만족스럽게 맡은 일을 하는 범용 전동기(general-purpose motor)의 선택이 가능하다. 표 4-2는 미국 전기 제조업 협회(National Electrical Manufacturers Association, NEMA)에 의해 확립된 일반적으로 받아들여질 수 있는 기준에 따라 바로 이용할 수 있으며 표준화된 그러한 전동기의 목록이다. 표는 본질적으로 따로 설명이 필요없다.

농형 유도전동기의 일반적인 등급(class)의 두드러진 양상의 간단한 설명이 다음에 따라온다. 이 특성의 차이는 농형을 수용하는 회전자 슬롯의 구조 세목에서의 차이에 의해 생긴다.

NEMA Class A: The General-Purpose Motor

이 기계에 대한 회전자 압인(박판)(rotor stamping)은 보통 표피 효과를 제한하기 위하여 중간 깊이의 반폐 슬롯(semiclosed slot)을 가진다. 그림 4-29 (a)를 보라. 이 슬롯에 위치된 저저항 농형(low-resistance cage)은 정격 부하 조건 하에서 고효율과 높은 역률로 특성지어지는 성능으로 이끈다. 그러한 구조의 불리한 점은 정격 전압에서 전동기가 선 전원(line source)으로부터 정격 전류의 5배에서 8배의 비(ratio)로 매우 큰 기동 전류를 그린다는 점이다. 전동기 기동 전류의 크기를 제한하는데 있어서 전력 회사로부터 부과되는 한계는 종종 7.5 [hp]을 초과하는 정격의 전동기는 공급 선로를 가로질러 직접 기동될 수 없다는 것을 의미한다. 그 대신에, 이 전동기는 단권변압기 같은 전압 저하 장치(voltage-reducing device)(또한 기동

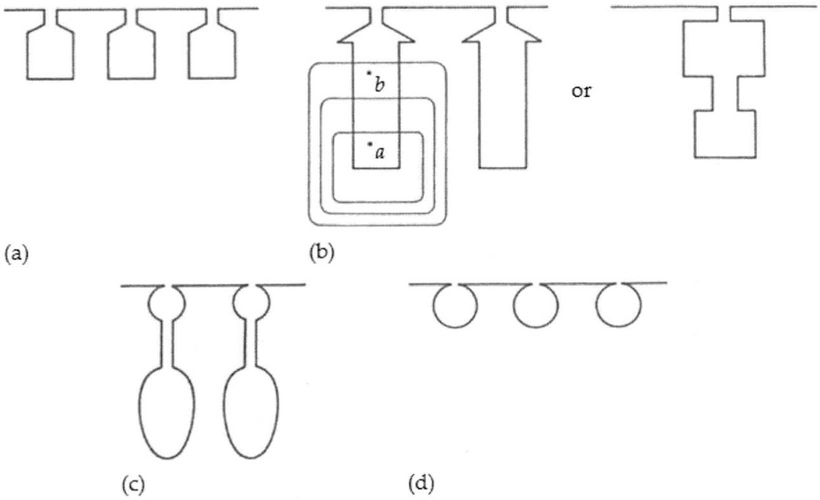

Figure 4-29 Construction details of the rotor slots of squirrel-cage induction motors: (a) Class A; (b) Class B; (c) Class C; (d) Class D.

보상기(starting compensator)라 불리는)를 통하여 전압이 인가되어야 한다. 이 과정이 필요하게 될 때, 기동 토크 뿐만 아니라 축 연결 부하에서 이용할 수 있는 가속 토크 역시 줄어들 것이다. 기동 토크는 인가 전압의 제곱에 직접 비례한다는 것을 상기하라. 따라서 기동에서 전동기에 인가되는 전압에서의 20 [%]의 감소는 기동 토크에서의 36 [%]의 감소를 산출한다.

하지만, 선로 기동(직입 기동)(line starting)을 견딜 수 있는 크기와 상황에서는 이 전동기가 최소 비용의 집단과 또한 최소 보수 유지 요구에서 찾아질 것이다. 더욱이, 등급 A 전동기는, 전형적으로 정격 토크의 225 [%]에 가까운 최대 발생 토크의 값에서 가리켜지는 바와 같이, 풍부한 예비 능력을 갖도록 설계된다. 이것은 전동기를 범용 응용에서 만날 수 있을 법한 일시적인 과부하를 성공적으로 다루는 좋은 위치에 있게 한다. 그림 4-30은 그것의 토크-속도 곡선을 묘사한다.

NEMA Class B: Low Starting Current, Normal Starting Torque

등급 B 전동기의 회전자 박판은 그림 4-29 (b)에 그려진 바와 같아, 두가지 형태일 수 있다. 슬롯은 단일 심구 봉(single deep bar) 또는 윗 층이 더 큰 단면적으로 약간 다른 크기의 두개의 봉을 수용할 수 있는 형태로 되어 있다. 선 주파수에서, 누설 자속이 그림 4-29 (b)에 묘사된 형태로 가정한 심구 봉을 통하여 흐르는 전류에 의해 생성된다. 이 자속이 변하는 봉 전류에 의해 바뀜에 따라, 봉의 깊은 단부(deep end)(점 *a*)에서 유도되는 관련된 기전력이 봉의 위쪽 단부(upper end)(점 *b*)에서 생성되는 것보다 더 크다. 따라서, 전류는 봉의 낮은 부분보다 윗 부분에서 더 많이 흐르려고 하는 경향이 있으며, 이에 따라 전류 흐름에 대한 도체의 유효 단

TABLE 4-2 CHARACTERISTICS AND APPLICATIONS OF POLYPHASE 60-CYCLE AC MOTORS

Type classification	[hp] range	Starting torque† [%]	Maximum torque† [%]	Starting current† [%]
General-purpose, normal torque and starting current, NEMA Class A	0.5–500	[hp] Poles Torque 1.5 2 175 1.5 4 250 5.0 2 150 5.0 4 185 100 2 105 100 4 125 500 2 70 500 4 80	Up to 225 but not less than 200	500–1000
General-purpose, normal torque and low starting current, NEMA Class B	0.5–500	Same as above	About the same as Class A but may be less	About 500–550, less than average of Class A
High torque, low starting current, NEMA Class C	3–200	200–250	190–225	About same as Class B
High torque, medium and high slip, NEMA Class D	3–150	Medium slip 350; high slip 275–315	Usually same as standstill torque	Medium slip 400–800; high slip 300–500
Low starting torque, Either normal starting current, NEMA Class E, or low starting current, NEMA Class F	40–200	Low, but not less than 50	Low, but not less than 150	Normal 500–1000; low 300–500
Wound- rotor	0.5–5000	Up to 300	225–275	Depends upon external rotor resistance but may be as low as 150

†Figures are given in percent of rated full-load values.
Source: By permission from M. Liwschitz-Garik and C. C. Whipple, *Electric Machinery*, vol. II (Princeton, N.J.: D. Van Nostrand Co., Inc., 1946).

면적을 줄인다. 물론, 변하지 않는 전류 흐름(nonvarying current flow)(직류)에 대해서는, 역기전력(counter emf)이 0이어서, 봉의 전체 단면적이 전류 흐름을 지탱하는데 유효하다. 봉 전류의 주파수가 증가함에 따라, 봉의 윗 부분으로 향하는 전류의 더 큰 몰아냄(squeezing)이 있다. 그림 4-31은 슬립의 함수로써 전형적인 고체 심

Slip [%]	Power factor [%]	Efficiency [%]	Typical application
Low, 3−5	High 87−89	High 87−89	Constant-speed loads where excessive starting torque is not needed and where high starting current is tolerated. Fans, blowers, centrifugal pumps, most machinery tools, woodworking tools, line shafting. Lowest in cost. May require reduced voltage starter. Not to be subjected to sustained overloads, because of heating. Has high maximum torque
3−5	A little lower than Class A	87−89	Same as Class A−advantage over Class A is lower starting current, but power factor slightly less.
3−7	Less than Class A	82−84	Constant-speed loads requiring fairly high starting torque and lower starting current. Conveyors, compressors, crushers, agitators, reciprocating pumps. Maximum torque at standstill.
Medium 7−11; high 12−16	Low	Low	Medium slip. Highest starting torque of all squirrel-cage motors. Used for high-inertia loads such as shears, punch press, die stamping, bulldozers, boilers. Has very high average accelerating torque. High slip used for elevators, hoists, and so on, on intermittent loads.
1−3½	About same as Class A or Class B	About same as Class A or Class B	Direct-connected loads of low inertia requiring low starting torque, such as fans and centrifugal pumps. Has high efficiency and low slip.
3−50	High, with rotor shorted same as Class A	High, with rotor shorted the same as class A, but low when used with rotor resistor for speed control	For high-starting-torque loads where very low starting current is required or where torque must be applied very gradually and where some speed control (50 [%]) is needed. Fans, pumps, conveyors, hoists, cranes, compressors. Motor with speed control more expensive and may require more maintenance.

구 봉에 대한 이 상황의 효과(표피 효과비(skin effect ratio))를 묘사한다. 정지 상태에서 교류 저항은 직류 저항보다 3배로 더 큼을 관찰하라. 본질에 있어서, 그러면, 등급 B 전동기는 기동에서 높은 회전자 저항을 나타내어, 다음에는 줄어든 기동 전류에서 충분한 기동 토크를 산출한다. 기동 전류는 적용에서 사용된 등급 A 전동

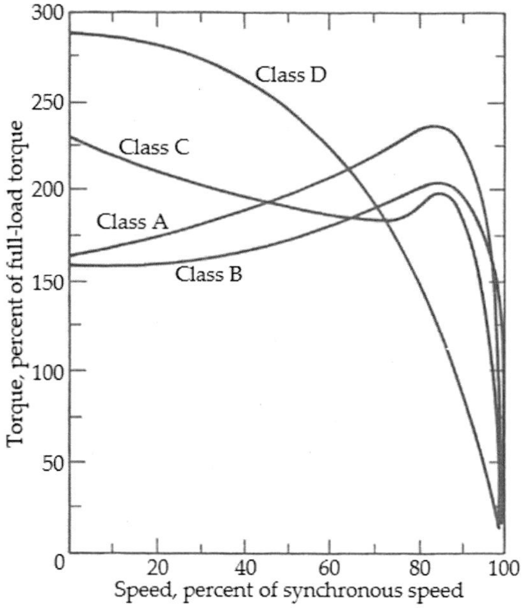

Figure 4-30 Typical torque-slip curves for various classes of squirrel-cage induction motors.

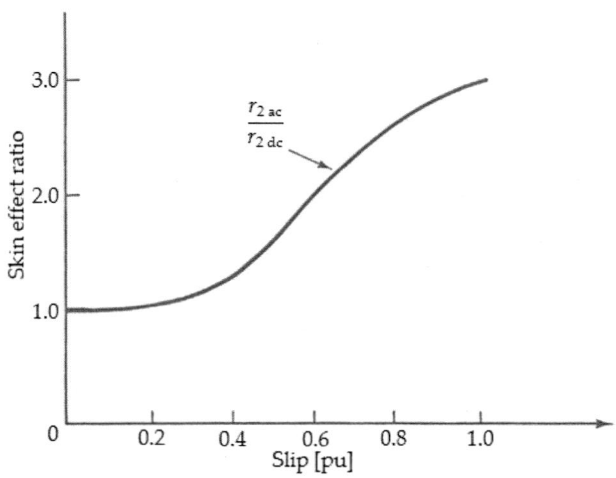

Figure 4-31 Illustrating the skin effect in a deep rotor bar.

기의 값의 대략 75 [%]이다. 등급 B 전동기에 대한 단점의 면에서는, 하지만, 더 작은 최대 토크, 약간 더 낮은 역률, 그리고 어느 정도 더 많은 비용을 목록에 올리는 것이 필요하다.

NEMA Class C: Low Starting Current, High Starting Torque

등급 C 전동기에 대한 상세한 회전자 슬롯 구조가 그림 4-29 (c)에 나타나 있다. 2중 농형이 항상 사용된다. 정지 상태에서 아래층 농형(lower cage)의 임피던스가 위층 농형(upper cage)의 임피던스보다 훨씬 더 크다. 위층 농형은 높은 저항과 낮은 누설 리액턴스로 특성지어지는 한편 아래층 농형은 높은 누설 리액턴스와 낮은 저항을 나타낸다. 따라서, 기동에서는, 위층 농형이 지배적인 역할을 담당한다; 그리고 그것이 높은 회전자 저항을 가지기 때문에, 낮은 기동 전류에서 높은 기동 토크의 이점이 실현된다. 그 다음, 전동기가 정상 운전 속도에 도달함에 따라(여기에서는 농형 전류 주파수가 매우 낮다), 지배(control)가 위층 농형보다 훨씬 더 낮은 저항을 보이는 아래층 농형으로 넘어가고, 따라서 정상 운전 동안의 효율을 개선한다. 물론, 아래 농형의 높은 누설 리액턴스는 낮은 슬립에서의 운전에 의해 중요성이 줄어든다. 하지만, 등급 C 전동기에 대한 효율과 역률은 둘 다 등급 A 또는 B보다 낮을 것이다. 등급 C 전동기에 대한 토크-속도 곡선의 일견은 등급 A 또는 B 전동기보다 더 높은 가속 토크를 제공할 수 있음을 보인다. 사실상, 이 전동기의 특징적인 특성은 탈출(최대) 토크(pull-out torque)보다 더 큰 기동 토크를 발생한다는 것이다.

등급 C 전동기의 유용성은 약간의 적용에서 권선형 회전자 유도전동기가 지정될 필요를 제거하였다.

NEMA Class D: Highest Starting Torque, Lowest Starting Current, High Slip

단일 농형이 등급 D 전동기에 대하여 사용된다. 얕은 깊이와 작은 단면적의 슬롯이 사용된다. 그림 4-29 (d)를 참조하라. 또한 높은 저항률의 봉이 종종 사용된다. 목적은, 그림 4-30에서 보여진 전형적인 토크-속도 곡선에 의해 나타내어진 바와 같이, 매우 높은 기동 및 가속 토크를 얻기 위해 필요로 하는 높은 저항을 얻는 것이다. 물론, 단일 고저항 농형의 사용은 앞의 등급보다 효율은 더 낮을 것이며 슬립은 더 높을 것임을 의미한다. 하지만, 높은 슬립 특성은, 타공기(punch press), 권양기(hoist), 기중기(크레인, crane), 기타 등등과 같이, 이 전동기가 탁월한 응용에서 매우 유용한 특성이다. 이 응용에서 플라이휠(flywheel)이 장착되었을 때에는, 책무 주기(duty cycle)의 작업 부분 동안 생기는 속도의 저하가 플라이휠이 약간의 저장 에너지를 풀어놓을 수 있게 하고, 따라서 전동기가 선 전원(line source)으로부터 그리는 전력의 첨두 수준에서의 감소를 허용한다.

교류 전동기의 마력 정격은 운전 조건 하에서 허용할 수 있는 온도 상승에 의해 제한된다. 구리, 알루미늄, 그리고 철 같은 개별 요소가 매우 높은 온도 상승을 견딜 수 있기는 하지만, 이것이 권선형 회전자와 농형 유도전동기 둘 다에서의 고정자 권선은 물론 권선형 회전자 전동기의 회전자 권선을 위해 사용되는 절연 물질에는 적용될 수 없다. 절연 물질은, 견딜 수 있게 설계된 최고 온도를 초과할 때는 언제나, 급격하게 약화된다. 결과적으로, 높은 온도 상승에 견딜 수 있는 절연 물질의 능력은 특정한 마력 정격으로 전동기의 물리적 치수를 확립하는데 있어서 결정적인 역할을 떠맡는다. 전동기가 우수한 절연 물질로 설비될 때, 전동기를 전기적으로(즉, 구리 또는 알루미늄 도체 내에서 더 높은 전류밀도로 운전)는 물론 자기적으로 더 가혹하게(즉, 철 내에서 더 높은 자속밀도로 운전) 작동하는 것이 가능하기 때문에, 전동기 크기가 주어진 마력에 대해 더 작게 만들어질 수 있다.

NEMA-정격 절연 물질에는 세가지 등급이 있다. 등급 B 절연은 운전이 팬 냉각(fan cooling)과 함께 일어날 때 80 [°C]의 최대 온도 상승을 허용하는 방식으로 운모(mica), 유리 섬유(glass fiber), 그리고 석면(asbestos) 같은 물질로 구성된다. 등급 F 절연은 모두 100 [°C]의 허용 온도 상승을 제공하도록 설계된 약간의 합성 물질에 더하여 비슷한 요소를 포함한다. 등급 H 범주는 125 [°C] 보다 더 높은 온도 상승을 허용하는 실리콘 수지형 절연(silicone-type insulation)에 적용된다.

전동기가 지속되는 시간의 주기에 대하여 과부하에서 운전된다면, 전동기의 수명(life)이 현저하게 줄어들 수 있다. 이 사실이 등급 B 형의 절연 물질에 대하여 그림 4-32에 도식적으로 설명되어 있다. 그림의 검토는 흥미로운 정보를 드러낸다: 이 절연으로 설비된 전동기가 절연의 정격 값을 넘어 8에서 10 [°C]의 증가된 온도 상승을 일으키는 과부하 조건에서 연속적으로 운전된다면, 전동기의 수명은 근사적으로 절반으로 된다. 더욱이, 이 반로그 그림(semilogarithmic plot)의 선형 특성(linear character) 때문에, 이 설명은 운전 온도에서의 각 10 [°C]의 추가 증가에 대해서도 그렇다.

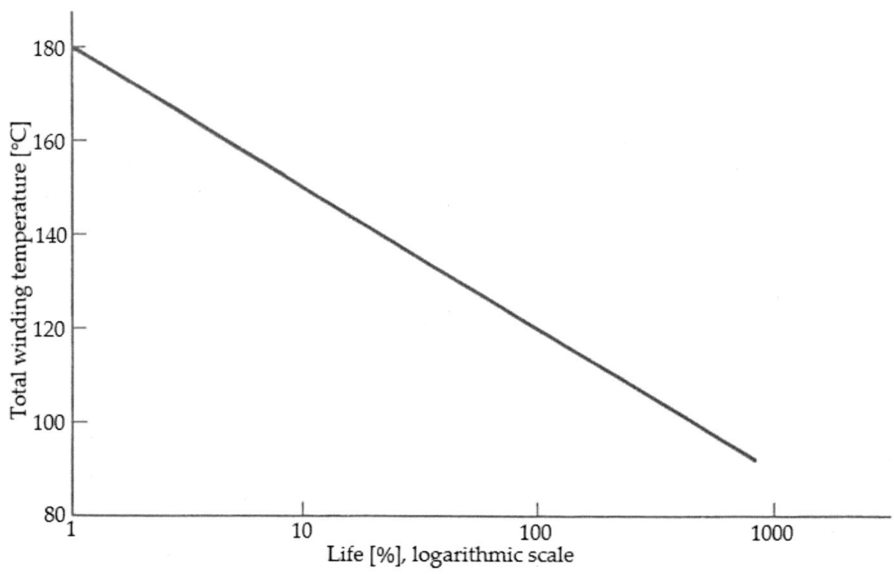

Figure 4-32 Illustrating the effect of winding temperature on motor life.

4-11 CONTROLLERS FOR THREE-PHASE INDUCTION MOTORS

주어진 응용을 위하여 옳은 전동기가 선택된 후, 다음 단계는 전동기를 위한 적절한 제어기(controller)를 선택하는 것이다. 제어기의 첫째의 기능은 전동기, 다른 연결된 부하, 또는 전력 계통에 대한 손상 또는 불편함이 없이 적당한 기동, 정지, 그리고 역회전(reversing)을 제공하는 것이다. 하지만, 제어기는 게다가, 특히 다음과 같은, 다른 유용한 목적을 달성한다:

1. 기동 토크를 제한하다. 연결된 축부하 중 약간은 기동에서 과도한 토크가 인가된다면 손상을 입을 수 있다. 예를 들어, 팬 날개(fan blade)가 전단되거나(sheared) 백래시(backlash)가 있는 치차(기어, gear)가 벗겨질 수 있다. 제어기는 기동에서 낮춰진 전압을 공급하며 속도가 빨라짐에 따라 전압이 전체 값(full value)으로 단계적으로 증가된다.
2. 기동 전류를 제한한다. 7.5 [hp]을 넘는 대부분의 전동기는 흐르는 과도한 기동 전류 때문에 3상 선로를 가로질러 직접 기동될 수 없다. 단위 값의 슬립에서 전류는 단지, 특히 크기가 더 큰 전동기에서, 보통 상당히 작은 양인, 누설 임피던스 만에 의해 제한된다는 것을 상기하라. 큰 기동 전류는 조명을 깜박거리게 하며 심지어 다른 연결된 전동기를 실속시킬 수 있기 때문에 성가시게 될 수 있다. 낮춰진 전압 기동은 이런 성가심을 바로 제거한다.
3. 과부하 보호를 제공한다. 모든 범용 전동기는 과열없이 전부하 동력(full-load power)을 연속적으로 내어놓도록 설계된다. 하지만, 어떤 이유로 전동기가, 말하자면, 정격 출력의 150 [%]를, 연속적으로 내어놓도록 만들어진다면, 요구에 순응을 계속할 것이며 그 과정에서 스스로 소손될 것이다. 전동기의 마력 정격은 계자와 전기자 권선에 대해 사용된 절연에 의해 견뎌질 수 있는 허용 온도 상승을 기초로 한다. 손실은 온도를 올리는 열을 생성한다. 이 손실이 정격 값을 초과하지 않는 한, 전동기에는 위험이 없지만, 그것이 과도하게 된다면, 손상으로 귀결할 것이다. 전동기 내에서는 온도 상승을 안전 한계 이내로 유지할 수단을 내재하고 있지 않다. 따라서, 이 보호를 제공하는 역시 제어기의 기능이다. 과부하 보호는 전동기 선전류(line current)에 의해 생성되는 열을 감지하는 적절한 시지연 계전기(time-delay relay)의 사용에 의해 달성된다.
4. 저전압(undervoltage) 보호를 제공한다. 낮춰진 전압에서의 운전은, 특히 부하가 정격 동력을 요구할 때, 전동기에 해가 될 수 있다. 선전압(line voltage)이 어떤 미리 설정된 한계 아래로 떨어지면, 전동기는 제어기에 의해 자동적으로 3상 선로 전원으로부터 끊긴다.

전동기를 위한 제어기는 두가지 형태가 있다—수동(manual) 및 자기(magnetic). 여기에서는 수동형(manual type)을 넘어 많은 이점을 가지는 자기형(magnetic type)만 고려할 것이다. 그것은 운전하기가 더 쉽다. 그것은 저전압 보호를 제공한다. 그것은 한 곳 또는 몇 가지 다른 장소에서 원격으로 운전될 수 있다. 더욱이, 자기 제어기는 자동이며 신뢰도가 높은 반면, 수동 제어기는, 특히 주어진 응용에 있어서 운전의 순서를 필요로 할 때, 훈련된 운전자를 요구한다. 한가지 불리한 점은 자기형의 더 큰 초기 비용이다.

그림 4-33에 나타난 것은 3상 유도전동기를 위한 자기 전전압 기동기(magnetic full-voltage starter)의 개략도이다. 운전은 간단하다. 기동 단추가 눌러졌을 때, 계전기 코일 M이 여자된다. 이것은 계전기 전기자를 닫힌 위치로 이동시키고, 이에 의해 주 접촉자(contactor) M을 닫고, 그 다음 전동기에 전전압을 인가한다. 계전기 전기자가 여자된 위치로 이동할 때, 운전자에게 주 계전기의 전원을 끊음 없이 기동 단추를 놓는 것을 허용하는, 전기적인 연동에 소용되는 보조 접촉자(auxiliary contactor) M_a도 역시 닫는다. 물론 접촉자 M은 크기에서 M_a보다 훨씬 더 크다. 접촉자 세트 M은 기동 전동기 전류를 다룰 수 있는 전류 정격을 가져야 한다. 접촉자 M_a는 바로 계전기 코일의 여자 전류를 수용하는 것이 필요하다. 그림 4-33은 또한 두개의 과부하 가열기 요소(overload heater element)를 통하여 흐르는 전동기 선전류를 보인다. 온도 상승이 과도하게 되면, 가열기 요소가 제어 회로에서 과부하 접점의 개방을 일으킨다. 제어기 그림에서 모든 접촉자의 전원이 끊긴 상태로 보여져 있음을 기억하는 것이 중요하다. 따라서 기호 ⊣⊢는 코일이 여자되지 않았을 때 접촉자 M은 개방 상태임을 의미한다. 비슷하게, 기호 ⊣/⊢는 이 접촉자가 여자되지 않은 상태일 때 닫혔다는 것을 의미한다.

저전압 보호는 그림 4-33의 자기 기동기에 내재한다. 이것은, 코일 전압이 특정한 최소 값 아래로 떨어진다면, 계전기 전기자가 더 이상 닫힌 위치에서 유지될 수 없도록 된, 코일 M의 설계의 결과로 생긴다.

역회전을 허용하는 제어 회로가 설비된 전전압 자기 기동기가 그림 4-34에 개략적인 형태로 그려져 있다. 3상 유도전동기는 전동기 단자로 가는 3개의 도선 중 두 개를 교차시킴으로써 역회전된다. 이 연결에서는, R 접촉자 중 두개가 교차(criss-cross)되어 있음에 유의하라. 정회전 단추(forward(FWD) button)를 누르면 코일 F가 여자되어 그 다음에 주 접촉자(main contactor) F는 물론 연동 접촉자(interlock) F_a를

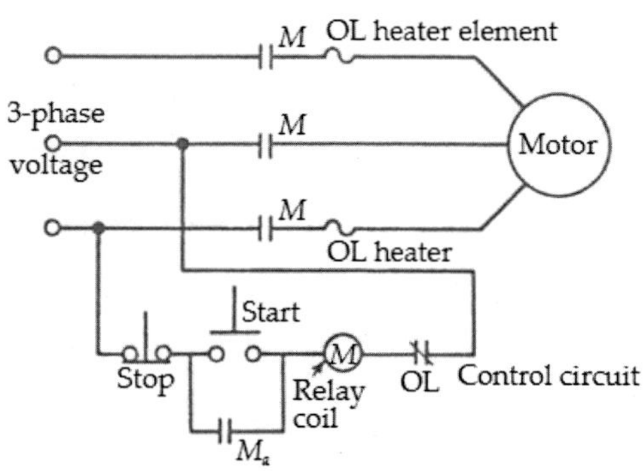

Figure 4-33 Full-voltage magnetic starter.

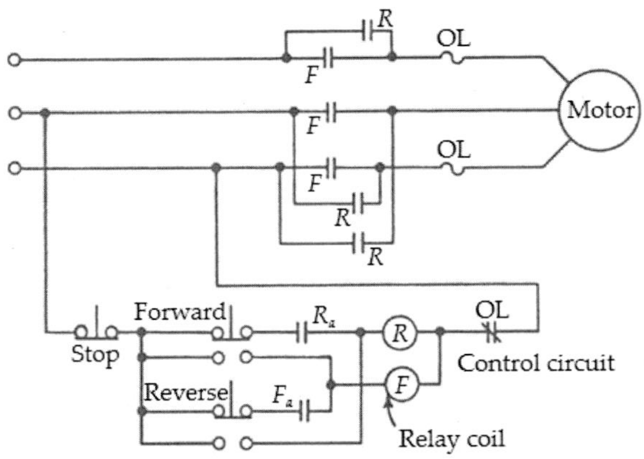

Figure 4-34 Full-voltage starter equipped with reversing control.

닫는다. 이것은 전동기가 정방향 운전 속도에 도달하는 것을 허용한다. 전동기를 역회전하기 위해서는 역회전 단추(reverse(REV) button)가 눌러진다. 이것은 두가지 일을 한다. 하나는, 그것이 코일 F의 전압을 끊고, 따라서 F 접촉자를 연다. 둘째로, 그것은 R 계전기 코일을 여자하고, 따라서 전동기에 역상순(reversed phase sequence)을 인가하는 R 접촉자를 닫아, 역방향으로 전속도(full speed)에 도달하게 한다. F_a 연동 회로 내에서 REV 스위치를 누르는 것은 R과 F 접촉자가 동시에 닫히는 것을 예방하기 위한 안전 조치이다.

선로 회로(line circuit)에 제한 저항기(limiting resistor)를 사용하는 낮춰진 전압(reduced-voltage) 자기 제어기의 도해가 그림 4-35에 나타나 있다. 이 장치는 선로

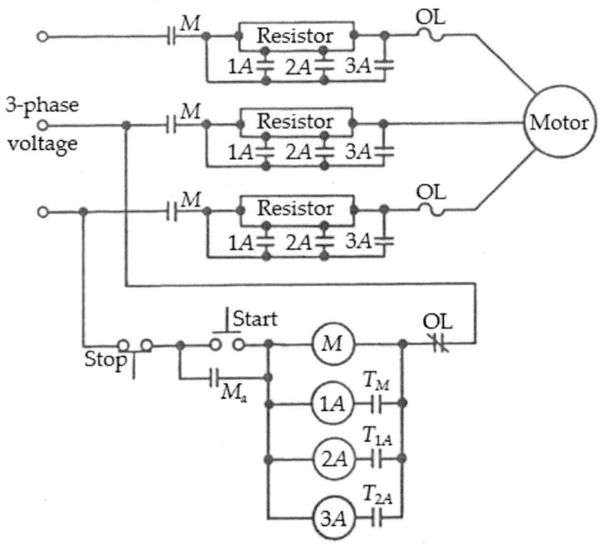

Figure 4-35 Three-step reduced voltage starter for a three-phase induction motor.

저항기가 3단계로 제거되기 때문에, 종종 3단계 가속 기동기(three-step acceleration starter)라고 일컬어진다. 기동 단추를 누르면 코일 M을 여자하고 접촉자 M을 닫으며, 따라서 전체 저항기를 통하여 3상 전압을 전동기에 인가한다. 접촉자 M과 M_a에 더하여 코일 M은 또한 시지연 접촉자(time-delayed contactor) T_M과 함께 설비된다. 이 접촉자는 코일 M의 전기자가 닫힌 **후**(*after*) 미리 설정된 시간(preset time)까지 닫히지 않도록 설계된 것이다. 지연은 보통 계전기 전기자에 의해 작동되는 어떤 종류의 기계적 지동 기구(mechanical escapement)를 통하여 얻어진다. 물론 시지연은 전동기가 낮춰진 인가 전압에 대응하는 속도로 가속하는 것을 허용하기 위해 필요하게 된다. 미리 설정된 시간의 경과 후에, T_M 접점이 닫혀 코일 $1A$를 여자하고, 그 다음 접촉자 $1A$를 닫아, 직렬 저항기의 첫번째 부분을 단락 회로로 만든다. 코일 $1A$는 또한, 전동기가 닫히기 전 보다 높은 속도에서 낮춰진 인가 전압에 대응하는 속도로 가속하는 것을 허용하도록 설계된, 시지연 접촉자 T_{1A}와 함께 설비된다. 접촉자 $1A$가 닫혔을 때, 코일 $2A$가 여자된다. 이것은 즉시 접촉자 $2A$를 닫아, 선로 저항기의 두번째 부분을 탈락시킨다. 그 다음 다른 시지연 후에, 접촉자 T_{2A}가 닫히고, 코일 $3A$에 여자 전압을 공급한다. 접촉자 $3A$가 닫힘으로써, 전체 선로 전압이 전동기에 인가된다. 이 방식에서, 전동기가 과도한 기동 전류를 그리거나 큰 기동 토크를 발생함이 없이 "부드러우며(soft)", 매끄러운 방식으로 가속이 얻어진다.

PROBLEMS

4-1 3상 전기자 권선이 그림 P4-1에 보여져 있다. 100 [A]의 크기를 갖는 정현 전류가 3상으로 흐른다. 각 코일은 3 [turn]으로 이루어져 있다. 순시(time instant) t_1과 t_2로 표시된 시간에 대하여 2극의 폭에 대해 공극을 따른 실제 기자력 분포를 눈금에 주의하여 그려라.

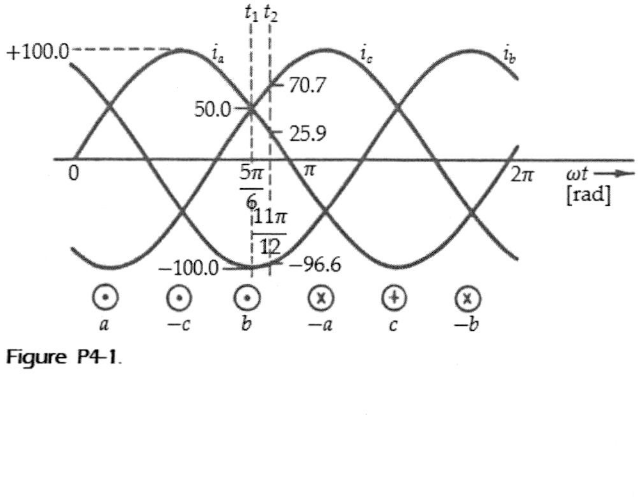

Figure P4-1.

4-2 60 [Hz] 다상 유도전동기가 전부하에서 873 [rpm]의 속도로 운전된다. 동기속도는 얼마인가? 회전자 전류의 주파수를 찾아라.

4-3 50 [Hz] 다상 유도전동기가 전부하에서 1475 [rpm]의 속도로 운전된다. 몇 개의 자극을 갖도록 설계되었는가?

4-4 크기가 일정하며 일정한 속도로 이동하는 회전 자계를 산출하는 것이 가능한 m개의 교류(교번) 자계(축이 공간 내에서 고정된)에 대한 일반 조건(general condition)을 설명하라.

4-5 그림 4-1에서 순시 t_2와 t_4에 대응하여 그림 4-2의 기계 배치에서 합성 자속 자계의 크기와 방향을 결정하라.

4-6 그림 4-1에 묘사된 상전류(phase current)의 시간 변동에서, 상 b 전류의 크기는 상 a와 c의 크기의 절반이지만 각각은 서로 120°씩 이격되어 있다. 순시 t_1, t_3, 그리고 t_5에 대한 합성 자속의 크기와 방향을 찾고, 그림 4-2에서 보여진 결과와 비교하라.

4-7 그림 4-2에 보여진 바와 같이 120°씩 공간 이격된 3개의 코일을 통하여, 불평형 3상 기자력이 흐른다. 불평형의 성질은 상 b가 상 a 보다 120° 대신 90° 뒤지는 것이다. 하지만, 각 상은 같은 크기를 가진다. 여러가지 순시에 대응하는 합성 자속 자계의 특성을 조사하라.

4-8 형태

$$\mathcal{F}_r = \mathcal{F}_m \cos(\omega t + \alpha) \qquad [\text{A-t}]$$

의 방정식으로 나타내어지는 합성 기자력이 부(음)의 α 방향으로 이동하는 파를 나타낸다는 것을 입증하라. t는 시간 변수이며 α는 공간 변수임을 염두에 두어라.

4-9 평형 2상 전압이, 축이 90° 떨어진, 동일한 코일에 인가된다. 각 코일의 기자력 크기 ($\mathcal{F}_m$), 여자 전류의 각주파수 ω, 그리고 공간 변수 α의 항으로 합성 기자력에 대한 표현식을 유도하라. 각 코일은 정현 자계 분포를 생성한다고 가정하라.

4-10 평형, 3상, 60 [Hz] 전압이 3상, 4극 유도전동기에 인가된다. 전동기가 정격 출력 마력을 내어 놓을 때, 슬립은 0.05 [pu]로 찾아진다. 다음을 결정하라:

(a) 여자 권선을 수용하는 고정자 구조에 대한 회전 자계의 속도.

(b) 회전자 전류의 주파수.

(c) 회전자 구조에 대한 회전자 기자력의 속도.

(d) 고정자 구조에 대한 회전자 기자력의 속도.

(e) 고정자 계자 분포에 대한 회전자 기자력의 속도.

(f) 순 단방향 토크(net unidirectional torque)의 생성을 위한 옳은 조건인가? 설명하라.

4-11 회전자 구조가 구속되어, 따라서 고정자에 평형 3상 전압의 인가에도 불구하고 회전을

방해하는 경우에 대하여 문제 4-10을 반복하라.

4-12 슬립이 0.03 [pu]의 값을 가지는 경우에 대하여 문제 4-10을 반복하라.

4-13 다음과 같을 때, 고정자 권선이 60 [Hz] 선로에 연결되고 회전자 권선이 25 [Hz] 선로에 연결된, 6극, 권선형 회전자, 3상 유도전동기의 무부하 속도를 결정하라:

(a) 고정자 자계와 회전자 자계가 같은 방향으로 회전한다.

(b) 고정자 자계와 회전자 자계가 반대 방향으로 회전한다.

4-14 다음과 같을 때, 고정자 권선이 60 [Hz] 선로에 연결되고 회전자 권선이 50 [Hz] 선로에 연결된, 4극, 권선형 회전자, 3상 유도전동기의 운전 속도를 결정하라:

(a) 고정자 자계와 회전자 자계가 같은 방향으로 회전한다.

(b) 고정자 자계와 회전자 자계가 반대 방향으로 회전한다.

4-15 다음의 설명이 옳은지 그렇지 않은지를 답하라. 설명이 옳지 않을 때에는, 옳은 설명을 기술하라.

(a) 3상 유도전동기에서는 회전자 암페어-도체 분포가 회전자의 **모든**(*all*) 속도에서 고정자 자계 분포에 대하여 정지 상태이다.

(b) 3상 유도전동기의 축에 있는 부하가 증가된다. 이것은 고정자 기자력에 대한 회전자 기자력의 속도의 변화를 일으키고, 따라서 전력(동력) 균형을 제공하기 위하여 증가된 입력 전류를 허용한다.

4-16 3상, 60 [Hz] 유도전동기의 축 출력이 75 [kW]이다. 마찰 및 풍손은 900 [W], 고정자 철손은 4200 [W], 그리고 고정자 동손은 2700 [W]이다. 슬립이 3.75 [%]라면, 이 출력에서 백분율 효율은 얼마인가?

4-17 문제 4-16을 참조하라. 고정자로 환산된 회전자 권선 저항이 0.1 [Ω]으로 알려져 있다. 특정된 운전 조건에 대한 고정자 환산 회전자 전류의 값을 결정하라.

4-18 15 [hp], 220 [V], 3상, 60 [Hz], 6극, Y-결선 유도전동기가 다음과 같은 상당 매개변수를 가진다: $r_1 = 0.128$ [Ω], $r_2' = 0.0935$ [Ω], $x_1 + x_2' = 0.496$ [Ω], $r_c = 183$ [Ω], $x_\phi = 8$ [Ω]. 회전손은 고정자 히스테리시스 및 와류손과 같다. 3 [%]의 슬립에 대하여, 다음을 찾아라:

(a) 선전류와 역률.

(b) 마력 출력.

(c) 기동 토크.

4-19 10 [hp], 220 [V], Y-결선, 4극, 60 [Hz], 6극, 3상 유도전동기가 5 [%]의 슬립에서 운전될 때 0.78 지상의 역률에서 26.2 [A]의 선전류를 그린다. 회전손은 250 [W]의 양이다. 전동기는 다음과 같은 [Ω/phase]로 표현된 매개변수를 가지는 것으로 알려져 있다:

$$r_1 = 0.3 \qquad x_1 = x_2' = 1.25 \qquad r_c = 150 \qquad x_\phi = 18$$

(a) 고정자로 환산된 상당 회전자 전류를 계산하라.

(b) 출력 마력의 값을 찾아라.

(c) 효율을 결정하라.

(d) [N-m]로 발생 토크를 찾아라.

(e) 정격 선전압에서 기동 선전류를 계산하라.

4-20 3상, 60 [Hz], 6극, 권선형 회전자 유도전동기가 정상 부하(normal load)를 구동할 때 10 [kW]를 그린다. 그것은 부하가 끊겼을 때 700 [W]를 그린다. 정상 부하 하에서의 회전자와 고정자 동손은, 각각, 295 [W]와 310 [W]이다. 정상 부하 조건 하에서 이 전동기의 효율, 속도, 그리고 축 토크를 계산하라. 같은 회전손과 철손, 그리고 무시할 수 있는 무부하 동손을 가정하라.

4-21 3상 유도전동기가 Y-결선 회전자 권선을 가진다. 정지 상태에서 상당 회전자 유도 기전력은 100 [V rms]이다. 상당 저항은 0.3 [Ω]이며, 누설 리액턴스는 1.0 [Ω/phase]이다.

(a) 회전자 구속으로, 회전자 전류의 실효치는 얼마인가? 회전자 전류의 역률은 얼마인가?

(b) 전동기가 0.06의 슬립에서 운전될 때, 회전자 전류의 실효치는 얼마인가? 회전자 전류의 역률은 얼마인가?

(c) 문제 (b)에서의 발생 토크의 값을 계산하라.

4-22 3상, 12극, 60 [Hz], 2200 [V] 유도전동기가 가해진 정격 전압과 주파수로 무부하에서 운전되며 20 [A]의 선전류와 14 [kW]의 입력 전력을 그린다. 고정자는 Y-결선되었으며, 그것의 상당 저항은 0.4 [Ω]이다. 회전자 저항 r_2'는 0.2 [Ω/phase]이다. 또한, $x_1 + x_2' =$ 2.0 [Ω/phase]이다. 전동기가 부하에 동력을 내어놓을 때 2 [%]의 슬립에서 운전된다. 이 조건에 대하여 다음을 계산하라:

(a) 발생 토크.

(b) 입력 선전류과 역률.

4-23 3상, 440 [V], 60 [Hz], Y-결선, 8극, 100 [hp] 유도전동기가 다음과 같은 상당으로 표현된 매개변수를 가진다:

$$\begin{array}{lll} r_1 = 0.06\ [\Omega] & x_1 = x_2' = 0.26\ [\Omega] & \\ r_2' = 0.048\ [\Omega] & r_c = 107.5\ [\Omega] & x_\phi = 8.47\ [\Omega] \end{array}$$

회전손은 1600 [W]이다. 근사 등가회로를 사용하여 $s = 0.03$ [pu]에 대하여 다음을 결정하라:

(a) 입력 선전류와 역률.

(b) 효율.

4-24 3상, 335 [hp], 2000 [V], 6극, 60 [Hz], Y-결선 농형 유도전동기가 정상 슬립에서 적용할 수 있는 다음과 같은 상당 매개변수를 가진다:

$r_1 = 0.2\,[\Omega]$ $x_1 = x_2' = 0.707\,[\Omega]$ $x_\phi = 77\,[\Omega]$
$r_2' = 0.203\,[\Omega]$ $r_c = 450\,[\Omega]$

회전손은 4100 [W]이다. 근사 등가회로를 사용하여 1.5 [%]의 슬립에 대하여 다음을 결정하라:

(a) 선 역률(line power factor)과 전류.

(b) 발생 토크.

(c) 효율.

4-25 6극, 3상, 40 [hp], 60 [Hz] 유도전동기가 부하가 연결되었을 때 35 [kW], 51 [A], 440 [V]의 입력과 1152 [rpm]의 속도를 가진다. 부하가 분리되었을 때, 지시치는 다음과 같이 찾아졌다: 440 [V], 21.3 [A], 2.3 [kW], 그리고 1199 [rpm]. 고정자 권선에 대하여 단자 사이에서 측정된 저항은 Y-결선에 대하여 0.25 [Ω]이다. 고정자 철손과 회전손은 같은 것으로 알려져 있다. 다음을 결정하라:

(a) 부하가 있을 때의 전동기의 역률.

(b) 부하가 있을 때의 전동기 효율.

(c) 부하의 마력 정격.

4-26 다음 각 문제에 대하여 간단히 답하라:

(a) 유도전동기의 공극을 2배로 하는 것이 자화 전류의 크기와 극당 자속의 최대 값에 미치는 효과는 무엇인가? 누설 임피던스의 효과는 무시하라.

(b) 줄여진 누설 리액턴스가 3상 유도전동기의 최대 발생 토크, 전부하(full load)에서의 역률, 그리고 기동 전류에 미치는 효과를 설명하라.

4-27 유도전동기의 정격에 관련된 제조자의 규격은 항상 정격 토크의 백분율로써 최대 (또는 항복) 토크를 싣는다. 그 값은 보통 200 [%]이다. 그렇게 높은 값을 선택하는 의미 또는 중요성을 설명하라.

4-28 주어진 상황에서 단지 220 [V], 30 [Hz], 3상 전원 만을 이용할 수 있다. 공장 관리자는, 일정 토크 부하에 동력을 공급하기 위해 사용되는, 10 [hp], 440 [V], 3상, 60 [Hz], 4극 농형 유도전동기를 값싸게 구매할 기회를 가진다. 부하 토크는 10 [hp] 전동기의 토크에 대응한다.

(a) 전동기가 사용될 수 있는가? 답을 입증하라.

(b) 그렇다면, 그것의 정격은 얼마일 것인가?

(c) 취해지는 효율은 얼마가 될 것인가?

(d) 기동 토크에서의 근사 변화를 찾아라.

4-29 일정 토크 부하에 동력을 내어놓기 위하여 460 [V], 400 [Hz] 계통에서 115 [V], 60 [Hz], 3상 유도전동기의 사용이 추천되는가? 설명하라.

4-30 10 [hp], 220 [V], 60 [Hz], 3상 유도전동기가 같은 일정 정격 토크를 내어놓으며 220 [V], 50 [Hz]에서 운전될 때, 회전자 전류에는 어떤 변화가 생기는가?

4-31 낮춰진 인가 전압이, 영향이 있다면, 어떤 방식으로 3상 유도전동기의 항복 토크에 영향을 미치는가? 증가된 주파수가, 영향이 있다면, 어떤 방식으로 항복 토크에 영향을 미치는가?

4-32 115 [V], 3상, 60 [Hz] 유도전동기가 115 [V], 50 [Hz] 전원에서 사용된다. 양쪽 주파수에서 운전할 때 내어놓는 토크가 같게 되는 것으로 가정하여, 다음을 결정하라:
(a) 운전 자속에서의 변화.
(b) 회전자 전류에서의 변화.
(c) 동기속도에서의 변화.
(d) 이 전동기가 50 [Hz] 전원에서 연속적으로 사용되는 것이 허용될 것인가? 설명하라.

4-33 문제 4-19의 전동기를 참조하라.
(a) 최대 토크가 생기는 슬립을 계산하라.
(b) 최대 토크의 값을 결정하라.

4-34 문제 4-19의 전동기를 참조하라.
(a) 설명된 운전 조건에 대하여 정확한 등가회로의 보이지 않는(없어진) 매개변수를 결정하라: 즉, 고정자로 환산된 상당 회전자 저항.
(b) 정확한 등가회로를 사용하여 최대 토크가 생길 때의 속도를 얻어라.
(c) 최대 토크에서의 고정자 환산 회전자 전류를 찾아라. 이것은 입력 고정자 전류와 얼마나 다른가?
(d) 최대 토크의 값을 계산하라.

4-35 3상, Y-결선, 440 [V], 200 [hp] 유도전동기가 다음의 구속 회전자 자료를 가진다: $P_b = 10$, [kW], $I_b = 250$ [A], $V_b = 65$ [V], 그리고 $r_1 = 0.02$ [Ω]. 고정자로 환산된 회전자 저항을 찾아라.

4-36 6극, 60 [Hz], 3상, Y-결선, 권선형 회전자(역시 3개의 상) 유도전동기가 130 [V/phase]의 정지 유도 회전자 전압을 가진다. 회전자가 구속된 단락 회로에서, 이 전압이 0.3 지상의 역률에서 80 [A]의 전류를 생성한다. 전부하(full-load)에서 전동기는 9 [%]의 슬립으로 운전된다. 전부하 발생 토크를 찾아라.

4-37 500 [hp], 3상, 2200 [V], 25 [Hz], 12극, Y-결선, 권선형 회전자 유도전동기가 다음의 매개변수를 가진다: $r_1 = 0.225$ [Ω], $r_2' = 0.235$ [Ω], $x_1 + x_2' = 1.43$ [Ω], $r_c = 31.8$ [Ω], $x_\phi = 780$ [Ω]. 무부하와 구속 회전자 시험이 이 기계에 대해 수행된다.
(a) 정격 전압이 인가된 무부하 시험에서, 선로 전류계(line ammeter)의 지시치는 물론 전체 전력계(total wattmeter) 지시치를 계산하라.
(b) 구속 회전자 시험에서 인가 전압이 228 [A] 선전류가 각 상에서 흐르도록 조정되었다. 선로 전압계(line voltmeter)의 지시치와 전체 전력계 지시치를 계산하라.

4-38 3상, 2000 [V], Y-결선, 권선형 회전자 유도전동기가 다음의 무부하 및 구속 회전자 시험

자료를 가진다:

No-load:	2000 [V],	15.3 [A],	10.1 [kW]
Blocked-rotor:	440 [V],	170.0 [A],	36.4 [kW]

고정자 권선의 저항은 0.22 [Ω/phase]이다. 회전손은 2 [kW]와 같다. 2 [%]의 슬립에서 근사 등가회로에 대해 필요한 모든 자료를 계산하고, 모든 매개변수 값을 보여 회로를 그려라.

4-39 문제 4-37의 기계에 대하여 다음을 계산하라:

(a) 최대 토크가 생기는 슬립.

(b) 최대 토크의 조건에서 입력 선전류와 역률.

(c) 최대 토크의 값.

4-40 문제 4-37의 전동기를 참조하여, 기동에서 최대 토크가 발생되기 위하여 회전자 권선에 외부적으로 연결되어야 하는 상당 저항의 값을 찾아라.

4-41 3상, 440 [V], 50 [hp], 60 [Hz], Y-결선, 유도전동기가 다음의 무부하 시험 자료를 산출한다:

Dc test on stator per phase:	5 [V],	50 [A],		
Blocked-rotor test at rated frequency:	106 [V],	65 [A],	3423 [W],	60 [Hz]
Blocked-rotor test at low frequency:	55 [V],	65 [A],	2910 [W],	15 [Hz]
No-load test:	15 [V],	16.3 [A],	2157 [W],	60 [Hz]

이 전동기에 대한 마찰 및 풍손은 834 [W]이다. 정상 운전 슬립에서 사용되는 근사 등가회로에 대한 매개변수를 계산하라.

4-42 정격 전압이 인가된 10 [hp], 4극, 230 [V], 60 [Hz], 3상, Y-결선, 유도전동기의 무부하 시험으로부터, 무부하 전류가 9.2 [A]로 찾아졌으며 대응하는 입력 전력은 670 [W]이다. 또한, 구속 회전자 시험에서 인가된 57 [V]로, 선로로부터 30 [A]와 950 [W]를 취하는 것으로 찾아졌다. 고정자 권선 저항은 0.15 [Ω/phase]로 측정되었다. 이 전동기가 기계적 부하와 결합되었을 때, 전동기로의 입력은 28 [A]와 0.82의 역률에서 9150 [W]로 찾아졌다. 고정자 철손은 회전손과 같다.

(a) 고정자로 환산된 회전자 전류를 계산하라.

(b) 발생 토크를 찾아라.

(c) 슬립의 값은 얼마인가?

(d) 전동기가 운전되는 효율은 얼마인가?

4-43 Y-결선, 권선형 회전자 유도전동기가 다음의 상당 매개변수를 갖는 것으로 찾아졌다:

$r_1 = 0.26$ [Ω] $\quad x_1 = 0.6$ [Ω] $\quad r_c = 143$ [Ω]

$r_2' = 0.40$ [Ω] $\quad x_2' = 1.4$ [Ω] $\quad x_\phi = 22.2$ [Ω]

(a) 220 [V]의 정격 전압이 전동기에 무부하에서 인가되었을 때, 선전류와 역률을 계산

하라. 고정자 철손은 회전손과 같다고 가정하라.

(b) 회전자가 단락 회로로 되었고 구속되었으며 60 [V]의 선전압이 인가되었을 때, [W]로 전력 입력을 찾아라.

4-44 3상 유도전동기가 다음의 자료를 가진다: 20 [hp] 정격, 220 [V], Y-결선, 4극, 60 [Hz]. 고정자 유효 저항은 0.118 [Ω/phase]이다; 고정자로 환산된 회전자 유효 저항은 0.102 [Ω/phase]이다. 등가 고정자 환산 리액턴스는 0.208 [Ω/phase]이다. 총 철손은 408 [W]이며, 그 중 절반은 회전자에 대한 것이다. 마찰 및 풍손은 400 [W]이다.

(a) 전전압에서 기동 토크는 얼마인가?

(b) 전동기가 회전 자계에 반하여 1800 [rpm]에서 구동된다면, 축에서 얻어지는 제동 효과(brake effect)는 [W]로 얼마인가? 회전자 저항과 철손은 변화하지 않고 유지된다고 가정하라.

4-45 3상, 권선형 회전자 유도전동기가 부하에 고정된 토크를 내놓는다. 회전자 누설 리액턴스는 무시할 수 있다. 이 부하 조건에 대하여 회전자 저항 강하는 20 [V]로 찾아졌다. 10배의 슬립에서 이 토크의 2배를 생성하기 위해 필요로 하는 회전자 주입 전압을 결정하라.

4-46 625 [V](선전압), 3상, Y-결선, 권선형 회전자 유도전동기가 3.0의 회전자에 대한 고정자의 변환비를 가진다. 회전자가 단락 회로로 된 특정한 부하 조건에서, 전동기가 6 [V/phase]의 슬립 기전력(즉, sE_2)로 운전된다.

슬립을 40 [%]의 값으로 증가시키기 위해 필요로 하는 주입 전압의 값을 찾아라. 토크는 슬립의 제곱근(square root)에 비례하는 방식으로 변한다고 가정하라. 회전자 누설 리액턴스와 회전손은 무시하라.

4-47 4극, 3상, 권선형 회전자 유도전동기가 단락 회로로 된 회전자와 고정자 권선에 인가된 정격 주파수의 정격 전압으로 1700 [rpm]에서 운전된다. 회전자 슬립 기전력(sE_2)은 10 [V/phase]이며 회전자 전류는 40 [A/phase]이다. 그 다음 슬립 주파수와 80 [V/phase]의 일정한 실효치의 주입 전압이 도입된다. 이 전압은 슬립 기전력과 반대 방향으로 동상(in phase opposition)이다. 회전자 누설 리액턴스는 무시할 수 있다.

(a) 부하에 의해 요구되는 토크가 속도 변동에 관계없이 일정하다면, 새로운 전동기 속도는 얼마인가?

(b) 토크가 속도에 따라 직접 변한다고 가정하여 문제 (a)를 반복하라.

4-48 3상, 권선형 회전자 유도전동기가 정격 토크를 내놓으며 0.707의 역률에서 100 [A]의 선전류를 그린다. 회전자에 대한 고정자의 유효 권수비는 1.41이며 상당 회전자 저항은 0.1 [Ω]이다. 회전자는 3개의 상으로 권선되었다. 고정자 철손, 고정자 권선 저항, 그리고 고정자와 회전자의 누설 리액턴스는 모두 무시할 수 있다고 가정하라.

(a) 선로 역률을 90 [%] 지상으로 증가시키기 위해 필요로 하는 회전자 주입 전압을 계산하라.

(b) 주입 전압의 전원에 의해 공급되는 전력을 찾아라.

4-49 60 [Hz], 6극, 3상 유도전동기가 회전자 주입 전압에 의해 조정된 속도를 가진다. 정격 토크를 발생할 때 전동기 슬립은 5 [%]이며, 정상(normal) 슬립 주파수 전압은 20 [V]이다. 상당 회전자 저항은 0.1 [Ω]이며 회전자 누설 리액턴스는 무시할 수 있다. 100 [V/phase]의 주입 전압이 원래의 sE_2 전압과 동상으로 회전자에 삽입되었다. 토크 요구가 변화되지 않고 남아있을 때, 다음을 결정하라:

(a) 슬립의 새로운 값.

(b) [rpm]으로 나타낸 새로운 운전 속도.

(c) 주입 전압원에 의해 공급되는 전력.

4-50 3상, 1000 [hp], 2200 [V], 25 [Hz], 12극, 권선형 회전자 유도전동기가 25 : 15의 고정자 : 회전자 변환비를 가진다. 고정자와 회전자 권선은 둘 다 Y-결선이다. 2 [%]의 슬립에서 전동기는 정격 토크를 발생하며 0.866의 역률에서 180 [A]의 선전류를 그린다. 양 r_1, x_1, x_2, 그리고 r_c는 무시할 수 있는 것으로 고려하라. 전동기가 회전자 주입 전압에 의해, 10 [%]의 슬립에서 같은 토크를 발생하는 한편, 동시에 단위 값의 역률에서 운전된다. 원래의 슬립 기전력에 대하여 주입 전압의 크기와 위상을 결정하라.

4-51 3상, Y-결선, 권선형 회전자 유도전동기가 4 [%]의 슬립에서 정격 토크를 내어놓으며, 80 [%]의 역률에서 100 [A]의 선전류를 그린다. 회전자에 대한 고정자의 유효 권수비는 단위 값이며, 회전자는 3상으로 권선되었다. 상당 회전자 저항은 0.1 [Ω]이며, 회전자 정지 상태 기전력은 200 [V/phase]이다. 간단을 위하여, $r_1 = x_1 = x_2' = 0$으로 가정하라.

(a) 동기속도 아래의 20 [%]의 슬립에서 같은 토크를 주기 위해 필요로 하는 회전자 주입 전압을 찾아라.

(b) 선로 역률을 단위 값으로 만들기 위해 요구되는 회전자 주입 전압을 계산하라.

4-52 슬립 링을 가진 3상 유도전동기가 일정 토크 부하에 동력을 내어놓는다. 회전자 전류는 40 [A/phase]이다; 회전자 저항은 0.4 [Ω/phase]이다. 역률을 단위 값으로 하기 위하여, 이 경우에서 크기가 이 특별한 슬립에서 회전자 내에서 유도되는 정상(normal) 슬립 기전력과 같은 전압이 회전자에 주입된다. 회전자의 속도는 이제 슬립이 이전보다 5배로 더 크게 되도록 감소된다. 토크는 고정된 채로 남아있다. 이제 단위 역률을 생성하기 위한 주입 전압의 크기와 위상은 얼마여야 하는가?

4-53 3상, 권선형 회전자 유도전동기가 2 [%]의 슬립에서 정격 토크를 내어놓는다. 이 슬립에서 회전자 유도 기전력의 값은 10 [V]이다. 회전자 저항은 0.2 [Ω/phase]이다. 2 [%]의 같은 슬립에서 **2배**(*twice*)의 정격 토크를 생성하기를 원하는 경우에 대하여 다음을 결정하라:

(a) 회전자로 주입되어야 하는 전압의 크기, 위상, 그리고 주파수.

(b) 보조 전원이 유도전동기에 공급해야 하는 전력의 양.

유의: 2 [%]의 낮은 슬립에서는 회전자 누설 리액턴스가 무시될 수 있다.

4-54 1000 [hp], 3상, 2200 [V], 25 [Hz], 12극, 권선형 회전자 유도전동기가 다음의 상당 매개변수를 가진다:

$r_1 = 0.093\ [\Omega]$ $x_1 = 0.295\ [\Omega]$
$r_2 = 0.072\ [\Omega]$ $x_2 = 0.15\ [\Omega]$
stator to rotor effective turns ratio: 22/15

1.72 [%]의 슬립에서 운전될 때, 이 기계는, 205 [A]의 상당 회전자 전류에 대응하여, 15000 [lb-ft]의 토크를 발생한다. 마찰과 풍손은 총(total) 6 [kW]이다.

(a) 일정한 토크에서 동기속도 위의 50 [%]로 슬립을 변화시키기 위해 필요로 하는 주입 회전자 전압의 최소 값의 크기와 위상을 결정하라. 회전자 누설 리액턴스는 무시하라.

(b) 문제 (a)에서 회전자의 기계 동력 출력을 결정하라.

(c) 문제 (a)에서 회전자 전력 "출력"(electrical power "output")을 결정하라.

(d) 전체 회전자 동손을 찾아라. 이 손실은 어떻게 공급되는가?

4-55 그림 P4-55의 배치에서 20 [Hz] 변동의 평형 3상 전류가 직류 권선의 브러시에 먹여진다. 회전자는 35 [Hz]의 주파수로 회전한다. 브러시에서 유도되는 기전력의 주파수는 얼마인가? 그 이유는?

4-56 3상, 60 [Hz], 300 [hp], 16극 유도전동기의 슬립 링의 각 쌍 사이에서 측정된 저항이 0.04 [Ω]이다. 단락 회로로 된 슬립 링으로, 전부하 슬립은 0.025이며, 슬립-토크 곡선은 무부하로부터 전부하까지 직선으로 가정될 수 있다. 전동기는 전부하 속도에서 300 [hp]을 요구하는 송풍기를 구동한다. 송풍기를 구동하기 위해 요구되는 토크는 속도의 제곱에 따라 변한다. 송풍기가 300 [rpm]에서 구동되도록 하기 위하여 각 슬립 링에 직렬로 연결해야 할 저항의 값은 얼마인가?

4-57 3상, 60 [Hz], 4극, 권선형 회전자 유도전동기가 1746 [rpm]의 정격 속도를 가진다. 실제 상당 회전자 저항은 0.8 [Ω]이다. 정격 토크가 기동에서 발생되도록 하기 위하여 회전자 회로에 삽입되어야 하는 기동 저항은 얼마인가? 주파수에 따른 회전자 저항의 변화는 무시하라.

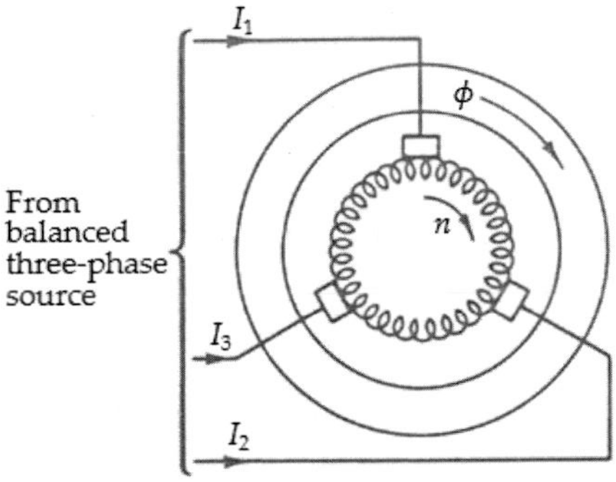

Figure P4-55.

4-58 다상 유도전동기에 대하여, 0으로부터 동기속도까지의 범위에 걸쳐 마력 출력의 함수로써 토크의 변동을 그려라.

힌트: 원선도(circle diagram)를 적용하라.

4-59 주기의 남아있는 3개의 60° 구간에 대한 표를 완성함으로써 표 4-1에 나타내어진 해석을 계속하라.

4-60 그림 4-26에 나타내어진 스위칭 순서에 대응하여 그림 4-25의 속도 제어 계통에 대하여 완전한 한 주기에 걸쳐 각 상에 대한 선-중성 전압의 변동을 그려라.

4-61 그림 4-25의 속도 제어 계통에서 선전압에 대한 더욱 더 정현파에 가까운 파형을 만들기 위하여, 각 SCR에 대한 점호 ON 구간이 120°로 특정된다. 인버터에 대한 스위칭 순서도를 그려라.

4-62 (a) 문제 4-61의 결과를 사용하여 제어 주파수의 한 주기에 걸쳐 각 선-중성 전압의 변동을 그려라.

(b) 제어 주파수의 완전한 한 주기에 걸쳐 선간(line-to-line) 전압의 변동을 그려라.

(c) 선간 전압의 실효치에 대한 표현식을 결정하고 그것을 식 (4-56)에 나타난 결과와 비교하라.

5 THREE-PHASE SYNCHRONOUS GENERATORS

동기발전기는 3상은 물론 단상 전력을 수용가에게 공급하는 전력 회사에 의해 보편적으로 사용된다. 가정, 가게, 그리고 사무실에서 사용되는 단상 전력은 3상 계통의 한 상으로부터 생긴다. 더욱이, 상 평형을 유지하도록 상업적 부하 회로의 할당이 이루어진다.

이 기계의 기본적인 구조 양상은 3-3절에서 설명되었으며 그림 3-7에서 도해되었다. 여기에서 동기발전기가 두가지 형태로 분류된다는 것에 유의하는 것이 의미가 있다. 첫째는, 철극(돌극, salient pole), 큰 직경, 그리고 작은 축방향 길이를 가지는 것으로 특징지어지는, **저속**(*low-speed*)(엔진 또는 수차 구동)형이다. 둘째는, 원동기(prime mover)로써 증기 터빈을 사용하는, **터보 발전기**(*turbogenerator*)이다. 불쑥 나온 자극 구조가 위험하게 높은 기계적 응력을 일으키기 때문에, 이러한 고속 발전기에서는, 보통의 철극 회전자 구조는 버려지고, 원통형(cylindrical)(또는 매끄러운(smooth)) 회전자가 선호된다. 60 [Hz] 3상 전력의 경우, 2극 발전기는 3600 [rpm]에서 운전해야 한다. 더욱이, 터보 발전기는 거의 변함없이 2극(때로는 4극)으로 설계되기 때문에, 이 기계는 작은 직경과 긴 축방향 길이로 더 특징지어진다.

5-1 GENERATION OF A THREE-PHASE VOLTAGE

어떻게 3상 전압이 발전되는가? 이것은 그림 5-1의 검토로부터 바로 이해될 수 있

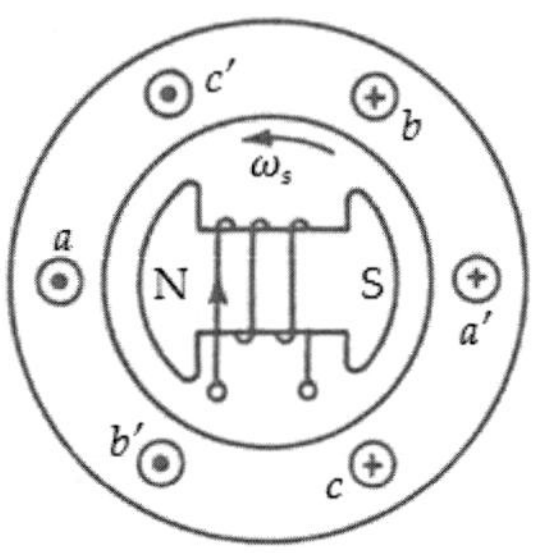

(a)

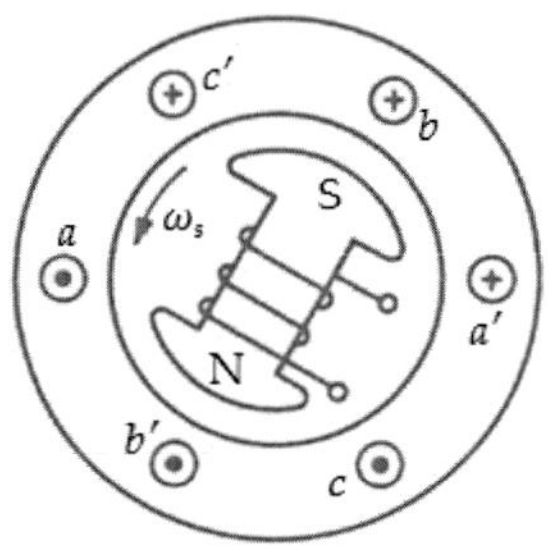

(b)

Figure 5-1 Induced-voltage distribution in the stator winding of a synchronous generator: (a) phase a at a positive maximum (time t_1 in Fig. 5-2); (b) phase b at a negative maximum (time t_2).

다. 여기에 묘사된 것은, 자극 자속을 생성하기 위하여 직류 전원으로부터 여자되는 것으로 가정된 계자 권선이 있는, 2극 회전자이다. 나아가 자극편(pole piece)은 정현 자속 계자를 생성하는 형상으로 되어있는 것으로 가정된다. 고정자에 나타난 것은 각 상의 축이 120°씩 이격되어 있는 평형 3상 권선이다. 각 상의 완전한 코일이 단일 코일로 그림 5-1에 나타내어져 있다. 이제 회전자가 원동기에 의해 동기속도로 반시계 방향으로 구동되는 경우를 고려한다. 보여진 계자 방향에 대하여 $\bar{v} \times \bar{B}$ 법칙을 적용하면 코일변(coil side) a, b', c' 내에서 유도되는 순시 전압은 지면에서 밖으로 향하는 방향인 한편, 코일변 a', b, c 내에서는 지면으로 들어가는 방향임을 드러낸다. 더구나, 코일변 a와 a'가 자속밀도파의 최대 값 아래에 위치하기 때문에, 상 a 내에서의 유도 기전력은 그것의 최대 값이다. 대응하는 상 b 내에서의 유도 기전력은, 코일변 b로 밝혀져 있는 바와 같이, 반대 부호(그것은 S-극 자속 아래에 있다)이며 더 작은 크기인 것으로 보인다. 사실상, 코일변 b와 b'가 둘다 최대 자속밀도 위치로부터 60° 이격되어 있기 때문에, 이 순시 전압은 최대 값의 2분의 1(cos 60°)이라는 것이 따라온다. 비슷한 논법이 상 c에 대한 같은 결과를 산출한다.

다음으로, 회전자가 반시계 방향으로 60° 나아간 경우를 고려한다. 이것은 N-극 자속의 크기를 b' 바로 아래에 있게 하여, 유도 기전력이 이제는 상 b에서 부(음)의 최대가 나타난다. 또한, 코일 c-c'는 이제는, 그림 5-1 (b)에 표시된 바와 같이, 역전된 극성의 자속의 영향 아래에 있음이 찾아진다. 따라서 c 내에서의 기전력의 방향이 이제는 지면에서 나오는 방향이며 c'에 대해서는 지면으로 들어가는 방향이다. 첫번째와 두번째 순시(time instant)에 대한 3상 전압의 순시 값이 그림 5-2에 묘사되어 있으며, 각각, t_1과 t_2로 표시되어 있다.

앞의 과정을 여러 번 반복하고 각 순시(instant of time)에 대한 결과를 그림으로

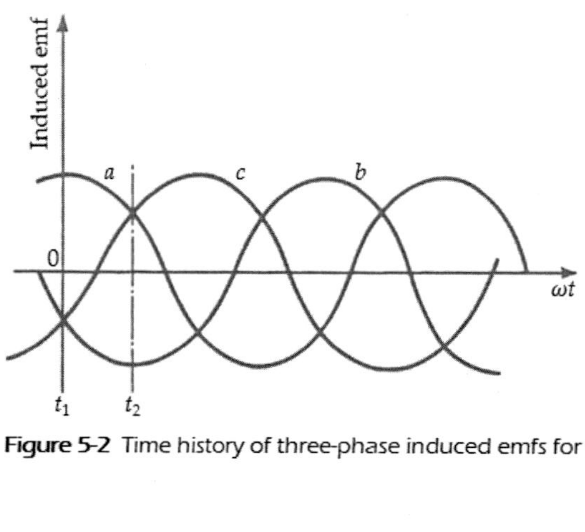

Figure 5-2 Time history of three-phase induced emfs for the generator of Fig. 5-1.

그리면 그림 5-2의 완전한 곡선을 얻는다. 각 상에 대한 유도 기전력 변동이, 각각, 120°와 240°의 시간 변위(time displacement)를 제외하고는 다른 두 개와 동일함에 유의하라. 사실상 이 변동은 각 상이 120 [elec. deg] 공간 이격된(space-displaced) 시작이 가지는 명백한 결과이다. 각 상의 단부(end)(점 a'-b'-c')의 물리적인 접속은 Y-결선 고정자 권선을 준다.

5-2 LINEAR ANALYSIS BY THE GENERAL METHOD

원통극(cylindrical-pole) 동기발전기의 기본 원리와 특성은 변압기에서 했던 바와 같이 페이서도를 전개함으로써 바로 설명될 수 있다. 하지만, 출발에서 옳게 이해해야 하는 중요한 차이가 있다. 변압기(또한 3상 유도전동기)는 본질적으로 일정 자속 장치이다. 즉, 합성 운전 공극 자속의 크기가 인가 교류 전압에 의해 고정된다. 대비하여 동기기에서의 합성 공극 자속은 계자 권선(회전자 표면에 위치되는)에서의 여자 전류의 크기는 물론 전기자 (또는 부하) 전류의 값에 종속된다.† 동기기의 경우에는 전기자 권선이 고정자 권선임을 상기하라. 결과적으로, 동기발전기를 해석할 때, 그것의 자기회로에 적용하는 자화 곡선을 도입하는 것이 필요하게 된다. 설계 자료가 이용될 수 있다면, 자화 곡선은 1장에서 개략된 과정에 따라 계산될 수 있다. 그렇지 않고, 기계가 실험실에서 사용된다면, 자화 곡선은 간단한 **개방 회로 시험**(*open-circuit test*)을 수행함으로써 찾아질 수 있다. 그러한 시험을 위한 결선도(wiring diagram)가 그림 5-3에 보여져 있다. 회전자는 시험 동안 원동기에 의해 동기속도에서 구동된다. 직류 계자 전류가 가감 저항기(rheostat)에 의해 바뀌며, 각 설정에서 대응하는 선-중성 전압이 측정된다. 이 자료 점(data point)에 의한 그림이 그림 5-4에 곡선 (a)로 묘사되어 있으며 이것은 종종 **무부하 특성**(*no-load characteristic*)이라 불린다. 이 곡선의 직선 부분은 **공극 특성**(*air-gap characteristic*)이라 불린다. 이 절에서는 직접 관련되는 목적을 위하여 사용되는 자화 곡선이 그림 5-4의 곡선 (b)가 되도록 관심을 **선형** 해석(*linear* analysis)으로 제한한다.

동기발전기 해석과 관련된 다른 유용한 특성은 **단락 회로 특성**(*short-circuit characteristic*)이다. 이것은 그림 5-3에서 단자 a, b, 그리고 c를 단락 회로로 하고, 회전자를 동기속도로 구동하여, 그림 5-4의 곡선 (c)로 이끄는 계자 전류의 여러가지 값에 대한 단락 회로 선전류를 측정함으로써 찾아진다. 이 특성은 심지어 2배의 정격 전기자 전류를 생성하기 위해 필요로 하는 공극 자속의 양이 자기회로 철의

†여기에서는 동기기를 독립된 설비로 다룬다. 무한 모선 계통(infinite bus system)에 (즉, 크기가 여러 배 더 큰 다른 동기발전기와 병렬로) 연결된 것으로 가정된다면, 공극 자속은 변하지 않을 것이다.

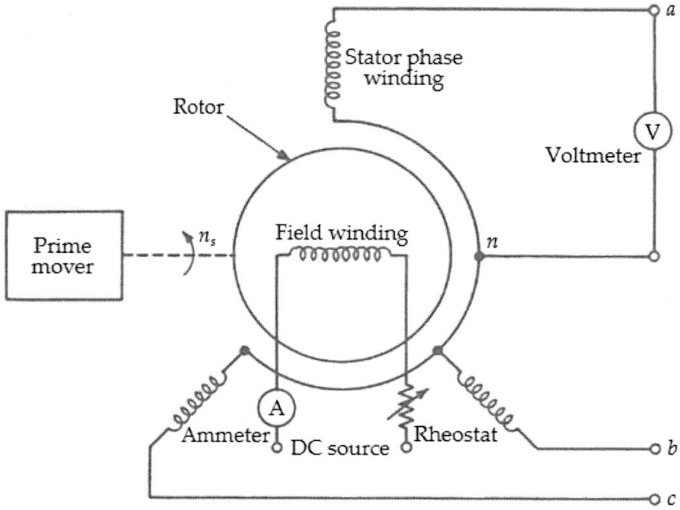

Figure 5-3 Wiring diagram for determining the no-load characteristic of the synchronous generator.

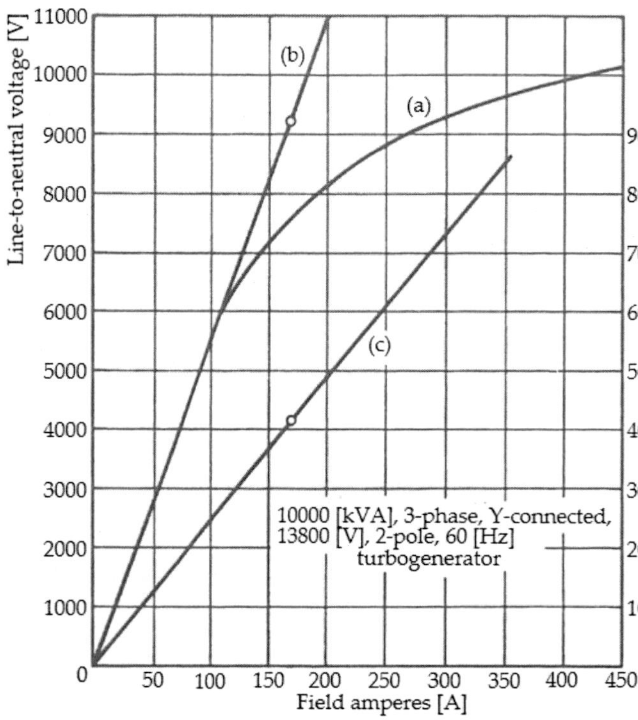

Figure 5-4 No-load characteristics: (a) nonlinear open-circuit characteristic; (b) linear air-gap characteristic; (c) short-circuit characteristic.

아주 작은 포화 또는 비포화를 일으킬 정도로 작기 때문에 비선형이다. 단지 누설 임피던스 강하를 극복하는 기전력을 생성하기 위한 자속이면 충분하다.

페이서도의 설명을 진행하기 전에, 순서에 따라 이 시점에서 하나의 페이서도에 시변량(time-varying quantity)(전압과 전류같은)과 기자력 공간 사인 곡선(mmf space sinusoid) 둘 다를 포함시키는 것과 관련된 몇 가지 설명이 있다. 그림 5-5는 2극 터보 발전기를 묘사한다. 계자 권선은 회전자 위에 위치되며 적절히 위치된 슬롯 내에 분포되어 있다. 직류 전류가 이 권선을 통하여 흐르도록 만들어질 때, 암페어-도체 분포가 생성된다. 그림은 전류가 오른편에서 도체 안으로 움직이며, 왼편에 있는 도체에서 흘러 나오는 것을 보인다. 이 계자 권선에 의해 생성되는 대응하는 기자력은 공간 내에서 축이 수직을 따르는 방향인 정현 분포를 가진다. 자속밀도의 최대 값 또한 이 수직을 따라 놓이기 때문에, 코일 e_f-e_f' 내에서 유도되는 전압이 최대 값이라는 것이 따라온다. 더욱이, $\bar{v}\times\bar{B}$ 법칙의 적용은 이 기전력이 위에 있는 도체에서는 지면에서 나오는 방향이며 아래의 도체에 대해서는 지면으로 들어가는 방향이라는 것을 나타낸다. 고정자가 3상 권선으로 설비된 것으로 가정되었기는 하지만, 본질적으로 코일 e_f-e_f'는 보여진 순간에 대해 이 전체 권선 내에서 유도되는 기전력을 나타내는 것으로 고려될 수 있다. 따라서, 전체 3상 권선의 각 코일변 내에서 유도되는 기전력을 본다면, 첨두가 수직을 따라 놓이는, 정현 분포 기전력으로 귀결할 것이다. 편의상, 그러므로, 전기자 유기 기전력이 관련되는 한에 있어서는, 전체 3상 권선이 단일 코일 e_f-e_f'로 나타내어질 수 있다고 말해질 수 있다. 이 코일의 축은 수평을 따라 놓임에 유의하라. 일반적으로, 3상 권선 내에서 기전력 분포를 나타내는 코일의 축은 계자 기자력 $\bar{\mathcal{F}}_F$의 축으로부터 90 [elec. deg] 이격되어 있다. 이 직각 관계의 결과로서, 여자 기전력(excitation emf) 페이서의 방향보다 90 [deg] 앞서는 위치에 계자 기자력 $\bar{\mathcal{F}}_F$가 위치하는 것이 따라오는 페이서

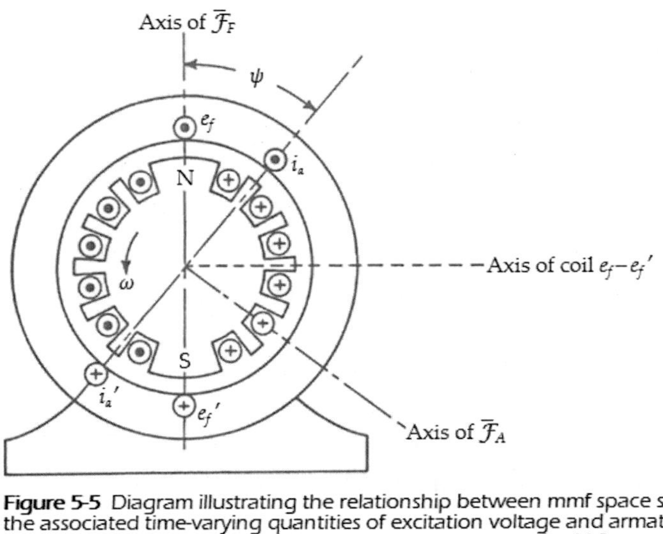

Figure 5-5 Diagram illustrating the relationship between mmf space sinusoids and the associated time-varying quantities of excitation voltage and armature current. The rotor is assumed to be driven counterclockwise at ω [rad/s].

도가 통상적일 것이다. 여자 기전력은 계자 권선 자속만에 의해 유도되는 전압이다. 그림 5-5에서 코일 e_f-e_f' 내에서 기전력이 최대일 때, 쇄교 자속은 0이라는 것에 유의하는 것이 도움이 된다.

비슷한 규칙이 전기자 전류와 이 전류와 관련된 대응하는 기자력의 페이서 표현과 관련하여 채택된다. 예를 들어, 그림 5-5에서, 코일 i_a-i_a'는 여자 기전력에 대하여 ψ [deg] 만큼 뒤진 상(phase)에 대한 전체 3상 전기자 권선의 정현 암페어-도체 분포를 나타내기 위해 사용된다. 이 코일의 축은 대응하는 정현 전기자 기자력 $\bar{\mathcal{F}}_A$의 첨두 값의 위치와 일치하며 계자 기자력 $\bar{\mathcal{F}}_F$의 축으로부터 $(90° + \psi)$ 공간 이격되어 있음에 유의하라. 유의할 가치가 있는 다른 점은 전기자 전류와 여자 기전력 사이의 위상각이 변화함에 따라, 대응하는 변화가 $\bar{\mathcal{F}}_A$의 축에서 일어난다는 점이다. 이 사실은 전기자 전류에 대한 페이서와 일치하여 전기자 기자력이 위치함으로써 결과적인 페이서도에서 알아차려진다.

동기기 해석에서는, 같은 회전 주파수와 같은 극수를 갖는, 두개의 공간 사인 곡선(정현 곡선, sinusoid) $\bar{\mathcal{F}}_F$와 $\bar{\mathcal{F}}_A$가 로 표시되는 합성 공간 사인 곡선을 산출하도록 더해질 수 있으며, 그 다음 전기자 권선 내에 합성 유도 기전력 $\bar{E}_r$을 발생하는 원인이 된다는 것에 유의하는 것이 중요하다. 편의상, 이 덧셈(addition)의 결과 또한 이 기자력이 공간 사인 곡선이며 시변 사인 곡선이 아니라는 사실에도 불구하고 페이서도에 나타내어진다. 공간 사인 곡선 역시 페이서법(phasor method)에 의해 합해질(summed) 수 있기 때문에 이 과정이 허용된다.

One Final Point. 힘 법칙(force rule) $(\bar{I} \times \bar{B})$의 적용은 반시계 방향 회전을 일으키도록 평균 토크가 전기자(고정자) 권선에서 생성된다는 것을 드러낸다. 하지만, 고정자는 움직일 수 없기 때문에, 대신하여 회전자에 시계 방향 토크가 생긴다. 이것은 터보 발전기의 원동기에 대한 역토크(counter-torque)를 나타낸다.

페이서도의 전개는 상당 기저(per-phase basis)로 이루어진다. 상당 전기자 권선 저항 r_a와 누설 리액턴스 x_l이 공극 특성에 따라 알려져 있다고 가정한다. 또한 동기발전기가 정격 단자 전압에서 지상 역률 부하에 정격 전기자 전류를 내어놓는다고 가정한다. 상당 정격 단자 전압 V_t와 부하 역률각 θ를 불러오라. 이 부하 조건에 대응하는 계자 전류의 값을 찾기를 원한다고 하자. 진행하기 전에, 정격 전류가 흐를 때 정격 전압을 확립하는데 있어서 셈에 넣어져야 하는 인자를 염두에 두는 것이 도움이 된다. 3상 권선 내에 있는 3상 전류의 존재가 회전 기자력 $\bar{\mathcal{F}}_A$로 이끈다는 것이 4-1절에서 보여졌다. 그러면 합성 기자력 $\bar{\mathcal{F}}_R$은 계자 기자력 $\bar{\mathcal{F}}_F$와 전기자 기자력 $\bar{\mathcal{F}}_A$의 벡터 합으로 만들어진다는 것이 따라온다. 방정식 형으로는

$$\bar{\mathcal{F}}_F + \bar{\mathcal{F}}_A = \bar{\mathcal{F}}_R \qquad \text{[A-t]} \tag{5-1}$$

을 가진다. 다음에, 이 합성 기자력은 실제 전기자 권선 전압 $\overline{E}_r$을 유도하는 합성 공극 자속 $\overline{\Phi}_r$의 원인이 된다. 단자 전압은 그러면 $\overline{E}_r$로부터 상당 전기자 누설 임피던스 강하를 뺌으로써 얻어진다.

이제 알려진 단자 조건으로 시작하여 페이서도를 전개해야 할 것이다: 정격 단자 전압 $\overline{V}_t$보다 θ [deg] 뒤지는 정격 전기자 전류 $\overline{I}_a$. 그림 5-6을 참조하라. 상당 유도 전기자 권선 전압이 $\overline{V}_t$와 전기자 누설 임피던스 강하의 페이서 합(phasor sum)으로 얻어진다. 따라서, 수평축을 각도 측정을 위한 0의 기준으로 사용하면,

$$\overline{E}_r = \overline{V}_t + \overline{I}_a(r_a + jx_l) \qquad \text{[V]}$$

또는

$$E_r\angle\gamma = V_t\angle 0^\circ + I_a\angle(-\theta)(r_a + jx_l) \qquad \text{[V]} \tag{5-2}$$

를 계산할 수 있다. $\overline{E}_r$을 생성하는 양 $\overline{R}$은 공극 특성을 넣음으로써 찾아진다. $\overline{R}$은 계자 암페어-턴 $\overline{\mathcal{F}}_R$보다는 계자 암페어로 표현됨에 유의하라. 여기에서는, 특정한 부하 조건에 대해 요구되는 계자 전류를 찾는 목적에 비추어, $\overline{\mathcal{F}}_R$이 부적절하다.

합성 자속을 나타내는 계자 전류에 대한 완전한 표현식은 그러면

$$\overline{R} = R\angle(90^\circ + \gamma) \qquad \text{[A]} \tag{5-3}$$

이다. 여기서 γ는 식 (5-2)의 우변으로부터 결정된다. 이제 이후로는 모두를, 보통 그림 5-4의 실험적으로 확립된 곡선에서 가로 좌표 량으로 나타나는 양인, 계자 암페어로 나타낸 식 (5-1)의 대응부(counterpart)로 적는 것이 편리하다. 따라서

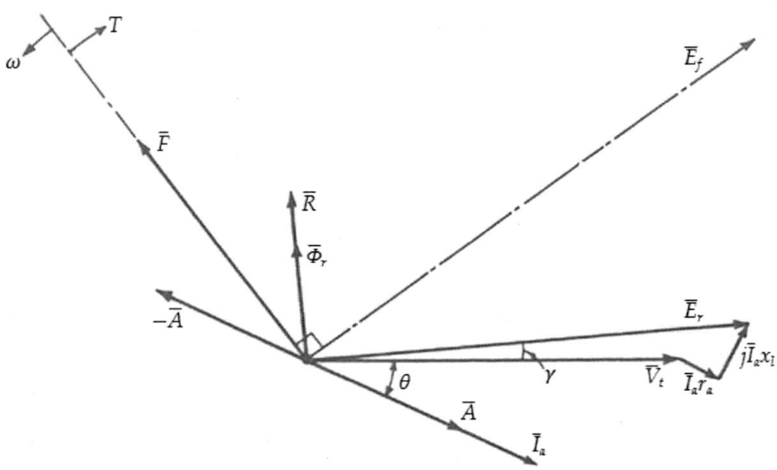

Figure 5-6 Phasor diagram of a synchronous generator for a lagging power-factor load. The general method of analysis is indicated.

$$\bar{F} + \bar{A} = \bar{R} \qquad [\mathrm{A}] \tag{5-4}$$

이다. 여기서 $\bar{A}$는 **등가 계자 암페어**(*equivalent field amperes*)로 표현된 전기자 기자력을 나타낸다.

식 (5-4)의 일견은 이용할 수 있는 $\bar{R}$로 일단 $\bar{A}$가 알려지면 $\bar{F}$가 결정될 수 있다는 것을 보인다. $\bar{A}$를 구하는데 있어서는, 설계 자료로부터 또는 적절한 무부하 시험으로부터 결정하는 두가지 방법이 있다. 뒤의 접근법은 5-4절에서 논의된다. 설계 자료를 이용할 수 있을 때에는, 식 (3-24)가 극당 전기자 기자력을 나타내기 위해 사용될 수 있다. 이 식은 전기자 권선의 기자력 분포의 기본파 성분의 크기로써 유도되었음을 (부록 C를 보라) 염두에 두어라. 또한, 원통형 회전자 표면에서의 계자 권선의 분포는 사실상 $N_f i_f$의 극당 첨두 기자력을 갖는 정현 기자력파로 이끌도록 하는 것이다. 여기서 N_f는 극당 권수이다. 따라서, 전기자 기자력과 계자 기자력파 둘 다가 같은 형상이기 때문에, 식 (3-24)로 설명된 바와 같은 실제 전기자 기자력은 등가 계자 권선 전류 A로 대체될 수 있다는 것이 따라온다. 따라서

$$A = \frac{1}{N_f} 0.9q \frac{N_2 K_{w2}}{p} I_a \qquad [\text{equivalent field A}] \tag{5-5}$$

이다. 여기서

q = number of phases
p = number of poles
$N_2 K_{w2}$ = effective armature winding turns per phase
I_a = armature current per phase

이다.

식 (5-5)는 A와 I_a가, 이미 설명된 바와 같이, 고정된 관계로 다르다는 것을 나타낸다. 따라서 지상 역률 부하에 대한 전기자 기자력을 나타내는 등가 계자 전류에 대한 페이서 표현식은

$$\bar{A} = A\angle(-\theta) \qquad [\mathrm{A}] \tag{5-6}$$

이다. 여기서 A는 식 (5-5)로 설명된 것이다. 그림 5-6의 페이서도에서, $\bar{A}$와 $\bar{I}_a$가 편의상 동일 선 위에 보여져 있음에 유의하라.

$\bar{R}$과 결정된 $\bar{A}$로, 요구되는 계자 전류는

$$\bar{F} = \bar{R} - \bar{A} = R\angle(90° + \gamma) - A\angle(-\theta) \qquad [\mathrm{A}] \tag{5-7}$$

로 찾아진다. 그림 5-6에 나타나고 $\bar{F}$보다 90° 뒤져서 보여진 양 $\bar{E}_f$는 부하가 제거되고(즉, $I_a = 0$) 철의 포화가 없는 전기자 단자에서 $\bar{F}$에 의해 생성되는 전압이다. 그것은 보통 여자 전압(excitation voltage)이라 불린다. 계자 전류를 찾기 위한 앞의 과정은 **일반적 방법**(*general method*)이라고 일컬어진다.

그림 5-6에 묘사된 페이서 량과 공간 사인 곡선에 대한 회전의 정(positive; 순, forward) 방향은 반시계 방향이며 ω에 표시된 화살표로 나타내어져 있다. 또한 발전기 동작의 경우 역토크가 회전자에 존재한다는 것이 전에 지적되었다. 이것이 그림 5-6에서 T에 표시된 화살표로 나타내어졌다. 여기에서 발전기 동작에서는 계자 구조에 있는 토크가 항상 계자 축을 합성 자속에 정렬시키려는 방향이라는 것에 유의하는 것이 유용하다.

EXAMPLE 5-1 10000 [kVA], 3상, Y-결선, 2극, 60 [Hz], 13800 [V] (line-to-line) 터보 발전기가 그림 5-4에 묘사된 공극 특성을 가진다. 전기자 권선 저항은 0.07 [Ω/phase]이며 상당 전기자 권선 누설 리액턴스는 1.9 [Ω]이다. 또한, 정격 전류에서 전기자 기자력은 155 등가 계자 암페어와 같다고 알려져 있다. 0.8 지상 역률 3상 평형 부하에 정격 전기자 전류가 내어놓아질 때 정격 단자 전압을 생성하는 계자 전류를 찾아라.

SOLUTION 정격 상전압은

$$V_t = \frac{13800}{\sqrt{3}} = 7967.4\ [\text{V}] \tag{5-8}$$

그리고 정격 전기자 전류는

$$I_a = \frac{13800}{\sqrt{3} \times 13.8} = 418.4\ [\text{A}] \tag{5-9}$$

실제 전기자 유도 기전력은 식 (5-2)로부터 다음과 같이 찾아진다:

$$\bar{E}_r = E_r\angle\gamma = 7967.4\angle 0° + 418.4\angle(-36.8°)(0.07 + j1.9)\ [\text{V}] \tag{5-10}$$

r_a가 무시될 수 있을 정도로 충분히 작다는 것에 유의하라. 따라서,

$$\begin{aligned}\bar{E}_r &= 7967.4 + 418.4 \times (0.8 - j0.6) \times j1.9 = 7967.4 + 477 + j636 \\ &= 8444.4\angle 4.3°\ [\text{V}]\end{aligned} \tag{5-11}$$

R의 대응하는 값은 공극 특성으로부터 157 [A]이다. 따라서 식 (5-3)에 의해

$$\bar{R} = 157\angle(90° + 4.3°) = 157\angle 94.3°\ [\text{A}] \tag{5-12}$$

그러면 식 (5-7)이 원하는 결과를 산출한다:

$$\bar{F} = \bar{R} - \bar{A} = 157\angle 94.3° - 155\angle(-36.8°) = -11.7 + j156.6 - 124 + j92.8$$
$$= -135.79 + j249.1 = 284\angle 119° \text{ [A]} \tag{5-13}$$

이 계자 전류에 의해 생성되는 여자 전압은 공극선(air-gap line)에서 찾아진다:

$$\bar{E}_f = 15300\angle 29° \text{ [V]} \tag{5-14}$$

이 양은 거의 정격 전압의 2배이다. 이것은 포화가 없다는 가정 때문에 생긴 심하게 과장된 결과이다. 실제적이며 유용한 결과는 5-4절에서 설명되는 바와 같이 이 가정이 버려질 때 얻어진다.

5-3 LINEAR ANALYSIS BY THE SYNCHRONOUS REACTANCE METHOD. THE EQUIVALENT CIRCUIT

동기기의 거동의 어떤 취급에 있어서, 전기자 권선 내에서 흐르는 전류에 의해 생성되는 효과—종종 **전기자 반작용**(*armature reaction*)이라 불리는—를 충분히 고려하는 것이 필요하다. 앞 절에서는 이것이 등가 계자 암페어로 표현된 전기자 권선 기자력으로 직접 다룸으로써 이루어졌다. 두번째 접근법은 적당한 자속과 그것과 관련된 유도 전압의 항으로 전기자 반작용을 다루는 것으로 가능하다. 포화가 되지 않는다는 가정 때문에, 어떤 관점이든 같은 결과로 이끌 것이 기대된다. 사실은, 이것이 선형성 조건을 부과하는 정확한 이유이다. 이 방식에서는 새로운 개념의 도입이 일관성 있게 전의 개념과 바로 서로 관련될 수 있다.

중첩(superposition)에 의해, 회전 전기자 기자력의 효과가 개별적으로 다루어질 수 있다. 따라서, 3상 권선 내에서 3상 전기자 전류에 의해 만들어진 회전 기자력 자극의 세트는 전기자 반작용 자속 $\bar{\Phi}_{ar}$을 생성하는 것으로 고려될 수 있다. 물론 이 자속은 그것의 기자력 $\bar{A}$와 고정된 관계를 가진다. 더욱이, 그것은 60 [Hz]에 대응하는 속도로 정지 전기자 권선에 대하여 회전한다. 따라서 $\bar{\Phi}_{ar}$은 그림 5-7 (a)에서 묘사된 바와 같이 $\bar{\Phi}_{ar}$에 90° 뒤져서 위치될 수 있는 값 E_{ar}의 전압(상승)을 유도한다고 말해질 수 있다. 이 종류의 상황에서는, 그러한 전기자 자속 전압을 관련된 전류(이 경우에는 I_a)를 직접 포함하는 리액턴스 강하로 대체하는 것이 통상적이다. 이것과 같은 기법이 변압기 내에서의 누설 자속은 물론 고정자 권선의 슬롯 주위에서 생기는 전기자 누설 자속의 효과를 대체하기 위해 사용되었음을 상기하라. 수학적으로 표현된 이것은

$$\bar{E}_{ar} \equiv -j\bar{I}_a x_\phi \qquad \text{[V]} \tag{5-15}$$

이다. 여기서 x_ϕ는 **전기자 반작용 리액턴스**(*armature reaction reactance*)이다. $-j$ 인자

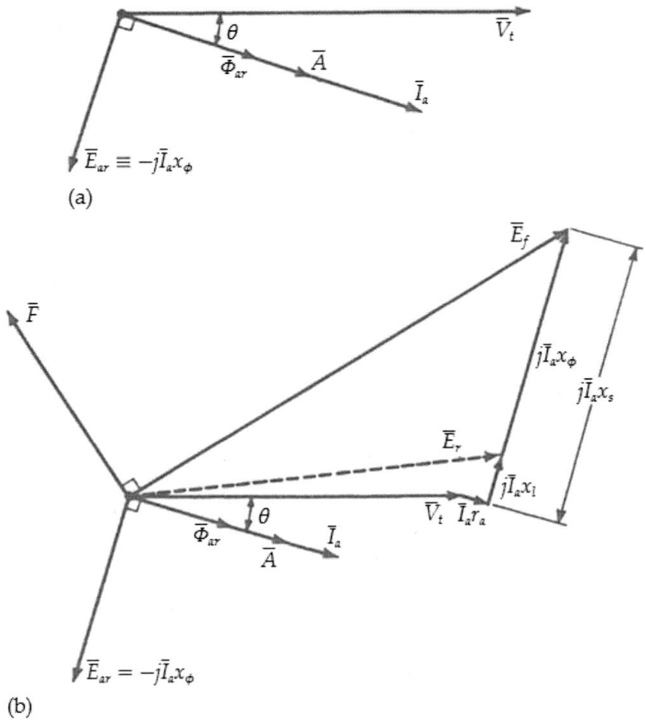

Figure 5-7 Illustrating the replacement of the effect of armature mmf by an equivalent emf $\overline{E}_{ar}$.

는 $\overline{I}_a$와 $\overline{E}_{ar}$ 사이에 존재하는 90° 지상을 설명한다. 더구나, 선형성 조건은 전기자 자속의 효과를 대체하는 x_ϕ의 일정한 값을 가능하게 한다. 따라서 전기자 반작용 자속에서의 50 [%] 증가는 E_{ar}을 앞의 값의 1.5배로 증가시키는 전기자 전류에서의 50 [%]의 증가를 일으킨다. 그러나 식 (5-15)의 우변에 있는 I_a의 존재는 이것을 자동적으로 산입한다. I_a와 Φ_{ar}이 선형적으로 관련되는 것으로 가정되지 않았다면, 이 대응이 나타나지 않을 것이다. 마지막으로, 명백하게 동기발전기가 계자 전류 $\overline{F}$에서 운전될 때, 관련된 여자 전압은 식 (5-15)로 특정된 것과 같으며 반대 방향인 성분을 내포해야 할 것이다.

이 배경을 기초로 하여, 등가 리액턴스 강하로 다루어진 전기자 기자력의 효과의 완전한 페이서도가 전개될 수 있다. 정격 단자 전압에서 정격 전기자 전류가 평형 3상 지상 역률 부하로 흐른다는 가정으로 시작한다. 일반적 방법에서와 같이, $\overline{E}_r$을 산출하도록 전기자 누설 임피던스 강하가 $\overline{V}_t$에 더해질 수 있다. 그림 5-7 (b)를 참조하라. 하지만, 지금은, 기자력으로 다루는 대신에, 전압으로 해석을 계속한다. 따라서 $\overline{E}_{ar}$과 같으며 반대 방향인 전기자 반작용 리액턴스 강하가 $\overline{E}_r$에 더해진다. 결과는 여자 전압이다. 그림 5-7 (b)에서 이루어지는 중요한 관찰은 누설 리액턴스 강하와 전기자 반작용 리액턴스 강하가, 둘 다 $\overline{I}_a$에 직각으로, 같은 선을 따라 더해진다는 것이다. 이것은 두 양이 대수적으로 더해지는 것을 허용하며, **동기 리액턴스**(*synchronous reactance*)라 불리며 x_s로 나타내어지는 총(total) 리액턴스로 이끈다. 방정식 형으로는,

$$x_s \equiv x_l + x_\phi \qquad [\Omega] \tag{5-16}$$

이다. 여기서 x_l은 상당 전기자 권선 누설 리액턴스이며 x_ϕ는 식 (5-15)로 정의된다.

그림 5-7 (b)의 검토는 동기 리액턴스의 사용으로 어떤 특정한 부하 조건에 대해 요구되는 여자 전압이 두 단계로 찾아질 수 있다는 것을 드러낸다. 첫번째 단계는 식

$$\overline{E}_f = \overline{V}_t + \overline{I}_a(r_a + jx_s) \approx V_t\angle 0^\circ + I_a\angle(-\theta) jx_s \qquad [\mathrm{V}] \tag{5-17}$$

로부터 직접 $\overline{E}_f$를 찾는 것을 포함한다. 두번째 단계에서는, E_f의 수준에서 공극 특성이 넣어지며 대응하는 F의 값이 기록된다. 이 과정은 **동기 리액턴스법**(*synchronous reactance method*)이라 불린다. 동기 리액턴스는 전기자 권선 누설 자속과 전기자 권선 회전 기자력의 효과를 대체하는 가상의 양이라는 것을 염두에 두는 것이 유용하다.

식 (5-17)의 회로 해석은 바로 동기발전기의 등가회로로 이끌며 그림 5-8에 묘사되어 있다. 이것은 동기 리액턴스의 개념의 도입의 직접적인 결과이다.

동기 리액턴스는 어떻게 결정되는가? 고정자의 유효 권수는 물론 자기회로의 자기저항이 계산될 수 있도록 설계 자료를 이용할 수 있다면, Supplement of Chapter 3의 식 (3-84)와 같은 표현식이 사용될 수 있다. 그렇지 않으면, x_s가 공극 특성과 단락 회로 특성으로부터, 즉, 그림 5-4의 곡선 (b)와 (c)의 사용을 통하여, 찾아질 수 있다. 어떻게 하여 이것이 일어나는지 이해하기 위하여, 단락 회로 조건 하에서 정격 전기자 전류가 흐르게 하는 값으로 계자 전류가 조정된 동기발전기의 페이서도를 조사하자. 전기자 권선 기자력은 같은 값으로 남아있지만, 단자 전압은 0이다. 따라서, 그림 5-7 (b)의 페이서도는 그림 5-9 (a)에 보여진 것으로 줄어든다. 계자 전

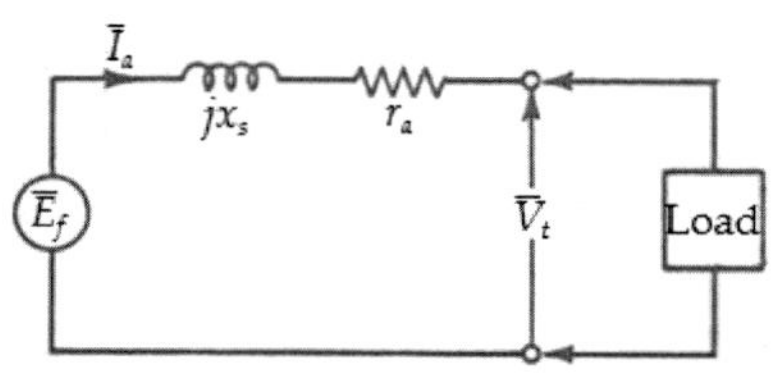

Figure 5-8 The per-phase equivalent circuit of the synchronous generator lies to the left of the load terminal.

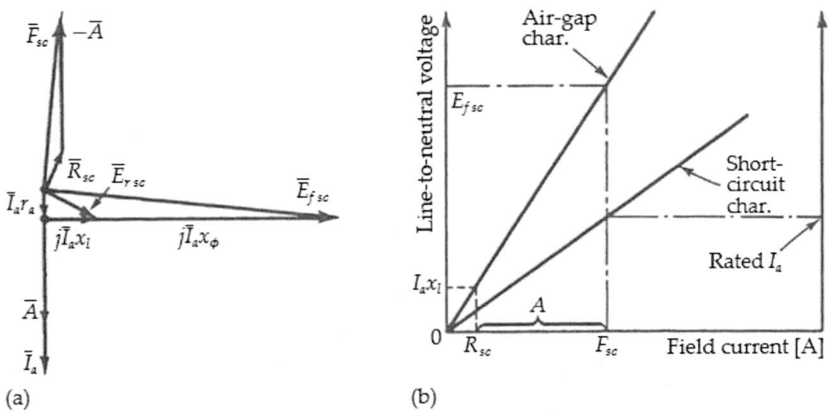

Figure 5-9 Determining the synchronous reactance from no-load tests: (a) phasor diagram at short-circuit; (b) no-load characteristics.

류는 거의 전적으로 전기자 권선 기자력의 효과를 중화하는데 사용됨에 유의하라. 나머지 R_{sc}는 단지, 모든 실제적인 목적의 경우 누설 리액턴스 강하와 같은, 누설 임피던스 강하를 극복하기에 충분한 정도의 크기일 뿐이다. 단락 회로 조건에서 전기자 전류는 여자 전압보다 90° 가까이 뒤진다는 것 역시 유의하라. 명백한 이유로, 그러한 낮은 역률에서 양 $\bar{R}$, $\bar{A}$, 그리고 $\bar{F}$는 본질적으로 공선적이다(collinear). 하지만, 그림 5-9 (a)에서 유의해야 하는 중요한 것은 단락 회로에서 여자 전압이 실제적으로 동기 임피던스 강하와 같다는 것이다. 이 관찰이 x_s의 결정을 위한 열쇠를 제공한다. F_{sc}가 유지되며 단락 회로가 제거된다면, 이 계자 전류에 의해 생성되는 개방 회로 전압은 명백히 E_{fsc}이다. 그러므로, 알려진 F_{sc}로, E_{fsc}를 얻기 위하여 공극 특성이 그림 5-9 (b)에서 설명된 방식으로 사용될 수 있다. 비슷하게, 단락 회로 특성에 넣음으로써 F_{sc}에 의해 생성되는 대응하는 전류가 찾아질 수 있다. 동기 리액턴스는 그러면 이 두 양의 비(ratio)이다. 따라서

$$x_s = \frac{E_{fsc}}{I_a} \qquad [\Omega] \tag{5-18}$$

이다. 공극선으로 구하였기 때문에, 이것은 동기 리액턴스의 **비포화**(**불포화**, *unsaturated*) 값이라는 것을 염두에 두어라.

EXAMPLE 5-2 동기 리액턴스법을 사용하여 예제 5-1의 기계에 대하여 다음의 정보를 결정하라: (a) 비포화 동기 리액턴스의 값, 그리고 (b) 정격 전류가 0.8 역률 지상의 평형 3상 부하에 내어놓아질 때 정격 단자 전압을 확립하기 위해 필요로 하는 계자 전류.

SOLUTION (a) 그림 5-4의 일견은 단락 회로에서 전기자 권선을 통하는 418.4 [A]의 전류를 강제하기 위해서는 $F_{sc} = 170$ [A]의 계자 전류를 필요로 함을 나타낸다. 더구나, 170 계자 암

페어에 대응하는 여자 전압은 $E_{fsc} = 9200$ [V]이다. 따라서

$$x_s = \frac{E_{fsc}}{I_{a\,(\text{rated})}} = \frac{9200}{418.4} = 22\ [\Omega] \tag{5-19}$$

(b) 식 (5-17)에 의해 다음을 가진다:

$$\begin{aligned}\bar{E}_f &= V_t\angle 0^\circ + j\bar{I}_a x_s = 7967.4\angle 0^\circ + 418.4 \times (0.8 - j0.6) \times j22 \\ &= 7967.4 + 5523 + j7364 = 13490 + j7364 = 15369\angle 28.6^\circ\ [\text{V}]\end{aligned} \tag{5-20}$$

그러면 공극 특성으로부터

$$F = 285\ [\text{A}] \tag{5-21}$$

이 결과와, 일반적 방법에 의해 얻어진, 식 (5-13), (5-14)와의 비교는 거의 동일함을 보인다. 이러한 일치는 전적으로 선형성 가정과 어울린다.

5-4 NONLINEAR MACHINE ANALYSIS

전기기기의 전력(동력) 출력 능력은 물질이 자기적 및 전기적으로 작동되는 정도(degree)에 직접 종속된다. 더 높은 기계의 철 부분에서의 운전 자속밀도와 구리 부분에서의 전류밀도는 더 큰 출력으로 나타난다. 그 결과로서, 대부분의 전기기계에서는 선택된 자속밀도의 수준이 포화 또는 비선형 영역 내에서의 운전으로 향한다. 해석 과정이 기계 성능을 예측하기 위해 사용된다면, 비선형성의 효과가 적절히 고려되어야 한다. 그렇지 않으면, 실제적인 결과에 도달하는 것이 거의 불가능할 것이다. 이것이, 선형성을 기초로 한 인덕턴스 매개변수로 정식화된 복잡한 과정이 기계 거동을 예측하기 위해 사용될 때, 잘 기억해야 할 점이다.

비선형 영역 내에서의 기계의 운전의 경우를 고려하는 명백한 방법은 보통 그림 5-4에서 곡선 (c)와 같은 도식적인 형태로 나타내어지는 비선형 특성으로 직접 작업하는 것이다. 이 곡선은 실제 **개방 회로 특성**(*open-circuit characteristic*)이며 1장에서 논의된 과정을 사용함으로써 설계 자료로부터 계산되거나 5-2절에서 설명된 바와 같이 실험적으로 찾아질 수 있다. 단지 실제 비선형 특성의 사용 만이 실제적인 결과를 보장한다고 추단해서는 안될 것이다. 그럴 필요가 없다는 것이 곧 설명될 것이다. 이제 주의가 선형 공극 특성 대신 실제 비선형 개방 회로 특성을 활용함으로써 동기발전기에 대해 필요한 여자 전류를 찾기 위한 일반적 방법과 동기리액턴스법의 적용으로 돌려진다. 여자 전류의 범위에 대한 정보는 변화하는 부하 요구가 존재할 때 일정한 단자 전압을 유지하도록 작용할 전압 조정기(voltage regulator)의 적절한 설계를 위해 필요하다는 것을 유의할 만한 가치가 있다.

The General Method

다시, 정격 전류가 평형 지상 역률 부하에 흐를 때 정격 단자 전압을 생성하기 위해 필요로 하는 여자를 찾자. 줄지 않은 정당성으로 그림 5-6의 페이서도를 적용한다. 합성 자속에 의해 유도되는 실제 전기자 권선 기전력은 선형의 경우에서와 같이 계산된다. 따라서

$$\begin{aligned}\overline{E}_r &= V_t\angle 0° + \overline{I}_a(r_a + jx_l) = 7967.4 + 418.4\angle(-36.8°) \times (0.07 + j1.9) \\ &= 8444.4\angle 4.3° \qquad [\text{V}]\end{aligned} \tag{5-22}$$

이다. 이 결과를 생성하는 계자 암페어로 표현된 합성 기자력의 값은 비선형 개방 회로 특성(그림 5-4)에 8444.4 [V]를 넣고 관련된 가로 좌표 값을 읽음으로써 찾아진다. 이것은

$$R = 222 \text{ [A]}$$

를 산출하여 완전한 페이서 표현은

$$\overline{R} = 222\angle 94.3° \qquad [\text{A}] \tag{5-23}$$

이 된다. 선형 해석을 통하여 얻어진 결과와의 비교는 큰 불일치를 나타내어(222 대 157 [A]), 기계가 상당히 높은 포화의 수준에서 운전된다는 사실을 이끌어낸다.

전기자 반작용 기자력이 다시 157 [A]의 등가 계자 전류의 항으로 다루어진다. 식 (5-7)의 적용은 그러면 계자 전류의 요구되는 값을 제공한다:

$$\begin{aligned}\overline{F} &= \overline{R} - \overline{A} = 222\angle 94.3° - 155\angle(-36.8°) = -140.6 + j314 \\ &= 344\angle 114° \qquad [\text{A}]\end{aligned} \tag{5-24}$$

식 (5-13)은 선형 해석에 의해 얻어진 결과가 상당히 낮으며, 전압 조정기의 설계를 위해 사용된다면, 명백하게 부적당한 설계로 이끌 것임을 보인다.

344 [A]의 계자 전류에 대응하는 계자 여자 전압은 개방 회로 특성 곡선 위에서

$$E_f = 9560 \text{ [V]} \tag{5-25}$$

으로 찾아진다. 이 값은 선형의 경우에서 찾아진 15300 [V]의 수치와 뚜렷한 대조를 보인다. 15300 [V]는 크게 비현실적이며, 그 이유는 그림 5-4에서 300 [A]의 부근에서의 계자 전류에 대한 개방 회로 특성과 공극 특성 사이에 존재하는 큰 불일치에 유의함으로써 쉽사리 인정된다.

식 (5-25)는 여자 전류가 344 [A]에서 유지되고 부하가 연결되지 않았을 때 생기

는 단자 전압의 값과 동일시된다. 달리 말해, 무부하 단자 전압이 9560 [V]이다. 따라서, 백분율로 나타낸 이 기계의 전압변동률은

$$\text{voltage regulation} = \frac{E_f - V_t}{V_t} \times 100 = \frac{9560 - 7960}{7960} \times 100 = 20.1 \qquad [\%] \qquad (5\text{-}26)$$

으로 찾아진다. 여기서 E_f는 자화 곡선에서 찾아진 여자 전압이다. 이 수치는 실제적이지도 않으며 기계에서의 전형적인 값도 아니다. 선형의 경우에 대한 전압변동률의 계산은 의미없는 결과를 산출한다.

The Saturated Synchronous Reactance Method

그 속에서 설명된 이유로 비현실적인 해(solution)로 이끄는 여자 전류를 찾는 비포화 동기 리액턴스법의 사용이 5-3절에서 보여졌다. 하지만, 기계 내에 있는 포화의 상태와 모순이 없는 방식으로 계산법을 바꾸고 그것에 의해 일반적 방법의 결과에 필적하는 결과를 얻는 것이 가능하다. 합성 기자력 R과 관련된 자속밀도 조건을 기초로 한 상세한 내용에 대해 관심이 있는 독자는 Appendix E를 참조하라.

일반적으로 받아들일 수 있는 동기 리액턴스의 포화 값을 고려하는 방식은 무부하에서 정격 전압을 생성하기 위해 필요로 하는 기자력과 관련된 자속밀도 조건으로 다루는 것이다. 설명을 위하여, 정격 단자 전압(V_R)을 생성하기 위해 필요로 하는 계자 전류가 그림 5-10에서 $0a$로 나타내어졌다고 하자. 이제, 이와 동일한 계자 전류가 단락 회로 시험에서 사용된다면, 종종 정격 값(I_R) 부근인 단락 회로 전기자 전류(I_{sc})로 귀결한다. 그림 5-10에서는 이 전류가 정격 전류보다 약간 작게 보여져 있다. 단락 회로의 경우에 나타나는 조건은 계자 전류 $0a$가 공통이기 때문에 정격 단자 전압과 사실상 같은 동기 리액턴스 강하 $I_{sc}x_s$가 존재한다는 것이다. 따라서,

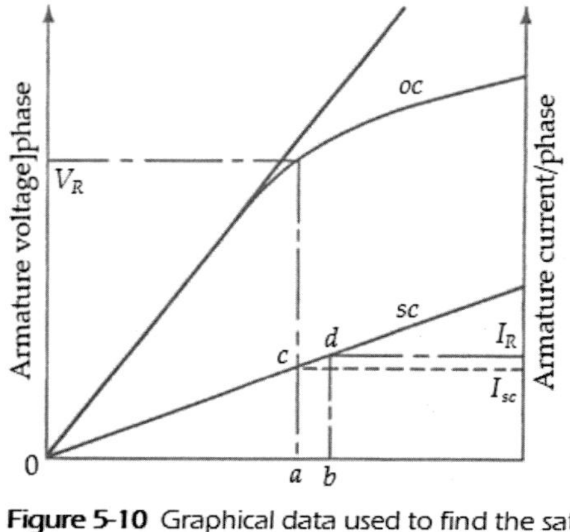

Figure 5-10 Graphical data used to find the saturated value of synchronous reactance; also the short-circuit ratio(SCR).

$$I_{sc}x_s = V_R \qquad [\text{V}] \tag{5-27}$$

또는

$$x_s = \frac{V_R}{I_{sc}} \ [\Omega] = \text{saturated synchronous reactance} \tag{5-28}$$

을 적을 수 있다. 비교를 위하여, 동기 리액턴스의 비포화 값은, 물론, 계산에서 사용된 것이 여자 $0a$에 대한 개방 회로 특성이 아니라 공극선에서의 전압으로 만들어졌기 때문에 식 (5-28)에 표시된 것보다 더 큰 양이라는 것에 유의하는 것이 도움이 된다.

Short-circuit Ratio. 식 (5-27)이 단위법 값으로 표현될 때 유용한 동기발전기 매개변수로 귀결한다. 따라서,

$$(\text{p-u } I_{sc}) \times (\text{p-u } x_s) = \text{p-u } V_R \qquad [\text{pu}]$$

를 가진다. 기계 해석에서는, 정격 전압이 기저량으로 취해지기 때문에, 대응하는 단위법 값은 1이다(unity). 그러므로, 마지막 표현식으로부터, 포화 동기 리액턴스의 단위법 값은 간단히

$$\text{p-u } x_s = \frac{1}{\text{p-u } I_{sc}} \qquad [\text{pu}] \tag{5-29}$$

로 주어질 수 있다는 것이 따라온다. 이 마지막 표현식의 수정된 형태가 전기자 전류의 단위법 값의 정의, 즉, 또한 단락비(short-circuit ratio, SCR)로도 정의되는

$$\text{p-u } I_{sc} = \frac{I_{sc} \ [\text{A}]}{I_R \ [\text{A}]} \equiv \text{SCR} \qquad [\text{pu}] \tag{5-30}$$

을 상기함으로써 얻어진다. 따라서,

$$\text{p-u } x_s = \frac{1}{\text{p-u } I_{sc}} = \frac{1}{\text{SCR}} \qquad [\text{pu}] \tag{5-31}$$

이다.

단락비의 다른 관점이 그림 5-10에서 찾아지는 닮은 꼴 삼각형을 유의함으로써

$$\frac{0a}{0b} = \frac{ac}{bd} = \frac{I_{sc} \ [\text{A}]}{I_R \ [\text{A}]} \qquad [\text{pu}] \tag{5-32}$$

와 같이 생길 수 있다. 따라서, 단락비는 또한 단락 회로에서 정격 전류를 생성하

는 계자 전류($0b$)에 대한 무부하에서 정격 전압을 생성하는 계자 전류($0a$)의 비(ratio)로 인정될 수 있다. 단락비는 그것의 역수(reciprocal)가 동기기의 중요한 매개변수 중 하나인 포화 동기 리액턴스의 단위법 값을 나타내기 때문에 유용하다.

EXAMPLE 5-3 예제 5-1의 기계에 대하여 정격 전기자 전류가 0.8 지상 역률 3상 평형 부하에 내어놓아질 때 정격 단자 전압에 대응하는 여자 기전력을 찾아라. 포화 동기 리액턴스법을 사용하라. 또한 단락비와 포화 동기 리액턴스의 단위법 값을 찾아라.

SOLUTION 7967.4 [V]의 무부하 정격 상전압을 생성하기 위해 필요로 하는 계자 전류는 그림 5-4로부터

$$0a = 188\ [\mathrm{A}]$$

로 찾아진다. 이것과 같은 계자 전류에 위해 생성되는 단락 회로 특성에서의 전기자 전류는

$$I_{sc} = 462\ [\mathrm{A}]$$

따라서, 포화 동기 리액턴스의 값은 식 (5-28)에 의해

$$x_s = \frac{7967.4}{462} = 17.25\ [\Omega/\mathrm{phase}]$$

가 된다.

포화 동기 리액턴스의 단위법 값은 두가지 과정에 의해 찾아질 수 있다. 첫번째 과정은 식 (5-30)에 의해 이 경우에는

$$\mathrm{SCR} = \text{p-u}\ I_{sc} = \frac{I_{sc}\ [\mathrm{A}]}{I_R\ [\mathrm{A}]} = \frac{462}{418.4} = 1.105\ [\mathrm{pu}]$$

의 값을 갖는 것으로 찾아지는 단락비를 사용한다. 그러면 식 (5-31)을 이용하면 단위법 포화 동기 리액턴스는

$$\text{p-u}\ x_s = \frac{1}{\mathrm{SCR}} = \frac{1}{1.105} = 0.905\ [\mathrm{pu}]$$

두번째 과정은 고려하고 있는 예제의 경우

$$Z_{base} = \frac{V_R}{I_R} = \frac{7967.4}{418.4} = 19.04\ [\Omega]$$

로 주어지는 기저 임피던스의 사용으로 이루어진다. 따라서,

$$\text{p-u}\ x_s = \frac{x_s}{Z_{base}} = \frac{17.25}{19.04} = 0.906\ [\mathrm{pu}]$$

여자 전압은 그림 5-8의 등가회로에 키르히호프의 전압 법칙을 적용함으로써 찾아진다. 따라서,

$$\begin{aligned}\bar{E}_f &= \bar{V}_t + \bar{I}_a(r_a + jx_s) \approx V_t\angle 0° + I_a\angle(-36.8°) \times jx_s \\ &= 7967.4\angle 0° + 418.4 \times (0.8 - j0.6) \times j17.25 = 13585.84\angle 25.15° \text{ [V]}\end{aligned}$$

식 (5-14)에 표시된 비포화의 경우에 대해 찾아진 값과 이 결과와의 비교는 현저한 개선을 나타낸다. 여전히 더한 개선이 Appendix E에서 설명된 수정된 포화 동기 리액턴스법을 사용함으로써 실현될 수 있다.

고정된 지상 부하 역률에서 일정한 단자 전압을 유지하기 위해 필요로 하는 계자 여자 전류는 부하 단자에서 [kVA] 요구의 증가에 따라 올라간다. 이것은 이전의 예제로부터 명백하다. 부하가 진상 전류를 그리는 환경에서는, 계자 여자에 대한 필요가 전기자 전류에 의해 생기는 자화(증자) 효과(magnetizing effect) 때문에 부하 [kVA]의 증가에 따라 줄어든다. 이 결과가 그림 5-11에 도식적으로 묘사되어 있다.

5-5 EXPERIMENTAL DETERMINATION OF LEAKAGE REACTANCE x_l AND ARMATURE REACTION MMF $\bar{A}$

일반적 방법에 의한 비선형 기계 해석은 전기자 권선 누설 리액턴스는 물론 등가 계자 암페어로 표현된 전기자 권선 기자력의 지식을 전제로 한다. 기계의 완전한 설계 자료를 이용할 수 있을 때, 이 양들은 바로 계산될 수 있다. 하지만, 그러한 자료의 결핍에서는 정보를 제공하기 위한 다른 수단을 찾아야 한다.

복습으로서, 정격 전류가 흐르는 단락 회로에서 동기발전기 내에서의 상황을 묘

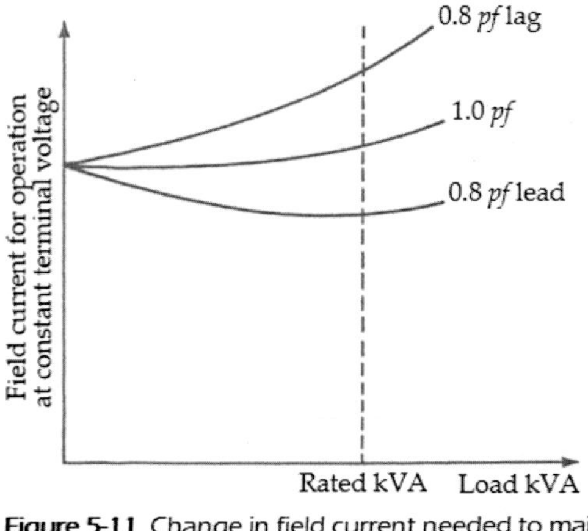

Figure 5-11 Change in field current needed to maintain constant terminal voltage as load kVA varies for different load power factors.

사하는 그림 5-9로 돌아가자. 전기자 전류는 거의 0의 역률에서 흐르며, 그래서 양, $\bar{F}_{sc}$, $\bar{R}_{sc}$그리고 $\bar{A}$가 공선적(collinear)임을 상기하라. 그림 5-9 (a)에서, F_{sc}는 측정되는 양이며 따라서 이용할 수 있다. 권선 자료가 알려졌다면, 양 A가 식 (5-5)로부터 계산될 수 있으며, 그 다음 R_{sc}를 산출하기 위하여 F_{sc}로부터 대수적으로 빼질 수 있다. 그러면 공극선에서 R_{sc}에 대응하여, 누설 리액턴스 강하가 찾아진다. 엄밀히 말하면, 이 세로 좌표량은 $E_{r\,sc}$이지만, $x_l > r_a$이기 때문에 $E_{r\,sc} = I_a x_l$을 취함으로써 약간의 오차가 생긴다. 그러면, $E_{r\,sc}$와 I_a가 둘 다 알려지기 때문에, x_l이 찾아질 수 있다. 불행하게도, 이와 같은 x_l의 결정은 일반적으로 이용할 수 없으며 역시 찾아져야 하는 A의 지식에 종속된다.

앞의 내용을 기초로 하여, 0 역률에서의 동기발전기의 운전을 더 조사하는 것이 보람이 있어 보인다. 그러한 시험에 대한 결선도가 그림 5-12 (a)에 보여져 있다. 0 역률 부하는 Y-결선으로 배치된 순 유도성 코일(purely inductive coil)로 이루어진다. 처음에 코일은 0의 리액턴스로 설정되며 계자 전류는 정격 전류를 산출하도록 조정된다. 이것은 그림 5-9 (b)에서 점 F_{sc}에 대응한다. 그 다음 코일 리액턴스가 증가되고, 전류에서의 감소를 일으킨다. 그 다음 전기자 전류의 정격 값을 다시 확립하도록 계자 전류가 증가된다. 이제는 단자 전압이 더 이상 0이 아니고, 오히려 $I_a X_L$과 같다. 여기서 X_L은 부하 리액턴스이다. 이 과정을 계속함으로써, 정격 단자 전압이 정격 전기자 전류가 흐르는 0 역률 부하를 가로질러 나타나도록 만들어질 수 있다. 계자 전류에 대한 단자 전압의 그림은 **0 역률 특성**(*zero power-factor characteristic*)을 산출한다.

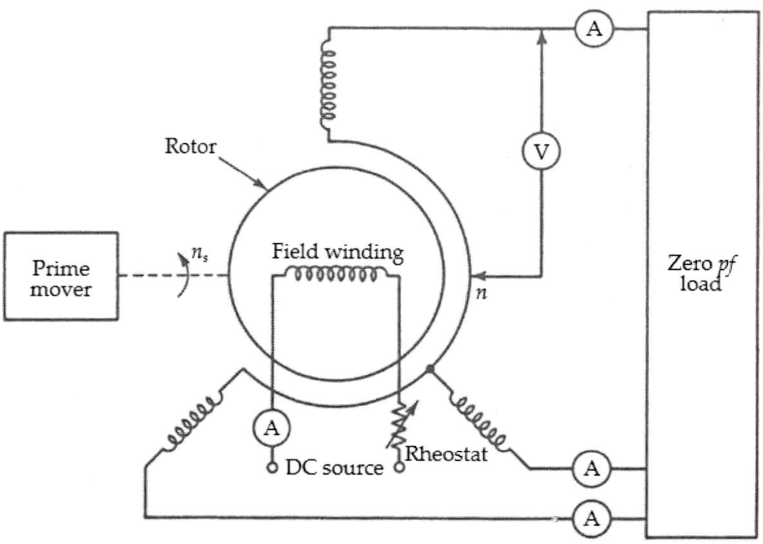

Figure 5-12 (a) Wiring diagram for obtaining the zero power-factor characteristic.

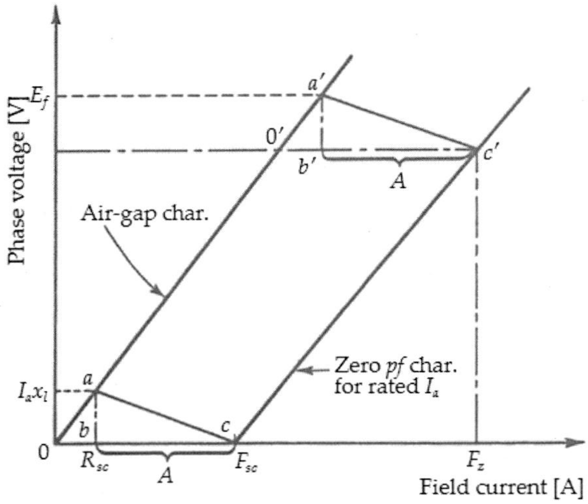

Figure 5-12 (b) Illustrating how the zero power-factor characteristic can be derived from the short-circuit data for conditions of no saturation.

기계가 전적으로 선형이라면(즉, 포화가 일어나지 않는다면), 0 역률 특성이 F_{sc}의 지식만으로부터 바로 그려질 수 있다. 그 구조는 명백하게 그림 5-12 (b)의 형태가 되어야 할 것이다. 0 역률 특성은 단지 더 높은 전압 수준으로 선 0c를 옮김으로써 생성된다. 0 역률에서 정격 단자 전압을 생성하기 위해서는, 총(total) 계자 전류가 F_z이어야 함에 유의하라. F_z로부터 A를 뺌으로써, 공극선에서 전기자 유도 전압 E_r에 대응하여 R이 얻어진다. E_r과 V_t 사이의 수직 거리(그림 5-12 (b)에서 선 $a'b'$)는, 0 역률에서 E_r과 V_t가 페이서도에서 본질적으로 공선적이기 때문에, 계속해서 누설 리액턴스 강하이다.

다음으로 실제의 비선형 특성이 사용될 때 그림 5-12 (b)에 묘사된 상황에서 어떤 일이 일어나는 지를 고려하자. 그림 5-13을 참조하라. 곡선 (1)은 개방 회로 특성을 나타내며 곡선 (2)는 정격 전기자 전류에 대한 0 역률 특성을 나타낸다. 잠깐 생각하면, 포화 때문에 0 역률 곡선이 선형의 경우에 대해 설명된 바로 그 방식으로는 유도될 수 없다는 것이 명백할 것이다. 따라서 이 특성(또는 적어도 점 c와 c')은 실험적으로 찾아져야 한다. 그림 5-13의 특성 위에서 그림 5-12 (b)의 삼각형 $0'a'c'$를 구성하는 것을 시도한다면 유용한 일이 벌어진다. 이것을 달성하기 위해서는, 0c와 같은 선 $0'c'$를 긋는 것이 필요하다. 그 다음 $0'$에서, 개방 회로 특성과 점 a'에서 교차할 때까지, 공극선과 평행으로 선을 그린다. 따라서 삼각형 0ac가 복제되며, 게다가, 이 구성의 결과로, 두개의 세목(item)이 바로 이용할 수 있는 것으로 찾아진다. 선 $a'b'$는 누설 리액턴스 강하를 나타내며 [V]로 쉽사리 측정될 수 있다. 그러면

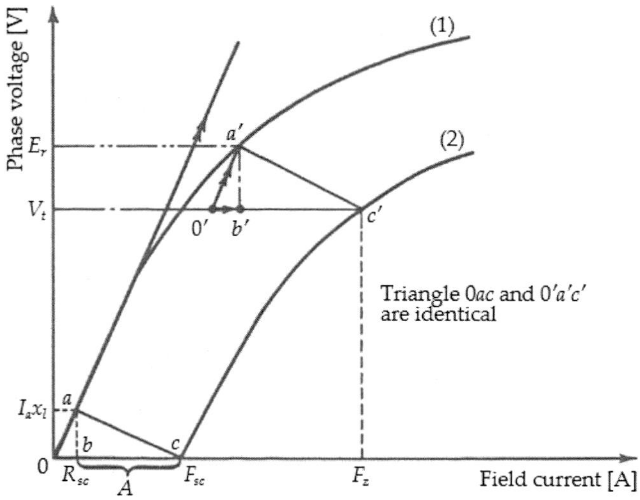

Figure 5-13 Graphical determination of leakage reactance x_l and armature mmf expressed in field amperes. Triangle $a'b'c'$ is known as the **Potier's triangle**.

$$x_l = \frac{a'b' \text{ [V]}}{I_a \text{ [A] (rated)}} \qquad [\Omega] \tag{5-33}$$

이다. 이 양은 **포시에르의 리액턴스**(*Potier's reactance*)라 불린다. 더욱이, 가로 좌표축에 접하여 측정하는 선 $b'c'$를 등가 계자 암페어로 표현된 전기자 권선 기자력으로 바로 이용할 수 있다. 따라서

$$A = b'c' \qquad \text{[field amperes]} \tag{5-34}$$

이다.

$0'$에서 공극선과 평행으로 선을 그리는 것에 대한 근본적인 이유는 삼각형 $0ac$가 포화에 영향을 받지 않는 양, 즉, 고정자 누설 리액턴스 x_l(주로 공기 경로를 포함하는)과 전기자 권선 기자력 A(단지 권선 자료와 전류에만 종속하는)를 포함한다는 사실에 있다. 이것은 포화가 존재하지 않는다고 말하는 것은 아니다; 그것은 존재하며, 그림 5-13에서의 F_z와 그림 5-12에서 c'에 대응하는 F_z의 비교하면 이것이 명백하다. 하지만, 출발점으로 그림 5-13에서 c'를 사용하고, 그 다음 포화를 무시하는 방식으로 포시에르의 삼각형(Potier's triangle)을 구성함으로써, x_l과 A에 관한 타당한 정보에 귀결한다.

5-6 THEORY FOR SALIENT-POLE MACHINES

균일한 공극을 가지는 원통극 동기기와 대비하여, 철극기(돌극기, salient-pole machine)는 불쑥 나온 자극 구조의 사용 때문에 고도로 불균일한 공극을 가진다. 그

림 3-7의 일견은 이것을 명백하게 만든다. 두개의 불쑥 나온 자극을 포함하는 자속 경로는 가로지르는 두개의 작은 공극을 가진다. 이 경로가 그림 5-14에 ϕ_d로 표시되어 있으며 **직축**(*direct axis*)이라 불린다. 그것은 최소 자기저항의 경로이다. 다른 한편으로, 그림 5-14에서 ϕ_q로 표시된 경로는 두개의 큰 공극을 포함하며 최대 자기저항의 경로이다. 이것은 **횡축**(*quadrature axis*)이라 불린다. 정상 운전에서는, 전기자(또는 고정자) 권선 기자력이 직축과 횡축 사이의 어딘가에 위치되는 첨두값으로 분포된다. 따라서, 그것은 각 축에 중요한 효과—그러나 각 축의 자기저항 변동의 상당한 차이 때문에 다른 방식으로—를 생성한다. 결과적으로, 앞의 절에서

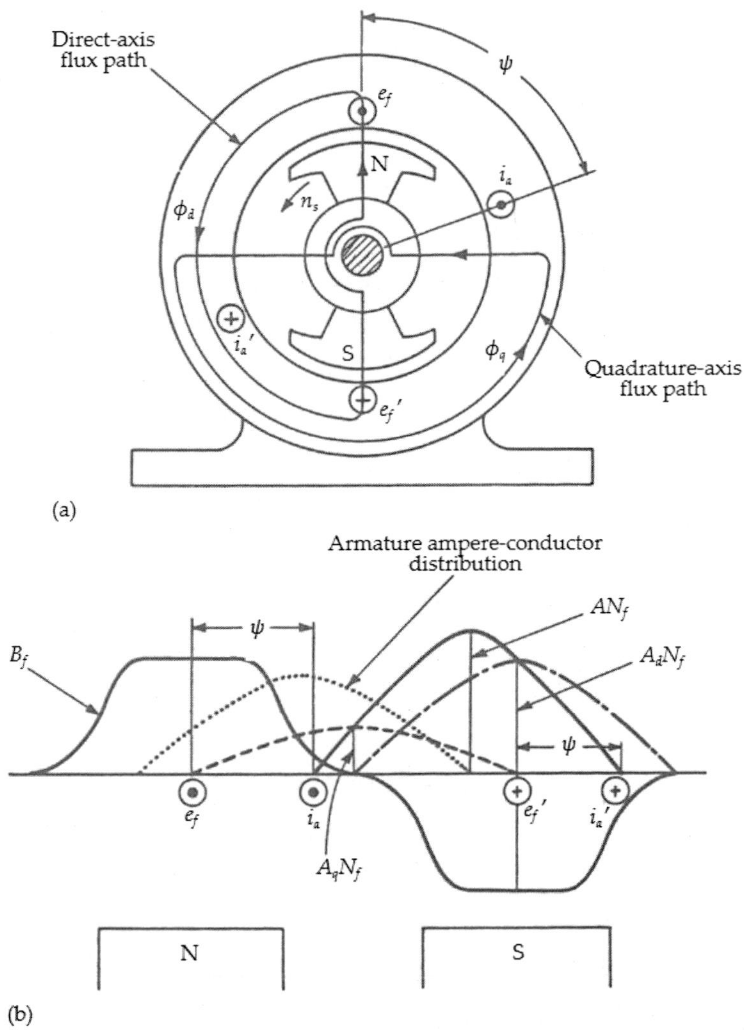

Figure 5-14 (a) Identification of direct- and quadrature-axis flux paths; (b) illustrating how the armature mmf, AN_f, is resolved into two components: one acting in the direct axis, A_dN_f; the other acting in the quadrature axis, A_qN_f.

전개된 원통형 회전자 이론이 만족스러운 결과를 위해서는 철극기에 대하여 사용될 수 없다. 이 차이를 충분히 고려하기 위해서는 수정된 이론이 요구된다. 이 절에서는 2-리액턴스법(two-reactance method)(매끄러운 회전자 기계에 대한 동기 리액턴스법과 상사인)과 기자력을 기초로 한 방법 둘 다로 그러한 이론이 철극기에 대하여 전개된다.

Two-Reactance Method for Salient-Pole Machines

배경을 제공하기 위하여, 먼저 전류가 흐를 때 회전자 계자 분포에 대한 전기자 권선 기자력의 위치를 찾는 방식을 고려하자. 여자 전압과 전기자 전류 사이의 각도를 ψ라고 한다. 다시 그림 5-14 (a)를 참조하라. 표시된 회전자 자속의 방향과 속도에 대하여 N-극 자속의 영향 아래에 있는 도체 내에서의 유도 기전력은 지면 바깥으로 향하는 방향이다; S-극 자속의 영향 아래에 있는 도체 내에서는, 지면으로 들어가는 방향이다. 코일 e_f-e_f'는 보여진 순시(순간)에 대하여 전체 3상 권선 내에서 생기는 기본파 정현 기전력 분포의 크기의 위치에 대응하는 단일 코일이다. 지상 역률 부하의 경우 같은 3상 권선 내에서의 전류의 합성 분포는, 특정된 위상각 ψ 만큼 기전력 분포에 뒤져서 위치하는, 코일 i_a-i_a'로 나타내어져 있다. 그림 5-14 (b)에 나타난 것은 그림 5-14 (a)의 펼친 표현이다. 전기자 암페어-도체 분포는 점선으로 보여졌으며 계자 자속 분포보다 ψ만큼 뒤지는 지상이다. 다른 한편으로, 등가 계자 기자력으로 표시된 동기기 내에서의 전기자 기자력이 AN_f로 나타내어져 있다. 여기서 A는 식 (5-5)로 설명된 것과 같은 등가 계자 전류이다. 항상 전기자 반작용 기자력을 고려하기 위해 개방 회로 특성의 가로 좌표축이 직접 사용될 수 있도록 하는 등가 계자 전류로 다루는 것이 바람직하다. 다시 전기자 기자력은 암페어-도체 분포보다 90 [deg] 뒤진다는 것에 유의하라. 따라서, 전기자 기자력 곡선 AN_f는 그림 5-14(b)에서 보여진 위치를 취한다. 명백히, 이 파(wave)의 위치는 E_f와 I_a 사이의 위상각에 종속되며, 그 다음에는 부하의 역률각과 내어놓는 전력의 양에 종속된다(5-7절을 보라).

전기자 기자력파의 여러가지 위치에 기인하는 일반적인 효과를 잠깐 고려하는 것이 도움이 된다. 부하 조건이 ψ가 90°와 같게 되도록 하는 것이라면, 전기자 기자력파는 전적으로 직축 내에 놓이며 계자 자속과 반대인 방향이다. 달리 말해, 전기자 기자력은 계자 자속에 **감자 효과**(*demagnetizing effect*)를 가진다. ψ가 0 [deg]의 값으로 가정된다면(거의 단위 역률 부하의 경우에 생기는 것과 같이), 명백히 전기자 기자력파는 전적으로 교차축(횡축, cross axis) 내에 놓이며 그 효과는 계자 자속의 왜곡(distortion)을 일으키는 것이다. 즉, 전기자 기자력파가 이제는 계자 자속에 **교차 자화**(*cross-magnetizing*) 효과를 가진다. 전기자 전류가 (진상 역률 부하로 생기는 것과 같이) 여자 전압보다, 이를테면, 90° 앞설 때, 전기자 기자력의 효과는 계자 자속의 **자화**(**증자**, *magnetization*)을 생성하는 것이다. 산업 및 가전 부하의 성질 때문에, 전기자 전류는 보통 여자 전압보다 뒤져서, 그림 5-14에 묘사된 상황이 통상적이다. 이것은 일반적으로 전기자 기자력파가 그렇게 위치되어서, 직축과 교차축 둘 다에 효과를 동시에 생성한다는 것을 의미한다.

직축은 기자력이 이 축 내에서 더해지거나 빼짐으로써 철 포화에 의해 영향을 받는 반면, 교차축 내에서는 철 포화가 거의 대수롭지 않다는 사실에 비추어, 어떤 특정한 ψ에 대하여 전기자 기자력파가 두개의 성분—하나는 직축 내에서 작용하며 다른 것은 횡축 내에서 작용하는—으로 구성된다는 것을 피할 수 없다. 직축 성분의 크기는 그림 5-14에서 A_dN_f로 표시되어 있다. 그림 5-14(b)의 검토는

$$\overline{A}_d = \overline{A}\sin\psi\angle(\psi - 90°) \qquad [A] \qquad (5\text{-}35)$$

를 드러낸다. 여기서 $\overline{A}_d$는 등가 계자 암페어로 표현된 직축 전기자 기자력이다. 비슷하게, 횡축 기자력의 성분은

$$\overline{A}_q = \overline{A}\cos\psi\angle\psi \qquad [A] \qquad (5\text{-}36)$$

으로 표현될 수 있다.

그림 5-15에 나타난 것은 직축과 횡축 전기자 기자력 성분에 의해 생성되는 각각의 자속밀도파이다. 직축 기자력은 준-잘린 사인 곡선(quasi-truncated sinusoid)을 생성하는 반면, 횡축 기자력은 자극간 공간(interpolar space)의 높은 자기저항 때문에 안장형(saddle-shape) 자속밀도파를 생성한다. 그 효과는 실로 상당히 다르며 따라서 따로따로 다루어져야 한다.

철극 동기기를 다루는 리액턴스법의 열쇠는 식 (5-35)와 (5-36)에 있다. 이 식에 따라, 전기자 전류가 직축 전류와 횡축 전류로 구성된 것으로 고려될 수 있다. 즉,

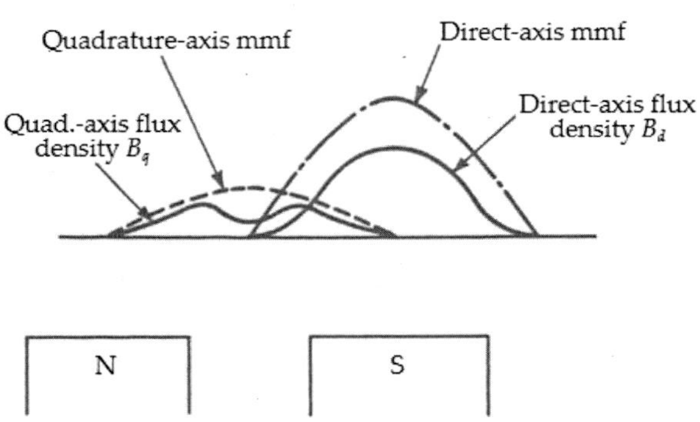

Figure 5-15 Flux-density waveforms produced by the direct- and quadrature-axis mmfs.

$$\bar{I}_d = \bar{I}_a \sin\psi \angle(\psi - 90°) \qquad [A] \qquad (5\text{-}37)$$

$$\bar{I}_q = \bar{I}_a \cos\psi \angle\psi \qquad [A] \qquad (5\text{-}38)$$

이다. 따라서, 우선 $\bar{E}_f$, $\bar{I}_a$, 그리고 ψ가 알려졌다고 가정하면, $\bar{I}_d$와 $\bar{I}_q$는 물론 그들과 관련된 $\bar{A}_d$와 $\bar{A}_q$가 그림 5-16에서 묘사된 바와 같이 나타내어질 것이다. 직축은 계자 기자력 $\bar{F}$가 작용하는 축임에 유의하라. 그 다음 중첩에 의해 각 기자력이 전기자 권선 내에서 그 자신의 유도 기전력을 생성하는 것으로 고려된다. 따라서 원통형 회전자 기계에 대한 동기 리액턴스법에서 개략된 것과 같은 과정에 따라, 중첩을 통하여 $\bar{A}_d$를 직축 내에서의 리액턴스 강하, 즉, $j\bar{I}_d x_{ad}$로 대체되는 기전력과 관련지을 수 있다. j항은 전류와 그것과 관련된 리액턴스 강하 사이에 존재해야 하는 필요한 90 [deg] 진상을 제공한다. 여기에서 x_{ad}는 **직축에서의 전기자 반작용 리액턴스**(*armature reaction reactance in the direct axis*)이다. 비슷한 방식으로, $\bar{A}_q$의 효과는 $\bar{A}_q$(또는 $\bar{I}_q$)보다 90° 앞서는 리액턴스 강하 $+j\bar{I}_q x_{aq}$로 대체된다. 양 x_{aq}는 **횡축에서의 전기자 반작용 리액턴스**(*armature reaction reactance in the quadrature axis*)라 불린다. 두 축과 관련된 자속밀도 곡선의 큰 차이 때문에 여기에서는 단일 전기자 반작용이 사용될 수 없다. 각 축에서 작용하는 주어진 기자력에 의해 유도되는 기전력이 횡축에서 항상 더 높은 자기저항으로 인해 더 작기 때문에, x_{aq}의 값은 항상 x_{ad}보다 작다.

다음으로 다음의 자료를 이용할 수 있다고 가정하여, 철극 동기기에 대한 페이서도의 전개를 설명한다: 상당 정격 단자 전압 V_t; 상당 정격 전기자 전류 I_a; 부하 역률각 θ; 상당 전기자 권선 누설 리액턴스 x_l; 그리고 상당(per phase)으로 표현된 각 축에서의 전기자 반작용 리액턴스 x_{ad}와 x_{aq}. 간단을 위하여 전기자 권선 저항은

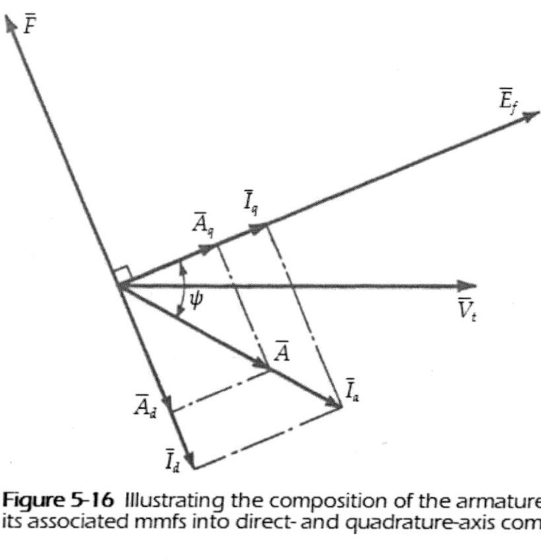

Figure 5-16 Illustrating the composition of the armature current and its associated mmfs into direct- and quadrature-axis components.

무시할 수 있는 것으로 가정된다. 그림 5-17을 참조하라. 합성 공극 자속에 기인하는 전기자 권선 내에서의 유도 기전력을 얻기 위하여 $\bar{V}_t$에 $j\bar{I}_a x_l$을 더하라. 이것은 양 Ob이다. b에서 $\bar{I}_q$보다 90° 앞서며 점 d에서 끝나는 양 $+j\bar{I}_q x_{aq}$를 그어라. 여자 전압 $\bar{E}_f$는 선 Od를 따라 놓인다. 마지막으로, $\bar{E}_f$의 크기는 점 d에서 시작하여 선 Od를 따라 직축에서의 전기자 반작용 리액턴스 강하, 즉, $j\bar{I}_d x_{ad}$를 더함으로써 찾아진다. 적절한 전압 눈금으로 측정된 양 Of는 여자 전압의 값을 산출한다.

일반적으로, 설계 자료가 제공되지 않는 한, 양 x_{aq}와 x_{ad}는 이용할 수 없다. 적절한 무부하 시험 마저도, 전기자 리액턴스에 대한 정보를 직접적으로 제공하지 않는다. 오히려, 그것은 바로 이용할 수 있게 되는 전기자 반작용 리액턴스와 누설 리액턴스의 결합된 효과에 대한 정보이다. 이와 관련하여, 그 다음 그림 5-17의 페이서도를 좀 더 상세히 검토하자. 먼저

$$\sphericalangle cbd = \psi$$

에 유의하라. 그러면

$$bc = \frac{bd}{\cos\psi} = \frac{I_q x_{aq}}{\cos\psi} = \frac{I_a \cos\psi\, x_{aq}}{\cos\psi} = I_a x_{aq} \qquad [\text{V}] \tag{5-39}$$

가 따라온다. 덧붙여,

$$ac = ab + bc = I_a(x_l + x_{aq}) \qquad [\text{V}] \tag{5-40}$$

이다. 그러므로

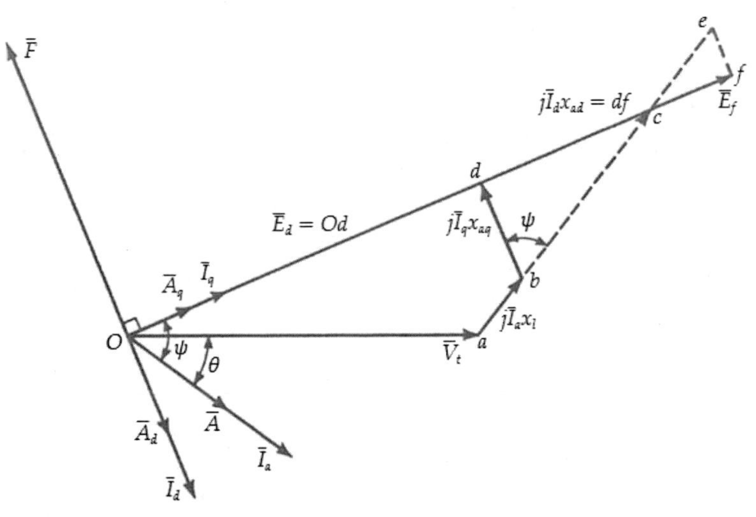

Figure 5-17 Development of a phasor diagram for the salient-pole synchronous machine, by the armature-reaction reactances.

$$x_q \equiv x_l + x_{aq} \qquad [\Omega] \tag{5-41}$$

을 정의할 수 있다. 여기서 x_q는 **횡축 동기 리액턴스**(*quadrature-axis synchronous reactance*)이다. 원통형 회전자 기계에 대한 식 (5-16)과의 대응에 유의하라. 식 (5-40)은 $\bar{E}_f$가 놓인 방향을 따라 배치하는 다른 방식을 제공한다. 단지 그림 5-17에서 $\bar{V}_t$에 더해지는 양 $j\bar{I}_a x_{aq}$를 점 c에 배치하는 것을 요구할 뿐이다.

비슷한 방식으로 나아감으로써 직축과 관련된 동기 리액턴스가 정의될 수 있다. 그림 5-17의 기하로 부터

$$be = \frac{df}{\sin\psi} = \frac{I_d x_{ad}}{\sin\psi} = \frac{I_a \sin\psi\, x_{ad}}{\sin\psi} = I_a x_{ad} \qquad [\text{V}]$$

를 적을 수 있다. 또한,

$$ae = ab + be = I_a(x_l + x_{ad}) \qquad [\text{V}]$$

이다. 그러므로

$$x_d \equiv x_l + x_{ad} \qquad [\Omega] \tag{5-42}$$

이다. 여기서 x_d는 **직축 동기 리액턴스**(*direct-axis synchronous reactance*)를 나타낸다. 이 양은 매끄러운 회전자 기계에 대한 x_s에 상당한다. x_q와 x_d에 대한 상당히 정확한 값이, Appendix F에서 설명된, **슬립 시험**(*slip test*)이라 불리는 무부하 시험으로부터 얻어질 수 있다. 아래에서의 논의는 x_q와 x_d에 대한 정보를 설계 자료 또는 슬립 시험 같은 적절한 무부하 시험으로부터 이용할 수 있다는 가정으로 나아간다. x_d와 x_q의 사용에 의한 $\bar{E}_f$(그래서 대응하는 계자 전류 $\bar{F}$)의 결정이 이 방법이 **2-리액턴스법**(*two-reactance method*)이라 불리는 원인이 되었다. 그림 5-18에 묘사된 것은 동기 리액턴스 강하의 항 만으로 표현된 페이서도이다. 해석 과정(solution procedure)은 다음에 개략된 바와 같이 바로 세 단계를 포함한다:

1. 다음에 의해 $\bar{E}_f$의 방향을 찾는다:

$$\psi = \tan^{-1}\frac{V_t \sin\theta + I_a x_q}{V_t \cos\theta} \tag{5-43}$$

2. 직축과 횡축 전류에 대한 페이서 표현식을 계산한다:

$$\bar{I}_q = I_a \cos\psi \angle\delta \qquad [\text{A}] \tag{5-44}$$

$$\bar{I}_d = I_a \sin\psi \angle(\delta - 90^\circ) \qquad [\text{A}] \tag{5-45}$$

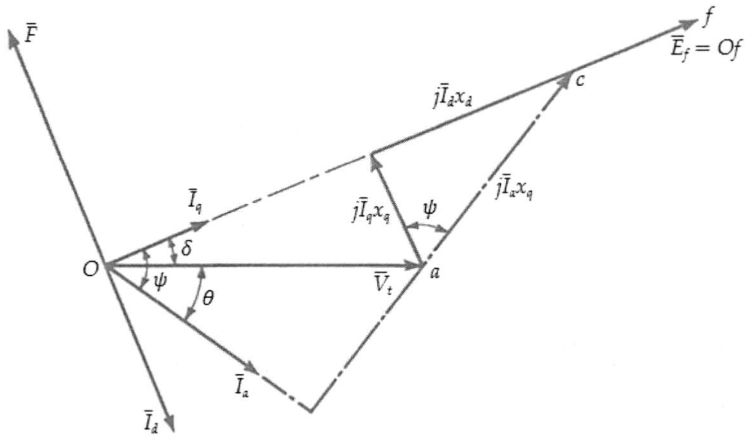

Figure 5-18 Phasor diagram of the salient-pole machine in terms of synchronous reactances in the direct and quadrature axes.

여기서

$$\delta \equiv \psi - \theta \tag{5-46}$$

이며, 지상 역률의 경우 각도는 모두 정(양)이다.

3. 마지막으로, 그림 5-18로부터 보여질 수 있는 바와 같이,

$$\bar{E}_f = \bar{V}_t + j\bar{I}_q x_q + j\bar{I}_d x_d \qquad [\mathrm{V}] \tag{5-47}$$

이다. 이 여자 전압을 생성하는 계자 전류는 그러면 개방 회로 특성으로부터 찾아진다.

2-리액턴스법을 적용할 때에도 동기 리액턴스법을 적용할 때와 같은 한계가 있다. 신뢰할 수 있는 결과를 얻기 위해서는 기계 내에서의 적절한 자속 조건에 대응하여 직축 동기 리액턴스가 찾아져야 한다. 물론, x_q는, 그것이 포화가 적거나 영향이 없는 더 큰 공기 경로와 관련되기 때문에, 그런 문제를 나타내지 않는다. 확실히, 선택의 여지가 있을 때마다, 선호되는 직축에서의 전기자 반작용을 다루는 방식은 개방 회로 특성으로 직접 작업하는 것이다. 이것은 다음에 설명되는 철극기에 대한 일반적 방법을 이용함으로써 가능하다.

General Method for Salient-Pole Machines

사용되는 페이서도는 그림 5-17에 묘사된 것이다. 과정은 다음과 같다:

1. 식 (5-43)에 의해 ψ를 찾는다.

2. 직축 내에서의 합성 자속에 의해 유도되는 기전력을 계산한다. 이것은 양 Od이

며, 이제부터는 E_d라 불릴 것이다. 그것의 크기는

$$E_d = V_t \cos(\psi - \theta) + I_a x_l \sin\psi \qquad [\mathrm{V}] \tag{5-48}$$

이다.

3. 개방 회로 특성에서 E_d에 대응하여, 계자 암페어로 표현된 합성 기자력을 찾는다. 이것을 R_d라 부른다.
4. 식 (5-34)에 의해 A를 찾고,

$$A_d = A \sin\psi \qquad [\mathrm{A}]$$

를 계산한다.

5. 그러면 뒤지는 ψ에 대하여, 요구되는 계자 전류가 단계 3과 4의 대수합(algebraic sum)으로부터 찾아진다. 따라서

$$F = R_d + A \sin\psi \qquad [\mathrm{A}] \tag{5-49}$$

이다

식 (5-48)로 설명된 방식으로 E_d를 계산함으로써, x_{aq}의 지식을 가질 필요가 없다는 것에 유의하는 것이 흥미롭다. 물론 $\bar{E}_d$의 크기는 표현식

$$\bar{E}_d = \bar{V}_t + j\bar{I}_q x_l + j\bar{I}_q x_{aq} \qquad [\mathrm{V}] \tag{5-50}$$

으로부터 얻어질 것과 같은 값이다. 마지막으로, 앞의 과정의 단계 4와 5는 여자 전압을 얻기 위하여 E_d에 리액턴스 강하 $I_d x_{ad}$를 더하는 것과 등가인 기자력임에 유의하라. 기자력 방법의 이점은 비선형 개방 회로 특성으로 직접 작업함으로써 포화의 정당한 수준을 자동적으로 고려한다는 점이다. 이 방법은 고도로 신뢰할 수 있는 결과를 산출한다.

EXAMPLE 5-4 3상, 15 [kVA], 220 [V], Y-결선, 60 [Hz], 6극, 철극 동기발전기가 그림 P5-10에 묘사된 개방 회로, 단락 회로, 그리고 0 역률 특성을 가진다. 전기자 권선 저항은 무시할 수 있다. 또한 이 전형적인 기계에 대하여 횡축에서의 동기 리액턴스는 직축과 관련된 값의 60 [%]로 알려져 있다. 더욱이, 누설 리액턴스는 0.9 [Ω/phase]의 값을 가지는 것으로 알려져 있다.

(a) 단위법 표기를 이용하는 성능 계산에서 사용되는 기저량을 밝혀라.

(b) 도식적 자료로부터 유도되는 것으로써 상당 누설 리액턴스와 직축 동기 리액턴스의 단위법 값을 결정하라.

(c) 2-리액턴스법을 사용하여, 이 기계가 0.8 역률 지상 부하에 정격 [kVA]를 내어놓을 때

여자 기전력을 결정하라. 모든 계산을 단위법 양으로 하라.

(d) 철극기에 대한 일반적 방법을 사용하여, 문제 (c)의 조건에 대하여 여자 기전력을 찾아라.

SOLUTION (a) 정격 상전압을 기저 전압으로 그리고 정격 상전류를 기저 전류로 사용하는 것이 통상적이다. 따라서 이 경우에는

$$V_{base} = V_{phase} = \frac{V_L}{\sqrt{3}} = \frac{220}{\sqrt{3}} = 127\ [\text{V/phase}]$$

$$I_{base} = I_{phase} = \frac{15000}{\sqrt{3} \times 220} = 39.4\ [\text{A/phase}]$$

대응하여, 기저 임피던스는

$$Z_{base} = \frac{V_{base}}{I_{base}} = \frac{127}{39.4} = 3.22\ [\Omega/\text{phase}]$$

이 된다. 기저 임피던스를 계산하기 위한 유용한 다른 형태는

$$Z_{base} = \frac{V_{phase}}{I_{phase}} = \frac{V_L/\sqrt{3}}{\text{VA}/V_L\sqrt{3}} = \frac{{V_L}^2}{\text{VA}}\ [\Omega/\text{phase}]$$

을 적음으로써 얻어질 수 있다. 여기서 V_L은 선간 전압(고정자 권선이 Y-결선인지 또는 Δ-결선인지에 관계없이)이며 VA는 발전기의 피상 용량 정격을 나타낸다. 이 정식화를 관찰하면 $\sqrt{3}$이 계산에 있어서의 인자가 아니다. 고려하고 있는 경우에 적용하면 다음을 얻는다:

$$Z_{base} = \frac{220^2}{15000} = 3.23\ [\Omega/\text{phase}]$$

(b) 상당 누설 리액턴스의 단위법 값은 단위법 값의 정의로부터 바로 따라온다. 따라서

$$\text{p-u}\ x_l = \frac{x_l\ [\Omega]}{Z_{base}\ [\Omega]} = \frac{0.9}{3.22} = 0.28\ [\text{pu}]$$

도식적 자료를 이용할 수 있을 때 직축 동기 리액턴스의 단위법 값을 찾는 편리한 방법은 **단락비**(*short-circuit ratio*, SCR)를 찾는 것이다. 정의에 의해 SCR은 개방 회로 시험에서 정격 전압을 생성하는 계자 여자의 값에 대응하여 단락 회로 시험에서 흐르는, 단위법 값으로 표현된, 전기자 전류이다. 대수적으로 나타내면

$$\text{SCR} = \text{p-u}\ I_{sc}\ [\text{pu}]$$

를 가진다. 여기서 우변은 개방 회로에서 정격 전압을 산출하는 계자 전류에 기인한 단락 회로 전기자 전류이다. 이 정의를 도식적 자료에 적용하면, 개방 회로 특성에서 127 [V]의

정격 전압을 생성하기 위해서는 4.15 [A]의 계자 전류를 필요로 함을 본다. 하지만, 이와 같은 계자 전류는, 41 [A]의, 단위법 양으로 표현하면 p-u $I_{sc} = 41/39.4 = 1.041$ [pu] = SCR의, 단락 회로 전류를 일으킨다. 결과적으로, x_d의 단위법 값은 간단히 다음이 된다:

$$\text{p-u } x_d = \frac{\text{p-u } V_R}{\text{p-u } I_{sc}} = \frac{1}{\text{p-u } I_{sc}} = \frac{1}{\text{SCR}} = \frac{1}{1.041} = 0.961 \text{ [pu]}$$

(c) 정격 [kVA]를 내어놓는다는 것은 전압과 전류 둘 다가, 단위법 기저에서 1의 값을 의미하는, 정격 값이라는 것을 의미한다. 이 문제의 풀이 과정은 식 (5.43)과 (5.47)에 개략되어 있다. 0.8 역률에 대하여 역률각은

$$\theta = \cos^{-1} 0.8 = 36.9°$$

또한, 횡축에서의 동기 리액턴스의 단위법 값은

$$\text{p-u } x_q = 0.6 \times \text{p-u } x_d = 0.577 \text{ [pu]}$$

따라서

$$\psi = \tan^{-1} \frac{1 \times \sin 36.9° + 1 \times 0.577}{1 \times \cos 36.9°} = \tan^{-1} \frac{0.6 + 0.577}{0.8} = 55.8°$$

$$\text{p-u } \bar{I}_q = \text{p-u } \bar{I}_a \cos\psi \angle\delta = \cos 55.8° \angle\delta = 0.562\angle\delta \text{ [pu]}$$

여기서

$$\delta = \psi - \theta = 55.8° - 36.9° = 18.9°$$

$$\text{p-u } \bar{I}_d = \text{p-u } \bar{I}_a \sin\psi \angle(\delta - 90°) = 0.827\angle(-71.1°) \text{ [pu]}$$

그러므로

$$\begin{aligned}\text{p-u } \bar{E}_f &= \text{p-u } \bar{V}_t + j(\text{p-u } \bar{I}_q)(\text{p-u } x_q) + j(\text{p-u } \bar{I}_d)(\text{p-u } x_d) \\ &= 1\angle0° + 0.562\angle18.9° \times 0.577\angle90° + 0.827\angle(-71.1°) \times 0.961\angle90° \\ &= 1\angle0° - 0.105 + j0.307 + 0.752 + j0.257 = 1.647 + j0.564 = 1.74\angle18.9° \text{ [pu]}\end{aligned}$$

이 결과에 따라, 이 기계의 전압변동률이 높은 74 [%]라는 것이 따라온다. 동기 리액턴스법의 특성으로 이미 알고 있듯이, 이 값은 매우 비관적이다. 더 신뢰할 수 있는 결과는, 문제 (d)에서 이루어지는, 일반적 방법을 사용하여 얻어질 수 있다.

(d) 일반적 방법 역시 ψ의 계산으로 시작한다. 직축의 공극 내에서의 합성 자속에 의해 유도되는 기전력은 그러면 식 (5-48)로 찾아진다. 따라서

$$\begin{aligned}\text{p-u } E_d &= V_t \cos(\psi - \theta) + I_a x_l \sin\psi = 1 \times \cos 18.9° + 1 \times 0.28 \sin 18.9° \\ &= 0.946 + 0.091 = 1.037 \text{ [pu]}\end{aligned}$$

대응하는 전압 값은

$$E_d = 1.037 \times 127 = 131.7 \text{ [V]}$$

그리고 개방 회로 특성으로부터 얻어지는 것과 같은 이 전압에 관련된 합성 계자 전류 R_d는 다음과 같이 찾아진다:

$$R_d = 4.6 \text{ [A]}$$

또한, 포시에르의 삼각형의 구성에 의해, 등가 계자 암페어로 표현된 전기자 반작용 기자력은 $A = 2.96$ [A]로 찾아진다. 따라서, 여자 기전력을 생성하는 합성 계자 전류는 식 (5-49)에 의해 다음과 같이 결정된다:

$$F = R_d + A \sin\psi = 4.6 + 2.96 \sin 55.8° = 7.05 \text{ [A]}$$

이 값의 계자 전류를 개방 회로 특성에 넣으면 다음의 여자 전압을 산출한다:

$$E_f = 166 \text{ [V/phase]}$$

단위법 값은

$$\text{p-u } E_f = \frac{166}{127} = 1.31 \text{ [pu]}$$

따라서 이제는 훨씬 더 신뢰할 수 있는 값인 31 [%]의 전압변동률이 얻어진다.

5-7 POWER

전기-기계 에너지 변환 장치에서의 전력(동력)에 대한 표현식은 항상 첫째로 중요한 사항이다. 3장에서, 일단 발생 토크가 계산되면, 발생 동력은

$$P_m = T\omega_m \qquad \text{[W]} \tag{5-51}$$

로부터 찾아질 수 있다. 여기서 ω_m은 [rad/s]로 표현된 기계적 회전 속도를 나타낸다. 하지만, 기계 성능에 관한 통찰을 주기 때문에, 종종 적절한 기계 매개변수, 전압 그리고 위상각의 항으로 표현된 전력(동력)에 대한 식을 가지는 것이 유용하다. 그러한 식이 원통형과 또한 철극기에 대한 페이서도로부터 유도된다.

Cylindrical-Rotor Machine

그림 5-19에 반복된 그림 5-7 (b)의 페이서도를 사용한다. 전기자 권선 저항의 효과는 매우 작기 때문에, 여기에서는 무시된다. 결과적으로, 발생 전력에 대한 표현식은 두가지 방식 중 한가지로 적어질 수 있다. 즉,

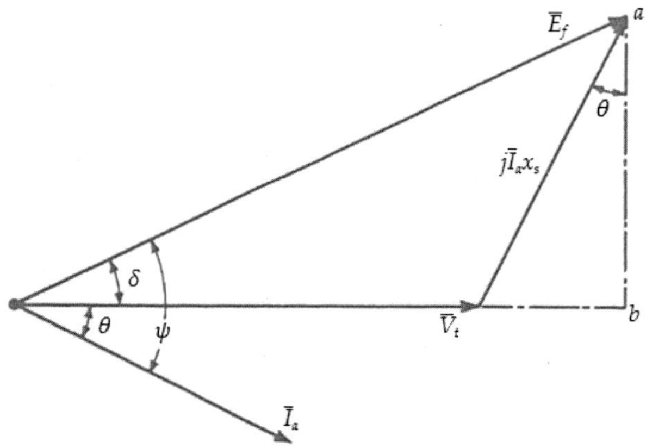

Figure 5-19 Phasor diagram of the cylindrical-rotor machine for lagging power-factor.

$$P_m = qV_tI_a\cos\theta = qE_fI_a\cos\psi \qquad \text{[W]} \tag{5-52}$$

이다. 이 설명은 그림 5-19로부터 $\bar{I}_a$ 페이서로의 $\bar{E}_f$의 사영(projection)이 $\bar{I}_a$로의 $\bar{V}_t$의 사영과 동일하다는 것을 유의하면 따라온다. 더욱이, 그림 5-19의 기하로부터, 양 ab 역시 두가지 방식으로 표현될 수 있음을 본다. 따라서

$$ab = E_f\sin\delta = I_ax_s\cos\theta \qquad \text{[V]} \tag{5-53}$$

로부터

$$I_a\cos\theta = \frac{E_f}{x_s}\sin\delta \qquad \text{[A]} \tag{5-54}$$

가 따라온다. 식 (5-54)를 (5-52)에 대입하면 원하는 결과를 산출한다. 따라서 전기자 권선 저항이 무시된 동기발전기에서 발생되는 전력은

$$P_m = q\frac{V_tE_f}{x_s}\sin\delta \qquad \text{[W]} \tag{5-55}$$

로 주어진다. 여기서 q는 상수(number of phases)를 나타낸다.

각도 δ에 대한 전력의 종속성 때문에, 이 각도는 **전력(동력)각**(*power angle*)이라 불리게 된다. 식 (5-55)는, 전력각이 0이라면, 동기기는 유용한 전력(동력)을 발생할 수 없음을 나타낸다. 더욱 발생 전력이 전력각의 정현 함수이며 90°와 같은 δ의 값에서 최대 값을 가진다는 것을 드러낸다. 그림 5-20은 δ의 정(양)과 부(음)의 값의 함수로써 P_m의 변동을 묘사한다. 6장에서 설명되는 바와 같이, 전력각의 부(음)의 값은 전동기로서의 동기기의 운전에 적용된다. 또한 식 (3-22)와 Supplement of

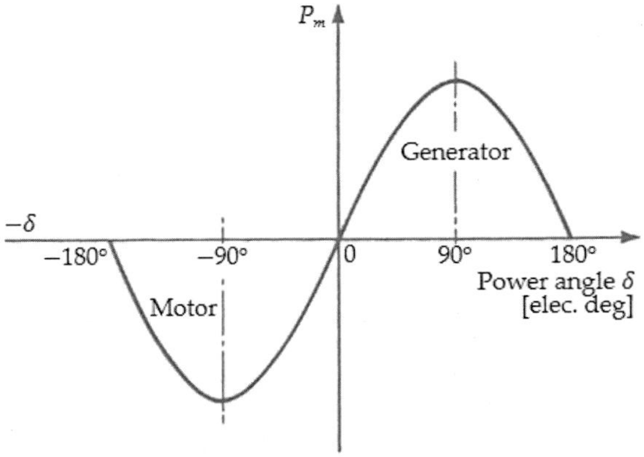

Figure 5-20 Graphical representation of developed power as a function of the power angle for a cylindrical-rotor synchronous machine.

Chapter 3의 식 (3-97)과 식 (5-55)의 일치를 유의할 만 하다. 발생되는 전자기적 토크와 발생 전력(동력) 둘 다 적절한 전력각의 정현 함수이다.†

Salient-Pole Machine

철극기의 발생 전력(동력)에 대한 표현식의 유도는 비슷한 방식으로 진행한다. 하지만, 이 경우에는 2-리액턴스 이론을 기초로 하여 만들어진 페이서도를 사용한다. 그 페이서도가 편의를 위하여 그림 5-21에 반복되었다. 다시, 동기발전기(즉, 정(양)의 전력각)에 적용하는 것과 같은 페이서도가 사용되지만, 결과는 동기전동기로서의 운전에 대하여 동등하게 적용된다는 것을 이해해야 할 것이다.

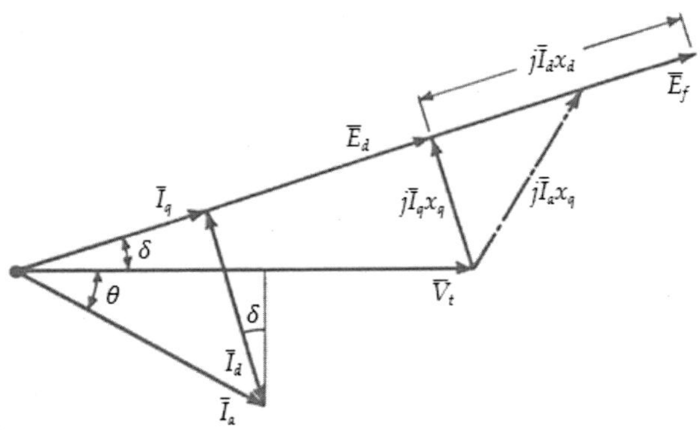

Figure 5-21 Synchronous phasor diagram based on the two-reactance theory.

†식 (5-55)의 전력각 δ와 식 (3-97)의 토크각 Δ를 혼동하지 않도록 주의하라. 전자에서, Δ는 계자 권선에 의해 생성되는 자속밀도파의 축과 전기자 권선 기자력 $\mathcal{F}$의 축(전기자 암페어-도체 분포와 90° 이격되어 있는) 사이의 각도로 정의된다. 후자의 겨우에서, δ는 여자 전압(계자 자속에 의해 생성되는)과 단자 전압(합성 자속 빼기 누설 자속에 의해 생성되는) 사이의 시간 각도(time angle)로 정의된다. 추가 설명에 대해서는 그림 6-18을 보라.

무시할 수 있는 전기자 저항의 가정때문에, 전력(동력) 출력과 발생 전력(동력)은 같다. 따라서

$$P_m = qV_tI_a\cos\theta \qquad [\mathrm{W}] \tag{5-56}$$

을 적을 수 있다. 그림 5-21의 조사는 단자 전압과 동상(in phase)인 전기자 전류의 성분이 I_d 그리고 I_q와

$$I_a\cos\theta = I_q\cos\delta + I_d\sin\delta \qquad [\mathrm{A}] \tag{5-57}$$

에 의해 관련된다는 것을 나타낸다. 더욱이, I_q에 대한 표현식은 그림 5-21의 기하에 유의함으로써

$$I_qx_q = V_t\sin\delta \qquad [\mathrm{V}] \tag{5-58}$$

로 찾아질 수 있으며, 이로부터

$$I_q = \frac{V_t}{x_q}\sin\delta \qquad [\mathrm{A}] \tag{5-59}$$

이다. 비슷한 방식으로, 전압과 기계 매개변수의 항으로 표현된 I_d에 대한 표현식이 찾아질 수 있다. 따라서,

$$E_f = V_t\cos\delta + I_dx_d \qquad [\mathrm{V}] \tag{5-60}$$

이다. 그러므로,

$$I_d = \frac{E_f - V_t\cos\delta}{x_d} \qquad [\mathrm{A}] \tag{5-61}$$

이다. 식 (5-59)와 (5-61)을 식 (5-57)에 대입하면,

$$I_a\cos\theta = \frac{V_t}{x_q}\sin\delta\cos\delta + \frac{E_f}{x_d}\sin\delta - \frac{V_t}{x_d}\sin\delta\cos\delta \qquad [\mathrm{A}] \tag{5-62}$$

로 귀결한다. 발생 전력(동력)에 대한 표현식은 그러면

$$P_m = q\frac{V_tE_f}{x_d}\sin\delta + q\frac{V_t^2}{x_dx_q}(x_d - x_q)\sin\delta\cos\delta \qquad [\mathrm{W}] \tag{5-63}$$

이 된다. 마지막 식에 삼각 항등식(trigonometric identity)

$$\sin 2\delta = 2 \sin \delta \cos \delta \tag{5-64}$$

를 도입하면 원하는 결과를 산출한다. 따라서,

$$P_m = q\frac{V_t E_f}{x_d}\sin\delta + q\frac{V_t^2}{2x_d x_q}(x_d - x_q)\sin 2\delta \qquad [\text{W}] \tag{5-65}$$

이다.

전동기는 물론 발전기 동작에 대한 이 식의 그림이 그림 5-22에 나타나 있다. 곡선 (a)는 식 (5-65)의 첫째 항의 그림이며 원통형 회전자 기계에 대하여 얻어진 결과와 동일하다. 그것은 회전자 계자 권선(E_f로 표시된)과 고정자 전기자 권선(V_t로 표시된) 사이의 상호 결합(mutual coupling)에 의해 생성되는 전자기적 토크와 관련된 전력(동력)을 나타낸다. 곡선 (b)는 식 (5-65)의 둘째 항의 도식적 표현이다. 이 항은 계자 전류가 0일 때 조차도 존재한다는 것을 나타내어, 여자 전압과는 무관하다. 물론 기계가 무한 모선 계통(infinite bus system)에 연결되었다고 가정되며, 그렇지 않으면 둘째 항은 무의미할 것이다. 무한 모선에 접속되었을 때에는, 계자 여자 없이 전기자 전류가 흐를 수 있다. 따라서, 회전 기자력이 존재하며, 3장에서 설명된 바와 같이, 최소 자기저항 경로로 그 자신이 정렬되려고 한다. 그것은 직축과 횡축 사이의 자기저항에서의 차이로 인해 생기기 때문에, **릴럭턴스 전력(동력)**(*reluctance power*)이라 불리며 보통 기계 정격의 20 [%]에서 25 [%] 부근의 값을 가진다. 더욱이, 그것은 2배의 전력각을 포함하며 그것에 의해 그림 5-22에서 곡선

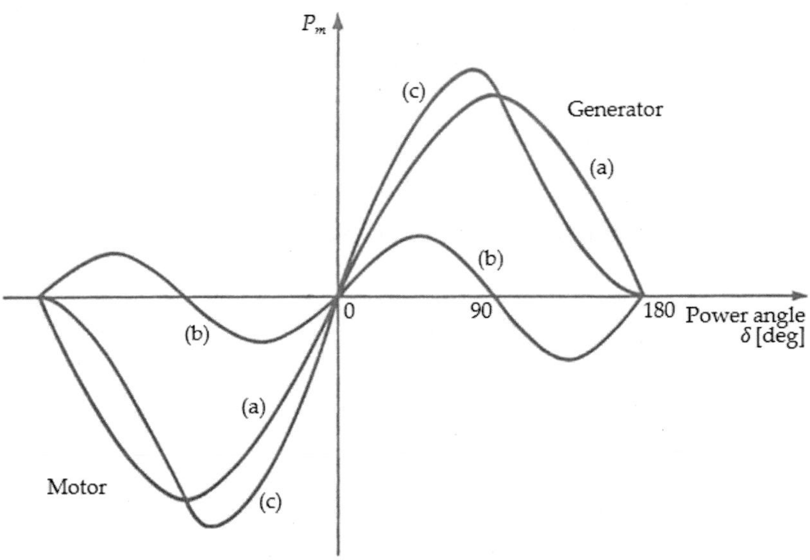

Figure 5-22 Developed power as a function of the power angle for the synchronous salient-pole machine.

(c)로 표시된 바와 같이 합성 발생 전력(동력) 곡선이 뾰족하게 된다. 발생 동력에 대한 표현식에서 릴럭턴스 전력(동력)의 효과는 발생 전력(동력)의 최대 값을 증가시킬 뿐만 아니라 그것이 90° 보다 작은 δ의 값에서 생기도록 한다. 마지막으로, 식 (5-65)가 원통형 회전자 기계에 적용될 때에는, x_d와 x_q가 같기 때문에 식 (5-55)의 표현식으로 줄어듦에 유의하는 것이 흥미롭다.

EXAMPLE 5-5 (a) 예제 5-1의 3상 터보 발전기에 의해 특정한 부하에 내어놓아지는 전력을 계산하라.

(b) 예제 5-2의 풀이에서 찾아진 결과를 사용하여, 전기자 권선 손실을 무시할 수 있는 것으로 가정한 터보 발전기에 의해 발생되는 기계 동력의 값을 찾아라.

(c) 예제 5-3에 대하여 문제 (b)를 반복하라.

SOLUTION (a) 상 양(phase quantity)을 사용하면 전력 출력은

$$P_o = 3V_tI_a\cos\theta = 3\times 7.9674\times 10^3\times 0.4184\times 10^3\times 0.8 = 8\times 10^6\ [\mathrm{W}] = 8\ [\mathrm{MW}]$$

(b) 식 (5-55)를 적용하면

$$\begin{aligned} P_m &= q\frac{V_tE_f}{x_s}\sin\delta = 3\times\frac{7.9674\times 10^3\times 15.369\times 10^3}{22}\sin 28.6^\circ = 7.993\times 10^6\ [\mathrm{W}] \\ &= 7.993\ [\mathrm{MW}] \end{aligned}$$

(c) 다시 식 (5-55)에 의해 결과는

$$P_m = q\frac{V_tE_f}{x_s}\sin\delta = 3\times\frac{7.9674\times 10^3\times 13.586\times 10^3}{17.25}\sin 25.15^\circ = 8\times 10^6\ [\mathrm{W}] = 8\ [\mathrm{MW}]$$

계산을 여자 기전력의 결과를 기초로 하든지 불포화 또는 포화 동기 리액턴스를 사용하여 찾아진 관련된 전력각을 기초로 하든지 상관없이 전력(동력)에 대한 결과가 같음을 관찰하는 것이 도움이 된다.

5-8 PARALLEL OPERATION OF SYNCHRONOUS GENERATORS

산업, 상업 시설, 그리고 개별 수요자의 전기적 요구는 거의 독점적으로 동기발전기에 의해 공급된다. 국가의 많은 넓은 지역에서, 사실상 병렬로 운전되는 수 백대의 그러한 발전기가 이런 요구와 만난다. 이 절의 목적은 병렬로 운전되는 교류발전기의 정상 상태(steady-state) 거동을 지배하는 몇 가지 원리를 설명하는 것이다.

The Need to Synchronize

먼저 고립된 같은 정격의 두대의 동기발전기의 병렬 운전에 집중한다. 그림 5-23

에 표시된 바와 같이 첫째 발전기 G_1은 닫힌 부하 스위치에 의해 이미 3상 저항성 부하에 연결되어 있다고 가정한다. 이제 전류 부하를 분담하는데 도움이 될 수 있을 뿐만 아니라 이 부하의 앞으로의 증가되는 전력 요구에 대해 준비하기 위하여 첫째 발전기와 병렬로 둘째 교류발전기 G_2를 배치하기를 원한다.

두 발전기에 대한 심각한 충격이 피해지려면, 두 발전기를 병렬로 만드는 스위치(또는 회로 차단기(circuit breaker)가 닫힐 수 있기 전에 **동기화 과정**(*synchronizing procedure*)이라 불리는 명확한 과정이 따라와야 한다. 과정은 발전기 G_2의 원동기 속도를 발전기 G_1의 원동기 속도에 정확히 대응하도록 조정하는 것으로 시작된다. 그 다음 선 a', b', 그리고 c' 사이에 같은 공칭 전압(nominal voltage)을 산출하도록 G_2의 계자 전류가 조정된다. 전구의 적절한 뱅크†가, 그림 5-23에 보여진 바와 같이, 선 a'-a, b'-b, c'-c에 직렬로 위치된다. G_2의 전압 또는 주파수가 G_1의 그것과 약간 차이가 난다면 이 전구가 켜질 것이다. 두 주파수가 동일하지만 선전압의 크기가 약간 다를 때, 전구는 켜진 채로 변하지 않게 될 것이다. 그 다음 G_2의 계자 전류의 그 뒤의 조정이 전구가 어두워지도록 조정될 수 있으며, 그 때 동기화 스위치(synchronizing switch)가 닫힐 수 있어서, 그것에 의해 두 기계가 무사히 병렬로 될 수 있다. 다른 한편으로, 2조의 3상 전압이 크기는 같지만, 주파수가 약간 다르다면, 전구는 다시 켜지지만 이제는 차이 주파수와 같은 비율로 명멸할 것이다. 차이 주기(defference cycle)의 한 점에서, 전구를 가로지르는 전압은 선전압의 2배에 도달할 것이다; 반 주기 후에 그것은 0이 될 것이다. 원동기 속도(prime mover speed)의 조정은 이 차이 주파수를 매우 작은 값으로 줄이는데 도움이 된다. 그러면, 어두운 주기에 도달됨에 따라, 선 스위치(line switch)가 없거나 작은 교란(disturbance)으로 닫힐 수 있다.

Effect of Field Excitation (Control of Reactive AC Power)

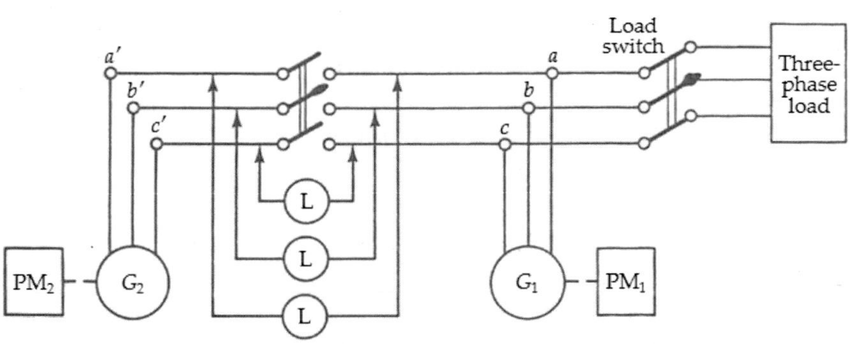

Figure 5-23 Synchronous phasor diagram based on the two-reactance theory.

†이 전구 뱅크의 동등한 상업용 판(version)은 **동기 검정기**(**싱크로스코프**, *synchroscope*)라 불린다

일단 설명된 방식으로 G_2가 G_1과 병렬로 위치되고, 더 이상의 변화는 이루어지지 않으며, 둘째 기계가 선로 상에서 단순히 헛돌고 있는(부하없이 회전하고 있는) 상태로 가정한다. 가정된 고정 부하 요구가 G_1과 G_2에 의해 동등하게 분담되기 위해서는, 곧 설명되는 방식으로 두 원동기에 적절한 조정이 이루어져야 한다. 하지만, 우선, 각 발전기가 정격 주파수와 정격 부하에서 부하 전력의 절반을 내어놓는다고 가정하자. 이제 병렬로 운전되고 있는 각 발전기의 계자 여자 변동의 효과를 조사한다. 일어나는 일의 이 초기 상태가, 프라임 표시(′)가 없는 양으로, 그림 5-24에 묘사되어 있다. 이 그림은 무시할 수 있는 전기자(고정자) 권선 저항의 경우에 대하여 그려졌다. 더욱이, 여자 전류는 처음에 각 기계에 대하여 단위 값의 역률을 산출하는 값으로 설정된 것으로 가정된다. 이것이, 전압 페이서와 동상(in phase)인, 각각의 G_1과 G_2의 고정자 전류 I_1과 I_2를 둔 것으로 그려져 있다. 여기에서 병렬 운전하는 동기발전기는 고정된 부하 분담에서 단위 값의 역률을 산출하는 유일한 계자 여자를 가진다는 것에 유의하는 것이 도움이 된다.

여자의 변동으로 드러나는 일의 순서를 더 잘 이해하기 위하여, G_1의 계자 전류를 증가시키는 것으로 시작한다. 그 다음에, 이것은 계자 여자 기전력 페이서 $\bar{E}_{f1}$의 값이 더 큰 $\bar{E}_{f1}'$로의 증가를 일으킨다. 그림 5-24에서 페이서 $\bar{E}_{f1}'$의 새로운 위치는, 수평 궤적선(horizontal locus line)과 V가 놓인 선 사이의 수직 거리가 일정하게 남아있는 것을 보장하도록, 그것의 끝이 궤적선 위에 놓여야 한다. 이 조건은, 일정한 전력에 대하여 $E_{f1} \sin \delta_1 = E_{f1}' \sin \delta_1'$을 요구하는, 식 (5-55)에 의해 요구된다. 덧붙여, G_1의 운전 전력각은 증가된 E_{f1}'에 직면하여 줄여진 값으로 나타나야 한다.

둘째 발전기에서 후속의 조정이 이루어지지 않는다면 이 전력 계통에 어떤 일이

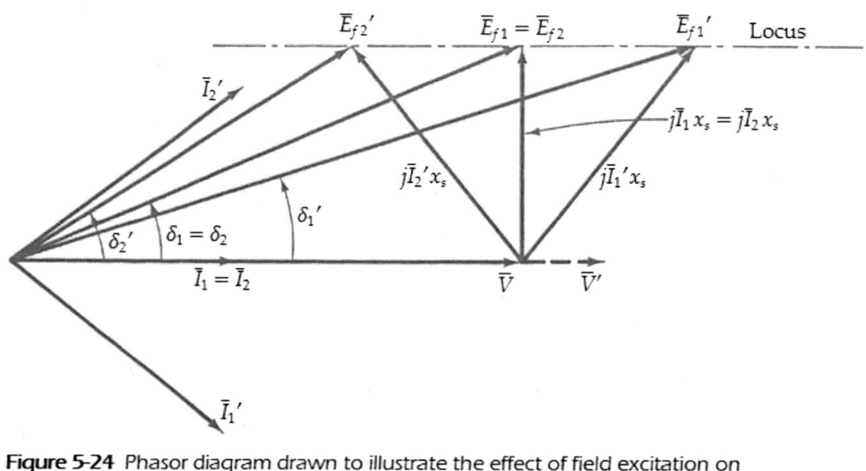

Figure 5-24 Phasor diagram drawn to illustrate the effect of field excitation on two synchronous generators operating in parallel. Real power remains fixed.

일어날까? G_1에서의 새로운 조건에 대한 페이서도는 G_1이 더 이상 단위 값의 역률에서 운전될 수 없음을 드러낸다. 반작용은, 그러므로, 증가된 여자의 효과를 줄이도록 움직이게 된다. 발전기에서 과여자(overexcitation)는 감자 효과를 생성하기 때문에 지상 무효 전류 성분을 요구하게 된다. 그러나 부하가 저항성인 것으로 가정되었기 때문에, 이 발전기 지상 전류 성분은 부하에 의해 마련될 수 없다. 그러므로, 그것은 두 고정자 권선 사이에 순환 전류(circulating current)로 존재해야 하며, 이에 따라 필연적으로 G_2 내에서 진상 전류의 특성을 취해야 한다. 발전기 내에서의 진상 전류는 공극 자속에 자화 효과를 생성하기 때문에, 단지 하나의 계자 전류 증가의 순 효과(net effect)는 병렬 조합의 단자 전압을 $\bar{E}_{f1}$과 $\bar{E}_{f1}'$의 $\bar{V}$ 선으로의 수평 사영 사이의 중간에 위치하는 $\bar{V}'$가 되도록 한다.

앞의 해석을 기초로 하여, 단자 전압의 원래 값에서의 운전을 (G_1의 계자 전류가 증가된 후에) 유지하기 위해서는 G_2의 계자 전류를 대응되는 양만큼 **줄이는**(*decrease*) 것이 필요하게 된다는 것이 명백할 것이다. 요구되는 조건이 그림 5-24에서 G_2의 양에 프라임 표시(′)로 묘사되어 있다. 여기에서 다시 여자 전압과 단자 전압 사이의 상전압 차이가 무효 전류 흐름—과여자된 G_1 내에서는 지상 그리고 부족 여자된(underexcited) 기계 G_2 내에서는 진상—을 요구한다. 따라서, 병렬로 운전 중인 발전기의 계자 여자 변화의 효과는 단지 각 기계와 관련된 무효 [VA]의 양을 변화시킬 뿐이라는 결론으로 이끌어진다. 내어놓아지는 유효 전력의 양에서의 변화는 없다.

Effect of Prime Mover Power (Control of Real Power)

주의는 다음으로 고정된 계자 여자로 병렬 운전하는 두대의 동기발전기 각각의 축에 내어놓아지는 바뀌는 동력의 검토로 향한다. 출발점은 다시 각 발전기의 역률이 단위 값이 되는 여자에서 각 발전기가 같은 전력을 내어놓는 것에 대응하는 것으로 취해진다. 이 때에 각 발전기에 의해 발생되는 전기 에너지는 개별 원동기로부터 기계적으로 획득된다는 것을 이해하는 것이 중요하다. 이 원동기는 증기 터빈, 휘발유 엔진, 수차, 또는 어떤 실용적인 1차 에너지원일 수 있다. 이 원동기의 속도-동력 특성이 병렬 운전하는 발전기가 공통 부하를 분담할 방식을 확립하는데 있어서 결정적이다. 더욱이, 이 특성은 그림 5-25에 그려진 방식으로 수하 특성(drooping bias)을 나타낸다. G_1과 G_2가 동일한 기계로 가정되기 때문에, 그들의 속도-토크 특성 또한 같은 것으로 가정된다. 그것들이 명확을 이유로 그림 5-25에 거울상(mirror image)으로 묘사되어 있다. 처음의 운전점에서 원동기는 전기 부하에서 요구되는 주파수를 산출하는 속도로 회전한다. 이 주파수에서, G_1의 원동기는 동력 P_1을 내어놓는 한편, G_2의 원동기는 동력 $P_2 = P_1$을 내어놓는다.

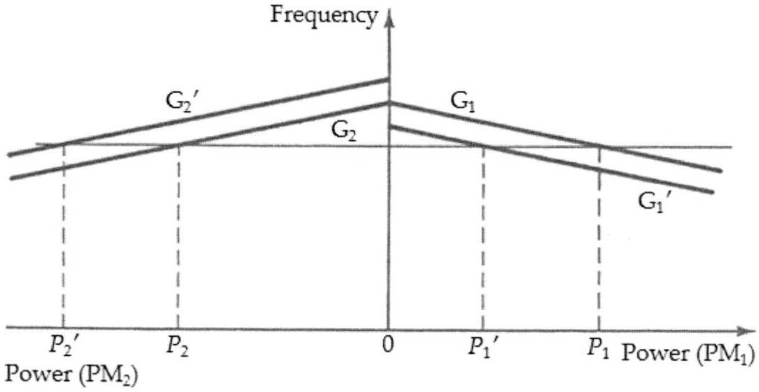

Figure 5-25 Speed-power characteristics of the prime movers of Generator G_1 and G_2 of Fig. 5-23.

이제 G_1의 원동기의 적당한 조정에 의해 G_1로 내어놓아지는 동력이 줄어드는 것으로 가정한다. 동시에, 일정한 주파수를 유지하기 위하여, 일정한 주파수에서 운전되는 것을 계속하기 위하여 G_2의 원동기로부터 G_2로의 입력 동력이 증가된다고 하자. 이 원동기들의 조정이 그림 5-25에 설명된 바와 같은 속도-동력 특성의 변위에 의해 나타내어져 있다. 발전기 G_1에 의해 공급되는 부하의 분담이 줄어들도록 그것의 속도 동력 특성이 위치 G_1로부터 G_1'로 아래로 변위되는 것을 관찰하라. 비슷하게, 기계 2의 원동기의 특성은 초기 위치에 대하여 위로 올라간다. 결과는, 유지되는 주파수에서, G_1은 이제 부하의 더 적은 분담 $P_1' < P_1$를 나타내는 한편, G_2는 더 많은 분담 $P_2' > P_2$를 취한다. 하지만, 프라임 표시가 있는 동력의 합과 표시가 없는 동력의 합은 일정하다.

개별 발전기의 전기적인 양에 대한 이 원동기 조정의 효과가 그림 5-26에 보여져 있다. G_1에 의해 공급되는 전기 부하의 줄어든 분담은 식 (5-55)에 의해 요구되는 바와 같이, δ_1로부터 δ_1'로의 전력각의 감소에 의해 이루어진다. $\bar{E}_{f1}$과 $\bar{V}$ 사이의 페이서 전위차는 상응하여 감소되며, 이것은 다음에 G_1에 대한 더 작은 고정자

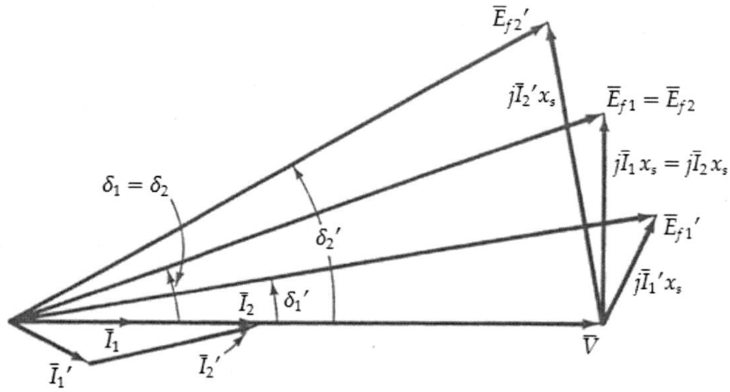

Figure 5-26 Phasor diagrams illustrating the effect of changing the prime mover power at constant excitation for two generators operating in parallel.

전류 $\bar{I}_1'$를 생성한다. G_1 전류의 새로운 값에 대한 주목할만한 점이 두가지가 있다. 첫째로, 그것은 더 작은 동상(in phase) 성분을 가지며, 이것은 부하에 의해 취해지는 전력의 더 적은 분담을 내어놓는다는 사실과 부합된다. 둘째로, 이 전류의 역률은 더 이상 단위 값이 아니다. 사실상, 그것은 지상 역률이다. 대응하는 변화가 발전기 G_2에서 취해진다. 여기에서는 전력각이 δ_2로부터 δ_2'로 증가하며, 따라서 $\bar{I}_2'$로 나타내어진 바와 같이 G_2에서의 고정자 전류의 증가된 값을 확립하도록 작용하는 더 큰 페이서 전위차를 생성한다. 이 전류는 더 큰 부하 분담을 내어놓기 때문에 더 큰 동상 성분을 나타낸다. 덧붙여, 그것은 또한 진상(leading) 성분인 무효전류(reactice current)를 갖고 있다. 부하가 저항성이기 때문에, 두 발전기의 무효전류는 공통 순환 전류를 구성한다. 따라서, 한 발전기가 지상의 성질이라면, 다른 발전기는 진상이어야 한다. 다시 한번, 각 부하 조건에서 단위 값의 역률에서의 운전에 대해서는 유일한 여자가 있다는 사실의 예증을 가진다.

Connection to an Infinite Bus

논의를 위하여, 그림 5-23에서 G_1이 공통 전력망(common power grid)에 연결된 매우 많은 동기발전기를 나타낸다고 하자. 이 발전기의 상호 접속은 고체 구리봉의 사용을 포함하며 **모선**(*bus*)이라고 불리게 되었다. 그러한 모선에서 나타나는 것은 사실상 일정한 전압과 주파수를 나타내는 전력 계통의 특성이다. 그것은, 이 양들 중 어느 하나도 눈에 띄게 정상 환경에 영향을 줄 수 있는 상호 연결된 단일 발전기가 없기 때문에, **무한 모선**(*infinite bus*)이라고 불리게 되었다.

무한 모선에 G_2를 연결하기 위해 필요로 하는 동기화 과정은 앞에서 설명된 두 대의 고립된 동기발전기의 상호 연결의 경우에서와 같다. 이것이 이루어졌으며 G_2가 이제 전력망 선로에서 헛돌고 있다고 가정한다. G_2의 여자에서의 어떤 증가는 0에 매우 가까운 역률로 지상 전류를 생성한다. 이 무효 전류는 단자 전압을 무한 모선에 의해 요구되는 것과 같이 변하지 않고 머물도록 하기 위하여 증가된 계자 기자력을 중화하는데 도움을 준다. 실제로 이 무효 발전기 전류는 전력망에 있는 다른 발전기의 무효 전력 부담(reactive volt-ampere burden)을 경감하는데 도움을 준다. 상응하여, 여자에서의 감소는 G_2가 모선 계통으로부터 진상 전류를 그리게 한다. 이 전류는 모선 전압에 부합하는 공극 자속을 보장하기 위해 충분한 양의 자화 효과를 생성하는데 도움을 준다. 여자의 100 [%](즉, $E_f = V$)의 값으로의 복귀는, 기계가 다시 한번 헛도는 상태가 되게 한다.

G_2의 원동기가 이제 그것의 속도-동력 특성이 위로 올라가도록 조정되었다고 하자. 이것은 G_2에 대한 입력 동력의 증가의 효과를 가지며, 다음으로 전력망에 대응하는 양을 내어놓는 것으로 응답한다. 속도-동력 특성을 위로 올리기 위하여 G_2

의 원동기의 속도가 잠깐 증가됨에 따라, 전체 전력 계통의 주파수가 올라가는 결과를 만들려고 한다. 물론, G_2가 주파수 변화를 야기시키기 위하여 동기화력(synchronizing power)을 공급하는 것이 필요할 것 이라는 것이 이미 망에 있는 막대한 총 용량(total capacity)에 대하여 맞지 않기 때문에 그렇게 되지 않는다. 그 대신으로, G_2는 내어놓아지는 전력의 아주 작은 부분의 계통을 단순히 경감하는 것으로 만족한다.

PROBLEMS

5-1 동기발전기가 정격 전기자 전류가 0.75 [pu] 여자에 의해 얻어지는 단락 회로 특성을 가진다. 공극선 위에서의 정격 전압은 1.25 [pu] 여자에 의해 얻어진다. 정격 전압, 정격 [kVA], 그리고 80 [%] 역률 지상에서 부하를 공급하기 위해 요구되는 [pu] 여자는 얼마인가?

5-2 부하 역률이 80 [%] 진상인 경우에 대하여 문제 5-1을 반복하라.

5-3 동기발전기가 다음의 정격을 가진다:

180 [kVA], 440 [V], 300 [rpm], 60 [Hz], three-phase, Y-connection,
$r_i \simeq 0$, and $x_l = 0.296$ [Ω]

공극선은, 상당(per phase)으로 표현된, 식 $E = 17\, I_f$ [V]로 나타내어진다. 단락 회로 특성은 $I_{sc} = 10.75\, I_f$ [A]로 나타내어진다. 정격 전류가 0.8 **진상**(*leading*)의 역률에서 부하에 내어놓아질 때 정격 전압을 제공하기 위하여 필요로 하는 계자 전류를 계산하라. $I_A \approx 17.9$ 등가 계자 암페어로 가정하라.

5-4 부하 역률이 0.8 지상인 경우에 대하여 문제 5-3을 반복하라.

5-5 문제 5-3의 기계가 단위 값 역률의 부하에 정격 전기자 전류를 내어놓을 때, 계자 권선 전류는 30 [A]로 측정되었다. 더욱이, 전기자 전류는 여자 전압보다 50 [elec. deg] 뒤지는 것으로 찾아졌다.

(a) 공극 자속에 의해 전기자 권선 내에 유도되는 합성 전압을 계산하라.

(b) 상당 단자 전압의 값은 얼마인가?

(c) 부하로 내어놓아지는 전력을 찾아라.

5-6 부하의 역률이 0.8 지상인 경우에 대하여 문제 5-5를 반복하라.

5-7 5 [kVA], 220 [V], 60 [Hz], 6극, Y-결선 동기발전기가 유효 권수가 135 [turn/phase]인 3상 권선을 가진다. 더욱이, 그것의 계자 권선은 200 [turn]으로 설비되어 있다. 상당 누설 리액턴스는 0.78 [Ω]이며 전기자 권선 저항은 무시할 수 있다.

(a) 정격 발전기 전기자 전류를 그리는 단위 값 역률 부하의 단자를 가로지르는 정격

전압을 확립하기 위해 요구되는 계자 전류를 계산하라.

(b) 0.8 지상 역률에서 정격 전류의 125 [%]를 그리는 부하에 정격 단자 전압을 제공하기 위해 필요로 하는 계자 전류를 결정하라.

5-8 5 [kVA], 220 [V], 6극, 60 [Hz], Y-결선 동기발전기가 유효 135 [turn/phase]인 3상 권선과 0.8 [Ω/phase]의 전기자 권선 누설 리액턴스를 가진다. 공극선에 대한 식은 상당 유도 전압으로 표현된 $E = 25\,I_f$ [V]이다. 발전기는 200 [turn]의 계자 권수를 가진다. 이 기계가 연결된 부하에 정격 전기자 전류를 내어놓을 때, 전기자 기자력의 같은 자극이 계자 자극보다 150 [elec. deg] 뒤지는 것으로 알려져 있다. 무시할 수 있는 포화를 가정하라.

(a) 상당 단자 전압의 값을 찾아라.

(b) 부하의 역률은 얼마인가?

(c) 부하는 얼마나 많은 전력을 취하는가?

5-9 문제 5-3의 기계가 원통형 회전자를 가진다.

(a) 비포화 동기 리액턴스의 값을 찾아라.

(b) 전기자 반작용 리액턴스의 값은 얼마인가?

(c) 동기 리액턴스법에 의하여 0.8 지상 역률 부하에 대한 정격 전류에서 정격 단자 전압을 산출하기 위해 필요로 하는 계자 전류를 찾아라.

(d) 주의 깊게 그려진 페이서도를 만들어라.

5-10 3상, 15 [kVA], 220 [V], Y-결선, 6극 동기발전기가 원통형 회전자와 무시할 수 있는 전기자 저항을 가진다. 개방 회로, 단락 회로 , 그리고 전부하 0 역률 특성이 그림 P5-10에 보여져 있다.

(a) 상당 전기자 누설 리액턴스를 결정하라.

(b) 일반적 방법에 의해 단위 값의 역률에서의 전압변동률을 계산하라.

(c) 포화 동기 리액턴스의 사용에 의해 $pf = 1$에서의 전압변동률을 찾아라.

(d) 문제 (b)와 (c)의 결과를 비교하고 설명하라.

5-11 문제 5-10의 기계에 대한 극당 계자 권수는 400이다. 극당 유효 전기자 권수를 찾아라.

5-12 무부하에서, 문제 5-10의 기계의 계자 전류가 5.8 [A]로 조정되었으며 이 값에서 유지된다. 그 다음 저항성 부하가 정격 전류가 전기자 권선을 통하여 흐를 때까지 발전기에 인가된다. 이 조건에서 무부하 여자 전압 E_f와 전부하 단자 전압 사이의 각도가 46 [elec. deg]로 측정되었다. 일반적 방법에 의해 상당 단자 전압의 값을 찾아라.

5-13 원통극 동기발전기가 다음의 정격을 가진다:

200 [kVA], 440 [V], 300 [rpm], 60 [Hz], three-phase, Y-connection, $r_a \simeq 0$

개방 회로와 정격 전류 0 역률 특성이 그림 P5-13에 보여져 있다. 0.8 지상의 역률에서 정격 전류가 부하에 내어놓아질 때 정격 전압을 제공하기 위해 필요로 하는 계자 전

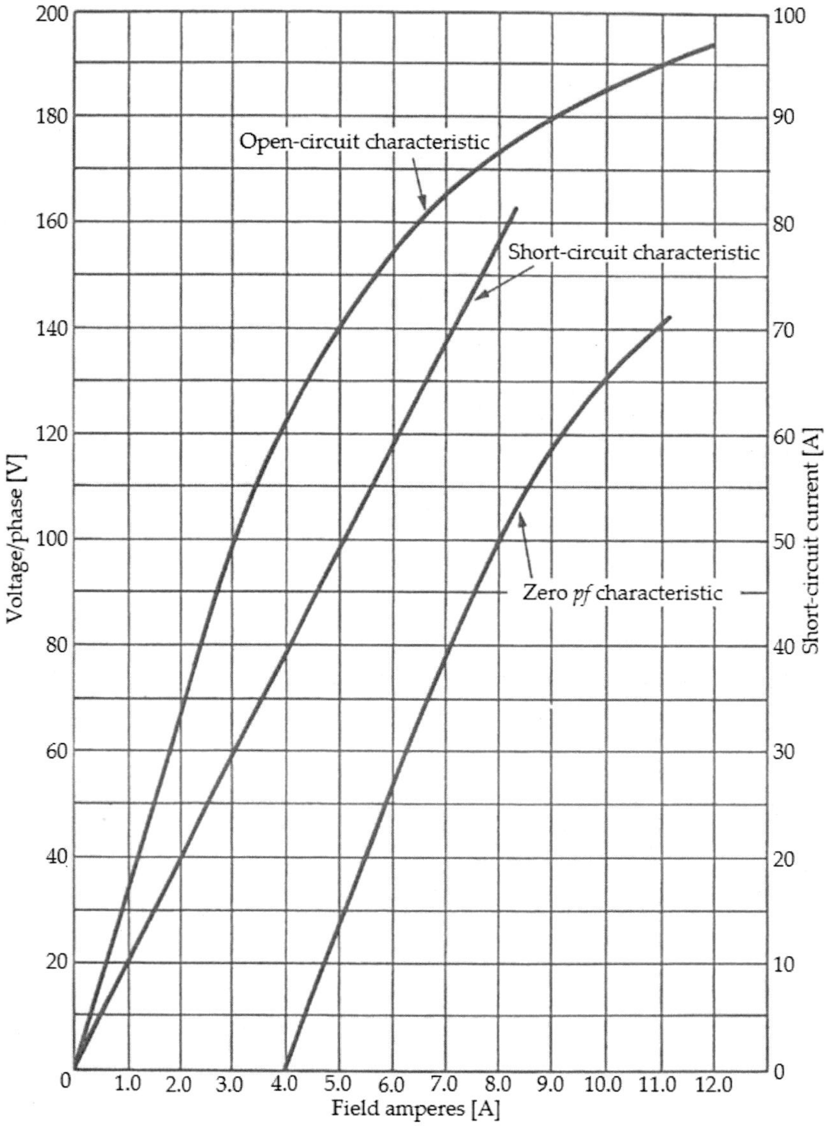

Figure P5-10.

류를 계산하라. 일반적 방법을 사용하라.

5-14 40000 [kVA], 14000 [V], 3상, Y-결선 교류발전기가 무시할 수 있는 전기자 저항과 1 [Ω/phase]의 누설 리액턴스를 가진다. 다른 직접 관계있는 자료는 다음과 같다:

Short-circuit characteristic:	$I_a = 7\, I_f$
Air-gap line, [V/phase]:	$E = 33\, I_f$
Open-circuit characteristic, [V/phase]:	$E = \dfrac{21300\, I_f}{430 + I_f}$

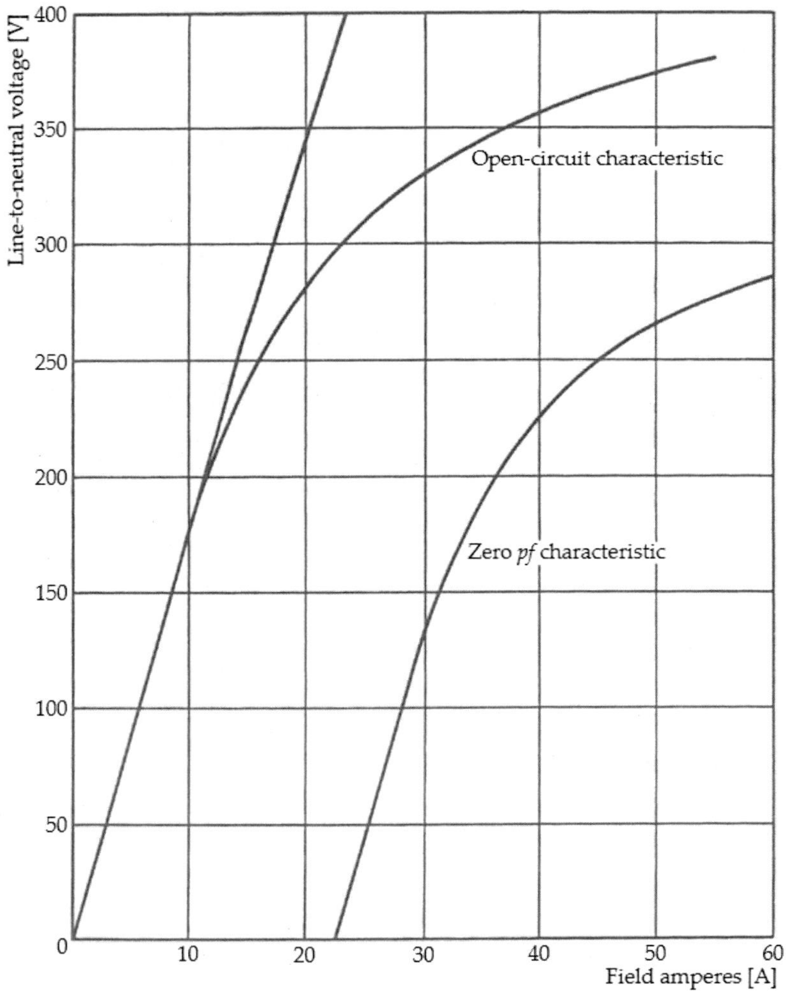

Figure P5-13.

개방 회로 특성에 대한 식은 원점 근처의 I_f의 값에 대해서는 들어맞지 않는다. 14000 [V](line)의 일정한 단자 전압에 대하여 무부하로부터 80 [%] 지상 역률인 전부하 [kVA]까지의 계자 전류의 변동을 계산하라. 비선형 해석에 대한 일반적 방법을 사용하라.

5-15 2100 [kVA], 6600 [V], Y-결선, 25 [Hz], 3상 교류발전기가 단락 회로로 된 전기자로 동기 속도에서 운전된다. 여자는 전기자 내에서 전부하 전류를 생성하도록 조정되었다. 계자 전류의 변화 없이, 전기자 회로가 개방되었으며, 단자 전압은 2900 [V]로 올라가는 것으로 찾아졌다. 전기자 저항은 무시할 수 있다.

(a) 동기 리액턴스법에 의하여 0.8 지상 역률에 대한 전압변동률을 결정하라.

(b) 0.8 진상 역률에 대하여 반복하라.

5-16 3상, Y-결선 동기발전기의 정격이 200 [kVA]와 2300 [V]이다. 그것이 정격 단자 전압에서 0.8 지상 역률 부하에 정격 전류를 공급한다. 부하가 완전히 연결이 끊어졌을 때(계자

여자의 어떤 변화도 없이), 단자 전압은 3800 [V]로 올라갔다.

(a) 앞의 부하 조건을 나타내어 페이서도를 그려라. 기호와 수치 값으로 각 페이서를 표시하라.

(b) 이 발전기의 동기 리액턴스를 계산하라. r_a는 무시할 수 있는 것으로 가정하라.

5-17 50 [kVA], 550 [V], 25 [Hz], 단상 교류발전기가 0.25 [Ω]의 유효 저항과 3.2 [Ω]의 동기 리액턴스를 가진다. 정격 부하와 0.8 지상 역률에 대한 백분율 전압변동률을 결정하라.

5-18 원통극 동기 발전기가 80 [%]의 진상 역률에서 정격 [kVA]를 공급한다. 그것의 동기 리액턴스는 1.0 [pu]이며, 전기자 저항은 무시할 수 있는 것으로 가정될 수 있다. 그러한 기계의 기저 임피던스는 정격 상전류에 대한 정격 상전압의 비(ratio)로 정의된다. 여자 전압의 단위법 값과 그와 관련된 전력각을 계산하라.

5-19 동기발전기가 0.866 진상 역률 부하에 전력을 공급하며 정격 전압과 정격 전류에서 운전된다. 여자 전압의 단위법 값은 1.732이다. 기저 전압은 상전압의 정격 값이다. 전기자 저항은 무시할 수 있다. 동기 리액턴스의 단위법 값을 찾아라.

5-20 1800 [rpm], 60 [Hz], 50000 [kVA], 13800 [V] 동기발전기가 다음과 같은 이용할 수 있는 시험 자료를 가진다:

Open-circuit test:

I_f [A]:	175	200	225	250	275
V (line to line) [kV]:	12	13.0	13.8	14.5	15.1

Short-circuit test:

$I_f = 193$ [A], $I_a = 2090$ [A]

Zero *pf* characteristic:

$I_f = 193$ [A], $I_a = 2090$ [A], $V = 13.8$ [kV]

80 [%] 역률에서 정격 [kVA]에 대하여 정격 단자 전압을 유지하기 위해 필요로 하는 계자 전류를 계산하라.

5-21 5 [kVA], 220 [V], Y-결선, 3상, 철극 동기발전기가 단위 값 역률 부하에 전력을 공급하기 위해 사용된다. 슬립 시험에 의해, 직축 동기 리액턴스는 12 [Ω/phase] 그리고 횡축 동기 리액턴스는 7 [Ω/phase]로 찾아졌다. 정격 전압에서 부하에 정격 전류가 내어놓아지며 전기자 저항은 무시할 수 있는 것으로 가정하라.

(a) 대응하는 여자 전압의 값을 계산하라.

(b) 내부 상 변위각 ψ의 값은 얼마인가?

(c) 전력각의 값은 얼마인가?

(d) 주의 깊게 명칭이 붙여진 페이서도를 그려라.

5-22 부하 역률이 0.8 지상인 경우에 대하여 문제 5-21을 반복하라.

5-23 부하 역률이 0.8 진상인 경우에 대하여 문제 5-21을 반복하라.

5-24 그림 P5-10에 묘사된 특성이 문제 5-21의 기계에 적용된다고 가정하라. 더욱이, 정격 [kVA]가 정격 전압에서 단위 역률 부하에 내어놓아진다고 가정하라.

(a) 철극기에 대한 일반적 방법에 의해 여자 전압 E_f의 값을 계산하고 문제 5-21 (a)의 결과와 비교하라.

(b) 계자 전류는 얼마인가?

(c) 이 부하 조건에 대한 주의 깊게 명칭이 붙여진 페이서도를 그려라.

5-25 부하 역률이 0.8 진상인 경우에 대하여 문제 5-24를 반복하라.

5-26 부하 역률이 0.8 지상인 경우에 대하여 문제 5-24를 반복하라.

5-27 6극, 60 [Hz], Y-결선 동기발전기의 정격이 15 [kVA], 220 [V], 3상이다. 슬립 시험이 96 [V] (line to line)의 고정된 줄여진 전압에서 수행되었다. 시험에 사용된 전류계의 최대와 최소 지시치는, 각각, 20 [A]와 12 [A]이다. 이 기계가 0.8 지상 역률 부하에 정격 전류를 내어놓을 때 여자 전압의 값을 계산하라. 전기자 저항은 무시하라.

5-28 철극 동기기와 관련하여 동기 리액턴스 x_d와 x_q에 어떤 물리적 의미가 부여될 수 있는가? 어느 리액턴스가 더 크며 왜 그런가?

5-29 3상, 4극, 60 [Hz], 원통형 회전자 동기기의 정격이 10000 [kW], 5000 [V], 그리고 0.8 역률 진상이다. 동기 리액턴스는 0.8 [pu]이다. 정상 개방 회로 계자 전류는 200 [A]이다. 포화와 전기자 저항은 무시하라. 일정한 계자 여자를 가정하라. 기계가 정격 전류와 전압에서 선로로부터 정격 전력(동력)을 취할 때 다음의 각각을 계산하라: (a) 무효 전력, (b) 계자 전류, 그리고 (c) 전력각.

5-30 그림 5-23의 개략도를 참조하라. 두 발전기의 속도가 동일하며 두 발전기의 전압이 완전히 같지 않은 순간에 스위치가 닫혔을 때 동기화 과정 동안에 일어나는 반작용을 설명하라.

5-31 전압은 완전히 같지만 두 발전기의 주파수가 약간 다른 경우에 대하여 문제 5-30을 반복하라.

5-32 같은 정격의 두 발전기가 그림 P5-32에 묘사된 것과 같은 조건으로 지상 역률 부하에 전력을 공급하며 병렬 운전하고 있다. 각 발전기가 같은 부하의 역률로 운전하게 하도록 만드는 조정을 나타내어라. 이를 설명하라.

5-33 그림 P5-32에 묘사된 상황에 대하여, 부하를 같지 않게 분담할 때 두 발전기가 단위 역률에서 운전하는 것을 이루기 위하여 만들어져야 하는 조정을 나타내어라. 개별 발전기의 전력각에 어떤 일이 일어나는가?

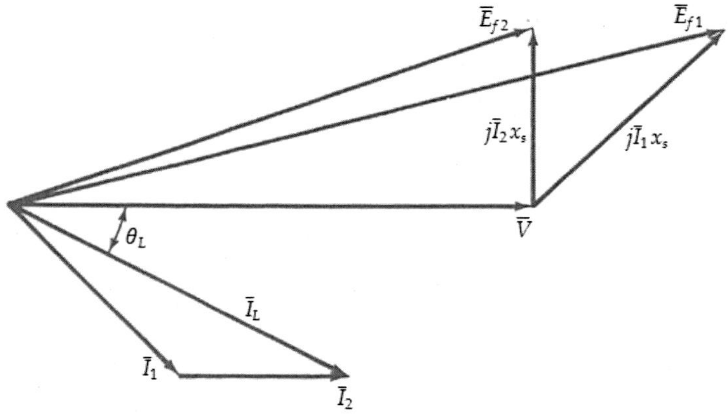
$\bar{E}_{f2}$
$\bar{E}_{f1}$
$j\bar{I}_2x_s$
$j\bar{I}_1x_s$
θ_L
$\bar{V}$
$\bar{I}_L$
$\bar{I}_1$
$\bar{I}_2$

Figure P5-32.

6 THREE-PHASE SYNCHRONOUS MOTORS

유도전동기와 대비하여 동기전동기의 중대하며 구별되는 양상은 2중 여자라는 것이다. 전기 에너지는 계자와 전기자 권선 둘 다에 공급된다. 이것은 단지 한가지† 속도—**동기속도**(*synchronous speed*)—로 운전될 때만 토크가 발생될 수 있다. 어떤 다른 속도에서는 평균 토크가 0이다. 동기속도인 회전자 속도에서 회전자 자속 계자와 전기자 암페어-도체 분포(또는 전기자 자속 자계)는 서로에 대해 정지 상태이다. 이 점을 설명하기 위하여 2극이 설비된 통상적인 동기전동기를 고려한다. 그것은 회전자 권선에 인가되는 직류 전압과 고정자 권선에 인가되는 보통 60 [Hz]인 3상 교류 전압을 가진다. 3상 전압은 고정자 내에 60 [Hz]의 비율로 회전하는 암페어-도체 분포를 생성한다. 회전자 내에서의 직류(또는 0-주파수) 전류는 회전자가 돌아가지 않는 한 정지 상태인 2극 자속 계자를 세운다. 따라서, 회전하는 전기자 자극의 쌍과 정지 회전자 자극의 쌍이 존재하는 상황을 가진다. 약간 생각하면, 주기의 절반(또는 1/120 [s])에 대해서는 정(양) 토크가 계자 자속과 회전하는 암페어-도체 분포의 협조에 의해 발생된다는 것이 명백할 것이다. 하지만, 다음 반 주기에서는 이 토크가 역전되어서 평균 토크는 0이다. 이것이 동기전동기가 그 자체로서 기동 토크를 가지지 않는 이유이다.

연속적인 토크가 발생되기 위해서는, 그러면, 자속 계자와 적절히 이격된 암페어-도체 분포를 가져야 할 뿐만 아니라 **두 양이 서로에 대해 정지 상태이어야 한다**는 것이 필요하다. 유도전동기 같은 단일 여자 기계에서는 이것이 자동적으로 일어난다. 고정자 자계와 회전자 권선 사이의 상대 속도는 그것의 슬립 주파수에서 회전하는 회전자 기자력을 산출하는 회전자 전류를 유도한다. 이것과 회전자 속도를 겹치면, 그 다음에는 고정자 자계에 대하여 정지 상태인, 회전하는 회전자 기자력을 준다. 동기전동기에서는 분리된 여자가 계자와 전기자 권선에 대하여 사용되기 때문에 이 조건이 자동적으로 취해질 수 없다. 이 설명에 비추어, 유도전동기가 2중 여자된다면, 그것 역시 동기전동기처럼 거동할 것으로 기대하는 것이 합리적이다. 4-8절을 참조하라.

앞의 설명을 기초로 하여, 연속적인 0이 아닌 토크를 생성하기 위해서는 먼저 직류 여자된 회전자를 보조 장치에 의해 동기속도로 이끄는 것이 필요하다는 것이

†또한 두번째 속도가 있지만, 그 때는 과도한 전류가 흐르기 때문에 학구적 관심사일 뿐이다.

따라온다. 가끔 보조 장치는 회전자 축에 장착된 소형 직류전동기의 형태로 취해진다. 가장 자주는, 하지만, 그것이 유도전동기에서 사용된 것과 비슷하며 자극면(pole face) 내에 파묻혀진 농형 권선으로 만들어진다. 이 권선(또는 **억제 권선**(*amortisseur winding*; **제동 권선**, *damping winding*)이라 불리는)에 의해 동기전동기는 거의 동기속도가 되게 한다. 그 다음, 계자 권선이 옳은 순간에 여자되면, 정(양) 토크가, 전기자 자극이 회전자 자극에 동기로 들어가는 것을 허용하도록, 충분히 긴 주기 동안 발생될 것이다.

회전자와 고정자 자계가 서로에 대해 정지 상태가 되도록 하는 회전자에 요구되는 회전의 주파수를 밝히는 일반 표현식이 적어질 수 있다.

f_1 = frequency of the currents through the stator winding
f_2 = frequency of the currents through the rotor winding
f_r = frequency of rotation of the rotor structure

이라 하자. 그러면 정의 방정식(defining equation)은

$$f_1 = f_2 + f_r \qquad [\text{Hz}] \tag{6-1}$$

이다. 통상의 동기전동기에서는 회전자 전류는 직류이기 때문에 주파수 f_2는 0이다. 따라서 60 [Hz]의 f_1에 대하여 0이 아닌 토크가 발생되기 위해서는 회전자가 60 [Hz]에서 회전해야 한다. 다른 한편으로, 회전자 권선이 직류 전류 대신 20 [Hz] 전류로 여자된다면, 60 [Hz]의 f_1에 대하여 동기속도가 40 [Hz]일 것임에 유의하라.

6-1 PHASOR DIAGRAM AND EQUIVALENT CIRCUIT

동기기가 발전기로부터 전동기로 천이(transition)가 이루어질 때, 전력 흐름의 역전이 생긴다. 따라서, 적절한 전기 부하로 전기자 권선에서 **나가는**(*out of*) 전류가 흐르는 대신, 적절한 전원으로부터 비롯하는 전류가 전기자 권선 **안으로**(*into*) 흐른다. 회전 방향과 흐르는 계자 전류의 방향이 발전기의 경우로부터 바뀌지 않고 이 천이가 생기기 때문에, $\bar{F}$와 관련된 여자 전압 $\bar{E}_f$ 사이의 관계가 바뀌지 않고 남아 있는다는 것이 따라온다. 이 관계 만을 보는 관찰자는 전동기로 운전되는지 또는 발전기로 운전되는지 확실하게 구별할 수 없다. 하지만, 이것을 구별하는 한 가지 방법은, 전기자 전류가 본질적으로 여자 전압과 반대인 방향으로 흐르는지 어떤지를 결정하는 것이다. 만일 그렇다면, 기계는 전동기로 거동한다. 이 조건에서 동기전동기의 페이서도는 그러면 두가지 세목에서 발전기와 다르다는 것이 보여질 수 있다. 첫째로는 포함되는 고정자 회로에 대한 전압 방정식이다. 발전기에

서는, $\overline{E}_f$(여자 전압)가 전원 전압의 역할을 하며 단자 전압 $\overline{V}_t$는 $\overline{E}_f$의 크기와 동기 임피던스 강하에 종속되었다. 전동기에서는 역할이 교체된다. 이제 $\overline{V}_t$는 동기전동기 전기자 권선에 인가되는 전원 전압이며 $\overline{E}_f$는 내부적으로 발전되는 반작용 또는 역기전력(counter emf)이다. 단자 전압은 무한 모선 계통(infinite bus system)†으로부터 기원되며 그래서 변하지 않고 남아있는 것으로 가정된다. 무시할 수 있는 전기자 저항인 동기전동기에 키르히호프의 전압 법칙을 적용하면

$$V_t\angle 0° = \overline{E}_f + j\overline{I}_a x_s \qquad [\text{V}] \tag{6-2}$$

으로 이끈다. 명백하게, 이 식은 인가 고정자 전압이 강하의 합과 같다는 것을 기술한다. 여자 전압은 변압기의 경우에서 $\overline{E}_1$이 다루어졌던 것과 많이 같은 방식으로 반작용 전압 강하로 다루어진다.

식 (6-2)의 회로 해석은 동기전동기에 적용되는 등가회로로 이끈다. 이것이 그림 6-1에 나타나 있다.

두번째 관점으로, 전동기의 페이서도가 발전기의 페이서도와 다른 점은 포함되는 각도 δ이다. 물리적으로, 발전기의 경우, 원동기의 구동 동작 때문에, 시간적으로 $\overline{E}_f$의 위상이 $\overline{V}_t$보다 앞선다. $\overline{E}_f$는 회전자 계자 축과 관련되는 것으로 고려될 수 있음을 염두에 두어라. 전동기에 대해서도 비슷한 추론 방향이 어울린다. 무부하에서는, δ가 0이며 그래서 계자 자극의 축과 단자 전압과 관련된 합성 자속축이 일치한다. 하지만, 축 부하가 인가됨에 따라, 회전자가 무부하 위치보다 약간 뒤로 떨어지며 이 방식으로 δ가 어느 정도 증가하지만 발전기와는 반대 방향이다.

이 수정을 기초로 하여, 동기전동기의 페이서도는 그림 6-2에 보여진 것과 같이 된다. $\overline{E}_f$는 이제 $\overline{V}_t$보다 뒤지며 식 (6-2)로 나타내어진 바와 같이 $\overline{E}_f$와 $j\overline{I}_a x_s$의 페이서 합이 $\overline{V}_t$와 같음에 유의하라. 이 페이서도에 대한 다른 흥미로운 점은 그림 5-19와의 비교로 드러난다. 두 경우 모두에서 여자 전압 $\overline{E}_f$의 크기는 단자 전압 $\overline{V}_t$의

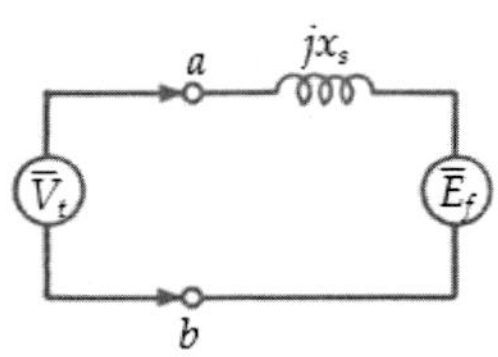

Figure 6-1 The equivalent circuit of the synchronous motor appears to the right of terminals *ab*.

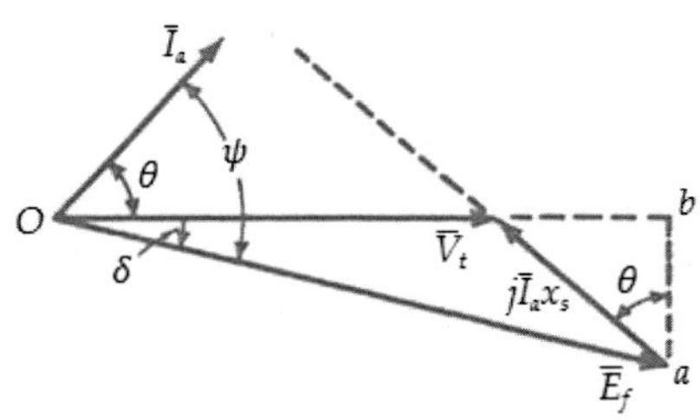

Figure 6-2 Phasor diagram of the over-excited synchronous motor.

†동기전동기의 정격에 비하여 엄청난 용량의 전력 계통.

크기보다 더 크다. 이것은 **과여자**(*overexcitation*)(즉, $|\bar{E}_f| > |\bar{V}_t|$)의 조건이라고 불린다. 하지만, 동기발전기에서의 과여자는 **지상**(*lagging*) 역률의 전류와 동반하는 반면, 동기전동기에서는 과여자가 **진상**(*leading*) 역률의 전류와 동반한다. $\bar{E}_f$의 크기가 $\bar{V}_t$의 크기와 같을 때에는 **100 [%]** 여자(*100 [%]* excitation) 조건이라고 불린다. $|\bar{E}_f| < |\bar{V}_t|$인 상황은 **부족 여자**(*underexcitation*)로 설명된다.

6-2 PERFORMANCE COMPUTATION

Cylindrical-Pole Motor

동기전동기 성능의 해석은 페이서도, 전력 흐름도, 그리고 발생되는 기계 동력 표현식에 의해 바로 결정된다. 전력 흐름도의 유용성은 유도전동기와 관련하여 이미 입증되었다. 따라서 그것이 더 부가적인 설명없이 그림 6-3에 나타내어져 있다. 이 흐름도에서는 회전자가 동기속도에서 움직이므로 교류 전원이 회전자 동손을 공급하는 것을 가지지 않기 때문에 단계가 한개 적다. 하지만 이것이 회전자 동손이 존재하지 않는다고 말하는 것은 아니다. 물론, 그것은 있지만, 분리된 직류 전원으로부터 공급된다. 그림 6-3은 교류 전원으로부터 동기전동기 축으로의 전력(동력)의 흐름을 나타낸다.

동기전동기가 축부하의 존재를 알아차리는 기구(mechanism)가 무엇이며, 어떻게 하여 에너지 균형을 제공하도록 전기 에너지 원천이 이것을 알아차리게 만드는가? 이 질문에 답하기 위하여, 먼저 무부하에서 나타나는 조건의 검토로 출발한다. 전력 흐름도가 나타내는 바와 같이, 필요로 하는 유일한 기계 동력은 회전손 및 철손을 공급하기 위해 필요로 하는 것이다. 이것은 그림 6-4 (a)에 묘사된 바와 같이 δ의 매우 작은 값을 불러낸다. 기계는 $|\bar{E}_f| > |\bar{V}_t|$이기 때문에 과여자인 것으로 가정

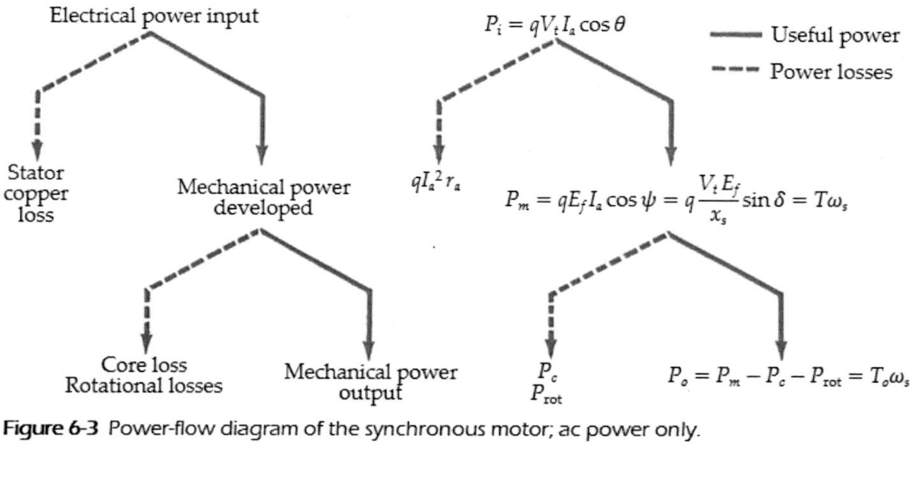

Figure 6-3 Power-flow diagram of the synchronous motor; ac power only.

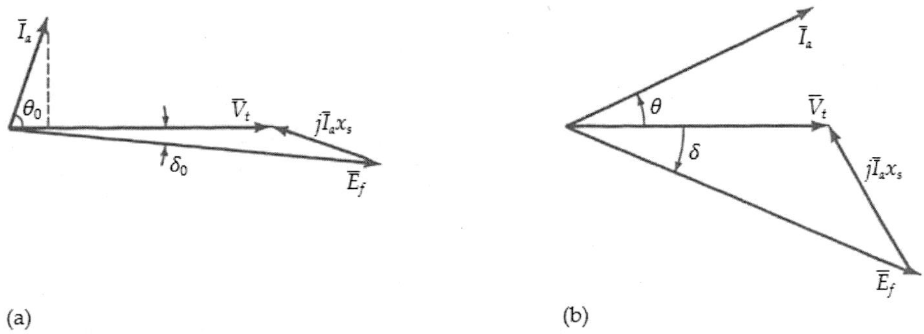

Figure 6-4 (a) Phasor diagram of synchronous motor at no-load with over-excitation; (b) under load at fixed excitation.

된다. δ_0은 $\bar{I}_a$의 동상(in-phase) 성분이 손실을 공급하기에 충분하도록 하는 바로 그 정도면 충분함에 유의하라. 다음으로 큰 기계 부하가 전동기 축에 갑자기 인가된 경우를 고려한다. 첫번째 반작용은 속도에서의 일시적인 강하를 일으킨다. 그러면 이것은 전력(동력)각을 상당히 증가시키며 이에 의해 $\bar{V}_t$와 여자 전압 $\bar{E}_f$ 사이에 존재하는 페이서 전위차(phasor voltage difference)를 일으킨다. 결과는 무부하에 비하여 매우 크게 개선된 역률에서 증가된 전기자 전류의 흐름이다. 사실은 부하 더하기 손실에서 요구되는 동력과 균형이 되는 입력 전력을 허용하는 값을 떠맡는 전기자 전류와 입력 역률이 가능하게 되는 값을 나타내는 전력각을 허용하기 위해 충분한 값에 의하여 속도가 일시적으로 변화한다. 그림 6-4 (b)는 전형적인 것처럼 보이는 마지막 페이서도이다. 전류의 전력(동력) 성분이 무부하의 경우를 넘어 상당히 증가되었음에 유의하라. 무부하로부터 부하가 인가된 경우로의 전력각에서의 증가는 어떤 스트로보스코프 계기(stroboscopic instrument)에 의해 측정될 수 있다. 스트로보스코프는 전력각의 물리적 특성의 수긍이 가는 입증을 제공한다.

동기기의 페이서도의 요소는 전동기로 사용되든 발전기로 사용되든 같다. 그림의 기하는 이미 지적된 바와 같이 두가지 세목에서 다르다. 전력각의 부호가 다르며, 식 (6-2)가 전동기의 경우에 사용되는 반면, 발전기의 경우에는 식 (5-17)이 적용된다. 두 경우 모두 발생되는 기계 동력 또는 전력에 대한 표현식은 식 (5-55)로 주어지며, 편의를 위하여 여기에 다시 반복된다:

$$P_m = q\frac{V_t E_f}{x_s}\sin\delta \qquad [\text{W}] \tag{6-3}$$

Power Angle and Static Stability

동기전동기가 무한 모선으로 거동하는 선 전원에 연결되었을 때, 최대 발생 동력은 90°의 전력각에 대응하여 식 (6-3)이

$$P_{m\,\max} = q\frac{V_t E_f}{x_s} \qquad [\text{W}] \tag{6-4}$$

로 되는 것이 따라온다. 하지만, 정상 운전 동안에, 정격 조건일 때 조차도 전력각이 90°보다 상당히 작다는 것을 염두에 두는 것이 유용하다. 차이는 부하가 변화하는 동안 정태 안정(static stability)을 보호하는데 (즉, 동기를 유지하는데) 도움을 주는 예비 능력(reserve capacity)으로 소용된다.

유감스럽게도, 이 안정 한계(stability limit)는 동기전동기의 입력이 동등한 정격의 국지 발전기(local generator)에 의해 공급될 때 심각하게 줄어든다. 상황을 설명하기 위하여, 그림 6-5를 참조하라. 간단을 위하여, 전기자 저항과 다른 손실은 무시할 수 있다고 가정된다. 발전기는 그림 6-5 (a)에 묘사된 바와 같이 두 기계의 동기 리액턴스를 통하여 동기전동기와 전기적으로 결합된 것으로 가정된다. 더욱이, 전동기 계자 여자는 과여자로 조정되었으며, 대응하여, 발전기에서의 여자는 부족여자로 설정되어 있다. 발전기에 의해 발생되는 전력은

$$P = qE_{fg}I_a\cos\alpha \qquad [\text{W}] \tag{6-5}$$

로 표현될 수 있다. 여기서 E_{fg}는 발전기 여자 전압이며 α는 $\bar{E}_{fg}$와 $\bar{I}_a$ 사이의 위상각이다. 또한, 그림 6-5 (b)의 삼각형 Oab에서, 거리 ab는

$$ab = E_{fm}\sin(\delta_g + \delta_m) = E_{fm}\sin\delta \tag{6-6}$$

으로 밝혀질 수 있다. 삼각형 abc에서 이 양은 그 대신으로

$$ab = I_a(x_{sg} + x_{sm})\cos\alpha \tag{6-7}$$

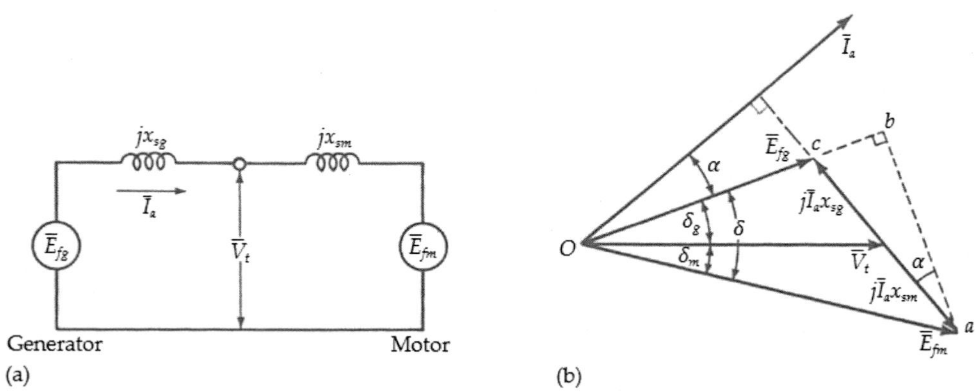

Figure 6-5 Synchronous motor supplied by a synchronous generator of comparable size: (a) line diagram using per-phase quantities; (b) phasor diagram for an over-excited synchronous motor and under-excited synchronous generator.

로 주어진다. 그러면 이 두 식으로부터

$$I_a \cos\alpha = \frac{E_{fm}}{x_{sg} + x_{sm}} \sin\delta \tag{6-8}$$

이 따라온다. 식 (6-8)을 (6-5)에 대입하면 결과

$$P = q\frac{E_{fg}E_{fm}}{x_{sg} + x_{sm}} \sin\delta \qquad \text{[W]} \tag{6-9}$$

를 산출한다. 여기서

$$\delta = \delta_g + \delta_m \tag{6-10}$$

이다. 여기에서 δ_g는 동기발전기의 전력각이며 δ_m은 동기전동기의 동력각이다.

이 전동기-발전기 결합에 의해 나타내어지는 최대 동력(전력)은 다시 δ를 90°와 같게 설정함으로써 식 (6-9)로부터 얻어진다. 그러나 무한 모선으로부터 공급되는 동기전동기의 경우와 이 결과의 비교는 두가지 중요한 차이를 드러낸다. (1) 전동기-발전기의 경우에서는 각도 δ가 발전기는 물론 전동기 동력각을 모두 포함한다. 따라서, 발전기와 전동기가 같은 공칭 정격(nominal rating)을 가지는 경우에는 개별 전력(동력)각이 각각 45°와 같다. 따라서 동기를 유지하기 위해 필요하게 되는 최대로 허용되는 전동기 동력각은 무한 모선으로부터 공급되는 전동기일 때 허용되는 값의 절반으로 줄어든다. (2) 식 (6-9)에서 $\sin\delta$의 계수는, 분모 리액턴스 항이 이제는 2의 인자로 더 크기 때문에, 그리고 더욱이, E_{fg}가 V_t보다 더 작기 때문에, 식 (6-3)의 대응하는 계수보다 더 작다. 결론은 그러면 무한 모선으로부터 공급될 때 보다 동등한 정격의 동기발전기로부터 공급될 때 동기전동기의 정태 안정도가 훨씬 더 작다는 것이 따라온다.

EXAMPLE 6-1 2300 [V], 3상, 60 [Hz], Y-결선, 원통형 회전자 동기전동기가 11 [Ω/phase]의 동기 리액턴스를 가진다. 200 [hp]을 내어놓을 때 효율은 계자 손실을 제외하고 90 [%]로 찾아지며, 동력각은 스트로보스코프에 의해 15 [elec. deg]로 측정되었다. 저항(ohmic resistance)은 무시하고, 다음을 결정하라: (a) 상당 유도되는 여자 전압 E_f, (b) 선전류 I_a, 그리고 (c) 역률. 전동기는 무한 모선으로부터 공급된다고 가정하라.

SOLUTION (a) 전력 입력과 발생되는 기계 동력은 같다. 따라서

$$3\frac{V_t E_f}{x_s} \sin\delta = \frac{200 \times 746}{0.9} \text{ [W]}$$

$V_t = 2300/\sqrt{3}$ [V/phase], $\delta = 15°$, 그리고 $x_s = 11$ [Ω/phase]을 대입하면 다음을 산출한다:

$$E_f = 1793 \text{ [V/phase]}$$

(b) 전기자 전류는 식 (6-2)로부터 바로 따라온다. 따라서

$$\bar{I}_a = \frac{1327.9\angle 0° - 1793\angle(-15°)}{11\angle 90°} = 55.9\angle 41° \text{ [A]}$$

따라서 $\bar{I}_a$의 각도가 정(양)이기 때문에, 역률은 진상(leading)이다.
(c) 선 역률은 단지

$$pf = \cos 41° = 0.755 \text{ [pu] leading}$$

Salient-Pole Motor

과여자 철극 동기전동기에 대한 페이서도가 그림 6-6에 묘사되어 있다. 전동기는 무한 모선에 연결되었으며 진상 역률각 θ에서 운전된다고 가정된다. 과여자 동기 발전기의 페이서도를 나타내는 그림 5-18과 이 그림의 비교는 상당한 유사성을 드러낸다. 하지만, 그들은 차이가 있다. 한가지는 과여자가 역률에 관하여 반대되는 효과를 생성한다는 것이다; 그것은 전동기에 대한 진상과 발전기에 대한 지상이다. 다른 것은 발전기의 경우에는 단자 전압 더하기 리액턴스 강하가 여자 전압을 산출하는 반면, 전동기의 경우에는 리액턴스 강하에 합해진 여자 전압이 단자 전압과 같아진다는 것이다.

그림 6-6에 대한 페이서도의 기하가 그림 5-18의 경우와 같기 때문에, 여자 페이서가 놓인 방향을 따라 위치하는 각도 ψ의 결정을 위한 표현식은 식 (5-43)과 동일하며, 편의를 위하여 여기에서 반복된다. 따라서

$$\psi = \tan^{-1}\frac{V_t \sin\theta + I_a x_q}{V_t \cos\theta} \tag{6-11}$$

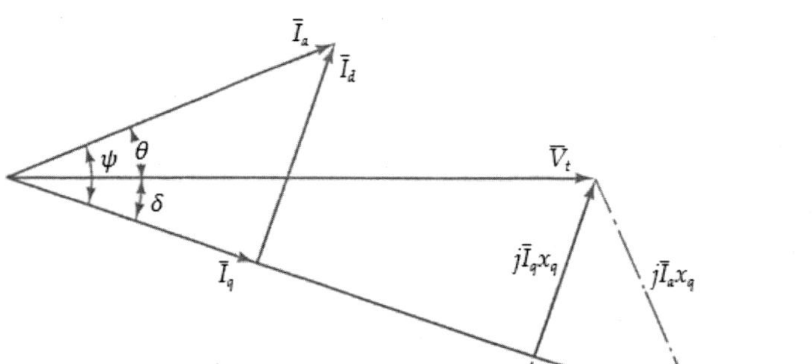

Figure 6-6 Phasor diagram for an over-excited salient-pole synchronous motor.

이다. 각도 θ는 표현식이 기하학적인 고려로부터 유도되기 때문에 절대량(absolute quantity)으로써 사용된다. 또한, 직축과 횡축 전류의 크기에 대한 표현식이 두 경우에서 같기는 하지만, 이 복소량(complex quantity)의 각도는 부호가 반대로 된다. 따라서,

$$\begin{aligned} \bar{I}_q &= I_a \cos\psi \angle(-\delta) \qquad [A] \\ \bar{I}_d &= I_a \sin\psi \angle(90^\circ - \delta) \qquad [A] \end{aligned} \tag{6-12}$$

를 가진다. 여기서 절대항(각도항, absolute term)에서 동력각은

$$\delta = \psi - \theta$$

의 값으로 취한다. 마지막으로, 인가 선전압의 역할을 하는 $\bar{V}_t$로, 상당 기저로 고정자 권선에 적용된 키르히호프의 법칙은

$$\bar{V}_t = \bar{E}_f + j\bar{I}_d x_d + j\bar{I}_q x_q \qquad [V] \tag{6-13}$$

을 산출하며, 이로부터 여자 전압에 대한 표현식이 바로 따라온다. 따라서

$$\bar{E}_f = \bar{V}_t - j\bar{I}_q x_q - j\bar{I}_d x_d \qquad [V] \tag{6-14}$$

이다. 철극 동기기에 의해 발생되는 기계 동력에 대한 표현식은 특히 동기발전기에 대하여 5-7절에서 유도되었다. 결과가 식 (5-65)에 표시되었으며 그림 5-22에 도식적으로 그려졌다. 결과가 철극 동기전동기에도 같은 정당성으로 적용되기 때문에, 여기에서 참조의 편의를 위하여 반복된다. 따라서,

$$P_m = q\frac{V_t E_f}{x_d}\sin\delta + q\frac{V_t^2}{2x_d x_q}(x_d - x_q)\sin 2\delta \qquad [W] \tag{6-15}$$

이다. 식 (6-15)와 관련하여 몇가지 유의할만한 점이 있다. 첫째로, 유도가 전동기에 대한 에너지 원천이 무한 모선 계통으로부터 온다는 가정을 기초로 하였다는 것에 유념하는 것이 도움이 된다. 또한, 우변의 둘째 항은 그것이 기계의 직축과 횡축 사이의 자기저항의 차이가 존재하는 덕분인 항이기 때문에 철극 동기전동기의 **릴럭턴스 동력**(*reluctance power*)이라 불린다. 이 항은 여자 전압에 무관하며 그래서 그것이 존재하기 위하여 계자 전류를 요구하지 않는다. 전기자 권선 전류가 흐르는 것이 허용되는 한, 회전자가 회전 전기자 자속 자계와 동기로 회전함으로써 회전자를 최소 자기저항 위치에 묶이는 것을 유지하도록 작용하는 힘을 생성하는 회전 공극 자속을 생성하는 회전 전기자 기자력이 존재한다. 이 릴럭턴스 동력

은 크기가 전동기 정격의 25 [%] 정도일 수 있다. 마지막으로, 릴럭턴스 동력은 발생 동력의 여자 성분과 관련한 2배의 동력각의 함수이기 때문에, 동력각에 대하여 그려진 두 성분의 중첩은 90°보다 작은 동력각에서 생기는 최대 발생 동력을 일으킨다. 그림 5-22를 보라.

EXAMPLE 6-2 이제는 0.8의 진상 역률에서 3상 선 전원으로부터 정격 전압에서 정격 전류를 그리는 과여자 동기전동기로 운전되는 예제 5-4의 동기기를 고려한다.

(a) 이 운전점에서 동기전동기의 여자 전압을 결정하라.

(b) 계자 여자로부터 유도되는 것으로서 [W]로 발생되는 기계 동력의 값을 얻어라.

(c) [W]로 릴럭턴스 동력을 찾아라.

(d) 발생되는 총(total) 기계 동력을 계산하고, 선로로부터 그려지는 입력 전력과 비교하라.

(e) 발생되는 전동기 토크를 계산하라.

SOLUTION (a) 각도 ψ는 과여자 발전기에 대해 찾아졌던 값과 같게 찾아진다. 따라서

$$\psi = \tan^{-1}\frac{V_t \sin\theta + I_a x_q}{V_t \cos\theta} = \tan^{-1}\frac{1 \times \sin 36.9° + 1 \times 0.577}{1 \times 0.8} = 55.8°$$

또한,

$$\text{p-u } \bar{I}_d = \text{p-u } I_a \sin\psi \angle(90° - \delta) = 0.827\angle 71.1° \text{ [pu]}$$

$$\text{p-u } \bar{I}_q = \text{p-u } I_a \cos\psi \angle(-\delta) = 0.562\angle(-18.9°) \text{ [pu]}$$

여기서 δ는

$$\delta = \psi - \theta$$

로부터 찾아진다. 마지막으로, 식 (6-14)로부터

$$\begin{aligned}\text{p-u } \bar{E}_f &= \text{p-u } \bar{V}_t - j(\text{p-u } \bar{I}_d)(\text{p-u } x_d) - j(\text{p-u } \bar{I}_q)(\text{p-u } x_q)\\ &= 1\angle 0° - 0.827\angle 71.1° \times 0.961\angle 90° - 0.562\angle(-18.9°) \times 0.577\angle 90°\\ &= 1\angle 0° - (-0.752 + j0.257) - (0.105 + j0.307) = 1.74\angle(-18.9°) \text{ [pu]}\end{aligned}$$

를 얻는다. 이 결과가 동력각의 부호를 제외하고는 과여자 동기발전기에 대해 예제 5-4에서 찾아진 것과 동일하다는 것에 놀라지 않아야 할 것이다.

(b) 계자 권선의 여자에 기원하는 발생 기계 동력은 식 (6-15)의 우변 첫째 항으로 나타내어진다. 따라서, 단위법 양으로 구하면 다음을 얻는다:

$$\text{p-u } P_{mf} = \frac{(\text{p-u } V_t)(\text{p-u } E_f)}{(\text{p-u } x_d)}\sin\delta = \frac{1 \times 1.74}{0.961} \times \sin 18.9° = 0.5865 \text{ [pu]}$$

이 결과를 [W]로 얻기 위해서는 단순히 전동기의 정격, 즉, 15 [kVA]인 기저 kVA를 곱하는

것이 필요하다. 따라서,

$$P_{mf} = 0.5865 \times 15000 = 8797 \text{ [W]}$$

(c) 릴럭턴스 동력에 대한 표현식은 식 (6-15)의 둘째 항이다. 이 부분을 P_{mr}이라 하면

$$\begin{aligned}\text{p-u } P_{mr} &= \frac{(\text{p-u } V_t)^2}{2(\text{p-u } x_d)(\text{p-u } x_q)}(\text{p-u } x_d - \text{p-u } x_q)\sin 2\delta \\ &= \frac{1^2}{2 \times 0.961 \times 0.577} \times (0.961 - 0.577) \times \sin 37.8° = 0.2122 \text{ [pu]}\end{aligned}$$

를 얻으며, [W]로 표현하면 다음과 같이 된다:

$$P_{mr} = 0.2122 \times 15000 = 3183 \text{ [W]}$$

(d) 이 전동기에 의해 발생되는 총 기계 동력은 여자 동력과 릴럭턴스 동력의 합(sum)이다. 단위법 기저로 이 값은

$$\text{p-u } P_m = \text{p-u } P_{mf} + \text{p-u } P_{mr} = 0.5865 + 0.2122 = 0.7987 \text{ [pu]}$$

이것은

$$\text{p-u } P_i = (\text{p-u kVA})\cos\theta = 1 \times \cos 36.9° = 0.8 \text{ [pu]}$$

인 단위법 입력 전력과 순조롭게 비교된다. [W]로 표현된 이 입력 전력은

$$P_i = 0.8 \times 15000 = 12000 \text{ [W]}$$

발생되는 총 기계 동력으로부터 유도되는 대응하는 표현식은

$$P_m = 0.7987 \times 15000 = 11985 \text{ [W]}$$

(e) 60 [Hz] 전력 공급기로 운전되는 6극 기계로서, 동기전동기 축 속도는

$$n_s = \frac{120 \times 60}{6} = 1200 \text{ [rpm]}$$

또는, [rad/s]로 표현하면,

$$\omega_s = 1200 \times \frac{\pi}{30} = 125.7 \text{ [rad/s]}$$

따라서 [N-m]로 표현된 토크는

$$T = \frac{P_m}{\omega_s} = \frac{11985}{125.7} = 95.4 \text{ [N-m]}$$

영국 단위계(English units)로는

$$T = 0.7376 \times 95.4 = 70.35 \text{ [lb-ft]}$$

6-3 POWER-FACTOR CONTROL

고정된 발생 토크(또는 부하)의 경우 직류 계자 전류를 바꿈으로써 선로로부터 그려지는 전류의 무효 성분을 조정하는 것이 가능하다. 이 양상은 2중 여자 기계이기 때문에 동기전동기에서 정밀하게 달성할 수 있다. 따라서, 일정한 인가 전압에서의 운전이 고정된 합성 자속을 요구할지라도, 직류 전원과 교류 전원 둘 다가 이 합성 자속을 확립하기 위해 협조할 수 있다. 계자 권선이 과도하게 많게 만들어진다면, 명백히 전동기 내에서의 합성 공극 전압이 인가 전압에 의해 요구되는 것보다 더 크게 되려 할 것이다. 따라서, 전기자 기자력이 요구되는 합성 자속을 복원하기 위해 필요로 하는 감자 효과의 양을 발휘하는 역률각을 나타내도록 하는 전기자 전류를 일으키는 반작용이 생긴다. 비슷하게, 계자가 부족 여자라면, 합성 공극 자속이 너무 작게 되려 한다. 이것은 또한 필요한 합성 자속을 제공하기 위해 필요로 하는 정도로 공극을 자화하는 것이 가능한 역률각에서 흐르는 전기자 전류를 일으키도록 작용하는 선전압과 전동기 여자 전압 사이의 페이서 전압차를 생성한다.

전류의 무효 성분이 진상이어야 하는지 또는 진상이어야 하는 지는 여자 전압의 여러가지 값에 대하여 그림 6-7에 묘사된 페이서도의 조사로부터 바로 따라온다. 그림은 일정한 발생 기계 동력으로 가정된 경우에 대해 적용한 것이다. 따라서 $\bar{E}_f$가 변화함에 따라, 대응하여 $E_f \sin\delta$가 변하지 않고 유지되도록 $\sin\delta$가 변화해야 한다. 그림 6-7에서 이것은, 여자가 변화함에 따라, $\bar{E}_f$ 페이서의 끝(tip)의 궤적이 파선(broken line)이라는 것을 의미한다. 더욱이, 각 경우에서의 전류의 동상(in-phase) 성분은 같아야 한다. 여자 전압이 $\bar{E}_{f1}$인 첫번째 경우에서는, 계자 전류가 너무 많은

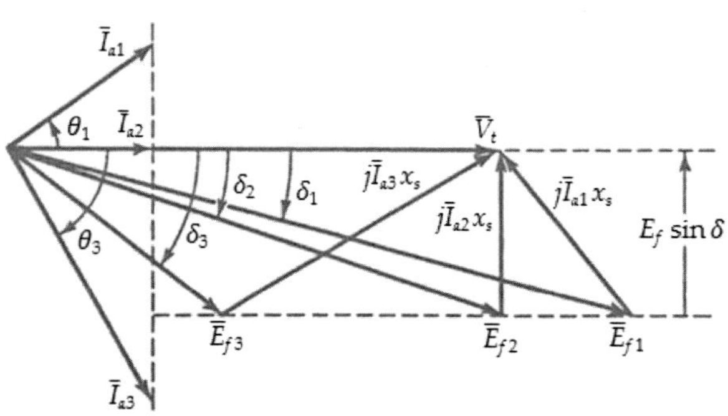

Figure 6-7 Showing the effect of varying excitation on power-factor.

자속을 생성한다. 이것은 $\overline{E}_{f1}$에 더해졌을 때, 고정된 단자 전압 $\overline{V}_t$를 산출하는 동기 리액턴스 강하의 양과 방향을 제공하는 크기가 되도록 하는 진상 전류를 부르는 전동기와 전원 사이에 반작용을 생성한다. 물리적으로는, 진상 전류가 흐르도록 만들어지는 것이, 필요로 하는 정도로 자속 계자를 감자하도록 작용한다. 여자가 $\overline{E}_{f2}$로 줄어들었을 때에는, 계자 권선에 의해 생성되는 여분의 자속이 없다. 그 결과로서, 교류 선전류는 무효 성분을 내포하지 않는다. 그것은 단지 부하에 동력을 공급하기 위해 필요로 하는 동상 성분의 값만을 가진다. $\overline{E}_{f3}$에 대응하는 여자에서는, 기계가 크게 부족 여자이다. 이것을 보상하기 위하여, 선로가 큰 지상 무효 전류를 내어 놓는 것을 허용하여 단자 전압에 의해 요구되는 공극 자속의 값을 확립하는데 도움을 주도록 반작용이 생긴다. 역시, 여자가 감소됨에 따라, 고정된 발생 기계 동력을 위하여 동력각이 증가해야 함에 유의하라.

앞의 설명은 주어진 부하 조건 δ에서

$$E_f \cos\delta = V_t \qquad [\text{V}]$$

일 때는 언제나 동기전동기가 무효 전류를 그릴 필요를 가지지 않는 것으로 관찰하는 것으로 깔끔하게 요약될 수 있다. 하지만,

$$E_f \cos\delta > V_t \qquad [\text{V}]$$

일 때는 언제나 **진상**(*leading*) 무효 전류를 그리며,

$$E_f \cos\delta < V_t \qquad [\text{V}]$$

일 때는 언제나 **지상**(*lagging*) 무효 전류를 그린다.

고정된 발생 기계 동력에 대하여 여자에 따라 바뀌는 전기자 전류의 그림이 만들어진다면, 전류가 부족 여자와 과여자에서는 커지며 어떤 중간점(intermediate point)에서 최소를 통하여 지나가는 것이 관찰된다. 그림은 사실상 그림 6-8에 나타

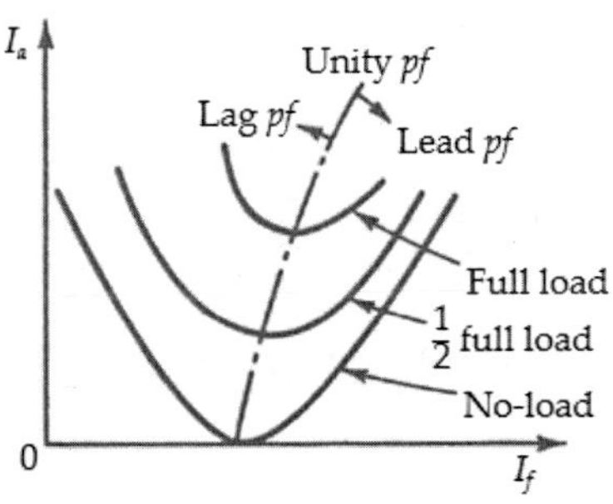

Figure 6-8 Synchronous motor *V*-curves.

내어진 바와 같이 V 형상을 닮았다.

Synchronous Motor as a Synchronous Capacitor

과여자 되었을 때 진상 전류를 그릴 수 있는 동기전동기의 능력은 지상 역률에서의 전력을 그리는 유도전동기와 다른 설비의 대량 사용을 만드는 산업 시설에 대한 입력 선로에서 역률을 개선하기 위해 사용될 수 있다. 많은 전력 회사는 낮은 지상 역률에서 전력을 사게 될 때 인상된 전력 요금을 부과한다. 수년간, 그러한 인상된 전력 요금은 상당한 비용의 지출로 귀결할 수 있다. 그러한 경우에는, 과여자에서 운전되는 동기전동기의 설치로 전체 입력 역률을 더 이상 위약 약관이 적용되지 않는 점으로 개선하는데 드는 것보다 더 많은 비용을 지불할 수 있다.

동기전동기가 단지 역률 수정을 제공하는 목적으로 운전될 때, 그것은 **동기 커패시터**(*synchronous capacitor*; **동기 조상기**, *synchronous condenser*)라 불린다. 그러한 상황에서, 동기전동기는 같은 전력선로에서 운전되는 단일 여자 유도전동기에 의해 요구되는 무효 전력을 공급하는 기능에 소용되며, 그것에 의해 그렇게 하기 위한 필요의 전력원(power source)을 경감한다. 덧붙여, 유리한 전력 요금으로 귀결할 수 있으며, 개선된 선로 역률에 동반하는 줄어든 선로 손실 때문에 공장의 전체 효율이 개선된다.

EXAMPLE 6-3 산업 설비가 2300 [V], 3상, 무한 모선 송전선로로부터 공급된다. 설비는 전부하일 때 0.87의 지상 역률에서 총(total) 2600 [kW]를 그리는 여러 대의 대형 3상 유도전동기를 사용한다.

(a) 송전선로로부터 그려지는 선전류를 찾아라.

(b) 설비 입력의 역률을 단위 값으로 개선하기 위해 필요로 하는 동기 커패시터로 사용되는 동기전동기의 kVA 정격을 결정하라.

(c) 설비로 들어오는 입력 전류의 새로운 값은 얼마인가?

(d) 선택된 동기 커패시터가 1.6 [Ω/phase]의 동기 리액턴스를 갖는 것으로 찾아졌을 때, 문제 (c)의 경우에 필요로 하는 요구되는 상당 여자 전압을 찾아라.

SOLUTION (a) 3상 계통에서의 전력에 대한 표현식으로부터

$$I_L = \frac{2600 \times 10^3}{\sqrt{3} \times 2.3 \times 10^3 \times 0.87} = 750.2\ [\text{A}]$$

(b) 동기 커패시터의 전류 정격은 문제 (a)에서 찾아진 선전류의 총 무효 성분이다. 따라서,

$$I_{sm} = I_L \sin\theta = 750.2 \times \sin(\cos^{-1} 0.87) = 750.2 \times \sin 29.54° = 369.9\ [\text{A}]$$

$$\therefore \text{kVA rating} = \sqrt{3} \times 2.3 \times 369.9 = 1473\ [\text{kVA}]$$

(c) 송전선로로부터의 선전류의 새로운 값은 단순히 문제 (a)에서 설명된 조건의 동상 성분이다. 따라서,

$$\text{new } I_L = 750.2 \times \cos 29.54° = 750.2 \times 0.87 = 652.7 \text{ [A]}$$

(d) 식 (6-2)로부터

$$\overline{E}_f = \overline{V}_t - j\overline{I}_{sm}x_s = \frac{2300}{\sqrt{3}}\angle 0° - jx_s \times 369.9\angle 90° \text{ [V]}$$

여기서 동기 커패시터가 진상 전류를 그리기 때문에 $I_{sm} = 369.9\angle 90°$ [A]이다. 따라서,

$$E_f = \left|\frac{2300}{\sqrt{3}}\angle 0° - j1.6 \times (j369.9)\right| = 1327.9 + 591.8 = 1919.7 \text{ [V]}$$

6-4 SYNCHRONOUS MOTOR APPLICATIONS

동기전동기는 중간 속도 범위에서 유도전동기에 비하여 훨씬 더 높은 초기 비용 때문에 50 [hp] 아래에서 드물게 사용된다. 덧붙여, 그들은 직류 여자 전원을 요구하며, 기동 및 제어 장치가 보통 더 비싸다—특히 자동 제어가 요구되는 곳에서. 하지만, 동기전동기는 약간의 매우 확실한 이점을 제공한다. 그것은 일정 속도 운전, 역률 제어, 그리고 높은 운전 효율을 포함한다. 더구나, 높은 초기 비용의 불리를 없어지게 하는 마력 및 속도 범위에서, 동기전동기를 유리하게 만드는 경우마저 있다. 이것이 그림 6-9에 설명되어 있다. 낮은 속도와 높은 마력이 포함될 때에는, 유도전동기가 0.7 [T]의 공극 자속밀도를 초과하지 않기 위하여 많은 양의 철을 사용해야 하기 때문에 더 이상 더 싸지 않다. 동기기에서는, 다른 한편으로, 분

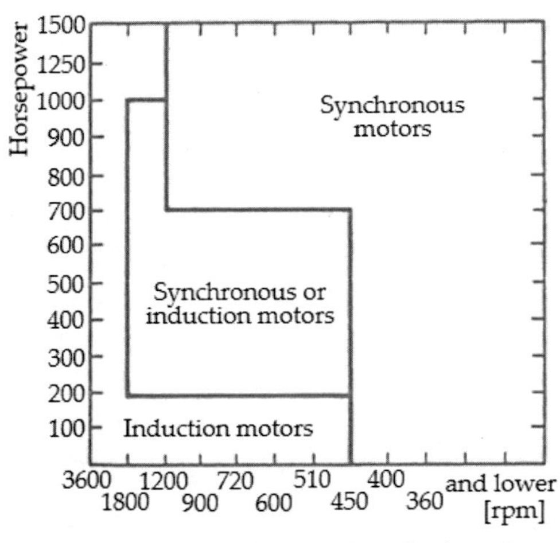

Figure 6-9 The general areas of application of synchronous and induction motors.

TABLE 6-1 SYNCHRONOUS MOTOR CHARACTERISTICS AND APPLICATIONS

Type designation	Synchronous, high speed, above 500 [rpm]	Synchronous, low speed, below 500 [rpm]
Starting torque ([%] of normal)	Up to 120	Low 40
Pull-in torque ([%] of normal)	100–125	30
Pull-out torque [%]	Up to 200	Up to 180
Starting current [%]	500–700	200–350
Slip	Zero	Zero
Power factor [pu]	High, but varies with load and with excitation	High, but varies with excitation
Efficiency [%]	Highest of all motors, 92–96	Highest of all motors, 92–96
Typical applications	Fans, blowers, dc generators, line shafts, centrifugal pumps and compressors, reciprocating pumps and compressors, Useful for power-factor correction, Constant speed, Frequency changers	Lower-speed direct-connected loads such as reciprocating compressors when started unloaded, dc generators, rolling mills, band mills, ball mills, pumps, Useful for power-factor control, Constant speed, Flywheel used for pulsating loads

Source: By permission from M. Liwschitz-Garik and C. C. Whipple, *Electric Machinery*, vol. II (Princeton, N.J.: D. Van Nostrand Co., Inc., 1946)

리된 여자 때문에, 이 숫자의 2배의 값이 허용된다.

표 6-1에 나타난 것은 몇가지 전형적인 응용에 따른 동기전동기의 약간의 더 중요한 특성이다. 여기에 나열된 응용 영역에 덧붙여, 이 전동기는 또한 저속과 높은 마력에서의 운전으로 특성지어지는 다음의 응용에서 꽤 두드러지게 찾아진다: 대형, 저-수두 펌프(low-head pump); 제분기 선축(flour-mill line shaft); 고무 분쇄 및 혼합기(rubber mill and mixer), 압착 분쇄기(crusher), 선적 처리(shipper); 제지 산업에서 사용되는 쇄목기(pulp grinder), 정제기(jordans), 그리고 정쇄기(refiner).

6-5 FIELD EXCITATION BY RECTIFIED SOURCES

통상의 동기전동기의 구별되는 양상은 직류는 anffhs교류 전원 공급기에 대한 필요이다. 교류 전원은 주로 이용할 수 있는 전원이기 때문에, 직류 전원에 대한 특별한 준비가 이루어져야 한다. 지난 수년간, 한가지 해법은 전동기 축에 부착된 보조 자여자 직류발전기(self-excited dc generator)와 함께 동기전동기를 설비하는 것이었다. 일단 동기전동기가 그것의 농형 권선의 유도전동기 동작을 통하여 동기속도 가까이에 도달되면, 동기전동기에 대한 적절한 여자를 제공하도록 직류발전기 계자 저항기(field rheostat)가 조정되고, 다음에는 선전압과 동기가 되도록 동기전동기를 끌어당긴다. 오늘날 대형 동기전동기의 응용에서는, 여자기 발전기(exciter generator)가, 넓은 범위의 전압에 걸쳐 큰 범위의 전류를 다루는 것이 전적으로 가능한, 다이오드(diode)와 실리콘 제어 정류기(silicon-controlled rectifier, SCR)를 사용하는 전자적 방법(electronic method)에 의해 얻어지는, 직류 전원으로 편리하게 대체되었다.

전형적인 제어 전자 정류 회로가 그림 6-10에 보여져 있다. 이 회로는 동기전동기의 계자 권선에서 계자 전류를 조정하기 위해 사용될 수 있는 단상, 반파 제어 정류기(single-phase, half-wave controlled rectifier)이다. 계자 권선은 저항 R과 인덕턴스 L로 나타내어졌으며 부하로 불린다. 두개의 전자 소자(electronic element)가 사용된다: 부하의 분로로 소용되는 다이오드 D_{fw}와 가제어(제어할 수 있는, controllable) 스위치(controllable switch)로 거동하는 실리콘 제어 정류기 $S1$. 물론 전원 전압은 주로 이용할 수 있는 교류 공급기이다. 이 회로가 고정된 교류 공급기로부터 가조정(조정할 수 있는, adjustable) 직류 전원으로의 변환을 수행하는 방식은 그림 6-11을 참조함으로써 이해될 수 있다. SCR은 그것의 세개의 단자에서 두가지 조건이 만족될 때 도통된다는 것을 상기하는 것이 도움이 된다. 첫째로는 플레이트(plate) P로부터 음극(cathode) K로의 전압이 정(양)이어야 한다. 둘째로는 플레이트-음극 전압이 정(양)인 시간 동안 도전 상태(conduction)를 취하는 것을 허용하도록 게이트-음극(gate-cathode) 전압이 설정되어야 한다. 이 게이트 전압의 적절한 조정에 의해, 플레이트-음극 전압이 정(양)인 전체 시간에 걸쳐 또는 이 시간의 일부 동안 도전 상태를 허용하는 것이 가능하다. 그림 6-11 (a)는 교류 전원 전압의 2주기를 보인다. 그림 6-11 (b)에서는 교류 전원의 정류된 형태가 보여져 있다. 교류 입력 전압 변동이 정(양)인 부분 동안에만 정(양)의 전위가 $S1$(SCR)을 가로질러 나타남을 관찰하라. 주기의 부(음)의 부분 동안, 역전된(부(음)) 전압이 SCR을 가로질

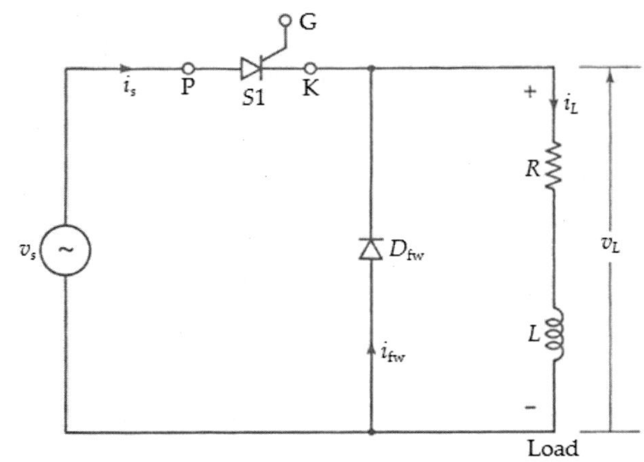

Figure 6-10 Single-phase, half-wave controlled rectifier circuit.

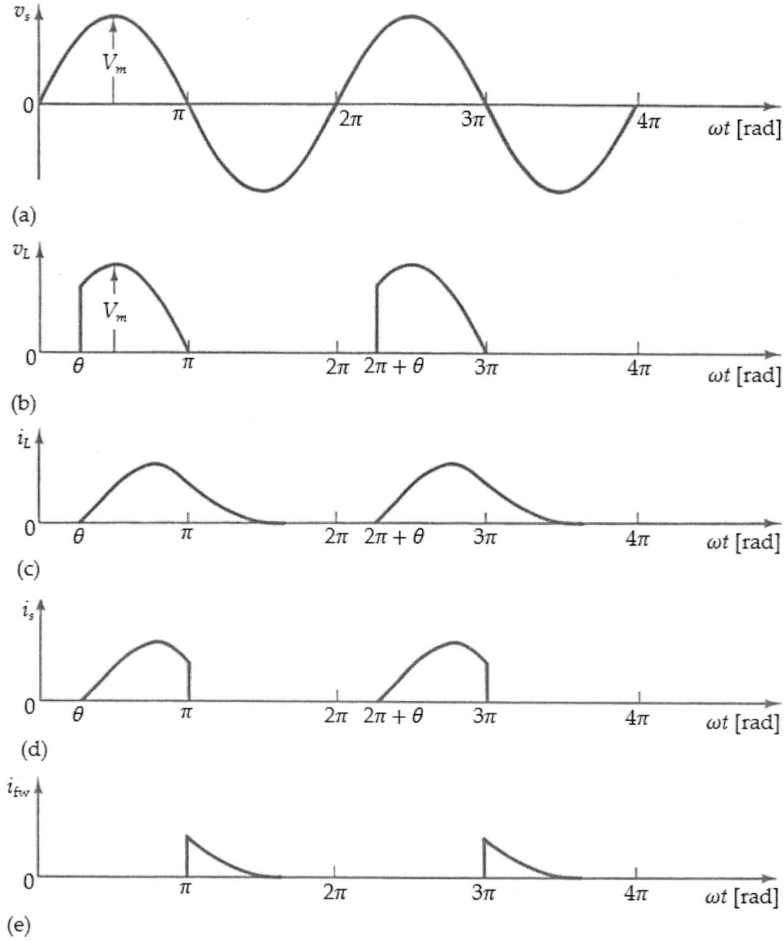

Figure 6-11 Time variations of the electrical quantities appearing in Fig. 6-10: (a) source voltage; (b) rectified voltage across the *R-L* load; (c) the *R-L* load current variation; (d) source current; (e) current in the free-wheeling shunt diode. The firing angle of the SCR (*S*1) is θ.

러 나타나며 그래서 도전이 가능하지 않다. 이것이 $\omega t = \pi$로부터 $\omega t = 2\pi$ [rad]까지의 부하 전압의 0 수준(zero level)의 원인이다. 하지만, 첫번째 반주기에서, *S*1은, 게이트 단자에서의 전압에 의해 결정되는, 각도 θ에서 도전 상태로 만들어진다. 이 각도는 종종 SCR의 **점호각**(*firing angle*)이라 불리며, 이 경우에는 0과 π [rad] 사이에서 조정된다. 사이리스터(thyristor, SCR)의 점호가 $\theta = 0°$에서 생길 때, 부하를 가로질러 발생되는 전압이 최대이다. 관련된 이 최대 전압의 평균 값은 V_m/π으로 된다는 것이 쉽사리 보여질 수 있다. 여기서 V_m은 교류 공급 전압의 첨두 값이다.

그림 6-11 (b)의 정류 전압에 의해 생성되는 부하 전류의 변동이 그림 6-11 (c)에 묘사되어 있다. 여기에서 특히 인덕턴스의 동작이 사이리스터가 도전을 끝낸 시간 이후에도 존재하는 전류를 일으킨다. 전류가 $\omega t = \pi$ [rad]에서 0이 아니며 이 0이

아닌 전류에 부합하는 인덕터의 자계 내에 저장된 에너지의 양 때문에, 이 전류가 계속해서 흐르는 것을 허용하는 경로가 준비되어야 한다. SCR이 $\omega t = \pi$ [rad]에서 차단되자 마자, 부하 전류는 순시적으로 변화하려 한다. 그러면, 렌쯔의 법칙에 의해, 전류의 원래 방향을 유지하도록 작용하는 극성으로 내부적으로 유기되는 기전력이 인덕터 내에 유도된다. 이 작용은, 분로 다이오드(shunt diode) D_{fw}가 도전되도록 만드는, 정(양)의 전위를 다이오드에 부여하고, 따라서 부하 전류에 대한 경로를 제공한다. 계자 권선 시정수(시상수, time constant)에 의해 결정되는 비율로 전류 감쇠(current decay)가 계속하여 진행된다. 분로 다이오드는, 유도성 소자(inductive element)가 포함되었을 때는 언제나 보조 전류 경로를 불러내는 조건으로 자유로이 응답한다는 것을 이유로, **환류(프리휠링)** 다이오드(*free-wheeling* diode)라 불린다.

전원 전류와 환류 다이오드 내에서의 전류의 시간에 따른 변동이 그림 6-11 (d)와 (e)에 각각 묘사되어 있다. $\omega t = \pi$ [rad]에서의 전원 전류의 갑작스러운 변화는, 교류 전원이 무시할 수 있는 내부 인덕턴스를 가진다는, 합리적인 가정으로 허용된다. i_{fw}에서 나타나는 계단 전류(step current)의 크기는 물론 i_s의 변동에서 찾아지는 차단 값과 부합된다.

반파 제어 정류기는 전위가 부(음)의 행정(excursion)을 겪을 때 전원으로부터의 어떤 기여도 없기 때문에 비교적 낮은 전류의 불리한 점을 가진다. 이 상황은, 하지만, 전파 제어 정류기(full-wave controlled rectifier)라 불리는, 그림 6-12에 그려진 회로를 사용함으로써 깔끔하게 해결된다. 게이트 제어 회로의 적절한 수정에 따라 부가적인 SCR과 다이오드를 추가함으로써, 전원 주파수의 각 연속적인 반주

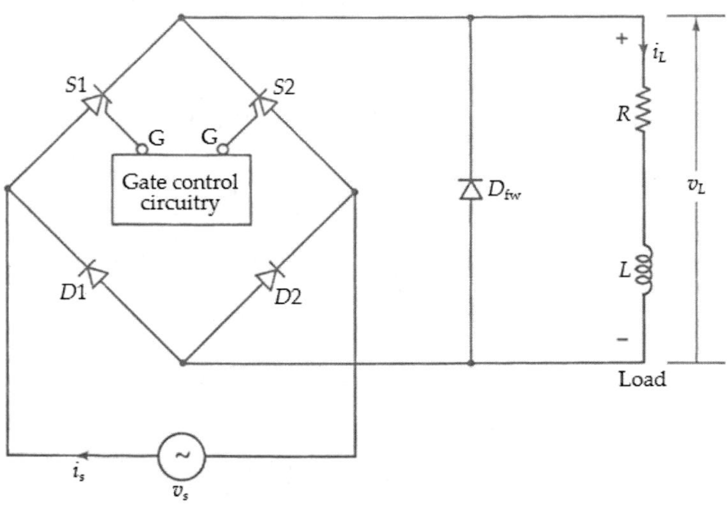

Figure 6-12 Single-phase, full-wave controlled rectifier circuit.

기 동안 제어된 방식(controlled fashion)으로 부하로의 도전 상태가 이루어질 수 있다. 이 회로의 운전의 설명에 대해서는 그림 6-13을 참조하라. 전원 전압의 첫 정

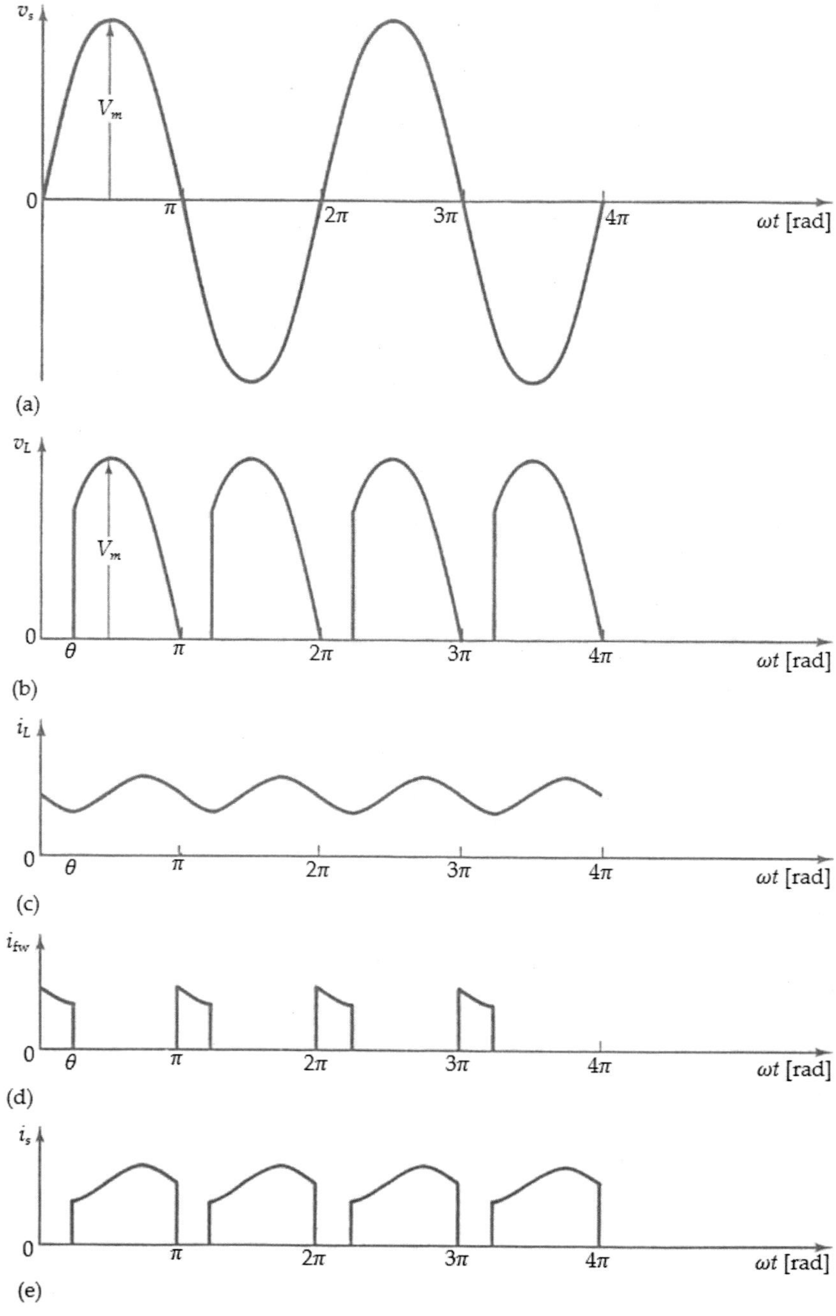

Figure 6-13 Time variations of the electrical quantities found in Fig. 6-12: (a) source voltage; (b) rectified load voltage; (c) resultant load current variation in steady state; (d) current in the free-wheeling diode; (e) the source current;. The SCR firing angle is set to θ.

(양) 반주기 동안, 정(양) 전위가 사이리스터 $S1$의 플레이트-음극 단자를 가로질러 나타난다. 그림 6-12에서 전원의 왼편은 정(양)이 위치되는 한편, $D2$의 음극은 부(음)에 위치된다. θ [rad]에서 게이트 단자에 펄스가 인가될 때, $S1$은 도전 상태로 되며 이에 의해 다이오드 $D2$를 통한 회로의 완성에 의해 전원 전압이 R-L 부하에 인가된다. 달리 말하면, 전원 전압이 정(양)일 때, 사이리스터 $S1$과 다이오드 $D2$를 통하여 전원을 부하에 연결하는 직렬 경로가 존재한다. 그림 6-13 (a)에서 π [rad] 바로 아래에서 전원 전압이 부(음)가 되자마자 $S1$은 $D2$처럼 차단된다. 그러나 이제는 그림 6-12에서 전원의 오른편이 정(양)이고 왼편이 부(음)이며, 이것은 정(양) 전위가 $S2$와 $D1$ 둘 다를 가로질러 나타난다는 것을 의미한다. 다시 $\omega t = \pi + \theta$ [rad]에서 게이트 펄스(gate pulse)의 도달로 전원과 부하 사이에 확립되게 되지만, 이제는 연결을 제공하는데 유효한 것이 사이리스터 $S2$와 다이오드 $D1$이다. 역시 스위칭 조작의 순서는 앞의 반주기에서와 같이 부하를 가로지르는 전압의 극성을 유지하도록 하는 것임을 관찰하라. 그림 6-13 (b)를 보라. 이것은 단방향 전류 흐름을 보장한다. 전원 전압의 각 반주기에 대해 생기는 기여 때문에, 부하에서 이용할 수 있는 평균 전압은, 반파 정류기의 평균 전압의 2배로, 최대 값이 $(2/\pi)V_m$이다. 더욱이, 제어는 θ가 π [rad]으로부터 0까지 변하는 게이트 제어 회로의 동작을 통하여, 0으로부터 이 최대 값까지 이용할 수 있게 한다.

부하에서의 전류의 대응하는 변동이 그림 6-13 (c)에 묘사되어 있다. 그림은 적당한 과도 응답(transient response)에 뒤따르는 정상 상태(steady state)에 도달한 후의 변동을 보인다. 반파 회로를 넘어선 상당한 개선에 유의하라. 그림 6-13 (d)의 일견은, 전원 전압의 어떤 반주기의 출발과 사이리스터의 점호점(point of firing) 사이의 시간 간격에 걸쳐 전류 경로를 제공하는, 환류 다이오드의 본질적인 기여를 드러낸다. 그림 6-13 (e)는 SCR이 ON 상태에 있는 시간 동안의 전원 전류의 변동을 나타낸다. 이 전류 펄스는 전원으로부터 부하로 사이리스터 $S1$과 $S2$를 교대로 통하여 공급된다.

앞의 해석은 전파 정류기 회로가 반파 정류기 회로 대신에 사용될 때 생기는 개선을 설명한다. 하지만, **3상** 전파 배치(*three-phase* full-wave arrangement)가 **단상**(*single-phase*) 전파 회로 대신에 사용될 때 더 나아간 개선이 가능하다. 그러한 회로가 그림 6-14에 묘사되어 있다. 이 배열에서는 총 6개의 사이리스터(SCR)를 필요로 한다는 것에 유의하는 것이 유용하다. 3상 전원을 사용하는 정류기 회로의 유용성은 3상 동기전동기의 구동을 위해 이미 3상 전원을 필요로 하며, 따라서, 이용할 수 있다고 가정된다는 이유로 매력이 있다. 그림 6-14의 회로에서 사이리스터의 게이트 단자에 적당한 순서로 펄스를 줌으로써, 0으로부터 $(3/\pi)V_m$까지 변하는 범

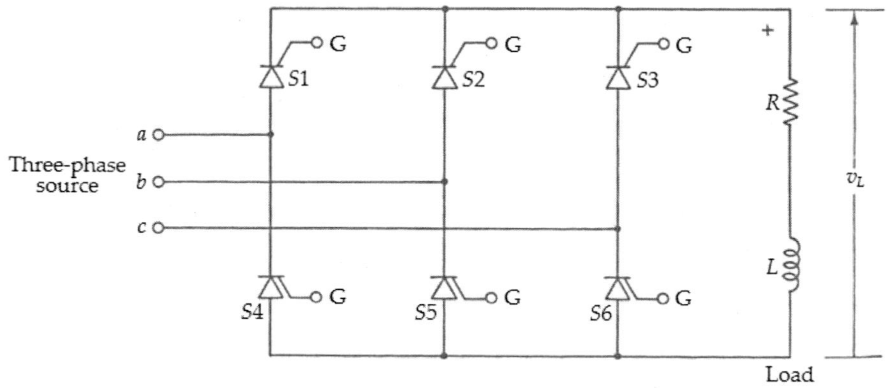

Figure 6-14 Three-phase, full-wave controlled rectifier circuit.

위에 걸쳐 계자 권선을 가로질러 평균 전압을 바꾸는 것이 가능하다. 여기서 V_m은 선로 사이의 교류 전압의 최대값을 나타낸다.

이 회로의 성공은 어떤 시간에 단지 2개의 사이리스터만 도전 상태를 허용하는 한편, 나머지 SCR은 역 바이어스(inverse bias)의 상태에 있게 하는 바이어스 책략(biasing scheme)에 좌우된다. 이 회로에 대한 전형적인 스위칭 순서가, *a*, *b*, *c*의 선전압 상순으로 인가하는 것으로, 그림 6-15에 그려져 있다. 각 사이리스터는 전원 전압의 각 주기에 대하여 최대 120 [elec. deg]의 ON 주기로 예정된다. 게이트 펄스(gating pulse)는 이 범위에 걸쳐 전체 변동(full variation)을 허용하도록 설계된다. 주기의 시작으로 출발하여, *S*1은 첫 120 [elec. deg]에 걸쳐 잠재적으로 ON 상태에

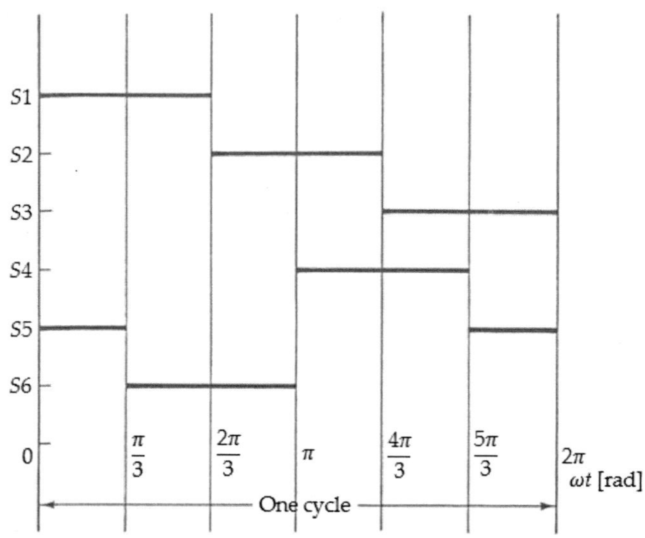

Figure 6-15 Switching sequence diagram for the thyristors of Fig. 6-14. The heavy lines indicate the specific portions of a cycle when each thyristor is forward biased for conduction to occur subject to the action of the gate signal.

있도록 순방향으로 바이어스되는(forward-biased) 한편, $S2$와 $S3$은 각각 다음의 각 120° 간격에 걸쳐 ON 상태에 있도록 잠재적으로 예정된다. 그 다음, π [rad]에서 다음 반주기의 출발로 시작하여, 비슷한 예정이 사이리스터 $S4$, $S5$, 그리고 $S6$에 대해 확립된다. 따라서, $S4$는 π으로부터 $(5/3)\pi$ [rad]까지 120°에 이르는 총 가능한 ON 주기(total possible ON period)를 갖도록 배열된다. 비슷하게, $S5$는 $(5/3)\pi$ [rad]으로부터 다음 주기의 첫 $\pi/3$ [rad]까지 이르는 가능한 ON 주기에 대하여 순방향으로 바이어스된다. 편의상, 이 두번째 60° 부분이 그림 6-15에서 첫번째 주기로 되접어 보여져 있다. 사이리스터 $S6$은 계속하여 다음의 120°를 덮는 잠재적인 ON 주기로 예정된다. 첫번째 주기로 되집어서, $S6$은 $\pi/3$로부터 π [rad]까지의 주기를 차지하도록 예정된다.

선전압 상순 a, b, c에 대한 그림 6-15에서 묘사된 스위칭 순서 예정의 결과로서, v_{ab}는 $(\sqrt{3}/2)V_m$에서 시작하며 그것의 첨두로 움직이는 한편, v_{ac}는 동시에 0을 통과하여 정(양)으로 움직이는 주기의 첫 $\pi/3$ [rad]동안 사이리스터 $S1$과 $S5$가 둘 다 순방향으로 바이어스되어 도전되는 것이 따라온다. 실제로 도전이 일어나는 이 간격 내에서의 특정한 점은 게이트 펄스 신호(gate pulsing signal)에 의해 결정된다. 비슷하게, 다음 60° 간격에서는 사이리스터 $S1$과 $S6$이 도전 과정에 포함된다. 세번째 60° 간격에서는, 도전에 대한 책무가 사이리스터 $S2$와 $S6$을 가로지른다. 이 과정이 주기의 나머지에 대하여 계속되며, 그 다음 각 주기에 대하여 그 자체가 반복된다. 결과는 전적으로 허용되는 수준에서 계자 권선 직류 전류의 효과적인 제어이다.

Brushless Excitation for Synchronous Generators

공공 기업체에 의해 사용되는 동기발전기는 1000 [MVA] 또는 그보다 더 큰 정격을 가질 수 있다(여기서 MVA는 mega volt-amperes를 나타낸다). 슬립 링을 통하여 회전 계자 권선으로 도전되는 직류 전력을 가진 그러한 장치를 설비하는 것은 중대한 유지 보수 문제는 물론 슬립 링으로 큰 직류 전류를 도전하기 위해 사용되는 탄소 브러시(carbon brush)에서의 열 손실로 소비되는 상당한 양의 전력 손실을 나타낸다. 그림 6-14의 회로의 사용의 혁신적 응용이 이 문제를 없애기 위해 사용될 수 있다. 배열이 그림 6-16 (a)에 그려져 있으며 실제 기계의 사진이 그림 6-16 (b)에 나타나 있다.

이 책략의 목적은 주 발전기(main generator)의 계자 권선과 같은 속도로 회전하는 직류 전원을 이용할 수 있도록 하는 것이다. 그러면 계자 권선 단자로의 직접 접속이 가능하고 그것에 의해 브러시의 필요를 없앤다. 주 발전기의 축에 부착된 여자기 발전기는 동기발전기가 필요로 하는 직류 전류의 수준을 유지하기 위해 계

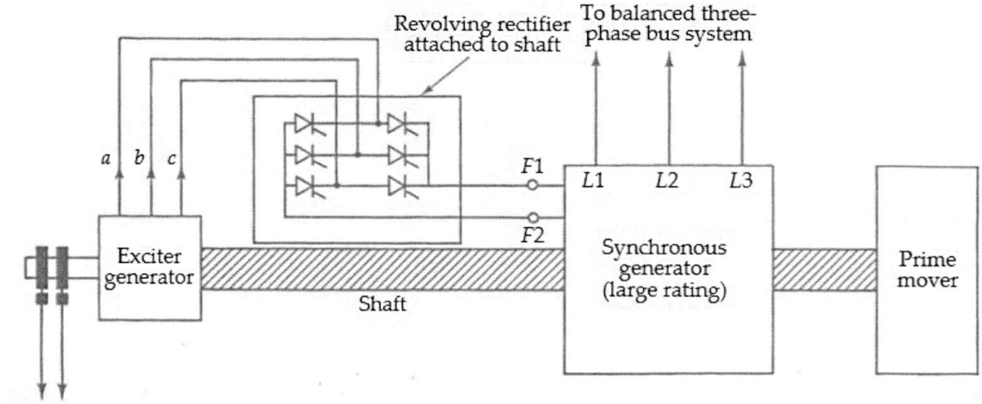

(a)

(b)

Figure 6-16 (a) Schematic diagram illustrating how brushless excitation of a large synchronous generator is obtained; (b) rotor of synchronous generator showing the exciter generator as well as the revolving rectifier.

자 권선에 의해 요구되는 전력을 충분히 제공하는 크기이다. 또한 그림 6-14의 정류기가 축에 부착된다. 작은 직류 전류(동기발전기에 의해 요구되는 것과 비교하여)가 여자기 발전기의 계자 권선에 공급된다. 정지 정류기(static rectifier)로부터 유도되는 보조 직류 전원이, 여기에서 포함되는 전류가 다루기 쉽기 때문에, 사용될 수 있다. 동기발전기의 원동기가 동기속도에 도달하였을 때, 교류 여자기 발전기는 평형 3상 전압을 발생한다. 이 전압 조합을 발전기 축에 부착된 3상 전파 정류기에 적용하면 발전기 계자 권선 자체와 같은 속도로 회전하는 단자 *F*1-*F*2에서 직류 전압원을 생성한다. 따라서, 굳은(튼튼한) 단자 연결이 가능하며 주 발전기에 대한 슬립 링과 브러시가 더 이상 필요하지 않다.

6-6 CORRELATION OF SYNCHRONOUS MOTOR OPERATION WITH THE BASIC TORQUE EQUATION

기본 토크 방정식(Supplement of Chapter 3의 식 (3-97))에 나타난 인자가 몇 가지 역률 조건에 대한 동기전동기 운전에서 증명되는 방식을 약간 상세하게 개략하는 것이 이 절의 목적이다. 동기전동기의 2중 여자 양상은, 과여자 또는 부족 여자의 계자 권선 조건이, 각각, 진상 또는 진상으로 되는 전기자 전류의 무효 성분에 영향을 주기 때문에, 어느 정도 상황을 복잡하게 한다. 6.3절을 보라. 주의는 먼저 ψ가 0°와 같은, 즉, 전기자 전류가 여자 전압(그리고 전압 강하로 다루어지는)과 동상인 경우로 향한다. 철극 구조의 사용 대신 원통형 회전자 기계로 고려한다; 철극

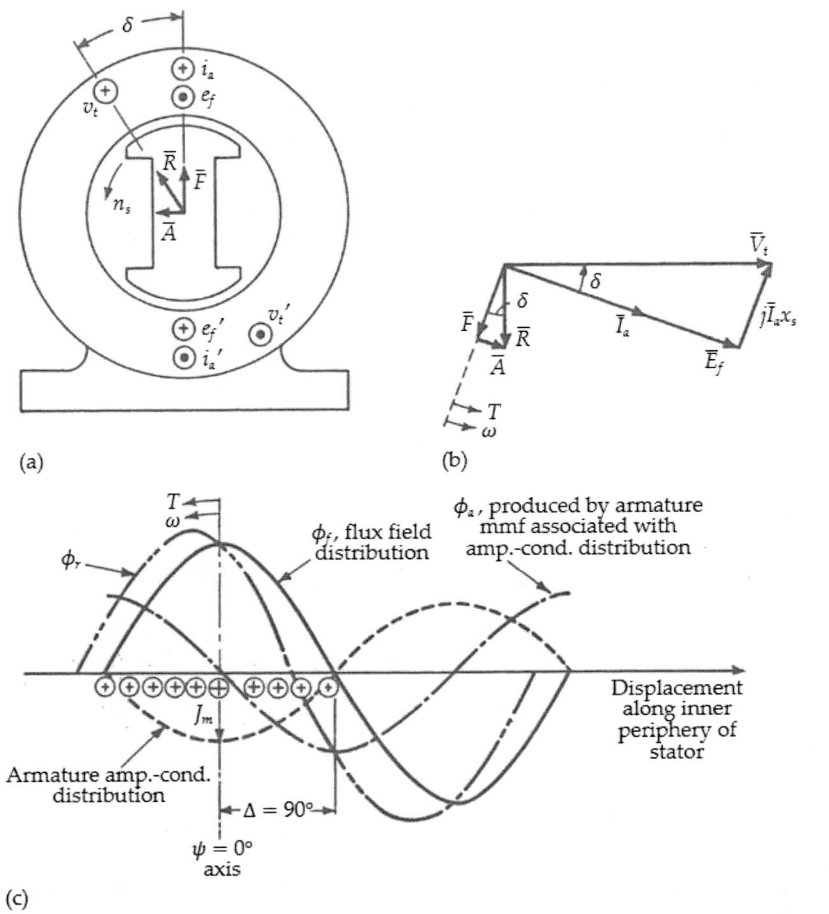

Figure 6-17 Space and time relationship in the synchronous motor for $\psi = 0°$: (a) space diagram depicting the axis of ampere-conductor distribution; (b) corresponding phasor diagram; (c) detailed representation of (a). Field motion is toward the left.

기는 단지 손쉽게 도식적 표현만을 채용한다. 표시된 회전자 계자 자속의 극성과 회전 방향에 대하여, 전체 3상 권선의 기전력 분포의 진폭의 위치가 보여진 순시 방향을 가지는 코일 e_f-e_f'에 의하여 나타내어져 있다. 기계가 전동기로서 동작할 때, 전기자 전류는, e_f가 여기에서는 그것을 생성하는 계자 자속에 관하여 **전압 상승**(*voltage rise*)으로 나타내어지기 때문에, 보여진 e_f의 극성과 **반대로**(*opposed*) 흐른다. 하지만, 전류에 관하여 본 때에는,† $\bar{E}_f$ 페이서가 **전압 강하**(*voltage drop*)로 다루어지며, 그림 6-17 (b)에서 그렇게 나타내어졌다. 그림 6-167(a)에서 코일 i_a-i_a'는 정현 암페어-도체 분포로 가정된 크기의 위치를 나타낸다. i_a가 전압 강하로 표현된 여자 전압과 동상으로 특정되며 따라서 전압 상승으로 다루어진 e_f의 방향과 반대여야 하기 때문에 전기자 전류는 위쪽 도체에서는 안으로 그리고 아래쪽 도체에서는 바깥으로 흐름에 유의하라. 전기자 기자력($\bar{A}$로 나타내어진)은 그러므로 오른쪽으로부터 왼쪽으로 향해지며 합성 $\bar{R}$을 생성하는 $\bar{F}$와 협조한다. 그림 6-17 (a)에서 $\bar{R}$은 그림 6-17 (b)에 보여진 것과 부합함에 유의하라. 간단을 위하여, 전기자 유도 기전력 $\bar{E}_r$이 단자 전압 $\bar{V}_t$와 같게 취해질 수 있도록, 전기자 누설 리액턴스는 무시할 수 있는 것으로 가정되었다. 이 이유로 그림 6-17 (b)에서 $\bar{R}$이 $\bar{V}_t$에 수직으로 그려져 있다. 그러면 이것과 부합하도록 전기자 권선 내에서의 단자 전압의 분포의 크기는 코일 v_t-v_t'에 의해 그림 6-17 (a)의 공간상(space picture)으로 나타내어질 수 있다. 이 시점에서 이러한 표현에 의해 전력각(동력각) δ의 물리적 설명이 얻어진다는 것을 유의할 만하다.

또한 $\bar{I}\times\bar{B}$ 법칙의 적용은 시계 방향 토크가 전기자(고정자) 권선에서 생성되는 한편, 회전자에서의 토크는 반시계 방향이라는 사실에 유의하는 것이 가치가 있다. 전동기에 대해서는, 그러므로, 토크의 방향과 회전 방향이 같다. 다시 그림 6-17 (b)에서 회전자에서의 토크의 방향은, 발전기 동작의 경우에서와 같이, 계자 축을 합성 자속의 축에 정렬하려고 하는 방향임에 유의하라.

그림 6-17 (a)와 (b)에 내포된 정보는 또한 그림 6-17 (c)에 묘사된 펼쳐진 형태를 사용함으로써 더 상세히 나타내어질 수 있다. $\bar{F}$에 의해 생성되는 계자 자속의 기본파 성분은 ϕ_f로 나타내어져 있다. 암페어-도체 분포는 파선으로 나타내어져 있다. 암페어-도체 분포와 관련된 전기자 기자력에 의해 생성되는 전기자 자속은 ϕ_a로 나타내어져 있다; 이 ϕ_a 파는 암페어-도체 분포의 90° 뒤에 적절하게 위치되며 전기자 기자력파와 동상이다. 물론, 합성 자속은 ϕ_f와 ϕ_a의 합에 의해 생성되며 선형성 가정이 허용된다. 이것이 ϕ_r로 나타내어져 있다. 일정한 단자 전압에 대해 ϕ_r 파의 크기는 변하지 않고 남아 있음을 염두에 두어라. 이 분포의 검토는 기본 토

† 2-1절을 보라.

크 방정식과의 일치를 자명하게 만든다. $\psi = 0°$이기 때문에, 주어진 계자 자극(field pole) 아래의 각 도체는 같은 방향으로 전류를 운반하며 그것에 의해 발생 토크에 대한 기여를 만든다. 이 관점은

$$T = \frac{\pi}{8} p^2 \Phi J_m \cos\psi = \frac{\pi}{8} p^2 \Phi J_m \qquad [\text{N-m}] \qquad (6\text{-}16)$$

으로 설명된 기본 토크 방정식의 판(version)과 부합한다. 여기서 Φ는 계자 권선에 의해 생성되는 자속이며 J_m은 암페어-도체 분포의 크기를 나타낸다.

두번째 관점은 **토크각**(*torque angle*) Δ의 사용을 포함한다. 이 각도는 그림 3-18(683 페이지)에서 계자 자극축과 전기자 기자력 자극축 사이의 각도로 정의된다. 더욱이, Δ는 항상 각도 ψ의 여각(complement)이다. 그림 6-17 (a)의 일견은 이 경우에 대한 Δ는 90°이어서 기본 토크 방정식에 대한 두번째 형태가

$$T = \frac{\pi}{8} p^2 \Phi \mathcal{F}_p \sin\Delta = \frac{\pi}{8} p^2 \Phi \mathcal{F}_p \qquad [\text{N-m}] \qquad (6\text{-}17)$$

로 된다는 것을 드러낸다. 여기서 $\mathcal{F}_p$는 극당 전기자 기자력을 나타낸다.

그림 6-18은 $\psi = 60°$ 진상일 때 동기전동기 내에 존재하는 상황을 묘사한다. 이제는 약간의 전기자 도체가 그릇된 극성의 자극 자속 아래에서 찾아지기 때문에 토크를 생성하는 계자 형태가 최적이 아님에 유의하라. 이것은 식 (6-16)에서 앞의 경우에서와 같은 단위 값이 아니라 $\cos\psi = \cos 60°$를 사용할 필요에 의해 고려된다. 상황이 식 (6-17)의 정식화에 의해 설명될 때, Δ의 요구되는 값은 명백히 30°이다. 그림 6-18 (c)에서 계자 자속에 대한 전기자 기자력(또는 그것과 관련된 자속)의 배향(orientation)은 순 감자(net demagnetization)를 생성하는 것임을 유의할 만하다. 이것은 그림 6-8 (a)에서 $\bar{F}$와 $\bar{A}$ 사이에 보여진 페이서 관계와 전적으로 부합한다.

PROBLEMS

6-1 3상, 1732 [V](선간), Y-결선, 원통극 동기전동기가 $r_a = 0$과 $x_s = 10$ [Ω/phase]를 가진다. 마찰과 풍손 더하기 철손의 양은 9 [kW]이다. 전동기는 390 [hp]의 출력을 내어놓는다. 얻어질 수 있는 최대 여자 전압은 2500 [V/phase]이다.

(a) 특정한 부하에서 최대 여자에 대한 전기자 전류의 크기와 역률을 계산하라.

(b) 주어진 동력 출력에 대하여 전동기가 동기로 남아 있을 가장 작은 여자를 계산하라.

6-2 2300 [V], 3상, 60 [Hz], Y-결선, 원통형 회전자 동기전동기가 11 [Ω/phase]의 동기 리액턴

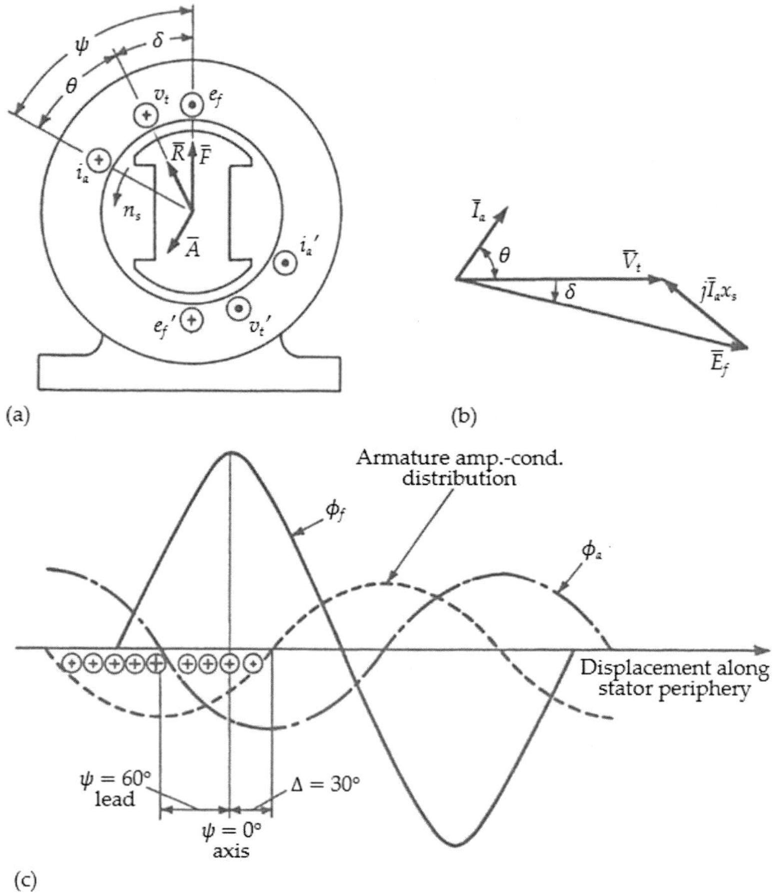

Figure 6-18 Space and time relationship in the synchronous motor for $\psi = 60°$ leading: (a) space diagram; (b) phasor diagram; (c) detailed form of (a).

스를 가진다. 그것이 200 [hp]을 내어놓을 때, 효율은 90 [%]이며 동력각은 15 [elec. deg]이다. r_a를 무시하여 다음을 결정하라: (a) 상당 여자 기전력; (b) 선전류; (c) 역률.

6-3 동기전동기가 절반 부하에서 운전된다. 그것의 계자 전류에서의 증가는 전기자 전류에서의 감소를 일으킨다. 전기자 전류가 단자 전압보다 앞서는가 혹은 뒤지는가? 설명하라.

6-4 3상, Y-결선 동기전동기가 80 [%] 진상 역률에서 운전된다. 동기 리액턴스는 2.9 [Ω/phase]이며 전기자 권선 저항은 무시할 수 있다. 전기자 전류는 20 [A/phase]이다. 인가 선전압은 440 [V]이다.

(a) 여자 전압과 동력각을 찾아라.

(b) 전기자 전류를 40 [A/phase]로 증가시키고 역률을 80 [%] 진상에서 유지하려고 한다. 계자 여자가 어떻게 바뀌어야 하는지를 페이서도에서 명백하게 보여라. 축 부하가 고정된 채로 남아있다면 이것이 이루어질 수 있는가? 설명하라.

6-5 Y-결선, 3상, 60 [Hz], 13500 [V] 동기전동기가 1.52 [Ω/phase]의 전기자 저항과 37.4 [Ω/phase]의 동기 리액턴스를 가진다. 전동기가 2000 [hp]을 내어놓을 때, 효율은 96 [%]이며 계자 전류는 전동기가 85 [A]의 진상 전류를 취하도록 조정되었다.

(a) 전동기가 어떤 역률에서 운전되는가?

(b) 여자 기전력을 계산하라.

(c) 발생되는 기계 동력을 찾아라.

(d) 부하가 제거된다면, 결과적인 전기자 전류가 원래와 비교하여 크기와 역률이 어떻게 되는지를 설명하라(계산하지 말고).

6-6 1250 [hp], 3상, 원통극 동기전동기가 11000 [V]에서 800 [kW]의 일정한 전력을 받는다. 전기자 권선 저항은 무시할 수 있으며 상당 동기 리액턴스는 50 [Ω]이다. 전기자는 Y-결선이다. 전동기는 52 [A]의 정격 전부하 전류를 가진다. 전기자 전류가 이 값의 135 [%]를 초과하지 않아야 할 것이라면, 계자 전류의 조정을 통하여 바뀔 수 있는 여자 기전력의 범위를 결정하라.

6-7 동기기가 일정 전압 전원으로부터 공급된다. 무부하에서 여자가 1.0 [pu]일 때 전동기 전기자 전류는 무시할 수 있는 것으로 찾아졌다. 단위법 전동기 상수는 $x_d = 1.0$과 $x_q = 0.6$이다.

(a) 횡축과 단자 전압 페이서 방향 사이의 각도가 60 [elec. deg] 일 때 기계가 동기를 상실한다면, 탈출(pull-out)에서 단위법 여자는 얼마인가?

(b) 탈출에서 전동기에 있는 부하는 얼마인가? 문제 (a)에서와 같은 여자로 가정하라.

6-8 정격 전압과 정격 전류에서 운전하는 동기기가 86.6 [%]의 진상 역률을 보인다. 단위법 여자 전압은 1.732이다 단위법 동기 리액턴스는 1.00이다.

(a) 이 조건은 전동기 운전을 나타내는가 또는 발전기 운전을 나타내는가? 설명하라.

(b) 전력각(동력각)을 계산하라.

6-9 0으로부터 전부하까지 부하가 걸리는 동기전동기로써, 계자 여자가 75 [%]에서 유지된다면, 역률이 진상으로도 될 수 있는가? 설명하라.

6-10 동기전동기가 부하에 정격 동력을 내어놓는다. 여자 전류가 더 아래로 줄여질 수 없는 하한(lower limit)이 있는가? 설명하라.

6-11 440 [V], 3상, Y-결선 동기전동기가 6.06 [Ω/phase]의 동기 리액턴스를 가진다. 전기자 저항은 무시할 수 있으며, 유도되는 상당 여자 기전력은 200 [V]이다. 더욱이, $\overline{V}_t$와 $\overline{E}_f$ 사이의 동력각은 36.4 [elec. deg]이다.

(a) 선전류와 역률을 계산하라.

(b) 같은 입력에 대하여 단위 값의 역률을 만들기 위해 필요한 여자 기전력과 동력각의 값은 얼마인가?

6-12 무부하인 동기전동기가 무한 모선 계통에 연결되었다. 계자 회로가 우연히 개방되었다.

전기자 전류에서 일어나는 일을 설명하라.

6-13 8극 동기전동기가 0.8 지상의 역률에서 208 [V], 60 [Hz], 3상 전력 계통으로부터 45 [kW]를 그린다. 전동기는 Y-결선이며 0.6 [Ω/phase]의 동기 리액턴스를 가진다. 전기자 저항은 무시할 수 있다. 전동기에 대한 어떤 더 이상의 조작없이, 최대로 가능한 정상 상태 토크의 값은 얼마인가?

6-14 다음의 기술이 참인지 거짓인지 답하라. 기술이 거짓일 때는, 왜인지 설명하라.

(a) 기계의 공극의 증가는 동기 리액턴스를 줄이며 기계의 정상 상태 전력(동력) 한계를 올린다.

(b) 동기전동기의 경우, 발생되는 전자기적 토크는 회전 방향과 반대 방향이다.

(c) 동기기에서, 계자 기자력파와 전기자 반작용 기자력파 사이의 공간-위상(space-phase) 관계는 부하의 역률에 의해 결정된다.

(d) 고정자 권선의 3개의 상에서의 전기자 기자력의 합은 어떤 주어진 순시에서 0이다.

(e) 주 계자 자속 Φ_f와 전기자 반작용 자속 Φ_{ar}의 합은 항상 합성 자속 Φ_r을 주도록 더해진다.

(f) 진상 역률에서 운전하는 동기전동기는 부족 여자이다.

(g) 단락 회로 동안에 흐르는 높은 전류는 포화 조건에서 운전하는 동기기가 되게 한다.

(h) 동기전동기에 부하가 증가된다. 이것은 주 계자 기자력 축을 공극 기자력 축 뒤로 더 떨어뜨리며, 그래서 토크각을 증가시킨다.

(i) 과여자 동기전동기는 지상 무효 전력의 발전기이다. 이것은 그것이 계통에 연결되었을 때 계통으로 지상 무효 전력을 공급한다는 것을 의미한다.

(j) 대형기의 경우 전기자 저항과 누설 리액턴스는 대략 기계 정격의 10 [%]이며 동기 리액턴스는 대략 100 [%]이다.

(k) 동기기에 대해 전개되는 등가회로는 포화는 무시할 수 있으며 기계의 공극은 균일하다고 가정한다.

(l) 기계에서 발생되는 전자기적 토크는 주 계자와 공극 기자력파의 크기 그리고 그들 사이의 각도의 정현(사인, sine)에 비례한다.

(m) 동기의 상실은 계자와 공극 기자력파가 서로에 대해 더 이상 정지 상태가 아니라는 것을 의미한다.

6-15 동기전동기가, 인던턴스를 내포하며 저항이 없는 선로를 통하여, 1.00 [pu] 전압으로 무한 모선으로부터 먹여진다. 0.9 [pu]의 여자로, 무부하에서의 전동기 전류는 무시할 수 있다. 하지만, 여자의 변화없이 전동기에 부하가 걸렸을 때, 정격 출력의 0.81 [pu]의 부하에서 조화되지 않는다. 단락 회로 시험 동안에 0.75 [pu] 여자에 의해 전부하 전류가 생성된다.

(a) 선로의 단위법 유도 리액턴스는 얼마인가?

(b) 앞의 조건 하에서 전류는 얼마인가?

6-16 6극 **동기전동기**(*synchronous motor*)(원통형 회전자)가 0.75의 단위법 동기 리액턴스, 무시할 수 있을 정도로 작은 저항을 가진다. 그것의 여자 전압은 1.50의 단위 값으로 조정되었다. 전동기에 부하가 걸림에 따라, 회전자는 0의 부하에 대응하는 초기 공간 위치로부터 10 [deg] 뒤로 떨어지는 것으로 관찰되었다. 손실은 무시할 수 있다. 전동기에 가해진 정격 전압에 대하여, 다음을 계산하라:

(a) 단위법 값으로 선전류.

(b) 지상 또는 진상인 역률.

6-17 다음의 기술이 참인지 거짓인지 답하라. 기술이 거짓일 때, 옳은 답을 준비하라. Y-결선과 역률 진상으로 가정하라.

(a) 동기기에서 계자 기자력축과 전기자 기자력축 사이의 상대적인 위치는 단지 부하의 역률에만 종속된다.

(b) 동기전동기에서의 부하는 증가된다. 이것은 전기자 기자력을 정상 상태에서 더 낮은 값으로 떨어뜨려, 증가된 축 동력에 대한 필요를 공급하기 위해 더 많은 입력 전류가 흐를 수 있다.

6-18 철극을 가진 동기전동기가 단위법 정격 단자 전압 $V_t = 1.0$과 $E_f = 0.65$의 단위법 여자 전압으로 운전된다. 전동기는 0.5 [pu]의 전기자 전류를 그리는 것으로 찾아진다. 비(ratio) $x_d/x_q = 1.75$를 가정하여, 직축과 횡축 동기 리액턴스의 단위법 값을 결정하라.

6-19 철극 동기발전기의 직축 및 횡축 동기 리액턴스가 $x_d = 1.0$ [pu] 및 $x_d = 0.5$ [pu]이다. 고정자 저항과 회전손은 둘 다 무시할 수 있다. 발전기는 정격 전압과 주파수에서 무한 모선에 연결되어 있다. 발전기 계자 여자는 무부하에서 선전류가 0이 되도록 조정되었다. 그 다음 동기를 벗어날 때까지 원동기로부터 발전기로의 동력 입력이 천천히 증가된다. 기계가 동기 탈조 직전에 있을 때, 단위법 선전류와 역률은 얼마인가? 계산을 설명하는 적절하며 명확한 페이서도를 작성하라.

6-20 예제 6-2에 설명된 기계에 대하여 다음을 결정하라:

(a) 최대 동력이 발생되는 동력각(전력각).

(b) 단위법으로 표현된 발생 동력의 최대 값.

6-21 예제 6-2의 동기전동기가 0.8 진상으로부터 0.8 지상으로 역률의 변화를 일으키는 계자 전류의 변화로 운전된다. 여자 전압의 새로운 값을 결정하라.

6-22 원통극 동기전동기가 0.85 지상의 역률인 1500 [kW]의 부하의 역률을 개산하기 위해 사용된다. 동기전동기는 0.75 진상의 역률로 운전하고 있다. 총(total) 0.95 지상의 역률로 올리는 것이 요구된다면 동기전동기의 [kVA] 정격은 얼마이어야 하는가?

6-23 산업 공장에서 460 [V] 정격인 두대의 3상 유도전동기를 사용한다. 전부하에서 한대는 0.85 지상 역률에서 232 [A]를 그린다; 다른 전동기는 0.82 지상 역률에서 169 [A]를 그린다. 공장 역률을 0.9 지상이 되도록 하기 위해 도움을 줄 수 있는 동기 커패시터의

[kVA] 정격을 찾아라.

6-24 2300 [V] 무한 모선 계통으로부터 공급되는 산업 공장으로의 순(net) 입력이 0.92 지상 역률에서 765 [A]로 측정되었다. 대부분의 부하가 유도성이기는 하지만, 1000 [kVA]의 정격에서 운전하는 동기 커패시터를 설치함으로써 입력 역률이 개선되었다. 공장의 원래의 역률을 결정하라.

6-25 그림 6-12에 나타난 전원 전압이 120 [V rms]와 60 [Hz]인 것으로 가정된다.

(a) SCR의 점호각이 $\pi/4$ [rad]으로 설정되었을 때 평균 부하 전압의 값을 [V]로 결정하라.

(b) 이 회로 내에서의 저항기가 10 [Ω] 그리고 인덕터가 5 [H]라 하자. 문제 (a)의 점호각에 대하여 부하 전류의 평균 값을 계산하라.

7 DIRECT-CURRENT GENERATORS

직류기는 고도로 용도가 넓은 기계이다. 그것은 높은 기동 토크는 물론 높은 가속 및 가속 토크를 제공할 수 있다. 그것은 빠른 역회전이 가능하며, 4 : 1의 범위에 걸친 속도 제어가, 다른 모든 전기-기계 에너지 변환 장치에 비하여 비교적 쉽게 이루어진다. 이것은 제강소(steel mill)에서 찾아지는 것과 같은 공업에서 실로 힘든 일에서의 용도를 위해 신뢰할 수 있는 양상이다. 유감스럽게도, 각 전기자 코일 내에서 유도되는 교류 기전력을 단방향 전압으로 변환하는 기계적 정류기(정류자의 형태로)에 대한 필요는 가장 덜 튼튼한 기계 중의 하나로 만드는 것은 물론 더 비싸게 만든다.

직류기에서의 기본적인 토크 생성과 유도 전압의 근저에 있는 원리가 3장에서 상세하게 개관되었다. 여기에서는, 어떻게 직류 전압이 얻어지는 지에 대한 설명으로 시작하여, 여러가지 형태의 직류기의 운전 특성을 조사한다. 정류와 외부 특성(external characteristic)에 미치는 효과를 특히 강조하여 기계 거동에 대한 전기자 권선 기자력의 영향이 조사된다. 정류라는 주제는, 좋은 정류 없이는 기계가 거의 쓸모없게 되기 때문에, 직류기의 연구에서 발군의 위치를 차지한다. 전동기 속도-토크 특성이 해석되며, 또한 여러가지 속도 제어 방법도 설명된다. 마지막으로, 지배 방정식(governing equation), 등가회로, 전력 흐름도, 그리고 자화 곡선의 사용을 통하여 기계 성능을 찾는 과정이 개략되고 설명된다.

7-1 GENERATION OF UNIDIRECTIONAL VOLTAGES

어떻게 하여 직류 전압이 전기자 출력 단자에서 생성될 수 있는 지에 대해 이해하는 것이 직류기 연구의 출발에 도움이 된다. 그림 7-1 (a)에 나타난 것은 회전자의 주위를 따르는 변위의 함수로써 계자 권선에 의해 생성되는 자속밀도의 그림이다. 그림의 위가 평평한(flat-topped) 부분은 회전자 표면과 자극면(face of pole piece) 사이의 일정한 공극에 기인한다. 자극간 공간(interpolar space) 내에서는 거기에 있는 큰 공극의 효과 때문에 급격한 감소가 생긴다. 그림 7-1 (b)는 단일 코일 a-a'로 이루어진 전기자 권선을 가지는 2극기의 단면을 묘사한다. 코일변(coil side) a는 보여지지 않은 후면 단접속(back connection)에 의해 코일변 a'와 연결된다. 각 코일변의 앞쪽 끝(front end)은 나타내어진 바와 같이 구리 조각에 영구히 접속된다. 그

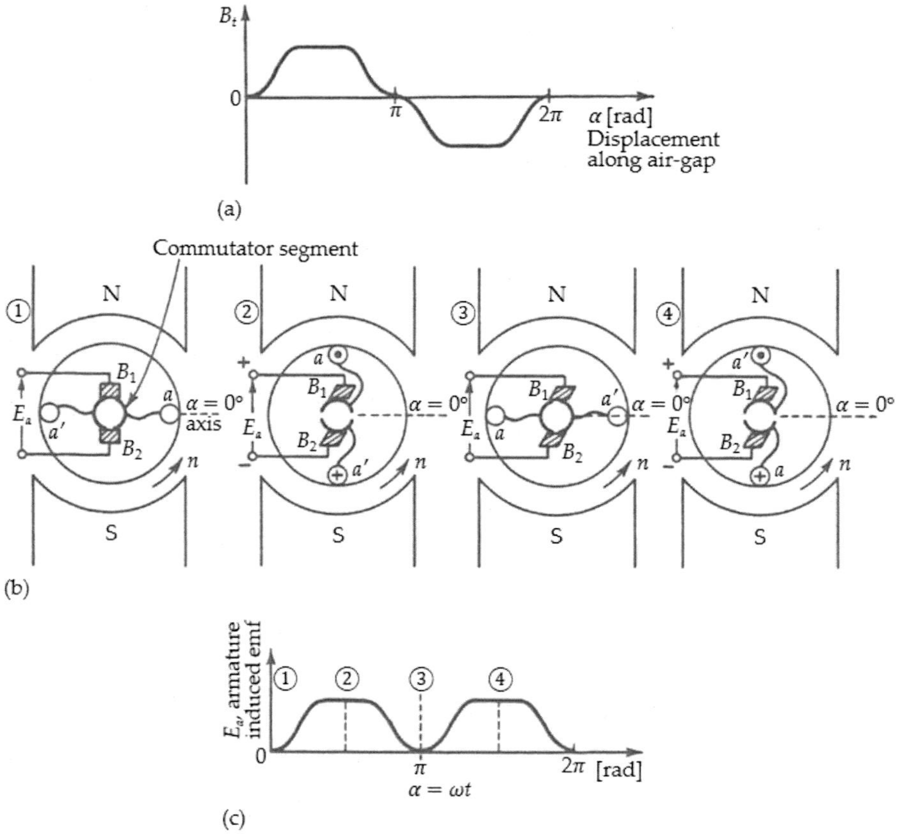

Figure 7-1 Generation of unidirectional voltage: (a) shape of air-gap flux density produced by field winding; (b) emf generated in a single-coil armature for four instants of time; (c) plot of E_a as a function of time, with specific instants of part (b) shown.

램(Zénobe Théophile Gramme, 1826-1901)-환상 결선(Gramme-ring connection)과는 달리, 이 배치에서는 코일변 둘 다가 전압 생성에 유효함에 유의하라. 구리 조각은 회전자 구조의 일부이며, 이에 의해 회전자와 같이 회전한다. 코일 a-a'에서 유도되는 어떤 기전력이 이 구리 조각에서 나타난다. 구리 조각과 접촉하여 위치되며 공간 내에서 고정된 것은 두개의 탄소 브러시 B_1과 B_2이다. 그들은 전기자 권선에서 유도된 전압을 모으고 외부 회로에서 이용할 수 있게 하기 위해 사용된다. 그림 7-1 (b)에 있는 코일이 자속 계자에 대하여 4개의 다른 위치에서 보여져 있다. 회전자는 반시계 방향으로 속도 n에서 회전하고 있는 것으로 가정된다. 순시 ①에서는, 각 코일이 자속밀도가 0인 위치에서 찾아지기 때문에 코일 내에서 유도되는 기전력이 0이다. 순시 ②에서는, 각 코일 내에 유도되는 기전력이 있으며, 그 크기는, 그림 7-1 (a)에서 얻어지는 바와 같은, 자속밀도의 값은 물론 코일변의 속도와 길이에 비례한다. 코일변 a에서의 유도 전압의 방향은 브러시 B_1의 극성이 **정(양)**(*positive*)이 되도록 하는 방향이다. 회전자가 부가적인 90 [deg]를 회전함으로써, 그림

7-1 (b)의 ③에 그려진 상황이 우세한 것으로 찾아진다. 다시 전압 값이 0임에 유의하라. 순시 ④에서는, 코일변 *a*가 S-극 자속의 영향 아래에 있어서 유도되는 기전력이 역전된 극성을 가진다. 하지만, 부착된 정류자편(commutator segment)이 이제는 브러시 B_2와 접촉되어, 이 브러시가 부(음) 극성을 유지함에 유의하라. 전기자 단자에서 나타나는 전압의 완전한 그림이, 특히 그림 7-1 (b)의 4개의 순시가 표시되어, 그림 7-1 (c)에 묘사되어 있다. 각 코일변 내에서의 전압이 각 회전에 대하여 교번하는데도 불구하고, 브러시에서 나타나는 전압은 조각으로 된 정류자의 효과 때문에, 단방향임에 유의하는 것이 중요하다.†

정류자와 결합된 단일 코일의 사용은 단방향 전압을 제공하지만, 그림 7-1 (c)의 결과적인 파형은 크기가 전체 주기에 걸쳐 일정하지 않기 때문에 만족스럽지 못하다. 코일 수를 증가하고 분포시킴으로써 상당한 개선이 이루어질 수 있다. 그림 7-2 (a)는, 총 8개의 코일을 산출하는, 회전자에 슬롯당 2개의 코일로 설비된 8개의 슬롯을 가지는 2극기의 펼친 형태를 묘사한다. 이 모양은 실제 기계에서 찾아지는 전형적인 상황이다. 그림의 아래 부분은 여러 코일변이 합해진 양(quantity)을 주도록 묶어지는 방식을 설명한다. 보여진 권선 배치는 명백한 이유로 **파권**(*wave winding*)으로 불리어진다.‡ 일반적인 법칙으로서, 주어진 코일의 코일변은 한극 간격(즉, 180 [elec. deg])에 걸치도록 만들어진다. 더욱이, 여기에서 그려진 것과 같은 2층권(double layer winding)에서는, 각 코일이 한쪽 변은 아래쪽 위치를, 그리고 다른 변은 위쪽 위치를 차지하도록 위치된다. 예를 들어, 코일변 1과 10은 한개의 코일을 구성하도록 후단접속(back-end connection)에 의해 묶어진다. 간격(스팬, span)은 180°이며, 코일변 10은 슬롯 5 내에서 아래쪽 위치를 차지하는 한편, 코일변 1은 슬롯 1 내에서 위쪽 위치를 차지함에 유의하라.

그림 7-2 (a)의 검토는 전기자 권선이 자체로 완전히 닫히며 특히 파권은 브러시에 관하여 두개의 전기자 경로를 가진다는 것을 드러낸다. 각 코일변에 붙여진 화살표는 부하가 브러시를 가로질러 위치되었을 때 흐르는 전류를 일으키는 유도 기전력의 방향을 나타낸다. 그리 7-2 (a)의 평면도에서, 보여진 회전 방향에 대한 기전력의 방향은 N-극 아래에서는 아래로 향하는 방향이며 S-극 아래에서는 위로 향하는 방향이다. 명확을 위하여, S-극이 다시 한번 반복되었다; 왼편에서는 위쪽 코

†더 나은 이해를 위해서는 교류발전기와 구별하는 것이 좋다. 그림 7-1 (b)의 배치는 각 코일변을 닫힌 구리 환(closed copper ring)에 접속하고 각 브러시가 각 환 위에 얹혀 움직이도록 만들어지면 교류발전기가 된다. 그러면 유도 기전력의 정(양)과 부(음)의 변동이 브러시에서 그리고 그러므로 전기자 단자에서 나타나도록 만들어진다.

‡다른 빈번히 사용되는 배치는 **중권**(*lap winding*)이다.

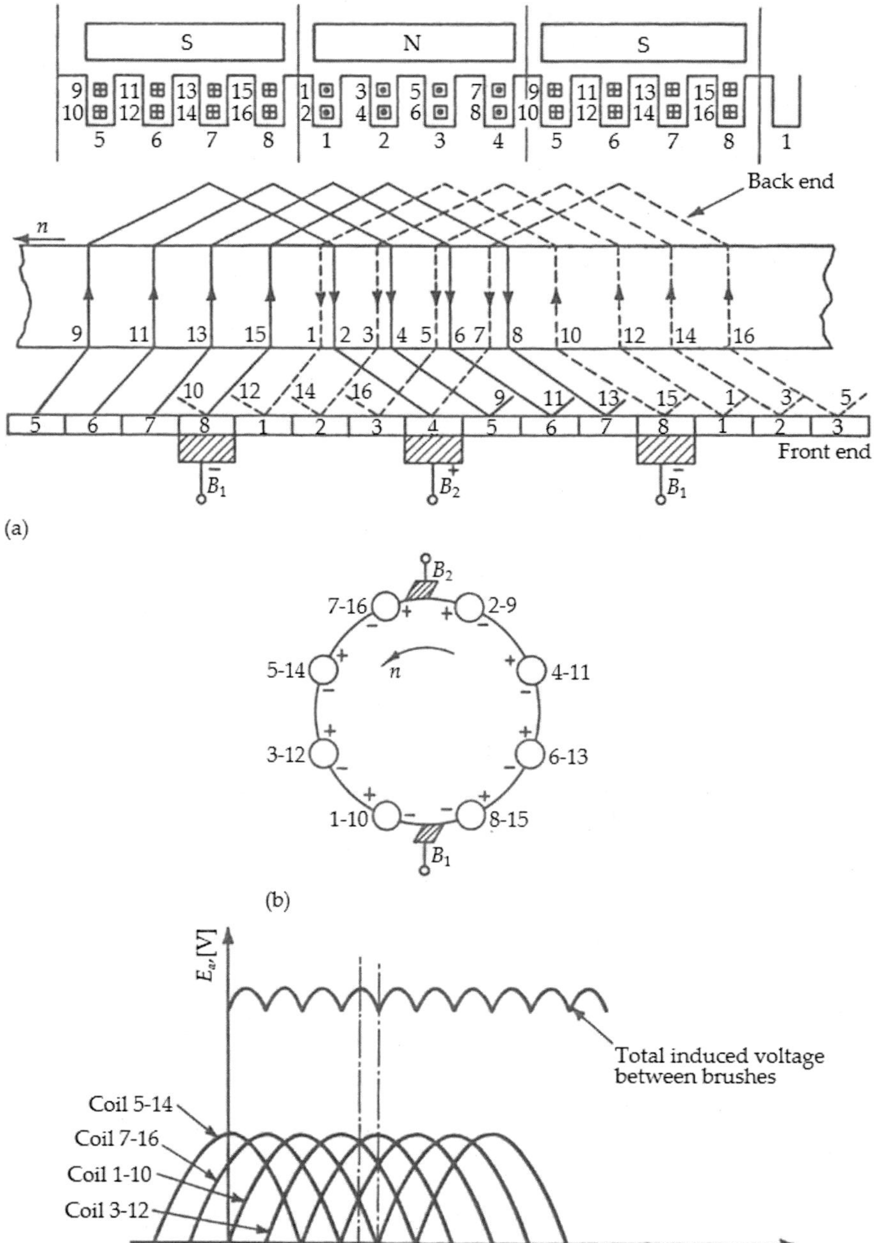

Figure 7-2 Generation of a dc voltage: (a) winding layout for a simple machine; (b) schematic representation of two armature paths existing between the brushes at the time t_0 illustrated in (a); (c) total induced armature voltage as a function of time; completed cycle is shown for each of four coils.

일변이 특별히 그려진 한편, 오른편에서는 슬롯의 아래 부분에 위치하는 코일변이 보여져 있다. 또한 브러시 B_2는 정류자편 4에 놓여 있는 것으로 가정되며, 동시에 브러시 B_1은 정류자편 8과 접촉하고 있는 것으로 가정된다. B_2에서의 회로의 조사는 전류가 두개의 방향으로부터 이 브러시로 모인다는 것을 드러낸다—코일변 2와 코일변 7로부터. 더 나아간 조사는 코일변 2가 4개의 코일로 이루어진 경로와 관련된다는 것을 나타낸다: 8-15, 6-13, 4-11, 그리고 2-9. 이 코일들은 그림 7-2 (a)에서 실선으로 그려져 있으며 그림 7-2 (b)에서 작은 직렬 연결된 직류 전원으로 나타내어져 있다. 비슷하게 코일변 7은 남아 있는 4개의 코일과 관련된다: 7-16, 5-14, 3-12, 그리고 1- 10. 이 코일들은 그림 7-2 (a)에서 파선으로, 그리고 그림 7-2 (b)에서 직렬 연결된 직류 전원으로 나타내어져 있다.

주의가 단지 그림 7-1 (a)의 자속밀도 곡선의 기본파 성분으로 향해진다면, 고려되는 순시에 대해 코일 전압의 값이 같지 않음이 명백할 것이다. 예를 들어, 코일 3-12, 4-11, 5-14, 그리고 6-13의 순시 값이 최대 값의 위치와 22.5° 이격되어 있는 한편, 남아 있는 코일은 67.5° 이격되어 있다. 계자 분포에 대한 전기자의 여러가지 위치에 대해 이 코일 전압의 부분 시간 이력(partial time history)이 그림 7-2 (c)에 묘사되어 있다. 그림 7-2 (a)에 나타내어진 순간은 t_0으로 표시되어 있다. 어떤 전 주기(full cycle)에 걸친 각 코일 전압은 정류자의 작용 때문에 정류된 파형으로 나타남에 유의하라. 더구나, 전기자 권선의 한쪽 편에 있는 4개의 코일만이 묘사되어 있다. 시간 t_0에서 브러시 B_1과 B_2 사이에서 나타나는 총(total) 유도 전압(E_{a0})은 순시 코일 전압의 합, 즉, $E_{a0} = 2E_m \cos 22.5° + 2E_m \cos 67.5°$이다. 여기서 E_m은 코일 내에서 유도되는 첨두 전압이다. 그림 7-2 (b)로 이끄는 조건이 순시 t_1—22.5° 후—에 대하여 해석된다면, 코일 5-14와 6-13은 첨두 값을 겪을 것인 한편, 코일 2-9와 1-10 내에서 유도되는 전압은 0일 것이다. 남아 있는 코일 내에서의 유도 기전력의 순시치는 $E_m \cos 45°$일 것이다. 시간 t_1에서 총 기여는 그러므로 $E_{a1} = E_m + 2E_m \cos 45° + 0$이다. 이 총계가 그림 7-2 (c)에 표시되어 있으며, 시간 t_0에서 생기는 값보다 더 작다.

그림 7-2 (c)의 일견은 이제는 그림 7-1 (c)의 상황과 비교하여 거의 일정한 전압이 브러시 사이에 나타난다는 것을 명확하게 만든다. 작은 맥동(ripple)은 작은 극당 슬롯수에 기인한다. 실제 기계에서는, 이 수가 매우 커서 민감한 계기일지라도 맥동이 감지되기 어렵다.

7-2 DIRECT-CURRENT GENERATOR TYPES

직류기는 기계 에너지가 회전자에 공급되고 전기 부하가 전기자 단자를 가로질러 연결되었을 때 발전기로 기능한다. 전기 에너지를 부하에 공급하기 위해서는, 하지만, 자계가 먼저 공극 내에 확립되어야 한다. 자계는 그것이 기계 계통으로부터 전기 계통으로 에너지의 전달을 허용하는 결합 장치로 소용이 되기 때문에 필요하다. 자계를 생성하기 위해 계자 권선이 여자될 수 있는 두가지 방식이 있다. 첫번째 방법은 그림 7-3의 개략도에 묘사된 바와 같이 되는 보조 전원으로부터 계자를 따로 여자하는 것이다. 그러나 명백히 이 책략은 다른 직류 전원의 필요 때문에 불리하다. 결국, 직류발전기의 목적은 전원으로 이용할 수 있도록 만드는 것이다. 그러므로, 변함없이 직류발전기는 자기 여자(self-excitation)의 과정을 포함하는 두번째 방법에 의해 여자된다. 그림 7-4에 나타난 권선도와 배치는 **자여자 분권 발전기**(*self-excited shunt generator*)라 불린다. 계자 권선이 전기자 권선과 병렬로 나타나기 때문에 단어 분권(분로, shunt)이 사용된다. 즉, 두 권선이 분로 결선(shunt connection)을 이룬다.

어떻게 하여 자여자 과정이 일어나는 지를 이해하기 위해서는, 기계의 **자화 곡선**(*magnetization curve*)으로 출발해야 한다. 때때로 이 곡선은 **포화 곡선**(*saturation curve*)이라고 불린다. 엄밀히 말하면, 자화 곡선은 계자 권선 기자력에 대한 공극 자속의 그림을 나타낸다. 하지만, 권선 상수 K_E가 알려져 있으며 속도 n이 고정된 직류발전기에서는, 자화 곡선이 계자 권선 전류의 함수로써 개방 회로 유도 전기자 전압의 그림을 나타내는 것으로 된다. 고정된 K_E와 n으로, 식 (3-34)는 Φ와 E_a가 단지 일정한 인자로만 다르다는 것을 보인다. 그림 7-5는, 전기자의 일정한 회전 속도에 대해 정당한, 전형적인 자화 곡선을 나타낸다. 이 그림에서 계자 전류가 0일지라도 값 $0a$의 기전력이 전기자 내에 유도된다는 것에 유의하는 것이 특히 중요하다. 이 전압은 전적으로 자기회로 철의 이전의 여자 이력(excitation history) 때문에 나타나는 잔류 자기에 기인한다. 같은 축 조합 위에 나타나 있는 선형 곡선(linear curve)은 **계자 저항선**(*field-resistance line*)이다. 그것은 계자 권선과 계자 가변저항기(field rheostat)의 작용 부분(active portion)의 직렬 조합에 인가되는 전압에 기인하는 전류의 그림이다. 명백히, 그러면, 선형 곡선의 기울기는 계자 권선 저

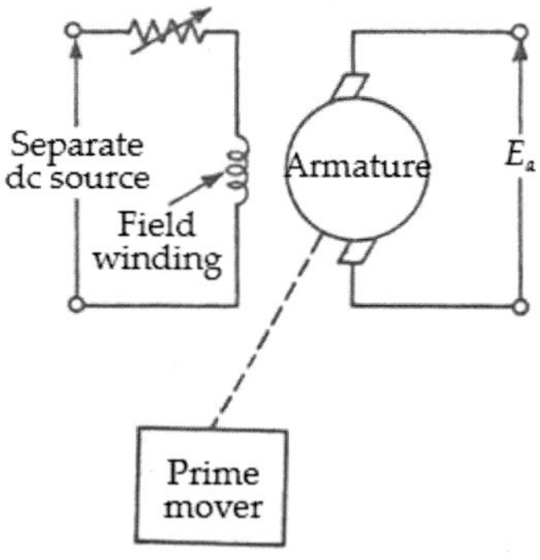

Figure 7-3 Schematic diagram of a separately excited dc generator.

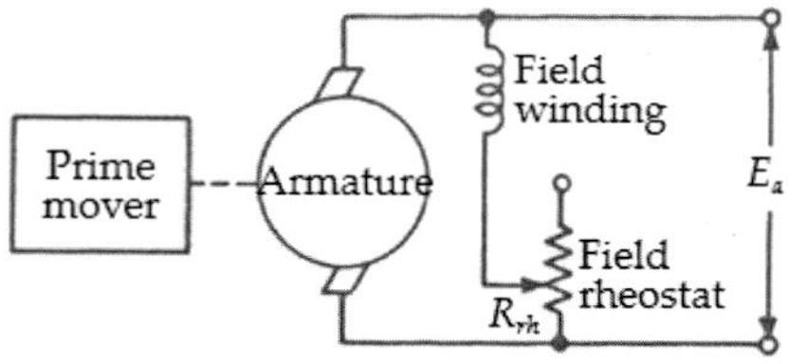

Figure 7-4 Schematic diagram of a self-excited shunt generator.

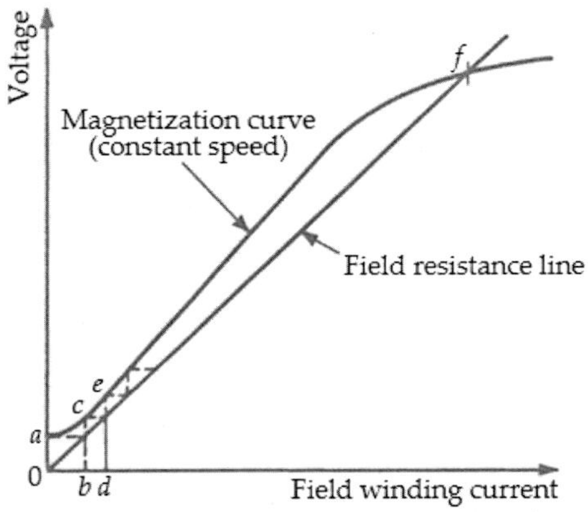

Figure 7-5 Illustrating the build-up procedure of a self-excited shunt generator.

항 R_f와 작용 가변저항기 저항 R_{rh}의 합(sum)과 같다. 잔류 자기에 기인한 전압 $0a$가 계자 회로를 가로질러 나타나며 계자 전류 $0b$의 흐름을 일으킨다. 그러나 자화 곡선에 따라, 이 계자 전류는 잔류 자속에 도움을 주고 그것에 의해 값 bc의 더 큰 유도 기전력을 생성한다. 다음으로 이 증가된 기전력은 더 큰 계자 전류를 일으키며, 더 큰 기전력을 생기게 하는 더 많은 자속을 생성하는 과정을 계속한다. 전압 확립(voltage build-up)의 이 과정은 유도 기전력이 바로 그것을 유지하기에 충분한 계자 전류를 생성할 때까지 계속된다. 이것은 그림 7-5에서 점 f에 대응한다. 확립 과정이 일어나기 위해서는 세가지 조건이 만족되어야 함에 유의하라: (1) 잔류 자속이 있어야 한다.† (2) 계자 권선 기자력이 이 잔류 자속에 도움을 주도록 작용해야 한다. (3) 총(total) 계자 회로 저항이 임계 값(critical value)보다 작아야 한다. **임계 계자 저항**(*critical field resistance*)은 저항선이 포화 곡선의 선형 부분과 일치하도록 만드는 값이다.

분권 발전기에 더하여, 다른 형태의 발전기가 있다—복권 발전기와 직권 발전기. **복권 발전기**(*compound generator*)는 **직권 권선**(*series winding*)이 설비된 분권 발전기이다. 직권 권선은 계자 권선과 같은 자기 축 위에 비교적 적은 권수로 감기며 전기자 권선과 직렬로 연결된 코일이다. 그림 7-6을 참고하라. 직권 계자 권선은 전체 전기자 전류를 운반할 수 있어야 하기 때문에, 그것의 단면적은 분권 계자 권선에서 사용된 것보다 훨씬 더 크다. 직권 계자의 목적은, 전기자 권선 저항 강하뿐만 아니라 부하로 이끄는 인입선(feeder wire) 내에서 생기는 전압 강하를 중화하기 위하여, 증가되어 흐르는 전기자 전류로써 부가적인 공극 자속을 제공하는 것

†철이 원래의 초기 상태일 때에는, 잔류 자속이 없다. 그러한 경우에는, 기계에 유용한 수준의 잔류 자속을 주기 위하여 계자 권선이 초기 여자(initial excitation)를 받아야 한다. 이 과정은 **계자 플래싱**(*flashing the field*)이라 불린다.

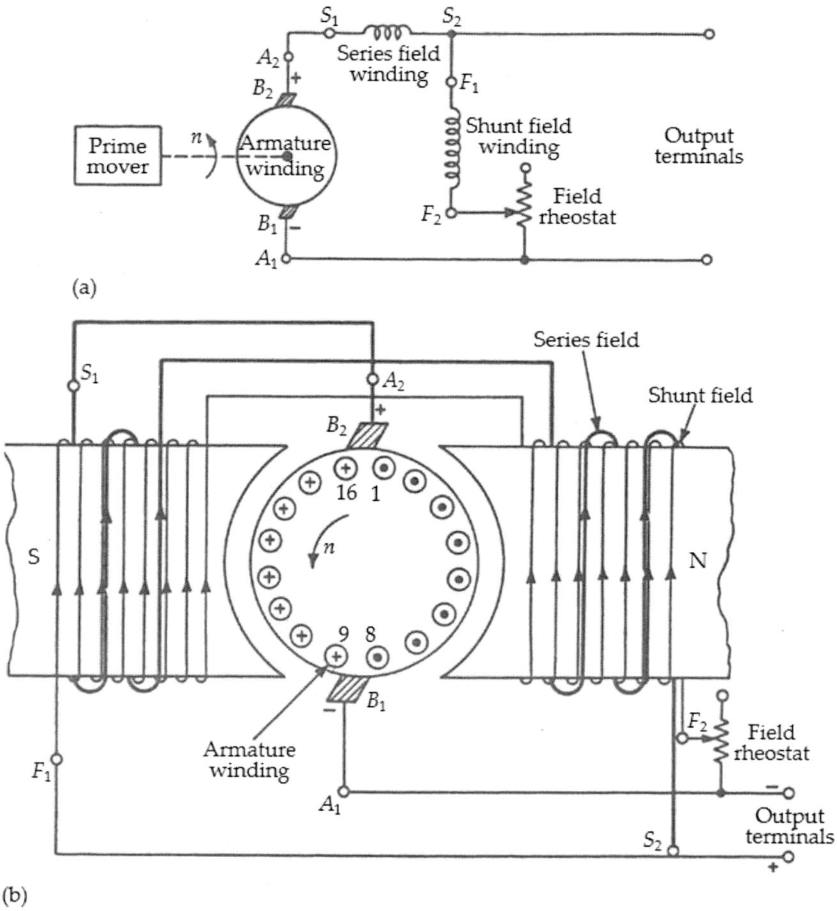

Figure 7-6 Cumulatively compounded generator: (a) schematic diagram; (b) detailed diagram depicting the location of series and shunt windings on the pole structure.

이다. 그러한 경우에는 발전기가 보통 직권 계자가 분권 계자 자속을 **돕기**(*aid*) 때문에 **가동**(**화동**) 복권 발전기(*cumulatively* compounded generator)라 불린다. 직권 계자 결선이 역으로 되었다면, 그것의 자속이 분권 계자 자속과 반대일 것이며, 그러한 배치의 경우에는 **차동** 복권 발전기(*differentially* compounded generator)라 불린다.

그림 7-6 (a)에 묘사된 결선도에 적절한 제약을 부과함으로써, 직류발전기의 세가지 운전 형태(three nodes of operation) 중 하나를 식별할 수 있다. 따라서 직류발전기는 전기자 권선에 더하여 다음을 가진다:

Compound generator:	shunt and series field windings
Shunt generator:	shunt field winding
Series generator:	series field winding

직권 발전기는 특별한 응용을 위해 드물게 사용되기 때문에, 발전기의 모든 추가 처리는 분권과 복권 형태로 제한된다.

7-3 DEMAGNETIZING EFFECT OF THE ARMATURE WINDING MMF

전기자 권선 기자력은 두가지 해로운 효과를 생성한다: 계자 자속에서의 순(net) 감소를 일으키며, 코일 내에서의 전기자 전류에 대한 정류를 더 어렵게 만든다. 여기에서는 첫째 것으로 주의를 돌린다; 정류의 문제는 7-6절에서 다루어진다.

그림 7-6 (b)의 일견은 전기자 권선 내에서의 전류의 흐름이 환상 철심(솔레노이드, solenoid) 처럼 거동하는 전기자를 만드는 암페어-도체 분포를 생성함을 보인다. 관련된 기자력은 브러시축을 따라 아래로 향하며 계자축과 횡(quadrature)의 위치에 있다. 철의 포화가 없다면, 이 교차-전기자 기자력(cross-armature mmf)의 효과는 단지 자속의 왜곡(distortion)을 일으킬 것이다. 하지만, 대부분의 실제 기계에서는 운전이 자화 곡선의 무릎부(knee) 주위에서 일어나며, 결과로서 순 감자(net demagnetization)가 생긴다. 왜 이 일이 일어나는 지를 이해하기 위하여, 부하에 전류를 내어놓는 분권 발전기의 상황인, 그림 7-7에서 설명된 상황을 고려한다(분권 발전기는 보여지지 않았다). 전기자 기자력파는 삼각파인 것으로 가정된다. 이것은 표면 전기자 도체의 수가 클 때는 언제나 정당하다; 그렇지 않으면, 계단 사다리꼴(stepped trapezoid)일 것이다. 이 전기자 기자력에 의해 생성되는 자속밀도파는 자극간 공간(interpolar space)의 높은 자기저항 때문에 안장형이 된다(saddle-shaped). 합성 공극 자속밀도는 B_f와 B_a 곡선의 합(sum)이다. 전기자 기자력은 자극의 뒤쪽 절반(trailing half)에서는 자속을 증가시키는 것으로 작용하는 한편, 앞쪽 절반(leading half)에서는 자속의 감소를 일으킨다. 뒤쪽 절반에서의 자속의 증가가 앞쪽

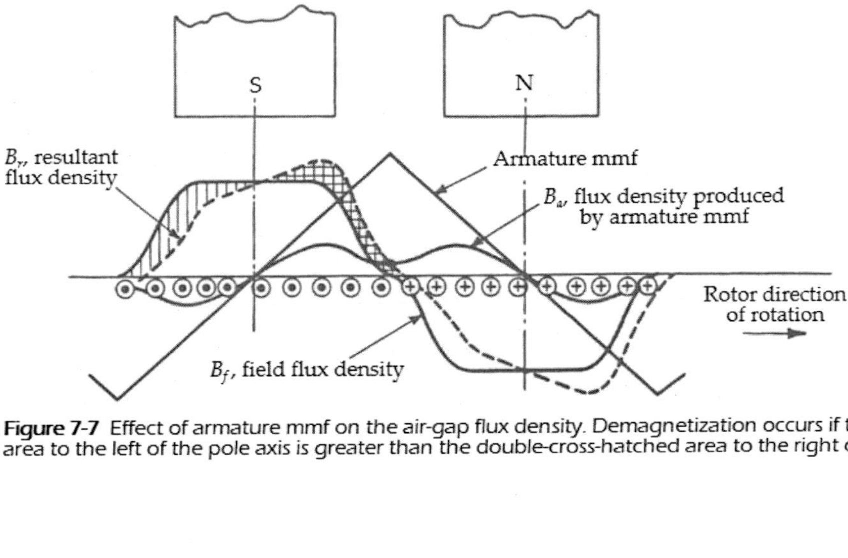

Figure 7-7 Effect of armature mmf on the air-gap flux density. Demagnetization occurs if the cross-hatched area to the left of the pole axis is greater than the double-cross-hatched area to the right of the pole axis.

절반에서의 감소와 같다면, 계자 자속에서의 순(net) 감소는 일어나지 않는다. 뒤쪽 절반에서의 자속의 증가가 앞쪽 절반에서의 감소보다 적다면, 감자가 일어난다. 그림 7-7에서, 빗금으로 된 영역(cross-hatched area)은 자극의 앞쪽 절반에서 일어나는 감자의 양을 나타내며, 그물눈으로 된 영역(double cross-hatched area)은 교차자화 전기자 기자력에 기인한 자화(증자)의 양을 나타낸다. 앞의 면적이 뒤의 면적보다 클 때, 계자 자속의 순 감자로 귀결한다. 기계가 부분적으로 포화된 상태에서 운전되기 때문에, 종종 어느 정도의 감자가 존재한다.

등가 계자 암페어로 표현된 이 감자되는 양의 측도(measure)는 자화 곡선과 적절한 설계 자료의 지식으로부터 얻어질 수 있다. 과정이 그림 7-8에서 도식적으로 설명된다. 단독으로 작용하는 계자 권선에 의해 생성되는 극당 공극 자속밀도는 B_f로 나타내어져 있다. ρ가 극간격의 폭 τ_p에 대한 자극면의 폭 b_p의 비(ratio)로 정의된다고 하자. 즉,

$$\rho \equiv \frac{b_p}{\tau_p}$$

이다. 그러면 각 자극의 끝(tip)에서 작용하는 전기자 기자력의 양은

$$\text{armature mmf at pole tip} = \rho \frac{Z}{2p}\frac{I_a}{a} \qquad [\text{A-t}] \tag{7-1}$$

이다. 여기서 Z는 총(total) 전기자 도체를 나타내고, p는 극수이며, a는 전기자 경로의 수를 나타낸다. 인자 2는 도체를 권수로 변환한다. 식 (7-1)을 등가 계자 암페어로 표현하기 위해서는, 계자 권선의 극당 권수 N_f로 나누는 것이 필요하다. 이 양이

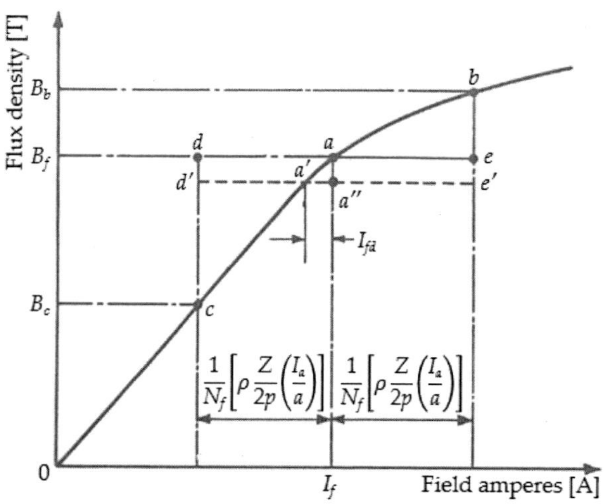

Figure 7-8 Illustrating the demagnetizing mmf by means of the magnetizing curve.

명확을 위하여 약간의 과장으로 그림 7-8의 가로 좌표축에 보여져 있다. 자극의 중심에서의 합성 공극 자속밀도의 값은 B_f 이다. 하지만, 뒤쪽 자극 끝에서는 전기자 기자력의 자화(증자) 작용이 이 양을 B_b로 올리는 반면, 앞쪽 자극 끝에서는 B_c로 떨어뜨린다. 면적 acd는 자극의 앞쪽 절반에서 생기는 감자의 양의 측도이다; 면적 abe는 자극의 뒤쪽 절반에서 생기는 자화의 양의 측도이다. 측정할 수 있는 정도의 포화를 나타내는 기계의 경우 면적 acd는 면적 abe보다 더 크다. 따라서 감자가 생긴다. 이 감자의 값은 선 dae를 면적 $a'd'c$가 면적 $a'be'$와 같게 되는 위치 $d'a'e'$로 옮김으로써 찾아진다. 계자 전류축에 사영된(projected) 양 aa'가 원하는 결과를 산출한다. 따라서

$$I_{fd} \equiv a'a'' \qquad \text{[measured in field amperes]} \tag{7-2}$$

이다. 여기서 I_{fd}는 등가 계자 암페어로 전기자 기자력의 감자 효과를 나타내기 위해 사용된다.

7-4 EXTERNAL GENERATOR CHARACTERISTICS

발전기의 외부 특성(external characteristic; 단자 특성, terminal characteristic)은 일정하게 고정된 속도로 부하 전류에 대한 단자 전압의 그림으로 나타내어 진다. 전기자 권선과 단일 계자 권선이 설비된 발전기는 타여자 형태 또는 분권 여자 형태로 운전될 수 있다. 각 형태에 대한 외부 특성이 그림 7-9에 실선으로 묘사되어 있다. 비교의 목적으로, 각 형태는 무부하에서의 단자 전압이 같도록 조정된 것으로

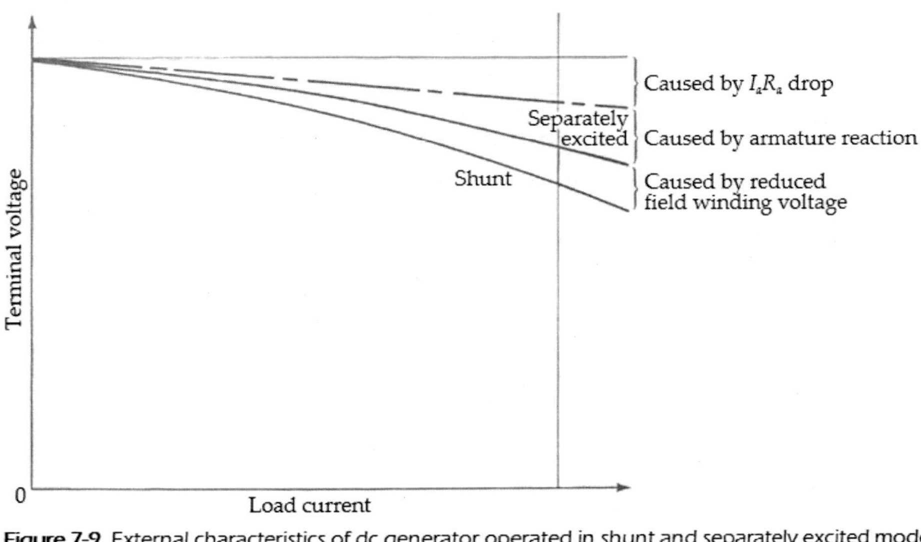

Figure 7-9 External characteristics of dc generator operated in shunt and separately excited modes. Speed is constant.

가정되었다. 그러면 부하 전류가 정격 값으로 증가하는 것이 허용됨에 따라, 분권 결선이 타여자 형태보다 더 현저하게 되는 상황으로, 단자 전압의 저하가 생긴다. 물론, 두 경우 모두에서 전기자 회로 저항을 통하는 증가하는 전기자 전류의 흐름과 관련된 전압에서의 강하가 있다. 이것이 그림 7-9에서 일점 쇄선(broken-line) 곡선으로 표시되어 있다. 더욱이, 타여자 형태 운전의 경우에는, 앞 절에서 설명된 바와 같은 전기자 전류의 감자 효과 때문에 생기는 일점 쇄선 특성으로부터의 전압에서의 부가적인 강하가 있다. 이 두 효과—전기자 회로 저항 전압 강하와 전기자 반작용—가 타여자 발전기의 결과적인 외부 특성을 정의한다.

직류발전기가 자여자 분권 발전기로 운전될 때에는, 이미 설명된 두 인자에 덧붙여, 주어진 부하 전류에서 단자 전압의 더한 감소의 원인이 되는 세번째 인자가 있다. 분권 결선으로는 계자 전류에 대한 공급 전압이 사실 증가하는 부하 요구에 따른 감소를 겪는 바로 발전기의 단자 전압이라는 것을 염두에 두어라. 결과적으로, 이 줄어든 전압이 계자 전류와 그것에 의한 공극 자속에서의 대응하는 감소를 일으키며 그 다음 단자 전압에서의 더 나아간 저하를 일으킨다. 따라서, 분권 발전기의 외부 특성은 타여자 형태의 운전에 대해 얻어진 것보다 아래에 위치하는 것으로 나타난다.

분권 계자에 더하여 직권 계자 권선이 설비된 직류발전기는 그림 7-9의 수하 특성(drooping characteristic)을 일으키는 효과를 거스르도록 설계될 수 있다. 옳은 권수의 직권 계자 권선을 공급함으로써, 부하에 따라 분권 발전기의 단자 전압의 감소를 일으키는 세가지 효과를 모두 완전히 중화하는 것이 가능하다. 이것이 일어나는 복권 발전기는 **평복권**(*flat compounded*)이라고 일컬어진다. 이 조건이 그림 7-10에 설명되어 있다. 기계가 평복권을 위해 요구되는 권수보다 더 적은 권수를 가지도록 설계되었다면, 발전기는 **부족 복권**(*undercompounded*)이라고 일컬어진다. 그러한 경우에는 단지 분권 형태의 전압 강하의 부분적인 보상만이 이루어진다. 하지만, 더 일반적으로는, 평복권에 대해 요구되는 것을 초과하는 직권 권수를 가지는 직권 권선으로 설계된다. 이것은 **과복권**(*overcompounded*)이라 불리는 외부 특성을 일으킨다. 과복권 발전기는 발전기를 부하에 연결하기 위해 사용되는 인입선(feeder line)에서 초래되는 전압 강하의 효과의 중화를 허용하는 부가적인 양상을 제공한다는 것에 유의하는 것이 도움이 된다. 이것은 특히 긴 인입선이 필요할 때 바람직한 양상이다. 그림 7-10에서 전부하에서의 인입선 강하에 대해 이용할 수 있는 전압은 거리 *ab*로 나타내어진다.

서로 다른 인입 거리와 마주치게 되는 상황을 다룸에 있어서 어떤 유연성을 제공하기 위하여, 많은 직권 권수를 갖도록 설계된 기계가 직권 권선과 병렬로 연결

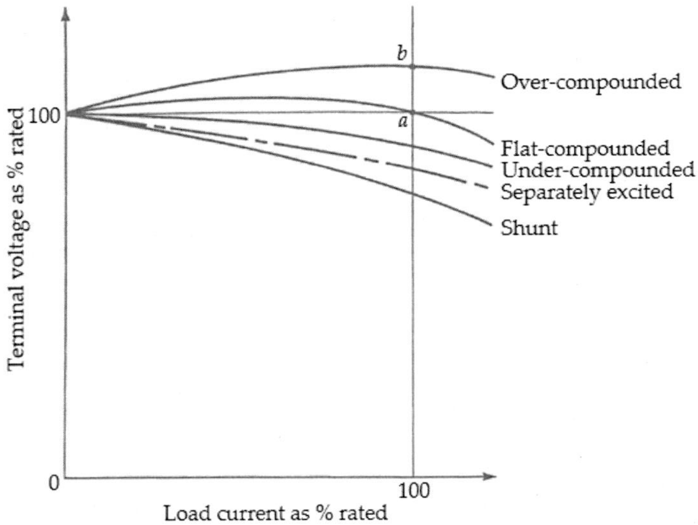

Figure 7-10 External characteristics of various dc generator types at constant speed.

된 저항기와 결합하여 사용될 수 있다. 이 저항기의 적당한 조정에 의해, 공극 자속에 대한 직권 계자 기자력의 기여가, 저항기를 통하여 전기자 전류를 더 또는 덜 분류함으로써, 제어될 수 있다. 이 저항기는 **분류기**(**분로기**, *diverter*)로 알려져 있다.

여러가지 형태의 직류발전기의 외부 특성을 나타내는 다른 방식이 그림 7-11에 묘사되어 있다. 여기에서는 조정이 각 형태에서 정격 부하 전류가 내어놓아질 때 정격 단자 전압을 확립하도록 되어 있다. 일정한 속도에서 부하 전류가 0으로 줄어

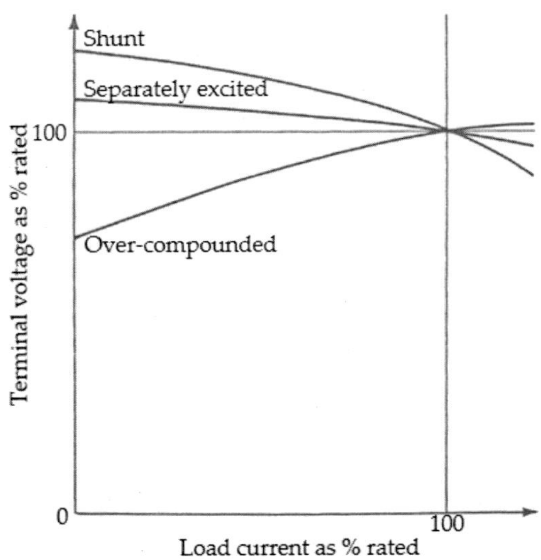

Figure 7-11 External generator characteristics drawn with full-load current at rated terminal voltage as the common operating point. Speed is constant.

드는 것이 허용됨에 따라, 외부 특성이 보여진 위치를 점한다. 과복권 발전기의 무부하 단자 전압의 값이 가장 작은 한편, 분권 발전기의 그것이 가장 크다(왜?).

Voltage Control. 전형적인 응용에서는 부하 단자에서 부하 조건에 관계없이 정격 값에서 고정된 단자 전압을 유지하는 것이 바람직하다. 이 결과를 이루기 위해서는 두가지 방식이 있다: (1) 발전기 원동기의 구동 속도를 조정한다; (2) 계자 권선과 직렬로 위치된 가변저항기를 조정한다(그림 7-6을 보라). 물론, 평복권 발전기이며 인입선 저항 강하를 무시할 수 있는 경우에는, 운전이 무부하 또는 전부하로 제한된다면 아무런 조정도 필요하지 않다. 하지만, 무부하로부터 반부하(half-load)까지에서의 운전의 경우에는, 그림 7-10에 나타난 외부 특성으로부터, 단자 전압을 정격 값에서 유지하기 위하여 속도의 저하 또는 줄어든 계자 전류 조정이 요구된다는 것이 명백하다. 다른 한편으로, 발전기 운전 형태가 부족 복권, 타여자, 또는 분권의 형태라면, 일정한 단자 전압의 유지는 속도에서의 증가 또는 계자 전류에서의 증가를 필요로 한다. 두가지의 결합 역시 채용될 수 있다. 물론, 분권 형태의 운전에서 가장 큰 조정이 이루어져야 한다.

EXAMPLE 7-1 분류기가 설비된 50 [kW], 500 [V] 가동 복권 발전기가 정격 전압에서 정격 전류를 부하에 내어놓는다. 이 조건은 분류기 저항과 계자 가변 저항기의 적당한 조정에 의해 이루어진다. 부하 단자를 가로질러 바로 위치된 분권 계자(외분권(long-shunt) 결선이라 불리는)를 보이는 그림 7-12를 참조하라.† 계자 권선과 분류기를 통하는 측정된 전류는, 각각, 4 [A]와 21 [A]이다. 전기자와 직권 계자 권선 저항은, 각각, 0.1 [Ω]과 0.02 [Ω]이다.

(a) 직권 계자 전류는 얼마인가?

(b) 분류기 저항을 찾아라.

(c) 유기 전기자 전압을 계산하라.

SOLUTION (a) 전기자 전류는

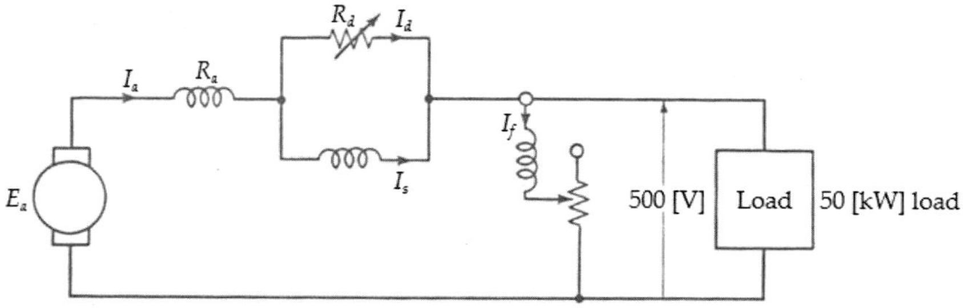

Figure 7-12 Diagram for Example 7-1.

†또한 그림 7-6에서 F_1이 S_2 대신 S_1에 연결된 내분권(short-shunt) 결선도 있다.

$$I_a = I_L + I_f = \frac{50}{0.5} + 4 = 104\ [\text{A}]$$

$$I_s = I_a - I_d = 104 - 21 = 83\ [\text{A}]$$

여기서 I_d는 분류기 전류를 나타낸다.

(b) 분류기를 가로지르는 전압 강하는 직권 계자 권선을 가로지르는 전압 강하와 같다. 따라서,

$$I_d R_d = 83 \times 0.02 = 1.66\ [\text{V}]$$

$$R_d = \frac{1.66}{I_d} = \frac{1.66}{21} = 0.079\ [\Omega]$$

(c) 그림 7-12의 회로에서 키르히호프의 법칙에 의해

$$E_a = V_t + I_a R_a + I_d R_d = 500 + 104 \times 0.1 + 1.66 = 512\ [\text{V}]$$

Derivation of External Characteristic of Self-Excited Shunt Generator

안정 운전점(stable operating point)을 산출하기 위해 그림 7-9에 보여진 인자를 결합하는 정확한 방법은 그림 7-13의 왼쪽에 나타난 도식적 표현에서 이해될 수 있다. 다음의 정보를 이용할 수 있다고 가정한다: 전기자 회로 저항, 계자 회로 저항, 자화 곡선, 그리고 전기자 기자력에 의해 생기는 감자를 나타내는 등가 계자 전류(즉, I_{fd}). 마지막 항목은 설계 자료 또는 적절한 시험으로부터 이용할 수 있다. 비선형 자화 곡선과 계자 저항선의 교점은 무부하에서 평형(equilibrium) 계자 전류는 무부하 단자 전압 V_0에 대응하는 I_{f0}라는 것을 보인다. 전기자 전류가 I_{a1}과 같게

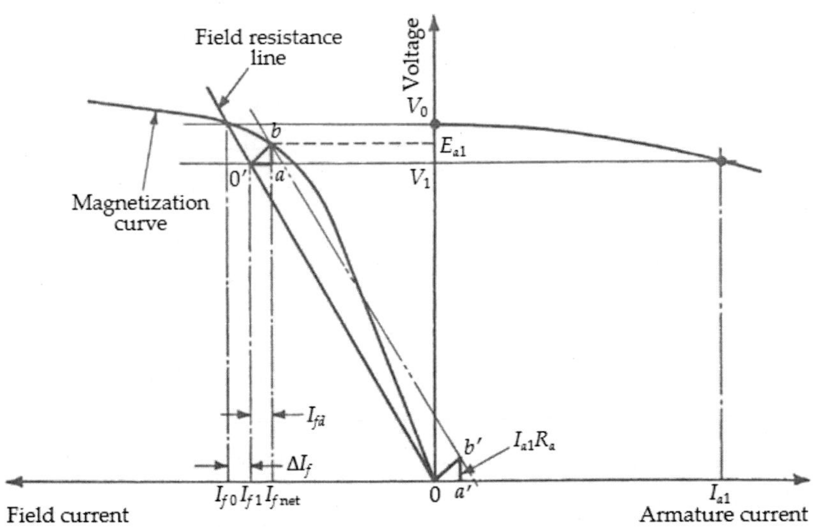

Figure 7-13 Derivation of the external characteristic of a self-excited shunt generator.

되는 부하 조건일 때, 외부 특성은 단자 전압이 값 V_1을 가진다는 것을 보인다. V_1 수준에서의 수평선의 확장은 $0'$로 표시된 계자 저항선과의 교점으로 귀결한다. $0'$의 계자 축으로의 사영(projection)은 계자 회로를 흐르는 전류가 이제는 I_{f1}이라는 것을 드러낸다. 무부하에서의 값과의 비교는

$$\Delta I_f = I_{f0} - I_{f1} \qquad [A] \tag{7-3}$$

과 같은 **감소**(*reduction*)가 일어난다는 것을 명백하게 만든다. 다음에는 유도 전기자 전압 E_{a1}을 제공하는 공극 자속을 생성하는 원인이 되는 순(net) 계자 전류를 찾기 위해서는, I_{f1}로부터 전기자 기자력의 감자 효과 I_{fd}를 빼는 것이 필요하다. 따라서

$$I_{f\text{net}} = I_{f1} - I_{fd} \qquad [A] \tag{7-4}$$

이다. 또는 무부하에서 존재하는 계자 전류의 항으로 좀 더 일반적으로 표현하면,

$$I_{f\text{net}} = I_{f0} - \Delta I_f - I_{fd} \qquad [A] \tag{7-5}$$

를 적을 수 있다.

특정한 부하 조건에 대한 유도 전기자 전압 E_{a1}은 $I_{f\text{net}}$에 대응하는 비선형 무부하 특성에서 찾아진다. 이것이 그림 7-13에서 점 b로 나타내어져 있다. E_{a1}로부터 전기자 회로 저항 강하 $I_{a1}R_a$를 빼면, 단자 전압 V_1로 귀결한다. $I_{a1}R_a$ 강하는 그림 7-13에서 선 ab로 표시되어 있다. 자화 곡선의 윗부분(upper portion) 부근에서는 삼각형 $0'ab$가 계자 저항선과 자화 곡선 사이에서 적절하게 맞을 단지 하나의 위치가 있음에 유의해야 할 것이다. 사실 이 위치는 설명되고 있는 평형점(equilibrium point)을 정의한다.

앞의 논의를 기초로 하여, 외부 특성이 자화 곡선, 계자 저항선, 그리고 I_{fd}와 R_a의 지식으로부터 유도될 수 있음이 보여질 수 있다. I_a의 어떤 특정한 값에 대응하는 단자 전압을 찾기 위해서는, 먼저 그림 7-13에 보여진 것과 같은 원점(origin)에서의 삼각형 $0a'b'$를 세운다. 변 $a'b'(ab)$는 I_aR_a와 같으며 변 $0a'(0'a)$는 특정한 I_a와 관련된 감자의 양과 같다. 그 다음, 계자 저항선과 평행이며 두 위치(점 b와 다른 한 점)에서 자화 곡선과 교차하는, 점 b'를 지나는 선을 그린다. 그 다음 $0'$가 계자 저항선 위에 그리고 b가 자화 곡선 위에 있도록 주의하여 삼각형 $0a'b'$가 위치 $0'ab$로 옮겨질 수 있다. 단자 전압은 점 a에 대응하는 세로 좌표 값이다. 전기자 전류의 여러가지 값에 대한 이 과정의 반복에 의해 완전한 특성이 얻어진다.

Derivation of External Characteristic of Cumulatively Compounded Generator

비슷한 과정이 자여자 가동 복권 발전기의 외부 특성을 설명하기 위해 사용될 수 있다. 매우 자주, 직권 계자의 기여는 그림 7-14의 오른쪽에 묘사된 것과 같은 상승하는 외부 특성의 원인이 된다. 이 특성은 또한 분권 발전기에 대하여 사용된 것과 같은 정보로 설명될 수 있지만, 부가적으로, 보통 등가 계자 전류의 항으로 표현된, 직권 계자 기여에 대한 정보가 요구된다. 마지막 양은 바로

$$I_{fs} \equiv \frac{N_s}{N_f} I_s \qquad [\mathrm{A}] \tag{7-6}$$

으로 적어진다. 여기서 I_{fs}는 직권 계자 기자력의 계자 전류 등가이고, N_s는 극당 직권 계자의 권수, N_f는 극당 분권 계자의 권수를 나타내며, I_s는 직권 계자 권선을 통하여 흐르는 전류이다. 종종 I_s는 전기자 전류와 같지만, 때때로 전기자 전류의 일부가 그것의 기여를 제한하기 위하여 직권 계자 권선을 가로질러 위치된 저 저항 분기(low resistance shunt)(**분류기**(*diverter*)라 불리는)를 통하여 분류된다.

무부하에서 운전점은 자화 곡선 위에 있다. 무부하 단자 전압은 V_0으로 그리고 대응하는 계자 전류는 I_{f0}으로 확인된다. 이 점이 자여자 분권 발전기의 무부하 점(no-load point)과 동일하다고 생각하는 것이 도움이 된다. 다음으로 그림 7-14에 보여진 바와 같이, 전기자 전류가, 단자 전압이 V_1로 되는 것에 대응하는, I_{a1}로 되도록 부하 전류가 흐르는 것이 허용되는 것을 고려한다. (V_1, I_{a1})이 새로운 평형점이라는 가정으로, 계자 전류가 값 $I_{f1} = I_{f0} + \Delta I_f$의 계자 권선 내에서의 총 전류를 산출하는 양 ΔI_f 만큼 더 크다는(greater) 것이 따라온다. ΔI_f에 대한 덧셈 부호(plus

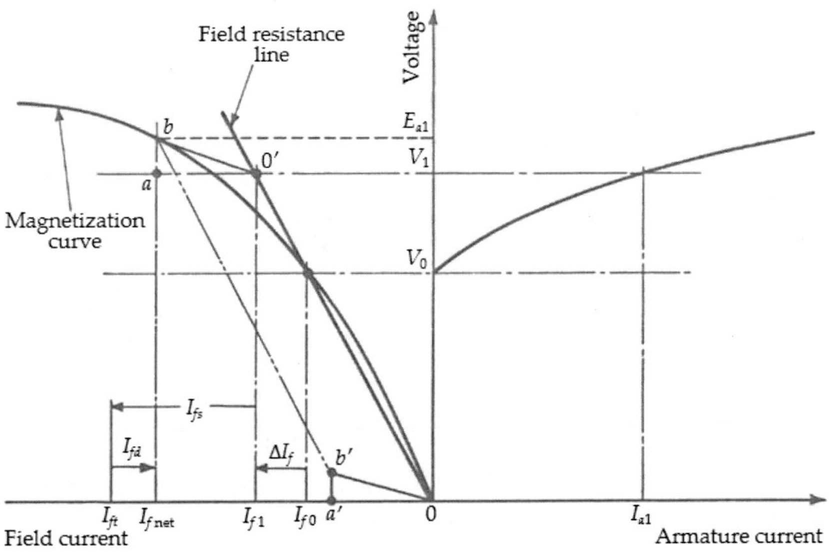

Figure 7-14 Derivation of the external characteristic of a cumulatively compounded generator.

sign)는 외부 특성이 상승할 때는 언제나 나타난다. 전류 I_{f1}은 계자 저항선 위에서 점 0′와 관련된다.

분권 계자 전류에는 이제 식 (7-6)으로 표현된 것과 같은 직권 계자의 효과가 더 해져야 한다. 이것은

$$I_{ft} = I_{f1} + \frac{N_s}{N_f} I_s = I_{f1} + I_{fs} \qquad [\mathrm{A}] \tag{7-7}$$

로 표현되는 총 주축 여자(total main axis excitation))를 산출한다. 전기자 유도 기전력의 원인이 되는 순(net) 계자 전류는 전기자 기자력의 감자 효과를 뺌으로써 찾아진다. 따라서

$$I_{f\mathrm{net}} = I_{ft} - I_{fd} \qquad [\mathrm{A}] \tag{7-8}$$

이다. $I_{f\mathrm{net}}$에 대응하는 것은 유도 전기자 전압 E_{a1}이다. 그러면 단자 전압은 E_{a1}로부터 전기자 회로 저항 강하를 없앰으로써 찾아져, V_1을 산출한다. $I_{a1}(R_a + R_s)$ 강하는 그림 7-14에서 선 ab로 나타내어져 있다.

외부 특성은 분권 발전기에 대해 설명된 것과 비슷한 과정을 따름으로써 유도될 수 있다. 원점에서 삼각형 $0a'b'$를 세운다. 선 $a'b'(ab)$는 특정한 전기자 전류에 대한 전기자 회로 저항 강하와 같다. 선 $0a'(0'a)$는 직권 계자의 자화 효과와 전기자 기자력의 감자 효과의 합성과 같다. 즉,

$$0a' = 0'a = I_{fs} - I_{fd} \qquad [\mathrm{A}] \tag{7-9}$$

이다. 그 다음, 계자 저항선과 평행이며 점 b에서 자화 곡선과 교차하는, 점 b'를 지나는 선을 그린다. 점 b로부터 $I_{a1}(R_a + R_s)$ 강하만큼 아래로 떨어뜨리면 원하는 단자 전압 V_1을 준다. 분권 발전기에 대해 사용된 과정과의 비교는 삼각형 $0a'b'$가 원점의 오른편이 아니라 왼편에 위치된다는 것을 드러낸다. 이것은 가동 복권 발전기에 대한 밑변(base)이 순(net) 감자가 아니라 순 자화(증자)를 나타낸다는 사실에 의해 받아들여진다.

7-5 COMPUTATION OF GENERATOR PERFORMANCE

그림 7-15에 나타난 것은 복권 발전기의 등가회로이다. 전기자 권선은 유도 기전력 E_a와, 전기자 회로 저항을 나타내는, 저항 R_a를 가지는 전원 전압으로 대체되었다. 전기자 회로 저항은 전기자 권선 저항, 보극(interpole) 권선 저항, 보상 권선(compensating winding) 저항 더하기 탄소 브러시에서의 전압 강하의 효과를 포함

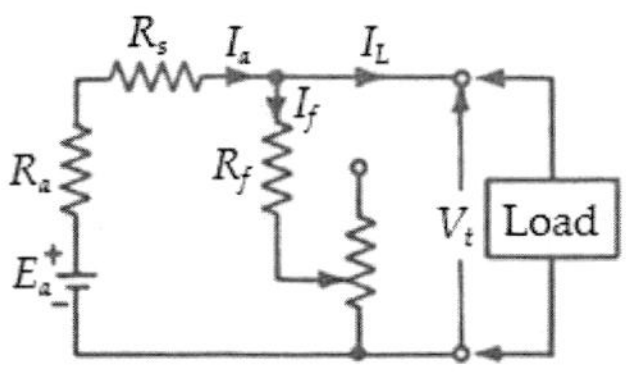

Figure 7-15 Equivalent circuit of the compound dc generator.

한다. 직권 계자는 그것의 저항 R_s로 대체되었으며, 분권 계자도 마찬가지로 저항 R_f로 대체되었다.

성능을 결정하기 위한 지배 방정식은 다음과 같다:

$$E_a = \frac{pZ}{60a}\Phi n = K_E \Phi n \qquad [\text{V}] \tag{7-10}$$

$$T = \frac{pZ}{2\pi a}\Phi I_a = K_T \Phi I_a \qquad [\text{N-m}] \tag{7-11}$$

$$V_t = E_a - I_a(R_a + R_s) \qquad [\text{V}] \tag{7-12}$$

$$I_a = I_L + I_f \qquad [\text{A}] \tag{7-13}$$

이들은 3-4절에서 전개된 것과 같은 유도 전압과 전자기적 토크에 대한 두개의 기본 관계식을 포함한다. 식 (7-12) 및 (7-13)은 단지 그림 7-15의 등가회로에 적용되는 키르히호프의 전압 및 전류 법칙의 기술일 뿐이다. 복권 발전기의 경우에는 공극 자속에 대한 표현식이 분권 계자는 물론 직권 계자의 효과를 포함해야 한다. 따라서 무시할 수 있는 포화의 가정으로

$$\Phi = \Phi_{sh} + \Phi_s \qquad [\text{Wb}] \tag{7-14}$$

이다. 여기서 Φ_{sh}는 분권 계자 권선에 의해 생성되는 자속을 나타내며 Φ_s는 직권 계자 권선에 기인한 자속을 나타낸다. 분권 발전기의 경우에는, 물론, 식 (7-14)에서 Φ_s가 0이며 식 (7-12)에서 R_s도 역시 그렇다.

직류발전기에 대한 전력 흐름도가 그림 7-16에 묘사되어 있다. 동기발전기의 전

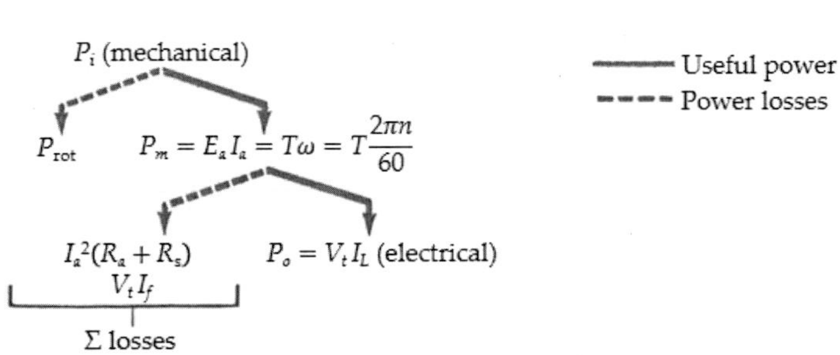

Figure 7-16 Power-flow diagram of the dc generator.

력 흐름도와의 유사성에 유의하라. 발전기가 자여자인 것으로 가정되었기 때문에 계자 권선 손실이 전력 흐름도에 바로 포함되었다. 물론, 계자 권선이 타여자라면, 계자 손실은 원동기로부터 공급되지 않으며 그래서 따로 다루어져야 한다. 더욱이, 계자 손실이 계자 단자 전압과 계자 전류의 곱(적, product)의 항으로 나타내어졌음에 유의하라. 이것은 또한 계자 권선 가변저항기 손실이 포함되는 것을 보장한다.

전력 흐름도에서 나타난 양 P_{rot}는 전기자(회전자) 구조의 회전으로부터 생기는 철손은 물론 마찰 및 풍손을 나타낸다. 회전과 관련된 철손은 히스테리시스 및 와류손을 포함한다. 전기자 권선을 수용하는 슬롯이 있는 회전자 구조이기는 하지만, 회전자 철이 N-극과 S-극의 자극 아래에서 교대로 구동됨에 따라, 개별 성층 내에서 흐르는 와전류를 일으킨다. 철 내에서의 이 매우 같은 자속의 교번이 생성되는 히스테리시스 루프로 나타내어지는 히스테리시스 손실의 원인이 된다. 이 손실은 둘 다 최대 자속밀도와 속도의 함수이다. 더욱이, 개방 슬롯(open slot)을 가진 기계의 경우, 슬롯 효과에 의해 자계 분포 곡선에서 나타나도록 만들어지는 맥동 때문에 자극면에서 초래되는 손실을 차지하는 P_{rot}의 부가적인 성분이 있다. 마찰손의 주된 부분은 정류자편 위에서의 브러시의 마찰에 의해 생긴다. 또한 포함되지만 더 적은 정도인 것은 기계 베어링(bearing) 손실이다. 전형적으로, 이 손실의 총합(total)은 기계 정격의 3 [%] 내지 5 [%]를 나타낸다. 하지만, 모든 기계 손실의 단위법 값은 기계 정격이 증가함에 따라 줄어든다는 것을 염두에 두는 것이 도움이 된다.

전기자 권선 동손은 본질적으로 부하 조건 하에서 생기는 손실이다. 이 손실은 모든 전기자 권선 동손을 감안함에 따라, 전기자 권선의 개별 코일에서 나타나는 표피 효과, 탄소 브러시에서의 전기적인 손실(종종 브러시에서의 전압이 대략 2 [V]라는 가정으로 $2I_a$로 취해지는), 그리고 정류를 겪고 있는 코일에서의 단락 회로 손실을 포함한다. 편의를 위하여, 이 모두는 **전기자 권선 회로 저항**(*armature circuit winding resistance*)으로 나타내어지는 것으로 가정된다. 따라서 매개변수 R_a는 단지 직류 전기자 권선 저항 만으로 다루어지지는 않는다.

전기자 회로 저항의 단위법 값은 발전기의 정격 전력 출력에 대한 전력의 단위로 표현된 전기자 회로 손실의 비(ratio)를 가리킨다. 정격 전기자 전류를 기저 전류 I_B로, 정격 전기자 전압을 기저 전압 V_B로, 그리고 정격 출력 전력을 기저 전력 P_B로 나타낸다면,

$$\text{p-u}\, R_a = \frac{I_B{}^2 R_a}{P_B} = \frac{I_B{}^2 R_a}{V_B I_B} = \frac{I_B R_a}{V_B} = \frac{R_a}{V_B/I_B} = \frac{R_a}{R_B} \qquad [\text{pu}]$$

이다. 여기서 R_B는 기저 저항이며 기저 전류에 대한 기저 전압의 비로써 결정된다. 따라서 p-u $R_a = 0.05$의 값은 정격 전류가 내어놓아지고 있을 때 발전기의 정격 출력의 5 [%]가 전기자 회로에서 손실로써 소비된다는 것을 의미한다. 이 단위법 값은 작은 정격의 발전기인 경우 더 큰 값을 갖는다. 비슷하게, 대형 발전기의 경우 p-u R_a가 작아진다.

EXAMPLE 7-2 1000 [rpm]에서 구동되는 10 [kW], 250 [V], 직류 자여자 분권 발전기의 자화 곡선이 그림 7-17에 보여져 있다. 각 수직 눈금은 20 [V]를 나타내며 각 수평 단위는 0.2 [A]를 나타낸다. 정격 부하에서 단자 전압이 250 [V]일 때 전기자 회로 저항은 0.15 [Ω]이며 계자 전류는 1.64 [A]이다. 또한, 회전손은 540 [W]와 같은 것으로 알려져 있다. 정격 부하에서 다음을 찾아라: (a) 전기자 유도 기전력, (b) 발생 토크, 그리고 (c) 효율. 일정 속도 운전을 가정하라.

SOLUTION (a) 정격 부하 전류를 내어놓는 발전기로 다음이 따라온다:

$$I_L = \frac{10000}{250} = 40 \text{ [A]}$$

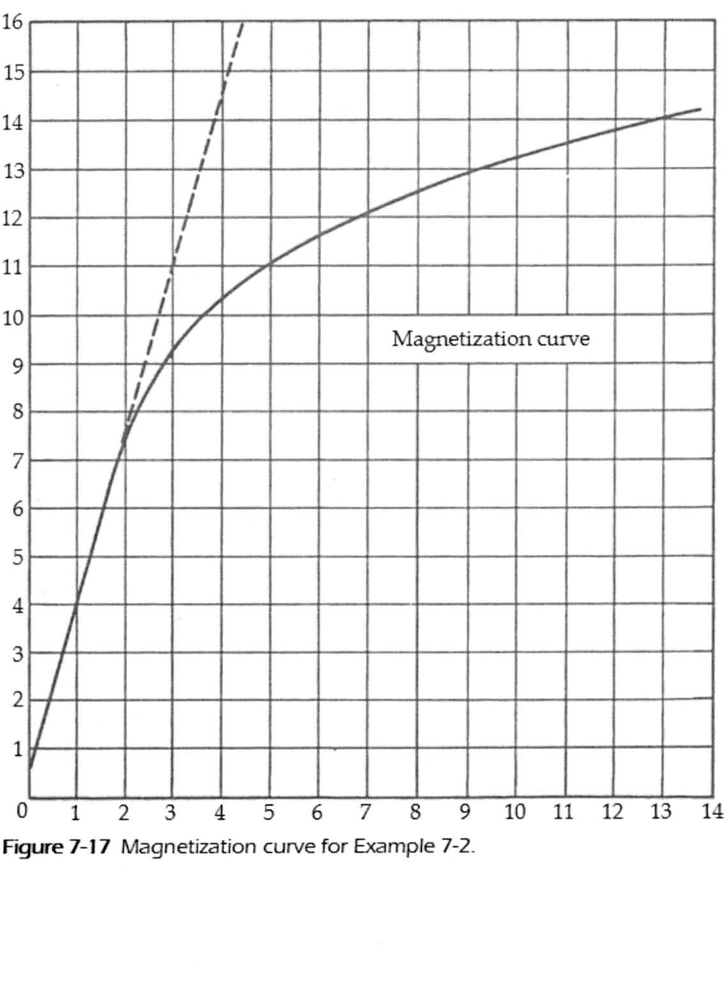

Figure 7-17 Magnetization curve for Example 7-2.

따라서 식 (7-13)으로부터 전기자 전류는

$$I_a = I_L + I_f = 40 + 1.64 = 41.64\ [\mathrm{A}]$$

그러면 유도되는 전기자 전압은 식 (7-12)로부터 따라온다:

$$E_a = V_t + I_a R_a = 250 + 41.64 \times 0.15 = 256.25\ [\mathrm{V}] \tag{7-15}$$

(b) 발생 토크를 결정하기 위해서는, 먼저 전자기적 전력 $E_a I_a$를 계산하는 것이 필요하다. 따라서

$$E_a I_a = 256.25 \times 41.64 = 10670\ [\mathrm{W}]$$

전력 흐름도는 이 전력이 또한 앞의 계산을 확인하는

$$\begin{aligned} E_a I_a &= P_0 + I_a^2 R_a + V_t I_f = 10\ [\mathrm{kW}] + 41.64^2 \times 0.15 + 250 \times 1.64 \\ &= 10\ [\mathrm{kW}] + 260 + 410 = 10670\ [\mathrm{W}] \end{aligned} \tag{7-16}$$

으로부터도 찾아질 수 있다는 것을 드러낸다. 따라서 발생 토크는

$$T = \frac{E_a I_a}{2\pi n/60} = \frac{10670}{2\pi \times 1000/60} = 101.9\ [\mathrm{N\text{-}m}] \tag{7-17}$$

(c) 효율은, 직류발전기의 경우

$$\eta = 1 - \frac{\sum \text{losses}}{E_a I_a + P_{\text{rot}}} \qquad [\mathrm{pu}] \tag{7-18}$$

의 형태를 취하는, 식 (4-27)로부터 찾아진다. 이 경우에는

$$\sum \text{losses} = P_{\text{rot}} + I_a^2 R_a + V_t I_f = 540 + 260 + 410 = 1210\ [\mathrm{W}]$$

따라서

$$\eta = 1 - \frac{1210}{10670 + 540} = 1 - \frac{1210}{11210} = 1 - 0.108 = 0.892\ [\mathrm{pu}]$$

효율은 그러므로 89.2 [%]이다.

Voltage Regulation

직류발전기의 전압변동률은 전부하 전압의 백분율로써 표현된 전부하로부터 무부하로의 단자 전압에서의 변화로 정의된다. 수학적 형태로는

$$\text{voltage regulation} = \frac{\text{no-load voltage} - \text{full-load voltage}}{\text{full-load voltage}} \times 100$$
$$= \frac{V_{\text{nl}} - V_{\text{fl}}}{V_{\text{fl}}} \times 100 = \frac{V_0 - V_t}{V_t} \times 100 \qquad [\%] \qquad (7\text{-}19)$$

로 적을 수 있다. 여기에서 전부하 전압 V_{fl}은 정격 단자 전압(V_t)이며 V_{nl}은 부하가 발전기로부터 끊어졌을 때 측정된 전압이다. 후자의 전압은 그림 7-13과 7-14에서 V_0으로 밝혀진다.

EXAMPLE 7-3 예제 7-2에서 설명된 부하 조건에 대하여 전압변동률을 찾아라. 정격 부하에서 전기자 기자력의 감자 효과를 나타내는 등가 계자 전류는 0.2 [A]로 가정하라.

SOLUTION 그림 7-17을 사용하는 도식적 풀이에 의존한다. 그림 7-17의 자화 곡선 위에서 E_a = 256.25 [V]의 수준에 점 b(그림 7-13을 보라)가 위치한다. 세로 좌표를 따라 점 b로부터 6.25 [V]의 전기자 회로 저항 강하의 선을 그어 점 a를 표시한다. 다음으로, 수평을 따라 점 a로부터 값 0.2 [A]의 전기자 기자력의 감자 효과의 등가 계자 전류의 값을 표시한다. 이것이 점 0′의 위치이다(그림 7-13에 밝혀져 있는 바와 같이). 마지막으로, 원점으로부터 0′를 통하여 지나가는 계자 저항선을 그린다. 자화 곡선과 이 선의 교점이 무부하 단자 전압의 위치로서 V_0 = 268 [V]이다. 따라서,

$$\text{voltage regulation} = \frac{268 - 250}{250} \times 100 = 7.2\ [\%]$$

7-6 COMMUTATION

좋은 정류는 기계의 만족스러운 운전을 위해 불가결하다. 이 문제는 설계 고려에 있어서 열 소산의 문제 보다 우선할 정도로 중요하다. 적절한 정류없이는, 탄소 브러시와 구리 정류자편의 성능 저하를 빠르게 초래할 수 있다. 이것은 심한 불꽃 발생(스파킹, sparking)을 일으키며 그것에 의해 기계를 쓸모 없게 한다. 최대 토크 같은 중요한 특성 마저도 가열 보다는 정류에 의해 제한된다.

정류는 코일이 브러시 아래에서 한 자극으로부터 인접 자극으로 지나감에 따라 값 I_a/a로부터 $-I_a/a$의 값으로 코일 내의 전기자 전류의 적절한 천이(transition)를 제공하는 것과 관련된다. 그림 7-18 (a)의 일견은 코일 1-10이 브러시 아래를 지나가고 이제는 코일 15-8에 의해 점유되었던 위치를 점유할 때, 코일 내의 전류는 크로스-점 표시(cross-dot notation)로 나타내어진 바와 같이 완전히 역전되었어야 할 것임을 명백하게 만든다. 그림 7-17 (b)에서 보여진 바와 같이 브러시 B_1이 정류자편 1과 접촉이 이루어질 때 코일 1-10으로부터의 전류의 정류가 일어나기 시작한다. 이것이 일어날 때 코일 1-10은 실제로 브러시 B_1 그리고 정류자편 8과 1에 의

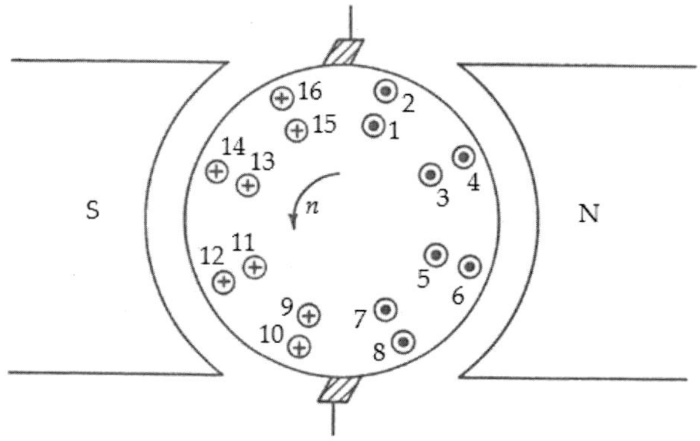

(a)

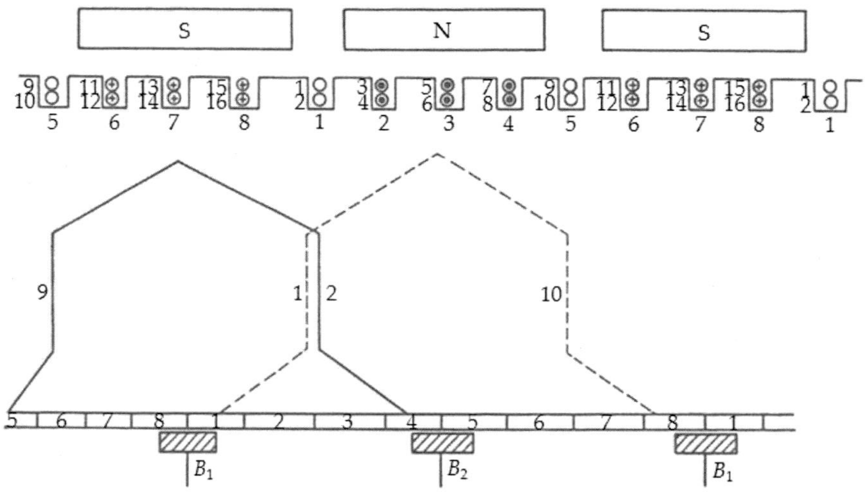

(b)

Figure 7-18 Illustrating the commutation problem: (a) coil 1-10 must undergo a complete current reversal as it advances counterclockwise to the left side of the brush axis; (b) for the position shown, coil 1-10 is short-circuited through segment 8 and 1 by B_1, and coil 2-9 is short-circuited through segments 4 and 5 by B_2.

해 단락 회로로 됨에 유의하라. 모든 정류자편은 적절한 물질에 의해 서로 간에 절연되어 있다. 비슷한 상황이 코일 2-9가 단락 회로로 될 때 브러시 B_2에서 생긴다. 이 때문에 그리고, 다음에 순환 전류가 브러시를 떠나며 중단됨에 따라 심한 불꽃 발생을 일으킬 수 있는, 이 코일 내에서의 큰 순환 전류를 방해하기 위하여, 정류를 하고 있는 코일은 전압원이 없어야 할 것이다. 그림 7-18 (b)에 묘사된 시순간(time instant)은 그림 7-18 (a)에 보여진 것 보다 22.5° 늦다. 따라서 코일 1-10과 2-9는 계자 기자력에 의해 생성되는 자속밀도가 0인 자극간 공간(interpolar space) 내에 있다. 따라서, 이 원천으로부터 이 코일 내에 유도되는 Blv 전압은 없다. 하지만, 전기자 기자력의 존재는 그림 7-7로부터 명확한 바와 같이 자극간 공간 내에 유한한 값을 가지는 합성 자속밀도를 일으킨다. 이 자속의 극성이 단락 회로로 된 코일이 떠나는 주 계자 자속의 극성과 같기 때문에, 전류의 흐름을 정류를 시작하기 전에 존재하는 것과 같은 방향으로 유지하도록 작용하는 기전력이 유도된다. 그러므로 전기자 기자력에 기인한 이 유도 기전력은 정류를 방해하도록 작용한다; 그것이 코일이 브러시를 떠나는 시간에 코일 전류가 역전하는 것을 더 어렵게 만든다.

Types of Commutation

두가지 형태의 정류가 가능하다: 저항 정류와 전압 정류. 더욱이, 후자는 부족 정류와 과정류의 두 종류로 나누어질 수 있다. 이 형태 사이의 구별이 그림 7-19의 여러가지 정류 곡선으로 묘사되어 있다.

곡선 *a*는 **직선(선형)** 정류(*linear* commutation)를 나타내며, 그것은 브러시 접촉 저항이 정류에 영향을 미치는 유일한 인자일 때만 생긴다. 어떤 원천으로부터든 모든 유도 기전력이 0이어야 하며 코일 저항이 브러시 접촉 저항에 비해 무시될 수 있어야 한다. 이 조건 하에서는 코일 내의 전류가 정류 주기 T_c 동안에 균일하게 변화한다. 이 방법에 의한 정류 기구(mechanism)가 그림 7-20에 설명되어 있다. 그림 7-20 (a)는 코일 2-9 내의 전류의 정류가 일어나기 바로 전의 상황을 묘사한다. 브러시 B_2는 정류자편 4 위에 머물러 있으며, 이 정류자를 통하여 흐르는 총(total) 전기자 전류의 절반은 코일 16-7을 포함하는 하나의 전기자 경로로부터 오며 나머지 절반은 코일 2-9를 포함하는 두번째 경로로부터 온다. 브러시에 대한 전기자의 회전 방향은 왼쪽으로 향한다. 그림 7-20 (b)에 묘사된 것은 브러시의 25 [%]가 정류자편 5와 접촉하고 있는 상황이다. 정류자편 5와 접촉하고 있는 브러시 표면 부분의 접촉 저항은 정류자편 4와 접촉하고 있는 브러시의 저항보다 3배로 더 크다. 따라서 두 전기자 경로로부터 오는 전류의 분배는 이 비(ratio)에 따라 취해진다. 따

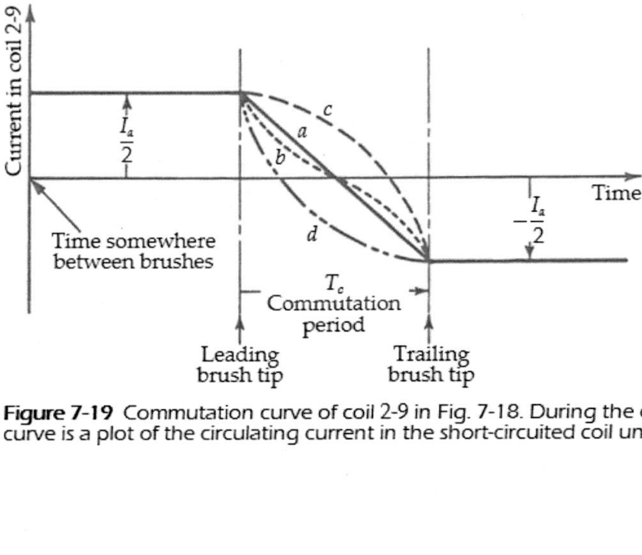

Figure 7-19 Commutation curve of coil 2-9 in Fig. 7-18. During the commutation period the curve is a plot of the circulating current in the short-circuited coil undergoing commutation.

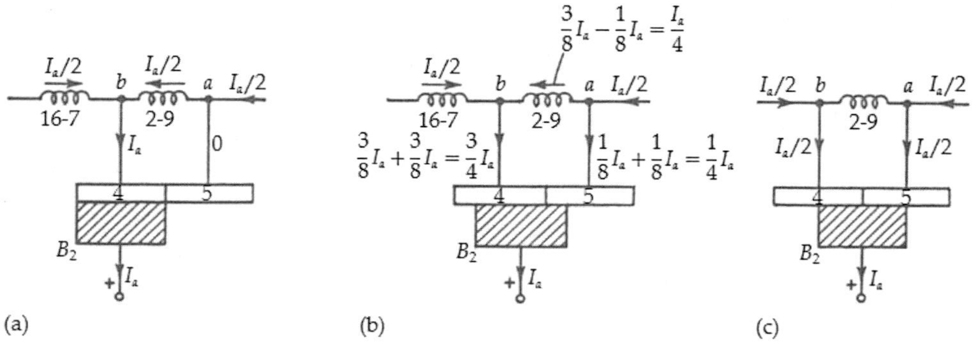

Figure 7-20 Illustrating linear commutation in coil 2-9: (a) conditions just before commutation begins; (b) conditions at a point one-quarter through the commutation period; (c) conditions at a point halfway through the commutation period.

라서 오른편으로부터 오는 전류 $I_a/2$는 접합점 a에서 3 : 1의 비(ratio)로 나누어져, 이 원천으로부터 정류자편 5를 통하여 B_2로 지나가는 전류는 ¼($I_a/2$) 또는 $I_a/8$이다. 정류자편 4를 통하여 B_2로 지나가는 부분은 ¾($I_a/2$) 또는 ⅜I_a이다. 비슷하게, 왼편의 전기자 경로로부터 기원하는 전류 $I_a/2$는, ¾($I_a/2$) 또는 ⅜I_a가 정류자편 4를 통하여 B_2로 흐르며 ¼($I_a/2$) 또는 $I_a/8$가 b로부터 a로 가서 정류자편 4를 통하여 B_2로 흐르도록 나누어진다. 정류자편 4로부터 B_2로 흐르는 순(net) 전류는 그러므로 ⅜I_a + ⅜I_a 또는 ¾I_a인 반면, 정류자편 5로부터 B_2로 흐르는 순 전류는 $I_a/8 + I_a/8$ 또는 $I_a/4$이다. 코일 2-9 내에서는 ⅜I_a − ⅛I_a 또는 $I_a/4$와 같은 합성 전류가 a로부터 b로 흐른다. 결과적으로, 정류 주기의 4분의 1을 통하여 코일 2-9 내에서의 전류가 $I_a/2$로부터 $I_a/4$로 변화되었다. 정류 곡선은 시간의 함수로써 단락 회로로 된 코일 내에서의 전류의 그림임을 염두에 두어라. 그림 7-20 (c)에 나타난 것은 정류 주기의 중간 시간에서 나타나는 전류의 분포이다. 이제는 단락 회로로 된 코일 내에서의 전류가 0임에 유의하라.

그림 7-19 (b)에서 곡선 b는 **저항** 정류(*resistance* commutation)를 나타낸다. 그것은 단락 회로로 된 코일의 저항이 브러시 접촉 저항과 비교하여 무시할 수 없을 때 귀결하는 곡선이다. 앞쪽 브러시 끝단(tip)에서 곡선 b의 기울기가 더 가팔라서, 코일 저항이 전류 역전을 향상시킨다는 것을 나타냄에 유의하라. 이것은 접합점 a에서 코일 저항의 존재로 더 많은 전류가 정류자편 5로 흐른다는 것을 의미하는 것이 보여지는 그림 7-20 (b)의 조사로부터 명백하다. 하지만, 뒤쪽 브러시 끝단에서 (또는 정류 주기의 두번째 절반 동안에) 코일 저항은 전류 역전을 지연시키는데 소용된다. 정류 곡선의 기울기로 나타내어지는 전류밀도는 그러므로 저항 정류의 경우 앞쪽과 뒤쪽 브러시 단부(edge) 둘 다에서 더 높다.

그림 7-19에서 c로 나타내어진 정류 곡선은 **부족 정류**(*under commutation*)로 설명

된다. 그것은 단락 회로로 된 코일 내에서의 자기 유도(self-induction)의 기전력 또는 전기자 기자력에 의해 생성되는 자속에 의해 단락 회로로 된 코일 내에 유도되는 *Blv* 전압 또는 둘 다의 결합의 작용에 의해 전류 역전이 지연되는 **전압** 정류(*voltage* commutation)의 형태이다. 이 종류의 지연되는 정류는, 브러시 물질의 열화를 조장할 수 있으며 또한 정류자의 구리 조각에서의 바람직하지 않은 화학적 변화를 불러일으킬 수 있는, 뒤쪽 브러시 끝단에서의 높은 전류밀도로 특성지어진다.

이 자기 유도의 기전력과 전기자 기자력의 효과를 중화하기 위해 종종 사용되는 책략은 브러시축 위에 위치되며 전기자 전류를 운반하는 코일에 의해 여자되는 작은 자극을 포함시키는 것이다. 그것의 위치와 기능 때문에, 이 자극은 **보극**(*inter-pole*) 또는 **정류극**(*commutation pole*)이라 불린다. 전기자 전류 여자의 사용은 단락 회로로 된 코일 내에서의 자기 유도의 기전력과 전기자 기자력에 의해 생성되는 브러시축에서의 자속 둘 다가 전기자 전류에 비례한다는 사실에 의해 결정된다. 발전기 동작의 경우, 보극의 극성은 코일이 움직이며 들어가는 계자 자극의 극성과 같아야 한다. 그림 7-21은 2극기에 대한 상황을 묘사한다. 여기에서 합성 자속밀도 곡선을 그림 7-7에 나타난 것과 비교하는 것이 도움이 된다. 그림 7-21에서 보극축 위에서의 자속밀도의 값이 그림 7-7에서 나타나는 것과 반대 극성임에 유의하라. 보극에 의해 생성되는 자속밀도의 크기가 적절하게 조정된다면, 자기 유도의 기전력을 완전히 중화하도록 만들어질 수 있다. 물론 전기자 기자력의 효과는 그림 7-21의 표현에서 합성 자속이 반대 극성인 것으로 보여져 있기 때문에 이미 중화되었다. 그러한 조정으로 나타나는 정류의 형태는, 코일 저항이 브러시 접촉 저항에 비하여 대수롭지 않다는 것을 조건으로, 직선 정류이다. 그렇지 않으면 저항 정류가 취해진다.

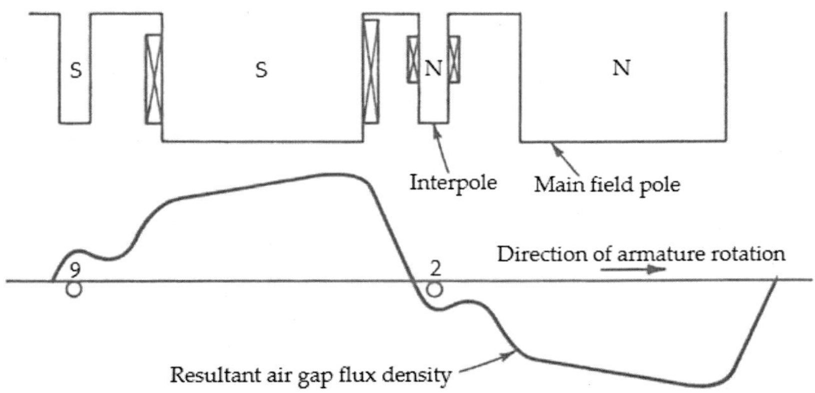

Figure 7-21 Influence of interpoles on the resultant flux density wave of a dc machine.

정류 과정에서의 상당한 개선이 그 점에서, 자기 유도의 기전력과 전기자 기자력의 효과를 삭제하는 것에 덧붙여, 브러시 전압 강하의 2배 $2I_aR_b$와 같은 전압이 유도되도록, 보극 자속을 증가시킴으로써 이루어질 수 있다. 이 조건 하에서는 **과정류**(*overcommutation*)의 특별한 조건이 브러시의 후단(trailing edge)에서 0 전류밀도의 값이 당겨지게 한다. 이 상황이 그림 7-19에서 곡선 *d*로 나타내어져 있다. 정류 중인 코일 내에서의 전류가 코일이 브러시를 떠나기 전에 이미 $-I_a/2$의 값에 도달하였음에 유의하라. **이것은 브러시 후단에서 불꽃 발생이 없는 것으로 귀결하며 좋은 정류를 위한 가장 안성맞춤인 조건을 나타낸다.**

브러시에서의 접촉 저항 강하와 전류밀도 사이의 관계가 그림 7-22에 묘사되어 있다. 보통의 탄소 브러시의 경우, 접촉 강하는 대략 1 [V]에서 본질적으로 일정하게 남아 있는 경향이 있다. 이것은 구리 조각과 탄소 브러시 사이의 공간에서의 전도가 점호 현상(arc phenomenon)에 따라 생긴다는 사실과 부합한다.

직류기가 심한 책무 주기(duty cycle)(예를 들어, 제강소)를 포함하는 적용에서 사용될 때, 빠르게 변화하는 부하와 큰 과부하는 정류자편 사이의 공간의 절연 파괴(breakdown)를 일으킬 수 있다. 이 절연 파괴는 전체 정류자에 걸쳐 빠르게 퍼질 수 있으며, 따라서 정류자는 물론 직류 공급선로에 단락 회로의 손상을 일으킨다. 유감스럽게도, 이 상황은 보극의 존재에도 불구하고 일어날 수 있다.

이 섬락(flashover) 조건을 예방하는 가장 효과적인 방법은 절연 파괴로 이끄는 공극 자속밀도의 심한 첨두를 일으키는 전기자 반작용을 중화하는 것이다. 이것은 자극면을 따라 분포된 슬롯 내에 파묻힌 **보상 권선**(*compensating winding*)의 사용에 의해 가장 잘 이루어진다. 이 자극면 권선을 통하여 전기자 권선과 반대인 극성으로 그리고 적절한 암페어-권수(number of ampere-turns)로 전기자 전류가 흐르는 것을 허용함으로써, 전기자 반작용의 완전한 제거로 귀결할 수 있다. 정류 문제를 없애거나 줄이는 이 방법의 주된 불리한 점은 자극면 권선의 높은 비용이다.

그림 7-23은 자극면에 보상 권선이 설비된 2극 직류기의 개략도를 보인다. 각 자

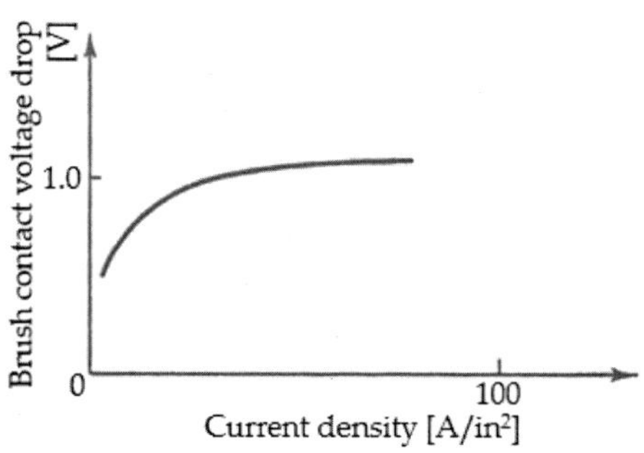

Figure 7-22 Illustrating the arc-type conduction characteristics of carbon brushes.

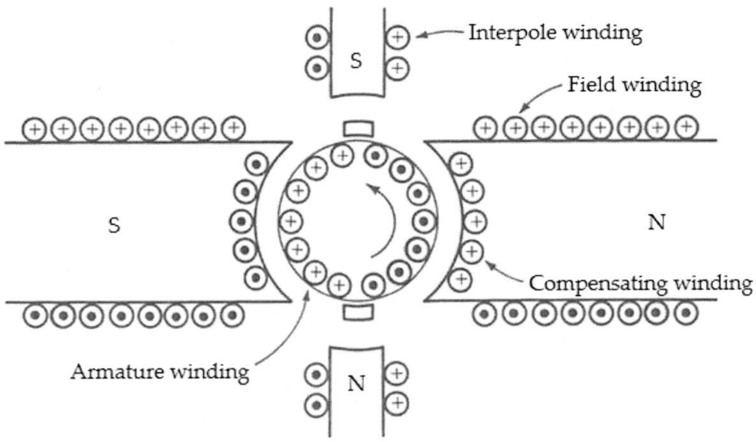

Figure 7-23 Schematic diagram of a two-pole dc machine equipped with interpoles and compensating windings.

극면 아래에서 보상 권선에 의해 운반되는 전류는 전기자 권선 내에서 흐르는 전류와 반대 방향으로 흐른다.

PROBLEMS

7-1 2극 직류기의 회전자가 12개의 슬롯을 가진다. 파권(wave-wound), 전절(full-pitch) 전기자 권선이 슬롯당 두개의 코일변(coil side)을 가진다. 12개의 정류자편이 있다. 권선 배치의 평면도(plan view)를 보여라. 자극과 관련하여 정류자 위에서의 브러시의 위치를 명확하게 밝혀라. 또한 회전자의 반시계 방향 회전에 대하여 코일변에서의 유도 기전력의 방향을 보여라.

7-2 2극 직류기의 회전자가 12개의 슬롯 내에 슬롯당 두개의 코일변을 가지는 파권 전기자 권선을 갖고 있다. 권선은 전절이다.

(a) 두개의 브러시 사이에 존재하는 두개의 전기자 경로를 보이는 개략도를 그려라. 적절하게 밝혀진 극성의 작은 직류 전원에 의해 각각의 적절히 표시된 코일 전압을 나타내어라.

(b) 공극에서의 자속밀도의 기본파 성분만을 고려하여, 브러시에서 나타나는 전압 값을 계산하라.

7-3 슬롯 1이 자극간 축(interpolar axis)의 왼쪽 15°에 놓여있는 경우에 대하여 문제 7-2를 반복하라.

7-4 문제 7-2의 기계에 대하여 $\omega_r t$의 함수로써 브러시에서 측정된 전기자 유도 전압의 변동을 그려라. 여기서 ω_r은 회전자 각속도이다. 자속밀도 곡선의 기본파 성분만을 다루어, 각 코일 전압은 물론 총(total) 전압의 변동을 보여라. 코일 전압과 총 전압의 최대와 최소 값을 계산하라.

7-5 다음의 명세를 갖는 직류기에 대하여 문제 7-4를 반복하라: 슬롯당 두개의 코일변을 가지는 2극, 6 슬롯, 전절, 파권 전기자 권선.

7-6 문제 7-1의 기계에 대하여 $\omega_r t$의 함수로써 각 코일 내에서 유도되는 기전력은 물론 브러시 사이의 전압의 변동을 그려라. 여기서 ω_r은 회전자 각속도이다. 공극에서의 자속 밀도의 기본파 성분만을 고려하라. 코일과 브러시 전압의 최대와 최소 값을 표시하라.

7-7 다음의 각 질문에 대한 답을 설명하라:

(a) 타여자 직류발전기를 그것의 자화 곡선의 무릎부 아래에서 운전할 수 있는가?

(b) 직류 분권 발전기를 그것의 자화 곡선의 무릎부 아래에서 운전할 수 있는가?

7-8 1000 [rpm]의 일정한 속도에서 구동되는 직류 분권 발전기에 대한 자화 곡선이 그림 7-17에 보여져 있다. 각 수직 눈금은 20 [V]를 나타낸다; 각 수평 눈금은 0.2 [A]를 나타낸다.

(a) 임계 계자 저항을 계산하라.

(b) 이 기계의 잔류 자속에 의해 유도되는 전압은 얼마인가?

(c) 1000 [rpm]의 속도에서 무부하 단자 전압이 240 [V]가 되기 위하여 계자 회로의 저항은 얼마여야 하는가?

(d) 계자 회로 저항이 문제 (c)에서 찾아진 값을 가질 때 잔류 자속 전압에 의해 생성되는 계자 전류를 결정하라.

(e) 문제 (c)의 계자 회로 저항으로 운전할 때 전압 확립에 실패하기 위해서는 발전기가 얼마의 속도에서 구동되어야 하는가?

7-9 직류 분권 발전기가 그림 7-17로 주어지는 자화 곡선을 가진다. 여기서 각 세로 좌표 단위는 20 [V]이고 각 가로 좌표 단위는 0.2 [A]로 설정되어 있으며, 회전 속도는 1000 [rpm]이다. 계자 회로 저항은 156 [Ω]이다. 발전기가 800 [rpm]으로 줄여진 속도에서 운전될 때 브러시 사이에서 유도되는 전압을 결정하라.

7-10 가동 복권 발전기로 적당하게 운전되는 발전기의 단자 전압 극성을 역전시키기를 원한다. 기계는 정지된다. 잔류 자기는 분권 계자를 임시로 끊고 역전된 전류로 타여자하여 역전된다. 결선은 완전히 전과 같이 복구된다.

(a) 단자 전압이 확립되는가? 설명하라.

(b) 문제 (a)의 답이 '그렇다'라면, 복권이 가동인가, 차동인가? 설명하라.

7-11 2극 직류기가 120개의 전기자 도체를 가지는 파권(wave winding)으로 설비되었다. 자극면은 극간격의 70 [%]에 걸쳐 있으며 계자 권선은 1050 [turn]을 가진다. 기계는 1.6 [A]의 고정된 계자 전류로 운전된다. 자화 곡선은 각 세로 좌표 단위가 0.1 [Wb]를 나타내며 각 가로 좌표 단위가 0.2 [A]를 나타낼 때 그림 7-17로 묘사된다. 정격 부하에서 전기자 전류는 40 [A]이다.

(a) 전기자 기자력에 기인한 계자 자속의 감자의 양을 결정하라.

(b) 부하 하에서의 공극 자속의 값은 얼마인가?

(c) 앞쪽 자극 끝에서의 자속의 값은 얼마인가?

7-12 중권(lap-wound) 전기자 권선에서는 자극수와 같은 수의 브러시가 있다. 따라서, 4극 직류기의 경우, 브러시의 각 쌍이 총 전기자 전류의 2분의 1을 도전하는 것을 맡는 4개의 브러시를 사용하는 것이 통례이다. 두 순간에 대한 정류 중인 코일 내에서의 전류의 분포를 보여라: 막 정류에 들어가기 직전과 정류 주기의 8분의 5가 지난 순간. 줄곧 저항 정류로 가정하라.

7-13 1000 [rpm]에서 구동되는 10 [kW], 250 [V] 직류 자여자 분권 발전기의 무부하 특성이 그림 7-17에 보여져 있다. 각 수직 단위는 20 [V]를 나타내며, 각 수평 단위는 0.2 [A]를 나타낸다. 이 전기자 회로 저항은 0.3 [Ω]이며, 계자 회로 저항은 157 [Ω]으로 설정되어 있다. 다음을 결정하라:

(a) 분권 계자 회로의 임계 저항.

(b) 무부하로부터 전부하로의 전압에서의 변화.

(c) 정격 부하 조건 하에서의 분권 계자 전류.

7-14 전기자 감자 효과 I_{fd}가 등가 계자 전류의 항으로 표현된 0.2 [A]로 알려져 있는 경우에 대하여 문제 7-13 (b)와 (c)를 반복하라.

7-15 문제 7-13의 기계가 143 [Ω]의 계자 권선 저항으로 운전된다.

(a) 무부하 전압은 얼마인가?

(b) 발전기가 특정한 부하에 전력을 내어놓을 때, 단자 전압이 220 [V]로 떨어지는 것이 찾아지며 대응하는 전기자 기자력의 감자 효과는 0.25 등가 계자 암페어로 알려져 있다. 전기자 권선 전류를 결정하라.

(c) 문제 (b)의 부하 조건에서 계자 전류의 값은 얼마인가?

(d) 부하 하에서의 전기자 권선 기전력을 찾아라.

7-16 1000 [rpm]에서 구동되는 5 [kW], 125 [V] 분권 발전기의 무부하 특성이 그림 7-17에 보여져 있다. 각 세로 좌표 단위는 10 [V]를 나타내며, 각 가로 좌표 단위는 0.1 [A]를 나타낸다. 전기자 회로 저항은 0.2 [Ω]이며, 계자 회로 저항은 157 [Ω]이다. 발전기가 정격 전기자 전류를 내어놓을 때, 전기자 유도 기전력은 116 [V]이다.

(a) 단자 전압을 찾아라.

(b) 등가 계자 암페어로 표현된 전기자 기자력의 감자의 값은 얼마인가?

(c) 계자 전류는 얼마인가?

(d) 부하에 얼마나 많은 전력을 내어놓는가?

7-17 800 [rpm]의 속도에서 구동되는 직류 분권 발전기의 무부하 특성이 유용한 범위 내에서 식

$$E = \frac{300 I_f}{2 + I_f} \text{ [V]}$$

로 근사화된다. 여기서 E는 전기자 유도 기전력이며 I_f는 계자 전류이다. 전기자 회로 저항은 0.1 [Ω]이다. 계자 권선 저항은 20 [Ω]이다. 전기자 반작용의 감자 효과는 무시될 수 있다.

(a) 전기자 전류가 150 [A]일 때 단자 전압은 225 [V]로 된다. 발전기는 800 [rpm]에서 구동된다. 이 조건에 대한 계자 가변저항기의 저항을 찾아라.

(b) 계자 가변저항기의 설정이 10 [Ω]으로 바뀌었다. 부하가 끊어졌으며 속도는 720 [rpm]으로 줄었다고 하자. 단자 전압을 찾아라.

(c) 문제 (a)의 조건으로 돌아간다. 회전손이 2 [kW]인 것으로 가정하라. 출력 전력, 효율, 그리고 발전기의 원동기로부터의 축 입력 토크를 찾아라.

7-18 1500 [rpm]의 속도에서 구동되는 직류기의 무부하 특성이 유용한 운전 범위 내에서

$$E_a = \frac{400 I_f}{3 + I_f} \text{ [V]} \qquad \text{or} \qquad I_f = \frac{3E_a}{400 - E_a} \text{ [V]}$$

로 근사화될 수 있다. 된다. 이 기계는 계자 회로 저항이 50 [Ω]인 직류 분권 발전기로 운전된다.

(a) 어떤 필요한 가정을 나타내어, 발전기가 1500 [rpm]에서 구동될 때 무부하 단자 전압을 계산하라.

(b) 속도가 750 [rpm]으로 줄어들 때 무부하에서 단자 전압은 얼마가 될 것인가? 큰 차이를 감안하라.

7-19 각 세로 좌표 단위는 40 [V]가 곱해지며 각 가로 좌표 단위는 0.5 [A]인 것을 조건으로, 직류 분권 발전기의 자화 곡선이 그림 7-17에서 나타내어져 있다. 전기자 회로 저항은 0.4 [Ω]이며, 계자 권선 저항은 80 [Ω]이다.

(a) 이 기계는 60 [A]의 전기자 전류를 내어놓도록 되어 있다. 1000 [rpm]의 속도에서 단자 전압이 520 [V]가 되도록 할 계자 가변저항기(계자 권선과 직렬인)의 저항을 찾아라.

(b) 문제 (a)에서와 같이 설정된 계자 가변저항기로, 무부하와 1000 [rpm]에서의 단자 전압을 찾아라.

7-20 각 세로 좌표 단위는 20 [V]가 곱해지며 각 가로 좌표 단위는 1 [A]가 곱해지는 것을 조건으로, 1000 [rpm]에서 구동되는 가동 복권 발전기의 자화 곡선이 무부하 특성이 그림 7-17에 보여져 있다. 전기자 회로 저항은 0.06 [Ω]이다. 덧붙여:

Series turns per pole (N_s) = 20 [turn]
Shunt turns per pole (N_f) = 100 [turn]
Armature-reaction demagnetizing effect at I_a of 100 [A] = 600 [A-t/pole]

계자 회로 저항은 45 [Ω]이다.

(a) 무부하 단자 전압을 결정하라.

(b) 부하가 전기자 권선을 통하여 100 [A]가 흐르도록 할 때 단자 전압을 찾아라.
(c) 계자 전류의 새로운 값을 찾아라.
(d) 특정된 부하에서 전기자 유도 기전력의 값은 얼마인가?

7-21 계자 회로 저항이 31.5 [Ω]으로 줄어들었으며 극당 직권 계자 권수가 40 [turn]으로 증가된 경우에 대하여 문제 7-20을 반복하라. 전기자 전류는 100 [A]에서 유지된다.

7-22 그림 7-11에 묘사된 외부 특성을 참조하라.
(a) 분권 발전기가 정격 전압, 정격 부하 전류, 그리고 정격 속도에서 운전된다. 부하 요구가 정격 값의 2분의 1로 줄었다고 가정하라. 일정한 단자 전압을 유지하기 위해 해야 할 조정에 대하여 설명하라.
(b) 과복권 운전 형태에 대하여 문제 (a)를 반복하라.

7-23 10 [kW], 250 [V] 발전기가 분권 대 직권의 권수비가 40 : 1로 설비되어 있다. 자여자 발전기로 운전될 때, 전부하 전류에서 단자 전압을 정격 값으로 유지하기 위해서는 0.3 [A]의 계자 전류에서의 증가를 취한다. 이 계자 조건에 대한 총(total) 계자 전류는 1.6 [A]이다. 이 발전기가 가동 복권으로 운전될 때 분류기가 필요한지 그렇지 않은지를 결정하라. 외분권 결선으로 가정하라.

7-24 가동 복권 발전기가 그림 7-17에 보여진 자화 곡선을 가진다. 여기서 각 세로 좌표 단위는 20 [V]이며 각 가로 좌표 단위는 1 [A]이다. 발전기가 전기자 전류가 100 [A]일 때 240 [V]의 단자 전압에서 운전되는 것을 허용하기 위해 요구되는 계자 회로 저항을 결정하라. 덧붙여:

Armature circuit resistamce drop = 10 [V]
Series field turns per pole = 25 [turn]
Shunt field turns per pole = 100 [turn]
Armature demagnetizing A-t per pole = 800 [A-t/pole]

8 DIRECT-CURRENT MOTORS

직류전동기는 전력(동력) 흐름이 역전된 직류발전기이다. 직류전동기에서는 전기에너지가 기계적인 형태로 변환된다. 또한, 발전기의 경우에서와 같이, 세가지 형태의 직류전동기가 있다: **분권** 전동기(*shunt* motor), **가동**(**화동**) **복권** 전동기(*cumulatively compounded* motor), 그리고 **직권** 전동기(*series* motor). 복권 전동기에는 직권 계자 권선의 결선이 직권 계자 자속이 분권 계자 자속을 **돕는**(*aid*) 것을 보장하도록 되었다는 것을 강조하기 위하여 단어 가동(cumulative)이 붙었다. 직권 전동기는, 직권 발전기와는 달리, 특히 견인 형태의 부하에서, 광범한 응용이 찾아진다. 따라서 뒤따르는 취급에서 이 기계에 당연한 주의가 주어진다.

8-1 MOTOR SPEED-TORQUE CHARACTERISTICS

어떻게 하여 직류전동기가 축부하의 인가에 반응하는가? 부하가 요구하는 동력을 공급하기 위하여 직류전동기 자신이 적응하는 기구(mechanism)는 무엇인가? 이 질문에 대한 답은 간단한 방정식 쌍으로 추론함으로써 얻어질 수 있다. 처음에 주목은 분권 전동기로 제한되지만, 비슷한 추론 노선이 다른 형태에 대해 적용된다. 목적을 위하여 두개의 타당한 방정식은 토크와 전류에 대한 식이다. 따라서

$$T = K_T \Phi I_a \qquad [\text{N-m}] \tag{8-1}$$

그리고

$$I_a = \frac{V_t - K_E \Phi n}{R_a} \qquad [\text{A}] \tag{8-2}$$

이다. 마지막 표현식은 키르히호프의 전압 법칙으로부터 그리고 식 (3-34)로 E_a를 대체함으로써 귀결함에 유의하라. 축부하가 인가되지 않았을 때에는, 단지 회전손을 극복하는 토크를 필요로 할 뿐이다. 분권 전동기는 본질적으로 일정한 자속에서 운전되기 때문에, 식 (8-1)은 이 손실을 제공하기 위하여 정격 값에 비하여 단지 작은 전기자 전류만이 요구된다는 것을 나타낸다. 식 (8-2)는 전기자 전류가 바로 옳은 값을 나타내도록 만들어지는 방식을 드러낸다. 이 표현식에서 V_t, R_a, K_E, 그리고 Φ는 값이 고정된다. 그러므로 속도가 결정적인 변수이다. 우선, 속도가 너

무 낮은 값을 갖는다고 가정된다면, 식 (8-2)의 분자가 과대한 값이 되고 그 다음 I_a를 요구되는 것보다 더 크게 만든다. 이 시점에서, 전동기는 상황을 조정하도록 반응한다. 과대한 전기자 전류는 마찰과 풍손에 대립하는 토크를 초과하는 발생 토크를 생성한다. 사실상 이 초과는 가속 토크로 소용되고, 그 다음 전기자 전류의 평형 값에 대응하는 수준으로 속도가 증가하는 것으로 나아간다. 달리 말하면, 가속 토크는 단지, 속도가 식 (8-2)에 의해 회전손을 극복하기 위해 필요로 하는 바로 옳은 I_a를 산출하는 값일 때에만, 0으로 된다.

다음으로 정격 토크를 요구하는 부하가 갑자기 전동기 축에 인가된 것을 고려한다. 이 순간에 발생 토크가 부하 토크는 아니고 단지 마찰과 풍손을 극복하기에 충분할 뿐이기 때문에, 첫번째 반작용은 속도를 잃어버리는 것이다. 이렇게 하여, 식 (8-2)가 드러내는 바와 같이, 전기자 전류가 증가될 수 있으며 그 다음 전자기적 토크가 증가할 수 있다. 사실은 인가된 부하 토크가, 전동기가 인가 축 토크와 마찰 토크를 극복하는 발생 토크를 생성하기에 충분한 전류를 산출하는, 속도의 값을 나타내게 한다. 전자기적 전력 $E_a I_a$가 발생되는 기계 동력 $T\omega_m$과 같을 때 평형 조건에 도달되기 때문에, 전력(동력) 평형이 그것에 의해 이루어진다.

3상 유도전동기와 직류전동기의 비교는 둘 다 인가 축 토크에 응하는 **속도 감응** 장치(*speed-sensitive* device)라는 것을 나타낸다. 본질적인 차이는, 하지만, 3상 유도전동기의 경우에는 발생 토크가 전기자 전류의 역률각에 의해 불리하게 영향을 받는다는 것이다. 물론 직류전동기의 경우에는 상사인(analogous) 상황이 나타나지 않는다.

Shunt Motor

앞의 논의로부터 직류전동기의 속도-토크 관계식이 중요한 특성이라는 것이 명백할 것이다. 따라서, 발생 토크의 함수로써 속도에 대한 표현식을 얻는 것이 유용하다. 식 (8-2)를 속도에 관해 푸는 것으로 시작한다. 따라서,

$$n = \frac{E_a}{K_E \Phi_{sh}} = \frac{V_t - I_a R_a}{K_E \Phi_{sh}} \qquad [\text{rpm}] \tag{8-3}$$

이다. Φ에 있는 하첨자는 고려가 당장은 분권 전동기로 제한된다는 것을 강조한다. 토크 변수가 다음으로 식 (8-1)에 의해 도입될 수 있다. 따라서,

$$n = \frac{V_t}{K_E \Phi_{sh}} - \frac{R_a}{K_E K_T {\Phi_{sh}}^2} T \qquad [\text{rpm}] \tag{8-4}$$

이다. 이제 전기자 권선의 감자 효과가 본질적으로 중화되도록 (즉, $I_{fd} = 0$) 무시

할 수 있는 저항의 보상 권선이 설비되었다고 가정된다면, Φ_{sh}는 일정하게 머무르며 그래서 식 (8-4)는 더 편리하게

$$n = k_1 V_t - k_2 T = n_0 - k_2 T \qquad [\text{rpm}] \tag{8-5}$$

로 적어질 수 있다. 여기서

$$k_1 = \frac{1}{K_E \Phi_{sh}} \quad [\text{rpm/V}]; \qquad k_2 = \frac{R_a}{K_E K_T {\Phi_{sh}}^2} \quad [\text{rpm/N-m}] \tag{8-6}$$

그리고

$$n_0 = k_1 V_t \, [\text{rpm}] = \text{no-load speed} \tag{8-7}$$

이다. 명백하게, 식 (8-5)는 부(음)의 기울기 k_2 [rpm/N-m]와 n_0 [rpm]의 절편을 가지는 직선이다. 그림 8-1의 실선은 그것의 그림을 보인다. 일점 쇄선(broken-line) 곡선은 또한 전기자 기자력의 감자 효과가 존재하는 경우의 속도-토크 특성을 나타낸다; 달리 말하면, 기계에 보상 권선이 설비되지 않았을 때이다. 전기자 전류로 인한 Φ_{sh}에서의 감소는 식 (8-3)의 분자 항에서 강하에 대한 약간의 보상을 일으킨다.

EXAMPLE 8-1 20 [hp], 230 [V], 1150 [rpm] 분권 전동기가 식 (8-6)과 (8-7)에서 k_1과 k_2에 대한 값을, 각각, 5.32 [rpm/V]와 0.4 [rpm/N-m]로 이끄는 매개변수로 설계되었다.

(a) 무부하 속도를 찾아라.

(b) 124 [N-m]의 전부하 토크를 내어놓을 때의 속도를 결정하라.

SOLUTION (a) 식 (8-7)로부터 무부하 속도는

$$n_0 = 5.32 \times 230 = 1223.6 \, [\text{rpm}]$$

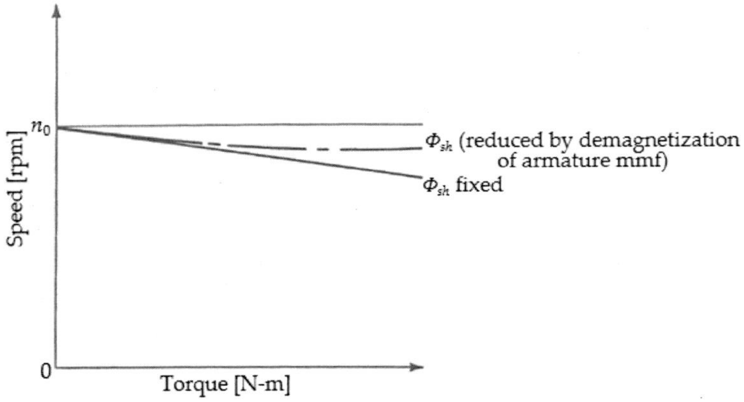

Figure 8-1 Speed-torque characteristics of a shunt motor with and without a compensating winding.

(b) 식 (8-5)로부터

$$n = 1223.6 - 0.4 \times 124 = 1150.4 \text{ [rpm]}$$

Speed Determination at Various Load Conditions. 속도와 부하 조건은 유도 전기자 전압 방정식 $E_a = K_E \Phi n$을 통하여 관련된다. E_a가 단자 전압과 전기자 회로 저항 강하로부터 결정될 수 있기 때문에, 각 부하 조건에서 E_a가 알려진다는 것이 따라온다. 하첨자 1이 속도, 입력 선전류, 계자 전류, 그리고 기타 등등이 알려진 어떤 원래의 운전점에서의 조건을 나타내며 하첨자 2가 새로운 운전점에서의 조건을 나타낸다고 하면, 변화된 부하 조건에서의 속도는 관계식

$$\frac{E_{a2}}{E_{a1}} = \frac{K_E \Phi_2 n_2}{K_E \Phi_1 n_1} \tag{8-8}$$

로부터 찾아질 수 있다. 이 관계식은 극당 자속이 부하 변화에 따라 본질적으로 변하지 않고 남아있는 전동기의 경우 현저하게 간단한 식으로 줄어든다. 그러한 것은 확실히 보상 권선이 설비되었거나 전기자 기자력의 감자 효과를 무시할 수 있는 ($I_{fd} = 0$) 분권 발전기의 경우이다. 그러면 새로운 속도는 원래의 속도와 단순히

$$n_2 = \frac{E_{a2}}{E_{a1}} n_1 \qquad \text{[rpm]} \tag{8-9}$$

에 의해 관련된다.

부하가 정격 값으로부터 무부하로 변화됨에 따라 생기는 전동기 속도에서의 변화는 중요한 성능 지표이며 **속도변동률**(*speed regulation, SR*)이라 불린다. 전부하 값의 백분율로 표현된 속도변동률은

$$\text{SR} = \frac{\text{no-load speed} - \text{full-load speed}}{\text{full-load speed}} \times 100 \qquad [\%] \tag{8-10}$$

으로 적어진다.

EXAMPLE **8-2** 보상 권선이 설비된 20 [hp], 230 [V], 1150 [rpm] 분권 전동기가 0.188 [Ω]의 총(total) 전기자 회로 저항을 가진다. 정격 출력에서 전동기는 74.6 [A]의 선전류와 1.6 [A]의 계자 전류를 가진다.
(a) 입력 선전류가 38.1 [A]일 때의 속도를 찾아라.
(b) $I_L = 1.9$ [A]라면 무부하 속도는 얼마인가?
(c) 속도변동률을 결정하라.

SOLUTION (a) 정격 부하에서 전기자 유도 기전력은

$$E_{a1} = V_t - I_a R_a = 230 - (74.6 - 1.6) \times 0.188 = 216.3\ [\text{V}]$$
$$n_1 = 1150\ [\text{rpm}] \quad \text{at rated output}$$

$I_L = 38.1$ [A]에서

$$E_{a2} = 230 - (38.1 - 1.6) \times 0.188 = 223.14\ [\text{V}]$$

따라서 식 (8-10)에 의해

$$n_2 = \frac{E_{a2}}{E_{a1}} n_1 = \frac{223.14}{216.3} \times 1150 = 1186.4\ [\text{rpm}]$$

(b) 지금은

$$E_{a0} = 230 - 0.3 \times 0.188 = 229.9\ [\text{V}]$$
$$\therefore n_0 = \frac{229.9}{216.3} \times 1150 = 1223.3\ [\text{rpm}]$$

(c) 식 (8-10)으로부터

$$\text{SR} = \frac{1223.3 - 1150}{1150} \times 100 = 6.29\ [\%]$$

Effect of Demagnetization on Speed. 분권 전동기가 보상 권선이 준비되어 있지 않을 때에는, 전기자 기자력의 감자 효과가 극당 자속의 변화를 일으켜, 식 (8-9)를 바로 적용할 수 없다. 이 효과를 감안하는 한가지 방법은 7-3절에서 설명된 방식으로 특정된 전기자 전류에 대응하는 I_{fd}를 찾는 것이다. 이것은 전동기의 자화 곡선으로 계산하는 것을 요구한다. 다음의 예제가 과정을 설명한다.

EXAMPLE 8-3 예제 7-3의 기계가 분권 전동기로 사용된다. 1000 [rpm]에서 얻어진 전동기의 자화 곡선이 그림 7-17에 나타나있다. 특정된 부하 조건에서 이 전동기는 1.6 [A]의 계자 전류와 40 [A]의 전기자 전류를 그린다. 자극 자속에 대한 이 전기자 전류의 감자 효과는 등가 계자 전류의 항으로 0.3 [A]가 되는 것으로 알려져 있다. 전기자 회로 저항은 0.15 [Ω]이다. 주어진 부하 조건에서 전동기 속도를 찾아라.

SOLUTION 이 경우의 풀이 책략은 주어진 전기자 전류에서 자극 자속의 상태를 찾기 위하여 자화 곡선을 사용하는 것이다. 자화 곡선이 1000 [rpm]에서 찾아졌기 때문에,

$$E_a = K_E \Phi \times 1000\ [\text{V}]$$

을 가진다. 감자 효과가 없었다면, 양 $K_E \Phi$는 자화 곡선에 1.6 [A]의 계자 전류를 넣음으로

써 찾아질 수 있다. 그러나 40 [A] 전기자 전류의 감자 효과를 감안하기 위해서는, 1.6 − 0.3 = 1.3 [A]의 순(net) 계자 전류에 대응하는 E_a의 값을 사용해야 한다. 그림 7-17로부터 이것은 다음을 산출한다:

$$E_a = 11.8 \times 20 = 236 = K_E\Phi \times 1000\ [\text{V}]$$

따라서, 40 [A] 전기자 전류에서 자극 자속의 상태는 다음과 같이 나타내어진다:

$$K_E\Phi = \frac{236}{1000} = 0.236\ [\text{V/rpm}] \tag{8-11}$$

그러면 특정된 운전점에서 실제 유도 전기자 전압은

$$E_a = V_t - I_aR_a = 250 - 40 \times 0.15 = 244\ [\text{V}]$$

E_a의 이 값은 **회로** 계산(*circuit* evaluation)으로부터 유도된다. 같은 결과를 산출해야 하는 **계자** 계산(*field* evaluation)은 식 (8-11)의 결과에 기초를 둔다. 따라서

$$E_a = K_E\Phi n$$

$$244 = 0.236 \times n$$

$$\therefore n = \frac{244}{0.236} = 1033.9\ [\text{rpm}]$$

Compound Motor

가동 복권 전동기의 속도에 대한 표현식은 순(net) 공극 자속이 직권 계자의 기여를 내포한다는 사실에 의해 식 (8-3)과 다르다. 더욱이, 외분권 결선의 경우 전기가 회로는 직권 계자의 저항도 역시 내포한다. 따라서, 주어진 전기자와 계자 여자에서 속도에 대한 상사 표현식(analogous expression)은

$$n = \frac{V_t - I_a(R_a + R_s)}{K_E(\Phi_{sh} + \Phi_s)} \qquad [\text{rpm}] \tag{8-12}$$

이다. 자속의 합산(summation)은 자기회로에 대한 선형성의 가정에서 사용된다. 복권 전동기의 총(total) 저항 강하가 분권 형태의 경우보다 더 큰데도 불구하고, 보통 Φ_s와 관련된 강한 기여가 지배 인자(dominant factor)이다. 결과적으로, 분권 형태의 운전의 경우에서와 같은 전기자 전류에 대하여, 속도는 더 낮으며 속도-토크 곡선은 그림 8-2에 나타내어진 바와 같이 더 현저한 수하 특성(droop)을 보인다. 이 인자의 상호 작용의 더 좋은 평가는 다음 예제의 검토로부터 얻어질 수 있다.

EXAMPLE 8-4 예제 8-2의 전동기가 0.06 [Ω]의 저항을 가지는 직권 계자 권선도 역시 갖고 있

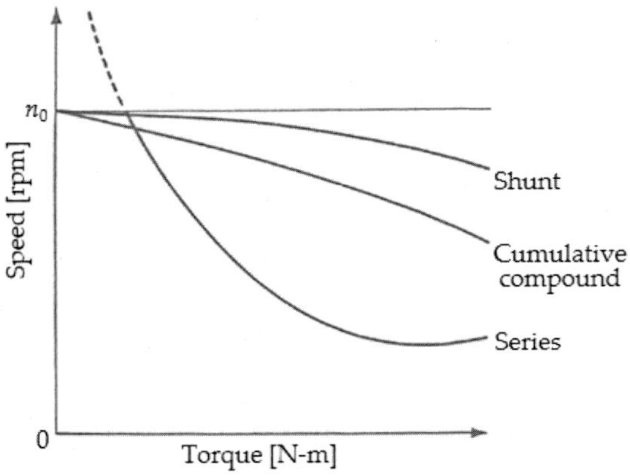

Figure 8-2 Speed-torque characteristics of various dc motor types using common no-load speed (except for series motor)

다. 분권 전동기로 운전할 때 정격 출력은 73 [A]의 전기자 전류로 얻어진다. 이 기계가 가동 복권 전동기로 운전되도록 배열되었을 때 같은 일정한 토크가 공급된다. 이 부하 조건에서서 직권 계자 권선이 자극 자속에서의 25 [%]의 증가에 기여한다.

(a) 복권 형태의 운전의 전기자 전류를 찾아라.

(b) 복권 전동기의 속도는 얼마인가?

(c) 무부하에서 직권 계자의 효과는 무시할 수 있다고 가정하여 속도변동률(SR)을 찾아라.

SOLUTION (a) 일정한 토크에서 증가된 자속 자계는 더 적은 전기자 전류를 부른다. 따라서,

$$I_a' = \frac{\Phi_{sh}}{\Phi'} I = \frac{1}{1.25} \times 73 = 58.4 \text{ [A]}$$

(b) 분권 전동기로서 정격 부하와 속도에서 유도 전기자 기전력은

$$E_a = 230 - 73 \times 0.188 = 216.3 \text{ [V]}$$

복권 전동기로서는

$$E_a' = 230 - 58.4 \times (0.188 + 0.06) = 215.5 \text{ [V]}$$

식 (8-8)을 사용하면 다음을 산출한다:

$$n' = \frac{E_a'}{E_a}\frac{\Phi_{sh}}{\Phi'} n = \frac{215.5}{216.3} \times \frac{1}{1.25} \times 1150 = 916.7 \text{ [rpm]}$$

(c) 예제 8-2로부터 무부하 속도는 1223.3 [rpm]이다. 따라서,

$$\text{SR} = \frac{1223.3 - 916.7}{916.7} \times 100 = 33.3 \text{ [\%]}$$

이 양이 분권 전동기로서 운전하는 것에 비하여 얼마다 더 큰지에 유의하라.

Series Motor

직권 전동기의 속도-토크 특성은 분권과 복권 전동기의 특성과는 뚜렷이 다르다. 이것은 분권 계자 권선에 의해 공급되는 실제적인 사실상 일정한 자속의 결핍의 관점에서 놀라운 기대는 아니다. 직권 전동기에서는 모든 작동 자속이 직권 계자 권선에 의해 생성되어야 한다. 이제 속도와 토크에 관련된 표현식을 유도하는 것이 도움이 된다.

간단을 위하여, 전동기의 철 경로에 포화가 없다고 가정한다. 이것은 직권 계자 자속이 전기자 권선과

$$\Phi_s = K_s I_a \qquad [\mathrm{Wb}] \tag{8-13}$$

에 의해 관련되는 것을 허용한다. 여기서 K_s는 [Wb/A]로 표현된 적절한 비례 상수이다. 식 (8-13)을 (8-1)의 기본 방정식에 대입하면

$$T = K_T \Phi_s I_a = K_T K_s I_a^2 \qquad [\mathrm{N\text{-}m}] \tag{8-14}$$

를 준다. 더구나, 직권 전동기의 전기자 회로 내에서는, 키르히호프의 전압 법칙이

$$V_t = E_a + I_a(R_a + R_s) = K_T \Phi_s \omega_m + I_a R \qquad [\mathrm{V}] \tag{8-15}$$ †

로 기술된다. 여기서 편의를 위하여 $R = R_a + R_s$이다. 마지막 표현식에 식 (8-13)을 대입하면 더 간단히

$$V_t = I_a(K_T K_s \omega_m + R) \qquad [\mathrm{V}]$$

또는

$$I_a = \frac{V_t}{K_T K_s \omega_m + R} \qquad [\mathrm{A}] \tag{8-16}$$

을 준다. 식 (8-16)을 (8-14)에 대입하면 원하는 속도-토크 관계식이 따라온다. 따라서,

$$T = K_T K_s \frac{V_t^2}{(K_T K_s \omega_m + R)^2} \qquad [\mathrm{N\text{-}m}]$$

또는

†369 페이지에 있는 식 (8-30)과 각주를 보라.

$$\frac{V_t}{K_T K_s \omega_m + R} = \sqrt{\frac{T}{K_T K_s}} \qquad [A] \tag{8-17}$$

이다. 식 (8-17)에서 ω_m은 전동기 속도이며 T는 발생되는 전자기적 토크이다; 다른 모든 양은 알려져 있다. 이 식의 그림은 그림 8-2에 묘사된 형태를 취한다.

R이 $K_T K_s n$에 비하여 작다는 가정에 의해 더 다루기 쉬운 표현식이 식 (8-17)로부터 생긴다. (문제 8-7을 보라.) 이 단계는 이 두 변수가 관련되는 방식을 보는 것을 더 쉽게 만드는 이점을 제공한다. 따라서,

$$\omega_m = \frac{V_t}{K_T}\sqrt{\frac{K_T}{K_s}} \cdot \frac{1}{\sqrt{T}} \qquad [rad/s] \tag{8-18}$$

을 얻는다. 다음으로,

$$K = \frac{V_t}{K_T}\sqrt{\frac{K_T}{K_s}} = \frac{V_t}{\sqrt{K_T K_s}} \tag{8-19}$$

를 도입하여, 마지막으로

$$\omega_m = \frac{K}{\sqrt{T}} \qquad [rad/s] \tag{8-20}$$

을 얻는다. 식 (8-20)은 인자 4에 의한 토크에서의 증가는 속도가 절반으로 되는 것을 보인다. 비슷하게, 9배 더 큰 토크 출력은 전동기의 속도가 앞의 값의 3분의 1로 되는 것을 일으킨다. 식 (8-20)의 완전한 그림은 그림 8-2에 묘사된 형태를 취한다.

직권 전동기는 무부하(즉, $T \to 0$)에서 운전하는 것이 허용될 때는 언제나 심각한 결과로 귀결한다는 것이 특히 유의할 만 하다. 식 (8-20)은 명백히 직권 전동기 속도가 무한대로 되려 한다는 것을 나타낸다. 물론 그러한 속도에는 절대 도달되지 않을 것이다. 적절한 회로 차단기(circuit-breaker) 보호가 충분히 빠르게 제공되지 않으면 전동기 전기자 코일이 슬롯 밖으로 튀어나가고 찢어지는 일이 그 대신에 일어날 것이다. 직권 전동기의 안전한 운전에 적용되는 기본적인 규칙은 부하와의 결합이 **절대로**(*never*) 풀려서는 안된다는 것이다. 미끄러지고 그것에 의해 손상을 일으킬 가능성을 피하기 위하여 벨트 결합(belt coupling)은 사용될 수 없다.

EXAMPLE 8-5 250 [V], 25 [hp], 600 [rpm] 직권 전동기가 314 [N-m]의 정격 부하 토크에서 85 [A]의 전기자 전류를 그린다. 전기자 회로 저항은 0.21 [Ω]이며 직권 계자 권선 저항은 0.09

[Ω]이다. 회전손은 무시할 수 있다. 전동기 축에서의 토크 요구가 20 [N-m]로 줄었을 때 전동기 속도를 찾아라.

SOLUTION 정격 부하에서 유도 전기자 전압은

$$E_a = 250 - 85 \times 0.21 = 232.15 \text{ [V]}$$

줄여진 부하 조건에서의 E_a의 값을 찾기 위해서는, 먼저 새로운 전기자 전류를 찾는 것이 필요하다. 이것은 식 (8-14)의 도움으로 바로 결정된다. 따라서

$$\frac{I_a'}{I_a} = \sqrt{\frac{T'}{T}} = \sqrt{\frac{20}{314}} = 0.2524$$

$$\therefore I_a' = 0.2524 \times 85 = 21.45 \text{ [A]}$$

여기서 프라임 기호(′)는 줄여진 부하 조건을 나타낸다. 그러므로,

$$E_a' = 250 - 21.45 \times 0.21 = 245.5 \text{ [V]}$$

마지막으로, 특정된 부하에서 유도 전압의 비(ratio)를 세우면 다음을 얻는다:

$$\frac{E_a'}{E_a} = \frac{K_E K_s I_a' n'}{K_E K_s I_a n} = 0.2524 \times \frac{n'}{n}$$

$$\therefore n' = \frac{245.5}{232.15} \times \frac{1}{0.2524} \times 600 = 2513.9 \text{ [rpm]}$$

이 속도는 정격 값의 4배가 넘으며 문제를 일으킬 수 있음을 관찰하라.

그림 8-2의 더 유용한 그래프 표현이 그림 8-3에 보여져 있다. 이 곡선은 정격 토크에서 정격 속도인 공통점(common point)으로 그려져 있다. 이 상황에서는 정격 전기자 전류의 흐름이 직권 전동기에 더 이상 우려를 주지 않기 때문에 직권 전

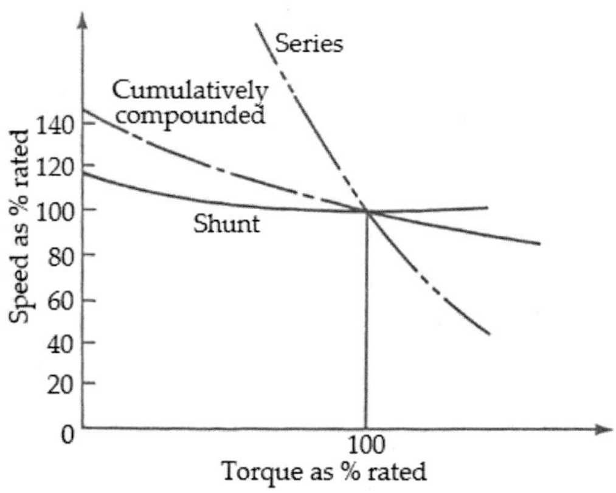

Figure 8-3 Typical speed-torque curves of dc motors.

동기가 다른 전동기와 공통 특성의 점(point of commonality)을 공유할 수 있다.

Torque versus Armature Current

여러가지 형태의 전동기에 대한 전동기가 그리는 전기자 전류의 함수로써 발생 토크의 변동을 설명하는 특성 곡선은 기본 토크 방정식 (8-1)로부터 바로 따라온다. 보상 권선이 설비된 분권 전동기는 원점을 통하여 지나가는 직선인 가장 간단한 관계를 나타낸다. 즉,

$$T = K_T \Phi_{sh} I_a = K_{sh} I_a \qquad [\text{N-m}]$$

이다. 여기서

$$K_{sh} = K_T \Phi_{sh} \qquad [\text{N-m/A}]$$

이다. 분권 전동기가 감자 효과의 영향 아래에서 운전될 때에는, 증가되는 전기자 전류에 따르는 자극 자속의 감소가 선형 관계보다 아래로 떨어지는 특성을 일으킨다. 이 특징이 그림 8-4에 나타나 있다.

가동 복권 전동기의 경우에는, 딱 들어맞는 관계식이

$$T = K_T(\Phi_{sh} + \Phi_s) I_a = K_T \Phi_{sh} I_a + K_T \Phi_s I_a = K_T \Phi_{sh} I_a + K_t I_a^2 \qquad [\text{N-m}] \qquad (8\text{-}21)$$

이다. 여기서

$$\Phi_s = K_s I_a \qquad [\text{Wb}] \qquad \text{and} \qquad K_t = K_T K_s \qquad [\text{N-m/A}^2]$$

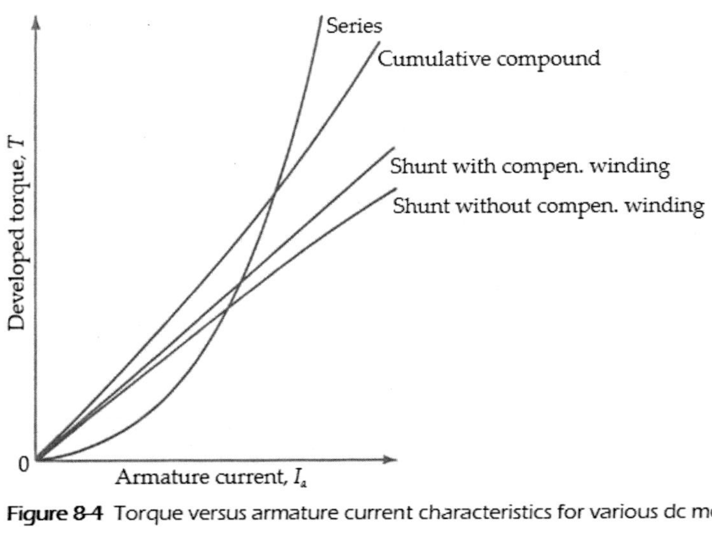

Figure 8-4 Torque versus armature current characteristics for various dc motor types.

이다. 명백히, 식 (8-21)은 전기자 전류가 커짐에 따라 발생 토크에 대한 증가하는 기여를 강조한다. I_a의 증가에 따른 특성의 증가하는 기울기를 관찰하라.

직권 전동기의 경우에는 발생 토크에 대한 표현식이 식 (8-14)에 의해 더 간단하게 설명되며, 그림 8-4에 나타내어진 바와 같이 포물선(parabolic)이다. 직권 전동기는 부하 요구에 응하여 더 큰 토크를 발생하도록 반응함으로써, 대응하여 속도가 떨어진다는 것에 유의하는 것이 도움이 된다. 이 양상이 직권 전동기를 견인 형태의 부하를 포함하는 적용에 매우 적합하게 만든다.

8-2 EQUIVALENT CIRCUITS AND THE POWER FLOW DIAGRAM

세가지 형태 중 어느 한가지로 운전하는 직류전동기의 성능은 등가회로, 성능 방정식 조합, 전력 흐름도, 그리고 자화 곡선의 항으로 편리하게 설명될 수 있다. 등가회로가 그림 8-5에 묘사되어 있다. 이제는 전기자 전압이 반작용 또는 역기전력으로 다루어진다는 것을 유의할 만 하다. 정의된 I_a의 방향이 직류발전기의 경우와는 역전됨을 관찰하라. 유기 전압은 자계에 대한 회전자의 상대 운동에 의해 기인되며, 그 극성은 전기자 전류의 방향과는 무관하다. 직류발전기에 적용된 것과 비슷한 제약 조건을 부과함으로써, 원하는 운전 형태에 대한 옳은 등가회로를 얻는다. 예를 들어, 직권 전동기의 경우에는 적절한 등가회로가 그림 8-5의 회로로부터 R_f를 제거함으로써 얻어진다.

직류전동기의 성능을 계산하기 위해 필요로 하는 방정식의 조합은 유도 전기자 기전력 방정식, 발생 토크 방정식, 그리고 그림 8-5에 표시된 등가회로에 적용되는 것과 같은 키르히호프의 전압 및 전류 법칙이다. 이들이 편의를 위하여 여기에 나열되었다:

$$E_a = K_E \Phi n \qquad [\text{V}] \tag{8-22}$$

$$T = K_T \Phi I_a \qquad [\text{N-m}] \tag{8-23}$$

$$V_t = E_a + I_a(R_a + R_s) \qquad [\text{V}] \tag{8-24}$$

$$I_L = I_f + I_a \qquad [\text{A}] \tag{8-25}$$

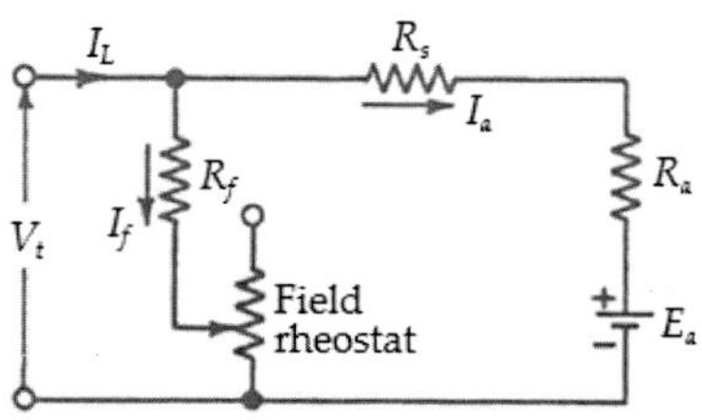

Figure 8-5 Equivalent circuit of the dc motor.

첫 두 방정식은 발전기 해석에서 사용된 것과 동일하다. 하지만, 다음의 두 방정식은 전동기의 경우에는 V_t가 인가 또는 전원 전압이며 전압 강하의 합과 같아야 한다는 사실을 감안하여 수정되었다. 비슷하게 선전류는 전기자 전류와 계자 전류의 **차**(*difference*)가 아니라 **합**(*sum*)과 같다.

발전기에서 생기는 것과는 역전된 흐름을 나타내는 전력 흐름도가 그림 8-6에 나타내어져 있다. 선로로부터 기원하는 전력 입력 V_tI_L이 자속 계자를 확립하기 위해 필요로 하는 계자 전력은 물론 I_a의 흐름을 유지하기 위해 필요로 하는 전기자 회로 동손을 공급한다. 자속 계자 내에 놓어진 전기자 도체를 통하여 흐르는 이 전류가 발생되는 토크를 일으킨다. 그러면 에너지 보존 법칙이 전자기적 전력(동력) E_aI_a가 $T\omega_m$과 같아질 것을 요구한다. 여기서 ω_m은 정상 상태 운전 속도이다. 발생되는 기계적 동력으로부터 회전손을 제거하면 기계적 출력 동력을 산출한다.

그림 8-6에 설명된 전력 흐름도의 특별한 형태와 관련된 책략은 입력 전력에서 시작하고 그 다음 유용한 출력이 나타나는 장소로 기계를 통하여 이 전력(동력)을 따라가는 것이다. 과정 내에서 발생하는 어떤 변환(transformation or conversion)을 강조하기 위해 적절한 단계가 포함된다. 더욱이, 유용한 전력(동력)의 흐름은 실선(solid line)으로 나타내어져 있는 반면, 각 변환에 따르는 손실은 파선(broken line)으로 표시되어 있다. 이 표현의 특별한 이점은 전동기의 거동의 완전한 설명을 제공하기 위해 사용되는 딱 들어맞는 관계가 표시되는 것이 쉽다는 것이다. 본질적으로 그렇게 정식화된 전력 흐름도는 기계의 수학적 묘사의 뛰어난 모델을 제공한다. 다음의 예제들이 이 이점을 설명한다.

EXAMPLE 8-6 20 [hp], 230 [V], 1150 [rpm] 분권 전동기가 4극, 4개의 전기자 경로, 그리고 882개의 전기자 도체를 가진다. 전기자 회로 저항은 0.188 [Ω]이다. 정격 속도와 정격 출력에서

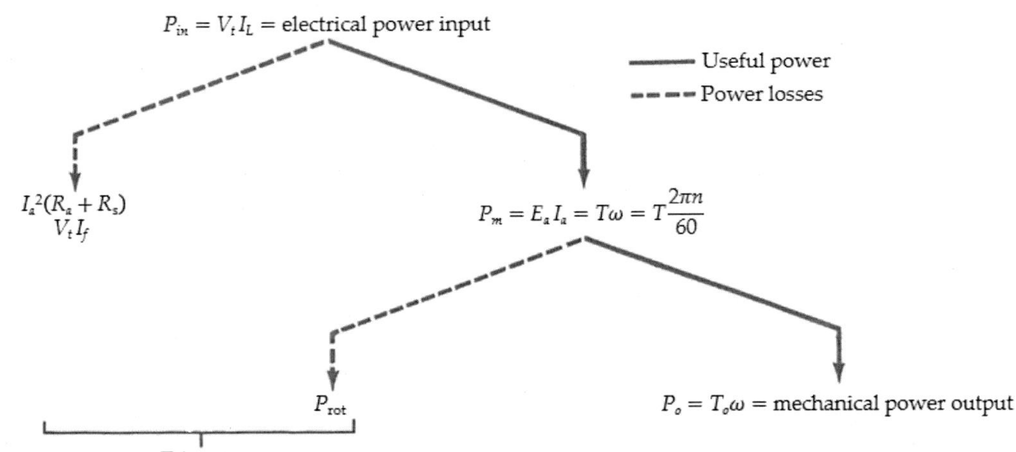

Figure 8-6 Power-flow diagram of the dc motor.

전기자 전류는 73 [A]이며 계자 전류는 1.6 [A]이다. 다음을 계산하라: (a) 전자기적 토크, (b) 극당 자속, (c) 회전손, (d) 효율, (e) 축부하.

SOLUTION (a) 발생되는 전자기적 토크는 단순히 에너지 보존 법칙의 기술인 전력 흐름도의 두번째 수준에서 나타난 관계식을 사용함으로써 찾아질 수 있다. 이 점에서 전기자 권선과 관련된 전력, 즉, E_aI_a는 기계적 동력 $T\omega_m$으로 변환된다. 따라서, 다음과 같이 나아간다:

$$E_a = V_t - I_aR_a = 230 - 73 \times 0.188 = 230 - 13.7 = 216.3\ [\text{V}]$$

또한

$$\omega_m = \frac{2\pi n}{60} = \frac{2\pi \times 1150}{60} = 120\ [\text{rad/s}]$$

그러므로

$$T = \frac{E_aI_a}{\omega_m} = \frac{216.3 \times 73}{120} = 132\ [\text{N-m}]$$

(b)
$$E_a = K_E\Phi n = \frac{p}{60}\cdot\frac{Z}{a}\Phi n = \frac{4}{60}\times\frac{882}{4}\times\Phi\times 1150\ [\text{V}]$$

$$\therefore \Phi = \frac{216.3 \times 60}{882 \times 1150} = 0.0128\ [\text{Wb}]$$

(c) 전력 흐름도로부터

$$P_{\text{rot}} = P_m - P_o = E_aI_a - 20 \times 746 = 15790 - 14920 = 870\ [\text{W}]$$

(d) 먼저 손실의 합(sum)을 찾는다. 따라서

$$\begin{aligned}\sum \text{losses} &= P_{\text{rot}} + I_a{}^2R_a + V_tI_f = 870 + 73^2 \times 0.188 + 230 \times 1.6 \\ &= 870 + 1002 + 368 = 2240\ [\text{W}]\end{aligned}$$

따라서

$$\eta = 1 - \frac{\sum \text{losses}}{E_aI_a + I_a{}^2R_a + V_tI_f} = 1 - \frac{2240}{17160} = 0.869\ [\text{pu}]$$

효율은 86.9 [%]이다.

(e)
$$T_o = \frac{1}{\omega_m}P_o = \frac{1}{120}\times(20 \times 746) = 124\ [\text{N-m}]$$

이 토크와 전자기적 토크 사이의 차이는 회전손을 극복하기 위해 필요로 하는 양이다.

EXAMPLE 8-7 예제 8-6의 전동기의 축부하는 고정되어 유지되지만, 계자 자속이 계자 가변저항기에 의해 그 값의 80 [%]로 줄여졌다. 새로운 운전 속도를 결정하라.

SOLUTION 속도에 대한 정보는 식 (8-22)로부터 얻을 수 있다. 하지만, 그 다음에, 자속과 전기자 유도 기전력 E_a의 지식을 필요로 한다. 문제의 설명에 의해 새로운 자속 Φ'는

$$\Phi' = 0.8\Phi \text{ [Wb]}$$

에 의해 원래의 자속과 관련된다. E_a에 대한 정보를 얻기 위해서는, 만일 있다면, I_a에서의 변화를 결정해야 한다. 일정 토크 조건에 의해 다음을 가진다:

$$K_T\Phi I_a = K_T\Phi' I_a' \text{ [N-m]}$$

따라서

$$I_a' = \frac{\Phi}{\Phi'} I_a = \frac{1}{0.8} \times 73 = 91.3 \text{ [A]}$$

결과적으로

$$E_a' = V_t - I_a' R_a = 230 - 91.3 \times 0.188 = 212.8 \text{ [V]}$$

식 (8-22)로 돌아가서, 이제는 비(ratio)

$$\frac{E_a'}{E_a} = \frac{K_E\Phi' n'}{K_E\Phi n}$$

를 정식화할 수 있으며, 이로부터 새로운 운전 속도에 대한 표현식은 다음과 같이 된다:

$$n' = \frac{E_a'}{E_a} \cdot \frac{\Phi}{\Phi'} \cdot n = \frac{212.8}{216.3} \times \frac{1}{0.8} \times 1150 = 1414 \text{ [rpm]}$$

8-3 SPEED CONTROL

다른 모든 형태를 넘어 직류전동기가 제공하는 매력적인 양상 중 하나는 상대적으로 쉽게 상당한 범위에 걸친 속도 제어가 이루어질 수 있다는 것이다. 속도 제어를 위해 사용할 수 있는 여러가지 책략이 유도 전압에 대한 공식과 전기자 회로에 대한 키르히호프의 전압 법칙으로부터 바로 얻어지는 속도 방정식으로부터 이끌어 내어질 수 있다. 따라서,

$$E_a = K_E\Phi n \qquad \text{[V]}$$

그리고

$$E_a = V_t - I_a(R_a + R_e) \qquad \text{[V]}$$

이다. 따라서

$$n = \frac{E_a}{K_E \Phi} = \frac{V_t - I_a(R_a + R_e)}{K_E \Phi} \quad \text{[rpm]} \tag{8-26}$$

이다. 전기자 회로 저항은 가조정(조정할 수 있는) 외부 저항기 R_e의 산입에 의해 보강되었음을 관찰하라. 식 (8-26)의 조사는 전동기의 속도가 우변에 나타난 세개의 인자 중 어느 하나를 조정함으로써 제어될 수 있음을 드러낸다: Φ, R_e, 그리고 V_t. 다음의 목표는 각 형태의 전동기에 대하여 이러한 제어 방법을 조사하고 설명하는 것이다.

By Adjustment of Pole Flux (Φ)

자극 자속은 가장 간단히 조정할 수 있으며 최소 비용을 포함한다. 먼저 분권 전동기를 고려하고 간단을 위하여 해석은 줄곧 무시할 수 있는 전기자 권선 기자력으로부터의 감자 효과의 가정으로 나아간다.

Shunt Motor. 자속 제어의 경우에서는, 식 (8-26)에서 R_e가 0이며 자속 계자 Φ가 전적으로 계자 권선에 흐르는 전류에 기인한다고 가정된다. 자극 자속의 조정은 편리하게 그림 8-7에 묘사된 방식으로 계자 권선과 직렬로 위치된 가변저항기에 의해 이루어진다. 계자 가변저항기 저항이 증가되면, 자극 자속이 줄어들고 속도가 증가한다. 범용 분권 전동기는 이 속도 제어 방법에 의해 기저(정격) 속도에서의 200 [%] 증가를 제공하도록 설계된다.

이제 R_{sh}의 존재가 분권 전동기의 속도-토크 곡선에 영향을 미치는 방식을 유도하는데 착수한다. 해석은 $R_{sh} = 0$일 때 속도와 토크 사이의 관계식을 취하는 것으로 시작한다. 더욱이, 포화가 없어서 자극 자속이

$$\Phi_{sh} = K_{sh} I_f = K_{sh} \frac{V_t}{R_f} \quad \text{[Wb]} \tag{8-27}$$

에 의해 계자 전류와 직접 관련될 수 있다고 가정된다. 여기서 K_{sh}는 [Wb/A]의 단

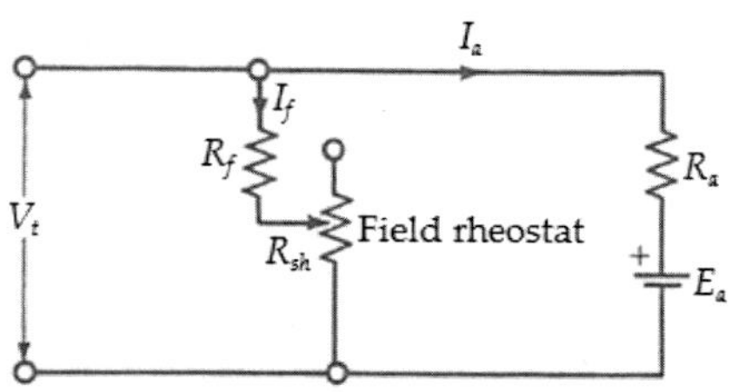

Figure 8-7 Speed control of a shunt motor equipped with a rheostat.

위로 표현되며 계자 전류는 옴(Georg Simon Ohm, 1789-1854)의 법칙의 사용으로 그것의 등가 표현식으로 대체되었다. 그 다음 식 (8-27)을 기본 토크 표현식에 대입함으로써

$$T = K_T \Phi I_a = K_T K_{sh} \frac{V_t}{R_f} I_a \qquad [\text{N-m}] \tag{8-28}$$

을 얻는다. 또한,

$$I_a = \frac{V_t - E_a}{R_a} \qquad [\text{A}] \tag{8-29}$$

그리고

$$E_a = K_E \Phi_{sh} n = K_T \Phi_{sh} \omega_m \qquad [\text{V}] \tag{8-30}$$

이다. 마지막 식은 전기자 유도 전압이 [rpm] 또는 [rad/s]으로 표현된 속도로 나타내어질 수 있음을 나타낸다.† 식 (8-28)이 이미 K_T 매개변수를 포함하기 때문에, 식 (8-29)에서 사용하기 위한 두번째 대안을 선택한다. 따라서,

$$I_a = \frac{V_t - K_T \Phi_{sh} \omega_m}{R_a} \qquad [\text{A}]$$

이며 그래서 식 (8-28)은

$$T = \frac{K_T K_{sh}}{R_a R_f} V_t^2 - \frac{(K_T K_{sh} V_t)^2}{R_a {R_f}^2} \qquad [\text{N-m}] \tag{8-31}$$

로 된다. 재배열하면 원하는 결과

$$\omega_m = \frac{R_f}{K_T K_{sh}} - \frac{R_a {R_f}^2}{{K_T}^2 {K_{sh}}^2 V_t^2} T = \omega_0 - aT \qquad [\text{rad/s}] \tag{8-32}$$

를 산출한다. 여기서

$$\omega_0 = \frac{R_f}{K_T K_{sh}} \ [\text{rad/s}] = \text{speed intercept} \tag{8-33}$$

†식 (3-35)와 (3-44)의 비교는 $K_E = \frac{2\pi}{60} K_T$ 임을 보여서 K_E를 그것의 등가로 대체하면 각속도 $\omega_m = \frac{2\pi}{60} n$ 을 산출한다.

그리고

$$a = \frac{R_a R_f^{\,2}}{K_T^{\,2} K_{sh}^{\,2} V_t^2} \text{ [rad/s/N-m] = slope of speed-torque curve} \tag{8-34}$$

이다. 명백히, 식 (8-32)는 ω_0의 무부하 절편 속도와 식 (8-34)로 설명되는 부(음) 기울기를 가지는 직선이다. 이 곡선의 그림이 $R_{sh} = 0$에 대하여 그림 8-8에 보여져 있다. (또한 그림 8-1에서 실선으로 그려져 있다.)

계자 저항이 가변저항기의 기여에 의해 증가될 때 식 (8-22)는 어떻게 바뀔 것인가? 그러한 경우에는 총(total) 계자 저항이 R_f로부터 $(R_f + R_{sh})$로 바뀐다. 속도-토크 곡선에 대한 수정된 표현식은 절편과 기울기에 대한 증가된 계자 저항의 효과를 결정함으로써 찾아질 수 있다. 사용하는 책략은 R_f를 단순히 $(R_f + R_{sh})$로 대체하는 것이다. 따라서, 새로운 절편에 대한 표현식은

$$\omega_0{}' = \frac{R_f + R_{sh}}{K_T K_{sh}} = \frac{R_f}{K_T K_{sh}}\left(1 + \frac{R_{sh}}{R_f}\right) = \omega_0\left(1 + \frac{R_{sh}}{R_f}\right) \qquad \text{[rad/s]} \tag{8-35}$$

로 된다. 적절한 조작에 의해 새로운 절편은 원래 값의 항으로 표현된다. 명백히, 선형의 경우, $R_{sh} = R_f$로 하는 것은 무부하 속도를 2배로 하는 효과를 가진다. 물론, 식 (8-26) 또한 무부하($I_a = 0$)에서 Φ를 절반으로 하는 것은 n이 2배로 되는 것을 일으켜야 하기 때문에 이것을 자명하게 만든다.

기울기에 대하여 비슷한 방식으로 나아감으로써

$$\frac{R_a\left(R_f + R_{sh}\right)^2}{K_T^{\,2} K_{sh}^{\,2} V_t^2} = \frac{R_a R_f^{\,2}}{K_T^{\,2} K_{sh}^{\,2} V_t^2}\left(1 + \frac{R_{sh}}{R_f}\right)^2 = a\left(1 + \frac{R_{sh}}{R_f}\right)^2 \qquad \text{[rad/s/N-m]} \tag{8-36}$$

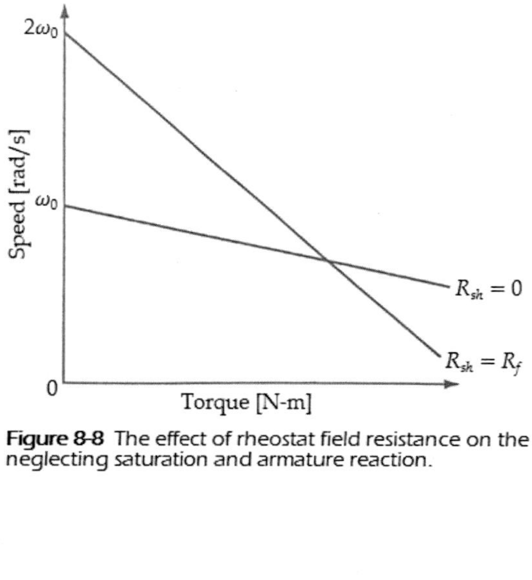

Figure 8-8 The effect of rheostat field resistance on the speed-torque curve of a dc shunt motor neglecting saturation and armature reaction.

을 얻는다. 다시, $R_{sh} = 0$으로 둠으로써, 식 (8-34)로 귀결함에 유의하라. $R_{sh} = R_f$라면, 식 (8-36)은 4의 인자로 증가된 부(음) 기울기를 드러낸다. 그림 8-8은 이 내용을 도식적으로 설명한다.

가변저항기 저항이 존재할 때 분권 전동기의 발생 토크에 대한 속도의 관계의 수정된 표현식은

$$\omega_m = \omega_0\left(1 + \frac{R_{sh}}{R_f}\right) - a\left(1 + \frac{R_{sh}}{R_f}\right)^2 T \qquad [\text{rad/s}] \tag{8-37}$$

이다. 여기서 ω_0과 a는 식 (8-33)과 (8-34)로 주어져 있다.

EXAMPLE 8-8 분권 전동기가 144 [Ω]의 계자 권선 저항을 가진다. 더욱이, 식 (8-37)에서 ω_0과 a의 값은, 각각, 129 [rad/s]와 0.07 [rad/s/N-m]이다. 1650 [rpm]의 속도에서 70 [N-m]의 토크가 공급되도록 하는 계자 가변저항기 저항의 값을 찾아라.

SOLUTION [rad/s]로 나타낸 새로운 속도는

$$\omega_m = \frac{2\pi}{60} \times 1650 = 86.4\ [\text{rad/s}]$$

$x = 1 + \frac{R_{sh}}{R_f}$라 하자. 앞의 자료를 식 (8-37)에 대입하면 다음으로 귀결한다:

$$86.4 = 129 \times x - 0.07 \times 70 \times x^2\ [\text{rad/s}]$$

$$4.9x^2 - 129x + 86.4 = 0$$

$$x_{1,2} = 13.163 \pm 9.32 = 3.84,\ 22.48$$

작은 쪽의 값을 선택하면 다음을 산출한다:

$$1 + \frac{R_{sh}}{R_f} = 3.84$$

$$R_{sh} = 2.84 \times R_f = 409\ [\Omega]$$

Compound Motor. 방금 분권 전동기에 대하여 이루어진 것과 비슷한 해석이 복권 전동기에 대한 T와 관련된 ω_m의 표현식을 얻기 위해 사용될 수 있다. 하지만, 결과가 분권 계자와 마주 보는 직권 계자 기여의 상대적인 세기에 종속되기 때문에 그리고 결과적인 표현식의 복잡성 때문에, 가변저항기 저항이 있거나 없는 복권 전동기에 대한 그림이 일반적으로 그림 8-8에서 분권 전동기에 대하여 그려진 것과 비슷할 것이라고 말하는 것으로 충분하다고 하자. 이 특성의 가시화에서는 자극 자속에 대한 분권 계자 권선 기여가 R_{sh}의 삽입으로 줄어듦에 따라, 직권 계자 기여의 중요성이 증가한다는 것을 염두에 두는 것이 도움이 된다.

Series Motor. 직권 전동기에 대한 자극 자속의 제어는 그림 8-9에 보여진 방식으로 분류기 저항 R_d의 사용을 통하여 이루어진다. 발생 토크는 다음과 같이 표현될 수 있다:

$$T = K_T \Phi_s I_a = K_T K_s I_s I_a = K_T K_s \frac{R_d}{R_s + R_d} I_a^2 = k\rho I_a^2 \qquad \text{[N-m]} \tag{8-38}$$

여기서

$$k = K_T K_s \text{ [N-m/A}^2\text{]} \qquad \text{and} \qquad \rho = \frac{R_d}{R_s + R_d} \tag{8-39}$$

이다. 전기자 전류에 대한 표현식은 전기자 회로에 대한 키르히호프의 전압 법칙으로부터 온다. 따라서

$$\begin{aligned} V_t &= E_a + I_a \frac{R_s R_d}{R_s + R_d} + I_a R_a = K_T K_s I_s \omega_m + \rho I_a R_s + I_a R_a \\ &= k\rho\omega_m I_a + I_a \rho R_s + I_a R_a = I_a(k\rho\omega_m + \rho R_s + R_a) \qquad \text{[V]} \end{aligned} \tag{8-40}$$

이다. 따라서,

$$I_a = \frac{V_t}{\rho R_s + R_a + k\rho\omega_m} \qquad \text{[A]} \tag{8-41}$$

이며 이 식을 식 (8-38)에 대입하면

$$T = \frac{k\rho V_t^2}{(R_a + \rho R_s + k\rho\omega_m)^2} \qquad \text{[N-m]} \tag{8-42}$$

를 산출한다. 식 (8-42)는 그림 8-9의 배치에 대한 속도와 토크에 관련된 일반 표현식이다. 식 (8-39)에서, $0 \le \rho \le 1$이다. 직권 전동기가 분류기 저항이 없이 사용될

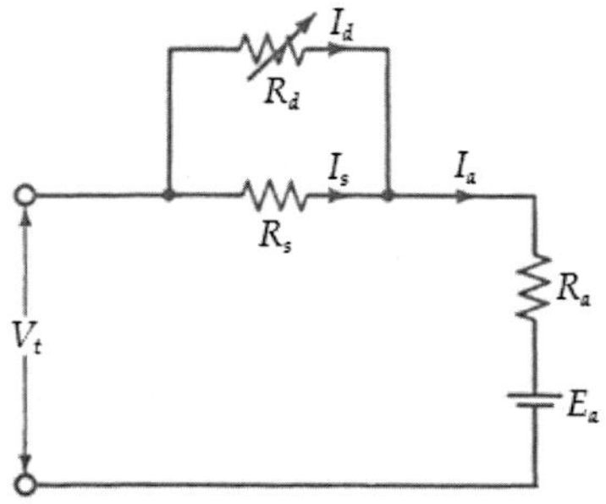

Figure 8-9 Field control of a series motor by means of a diverter resistor.

때에는, 즉, $R_d \to \infty$일 때에는, $\rho = 1$이며 그래서 식 (8-42)는 더 간단히

$$T = \frac{kV_t^2}{(R_a + R_s + k\omega_m)^2} \qquad \text{[N-m]} \tag{8-43}$$

으로 된다. 여기서 T는 단위는 [N-m]이며 ω_m은 [rad/s]이다.

분류기 저항의 존재로 속도가 어떻게 변화하는지를 조사하기 위하여, 분류기 저항을 도입하고 ($\rho < 1$) 식 (8-43)과 같은 토크가 공급되는 새로운 속도를 찾는다. 이것은 식 (8-42)를 (8-43)과 같게 두는 것을 요구한다. 결과는

$$\omega_m' = \frac{1}{\sqrt{\rho}}\omega_m + \frac{R_a}{k}\left(\frac{1}{\sqrt{\rho}} - \frac{1}{\rho}\right) + \frac{R_s}{k}\left(\frac{1}{\sqrt{\rho}} - 1\right) \qquad \text{[rad/s]} \tag{8-44}$$

이다. 식 (8-44)의 우변에 있는 첫째 항이 지배적인 항이기 때문에, 일정한 부하 토크에서 분류기 저항의 존재는 속도에서의 증가를 일으킨다는 것이 따라온다.

EXAMPLE 8-9 250 [V], 25 [hp] 직권 전동기가 868 [rpm]의 속도에서 150 [N-m]의 토크를 생성한다. 전기자 권선과 계자 권선 저항은, 각각, 0.12 [Ω]과 0.09 [Ω]이다. 일정 토크 부하에 대하여, 0.09 [Ω]의 분류기 저항이 직권 계자 권선과 병렬로 위치되었을 때 새로운 속도를 찾아라.

SOLUTION k의 값을 찾기 위하여 식 (8-43)을 사용한다. 따라서

$$150 = \frac{k \times 250^2}{\left(0.21 + \frac{2\pi}{60} \times 868 \times k\right)^2} = \frac{250^2 \times k}{(0.21 + 90.88k)^2} \text{ [N-m]}$$

이며, 이것은 다음으로 이끈다:

$$k^2 - 0.04583k + 5.34 \times 10^{-6} = 0; \quad k^2 - 0.04583k \simeq 0$$
$$\therefore k = 0.04583 \text{ [N-m/A}^2\text{]}$$

또한,

$$\rho = \frac{R_d}{R_s + R_d} = \frac{0.09}{2 \times 0.09} = 0.5$$

이 값들을 식 (8-44)에 대입하면 다음을 산출한다:

$$\begin{aligned}\omega_m' &= \frac{1}{\sqrt{0.5}} \times 90.88 + \frac{0.12}{0.04583}\left(\frac{1}{\sqrt{0.5}} - \frac{1}{0.5}\right) + \frac{0.09}{0.04583}\left(\frac{1}{\sqrt{0.5}} - 1\right) \\ &= 128.52 - 1.534 + 0.8134 = 127.8 \text{ [rad/s]}\end{aligned}$$

또는

$$n' = \frac{30}{\pi} \times 127.8 = 1220.4 \text{ [rpm]}$$

Speed Control by External Armature Resistance

속도 조정의 두번째 방법은 전기자 회로에 연결된 외부 저항기 R_e의 사용을 포함한다. 이 저항기의 크기와 비용은 R_e가 전(full) 전기자 전류를 다룰 수 있어야 하기 때문에 계자 가변저항기 보다 상당히 더 크고 비싸다. 식 (8-26)은 더 큰 R_e가 만들어지면, 속도 변화가 더 클 것이라는 것을 나타낸다. 종종 외부 저항기는 속도가 정격 값의 50 [%] 강하를 제공할 정도의 크기로 선택된다. 이 제어 방법의 주된 불리한 점은 나쁜 운전 효율이다. 예를 들어, 속도에서의 50 [%] 강하는 근사적으로 단자 전압의 절반이 R_e를 가로질러 나타남으로써 이루어진다. 따라서, 대략 선로 입력 전력의 50 [%]가 저항기 R_e 내에서 열의 형태로 소산된다. 그럼에도 불구하고, 전기자 회로 저항 제어는 자주 사용된다—특히 직권 전동기의 경우에.

Shunt Motor. 외부 전기자 회로 저항 R_e는 물론 분권 계자 전류에 의해 속도가 조정될 수 있는 분권 전동기에 대한 회로 배치가 그림 8-10에 그려져 있다. 토크의 함수로써 R_e가 없는 분권 전동기에 대한 일반 표현식이 앞에서 찾아졌으며 식 (8-37)에 나타나 있다. 여기에서 속도-토크 곡선의 무부하 속도(절편)와 기울기가 포함된 표현식으로 반복된다. 따라서

$$\omega_m = \frac{R_f}{K_T K_{sh}}\left(1 + \frac{R_{sh}}{R_f}\right) - R_a \frac{R_f^{\,2}}{K_T^{\,2} K_{sh}^{\,2} V_t^2}\left(1 + \frac{R_{sh}}{R_f}\right)^2 T \qquad \text{[rad/s]} \tag{8-45}$$

이다. 외부 저항 R_e의 포함은 전기자 회로 저항이 R_a의 값으로부터 값 $(R_a + R_e)$로 효과적으로 올라간다는 것을 의미한다. 외부 전기자 저항이 설비된 분권 전동기의 속도-토크 특성에 대한 표현식은 단순히 R_a를 $(R_a + R_e)$로 대체함으로써 식 (8-45)로부터 따라온다. 따라서,

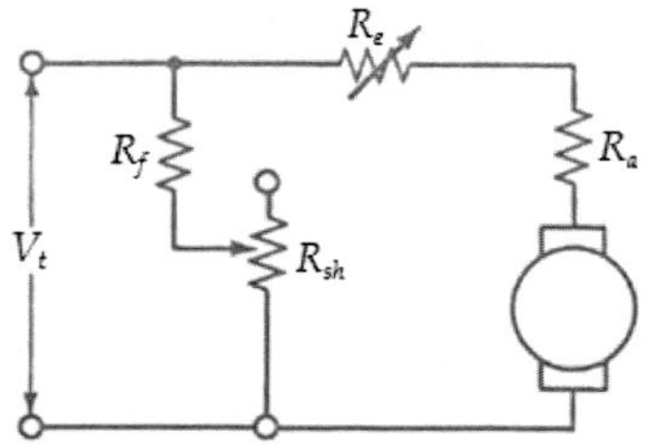

Figure 8-10 Schematic arrangement for speed control of a shunt motor both by pole flux adjustment and armature voltage control.

$$\omega_m = \frac{R_f}{K_T K_{sh}}\left(1 + \frac{R_{sh}}{R_f}\right) - (R_a + R_e)\frac{R_f^2}{K_T^2 K_{sh}^2 V_t^2}\left(1 + \frac{R_{sh}}{R_f}\right)^2 T \qquad \text{[rad/s]} \quad (8\text{-}46)$$

이다. 식 (8-46)의 조사는 R_e가 무부하 속도에는 영향을 미치지 않음을 드러낸다; 하지만, 특히 R_e가 R_a에 비하여 매우 크다면, 그것의 존재가 식 (8-46)으로 나타내어진 수하 직선의 **기울기**(*slope*)에 두드러진 효과를 가질 수 있다. 이 상황이 그림 8-11에 도식적으로 나타내어져 있다. 일정 토크 부하에 전력(동력)을 내어놓을 때 R_e의 삽입은 속도에서의 상당한 감소를 일으킬 수 있음을 관찰하라.

그림 8-10에 묘사된 배치의 경우, 정격 또는 기저 값 위의 속도는 R_{sh}를 통한 자극 자속 조정에 의해 이루어질 수 있는 반면, 이 기저 값 위의 속도에 대해서는 R_e를 통한 전기자 전압 제어가 실행 가능함을 염두에 두는 것이 도움이 된다. 전반적으로, 두 책략의 조합에 의해, 최저로부터 최고까지, 4 : 1의 범위에 걸친 속도 제어가 쉽사리 실현될 수 있다.

Compound Motor. 자극 자속에 의한 속도 제어의 경우에서와 같이, 전기자 회로 저항에 의한 복권 전동기의 속도 제어는 분권 전동기에서 나타나는 것과 비슷하다. 직권 계자 권선의 존재가 결과를 어느정도 수정할지라도, 일반적인 경향은 같게 남아있다. 이것은 복권 전동기에 대한 일반적인 표현식

$$\omega_m = \frac{V_t - I_a(R_a + R_s + R_e)}{K_E(\Phi_{sh} + \Phi_s)} \qquad \text{[rad/s]} \qquad (8\text{-}47)$$

을 조사함으로써 가장 잘 평가될 수 있다. 분자는 R_e에 더하여 직권 계자 권선의 저항도 역시 포함함에 유의하라. 더욱이, 분모는 자극 자속에 대한 직권 계자 기자력의 기여를 보인다. 주어진 토크에서 R_e에서의 증가는 분자를 줄이며 그 다음 속도를 떨어뜨린다. R_e에서의 큰 변화는 속도에서의 대응하는 큰 변화가 따라온다.

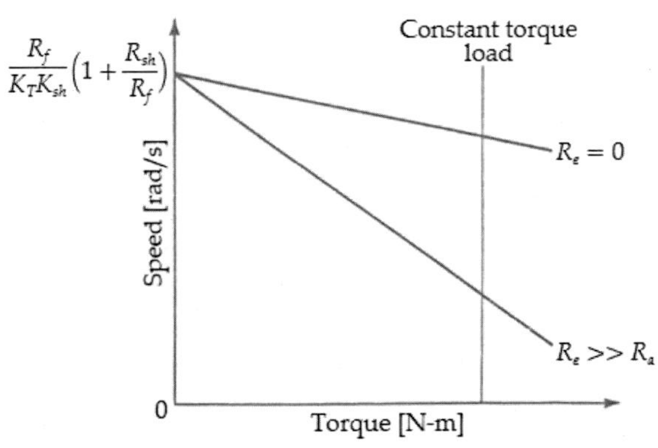

Figure 8-11 Speed-torque characteristics of shunt motor showing the effect of an external armature resistance.

Series Motor. 그림 8-12는 외부 저항에 의하여 직권 전동기의 속도를 제어하기 위해 사용되는 배치를 나타낸다. 이 경우에서의 토크는 R_e를 감안한 수정으로 여기에서 반복된 식 (8-43)으로 설명된다. $R = R_a + R_s$를 염두에 두어라. 따라서

$$T = \frac{kV_t^2}{(R + R_e + k\omega_m)^2} \qquad [\text{N-m}] \tag{8-48}$$

이다. 여기서 k는 식 (8-39)로 정의된다. 식 (8-48)의 분모의 조사는 일정 토크 부하에 대하여 R_e에서의 증가는, 표현식의 불변을 유지하기 위하여, ω_m에서의 대응하는 감소가 동반되어야 한다는 것을 명백하게 만든다. 비슷하게, 일정 속도를 보존하기 위해서는, R_e에서의 증가가 줄어든 토크를 생성해야 한다. 이 응답의 순(net) 효과는, 회로 내에 R_e가 존재하는 경우에 대한 속도-토크 특성이, 그림 8-13에 묘사된 방식으로, 외부 저항기가 사용되지 않았을 때의 위치에 대하여 왼쪽으로의 추이(shift)를 일으킨다.

일정 토크 부하에 대하여(*for a constant torque load*) 속도의 변화에 있어서의 외부 저항의 영향은 식 (8-48)을 (8-43)과 같게 둠으로써 더 극적으로 노출될 수 있다. 따라서

$$\frac{kV_t^2}{(R + R_e + k\omega_m')^2} = \frac{kV_t^2}{(R + k\omega_m)^2} \qquad [\text{N-m}] \tag{8-49}$$

이다. 여기서 ω_m'는 외부 저항이 사용되었을 때의 속도를 나타낸다. 마지막 표현식에서 ω_m'의 해(solution)는 바로

$$\omega_m' = \omega_m - \frac{R_e}{k} \qquad [\text{rad/s}] \tag{8-50}$$

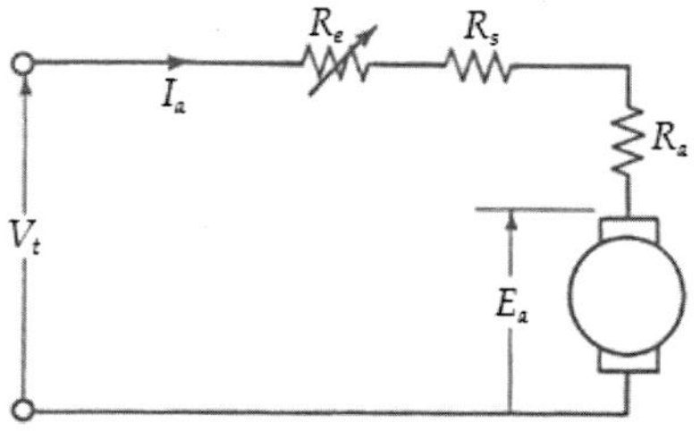

Figure 8-12 Circuit arrangement for series motor speed control by external resistance R_e.

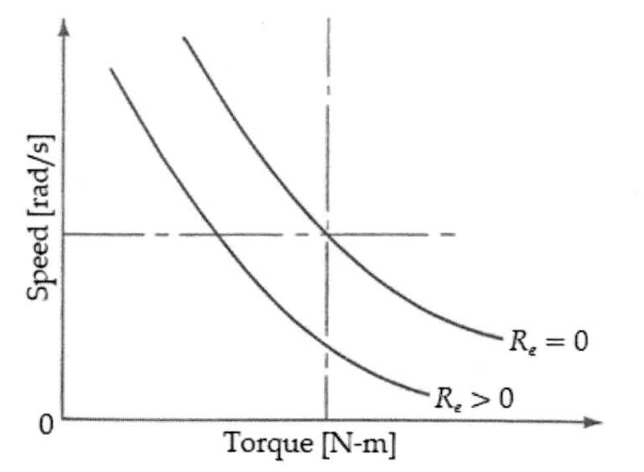

Figure 8-13 The effect of external resistance on the speed-torque characteristic of the series motor.

으로 이끈다. 결론적으로, R_e의 삽입은 전력(동력)이 일정 토크 부하에 내어놓아질 때 속도에서의 직접적인, 상당한 규모의 감소를 불러온다.

EXAMPLE 8-10 예제 8-9의 전동기를 참조하고 같은 초기 운전점을 가정하라. 400 [rpm]의 속도에서 150 [N-m]의 같은 토크를 생성하기 위해 필요로 하는 외부 저항을 찾아라.

SOLUTION [rad/s]로 새로운 속도는

$$\omega_m' = \frac{2\pi}{60}n = \frac{2\pi}{60} \times 400 = 41.89 \text{ [rad/s]}$$

R_e가 없을 때의 속도는

$$\omega_m = \frac{\pi}{30} \times 868 = 90.9 \text{ [rad/s]}$$

그러면 식 (8-50)으로부터

$$R_e = k(\omega_m - \omega_m') = 0.04583 \times (90.9 - 41.89) = 2.246 \text{ [}\Omega\text{]}$$

Speed Control by Adjustable Armature Voltage

속도 조정의 세번째 방법은 인가 단자 전압의 조정을 포함한다. 이 책략은 유연성과 높은 운전 효율의 관점에서 가장 바람직하다. 그러나 또한 그 자신의 직류 전력 공급기를 요구하기 때문에 가장 비싸다. 그것은 적어도 제어되는 전동기와 같은 용량을 갖는 전동기-발전기 세트 또는 정류되는 가조정 전압원(rectified adjustable voltage source)을 구매하는 것을 의미한다. 그러한 비용은, 제강소 적용의 경우에서와 같이, 이 책략으로 이루어질 수 있는 뛰어난 성능이 불가결한 상황을 제외하고는, 일반적으로 정당화되지 않는다. 가조정 직류 전압원이 독립 전동기-발전기 세트로부터 얻어질 때, 그것은 레오나드(Harry Ward Leonard, 1861-1915)에 의해 1891년에 도입된 워드-레오나드 계통(Ward-Leonard system)으로 불린다. 더 상세한 내용에 대해서는 13장을 참고하라.

Shunt and Compound Motors. 그림 8-14는 가조정 직류 전압원으로 운전되는 분권과 복권 발전기의 개략도를 보인다. 가조정 직류 전원은 교류전동기 구동 직류발전기, 직류전동기 구동 직류발전기 또는 사이리스터를 사용하여 정류되는 단상 또는 3상 전원일 수 있다. 마지막 것은 8-8절의 주제이다. 정류된 고정 직류 전원이 또한 보여진 바와 같이 계자 여자를 위해 사용될 수 있다.

속도 제어가 가조정 전기자 전압에 의해 이루어지는 방식은 무부하에서

$$n = \frac{V_t}{K_E\Phi} \quad \text{[rpm]} \qquad \text{or} \qquad \omega_m = \frac{V_t}{K_T\Phi} \quad \text{[rad/s]} \tag{8-51}$$

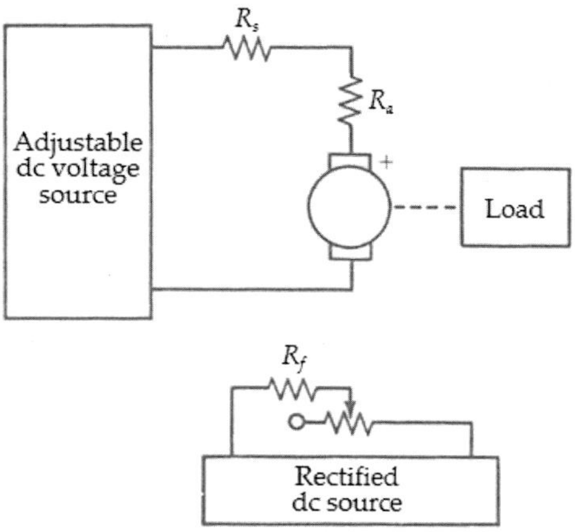

Figure 8-14 Speed control of a dc compound motor by adjustable armature voltage.

로 줄어드는 식 (8-3)으로부터 바로 명백하다. 명백히, 그러면, 일정한 계자 여자의 경우 운전 속도는 인가 전기자 전압에 직접 비례한다. 전기자 회로 저항 강하에 대한 감안을 필요로 하는 부하 조건 하에서 조차, 이 비례성은 5 [%] 또는 그 이내로 유지된다. 가조정 전기자 전압은 기저 속도(즉, 전(full) 계자 전류에 대한 정격 전기자 전압에 대응하는 속도) 아래의 속도 제어를 제공하는데 사용되는 반면, 계자 제어는 기저 값을 넘는 속도에 대해 사용된다. 가조정 전기자 전압은 외부 전기자 회로 저항에 의해 얻어지는 기저 속도 아래의 속도 제어와 같은 결과를 달성한다. 하지만, 앞의 방법은 높은 초기 비용에도 불구하고 매우 더 높은 효율과 뛰어난 속도변동률로 할 수 있다.

Series Motor. 직권 전동기의 경우에는 가조정 직류 전압원이 직권 계자와 전기자 권선의 직렬 연결에 인가된다. 직권 전동기에 인가되는 전기자 전압에서의 삭감이 속도에 미치는 효과는, 전동기의 근사 속도-토크 곡선을 정의하는, 식 (8-18)로부터 쉽사리 보여진다. 이 표현식으로부터 속도 토크 곡선 상의 어떤 점은 V_t의 조정을 통하여 직접 평가된다. 따라서, 일정 토크 부하의 경우, 전기자 전압을 절반으로 하는 것은 속도에서의 대응하는 절반으로의 감소를 일으킨다. 결과가 그림 8-15에 나타나 있다.

EXAMPLE **8-11** 산업 응용에서 250 [rpm]에서 1000 [rpm]에 걸쳐 105 [lb-ft]의 일정 토크를 제공할 필요가 생긴다. 간단을 위하여 모든 손실은 무시할 수 있는 것으로 고려된다.

(a) 속도의 제어가 전기자 전압의 조정을 통하여 얻어질 때 이 임무를 수행하기 위한 분권 전동기의 마력 정격과 속도 정격을 결정하라.

(b) 속도 제어가 계자 전류의 조정으로부터 얻어지는 조건에 대하여 문제 (a)를 반복하라.

(c) 문제 (a)와 (b)에서의 전동기가 220 [V]에서 동작하도록 설계되었다고 가정하라. 특정된 토크를 내어놓으며 1000 [rpm]에서 운전될 때 두 전동기의 전기자 전류를 찾아라.

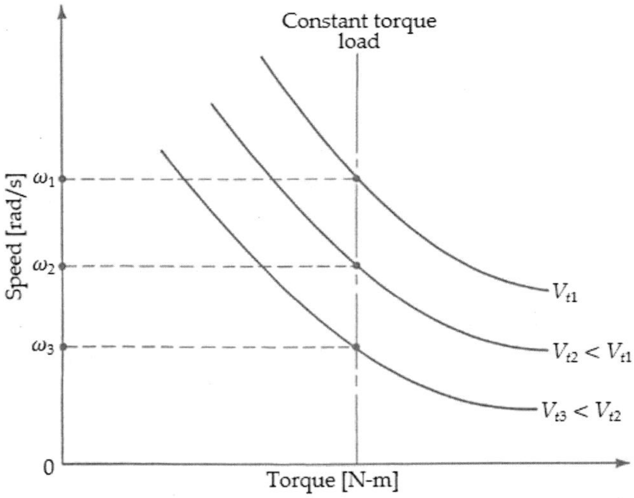

Figure 8-15 The effects of reduced armature voltage on the speed of a series motor at constant load torque.

(d) 특정된 전압 범위에 걸쳐 두 전동기의 전기자 전류와 전기자 전압의 변동을 그려라.

(e) 1000 [rpm]의 속도에서 두 전동기에 대하여 식 (8-23)에 나타난 인자 $K_T\Phi$ (또는 식 (8-22)에 나타난 인자 $K_E\Phi$)의 값을 계산하라. 또한, 속도 범위에 걸쳐 각 전동기에 대한 이 매개변수의 변동을 그려라.

(f) 특정된 속도 범위에 걸쳐 내어놓는 마력이 변동하는 거동의 그림을 보여라.

(g) 250 [rpm]의 운전 속도에서 각 전동기에 의해 내어놓아질 수 있는 최대 마력은 얼마인가?

SOLUTION (a) 전기자 전압 제어가 사용될 때, 기저 속도는 특정된 속도 범위의 최대 값으로 취해진다. 이 경우에는, 1000 [rpm]이다. 전동기가 105 [lb-ft] = 105 × 1.356 [N-m]의 토크를 내어놓아야 하기 때문에(그림 8-16 (a)를 보라), 요구되는 마력 정격은 다음과 같이 결정되는 것이 따라온다:

$$\text{horsepower} = \frac{105 \times 1.356 \times \left(1000 \times \frac{\pi}{30}\right)}{746} = \frac{105 \times 1000}{5252} = 20\ [\text{hp}]$$

따라서 전동기 A에 대한(전기자 제어에 대한) 정격은

A: 20 [hp], 1000 [rpm]

(b) 속도가 계자 전류에 의하여 변할 때, 특정된 속도 범위의 최대 속도는 최소 계자 전류(즉, 최소 자속 조건)에 대응하여 도달된다. 250 [rpm]의 최소 속도는 그 다음 계자 전류를 최대 설정으로 올림에 따라 얻어진다. 전동기의 기저 속도는 정격 전기자 전압에서 최대 자속에 대응하는 속도로 정의되기 때문에, 이 경우에서의 기저 속도는 250 [rpm]이어야 한다는 것이 따라온다. 이 전동기의 요구되는 마력 정격은 속도 범위의 최대 속도 값에서 계산

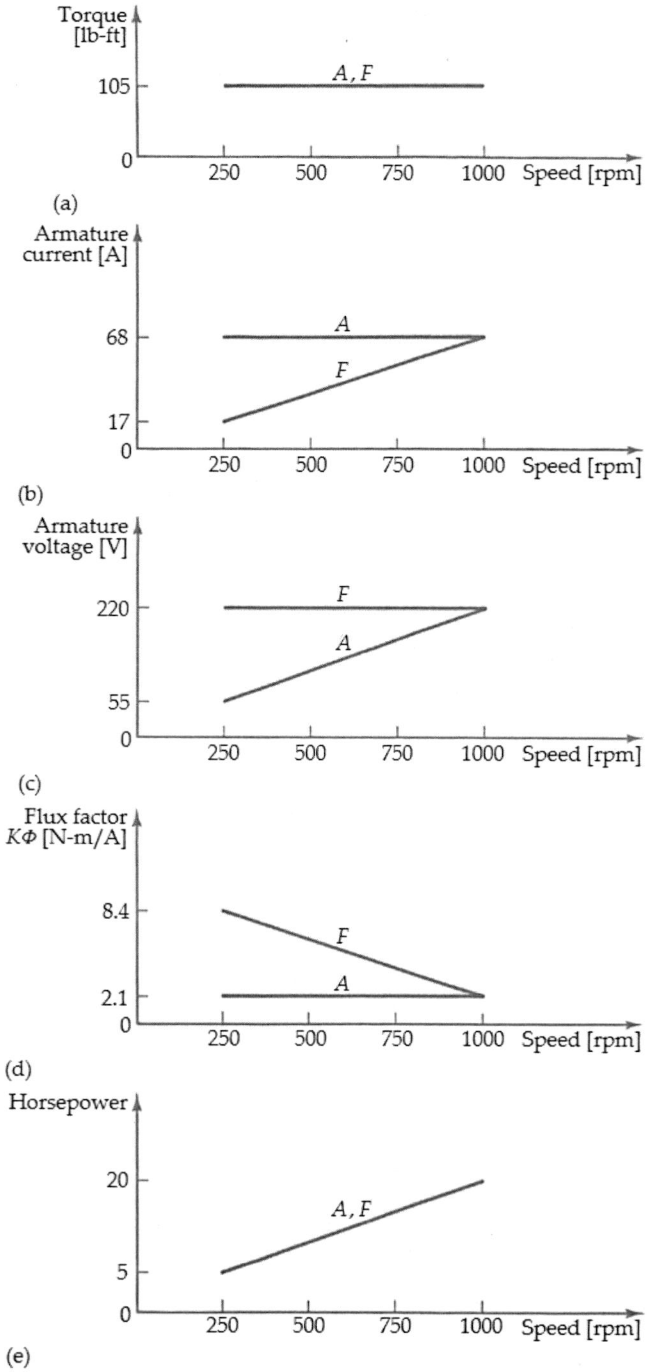

Figure 8-16 Performance features of two motors used to deliver constant torque over a 4 : 1 speed range: (a) constant torque characteristic needed by load; (b) armature current variation at constant torque; (c) armature voltage variation at constant torque; (d) flux factor $K\Phi$ variation; (e) horsepower variation. A, motor with armature voltage control; F, motor with field current control.

될 수 있다. 토크가, 1000 [rpm]을 포함하는, 속도 범위에 걸쳐 일정하기 때문에 요구되는

마력 정격은 문제 (a)의 기계 A의 경우와 같다. 즉,

$$\text{horsepower} = \frac{105 \times 1000}{5252} = 20\ [\text{hp}]$$

따라서 전동기 F에 대한(계자 제어에 대한) 완전한 명세는

F: 20 [hp], 250 [rpm]

전동기 A와 F에 관련된 해설이 있다. 먼저, 하지만, 물리적 치수를 강조하는 전기기계의 정격 P에 대한 일반적인 표현식을 인용하는 것이 유용하다. 그것은

$$P = kRD^2Ln\ [\text{W}] \tag{8-52}$$

이다. 여기서 D는 회전자 직경, L은 유효 축방향 길이, n은 [rpm]으로 나타낸 속도, 그리고 R은 적절한 설계 매개변수이다. 본질적으로, 마지막 표현식은 기계의 전력(동력) 정격이 체적과 속도의 적(곱, product)의 함수임을 기술한다. 따라서, 더 큰 속도는 더 작은 체적일 것이다. 그러므로, 이 응용에서는 전동기 F가 전동기 A보다 더 크고 무거우며, 그래서 더 비쌀 것이다. 이 전동기 F의 더 큰 체적은, 더 높은 속도에서보다 훨씬 더 큰 자속의 적응 값이 더 낮은 속도에서 가능해야 한다는 사실과 전적으로 부합한다.

(c) 손실이 무시될 수 있기 때문에, 입력 전력을 출력 동력과 같게 둘 수 있다. 따라서

$$I_a \times 220 = 20 \times 746\ [\text{W}]$$

또는

$$I_a = 67.8 \simeq 68\ [\text{A}]$$

이 전기자 전류는, 속도 범위의 높은 쪽 끝인, 1000 [rpm]에서 두 전동기에 대해 같다.

(d) 가조정 전기자 전압으로 운전되는 전동기 A에 대한 전기자 전류의 변동이 그림 8-16 (b)에 곡선 A로 묘사되어 있다. 이 전동기는 모든 속도에서 일정 계자 전류로 운전된다. 따라서, 공극 자속 역시 일정하다. 식 (8-23)의 기본 토크 표현식은 따라서 $T = K_T \Phi I_a = KI_a$ [N-m]로 적어질 수 있다. 결론적으로, 일정 토크는 일정 전기자 전류를 요구한다.

상황이 계자 제어를 사용하는 전동기 F의 경우와는 다르다. 이 경우에는 속도에서의 강하가 자속에서의 증가의 결과이다. 일정 토크 조건에서 이 자속 증가는 전기자 전류에서의 대응하는 감소를 의미한다. 속도 범위에 걸친 이 전류의 변동이 그림 8-16 (b)에 곡선 F로 나타내어져 있다.

그림 8-16 (c)에 나타난 것은 전기자 전압과 속도의 그림이다. 전동기 F는 일정 전기자 전압에서 운전된다. 전동기 A의 전기자 전압 변동은, 하지만, 속도에 따라 변화해야 한다. 사실, 1000 [rpm] 아래의 속도는, 0 손실의 가정에 의해

$$V = K_E \Phi\, n = K_E' n = E_a\ [\text{V}]$$

로 되는 전기자의 역기전력에 대한 방정식과 부합하는 전기자 전압에서의 저하 때문에, 정확하게 달성된다. 따라서, 정격 전압이 1000 [rpm]에서의 운전에 대응한다면, 250 [rpm]에서의 운전은 전기자 전압이 55 [V]로 줄여질 때 얻어진다.

(e) 전동기 A는 일정 자속과 일정 전기자 전류에서 운전된다. 양 $K_T\Phi$는 식 (8-23)으로부터

$$(K_T\Phi)I_a = T$$
$$K_T\Phi \times 68 = 105 \times 1.356 = 142.4 \text{ [N-m]}$$
$$K_T\Phi = 2.1 \text{ [N-m/A]}$$

로 바로 따라온다. 물론, 이 양은 그림 8-16 (d)에서 곡선 A로 나타내어진 바와 같이 전체 속도 범위에 대하여 고정되어 유지된다.

전동기 F의 경우에는, 문제 (c)가 1000 [rpm]에서 전기자 전류 역시 68 [A]임을 보인다. 그러나 이 전동기에서는 더 낮은 속도가 증가한 자속 값의 결과이기 때문에, 전동기 F에 대한 양 $K_T\Phi$는 그림 8-16 (d)의 곡선 F로 나타내어진 바와 같이 속도의 감소에 따라 증가한다. 일정 토크의 경우 전동기 F에 대한 $(K_T\Phi)$와 전기자 전류의 변동은 상보(complementary)임에 유의하는 것이 도움이 된다. $K_T\Phi$에서의 증가는 전기자 전류에서의 대응하는 감소에 의해 따라온다.

무시할 수 있는 손실의 전동기에서는 에너지 보존 법칙에 의해

$$T\omega_m = E_aI_a \text{ [W]}$$
$$K_T\Phi I_a\omega_m = K_E\Phi\omega_mI_a \text{ [W]}$$

또는

$$K_T\Phi = K_E\Phi$$

를 적을 수 있다. 그러므로, [N-m/A]의 단위를 가지는 $K_T\Phi$의 변동은 [V/rad/s]의 단위를 가지는 매개변수 $K_E\Phi$와 동일하다. 이 결과의 사용의 실례로서, 250 [rpm](= 26.18 [rad/s])의 속도에서 전동기 A의 속도를 단순히 [rad/s]로 표현된 속도에 매개변수 2.1을 곱함으로써 찾을 수 있다. 따라서,

$$2.1 \times 16.18 = 55 \text{ [V]}$$

(f) 두 전동기에 대한 그림이 그림 8-16 (e)에 보여져 있다. 물론, 마력은 속도에 직접 비례하여 변화한다.

(g) 전동기 A에 대한 최대 마력은, 작동하기 위해 설계된 바와 같이 전기적 그리고 자기적으로 가혹하게 작동하기 때문에, 5 [hp]이다. 그것은 정격 전기자 전류를 그리기 때문에 전기적으로 전체 용량(full capacity)에서이다. 또한 고정된 여자 값에서 운전되기 때문에 자기적으로 전체 용량에서이다.

하지만, 전동기 F에서는 상황이 다르다. 이 전동기가 인가된 정격 전기자 전압을 가지는데

도 불구하고, 250 [rpm]에서 단지 17 [A]만을 그린다. 따라서, 이 전동기는 250 [rpm]에서, 전기자 전류에서의 4배로의 증가 따라서 68 [A]의 정격 값으로의 상승에 대응하여, $4 \times 105 = 420$ [lb-ft]의 수준으로 증가된 토크를 내어놓는다고 말해질 수 있다. 대응하는 내어놓는 마력은 그러면, 전동기 *A*보다 4배로 더 큰, 20 [hp]이다.

8-4 SPEED REVERSAL

어떻게 하여 직류전동기의 회전 방향이 역전되는가? 기계 내부에서 나타나는 상황의 조사는 계자 자극 아래에 있는 전기자 권선의 각 도체에서 발생되는 토크는 전기자 전류 또는 계자 자속(계자 전류의 흐름의 방향의 역전에 의해)의 방향을 역전함으로써 역전될 수 있음을 드러낸다. 결과가 그림 8-17에 설명되어 있다. 2극 전동기가 전기자 코일을 나타내는 단일 코일로 보여져 있다. 계자 자속의 방향은 왼쪽에서 오른쪽이다. 그림 8-17 (a)에서 전기자 전류가 오른쪽 변(right side)(도체 *b*)에서는 지면에서 나오며 왼쪽 변(도체 *a*)에서는 지면으로 들어가는 방향으로 흐른다고 가정된다. 자속 증강이 *a*의 윗변(top side) 뿐만 아니라 *b*의 바닥 변(bottom side)에서 생기기 때문에, 순(net) 토크가 반시계 방향 회전을 생성한다. 전기자 권선에 대한 결선이 그림 8-17 (b)에서 설명된 바와 같이 전류가 역전되도록 배치되었을 때, 자속 증강이 이제는 *a*의 바닥 변과 *b*의 윗변에서 취해져 순 토크가 시계 방향 회전을 생성한다. 특정된 전기자 전류 방향에 대하여 계자 전류가 그림 8-17의 각 부분에서 역전된다면, 그림 8-17 (a)의 배치에서의 회전 방향이 시계 방향으로 되는 한편, 그림 8-17 (b)의 회전 방향은 반시계 방향으로 된다.

달리 택해질 역전 방법은 없을까? 각 방법의 이점과 단점을 조사하자. 산업 응용에서는 역전이 자주 불려지는 한편 전동기는 부하 상태에서 운전한다(예를 들면, 권양기(호이스트, hoist), 타인기(punch press), 기타 등등). 직류전동기의 계자 자극에 위치된 많은 권수 때문에, 식 (1-40)이 바로 가리키는 바와 같이 계자 권선의 인덕턴스가 매우 높다. 따라서 역전 스위치(reversal switch)를 통한 계자 전류의 역

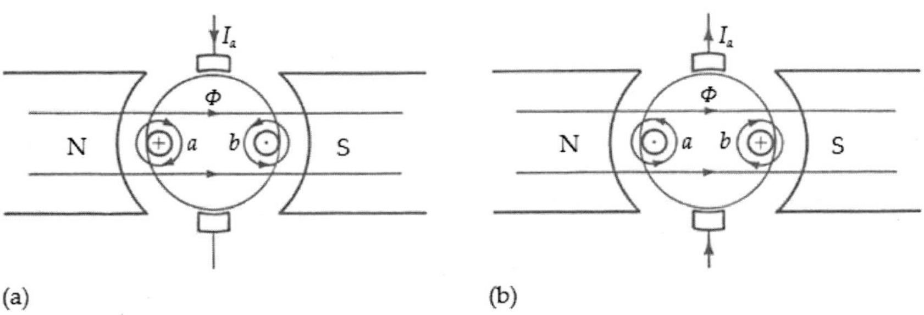

Figure 8-17 Speed reversal of a dc motor: (a) field flux and armature ampere-conductor acting to produce counterclockwise rotation; (b) reversed armature current reverses the developed torque to cause clockwise rotation.

전은 그렇지 않으면 발생할 부수적인 불꽃 발생을 억제할 설계를 요구한다. 하지만, 그러한 예방 조치에도 불구하고, 스위치의 접촉 표면의 열화가 시간이 지남에 따라 생길 것이다. 피해질 수 있다면, 고도로 유도성인 회로 내에서 전류를 차단하는 것은 일반적으로 나쁜 생각이다. 더구나, 전동기가 직권 계자로 설비되었다면, 분권 계자의 역전이 직권 계자의 역전에 의해 수행되어야 하며, 또한 그렇지 않으면 복권 형태가 같지 않을 것이다. 이 인자를 넘어서, 하지만, 스위치가 계자 회로 내에 위치될 때, 전동기의 운전의 안전성을 줄이는 매우 심각한 인자가 존재한다. 명백히, 여기에서 결함이 있는 스위치는 전동기에 대해 극도로 위험한 상황을 만들 수 있다. 이 사실 만으로도 가능한 대안으로서 계자 역전에 의한 속도 역전을 배제하기에 충분하다.

전기자 전류 역전에도 비슷한 불리한 점이 있는가? 어디 보자. 전동기가, 이를테면, 부하 하에서 시계 방향으로 운전될 때, 명백하게 전기자 유도 전압 E_a를 생성한다. 회전 방향을 바꾸기 위하여 전기자 전류를 역전시키기 위해서는, 2극 쌍투 스위치(double-pole double-throw switch)를 통하여 그림 8-18에 묘사된 방식으로 인가 전기자 전압을 역전시키는 것이 필요하다. 스위치가 역전되는 순간 동안, 전기자 유도 기전력은 여전히 존재한다. 따라서, 역전된 전기자 전압이 전기자 단자에서 나타날 때, V_t의 극성은 원래의 E_a와 반대 방향이다. 그 효과는 작은 인덕턴스의 효과로 상당히 급작스럽게 속도가 변화(**발전 제동**(*dynamic breaking*)이라 불리는)하는 것이다. 이 운전 상태에 작용하는 것은 단지 전기자 누설 인덕턴스이며 그것은 계자 인덕턴스에 비하여 상당히 작은 양이다. 이 양상이 매력적이며, 계자 역전과 관련된 심각한 단점의 관점에서, 산업 및 상용 설비에서 직류전동기에서의 속도 역전은 독점적으로 전기자 전류 역전에 의해 달성된다.

8-5 PERMANENT MAGNET (PM) DC MOTORS

직류전동기가 토크를 발생하고 그것에 의해 운전 속도에 도달하기 위해서는, 기계의 공극을 따라 자속밀도 분포가 존재하는 것이 필요하다. 통상의 직류전동기에서

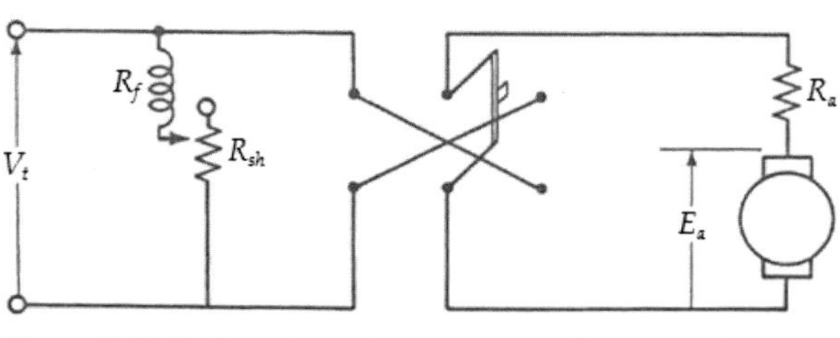

Figure 8-18 Preferred circuit arrangement for reversal of the direction of rotation of a shunt motor via armature current reversal.

는 이 자계 분포가 고정자 구조의 철극(돌극, salient pole) 둘레에 감긴 계자 권선을 통하여 흐르는 직류 전류의 작용에 의해 확립된다는 것을 이미 알고 있다. 하지만, 직류전동기의 적용에서 그렇게 설비된 기계가 특별한 이점을 제공하지 않으며, 사실, 자계에 자속밀도를 제공하는 그 대신의 방식보다 실제적이지 않고, 불편하며 그리고/또는 더 비싸게 될 수 있는 환경이 생긴다. 이 상황의 특별히 현저한 예는, 앞 유리 와이퍼, 선풍기, 창, 에어컨, 라디오 안테나, 그 외 같은 종류를 구동하는 것과 같은 임무를 하는, 세계를 통하여 셀 수 없는 자동차에서의 직류전동기의 적용이다. 그러한 응용에서는 직류전동기의 선택이 명백하게, 재충전할 수 있는 배터리의 형태로 직류 전원을 이용할 수 있는 가능성 때문에, 당연한 선택이다. 이 일의 대부분을 수행하기 위해 필요로 하는 전동기 크기는 매우 작으며 대부분의 경우 작은 분마력(small fraction of a horsepower)이다. 따라서, 계자 권선 대신 영구자석(permanent magnet, PM)의 사용이 더 낮은 비용과 더 간단한 구조의 이점을 제공한다. 그것은 또한 계자 권선 저항손의 결핍 때문에 더 높은 효율을 의미하지만 이러한 작은 크기에서는 효율이 일반적으로 중요한 인자가 아니다.

영구자석 직류전동기는 또한 심지어 100 [hp]을 초과하는 정수 마력 크기를 요구하는 상황에서 조차 틈새 응용이 찾아졌다. 이러한 전동기는 속도 제어가 단지 기저 속도 아래에서만 요구되며 8-6절에서 설명되는 것과 같은 전자적 방법을 통한 전기자 전압 제어에 의해 이루어지는 계통에서 찾아질 수 있다. 물론, 전동기 속도의 제어가 기저 속도 너머로 확장되어야 하는 응용에서는, 계자 자속의 조정이 필요하며, PM 전동기는 이러한 유연성을 제공하지 않기 때문에, 권선 계자 기계가 지정되어야 한다.

PM 직류전동기를 구성하기 위해 사용되는 물질은 세가지 형태 중 한가지일 수 있다: 알니코(Alnico) 자석, 세라믹(ceramic)(페라이트(ferrite)) 자석, 또는 희토류(rare earth) 자석. 이 물질들은 매우 높은 잔류 자속밀도와 높은 항자력의 특징적인 양상을 가진다. 전형적인 히스테리시스 루프가 그림 8-19에 보여져 있다. 알니코는, 권선 계자 기계에서 찾아지는 자속밀도에 필적하는, 1 [T] 급(order)의 잔류 자속밀도를 가지지만, 범위의 낮은 끝(low end)에서 거의 없어진다. 결론적으로, 주어진 마력 정격에 대하여 알니코형 영구자석 직류전동기는 권선 계자 대응 전동기 보다 약간 더 큰 전기자를 가진다. 세라믹 자석은 보통 알니코 보다 절반으로 적은 잔류 자속밀도를 가지며 또한 가장 저렴한 PM 물질이다. 그 결과, 세라믹 자석은 분마력 범위에서의 PM 직류전동기의 구성을 위해 사용되는 한편, 알니코 자석은 변함없이 정수 마력 범위에서의 전동기를 위해 사용된다.

특히 정격이 정수 마력 범위에 있을 때 직류전동기에서 강한(strong) 영구자석의

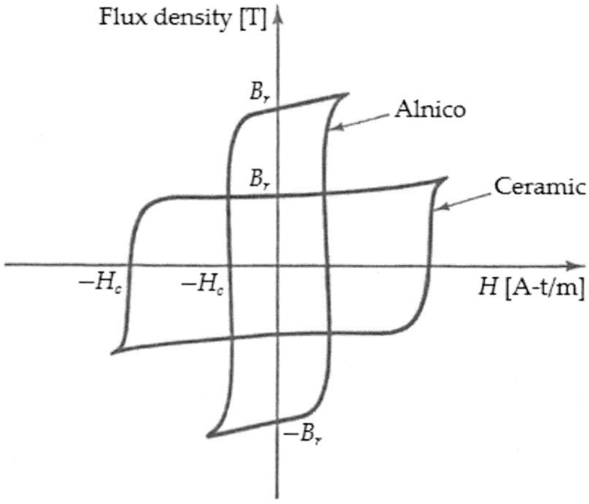

Figure 8-19 General shapes of the hysteresis loops of two permanent magnetic materials: (a) Alnico; (b) ceramic (ferrite).

사용과 관련된 어떤 불리한 점이 있다. 영구자석이, 전동기가 사용되고 있지 않을 때 조차, 모든 시간에서 작용하기 때문에, 전동기에 해가 될 수 있는 다른 물질을 당기는 것을 방호하기 위하여, 전동기 외함이 더 신중하게 설계되어야 한다. 더 심각한 결점은 영구자석의 감자(demagnetization)와 관련된다. 이것은 특히 전기자 회로 단락같은 고장 조건 하에서 생길 수 있는 것으로서 전기자 전류가 과도한 값에 도달한다면 일어날 수 있다. 전동기에 보상 권선을 설비하는 것이 이 문제를 피할 수 있는 한가지 유효한 방법이지만, 물론 이것은 전동기의 비용을 증가시킨다.

감자는 영구자석의 본질적인 특성이다. 이 설명을 더 잘 이해하기 위해 그림 8-20에 그려진 상황을 조사하자. 그림 8-20(a)에 묘사된 것은 닫힌 자기회로를 이루도

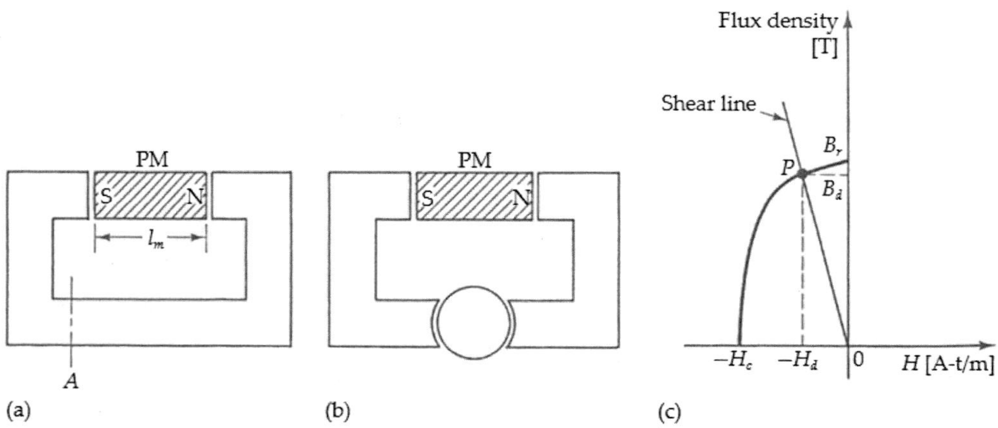

Figure 8-20 Application of the PM to magnetic circuits: (a) PM in a magnetic circuit of zero reluctance; (b) PM in a magnetic circuit with two air gaps; (c) locating the operating flux density value in the magnetic circuit of (b).

록 매우 높은 투자율의 자성체에 부착된 영구자석이다. 영구자석에 부착된 자성체가 0의 자기저항을 나타낸다고 가정된다면, 자기회로를 통과하는 자속밀도는 영구자석의 잔류 자속밀도 B_r이다. 다음으로, 두개의 공극의 존재 때문에 기계의 실제 자기회로에서 만나게 되는 것과 더 어울리는, 그림 8-20 (b)에 보여진 상황을 고려한다. 그림 8-20 (a)의 자기회로 안으로의 공극의 삽입은 필연적으로 그림 8-20 (a)에서 찾아지는 것보다 더 적은 그림 8-20 (b) 내에서의 자속밀도의 수준으로 이끈다. 공극의 존재는 자기회로의 자기저항을 증가시키며 그 효과는 공극의 삽입과 관련된 등가 감자 자계의 세기(equivalent demagnetizing field intensity)(H_d)의 항으로 해석될 수 있다. 수학적으로 표현된

$$-H_d l_m = 2\mathcal{F}_g \qquad \text{[A-t]} \tag{8-53}$$

을 적는다. 여기서 $\mathcal{F}_g$는 한 개의 공극을 가로질러 PM의 자속밀도를 강제하기 위해 요구되는 기자력이며, l_m은 PM의 유효 길이, 그리고 H_d는 공극과 관련된 감자 자계의 세기이다. 양 $H_d l_m$은 공극의 삽입에 따라 **같은**(*same*) 효과를 생성하기 위해 잔류 자속과 역방향(따라서 부(음) 부호)으로 PM에 인가되어야 할 기자력이다. 공극 기자력은

$$\mathcal{F}_g = \Phi_g \mathcal{R}_g \qquad \text{[A-t]} \tag{8-54}$$

이다. 여기서 Φ_g는 이제는 부분적으로 감자된 자속밀도 $B_d (< B_r)$와 관련된 공극 자속이다. 자기회로의 단면적을 A라 하면

$$\Phi_g = B_d A \qquad \text{[Wb]}$$

이다. 따라서

$$\mathcal{F}_g = \Phi_g \mathcal{R}_g = B_d A \left(\frac{g}{\mu_0 A}\right) = \frac{B_d\, g}{\mu_0} \qquad \text{[A-t]}$$

이다. 여기서 μ_0은 공기의 투자율을 나타낸다.

마지막 표현식을 식 (8-53)에 도입하고 항을 재배열하면

$$B_d = -\left(\frac{2\mu_0 l_m}{g}\right) H_d \qquad \text{[T]} \tag{8-55}$$

로 이끈다. 이것은 명백하게 원점을 통하여 지나가며 H_d의 계수로서 주어지는 부(음) 기울기를 나타내는 직선의 방정식이다. 영구자석의 B-H 곡선의 감자측(demagnetizing side)에 이 부(음) 기울기의 선을 그린다. PM 물질과 이 선의 교점은 PM 자석이 그림 8-20 (a)에 묘사된 것으로부터 그림 8-20 (b)로 바뀌어 위치된 배치일 때의 새로운 운전 자속밀도 B_d를 산출한다. 그림 8-20 (c)가 결과를 나타낸다. 식 (8-55)의 직선은 PM이 작용하는 자기회로의 **전단선**(*shear line*; **부하선**, *load line*)이라 한다. 공극이 0으로 접근하는 것이 허용될 때 전단선의 기울기는 무한대로 된다는 것에 유의하는 것이 도움이 된다. 이것은 운전 자속밀도가 잔류 값으로 돌아간다는 것을 의미한다.

어떤 실제적인 PM 직류전동기에서는 운전점이 그림 8-20 (c)에서, 동작 자속밀도가 PM 물질의 *B-H* 곡선과 관련된 잔류 자속밀도보다 작다는 것을 의미하는, 점 *P*로 나타내어진다. 알니코 PM 전동기가 가혹한 전기자 전류에 지배된다면, 더 나아간 감자가 점 *P*로부터 생긴다. 이 감자력의 후속의 제거에 따라, 마이너(minor) 히스테리시스 루프의 효과가 운전점을 점 *P*로 되돌리는 것을 방해한다. 그 대신에 운전 자속밀도가 어느 정도 더 작은 수준을 취한다. 하지만, PM 물질이 세라믹일 때에는 앞의 상황을 그대로 복제하지 않는다는 것에 유의하는 것이 유용하다. 세라믹으로 만들어진 영구자석의 경우, 운전점 *P*는 과도한 전기자 전류와 관련된 감자의 제거에 따라 사실상 다시 확립된다. 영구자석의 성질과 특성 해석에 관한 부가적인 설명은 PART III의 Supplement of Chapter 1에 수록된 1A~1F 절을 참조하라.

8-6 OPERATING FEATURES AND APPLICATIONS

직류전동기는 높은 수준의 유연성과 제어의 용이성 때문에 산업에서의 실로 고된 작업을 하기 위해 자주 불리어진다. 이 양상은 다른 전기-기계 에너지 변환 변환 장치에 의해서는 쉽사리 맞추어질 수 없다. 직류전동기는 넓은 범위의 속도와 토크의 제어 뿐만 아니라 뛰어난 가속과 감속을 제공한다. 예를 들어, 적절한 전기자 회로 저항의 삽입에 의해, 정격 전류보다 더 큰 전류를 흘리지 않고 정격 토크가 기동에서 얻어질 수 있다. 또한, 분권 계자 권선의 특별한 설계에 의해, 정격 속도 위의 4 : 1의 범위에 걸친 속도 조정이 얻어질 수 있다. 그러면 이것이 전기자 전압 제어와 결합된다면, 속도 조정의 범위는 8 : 1로 펼쳐진다. 계자와 전기자 회로에 직류 에너지를 제공하기 위해 사용되는 약간의 전자(electronic) 제어 장치에서는, 40 : 1의 속도 범위가 가능하다. 제어되는 전동기의 크기는, 하지만, 한계가 있다.

표 8-1은 세가지 형태의 직류전동기의 몇가지 두드러진 특성과 전형적인 응용을 나열한 것이다. 직류전동기의 경우에서는 최대 토크가 정류에 의해 제한되며, 다른 모든 형태의 전동기에서와 같이 발열에 의하지 않음에 유의하는 것이 흥미롭다. 정류는 브러시로부터 정류자로의 전류의 통과에 관계하며 그렇기 때문에 전기자

권선 자체에 관계된다. 브러시로부터 정류자로의 통과는 전호 방전(arc discharge)이다. 더욱이, 코일이 브러시를 떠남에 따라 전류가 중단되며, 불꽃 발생(sparking)을 일으킨다. 전기자 전류가 과도하게 되는 것이 허용된다면, 불꽃 발생은 브러시 사이에 섬락(flashover)를 일으킬 정도로 격심하게 될 수 있다. 이것은 전동기를 쓸모없게 만든다.

표에서 흥미로운 다른 점은 분권 전동기에 비하여 상당히 더 높은 복권 전동기의 기동 토크이다. 이 양상은 직권 계자 권선의 기여에 기인한다. 같은 설명이 최대 운전 토크에 관해서도 정당하다. 각 경우에서, 전기자 전류에 대한 한계는 같다.

8-7 STARTERS AND CONTROLLERS FOR DC MOTORS

정류 뿐만 아니라 전기 설비 회사에 의해 공표된 전원에서의 전압 하락 제한에 의해 부과되는 한계는 2 [hp]을 초과하는 정격의 모든 직류기에 기동기(strter) 또는 제어기(controller)를 사용하는 것을 필요하게 만든다. 식 (8-2)의 일견은 기동($n = 0$)에서 전기자 전류가 단지 전기자 회로 저항만에 의해 제한됨을 드러낸다. 따라서, 전(full) 단자 전압이 인가된다면, 과도한 전기자 전류가 흐를 것이다. 이것은 특히, 정격이 증가함에 따라 전기자 저항이 더 작아지기 때문에, 대형기가 포함될 때 더 그렇다. 제어기는, 전기자 전류를 제한하는 것에 더하여, 4-11절에서 설명된 것과 같은 다른 유용한 기능을 충족시킨다.

그림 8-21에 묘사된 것은 소형 직류전동기에서 사용되는 간단한 선 기동기(line starter)이다. 운전은 간단하다. 기동 단추(start button)를 누르면 주 코일(main coil)이 여자되고 그 다음 주 접촉자(main contactor) M과 연동 접점(interlock) M_a를 닫는다. 주 접촉자가 닫힐 때, 기동 저항 R을 통하여 전기자 회로에 그리고 동시에 계자 권선에 인가됨에 유의하라. 이 배치는, 계자 자속이 완전히 확립되기 전에 약간의 시간을 필요로 하기 때문에, "충격(shock)" 기동을 예방한다. 또한, 이 기동기

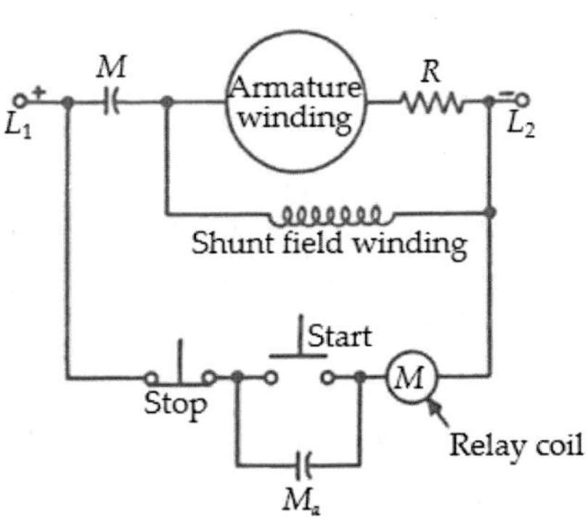

Figure 8-21 Line starter for a low-horsepower dc motor.

TABLE 8-1 CHARACTERISTICS AND APPLICATIONS OF DC MOTORS

Type	Starting torque [%]	Maximum running torque, momentary [%]
Shunt, constant speed	Medium–usually limited to less than 250 by a starting resistor but may be increased	Usually limited to about 200 by commutation
Shunt, adjustable speed	Same as preceding	Same as preceding
Compound	High–up to 450, depending upon degree of compounding	Higher than shunt–up to 350
Series	Very high–up to 500	Up to 400

Source: By permission from M. Liwschitz-Garik and C. C. Whipple, *Electric Machinery*, vol. II (Princeton, N.J.: D. Van Nostrand Co., Inc., 1946)

는 전동기가 일단 운전 속도에 도달되었을 때 기동 저항기 제거를 위한 준비를 가지지 않음에 유의하라. 소형기에서는 이것이 대수롭지 않으며 그것이 비싸지 않은 기동기로 만든다. 하지만, 기동기 저항기가 이 경우에는 다른 목적에 소용되지 않는다. 전동기가 정지될 때 계자 권선은 선로로부터 끊어진다. 자계 내에 저장된 에너지는 그러면, 계자 권선에 가능한 손상을 예방하며 기동 저항기를 통하여 방전된다.

세가지 형태의 자기 제어기가 오늘날 직류전동기의 기동 전류, 기동 토크, 그리고 가속 특성을 제어하기 위해 사용되고 있다. 한가지 형태는, 기동 주기 동안 전류를 특정된 최소와 최대 사이로 유지하는 원리로 작동하는, **한류** 제어기(*current-limit* controller)이다. 이것은 그것의 성과가 모든 시간에서 뛰어난 운전 조건을 유지해야만 하는 정교한 전기적 연동 배치(electrical interlock arrangement)에 좌우되기 때문에 역시 일반적으로 사용되지 않는다. 이 형태에 대해서는 더 이상 고려하지 않는다. 두번째 형태는 그림 8-22에 나타내어진 **역기전력**형(*counter-emf* type)이다.

Speed regulation or characteristic [%]	Speed control [%]	Typical application and general remarks
5−10	Increase up to 200 by field control; decrease by armature-voltage control	Essentially for constant-speed applications requiring medium starting torque. May be used for adjustable speed not greater than 2 : 1 range. For centrifugal pumps, fans, blowers, conveyors, woodworking machines, machine tools, printing presses
10−15	6 : 1 range by field control, lowered below base speed by armature-voltage control	Same as above, for applications requiring adjustable speed control, either constant torque or constant output
Varying, depending on degree of compounding−up to 25−30	Not usually used but may be up to 125 by field control	For drives requiring high starting torque and only fairly constant speed; pulsating loads with flywheel action. For plunger pumps, shears, conveyors, crushers, bending rolls, punch presses, hoists
Widely variable, high at no-load	By series rheostat	For drives requiring very high starting torque and where adjustable, varying speed is satisfactory. This motor is sometimes called the traction motor. Loads must be positively connected, not belted. For hoists, cranes, bridges, car dumpers. To prevent overspeed, lightest load should not be much less than 15 to 20 [%] of full-load torque

이 제어기에서는 두 종류의 계전기가 사용된다. 하나는 가속 계전기(accelerating relay, *AR*)라 불리는 가볍고, 빠르게 동작하는 단위(unit)이다. 다른 것은 앞에서 논의된 강하며 매우 튼튼한 형태(strong, heavy-duty type)이다. 그림 8-22에서 전기자 회로를 가로질러 나타난 가속 계전기는 전압 감응(voltage-sensitive) 장치이다. 그들은 코일을 가로지르는 전압이 미리 설정된 값을 초과할 때 닫히도록 설계된다. 논의 중인 제어기의 경우, 가속 계전기 1*AR*은 보통 선전압의 50 [%]에서 "동작(pick up)"하도록 조정되며, 2*AR*은 선전압의 80 [%]에서 닫히도록 조정된다.

기동 단추를 누르면 코일 *M*이 여자되고, 그 다음 연동 접점(interlock) M_a와 주 접촉자 *M*을 닫는다. 전기자가 초기에 정지 상태이기 때문에, 가속 계전기에 에너지가 주어지지 않아서 기동 저항기의 두 단계가 모두 회로 내에 있다. 전기자가 속도를 얻고 선전압의 50 [%]를 초과하는 유도 기전력을 발생함에 따라, 코일 1*AR*이 찰깍 닫히고, 접촉자 1*AR*을 닫는다. 다음에는, 코일 1*A*가 여자되고, 접촉자 1*A*를 닫아, 기동 저항기의 첫째 부분이 탈락된다. 이것이 그러면 증가된 전압을 전기

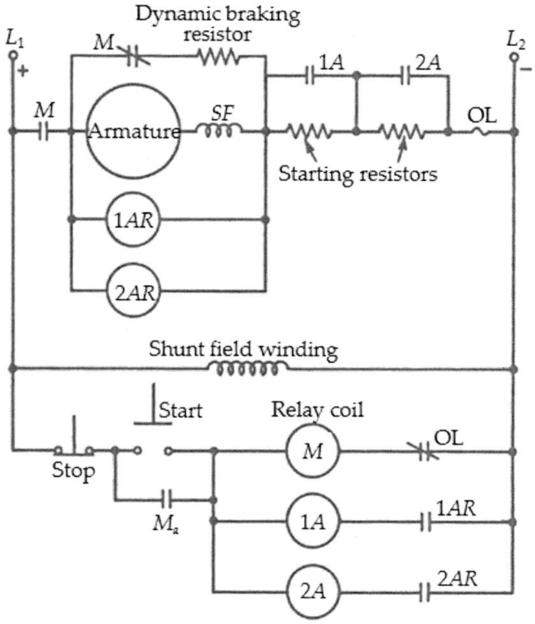

Figure 8-22 Counter-emf magnetic controller for a dc motor.

자에 인가하고, 더 빠른 가속을 제공한다. 전기자 유기 기전력이 선전압의 80 [%]를초과할 때, 가속 계전기 $2AR$이 닫힌다. 이것은 코일 $2A$를 여자하여, 기동 저항기의 두번째 부분이 탈락된다. 전동기는 그러면 전(full) 전압으로 운전 속도로 가속된다.

그림 8-22의 제어기는 또한 전기자 단자와 분로인 저항기가 설비되어 있다. 그것은 회전 전기자 관성으로부터 얻어지는 소산 에너지에 의해 전동기를 빠르게 정지시키는데 소용되기 때문에 **발전 제동 저항기**(*dynamic breaking resistor*)라 불린다. 그림 8-22의 그림은 정지 단추(stop button)가 닫히고 코일 M에 에너지가 주어지지 않게 될 때, 경로가 발전 제동 저항기에 대해 확립되는 것을 보인다. 이 작용은 발전 제동 저항기와 직렬로 위치된 보통은 닫힌 접촉자 M을 닫는다. 전동기가 여전히 관성에 저장된 운동 에너지로 고속에서 돌고 있으며 분권 계자가 여자되어 남아 있기 때문에 전기자는 발전기로 거동하고 다음에는 발전 제동 저항기에 전류를 내어놓는다. 결과로서 생기는 저항기에서의 열로의 에너지의 소비는 전기자의 저장 운동 에너지를 빠르게 소모하도록 작용하고, 따라서 속도를 0으로 신속하게 줄인다.

역기전력 제어기는 자동적으로 변하는 부하에 자신을 조정하는 접촉자 닫음 순서(contactor closing sequence)를 제공하는 이점을 가진다. 더구나, 이것은 균일한 가속 전류와 토크 첨두를 유지하는 방식으로 이루어진다. 그러한 기동 성능의 바람직함에 대한 의문은 없을 수 있다; 하지만, 한가지 불리한 점을 가진다. 접촉자 닫음 순서는 전동기가 첫번째 단계에서 출발할 것이라는 가정을 기초로 한다. 그렇게 하지 못한다면, 그 후의 모든 운전이 취해질 수 없다. 더구나 기동 저항기는 불탈(burning up) 위험이 있다. 그러한 일을 피하기 위하여, 범용 직류전동기는 가장 자주 **한정 한시 제어기**(*definite time-limit controller*)로 설비된다. 그림 8-23은 그러한 제어기의 개략도를 보인다. 계전기 코일이 여자된 후에, 대응하는 접촉자는 미리 설정된 시간 지연(time delay)을 지날 때까지 닫히지 않는다. 시간 지연은 자속 지연, 공압 장치, 또는 기계적 지동 기구(escapement) 등에 의해 이루어진다.

기동 단추를 누르면 코일 M을 여자하고 연동 접점 M_a와 주 접촉자 M을 닫으며, 그것에 의해 기동 저항기를 통하여 전압을 전기자 권선에 인가한다. 정해진 시간 후에 계전기 코일 M을 닫고, 회전자가 회전하든 회전하지 않든 관계없이, 제어 회로에 있는 접촉자 T_M을 닫는다. 이것이 코일 $1A$를 여자하고, 접촉자 $1A$를 닫으며 따라서 기동 저항기의 첫째 부분이 탈락된다. 미리 설정된 시간 지연 후에 코일 $1A$가 여자되고, 접촉자 T_{1A}가 닫힌다. 코일 $2A$가 여자되게 되고, 전체 기동 저항기를 제거한다. 전동기는 그러면 정성 운전 속도를 나타낸다.

한정 한시 제어기에서는, 접촉자의 닫음 사이의 미리 설정되는 시간 간격이 평균 부하 조건에 대하여 매끄러운 가속과 균일한 전류 첨두를 얻도록 조정된다. 힘겨운 기동 조건이 생기고 전동기가 첫째 단계에서 기동에 실패한다면, 첫번째 가속 (시간-지연) 접촉자가 어쨌던 닫힌다. 이것은 증가된 기동 토크가 발생되는 것을 허용한다. 따라서 전동기는, 첫째 단계에서 기동되지 않는다면, "가혹 작업(work

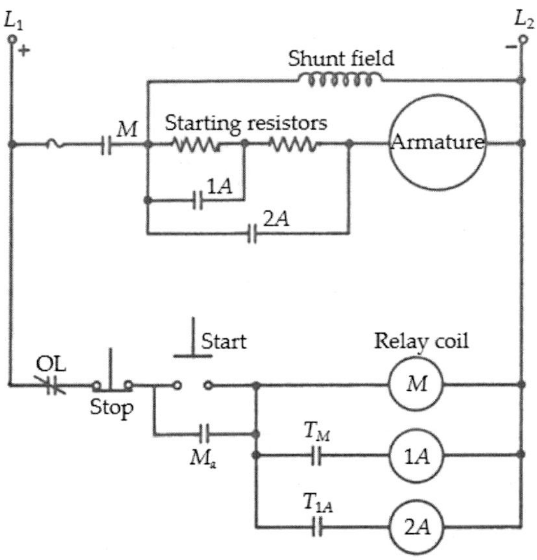

Figure 8-23 Definite time-limit controller for a dc motor.

harder)"이 되게 한다. 따라서, 제어기가 범용 전동기를 위해 선택되어야 할 때에는 언제나, 한정 한시형을 권하는 것이 더 현명하다. 그 이유는 범용 응용에 대한 규칙에 따라 기동 조건이 잘 알려지지 않기 때문이다.

8-8 SPEED CONTROL BY ELECTRONIC MEANS

높은 전류와 전압 정격을 가지는 신뢰성있는 사이리스터(SCR)의 개발은 전기자 전압 조정에 의한 속도 제어를 더 실행 가능하게 만들었다. 전기자 전압의 조정은 기저 속도 아래에서의 속도 제어의 이점 뿐만 아니라 좋은 속도변동률과 결합된 높은 효율에서의 운전을 제공한다는 것을 염두에 두어라. 더욱이, 속도의 제어는 전동기가 부하 조건 하에서든 무부하에서든 이루어질 수 있다.

Single-Phase, Half-Wave Thyristor Drive

그림 8-24는 단상 전원을 이용할 수 있을 때 사용되는 배치를 보인다. 그것은 영구자석 계자가 설비되고 1 [hp] 또는 그 보다 작은 정격인 전동기에 대해 자주 사용된다. 이 회로에서는 단일 사이리스터가 사용되기 때문에, 게이트 신호에 의한 점호점(firing point) θ_f의 제어가 0과 π [rad] 사이의 어디에서나 생길 수 있다. 그림 8-25는 정상 상태 조건 동안 $\theta_f = 90°$의 점호각에 대해 나타날 수 있는 전형적인 상황이다. 그림에서 시간은 정상 상태에 도달한 후에 측정된 것으로 가정된다. 더욱이, 전동기에 의해 공급되는 부하 토크가 전 주기(full cycle)에 걸쳐 투영된 I_a

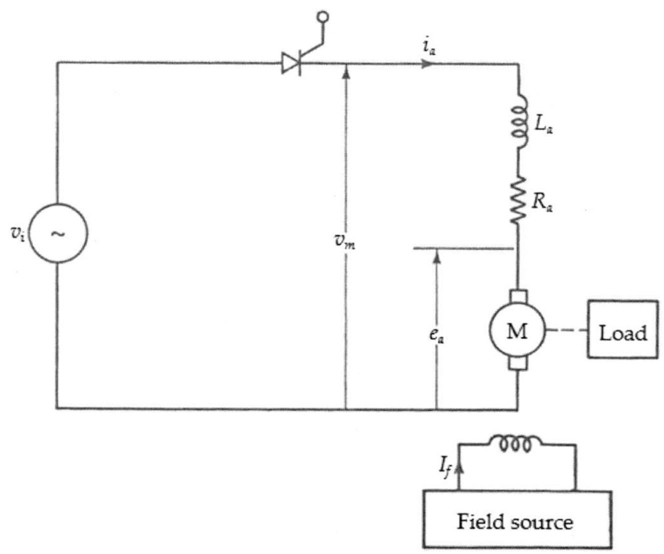

Figure 8-24 Armature voltage control of a dc motor through use of a single-phase, half-wave controlled rectifier. The motor may have either a permanent magnetic field or separate source of excitation.

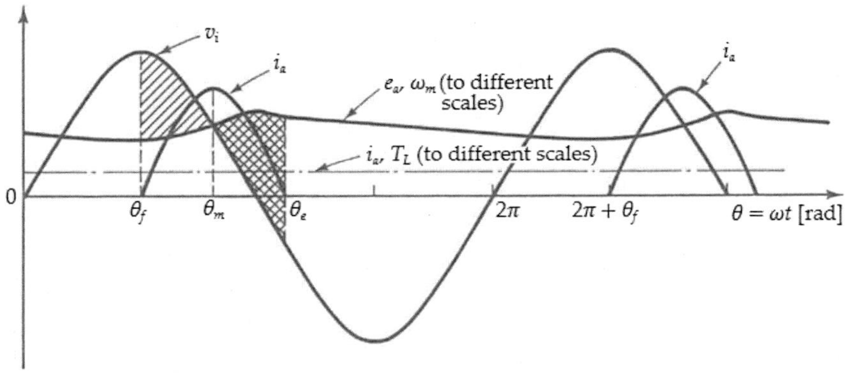

Figure 8-25 Waveshapes of the various electrical quantities and motor speed and load torque associated with the system of Fig. 8-24. The thyristor firing angle is illustrated for $\theta_f = 90°$.

의 평균 전기자 전류를 요구하는 것과 같은 수준으로 되었다고 가정된다. 이 평균 전기자 전류를 생성하기 위해서는, 하지만, 도전 주기(conduction period)에 걸친 적 분이 I_a의 평균 전기자 전류를 산출하는 순시 변동과 같은, 전기자 전류의 실제 변동이 필요하다. 도전 주기는 사이리스터가 도통하는 동안의 시간이며 일반적으로

$$\theta_c = \theta_e - \theta_f \tag{8-56}$$

으로 나타내어진다. 여기는 θ_f는 공급 전압이 정(양)인 구간에서 게이트 신호가 사이리스터를 점호하는 각도이며, θ_e는 사이리스터의 소호각(extinction angle)이다.

소호각은 실제 전기자 전류 i_a가 0으로 되돌아 가는 주기 내에서의 점으로 결정되며, 다음에는 공급기 전압의 순시 값 v_i와 전기자 역기전력의 변동 e_a 사이의 관계에 종속된다. 이 e_a는 항상 발생되는 토크가 부하의 필요를 충족하는 평균 전기자 전류의 값을 산출하는 i_a에서의 시간 변동을 생성하는 v_i와 관련된 위치를 나타내어야 한다. 여기에서 θ_f로부터 θ_m의 값에서는 순시 전기자 전류 i_a가 증가를 겪음에 유의하는 것이 도움이 된다. 여기서 θ_m은 $v_i = e_a$인 시 순간(time instant)에 대응한다. 이 구간에서는 그림 8-24에서 전기자 권선 인덕턴스를 가로지르는 전압이 정(양)이다. 결론적으로, 0으로부터 생기는 전류에서의 증가는 패러데이의 법칙에 의해

$$\Delta i_a = \frac{1}{L_a}\int_{\theta_f}^{\theta_m} (v_i - e_a)\, dt \qquad \text{[A]} \tag{8-57}$$

로 설명될 수 있다. 여기서 L_a는 전기자 권선 인덕턴스를 나타낸다. θ_m 뒤에서는 양 $(v_i - e_a)$가 부(음)로 된다. 식 (8-57)에 의해, 전기자 인덕턴스를 가로질러 나타

나는 이 부(음)의 volt-seconds의 효과는 전기자 전류의 감소를 일으킨다. 사실, 소호점은 부(음)의 volt-seconds의 합(즉, 그림 8-25에서 그물눈으로 된 면적)이 정(양) volt-seconds의 합(즉, 빗금친 면적)과 같은 주기 내의 점이다.

부하가 전동기에 의해 증가된 발생 토크를 필요로 할 때 전동기는 더 큰 순시 전류 흐름 i_a를 산출하기 위해 정(양) volt-seconds에서의 충분한 증가를 허용하는 양(amount)에 의해 속도(그리고 그러므로 e_a)가 줄어드는 것으로 응답한다. 상응하여, 더 큰 I_a의 평균 값이 전 주기(full cycle)에 걸쳐 존재하도록 만들어지고 그것에 의해 부하의 증가된 토크 요구를 충족시킨다. e_a와 전동기 속도 ω_m의 시간에 따른 변동이 그림 8-25에 같은 곡선으로 나타내어져 있다. 그것은, 물론, 곡선이 다른 눈금으로 그려진 것으로 이해된다. 같은 것이 I_a와 T_L로 표시된 곡선에 적용된다. θ_f로부터 θ_e까지의 구간 내에서 전동기는 전원으로부터 에너지의 펄스(pulse of energy)를 받아 그 자체로 속도에서의 약간의 증가를 나타내는 것을 관찰하라. 전동기의 회전자와 그것에 부착된 기계 부하(즉, 총(total) 관성 J)로 이루어지는 회전 질량 내에 저장되는 에너지가 그것에 의해 증가된다. 하지만, θ_e로부터 $(2\pi + \theta_f)$까지의 구간 내에서는 전기자 전류의 흐름이 없기 때문에, 전동기는 스스로 활공한다. 이 주기 동안에, 회전 질량에 저장된 운동 에너지로부터 뽑아냄으로써 에너지가 부하에 내어놓아진다. 결과는 속도에서의 일시적 저하이다. 전동기가 저속에서 전부하 토크를 내어놓는 것이 요구될 때에는, 속도의 일시적 저하가 기저 값에 가까운 속도에서 운전할 때보다 더 클 것이다.

소형 직류전동기는 그림 8-24의 회로에서 성공적으로 운전되더라도, 유의할 만한 단점이 없지 않다. 예를 들어, 공급기 주파수의 전 주기(full cycle)에 걸쳐 평균된 전기자 전류의 항으로 부하 토크 요구를 충족해야 하는 필요는 도전 주기 동안에 전기자 전류의 큰 펄스가 흘러야 한다는 것을 의미한다. 이것은 매우 더 큰 발열 손실로 이끈다. 특별한 배치가 냉각을 위해 만들어지지 않으면, 전동기를 낮춰진 마력 정격에서 운전하는 것이 필요할 수 있다. 다른 불리한 점은 평균 직류 전류가 교류 전원을 통하여 흐르도록 만들어진다는 사실과 관계된다. 이 전원이 단상 변압기이어야 할 것이라면, 변압기가 부분적인 포화 상태에서 운전되는 것이 가능하다. 이 문제는 본질적으로 3상 전원으로부터의 운전에 의해 피해진다.

Three-Phase, Half-Wave Thyristor Motor Drive Circuit

이 형태의 운전을 위한 회로도가 그림 8-26에 묘사되어 있다. 3상 전압원이 이용할 수 있는 중성선과 함께 사용할 수 있는 것으로 가정된다. 그것은 개별 사이리스터와 전기자 권선 회로의 직렬 결합을 가로질러 나타나는 선-중성(상) 전압이다. 전동기 계자는 영구자석 또는 자체로 교류 공급기의 정류를 포함할 수 있는 분리된

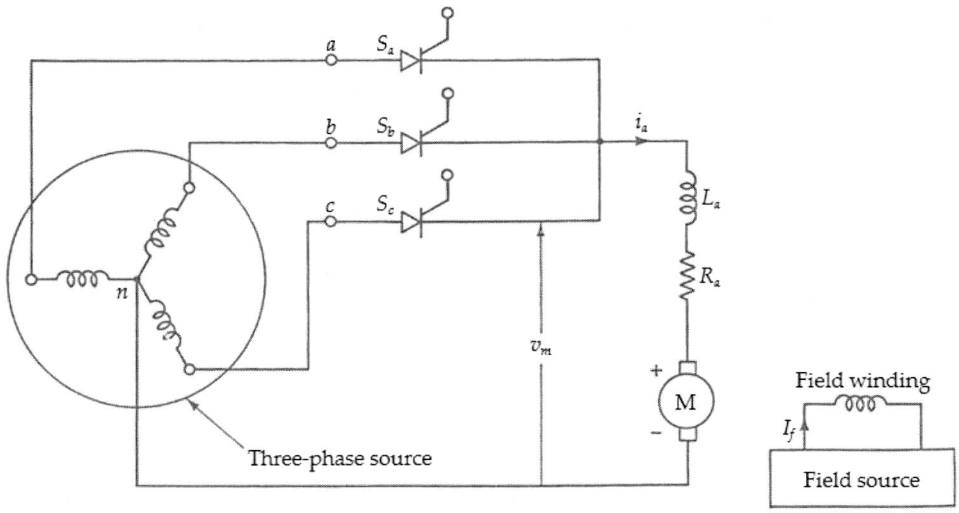

Figure 8-26 Schematic diagram of the three-phase, half-wave controlled rectifier drive circuit for the dc motor.

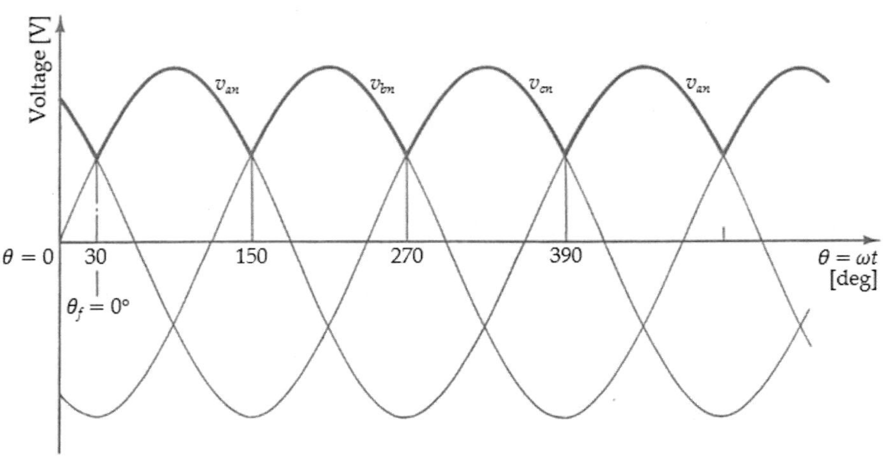

Figure 8-27 Waveforms of the balanced three-phase source. The heavy lines indicate the 120° intervals associated with each phase voltage during which thyristor firing can be initiated.

직류 전원으로부터 기원하는 것으로 추정된다. 그림 8-26의 구동 회로에서 그림 8-27의 3상 전압 조합의 사용은 120°의 전위 도전 주기(potential conduction period)에 걸쳐 차례로 사이리스터 S_a, S_b, 그리고 S_c를 점호하게 한다. 실제 도전 주기는 이 120° 구간 동안에 점호 게이트 신호가 언제 인가되는가에 종속된다. 그림 8-27의 일견은 $\theta = 30°$와 $\theta = 150°$ 사이에서 정(양) 전위가 사이리스터 S_a를 가로질러 나타난다는 것이 명백할 것이다. 따라서, 그것은 전동기의 전기자 단자를 가로질러 v_{an}의 일부 또는 전부를 부여하는데 소용되는 스위치(따라서 사이리스터에 대한 기호 S)로 작용할 수 있다. 동시에, 이 주기 동안에, 다른 두개의 사이리스터를 가로질러 나타나는 전압은 부(음)이며 그래서 S_b와 S_c는 차단 상태로 유지된다. 비슷하게, $\theta = 150°$로부터 $\theta = 270°$의 구간 내에서는, S_b가 여기에서는 이제 정(양) 정방향 전압(positive forward voltage)을 갖고 있기 때문에 점호를 위해 준비되는 한편, 사이리스터 S_a와 S_c는 양극-음극(anode-cathode) 단자에서 부(음) 전압을 가진다. 270°로부터 390°의 구간 내에서는 사이리스터 S_c가 도전을 위해 준비된다. 이 순서로 된 사이리스터의 점호는 게이트 신호의 작용을 통하여 도전이 허용되는 사이리스터에서의 위치에 의해 결정되는 가제어(제어할 수 있는) 평균 값을 가지는 3상 선-중성 전압의 정류로 귀결한다. 이 0이 아닌 평균 전압이 직류전동기를 구동한다.

이제 사이리스터의 점호각에 대한 이 가제어 평균 전압과 관련된 표현식을 얻자. θ_f를 사이리스터 점호각이라 부르고 편의를 위하여 $\theta_f = 0°$는 그림 8-27에서 $\theta = \omega t = 30°$에 대응한다고 하자. θ_f는 30°에서 150°까지(또는 $\pi/6$에서 $\pi/6 + ⅔\pi$ [rad]까지) 임의의 값이 할당될 수 있기 때문에, 각도 θ_f에서의 점호에 대응하는 첫번째 도전 주기에 걸친 평균 전압에 대한 표현식은

$$V_m = V_{dc} = \frac{1}{⅔\pi}\int_{\theta_f+\pi/6}^{\theta_f+(5/6)\pi} V_p \sin(\omega t)\, d(\omega t) \qquad [\text{V}] \tag{8-58}$$

이라는 것이 따라온다. 여기서 V_p는 선-중성 전압의 첨두 값을 나타내며 V_m은 전동기 전기자 전압을 가리킨다. 이 식에서 적분의 상한은 사이리스터가 일단 도전을 개시하는 것이 허용되면 120°(즉, ⅔π [rad])의 주기에 대하여 ON 상태에 머문다는 사실을 인정하여 적어졌다는 것에 유의하는 것이 중요하다. 적분을 수행하고 적분 한계를 대입하면, 원하는 결과가

$$V_{dc} = V_m = 0.827\, V_p \cos\theta_f \qquad [\text{V}] \tag{8-59}$$

로 찾아진다. 이 식은 명백히 정류된 교류 전원 전압의 제어할 수 있는 양상을 드러낸다. $\theta_f = 0°$를 산출하는 사이리스터 게이트 신호의 설정은 최대 직류 전압이 전기자 단자를 가로질러 나타난다는 것을 의미한다. 다른 극단에서 $\theta_f = 90°$의 설정은 이 전압을 0으로 줄인다. 따라서, 마음대로 전동기의 기저 속도 아래에서의 속도 제어를 허용하는 편리하게 조정할 수 있는 전기자 전압원이 있다.

세가지 값의 사이리스터 점호각에 대한 그림 8-26의 구동 회로의 속도 제어의 능력의 설명이 그림 8-28에 보여져 있다. 이 그림의 (a)는 전동기가 무부하이며 $\theta_f = 0°$일 때 구동 회로에서의 상황이 묘사되어 있다. 사이리스터 S_a는 $\theta = 30°$에서 도전을 시작하며 그래서 $\theta = 30°$로부터 $\theta = 150°$까지의 주기에 걸쳐 전동기의 전기

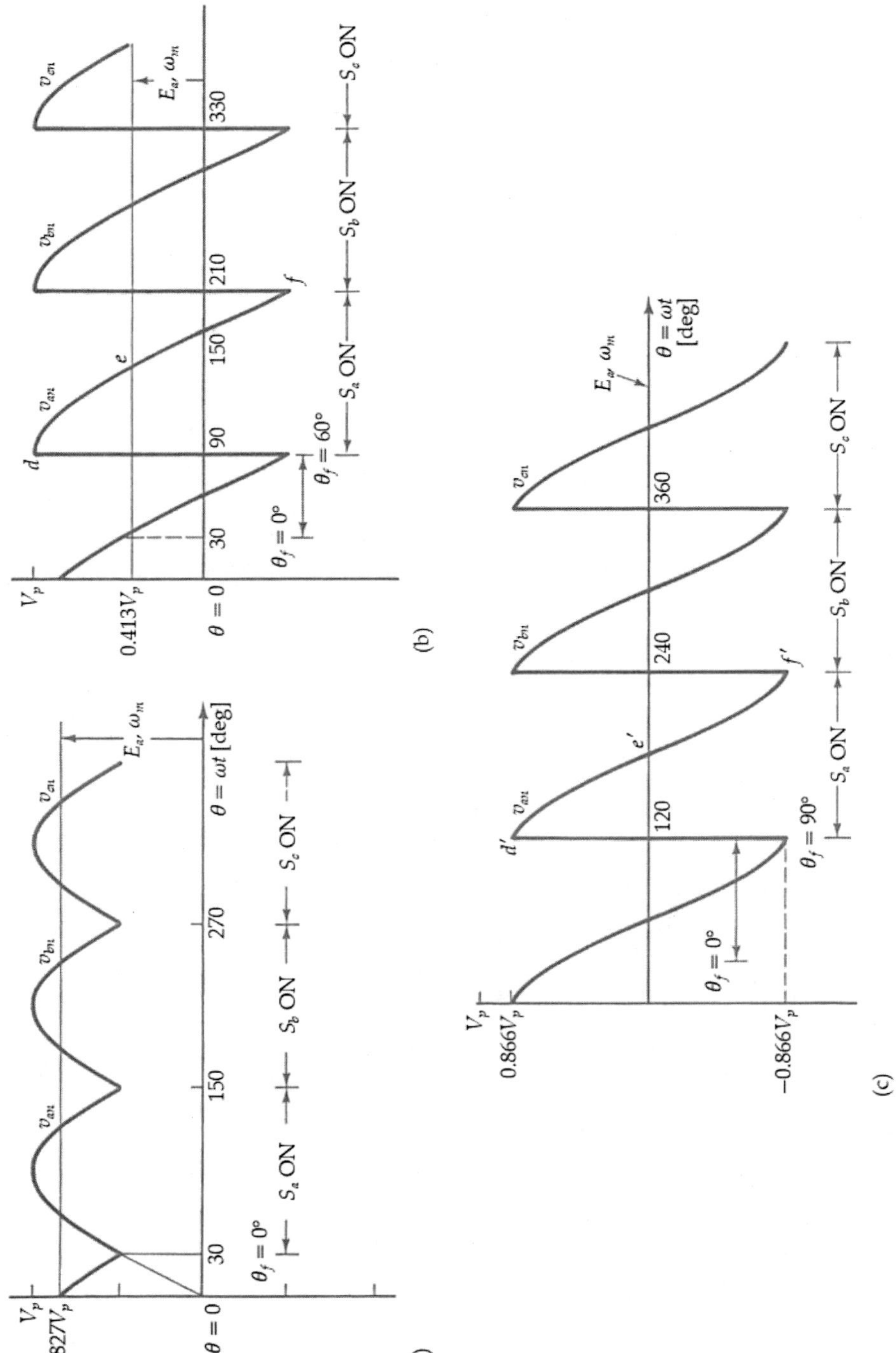

Figure 8-28 Waveshapes of the rectified three-phase source for three values of the thyristor firing angle. Also shown are the average values of the armature induced emf E_a and the motor speed ω_m: (a) full-firing of the thyristors for $\theta_f = 0°$; (b) $\theta_f = 60°$; (c) $\theta_f = 90°$.

자 권선에 v_{an}의 값을 인가한다. 비슷한 상황이 상 b와 c가 가장 정(양)으로 될 때 나타난다. 전기자 권선 저항 강하가 0이 되는 것으로 가정된다면, E_a는 이 값과 같아지며, ω_m은 계자 여자의 상태에 부합하는 대응하는 값을 취한다. 최대 정류 전압이 정격 직류전동기 전압과 같으며 계자 여자는 최대 설정이라는 가정을 기초로 하여, 귀결하는 속도는 기저 속도이다. 그림 8-28 (b)에서는, 점호각이 60° 지연된다. 결과적으로, 전기자 회로에 나타나는 v_{an}의 초기 값은 다음의 120°에 걸쳐 나타나는 v_{an}의 변동에 따르는 첨두 값이다. 달리 말해, 전기자 회로를 가로질러 위치되는 v_{an}의 부분은 곡선 def에 대응하는 부분이다. 이 부분의 평균 값은 $0.413\,V_p$이며 60°의 점호각에 부합한다. 물론, 이 과정이 연속 사이리스터 S_b와 S_c에 수반하는 주기의 각 3분의 1에 대해 반복된다. 이제 속도는 다시 무시할 수 있는 전기자 권선 저항 강하와 사이리스터 강하의 가정을 기초로 하여 기저 속도의 절반 수준이다. 그림 8-28 (c)는 $\theta_f = 90°$인 경우 존재하는 상황을 묘사한다. 사이리스터 S_a는 $\theta = 120°$(즉, $\theta = 30° + \theta_f = 30° + 90°$)에서 도전을 시작하며 $\theta = 240°$까지 ON 상태를 계속한다. 따라서, 전동기 전기자 권선을 가로질러 나타나는 v_{an}의 부분은, 이미 0의 평균 값을 가지는, $d'e'f'$로 나타내어진 부분이다. 따라서 전동기 속도는 0으로 된다.

직류전동기가 무부하 조건 하에서 기저 아래의 속도(subbase speed)에서 운전하고 있을 때, 부하 인가의 효과는 무엇일까? 부착된 기계 부하에 내어놓아지는 증가된 토크에 대한 요구는 통상의 직류전동기에서와 같이 바로 속도에서의 감소와 마주친다. 평균 전기자 전압과 전류가 정류로부터 유도되기는 하지만, 식 (8-22)에서 (8-24)는 단자 평균 값이 사용되는 것을 조건으로 계속 정당하다. 결과로서, 전기자 권선 전압 강하가 적당하거나 작은 경우에는, 속도에서의 비교적 작은 변화가 부하에서의 변화에 수반된다. 이 내용이 다음의 예제에서 설명된다.

EXAMPLE 8-12 550 [V]와 60 [hp]이 정격인 직류전동기가 800 [rpm]의 속도에서 정격 토크를 내어놓을 때 34 [A]를 그린다. 계자는 5.94 [N-m/A](또는 [V/rad/s])의 토크와 속도 매개변수를 전동기에 주는 고정된 값으로 설정되었다. 전동기는 반파 사이리스터 구동 회로를 통하여 3상, 60 [Hz], 1100 [V](선간) 전원으로부터 공급된다. 전기자 회로 저항은 1 [Ω]이다. 사이리스터는 무시할 수 있는 전압 강하로 운전되는 것으로 가정하라.

(a) 전동기가 정격 부하 조건에서 운전될 때 요구되는 점호각을 결정하라.

(b) 부하 토크가 정격 값의 2분의 1로 줄여졌을 때 일어나는 속도에서의 변화를 계산하라.

(c) 정격 토크가 500 [rpm]의 속도에서 내어놓아질 때 필요로 하는 점호각을 찾아라.

SOLUTION (a) 전동기 단자에서 나타나는 평균 값을 사용하는 키르히호프의 전압 법칙은 다음을 적는 것을 허용한다:

$$V_{dc} = V_m = E_a + I_a R_a \text{ [V]}$$

$$0.827\,V_p \cos\theta_f = 5.94 \times \omega_m + 30 \times 1 \text{ [V]}$$

여기에서

$$\omega_m = 800 \times \frac{\pi}{30} = 83.78 \text{ [rad/s]}$$

$$V_p = \sqrt{2} \times \frac{1100}{\sqrt{3}} = 898.1 \text{ [V]}$$

따라서

$$742.73 \cos \theta_f = 497.65 + 30 = 527.65 \text{ [V]}$$

$$\theta_f = 44.73°$$

(b) 2분의 1로 줄여진 부하 토크로, 요구되는 평균 전기자 전류 역시 절반이 된다. 점호각이 유지되기 때문에, 다음을 가진다:

$$527.65 = 5.94 \times \omega_m + 15 \text{ [V]}$$

또는

$$\omega_m = 86.3 \text{ [rad/s]}$$

[rpm]으로 표현된 속도는

$$n = \omega_m \times \frac{30}{\pi} = 86.3 \times \frac{30}{\pi} = 824.1 \text{ [rpm]}$$

백분율로 표현된 정격 값으로부터의 속도에서의 변화는

$$\frac{824.1 - 800}{800} \times 100 = 3.02 \text{ [\%]}$$

(c) 문제 (a)에서와 같이 나아간다. 하지만, 이 문제에서는 속도가

$$\omega_m = \frac{5}{8} \times 83.78 = 52.36 \text{ [rad/s]}$$

따라서

$$742.73 \cos \theta_f = 5.94 \times 52.36 + 30 = 341 \text{ [V]}$$

$$\theta_f = 62.7°$$

Chopper Drives

종종 배터리의 형태로 직류 에너지를 이용할 수 있으며 기저 속도 아래에서의 운전이 극히 중요한 직류전동기의 응용 영역이 있다. 이것은 예를 들어 지게차(forklift), 골프 카트(golf cart), 전기 트럭, 그리고 수평 고속 운송 차량(even rapid-transit car) 등과 같은 경우이다. 물론, 앞 절에서 이미 지적된 바와 같이, 한가지 실행할 수 있는 책략은 직렬 저항기를 사용하는 것이다. 그러나 이미 이 해법은 좋지 않은 효율, 좋지 않은 속도변동률, 그리고 높은 비용과 같은 심각한 단점을 수반한다는 것을 알고 있다. 오늘날 그러한 응용에서 전기자 전압 제어를 제공하는 통속적인 방법은 진폭 변조(pulse width modulation) 또는 주파수 변조 형태(pulse frequency modulation mode)로 사이리스터를 사용하는 것이다. 앞의 방법에서는 직류 전원 전압이 전동기 전기자 권선에 인가되는 평균 전압의 수준을 조정하기 위하여 주기의 가변 부분에 대하여 켜지고 꺼진다(switched on and off). 뒤의 방법에서는 직류 전원으로부터 유도되는 고정된 진폭의 전압의 펄스가 주어진 시간 주기에 걸쳐 더 많은 또는 더 적은 횟수로 반복된다. 회로의 전형적인 개략적 배치가 그림 8-29에 보여져 있다. 원리가 같기 때문에, 여기에서는 주의가 책략의 한가지, 즉, 직류 전원 전압의 진폭 변조로 바로 향해진다.

사이리스터에 연결된 제어 회로는 이중의 목적을 가진다. 첫째로, 그림 8-30 (a)와 (b)에서 설명된 바와 같이 주기 T_P의 가변 부분에 걸쳐 사이리스터를 켜는데 소용된다. 0에서 T_0의 시 구간(time interval) 내에서는 게이트 신호가 사이리스터를 도전 상태가 되게 하고 그것에 의해 배터리 전압이 전기가 권선으로 들어간다. 둘째로, 시간 T_0에서는, 역전압(reverse voltage)이 순시로 (수십 [μs]로 측정되는) 사이리스터에 인가되고 그것에 의해 사이리스터를 차단한다. T_P로 나타내어진 주기의 끝에서, 과정이 반복된다. 본질적으로 그러면 제어 회로는 전동기 전기자 권선에 인가되기 전에 직류 공급기 전압을 "자르는(chop)" 작용을 한다. 이 구동 회로는 명

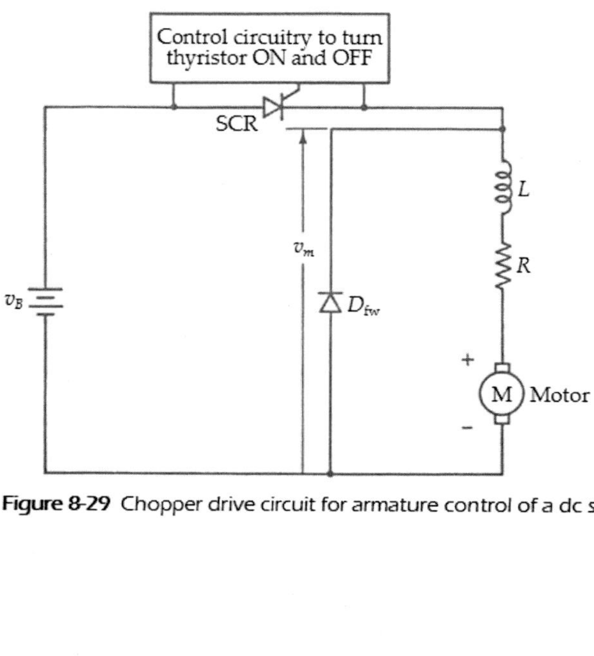

Figure 8-29 Chopper drive circuit for armature control of a dc series motor.

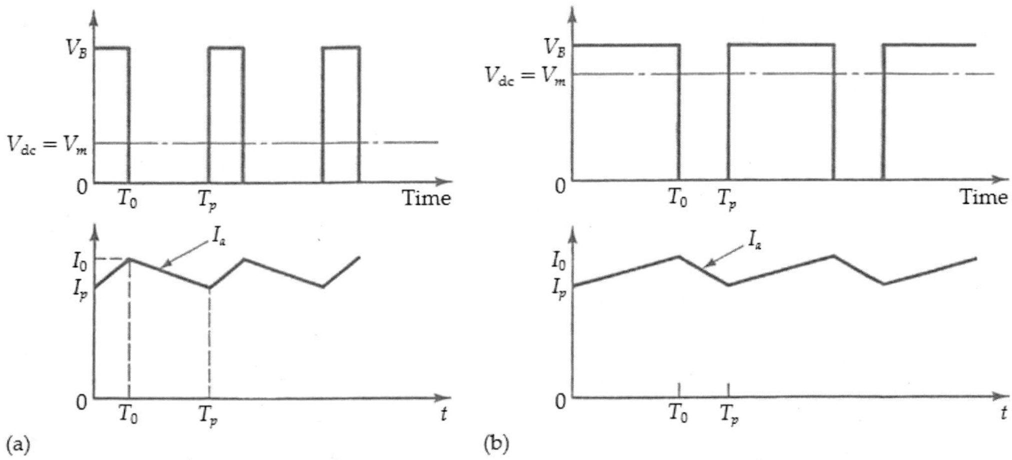

Figure 8-30 Voltage and current waveshapes appearing at the armature terminals of the motor in Fig. 8-25: (a) thyristor fired for low-speed operation; (b) thyristor fired for high-speed operation.

백한 이유로 초퍼(chopper)라 불린다. 전동기로 전달되는 직류 전압의 평균 값은 꽤 간단하게

$$V_{dc} = V_m = \frac{T_0}{T_P} V_B \qquad [V] \tag{8-60}$$

으로 주어진다. 여기서 양들의 의미는 그림 8-30의 표시로부터 자명하다.

전기자 전류에서의 큰 첨두가 피해지기 위해서는 사이리스터에 펄스가 주어지는 주파수가 제어 회로의 설계에 긴요하다. 적당하게 설계된 초퍼 구동 회로에서는, 전기자 전류의 변동이 정상 상태 운전 동안에 그림 8-30에 설명된 것과 매우 많이 유사한 것으로 보인다. 평형의 경우에 존재하는 시간 T_0 동안의 전류에서의 증가는 시간 $(T_P - T_0)$ 동안의 전류에서의 감소와 같다. 전기자 인덕턴스에 인가되는 volt-seconds의 양으로, 피적분 함수가 본질적으로 일정하기 때문에 주기 T_0 동안의 전류에서의 증가를

$$\Delta I_a = \frac{1}{L_a}\int_0^{T_0} [V_B - (V_m - I_a R_a)]\, dt = \frac{[V_B - (V_m - I_a R_a)]T_0}{L_a} \qquad [A] \tag{8-61}$$

로 적을 수 있다. 전동기 전압 V_m은 식 (8-60)으로 주어진다. 물론, 이 증가되는 전류의 효과는 전기자 자계 내에 저장되는 자기 에너지의 증가이다. 그 다음 시간 T_0에서 사이리스터의 차단에 따라, 환류 다이오드 D_{fw}에 의해 확립되는 회로를 통하여 전동기에 풀어놓아진다. 시간 $(T_P - T_0)$ 동안의 전기자 전류의 감쇠율(rate of decay)은 종종 펄스의 주기 시간(cycle time)에 비하여 매우 큰 전기자 회로의 시정

수(시상수, time constant)에 의해 결정된다. 이런 이유로 감쇠가 직선으로 나타나 있다. 충분한 자기 에너지의 저장에 있어서 전기자 인덕턴스의 중요한 역할 때문에, 초퍼 구동은 종종 직권 전동기와 함께 사용된다. 분권 전동기가 외부 직렬 인덕터와 함께 사용될 때 완전히 받아들일 수 있는 성능을 가질 수 있기는 하지만, 직권 전동기는 분권 전동기보다 더 큰 전기자 인덕턴스를 가진다.

EXAMPLE 8-13 예제 8-12에서 설명된 직류전동기를 참조하고 550 [V] 직류 전원으로부터 처퍼 구동으로 운전된다고 가정하라.

(a) 사이리스터가 0.4의 주기 시간 T_P에 대한 ON 시간 T_0의 비(ratio)로 운전되는 것으로 만들어졌을 때 전동기의 속도를 찾아라. 전동기는 정격 토크를 내어놓는다고 가정하라.

(b) ON 주기 동안에 전기자 전류의 총(total) 변화를 5 [A]로 제한하기 위해 소용되는 사이리스터의 요구되는 펄스 주파수를 결정하라. 0.1 [H]의 전기자 권선 인덕턴스를 가정하라.

(c) $T_0/T_P = 0.7$에 대하여 문제 (a)와 (b)를 반복하라.

SOLUTION (a) 식 (8-60)으로부터 전기자 단자 전압의 평균 값은

$$V_m = \frac{T_0}{T_P} V_B = 0.4 \times 550 = 220 \text{ [V]}$$

유도 전기자 전압의 대응하는 값은 그러면 다음과 같이 된다:

$$E_a = V_m - I_a R_a = 220 - 30 \times 1 = 190 \text{ [V]}$$

그러므로

$$\omega_m = \frac{190}{5.94} = 32 \text{ [rad/s]} \quad \text{or} \quad 305.4 \text{ [rpm]}$$

(b) 시간 T_0은 식 (8-61)로부터 바로 찾아진다. 따라서,

$$T_0 = \frac{L_a \times \Delta I_a}{V_B - E_a} = \frac{0.1 \times 5}{550 - 190} = 1.4 \times 10^{-3} \text{ [s]}$$

따라서,

$$T_P = \frac{T_0}{0.4} = \frac{1.4}{0.4} \times 10^{-3} = 3.5 \times 10^{-3} \text{ [s]}$$

그리고 이것은 다음의 초당 요구되는 펄스(required pulses per second)로 이끈다:

$$f = \frac{1}{T_P} = \frac{10^3}{3.5} = 286 \text{ [Hz]}$$

(c) 이제는 식 (8-60)이 다음을 산출한다:

$$V_m = 0.7 \times 550 = 385 \text{ [V]}$$

$$E_a = 385 - 30 = 355 \text{ [V]}$$

$$\omega_m = \frac{355}{5.94} = 64.81 \text{ [rad/s]} \quad \text{or} \quad 618.9 \text{ [rpm]}$$

또한, 식 (8-61)로부터,

$$T_0 = \frac{0.1 \times 5}{195} = 2.56 \times 10^{-3} \text{ [s]}$$

$$T_P = \frac{2.56 \times 10^{-3}}{0.7} = 3.66 \times 10^{-3} \text{ [s]}$$

$$f = \frac{1}{T_P} = 273 \text{ [Hz]}$$

PROBLEMS

8-1 5 [hp], 113 [V], 1150 [rpm] 분권 전동기가 0.2 [Ω]의 전기자 저항을 가진다. 정격 출력을 내어놓을 때 전동기는 40 [A]의 선전류를 그린다. 계자 권선은 65 [Ω]의 저항을 가진다. 전기자 기자력의 감자 효과는 무시하라.

(a) 전동기가 15 [N-m]의 토크를 발생할 때 전동기 속도를 찾아라.

(b) 이 전동기의 속도변동률을 결정하라. 무부하에서 전기자 전류는 무시할 수 있는 것으로 가정하라..

8-2 15 [hp], 230 [V], 1750 [rpm] 분권 전동기가 정격 출력에서 선로로부터 56 [A]를 그린다. 전기자 회로의 저항은 0.16 [Ω]이다; 계자 권선 저항은 153 [Ω]이다. 계자 전류가 가변 저항기 제어에 의해 전(full) 여자 값의 80 [%]로 줄여졌다.

(a) 정격 전기자 전류를 초과하지 않도록 하기 위하여 발생 토크가 대응하여 줄여졌을 때, 속도의 새로운 값을 찾아라. 포화는 무시하라.

(b) 부하가 같은 토크를 요구할 때 새로운 속도를 결정하라.

8-3 10 [hp], 115 [V], 1000 [rpm] 분권 전동기의 자화 곡선이 그림 7-17에 보여져 있다. 각 수직 눈금은 10 [V]를 나타내며 각 수평 단위는 0.4 [A]를 나타낸다. 전기자 회로는 0.07 [Ω]의 저항을 가지며 계자 권선 저항은 48 [Ω]이다.

주어진 부하 조건에서 전동기 전기자 전류는 40 [A]이다. 전기자 권선 기자력과 관련된 감자 효과는 등가 계자 암페어로 표현된 0.4 [A]로 찾아졌다. 전동기 속도를 찾아라.

8-4 115 [V] 직류기에 각각 60 [Ω]과 0.15 [Ω]인 분권과 직권 계자 권선이 설비되어 있다. 전기자 권선 저항은 0.2 [Ω]이다. 분권 전동기로 운전될 때, 40 [A]의 선전류를 그리며 축 부하에 31 [N-m]의 토크를 발생한다. 같은 토크를 공급하는 복권 전동기로 운전될 때, 자극 자속에 대한 직권 계자 기여는 25 [%]로 알려져 있다.

(a) 복권 전동기로서의 속도를 찾아라.

(b) 분권 전동기로서의 속도를 찾아라.

8-5 40 [hp], 550 [V], 500 [rpm] 직류기에, 각각, 225 [Ω]과 0.25 [Ω]인 분권과 직권 계자 권선이 설비되어 있다. 전기자 회로의 저항은 0.36 [Ω]이다. 전동기가 56 [A]의 계자 전류로 직권 전동기로서 운전될 때, 전동기 속도는 1120 [rpm]으로 찾아진다.
다음에는 기계가 같은 전기자 전류를 그리며 가동 복권 전동기로서 운전된다. 이 부하 조건에서 분권 계자는 자극 자속에 직권 계자가 하는 것보다 1.5배로 많이 기여한다.
(a) 복권 전동기의 속도를 찾아라.
(b) 복권 전동기에 의해 발생되는 토크를 계산하라.
(c) 발생되는 마력은 얼마인가?

8-6 200 [hp], 550 [V], 450 [rpm] 직류 직권 전동기가 정격 출력에서 295 [A]의 선전류를 그린다. 전기자와 직권 계자 권선의 저항은, 각각, 0.07 [Ω]과 0.04 [Ω]이다. 토크가 정격 값의 4분의 1로 줄여진다. 새로운 운전 속도를 찾아라.

8-7 문제 8-6의 전동기를 참조하라.
(a) 식 (8-17)에 나타난 매개변수를 구하고, 이 전동기의 경우 토크 T에 대한 속도 ω_m과 관련된 식이

$$\omega_m = \frac{2843.6}{\sqrt{T}} - 2.95$$

임을 보여라.
(b) 다음으로, 식 (8-20)에서 K를 구하고, 결과를 문제 (a)에서 찾아진 결과와 비교하라.
(c) 3166 [N-m]의 토크에 대응하는 속도를 찾기 위하여 문제 (a)의 결과를 사용하라.
(d) 문제 (b)의 결과를 사용하여 문제 (c)를 반복하라.
(e) 직권 전동기에 대하여 권선 저항을 무시함으로써 기인되는 백분율 오차를 계산하라.

8-8 200 [hp], 550 [V], 450 [rpm] 직류 직권 전동기가 정격 출력에서 295 [A]의 선전류를 그린다. 직권 계자 권선의 저항은 0.11 [Ω]이다. 부하가 180 [A]의 전류를 그리도록 바뀌었을 때 속도와 토크를 결정하라.

8-9 10 [hp], 230 [V] 분권 전동기가 0.5 [Ω]의 전기자 회로 저항과 115 [Ω]의 계자 저항을 가진다. 무부하와 정격 전압에서 속도는 1200 [rpm]이며 전기자 전류는 2 [A]이다. 부하가 인가되면, 속도가 1100 [rpm]으로 떨어진다. 다음을 결정하라:
(a) 전기자 전류와 선전류.
(b) 발생 토크.
(c) 회전손을 500 [W]로 가정할 때 마력 출력.
전기자 반작용은 무시하라.

8-10 230 [V], 50 [hp] 직류 분권 전동기가 200 [A]의 전기자 전류를 그리고 1100 [rpm]의 속

도에서 운전되며 부하에 동력을 내어놓는다. 자화 곡선은 그림 7-17로 주어진다. 여기서 각 수직 단위는 20 [V]를 나타내며 각 수평 단위는 2 [A]를 나타낸다. 전기자 반작용은 무시하라. 또한 $R_a = 0.02\ [\Omega]$이다.

(a) 이 부하 조건에서 전기자 유도 기전력의 값을 찾아라.

(b) 전동기 계자 전류를 계산하라.

(c) 부하 토크의 값을 계산하라. 회전손은 600 [W]이다.

(d) 이 전동기가 운전되는 효율은 얼마인가?

(e) 이 전동기가 운전되는 정격 동력의 백분율은 얼마인가?

8-11 문제 8-10을 참조하고, 부하가 75 [A]의 전류가 흐르도록 줄여졌다고 가정하라.

(a) 속도의 새로운 값을 찾아라.

(b) 부하에 내어놓게 되는 새로운 마력은 얼마인가?

8-12 그림 7-17의 자화 곡선이 230 [V], 15 [hp] 전동기에 적용된다. 여기서 각 세로 좌표 단위는 20 [V]를 나타내며 각 가로 좌표 단위는 2 [A]를 나타낸다. 무부하에서, 계자 전류는 선로로부터 1.9 [A]의 전류를 그리는 한편, 전기자 전류는 무시할 수 있을 정도로 작다. 무부하에서 속도는 1000 [rpm]이다. 그 다음 축부하가 전동기 축에 인가된다. 측정된 전기자 전류는, 16 [V]의 전기자 회로 저항 강하를 일으키며, 40 [A]로 찾아진다. 더욱이, 전기자 기자력의 감자 효과는 0.3 등가 계자 암페어로 찾아진다.

(a) 전기자 반작용의 감자 효과를 무시하여, [rpm]으로 부하 속도를 계산하라.

(b) 감자 효과가 고려되었을 때 특정된 부하에 대한 속도를 찾아라. (**힌트:** 이제는 전동기에 전압 방정식이 발전기에 대한 방정식 대신 사용된다는 것을 제외하고는, 과정이 발전기 거동에 대하여 개략된 것과 비슷하다. 또한, 자화 곡선은 단지 단일 속도에 대해서만 정당하며, 그래서 조정을 필요로 함을 염두에 두어라.)

(c) 문제 (b)와 (c)에 대한 무부하로부터 전부하로의 속도에 있어서의 변화의 백분율을 계산하라; 차이를 비교하고 설명하라.

8-13 230 [V], 15 [hp] 직류 분권 전동기가 그림 7-17에 보여진 자화 곡선을 가진다. 여기서 각 세로 좌표 단위는 20 [V]를 나타내며 각 가로 좌표 단위는 0.2 [A]를 나타낸다. 이 곡선은 1000 [rpm]에서의 운전에 대해 정당하다.

(a) 정격 전압이 이 전동기에 인가되었을 때, 무부하에서의 속도는 900 [rpm]으로 찾아진다. 이 조건에서는 무시할 수 있는 전기자 전류가 흐른다. 이 운전점에 대한 총(total) 계자 회로 저항을 찾아라.

(b) 40 [A]의 전기자 전류에 대응하는 부하가 이 전동기에 인가되었다. 전기자 회로 저항 강하가 16 [V]이며, 전기자 기자력의 감자 효과가 0.3 등가 계자 암페어일 때, [rpm]으로 새로운 속도를 결정하라.

8-14 115 [V], 15 [hp] 직류 가동 복권 전동기가 그림 7-17에 보여진 자화 곡선을 가진다. 여기서 각 세로 좌표 단위는 10 [V]를 나타내며 각 가로 좌표 단위는 1 [A]를 나타낸다. 무부하에서 그리고 정격 전압이 인가되었을 때 전동기 속도는 1000 [rpm]이다.

(a) 무부하에서 무시할 수 있는 전기자 전류를 가정하여, 이 운전점에 대한 계자 회로 저항을 찾아라.

(b) 전동기가, 또한 직권 계자 권선을 통하여 흐르도록 만들어지는, 100 [A]의 전기자 전류에 부합하는 동력을 내어놓는다. 직권 계자의 자화(증자) 효과는 3 등가 계자 암페어로 나타내어진다. 전기자 권선의 감자 효과는 0.7 등가 계자 암페어로 나타내어진다. 전기자 회로 저항 강하(직권 계자를 포함하여)는 6 [V]이다. 부하 하에서의 속도를 찾아라.

8-15 20 [hp], 230 [V], 1150 [rpm], 4극 직류 분권 전동기가 두개의 병렬 경로로 배치되며 0.2 [Ω]의 전기자 회로 저항을 산출하는 총(total) 620개의 도체를 가진다. 정격 속도에서 정격 동력을 내어놓을 때, 전동기는 74.8 [A]의 선전류와 3 [A]의 계자 전류를 그린다. 다음을 계산하라:

(a) 극당 자속.

(b) 발생 토크.

(c) 회전손.

(d) 정격 동력(전력)의 백분율로 표현된 총(total) 손실.

무시할 수 있는 전기자 반작용으로 가정하라.

8-16 230 [V], 10 [hp] 직류 직권 전동기가 1200 [rpm]의 정격 속도에서 정격 동력을 내어놓을 때 36 [A]의 선전류를 그린다. 전기자 회로 저항은 0.2 [Ω]이며, 직권 계자 권선 저항은 0.1 [Ω]이다. 자화 곡선은 직선으로 고려될 수 있다. 전기자 반작용의 효과는 무시될 수 있다.

(a) 전동기가 20 [A]의 선전류를 그릴 때 전동기의 속도를 찾아라.

(b) 새로운 조건에서 발생 토크는 얼마인가?

(c) 이 토크는 원래 값과 비교하여 어떠한가? 그 이유는?

8-17 250 [V], 50 [hp], 1000 [rpm] 직류 분권 전동기가 운전 속도에 관계없이 일정한 토크를 요구하는 부하를 구동한다. 전기자 회로 저항은 0.04 [Ω]이다. 이 전동기가 정격 동력을 내어놓을 때, 전기자 전류는 160 [A]이다.

(a) 자속이 원래 값의 70 [%]로 줄여졌을 때, 전기자 전류의 새로운 값을 찾아라.

(b) 새로운 속도는 얼마인가?

8-18 250 [V], 50 [hp], 1000 [rpm] 직류 분권 전동기가 일정 토크 부하에 정격 출력 동력을 공급하기 위해 사용될 때, 160 [A]의 전기자 전류를 그린다. 전기자 회로는 0.04 [Ω]의 저항을 가지며, 회전손은 2 [kW]와 같다. 0.5 [Ω]의 외부 저항이 전기자 권선에 직렬로 삽입되었다. 이 조건에 대하여 다음을 계산하라:

(a) 속도.

(b) 발생 토크.

(c) 계자 손실을 1.6 [kW]로 가정할 때의 효율.

전기자 반작용은 무시할 수 있다.

8-19 직류 분권 전동기가 그림 7-17에 보여진 자화 곡선을 가지다. 여기서 한 개의 수직 단위는 20 [V]를 나타내며 한 개의 수평 단위는 2 계자 암페어를 나타낸다. 전기자 회로 저항은 0.05 [Ω]이다. 특정된 부하와 1000 [rpm]의 속도에서, 245 [V]의 단자 전압이 전동기에 인가될 때 계자 전류는 12 [A]가 되는 것으로 찾아진다. 회전손은 2.5 [kW]이며, 전기자 반작용은 무시할 수 있다.

(a) 전기자 전류를 찾아라.

(b) 발생 토크를 계산하라.

(c) 효율은 얼마인가?

8-20 다음의 설명이 참인지 거짓인지 답하라. 설명이 거짓이라면, 옳은 답을 마련하라.

(a) 직류기의 전기자의 단일 코일 내에서 유도되는 기전력은 필연적으로 단방향이다.

(b) 소산되는 열의 양(amount of heat dissipated)에 적절한 한계를 두는 것은 모든 전기기기에 대한 단 하나의 가장 중요한 설계 인자이다.

(c) 직류전동기는 계자 분포에 대한 암페어-도체 분포를 바꿈으로써 출력 축에서의 증가되는 동력에 대한 필요에 응한다.

8-21 230 [V] 직류 분권 권선 전동기가 0.5 [Ω]의 전기자 회로 저항을 가진다. 전부하에서 전기자 권선은 40 [A]를 그리며 속도는 115 [Ω]의 계자 저항에 대응하여 1100 [rpm]으로 측정된다.

(a) [N-m]로 발생되는 전동기 토크를 찾아라.

(b) 계자 회로 저항이 144 [Ω]으로 증가되었다. 부하 요구에 대한 수요에서 발생 토크가 일정하게 남아있는 것으로 가정하여, 새로운 운전 속도를 찾아라. 포화는 무시하라.

(c) 문제 (b)에서의 효율을 계산하라. 회전손을 600 [W]로 가정하라.

8-22 230 [V] 직류 분권 전동기가 0.15 [Ω]의 전기자 회로 저항과 68 [Ω]의 계자 권선 저항을 가진다. 전(full) 계자 전류에서 자극 자속은 0.1 [Wb]를 가진다. 정격 토크는 100 [N-m]이다. 전동기는 무부하로부터 정격 부하로 6 [%]의 속도 변화 중이다.

(a) 토크 상수 K_T의 값을 찾아라.

(b) 무부하 속도를 결정하라.

(c) 정격 부하에서의 속도는 얼마인가?

8-23 230 [V] 직류 분권 전동기가 0.2 [Ω]의 전기자 회로 저항과 125 [Ω]의 계자 권선 저항을 가진다. 무부하에서는 1500 [rpm]의 속도로 운전된다.

75 [N-m]의 전부하 정격 토크를 내어놓을 때의 속도를 찾아라.

8-24 문제 8-23의 전동기를 참조하라. 무부하로 운전되는 한편, 75 [Ω]의 계자 가변저항기 저항이 계자 권선 회로 내에 삽입된다.

(a) 새로운 무부하 속도를 찾아라.

(b) 정격 전기자 전류를 초과함이 없이 전동기가 발생할 수 있는 토크의 값은 얼마인

가?

(c) 문제 (b)의 부하 조건에서 속도를 찾아라.

(d) 무부하 값에 대하여 문제 (c)에서 만나게 되는 백분율 변화를 결정하라.

(e) 전동기가 특정된 가변저항기 저항으로 운전되며 정격 토크를 내어놓을 때 속도변동률을 찾아라.

8-25 230 [V] 직류 분권 전동기가 115 [Ω]의 계자 권선 저항, 0.18 [Ω]의 전기자 저항, 그리고 1500 [rpm]의 무부하 속도를 가진다. 전동기가 2000 [rpm]의 속도에서 40 [N-m]의 토크를 내어놓는 것을 허용하는 계자 가변저항기 저항의 값을 찾아라.

8-26 460 [V], 50 [hp] 직권 전동기가 600 [rpm]의 속도에서 정격 토크를 내어놓는다. 전기자 회로 저항은 0.06 [Ω]이며 직권 계자 권선 저항은 0.04 [Ω]이다. 전동기가 900 [rpm]의 속도에서 정격 토크를 발생하는 것을 허용하기 위해 필요로 하는 분류기 저항의 값을 결정하라.

8-27 문제 8-23의 전동기를 참조하여 다음의 질문에 답하라.

(a) 전동기가 750 [rpm]의 속도에서 정격 토크를 발생하는 것을 허용하기 위해 필요로 하는 외부 전기자 저항의 값을 결정하라.

(b) 이 부하 조건에서 외부 전기자 저항에서의 손실이 전기자 권선 저항에서보다 얼마나 더 큰가?

(c) 정격 전기자 권선 동손이 정격 출력의 5 [%]이며 또한 그것이 고정손(fixed loss)과 같을 때, 문제 (a)에서의 전동기의 효율을 찾아라.

8-28 230 [V], 75 [hp], 450 [rpm] 분권전동기가 0.043 [Ω]의 전기자 저항과 42 [Ω]의 계자 권선 저항을 가진다. 전(full) 여자로 무부하에서 운전할 때, 속도는 1512 [rpm]으로 측정된다.

(a) 정격 토크를 내어놓으며 0.2 [Ω]의 외부 저항이 전기자 회로 내에 위치되었을 때 전동기 속도를 결정하라.

(b) 속도변동률을 찾아라.

(c) 외부 저항이 1 [Ω]과 같은 경우에 대하여 문제 (a)와 (b)를 반복하라.

8-29 550 [V], 100 [hp], 400 [rpm] 분권전동기가 0.19 [Ω]의 전기자 저항과 250 [Ω]의 계자 권선 저항을 가진다. 전(full) 여자에서 무부하 속도는 420 [rpm]이다.

(a) 1.6 [Ω]의 외부 전기자 저항이 전기자 회로 내로 삽입되었다. 정격 부하 토크에서 전동기 속도를 결정하라.

(b) 문제 (a)의 조건에 대한 속도변동률은 얼마인가?

8-30 150 [hp], 550 [V], 690 [rpm] 직권 전동기가, 각각, 0.065 [Ω]과 0.1 [Ω]의 직권 계자와 전기자 권선 저항을 가진다. 전동기가 일정 토크 부하에 정격 출력을 내어놓는 한편, 외부 전기자 저항이 속도를 450 [rpm]으로 줄이기 위하여 삽입되었다. 외부 저항의 [Ω] 값을 찾아라.

8-31 문제 8-30의 전동기를 참조하라. 전동기가 결합된 부하에 정격 토크의 절반을 내어놓을 때 1.2 [Ω]의 외부 전기자 저항이 사용된다. 전동기 속도를 찾아라.

8-32 15 [hp], 230 [V], 1750 [rpm] 분권 전동기가 정격 출력에서 선로로부터 56 [A]를 그린다. 전기자 회로의 저항은 0.16 [Ω]이며 계자 권선 저항은 153 [Ω]이다. 정격 토크의 80 [%]를 1000 [rpm]의 속도에서 내어놓기를 원한다. 전동기를 이 조건에서 운전하는 것을 허용하는 외부 전기자 저항의 값을 결정하라.

8-33 230 [V] 직류 분권 전동기가 0에서 2400 [rpm]까지의 속도의 범위에 걸쳐 가조정(조정할 수 있는) 속도 구동에 사용된다. 0으로부터 1600 [rpm]까지의 속도는, 전(full) 계자 값에서 고정되는 계자 전류로, 0으로부터 230 [V]까지의 전기자 단자 전압의 조정에 의해 얻어진다. 1600 [rpm]으로부터 2400 [rpm]까지의 속도는, 230 [V]에서 유지되는 전기자 단자 전압으로, 계자 전류의 감소에 의해 얻어진다. 기계 손실과 전기자 반작용 효과는 무시하라.

(a) 부하에 의해 요구되는 토크는 전체(entire) 속도 범위에 걸쳐 일정하게 남아있다. 전(full) 속도 범위에 걸쳐, 전기자 전류 대 속도에 대한 곡선의 일반적인 형태를 보여라.

(b) 부하 토크를 일정하게 유지하는 대신, 전기자 전류가 특정된 값을 초과하지 않는다고 가정하라. 전체 속도 범위에 걸쳐, 부하 토크 대 속도에 대한 곡선의 일반적인 형태를 보여라.

8-34 고객이, 500 [rpm]에서 2500 [rpm]의 속도 범위에 걸쳐, 연속적으로 525 [lb-ft]의 일정한 토크를 요구하는 부하를 공급하는 직류 분권 전동기를 구매하는데 관심이 있다.

(a) 이 작업이 이루어질 수 있는 세가지 방법을 나열하라.

(b) 문제 (a)의 각 방법에 대하여, 전동기의 기저 속도와 마력 정격을 특정하라.

(c) 제어의 각 방법과 관련된 현저한 이점을 나열하라.

8-35 두대의 속도 가조정(adjustable-speed), 직류 분권 전동기가 2000 [rpm]의 최대 속도와 500 [rpm]의 최저 속도를 가진다. 전동기 *A*는 속도 범위에 걸쳐 일정 마력을 요구하는 부하를 구동한다. 전동기 *B*는 일정 토크를 요구하는 부하를 구동한다. 모든 손실과 전기자 반작용은 무시하라.

(a) 속도 조정이 계자 제어에 의해 얻어지며, 500 [rpm]에서 마력 출력이 같고 전기자 전류가 각각 100 [A]일 때, 2000 [rpm]에서의 전기자 전류들을 계산하라.

(b) 이 작업을 하기 위해 구입된 개별 전동기의 명판(nameplate) 마력과 속도 정격을 특정하라. 500 [rpm]에서 두 부하에 대한 토크가 같으며, 1050 [lb-ft]와 같다고 가정하라.

8-36 그림 P8-36은 계자 권선과 병렬로 가변저항기가 있는 직류 직권 전동기를 보인다. 이 가변저항기의 저항은 계자 권선 저항의 3분의 2와 같다. 전동기는, 가변저항기 스위치가 열린 채로, 정상 상태에서 운전 중이다. 단자 전압은 250 [V], 전기자 전류 40 [A], 속

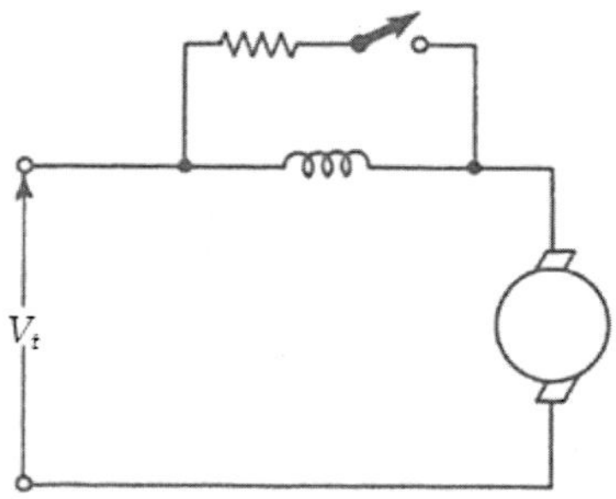

Figure P8-36.

도 500 [rpm]이다. 부하 토크가 10 [%] 증가되고 가변저항기 스위치가 닫혔을 때, 속도와 전기자 전류의 새로운 정상 상태 값을 찾아라. 주어진 값은 다음과 같다:

Armature resistance 0.2 [Ω], series field resistance 0.15 [Ω]

포화, 전기자 반작용, 그리고 회전 동력 손실은 무시하라.

8-37 직류 직권 전동기가 300 [rpm]에서 운전되며, 500 [V] 선로로부터 75 [A]의 전류를 그린다. 전기자와 계자 회로의 총(total) 저항은 0.4 [Ω]이다. 선전압이 500 [V]로부터 600 [V]로 증가되었을 때 전기자 전류와 속도의 새로운 정상 상태 값을 찾아라. 발생 토크는 일정하게 유지된다고 가정하라.

8-38 다음 문장을 주의깊게 읽고, 찾을 수 있는 잘못된 설명을 옳게 고쳐라:

직류 분권 전동기가 정상 상태에서 부하를 지고 운전된다. 시간 $t = 0$에서 계자 가변저항기 저항이 줄여진다; 이것은 자속과 그것에 의해 토크를 증가시킨다. 그래서 전동기는 가속되고 앞에서 보다 더 높은 새로운 정상 상태 속도에 도달한다.

8-39 직류 분권 전동기가 220 [V] 공급기 선로로부터 10.0 [A]를 그린다. 전기자 회로(브러시, 브러시 접점, 그리고 보극을 포함하는)의 저항은 $R_a = 1$ [Ω]이다. 계자 권선 저항은 $R_f = 300$ [Ω]이다. (계자 가변저항기는 없다.) 회전손(히스테리시스, 와류, 마찰, 그리고 풍손)은 출력 동력의 10 [%]이다. 주어진 정보 그리고 계산기(calculator)의 사용이 허용하는 만큼 정확하게, 효율을 찾아라.

8-40 직류 분권 전동기의 정격이 3 [hp], 115 [V], 1000 [rpm]이다. 정격 운전 조건에서, 효율은 82.5 [%]이다. 전기자 저항(브러시 접점을 포함하여)은 0.44 [Ω], 계자 회로 저항은 145 [Ω]이다.

(a) 정격 운전 조건에서 유도 전압 E_a의 값을 계산하라.

(b) 이 전동기가, 문제 (a)에서 계산된 값으로 조정된 공급기 전압과 1000 [rpm]으로 유지된 속도에서(그래서 **회전손**(*rotational loss*)이 전부하에서와 같게 남아있다), **무부하**(*no-load*)에서 시험되었다면, 이 조건 하에서 전기자 전류는 얼마나 될 것인가? (**유의:** 무부하에서 I_aR_a 강하는 무시될 수 있다.)

8-41 두대의 동일한 직류기가 그림 P8-41에 보여진 바와 같이 "**대치**(opposition)"로 시험된다(병렬로 된 전기자, 결합된 축, 전원으로부터 공급되는 손실). 문자 G와 M은 **발전기**(*generator*)와 **전동기**(*motor*)의 상태에 있다.

(a) 어느 기계가 더 높은 전기자 동손을 가지는가?

(b) 어느 기계가 더 높은 계자 동손을 가지는가?

(c) 어느 기계가 더 높은 철손을 가지는가?

각 답에 간단한 설명을 더하라.

8-42 그림 7-17의 자화 곡선이 900 [rpm]인 직류 분권 발전기의 무부하 특성을 보인다. 여기서 각 가로 좌표 단위는 0.5 [A]를 나타내며 각 세로 좌표 단위는 20 [V]를 나타낸다. 전기자 회로 저항은 0.2 [Ω], 계자 회로 저항(계자 가변저항기가 없는)은 30 [Ω]이다. 전기자 반작용의 효과는 전기자 전류의 매 암페어당 감자 4 [A-t/pole]과 등가이다. 계자 권선은 1250 [turn/pole]을 가진다.

(a) 900 [rpm]에서 구동되는 발전기로 운전되며 220 [V]의 단자 전압에서 125 [A]의 전기자 전류를 운반하는 기계에 대하여 계자 가변저항기의 저항을 찾아라.

(b) 계자 가변저항기가 문제 (a)에서와 같이 남아있다. 부하가 이제 끊긴다. 속도는 변하지 않고 남아있다. 단자 전압의 새로운 값은 얼마인가?

(c) 1800 [rpm]의 속도에서 420 [V]의 무부하 전압이 되기 위한 계자 가변저항기 저항을 찾아라.

8-43 그림 P8-43에 묘사된 것은 직류 분권 전동기에 대한 역전 제어기 회로(reversing controller circuitry)이다. 표시되지 않은 전기자 접점을 밝히고 역전 운전에 대해 설명하라. 또한, 왜 보조 연동 접점(auxiliary interlock contact) F_a와 R_a가 정회전(FWD)과 역회전(REV) 스위치와 직렬로 위치되어 있는 지를 설명하라.

8-44 직류 분권 전동기에 대한 한류형(current-limit type) 제어기가 그림 P8-44에 보여져 있다. 가속 계전기(accelerating relay, *AR*)는 전기자 전류에 응답한다. 이 계전기는 경량(light-weight) 전기자를 가지고 있어서 전기자 전류가 정격 값을 초과할 때는 언제나 쉽게 집어 들고 접점을 개방한다. 단계적 과정(step-by-step procedure)에 의해 이 제어기의 운전을 설명하라. 둘 또는 그보다 많은 접촉자가 직렬로 나타날 때에는 언제나 주의하여 적당한 닫고 여는 순서를 밝혀라.

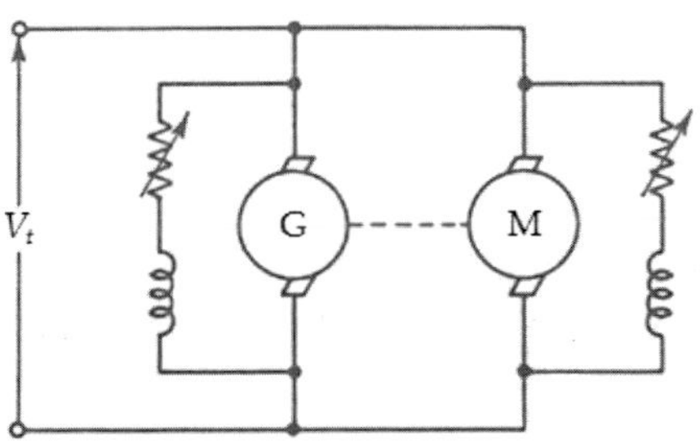

Figure P8-41.

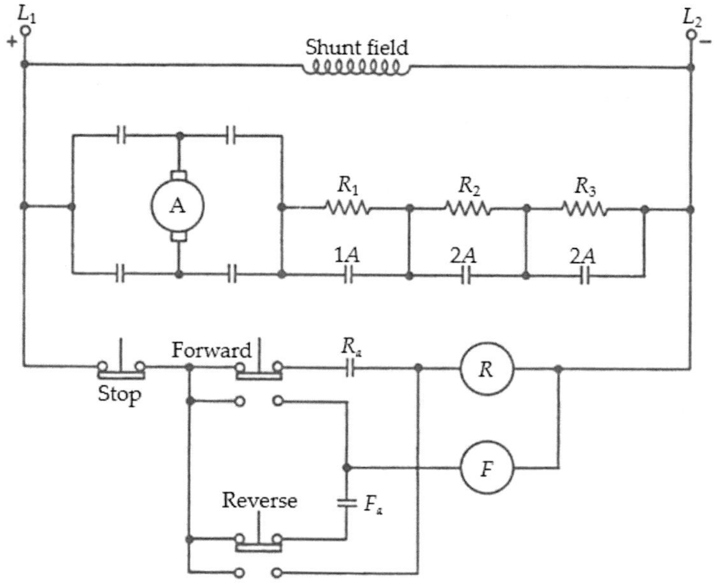

Figure P8-43.

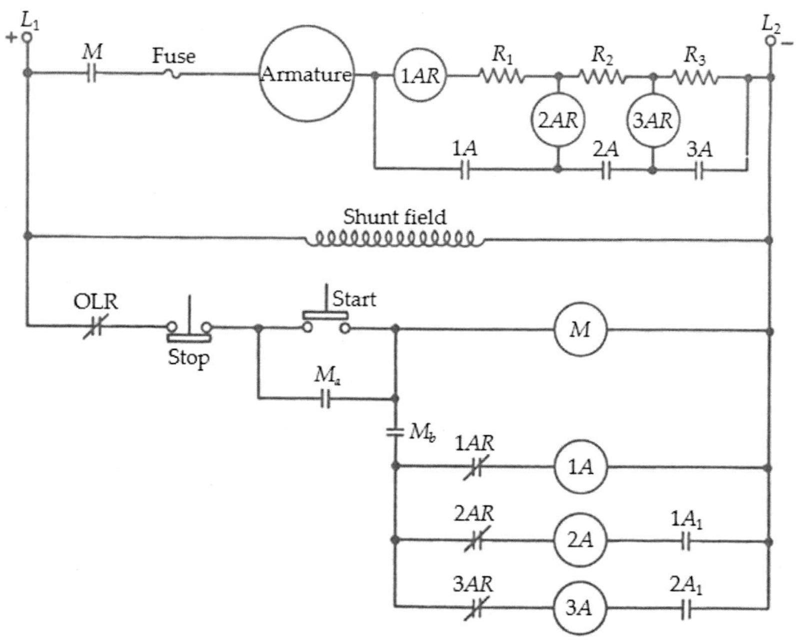

Figure P8-44.

8-45 그림 8-26의 3상 반파 제어 정류기 회로에서, SCR의 점호각이 45°로 설정되었을 때 전기자 회로를 가로질러 나타나는 전원 전압의 파형을 그려라. 이 전압의 평균 값은 얼마인가?

8-46 SCR의 점호각이 75°로 설정된 경우에 대하여 문제 8-45를 반복하라.

8-47 25 [hp], 250 [V] 직류전동기가 그림 8-26에 그려진 것과 같은 반파 사이리스터 구동 회로를 통하여 3상, 550 [V] 전원으로부터 구동된다. 전기자 회로 저항은 0.1 [Ω]이며 이 전동기의 발생 토크 매개변수는 설계 자료로부터 6.25 [N-m/A]인 것으로 알려져 있다. 사이리스터 강하와 손실은 무시할 수 있다.

(a) SCR의 점호각이 30°로 설정되었으며 전동기가 무부하에서 운전될 때, [rpm]으로 속도를 찾아라.

(b) 575 [N-m]의 정격 부하 토크가 전동기 축에 인가된다. [rpm]으로 새로운 운전 속도를 결정하라.

(c) 이 전자적으로 제어되는 직류전동기의 속도 변동률을 계산하라.

8-48 문제 8-47의 전동기가 250 [rpm]의 속도에서 575 [N-m]의 정격 토크를 내어놓도록 하기를 원한다.

(a) 요구되는 SCR의 점호각을 찾아라.

(b) 속도 변동률을 계산하라.

8-49 문제 8-47의 전동기가 그림 8-29의 초퍼 회로에 의해 250 [V] 직류 전원으로부터 구동된다. 사이리스터 제어 회로는 0.5의 주기 시간(cycle time)에 대한 ON 시간(ON time)의 비(ratio)를 제공하도록 배열된다.

(a) 정격 토크가 전동기에 의해 내어놓아질 때 운전 속도를 찾아라.

(b) 특정된 스위칭 비(switching ratio)에 대하여 무부하 속도와 속도 변동률을 결정하라.

(c) $T_0/T_P = 1.0$에 대하여 문제 (a)와 (b)를 반복하라.

8-50 문제 8-47의 전동기가 0.5의 주기 시간(cycle time)에 대한 ON 시간(ON time)의 비(ratio)인 250 [V] 전원의 초퍼 구동에 의해 구동된다. 정격 부하에서 운전될 때 ON 주기 동안의 전기자 전류에서의 변화를 5 [A]로 제한하기 위하여 요구되는 사이리스터의 펄스 주파수를 결정하라. 전기자 인덕턴스는 0.05 [H]이다.

8-51 주기 시간(cycle time)에 대한 ON 시간(ON time)의 비(ratio)가 0.8인 경우에 대하여 문제 8-50을 반복하라.

9 SINGLE-PHASE INDUCTION MOTORS

단연코 대다수의 단상 유도전동기는 분수 마력(분마력) 범위로 만들어졌다. 단상 전동기는 가정, 상점, 사무실, 그리고 농장 등에서 모든 종류의 작업을 하는 셀 수 없는 응용이 찾아진다. 일반 가정에서 단상 전동기가 사용되는 가전 제품의 목록은 아마도 한 다스가 넘을 것이다. 오늘날 사용되는 분마력 전동기의 총합이 모든 형태의 정수 마력 전동기 전체를 훨씬 초과한다는 사실로부터 그러한 전동기의 총량의 징후를 가질 수 있다.

9-1 HOW THE ROTATING FIELD IS OBTAINED

순수하고 단순한 형태에서 단상 전동기는 보통 분포 고정자 권선(3상 전동기의 한 상과 다르지 않은)과 농형 회전자로 이루어진다. 교류 공급 전압이 고정자 권선에 인가되고, 그 다음 자계 분포를 생성한다. 교류 전류를 운반하는 단일 코일이 있기 때문에, 조금 생각하면 공극 자속이 공간 내에서 고정되고 크기가 교번하는 것으로 특성지어진다는 것을 드러낸다. 히스테리시스가 무시된다면, 자속은 전류가 순시적으로 최대일 때 최대이며 전류가 0일 때 0이다. 그러한 배치는 기동 토크가 없는 단상 전동기를 준다. 3-1절에서 논의된 개념으로 이것을 이해하기 위하여 그림 9-1을 참조하라. 편의를 위하여, 분포된 단상 권선이 불쑥 나온 자극편(pole piece) 둘레에 감긴 코일로 나타내어져 있다. 약간의 전동기는 사실 이 배치를 사용한다. 순시적으로 자속파가 보여진 것과 같이 위로 향하는 방향으로 증가한다고

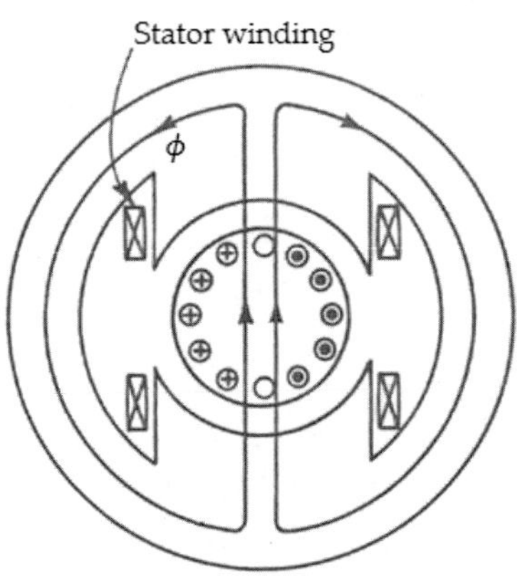

Figure 9-1 Simplified diagram of the single-phase motor.

가정한다. 그러면 변압기 작용에 의해, 변화하는 자속을 방해하는 대응 회전자 기자력을 가능하게 하는 분포를 가지는 전압이 회전자 내에 유도된다. 이것을 이루기 위하여, 그림 9-1에 그려진 바와 같이 전류가 오른편 도체에서는 지면 바깥으로 그리고 왼편 도체에서는 지면 안으로 흐른다. 이 결과적인 암페어-도체 분포는 $\psi = 90°$의 공간 위상각에 대응함에 유의하라. 식 (3-27)에 의해 순(net) 토크는 그러므로 0이다. 물론 이것은 각 자극 아래에서 시계 방향 토크는 물론 반시계 방향 토크를 생성하는 많은 도체가 있음을 의미한다. 이 조건은, 하지만, 단지 정지 상태에서만 나타난다. 어떤 수단에 의해 회전자가 어느 방향으로 기동된다면, 그 방향으로 0이 아닌 순(net) 토크를 발생할 것이며 그것에 의해 정상 속도를 달성하는 전동기가 된다. 문제는 그러므로 회전자에 0이 아닌 기동 토크를 주는 방식으로 그림 9-1의 배치를 수정하는 것이다.

이 문제에 대한 답은 **2상** 유도전동기(*two-phase* induction motor)에서 나타나는 조건에 가까이 접근하도록 전동기를 수정하는 것에 있다. 4-1절에서 전개된 일반적인 결과에 따라, 2상 유도전동기에서 일정한 크기와 일정한 선형 속도(linear velocity)의 회전 자계를 얻기 위해서는 두가지 조건이 만족되어야 한다는 것을 알고 있다. 하나는, 축이 90 [elec. deg] 만큼 공간 이격된(space-displaced) 두개의 코일(또는 권선)이 존재해야 한다는 것이다. 둘째로는, 이 코일을 통하여 흐르는 전류가 90 [elec. deg] 만큼 시간 이격되어야(time-displaced) 하며, 기자력이 같게 되는 크기를 가져야 한다는 것이다. 전류가 시간에서 0°보다는 크지만 90°보다는 작게 떨어진다면, 회전 자계는 여전히 발생될 것이지만 합성 자속 벡터의 궤적이 원(circle)이 아니라 타원(ellipse)이 될 것이다. 따라서 그러한 경우에는 자계의 선형 속도가 시점에 따라(from one point in time to another) 변한다. 또한, 전류가 90° 떨어졌지만 두 코일의 기자력이 같지 않다면, 회전 자계가 타원 궤적으로 다시 귀결한다. 마지막으로, 전류가 90° 시간 이격되어 있지도 않고 같은 기자력을 제공하는 크기도 아니라면, 회전 자계가 발생되는 것을 계속할 것이지만 궤적이 앞의 경우 보다 더 타원적일 것이다. 하지만, 이 모든 것의 중요한 양상은 비록 크기가 시간 이력(time history) 동안에 일정하지는 않지만 회전 자계가 그렇게 얻어질 수 있으며, 만족스러운 성능이 그러한 회전 자계로 달성될 수 있다는 것이다. 물론 그러한 성능에서 역률과 효율 같은 항목은 이상적인 경우보다는 나쁠 것이지만, 전동기가 비교적 작은 전력(동력)이기 때문에 이것은 그리 중요하지 않다.

그림 9-2에 나타난 것은 단상 전동기에 기동 토크를 주기 위해 필요로 하는 수정을 보이는 개략도이다. **보조** 권선(*auxiliary* winding)이라 불리는 두번째 권선이 주권선(main winding)과 직각(quadrature)인 축으로 고정자 내에 위치된다. 보통 주

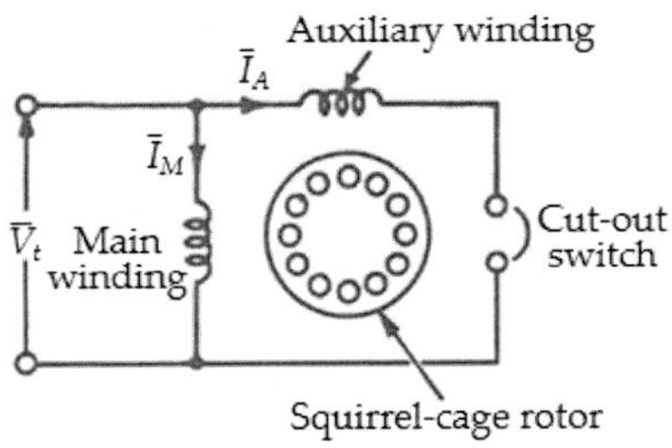

Figure 9-2 Schematic diagram of the resistance split-phase motor.

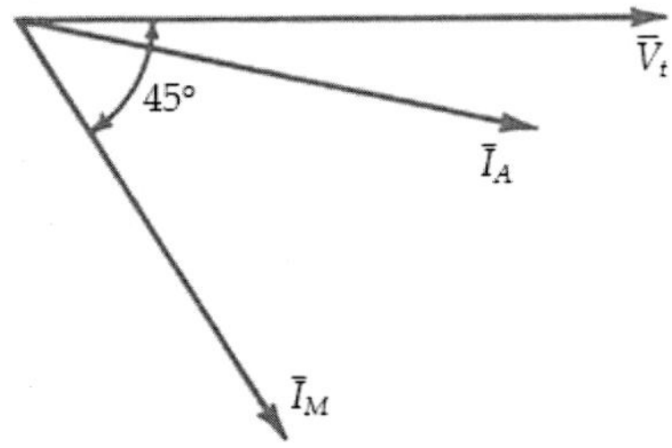

Figure 9-3 Phasor diagram showing the time-phase displacement between the auxiliary and main winding currents at standstill.

권선은 고정자 슬롯의 3분의 2를 점유하도록 만들어지며 보조 권선은 남은 3분의 1에 위치된다. 이 방식으로 공간 이격(space-displacement)이 완전히 충족된다. 두 권선을 통하는 전류의 시간 이격(time-displacement)은 높은 저항과 낮은 누설 리액턴스의 보조 권선으로 설계함으로써 적어도 부분적으로 얻어진다. 이것은, 낮은 저항과 높은 누설 리액턴스를 가지는, 주권선과 대비된다. 그림 9-3은 정지 상태에서 보조 권선 전류 $\bar{I}_A$와 주권선 전류 $\bar{I}_M$ 사이에 존재하는 시간 이격을 묘사한다. 종종 이 설계의 전동기에서는 $\bar{I}_A$와 $\bar{I}_M$ 페이서가 시간으로 대략 45° 이격된다. 따라서 그림 9-2의 배치로, 회전 자계가 귀결되며 그래서 전동기는 정상 속도를 달성한다. 보조 권선의 고저항 특성 때문에, 이 전동기는 **저항 기동 분상** 유도전동기(*resistance-start split-phase* induction motor)라 불린다. 또한, 이 전동기에서 사용되는 보조 권선은 단시간 전력 정격(short time power rating)을 가지며 그러므로 일단 정상 운전 속도에 도달되면 선로로부터 제거되어야 한다. 이를 위하여, 전동기 속도가 동기속도의 75 [%]를 초과할 때, 원심 동작(centrifugal action)에 의해, 보조 권선을 선로로부터 제거하는, 개폐기(차단 스위치, cut-out switch)가 보조 권선 회로 내에 위치된다.

9-2 EQUIVALENT CIRCUIT BY THE DOUBLE-REVOLVING FIELD THEORY

이 해석에서 초점은 단지 단상 전원에 의해 여자되는 주권선만 있는 단상 유도전동기의 운전에 있다. 이 전압이 정지 상태에서 코일에 인가될 때에는, 이 분포 권선에 의해 생성되는 맥동 자계 분포(pulsating field distribution)가 단지 이미 설명된 바와 같은 변압기 동작을 생성하기 때문에 기동 토크가 없다. 이 시점에서 교번 자속 자계를, 각각이 교번 자계의 절반의 크기를 가지며 맥동 자계가 교번하는 것과 같은 주파수로 이동하는, 서로 반대 방향인 회전 자계로 대체함으로써 이 조건에 대한 다른 설명을 도입하는 것이 유용하다. 이 등가를 정확한 용어로 설명하는 것은 수학에 의존한다.

4-1절에서 설명된 바와 같이, 축이 공간 내에서 고정된 맥동 자계에 대한 식은

$$b(\alpha) = B_m \sin \omega t \cos \alpha \qquad [\mathrm{T}] \tag{9-1}$$

로 주어진다. 여기서 B_m은 주파수 ω의 교류(교번) 전류를 운반하는 적절히 분포된 고정자 권선에 의해 생성되는 정현 분포 공극 자속밀도의 크기를 나타내며, α는 고정자(또는 계자) 권선의 축으로부터 측정된 공간 이격 각도(space-displacement angle)를 나타낸다. 삼각 항등식(trigonometric identity)

$$\sin x \cos y = \frac{1}{2}\sin(x-y) + \frac{1}{2}\sin(x+y) \tag{9-2}$$

가 식 (9-1)에 도입되면, 자계에 대한 표현식은 그 대신으로

$$b(\alpha) = \frac{B_m}{2}\sin(\omega t - \alpha) + \frac{B_m}{2}\sin(\omega t + \alpha) \qquad [\mathrm{T}] \tag{9-3}$$

이 된다. 식 (9-3)의 우변의 첫째 항은 정(양)의 α 방향으로 회전하는 회전 자계의 식이며(4-1절을 보라) 원래 맥동 자계의 절반과 같은 크기를 가진다. 둘째 항은 크기는 역시 교번 자계의 절반이며 회전 방향이 부(음)의 α 방향인 회전 자계의 식이다. 정(양)의 α 방향으로 움직이는 자계는 때때로 **순방향(정방향) 회전 자계**(*forwardly rotating field*) 또는 정상순 자계(positive-sequence field)라고 불린다. 비슷하게, 역방향 회전 자계(backwardly rotating field)는 역상순 자계(negative-sequence field)에 대응한다. 정의에 의해, 정방향은 단상 전동기가 초기에 기동되는 방향이다.

보조 기동 장치가 설비되지 않은 단상 전동기에서의 기동 토크의 부재가 이제는 정방향과 역방향 자계에 의해 생성되는 효과로 이해될 수 있다. 식 (9-3)에서 두개의 회전 자계의 크기는 같으며 그것에 의해 기동 토크를 생성하는 순(net) 회전 자계가 없다는 결과를 산출한다. 전동기 내에서 두개의 회전 자계는 같으며 반대인 효과를 생성한다.

정지 상태에서 단상 유도전동기의 등가회로는, 단순히 2차가 단락 회로로 된 변압기로 거동하기 때문에, 밝히기 쉽다. 따라서, 변압기에서의 경험으로 그리면(그림 2-14를 보라), 그림 9-4에 보여진 바와 같이 등가회로를 그릴 수 있다. 그림 9-4 (a)에 나타난 것은 변압기의 정확한 등가회로의 통상적인 형태이다. 여기에서는 전동기에서의 공극의 존재가 상당한 자화 전류를 요구하며 결과적으로 그 효과가 더 이상 작지 않으며 무시될 수 없기 때문에 정확한 형태(exact version)가 인용되었다. 또한, 여기에서는 간단을 위하여 자화 리액턴스와 병렬로 찾아지는 철손 저항기가 생략되었음에 유의하라. 필요하다면, 뒤에서 항상 더해질 수 있다. 더욱이, r_2'는 고

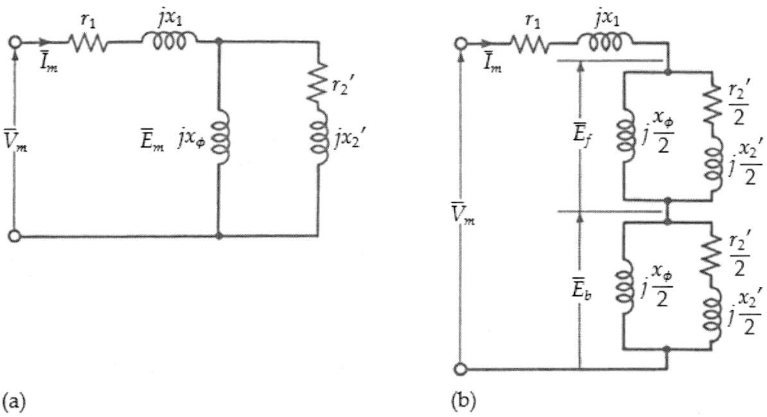

Figure 9-4 Equivalent circuit of the single-phase induction motor at standstill with only the main winding energized: (a) conventional configuration; (b) modified configuration to stress the double-field equivalence of the alternating field caused by the main winding.

정자로 환산된 상당 회전자 권선 저항을 나타내며 x_2'는 고정자로 환산된 상당 회전자 권선 누설 리액턴스이다. 그림 9-4 (b)는 여자된 주권선에 의해 생성되는, 하첨자 m으로 표시된, 교번 자계의 2중 회전 자계 표현을 기초로 한 해석의 증거가 되도록 수정된 그림 9-4 (a)의 등가회로를 묘사한다. 순방향과 역방향 회전 자계가 교번 자계의 값의 절반의 크기를 가진다는 사실을 인정하여, 이 자계에 의해 유도되는 기전력이 나타나는 단자 사이에 나타나는 매개변수에 0.5의 인자를 적용하는 것이 필요하다. 이것은 그림 9-4 (a)에 있는 $\bar{E}_m$에 대한 그림 9-4 (b)에 있는 $\bar{E}_f + \bar{E}_b$의 등가를 보전하기 위해 필요하다. 물론, $\bar{E}_f$는 고정자로 환산된 회전자 권선 내에서 순방향 자계에 의해 생성되는 기전력을 나타내며, 비슷하게, $\bar{E}_b$는 역시 고정자 권선으로 환산된 역방향 회전 자계에 의해 유기되는 기전력이다.

단상 전동기가 기동 토크가 주어지고 순방향으로 속도 n에 도달하는 것이 허용될 때, 회전자는

$$s = \frac{n_s - n}{n_s} = 1 - \frac{n}{n_s} \qquad \text{[pu]} \tag{9-4}$$

와 같이 통상의 방식으로 정의되는 슬립 s에서 운전된다. 순방향 회전 자계와 관련된 등가회로의 부분에서 s의 효과는 저항 $r_2'/2s$와 누설 리액턴스 $x_2'/2$를 증거로 삼는다. 이 결과를 산출하는 근거는, 회전자와 순방향 자계 사이의 상황이 같기 때문에, 평형 3상 유도전동기의 경우와 같다는 것이다. 하지만, 순방향으로 회전하는 회전자와 역방향 회전 자계 사이에는 상황이 다르다. 이제 이 자계와 관련된 회전자의 슬립은

$$s_b = \frac{n_s - (-n)}{n_s} = 1 + \frac{n}{n_s} \qquad [\text{pu}] \tag{9-5}$$

으로서, 이것은 또한 슬립이 단위 값(unity, 1) 보다 크다는 것을 드러낸다. 식 (9-5)에 (9-4)를 적용하면 순방향 슬립 s의 항으로 역방향 슬립 s_b를 표현하는 것이 가능하다. 따라서

$$s_b = 1 + 1 - s = 2 - s \qquad [\text{pu}] \tag{9-6}$$

이다. 따라서, 역방향 자계의 효과가 나타내어지는 등가회로의 부분과 관련된 매개변수는 $x_2'/2$의 누설 리액턴스와 함께 공극을 가로질러 전달되는 전력(동력)을 나타내는 저항 $r_2'/2(2-s)$의 항으로 표현되어야 한다. 따라서, 슬립 s에서 운전되는 단상 전동기의 등가회로로는 그림 9-5에 보여진 마지막 형태로 나타난다. 전류 I_{2f}'는 고정자로 환산된 상당 순방향 회전자 전류이며 I_{2b}'는 고정자로 환산된 상당 역방향 회전자 전류이다.

단상 전동기의 정상 운전에서는, 슬립이 범위 $0 < s \leq 0.15$ 내에 놓이는 것으로 기대될 수 있다. 이것은 순방향 자계와 관련된 병렬 조합의 임피던스, 즉,

$$\frac{\overline{Z}_f}{2} = \frac{1}{2} \cdot \frac{jx_\phi\left(\frac{r_2'}{s} + jx_2'\right)}{\frac{r_2'}{s} + j(x_\phi + x_2')} \qquad [\Omega] \tag{9-7}$$

이 역방향 자계와 관련된 임피던스

$$\frac{\overline{Z}_b}{2} = \frac{1}{2} \cdot \frac{jx_\phi\left(\frac{r_2'}{2-s} + jx_2'\right)}{\frac{r_2'}{2-s} + j(x_\phi + x_2')} \qquad [\Omega] \tag{9-8}$$

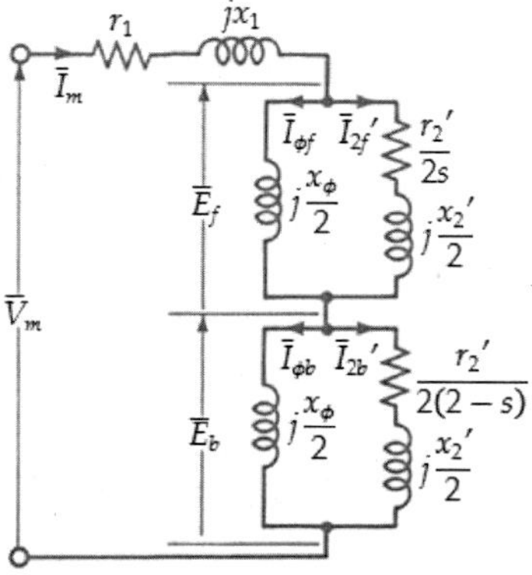

Figure 9-5 Equivalent circuit of a single-phase induction motor operating at a slip s base on the double-revolving field theory.

보다 훨씬 더 클 것이라는 것을 의미한다. 결론적으로, 이 임피던스의 각각이 같은 전류를 운반하기 때문에, 기전력의 크기는 $\overline{E}_f >> \overline{E}_b$이다. 그러면 $\overline{E}_f$를 유기하는 순방향 자계 $\overline{\Phi}_f$의 크기는 $\overline{E}_b$의 원인이 되는 역방향 자계 $\overline{\Phi}_b$의 크기보다 훨씬 더 크다. 그림 9-6은 식 (9-7)과 (9-8)에서 도입된 순방향과 역방향 임피던스 기호로 표현된 그림 9-5의 간략화된 표현을 보인다.

그림 9-7은 반대 방향으로 움직이지만 시간으로 특정한 순간에 고정된 순방향과 역방향 자계를 묘사한다. $\overline{\Phi}_f$와 $\overline{\Phi}_b$가 어떻게 협조하여 합성 자극 자속 $\overline{\Phi}_r$을 생성하는지를 보인다. $s \neq 1$에서의 단상 전동기의 운전은 사실상 시간에 따라 회전하는 자극 자속으로 귀결한다는 것에 유의하는 것이 도움이 된다. 이 합성의 크기는 일정하지 않다. 예를 들어, 그림 9-7에서 시간의 경과에 따라, 순간이 $\overline{\Phi}_f$와 $\overline{\Phi}_b$가 서로 반대 방향으로 수평을 따라 놓일 때에 도달되면, 차이 $(\Phi_f - \Phi_b)$인 합성을 산출한다. 시간으로 90° 후에는 두 자속이 다시 공선적(collinear)이 되지만 이제는 합성이 그들의 합(sum)이다. 따라서, 합성 자속은 타원 궤적(elliptical locus)을 가지는 회전 자속이다.

또한 $s = 1$이며 $\overline{\Phi}_f = \overline{\Phi}_b$인 정지 상태에서는, 합성 자속 $\overline{\Phi}_r$이 항상 그림 9-7에서 수직을 따라 놓이며 그래서 회전 자계가 아니라 교번 자계를 산출한다.

9-3 EQUIVALENT CIRCUIT VIA SYMMETRICAL COMPONENTS

단상 전동기는 극단적인 경우로 두번째 상(phase)이 완전히 없는 불평형 2상 전동기의 특별한 경우로서 해석될 수 있다. 다음에는, 불평형 2상 전동기가 대칭 성분(symmetrical component)의 사용을 통하여 **평형** 2상 계통(*balanced* two-phase system)으로 다루어질 수 있다. 이 목적을 위한 대칭 성분의 기초 이론은 Chapter 10에서 완전히 설명되며 의도가 여기에서 인용되는 결과의 유도를 먼저 보지 않고는

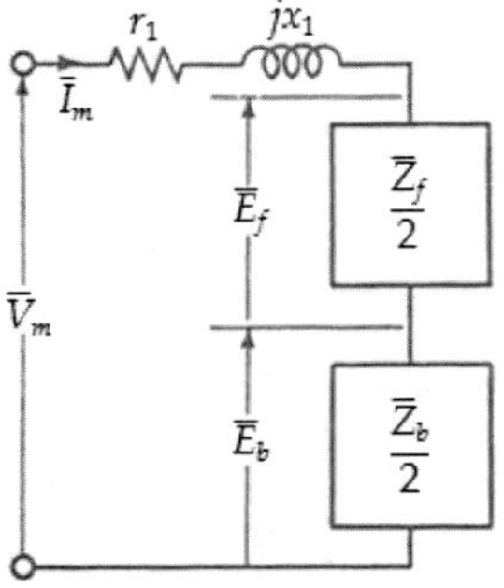

Figure 9-6 Simplified representation of Fig. 9-5 through use of Eqs. (9-7) and (9-8).

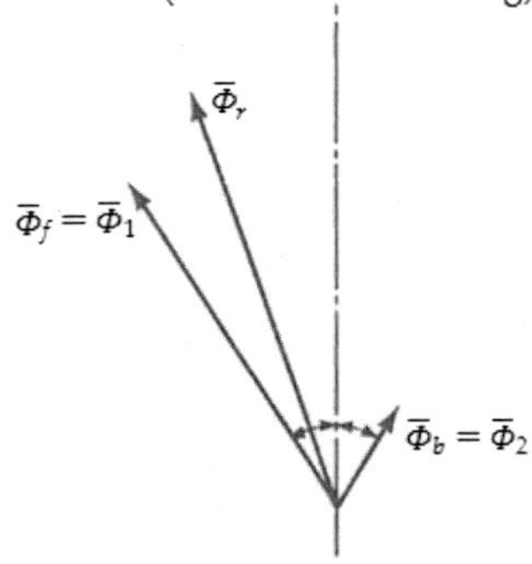

Figure 9-7 Illustrating how a resultant revolving field is obtained when the motor operates at a slip ≠ 1.

나아가지지 않는다면 관심이 있는 독자는 이 절을 계속하기 전에 10-1에서 10-3절을 읽을 것을 권한다.

Chapter 10은 어떤 2상 불평형 전압의 조합 $\overline{V}_a$ 와 $\overline{V}_b$ 가 반대 상순(opposite sequence)의 평형 2상 전압의 두개의 조합에 의해 대체될 수 있음을 설명한다. 여기에서 하첨자 a는 상 a를 나타내며 b는 상 b를 나타낸다. 첫번째 조합은 **정상분** 조합(*positive sequence* set)이라 불리며 역전된 조합은 **역상분**(*negative sequence*)으로 인식된다. (각각, 그것들은 9-2절에서 설명된 순방향과 역방향 자계와 상사이다.) 평형 정상분 조합은 $\overline{V}_1$과 $-j\overline{V}_1$로 나타내어진다. 여기서 하첨자 1은 정상순을 나타내기 위해 사용되며 평형 조합의 두번째 성분에 붙여진 $-j$는 두 평형 전압 사이의 시간으로 90° 지상을 강조한다. 비슷하게, 두번째 평형 조합은 $\overline{V}_2$와 $j\overline{V}_2$로 나타내어진다. 여기서 하첨자 2는, 물론, 두번째 성분에 j를 붙임으로써 확실하게 되는 역상순을 나타낸다. 이 책략에 의해 상 a와 b의 불평형 전압이 이제

$$\overline{V}_a = \overline{V}_1 + \overline{V}_2 \qquad [\text{V}] \tag{9-9}$$

$$\overline{V}_b = -j\overline{V}_1 + j\overline{V}_2 \qquad [\text{V}] \tag{9-10}$$

과 같이 두개의 평형 조합의 항으로 표현될 수 있다.

대칭 성분의 이론은 또한 정상분과 역상분을 원래의 불평형 조합으로부터 어떻게 계산하는가에 대한 가르침을 제공한다. 결과는

$$\overline{V}_1 = \frac{1}{2}\left(\overline{V}_a + j\overline{V}_b\right) \qquad [\text{V}] \tag{9-11}$$

$$\overline{V}_2 = \frac{1}{2}\left(\overline{V}_a - j\overline{V}_b\right) \qquad [\text{V}] \tag{9-12}$$

이다.

식 (9-9)에서 (9-12)에 내포된 결과는 불평형 2상 전동기의 해석의 매우 유용하며 흥미로운 물리적 설명으로 이끈다. 각 상전압은, 하나는 정상이며 다른 것은 역상인, 평형 2상 조합의 성분으로 이루어진다. 각 불평형 상전압에 있는 정상분 $\overline{V}_1$과 $-j\overline{V}_1$은, 정상분 토크(positive-sequence torque) T_1을 생성하도록 회전자 권선과 상호 작용하는, 회전 자계의 생성에 협력하는 것으로 고려될 수 있다. 동시에 각 상에 있는 역상분 $\overline{V}_2$와 $j\overline{V}_2$는, 역상분 토크(negative-sequence torque) T_2를 생성하도록 회전자 권선과 상호 작용하는, 역으로 된 방향의 회전 자계의 생성에 협력하는 것으로 고려될 수 있다. 물론 회전자는 T_1과 T_2 사이의 차이인 합성 토크를 나타낸다. 이 상황의 개략적인 표현이 그림 9-8에 묘사되어 있다. 편의를 위하여 회전자가 기계적으로 결합된 두개의 회전자로 이루어진 것으로 다루어졌음에 유의하라.

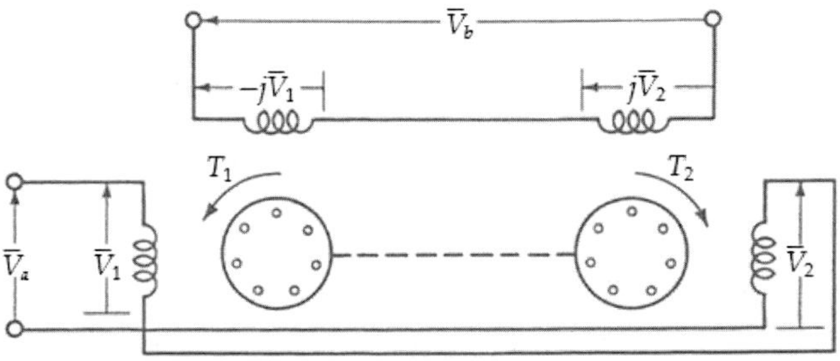

Figure 9-8 Representation of unbalanced two-phase motor by a positive-sequence motor coupled to an identical negative-sequence motor.

정상분 전압 조합 ($\bar{V}_1$과 $-j\bar{V}_1$)은 T_1을 생성하며, 역상분 조합은 T_2를 생성한다. 평형 운전의 모든 알려진 기법이 이제 T_1과 또한 T_2를 결정하기 위해 사용될 수 있으며, 그 다음 합성을 얻기 위해 결과가 중첩될 수 있다. 그것에 의해 불평형 운전이 평형 운전의 기법으로 완전히 다루어진다. 따라서, 이 점을 넘어서 전동기 해석을 다루기 위해 필요로 하는 새로운 이론은 없다.

불평형 2상 전동기의 등가회로는 실제로 두 부분으로 이루어진다: 하나는 정상분 전압 조합에 대한 전동기 응답을 나타내며, 다른 것은 역상분 조합에 대한 응답을 나타낸다. 각 전압 상분(voltage sequence)이 평형 조합이기 때문에, 상당 기저로 표현된 등가회로는 평형 3상 전동기에 대해 사용된 것과 비슷하며(그림 4-7 (f)를 보라), 그림 9-9 (a)에 반복되었다. 인가 고정자 전압은 정상분 전압 $\bar{V}_1$이다. 양 r_1은 고정자 권선 저항이다. 양 x_ϕ는 전동기의 자기회로와 관련된 총(total) 자화 리액턴스이다. 고정자로 환산된 상당 회전자 누설 리액턴스는 x_2'로 나타내어졌으며, r_2'는 고정자로 환산된 상당 회전자 저항이다. r_2'/s의 사용은 회전자가 정상분 회전 자계의 방향으로 이동하는 것을 함축한다.

평형 역상분 전압 조합에 응답하는 불평형 2상 전동기의 등가회로가 그림 9-9 (b)에 보여져 있다. 하지만, 회전자가 역상분 자계의 방향과 반대로 이동하기 때문에, 역방향 슬립(backward slip)은 식 (9-6)으로 주어지며 그래서 양 $r_2'/(2-s)$가 그림 9-

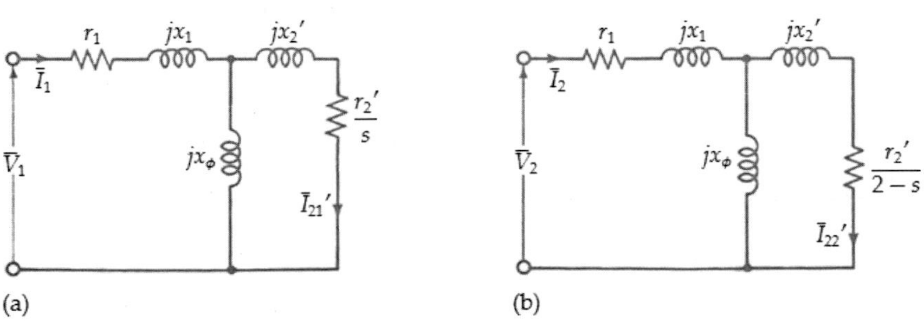

Figure 9-9 Equivalent circuit of unbalanced two-phase motor: (a) circuit for computing motor performance of the positive-sequence voltage set; (b) circuit for the negative sequence.

9 (b)에 나타난다. 중첩에 의해 같은 역상분 전압 조합이 같은 고정자 권선에 인가되며 같은 회전자 권선 내에 그 자신의 반작용을 생성한다고 가정된다. 이것이 그림 9-8의 개략도에서 의도된 의미이다. 실제로는 단지 한 쌍의 고정자 코일과 하나의 회전자가 있지만, 효과는 두개의 동일한 고정자 코일의 쌍과 기계적으로 결합된 두개의 동일한 회전자가 있는 경우와 같다.

대칭 성분의 이론에 따라, 불평형 2상 전동기의 상전류가 이제 정상분 전류 $\bar{I}_1$과 역상분 전류 $\bar{I}_2$를 찾기 위해 그림 9-9의 등가회로를 사용함으로써 찾아질 수 있다. 그러면

$$\bar{I}_a = \bar{I}_1 + \bar{I}_2 \qquad [\mathrm{A}] \tag{9-13}$$

$$\bar{I}_b = -j\bar{I}_1 + j\bar{I}_2 \qquad [\mathrm{A}] \tag{9-14}$$

이다.

이 기회에 불평형 2상 전동기의 해석을 단상 유도전동기로 확장할 수 있다. 단상 전동기는 단지 **하나의** 상(*one* phase) 만이 사용되는 2상 전동기의 특별한 경우로 다루어질 수 있다. 달리 말해, 상 b의 부재 때문에, 식 (9-14)의 전류 $\bar{I}_b$가 필연적으로 0인 상황을 가진다. 식 (9-14)에 의해 이것은 단상 전동기에서 정상분과 역상분 전류가 동일하게 될 것을 강제한다. 그러면 식 (9-13)으로부터

$$\bar{I}_1 = \bar{I}_2 = \frac{\bar{I}_a}{2} \qquad [\mathrm{A}] \tag{9-15}$$

가 따라온다.

그림 9-10 (a)는 정상분과 역상분 전압 조합으로 단상 전동기의 등가회로를 묘사한다. 그러나, 정상분과 역상분 전류가 같기 때문에, **이제 이 개별 등가회로의 직렬 연결을 허용할 수 있다**. 결과가 그림 9-10 (b)에 보여져 있으며 이제는 고정자 권선에 대한 전류와 전압 방정식 둘 다가 적절한 정상분과 역상분을 사용하는 단일 회로로 나타내어질 수 있음이 주목할 만하다. $\bar{V}_1$이 나타나는 단자에서 보는 임피던스는, 특히

$$\bar{Z}_1 = r_1 + jx_1 + \bar{Z}_{p1} \qquad [\Omega] \tag{9-16}$$

으로 주어지는, 정상분 임피던스 $\bar{Z}_1$이다. 여기서

$$\bar{Z}_{p1} = \frac{jx_\phi\left(\frac{r_2'}{s} + jx_2'\right)}{\frac{r_2'}{s} + j\left(x_\phi + x_2'\right)} \qquad [\Omega] \tag{9-16a}$$

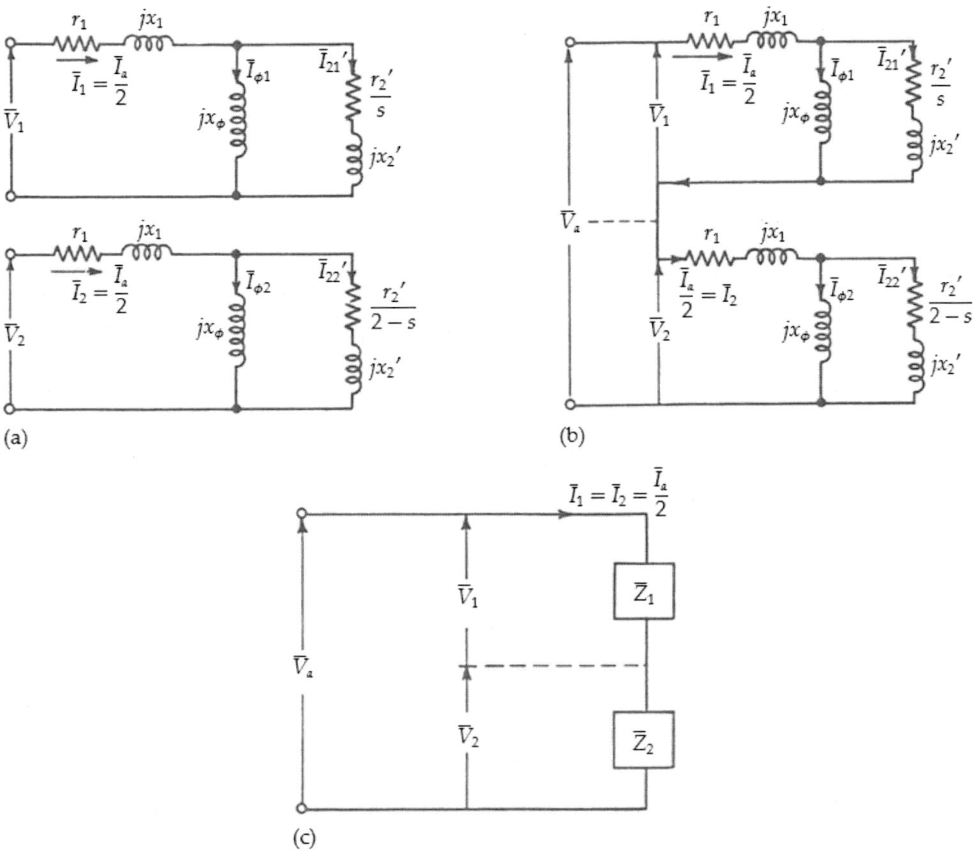

Figure 9-10 Equivalent circuit of the single-phase induction motor, based on symmetrical components: (a) a equivalent circuits associated with the positive- and negative-sequence fields; (b) series connection representation that is permitted because the positive- and negative-sequence currents are always same; (c) simplified representation in terms of the positive-sequence input impedance $\overline{Z}_1$ and the negative-sequence input impedance $\overline{Z}_2$. Core loss is neglected throughout.

이다. 비슷하게, 역상분 임피던스는

$$\overline{Z}_2 = r_1 + jx_1 + \overline{Z}_{p2} \qquad [\Omega] \tag{9-17}$$

로 나타내어진다. 여기서

$$\overline{Z}_{p2} = \frac{jx_\phi\left(\frac{r_2'}{2-s} + jx_2'\right)}{\frac{r_2'}{2-s} + j(x_\phi + x_2')} \qquad [\Omega] \tag{9-17a}$$

이다.

그림 9-10 (b)의 조사는 $\overline{V}_1$과 $\overline{V}_2$의 값이 전동기가 운전되는 슬립에 영향을 받음을 드러낸다. 바뀌는 슬립 값은 $\overline{Z}_1$과 $\overline{Z}_2$에 대한 변하는 값을 산출한다. 단상 전동

기의 경우 $\bar{Z}_1$과 $\bar{Z}_2$가 직렬로 연결될 수 있기 때문에(그림 9-10 (c)를 보라), 정상분과 역상분 전압은 전압 분배를 통하여 $\bar{Z}_1$과 $\bar{Z}_2$와 직접 관련된다는 것이 따라온다. 따라서,

$$\bar{V}_1 = \frac{\bar{Z}_1}{\bar{Z}_1 + \bar{Z}_2}\bar{V}_a \qquad [\mathrm{V}] \tag{9-18}$$

$$\bar{V}_2 = \frac{\bar{Z}_2}{\bar{Z}_1 + \bar{Z}_2}\bar{V}_a \qquad [\mathrm{V}] \tag{9-19}$$

를 적을 수 있다. 이 표현식으로부터 정상분과 역상분의 값은 각 슬립의 값에 따라 변화함에 유의해야 할 것이다.

그림 9-10 (c)의 등가회로에 몇가지 단순화가 도입될 수 있다. 첫째로는, 정상분과 역상분 전류가 같기 때문에, 고정자 임피던스 강하를 단상 유도전동기에 대하여 허용할 수 있는 단일 총 값(single total value)으로 결합하는 것을 포함한다. 따라서,

$$\begin{aligned}\text{total impedance drop} &= \bar{I}_1(r_1 + jx_1) + \bar{I}_2(r_1 + jx_1) \\ &= \frac{\bar{I}_a}{2}(r_1 + jx_1) + \frac{\bar{I}_a}{2}(r_1 + jx_1) = \bar{I}_a(r_1 + jx_1) \qquad [\mathrm{V}]\end{aligned} \tag{9-20}$$

이다. 두번째 단순화는 $\bar{Z}_{p1}$ (jx_ϕ와 $(r_2'/s + jx_2')$의 병렬 결합)과 $\bar{Z}_{p2}$를 가로지르는 전압 강하가

$$\frac{\bar{I}_a}{2}\bar{Z}_{p1} = \bar{I}_a\frac{\bar{Z}_{p1}}{2} \qquad [\mathrm{V}] \tag{9-21}$$

그리고

$$\frac{\bar{I}_a}{2}\bar{Z}_{p2} = \bar{I}_a\frac{\bar{Z}_{p2}}{2} \qquad [\mathrm{V}] \tag{9-22}$$

로 적어질 수 있다는 것에 유의함으로써 생긴다. 고정자 임피던스 강하가 식 (9-20)의 결과로 표현될 때는 언제나, 정상분과 역상분 회로의 병렬 소자를 가로질러 나타나는 전압 강하를 표현하는 우선되는 방식은 마지막 두 식의 우변에 의하는 것이다. 식 (9-20), (9-21), 그리고 (9-22)로 나타내어진 정식화(formulation)로, 그림 9-10 (b)의 등가회로는 그림 9-11에 묘사된 더 간단한 형태로 대체될 수 있다. 이제는 총(total) 고정자 전류 $\bar{I}_a$가 $\bar{V}_a$로 나타내어진 구동력(driving force)에 응하여 회로 소자 $r_1 + jx_1$, $\bar{Z}_{p1}/2$, 그리고 $\bar{Z}_{p2}/2$의 직렬 배치 내에서 흐름에 유의하라. 식 (9-21)

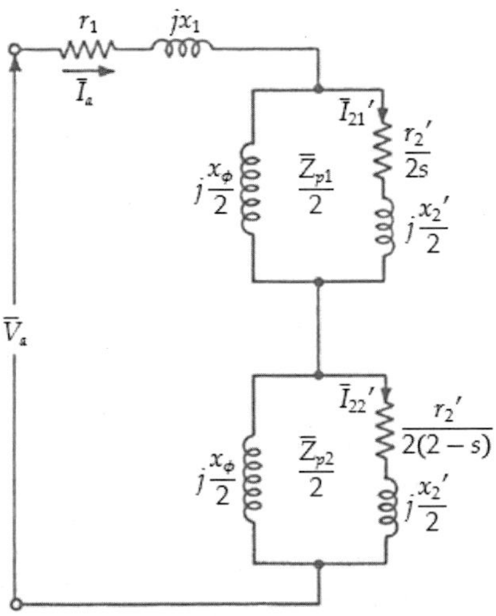

Figure 9-11 Simplified approximate equivalent circuit of the single-phase induction motor based on symmetrical components.

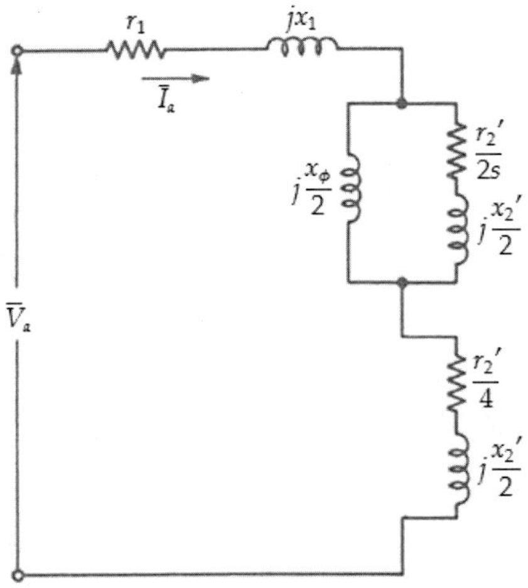

Figure 9-12 A modified simplified approximate equivalent circuit applied for $0 \le s \le 0.15$.

과 (9-22)에 포함된 조작은 상당 실제 회전자 권선 저항과 누설 리액턴스의 값의 2분의 1은 물론 자화 리액턴스의 실제 값의 2분의 1의 사용을 부른다.

일단 단상 유도전동기가 기동되고 정상 속도를 이루면, 슬립 주파수는 범위 $0 < s \le 0.15$ 내에 놓인다. 더욱이, 통상의 단상 전동기의 경우 $x_\phi > |r_2' + jx_2'|$이다. 따라서, 자화 리액턴스가 임피던스 $\bar{Z}_{p2}/2$로부터 완전히 제거되더라도 매우 작은 오차밖에 생기지 않는다. 또한, $r_2'/2(2-s) \simeq r_2'/4$이며, 이 저항기가 r_1에서와 같은 전류를 운반하기 때문에, 전자가 후자와 결합될 수 있다. 비슷하게, $jx_2'/2$는 jx_1과 결합될 수 있다. 이 가정을 그림 9-11의 회로에 부과하면 그림 9-12에 묘사된 것과 같은 더욱 더 간단한 형태로 이끈다.

이와 같은 그림 9-12의 배치의 형태는 평형 다상 유도전동기의 상당 등가회로와 닮았다. 명백하게 처음에는 꽤 복잡하게 나타났던 상황에서 상당하며 유용한 단순화가 가능하게 되었다.

그림 9-5와 9-11에 나타난 배치의 비교는 이 회로가 기호를 제외하고는 동일함을 드러낸다. 비교해보면 상 a가 주권선 m과 같음이 명백하다; 그리고 정상분에 대한 하첨자 1은 순방향 자계에 대한 f의 역할을 하며 역상분에 대한 하점자 2는 역방향 자계에 대한 b에 대응한다. 마지막으로, $\bar{E}_f$와 $\bar{V}_1$이 대응하는 양임은 물론 $\bar{E}_b$와 $\bar{V}_2$도 그렇다.

9-4 TORQUE-SPEED CHARACTERISTIC

속도의 함수로써 토크와 관련된 곡선이 전동기로 운전되는 전기-기계 에너지 변환 장치의 매우 중요한 특성이라는 것을 보았다. 단상 전동기도 예외가 아니다. 하지만, 전체 운전 범위에 걸쳐 적용되는 합성 토크-속도 곡선이 3상 유도전동기에 대해 얻어졌던 것과 같이 바로 얻어지지는 않는다. 이유는 정상분과 역상분 전압 성분의 값이 슬립에 따라 변하기 때문이다(식 (9-18)과 (9-19)를 보라). 따라서, 합성 토크-속도 곡선이 찾아질 때, 고려되고 있는 슬립에 대해 정당한 $\bar{V}_1$과 $\bar{V}_2$의 값을 먼저 계산함으로써 주어진 슬립에서 T_1과 T_2를 계산하는데 있어서 주의가 기울여져야 한다.

이 점을 더 강조하기 위하여, 그림 9-13 (a)에 나타난 그림을 참조하라. 그것은 $\bar{V}_1 = \bar{V}_a/2$에 대응하는 정상분 토크-속도 곡선 T_1과 $\bar{V}_2 = \bar{V}_a/2$에 대응하는 역상분 토크-속도 곡선 T_2의 그림을 보인다. 이 그림이 단상 유도전동기에 적용하도록 만들어질 때, 보여진 합성 곡선 위에서 어떤 정당성을 가진 오직 하나의 점은 $s = 1$인 점이다. 그것은 합성 토크가 0임을 가리킨다—지금쯤은 익숙한 결과. 전동기가 정상 슬립, 즉, s_n에서 운전 중인 것으로 가정될 때에는, $\bar{V}_1$과 그러므로 T_1이 정지 상태에서 나타나는 값보다 훨씬 더 크기 때문에, 그림 9-13 (a)에서 T_n'를 대응하는 토크로 인정하는 것은 옳지 않다. 오히려, 슬립 s_n에서 합성 토크의 옳은 값은, 그림 9-13 (b)에서 설명된 바와 같이, 먼저 $\bar{V}_1$과 $\bar{V}_2$의 적절한 값을 사용하여 T_1과 T_2

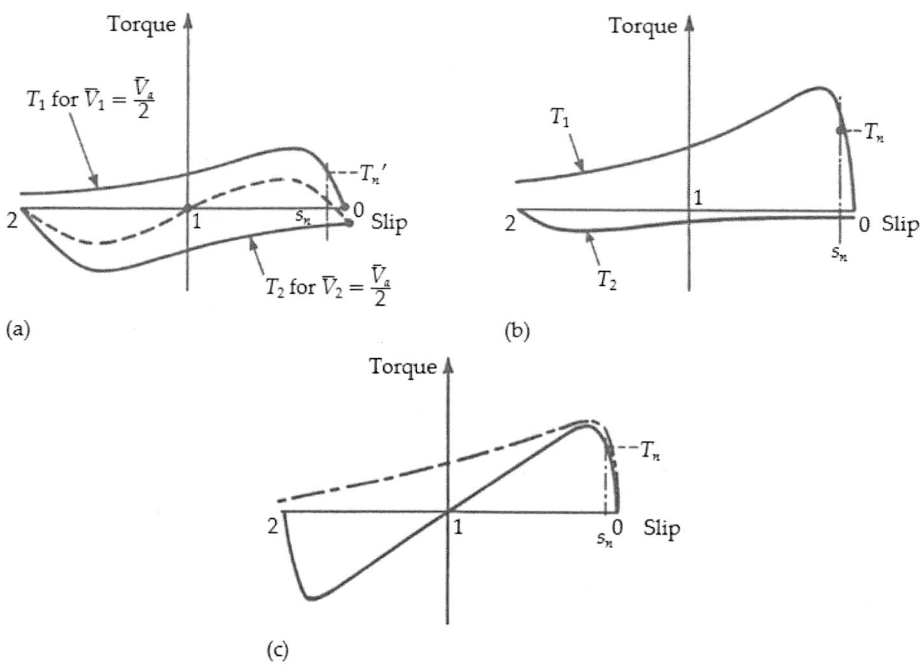

Figure 9-13 Torque-speed curves of the single-phase induction motor: (a) valid representation of resultant torque at $s = 1$ only; (b) valid representation of resultant torque at $s = s_n$ only; (c) resultant curve that is valid over the entire speed range (solid line only).

를 찾고 그 다음 T_n을 얻도록 뺌으로써 결정된다. 단상 유도전동기의 옳은 합성 토크-속도 곡선은 그림 9-13 (c)에 묘사된 것과 같은 형태로 나타난다.

그림 9-13 (c)의 일점 쇄선 곡선은 평형 조건 하에서 운전되는 2상 전동기의 토크-속도 곡선을 나타낸다. 단상 운전과의 비교는 두가지 흥미로운 사실을 드러낸다: (1) 작은 슬립에서 단상 전동기로서의 운전은 증가된 회전자 손실에도 불구하고 상당히 받아들일 수 있다; (2) 단상 전동기는 기동된 방향으로 움직일 것이다.

Effect of Rotor Resistance on the Torque-Speed Curve

다상 유도전동기의 경우에서는 토크-속도 곡선의 형상은 회전자 저항의 값에 의해 영향을 받지 않음이 보여졌다. 식 (4-33)을 참조하라. 하지만, 단상 유도전동기에 대해서는 그렇지 않으며 그 이유는 그림 9-12의 등가회로의 일견으로부터 명백하다. 최대 토크가 발생되는 슬립은 최대 전력(동력)이 저항기 $r_2'/2s$에 내어놓아지는 조건에 대응함을 상기하라. 이것이 일어나는 슬립은 $r_2'/2s$를 이 저항의 단자로부터 등가회로로 거꾸로 본 임피던스와 같게 둠으로써 찾아진다. 명백히, s_m에 대한 결과로 생기는 값은 r_2'에 종속하여 찾아질 것이다. 따라서, 합성 토크 역시 그렇게 r_2'의 영향을 받으며, 이것이 일어나는 방식이 그림 9-14에 묘사되어 있다. 그것은 첨두 발생 토크에서의 축소를 일으킬 뿐만 아니라 더욱이 곡선의 편평화(flattening)를 야기한다. 토크-속도 곡선의 이 거동은 단상 유도전동기의 속도를 제어하기 위한 외부 회전자 저항의 사용을 제한한다.

9-5 PERFORMANCE ANALYSIS

단상 유도전동기의 성능의 계산은 등가회로와 적절한 전력 흐름도의 사용을 통하여 바로 결정될 수 있다. $0 < s \leq 0.15$의 슬립 범위 내에서 전동기의 거동을 계산하는 것이 요망되는 경우에는 언제나 그림 9-12의 근사 등가회로가 사용될 수 있다.

단상 전동기에서 선로로부터 축으로의 전력의 흐름은 정상분과 역상분 자계로 작

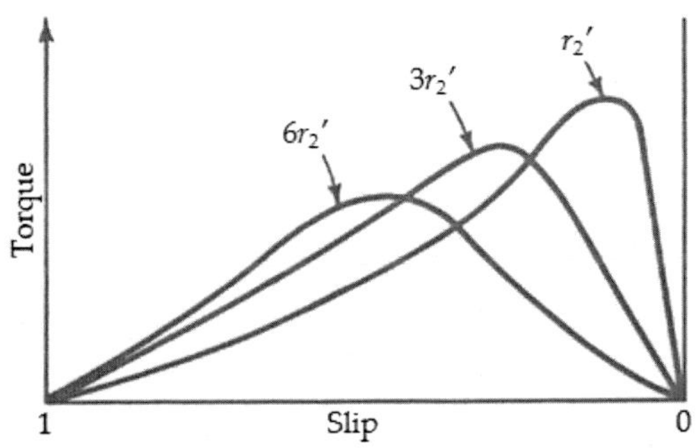

Figure 9-14 The effect of rotor resistance on the torque-speed curve of a single-phase induction motor.

업해야 하는 필요 때문에 평형 다상 전동기에서보다는 조금 더 복잡하다. 완전한 전력 흐름도가 그림 9-15에 나타나 있다. 전기 입력 전력이 고정자 권선에서 전동기에 인가된다. 이 전력의 작은 부분이 고정자 권선 동손과 합성 자계에 의해 생성되는 철손을 공급하기 위해 빠진 후, 나머지는 공극을 가로질러 전달되는 전력이다. 하지만, 총(total) 공극 전력이 이제는, 하나는 정상분 자계와 관련되는 P_{g1}, 그리고 다른 것은 역상분 자계와 관련되는 P_{g2}인, 두 부분으로 표현됨에 유의하라. 회전자가 정상분 자계와 같은 방향으로 이동하기 때문에, 역상분 공극 전력은 필연적으로 오로지 회전자 동손으로 소비된다. 이 공극 전력 P_{g2}는 단지 역상분 임피던스의 회전자 저항과 관련된 총 동손을 부분적으로 공급한다는 것 또한 유의할 만한 가치가 있다. 그림 9-11의 등가회로로부터 역상분 공극 전력은 $r_2'/2(2-s)$와 관련된 전력이라는 것이 보여지며

$$P_{g2} = (I_{22}')^2 \frac{r_2'}{2(2-s)} \qquad [\text{W}] \tag{9-23}$$

으로 표현된다. 이 식의 재배열에 따라, 역상분의 회전자 저항 내에서의 총 동손에 대한 표현식이

$$(I_{22}')^2 \frac{r_2'}{2} = (2-s)P_{g2} = P_{g2} + (1-s)P_{g2} \qquad [\text{W}] \tag{9-24}$$

으로 된다는 것이 따라온다. 식 (9-24)의 우변은 이 동손의 부분 P_{g2}는 역상분 자계

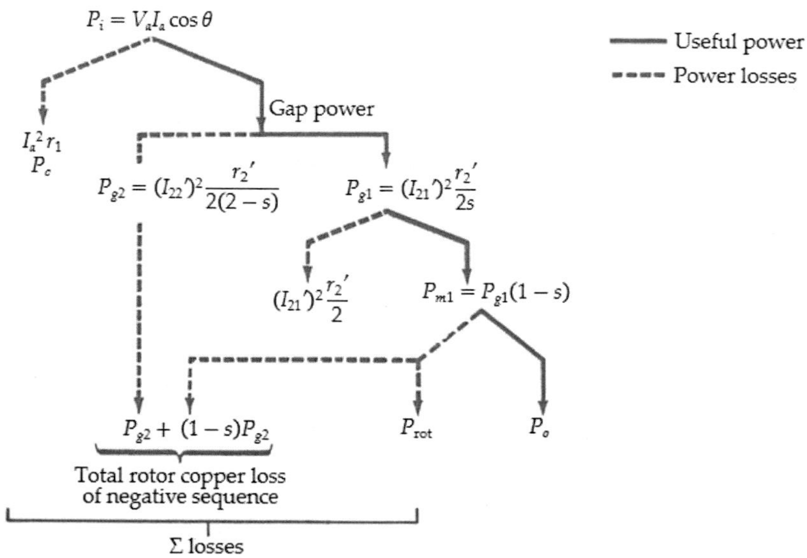

Figure 9-15 Power-flow diagram of the single-phase induction motor.

의 매질을 통하여 선로로부터 직접 공급되는 한편, 남은 부분 $(1-s)P_{g2}$는 정상분 자계에 응하여 회전자에 의해 기계적으로 공급되는 것을 강조하기 위하여 두 부분으로 적어졌다. 정상 운전 슬립에서, 정상분 공극 전력은 역상분 보다 여러 배 더 크다. 정상분과 관련된 회전자 권선 내에서의 동손을 빼면(즉, P_{g1}로부터 $(I_{21}')^2(r_2'/2)$를 빼면), 유용한 발생 기계적 동력 P_{m1}로 귀결한다. 명확히

$$P_{m1} = (1-s)P_{g1} \qquad [\text{W}] \tag{9-25}$$

이며 이 양은 부하를 구동하는 힘을 나타낸다. 전력 흐름도의 더 나아간 조사는, 하지만, 유용한 동력이 부하에 내어놓아질 수 있기 전에, 정상분 자계에 의해 발생되는 기계 동력이 먼저 회전손은 물론 역상분 자계의 반대 작용에 반하여 회전자를 구동하기 위해 필요로 하는 동력을 먼저 공급해야 한다. 이 후자의 양은 식 (9-24)에서 $(1-s)P_{g2}$로 이미 나타내어져 있다.

EXAMPLE 9-1 ¼ [hp], 110 [V], 60 [Hz], 4극 단상 유도전동기가 정상 속도에서 15 [W]의 회전손을 가진다. 등가회로 매개변수는 다음과 같은 것으로 알려져 있다:

$$\begin{array}{lll} r_1 = 1.3\,[\Omega] & r_2' = 3.2\,[\Omega] & \\ x_1 = 2.5\,[\Omega] & x_2' = 2.2\,[\Omega] & x_\phi = 48\,[\Omega] \end{array}$$

이 전동기가 4 [%]의 슬립에서 운전될 때의 성능(즉, 선전류, 선 역률(line power factor), 마력 출력, 그리고 효율)을 결정하라.

SOLUTION 그림 9-12의 근사 등가회로가 사용된다. 그것이 모든 매개변수 값이 보여져 그림 9-16에 반복되었다. 병렬 회로의 임피던스는 다음과 같이 주어진다:

$$\frac{\overline{Z}_{p1}}{2} = \frac{j\frac{x_\phi}{2}\left(\frac{r_2'}{2s}+j\frac{x_2'}{2}\right)}{\frac{r_2'}{2s}+j\left(\frac{x_\phi}{2}+\frac{x_2'}{2}\right)} = \frac{j24\times(40+j1.1)}{40+j25.1} = 10.8+j17.2 = 20.4\angle 57.9°\,[\Omega] \tag{9-26}$$

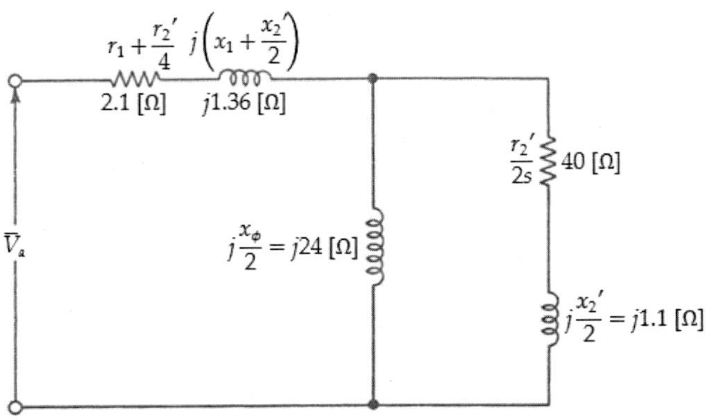

Figure 9-16 Equivalent circuit for Example 9-1.

총(total) 입력 임피던스는 그러므로

$$\overline{Z}_T = \left(r_1 + \frac{r_2'}{4}\right) + j\left(x_1 + \frac{x_2'}{2}\right) + \frac{\overline{Z}_{p1}}{2} = 2.1 + j3.6 + 10.8 + j17.2$$
$$= 12.9 + j20.8 = 24.4\angle 58.4° \text{ [Ω]} \tag{9-27}$$

따라서, 선전류는

$$\overline{I}_a = \frac{\overline{V}_a}{\overline{Z}_T} = \frac{110\angle 0°}{24.4\angle 58.4°} = 4.51\angle(-58.4°) \text{ [A]} \tag{9-28}$$

그리고 선 역률은

$$pf = \cos(-58.4°) = 0.525 \text{ [pu] lagging} \tag{9-29}$$

선 역률에 대한 이러한 낮은 값은 단상 전동기 운전에서 전형적이다.
입력은 다음과 같이 찾아진다:

$$P_i = V_a I_a \cos\theta = 110 \times 4.51 \times 0.525 = 261 \text{ [W]} \tag{9-30}$$

정상분 공극 전력은 다음과 같이 찾아진다:

$$P_{g1} = {I_a}^2 \frac{1}{2} R_{p1} = 4.51^2 \times 10.8 = 220 \text{ [W]} \tag{9-31}$$

또한, 역상분 공극 전력은 다음과 같이 결정된다:

$$P_{g2} = (I_{22}')^2 \frac{r_2'}{4} \simeq {I_a}^2 \frac{r_2'}{4} = 4.51^2 \times 0.8 = 16.3 \text{ [W]} \tag{9-32}$$

전력 흐름도로부터 출력 동력에 대한 표현식은

$$P_o = P_{m1} - P_{\text{rot}} - (1-s)P_{g2} = P_{g1} - sP_{g1} - P_{\text{rot}} - (1-s)P_{g2} \text{ [W]} \tag{9-33}$$

값을 대입하면

$$P_o = 220 - 0.04 \times 220 - 15 - 0.96 \times 16.3 = 220 - 8.8 - 15 - 15.6 = 182.4 \text{ [W]} \tag{9-34}$$

부하로 내어놓아지는 마력은 그러므로

$$\text{horsepower} = \frac{P_o}{746} = \frac{182.4}{746} = 0.245 \text{ [hp]} \tag{9-35}$$

이 결과는 전동기가 거의 정격 출력 동력을 내어놓음을 가리킨다.
효율은 다음과 같이 찾아진다:

$$\eta = \frac{P_o}{P_i} = \frac{182.4}{261} = 0.70 \text{ [pu]} \quad \text{or} \quad 70 \text{ [\%]} \tag{9-36}$$

슬립의 여러가지 값에 대하여 앞의 예제에서 설명된 계산을 반복함으로써, 전동기의 성능 특성이 전체 운전 범위에 걸쳐 결정될 수 있다. 전형적인 ¼ [hp], 1725 [rpm] 전동기에 대한 곡선이 그림 9-17에 묘사되어 있다.

9-6 APPROXIMATE DETERMINATION OF THE EQUIVALENT CIRCUIT PARAMETERS

구속 회전자 시험과 무부하 시험에서 얻어진 자료는 등가회로에서 나타나는 매개변수에 대한 정보를 제공할 수 있다. 구속 회전자 시험 자료는 누설 리액턴스와 고정자 환산 회전자 권선 저항에 대한 자료를 드러내기 위해 사용된다. 이 매개변수의 결정은 관련된 과정이 단순화 가정(simplifying assumption)을 포함하기 때문에 근사적이다. 한가지 가정은 $s = 1$의 경우 그림 9-11의 등가회로 내에 있는 $x_\phi/2$의 임피던스가 $(r_2'/2) + j(x_2'/2)$에 비하여 매우 커서 모든 실제적인 목적의 경우 등가회로로부터 완전히 제거될 수 있는 것으로 고려하는 것이다. 따라서, 그림 9-11의 등가회로는 그림 9-18에 묘사된 형태로 줄어든다.

회전자 구속 시험에서 얻어진 전압, 전류, 그리고 전력의 측정된 값이 각각 V_{sc}, I_{sc}, 그리고 P_{sc}로 나타내어졌다고 하면, 고정자 코일로 환산된 등가 임피던스는

$$Z_e = \frac{V_{sc}}{I_{sc}} \quad [\Omega] \tag{9-37}$$

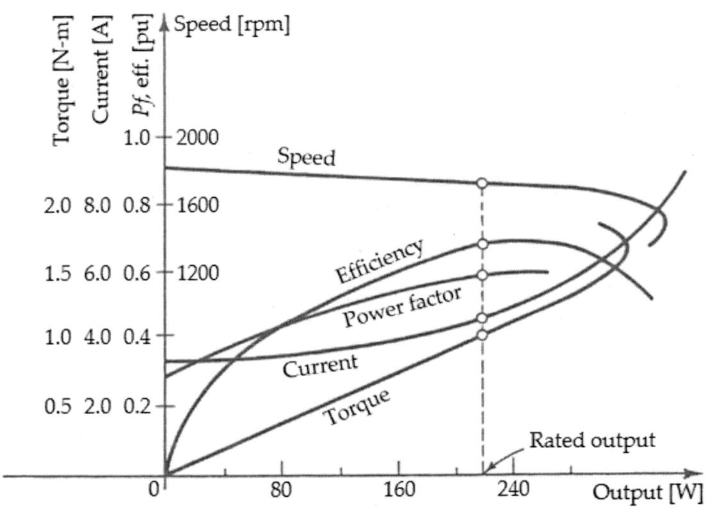

Figure 9-17 Typical performance characteristics for a single-phase induction motor, rated at ¼ [hp], 60 [Hz], four poles.

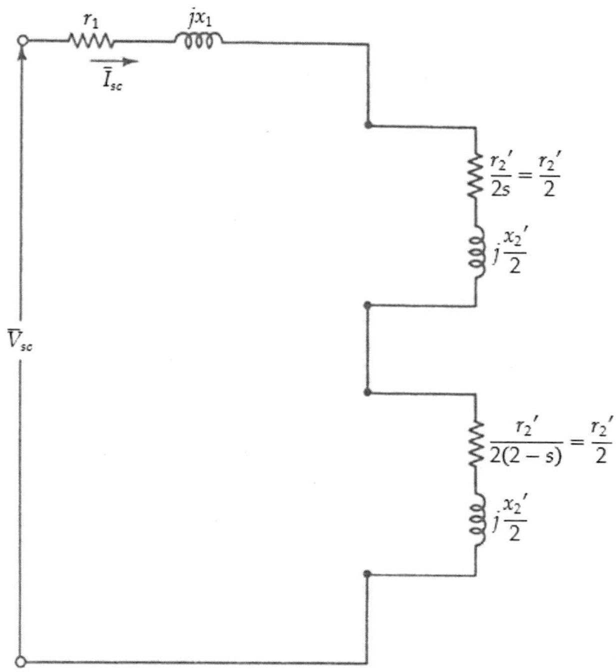

Figure 9-18 Equivalent circuit of the single-phase induction motor as it applies at standstill.

이라는 것이 따라온다. 더욱이, 식 (9-37)의 등가 저항 성분은 전력계와 전류계 지시치로부터 바로 결정된다. 따라서

$$R_e \equiv r_1 + r_2' = \frac{P_{sc}}{I_{sc}^2} \qquad [\Omega] \tag{9-38}$$

이다. 식 (9-38)로부터 r_2'를 결정하기 위해서는, 두번째 중요한 가정, 즉,

$$r_1 = r_2' \qquad [\Omega] \qquad \text{(9-39)†}$$

을 도입하는 것이 필요하다. 이 가정은 모든 잘 설계된 기계, 즉, 특정된 출력 정격에 대해 최소량의 철과 구리가 사용된 기계에 대하여 정당하다. 달리 기술되지 않는 한, 항상 식 (9-39)에 기술된 가정이 단상 전동기의 해석에서 이루어진다. 그러므로, 등가회로에서 나타나는 회전자 권선 저항은

$$\frac{r_2'}{2} = \frac{R_e}{4} \qquad [\Omega] \tag{9-40}$$

으로 인정될 수 있다. 여기서 R_e는 식 (9-38)에 의해 결정된다.

†그 대신의 과정은 3상 유도전동기에 대하여 설명된 방식으로 r_1을 찾는 것이다. 4-7절을 보라.

등가 누설 리액턴스의 값은

$$X_e = \sqrt{Z_e^2 - R_e^2} \qquad [\Omega] \tag{9-41}$$

로부터 얻어진다. 여기서 Z_e와 R_e는 식 (9-37)과 (9-38)로부터 찾아진다. 고정자 환산 회전자 권선 누설 리액턴스는 그러면

$$x_1 = x_2' \qquad [\Omega] \tag{9-42}$$

의 가정에 의해 찾아지며 이것은 바로

$$\frac{x_2'}{2} = \frac{X_e}{4} \qquad [\Omega] \tag{9-43}$$

으로 이끈다.

결정되는 것이 남아있는 등가회로의 유일한 매개변수는 자화 리액턴스 x_ϕ이다. 그것의 값은 무부하 시험 자료와 회전자 구속 시험으로부터 유도된 x_1, x_2', 그리고 r_2'의 지식으로부터 확립될 수 있다. 과정이 단순화 가정을 부과함에 따라 그림 9-11로부터 유도된 그림 9-19의 등가회로를 참조하여 설명된다. 무부하에서는 슬립이 0에 매우 가까움을 상기하라; 그러면 양 $r_2'/2s$가 매우 높은 저항을 나타내며 그래서 큰 오차 없이 생략될 수 있다. 그러므로, 무부하에서 $\bar{Z}_{p1}/2$는 단순히 $jx_\phi/2$와 같게 가정된다. 비슷하게, 역상분 자계와 관련된 임피던스 $\bar{Z}_{p2}/2$는 $(r_2'/4) + j(x_2'/2) - jx_\phi/2$ 보다 여러 배 더 작은—로 나타내어지는 낮은 임피던스로 단순화될 수 있다. 확실히 이 가정은 회전자 구속 시험에서 사용된 대응하는 가정보다 실

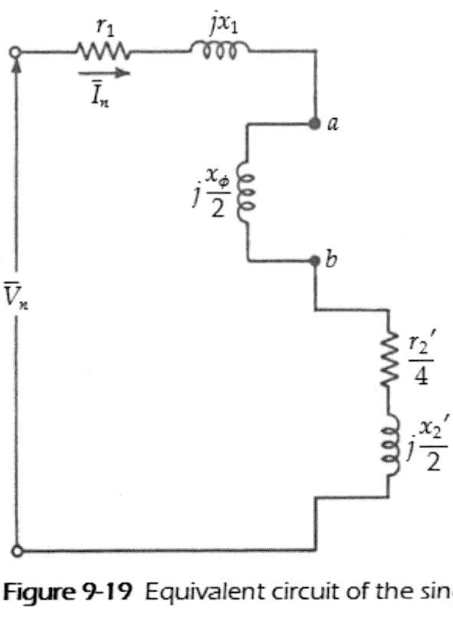

Figure 9-19 Equivalent circuit of the single-phase induction motor at no-load ($s \simeq 0$).

로 더 정당하다.

x_ϕ의 결정은 본질적으로 그림 9-19에서 a와 b를 가로지르는 전압을 찾는 것을 요구한다. 무부하 시험에서 전압, 전류, 그리고 전력의 계기 지시치가 각각 V_n, I_n, 그리고 P_n으로 나타내어졌다고 하면, 전류의 역률각은

$$\cos\theta_n = \frac{P_n}{V_n I_n} \qquad [\text{pu}] \tag{9-44}$$

로부터 찾아진다. 그러면,

$$\overline{V}_{ab} = \overline{V}_n - I_n\angle(-\theta_n)\left[\left(r_1 + \frac{r_2'}{4}\right) + j\left(x_1 + \frac{x_2'}{2}\right)\right] \qquad [\text{V}] \tag{9-45}$$

이다. 이 식의 우변에 있는 모든 양이 알려졌기 때문에, 자화 리액턴스는 바로

$$\frac{x_\phi}{2} = \frac{V_{ab}}{I_n} \qquad [\Omega] \tag{9-46}$$

으로 계산된다.

앞의 과정은 페이서 대신 크기를 사용하는 a와 b를 가로지르는 전압에 대한 표현식을 사용함으로써 어느정도 단순화될 수 있다. 따라서

$$V_{ab} = V_n - I_n\left(x_1 + \frac{x_2'}{2}\right) \qquad [\text{V}] \tag{9-47}$$

이다. 이 가정의 정당성은 단상 유도전동기는 무부하에서는 매우 나쁜 역률로 운전된다는 사실을 기초로 한다. 그림 9-20의 일견은 식 (9-47) 내에 포함된 세개의 양이 사실상 공선적(collinear)임을 가리킨다. 식 (9-47)이 V_{ab}를 결정하기 위해 사용될 때, 식 (9-44)를 사용할 필요가 없다; x_ϕ는 단지 마지막 두 식의 적용을 통하여 바로 찾아진다.

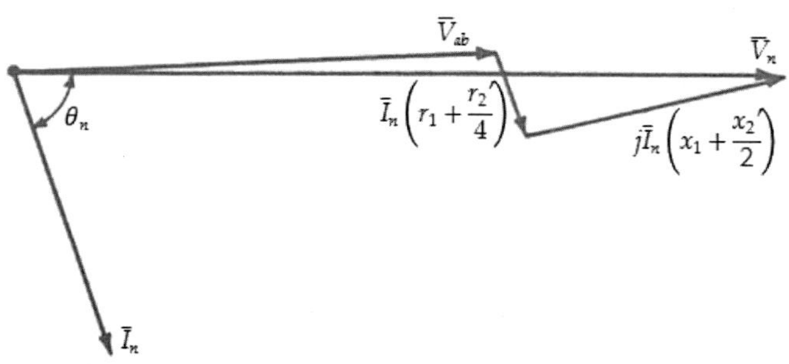

Figure 9-20 Phasor diagram for the circuit of Fig. 9-19.

EXAMPLE 9-2 단상 유도전동기에 대한 실험실 시험이 다음의 자료를 산출한다:

Blocked-rotor test:	$V_{sc} = 110$ [V],	$I_{sc} = 14.8$ [A],	$P_{sc} = 1130$ [W]
No-load test:	$V_n = 110$ [V],	$I_n = 2.8$ [A],	$P_n = 60$ [W]
Rotational losses:	17 [W]		

등가회로의 5개의 매개변수와 [W]로 철손의 값을 결정하라.

SOLUTION 식 (9-38)로부터 등가 저항은

$$R_e = r_1 + r_2' = \frac{P_{sc}}{I_{sc}^2} = \frac{1130}{14.8^2} = 5.15\ [\Omega]$$

따라서,

$$r_1 = r_2' = 2.65\ [\Omega]$$

그리고

$$\frac{r_2'}{2} = 1.33\ [\Omega]$$

또한,

$$Z_e = \frac{V_{sc}}{I_{sc}} = \frac{110}{14.8} = 7.44\ [\Omega]$$

$$X_e = \sqrt{7.44^2 - 5.15^2} = 5.36\ [\Omega]$$

그러므로,

$$x_1 = x_2' = \frac{5.36}{2} = 2.68\ [\Omega]$$

그리고

$$\frac{x_2'}{2} = 1.34\ [\Omega]$$

더욱이, 식 (9-47)에 의해 무부하에서 자화 리액턴스를 가로지르는 전압은

$$V_{ab} = V_n - I_n\left(x_1 + \frac{x_2'}{2}\right) = 110 - 2.8 \times (2.68 + 1.34) = 110 - 11.2 = 98.8\ [\text{V}]$$

따라서,

$$\frac{x_\phi}{2} = \frac{V_{ab}}{I_n} = \frac{98.8}{2.8} = 35.3\ [\Omega]$$

철손은 다음과 같이 찾아진다:

$$P_c = P_n - I_n^{\,2}\left(r_1 + \frac{r_2'}{4}\right) - P_{\text{rot}} = 60 - 2.8^2 \times 3.17 - 17 = 18.2\ [\text{W}] \tag{9-48}$$

계산된 매개변수를 보이는 등가회로가 그림 9-21에 나타나있다.

9-7 SINGLE-PHASE MOTOR TYPES

많은 다른 형태의 단상 전동기가 처음에는 두가지 이유로 개발되었다. 하나는, 그들이 사용되는 기구와 응용에서 토크 요구가 넓게 변하기 때문이다. 둘째는, 주어진 부하를 만족스럽게 구동할 가장 값싼 전동기를 사용하기를 원하기 때문이다. 예를 들어, 9-1절에서 논의되는 분상 유도전동기(split-phase induction motor)의 고토크형(high-torque version)은 세탁기 응용을 위해 거의 독점적으로 설계되었다. 이 전동기는 단일 속도 정격과 바로 두가지 마력 정격에서 이용할 수 있다. 대량의 판매와 결합된 이 전동기는 가장 값싼 전동기의 범주에 들어갈 수 있다. 더 상세한 것은 450-451 페이지에 있는 표 9-1의 둘째 줄을 보라.

Capacitor-Start Induction-Run Motor

여러가지 형태의 단상 전동기 사이의 주된 차이는 기동하기 위해 사용되는 방법에 놓여있다. 이 전동기의 경우에는 정전용량기(커패시터, capacitor)가 $\bar{I}_A$와 $\bar{I}_M$ 사이에 대략 90 [deg]의 시간 이격을 가져오도록 선택되어 보조 권선 내에 위치된다. 그림 9-22를 보라. 기동 토크가 본질적으로 $\bar{I}_M$과 $\bar{I}_A$의 크기는 물론 이 양 사이의 위상각

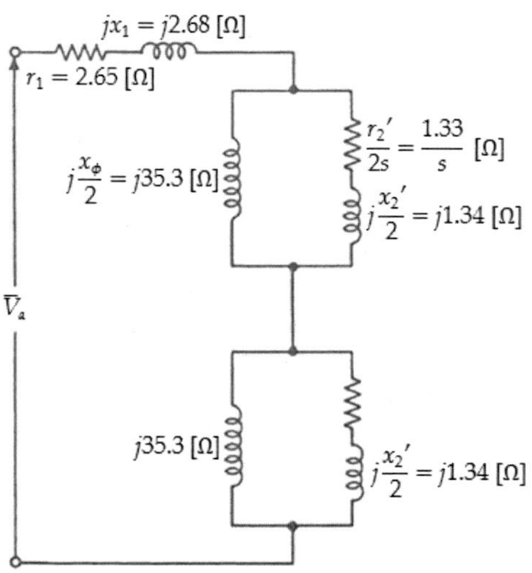

Figure 9-21 Equivalent circuit showing parameters computed in Example 9-2.

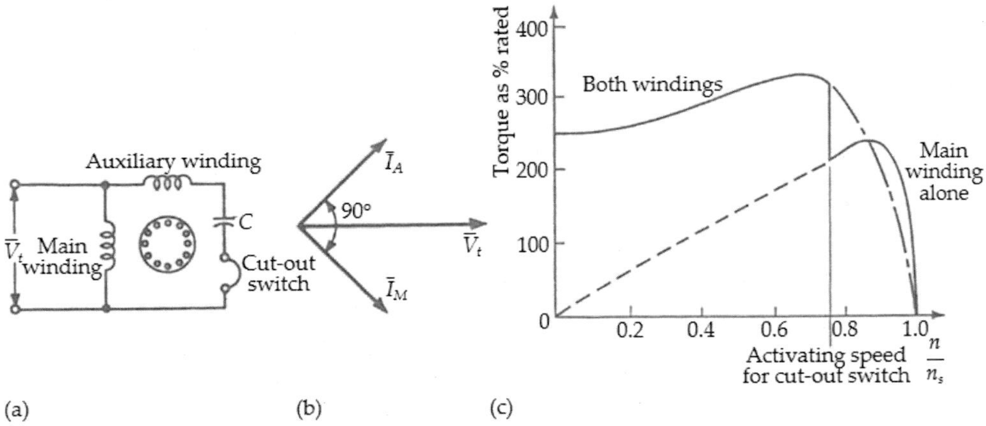

Figure 9-22 Capacitor-start induction-run motor: (a) schematic diagram; (b) phasor diagram at starting; (c) typical torque-speed characteristic of capacitor-start induction-run motor.

의 정현(사인, sine)에 비례하기 때문에, 즉, $T_s \propto \bar{I}_M \bar{I}_A \sin \angle(\bar{I}_M, \bar{I}_A)$이기 때문에, 결과는 저항 분상 기동에서 이룰 수 있는 것보다 훨씬 더 큰 기동 토크이다.

이 전동기에 대한 전형적인 토크-속도 곡선이 그림 9-22 (c)에 묘사되어 있다. 개폐기(차단 스위치, cut-out switch)는 일단 전동기가 운전 속도에 도달하였을 때 보조 권선과 기동 커패시터를 선로로부터 제거하는데 소용된다. 이 두 항목은 간헐 정격(intermittent rating)을 가지며 여자된 채로 남아있는 것이 허용되면 쉽사리 손상될 수 있다. 기동 커패시터는 전해형(electrolytic type)이며 일반적으로 ⅛에서 ¾ [hp]의 전동기 정격의 경우 100 [μF]의 범위 내에서의 값을 가진다. 커패시터는 결함이 있는 개폐기에 의해 쉬게 손상될 수 있다; 그래서 이 스위치의 적당한 유지 보수(maintenance)가 중요하다.

Permanent-Split Capacitor Motor

정상 속도에서 커패시터-기동 유도-운전 전동기(capacitor-start induction-run motor)는 타원 궤적을 가지는 합성 회전 자계를 가진다는 것을 의미하는 통상의 단상 전동기로 거동한다. 결과는 시간에 따라 일정한 크기를 가지는 합성 자계의 경우보다 덜 매끈하며 더 시끄러운 형태로 운전되는 전동기이다. 일정한 크기의 합성 자계의 조건은 주권선과 동일한 보조 권선이 있는 단상 전동기로 설계하고 정격 출력 근처에서 일정한 크기의 회전 자계를 제공하도록 선택된 값의 상시 책무(fully-duty), 유입(oil-filled) 커패시터를 보조 권선과 직렬로 둠으로써 가깝게 만들 수 있다. 개략적인 배치가 그림 9-23에 나타나 있으며 명백한 이유로 이 전동기는 영구 분상 커패시터 전동기(permanent-split capacitor motor)라 불린다. 기본적으로, 이 전동기는 정격 부하 가까이에서 평형 2상 전동기로서 운전된다.

전형적인 토크-속도 곡선이 그림 9-24에 그려져 있다. 이 전동기는 보조 권선의

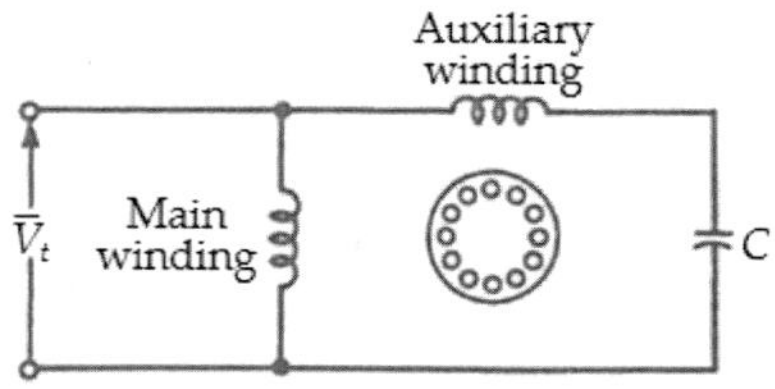

Figure 9-23 Permanent-split capacitor motor.

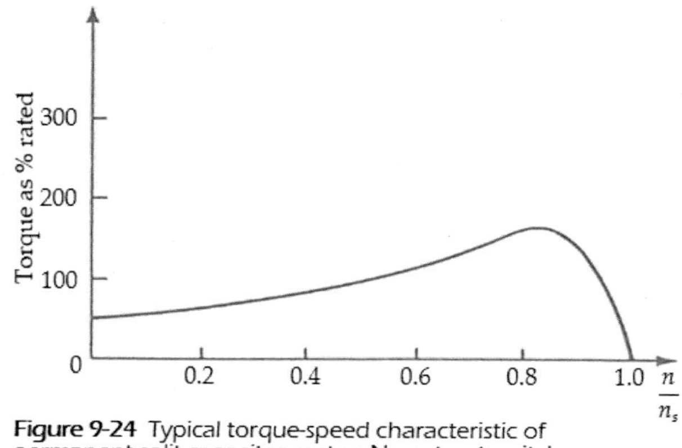

Figure 9-24 Typical torque-speed characteristic of permanent-split capacitor motor. No cut-out switch.

연속 책무 정격(continuous-duty rating) 때문에 개폐기가 필요없다. 개선된 운전 성능에 대해 물어야 하는 대가의 부분은 기동과 항복(breakdown)에서의 훨씬 더 낮은 토크이다. 기동 토크는 보통 정격 값의 60 [%] 내지 75 [%]이다. 이것은 정상 슬립에서 평형 성능을 주는 커패시터 값이 큰 기동 토크를 위해 필요로 하는 값으로부터 크게 다르다는 사실에 기인한다. 이것은 운전 조건과 비교한 정지 상태에서의 입력 임피던스 사이의 큰 차이의 관점에서 전적으로 납득할 수 있다.

조용함, 매끄러운 운전 성능 그리고 증가된 운전 안정도(개폐기의 결핍 때문인) 외에, 영구 분상 커패시터 전동기는 또한 그것이 기본적으로 2상 전동기이기 때문에 일상적으로 **역전** 운전(*reversible* operation)하게 할 수 있다. 커패시터 기동 유도 운전 전동기는 달성하기가 더 힘들다. (왜?)

Capacitor-Start Capacitor-Run Motor

커패시터-기동 전동기의 기동 토크는 그림 9-25에 보여진 방식으로 두개의 커패시터를 사용함으로써 영구 분상 전동기의 좋은 운전 성능과 결합될 수 있다. 물론, 보조 권선은 영구 분상 전동기의 경우에서와 같이 연속 정격(continuous rating)을 운반해야 하며 C_1은 또한 연속 책무 정격(continuous-duty rating)을 가져야 한다. 단지 기동 동안에만 사용되는 C_2는 덜 비싼, 간헐 정격 소자일 수 있다. 이 전동기에 대한 전형적인 토크-속도 곡선이 그림 9-26에 그려져 있다.

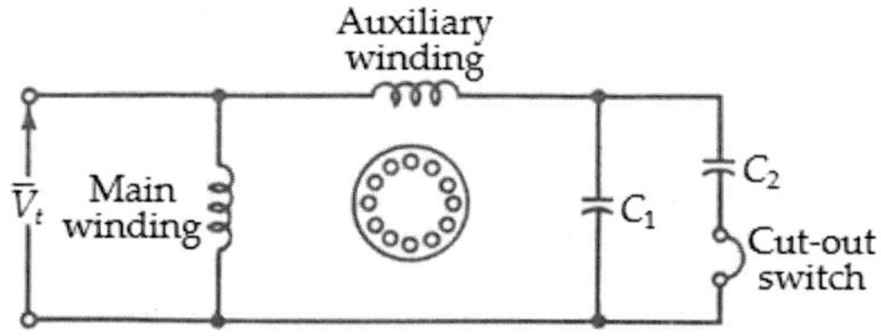

Figure 9-25 Capacitor–start capacitor-run motor.

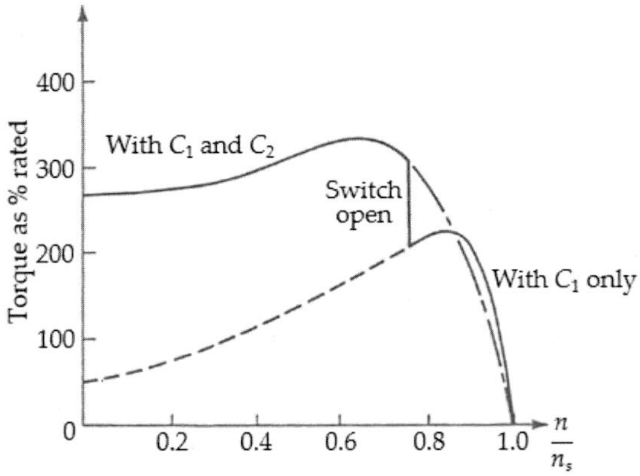

Figure 9-26 Typical torque-speed characteristic of capacitor-start capacitor-run motor. See Fig. 9-25 for identity of C_1 and C_2.

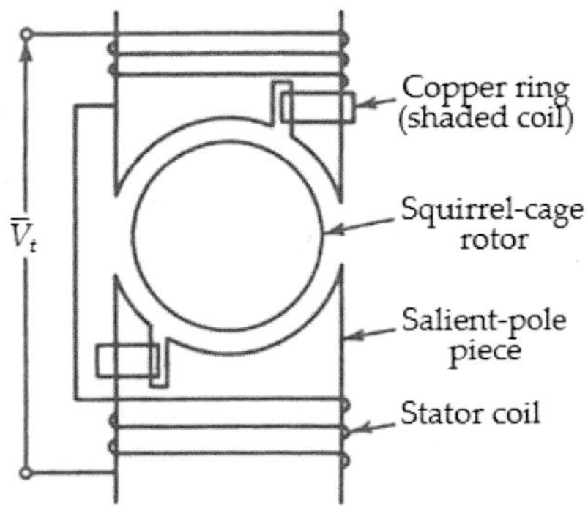

Figure 9-27 Construction features of the shaded-pole motor.

Shaded-Pole Motor

바림극(쉐이딩 폴, shaded-pole; 쉐이딩 코일, shading-coil) 전동기는 1/20 [hp] 또는 더 작은 정격을 요구하는 응용에 광범위하게 사용된다. 구조는 그림 9-27의 검토가 드러내는 바와 같이 매우 세련되지 않다. 그것은 본질적으로 철에 감긴 구리, 농형 회전자, 그리고 그 외에는 별로 없이 이루어진다. 그것은 개폐기를 내포하지 않아서, 문제의 잠재적인 원인이 될 수 있다.

이 전동기에서 이동하는 자속 자계를 얻는 방식은 앞에서 고려된 것과는 다르다. 여기에서는 그 효과가 그림 9-27에 묘사된 바와 같이 각 돌출 자극편(salient-pole piece) 내에 파묻힌 구리환(copper ring)으로 이루어진다. 이 환의 작용은 자속 변화를 방해하는 것이다; 그리고, 과정에서, 코일의 여자 전류의 주기적 변동 동안에 걸쳐, 자속이 바림되지 않은(unshaded) 부분으로부터 바림된 부분(shaded section)으로 자극면을 가로질러 쓸어가는 방식(sweeping fashion)으로 움직이는 것을 일으킨다. 그림 9-28을 참조하여 과정을 설명한다.

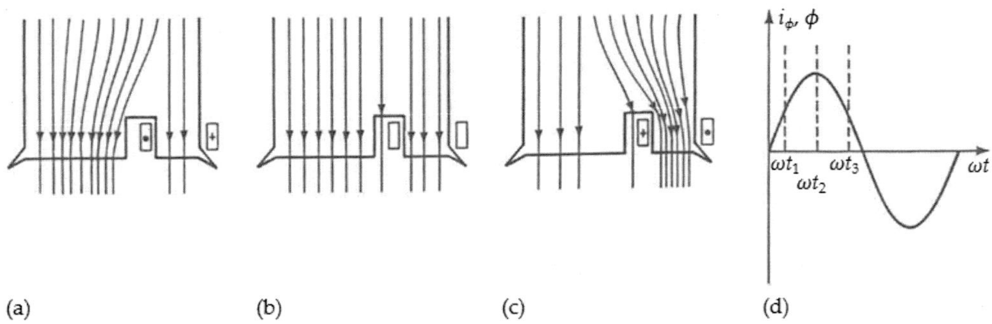

Figure 9-28 The action of the copper ring in producing a moving flux across the pole face: (a) filed distribution at time ωt_1; (b) time ωt_2; (c) time ωt_3; (d) coil current.

따라오는 논의에서 히스테리시스는 무시된다; 따라서 자속과 전류는 시동상(in time phase)이다. 그림 9-28 (a)에 나타난 것은 자화 코일 전류 i_ϕ의 주기적 변동 내에서 시간 ωt_1에 N-극 자속에서 나타나는 상황이다(그림 9-28 (d)를 보라). 이 시순간(time instant)에서 자속은 증가하지만, 구리환 내에서의 반작용은, 렌쯔의 법칙에 의해, 자속에서의 증가를 방해하는 전류를 생성하는 것이다. 이것은 구리환 내에 오른편에서는 지면 안으로 향하며 왼편에서는 밖으로 향하는 전류 방향을 부른다. 결과는 자속을 바림되지 않은 부분으로 모이게 하는 것이다. 그 후, ωt_2에는, $d\phi/dt$가 0이기 때문에 구리환 내에서 유도되는 기전력이 0이다. 따라서 그림 9-28 (b)에 그려진 바와 같이 자극면을 가로지르는 자속의 균일 분포를 일으킨다. 다음으로, ωt_3에는, 자극 자속이 자화 전류의 감소에 응하여 감소한다. 환 내에서의 반작용은 항상, 이 순간에는 자속에서의 감소를 방해한다는 것을 의미하는, 변화를 방해하기 때문에, 유도되는 환 전류가 이제는 그림 9-28 (c)에 보여진 방향을 취한다. 결과는 자극의 바림된 부분 내에서의 자속의 모임이다. 순(net) 효과는, 그러므로, 자극면 아래의 공극 내에서 쓸어가는 자속 운동을 생성하는 것이며, 그 다음 농형 회전자 내에 토크를 생성하도록 반작용하는 전류를 유도한다.

전형적인 토크-속도 특성이 그림 9-29에 보여져 있다. 이 전동기의 크지 않은 기동 토크의 값에 유의하라. 항복 토크 역시 왠만한 값이다.

Universal Motor

만능(유니버설) 전동기(universal motor)의 개념은 인가된 직류 또는 교류 전압으로 운전되는, 즉, 0으로부터 60 [Hz]의 주파수의 범위에 걸쳐 운전되는 전동기의 능력과 결부된다. 이 논제를 소개함으로써, 다음의 질문에 답한다: 직류 운전을 위해 설계된 **분권 전동기**(*shunt motor*)가 그것의 입력 선로 단자에 연결된 60 [Hz] 전압에 의해 동력을 내어놓을 수 있는가? 기본 토크 방정식에 대한 의지는 시간에 걸쳐 유지되는 자속 계자, 암페어-도체 분포 그리고 이 두가지의 적절한 배향을 밝히

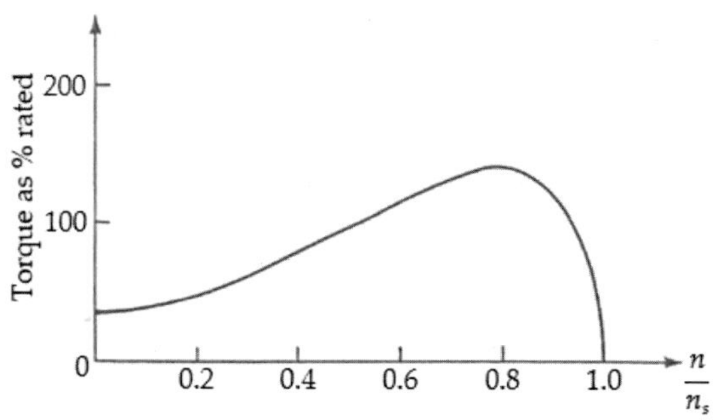

Figure 9-29 Typical torque-speed characteristic of a shaded-pole motor. Note low starting and breakdown torques.

밝히는 것이 필요함을 상기시킨다. 암페어-도체 분포는 전기자 권선을 통하는 전기자 전류의 흐름에 의해 보장된다. 자극 자속이 있을 것이지만, 그것의 크기는 두 가지 이유로 매우 작을 것이다. 하나는, 계자 권선이 많은 권수로 설비되며 인덕턴스가 권수의 제곱에 비례(식 (1-40)을 보라)하여, 계자 권선의 유도성 리액턴스가 극단적으로 높아서 매우 작은 계자 전류를 생성하기 때문이다. 둘째로는, 교류기와는 달리, 직류기의 공극이 꽤 크기 때문이다. 따라서 순(net) 효과는 매우 작은 자극 자속을 생성하는 것이다. 더구나, 브러시가 자극간 축을 따라 옳게 위치되었더라도, 여전히 계자와 전기자 전류의 매 주기적 변동 동안에, 자속 계자와 전기자 암페어-도체 분포가 각 도체 내에 단방향 토크를 생성하지 않을 것이다. 이것은 전기자 전류가 계자 전류와 시동상(in time phase)이 아니기 때문이다; 그리고 그 이유는 전기자 회로의 인덕턴스가 계자 회로처럼 그렇게 크지 않기 때문이다. 그러므로, 교류로 운전되는 분권 전동기는 약간의 기동 및 운전 토크를 생성하는데도 불구하고, 그 성능은 받아들일 수 있는 것과는 거리가 멀 것이다.

단상 교류 전압이 직류 직권 전동기에 인가되면 어떤 일이 일어날까? 상황이 이제는 매우 많이 개선된다. 첫째, 직권 계자와 전기자 권선이 같은 회로 내에서 같은 전류를 운반하기 때문에, 토크 생성을 위한 자계 배향이 최적이다. 둘째, 분권 전동기에서의 계자 권수에 비하여 작은 직권 계자 권수의 사용 덕분으로 직권 계자 인덕턴스가 작기 때문에 자극 자속이 이제는 더 크다. 직권 계자 기자력은 주로 큰 전기자 전류의 흐름에 종속된다. 따라서, 이 형태의 운전에 대해 받아들일 수 있는 성능이 기대된다. 하지만, 고정자 철이 성층되지 않았다면 철손이 터무니없게 될 수 있다. 또한, 코일이 정류 중에 있을 때 변압기 작용에 의해 생기는 유도 전류 때문에 정류가 나빠질 수 있다.

용어 **만능 전동기**(*universal motor*)는 교류 운전과 관련된 단점을 누그러뜨리도록 수정된 설계의 직류 직권 전동기에 적용된다. 이 수정은 다음을 포함한다:

1. 자극을 포함한 완전히 성층된 고정자 구조.
2. 변압기 유도 전압을 저감하기 위한 코일로부터 정류자편으로의 고저항 접속.
3. 전기자 회로에서의 리액턴스 강하를 저감하기 위한 더 적은 직권 계자 권수.
4. 더 적은 직권 계자 권수와 관련된 줄어든 자극 자속을 보상하기 위한 증가된 전기자 도체수.

만능 전동기는 뛰어난 직류 직권 전동기라는 것이 놀랄 일도 아닐 것이다.

만능 전동기에 의해 발생되는 토크는 통상의 직류 직권 전동기와 똑 같이 전기자 전류의 제곱에 비례한다. 그러나, 만능 전동기에서는 전기자 전류가 정현적으로 변하기 때문에, 시간의 함수로써 순시 토크는 그림 9-30에 그려진 바와 같이 선 주

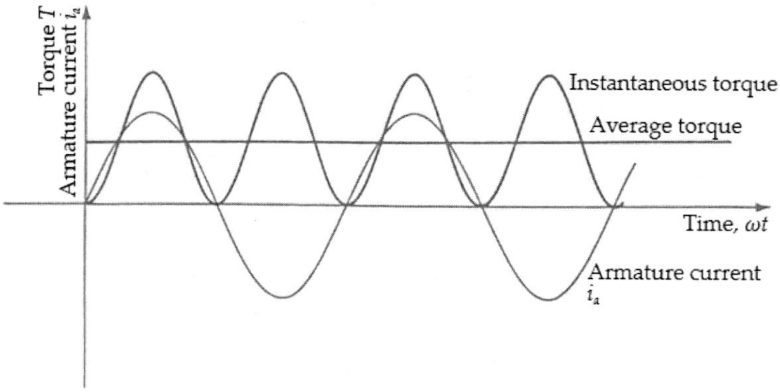

Figure 9-30 Instantaneous torque of the universal motor.

파수(line frequency)의 두배에 따라 변한다. 평균 토크가 전동기 축에서 유용한 일을 하지만, 이 순시 토크의 두배 주파수 변동이 만능 전동기에 소음과 진동을 생기게 한다.

만능 전동기와 통상의 직류 직권 전동기에 대한 전형적인 토크-속도 곡선이 그림 9-31에 묘사되어 있다. 어떤 주어진 토크에서 만능 전동기의 속도가 직류 직권 전동기보다 더 작음을 관찰하라. 그 이유는 직권 계자와 전기자 권선에 관련된 리액턴스 강하에 있다.

만능 전동기는, 토크가 전기자 전류의 제곱에 비례하기 때문에, 주어진 크기에 대해 어떤 다른 단상 전동기보다 더 많은 토크를 발생함에 유의하는 것이 유용하다. 따라서, 공간이 좁으며(at a premium) 높은 토크를 필요로 하는 곳에서의 응용에서 상당한 대중성을 찾는다. 가전 제품의 전 분야가 그러한 응용의 전형적인 예이다. 더구나, 그러한 전동기의 속도 제어는 직렬 저항기의 사용을 통하여(작은 정격의 경우) 또는 실리콘 제어 정류기를 사용하는 가조정(조정할 수 있는) 정류 전원의 사용을 통하여 쉽사리 이루어진다.

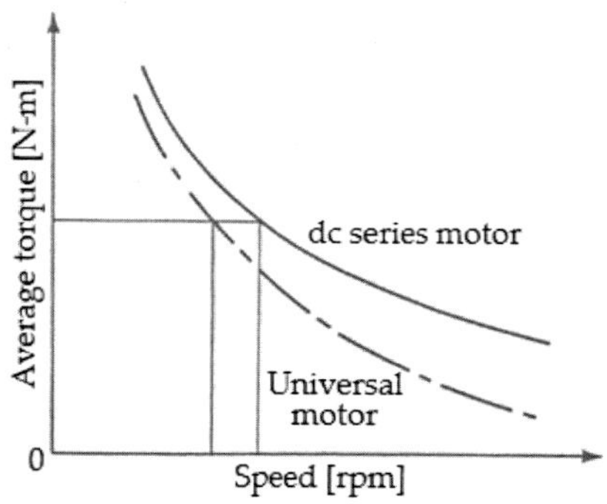

Figure 9-31 Typical torque-speed curves.

Hysteresis Motor

히스테리시스 전동기(hysteresis motor)는 이 절에서 설명된 다른 전동기와 경쟁하여 단상 전력 전원에서 가장 자주 사용되기 때문에 이 논제가 여기에 처음으로 포함된다. 하지만, 그것은 때때로 3상 운전을 위해 설계되며 정상 상태에서는 항상 동기속도에서 운전된다.

단상 히스테리시스 전동기의 성공 여부는 치(teeth)와 권선을 갖지 않지만 높은 최대 잔류 자속밀도(보자성) 강(high-retentivity steel)으로 매끈한, 원통형으로 구성된 회전자에 달려 있다. 회전자 물질의 높은 최대 잔류 자속밀도의 양상은 본질적으로 동기속도에서의 운전을 허용하는 영구자석 자극과 등가인 전동기를 제공한다. 고정자의 회전 자계는 보통, 일정한 크기의 회전 자계를 유기하기 위해 필요로 하는 시간 이격(time displacement)을 제공하기 위하여 권선의 하나에 영구적으로 연결된 고정된 커패시터가 있는, 두개의 좋은 분포권(two well-distributed windings)을 사용함으로써 얻어진다. 손실을 최소화하기 위하여 거의 정현적인 자계 분포를 보장하도록 고정자 설계에 주의가 기울여진다.

Starting Torque. 정지 상태에서 고정자 권선에 전력이 인가될 때, 합성 회전 고정자 기자력은 선주파수의 주기적 변동으로 회전자 강(rotor steel) 내에 히스테리시스 루프를 생성한다. 자화된 회전자는 자화 고정자 기자력보다 히스테리시스 각 γ 만큼 뒤지는 유도된 자극을 나타낸다.† 높은 최대 잔류 자속밀도의 물질은 큰 값의 γ를 가진다. 따라서, 정지 상태에서, 이 유도된 자극은 회전 고정자 기자력을 따라 가지만 γ [elec. deg] 만큼 지상으로 된다. 이 방식으로 히스테리시스에 의해 생성되는 토크는

$$T_h = K_h \Phi_S \Phi_R \sin\gamma \qquad \text{[N-m]}$$

로 설명될 수 있다. 여기서 K_h는 적절한 설계 매개변수이며, Φ_S는 고정자 기자력에 의해 생성되는 자속을 나타내고, Φ_R은 히스테리시스 효과에 의해 기인되는 회전자 내에서의 극당 유도 자속이며 그리고 γ는 [elec. deg]로 표현된 이 두 자계 사이의 공간 이격(space displacement)이다. T_h는 주어진 기계에 대하여 고정된 값임을 관찰하라.

Accelerating Torque. 기동 토크가 부하 토크를 초과하면, 잉여 토크가 동기속도를 향하여 부하를 가속한다. 이 시간 동안에 회전자 강 내에서의 히스테리시스 루프의 생성의 주파수는 감소하지만, Φ_R은 물론 γ는 이 양들이 회전자 물질의 히스테

†60 페이지를 보라.

리시스 루프의 최대 잔류 자속밀도 성질에 종속되기 때문에 영향을 받지 않는다. 그러므로, T_h는 0으로부터 동기속도까지 일정하게 남아있다. 이것이 그림 9-32에 수평선으로 그려져 있다. 이 범위에 걸친 합성 토크-속도 곡선은 실제로는, 순(net) 회전자 발생 토크에 대한 회전자 자속의 주기적 변동 동안에 회전자 강 내에서 생성되는 와전류와 관련된 기여 때문에 부(음)로 기울어져 있다. 물론, 일단 동기속도에 도달되면, 회전자 내에서의 자속의 주기적 변동은 끝나며 그래서 와전류 토크 기여 역시 그렇다. 하지만, 회전자 내에서의 자속의 주기적 변동의 결핍에도 불구하고, 회전자 강의 높은 최대 잔류 자속밀도 양상이 이제는 영구자석으로 고려될 수 있는 회전자를 제공하기 때문에, 히스테리시스 토크는 남아있다. 더욱이, 이 동기속도에서 히스테리시스 토크가 부하에 의해 요구되는 토크를 초과한다면, 회전자는 평형을 보장하도록 고정자 자극의 축과 회전자 자극의 축 사이의 물리적 지연(physical lag)을 재조정할 것이다. 이 운전점이 그림 9-32에 a로 표시되어 있다.

히스테리시스 전동기의 두가지 눈에 띄는 양상은 조용한 운전과 좋은 가속 토크이다. 또한, 동기속도에서 운전되는 이 전동기의 능력은 전력 계통이 사실상 일정한 주파수에서 전력을 제공할 때 특히 유리하다. 그러한 환경에서는 히스테리시스 전동기가 시계와 음반(레코드, record), 테이프(tape), 그리고 CD 플레이어(compact disk player) 같은 속도 감응 장치의 구동에 이상적이다.

9-8 OPERATING FEATURES AND TYPICAL APPLICATIONS

단상 교류전동기의 중요한 성능 양상은 물론 전형적인 응용이 표 9-1에 나타나 있다. 1/20 [hp]보다 작은 것을 포함하는 응용의 경우 쉐이딩 폴 전동기가 변함없이 사용됨에 유의하라. 다른 한편으로, 1/20 [hp] 내지 3/4 [hp]을 포함하는 응용에의 경우에는 전동기의 선택이 기동 및 항복 토크 그리고 심지어는 운전의 조용함 같은 인

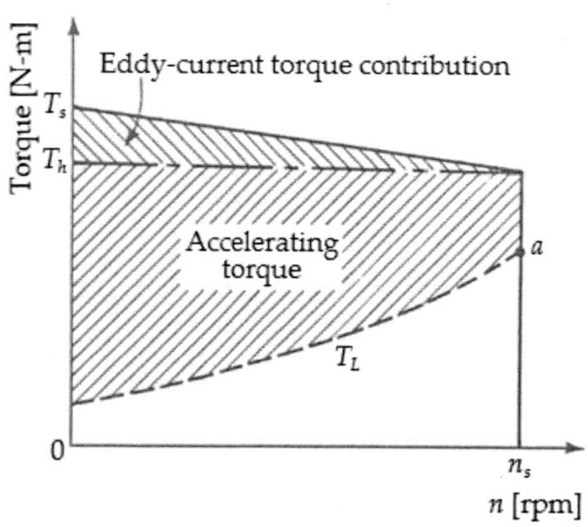

Figure 9-32 Torque-speed characteristic of the hysteresis motor.

자에 종속된다. 선풍기(환풍기, fan)와 송풍기(blower)의 구동과 같이 최소 소음이 바람직하며 낮은 기동 토크가 적당한 경우에는, 선택하는 전동기가 영구 분상형이다. 압축기(compressor) 구동의 경우에서와 같이, 조용함이 높은 기동 토크와 결합되는 것을 필요로 한다면, 적절한 선택이 커패시터-기동 커패시터-운전 전동기일 것이다. 물론, 압축기가 소음이 있는 환경에 위치된 상황에서는, 싼 가격 때문에, 명백하게 선택이 커패시터-기동 유도-운전 전동기이어야 할 것이다.

PROBLEMS

9-1 두개의 계자 코일이 45 [elec. deg] 이격되어 있다. 더욱이, 45 [elec. deg]시간 이격된 정현 전류가 이 권선을 통하여 흐른다. 회전 자계로 귀결할 것인가? 설명하라.

9-2 두개의 코일이 서로 직각인 축으로 낮은 자기저항의 자기회로 내에 위치되어 있다—첫째는 수직을 따라 그리고 둘째는 수평을 따라. 90 [elec. deg] 시간 이격되어 있으며 같은 주파수 ω인 정현 전류가 코일을 통하여 흐르도록 만들어진다. 더욱이, 첫째 코일의 기자력은 둘째 코일의 두배이다.

(a) 시간 ωt_0에서 첫째 코일의 기자력이 정(양)의 첨두 값인 것으로 가정하여, 합성 기자력의 상대적인 크기와 방향을 결정하라.

(b) ωt_0보다 45° 뒤의 시간 ωt_1에 대하여 문제 (a)를 반복하라.

(c) ωt_0보다 90° 뒤의 시간 ωt_2에 대하여 문제 (a)를 반복하라.

(d) 문제 (a), (b), 그리고 (c)로부터 그릴 수 있는 결론은 무엇인가?

9-3 문제 9-2의 두개의 코일이 이제 위상이 45 [elec. deg] 어긋나지만 같은 기자력을 산출하는 정현 전류로 여자된다.

(a) 시간 ωt_0에서 첫째 코일의 기자력이 정(양)의 첨두 값인 것으로 가정하여, 합성 기자력의 상대적인 크기와 방향을 결정하라.

(b) ωt_0보다 45° 뒤의 시간 ωt_1에 대하여 문제 (a)를 반복하라.

(c) ωt_0보다 90° 뒤의 시간 ωt_2에 대하여 문제 (a)를 반복하라.

(d) 문제 (a), (b), 그리고 (c)로부터 그릴 수 있는 결론은 무엇인가?

9-4 그림 P9-4에서, I, II, 그리고 III은 서로 120°씩 공간적으로 이격된 평형 3상 권선의 세개

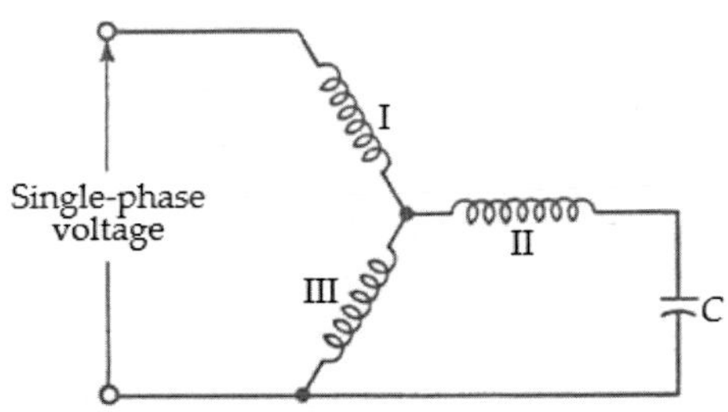

Figure P9-4.

TABLE 9-1 CHARACTERISTICS AND APPLICATIONS OF SINGLE-PHASE AC MOTORS

Type designation	Starting torque ([%] of normal)	Approx. comparative price [%]	Breakdown Torque ([%] of normal)	Starting current [A] at 115 [V]	Power factor [%]
General-purpose split-phase motor	90–200 Medium	85	185–250 Medium	23 ¼ [hp]	56–65
High-torque split-phase motor	200–275 High	65	Up to 350	32 High ¼ [hp]	50–62
Permanent-split capacitor motor	60–75 Low	155	Up to 225	Medium	80–95
Permanent-split capacitor motor	Up to 200 Normal	155	260		80–95
Capacitor-start general-purpose motor	Up to 435 Very high	100	Up to 400		80–95
Capacitor-start capacitor-run motor	380 High	190	Up to 260		80–95
Shaded-pole motor	50	–	150		30–40

Source: By permission from M. Liwschitz-Garik and C. C. Whipple, *Electric Machinery*, vol. II (Princeton, N.J.: D. Van Nostrand Co., Inc., 1946)

의 코일을 나타낸다. 단상 전압이 보여진 방식으로 3상, 농형 전동기에 인가된다면, 전동기가 동작할 것인가? 답의 근거를 밝혀라.

9-5 2상, 2극 유도전동기의 고정자 권선이 공간에서 직각이다. 상전류의 실효치가 $\bar{I}_a = 10\angle 0°$와 $\bar{I}_b = 10\angle 90°$ [A]일 때, 합성 고정자 기자력파는 시계 방향으로 회전하며, 그것의 첨두 값은 2000 [A-t/pole]이다. 상전류가 $\bar{I}_a = 5\angle 0°$와 $\bar{I}_b = 10\angle 53.1°$ [A]로 바뀌었을 때, 시계 방향과 반시계 방향으로 회전하는 기자력파의 첨두 값을 찾아라.

9-6 2상 유도전동기의 고정자 권선 내에서의 상전류가 $\bar{I}_a = 8\angle 0°$와 $\bar{I}_b = 8\angle(-90°)$ [A]이다. 그들이 함께 반시계 방향으로 회전하며 1000 [A-t/pole]의 첨두 값을 갖는 기자력파를 생성한다. 그 다음 이 전류가 다음과 같이 바뀌었다: $\bar{I}_a = 10\angle 0°$ 그리고 $\bar{I}_b = 6\angle(+36.9°)$ [A]. 결과적인 시계 방향과 반시계 방향 회전 기자력파의 첨두 값을 찾아라.

9-7 정지 상태에서, 단상 유도전동기의 주권선과 보조 권선에서의 전류가 $\bar{I}_M = 10\angle 0°$와 $\bar{I}_A = 5\angle 60°$ [A]로 주어진다. 주권선에서의 매 4 [turn]에 대하여 보조 권선에 5 [turn/pole]이 있다. 더욱이, 이 권선은 공간에서 직각이다. 일정한 크기와 속도의 기자력파를 생성하기 위해서는 보조 권선 내의 전류의 크기와 위상은 얼마이어야 할 것인가?

9-8 기계의 전기자 기자력이 식

$$\mathcal{F}_a = K_1 \cos \omega t \cos \alpha + K_2 \cos \omega t \sin \alpha \ \text{[A-t]}$$

Efficiency [%]	Horsepower range	Application and general remarks
62–67	1/20 to 3/4	Fans, blowers, office appliances, food-preparation machines. Low- or medium-starting torque, low-inertia loads. Continuous-operation loads. May be reversed.
46–61	1/6 to 1/3	Washing machines, sump pumps, home workshops, oil burners, medium- to high starting torque loads. May be reversed.
55–65	1/20 to 3/4	Direct-connected fans, blowers, centrifugal pumps, Low-starting torque loads. Not for belt drives. May be reversed.
55–65	1/6 to 3/4	Belt-driven or direct-drive fans, blowers, centrifugal pumps, oil burners. Moderate-starting torque loads. May be reversed.
55–65	1/8 to 3/4	Dual voltage. Compressors, stokers, conveyors, pumps. Belt-driven loads with high static friction. May be reversed.
55–65	1/8 to 3/4	Compressors, stokers, conveyors, pumps. High-torque loads. High power factor. Speed may be regulated.
30–40	1/300 to 1/20	Fans, toys, hair dryers, unit heaters. Desk fans. Low-starting torque loads.

으로 나타내어진다. 이것은 단상 기계인가 다상 기계인가? 답을 설명하라.

9-9 불평형 2상 전압 계통이

$$\bar{V}_a = 120\angle 0° \text{ [V]}$$
$$\bar{V}_b = 80\angle(-53°) \text{ [V]}$$

으로 나타내어진다.

(a) 이 계통의 정상분 전압 조합을 찾아라.

(b) 역상분 조합은 무엇인가?

(c) 각 정상분과 역상분 성분을 보이는, 이 2상 계통의 완전한 페이서도를 그려라.

9-10 $\bar{V}_a = 120\angle 0°$ [V] 그리고 $\bar{V}_a = 120\angle 0°$ [V]인 경우에 대하여 문제 9-9를 반복하라.

9-11 [V]로 표현된 $95.2\angle 14.6°$의 정상분 성분과 $31\angle 40.6°$의 역상분 성분으로 나타내어지는 불평형 2상 계통을 찾아라.

9-12 ¼ [hp], 115 [V], 60 [Hz], 4극, 단상 유도전동기에 대한 부하 시험의 결과가 다음과 같다:

applied voltage	=	115 [V]
main winding current	=	3.7 [A]
power input	=	270 [W]
stator core loss	=	10 [W]

slip = 90 [rpm]

고정자 권선 저항은 2 [Ω]이며 고정자로 환산된 회전자 저항은 1.6 [Ω]이다. 기동 권선은 이 시험 동안에 끊어져 있다. 시험 동안의 동력 출력을 계산하라. 회전손은 고정자 동손과 같다고 가정하라.

9-13 110 [V], 60 [Hz], 단상 유도전동기가 다음과 같은 매개변수를 가진다:

$$r_1 = 1.86\ [\Omega] \quad r_2' = 1.78\ [\Omega] \quad x_\phi = 25\ [\Omega]$$
$$x_1 = 2.56\ [\Omega] \quad x_2' = 1.28\ [\Omega]$$

5 [%]의 슬립에서 다음을 찾아라:

(a) 입력 선전류와 역률.

(b) 마력 출력.

(c) 효율.

9-14 115 [V], ¼ [hp], 60 [Hz], 단상 유도전동기가 다음과 같은 매개변수를 가진다:

$$r_1 = 1.48\ [\Omega] \quad r_2' = 1.68\ [\Omega] \quad x_\phi = 25\ [\Omega]$$
$$x_1 = 3.22\ [\Omega] \quad x_2' = 1.6\ [\Omega]$$

또한, 고정자 철손은 무시할 수 있다.

(a) 이 전동기가 10 [%]의 슬립에서 운전될 때 운전 성능을 결정하라.

(b) 문제 (a)의 조건 하에서 이 전동기의 연속 운전이 허용될 것인가?

9-15 앞의 문제에서 설명된 기계의 회전자가 구속되었으며 정격 전압이 인가되었다. 선 전력계와 전류계의 지시치를 계산하라. 적절한 근사화를 하라.

9-16 ½ [hp], 115 [V], 4극, 단상 유도전동기가 다음의 시험 자료를 나타낸다:

At no-load:	115 [V],	4.81 [A],	105 [W]
With rotor blocked:	115 [V],	27.2 [A],	1308 [W]

고정자 권선 저항은 0.83 [Ω]이다. 고정자 철손은 회전손과 같다. 등가회로의 매개변수를 결정하라.

9-17 다음과 같은 무부하 및 구속 회전자 시험 자료를 단상 유도전동기에 대하여 이용할 수 있다:

Blocked-rotor:	$I_{sc} = 6.6$ [A],	$V_{sc} = 53$ [V],	$P_{sc} = 210$ [W]
No-load:	$I_n = 3.85$ [A],	$V_n = 208$ [V],	$P_n = 160$ [W]

고정자 저항은 1.48 [Ω]이며 회전손은 60 [W]이다.

(a) 등가회로의 매개변수를 결정하라.

(b) 철손의 값은 얼마인가?

(c) 등가회로에서 이 철손을 나타내기 위해 사용될 수 있는 저항의 값을 계산하라. 그 것의 위치를 보여라.

9-18 ¼ [hp], 110 [V], 60 [Hz], 4극, 단상 유도전동기가 다음과 같은 매개변수를 가진다:

$$r_1 = 1.5\,[\Omega] \qquad r_2' = 1.4\,[\Omega] \qquad x_\phi = 40\,[\Omega]$$
$$x_1 = 2.4\,[\Omega] \qquad x_2' = 1.2\,[\Omega]$$

고정자 철손은 20 [W]이다.

(a) 5 [%]의 슬립에서 발생 토크를 계산하라.

(b) 회전손이 20 [W]와 같다면, 축 토크는 얼마인가?

9-19 ½ [hp], 220 [V], 60 [Hz], 4극, 단상 유도전동기가 다음과 같은 등가회로 매개변수를 가진다:

$$r_1 = 2.8\,[\Omega] \qquad r_2' = 2.4\,[\Omega] \qquad x_\phi = 90\,[\Omega]$$
$$x_1 = 5.5\,[\Omega] \qquad x_2' = 2.8\,[\Omega]$$

철손은 30 [W]이며 회전손은 46 [W]이다. $s = 0.05$ [pu]에 대하여 다음을 결정하라:

(a) 선전류와 선 역률.

(b) 마력 출력.

(c) 효율.

9-20 다음의 자료가 ¼ [hp], 110 [V], 60 [Hz], 4극, 단상 유도전동기에 적용될 수 있다:

No-load test:	$V_n = 110$ [V],	$I_n = 2.73$ [A],	$P_n = 56$ [W]
Blocked-rotor test:	$V_{sc} = 110$ [V],	$I_{sc} = 16.6$ [A],	$P_{sc} = 1260$ [W]

주권선의 저항은 1.5 [Ω]이다. 회전손은 철손과 같다고 가정하라. 주의 깊게 그려진 등가회로에서, 5 [%]의 슬립에 대하여 각 매개변수의 값을 보여라.

9-21 2상, 60 [Hz], 농형 유도전동기가 6 [Ω]의 상당 구속 저항(blocked resistance)과 8 [Ω]의 리액턴스를 가진다. 정상 2상 전동기로 연결되었을 때, 기동 토크는 200 [%]이다. 이 전동기를 단상 회로에서 사용하기를 원한다.

(a) 10 [Ω]의 저항이 한 상에 직렬로 삽입되고 기계는 분상 전동기로 운전된다. 정지 상태에서 발생 토크를 결정하라. 토크가 상전류의 적(곱, product)은 물론 그들 사이의 위상각의 정현(사인, sine)에 비례하는 것으로 고려하라.

(b) 커패시터가 저항기 대신 사용된다. 전류 사이의 위상각이 90°가 되도록 하는 커패시터의 [μF] 정격을 계산하라.

(c) 문제 (b)의 조건에 대하여 기동 토크를 결정하라.

9-22 역전 운전을 허용하는 다음의 전동기에 의해 제공되는 능력을 약간 상세하게 논의하라. 각 경우에서 만나게 될법한 용이함과 어려움은 물론 지켜져야 할 예방 조치를 꼭 인용하라. 실제로 역전 운전이 간주되는 경우에서, 역전 형태(reversible mode)를 허용

하는 회로를 포함하여 전동기의 완전한 개략도를 그려라.

(a) 영구 분상 커패시터 전동기.

(b) 커패시터-기동 커패시터-운전 전동기.

(c) 범용 분상 전동기.

(d) 만능 전동기.

(e) 히스테리시스 전동기.

9-23 다음의 질문은 단상 쉐이딩 폴 유도전동기에 관련된다:

(a) 회전 방향이 선로 인입선을 뒤집음으로써 역전될 수 있는가? 설명하라.

(b) 단상 쉐이딩 폴 전동기의 역전 운전을 허용하는 책략을 고안하라.

PART II

TOPICS FOR FURTHER STUDY

10 UNBALANCED TWO-PHASE MOTORS: SERVOMOTORS

2상 보조 전동기(서보 전동기, 간접 조속 장치, servomotor)는 궤환 제어 계통에서 출력 작동기(액추에이터, actuator)로서 광범위한 용도를 얻었다. 높은 회전자 저항은 구별되는 설계 특성 중 하나이다. 이 양상은 전체 운전 범위에 걸쳐 토크-속도 특성에 대한 부(음) 기울기를 보장하며 그것에 의해 좋은 안정도를 위한 정(양) 제동(positive damping)을 가진 전동기를 제공한다. 교류 서보 전동기는 종종 불평형 2상 전압으로 운전된다. 고정된 기준 전압(reference voltage)이 주권선에 인가되며 변동하는 전압이 제어 권선(control winding)에 인가된다. 제어 권선은 주로 보통 주권선의 신호와는 90° 이격된 신호로 서보 증폭기(servoamplifier)의 출력 단자로부터 먹여진다.

불평형 전압이 공급되는 2상 서보 전동기의 해석적 취급은 대칭 성분(symmetrical components)의 사용에 의해 편리하게 이루어질 수 있다. 이 기법이 불평형 4상 계통의 더 일반적인 경우에 대하여 이 장의 첫 절에서 설명되며, 계속하여 2상의 경우에 적용된다. 대칭 성분 접근법은 불평형 전압을 둘 또는 그보다 많은 조합의 평형 전압으로 대체하는 것을 허용한다. 이 방식에서는 불평형 기계가 이미 완전히 밝혀진 이론적인 고려의 항으로 다루어진다.(다상 전동기의 성능의 계산은 Chapter 4에서 설명되었다.)

10-1 SYMMETRICAL COMPONENTS

문제의 더 완전한 정식화가 이루어질 수 있기 때문에 먼저 불평형 4상 전압 계통을 평형 전압 조합으로 대체하는 방법이 주로 설명된다. 불평형 2상 전압 계통이 직접 다루어진다면, 어떤 일반성을 잃어버리게 될 수 있는 영상분(zero-sequence) 전압 또는 평형 단상 전압 조합으로 다룰 필요가 없을 것이다. 그림 10-1 (a)에서는 불평형 4상 전압 조합이 보여져 있다. 평형 계통에서는 상전압이 크기가 같으며 서로 정확히 90°씩 이격되어 있을 것이다. 그 조건이 그림 10-1 (a)에 묘사된 조합에 의해서는 만족되지 않는다. 그림 10-1 (b)는 페이서 합은 0이 아니지만, 오히려, 합성량(resultant quantity) $4\bar{V}_0$을 더한 것을 보인다. 양 $\bar{V}_0$은 **영상분**(*zero-sequence*) 전압이라 불리며 인자 4는 이 불평형이 각 상전압에서 같은 불평형의 존재에 의해

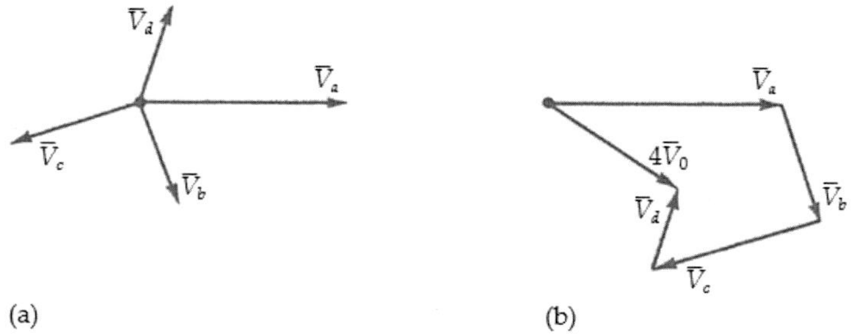

Figure 10-1 Unbalanced four-phase voltage system: (a) star notation; (b) identifying the zero-sequence component $\bar{V}_0$.

나타났다고 가정될 수 있다는 것을 기술한다. 그것이 영상분이라 불리는 것은 어떤 한 상전압에서의 $\bar{V}_0$이 다른 상전압의 양 $\bar{V}_0$과 **동상**(*in-phase*)이기 때문이다.

어떤 주어진 불평형 계통에 대하여 영상 성분(zero-sequence component)은

$$\bar{V}_0 = \frac{1}{4}(\bar{V}_a + \bar{V}_b + \bar{V}_c + \bar{V}_d) \qquad [\text{V}] \tag{10-1}$$

로부터 바로 찾아질 수 있다. 각 상전압으로부터의 $\bar{V}_0$의 제거는 합계 0이 되는 4상 전압 계통으로 귀결한다. 따라서

$$(\bar{V}_a - \bar{V}_0) + (\bar{V}_b - \bar{V}_0) + (\bar{V}_c - \bar{V}_0) + (\bar{V}_d - \bar{V}_0) = 0 \qquad [\text{V}] \tag{10-2}$$

이다. 편의를 위하여

$$\begin{aligned} \bar{V}_A &\equiv \bar{V}_a - \bar{V}_0 \\ \bar{V}_B &\equiv \bar{V}_b - \bar{V}_0 \\ \bar{V}_C &\equiv \bar{V}_c - \bar{V}_0 \\ \bar{V}_D &\equiv \bar{V}_d - \bar{V}_0 \end{aligned} \qquad [\text{V}] \tag{10-3}$$

이라 하자. 식 (10-2)는 그러면

$$\bar{V}_A + \bar{V}_B + \bar{V}_C + \bar{V}_D = 0 \qquad [\text{V}] \tag{10-4}$$

가 된다. 전술한 것은 도식적으로 그림 10-2로 나타내어진다. 비록 $\bar{V}_A, \bar{V}_B, \bar{V}_C$, 그리고 $\bar{V}_D$의 페이서 합이 0일지라도, 전압이 크기가 같지 않으며 같지 않은 위상 변위각을 가진다는 의미에서 이 양은 여전히 불평형 4상 계통을 나타낸다는 것을 염두에 두는 것이 중요하다.

다음으로 주의는 식 (10-4)의 불평형 전압 계통을 일반적으로 나타내기 위해 부과되어야 하는 조건으로 향한다. 평형 전압의 집단(group)에 의해 이 불평형 계통을 나타내는 것으로 나아갈 수 있다면, 단순화에 도움이 된다. 특히, 4상 계통을 다

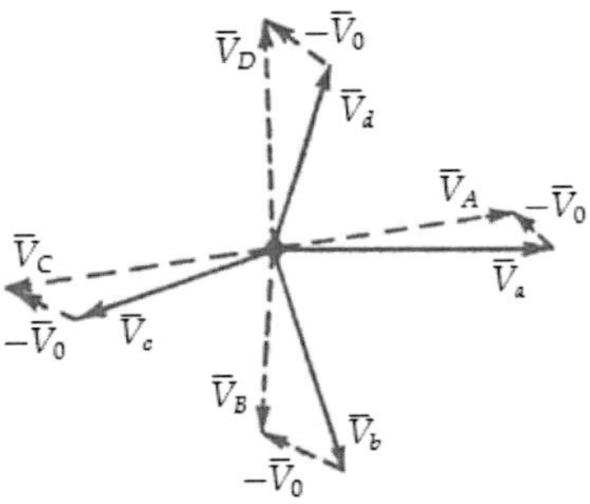

Figure 10-2 Removing the zero-sequence voltage $\overline{V}_0$ from each phase voltage.

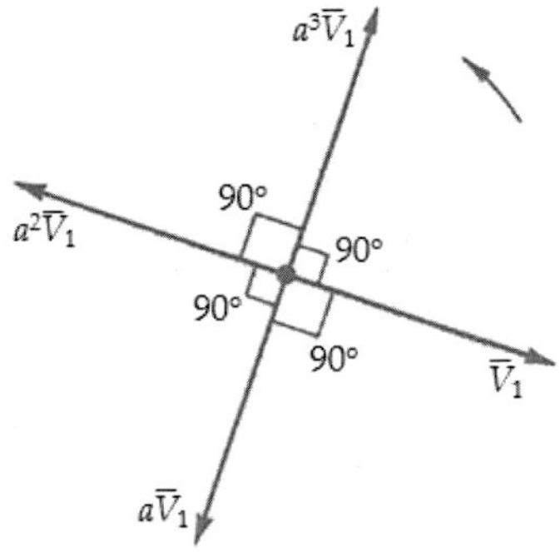

Figure 10-3 Balanced positive-sequence four-phase voltage set.

루고 있기 때문에, 이 표현을 가능한 한 **평형 4상 계통**(*balanced four-phase systems*)의 항으로 만드는 것이 바람직하다. 그러면 이와 관련하여 좋은 출발점은 식 (10-4)의 계통의 각 상전압이 그림 10-3에 그려진 것과 같은 적절한 **평형 정상분 조합**(*balanced positive-sequence set*)의 성분을 내포한다고 가정하는 것이다. 양 $\overline{V}_1$은 $\overline{V}_A$의 성분인 것으로 가정된다. 하첨자 1은 **정상분**(*positive-sequence*)을 나타내기 위해 사용된다. 4상 평형 전압의 정상분 조합에서는, 상전압이 크기가 같고 서로 90 [deg] 이격되어 있으며 회전이 반시계(즉, 정(양)) 방향임에 유의하라. 양 $a\overline{V}_1$은 $\overline{V}_B$의 대응 성분이다. 여기서 기호 a는

$$a = 1\angle(-90°) \tag{10-5}$$

로 정의되는 회전 연산자(rotational operator)이다. 비슷하게, $a^2\overline{V}_1$은 $\overline{V}_C$의 정상 성분(positive-sequence component)이며 $a^3\overline{V}_1$은 $\overline{V}_D$의 정상 성분이다. $a^2 = -1$ 그리고 $a^3 = 1\angle 90°$를 관찰하라.

이제 귀결하는 상전압에서 적어도 약간의 불평형을 보장하도록 어떤 그림 10-3의 정상분 4상 전압 조합을 더할 수 있을 것인가? 그림 10-4의 일견이 드러내는 바와 같이, 평형 정상분 전압의 두번째 조합의 산입은 효과가 없다. 두개의 정상분 전압 조합을 더하는 결과는 여전히 평형 4상 계통을 산출한다. 그러므로 이 때 그림 10-3의 계통에 평형 **역상분**(*negative-sequence*) 4상 전압 조합을 더하는 효과를 조사하는 것이 가치있어 보인다. 이제 결과는 그림 10-5에 그려진 것이다. 반대 상순(opposite sequence)의 선택이 전압의 두 쌍을 불평형으로 하는 한편 여전히 평형 계통을 보전함에, 즉 0의 합성을 산출하는 효과를 가짐에 유의하라. 양 $\overline{V}_2$는 $\overline{V}_A$의 역상 성분(negative-sequence component)이다. 하첨자 2는 역상분을 나타내기 위해 사용된다. 또한 역상분 조합의 경우, $a^3\overline{V}_2$는 $\overline{V}_B$의 성분이며, $a\overline{V}_2$는 $\overline{V}_D$의 성분임에 유의하라. 이것은 적절한 평형 조합의 항으로 불평형 전압 계통을 나타내는 목표를

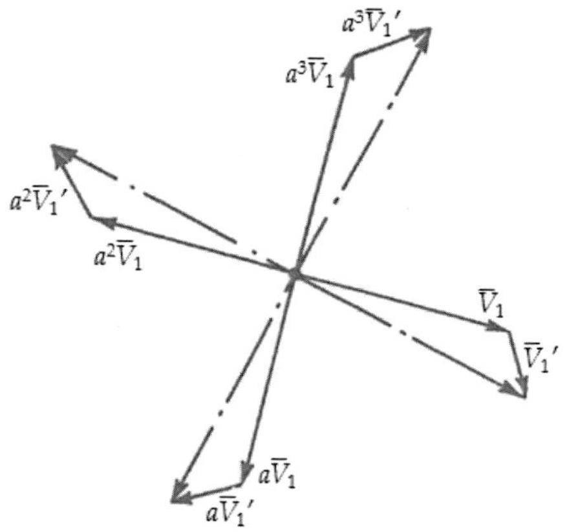

Figure 10-4 The addition of two positive-sequence voltage sets yields a balanced resultant set.

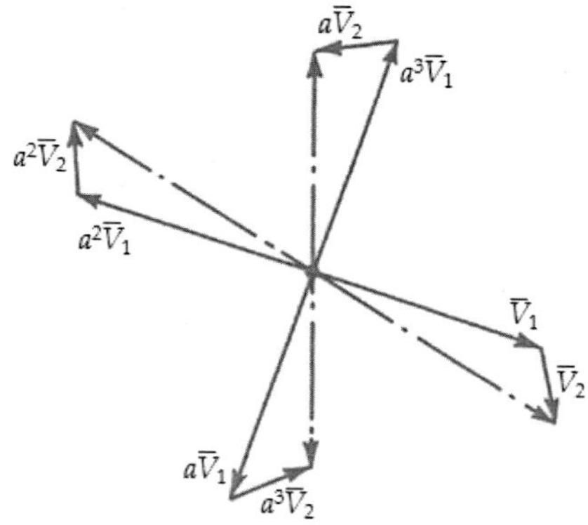

Figure 10-5 Addition of positive- and negative-sequence balanced four-phase voltage sets.

달성하는데 있어서 더 나아간 단계를 나타낸다.

이제 위상은 물론 크기가 다르게 되는 각 상전압(단지 쌍으로가 아닌)이 생기는 방식으로 그림 10-5에 묘사된 계통의 각 상에 전압의 세번째 조합을 더하는 것이 바람직하다. 이 연결에서, 네번째 성분의 합성은 평형을 보전하기 위해 0을 산출하는 것이라는 것을 염두에 두고, 단상 조합을 더하는 효과를 조사하자. 따라서, 세번째 성분 $\overline{V}_3$이 $\overline{V}_A$를 산출하도록 $\overline{V}_1$과 $\overline{V}_2$에 더해지는 것으로 가정된다면, 같으며 반대 방향인 $a^2\overline{V}_3$이 $\overline{V}_B$를 산출하도록 $a\overline{V}_1$과 $a^3\overline{V}_2$에 더해지는 것으로 가정된다. 비슷하게, $\overline{V}_C$의 세번째 성분은 $\overline{V}_3$인 것으로 취해지는 한편, $\overline{V}_D$의 세번째 성분은 $a^2\overline{V}_3$인 것으로 취해진다. 이 덧셈의 결과가 그림 10-6에 묘사되어 있다. 이 단상의 역전된 상 조합(single-phase reversed-phase set)은 함께 더하면 0이 되는 앞의 조합에서의 영상분 조합과는 다르다는 것에 유의하라. 그림 10-6의 조사는, 표시된 평

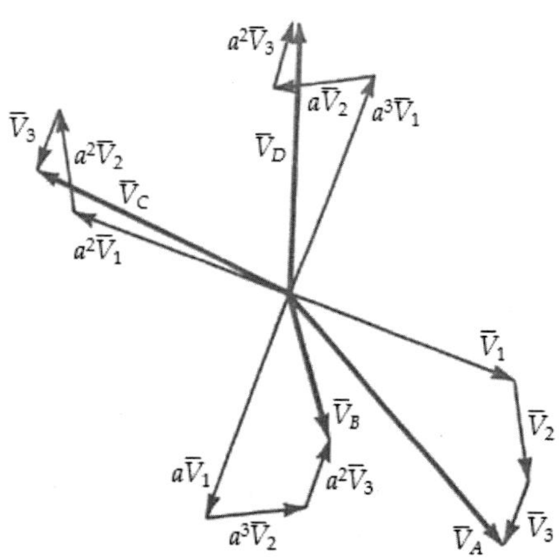

Figure 10-6 Illustrating how an unbalanced set of four-phase voltages can be represented generally by balanced sets.

형 전압 조합의 사용으로, 어떤 불평형 전압의 4상 계통을 나타내는 것이 가능하게 된다는 것을 드러낸다. 그 이유는 그러한 구성이 각 상전압을 서로 위상과 크기가 다르도록 만드는 충분한 유연성이 존재하는 구성이기 때문이다. 하지만, 실로 주의를 기울이는 관심은 역의 상황(reverse situation), 즉, 불평형 계통이 특정되었을 때 각 상 내에서의 불평형 전압 성분을 찾는 것이다. 앞에서의 취급은 각 성분이 총(total) 전압에 어떻게 영향을 미치는지를 더 잘 강조하기 위해 나타내어지는 것으로 설명되었다.

4상 계통의 불평형 상전압은 이제 수학적으로 다음과 같이 표현될 수 있다:

$$\overline{V}_A = \overline{V}_1 + \overline{V}_2 + \overline{V}_3 \qquad [\mathrm{V}] \tag{10-6}$$

$$\overline{V}_B = a\overline{V}_1 + a^3\overline{V}_2 + a^2\overline{V}_3 \qquad [\mathrm{V}] \tag{10-7}$$

$$\overline{V}_C = a^2\overline{V}_1 + a^2\overline{V}_2 + \overline{V}_3 \qquad [\mathrm{V}] \tag{10-8}$$

$$\overline{V}_D = a^3\overline{V}_1 + a\overline{V}_2 + a^2\overline{V}_3 \qquad [\mathrm{V}] \tag{10-9}$$

각 식의 우변에 있는 첫째 항은 평형 정상분 조합의 성분을 나타내고, 둘째 항은 역상분 조합의 평형 성분을 나타내며, 그리고 셋째 항은 평형 단상 조합의 성분을 나타낸다. 각 성분 조합이 평형 조합이기 때문에, 그들 함께는 0인 합성을 산출한다. 이것은 불평형 성분이 미리 제거되었다는 사실의 관점에서 놀랄 일이 아니다. (식 (10-3)을 참조하라.)

식 (10-3)이 (10-6)에서 (10-9)에 삽입되면, 적절한 성분의 항으로 원래의 불평형 전압에 대한 표현식이 얻어진다. 따라서

$$\overline{V}_a = \overline{V}_1 + \overline{V}_2 + \overline{V}_3 + \overline{V}_0 \qquad [\mathrm{V}] \tag{10-10}$$

$$\overline{V}_b = a\overline{V}_1 + a^3\overline{V}_2 + a^2\overline{V}_3 + \overline{V}_0 \qquad [\mathrm{V}] \tag{10-11}$$

$$\overline{V}_c = a^2\overline{V}_1 + a^2\overline{V}_2 + \overline{V}_3 + \overline{V}_0 \qquad [\mathrm{V}] \tag{10-12}$$

$$\overline{V}_d = a^3\overline{V}_1 + a\overline{V}_2 + a^2\overline{V}_3 + \overline{V}_0 \qquad [\mathrm{V}] \tag{10-13}$$

이다.

주어진 불평형 4상 계통의 항으로 영상 성분을 찾는 방법은 식 (10-1)로 나타내어져 있다. 지금 적절한 관심사는 어떻게 남아있는 세개의 평형 성분이 주어진 불평형 계통의 항으로 결정될 수 있는지에 대한 고려이다. 상 a의 정상 성분 $\overline{V}_1$이 결정된다면, 남아있는 각 상에서의 대응하는 성분 역시, 단지 회전 인자만 다르기 때문에, 알려짐에 유의하라. 비슷한 상황이 역상 성분과 평형 단상 성분에 대해서도 통용된다.

정상 성분을 찾기 위해서는, 식 (10-10)에서 (10-13)이 $\overline{V}_1$을 분리하는 방식으로

조작되어야 한다. 이 식의 검토는 식 (10-11)에 a^3을, 식 (10-12)에 a^2을, 그리고 식 (10-13)에 a를 곱하고, 이 식의 각각을 식 (10-10)과 합함으로써 이루어질 수 있다. 따라서

$$\bar{V}_a = \bar{V}_1 + \bar{V}_2 + \bar{V}_3 + \bar{V}_0 \quad [\text{V}] \tag{10-14}$$

$$a^3\bar{V}_b = \bar{V}_1 + a^2\bar{V}_2 + a\bar{V}_3 + a^3\bar{V}_0 \quad [\text{V}] \tag{10-15}$$

$$a^2\bar{V}_c = \bar{V}_1 + \bar{V}_2 + a^2\bar{V}_3 + a^2\bar{V}_0 \quad [\text{V}] \tag{10-16}$$

$$a\bar{V}_d = \bar{V}_1 + a^2\bar{V}_2 + a^3\bar{V}_3 + a\bar{V}_0 \quad [\text{V}] \tag{10-17}$$

$$\bar{V}_a + a^3\bar{V}_b + a^2\bar{V}_c + a\bar{V}_d = 4\bar{V}_1 + 0 + 0 + 0 \quad [\text{V}] \tag{10-18}$$

이다. 양 $(1 + a + a^2 + a^3)$과 $(1 + a^2)$은 항등적으로 0과 같음을 염두에 두어라. 마지막 식으로부터, 전압의 정상 성분의 값은 $a^3 = +j, a^2 = -1$, 그리고 $a = -j$이기 때문에

$$\bar{V}_1 = \frac{1}{4}(\bar{V}_a + j\bar{V}_b - \bar{V}_c - j\bar{V}_d) \quad [\text{V}] \tag{10-19}$$

이라는 것이 따라온다.

비슷한 과정을 역상 성분과 평형 단상 조합에 적용하면, 다음의 결과로 이끈다:

$$\bar{V}_2 = \frac{1}{4}(\bar{V}_a - j\bar{V}_b - \bar{V}_c + j\bar{V}_d) \quad [\text{V}] \tag{10-20}$$

그리고

$$\bar{V}_3 = \frac{1}{4}(\bar{V}_a - \bar{V}_b + \bar{V}_c - \bar{V}_d) \quad [\text{V}] \tag{10-21}$$

그러므로 식 (10-1), (10-19), (10-20), 그리고 (10-21)에 의해, 평형 전압 조합의 값이 전압의 불평형 4상 계통을 대체하기 위하여 찾아질 수 있다.

EXAMPLE 10-1 불평형 4상 계통의 상전압이 다음과 같이 주어진다:

$$\bar{V}_a = 120\angle 0° = 120 + j0 \text{ [V]} \tag{10-22}$$

$$\bar{V}_b = 75\angle(-60°) = 37.5 - j65 \text{ [V]} \tag{10-23}$$

$$\bar{V}_c = 100\angle(-150°) = -86.6 - j50 \text{ [V]} \tag{10-24}$$

$$\bar{V}_d = 50\angle 80° = 8.7 + j49 \text{ [V]} \tag{10-25}$$

(a) 영상분, 정상분, 역상분 전압과 평형 단상 조합을 찾아라.

(b) 주어진 불평형 전압을 산출하도록 개별 상 성분을 더하는 방식을 보이는 페이서도를 그

려라.

SOLUTION (a) 식 (10-1)에 의해 각 상에 대한 영상 성분은 다음과 같이 찾아진다:

$$\overline{V}_0 = \frac{1}{4}(\overline{V}_a + \overline{V}_b + \overline{V}_c + \overline{V}_d) = \frac{1}{4}(79.6 - j66) = 19.9 - j16.5 = 25.8\angle(-39.8°) \text{ [V]} \quad (10\text{-}26)$$

식 (10-19)로부터 얻어지는 정상 성분은

$$\begin{aligned}\overline{V}_1 &= \frac{1}{4}(\overline{V}_a + j\overline{V}_b - \overline{V}_c - j\overline{V}_d) = \frac{1}{4}(120 + j0 + j37.5 + 65 + 86.6 + j50 - j8.7 + 49)\\ &= 80.2 + j19.7 = 82.6\angle 13.8° \text{ [V]}\end{aligned} \quad (10\text{-}27)$$

역상 성분은 식 (10-20)으로부터 다음과 같이 결정된다:

$$\begin{aligned}\overline{V}_2 &= \frac{1}{4}(\overline{V}_a - j\overline{V}_b - \overline{V}_c + j\overline{V}_d) = \frac{1}{4}(120 + j0 - j37.5 - 65 + 86.6 + j50 + j8.7 - 49)\\ &= 23.2 + j5.3 = 23.7\angle 12.9° \text{ [V]}\end{aligned} \quad (10\text{-}28)$$

마지막으로 $\overline{V}_3$ 성분은 다음과 같이 계산된다:

$$\begin{aligned}\overline{V}_3 &= \frac{1}{4}(\overline{V}_a - \overline{V}_b + \overline{V}_c - \overline{V}_d) = \frac{1}{4}(120 + j0 - j37.5 + 65 - 86.6 - j50 - 8.7 - j49)\\ &= -3.2 - j8.5 = 8.9\angle(-107.8°) \text{ [V]}\end{aligned} \quad (10\text{-}29)$$

(b) 요구되는 페이서도가 그림 10-7에 나타나 있다.

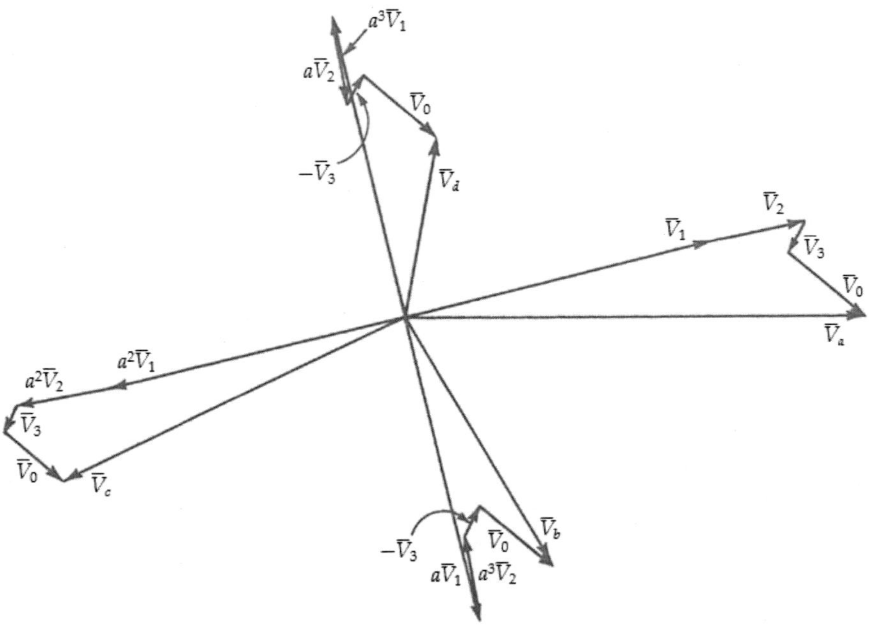

Figure 10-7 Unbalanced four-phase voltage system of Example 10-1, and the balanced voltage components.

10-2 SYMMETRICAL COMPONENTS APPLIED TO UNBALANCED TWO-PHASE MOTORS

불평형 2상 전압 계통은 불평형 대칭 4상 계통의 특별한 경우로 다루어질 수 있다. 그 불평형 대칭 4상 계통은 전압 $\bar{V}_c, \bar{V}_d$가 각각 $-\bar{V}_a$, $-\bar{V}_b$와 같은 계통이다. 따라서 페이서도에서 $\bar{V}_c$와 $\bar{V}_d$는 $\bar{V}_a$와 $\bar{V}_b$의 거울상(mirror image)이다. 그림 10-8 (a)에 나타난 것은 불평형 2상 계통의 개략적 표현이다. 평형 2상 계통의 경우 $|\bar{V}_a| = |\bar{V}_b|$임을 염두에 두어라; 또한 이 두 양은 위상이 정확히 90 [deg] 어긋난다. 어느 조건이든 만족되지 않으면, 계통은 불평형이다. 그림 10-8 (b)에 묘사된 것은 대응하는 대칭 4상 계통의 개략도이다. 어떤 연속하는 두 상의 사용은 2상 계통을 산출한다.

이제 전압의 불평형 2상 계통을 나타내기 위해 사용될 수 있는 평형 성분은 무엇인가? 불평형 4상 계통을 나타내기 위해 요구되는 성분은 얼마나 많이 필요한가? 이 질문에 대한 답은 2상 계통을 대칭 4상 계통의 항으로 다루고 그 다음 식 (10-1)과 (10-19)에서 (10-21)을 적용함으로써 바로 따라온다. $\bar{V}_c = -\bar{V}_a$와 $\bar{V}_d = -\bar{V}_b$를 식 (10-1)에 도입하면 영상분 전압은 0이라는 결론으로 이끈다. 이것은, 대칭 계통으로서, 4상 전압의 합성은 항등적으로 0과 같아야 한다는 사실에 전적으로 부합된다. 또한, 같은 양을 식 (10-19)에 대입하면 상 a의 정상 성분의 값이

$$\bar{V}_1 = \frac{1}{4}\left(\bar{V}_a + j\bar{V}_b + \bar{V}_a + j\bar{V}_b\right) \qquad [\text{V}]$$

또는

$$\bar{V}_1 = \frac{1}{2}\left(\bar{V}_a + j\bar{V}_b\right) \qquad [\text{V}] \qquad (10\text{-}30)$$

으로 주어진다는 것을 드러낸다. 비슷하게, 식 (10-20)에 의해 역상 성분은

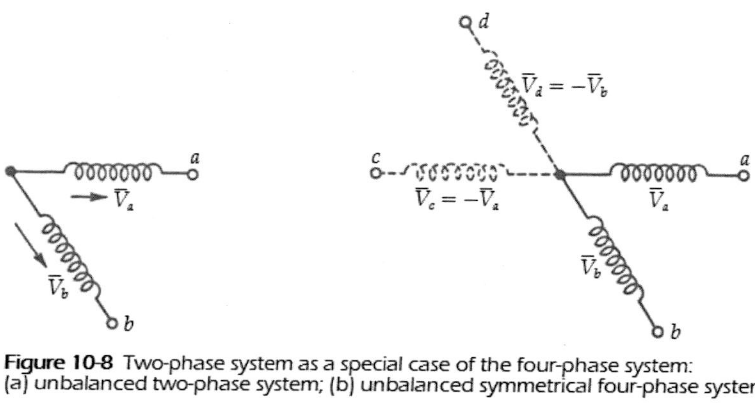

Figure 10-8 Two-phase system as a special case of the four-phase system: (a) unbalanced two-phase system; (b) unbalanced symmetrical four-phase system.

$$\bar{V}_2 = \frac{1}{4}\left(\bar{V}_a - j\bar{V}_b + \bar{V}_a - j\bar{V}_b\right) \qquad [\text{V}]$$

또는

$$\bar{V}_2 = \frac{1}{2}\left(\bar{V}_a - j\bar{V}_b\right) \qquad [\text{V}] \tag{10-31}$$

로 찾아진다. $\bar{V}_3$의 값은 식 (10-21)로부터 결정된다. 따라서

$$\bar{V}_3 = \frac{1}{4}(\bar{V}_a - \bar{V}_b - \bar{V}_a - \bar{V}_b) = 0 \qquad [\text{V}] \tag{10-32}$$

이다.

앞의 해석을 기초로 하여, **어떤 불평형 2상 계통은 2상 평형 정상 성분과 2상 평형 역상 성분에 의해 완전히 나타내어질 수 있다**는 결론에 도달한다. 불평형 상 전압은 그러면 간단히

$$\bar{V}_a = \bar{V}_1 + \bar{V}_2 \qquad [\text{V}] \tag{10-33}$$

$$\bar{V}_b = a\bar{V}_1 + a^3\bar{V}_2 = -j\bar{V}_1 + j\bar{V}_2 \qquad [\text{V}] \tag{10-34}$$

와 같이 표현될 수 있다. 여기서 $\bar{V}_1$과 $\bar{V}_2$는 식 (10-30)과 (10-31)로 주어진다.

EXAMPLE 10-2 불평형 2상 전압 계통이

$$\bar{V}_a = 120\angle 0^\circ = 120 + j0\ [\text{V}] \tag{10-35}$$

$$\bar{V}_b = 75\angle(-60^\circ) = 37.5 - j65\ [\text{V}] \tag{10-36}$$

으로 설명된다. 불평형 전압 계통을 나타내기 위해 사용될 수 있는 정상 및 역상 성분을 찾아라.

SOLUTION 상 a의 정상 성분은 식 (10-30)으로부터 다음과 같이 찾아진다:

$$\bar{V}_1 = \frac{1}{2}\left(\bar{V}_a + j\bar{V}_b\right) = \frac{1}{2}\left(120 + j0 + j37.5 + 65\right) = 92.5 + j18.8 = 94.4\angle 11.5^\circ\ [\text{V}] \tag{10-37}$$

그림 10-9 (a)는 $\bar{V}_1$을 찾기 위한 간단한 도식적 과정을 묘사한다. 그것은 먼저 $j\bar{V}_b$를 산출하도록 $\bar{V}_b$를 정(양) 방향으로 90° 회전하고, 그 다음 $\bar{V}_a$와 $j\bar{V}_b$의 페이서 합을 찾으며, 마지막으로 이 합성의 절반을 취하는 것을 요구한다. 원하는 양이 OA로 표시되어 있다.
역상 성분의 해석적인 결정은 식 (10-31)로부터 따라온다. 따라서

$$\begin{aligned}\bar{V}_2 &= \frac{1}{2}\left(\bar{V}_a - j\bar{V}_b\right) = \frac{1}{2}\left(120 + j0 - j37.5 - 65\right) = 27.5 - j18.8 \\ &= 33.3\angle(-34.4^\circ)\ [\text{V}]\end{aligned} \tag{10-38}$$

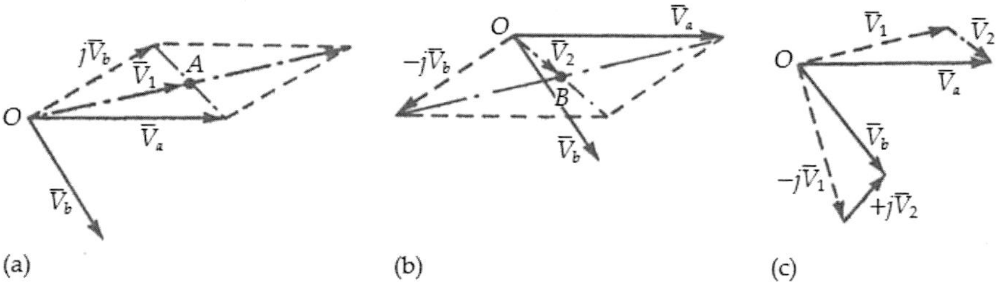

Figure 10-9 Phasor diagrams for Example 10-2: (a) graphical determination of the positive-sequence component; (b) graphical determination of the negative-sequence component; (c) unbalanced voltages with balanced components.

$\overline{V}_2$의 도식적 결정이 그림 10-9 (b)에 그려져 있다. 그것은 먼저 $-j\overline{V}_b$를 산출하도록 $\overline{V}_b$를 부(음) 방향으로 90° 회전하고, 그 다음 $\overline{V}_a$와 $-j\overline{V}_b$의 페이서 합을 찾으며, 마지막으로 이 합성의 절반을 취하는 것을 요구한다. 원하는 양이 OB로 밝혀져 있으며 식 (10-38)에 표현된 결과와 등가이다.

정상 및 역상 성분의 항으로 상전압에 대한 완전한 표현식은 그러면

$$\overline{V}_a = \overline{V}_1 + \overline{V}_2 = 94.4\angle 11.5° + 33.3\angle(-34.4°) \text{ [V]} \tag{10-39}$$

$$\overline{V}_b = a\overline{V}_1 + a^3\overline{V}_2 = -j\overline{V}_1 + j\overline{V}_2 = 94.4\angle(-78.5°) + 33.3\angle 55.6° \text{ [V]} \tag{10-40}$$

마지막 두 식의 도식적 표현이 그림 10-9 (c)에 나타나 있다.

식 (10-33)과 (10-34)에 표현된 결과는 불평형 2상 전동기 해석의 매우 유용하며 흥미로운 물리적 설명으로 이끈다. 각 상전압은, 하나는 정상이며 다른 것은 역상인, 평형 2상 조합으로 이루어진다. 각 상 내의 정상 성분 $\overline{V}_1$과 $a\overline{V}_1$은 정상분 토크 T_1을 생성하도록 회전자 권선과 상호작용하는 회전 자계를 생성하는데 협조하는 것으로 고려될 수 있다. 동시에 각 상 내의 역상 성분 $\overline{V}_2$와 $a^3\overline{V}_2$는 역상분 토크 T_2를 생성하도록 회전자 권선과 상호작용하는 역방향의 회전 자계를 생성하는데 협력하는 것으로 고려될 수 있다. 물론 회전자는, T_1과 T_2 사이의 차이인, 합성 토크에 응답한다. 이 상황의 개략적 표현이 그림 10-10에 묘사되어 있다. 편의를 위하여 회전자가 기계적으로 결합된 두개의 회전자로 이루어진 것으로 다루어 짐에 유의하라. 정상분 전압 조합$-\overline{V}_1$과 $a\overline{V}_1-$은 T_1을 생성하며, 역상분 조합은 T_2를 생성한다. 평형 운전의 모든 알려진 기법이 이제 T_1과 또한 T_2를 결정하기 위해 사용될 수 있으며, 그 다음 합성을 얻기 위해 결과가 중첩될 수 있다. 불평형 운전은 그것에 의해 평형 운전의 기법의 항으로 완전히 다루어진다. 따라서, 이 점을 넘어서는 2상 전동기를 다루기 위해 필요로 하는 새로운 이론은 없다.

10-3 EQUIVALENT CIRCUIT AND PERFORMANCE BASED ON SYMMETRICAL COMPONENTS

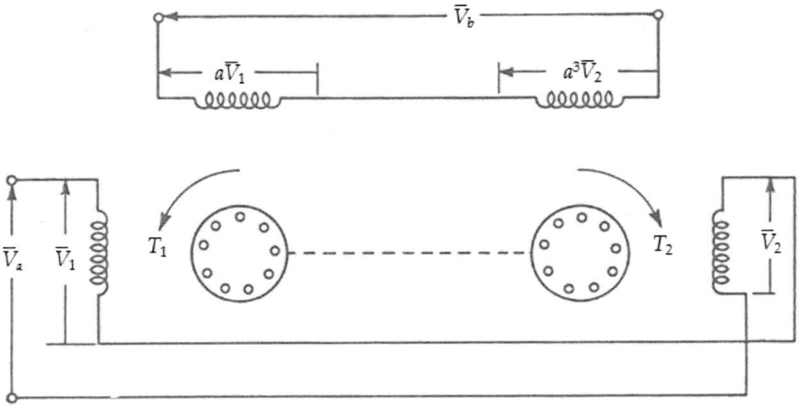

Figure 10-10 Representation of the unbalanced two-phase servomotor in terms of positive- and negative-sequence voltages.

불평형 2상 전동기의 등가회로는 실제로, 하나는 정상분 전압 조합에 응하는 전동기를 나타내며 다른 것은 역상분 조합에 응하는 전동기를 나타내는, 두 부분으로 이루어진다. 각 전압 상분(sequence)이 평형 조합이기 때문에, 상당 기저로 표현된 등가회로 배치는 그림 4-7 (f)에 보여진 것과 비슷하다. 회로가 그림 10-11 (a)에 반복되었다. 이 경우에 대한 인가 고정자 전압은 정상분 전압 $\bar{V}_1$이다. 전동기의 주 권선(상 a)이 제어 권선(상 b)와 동일한 것으로 나타내어진다면, 각 권선에 대한 등가회로는 동일하다. 이 장에서는 주의를 동일한 고정자 상 권선을 가지는 전동기로 한정한다. 하지만, 이 조건이 만나지지 않을 때에는, 적절한 변압기의 사용이 평형 조건을 가져오도록 만들어질 수 있다.

그림 10-11 (a)의 등가회로에서 나타난 매개변수는 Chapter 4에서 설명된 것과 같은 의미를 가진다. 양 r_1은 상당 고정자 권선 저항을 나타낸다. 평형 권선을 가진 전동기의 경우 이것은 양쪽 상(either phase)의 권선 저항을 나타낸다. 상당 총(total)

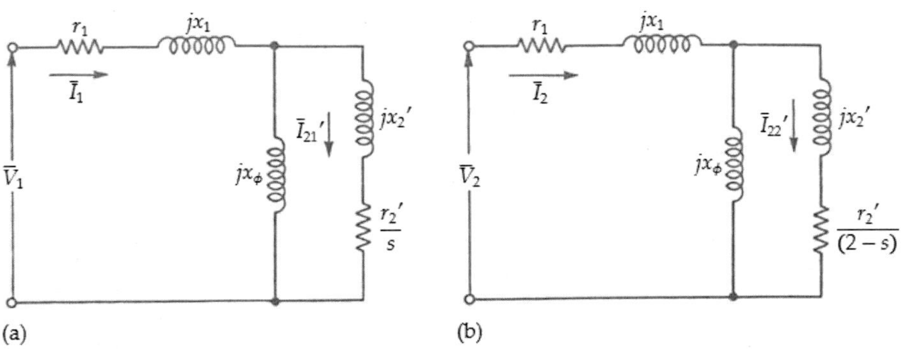

Figure 10-11 Two-part equivalent circuit of the two-phase servomotor with unbalanced applied voltages: (a) equivalent circuit per phase of the balanced positive-sequence set; (b) the per-phase equivalent circuit of the negative-sequence balanced set.

자화 리액턴스는 x_ϕ로 나타내어지며, 고정자와 회전자 권선의 상당 총 누설 리액턴스는 각각 x_1과 x_2'로 나타내어진다. 프라임 기호(′)는 마지막 양이 고정자 권선으로 환산되었다는 것을 가리킨다. 상당 총 회전자 저항은 r_2'로 나타내어져 있다. 등가회로 내에서 양 r_2'/s의 사용은 회전자가 정상분 회전 자계의 방향으로 이동한다는 것을 함축한다. 마지막으로, 철손 저항기는 포함되지 않았음에 유의하라. 따라서 가정은 줄곧 철손은 무시할 수 있다는 것이다.

평형 역상분 조합에 응하는 전동기의 등가회로가 그림 10-11 (b)에 묘사되어 있다. 각 회로 매개변수는 정상분 조합의 등가회로의 경우에 가졌던 것과 같은 의미를 가진다. 중첩에 의해 역상분 전압 조합이 같은 고정자 권선에 인가되며 같은 회전자 권선에 그 자신의 반작용을 생성하는 것으로 가정된다. 이것은 그림 10-10의 개략도에서 의도된 의미이다. 실제로는 단지 한 쌍의 고정자 코일과 하나의 회전자가 있지만, 효과는 두개의 동일한 고정자 코일의 쌍과 기계적으로 결합된 두 개의 동일한 회전자가 있는 경우와 같다. 그림 10-11 (a)와 10-11 (b)의 비교는 두 곳에서 생기는 차이를 보인다. 하나는, 고정자 인가 전압이 이제는 $\bar{V}_1$ 대신 값 $\bar{V}_2$를 가진다. 둘째로, 역상분 전압 조합의 회전 자계에 대한 실제 회전자 회전의 슬립은 s 대신 $2-s$이다. 비록 불평형 전압이 있더라도 회전자는 단지 **하나의**(*one*) 속도에서만 회전할 수 있음을 염두에 두어라. 정상분 자계에 대한 회전자의 슬립은 그러면 명백하게

$$s = \frac{n_s - n}{n_s} \qquad [\text{pu}] \tag{10-41}$$

이다. 역상분 전압 조합이 정상분에 의한 것과 반대 방향으로 회전하는 자계를 확립하기 때문에, 역상분 자계에 대한 회전자의 슬립 s_2는

$$s_2 = \frac{n_s - (-n)}{n_s} = 1 + \frac{n}{n_s} \qquad [\text{pu}] \tag{10-42}$$

로 주어진다는 것이 따라온다. s—정상분 자계에 대한 슬립—의 항 만으로 다루기 위하여, 식 (10-41)을 (10-42)에 대입하면

$$s_2 = 1 + \frac{n}{n_s} = 2 - s \qquad [\text{pu}] \tag{10-43}$$

을 산출한다. 그러므로 정상분 및 역상분 자계의 사용을 포함하는 모든 앞으로의 작업에서, 역상분 자계에 대한 회전자 슬립은 항상 $2-s$로 나타내어진다.

성능의 계산은 평형 인가 전압에 응하는 다상 유도전동기의 운전에 대한 지식의

사용을 통하여 바로 결정될 수 있다. 전동기가 불평형 고정자 전압으로 슬립 s에서 운전될 때 합성 토크와 개별 상전류에 대한 표현식을 찾자. 먼저 정상분 전압에 응하는 전동기의 거동을 찾는다. 이것은 그림 10-11 (a)의 등가회로에 의해 쉽게 이루어진다. 전형적인 문제에서 $\bar{V}_1, s$, 그리고 회로 매개변수는 특정된다. 첫번째 단계로서, 정상분 전압으로 생기는 입력 임피던스가 찾아진다. 이 임피던스를 $\bar{Z}_1$이라 부르면

$$\bar{Z}_1 = \bar{z}_1 + \bar{Z}_{p1} = r_1 + jx_1 + \frac{jx_\phi[(r_2'/s) + jx_2']}{(r_2'/s) + j(x_\phi + x_2')} \qquad [\Omega] \tag{10-44}$$

를 가진다. 여기서 $\bar{Z}_{p1}$은 명백하게 회로 소자의 병렬 배치의 임피던스를 나타낸다. 두번째 하첨자 1은 정상분을 나타낸다. 알려진 정상분 입력 임피던스로, 상 a에서의 입력 전류의 정상 성분은

$$\bar{I}_1 = \frac{\bar{V}_1}{\bar{Z}_1} \qquad [\mathrm{A}] \tag{10-45}$$

로 주어진다. 정상분 회전 자계의 작용에 의해 생성되는 회전자 전류는

$$\bar{I}_{21}' = \frac{\bar{I}_1\bar{Z}_{p1}}{(r_2'/s) + jx_2'} \qquad [\mathrm{A}] \tag{10-46}$$

으로부터 따라온다. 여기서 두번째 하첨자는 정상분을 나타낸다. 잠깐 생각하면 $\bar{I}_{21}'$에 대한 그 대신의 표현식이 병렬 회로에 대한 전류 분류기 법칙을 적용함으로써 가져질 수 있다. 하지만, 우변에 있는 양이 종종 편리한 형태로 이용될 수 있기 때문에 식 (10-46)이 보통 택해진다.

정상분 회전 자계와 관련된 공극 전력 P_{g1}은 그러면

$$P_{g1} = q(I_{21}')^2\frac{r_2'}{s} = 2(I_{21}')^2\frac{r_2'}{s} \qquad [\mathrm{W}] \tag{10-47}$$

로부터 찾아진다. 대응하는 발생 토크는 그러면

$$T_1 = \frac{P_{g1}}{\omega_s} \qquad [\mathrm{N\text{-}m}] \tag{10-48}$$

이다. 여기서 ω_s는 [rad/s]로 표현된 동기 각속도이다.

역상분 조합에 응하는 전동기의 성능은 비슷한 방식으로 찾아진다. 따라서 역상분 입력 임피던스는

$$\bar{Z}_2 = \bar{z}_1 + \bar{Z}_{p2} = r_1 + jx_1 + \frac{jx_\phi[r_2'/(2-s) + jx_2']}{r_2'/(2-s) + j(x_\phi + x_2')} \qquad [\Omega] \qquad (10\text{-}49)$$

로 표현될 수 있다. 여기서 $\bar{Z}_{p2}$는 그림 10-11 (b)의 회로 내에서 나타나는 병렬 배치의 임피던스이다. 고정자 상 a에서 전류의 역상 성분은

$$\bar{I}_2 = \frac{\bar{V}_2}{\bar{Z}_2} \qquad [\mathrm{A}] \qquad (10\text{-}50)$$

이 된다. 관련된 회전자 전류는 값

$$\bar{I}_{22}' = \frac{\bar{I}_2 \bar{Z}_{p2}}{r_2'/(2-s) + jx_2'} \qquad [\mathrm{A}] \qquad (10\text{-}51)$$

을 취하여, 역상분 자속 자계에 의해 공극을 가로질러 전달되는 전력에 대한 표현식은

$$P_{g2} = q(I_{22}')^2 \frac{r_2'}{2-s} = 2(I_{22}')^2 \frac{r_2'}{2-s} \qquad [\mathrm{W}] \qquad (10\text{-}52)$$

그리고

$$T_2 = \frac{P_{g2}}{\omega_s} \qquad [\mathrm{N\text{-}m}] \qquad (10\text{-}53)$$

이 된다.

[N-m]로 표현된 정상분 및 역상분 전압의 동시 효과로 생성되는 합성 토크는

$$T = T_1 - T_2 = \frac{1}{\omega_s}(P_{g1} - P_{g2}) \qquad [\mathrm{N\text{-}m}] \qquad (10\text{-}54)$$

이다. 계기 서보 기구(instrument servomechanism)에서 사용되는 불평형 2상 전동기로서 운전되는 서보 전동기의 경우 [N-m]로 토크의 값은 매우 작다. 그러한 경우 토크를 오히려 그것의 비례량인 동력(전력)의 항으로 나타내는 것이 보통이다. 따라서 서보 전동기 토크를 "동기 와트([syn. W])로 얼마나 많은 단위(so many units of synchronous watts)"와 같이 나타내는 것이 제어 기술자에게 보기 드문 것이 아니다. 여기에서도 이 사실을 받아들인다.

상 a에서의 합성 선전류는

$$\bar{I}_a = \bar{I}_1 + \bar{I}_2 \qquad [\mathrm{A}] \qquad (10\text{-}55)$$

이며 상 b에서는 비슷하게

$$\bar{I}_b = -j\bar{I}_1 + j\bar{I}_2 \qquad [\text{A}] \tag{10-56}$$

으로 얻어진다. 각 고정자 상전류의 역률에 관한 정보는 상전류의 극좌표 표현식 (polar expression) 내에 함축된다. 서보 전동기의 정상 응용에서는, 효율은 별로 중요하지 않아서 이에 대해서는 별다른 주의를 기울이지 않는다.

EXAMPLE 10-3 5 [W], 60 [Hz], 120 [V], 2극 2상 서보 전동기가 다음과 같은 매개변수를 가진다:

$$\begin{array}{lll} r_1 = 285\ [\Omega] & r_2' = 850\ [\Omega] & \\ x_1 = 60\ [\Omega] & x_2' = 60\ [\Omega] & x_\phi = 995\ [\Omega] \end{array}$$

0.6의 슬립에서 운전될 때, 다음을 결정하라: (a) [syn. W]로 합성 토크, 그리고 (b) 고정자 상전류. 서보 전동기는 다음과 같은 불평형 2상 전압으로 운전되는 것으로 가정하라: $\bar{V}_a = 120\angle 0°$ 그리고 $\bar{V}_b = 75\angle(-60°)$ [V].

SOLUTION (a) 특정된 불평형 전압에 대한 정상분 및 역상분 전압은 예제 10-2에서 다음과 같이 계산되었다:

$$\bar{V}_1 = 94.4\angle 11.5°\ [\text{V}] \quad \text{and} \quad \bar{V}_2 = 33.3\angle(-34.4°)\ [\text{V}]$$

먼저 정상분 조합에 응하는 전동기를 계산한다. 따라서

$$\bar{Z}_{p1} = \frac{j995 \times [(850/0.6) + j60]}{(850/0.6) + j1055} \simeq \frac{j995 \times 1415}{1760\angle 36.8°} = 800\angle 53.2°\ [\Omega] \tag{10-57}$$

그리고

$$\bar{Z}_1 = \bar{z}_1 + \bar{Z}_{p1} = 285 + j60 + 481 + j644 = 1038\angle 42.6°\ [\Omega] \tag{10-58}$$

따라서

$$\bar{I}_1 = \frac{\bar{V}_1}{\bar{Z}_1} = \frac{94.4\angle 11.5°}{1038\angle 42.6°} = 0.091\angle(-31.1°)\ [\text{A}] \tag{10-59}$$

그리고

$$\bar{I}_{21}' = \frac{\bar{I}_1\bar{Z}_{p1}}{1415 + j60} \simeq \frac{0.091\angle(-31.1°) \times 800\angle 53.2°}{1415} = 0.0514\angle 22.1°\ [\text{A}] \tag{10-60}$$

정상분 공극 전력은 그러면 다음과 같이 된다:

$$P_{g1} = 2 \times 0.0514^2 \times 1415 = 2 \times 3.7 = 7.4 \text{ [W]} \tag{10-61}$$

역상분 전압 조합에 대한 응답은 다음과 같이 계산된다:

$$\overline{Z}_{p2} = \frac{j995 \times [(850/1.4) + j60]}{(850/1.4) + j1055} \simeq \frac{j995 \times 606}{1218\angle 60.1°} = 496\angle 29.9° \text{ [Ω]} \tag{10-62}$$

$$\overline{Z}_2 = \overline{z}_1 + \overline{Z}_{p2} = 285 + j60 + 431 + j248 = 779\angle 23.3° \text{ [Ω]} \tag{10-63}$$

$$\overline{I}_2 = \frac{\overline{V}_2}{\overline{Z}_2} = \frac{33.3\angle(-34.4°)}{779\angle 23.3°} = 0.042\angle(-57.7°) \text{ [A]} \tag{10-64}$$

$$\overline{I}_{22}' = \frac{\overline{I}_2 \overline{Z}_{p2}}{606 + j60} \simeq \frac{0.042\angle(-57.7°) \times 496\angle 29.9°}{606} = 0.0344\angle(-33.5°) \text{ [A]} \tag{10-65}$$

$$P_{g2} = 2 \times 0.0344^2 \times \frac{r_2'}{2-s} = 2 \times 0.0344^2 \times 606 = 2 \times 0.716 = 1.43 \text{ [W]} \tag{10-66}$$

따라서 합성 공극 전력은

$$P_g = P_{g1} - P_{g2} = 7.4 - 1.43 = 5.97 \text{ [syn. W]} \tag{10-67}$$

(b) 식 (10-55)에 의해 고정자 상 a에서의 전류에 대한 표현식은

$$\begin{aligned}\overline{I}_a &= \overline{I}_1 + \overline{I}_2 = 0.091\angle(-31.1°) + 0.042\angle(-57.7°) = 0.0778 - j0.047 + 0.0224 - j0.0355 \\ &= 0.1002 - j0.0825 = 0.13\angle(-39.5°) \text{ [A]}\end{aligned} \tag{10-68}$$

비슷하게 식 (10-56)에 의해 제어 권선 b에서의 상전류는

$$\begin{aligned}\overline{I}_b &= -j\overline{I}_1 + j\overline{I}_2 = -j0.0778 - 0.047 + j0.0224 + 0.0355 = -0.0115 - j0.0554 \\ &= 0.0566\angle(-101.7°) \text{ [A]}\end{aligned} \tag{10-69}$$

주의가 다음에는 합성 토크를 계산하기 위한 종종 유용한 식의 유도에 돌려진다. 식 (10-45)와 (10-46)을 (10-47)에 대입하면 정상분 자계의 공극 전력에 대한 다음의 표현식으로 이끈다:

$$P_{g1} = 2\left(\frac{V_1}{Z_1}\right)^2 \left[\frac{Z_{p1}}{(r_2'/s) + jx_2'}\right]^2 \left(\frac{r_2'}{s}\right) \qquad \text{[W]} \tag{10-70}$$

이제 전동기가 평형 2상 전압, 즉, $V_a = V_b$이며 각각이 서로 90 [deg] 이격된 전압으로 운전될 때 공극 전력에 대한 표현식을 결정하자. 이 때 상전류는

$$\overline{I}_a = \frac{\overline{V}_a}{\overline{Z}_1} \qquad \text{[A]} \tag{10-71}$$

로 주어진다. 여기서 $\overline{Z}_1$은 식 (10-44)로 설명된다. 더욱이 회전자 전류 표현식은

$$\bar{I}_2' = \frac{\bar{I}_a \bar{Z}_{p1}}{(r_2'/s) + jx_2'} \qquad [A] \tag{10-72}$$

이다. 여기서 $\bar{Z}_{p1}$은 앞에서 특정된 것과 같다. 평형 운전에 대한 총(total) 공극 전력 P_g에 대한 표현식은 그러므로

$$P_g = 2(I_2')^2 \frac{r_2'}{s} = 2\left(\frac{V_a}{Z_1}\right)^2 \left|\frac{\bar{Z}_{p1}}{(r_2'/s) + jx_2'}\right|^2 \left(\frac{r_2'}{s}\right) \qquad [W] \tag{10-73}$$

이 된다. 식 (10-73)에 대한 (10-70)의 비(ratio)의 정식화에 의해

$$P_{g1} = \left(\frac{V_1}{V_a}\right)^2 P_g \qquad [W] \tag{10-74}$$

로 귀결한다. 앞에서와 비슷한 방식으로

$$P_{g2} = \left(\frac{V_2}{V_a}\right)^2 P_g' \qquad [W] \tag{10-75}$$

가 보여질 수 있다. 여기서 P_g'는 **$2-s$의 슬립에서 평형 2상 운전에 대해 계산된 공극 전력**을 나타낸다. 합성 공극 전력은 따라서

$$P_{gr} = P_{g1} - P_{g2} = \left(\frac{V_1}{V_a}\right)^2 P_g - \left(\frac{V_2}{V_a}\right)^2 P_g' \qquad [W] \tag{10-76}$$

으로 표현된다. 대응하여, 합성 토크는 그러면

$$T = \frac{1}{\omega_s}\left[\left(\frac{V_1}{V_a}\right)^2 P_g - \left(\frac{V_2}{V_a}\right)^2 P_g'\right] \qquad [N\text{-}m] \tag{10-77}$$

또는

$$T = \left(\frac{V_1}{V_a}\right)^2 T_{B1} - \left(\frac{V_2}{V_a}\right)^2 T_{B2} \qquad [N\text{-}m] \tag{10-78}$$

과 같이 적어질 수 있다. 여기서 $T_{B1} = P_g/\omega_s$는 정격 전압에서 평형 2상 운전에 대해 슬립 s에서 계산된 발생 토크를 나타내며, $T_{B2} = P_g'/\omega_s$는 정격 전압에서 평형 2상 운전에 대해 슬립 $2-s$에서 계산된 발생 토크를 나타낸다.

식 (10-78)의 유용성은 어떤 슬립에서 그리고 어떤 불평형 2상 전압 조건에 대한 합성 토크가 전전압(full-voltage) 평형 운전에 대한 토크의 항으로 계산될 수 있다

는 사실에 놓여 있다. 이 정보는 보통 전동기 제조자에 의해 제공된다. 따라서 여러가지 제어 권선 전압의 값에 대한 토크-속도 특성은 등가회로 계산 과정에 의존함이 없이 식 (10-78)로부터 바로 결정된다. 이에 대해서는 다음 절에서 더 상세히 설명된다.

EXAMPLE 10-4 식 (10-78)을 사용하여 예제 10-3의 서보 전동기의 합성 토크를 계산하라.

SOLUTION 평형 2상 운전의 조건 하에서 상전류는 다음과 같이 된다:

$$\bar{I}_a = \frac{\bar{V}_a}{\bar{Z}_1} = \frac{120}{1038}\angle(-42.6°) = 0.116\angle(-42.6°)\ [\text{A}] \tag{10-79}$$

대응하는 회전자 전류는

$$\bar{I}_2{}' = \frac{\bar{I}_a\bar{Z}_{p1}}{(r_2{}'/s) + jx_2{}'} \simeq \frac{0.116\angle(-42.6°) \times 800\angle 53.2°}{1415} = 0.0655\angle 10.6°\ [\text{A}]$$

$$\therefore P_g = 2(I_2{}')^2\frac{r_2{}'}{s} = 2 \times 0.0655^2 \times 1415 = 12.1\ [\text{W}]$$

그러므로 정상분 조합의 공극 전력은 식 (10-61)에 의해 다음과 같이 된다:

$$P_{g1} = \left(\frac{V_1}{V_a}\right)^2 P_g = \left(\frac{94.4}{120}\right)^2 \times 12.1 = 7.45\ [\text{W}] \tag{10-80}$$

식 (10-61)과의 비교는 순조로운 일치를 나타낸다.

$P_g{}'$를 찾기 위하여, 전동기는 인가된 평형 2상 전압으로 $2-s=1.4$의 슬립에서 운전되는 것으로 가정된다. 그러면

$$\bar{I}_a = \frac{\bar{V}_a}{\bar{Z}_2} = \frac{120\angle 0°}{779\angle 23.3°} = 0.152\angle(-23.3°)\ [\text{A}] \tag{10-81}$$

그리고

$$\bar{I}_2{}' = \frac{\bar{I}_a\bar{Z}_{p2}}{r_2{}'/(2-s) + jx_2{}'} \simeq \frac{0.152\angle(-23.3°) \times 496\angle 29.9°}{606} = 0.1245\angle 6.6°\ [\text{A}]$$

$$P_g{}' = 2 \times 0.0655^2 \times \frac{r_2{}'}{2-s} = 2 \times 0.0155 \times 606 = 18.8\ [\text{W}] \tag{10-82}$$

따라서 식 (10-75)에 의해 역상분 자계의 공극 전력은

$$P_{g2} = \left(\frac{V_2}{V_a}\right)^2 P_g{}' = \left(\frac{33.3}{120}\right)^2 \times 18.8 = 1.45\ [\text{W}] \tag{10-83}$$

이것은 식 (10-66)과 순조롭게 비교된다.

합성 토크는 그러므로

$$T = \frac{1}{\omega_s}(7.45 - 1.45) = \frac{1}{375} \times 6 = 0.0159 \text{ [N-m]} \tag{10-84}$$

10-4 SERVOMOTOR TORQUE-SPEED CURVES

평형 2상 전압에 의해 공급되는 통상의 2상 유도전동기의 토크-속도 곡선은 3상 유도전동기와 비슷한 형상을 가진다. 이 특성이 그림 10-12에서 곡선 (a)로 묘사되어 있다. 운전 속도 범위의 대부분에 걸쳐 나타나는 정(양) 기울기 때문에 제어 계통에서는 그러한 전동기의 사용이 용납될 수 없다. 정(양) 기울기는 제어 계통에서 부(음) 제동(damping)을 나타내며, 그 다음 불안정(instability)의 조건으로 이끌 수 있다. 그러므로 제어 계통 응용을 위해서는 전동기는 전체 속도 범위에 걸쳐 정(양) 제동을 보증하는 방식으로 수정되어야 한다. 이 결과를 달성하는 편리한 방법은 매우 높은 회전자 저항을 가지는 회전자로 설계하는 것이다. 토크-속도 특성은 그러면 그림 10-12의 곡선 (b)로 보여진 형상을 나타낸다. 역상분 전압이 불평형 운전에 존재할 때 $s = 1$과 $s = 2$ 사이에 놓이는 곡선의 부분에 딱 들어맞기 때문에 곡선이 0으로부터 2까지의 슬립의 범위에 걸쳐 그려져 있다. 2상 유도전동기가 높은 회전자 설계 양상을 포함할 때는 언제나, 2상 **서보 전동기**(*servomotor*)로 불린다.

궤환 제어 계통에서의 서보 전동기의 많은 응용에 있어서, 상 a는 고정된 정격 전압(종종 **기준 전압**(*reference voltage*)이라 불리는)으로 여자되는 한편, 상 b는 보통 선행하는 증폭기 단계(amplifier stage)로부터 얻어지는 변동하는 제어 전압으로 여자된다. 더욱이, 이 배치에 있어서의 배열은 제어 전압이 종종 상 a에 인가되는 전압과 위상이 정확히 90° 이격되도록 조정된다. 이 때 불평형 운전은 실제로 단지 전압 크기에서의 불평형 만에 의한다. 기준 전압 $\bar{V}_a$와 제어 전압 $\bar{V}_b$가 위상이 항상 90° 어긋나며 양 ρ를

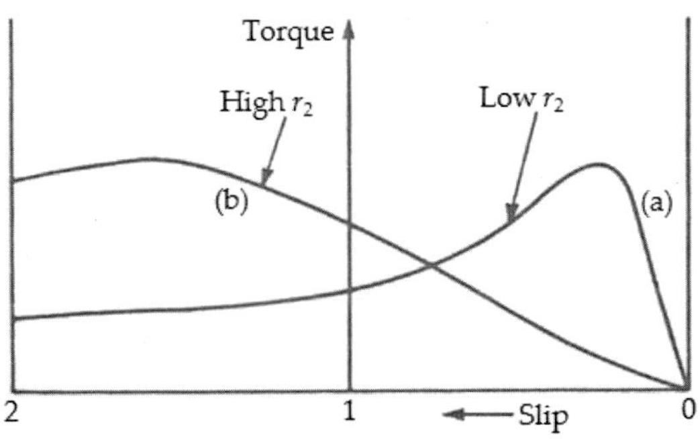

Figure 10-12 Torque-speed curves: (a) for the balanced two-phase induction motor with low rotor resistance; (b) for the same motor with high rotor resistance.

$$\rho \equiv \frac{V_b}{V_a} \tag{10-85}$$

와 같이 정의한다면, 제어 전압에 대한 페이서 표현식은

$$\overline{V}_b = -j\rho\overline{V}_a \qquad [\mathrm{V}] \tag{10-86}$$

이 된다. $-j$ 인자는 두 고정자 상전압 사이의 90° 지상을 나타내며, ρ는 기준 전압의 단위법 비(per-unit ratio)로써 V_b의 크기를 표현한다. 식 (10-86)을 (10-30)에 대입하면, 정상분 전압에 대한 표현식은

$$\overline{V}_1 = \frac{1}{2}\left(\overline{V}_a + j\overline{V}_b\right) = \frac{\overline{V}_a}{2}(1+\rho) \qquad [\mathrm{V}] \tag{10-87}$$

이 된다. 비슷하게

$$\overline{V}_2 = \frac{1}{2}\left(\overline{V}_a - j\overline{V}_b\right) = \frac{\overline{V}_a}{2}(1-\rho) \qquad [\mathrm{V}] \tag{10-88}$$

이다.

그림 10-13에 나타난 것은 기준 전압의 분수(ρ)로 표현된 제어 전압의 여러가지 값에 대응하는 2상 서보 전동기에 대한 실제 토크-속도 곡선의 조합이다. 115 [V] (또는 $\rho = 1$)로 표시된 곡선은 평형 운전에 대한 특성을 나타낸다. 하지만, 제어 전

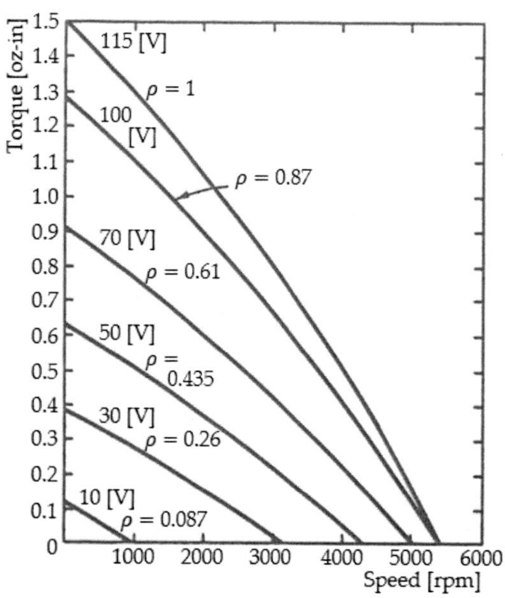

Figure 10-13 Torque-speed curves of the two-phase servomotor for various values of ρ.

압이 줄어듦에 따라, 관련된 토크-속도 특성이 격심하게 좁아짐에 유의하라. 제조자에 의해 서보 전동기의 토크-속도 특성에 대한 정보가 0으로부터 2까지의 슬립의 전체 범위에 걸쳐 평형 정격 운전에 대하여 제공된다면, ρ의 어떤 값에 대한 토크-속도 특성은 식 (10-87), (10-88), 그리고 (10-78)에 의해 쉽사리 유도된다. 과정이 그림 10-14에 그려져 있다.

기준 전압의 2분의 1의 값에서, 즉, $\rho = 1/2$에서 고정된 제어 전압으로 운전하는 서보 전동기를 고려한다. 그러면 식 (10-87)에 의해 정상분 전압은

$$\overline{V}_1 = \frac{\overline{V}_a}{2}(1+\rho) = \frac{\overline{V}_a}{2}\left(1+\frac{1}{2}\right) = \frac{3}{4}\overline{V}_a \qquad [\text{V}] \tag{10-89}$$

의 크기를 가지며 역상분 전압은 식 (10-88)에 의해

$$\overline{V}_2 = \frac{\overline{V}_a}{2}(1-\rho) = \frac{\overline{V}_a}{2}\left(1-\frac{1}{2}\right) = \frac{1}{4}\overline{V}_a \qquad [\text{V}] \tag{10-90}$$

으로 찾아진다. 이 결과를 식 (10-78)에 대입하면 합성 토크에 대한 다음의 표현식으로 이끈다:

$$T_r = \left(\frac{V_1}{V_a}\right)^2 T_{B1} - \left(\frac{V_2}{V_a}\right)^2 T_{B2} = \frac{9}{16}T_{B1} - \frac{1}{16}T_{B2} \qquad [\text{N-m}] \tag{10-91}$$

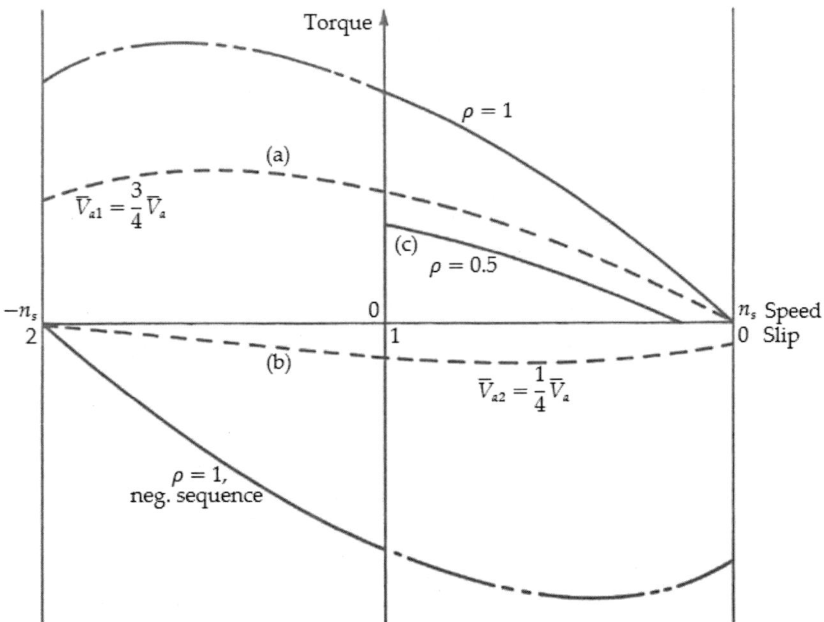

Figure 10-14 Graphical determination of the servomotor torque-speed curves for $\rho = 0.5$.

양 $9/16\,T_{B1}$은 모든 값의 슬립에서 전전압(full-voltage) 평형 운전에 대한 특성의 세로 좌표의 16분의 9를 취함으로써 전체 속도 범위에 걸쳐 바로 얻어진다. 이 결과가 그림 10-14에서 곡선 (a)로 밝혀져 있다. 같은 방식으로 양 $1/16\,T_{B2}$는 전전압 평형 운전에 대해 제조자에 의해 제공된 값의 16분의 1을 취함으로써 전체 속도 범위에 걸쳐 쉽게 결정된다. 이것은 그림 10-14에서 곡선 (b)로 나타내어지며 역상분 토크는 정상분 토크와 반대 방향이기 때문에 가로 좌표 아래에 그려져 있다. 유용한 속도 범위에 걸친 합성 토크-속도 특성은 곡선 (a)와 (b)를 더함으로써 찾아지며, 곡선 (c)로 이끈다. 서보 전동기가 전압 $\overline{V}_b = -j0.5\overline{V}_a$로 운전되는 한, 곡선 (c)가 그것의 운전 거동을 나타낸다. 앞의 과정을 반복함으로써 ρ의 다른 값에 대한 합성 토크-속도 특성이 결정될 수 있다. 이 특성이 예제 10-3에서 개략된 것과 같은 등가회로와 함께 반복된 계산을 할 필요없이 얻을 수 있다는 것에 유의하는 것이 흥미롭다. 하지만, 여기에서 설명된 그 대신의 과정은 0으로부터 2까지의 슬립 범위에 걸쳐 전전압에서 평형 운전에 대한 토크-속도 특성을 가질 것을 요구한다.

서보 전동기의 다른 유용한 특성은 속도를 매개변수로 가지는 제어 전압의 함수로써 발생 토크를 나타내는 것이다. 이 곡선은, 또한, 식 (10-78)의 사용과 정격 전압에서 평형 운전에 대한 토크-속도 특성의 이용 가능성으로 유도될 수 있다. 그림 10-15에 나타난 것은 정상분 및 역상분 전압 둘 다에 대한 ρ의 여러가지 값에 대응하는 토크-속도 특성이다. $\rho = 0$에 대한 곡선은 동일하지만 정상분 및 역상분 전압 조합과의 관련과 부합하여 단지 위치가 역전되었을 뿐이다. ρ가 단위 값을 향하여 증가됨에 따라 정상분 기여는 $\rho = 0$인 경우 보다 점점 더 커지는 한편, 대응하는 역상분 기여는 $\rho = 0$인 경우 보다 점점 더 작아진다. 0의 속도에서 정격 기준 전압의 비(ratio)로써 표현된 제어 전압의 함수로써 합성 토크의 그림을 얻기 위해서는, 단지 정상분 토크로부터 역상분 기여를 빼는 것이 필요할 뿐이다. 따라서 0의 속도(또는 $s = 1$)에서 합성 토크는 $\rho = 0$에 대하여 $a_1 - a_2 = 0$이다. $\rho = 0.2$에 대해서는 합성 토크가 $b_1 - b_2$이며, 이 양은 0보다 더 크다. $\rho = 0.4$에 대한 순(net) 토크는 $c_1 - c_2$이며, 이 양은 명백하게 $b_1 - b_2$보다 더 커야 할 것이다. 완전한 그림이 그림 10-16에 곡선 (a)로 묘사되어 있다. 슬립의 두번째 값에서 과정을 반복하면 곡선 (b)로 이끈다. 부(음) 토크의 영역에 유의하라.

PROBLEMS

10-1 불평형 4상 계통이 다음의 전압 조합으로 설명된다:

$$\overline{V}_a = 110\angle 15^\circ\ [\mathrm{V}]$$

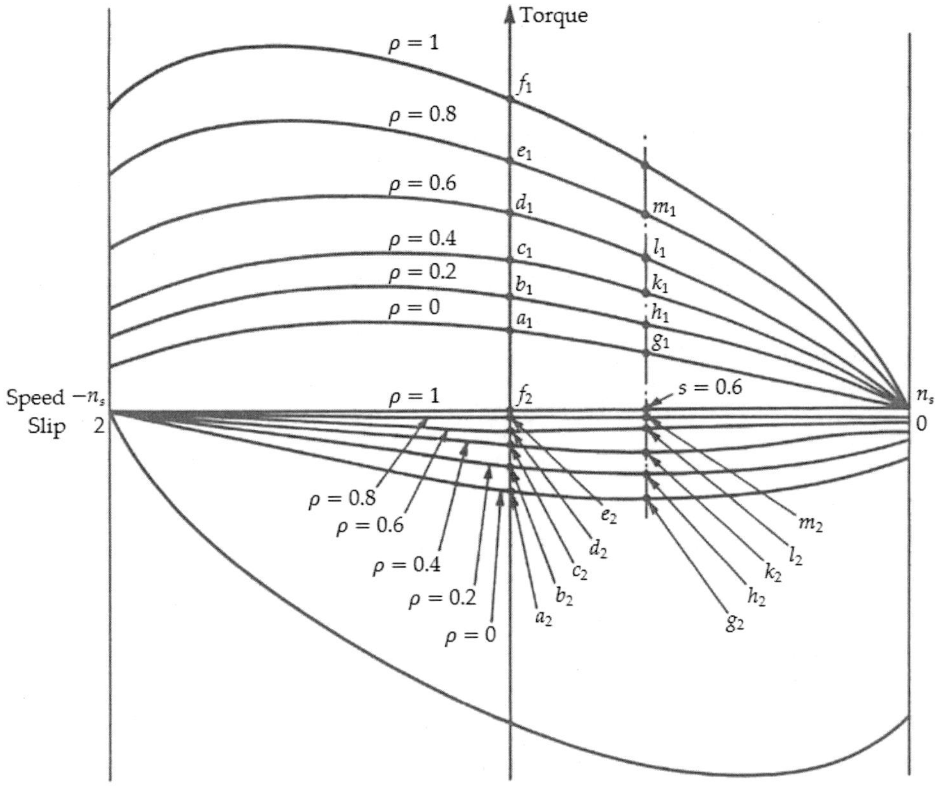

Figure 10-15 Graphical construction for deriving the curves of Fig. 10-16. The abscissa axis is slip or speed.

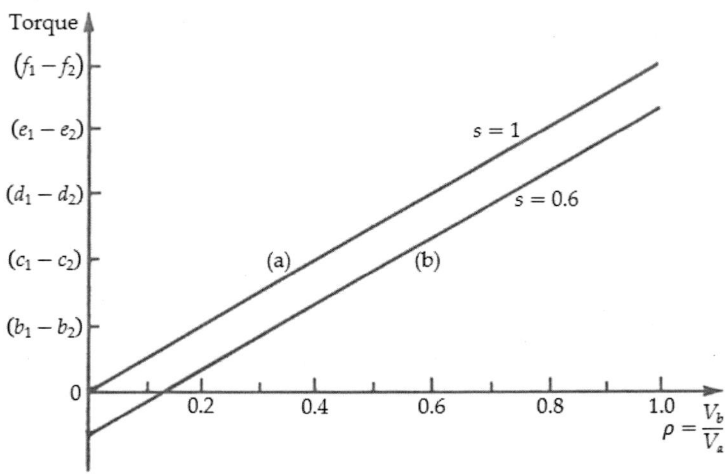

Figure 10-16 Variation of resultant torque versus control voltage with slip as a parameter.

$$\overline{V}_b = 110\angle(-50°)\ [\text{V}]$$

$$\overline{V}_c = 110\angle(-135°)\ [\text{V}]$$

$$\overline{V}_d = 110\angle 90°\ [\text{V}]$$

(a) 영상분 전압의 값은 얼마인가?
(b) 정상분 전압 조합의 페이서 표현식을 찾고, 대응하는 페이서도를 그려라.
(c) 역상분 조합에 대하여 문제 (b)를 반복하라.
(d) 평형 단상 조합에 대하여 문제 (b)를 반복하라.
(e) 주어진 불평형 전압 조합을 산출하기 위하여 개별 성분이 어떻게 결합되는지를 보이는 완전한 페이서도를 그려라.

10-2 불평형 4상 계통이 다음과 같은 페이서로 설명된다:

$$\overline{V}_a = 110\angle 15° \text{ [V]}$$
$$\overline{V}_b = 60\angle(-50°) \text{ [V]}$$
$$\overline{V}_c = 140\angle(-135°) \text{ [V]}$$
$$\overline{V}_d = 40\angle 90° \text{ [V]}$$

(a) 불평형 계통을 대체할 수 있는 평형 성분의 조합을 찾아라.
(b) 모든 성분을 보이는 이 4상 계통의 완전한 페이서도를 그려라.

10-3 식 (10-20)으로 이끄는 유도를 보여라.

10-4 식 (10-21)로 이끄는 유도를 보여라.

10-5 4상 전압 계통의 상 a의 정상 성분이 $60\angle(-30°)$ [V]와 같은 것으로 알려져 있다.
(a) 상 c의 정상 성분의 페이서 표현식은 무엇인가?
(b) 상 b의 정상 성분은 무엇인가?
(c) 정상분 조합에 대한 완전한 페이서도를 그려라.

10-6 4상 불평형 전압 계통에 대해 가능한 어떤 조건 하에서 0인 합성 전압을 산출하는가?

10-7 4상 전압 계통의 한 상이 다음의 성분을 가진다:

$$\overline{V}_1 = 60\angle(-60°) \text{ [V]}$$
$$\overline{V}_2 = 30\angle(-90°) \text{ [V]}$$
$$\overline{V}_3 = 20\angle(-110°) \text{ [V]}$$
$$\overline{V}_0 = 0 \text{ [V]}$$

(a) 상 b 전압의 페이서 표현식을 찾아라.
(b) 이것은 평형 4상 계통인가? 설명하라.

10-8 4상 계통이 문제 10-7에서 특정된 정상분, 역상분, 그리고 영상분 전압을 가진다. 결과적인 4상 계통의 완전한 페이서도를 눈금을 넣어 그려라. 도식적인 풀이를 허용한다.

10-9 4상 전압 계통이 다음과 같이 설명된다:

$$\overline{V}_a = 100\angle 0° \text{ [V]}$$

$$\overline{V}_b = 50\angle(-90°)\ [\text{V}]$$
$$\overline{V}_c = 100\angle(-180°)\ [\text{V}]$$
$$\overline{V}_d = 50\angle 90°\ [\text{V}]$$

(a) 이 전압 계통을 평형 조합으로 대체할 때 평형 단상 조합이 필요한가? 설명하라.
(b) 정상분 전압 조합을 찾아라.
(c) 역상분 전압 조합을 찾아라.

10-10 4상 계통의 상 a의 정상 성분이 $75\angle(-30°)$ [V]이며, 역상 성분은 $25\angle(-30°)$ [V]이다. 영상분과 평형 단상 조합은 둘 다 0이다. 원래 4상 계통의 상전압에 대한 표현식을 결정하라.

10-11 4상 전압 계통이 다음과 같이 주어진다:

$$\overline{V}_a = 100\angle 0°\ [\text{V}]$$
$$\overline{V}_b = 60\angle(-90°)\ [\text{V}]$$
$$\overline{V}_c = 60\angle(-180°)\ [\text{V}]$$
$$\overline{V}_d = 60\angle 90°\ [\text{V}]$$

(a) 0의 합성을 가지는 4상 계통의 페이서 표현식을 결정하라.
(b) 주어진 계통에 대한 정상분 전압 조합을 찾아라.
(c) 정상 성분 조합이 문제 (a)의 계통과 같은가? 설명하라.
(d) 역상분 전압 조합을 찾아라.
(e) 평형 단상 조합을 계산하라.
(f) 각 성분을 명백하게 밝혀서 상 b에 대한 페이서도를 그려라.

10-12 다음의 4상 계통을 대체하기 위해 사용될 수 있는 영상분, 정상분, 그리고 역상분은 물론 평형 단상 조합을 계산하라:

$$\overline{V}_a = 100\angle 0°\ [\text{V}]$$
$$\overline{V}_b = 60\angle(-65°)\ [\text{V}]$$
$$\overline{V}_c = 100\angle(-180°)\ [\text{V}]$$
$$\overline{V}_d = 60\angle 115°\ [\text{V}]$$

원래의 전압 계통을 만드는 성분 조합에 관하여 어떤 일반화를 그릴 수 있는가?

10-13 $95.2\angle 14.6°$의 정상 성분과 $31\angle 40.6°$의 역상 성분으로 나타내어지는 불평형 2상 계통을 찾아라.

10-14 불평형 2상 전압 계통이 다음과 같이 설명된다:

$$\overline{V}_a = 120\angle 0°\ [\text{V}]$$

$\overline{V}_b = 80\angle(-53°)$ [V]

(a) 이 계통의 정상분 전압 조합을 찾아라.

(b) 역상분 조합은 무엇인가?

(c) 각 정상 및 역상 성분을 보이는 이 2상 계통의 완전한 페이서도를 그려라.

10-15 $\overline{V}_a = 120\angle 0°$ [V] 그리고 $\overline{V}_b = 80\angle(-90°)$ [V]인 경우에 대하여 문제 10-14를 반복하라.

10-16 2상, 4극 서보 전동기가 주권선 전압과 위상이 90° 어긋난 보조 권선 전압에 의해 여자된다. 주권선 전압 정격은 60 [Hz]에서 75 [V]이다. 전동기 매개변수는 다음과 같다:

$$r_1 = 50\ [\Omega] \qquad r_2' = 100\ [\Omega]$$
$$x_1 = 120\ [\Omega] \qquad x_\phi = 100\ [\Omega]$$

회전자 누설 리액턴스는 무시할 수 있다. 보조 권선 전압이 37.5 [V]일 때 0.4의 슬립에서 발생 토크를 계산하라.

10-17 정격이 115 [V], 60 [Hz], 2극인 2상 서보 전동기에 대한 적절한 무부하 시험이 다음의 매개변수를 드러내었다:

$$r_1 = 302\ [\Omega] \qquad r_2' = 1380\ [\Omega] \qquad x_\phi = 695\ [\Omega]$$
$$x_1 = 385\ [\Omega] \qquad x_2' = 385\ [\Omega]$$

이 서보 전동기가 $\overline{V}_a = 115\angle 0°$ [V]와 $\overline{V}_b = 80\angle(-90°)$ [V]로 운전되며, 회전자 슬립이 0.25이다.

(a) 정상분 및 역상분 전압 조합에 대한 적절한 등가회로를 그려라. 각 경우에서 적당한 인가 전압을 보여라.

(b) [syn. W]와 [N-m]로 표현된 발생 토크를 계산하라.

(c) 제어 권선(상 b)을 통하여 흐르는 전류의 실효치는 얼마인가?

10-18 문제 10-17의 서보 전동기를 참조하고 25 [%]의 슬립에서 운전을 계속한다고 가정하라.

(a) 이 전동기가 평형 2상 전동기로서, 즉, $\overline{V}_a = 115\angle 0°$ [V] 그리고 $\overline{V}_b = 115\angle(-90°)$ [V]로 운전될 때 발생되는 토크를 계산하라.

(b) 전동기가 1.75 [pu]의 슬립에서 평형 2상 전동기로서 운전될 때 발생되는 토크를 계산하라.

(c) 문제 (a)와 (b)의 결과를 사용하여, $\overline{V}_a = 115\angle 0°$ [V] 그리고 $\overline{V}_b = 80\angle(-90°)$ [V]일 때 이 전동기에 의해 발생되는 토크를 계산하라.

10-19 문제 10-17의 서보 전동기를 참조하라. 이 전동기가 0.5의 슬립에서 운전될 때, 정상분 전류는 $80.5\angle(-51.1°)$ [mA]로 찾아지며 역상분 전류는 $38.5\angle(-98.4°)$ [mA]이다.

(a) 주권선 및 제어 권선에 인가되는 전압을 결정하라.

(b) 제어 권선 전류를 찾아라.

10-20 2상 서보 전동기가 주권선에 인가되는 $115\angle 0°$ [V]를 가진다. $75\angle(-80°)$ [V]의 제어 권선 전압에 대응하는 특별한 운전점에서, 정상분 및 역상분 임피던스는, 각각, $220\angle 67°$ [Ω] 및 $175\angle 57°$ [Ω]이다.

(a) 주권선과 제어 권선 전류의 정상 및 역상 성분을 결정하라.

(b) 주권선과 제어 권선 전류의 총(total) 값을 찾아라.

10-21 문제 10-17의 서보 전동기가 항상 직각인 주권선과 제어 권선 전압으로 운전된다.

(a) 제어 권선 전압이 주권선 전압과 같을 때, 즉 $\rho = 1$일 때 실속 토크(stall torque)를 계산하라.

(b) $\rho = 0.5$에 대하여 실속 토크를 결정하라.

(c) 무부하 속도가 3400 [rpm]이라고 가정하여, $\rho = 1$에 대하여, [rad/s]의 속도에 대한 실속 토크의 비(ratio)를 계산하라.

(d) 문제 (c)에서 계산된 양이 유용한 양인가?

10-22 중공 컵(드래그 컵, drag-cup) 회전자가 설비된 2상, 2극, 교류 서보 전동기가 60 [Hz]에서 다음의 매개변수를 가진다:

$$r_1 = 360\ [\Omega] \qquad r_2' = 260\ [\Omega] \qquad x_\phi = 890\ [\Omega]$$
$$x_1 = 50\ [\Omega] \qquad x_2' = 50\ [\Omega]$$

주권선은 제어 권선과 동일하며, 둘 다 정격이 115 [V]이다. 제어 권선 전압의 전원은 모든 시간에서 직각인 전압을 제공하도록 배열된다. 더욱이, 이 전원의 내부 임피던스는 무시할 수 있을 정도로 작다.

(a) $\rho = 0.8$과 $s = 0.3$에 대하여 [syn. W]로 발생 토크를 결정하라.

(b) 문제 (a)에서 주권선으로 공급되는 전력은 얼마인가?

(c) 문제 (a)에서 제어 권선에서의 전력은 얼마인가?

10-23 (a) 문제 10-22의 서보 전동기에 대하여 $\rho = 0.1$과 $s = 0.05$에서의 운전에 대응하는 발생 토크의 값을 계산하라.

(b) 문제 10-17의 서보 전동기에 대하여 이 계산을 반복하라. 비교하고 설명하라.

10-24 문제 10-22의 서보 전동기를 참조하라.

(a) $\rho = 1$과 $s = 0.3$에 대하여 [syn. W]로 발생 토크를 결정하라.

(b) $\rho = 1$과 $s = 1.7$에 대하여 문제 (a)를 반복하라.

(c) $\rho = 0.7$과 30 [%]의 회전자 슬립에 대하여 발생 토크를 찾아라.

10-25 문제 10-17에서 특정된 운전 조건에 대하여, 역상분 자속파에 대한 정상분 자속파의 비(ratio)를 계산하라. 포화는 무시하라.

10-26 문제 10-22 (a)에서 특정된 운전 조건에 대하여, 역상분 자속파에 대한 정상분 자속파의 비(ratio)를 계산하라. 이 결과로 부터 어떤 의미를 그릴 수 있는가?

11 STEPPER MOTORS

근년의 컴퓨터 산업의 폭발적 성장은 스텝 전동기(stepper motor)가 많은 컴퓨터 주변 장치에서 구동력을 제공하기 때문에 이 전동기에 대해서도 역시 막대한 성장을 의미하였다. 그들은, 예를 들어, 선프린터(line printer)와 인쇄 단자(printing terminal)에서 용지 이송 기구(paper feed mechanism)의 구동에서 찾아질 수 있다. 스텝 전동기는 또한 디스크(disk) 위에 자기 헤드(magnetic head)의 정확한 위치 결정(positioning)을 제공하는 플로피 디스크(floppy disk) 구동에 독점적으로 사용된다. 고가의 도형기(플로터, plotter)에서의 x-와 y-좌표 펜(pen)은 스텝 전동기에 의해 구동된다. 여기에서 그들은 좋은 동적 성능을 제공하는 한편 치차(기어, gear), 접동선(slide wire), 그리고 브러시를 사용하는 그 대신의 구동 책략과 관련된 과중한 보수 유지 계획에 대한 필요를 없앤다. 스텝 전동기는 본질적으로 **계수(디지털) 형태**(*digital form*)인 입력 정보를 기계적인 출력으로 변환하는데 소용되는 장치이기 때문에 특히 그러한 응용에 적합하다. 그것에 의해 디지털 컴퓨터와 통상의 인터페이스(natural interface)를 제공한다.

스텝 전동기는, 하지만, 심지어 컴퓨터 산업 바깥에서 수행하는 셀 수 없는 과업이 찾아질 수 있다. 많은 상업적, 군사적, 그리고 의학적 응용에서, 스텝 전동기가 혼합(mixing), 절단(cutting), 교반(stirring), 측정(metering), 혼합(blending) 그리고 정화(purging) 같은 기능을 수행한다. 그들은 포장 식품, 상업용 최종 제품, 그리고 심지어 공상 과학 영화의 제작에서도 많은 지원 역할을 제공한다. 그러한 응용에서 스텝 전동기에 의해 제공되는 이점은 두가지 보조 설비의 사용에 의해 쉽게 활용될 수 있다: 마이크로프로세서(microprocessor)와 트랜지스터 형태의 제어 스위치(controlled switch).

스텝 전동기는 디지털 신호의 적절한 순서로 된 조합(properly sequenced set)에 의해 구동되기는 하지만, 전동기 자체는 동기전동기의 특성을 나타낸다. 가장 대중적인 형태의 한가지에서는 2중 여자 기계로서 동작하며, 그것은 그 다음 한가지 속도에서 정상 상태 토크를 생성한다는 것을 의미한다.

11-1 CONSTRUCTION FEATURES

스텝 전동기의 구조는 상당히 단순하다. 그것은 둘 또는 그보다 많은 개별 코일이 설비된 슬롯이 있는 고정자와 권선이 없는 회전자 구조로 이루어진다. 스텝 전동기의 분류는 회전자가 어떻게 설계되었는 지에 의해 결정된다. 축에 부착된 영구자석이 있다면 영구자석 스텝 전동기(permanent magnet (PM) stepper motor)라 불린다. 영구자석이 포함되지 않는다면, 그것은 간단히 릴럭턴스형(reluctance-type) 스텝 전동기로 분류된다. 여기에서는 주의가 먼저 PM 스텝 전동기로 향해진다. 물론, 영구자석의 존재는 일정한 직류 여자와 등가인 전동기를 제공한다. 따라서, 하나 또는 그보다 많은 고정자 코일이 여자되었을 때, 기계는 동기전동기로 거동한다.

PM 스텝 전동기의 기본 구조 세목이 4극 고정자와 5극 회전자 구조에 대하여 그림 11-1 (a)에 그려져 있다. 회전자의 한쪽 끝에서의 각 자극(또는 슬롯)은 N-극의 극성으로 다른 쪽 끝에서의 각 자극은 S-극의 극성으로 자화되어 있는 회전자 구조의 특별한 배향의 영구자석의 작용을 관찰하라. 더욱이, 회전자 자극의 N-극 조합은 회전자 자극의 S-극 조합으로부터 극간격의 2분의 1만큼 변위되어 배열되어 있으며, 이것은 바로 그림 11-1 (b)와 (c)의 비교로 명확하다. 고정자 자극과 회전자 자극의 각 조합 사이에 존재하는 대칭성은 각 회전자 자극 조합이 동일한 방식으로 거동한다는 것을 명확하게 만든다. 예를 들어, 코일 A-A'가 A에서 N-극 극성을, 그리고 A'에서 S-극 극성을 산출하도록 여자된다면, 그림 11-1 (b)에서 고정자의 N과 회전자의 S1, S2, 그리고 S5 사이의 관계가 그림 11-1 (c)에서 고정자의 S와 회전자의 N1, N2, 그리고 N5 사이의 관계와 정확히 대응한다. 비슷한 설명이 자극의 남아 있는 조합에 대해 만들어질 수 있다.

11-2 METHOD OF OPERATION

PM 스텝 전동기가 정확한 위치 결정을 수행하기 위해 사용될 수 있는 방식은 그림 11-2에 나타난 그림의 순서를 조사함으로써 설명된다. 출발점은 정(양) 직류 전류가 흐르도록 코일 A-A'가 여자되어 위쪽 고정자 자극은 N-극 극성이 주어지며 대응하는 아래쪽 고정자 자극은 S-극 극성으로 거동하도록 만들어진 그림 11-2 (a)로 나타내어져 있다. 코일 B-B'는 여자되지 않는 것으로 가정된다. 회전자는 고정자 코일 전류가 변하지 않고 남아있는 한 이 배향을 유지한다. 이 위치에서, 스텝 전동기에 의해 발생되는 순(net) 토크는 0이다. 이 경우에서 이 결론은 대칭성 고려로부터 바로 명확하다. 예를 들어, 회전자의 S-극 끝에서 S1이 고정자의 N-극과 정렬된 것이 보여진다. 고정자 자극과 회전자 자극 S1의 자계 분포의 작용에 의해 생성되는 토크는 이 두 자속 자계의 각변위의 정현(사인, sine)에 종속된다. 완전한 정렬로 각도는 명백히 0이며 그래서 이 두 자계 사이의 토크 역시 그렇다. 중첩을

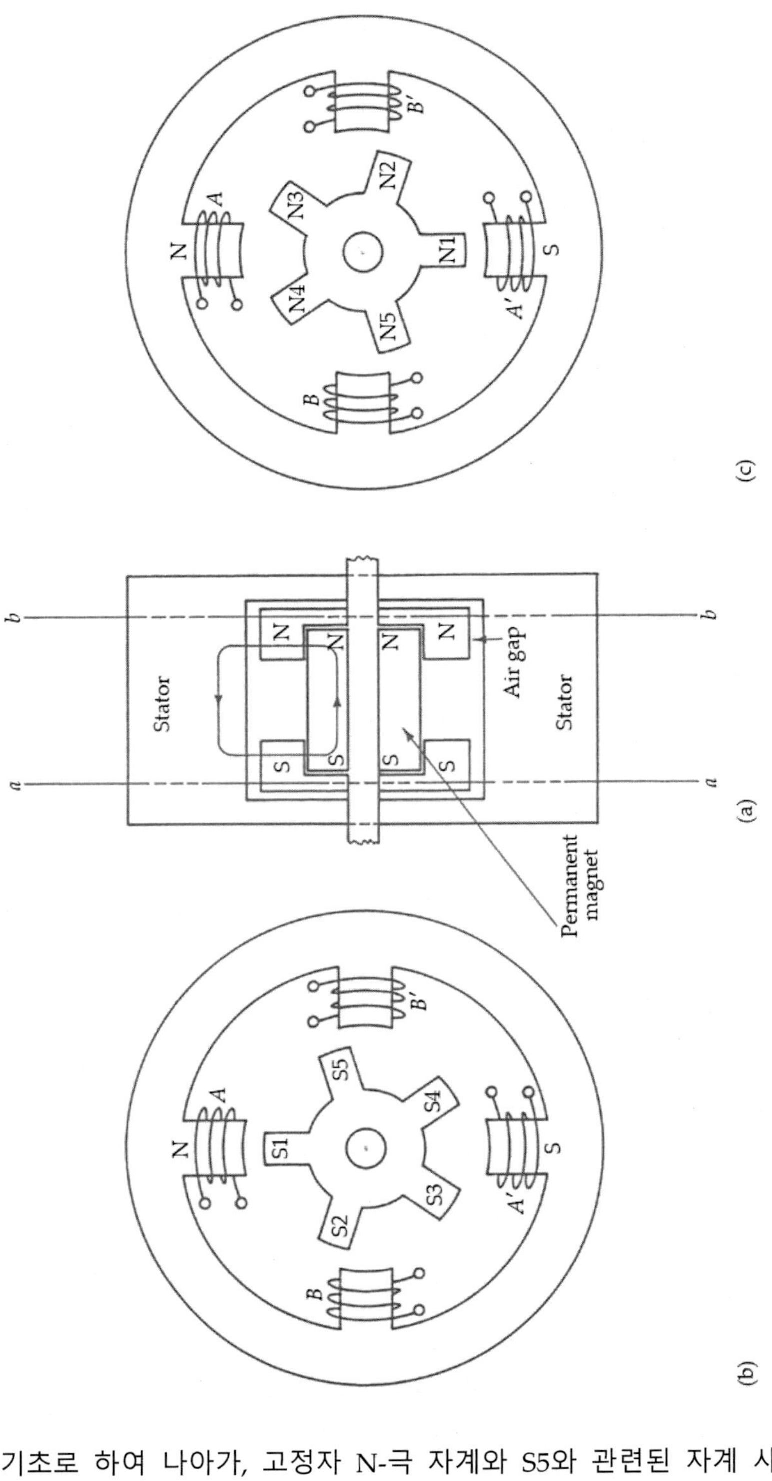

Figure 11-1 Diagram illustrating the construction features of the PM stepper motor: (a) axial view showing the permanent magnet attached to the rotor shaft; (b) cross-sectional view at *a-a* showing rotor poles of S-pole polarity; (c) cross-sectional view at *b-b* showing poles of N-pole polarity.

기초로 하여 나아가, 고정자 N-극 자계와 S5와 관련된 자계 사이에 당기는 토크가 존재하며, 이것은 반시계 방향(counterclockwise, ccw) 회전을 일으키도록 작용함에

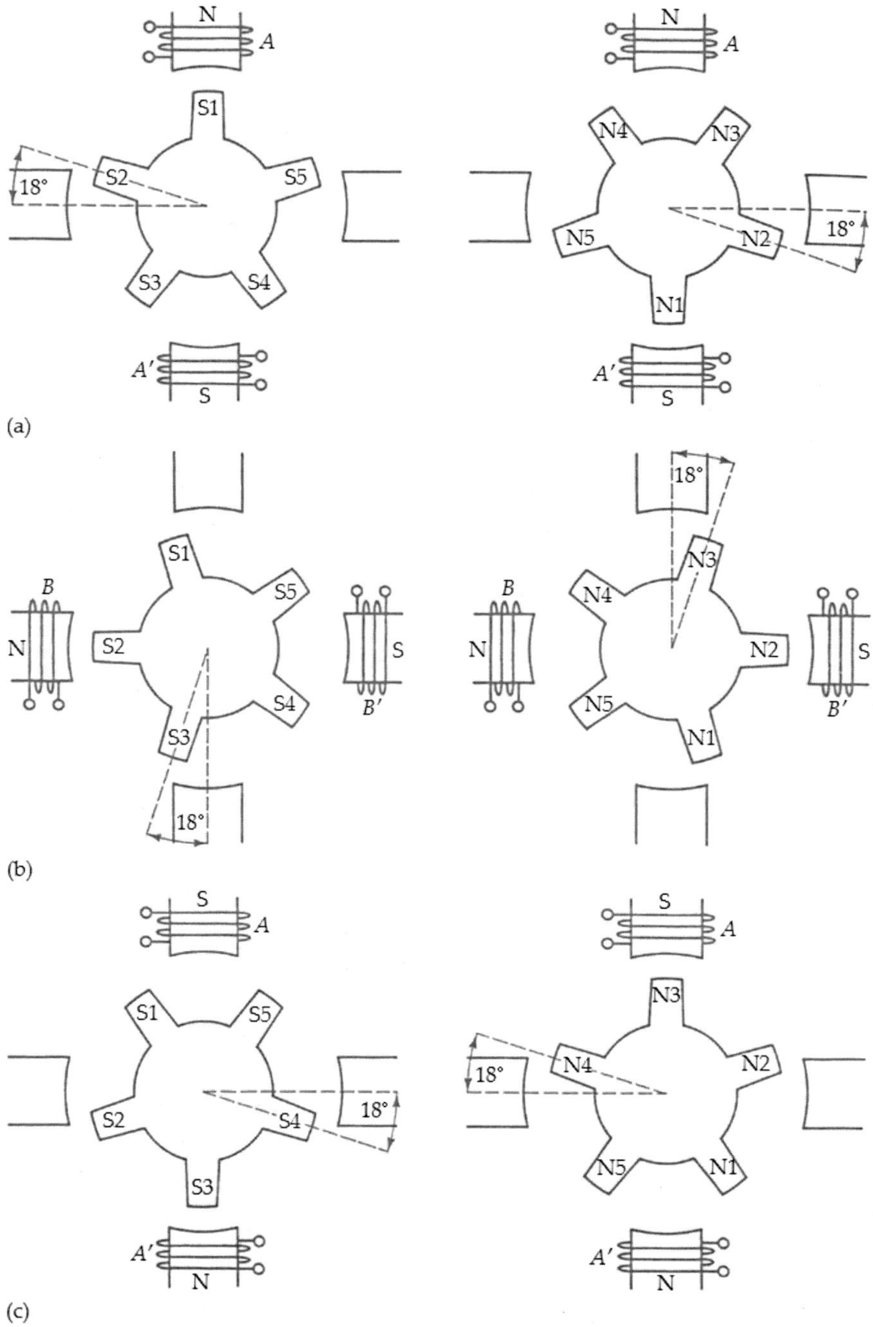

Figure 11-2 Illustrating the indexing of the rotor in a ccw direction for a full cycle of coil *A*-*A*′/*B*-*B*′ excitation in sequence through positive and negative values. Observe that the orientation between rotor and stator in (e) exactly corresponds to the starting point in (a) except for rotation. (a) Coil *A*-*A*′ energized for an N-S orientation; coil *B*-*B*′ de-energized. Comment: starting point. (b) Coil *A*-*A*′ de-energized; coil *B*-*B*′ energized for an N-S orientation. Result: rotor advances ccw 18° from its position in (a). (c) Coil *A*-*A*′ energized with reversed current for an S-N orientation; coil *B*-*B*′ de-energized. Result: rotor advances ccw an additional 18° from its position in (b). (d) Coil *A*-*A*′ de-energized; coil *B*-*B*′ energized with reverse current for an S-N orientation. Result: Rotor advances ccw an additional 18° from its position in (c). (e) Coil *A*-*A*′ energized with positive current for an N-S orientation; coil *B*-*B*′ de-energized. Result: rotor advances an additional 18° for a total of 72° or one rotor pole pitch corresponding to one cycle of ± excitation of stator coils.

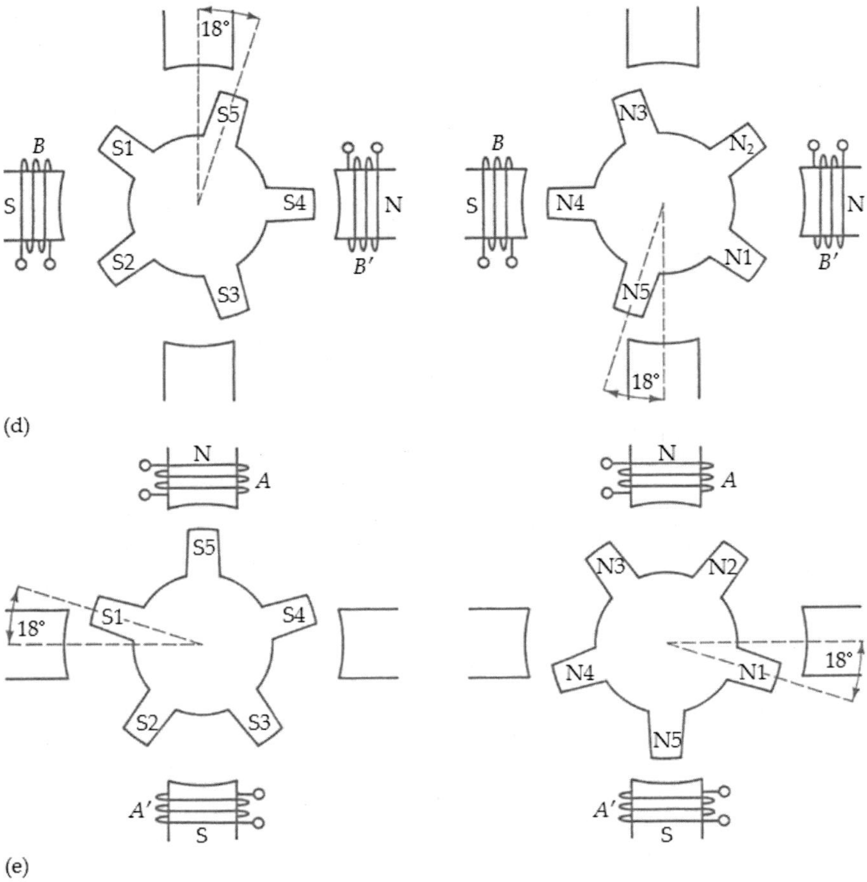

Figure 11-2 (Continued)

유의한다. 이 토크의 크기는 sin 72°에 비례하는데, 72°는 회전자 극간격 각도(rotor pole-pitch angle)이다. 하지만, N-극 고정자 자계와 S2 사이의 작용 역시 당기는 토크이지만 그것은 고정자 N-극과 S5 사이에서 생성된 것과 정확히 같으며 반대 방향이다. 비슷한 결과가 아래쪽 S-극 고정자 자극 하에서 존재하는 상황을 조사함으로써 얻어진다. 여기에서 포함되는 토크에 존재하는 상세한 차이는 이 배향에 대해 N-극 고정자 자계 아래에서 생기는 바와 같이 당기는 것이 아니라 반발하는 (밀어내는) 성질이라는 것에 유의하는 것이 유용하다. 회전자 자속 자계가 고정자 자속 자계와 정확히 정렬하였을 때 반발력이 최대 효과를 가지기 때문에, 반대 각도(opposite angle)의 두 자속 자계의 축 사이의 변위 각도의 여현(코사인, cosine)이 사용되어야 한다. 따라서, 고정자 S-극과 회전자 S3극 사이에 존재하는 토크는 이 자계의 세기는 물론 cos 36°에 비례하며, 시계 방향 회전을 생성하도록 작용한다. 그러나 S4와 고정자 S-극 사이의 작용은 정확히 같고 반대 방향이며, 따라서 고정자 S-극 아래의 조건에 의해 생성되는 0의 합성 토크를 산출한다. 순(net) 토크는

0이며 그래서 회전자는 평형의 위치에 남아있다.

이제 직류 여자의 정(양)과 부(음) 값을 통하여 차례로 직각 방향에 있는 두개의 코일을 교번적으로 여자하는 효과를 조사하자. 순서에서의 첫 단계가 그림 11-2 (b)에 코일 *A-A′*는 여자되지 않은 상태 그리고 코일 *B-B′*는 완전히 여자된 상태로 둔 것으로 나타내어져 있다. 코일 *B-B′*가 정(양) 전류로 여자되는 한 귀결하는 최종적인 정상 상태로 보여져 있다(즉, 그래서 왼쪽 자극은 N-극으로 되며 오른쪽 자극은 S-극 극성을 나타낸다). 이 경우의 코일 여자에서 이 절환에 대한 순(net) 회전자 변위는 18°이다. 일단 회전자가 그림 11-2 (b)에 묘사된 위치를 나타내면, 새로이 위치된 고정자 자극에 대한 회전자 자극의 배향은 그림 11-2 (a)에 나타난 것과 동일하며 그래서 회전자는 다시 평형에 있다. 하지만, 코일 *A-A′*는 여자되지 않고 코일 *B-B′*는 여자되는 한편 회전자가 여전히 그림 11-2 (a)에 대응하는 위치에 있을 때 발생하는 토크 조건을 검토하는 것이 도움이 된다. 이 코일 내에서의 전류가 순시적으로 변화한다는, 즉 권선의 시정수(시상수, time constant)가 포함된 기계 시정수에 비하여 매우 작다는, 가정으로 진행한다. 이것은 비현실적인 가정이 아니다. 주어진 기계의 고정된 기하에서 주어진 코일 여자에 의해 생성되는 자속 자계의 크기 역시 계산할 수 있기 때문에, 이 자계에 의해 생성되는 최대 토크를 T_m으로 나타낼 수 있다. 발생되는 토크가 최대와는 다른 값인 회전자 배향일 때, 토크가 인력인지 척력인지에 따라 적절한 정현 또는 여현 함수가 도입된다. 따라서 여자된 코일 *B-B′*와 회전자가 여전히 그림 11-2 (a)에 묘사된 위치로, 중첩을 적용하여 토크에 대한 표현식은

$$T = T_m\left[\sin\angle^{S2}_{N} + \sin\angle^{S1}_{N} - \sin\angle^{S3}_{N} + \cos\angle^{S5}_{S} - \cos\angle^{S4}_{S}\right] \qquad [\text{N-m}] \qquad (11\text{-}1)$$

이다. 여기서 토크가 ccw 이동을 생성한다면 더하기 기호(plus sign, +)가 사용되며 이동이 시계 방향(clockwise, cw)일 것이라면 부(음) 기호(negative sign, −)가 사용된다. 그림 11-2 (b)의 고정자 자극과 그림 11-2 (a)의 회전자 위치에 대응하는 적절한 각도를 대입하면, 식 (11-1)은

$$\begin{aligned} T &= T_m(\sin 18° + \sin 90° - \sin 54° + \cos 18° - \cos 54°) \\ &= T_m(0.309 + 1.0 - 0.809 + 0.951 - 0.588) \\ &= 0.863T_m \qquad [\text{N-m}] \end{aligned} \qquad (11\text{-}2)$$

로 된다. 이것은 정(양) 토크이기 때문에, 그림 11-2 (a)에서의 회전자는 그림 11-2 (b)에 보여진 새로운 평형 위치로 이동한다.

다음으로 코일 *B-B′*가 꺼지고 코일 *A-A′*가 다시 여자되지만 지금은 전류가 반대

방향으로 흐르는 경우를 고려한다. 위쪽 고정자 자극은 S-극 극성을 나타내며 아래쪽 고정자 자극은 N-극 극성을 취한다. 따라서, 새로운 고정자 자속 배치는 (그림 11-2 (c)에서) 그림 11-2 (b)의 회전자 배향에 다시 식 (11-2)로 설명된 토크를 발휘한다. 계속되는 토크는 그림 11-2 (c)에 보여진 새로운 평형 위치에 도달하기 위하여 회전자를 부가적인 반시계 방향으로 18° 옮긴다. 순서에서 다음의 단계에서는, 코일 *A-A′*에서의 전류는 꺼지는 한편, 코일 *B-B′*에서는 켜지지만 역으로 된 방향이다. 고정자 자극은 그러면 그림 11-2 (d)에 묘사된 극성을 나타내며, 그 다음 회전자에 ccw 방향으로 더 나아간 18° 변위를 산출하는 토크를 발생한다. 달리 말해, 회전자는 S4가 코일 *B-B′*와 관련된 N-극과 정렬을 이루는 새로운 평형 위치로 움직인다.

여기에서 고정자 코일의 적절한 정(양)과 부(음)의 교번 여자(alternate excitation)를 통하여 일단 순서가 계속되고 유지되면, 계속하여 일어나는 코일 여자에 의해 생성되는 토크의 작용은 확립된 방향으로 회전자를 옮기는 것임을 관찰하는 것이 도움이 된다. 이것은 자극과 완전한 정렬을 가져오는 반대 극성의 고정자 자극과 최소 각도 정렬을 가지는 회전자 자극을 보장하도록 하는 방식으로 이루어진다. 따라서, 코일 *A-A′*가 다음에 여자될 때, 결과는 S5가 위쪽 고정자 N-극과 정렬하도록 움직이는 것이다. 새로운 평형 위치가 그림 11-2 (e)에 보여져 있다. 이 마지막 배향은 전체 회전자 구조가 하나의 회전자 극간격, 또는 이 경우에는 72°와 같은 총(total) 변위를 통하여 산출되었다는 것을 제외하고는 첫째 것과 동일함을 관찰하라. 또한 **두개**(*two*)의 상태(정(양)과 부(음))가 있는 **2**-코일(*two*-coil)(또는 2상) 고정자의 경우, 스위칭 주기를 완성하기 위해서는 **4개**(*four*)의 스위칭 동작을 요구함에 유의하라. 따라서, 이 전동기는 여자의 매 주기 동안 4번을 **내딛도록**(to *step*) 만들어지며, 그래서 하나의 회전자 극간격의 순(net) 변위를 생성한다. 또는, 달리 설명하면, 고정자 여자의 각 스위치가 회전자 극간격의 4분의 1의 회전자 변위를 생성한다. 고정자 코일의 순차적 여자의 교번에 응하여 이 전동기에 의해 나타내어지는 **내딛는**(**스텝화**) 작용(*stepping* action)은 **스텝 전동기**(*stepper motor*)라 불리는 이유이다.

스텝 전동기의 회전 방향은 단지 스위칭 순서를 뒤집음으로써 편리하게 역전될 수 있다. 따라서 그림 11-2 (b)에서 코일 *B-B′*의 여자가 역전되었다면, 발생 토크의 작용은 그림 11-2 (a)에 있는 S5를 이제는 코일 *B′*와 관련될 N-극 자속과 완전히 정렬하는 위치로 옮길 것이다. 결과는 코일 *B*가 N-극 극성을 생성하도록 만들어질 때 생기는 반시계 방향 변위에 대비하여 18°의 시계 방향 변위이다.

11-3 DRIVE AMPLIFIERS AND TRANSLATOR LOGIC

스텝 전동기의 운전법에 대한 앞의 설명은 전동기의 스텝 작용이 고정자 코일을 여자하고 여자하지 않는데 소용되는 특정한 스위칭 순서에 종속된다는 것을 명확하게 만든다. 이 목적을 이루는 실제적인 책략은 적절한 번역기 논리 제어 회로(translator logic control circuit)로부터 기원하는 신호에 따라 순차적으로 켜고 끄는 트랜지스터로 이루어진 구동 증폭기(drive amplifier)를 사용하는 것이다. 배치의 블록도가 그림 11-3에 보여져 있다. 구동 증폭기는 번역기 논리 장치에 의해 제어되는 스위칭 회로를 통하여 코일 *A-A'*와 *B-B'*에 직류 여자를 제공한다. 그림 11-4에

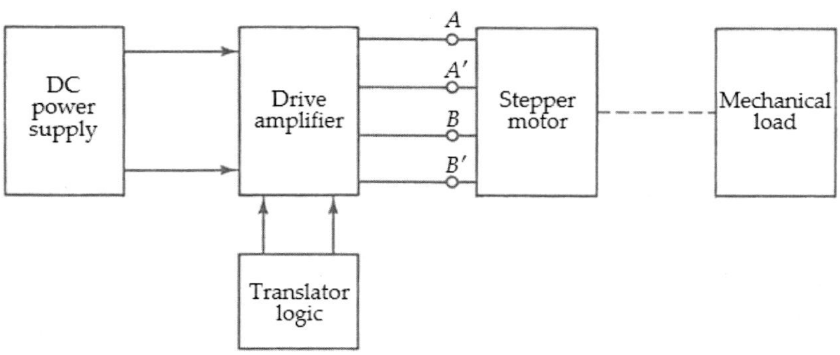

Figure 11-3 Block diagram of the stepper motor and its switched supply.

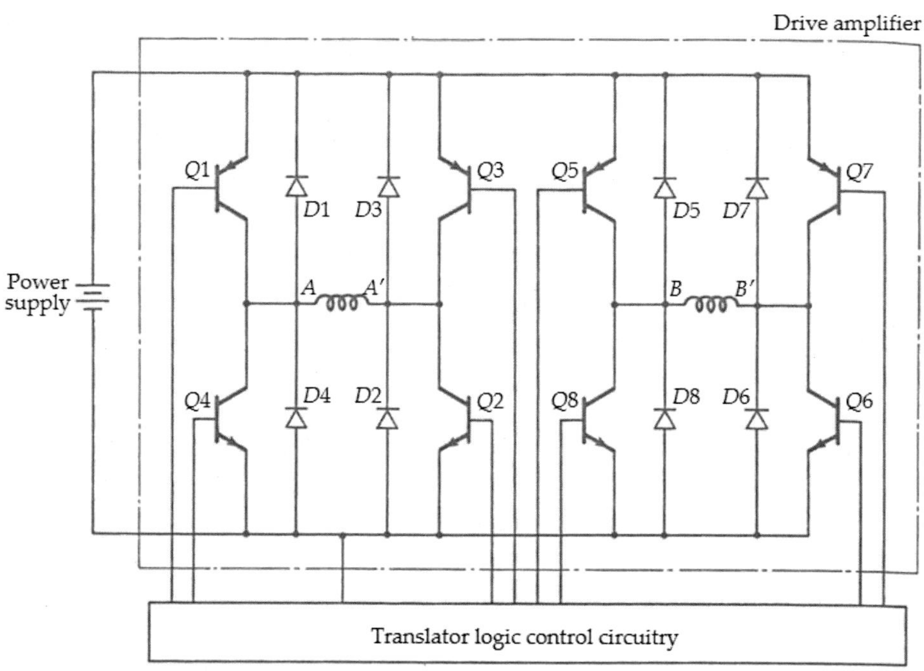

Figure 11-4 Diagram illustrating the details of a bipolar drive amplifier.

나타난 것은 구동 증폭기의 한가지 형태, 즉, **쌍극**형(**양극**형, **이극**형, *bipolar* type) 구성의 상세한 묘사이다. 단일 전력 공급기가 사용되며 상 코일 내에서의 전류 역전이 요망될 때에는 언제나 각 상 코일에 대하여 총 4개의 스위칭 트랜지스터를 필요로 한다. 용어 쌍극(bipolar)은 회로가 전력 공급기의 정(양)측(positive side)이 상 코일(phase coil)의 어느 쪽 끝에든 연결되는 것을 허용하기 때문에 그러한 회로에 사용된다. 두개의 전력 공급기로 사용하는 구동 회로로 이용할 수 있으며 그 경우 상 코일당 단지 두개의 트랜지스터를 사용하는 것이 필요하게 된다. 8개의 트랜지스터에 더하여, 그림 11-4의 구동 증폭기는 또한 8개의 다이오드를 포함한다. 물론, 다이오드는 논리 제어 회로에 의해 트랜지스터가 꺼졌을 때는 언제나 유도성 코일 전류가 흐르기 위한 경로를 제공하기 위해 요구된다. 예를 들어, 스위칭 주기의 첫 4분의 1동안 트랜지스터 *Q*1과 *Q*2가 ON되어 상 코일 내에서 *A*로부터 *A*′로 흐르는 전류를 일으킨다면, 주기의 다음 4분의 1으로의 천이(transition)는 *Q*1과 *Q*2가 OFF로 절환되는 것을 부른다. 코일 *A*-*A*′ 내의 전류와 관련된 자기 저장 에너지 때문에, 전류는 순시적으로 0으로 줄어들 수 없다. 그러나, 그렇게 하려고 할 때, 단자 *A*′가 정(양) 그리고 *A*가 부(음)으로 코일 내에 큰 기전력이 유도된다. 이 유도 기전력은 다이오드 *D*3과 *D*4를 가로질러 정(양) 전압을 주고 따라서 코일 *A*-*A*′ 내에서 꺼진 전류에 대해 경로를 제공한다. 전류는 방전 회로(discharging circuit)의 작은 시정수 때문에 빠르게 감쇠한다.

번역기 제어 회로의 논리 절차는 어떻게 결정되는가? 이것은 그림 11-2와 관련되어 설명된 스텝 전동기의 운전을 수행하기 위해 요구되는 논리를 전개함으로써 가장 잘 설명된다. 이 경우에는, 반시계 방향 회전에 대하여 요구되는 완전한 스위칭 주기는 다음의 표에 있는 절차에 따라 고정자 코일이 여자되는 것이다:

Coil *A*-*A*′	Coil *B*-*B*′
ON+	OFF
OFF	ON+
ON−	OFF
OFF	ON−

여기에서 ON+는 코일 내의 전류의 역전에 의해 ON−와 구별된다. 그림 11-4의 구동 증폭기에 대하여 이 스위칭 순서를 달성하는 논리 순서는 1이 ON을 나타내며 0이 OFF를 나타내는 이진 언어(binary language)로 다음과 같이 표현된다:

Coil A-A'				Coil B-B'			
Q1	Q2	Q3	Q4	Q5	Q6	Q7	Q8
1	1	0	0	0	0	0	0
0	0	0	0	1	1	0	0
0	0	1	1	0	0	0	0
0	0	0	0	0	0	1	1

이 스위칭 주기의 각 반복은 하나의 회전자 극간격과 같은 스텝 전동기의 전진을 제공한다. 따라서 이 경우에는 회전자의 완전한 1회전을 위해서는 이 스위칭 순서의 5주기를 필요로 한다.

스텝 전동기의 구동 증폭기에 대한 매우 대중적인 회로는 그림 11-5에 그려진 회로이다. 이 회로는 명백히 더 적은 전자 소자와 스위칭 트랜지스터에 대한 더 간단한 바이어스 회로(bias circuitry)의 이점을 가진다. 이 구동에 사용되는 스텝 전동기의 각 상 코일은 중간 탭(center tap)이 설비되어 있으며 관련된 트랜지스터에 대한 스위칭 논리는 전류가 단지 한번에 한 부분에만 흐르도록 배열된다. 자극 극성의 역전은 한 부분 또는 다른 부분의 전류의 방향에 의해 이루어진다. 그러한 책략의 불리한 점은 유용한 출력을 생성하는데 있어서 구리를 연속적으로 사용하도록 만들어지지 않는다는 것이다. 이 배열은 2선 단극 구동(bifilar unipolar drive)

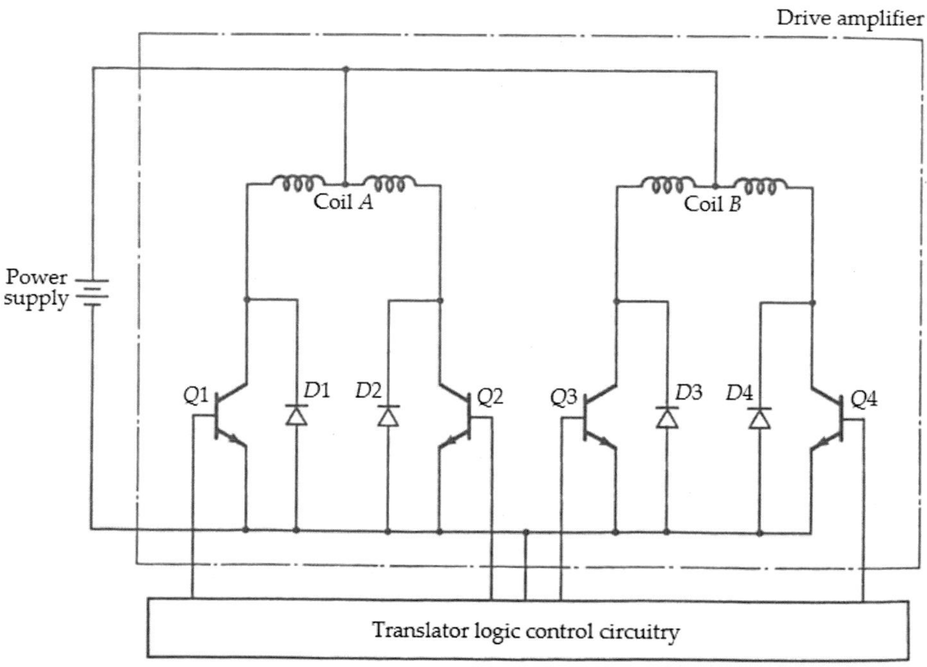

Figure 11-5 Drive amplifier of the bifilar, unipolar type. Each phase coil of the stepper motor comes equipped with a center tap.

이라 불린다. 그것은, 연결이 전원의 고전위와 저전위측 사이에서 교번하는 쌍극의 경우와는 달리, 운전 동안에 코일 부분의 양 끝이 전력 공급기의 부(음) 측(negative side)에 연결되어 머물기 때문에 단극이라 불린다.

그림 11-2에 그려진 것과 같은 스텝 전동기의 운전의 각 전체 스위칭 주기에 대하여 트랜지스터 제어 회로에 의해 제공되어야 하는 논리 절차는 다음과 같다:

Coil A'		Coil B	
$Q1$	$Q2$	$Q3$	$Q4$
1	0	0	0
0	0	1	0
0	1	0	0
0	0	0	1

여기에서는 코일 A에 그림 11-1에서의 코일 A와 코일 A'의 연결점으로 사용하는 중간 탭이 설비되어 있는 것으로 나타나 있다. 비슷한 배치가 코일 B에 대해 사용된 것으로 나타나 있다.

그림 11-5에 보여진 구동 증폭기의 회로 내에 나타난 다이오드 $D1$에서 $D4$는 특별한 트랜지스터 스위치의 차단에 따르는 전류 경로를 유지하기 위한 목적의 소자이다. 예를 들어, 그림 11-5에서 코일 A의 왼쪽 절반 부분을 통하여 전류가 흐르며 $Q1$이 뒤에 차단되었을 때, 두번째 부분에서의 전류가 첫번째 부분에서의 전류의 수준으로 순시적으로 올라가도록 첫번째 부분에서의 전류가 0으로 떨어지는 것을 허용하는 코일 A의 두번째 부분에서의 변압기 작용에 의해 회로가 확립된다. 두번째 부분에서의 전류는 그러면 전원 공급기와 다이오드 $D2$를 포함하는 경로를 통하여 흐른다. 코일 A의 오른쪽 절반에서 유도되는 변압기 전압의 결과로 정(양) 전압이 다이오드 $D2$를 가로질러 나타나기 때문에 다이오드는 도전 상태로 만들어진다. 이 과정에서 자기 에너지에서의 **변화가 없기**(*no change*) 때문에 코일 A의 왼쪽 부분으로부터 오른쪽 부분으로의 전류의 전달은 순시적으로 일어나는 것이 허용된다. 두 코일의 기자력은 같은 자기회로에서 작용한다.

11-4 HALF-STEPPING AND THE REQUIRED SWITCHING SEQUENCE

지금까지는 스텝 전동기의 운전의 설명이 어떤 한 시간에 하나의 고정자 코일 또는 다른 것이 여자되는 것이 허용되는 상황으로 제한되었다. 스위칭 절차가 주기(cycle) 내의 어떤 주기(period)에서 고정자 코일 둘 다가 동시에 여자되는 것을 허용하도록 궁리된다면 결과가 어떻게 될 것인가? 이것을 설명하기 위해, 그림 11-2

(a)에 묘사된 배치로 되돌아 가자. 전체 18°의 ccw 변위가 코일 A-A'를 끄고 코일 B-B'를 켜는 것으로부터 귀결되었음을 상기하라. 하지만, 코일 B-B'가 켜지는 한편 코일 A-A'에서의 여자가 유지된다고 가정하라. 달리 말해, 여자가 코일 B-B'에 인가될 때 코일 A-A'가 꺼지지 않는다. 직관은, 이 상황에서 효과가 있는 대칭성을 기초로 하여, 전동기가 **절반-스텝**(*half-step*), 즉, ccw 방향으로 회전자 극간격의 8분의 1을 나아가지 않을까 하는 생각으로 이끈다. 이 변위 각도에서 회전자 구조에서의 합성 토크의 조사는 전동기가 평형에 있음을 드러낸다. 이것은 이 조건에 대응하는 회전자에서의 순(net) 토크에 대한 표현식을 적음으로써 바로 입증된다. 그 상황이 9°의 절반-스텝 각도(half-step angle)에 대하여 그림 11-6에 그려져 있다. 4개의 모든 고정자 자극이 표시된 극성으로 여자됨에 유의하라. 중첩을 적용하여, 순(net) 토크에 대한 표현식은

$$T_R = T_m\Big[-\sin\Big\langle{}^{\mathrm{N}_A}_{\mathrm{S1}} - \sin\Big\langle{}^{\mathrm{N}_A}_{\mathrm{S2}} + \sin\Big\langle{}^{\mathrm{N}_A}_{\mathrm{S5}} - \cos\Big\langle{}^{\mathrm{S}_{A'}}_{\mathrm{S3}} + \cos\Big\langle{}^{\mathrm{S}_{A'}}_{\mathrm{S4}}$$
$$+\sin\Big\langle{}^{\mathrm{N}_B}_{\mathrm{S2}} + \sin\Big\langle{}^{\mathrm{N}_B}_{\mathrm{S1}} - \sin\Big\langle{}^{\mathrm{N}_B}_{\mathrm{S3}} + \cos\Big\langle{}^{\mathrm{S}_{B'}}_{\mathrm{S5}} - \cos\Big\langle{}^{\mathrm{S}_{B'}}_{\mathrm{S4}}\Big] \qquad \text{[N-m]}$$

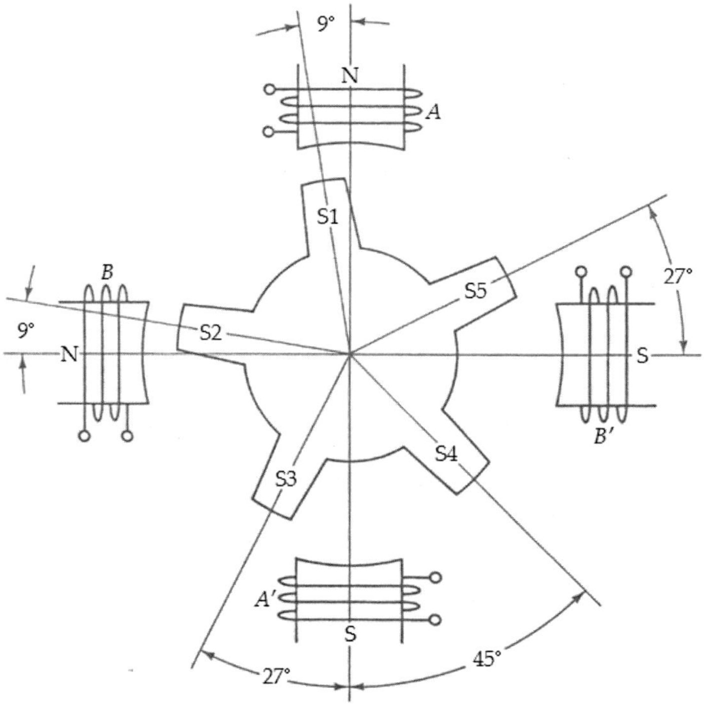

Figure 11-6 Half-step equilibrium position that occurs when the rotor is initially at the position illustrated in Fig. 11-2 (a) and both coils A-A' and B-B' are energized to produce the field orientation shown here. The result is a 9° displacement of the rotor as indicated here.

로 적어질 수 있다. 여기서 첫째 줄은 회전자의 S-극 부분과 상호작용하는 코일 A-A'에 의해 생성되는 고정자 자극에 의해 생성되는 토크를 나타내며 둘째 줄에 있는 항은 코일 B-B'의 고정자 자극과 회전자의 S-극 부분과 관련된 토크 기여를 나타낸다. 표시된 자극의 축 사이에 존재하는 각도 변위를 대입하면,

$$T_R = T_m[-\sin 9° - \sin 81° + \sin 63° - \cos 27° + \cos 45° \\ + \sin 9° + \sin 81° - \sin 63° + \cos 27° - \cos 45°] = 0 \qquad [\text{N-m}] \ (11\text{-}3)$$

를 얻는다. 따라서, 회전자의 이 절반-스텝 변위는 평형 위치를 나타낸다.

코일 A-A'가 이제 꺼지는 한편 코일 B-B'의 여자가 유지된다면, 전동기는 부가적인 9°를 내디디며, 따라서 한 코일이 꺼지고 다른 것이 켜졌을 때 귀결하는 원래 예측된 18°를 산출한다. 절반-스텝 증분(half-step increment)으로 실행되는 완전한 스위칭 주기를 통한 이 해석의 연장은 반시계 방향 회전에 대하여 다음의 스위칭 순서로 이끈다:

Coil A-A'	Coil B-B'	
ON+	OFF	↑
ON+	ON+	
OFF	ON+	
ON−	ON+	One complete
ON−	OFF	switching cycle
ON−	ON−	
OFF	ON−	
ON+	ON−	↓
ON+	OFF	
.	.	
.	.	
.	.	

전체 스위칭 주기는 이제 총 8개의 스위칭 상태를 포함하며, 총 하나의 회전자 극 간격을 주는, 8개의 절반-스텝을 산출한다. 2선 형식(bifilar mode)로 운전하도록 배열되고 그림 11-5의 단극 구동 증폭기(unipolar drive amplifier)에 의해 구동되는 그림 11-1의 전동기의 절반-스텝을 위해 요구되는 스위칭 절차가 다음 표에 상술되어 있다:

Coil A		Coil B	
Q1	Q2	Q3	Q4
1	0	0	0
1	0	1	0
0	0	1	0
0	1	1	0
0	1	0	0
0	1	0	1
0	0	0	1
1	0	0	1

물론 절반-스텝화(내디딤)(half-stepping)의 이점은 더 정밀한 위치 결정이 요구되는 곳에서의 응용에 스텝 전동기의 정확도를 개선한다는 것이다.

11-5 RELUCTANCE-TYPE STEPPER MOTOR

릴럭턴스형(reluctance-type) 스텝 전동기는 회전자에 영구자석이 설비되어 있지 않다. 그것은 직축 경로와 횡축 경로 사이에 존재하는 자기저항에서의 큰 차이에 의해 고정자 코일의 순차적인 직류 여자에 응하여 산출 토크를 발생한다. 선택된 고정자 코일 내에서의 직류 전류에 의해 생성되는 결과적인 정지 자속 자계는 항상 식 (1-65)의 특성에 따라 자속 경로의 자기저항을 최소화하도록 작용하는 힘을 발휘한다. 릴럭턴스형 스텝 전동기의 전형적인 배치가 그림 11-7에 그려져 있다. 이 경우에서 고정자는 8극으로 설계되며 두 부분의 각각에 4상 코일이 설비된다. 회전자는 60°의 극간격에 대응하는 6극의 효과를 생성하도록 슬롯이 파진다. 회전자는 코일 A-A'(즉, 상 A)는 여자되고 나머지 상들은 여자되지 않은 채로 남아있을 때 생기는 평형 위치에 있다. 상 A에 의해 생성되는 일정 자속 자계가 상 A와 관련된 고정자 자극 구조와 정렬된 회전자 자극 1과 4를 통하여 지나가는 최소 자기저항의 경로와 만남을 관찰하라.

이 전동기에서 설계된 고정자와 회전자 자극의 결합의 경우, 회전자 자극 둘 다의 축이 상 B와 관련된 두개의 고정자 자극의 축으로부터 15° 이격되어 있음에 유의하는 것이 도움이 된다. 따라서, 상 A가 끊어지고 코일 B에서 N-극 극성 그리고 코일 B'에서 S-극 극성을 생성하도록 상 B가 여자된다면, 회전자 자극 2와 5가 B-B'에서의 고정자 자극의 축과 정렬하도록 작용하는 릴럭턴스 토크가 발생된다. 회전자 전진은, 이 기계에서도 역시 회전자 극간격의 4분의 1인, ccw 15°이다. 상 C, D, 그리고 A의 연속적인 여자는 ccw 방향으로 회전자 극간격과 같은 총 전진(to-

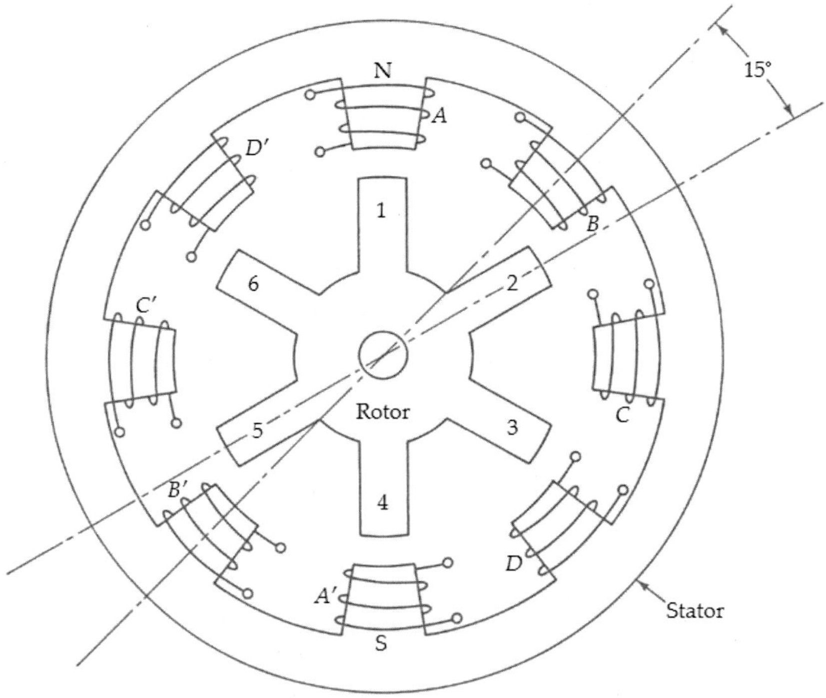

Figure 11-7 Construction details of a reluctance-type stepper motor equipped with four stator phases (i.e., eight poles) and six rotor poles.

tal advance)을 산출한다. 고정자 상들의 여자에 대하여 이 스위칭 순서의 6배의 반복은 전동기 축의 1회전으로 귀결한다.

그림 11-7에서 회전자의 평형 위치는 또한 시계 방향으로 움직이는 전동기를 준비한다. 하지만, 이제는 상 *A*에서의 여자의 제거에 뒤따라 코일 *D'*가 N-극 극성으로 여자되고 코일 *D*가 S-극 극성으로 여자되는 것을 요구한다. 이제는 회전자 치(rotor teeth) 6과 3을 코일 *D-D'*에 의해 생성된 자극과의 정렬로 미는 릴럭턴스 토크가 발생한다. 명백히 이것은 시계 방향 회전으로 귀결한다.

릴럭턴스형 스텝 전동기를 위한 구동 증폭기와 번역기 논리의 설계는 PM 스텝 전동기에 대해 보고된 것과 약간의 세목이 다르다. 이것은 두가지 형태의 전동기의 설계 양상에서의 차이를 고려하기 위해 필요한 것이다. 원리는, 하지만, 같게 남아있으며 한 형태의 전동기로부터 다른 형태의 전동기로 쉽사리 전달할 수 있다.

11-6 RATINGS AND OTHER CHARACTERISTICS

스텝 전동기를 고려한 앞의 내용과 관련된 자료를 기초로 하여, 이 전동기가 큰 마력에 대한 필요가 인자가 아닌 환경에서 사용된다는 것에 놀라지 않아야 할 것이다. 전동기의 출력 동력은 구리가 전기적으로 작동하고 철이 자기적으로 작동하는 정도에 종속된다. 스텝 전동기는 두가지 모두에서 낮은 순위로 평가된다. 유일한 스텝 전동기로 만드는 특성을 이루기 위해서는, 각 완전한 스위칭 주기 동안에 각 상 코일이 꺼진 상태에서 시간을 소비하고 자속 경로의 어떤 부분이 본질적으로 계자 자속과 상관 없는 것이 필요하다. 결론적으로, 스텝 전동기는 대략 1 [W]로부터 최대 3 [hp]의 크기까지의 출력 동력 범위에서 찾아진다. 물리적인 치수의 항으로, 가장 큰 기계는 7 [in]까지의 직경으로 만들어지는 한편, 가장 작은 기계는 1 [in] 정도로 작은 직경으로 팬케이크(pancake)의 형태로 구성된다.

스텝 전동기로 많은 스텝 크기(step size) 역시 이용할 수 있다. 0.72°로 작은 또는 90°로 큰 스텝 크기를 얻을 수 있다. 가장 일반적인 스텝 크기는 1.8°, 7.5°, 그리고 15°이다. PM 형에서 1.8°의 스텝 크기를 획득하기 위해서는, 40극의 고정자와 50극(또는 슬롯)의 회전자로 설계하는 것이 필요하다.

일반적인 형태를 가지는 스텝 전동기의 토크-속도 특성의 형상이 그림 11-8에 묘사되어 있다. 이 특별한 전동기에서 표시된 속도는 적절한 반복에 대한 스위칭 순서의 프로그래밍(programming)의 결과로써 달성된다 예를 들어, 1 [rps]를 실현하기 위해서는 1.8° 스텝 전동기를 200 [step/s]의 비율에서 스위칭하는 번역기 논리가 필요하다. 5 [rps]의 비율로 이 전동기를 운전하는 어떠한 시도든 토크가 0으로 떨어지기 때문에 실패한다. 이 토크에서의 감소는 높은 속도에서 상 코일에 유도되는 속도 전압은 물론 이 코일의 인덕턴스의 효과에 기인한다. 유용한 속도 범위를 두배로 할 수 있는 보상 회로를 이용할 수 있지만 이것은 구동 증폭기에 대한 증가된 회로 복잡성(circuit complexity)이라는 대가를 치른다.

PROBLEMS

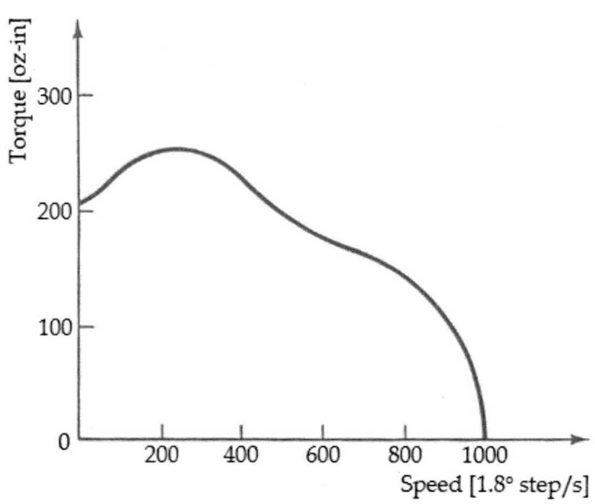

Figure 11-8 Torque-speed curve of a PM stepper motor operated at full step.

11-1 그림 11-2 (b)에 묘사된 회전자 위치에 대응하는 상황을 고려한다. 코일 A'가 감긴 자성체가 N-극 극성으로 그리고 코일 A가 S-극 극성으로 되도록 코일 A-A'가 여자된다고 가정하라.

(a) 회전자의 S-극 부분에 의해 회전자에 생성되는 토크에 대한 표현식을 적어라. 전체를 통하여 정현 자속 분포를 가정하라.

(b) 평형 위치에 도달되기 전에 생기는 회전의 각도는 얼마인가?

11-2 회전자의 N-극 부분에서 존재하는 조건에 대하여 문제 11-1을 반복하라.

11-3 그림 11-2의 배치에서 고정자 자극과 단일 PM 회전자 자극의 협력에 의해 생성되는 최대 토크를 T_m이라 하자. 그림 11-2 (c)에서 나타내어진 조건에 대하여 회전자 축에서 생성되는 순(net) 토크를 계산하라.

11-4 4상, 2극, PM 스텝 전동기의 개략도가 그림 P11-4에 보여져 있다. 상 코일은 트랜지스터 논리 회로에 의해 순차적으로 여자된다.

(a) 이 전동기의 전-스텝화(full-stepping)를 위한 논리 절차를 적어라.

(b) 전-스텝의 변위 각도는 얼마인가?

(c) 이 전동기를 절반-스텝 형태로 운전하기 위한 논리 절차를 적어라.

(d) 코일 B와 C가 동시에 여자될 때 고정자 자극과 상대적인 회전자 위치의 그림을 그려라.

(e) 그림 P11-4에서 묘사된 위치로부터 측정된 문제 (d)에서의 총(total) 회전자 변위는 얼마인가?

11-5 그림 P11-4의 전동기에서 코일을 구동하기 위해 사용되는 여자 신호가 공급 증폭기를 구동하는 디지털 신호로부터 기원한다. 이 신호의 연속 순서는 일정한 속도로 움직이는

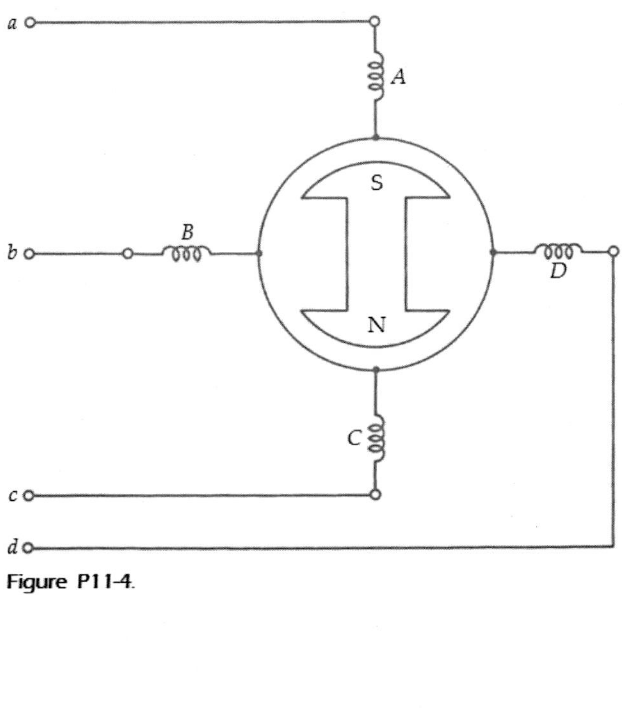

Figure P11-4.

스텝 전동기(따라서 동기전동기로 거동하는)를 일으킬 것이다. 회전 속도가 360 [rpm]으로 될 때 이 디지털 신호의 주파수 비율(frequency rate)을 결정하라. 절반-스텝화 형태를 가정하라.

11-6 그림 11-2의 전동기가 360 [rpm]의 속도에서 움직일 때 절반-스텝 형태로 설정되어야 하는 전동기의 증폭기를 구동하는 디지털 신호에서의 주파수 비율을 결정하라.

11-7 그림 11-4의 구동 증폭기가 전-스텝(full-step) 형태로 그림 11-2의 스텝 전동기를 구동하기 위해 사용된다. **시계**(*clockwise*) 방향의 회전을 산출하는 방식으로 트랜지스터를 스위칭하기 위한 논리 절차를 적어라.

11-8 PM 스텝 전동기가 0.9°의 절반-스텝 크기를 제공하기 위해 설계되었다.

(a) [deg]로 회전자 극간격을 결정하라.

(b) 고정자 자극의 수를 찾아라.

11-9 그림 11-6에 그려진 절반-스텝의 경우에 대하여 회전자의 N-극 부분과 고정자 자극의 배향을 설명하는 그림을 그려라.

12 SYNCHROS

싱크로(synchro)는 서보 기구(servomechanism)에서 광범위하게 응용이 찾아지는 교류 전자기 장치이다.† 하지만, 원격으로 기계적인 변위를 기록하기 위한 지시 계기(indicating instrument)로도 역시 사용될 수 있다. 이 장에서는 주의가 먼저 싱크로의 구조 양상의 서술은 물론 그들의 운전 이론의 설명으로 향한다. 그 다음에 정적 오차(static error), 동적 오차(dynamic error), 그리고 잔류 전압(residual voltage)을 포함하는 오차의 형태의 논의가 따라온다.

12-1 CONSTRUCTION FEATURES

싱크로의 4가지 기본 형태가 있다: 제어 전송기(control transmitter)(CX로 나타내어지는), 제어 변압기(control transformer, CT), 제어 차동(control differential, CD), 그리고 제어 수신기(control receiver, CR). 제어 전송기의 본질적인 구조 특성이 그림 12-1 (a)에 나타내어져 있다. 그것은 고정자와 회전자로 이루어진다. 고정자의 내표면(inner surface)은, 보통 동심-코일(concentric-coil) 형태인, 평형 3상 권선을 수용하기 위해 슬롯이 파여 있다. 회전자는 자루(stem) 주위에 많은 권수의 전선이 감긴

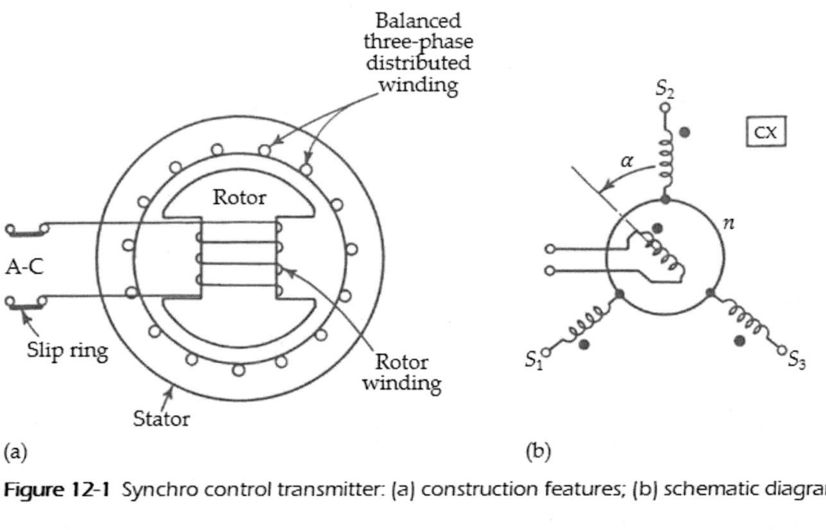

Figure 12-1 Synchro control transmitter: (a) construction features; (b) schematic diagram.

†서보 기구는 제어 변수가 기계적인 오차-작동 궤환 제어 계통(error-actuated feedback control system)이다.

아령(dumbbell) 구조이다. 교류 전압이 슬립 링의 쌍을 통하여 회전자에 인가되면, 여자 전류가 흐르고 회전자 구조에 대하여 교번 자속 자계를 생성한다. 정의에 의해 회전자의 전기적 0 위치(zero position)는 고정자의 상 권선 2의 turns와의 최대 결합에 대응한다. 더욱이, 최대 결합에 대하여 2개의 위치가 있기 때문에, 유일한 전기적 0은 그림 12-1 (b)에 보여진 바와 같이 조화되는 점 표시(matching dots)에 의해 확인된다. 그림 12-1 (b)는 전기적 0으로부터 각도 α 만큼 이격된 회전자 축을 묘사한다. 3상 동기발전기와의 구조에서의 유사성에 유의하라; 싱크로는 축소형(miniature) 발전기로서 적당히 설명될 수 있다. 하지만, 두 기계가 사용되는 방식의 차이를 이해하는 것이 중요하다. 동기발전기는 직류 전압으로 여자되고 일정한 속도에서 구동되며, 고정자 단자에서 3상 전압을 생성한다. 대비하여, 싱크로는 교류 전압으로 여자되고 종종 전기적 0으로부터 단지 유한한 양만큼 이격되며, 따라서 고정자 권선 내에 변압기 작용을 통하여 **단상**(*single-phase*) 전압을 유도한다. 때때로, 제어 계통 응용에서는, 싱크로가 낮은 추적 속도(tracking speed)로 구동된다.

싱크로 제어 변압기의 상세 구조는 제어 전송기의 구조와 어느 정도 다르다. 한 가지 중요한 차이는 회전자의 원통형 또는 우산과 같은(umbrella-like) 구조 때문에 공극이 균일하다는 것이다. 그림 12-2 (a)와 (b)를 참조하라. 이 양상은 제어 변압기에 의해 그려지는 자화 전류를 최소로 유지하기 위해 포함된다. 다른 차이는 전기적 0이 정의되는 방법이다. 제어 변압기의 경우에는 그것이 고정자의 권선 2와의 결합을 0으로 만드는 회전자의 위치로 정의된다. 이 특별한 배치가 그림 12-2 (c)에 묘사되어 있다. 고정자 권선은 역시 평형 3상 권선이다; 하지만, 변압기가 더 높은 상당 임피던스를 가진다는 것이 전송기와 다르다. 이 양상은 단일 전송기로부터 먹여지는 여러가지 제어 변압기를 허용한다.

차동 싱크로(differential synchro)는 고정자와 회전자 둘 다에 평형 3상 분포 권선을 가진다. 더욱이, 회전자는 그림 12-3 (a)에 보여진 바와 같이 원통형 형상으로 되어 있다. 3상 권선이 포함되기는 하지만, 이 단위(장치, unit)는 단지 단상 전압으로만 다룬다는 것을 염두에 두는 것이 중요하다.

제어 수신기의 기본 구조는 제어 전송기의 구조와 같다. 그것은 평형 3상 고정자 권선과 철극 회전자를 가진다. 전송기와는 다른 수신기에서의 세목의 한가지는 그것의 축 위에 기계적 점성 제동기(mechanical viscous damper)를 포함하는 것이다. 정상 사용에서 회전자와 고정자 권선은 둘 다 단상 전류로 여자된다. 따라서, 회전자의 자계 분포가 토크를 생성하도록 고정자의 암페어-도체 분포와 상호작용하며 따라서 회전한다. 제동기의 목적은 회전자가 그것의 목표를 지나쳐 감(오버슈트, overshoot)이 없이 고정자 암페어-도체 분포의 변화에 응하는 수신기 회전자

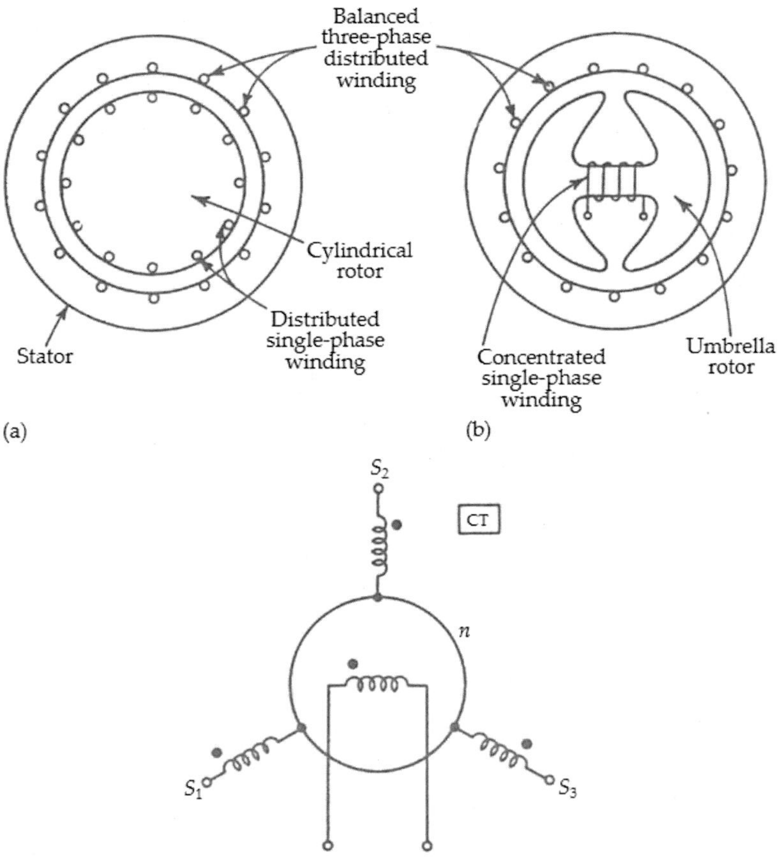

Figure 12-2 Control transformer: (a) construction features of cylindrical rotor type; (b) construction features of umbrella rotor type; (c) schematic diagram with rotor winding at electrical zero.

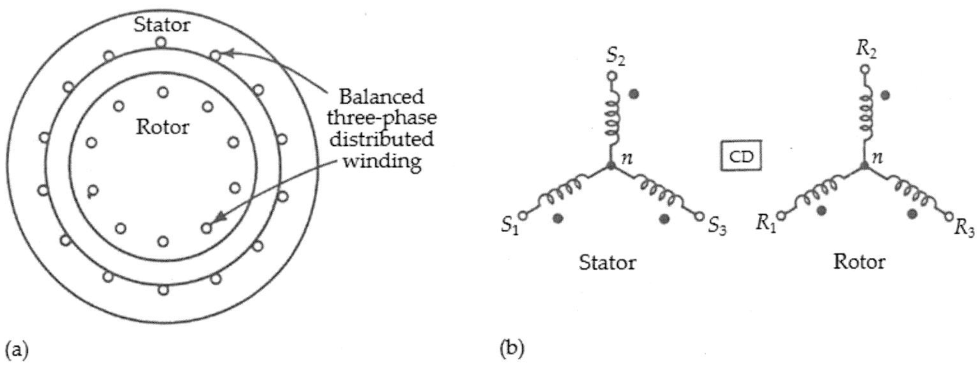

Figure 12-3 Differential synchro: (a) construction features; (b) schematic representation.

를 허용하는 것이다. 오버슈트가 크다면, 수신기를 단상 전동기로 움직이도록 하는 평균 토크가 생성될 수 있다.

12-2 VOLTAGE REGULATIONS

회전자 변위에 따라 고정자 상전압이 어떻게 변하는 지를 묘사하는 것은 싱크로의 여러가지 응용을 이해하는데 있어서 유용하다. 이와 관련해서는 그림 12-4에 보여진 제어 전송기의 개략도를 참조하라. 회전자 권선은 단상 교류 전압에 의해 여자되고, 회전자는 전기적 0 위치로부터 각도 α 만큼 이격되어 있으며 굳게 유지된다고 가정한다. 변압기 작용에 의해 회전자에 인가된 전압과 같은 주파수를 가지는 단상 전압이 각(each) 고정자 상 내에 유도될 것이다. 유도 전압의 값은 회전자 권선과 각 상의 결합에 종속된다. 이 관계를 수학적으로 나타내기 위하여

$$a \equiv \frac{\text{effective stator turns}}{\text{effective rotor turns}} \tag{12-1}$$

$$\overline{E}_r \text{ [V]} = \text{rms value of the induced emf in the rotor winding} \tag{12-2}$$

그리고

$$\overline{E} = a\overline{E}_r \qquad \text{[V]} \tag{12-3}$$

이라 하자. 마지막 표현식은 어떤 평형 고정자 상 내에서 유도될 수 있는 실효치 전압의 최대 값을 나타낸다.

회전자가 각도 α에 있을 때 고정자의 권선 2 내에서 유도되는 기전력의 실효치는

$$\overline{E}_{2n} = \overline{E}\cos\alpha \qquad \text{[V]} \tag{12-4}$$

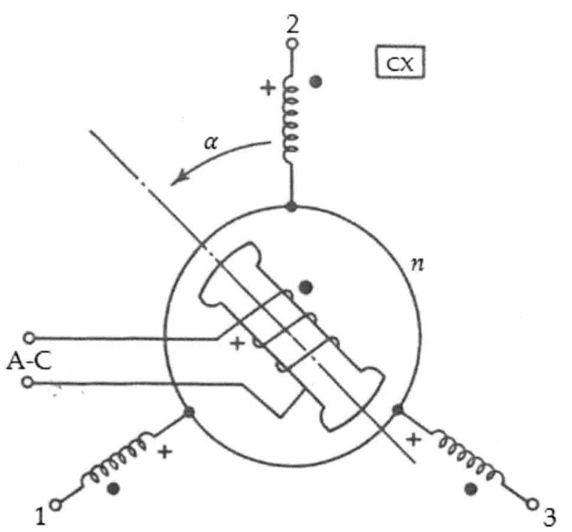

Figure 12-4 Circuit for deriving the stator phase and line voltage variations as a function of rotor displacement α.

로 기술된다. α가 0일 때, 회전자는 권선 2와 완전히 결합되며 그래서 최대 실효치 전압 $\overline{E}\cos\alpha$를 산출한다는 것에 유의하라. 이 상황은 제어 전송기에 대한 전기적 0의 정의와 완전히 부합된다. 이 전압의 순시치에 대한 표현식은

$$e_{2n}(t) = \sqrt{2}E \sin\omega t \cos\alpha \qquad [\mathrm{V}] \tag{12-5}$$

와 같이 적어질 수 있다. 여기서 ω는 인가 회전자 전압의 주파수이다. 마지막 표현식을 검토하면 $\sin\omega t$항은 싱크로에서 생기는 변압기 작용에 대한 항이며 $\cos\alpha$는 회전자 권선과 고정자의 권선 2 사이의 결합을 설명한다는 것이 명확할 것이다. 준 정현적으로(quasisinusoidally) 분포되는 자계를 산출하는 적절히 분포되고 단절로 된(pitched) 고정자 권선을 사용하는 이유는 식 (12-4)에서 여현(코사인, cosine) 함수를 위한 것이다. 권선이 다르게 분포되었다면, 다른 함수적 관계식이 필요하게 될 것이다.† 하지만, 이 장을 통하여, 정현적으로 분포되는 권선의 사용 만으로 가정할 것이다.

권선 1 내에서 유도되는 실효치 전압의 값은

$$\overline{E}_{1n} = \overline{E}\cos(\alpha - 120°) \qquad [\mathrm{V}] \tag{12-6}$$

으로 주어진다. 권선 1의 축이 권선 2의 축보다 120° 앞서서 위치된다는 사실을 감안하여 독립변수(인수, argument)가 −120°만큼 수정된다. 순시 전압에 대한 대응하는 표현식은 그러면

$$e_{1n}(t) = \sqrt{2}E \sin\omega t \cos(\alpha - 120°) \qquad [\mathrm{V}] \tag{12-7}$$

로 된다. 유도 기전력이 권선 2 내에서 생기는 기전력과 같은 주파수이며 같은 위상이라는 것을 강조하는, $\sin\omega t$ 인자가 식 (12-5)에서와 같게 남아 있음에 유의하라. 단지 결합의 차이 때문에 크기 만이 다르다.

마지막으로, 권선 3 내에서 유도되는 기전력은

$$\overline{E}_{3n} = \overline{E}\cos(\alpha + 120°) \qquad [\mathrm{V}] \tag{12-8}$$

과 같이 표현될 수 있다. 독립변수 내의 120°의 존재는 권선 3이 권선 2의 축 보다 이 양만큼 뒤에 위치된다는 사실을 감안하는 것이다. 권선 3 내에서의 순시 전압에 대한 표현식은 따라서

$$e_{3n}(t) = \sqrt{2}E \sin\omega t \cos(\alpha + 120°) \qquad [\mathrm{V}] \tag{12-9}$$

†어떤 싱크로는 회전자 변위에 따라 선형 출력(linear output)을 제공하도록 설계된다.

이다.

식 (12-4)에서 (12-9)는 고정자 **상**(*phase*)전압을 나타낸다. 관련된 선전압에 대한 정보는 상전압으로부터 바로 얻어진다. 따라서 그림 12-4에서 단자 1과 2 사이에 나타나는 유도 전압은

$$\overline{E}_{12} = \overline{E}_{1n} + \overline{E}_{n2} = \overline{E}_{1n} - \overline{E}_{2n} \qquad [\mathrm{V}] \tag{12-10}$$

과 같이 적어질 수 있다. 식 (12-4)와 (12-6)을 (12-10)에 대입하면

$$\begin{aligned}\overline{E}_{12} &= \overline{E}\cos\alpha\cos 120° + \overline{E}\sin\alpha\sin 120° - \overline{E}\cos\alpha \\ &= \left(-\frac{3}{2}\cos\alpha + \frac{\sqrt{3}}{2}\sin\alpha\right)\overline{E} \qquad [\mathrm{V}]\end{aligned} \tag{12-11}$$

을 산출한다. 또는 사인과 코사인 함수를 등가 코사인 함수 안으로 결합하면

$$\overline{E}_{12} = \sqrt{3}\overline{E}\cos(\alpha - 150°) \qquad [\mathrm{V}] \tag{12-12}$$

로 이끈다.

단자 2와 3 사이의 선전압에 대한 표현식도 비슷하게 결정될 수 있다. 따라서,

$$\overline{E}_{23} = \overline{E}_{2n} + \overline{E}_{n3} = \overline{E}_{2n} - \overline{E}_{3n} \qquad [\mathrm{V}] \tag{12-13}$$

이다. 식 (12-4)와 (12-8)을 대입하면

$$\overline{E}_{23} = \left(\frac{3}{2}\cos\alpha + \frac{\sqrt{3}}{2}\sin\alpha\right)\overline{E} \qquad [\mathrm{V}] \tag{12-14}$$

또는

$$\overline{E}_{23} = \sqrt{3}\,\overline{E}\cos(\alpha - 30°) \qquad [\mathrm{V}] \tag{12-15}$$

로 이끈다.

단자 3과 1 사이의 선전압은

$$\overline{E}_{31} = \overline{E}_{3n} + \overline{E}_{n1} = \overline{E}_{3n} - \overline{E}_{1n} \qquad [\mathrm{V}] \tag{12-16}$$

이다. 식 (12-6)과 (12-8)을 대입하면

$$\overline{E}_{31} = \overline{E}\cos(\alpha + 120°) - \overline{E}\cos(\alpha - 120°) = -\sqrt{3}\,\overline{E}\sin\alpha \qquad [\mathrm{V}] \tag{12-17}$$

또는

$$\overline{E}_{31} = \sqrt{3}\,\overline{E}\cos(\alpha + 90°) \qquad [V] \qquad (12\text{-}18)$$

로 귀결한다. 식 (12-18)은 이 선전압들이 그들 중 2개의 대수합(arithmetic sum)이 세번째 것과 같아야 한다는 것을 보이기 위하여 식 (12-12), (12-15)와의 비교를 편하게 하도록 코사인 형태로 나타낸 것이다.

회전자의 변위에 의하여 영향을 받을 수 있는 선전압에서의 변동의 결과로서, 이 전압을 제어 변압기, 수신기, 또는 심지어는 차동 싱크로의 고정자에 먹이고 이에 의해 유용한 효과를 생성하는 것이 가능하다. 그러한 응용이 다음 절에서 논의된다.

12-3 APPLICATIONS

서보 기구에서의 싱크로의 사용은 가장 큰 응용 영역의 하나를 나타낸다. 그림 12-5에 보여진 것은 가장 자주 찾아지는 배열이다. 이 배치는 **오차 검출기**(*error detector*)라 불리는 서보 기구의 부분을 구성한다. 그것의 주요한 기능은 CX 회전자의 기계적 변위의 형태인 지령(command)을 제어 변압기의 회전자 권선 단자에서 전압으로 나타나는 전기 신호로 변환하는 것이다. 그것은 전선(wire)에 의한 축 변위에 대한 정보 공급의 독특한 이점을 제공하여, 제어 변압기가 제어 전송기로부터 원격으로 위치되는 것을 허용한다.

이것에 의해 나타내어지는 기구(mechanism)는 무엇일까? 제어 전송기의 회전자는 교류 전압으로 여자되어 축이 CX 회전자 축과 일치하는 교번 자계가 생성됨을 염두에 두어라. 공극 자속 그리고 고정자 코일과의 쇄교의 시간 변동 성질은 코일 내에 대응하는 전압을 유도한다. 따라서, 반시계 방향으로 측정된 α가 30°와 같다면, 고정자 상(phase) 내에서 유도되는 전압은 그림 12-5에서 특정된 것과 같다. 그

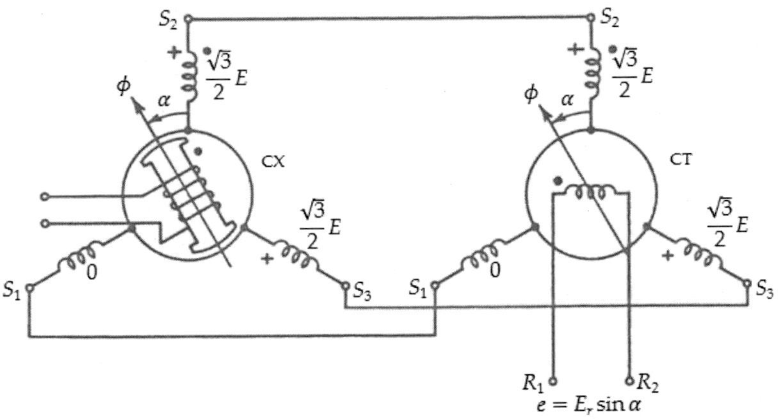

Figure 12-5 Synchro arrangement for converting a CX displacement to a corresponding voltage signal at the rotor winding of the CT.

림 12-5에 보여진 형식으로 CX 고정자 단자가 CT 고정자 단자에 연결되었다면, 전송기는 CT 고정자 권선에 자화 전류를 공급하도록 만들어지며, 그 다음 그 자신의 공극 내에 교번 자속 자계를 생성한다. CT 고정자 상전류의 값은 결과적인 공극 자속이 전송기의 고정자 내에서 나타나는 것과 같으며 반대 방향인 전압을 유도하는 값이어야 한다. 이것은 두개의 싱크로의 고정자 권선 사이의 회로 내에서 키르히호프의 전압 법칙을 만족하는 평형 조건을 나타낸다. 따라서, CX 고정자 상전류에 의해 생성되는 합성 자속의 방향은 제어 전송기의 회전자 축의 방향과 정확한 일치(exact correspondence)를 나타내는 위치를 취하도록 강제된다.

CT 회전자가 그림 12-5에서 묘사된 바와 같이 전기적 0 위치에서 굳게 유지된다고 가정된다면, 회전자 내에서 유도되는 실효치 전압은

$$e = E_r \sin \alpha \qquad [\text{V}] \tag{12-19}$$

와 같이 표현될 수 있다. 여기서 E_r은 회전자 권선과의 결합이 가장 클 때 CT 공극 자속에 의해 유도되는 최대 실효치 전압을 나타내며 α는 제어 전송기의 변위 각도이다. 분포된 고정자 권선이 공극을 따라 정현적으로 분포되는 자속밀도를 생성하기 때문에 정현 함수가 나타난다. 극성 표시는 같은 순시 극성을 가지는 고정자 코일의 변(side)을 표시하기 위해 사용된다. 그러므로 고정자 회로 내에 확립되는 평형을 위해서는 위상과 크기 둘 다가 만족되는 것이 필요하다.

CT 회전자 전압의 값은 본질적으로 전기적 0으로부터 전송기와 변압기 사이의 일치의 결핍의 지표임에 유의하는 것이 중요하다. 따라서, 수동으로 그림 12-5에서 CT 회전자가 양 $\alpha = 30°$만큼 반시계 방향으로 회전된다면, 명백히 회전자 기전력은 0이 될 것이다. 이 방식으로 각 싱크로의 각각의 전기적 0 위치로부터 측정되는 전송기와의 정확한 일치가 제공된다.

CX의 변위가 α_X이며 CT의 회전자의 변위가 α_T일 때 CT 회전자 내에서 유도되는 전압의 순시 값(e)에 대한 일반 표현식은

$$e = E_r \sin \omega t \sin(\alpha_X - \alpha_T) \qquad [\text{V}] \tag{12-19a}$$

이다.

그림 12-6은 그림 12-5의 싱크로 쌍이 서보 기구에서 어떻게 사용되는 지를 보이는 개략도이다. 여기에서 부하가 CX 회전자의 변위의 형태로 인가된 지령에 응하는 특정된 양만큼 이동되는 것을 원한다면, 서보 전동기와 부하에 관련된 출력 축에서의 관성 때문에 오차 전압 e가 처음에 존재해야 할 것이다. 시간이 경과함에 따라, 서보 전동기는 이 오차 전압에 응답하기 시작하며 따라서 부하를 옮길 것

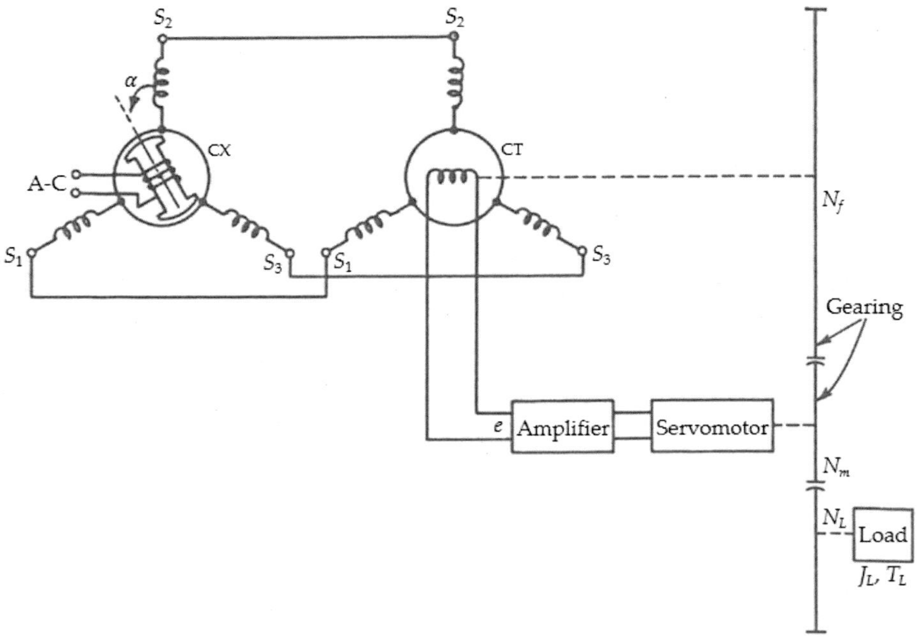

Figure 12-6 Servomechanism illustrating the use of synchros as the error detector. Dashed lines denote mechanical connections.

이다. 출력 변위가 증가함에 따라, 서보 전동기 축과 CT 회전자 축 사이의 기계적 연결이 오차 전압 e를 줄이는 방향으로 CT 회전자를 나아가게 할 것이다. 정확한 일치의 위치가 생길 때—e가 0인 시간에서—서보 전동기는 회전을 그칠 것이다. 그러한 제어 계통으로 큰 부하(예를 들어, 100 [ft] 레이다 접시 안테나(radar dish antenna))가 CX 싱크로의 회전자에 인가되는 매우 적은 작용력으로 제어될 수 있음에 유의하는 것이 가치가 있다.

싱크로의 두번째 응용은 강한 기계적 연결의 사용이 없는 상당한 거리에 걸친 **토크 전송**(*torque transmission*)에 대한 것이다. 연결도가 그림 12-7에 그려져 있다. 배

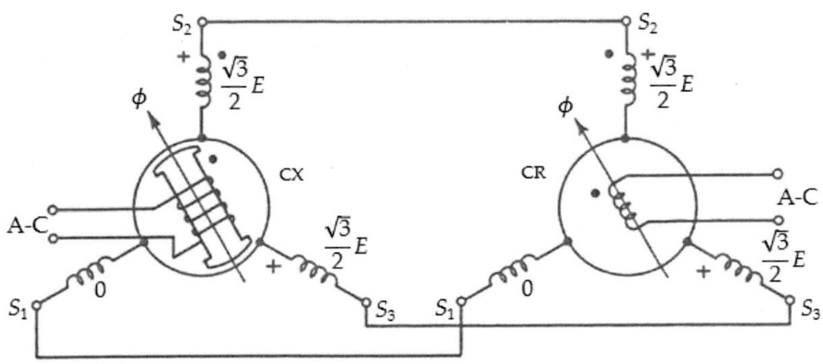

Figure 12-7 Use of synchros for remote position indication.

치는 전송기와 수신기 단위(장치)의 사용을 요구한다. 계통이 동작하는 방식은 어느 정도 단도직입적이다. 전송기가, 이를테면, $\alpha = 30°$만큼 이동되었을 때, 고정자는 변압기의 2차 처럼 거동하며 수신기의 3상 고정자 권선에 전류를 내어놓는다; 이것은 축이 α에 고정된 암페어-도체 분포를 생성한다. 전송기의 회전자와 같은 교류 전원으로부터의 수신기의 회전자 여자에 의해, 전자기적 토크를 생성하도록 고정자 암페어-도체 분포와 상호작용하는 자속 자계가 만들어진다. 이 토크의 작용이, 자유롭게 회전할 수 있는, 수신기의 회전자 축을 전송기의 회전자와 일치하는 위치로 가져온다. 따라서 CR 회전자는 반시계 방향으로 α [deg] 만큼 회전한다. 이 위치에서 수신기의 고정자 권선 내에서 유도되는 전압은 이상적으로 전송기의 고정자 코일 내에서 나타나는 전압과 같은 위상과 크기를 가짐에 유의하라.

토크 전송 계통에서 각도를 더하거나 빼기 위한 차동 싱크로의 사용이 그림 12-8에 그려져 있다. 이 그림의 부분 (a)에서는 각 싱크로의 고정자 상 권선에서의 전압 분포가 정(양)(반시계) 방향으로 $\alpha_X = 30°$의 CX 회전자 변위에 대응하여 보여져 있다. 차동 싱크로는 이 순간에 0 위치에서 유지되는 것으로 가정되며 그래서 그림 12-7로 나타내어진 전송 특성을 바꾸지 않는다. 수신기의 회전자는, 물론, $30°$의 α_X와 같은 양의 반시계 방향 회전으로 응답한다. CX 회전자의 반시계 방향 변위는 CR 회전자의 반시계 방향 변위를 산출함에 유의하는 것이 도움이 된다.

그림 12-8 (b)에 묘사된 것은 그림 12-8 (a)에 나타내어진 상황에 겹쳐진 차동 싱크로에서 α_D의 변위를 도입한 효과이다. 도해의 편의를 위하여 α_D는 $-60°$와 같게 취해진다. 부(음) 부호(minus sign)는 차동 싱크로의 회전자가 시계 방향으로 회전된다는 것을 의미한다. 차동 싱크로에서 자속 자계의 축이 α_X에 의해 결정되기 때문에, $-60°$라는 CD 회전자의 변위는 회전자 권선 2에서의 유도 기전력이 0이어야 하는 한편, 남아있는 권선에서는 유도 기전력의 실효치가 표시된 극성을 가지는 $(\sqrt{3}/2)E$라는 것을 의미한다. CD 회전자의 변위 바로 직후, 차동의 회전자와 수신기의 고정자 사이에 전압 불평형이 존재한다. 이 불평형은 CR 고정자에서의 결과적인 암페어-도체 분포가 전압 평형을 보장하는 위치로 CR 회전자를 가져오는 전자기적 토크를 생성하도록 흐르는 전류를 일으킨다. 그림 12-8 (b)의 조사는 CR 회전자의 결과적인 평형 위치가 전기적 0으로부터 반시계 방향으로 $90°$ 변위된 위치라는 것을 드러낸다. CD 회전자의 **시계 방향**(*clockwise*) 변위는 CR 회전자의 **반시계 방향**(*counterclockwise*) 변위를 산출함에 유의하라. 그림 12-8의 전송기-차동-수신기 배치의 수학적 표현은

$$\alpha_R = \alpha_X - \alpha_D \tag{12-20}$$

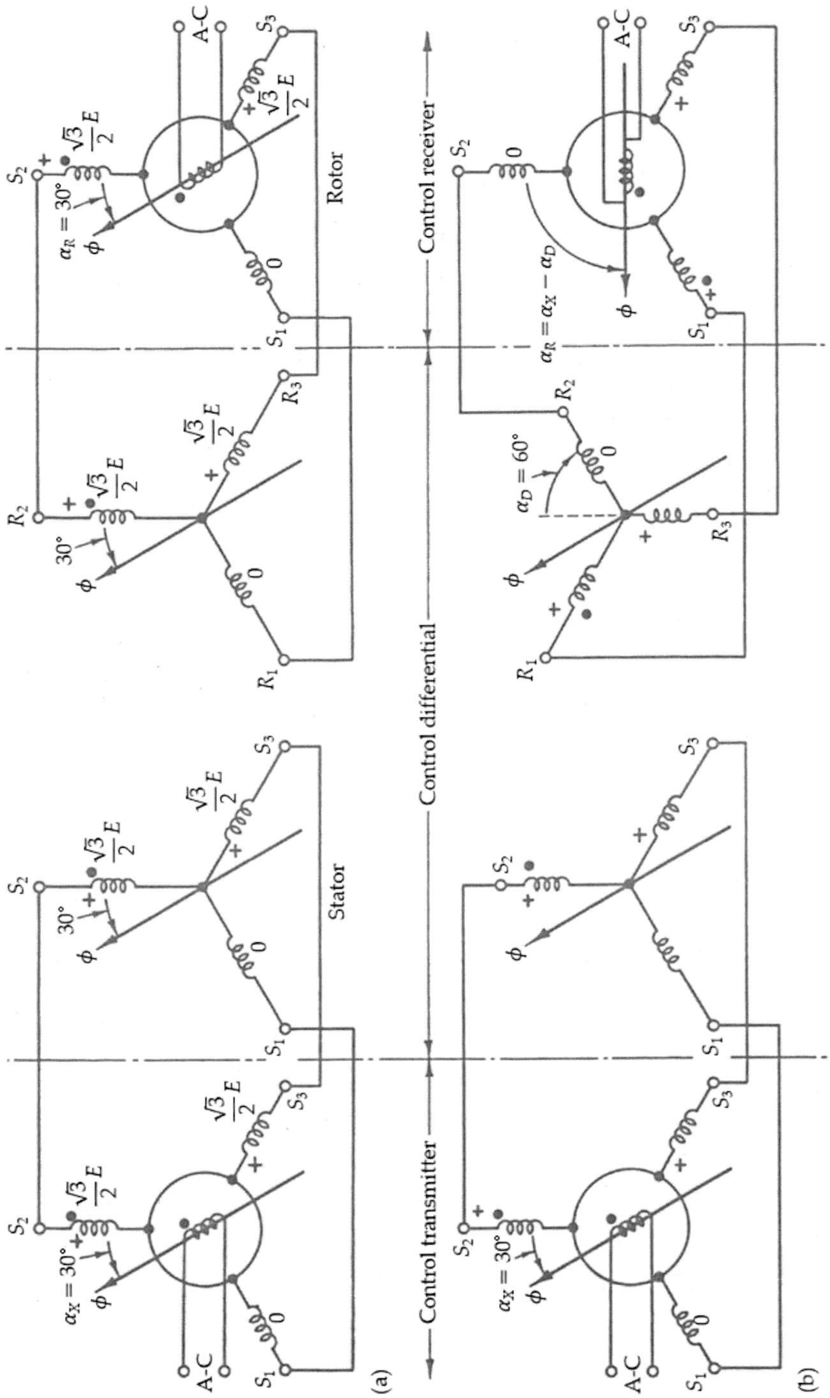

Figure 12-8 Use of a control differential synchro in adding an angle to a torque transmission system.

으로 주어진다. 여기서 α_R은 전송기의 α_X 변위와 차동 싱크로의 α_D 변위에 대응하는 CR 싱크로의 순(net) 변위이다. [deg]로 표현된 각도의 정(양) 값은 반시계 방향 변위 그리고 부(음)의 값은 시계 방향 변위를 위해 사용된다.

12-4 THE ADVANTAGE OF SINUSOIDALLY DISTRIBUTED WINDINGS

싱크로 권선에 대해 사용되는 여러가지 책략을 따로따로 고려하는 것보다는 오히려, 이 절에서는 주의가 계자 권선에 의해 고조파가 존재하더라도 정현적으로 분포된 권선 내에 고조파가 없는 유도 기전력이 생길 수 있음을 보이는 것으로 향한다. 이 원천으로부터 기원하는 싱크로 잔류 전압(residual voltage)은 따라서 정현분포에 가까워지는 권선 배치를 사용함으로써 최소로 유지될 수 있다. 동심 형태(concentric type)의 권선이 그러한 책략이며 그래서 싱크로 설계에서 종종 사용된다.

그림 12-9에 묘사된 것은 싱크로의 정현 분포 전기자 권선†이다.

$$N = \text{turns/pole} \tag{12-21}$$

$$N_\alpha = N_p \sin\alpha \ \text{[turn]} = \text{sinusoidal distribution of turns} \tag{12-22}$$

이라 하자. 이 양은

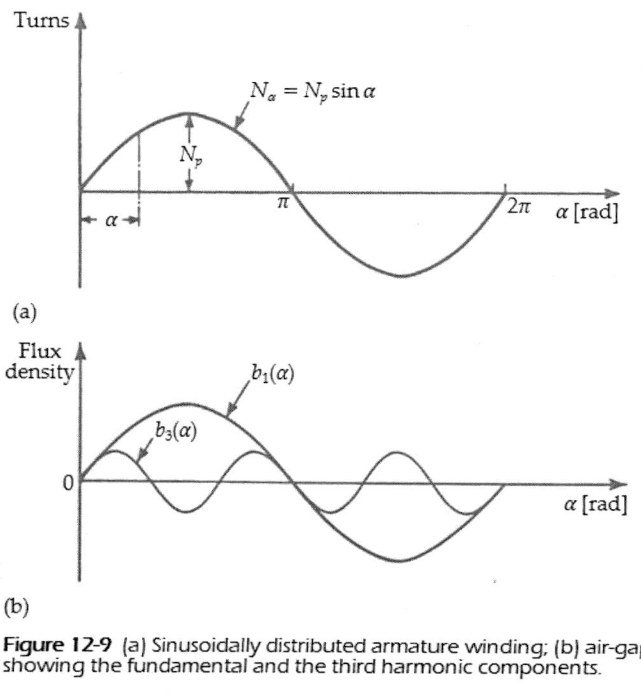

Figure 12-9 (a) Sinusoidally distributed armature winding; (b) air-gap field distribution, showing the fundamental and the third harmonic components.

†전기자 권선은 CX 싱크로에 대한 고정자와 CT 싱크로에 대한 회전자이다.

$$N = \int_0^{\pi} N_\alpha \, d\alpha \qquad [\text{turn/pole}] \tag{12-23}$$

에 의해 관련된다. 표시된 적분을 수행하면

$$N = N_p[-\cos\alpha]_0^{\pi} = 2N_p \qquad [\text{turn/pole}] \tag{12-24}$$

를 산출한다. 따라서 턴(turns)의 분포는 [turn/pole]로

$$N_\alpha = \frac{N}{2}\sin\alpha \qquad [\text{turn/pole}] \tag{12-25}$$

와 같이 표현될 수 있다.

일반적으로 CT 싱크로 계자 권선에 의해 생성되는 자계 분포는 큰 기본파 성분 더하기 기수 고조파를 내포한다. 싱크로의 N-극과 S-극 아래의 자계 분포가 서로 거울상(mirror image)이기 때문에 우수 고조파는 존재하지 않는다. n차 고조파 자속 밀도에 대한 표현식은

$$b_n(\alpha) = B_n \sin(n\alpha - \gamma) \qquad [\text{T}] \tag{12-26}$$

으로 주어진다. 여기서 B_n은 n차 고조파 자계 성분의 크기이다. 전송기 싱크로의 경우에는, B_n이 회전자 권선에 인가되는 선-주파수 ω의 정현 함수이다. 또한, α는 그림 12-9에 그려진 방식으로 측정된 공간각(space angle)이다. 더욱이, 양 γ는 CX 회전자 속도 ω_r에 비례한다. 식 (4-8)과 (12-26)의 비교는 둘 다 이동파(진행파, traveling wave)에 대한 표현식임을 드러낸다.

싱크로 전기자 권선 내의 유도 기전력은 쇄교 자속의 시간 변화율에 의해 결정되기 때문에, 기본파 자계 성분과 고조파 자계 성분 둘 다의 쇄교 자속에 대한 표현식을 찾는 것이 가치가 있다. 그러나 먼저 자속에 대한 식을 필요로 한다. n차 고조파의 경우 이것은

$$\phi_n = \int_{\alpha}^{\alpha+\pi} b_n(\alpha) lr \, d\alpha \qquad [\text{Wb}] \tag{12-27}$$

이다. 여기서 r은 회전자 반경을 나타내며 l은 축방향 길이이다. 간단을 위하여 단위 축방향 길이(unit axial length)가 고려된다. 식 (12-27)은 그러면

$$\phi_n = \int_{\alpha}^{\alpha+\pi} B_n \sin(n\alpha - \gamma)\, r \, d\alpha = \frac{2B_n r}{n}\cos(n\alpha - \gamma) \qquad [\text{Wb}] \tag{12-28}$$

로 적어질 수 있다. 쇄교 자속에 대한 표현식은 그러면

$$\lambda_n = \int_0^{\pi} N_\alpha \phi_n(\alpha)\, d\alpha = \frac{NB_n r}{n}\int_0^{\pi} \sin\alpha \cos(n\alpha - \gamma)\, d\alpha \qquad \text{[Wb-t]} \qquad (12\text{-}29)$$

가 된다. 삼각 항등식

$$\sin\alpha\cos(n\alpha-\gamma) = \frac{1}{2}\sin[(n+1)\alpha-\gamma] - \frac{1}{2}\sin[(n-1)\alpha-\gamma] \qquad (12\text{-}30)$$

을 대입하면

$$\lambda_n = \frac{NB_n r}{2n}\int_0^{\pi}\{\sin[(n+1)\alpha-\gamma] - \sin[(n-1)\alpha-\gamma]\}\, d\alpha \qquad \text{[Wb-t]} \quad (12\text{-}31)$$

로 이끈다. 기본파 자계 성분의 쇄교 자속은 $n = 1$을 식 (12-21)에 대입하고 그 다음 적분을 수행하면 찾아진다. 이것은

$$\lambda_1 = \frac{B_1 N\pi r}{2}\sin\gamma \qquad \text{[Wb-t]} \qquad (12\text{-}32)$$

로 이끈다. γ는 CX 회전자의 각위치에 따라 변하며 이것은 기본파 자계 성분의 크기인 B_1의 정현 선-주파수 변동에 겹쳐짐을 염두에 두어라. 또한 식 (12-32)에 의한 기본파 쇄교 자속은 항등적으로 0과 같지 않음을 유의할 만하다.

n차 고조파의 쇄교 자속에 대한 더 유용한 표현식은 식 (12-31)을 적분하고 특정된 한계를 대입함으로써 얻어진다. 따라서

$$\lambda_n = \frac{NB_n r}{2n}\left(\left\{\frac{-1}{n+1}\cos[(n+1)\alpha-\gamma]\right\}_0^{\pi} + \left\{\frac{1}{n-1}\cos[(n-1)\alpha-\gamma]\right\}_0^{\pi}\right) \quad (12\text{-}33)$$

또는

$$\lambda_n = \frac{NB_n r}{2n}\left[\frac{-1}{n+1}(\cos\gamma - \cos\gamma) + \frac{1}{n-1}(\cos\gamma-\cos\gamma)\right] \equiv 0 \text{ [Wb-t]} \quad (12\text{-}34)$$

이다.

이 마지막 결과는 중요한 결과이다. 그것은, 정현적으로 분포하는 권선에 대하여, 모든 고조파 자계의 유도 기전력은 자계 분포에서의 존재에도 불구하고 0이라는 것을 기술한다.†

†이 결과를 설명하는 다른 방법은 고조파의 모든 단절 및 분포 계수가 0이라고 기술하는 것이다.

12-5 STATOR MMF OF THE CONTROL TRANSFORMER IN THE CX-CT MODE

12-3절에서는 CX-CT 배치의 변압기 내에서 흐르는 자화 전류는 합성 공극 자속의 축이 CX 회전자 축의 위치를 따르는 것과 같다는 것이 지적되었다. 이 결론은 각 싱크로의 세개의 고정자 상을 포함하는 회로 내에서 만족하는 키르히호프의 전압 법칙을 기초로 하여 도달되었다. 이제는 주의가 적절한 수학적 정식화로 이 결과를 입증하는 것으로 향한다. 일반성을 위하여 해석은 n차 고조파에 대하여 수행된다. 이 과정은 다음 절에서 CT 공간 고조파에 의해 생기는 정적 오차(static error)를 결정하기 위해 사용할 수 있는 일반적인 결과를 만드는 이점을 제공한다.

단지 고정자 기자력 고조파에만 주의를 집중하기 위하여, 제어 변압기에 관한 몇가지 단순화 가정이 이루어진다. 그들은 다음과 같다: 포화하지 않는 철, 회전자와 고정자 사이의 균일한 공극, 그리고 평형 상 권선. 더하여, 제어 변압기는, 정현적으로 분포된 권선은 물론 평형 고정자 권선과 균일 공극으로 설비된 것을 의미하는, 완전한 것으로 가정된다. 그림 12-10은 싱크로에서 사용되는 실제 권선 분포에 대한 전형적인 고정자 기자력파이다. 특히, 단지 권선 2의 기자력 곡선만이 여기에 그려져 있다. 이 계단형 함수에 적용된 푸리에(Jean Baptiste Joseph Fourier, 1768-1830) 해석은 기자력 공간 고조파가 존재하며 반파 대칭(half-wave symmetry) 때문에 기수(홀수)차(odd order)이어야 한다는 것을 명확하게 만든다. 또한 그림 12-10에 묘사된 것은 0 기준선(zero reference line)으로부터 측정된 전송기의 회전자 축의 위치이다. CT 공극에서 측정된 변위는 Γ로 표시된 한편, CX 변위는 α로 나타내어져 있음에 유의하라.†

n차 고조파에 대하여 제어 변압기의 고정자 내에 있는 권선 2에 의한 극당 기자

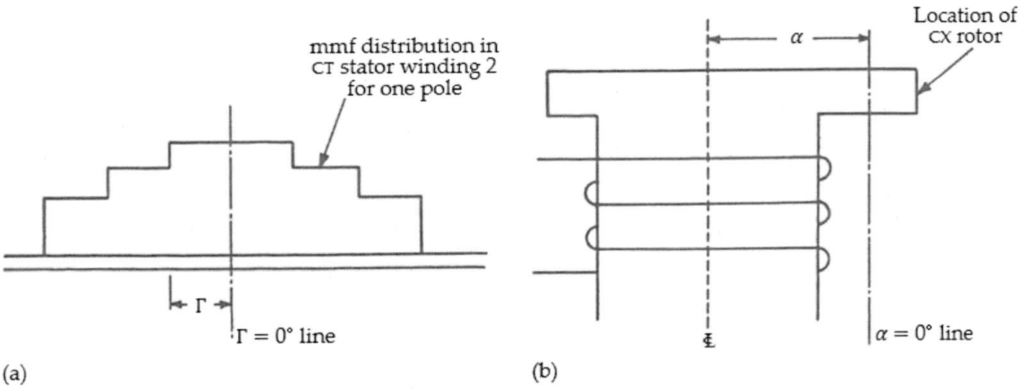

Figure 12-10 (a) Magnetomotive force distribution in phase 2 of the control transformer, showing one pole; (b) transmitter rotor position that produces the magnetizing current leading to the mmf distribution of (a).

†이 α는 12-4절에서 사용된 것과는 같지 않다.

력에 대한 표현식은

$$f_{n2} = \mathcal{F}_n \sin \omega t \cos n\Gamma \qquad \text{[A-t]} \tag{12-35}$$

이다. 여기서 $\mathcal{F}_n$은 계단파 형상 내에 내포된 기자력 고조파의 크기이다. $\sin \omega t$ 인자는 기자력파의 교번하는 성질을 나타낸다; 각도 Γ는 특정된 시순간(time instant)에 대하여 공간 내의 어떤 고정된 점에서 기자력의 값을 찾는 것을 허용한다. 고조파 크기 $\mathcal{F}_n$은 권선 상수와 고정자 상전류의 유효 값의 항으로 표현될 수 있다. 3상 전압과의 결합으로 사용되는 평형 다상 기계에서는 이 유효 전류가 고정된 값이다. 하지만, 제어 변압기의 경우에는 이 전류가 α의 값에 종속되는 변량(variable quantity)이다. I가 최대 인가 전압에 대응하는 권선 2에서의 최대 실효치 전류를 나타내며 N_e가 등가 극당 유효 권수를 나타낸다면, 식 (12-35)는 좀 더 명확히

$$f_{n2} = (N_e I) \cos \alpha \sin \omega t \cos n\Gamma \qquad \text{[A-t]} \tag{12-36}$$

으로 적어질 수 있다. Γ와 α는 독립량(independent quantity)임을 염두에 두어라. α와 ωt의 주어진 값에 대하여 Γ의 다른 값을 선택할 수 있다.

권선 1과 3이, 각각, 권선 2의 앞과 뒤의 120°에 위치되었다는 사실을 도입함으로써, 권선 1과 3의 기자력에 대한 표현식은 상응하여

$$f_{n1} = (N_e I) \sin \omega t \cos(\alpha + 120^\circ) \cos n(\Gamma + 120^\circ) \qquad \text{[A-t]} \tag{12-37}$$

그리고

$$f_{n3} = (N_e I) \sin \omega t \cos(\alpha - 120^\circ) \cos n(\Gamma - 120^\circ) \qquad \text{[A-t]} \tag{12-38}$$

이다. 제어 변압기의 고정자에서의 합성 기자력을 찾기 위해서는, 단지 마지막 세 식을 더하는 것만 필요하다. 따라서,

$$\begin{aligned} f_{nr} = (N_e I) \sin \omega t\, [&\cos \alpha \cos n\Gamma + \cos(\alpha - 120^\circ) \cos(n\Gamma - 120^\circ n) \\ &+ \cos(\alpha + 120^\circ) \cos(n\Gamma + 120^\circ n)] \quad \text{[A-t]} \end{aligned} \tag{12-39}$$

이다. 삼각 항등식

$$\cos x \cos y = \frac{1}{2}\cos(x-y) + \frac{1}{2}\cos(x+y) \tag{12-40}$$

을 식 (12-39)에 대입하면

$$f_{nr} = (N_e I)\sin\omega t\left\{\frac{1}{2}\cos(\alpha - n\Gamma) + \frac{1}{2}\cos(\alpha + n\Gamma)\right.$$
$$+\frac{1}{2}\cos[(\alpha - n\Gamma) + (n-1)120°] + \frac{1}{2}\cos[(\alpha + n\Gamma) - (n+1)120°]$$
$$\left.+\frac{1}{2}\cos[(\alpha - n\Gamma) - (n-1)120°] + \frac{1}{2}\cos[(\alpha + n\Gamma) + (n+1)120°]\right\} \quad \text{[A-t]} \quad (12\text{-}41)$$

을 산출한다. 약간의 조작 후에 이 식은

$$f_{nr} = \frac{N_e I}{2}\sin\omega t\,[A\cos(\alpha - n\Gamma) + B\cos(\alpha + n\Gamma)] \qquad \text{[A-t]} \qquad (12\text{-}42)$$

로 줄어든다. 여기서

$$A = 1 + 2\cos(n-1)120° \qquad (12\text{-}43)$$
$$B = 1 + 2\cos(n+1)120° \qquad (12\text{-}44)$$

이다.

식 (12-42)는 여러가지 n의 값에 대하여 A와 B의 값을 결정함으로써 더 단순하게 될 수 있다. 이 연결에서서는 n이 기수(홀수, odd number)로 제한됨을 상기하라. 따라서,

$$\begin{aligned} \text{for } n = 1;\quad & A = 3 \\ & B = 0 \\ n = 3;\quad & A = 0 \\ & B = 0 \\ n = 5;\quad & A = 0 \\ & B = 3 \end{aligned}$$

또는 더 간결하게

$$A = 3 \qquad \text{for } n = 3k + 1 \qquad (12\text{-}45)$$

여기서, $k = 0, 2, 4, 6, \cdots$, 그리고

$$B = 3 \qquad \text{for } n = 3k - 1 \qquad (12\text{-}46)$$

여기서 $k = 2, 4, 6, \cdots$이다. 그러므로, 합성 기자력에 대한 표현식은

$$f_{nr} = \frac{3}{2}(N_e I)\sin\omega t\cos(\alpha - n\Gamma) \qquad \text{[A-t]} \qquad \text{for } n = 3k + 1 \qquad (12\text{-}47a)$$
$$= \frac{3}{2}(N_e I)\sin\omega t\cos(\alpha + n\Gamma) \qquad \text{[A-t]} \qquad \text{for } n = 3k - 1 \qquad (12\text{-}47b)$$

로 적어질 수 있다. 여기서 k들은 식 (12-45)와 (12-46)에서 정의된 것과 같다. 식 (12-47)의 조사는 k가 부(음)은 물론 정(양)의 값을 취하는 것을 허용하는 것을 조건으로 단일 표현식이 사용될 수 있음을 드러낸다. 따라서,

$$f_{nr} = \frac{3}{2}(N_eI)\sin\omega t\cos(\alpha - n\Gamma) \qquad [\text{A-t}] \tag{12-48a}$$

를 적을 수 있다. 여기서

$$n = 3k + 1 \tag{12-48b}$$

그리고

$$k = 0, \pm2, \pm4, \pm6, \cdots \tag{12-48c}$$

이다. 부(음)의 수가 k에 대하여 사용될 때, 그것은 n에 대한 부(음) 값을 산출한다. 이 부호(sign)는 n의 크기에 따라 정해져야 한다. 그렇게 되었을 때, 식 (12-47b)로 바로 귀결한다.

부(음) 부호의 사용은 여전히 다른 이점을 제공한다. 우선 CX 회전자가 일정한 속도 ω_r에서 구동된다고 가정된다면, $\alpha = \omega_r t$이 따라온다. 이 결과를 식 (12-48a)에 대입하면 $3/2\,(N_eI)$의 고정된 크기를 가지는 진행파(이동파)의 식을 산출한다. 식 (12-48a)에서 $k = -2$의 사용은

$$f_{5r} = \frac{3}{2}(N_eI)\sin\omega t\cos(\omega_r t + 5\Gamma) \qquad [\text{A-t}] \tag{12-49}$$

로 이끈다. 이 식의 조사는 그것이 **부**(**음**, *negative*) Γ 방향으로 이동하는 파의 식이라는 것을 드러낸다. 그러므로 $k = -2$에 대응하는 식 (12-48b)로부터 귀결하는 빼기(부, 음, minus) 부호는 부(음)의 Γ 방향으로 이동하는 기자력파의 고조파 성분을 나타내기 위해 사용될 수 있다.

CX 회전자 변위를 정확히 따르는 제어 변압기의 공극에서의 합성 자계의 기본파 성분을 보이기 위해 식 (12-48)이 어떻게 사용될 수 있는가? 먼저 이 기본파 항에 대한 표현식을 적자. 따라서,

$$f_{1r} = \frac{3}{2}(N_eI)\sin\omega t\cos(\alpha - \Gamma) \qquad [\text{A-t}] \tag{12-50}$$

이다. 이제 관찰자가 제어 변압기의 $\Gamma = 0$ [deg]에 위치되며 거기에 고정되어 머무른다고 가정한다. 그러면 0 위치(즉, $\alpha = 0°$)에 있는 CX 회전자로, 식 (12-50)은 $\Gamma =$

0 [deg]에 있는 관찰자가 자계 기자력의 크기를 보는 것을 기술한다. 물론, 이 크기는 CT 고정자 상전류가 최대일 때 최대 값일 것이다. 다음으로, CX 회전자가 $\alpha =$ 30° 만큼 변위되었다고 가정한다. 식 (12-50)에 따라 $\Gamma = 0$ [deg]에 있는 관찰자는 이제

$$f_{1r} = \frac{3}{2}(N_e I)\sin\omega t\cos(\alpha - \Gamma) = \frac{3}{2}(N_e I)\sin\omega t\cos 30° \qquad [\text{A-t}] \qquad (12\text{-}51)$$

로 주어지는 기자력의 값을 본다. 식 (12-50)과 (12-51)의 비교는 인자 $\cos\alpha$에 의한 저감을 드러낸다. 따라서 제어 변압기의 공극에서의 기자력의 축(즉, 그것의 크기의 위치)이 $\alpha = 30°$의 양 만큼 정(양) 방향으로 회전했다고 결론지을 수 있다. 그러므로 **제어 변압기의 고정자 자계는 정확히 전송기 축의 위치를 따른다**.

어쩌면 이 결론의 더 설득력있는 입증이 관찰자를 점 $\Gamma = 30°$에 둠으로써 이루어질 수 있다. 그러면 α가 0°일 때, 관찰자에 의해 보여지는 가장 큰 기자력은 첨두치의 $\sqrt{3}/2$배이다. 하지만, α가 30°로 증가될 때, 식 (12-48)은 관찰자가 이제는 첨두 기자력을 본다는 것을 가리킨다. 따라서 공극 자속의 축은 양 α만큼 정(양)† Γ 방향으로 이동되었다.

12-6 DISPLACEMENT ERRORS CAUSED BY CT SPACE HARMONICS

CT 싱크로의 고정자 기자력에서의 고조파의 존재는 CX-CT 배치에서의 변위 오차의 원인이 된다. 이 오차의 변동은 CX 회전자 변위 각도의 6차 고조파 함수가 되는 것으로 보여질 수 있다. 이 절에서는 고려가 먼저 왜 고조파의 존재가 그러한 변위 오차로 이끄는 지에 대한 물리적 입증에 주어진다. 수학적 입증이 그 다음에 따라온다.

물리적 설명은 CX와 CT 회전자 변위가 측정되는 적절한 0 기준의 사용을 요구한다. 편의를 위하여 이 기준은 앞에서 정의된 전기적 0 위치로 취해진다. 지금 CX와 CT 싱크로의 회전자가 완전히 일치된 것으로 가정된다. 이 상황은 식 (12-48)의 도식적 해석을 통하여 바로 설명된다. 표현을 단순화하는 과정에서, 단지 기본파 성분과 5차 및 7차 고조파 만이 CT 고정자 기자력파에 존재하는 것으로 가정된다. 전기적 0위치에서, α는 0이다. 비슷하게, CT 회전자를 전기적 0에 위치에 두면 Γ 역시 0인 것으로 가정된다. 식 (12-48)은 그러면 다음의 결과를 산출한다:

$$n = 1; \qquad f_{1r} = \frac{3}{2}(N_e I)\sin\omega t\cos(\alpha - \Gamma) = \frac{3}{2}(N_e I)\sin\omega t\cos 0°$$

†파가 부(음) Γ 방향으로 이동되었을 것이라면, 관찰자는 단지 첨두 기자력을 절반을 볼 것이다.

$$= \frac{3}{2}(N_e I)\sin\omega t \equiv \mathcal{F}_1 \qquad \text{[A-t]} \tag{12-52}$$

$$n = -5; \qquad f_{5r} = \frac{3}{2}\left(\frac{N_e I}{5}\right)\sin\omega t\cos(0° + 5 \times 0°)$$

$$= \frac{3}{2}\left(\frac{N_e I}{5}\right)\sin\omega t \equiv \mathcal{F}_5 \qquad \text{[A-t]} \tag{12-53}$$

$$n = +7; \qquad f_{7r} = \frac{3}{2}\left(\frac{N_e I}{7}\right)\sin\omega t\cos(0° - 7 \times 0°)$$

$$= \frac{3}{2}\left(\frac{N_e I}{7}\right)\sin\omega t \equiv \mathcal{F}_7 \qquad \text{[A-t]} \tag{12-54}$$

여기서 $\mathcal{F}_1$, $\mathcal{F}_5$, 그리고 $\mathcal{F}_7$은 표시된 바와 같이 정의된다. 이 표현식의 일견은 세 성분이 모두 **공간**(*space*) 위상은 물론 **시간**(*time*) 위상이 있음을 보인다. 공간-위상 조건이 그림 12-11 (a)에 도식적으로 그려져 있다. 고조파 항 역시 이 점에서 동상이기 때문에 합성 기자력 $\mathcal{F}_R$의 작용선(line of action)이 기본파 $\mathcal{F}_1$의 작용선과 일치함에 유의하라. CT 회전자 권선과의 결합은 그러므로 0이어서 기전력이 생기지 않는다. 제어 변압기는 따라서 0(null)† 위치에 있다.

다음으로 CX 회전자가 정(양) 반시계 방향으로 20° 만큼 변위된 경우를 고려한다. 그러면 CT 싱크로의 회전자가 같은 방향으로 같은 양 만큼, 즉, Γ = 20°으로 변위된 것을 그려라. 합성 자계 기자력이 기본파 성분과 공간 동상(in space phase)

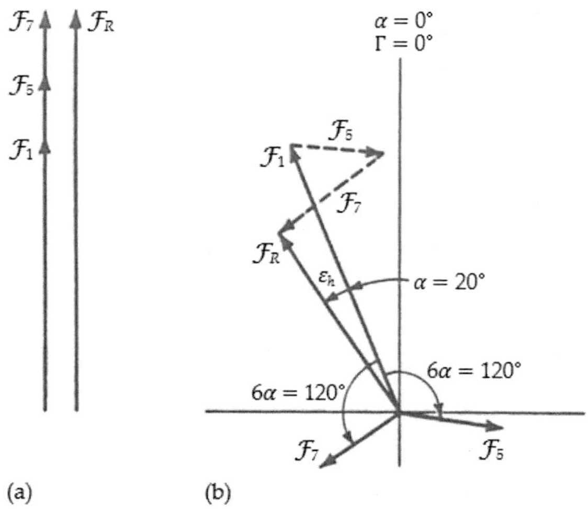

Figure 12-11 Graphical representation of the displacement error caused in a CX-CT synchro configuration by the CT mmf harmonics: (a) condition at electrical zero; (b) location of the resultant mmf when α = 20° and the CT rotor is displaced by Γ = α = 20°.

†0(null) 위치는 CT 회전자 권선에서 최소 전압의 위치로서, 이 경우에는 0(zero) 위치이다.

이 계속된다면, 0 전압(null voltage)은 $\Gamma = 20°$에서 생기며 그래서 변위 오차는 존재하지 않는다. 다른 한편으로, 순(net) 자계 자속을 생성하는 합성 기자력이 20° 선을 따라 놓여있지 않다면, CT 회전자 권선과 약간의 결합이 존재하며 그래서 그것의 단자 사이에 나타나는 작은 전압이 생긴다. 이 전압을 0으로 줄이기 위해서는 부가적인 양 ε_h 만큼 CT 회전자를 변위시키는 것이 필요할 것이다. CX-CT 싱크로 배치는 그러면 $\alpha = 20°$에서 ε_h의 변위 오차를 가진다고 일컬어진다. 다시 한번 식 (12-48)에 의존함으로써 나타나는 조건을 확인할 수 있다. 따라서, 다음을 가진다:

$$n=1; \qquad f_{1r} = \frac{3}{2}(N_e I)\sin\omega t\cos(\alpha-\Gamma) = \mathcal{F}_1\cos(0°-0°)$$
$$= \mathcal{F}_1\cos 0° \qquad [\text{A-t}] \tag{12-55}$$

$$n=-5; \qquad f_{5r} = \frac{3}{2}\left(\frac{N_e I}{5}\right)\sin\omega t\cos(\alpha+5\Gamma) = \mathcal{F}_5\cos(20°+5\times 20°)$$
$$= \mathcal{F}_5\cos 120° \qquad [\text{A-t}] \tag{12-56}$$

$$n=7; \qquad f_{7r} = \frac{3}{2}\left(\frac{N_e I}{7}\right)\sin\omega t\cos(\alpha-7\Gamma) = \mathcal{F}_7\cos(20°-7\times 20°)$$
$$= \mathcal{F}_7\cos(-120°) \qquad [\text{A-t}] \tag{12-57}$$

이 결과의 도식적 표시가 그림 12-11 (b)에 보여져 있다. 5차와 7차 고조파는 이제 앞의 식에서 코사인 항의 독립변수(argument)에서의 차이에 의해 보여질 수 있는 바와 같이 기본파 성분과 더 이상 동상이 아니다. 이 식에서 각도 Γ는 CT 싱크로 회전자가 변위된 양을 나타냄을 염두에 두어라. 0(null)의 결과인지 아닌지를 결정하기 위하여, Γ는 0으로 두어진다. 따라서 기본파 성분에 대하여 코사인 항의 독립변수는 항등적으로 0이 된다. 코사인 항의 독립변수는 그러면 CX 회전자 축에 대하여 측정된 각도인 것으로 고려될 수 있다. 기본파에 대한 0°의 값은 기본파 CT 자계의 축과 CX 회전자 축 사이의 정확한 일치를 의미한다. 5차 고조파의 경우에는 독립변수가 120°이며, 이것은 5차 고조파 기자력의 축이 기본파 성분의 위치로부터 120° 변위되어 놓인다는 것을 의미한다. 그림에서, 5차 고조파가 기본파 성분과는 반대 방향으로 회전하는 것으로 알려져 있기 때문에 $\mathcal{F}_5$가 $\mathcal{F}_1$보다 120° 만큼 **뒤지는**(*behind*) 것으로 묘사되어 있다. 하지만, $\mathcal{F}_5$는 전기적 0 기준선(electrical zero reference line)으로부터 100° 변위되며, 이것은 값 $n\Gamma = -5\times 20° = -100°$와 부합한다. 기본파와 같은 방향†으로 회전하는 7차 고조파에 대해서는, $\mathcal{F}_7$이 $\mathcal{F}_1$보다

†식 (12-48)의 코사인 항의 독립변수에서 빼기(부, 음, minus) 부호는 정(양)방향 회전을 나타낸다.

120° 만큼 앞서서 보여져 있다. 다시 $\mathcal{F}_7$은 0 기준선으로부터 정(양)방향으로 $n \times 20° = 7 \times 20° = 140°$만큼 변위된다는 사실에 부합함에 유의하라. 또한 $\mathcal{F}_5$와 $\mathcal{F}_1$의 위치는 CX 회전자 변위 각도 α의 **6차** 고조파 함수(*sixth*-harmonic function)라는 것이 유의할 만 하다.

일반적으로 기본파 기자력 성분과 고조파의 합은 각도 ε_h 만큼 기본파로부터 변위된 합성 기자력을 산출한다. 따라서, CX-CT 배치가 서보 기구에서 오차 검출기로써 사용되며 지령(command)이 $\alpha = 20°$의 형태인 전송기에 인가된다면, 서보 기구는 CT 싱크로가 기계적 궤환 연결(mechanical feedback connection)을 통하여 $\alpha + \varepsilon_h$와 같은 양 만큼 변위될 때 평형 위치(즉, 0(null) 위치)를 달성한다. 그러므로, 출력은 지령에 따르지만 ε_h의 오차를 갖고 있다.

Mathematical Analysis

변위 오차 ε_h에 대한 식은 먼저 0 전압(null voltage)에 대한 표현식을 결정함으로써 찾아질 수 있다. 이것은 회전 기자력의 각 고조파 성분에 의해 변압기 회전자 권선 내에서 유도되는 전압을 찾음으로써 편리하게 이루어질 수 있다. 전기적 0 위치에서 CT 회전자 권선의 축은 가정된 고정자 기자력 축의 0 위치(즉, $\Gamma = 0$ [deg]인 점)로부터 90 [elec. deg] 만큼 변위되고, 기본파 자계 성분에 의해 회전자 권선 내에서 유도되는 전압은

$$E_1 = K_1 \cos\left[\alpha - \left(\Gamma - \frac{\pi}{2}\right)\right] \qquad \text{[V]} \tag{12-58}$$

임을 염두에 두어라. 여기서

$$K_1 = 4.44 f N_r K_{wr1} \Phi_1 \qquad \text{[V]} \tag{12-59}$$

이다. 여기에서 K_{wr1}은 기본파 자계에 대한 권선 계수이다. K_1은 실제로 최대 결합에 대응하는 기본파 자계 성분에 의해 회전자 권선 내에서 유도되는 실효치 전압을 나타냄에 유의하라. 따라서, 식 (12-58)은 주어진 CX 회전자 변위 α와 CT 회전자 변위 Γ에 대한 회전자 권선 내에서 유도되는 전압의 실효 값을 설명한다. 이 식의 코사인 항은 단순히 기본파 계자 기자력에 의해 생성되는 기본파 자계 자속 Φ_1과 CT 회전자 권선 사이에 존재하는 결합의 정도(degree)를 나타내는 인자이다. 식 (12-58)은

$$E_1 = -K_1 \sin(\alpha - \Gamma) \qquad \text{[V]} \tag{12-60}$$

과 같이 다시 적어질 수 있다. 이 결과는 이제 CT 회전자가 0(null) 위치에 위치되

었을 때 회전자 권선 내에서 유도되는 전압을 찾기 위해 사용될 수 있다. 일반적으로 회전자 권선과 기본파 자속 성분의 결합은 0(null) 점에서 0(zero)이 아닐 것임을 염두에 두는 것이 중요하다. 이것이 그림 12-11에 도식적으로 그려져 있으며, 여기서 회전자 권선의 축이 합성 기자력과 직각일 때 회전자 권선은 0(null)에 있다. 하지만, 합성 자계와의 결합이 0일지라도 기본파 자계 성분과 약간의 작은 양의 결합이 있음에 유의하라. 0(null) 위치가 $\Gamma = \alpha$가 아니라 오히려 $\Gamma = \alpha + \varepsilon_h$만큼 변위된 CT 회전자에 의해 찾아지기 때문에, 0(null)에서 기본파 자계에 의해 유도되는 전압의 실효 값은

$$E_{1\,\text{null}} = -K_1 \sin(\alpha - \Gamma) = -K_1 \sin(\alpha - \alpha - \varepsilon_h) = K_1 \sin \varepsilon_h \qquad [\text{V}] \qquad (12\text{-}61)$$

이라는 것이 따라온다. 이러한 변위 오차는 종종 매우 작기 때문에, 마지막 표현식은

$$E_{1\,\text{null}} = K_1 \varepsilon_h \qquad [\text{V}] \qquad (12\text{-}62)$$

와 같이 적어질 수 있다.

비슷한 과정이 계자 기자력의 5차 고조파에 의해 CT 회전자 내에서 유도되는 기전력을 찾기 위해 수행될 수 있다. 따라서 이 전압의 실효 값에 대한 일반 표현식은

$$E_5 = K_5 \cos\left[\alpha + 5\left(\Gamma - \frac{\pi}{2}\right)\right] \qquad [\text{V}] \qquad (12\text{-}63)$$

이다. 여기서

$$K_5 = 4.44 f N_r K_{wr5} \Phi_5 \qquad [\text{V}] \qquad (12\text{-}64)$$

이다. 여기에서 K_{wr5}는 5차 고조파에 대한 권선 계수이며 Φ_5는 극당 5차 고조파 자속을 나타낸다. 식 (12-63)에서 양 $\pi/2$는 그것이 CT 회전자와 관련된 공간각이기 때문에 Γ에서와 같은 방식으로 다루어진다. 적절한 삼각 항등식에 의해 식 (12-63)은

$$E_5 = K_5 \sin(\alpha + 5\Gamma) \qquad [\text{V}] \qquad (12\text{-}65)$$

와 같이 다시 적어질 수 있다. CT 회전자가 0(null) 위치에 위치된 것으로 가정될 때, Γ는 값 $\alpha + \varepsilon_h$를 취하며, 이것을 식 (12-65)에 대입하면

$$E_{5\,\text{null}} = K_5 \sin(\alpha + 5\Gamma) = K_5 \sin(\alpha + 5\alpha + 5\varepsilon_h) = K_5 \sin(6\alpha + 5\varepsilon_h) \qquad [\text{V}] \qquad (12\text{-}66)$$

을 산출한다. 지금 이루어지는 중요한 관찰은 5차 고조파 계자 기자력에 의해 유도되는 전압은 기분파 성분에 의한 전압과 **같은**(*same*) 주파수라는 것이다. 더욱이, 그것은 기본파와 **시동상**(in *time phase*)이다. 그러므로 기본파와 고조파 전압 기여는 합성 전압을 얻기 위해 바로 더해질 수 있다.

7차 고조파에 대한 유도 전압의 실효 값에 대한 표현식은

$$E_7 = K_7 \sin(\alpha - 7\Gamma) \qquad [V] \tag{12-67}$$

로 찾아진다. 여기서 K_7은 K_5와 비슷한 방식으로 정의된다. 이 고조파와 관련된 0(null) 전압에 대응하는 식은 그러면

$$E_{7\,\text{null}} = -K_7 \sin(6\alpha + 7\varepsilon_h) \qquad [V] \tag{12-68}$$

이다. 식 (12-66)과 (12-67)에 있는 독립변수가 α의 6차 고조파 함수를 포함함에 유의하는 것이 흥미롭다. 그러므로 앞의 과정을 11차와 13차 기자력 고조파로 확장하는 것은 α의 12차 고조파 함수를 포함하는 것으로 이끈다고 기대하는 것이 합리적이다. 명확히

$$E_{11\,\text{null}} = K_{11} \sin(12\alpha + 11\varepsilon_h) \qquad [V] \tag{12-69}$$

$$E_{13\,\text{null}} = -K_{13} \sin(12\alpha + 13\varepsilon_h) \qquad [V] \tag{12-70}$$

이 보여질 수 있다. 물론, 더 높은 차수의 고조파가 고려됨에 따라, K 계수의 크기가 고조파의 차수에 따라 역으로 변하기 때문에, 그 중요성은 감소한다. 따라서 변위 오차를 일으킴에 있어서 가장 큰 영향을 주는 고조파는 5차와 7차이다.

CT 회전자가 위치 $\Gamma = \alpha + \varepsilon_h$에 위치되었을 때 생기는 0(null) 전압에 대한 완전한 표현식은

$$E_{\text{null}} = E_{1\,\text{null}} + E_{5\,\text{null}} + E_{7\,\text{null}} + \cdots \qquad [V] \tag{12-71}$$

로 적어질 수 있다. 이 전압들이 같은 주파수이며 시동상(in time phase)이기 때문에 대수합(algebraic sum)이 허용된다. 식 (12-62), (12-66), (12-68), (12-69) 그리고 (12-70)을 대입하면

$$\begin{aligned} E_{\text{null}} = K_1\varepsilon_h &+ K_5 \sin(6\alpha + 5\varepsilon_h) - K_7 \sin(6\alpha + 7\varepsilon_h) \\ &+ K_{11} \sin(12\alpha + 11\varepsilon_h) - K_{13} \sin(12\alpha + 13\varepsilon_h) + \cdots \qquad [V] \end{aligned} \tag{12-72}$$

를 산출한다. 이 표현식은 사인 항의 독립변수에서 나타나는 양 $n\varepsilon_h$가 적거나 없는 오차로 무시될 수 있다는 것에 유의함으로써 간단하게 될 수 있다. 따라서,

$$E_{\text{null}} = K_1\varepsilon_h + (K_5 - K_7)\sin 6\alpha + (K_{11} - K_{13})\sin 12\alpha + \cdots \qquad [\text{V}] \qquad (12\text{-}73)$$

을 가진다. 하지만, 0(null)위치에 위치된 CT 회전자로 유도되는 합성 기전력은 0이다. 따라서

$$E_{\text{null}} = 0 = K_1\varepsilon_h + (K_5 - K_7)\sin 6\alpha + (K_{11} - K_{13})\sin 12\alpha + \cdots \qquad [\text{V}](12\text{-}74)$$

이며, 이로부터 변위 오차에 대한 표현식은

$$\varepsilon_h = \frac{K_5 - K_7}{K_1}\sin 6\alpha + \frac{K_{11} - K_{13}}{K_1}\sin 12\alpha + \cdots \qquad (12\text{-}75)$$

라는 것이 따라온다.

식 (12-75)의 조사는 CX-CT 싱크로 배치에서 공간 기자력 고조파에 의해 기인되는 변위 오차의 크기는 K 계수의 적절한 조작에 의해 제어될 수 있음을 드러낸다. 따라서, K_5와 K_7이 같게 만들어진다면, 6차 고조파 변위 오차는 완전히 제거된다. 이 결과는 약간의 싱크로에서 이 고조파에 대한 권선 계수의 현명한 선택을 통하여 달성될 수 있다. 소거가 이루어질 수 없을 때에는, 고조파에 대한 권선 계수가 가능한 한 작게 유지되도록 권선 설계가 선택된다.

12-7 STATIC ERRORS AND RESIDUAL VOLTAGES

서보 기구의 정확도는 오차 검출기로 사용된 싱크로 쌍 보다 더 좋지 않을 수 있다. 따라서 정적 변위 오차(static displacement error)가, 당연히 경제적 생산과 부합하여, 생산 공차(manufacturing tolerance)가 허용할 만큼 작게 유지되어야 한다. CX-CT 싱크로 오차 검출기에 대한 전형적인 정적 오차 곡선이 그림 12-12에 묘사되어 있다. 이 곡선은 전송기의 회전자를 양 α 만큼 변위시키고 그 다음 CT의 회전자 권선 단자를 가로질러 최소 전압을 산출하는 위치에 CT 회전자를 위치시킴으로써 얻어졌다. CT 회전자 변위 Γ와 CX 회전자 변위 α 사이의 차이가 정적 변위 오차를 구성한다. 잘 설계된 싱크로에서는 이 오차가 거의 ½ [deg]를 초과하지 않는다. 그림 12-12의 검토는 6-주기(six-cycle) 오차의 우월을 드러낸다. 앞 절에서 이미 설명된 바와 같이, 이것은 제어 변압기의 고정자에서의 기자력 고조파의 효과에 기인한다. 이 오차의 원천의 제거는 CX-CT 싱크로 쌍의 정확도를 증가시키는데 많은 도움이 된다는 것에 유의하라.

정적 오차 곡선에서 바로 구별될 수 있는 다른 우세한 성분은 CX 회전자 변위 α의 2배 주파수 오차이다. 이 2차 고조파 항의 원천은 싱크로의 고정자 상권선 내에서 필연적으로 생기는 근소한 불평형에 있다. 상 임피던스(phase impedance)의 저

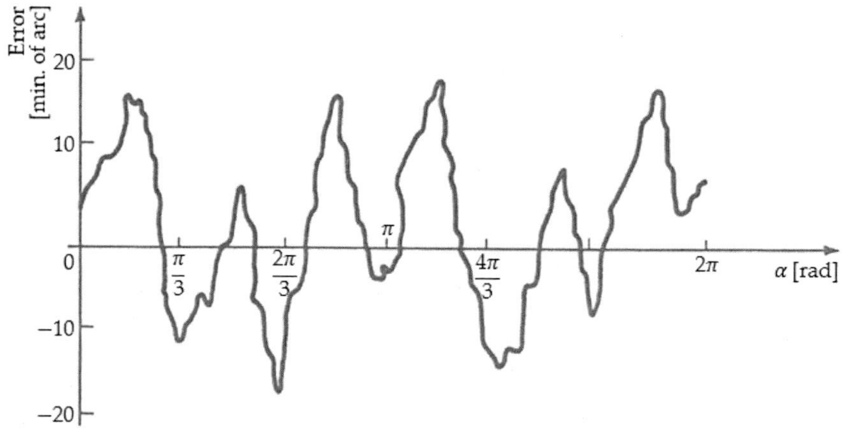

Figure 12-12 Typical displacement error curve for a CX-CT synchro pair. Note the predominance of a six-cycle and a two-cycle error variation.

항성과 무효성(reactive; 유도성) 성분이 동일하지 않다면, α의 2차 고조파 함수에 따라 변하는 변위 오차가 존재한다는 것이 보여질 수 있다. 권선의 동일하지 않은 성질은 매우 자주 제조상의 어려움에 기인한다. 이들은 종종 하나 또는 더 많은 다음의 인자를 포함한다: 각 상에서 사용된 턴(turns)에서의 약간의 편차, 권선 과정 동안의 전선 얼레(wire spool)에서의 변동하는 장력(tension), 다른 얼레 또는 다른 제조자로부터 얻어지는 전선의 단면적에서의 약간의 편차, 각 상 권선의 누설 리액턴스에서의 근소한 차이, 그리고 마지막으로 치 철(tooth iron) 포화의 효과. 정적 오차와 불평형 임피던스 사이의 관계는 임피던스의 무효성 부분에서의 불평형이 정적 오차에 저항성 부분에서의 불평형 보다 더 큰 영향을 행사함을 드러낸다.

오차 곡선에서 2배 주파수 오차의 다른 원천은 완전히 균일한 공극의 결핍이다. 이것은 몇 가지 이유로 일어날 수 있다: 회전자의 타원화(ellipsing), 고정자의 타원화, 중심을 벗어나 위치된 회전자, 또는 사구로 된(skewed) 회전자 축. 보통 제작 방법은 완전히 둥근 회전자를 얻는데에는 어려움이 없는 방법이다. 하지만, 고정자 구조에 대해서는 그렇지 않다; 고정자에 대해서는 생산 라인(production line)에서 벗어나 약간 타원으로 되는 더 큰 경향이 있다. 실제로 상당한 정적 오차가 생기는데 있어서 매우 큰 타원화를 요구하는 것은 아니다. 예를 들어, 단지 0.0001 [in]의 고정자의 장축(major axis)과 단축(minor axis) 사이의 차이가 원호의 3 내지 4 [min; minutes]의 정적 오차 펼침(static error spread)을 일으킬 수 있다.

정적 변위 오차 외에, CX-CT 싱크로 쌍은 0(null)에서 잔류 전압의 부가적인 단점을 가진다. 사실상 잔류 전압이 존재할 때는 언제나, 인가 선전압과 동상인 기본파 주파수의 성분을 내포할 수 없다. 어쨌든, 동상 기본파 주파수 성분이 0일 때에는 언제나 0(null) 위치가 달성된다. 따라서, 0(null)에서 존재하는 어떤 전압이 다른 원천으로 기인되어야 한다. 그림 12-13은 잔류 전압이 α에 따라 어떻게 바뀌는 지를 보이는 전형적인 곡선을 묘사한다(α의 각 값에 대하여 변압기가 0(null) 위치에 위치된 것으로서).

해석은 잔류 전압이 두개의 성분을 내포함을 보인다: 기본파 주파수의 시간 고조파와 직각 전압(quadrature voltage). 시간 고조파는 두가지 원천, 즉, 싱크로의 자기회로에서 사용된 철의 포화는 물론 제어 전송기의 공극에서의 불균일한 자계 분포로부터 생긴다. 직각 전압은 0(null)에서 존재하는 기본파 주파수의 최소 전압으로 정의된다. 그것의 존재는 불평형 고정자 상 권선 또는 불균일 공극에 의해서 또는 이 둘 다의 조합에 의해 기인된다. 각 경우에서, 하지만, 직각 전압이 α의 2배 주파수 함수라는 것이 보여질 수 있다. 그림 12-13의 일견은 2차 고조파 항의 우월을 보인다. 더욱이, 해석은 또한 싱크로 상 권선에서의 저항 불평형이 리액턴스 불평형 보다 더 큰 영향을 발휘함을 보인다. 이런 이유로 스위치가 가능하면 CX-CT 싱크로 쌍의 고정자 선 연결(stator line connection)에서 피해져야 할 것이다.

좋은 싱크로 설계는 이 장치가 서보 계통에서 오차 검출기로 사용될 때 잔류 전압을 특히 경제적으로 가능한 한 작게 유지하는데 초점을 맞춘다. 대단히 큰 잔류 전압은 출력 장치를 구동하는 제어 전압을 제공하는 서보 증폭기의 포화를 쉽게 일으킨다. 전체 계통 거동에 불리하게 영향을 미치는 포화가 이루어질 때 계통 이득(system gain)이 급격히 줄어든다. 더욱이, 잔류 전압이 그러한 계통에서 어떤 유용한 출력도 만들 수 없음에도 불구하고, 불필요한 열 손실을 생성하는, 출력 장치에서 흐르는 전류를 결단코 일으킬 수 있다.

PROBLEMS

12-1 왜 우산 형태의 회전자 구조가 제어 변압기에 의해 그려지는 최소 자화 전류를 유지하

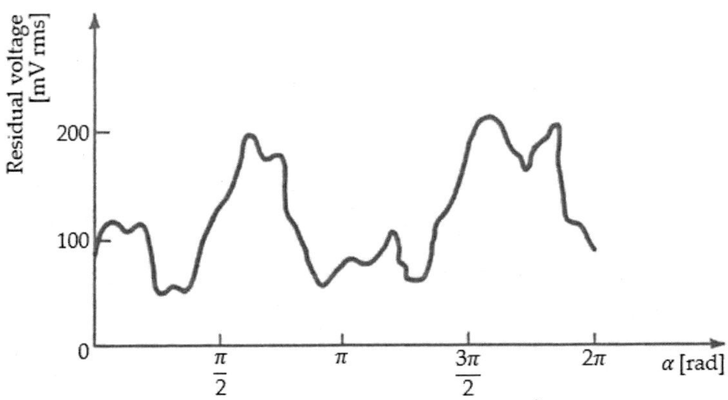

Figure 12-13 Typical variation of a residual voltage content in a CX-CT configuration at null.

하는지 설명하라.

12-2 철극 회전자로 설비된 제어 변압기의 자화 전류가 회전자 변위에 따라 어떻게 변하는지를 보이는 개략적인 그림을 그려라.

12-3 그림 P12-3에 묘사된 싱크로의 회전자가 전기적 0(zero) 위치에 있을 때, 권선 2 내에서 유도되는 상전압의 실효치가 52 [V]로 측정된다. 회전자가 반시계 방향으로 전기적 0으로부터 60°인 위치에 있을 때 중성-선(neutral-to-line)과 선간(line-to-line)으로 각 권선 내에 유도되는 전압을 결정하라. 각 전압에 대한 극성 표시를 명확하게 나타내어라.

12-4 회전자가 다음의 위치를 점유하는 경우에 대하여 문제 12-3을 반복하라:

(a) 180° 반시계 방향,

(a) 90° 시계 방향.

12-5 제어 전송기, 제어 차동, 그리고 제어 수신기가 그림 12-8 (a)에 보여진 방식으로 연결되어 있다. 제어 전송기는 60° 반시계 방향으로 변위되어 고정되어 있다. 제어 수신기는 30° 시계 방향으로 변위되어 고정되어 있다. 차동 싱크로는 어느 방향으로 어떤 양만큼 움직이는가? 풀이(solution)에서, 싱크로의 새로운 위치에 대한 그림을 다시 그리고, 각 싱크로 권선 내에서의 유도 기전력의 실효치를 명확하게 나타내어라. 각 장치에서 선-중성(line-to-neutral)으로 나타낸 최대 실효치 전압을 E로 가정하라.

12-6 제어 전송기의 출력 전압이 차동 싱크로의 고정자에 먹여지며, 차동 싱크로의 회전자 출력이 그 다음 제어 변압기의 고정자에 인가된다. 처음에는 각 싱크로가 적절한 전기적 0(zero) 위치에 있는 것으로 가정하라. 전송기의 회전자가 90° 반시계 방향으로 변위되고 차동 싱크로의 회전자가 60° 반시계 방향으로 돌아갔을 때, 제어 변압기의 회전자 단자에서, 그것의 최대 전압 E의 항으로 표현된, 유도 전압의 값을 결정하라.

12-7 제어 전송기의 출력 전압이 차동 싱크로의 고정자에 먹여지며, 차동 싱크로의 회전자 출력이 그 다음 제어 변압기의 고정자에 인가된다.

(a) 전기적 0 위치에 있는 각 장치로 계통의 개략도를 그려라.

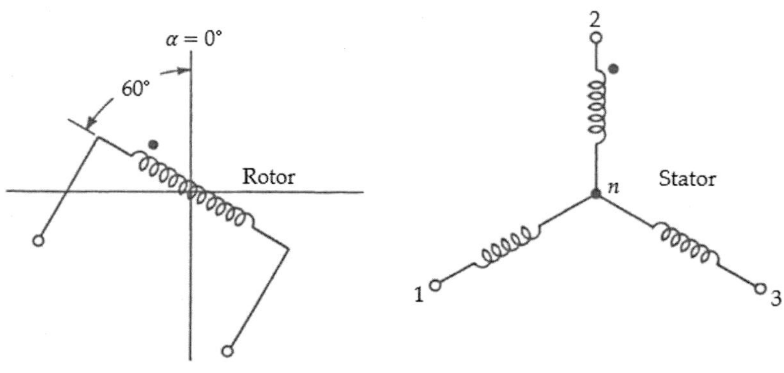

Figure P12-3.

(b) 전송기의 회전자가 30° 반시계 방향으로 변위되고 차동 싱크로의 회전자가 60° 시계 방향으로 돌아갔을 때, CT의 회전자 단자에서, 그것의 최대 전압 E의 항으로, 유도 전압의 값을 찾아라.

12-8 싱크로 전송기가 차동 싱크로의 고정자에 연결된 고정자를 가지며, 차동 싱크로의 회전자는 그 다음 싱크로 제어 변압기의 고정자에 연결된다. 전송기의 회전자는 적절히 여자되며 세 싱크로는 모두 0(zero) 위치로 조정되어 있다. 그 다음 전송기 회전자는 15° 시계 방향으로 회전되며 차동 회전자는 75° 반시계 방향으로 회전된다.

(a) 각 싱크로에서의 자속축의 각도와 방향을 찾아라.

(b) 제어 변압기의 회전자 단자를 가로지르는 전압을, 이 전압의 최대로 가능한 값 E의 항으로, 결정하라.

12-9 CX의 회전자가 45° 시계 방향으로 회전되고 CD의 회전자가 90° 반시계 방향으로 변위된 경우에 대하여 문제 12-8을 반복하라.

12-10 식 (12-48a)의 도움으로 5차 고조파와 관련된 합성 기자력이 부(음) Γ 방향으로 이동한다는 것을 입증하라. 관찰자는 $\Gamma = 30°$에 위치된 것으로 가정하라.

12-11 5차 공간 고조파의 효과가 기본파의 20 [%]이며 7차 고조파의 효과는 14 [%]인 CX-CT 싱크로 전송 장치의 6차 고조파 오차의 최대 값을 결정하라. 다른 모든 오차는 무시할 수 있는 것으로 가정하라.

12-12 CX-CT 싱크로 전송 배치에서 제어 변압기의 공극에서의 기자력 분포가 기본파 성분은 물론 5차와 7차 고조파를 가지는 것으로 알려져 있다. 극당 5차 고조파 자속은 기본파의 5분의 1이며, 극당 7차 고조파 자속은 기본파의 7분의 1이다. 더욱이, 회전자 권선 계수는 5차와 7차 고조파에 대하여, 각각, 4분의 1과 5분의 1이다. 편의를 위하여 전기적 0 위치에서 공간 고조파에 기인하는 변위 오차는 0이라고 가정하라.

(a) 30°의 CX 회전자 변위에 대하여, CT가 0(null) 위치로 회전되었을 때 생기는 변위 오차의 값을 계산하라.

(b) 240°의 CX 변위에 대하여 문제 (a)를 반복하라.

(c) 문제 (b)에서 나타나는 조건의 개략도를 그려라.

12-13 이상적인(ideal) 제어 전송기가 전형적인 CX-CT 전압 지시 계통(voltage indicating system)에서 제어 변압기로 사용된다. CT의 공극 자속은 기본파에 덧붙여 5차와 7차 고조파 성분을 내포한다. 고조파의 극당 자속의 크기는 고조파의 차수(order)에 역으로 비례한다. CT 장치에 대해 사용된 회전자 권선은 유효 유도 전압에서의 5 [%] 저감을 일으킨다. 이 권선은 또한 고조파에 대하여 동일한 권선 계수를 산출한다. 1°를 절대 초과하지 않는 6차 고조파 변위 오차에 대응하는 고조파 권선 계수를 계산하라.

12-14 CX-CT 배치의 제어 변압기에서의 우세한 공간 고조파는 5차, 7차, 11차, 그리고 13차로 알려져 있다. 기본파와 11차 그리고 13차 고조파의 권선 계수는 각기 0.96인 한편, 5차

와 7차에 대해서는, 각각, 0.25와 0.2이다. 고조파 변위 오차는 CT의 전기적 0(zero)에서 0인 것으로 가정하라.

(a) 다음과 같은 CX 회전자 변위의 값에 대하여 고조파 변위 오차의 값을 계산하라: 5°, 10°, 15°, 20°, 25°, 그리고 30°.

(b) 이 점들을 통하여 지나가는 곡선의 일반적인 성질을 그려라.

12-15 문제 12-11의 CX-CT 싱크로를 참조하고 고조파 변위 함수가 CT 장치의 전기적 0 위치에서 0을 통하여 지나간다고 가정하라. 또한, 기본파 자속에 의해 유도되는 최대 실효치 전압은 E_1 [V]인 것으로 가정하라.

(a) CT가 10°의 CX 회전자 변위에 대응하여 0(null) 위치에 있을 때, 기본파 자속에 의해 CT의 회전자 내에서 유도되는 전압의 값은 얼마인가?

(b) 문제 (a)에서 5차 고조파 유도 전압의 값은 얼마인가?

(c) 문제 (b)에서 계산된 양은 기본파에서와 같은 주파수인가? 설명하라.

12-16 문제 12-12에서 특정된 조건에 대하여 문제 12-15를 반복하라.

13 DYNAMICS OF ELECTRIC MACHINES

이 장에서는 전기-기계 장치의 동적 거동을 연구한다. 앞의 모든 장들에서는 해석이 단지 정상 상태 성능 만에 관련되었다. 하지만, 요즈음에는, 이 장치가 종종 전체 계통의 부분으로 찾아지기 때문에 과도 상태에서의 전기-기계 장치의 거동에 대한 지식이 적어도 동등하게 중요하다. 예를 들어, 발전기와 전동기는 종종 같이 상호 연결된 전력 격자(그리드, grid) 계통 내에서 찾아진다. 부하가 바뀌고 이동함에 따라, 함께 취하는 개별 기계의 동적 특성이 그러한 외란에 안정한 방식으로 계통이 반응할 수 있는지 그렇지 않은지를 결정할 것이다. 비슷하게, 서보 기구 같은 많은 궤환 제어 계통(feedback control system)에서는, 그러한 계통의 중요한 부분으로서 직류전동기, 2상 서보 전동기, 선도 발전기(pilot generator), 앰플리다인(amplidyne), 그리고 다른 전기-기계 장치가 드물지 않게 찾아진다. 전체(entire) 제어 계통의 전체(overall) 거동과 안정도는 종종 그러한 장치의 동적 특성에 크게 영향을 받는다. 정상 상태 특성의 이해만으로는 그러한 상황에서 전체(total) 성능의 유용한 연구를 제공하기에 불충분하다. 결국, 부족한 동역학 때문에 흥미 있는 계통이 정상 상태 운전을 달성하는 것이 실패한다면, 정상 상태 특성의 이해는 실로 단지 비실용적일 뿐이다.

전달 함수(*transfer function*)와 상태 변수법(state variable method)은 이 취급에서 전기-기계 장치의 동적 특성을 나타내는 수단이다. 하지만, 전개는 독자들이 이미 라플라스(Pierre-Simon, marquis de Laplace, 1749-1827) 변환(Laplace transform)에 대한 배경을 가지고 있다는 가정으로 진행한다.

13-1 THE TRANSFER FUNCTION

이름이 함축하는 바와 같이, **전달 함수**(*transfer function*)는 입력 변수에 대한 장치의 출력 변수와 관련된 수학적 정식화이다. 선형 장치의 경우, 전달 함수는 장치의 매개변수 더하기, 미분과 적분 같은, 가질 수 있는 시간의 어떤 연산(operation)에만 종속된다. 그것은 입력 양과는 무관하다—크기와 변동(variation) 둘 다.

전달 함수를 유도하는 일반적인 과정은 연구 중인 성분 또는 공학 장치의 형태에 관계없이 항상 같다. 그것은 다음의 세 단계를 포함한다: (1) 출력과 입력 변수의 항으로 표현된 장치에 대한 지배 방정식(governing equation)의 결정. (2) 모든 초기 조건(initial condition)을 0으로 가정하여, 지배 방정식을 라플라스 변환함. (3) 입력 변수에 대한 출력의 비(ratio)로 정식화하기 위한 방정식의 재배열.

여기서 과정을 설명하고 동적 거동이 그것에 의해 어떻게 설명되는 지를 보이기 위하여 예제가 유용하다. 그림 13-1을 참조하라. 입력량이 기계의 계자 권선에 인가되는 전압 v_f, 그리고 원하는 출력량이 계자 권선 전류 i_f라 가정한다. 회로의 적절한 매개변수의 항으로 v_f에 대한 i_f의 식은 키르히호프의 전압 법칙에 의해

$$v_f = R_f i_f + L_f \frac{di_f}{dt} \qquad [\mathrm{V}] \tag{13-1}$$

이다. 식 (13-1)은 지배 방정식이며 특히 한개의 에너지 저장 소자인 인덕턴스 L_f를 포함하기 때문에 1계 미분 방정식(first-order differential equation)이다. 0의 초기 계자 권선 전류에 대한 식 (13-1)의 라플라스 변환은 다음의 변환된 미분 방정식으로 이끈다:

$$V_f(s) = R_f I_f(s) + L_f s I_f(s) \qquad [\mathrm{V}] \tag{13-2}$$

여기서 $V_f(s)$는 v_f의 라플라스 변환을 나타내고, $I_f(s)$는 i_f의 라플라스 변환을 나타내며, 라플라스 연산자(Laplace operator) s는 시간의 1계 도함수(first derivative)를 나타낸다. 마지막 식에서 입력 변수에 대한 출력의 비(ratio)로 정식화함으로써, 원하는 전달 함수로 귀결한다. 따라서

$$\frac{I_f(s)}{V_f(s)} = \frac{1}{R_f + sL_f} = \frac{1}{R_f}\frac{1}{1 + s\tau_f} \qquad [\mathrm{A/V}] \text{ or } [\mathrm{S}; \mho] \text{ (siemens; mho)} \tag{13-3}$$

이다. 여기서

$$\tau_f = \frac{L_f}{R_f} \qquad [\mathrm{s}] \tag{13-4}$$

는 계자 권선의 시정수(시상수, time constant)이다.

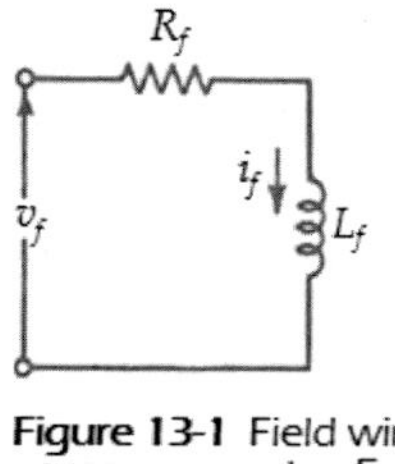

Figure 13-1 Field winding circuit of an electromechanical energy converter. Example of a first-order system.

식 (13-3)의 조사는 전달 함수가 단지 회로 매개변수 R_f와 L_f 그리고 미분 연산자(derivative operator) s 만에 종속됨을 드러낸다. 더욱이, 이 회로의 동적 거동은 **전달 함수의 분모**(*denominator of transfer function*)의 형태에 의해 완전히 결정된다. 이것은 전달 함수의 분모가 그것을 0과 같게 둘 때 지배 미분 방정식의 **특성 방정식**(*characteristic equation*)이기 때문이다. 식 (13-1)의 참조는 이것을 바로 명확하게 만든다. 미분 방정식을 푸는 고전적인 방법에 의해 특성 방정식을 얻기 위해서는, 먼저 강제 함수(forcing function) V_f를 0과 같게 두고 그 다음 나머지 항을 연산자 형태로 두는 것이 필요하다. 따라서

$$0 = R_f I_f + L_f s I_f \qquad [\text{V}] \tag{13-5}$$

또는

$$R_f I_f + sL_f = 0 \qquad [\text{V}] \tag{13-6}$$

이다. 식 (13-3)의 분모와 식 (13-6)의 비교는 두 표현식이 같다는 것을 드러낸다.

출력 변수의 완전한 시간 표현은 항상 전달 함수로부터 찾아질 수 있다. 이것은 정상 상태는 물론 과도 거동(transient behavior)을 포함한다. R-L 회로의 경우에는, 예를 들어, 계자 전류의 변환된 해(solution)에 대한 표현식이 식 (13-3)으로부터

$$I_f(s) = \frac{1}{R_f + sL_f} V_f(s) \qquad [\text{A}] \tag{13-7}$$

과 같이 적어질 수 있다. V_f가 이제 편의를 위하여 계자 권선에 인가된 크기 V_f의 계단 전압(step function)으로 밝혀진다면, 대응하는 라플라스 변환은

$$V_f(s) = \frac{V_f}{s} \qquad [\text{V}] \tag{13-8}$$

이다. 이 표현식을 식 (13-7)에 대입하면

$$I_f(s) = \frac{V_f}{sL_f\left(s + R_f/L_f\right)} \qquad [\text{A}] \tag{13-9}$$

를 산출한다. 부분 분수 전개(partial fraction expansion)는 식 (13-9)를

$$I_f(s) = \frac{V_f}{sL_f\left(s + R_f/L_f\right)} = \frac{K_0}{s} + \frac{K_1}{s + R_f/L_f} \qquad [\text{A}] \tag{13-10}$$

으로 적는 것을 허용한다. K_0과 K_1을 구하면

$$I_f(s) = \frac{V_f}{R_f}\left(\frac{1}{s} - \frac{1}{s + R_f/L_f}\right) \qquad [\mathrm{A}] \tag{13-11}$$

로 이끈다. 라플라스 변환쌍(Laplace-transform pair)의 표를 사용함으로써 대응하는 시간해(time solution)는

$$i_f(t) = \frac{V_f}{R_f}\left(1 - \epsilon^{-t/\tau_f}\right) \qquad [\mathrm{A}] \tag{13-12}$$

로 찾아진다. 여기서 $\tau_f = L_f/R_f$이다.

식 (13-11)과 (13-12)의 비교는 과도 항 $-\epsilon^{-t/\tau_f}$가 전달 함수로부터 귀결하는 해의 변환된 형태의 항과 직접 관련됨을 보인다(식 (13-11)의 둘째 항).

편의의 입장에서, 전달 함수는 종종 그림 13-2 (a)에 묘사된 블록도 표기(block diagram notation)로 도식적으로 나타내어 진다. 때때로 그림 13-2 (b)에 보여진 **신호 흐름도**(*signal flow diagram*)가 사용된다. 블록의 출력량은 항상 출력 변수의 라플라스 변환된 형태이며 입력량은 입력 변수의 라플라스 변환된 형태이다.

계통은 종종 함유된 개별 성분의 상호 연결된 전달 함수를 보이는 블록도에 의해 나타내어진다. 크게 복잡한 계통은 그림 13-2에 묘사된 형태의 직접 전달 함수(direct transfer function)를 많이 내포하지만, 또한 궤환 전달 함수(feedback transfer function)를 내포할 수 있다. 궤환 전달 함수가 직접 전달 함수†의 주위에 나타날 때는 언제나, 조합의 전체(total) 전달 함수는 이제 유도되는 궤환 공식(feedback formula)을 적용함으로써 바로 찾아진다. 그림 13-3에 나타난 블록도를 참조하라. 양 $G(s)$는 기준 입력 신호(reference input signal) $R(s)$와 출력 신호 $C(s)$ 사이의 직접 전송 함수(direct transmission function)를 나타낸다. 양 $H(s)$는 궤환 함수를 나타낸다. 출력량 $C(s)$는 이 함수에 의해 동작되며 그 다음 직접 전달 함수 $G(s)$에 실제 입력 신호 $E(s)$를 발생하기 위해 기준 입력 $R(s)$로부터 **빼진다**(*subtracted*). 양

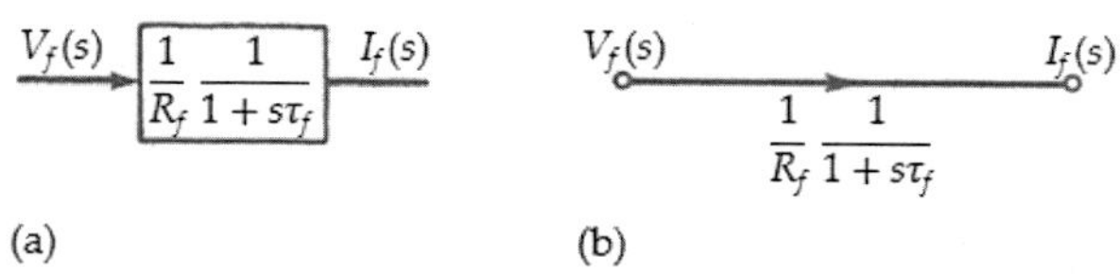

Figure 13-2 Graphical representation of the transfer function of the circuit of Fig. 13-1: (a) block diagram form; (b) signal flow diagram form.

†계통 요소의 직접 전달 함수는 입력과 출력 변수를 연결하는 직접 경로에서 나타나는 것이다.

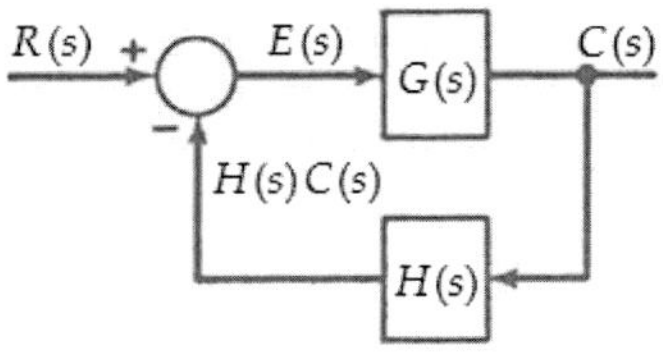

Figure 13-3 Block diagram for a feedback system.

$E(s)$는 종종 궤환 계통의 **동작 신호**(*actuating signal*)라 불린다. 기준 입력 신호와 궤환 신호는 반대 부호(opposite sign)이어야 한다. 이것은 궤환 계통의 적절한 운전을 위해 바람직한 조건이며 일반적으로 **부**궤환(*negative* feedback)이라 불린다. $H(s)$와 같은 궤환 경로가 $G(s)$와 같은 직접 경로를 둘러쌀 때는 언제나, 출력 $C(s)$가 입력 $R(s)$와 관련되는 중요한 전달 함수가 나타난다. 이 두 양의 비(ratio)는 $H(s)$와 $G(s)$의 항으로 바로 표현될 수 있다. 그림 13-3의 일견은 출력량이

$$E(s)G(s) = C(s) \tag{13-13}$$

으로 표현될 수 있음을 명백하게 만든다. 그러나

$$E(s) = R(s) - H(s)C(s) \tag{13-14}$$

이어서 이것을 식 (13-13)에 대입하면

$$[R(s) - H(s)C(s)]G(s) = C(s) \tag{13-15}$$

로 귀결한다. 이 마지막 식은 이제 입력과 출력 변수를 바로 포함한다. 따라서, 항이 모아진 후 입력에 대한 출력의 비(ratio)로 정식화되면, 원하는 **페루프 전달 함수**(*closed-loop transfer function*) $T(s)$로 귀결한다. 따라서

$$T(s) = \frac{G(s)}{1 + H(s)G(s)} \tag{13-16}$$

이다. 부궤환이 사용될 때는 언제나 분모에 정(양) 부호(plus sign)가 나타난다. 양 $H(s)G(s)$는 폐루프(closed loop)를 가로질러 만나지는 적(곱, product)을 취함으로써 얻어지기 때문에 **루프 전달 함수**(*loop transfer function*)라 불린다.

식 (13-3)의 형태로 인식되는 몇 개의 에너지 저장 소자를 포함하는 계통을 다룰 때에는, 때때로 알려진 전달 함수를 순(pure) 적분(라플라스 연산자 $1/s$로 나타내어지는 것과 같은)인 직접 전달 함수를 가지는 등가 전달 함수의 항으로 나타내는 것이 유용하다. 그러한 블록도 표현의 이점은 직접 전송 경로에서 모든 순 적분기(pure integrator)의 각각의 출력량이 그러면, 완전한 계통 거동이 설명될 수 있는

항인, 전체 계통의 **상태 변수**(*state variable*)†라는 것이다. 식 (13-3)으로 이끄는 1차 계통(first-order system)의 간단한 경우에서는, 적절한 조작을 통하여 직접 전달 함수를 식 (13-16)의 형태로 다시 적는 것이 가능하다. 식 (13-16)의 등가 정식화에서 $G(s)$를 $1/s$로 나타내는 것이 바람직하다는 것을 염두에 두면, 식 (13-3)의 분자와 분모를 $s\tau$로 나누는 것이 도움이 된다. 이것은

$$\frac{1}{R_f}\frac{1}{1+s\tau_f}=\frac{1}{R_f}\frac{1/s\tau_f}{(1/s\tau_f)+1}=\frac{1}{R_f\tau_f}\left[\frac{1/s}{1+(1/s)(1/s\tau_f)}\right] \tag{13-17}$$

로 이끈다. 식 (13-17)의 대괄호 항의 블록도 표현이 그림 13-4 (b)에 나타나 있다. 그것은 그림 13-4 (a)에 묘사된 표현과 동일하지만, 거기에는 직접 전송 경로에 순 적분(pure integration)이 나타나지 않음에 유의하라.

조사에 의해 그림 13-4 (b)의 블록도와 관련된 변환된 방정식은

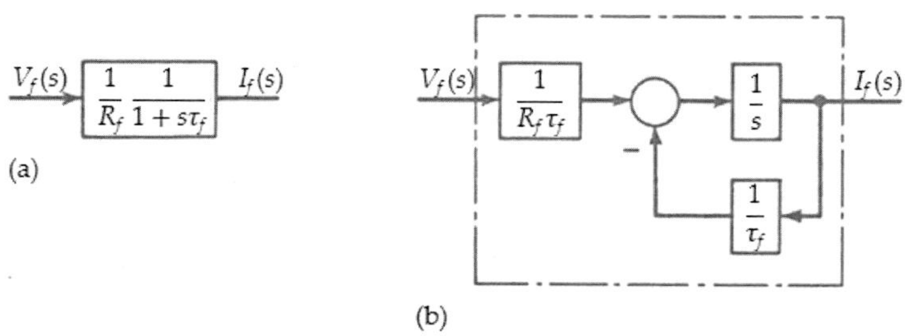

Figure 13-4 Alternative block diagram representations of transfer functions: (a) direct representation; (b) equivalent representation, bringing into evidence pure integration in the direct transmission path.

†에너지 저장 소자를 내포하는 계통을 다룰 때, 어떤 특정된 시간에서 계통의 에너지 상태가 설명될 수 있는 변수를 종속변수로 사용하는 것이 편리하다. 예를 들어, *R-L* 회로에서 회로의 특별한 상태는 항상 회로의 지난 이력에 관계없는 전류의 항으로 편리하게 밝혀질 수 있다. 이것은 전류의 알려진 상태가 관계식 $\frac{1}{2}Li^2$에 의해 에너지 상태를 바로 산출하기 때문이다. 비슷한 상황이 커패시터의 경우에도 나타난다. 여기에서는, 하지만, 커패시터를 가로지르는 전압의 순시 값 v_C를 상태 변수로 선택하는 것이 편리하다. 일단 v_C가 알려지면, C를 내포하는 회로망(network)의 상태는 관계식 $\frac{1}{2}Cv_C{}^2$을 통하여 알려진다. 상태 함수(state function)는 단지 소자의 최종 상태에만 종속된다.
상태 변수로 작업하는 주된 이점은 그것이, 항상 1계 미분 방정식인, ***n*개의 상태 방정식**(*n state equations*)으로 n개의 독립 에너지 저장 소자를 내포하는 계통의 상태를 나타내는 것을 가능하게 만든다는 것이다. 따라서, 계통이 3개의 독립 에너지 저장 소자를 내포한다면, 전체 계통 거동은 3개의 상태 방정식으로 설명될 수 있다. 각 경우에서 상태 방정식은 상태 변수와 어쩌면 외부 강제 함수(external forcing function)를 포함하는 1계 미분 방정식이다. 대비하여, 전체 계통 거동이 단일 지배 방정식에 의해 나타내어진다면, 3계 미분 방정식이 될 것이다. 계통 해석에서 상태 접근법(state approach)의 뛰어난 이점은 그것이 있는 그대로 아날로그(analog)와 디지털 계산기(digital computer)에서 쉽게 모사(시뮬레이션, simulation)하기에 적합하다는 것이다

$$V_f(s)\frac{1}{R_f\tau_f} - I_f(s)\frac{1}{\tau_f} = sI_f(s) \qquad [\text{A/s}] \tag{13-18}$$

과 같이 적어질 수 있다. 대응하는 시간 방정식은 s를 d/dt로 대체하고 "s의(of s)" 표기를 없앰으로써 얻어진다.† 따라서,

$$\frac{dI_f}{dt} = \frac{V_f}{R_f\tau_f} - \frac{1}{\tau_f}I_f \qquad [\text{A/s}] \tag{13-19}$$

를 얻는다. 식 (13-19)는 그것이 상태 변수 I_f와 그것의 1계 도함수 사이의 관계를 포함하기 때문에 이 계통에 대한 **상태 방정식**(*state equation*)이라 불린다. 과정의 약간의 숙고는 이 방정식이 원래의 지배 미분 방정식과 동일함을 드러낸다(식 (13-1)을 보라).

13-2 DYNAMIC BEHAVIOR OF THE DC MOTOR WITH CONNECTED MECHANICAL LOAD

앞 절에서 이미 지적된 바와 같이, 전기-기계 장치의 동적 거동은 먼저 적절한 전달 함수를 찾고 그 다음 라플라스 변환 이론의 기법을 적용함으로써 결정된다. 그 과정에서 적절한 블록도 표현이 전개되었으며 기계 동력학(machine dynamics)의 컴퓨터 해석에 마음이 기울여진 독자를 위하여 그것을 향상시키기 위한 적당한 상태 방정식이 밝혀졌다. 직류전동기의 동력학 연구는 두가지 경우로 이루어진다—하나는 전기자 권선 누설 인덕턴스‡가 무시할 수 있을 정도로 작은 경우와 다른 하나는 고려되어야 할 정도로 충분히 큰 경우.

Motor Dynamics with Armature Leakage Inductance Negligible

그림 13-5는 부하가 연결된 직류전동기의 개략도를 준다. 부하와 전동기의 회전자의 결합된 관성은 J로 나타내어진다.‡† 전동기와 부하의 등가 점성 마찰은 F로 나타내어진다. 반대되는 부하 토크는 T_L로 불린다. 양 L_a는 처음에는 0과 같은 것으로 가정되는 전기자 누설 인덕턴스이다; R_a는 전기자 권선 저항이다; 그리고 ω는

†시간 함수에 대해서는 소문자를 그리고 라플라스 변환된 함수에 대해서는 대문자를 사용하는 것이 관례이기는 하지만, 앞의 장들에서 사용된 표기로 된 변수와의 동일성을 보존하기 위하여 이 장에서는 그것에 따르지 않는다. 그 대신으로, 이 차이는 "s의(of s)" 표기의 부재와 존재로써 나타내어진다.

‡이것은 전기자 권선 기자력에 의해 생성되지만 계자 권선과는 쇄교하지 않는 것으로 고려될 수 있는 자속의 부분과 관련된다.

‡†J, F, 그리고 K에 대한 이 논의를 통하여 편리한 단위의 조합이 가정된다. 예를 들어, J는 [lb-ft-s^2]으로, F는 [lb-ft-s]로, 그리고 K는 [lb-ft/rad]으로 표현될 것이다.

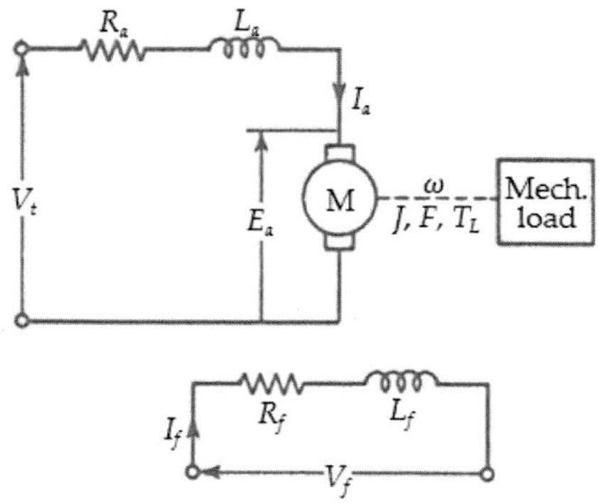

Figure 13-5 Schematic diagram of the dc motor with mechanically connected load. Field current is maintained constant.

[rad/s]로 표현된 회전자의 속도이다. 일정한 계자 전류에 대하여 전동기 속도가 인가 전기자 권선 전압에서의 변화에 응하는 방식을 찾으려 한다고 가정한다. 요컨대, ω가 V_t와 관련되는 전달 함수를 찾는 것을 원한다. 이를 위해서는, ω가 V_t와 관련되는 지배 방정식을 세우는 것이 필요하다. 전동기 축에서, 전동기의 전자기적 토크는 반대되는 토크의 합(sum)과 같아야 한다. 따라서

$$T = J\frac{d\omega}{dt} + F\omega + T_L \qquad \text{[N-m]} \tag{13-20}$$

또는, 더 편리하게 표현하여,

$$T - T_L = J\frac{d\omega}{dt} + F\omega \qquad \text{[N-m]} \tag{13-21}$$

이다. 이 시점에서 식 (13-21)은 1계 미분 방정식이라는 것에 유의하는 것이 도움이 된다; 유일한 에너지 저장 요소는 총(total) 관성 J로 나타내어진다. 더구나, 식 (8-23)에 의해 전자기적 토크는

$$T = K_T \Phi I_a \qquad \text{[N-m]} \tag{13-22}$$

로 표현된다. 여기서 Φ는 공극 자속을 나타낸다. 그림 13-5의 계통 내에서 자속이 고정되어 유지되기 때문에, 식 (13-22)는

$$T = K_t I_a \qquad \text{[N-m]} \tag{13-23}$$

으로 더 간결하게 적어질 수 있다. 여기서 K_t는 [N-m/A]의 단위로 표현된 토크 상수(torque constant)이다. 또한, 전기자 전류는 R_s가 0과 같은 경우 식 (8-24)로부터 따라오는

$$I_aR_a = V_t - E_a \qquad [\text{V}] \tag{13-24}$$

에 의해 단자 전압과 관련된다. 더욱이, 전기자 유도 기전력은 식 (8-22)에서 보여진 바와 같이 속도에 직접 비례한다. 따라서

$$E_a = K_E\Phi n = K_\omega \omega \qquad [\text{V}] \tag{13-25}$$

이다. 여기서 K_ω는 [V/rad/s]의 단위로 표현된 속도 상수(speed constant)이다. 식 (13-25)를 (13-24)에 대입하면

$$I_aR_a = V_t - K_\omega \omega \qquad [\text{V}] \tag{13-26}$$

을 산출한다. 마지막 식의 우변이 찾고 있는 전달 함수의 입력 변수 V_t와 출력 변수 ω 둘 다를 포함함에 유의하는 것이 흥미롭다. 따라서, 식 (13-26)은 그 자신을, 부궤환 배열로 표현된(그림의 실선 부분을 보라), 그림 13-6의 부분 블록도(partial block diagram)에 빌려준다. 더 나아가, 양 I_aR_a에 $1/R_a$이 곱해지면, 전기자 전류 I_a로 귀결함에 유의하라. 뒤이은 K_t 곱셈은 발생되는 전자기적 토크를 산출한다. 마지막 두 설명이 그림 13-6에 파선 블록(dashed-line block)으로 나타내어져 있다.

블록도를 완성하기 위해서는, 속도에 대한 토크의 관계가 필요하다. 이 관계식은 이미 식 (13-21)에서 구하여 얻을 수 있기 때문에, 원하는 결과는 라플라스 변환에 의해 찾아진다. 따라서

$$T(s) - T_L(s) = Js\omega(s) + F\omega(s) \qquad [\text{N-m}] \tag{13-27}$$

또는

$$\frac{\omega(s)}{T(s) - T_L(s)} = \frac{1}{sJ + F} = \frac{1}{F}\cdot\frac{1}{1 + s\tau_m} \qquad [\text{rad/s/N-m}] \tag{13-28}$$

이다. 여기서

$$\tau_m = \frac{J}{F}\ [\text{s}] = \text{mechanical time constant} \tag{13-29}$$

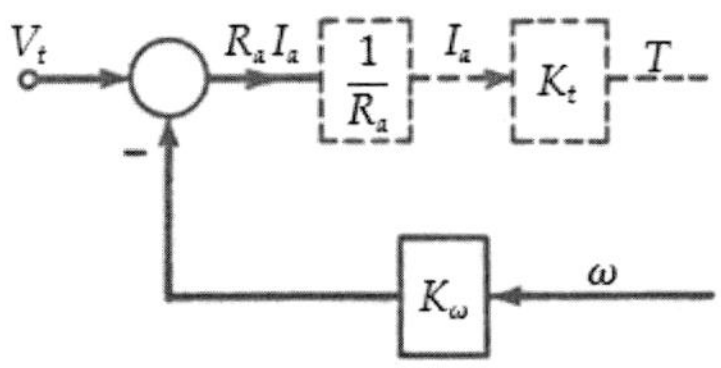

Figure 13-6 The block diagram representation of Eq. (13-26) is drawn with solid lines.

이다. 그림 13-6의 부분 블록도에 식 (13-28)의 블록도 표현을 더하면, 그림 13-7에 보여진 완전한 블록도가 얻어진다. 마지막으로, 그림 13-7의 배치에 식 (13-6)의 궤환 공식을 적용함으로써, 단자 전압에 대한 속도와 관련되는 전달 함수로 귀결한다. 따라서,

$$\frac{\omega(s)}{V_t(s)} = \frac{(K_t/R_aF)[1/(1+s\tau_m)]}{1+(K_tK_\omega/R_aF)[1/(1+s\tau_m)]} \qquad [\text{rad/s/V}] \tag{13-30}$$

이다. 단순화하고 항을 모으면

$$\frac{\omega(s)}{V_t(s)} = \frac{K_t}{R_aF+K_tK_\omega}\cdot\frac{1}{1+s\tau_m'} \qquad [\text{rad/s/V}] \tag{13-31}$$

을 산출한다. 여기서

$$\tau_m' = \frac{JR_a}{R_aF+K_tK_\omega} \qquad [\text{s}] \tag{13-32}$$

이다.

먼저 블록도를 전개함이 없이 원하는 전달 함수를 유도하는 과정이 가능하다. 입력과 출력 변수에 관련되는 단일 방정식이 식 (13-26)으로부터 I_a에 대한 표현식을 식 (13-23)에 대입하고 그 표현식을 식 (13-21)에 대입함으로써 얻어질 수 있다. 이것은

$$\frac{K_t}{R_a}V_t = J\frac{d\omega}{dt} + F\omega + \frac{K_tK_\omega}{R_a}\omega + T_L \qquad [\text{N-m}] \tag{13-33}$$

으로 이끈다. 이제 편의를 위하여 T_L을 0이라 하고 식 (13-33)을 라플라스 변환하면

$$\frac{K_t}{R_a}V_t(s) = Js\omega(s) + F\omega(s) + \frac{K_tK_\omega}{R_a}\omega(s) \qquad [\text{N-m}] \tag{13-34}$$

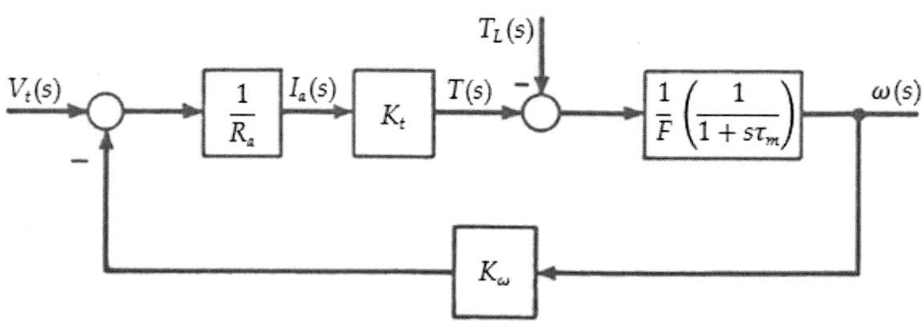

Figure 13-7 Complete block diagram of the system of Fig. 13-5.

를 얻는다. 따라서

$$\frac{\omega(s)}{V_t(s)} = \frac{K_t/R_a}{sJ + F + (K_t K_\omega/R_a)} = \frac{K_t}{FR_a + K_t K_\omega} \cdot \frac{1}{1 + s\tau_m'} \quad \text{[rad/s/V]} \quad (13\text{-}35)$$

이다. 식 (13-31)과 (13-35)의 비교는 둘이 동일함을 보인다.

0의 부하 토크에 대하여 인가 전기자 전압 V_t에서의 계단 변화(step change)에 대한 전동기 속도의 동적 응답(dynamic response)은 무엇인가? 인가 전압에서의 계단 변화가 V_t라고 하면, $V_t(s) = V_t/s$가 따라온다. 식 (13-31)의 전달 함수로부터, 속도에 대한 라플라스 변환된 해(solution)는

$$\omega(s) = \frac{K_t V_t}{FR_a + K_t K_\omega} \cdot \frac{1}{s} \cdot \frac{1}{1 + s\tau_m'} = \frac{K_t V_t}{JR_a} \cdot \frac{1}{s} \cdot \frac{1}{s + 1/\tau_m'} \quad \text{[rad/s]} \quad (13\text{-}36)$$

또는

$$\omega(s) = \frac{K_t V_t}{JR_a} \cdot \frac{1}{s} \cdot \frac{1}{s + 1/\tau_m'} = \frac{K_0}{s} + \frac{K_1}{s + 1/\tau_m'} \quad \text{[rad/s]} \quad (13\text{-}37)$$

이 된다. 부분 분수 전개의 계수를 계산하면

$$\omega(s) = \frac{K_t V_t}{FR_a + K_t K_\omega}\left(\frac{1}{s} - \frac{1}{s + 1/\tau_m'}\right) \quad \text{[rad/s]} \quad (13\text{-}38)$$

로 이끈다. 대응하는 시간해(time solution)는

$$\omega(t) = \frac{K_t V_t}{FR_a + K_t K_\omega}\left(1 - \epsilon^{-t/\tau_m'}\right) \quad \text{[rad/s]} \quad (13\text{-}39)$$

로 찾아진다. 마지막 표현식의 조사는 속도가 그림 13-8에 묘사된 바와 같이 시정수 τ_m'에 따라 식 (13-39)의 우변에 있는 계수로 주어지는 정상 상태 속도로 올라감을 드러낸다.

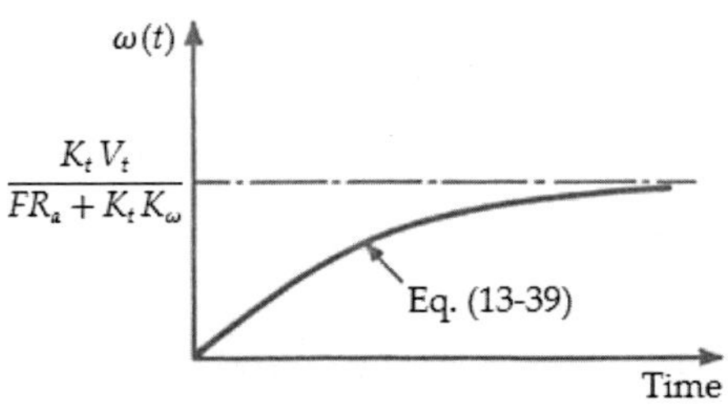

Figure 13-8 Response of motor speed to a step changes in V_t for the system of Fig. 13-5.

일정한 인가 단자 전압에 대하여 부하 토크에서의 계단 변화에 대한 전동기 속도의 동적 응답은 어떻게 얻는가? 답은 일단 속도와 부하 토크 사이의 전달 함수가 알려지면 바로 얻어진다. 그림 13-7의 일견은 이 정보를 제공한다. $T_L(s)$와 $\omega(s)$ 사이에는 $(1/F)[1/(1+s\tau_m)]$의 직접 전달 함수가 있음에 유의하라. 이 경우에서 대응하는 궤환 함수는 단지 K_tK_ω/R_a이다. 따라서 식 (13-16)의 사용은 적절한 전달 함수로서

$$\frac{\omega(s)}{-T_L(s)} = \frac{(1/F)[1/(1+s\tau_m)]}{1+(K_tK_\omega/R_aF)[1/(1+s\tau_m)]} = \frac{R_a}{FR_a+K_tK_\omega}\left(\frac{1}{1+s\tau_m{}'}\right) \text{ [rad/s/N-m]} \quad (13\text{-}40)$$

을 산출한다. 여기서 $\tau_m{}'$는 식 (13-32)로 정의된다. 그러면 V_t에서의 변화에 대해 사용된 것과 비슷한 과정을 따름으로써 $\omega(t)$에 대한 완전한 표현식이 얻어진다. 상세한 것은 독자들에게 연습 문제로 남긴다.

그림 13-7의 블록도는 계통 블록도의 직접 전송 경로 내에 순 적분이 나타나도록 하기 위하여 식 (13-17)에 설명된 조작을 사용함으로써 다시 그려질 수 있다. 이것은 그림 13-9에 보여진 배치로 이끈다. 순 적분기의 출력이 상대 변수이기 때문에, 전동기 속도 ω는 상태 변수라는 것이 따라온다. 대응하는 상태 방정식은 적분기의 합산 접합점(summimg junction)에서 적용되는 방정식을 적음으로써 찾아진다. 따라서 그림 13-9의 경우 (편의를 위하여 T_L을 무시하여)

$$\frac{T(s)}{F\tau_m} - \frac{1}{\tau_m}\omega(s) = s\omega(s) \qquad [\text{rad/s}^2] \qquad (13\text{-}41)$$

을 얻는다. 관련된 시간 영역 방정식(time-domain equation)은

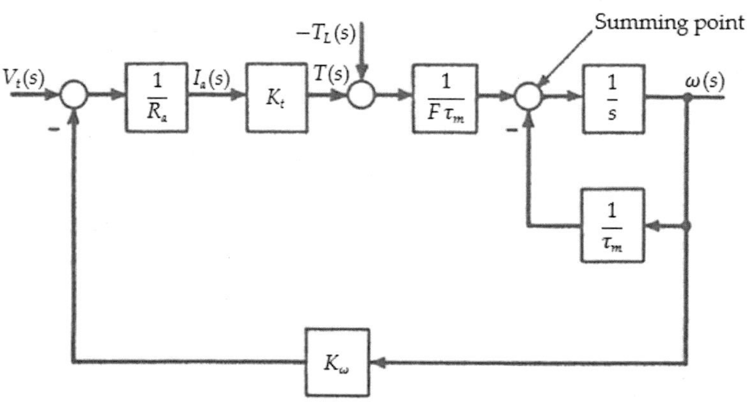

Figure 13-9 Modification of the block diagram of Fig. 13-7, to bring into evidence pure integration in the direct transmission path.

$$\frac{d\omega(t)}{dt} = \frac{T(s)}{F\tau_m} - \frac{1}{\tau_m}\omega(t) \qquad [\text{rad/s}^2] \tag{13-42}$$

이다. T에 대한 적절한 표현식을 대입하면

$$\begin{aligned}\frac{d\omega(t)}{dt} &= \frac{V_t - K_\omega \omega(t)}{R_a} K_t \frac{1}{F\tau_m} - \frac{1}{\tau_m}\omega(t) \\ &= \frac{K_t}{R_a F \tau_m} V_t - \left(\frac{1}{\tau_m} + \frac{K_\omega K_t}{R_a F \tau_m}\right)\omega(t) \qquad [\text{rad/s}^2]\end{aligned} \tag{13-43}$$

으로 이끈다. 마지막 표현식은 상태 방정식이다. 그것은 상태 변수 $\omega(t)$와 그것의 1계 도함수를 포함함에 유의하라. 물론 이 방정식의 해는 식 (13-39)가 되는 것으로 이미 보여졌다.

Motor Dynamics with Armature Leakage Inductance Not Negligible

일반해를 얻는 과정이 이미 개괄되었기 때문에, 여기에서는 주의가 단지 L_a의 존재가 영향을 가져오는 해석의 부분에만 집중된다. 실제로 이것은, 전기자 회로에 대한 키르히호프의 전압 법칙, 한 곳에서만 생긴다. 따라서, 단자 전압과 전기자 유도 기전력 사이의 차이가 $I_a R_a$ 강하 만과 같게 되는 대신, 이제는 그것이 전기자 임피던스 강하와 같다. 수학적으로 표현하면

$$I_a R_a + L_a \frac{dI_a}{dt} = V_t - E_a \qquad [\text{V}] \tag{13-44}$$

이다. 라플라스 변환하면, 이것은

$$I_a(s) R_a (1 + s\tau_a) = V_t(s) - K_\omega \omega(s) \qquad [\text{V}] \tag{13-45}$$

로 된다. 여기서

$$\tau_a \equiv \frac{L_a}{R_a} \qquad [\text{s}] \tag{13-46}$$

또는

$$\frac{I_a(s)}{V_t(s) - K_\omega \omega(s)} = \frac{1}{R_a(1 + s\tau_a)} \qquad [\text{S}] \tag{13-47}$$

이다. 식 (13-47)은, 단자 전압과 전기자 역기전력(counter armature emf) 사이의 차이로부터 전기자 전류를 얻기 위해서는, 이 차이가 $1/R_a$에 의해서가 아니라, 오히려 $1/[R_a(1 + s\tau_a)]$에 의해 연산되어야 한다는 것을 드러낸다. 따라서 $L_a \neq 0$일 때

그림 13-7의 블록도는 그림 13-10에 그려진 것으로 된다.

그림 13-10에 식 (13-16)의 궤환 공식을 적용하면, 전동기 속도가 이제는

$$\frac{\omega(s)}{V_t(s)} = \frac{\dfrac{K_t}{FR_a(1+s\tau_a)(1+s\tau_m)}}{1+\dfrac{K_tK_\omega}{FR_a(1+s\tau_a)(1+s\tau_m)}} \qquad [\mathrm{rad/s/V}] \qquad (13\text{-}48)$$

에 의해 단자 전압에서의 변화와 관련된다는 것을 드러내며, 이것은

$$\frac{\omega(s)}{V_t(s)} = \frac{K_t}{\tau_a\tau_m FR_a}\cdot\frac{1}{s^2+\dfrac{\tau_a+\tau_m}{\tau_a\tau_m}s+\dfrac{1}{\tau_a\tau_m}+\dfrac{K_tK_\omega}{\tau_a\tau_m FR_a}} \qquad [\mathrm{rad/s/V}] \qquad (13\text{-}49)$$

와 같이 간략화된다. 식 (13-49)의 일견은 특성 방정식이 이제는 2차임을 가리킨다. 이것은 전기자 누설 인덕턴스의 형태인 부가적인 에너지 저장 소자의 관점에서 놀라운 것이 아니다. 인가 전압에서의 계단 변화에 대한 동적 응답의 성질은 식 (13-49)에서 2차인 분모의 근(root)의 특성에 종속된다. 그들이 부(음) 실수부(negative real part)를 가진 복소 공액(complex conjugate)이라면, 응답은 감쇠 진동(damped oscillation)이다. 근이 둘 다 부(음)의 실수(negative real)라면, 해(solution)는 고정된 항 더하기 두개의 지수적으로 감쇠하는 항(exponentially decaying term)으로 이루어진다.

그림 13-11에 나타난 것은 $L_a \neq 0$일 때 그림 13-5의 2차계(second-order system)와 관련된 두개의 순 적분항이 나타나도록 다시 그려진 그림 13-10의 블록도이다. 두개의 상태 변수는 두개의 적분기의 출력량인 전기자 전류 I_a와 전동기 속도 ω이다. 선형 1계 미분 방정식인 두개의 상태 방정식은 $1/s$을 곱한 각 적분기의 입력 신호에 대한 표현식을 적고 그 다음 특정한 상태 변수와 같게 둠으로써 얻어진다. 따라서 그림 13-11에서 첫번째 적분기에서의 상태 방정식의 변환된 형태는

$$sI_a(s) = \frac{1}{R_a\tau_a}[V_t(s) - K_\omega\omega(s)] - \frac{1}{\tau_a}I_a(s) \qquad [\mathrm{A/s}] \qquad (13\text{-}50)$$

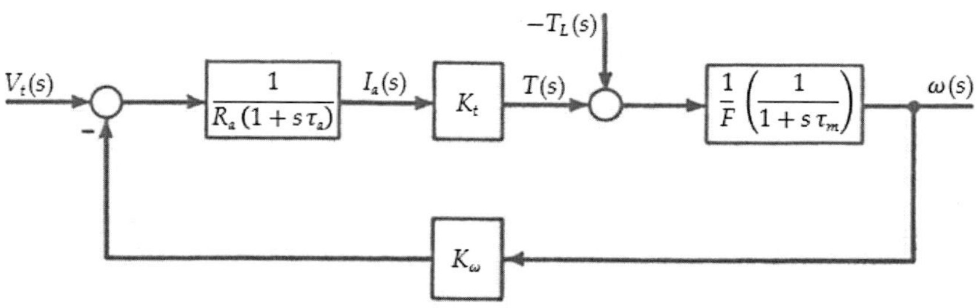

Figure 13-10 Block diagram of the system of Fig. 13-5 when $L_a \neq 0$.

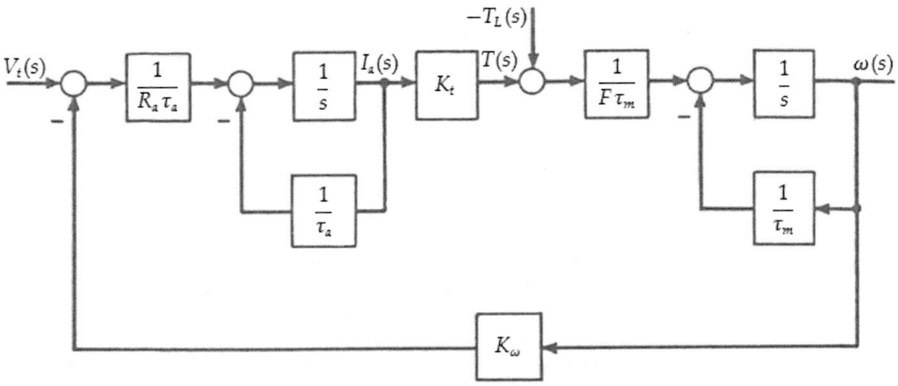

Figure 13-11 Alternative form of block diagram of Fig. 13-10, to bring into evidence pure integrations in the direct transmission path. The output quantities of the integrators are the state variables of the system.

이다. 두번째 적분기에서는 결과가

$$s\omega(s) = \frac{1}{F\tau_m}[K_t I_a(s) - T_L(s)] - \frac{1}{\tau_m}\omega(s) \qquad [\text{rad/s}^2] \tag{13-51}$$

이다. 대응하는 상태 방정식의 시간 영역 형태는 명백히

$$\frac{dI_a}{dt} = -\frac{1}{\tau_a}I_a - \frac{K_\omega}{R_a L_a}\omega + \frac{1}{R_a\tau_a}V_t \qquad [\text{A/s}] \tag{13-52}$$

$$\frac{d\omega}{dt} = \frac{K_t}{F\tau_m}I_a - \frac{1}{\tau_m}\omega - \frac{1}{F\tau_m}T_L \qquad [\text{rad/s}^2] \tag{13-53}$$

이다. 두 방정식 모두에서, I_a와 ω는 시간의 함수이다. 행렬 표기(matrix notation)에서는 상태 방정식의 시간 영역 정식화가 다음과 같이 적어질 수 있다:

$$\begin{bmatrix} \frac{dI_a}{dt} \\ \frac{d\omega}{dt} \end{bmatrix} = \begin{bmatrix} -\frac{1}{\tau_a} & -\frac{K_\omega}{R_a L_a} \\ \frac{K_t}{F\tau_m} & -\frac{1}{\tau_m} \end{bmatrix} \begin{bmatrix} I_a \\ \omega \end{bmatrix} + \begin{bmatrix} \frac{1}{R_a\tau_a} & 0 \\ 0 & -\frac{1}{F\tau_m} \end{bmatrix} \begin{bmatrix} V_t \\ T_L \end{bmatrix} \tag{13-54}$$

식 (13-54)는 그림 13-5에 묘사된 계통의 완전한 거동을 나타내는 상태 방정식의 **표준**형(*normal* form)으로 불린다.

13-3 DC GENERATOR DYNAMICS

직류발전기의 전기자 유도 기전력은 계자 전류에서의 변화에 어떻게 응하는가? 직류발전기의 전기자 권선 전류는 계자 전류에서의 변화에 어떻게 응하는가? 이들이

이 절에서 다루어지는 질문이다. 전동기 동력학에서와 같이, 답은 관심있는 변수와 관련되는 적절한 전달 함수의 확립에 놓인다. 두가지의 발전기 동적 거동이 다루어진다: 하나는 발전기에 외부 부하가 인가되지 않은 (즉, 그림 13-12에서 스위치 S가 열린) 경우이며, 다른 하나는 외부 부하가 인가된 (S가 닫힌) 경우이다.

No External Generator Load

원동기에 의해 일정한 속도로 구동되는 그림 13-12의 발전기를 고려한다. 계자 권선 전압에 대한 전기자 유도 전압과 관련되는 전달 함수를 찾기를 원한다고 하자. 계자 권선 회로에 대한 미분 방정식은

$$V_f = I_f R_f + L_f \frac{dI_f}{dt} \qquad [\text{V}] \tag{13-55}$$

로 주어진다. 일반적으로 I_f는 V_f 또는 R_f가 변할 때에는 언제나 시간의 함수이다. 0의 초기 조건에 대한 식 (13-55)의 라플라스 변환은

$$V_f(s) = I_f(s)R_f + L_f s I_f(s) \qquad [\text{V}] \tag{13-56}$$

을 산출한다. 여기서 $I_f(s)$는 시간 함수 I_f의 라플라스 변환을 나타내며 $V_f(s)$는 V_f의 라플라스 변환이다. $V_f(s)$에 대한 $I_f(s)$의 비(ratio)를 정식화하면, 이 양들 사이의 전달 함수로 귀결한다. 따라서

$$\frac{I_f(s)}{V_f(s)} = \frac{1}{R_f(1 + s\tau_f)} \qquad [\text{S}] \tag{13-57}$$

이다. 여기서

$$\tau_f \equiv \frac{L_f}{R_f} \ [\text{s}] = \text{field winding time constant} \tag{13-58}$$

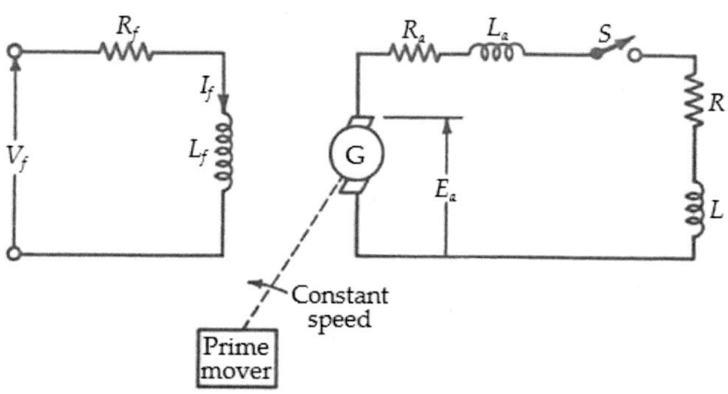

Figure 13-12 Direct-current generator with connected load.

이다.

계자 전류와 전기자 유도 기전력 사이의 관계식은 식 (7-10)으로 설명되었으며, 편의를 위하여 여기에 반복된다. 따라서

$$E_a = K_E \Phi n = K_f I_f \qquad [\mathrm{V}] \tag{13-59}$$

이다. 식 (13-59)의 우변은 포화가 일어나지 않는다는 것을 조건으로 정당한 등가이다. 일관성을 위하여 K_f의 단위는 [V/field-A]이다. 라플라스 표기로 표현되면, 식 (13-59)는 단지

$$E_a(s) = K_f I_f(s) \qquad [\mathrm{V}] \tag{13-60}$$

으로 되어, 대응하는 유도 기전력에 대한 계자 전류와 관련되는 전달 "함수"는 바로 상수이다. 따라서,

$$\frac{E_a(s)}{I_f(s)} = K_f \qquad [\mathrm{V/field\text{-}A}] \ \text{or} \ [\Omega] \tag{13-61}$$

이다. 완전한 전달 함수는 그러면 식 (13-61)과 (13-57)을 결합함으로써 얻어진다. 따라서

$$\frac{E_a(s)}{V_f(s)} = \left[\frac{I_f(s)}{V_f(s)}\right]\left[\frac{E_a(s)}{I_f(s)}\right] = \frac{K_f}{R_f(1+s\tau_f)} \tag{13-62}$$

이다. 마지막 식의 블록도 표현이 그림 13-13에 나타나있다.

그림 13-14에 묘사된 것은 직접 전송 경로 내에 순 적분기가 나타나는 블록도의

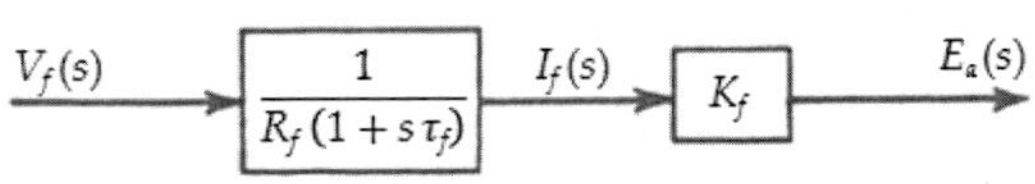

Figure 13-13 Block diagram of the system of Fig. 13-12, with load switch open.

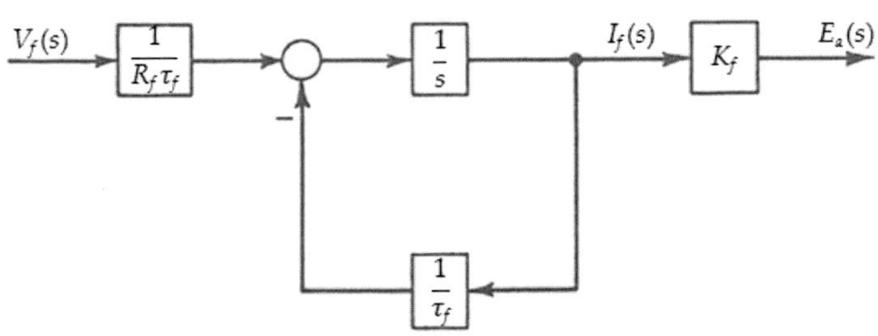

Figure 13-14 Block diagram of Fig. 13-13 modified to show the pure integrator. I_f is the state variable.

형태이다. 이 적분기의 출력은 상태 변수, 즉, 계자 전류이다. 변환된 표기에서 대응하는 상태 방정식은 이 적분기의 입력을 취하고 그것을 $sI_f(s)$와 같게 둠으로써 찾아진다. 따라서

$$sI_f(s) = \frac{1}{R_f\tau_f}V_f(s) - \frac{1}{\tau_f}I_f(s) \qquad [\text{A/s}] \tag{13-63}$$

이다. 대응하는 시간 영역 형태는 그러면 명백히

$$\frac{dI_f}{dt} = \frac{1}{R_f\tau_f}V_f - \frac{1}{\tau_f}I_f \qquad [\text{A/s}] \tag{13-64}$$

이다. 상태 방정식은 단지 에너지 저장 소자와 관련되기 때문에, E_a는 식 (13-64)에서 나타나지 않는다. 하지만, 상태 변수 I_f로부터 원하는 출력 변수 E_a로의 천이(transition)는 상수 K_f의 곱셈(multiplication)을 통하여 바로 이루어진다.

Generator Dynamics Including the Effect of the Load

이 상황이 닫힌 스위치 S로 그림 13-12에 나타내어져 있다. 발전기 부하는 저항은 물론 인덕턴스를 내포하는 것으로 가정된다. 또한, R_a와 L_a는, 각각, 전기자 권선 저항과 누설 인덕턴스이다.

$E_a(s)$가 $V_f(s)$에 관계되는 전달 함수는 식 (13-62)와 동일하다. 전달 함수는 계통 매개변수—이 경우에는 K_f, R_f, 그리고 L_f—에 종속되며 그들은 바뀌지 않음을 항상 염두에 두어라. 이제 전기자 전류가 계자 전압의 변화에 의해 어떻게 영향을 받는 지를 나타내고자 한다면, E_a가 I_a와 관련되는 부가적인 표현식을 필요로 한다. 명백히 이것은 전기자 회로에 대한 키르히호프의 전압 법칙의 적용을 통하여 바로 얻을 수 있다. 미분 방정식 형태로는

$$E_a = I_aR_a + L_a\frac{dI_a}{dt} + I_aR + L\frac{dI_a}{dt} \qquad [\text{V}] \tag{13-65}$$

를 가진다. 여기서 R과 L은, 각각, 부하의 저항과 인덕턴스이다. 라프라스 변환을 취하고 항을 모으면

$$E_a(s) = I_a(s)(R_a + R)(1 + s\tau_A) \qquad [\text{V}] \tag{13-66}$$

을 산출한다. 여기서

$$\tau_A = \frac{L_a + L}{R_a + R}\ [\text{s}] = \text{armature circuit time constant} \tag{13-67}$$

이다. 전달 함수는 그러면

$$\frac{I_a(s)}{E_a(s)} = \frac{1}{(R_a + R)(1 + s\tau_A)} \qquad [S] \qquad (13\text{-}68)$$

이 된다. 여기에서 마지막 식에서의 s의 존재는 부하가 연결된 그림 13-12의 계통에서 두번째 에너지 저장 소자의 존재에 의해 생긴다는 것이 유의할 만하다.
전기자 전류가 계자 전압과 관련되는 전체 전달 함수는 식 (13-62)와 (13-68)의 적(곱, product)의 정식화에 의해 결정된다. 따라서,

$$\frac{I_a(s)}{V_f(s)} = \frac{K_f}{R_f(R_a + R)} \cdot \frac{1}{\left(1 + s\tau_f\right)} \cdot \frac{1}{(1 + s\tau_A)} \qquad [S] \qquad (13\text{-}69)$$

이다. 다시 완전한 전달 함수의 분모가, 이제는 계통 내에 두개의 독립 에너지 저장 소자가 있다는 사실과 부합하여, 이제는 s에 대하여 2차임에 유의하라. 계통의 블록도가 그림 13-15에 묘사되어 있다.

그림 13-15의 블록도의 수정된 형태가 그림 13-16에 그려져 있다. 계통이 2차이기 때문에 두개의 순 적분기가 나타난다. 따라서, 그림 13-16의 일견으로 그것이 계자 전류와 전기자 전류임을 드러내는, 두개의 상태 변수가 있다. 두개의 상태 방정식이 앞에서 설명된 과정을 사용함으로써 찾아진다. s 표기로 그들은

$$sI_f(s) = -\frac{1}{\tau_f}I_f(s) + \frac{1}{R_f\tau_f}V_f(s) \qquad [A/s] \qquad (13\text{-}70)$$

$$sI_a(s) = -\frac{1}{\tau_A}I_a(s) + \frac{K_f}{(R_a + R)\tau_A}I_f(s) \qquad [A/s] \qquad (13\text{-}71)$$

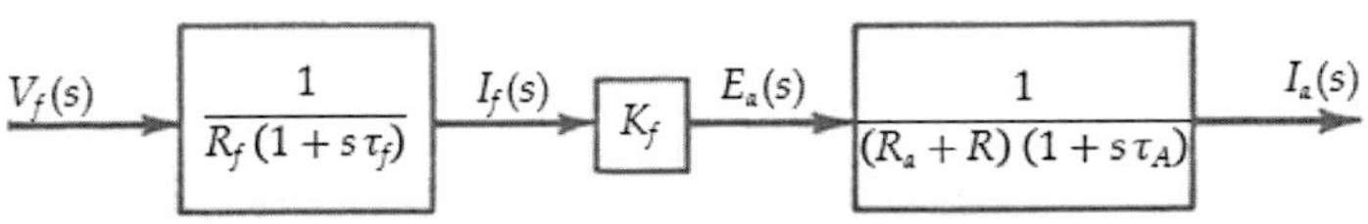

Figure 13-15 Block diagram of the system of Fig. 13-12 when the load switch is closed.

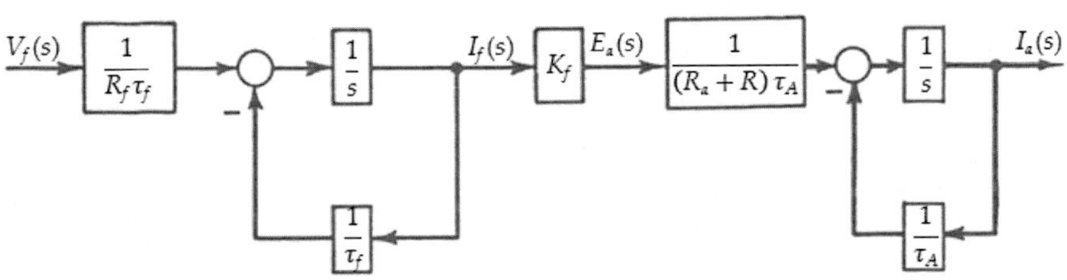

Figure 13-16 Modified version of the block diagram of Fig. 13-15 to bring into evidence the state variables, I_f and I_a, as the output of pure integrators.

이다. 대응하는 시간 영역 형태는

$$\frac{dI_f}{dt} = -\frac{1}{\tau_f}I_f + \frac{1}{R_f\tau_f}V_f \qquad [\mathrm{A/s}] \tag{13-72}$$

$$\frac{dI_a}{dt} = \frac{K_f}{(R_a+R)\tau_A}I_f - \frac{1}{\tau_A}I_a \qquad [\mathrm{A/s}] \tag{13-73}$$

이다. 행렬 표기로 이 상태 방정식은

$$\begin{bmatrix} \dfrac{dI_f}{dt} \\ \dfrac{dI_a}{dt} \end{bmatrix} = \begin{bmatrix} -\dfrac{1}{\tau_f} & 0 \\ +\dfrac{K_f}{(R_a+R)\tau_A} & -\dfrac{1}{\tau_A} \end{bmatrix} \begin{bmatrix} I_f \\ I_a \end{bmatrix} + \begin{bmatrix} \dfrac{1}{R_f\tau_f} \\ 0 \end{bmatrix} V_f \tag{13-74}$$

와 같이 적어진다.

EXAMPLE 13-1 그림 13-12에 묘사된 직류발전기가 40 [Ω]의 계자 권선 저항과 8 [H]의 계자 인덕턴스를 가진다. [field-A]당 발생 기전력은 100 [V]이며, 자화 곡선은 선형이다. 더욱이, 전기자 권선 저항과 누설 인덕턴스는, 각각, 0.1 [Ω]과 0.2 [H]이다. 부하 저항은 5 [Ω]이며 관련된 부하 인덕턴스는 2.35 [H]이다.
102 [V]의 계자 전압이 계자 권선에 인가되었을 때 전기자 전류에 대한 시간해(time solution)를 결정하라. 원동기는 정격 속도에서 움직이며 부하 스위치는 닫혔다고 가정하라.

SOLUTION 전기자 전류가 계자 전압과 관련되는 전달 함수는 식 (13-69)로 주어진다. 따라서

$$\begin{aligned} \frac{I_a(s)}{V_f(s)} &= \frac{K_f}{R_f(R_a+R)} \cdot \frac{1}{(1+s\tau_f)} \cdot \frac{1}{(1+s\tau_A)} \\ &= \frac{100}{40\times(0.1+5)} \cdot \frac{1}{1+(s/5)} \cdot \frac{1}{1+(s/2)} \; [\mathrm{S}] \end{aligned} \tag{13-75}$$

여기서

$$\tau_f = \frac{L_f}{R_f} = \frac{8}{40} = \frac{1}{5} \; [\mathrm{s}] \tag{13-76}$$

그리고

$$\tau_A = \frac{L_a+L}{R_a+R} = \frac{0.2+2.35}{0.1+5} = \frac{1}{2} \; [\mathrm{s}] \tag{13-77}$$

102 [V]의 계단 변화에 대한 계자 전압의 라플라스 변환은

$$V_f(s) = \frac{V_f}{s} = \frac{102}{s} \; [\mathrm{V}] \tag{13-78}$$

에 의해 나타내어진다. 따라서 전기자 전류에 대한 해의 변환된 형태는 다음과 같이 적어질 수 있다:

$$I_a(s) = \frac{102}{s}\left(\frac{1000}{204} \cdot \frac{1}{s+5} \cdot \frac{1}{s+2}\right) = \frac{500}{s(s+5)(s+2)} \text{ [A]} \tag{13-79}$$

마지막 식의 값은 부분 분수 전개에 의해 쉽게 구해진다. 따라서,

$$I_a(s) = \frac{500}{s(s+5)(s+2)} = \frac{K_0}{s} + \frac{K_1}{s+5} + \frac{K_2}{s+2} \text{ [A]} \tag{13-80}$$

이 계수들은 다음과 같이 찾아진다:

$$K_0 = \left[\frac{500}{(s+5)(s+2)}\right]_{s=0} = +50 \tag{13-81}$$

$$K_1 = \left[\frac{500}{s(s+2)}\right]_{s=-5} = +33.3 \tag{13-82}$$

$$K_2 = \left[\frac{500}{s(s+5)}\right]_{s=-2} = -83.3 \tag{13-83}$$

식 (13-80)에 대입하면 변환된 해가 다음과 같이 적어지는 것을 허용한다:

$$I_a(s) = \frac{50}{s} + \frac{33.3}{s+5} - \frac{83.3}{s+2} \text{ [A]} \tag{13-84}$$

적절한 라플라스 변환쌍의 표로부터 얻어지는 바와 같이 대응하는 시간해는

$$I_a(t) = 50 + 33.3\epsilon^{-5t} - 83.3\epsilon^{-2t} \text{ [A]} \tag{13-85}$$

가 되며, 이것이 원하는 해이다. 마지막 표현식은 102 [V]의 계자 전압이 계자 회로에 갑자기 인가될 때 전기자 전류의 확립 과정을 완전히 설명한다. 전기자 전류의 정상 상태(또는 최종 상태) 값은 50 [A]임에 유의하라—결과는 정상 상태 성능을 찾기 위하여 7장에서 설명된 과정의 사용을 통하여 입증될 수 있다.

13-4 DYNAMICS OF A GENERATOR-MOTOR SYSTEM

넓은 속도 범위에 걸친 제어가 요구될 때에는 언제나 산업에서 사용되는 속도 조정 방법이 그림 13-17에 보여져 있다. 기저 속도† 위의 속도 조정은 전기자 단자에 인가된 정격 전압으로 계자 전류(I_{fm}) 변동에 의해 얻어진다. 기저 속도 아래에서는 속도가 전기자 전압을 정격 값 보다 낮게 바꿈으로써 조정된다. 전기자 전압

†기저 속도는 정격 전동기 출력에서 정격 전기자 전압과 정격 계자 전류로 운전하는 것에 대응한다.

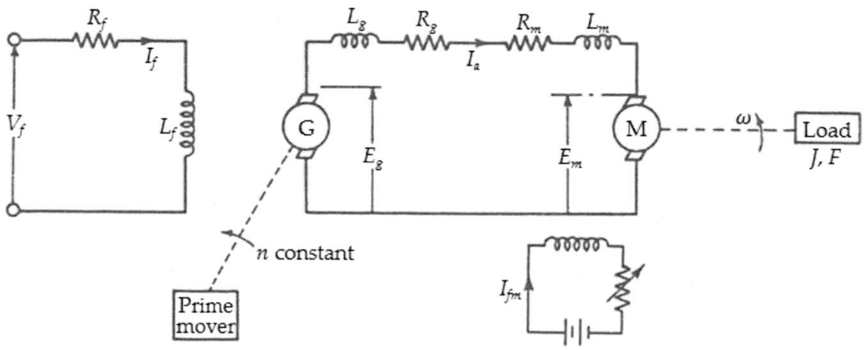

Figure 13-17 System diagram for studying dynamic behavior of the Ward-Leonard generator and motor system of speed control.

을 제어하는 편리한 방법은 그림 13-17에 묘사된 바와 같이 공급 발전기의 계자 전류를 제어하는 것이다. 부하에서의 많은 양의 동력이 발전기 계자 전류의 손쉬운 조정에 의해 제어될 수 있다. 속도 제어의 이 방법은 **워드-레오나드 계통**(*Ward-Leonard system*)이라 불린다.

조금 생각하면 그림 13-17의 계통에서 계자 전류의 조정이 적절한 속도 변화로 바로 변환되지 않음이 명확할 것이다. 속도에서의 변화는 하나의 지령 수준으로부터 다른 지령 수준으로 **매끄럽게**(*smoothly*) 일어나야 할 것이다. 변화는 에너지 저장 소자의 존재 때문에 갑자기 생길 수 없다. 이 계통의 조사는, 각각이 계통 동력학에 영향을 미치는, 세개의 에너지 저장 소자의 존재를 드러낸다. 이들은 발전기 계자 인덕턴스, 발전기와 전동기가 결합된 전기자 누설 인덕턴스, 그리고 부하와 전동기의 관성이다.

계통의 동적 거동의 설명은 전동기 속도 ω가 발전기 계자 전압 V_f와 적절하게 관련되는 전달 함수를 밝히는 것에 놓여있다. 이 전달 함수를 찾는 첫번째 단계로서, 발전기 계자 권선 회로에 대한 미분 방정식을 적는다. 따라서

$$V_f = I_f R_f + L_f \frac{dI_f}{dt} \qquad [\mathrm{V}] \tag{13-86}$$

이다. 라플라스 변환하면

$$V_f(s) = I_f(s) R_f (1 + s\tau_f) \qquad [\mathrm{V}] \tag{13-87}$$

을 산출한다. 여기서 $\tau_f = L_f / R_f$ [s]이다. 계자 전압에 대한 계자 전류로 정식화하면

$$\frac{I_f(s)}{V_f(s)} = \frac{1}{R_f(1 + s\tau_f)} \qquad [\mathrm{A/V}] \ \text{ or } \ [\mathrm{S}] \tag{13-88}$$

로 이끈다.

발생 전기자 전압은

$$\frac{E_g(s)}{I_f(s)} = K_f \qquad [\text{V/A}] \quad \text{or} \quad [\Omega] \tag{13-89}$$

에 의해 계자 전류와 관련된다. 그 다음 발생 기전력은 키르히호프의 전압 법칙에 의해 전기자 전류와 관련된다. 정확히,

$$E_g = I_a R_g + L_g \frac{dI_a}{dt} + I_a R_m + L_m \frac{dI_a}{dt} + E_m \qquad [\text{V}] \tag{13-90}$$

이다. 여기서 R_g와 R_m은 발전기와 전동기의 전기자 권선 저항이고, L_g와 L_m은 전기자 권선의 누설 인덕턴스를 나타내며, E_m은 전동기의 역기전력(counter emf)을 나타낸다. 더 명백히 E_m은

$$E_m = K_\omega \omega \qquad [\text{V}] \tag{13-91}$$

로 적어질 수 있다. 여기서 K_ω는 [V/rad/s]로 표현되며 전동기 속도 ω는 [rad/s]로 표현된다. 마지막 표현식을 식 (13-90)에 대입하고 라플라스 변환하면

$$I_a(s) = \frac{E_g(s) - K_\omega \omega(s)}{R(1 + s\tau_A)} \qquad [\text{A}] \tag{13-92}$$

를 준다. 여기서

$$R = R_g + R_m \qquad [\Omega] \tag{13-93}$$

$$\tau_A = \frac{L_g + L_m}{R_g + R_m} \ [\text{s}] \tag{13-94}$$

이다. 이 시점에서 식 (13-92)를

$$\frac{I_a(s)}{E_g(s) - K_\omega \omega(s)} = \frac{1}{R(1 + s\tau_A)} \qquad [\text{S}] \tag{13-95}$$

와 같이 다시 적는 것이 도움이 된다. 이것은 그 자신을 블록도 표현에 빌려 주는 전달 함수의 형태이다. 특히, 전달 함수 블록에 대한 입력은 발전기 전원 전압 $E_g(s)$와 출력 변수의 함수 $K_\omega \omega(s)$인 양 사이의 차이로 이루어짐에 유의하라. 따라서 뒤의 양은 출력으로부터 기원하여 궤환 경로로부터 오는 것으로 고려될 수 있다.

논리적인 단계적 방식으로 전개를 계속하여, 다음으로 전기자 전류는

$$T = K_t I_a \qquad [\text{N-m}] \tag{13-96}$$

와 같이 표현될 수 있는 전자기적 토크를 생성하도록 전동기 계자 자속과 결합함에 유의한다. 여기서 K_t는 [N-m/armature A]의 단위를 가진다. 전달 함수 표기는 간단히

$$\frac{T(s)}{I_a(s)} = K_t \qquad [\text{N-m/A}] \tag{13-96a}$$

이다. 마지막으로, 전동기 속도에 대한 발생 토크와 관련하여, 발생 토크는 모든 반대되는 토크의 합과 같아야 함에 유의한다. 이제 J가 부하와 전동기의 총(total) 관성을 나타내며 F가 총 점성 마찰을 나타낸다고 하면,

$$T = J\frac{d\omega}{dt} + F\omega \qquad [\text{N-m}] \tag{13-97}$$

을 적을 수 있다. 부하 토크는 일정한 것으로 가정되기 때문에 이 해석에서는 생략된다. 관심은 발전기 계자 전류(또는 계자 전압)에서의 변화에 응하여 속도가 변화하는 방식을 찾는데 있음을 상기하라. 식 (13-97)을 라플라스 변환하고 토크에 대한 속도의 비(ratio)로 정식화하면,

$$\frac{\omega(s)}{T(s)} = \frac{1}{F(1 + s\tau_m)} \qquad [\text{rad/s/N-m}] \tag{13-98}$$

을 가진다. 여기서

$$\tau_m = \frac{J}{F}\ [\text{s}] = \text{mechanical time constant} \tag{13-99}$$

이다.

순서대로 취한 식 (13-88), (13-89), (13-95), (13-96), 그리고 (13-98)의 연속적인 블록도 표현은 그림 13-18 (a)에 묘사된 완전한 계통 블록도로 이끈다. 궤환 루프에 식 (13-16)의 궤환 공식을 적용함으로써, 발생 전압에 대한 속도의 완전한 표현식이 얻어진다. 따라서

$$\frac{\omega(s)}{E_g(s)} = \frac{\dfrac{K_t}{RF(1 + s\tau_A)(1 + s\tau_m)}}{1 + \dfrac{K_t K_\omega}{RF(1 + s\tau_A)(1 + s\tau_m)}} = \frac{K_t}{RF(1 + s\tau_A)(1 + s\tau_m) + K_t K_\omega}$$

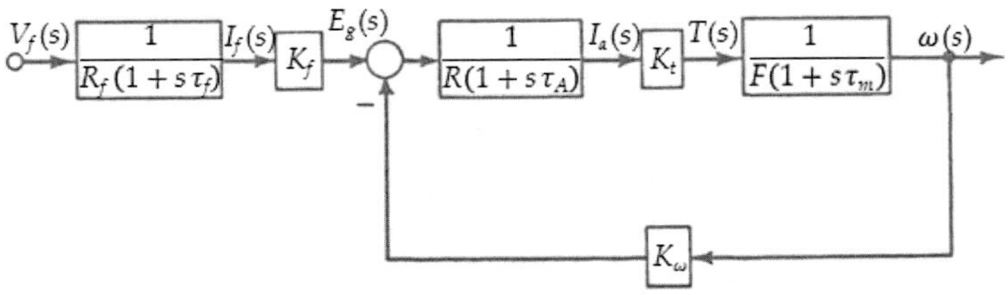

(a)

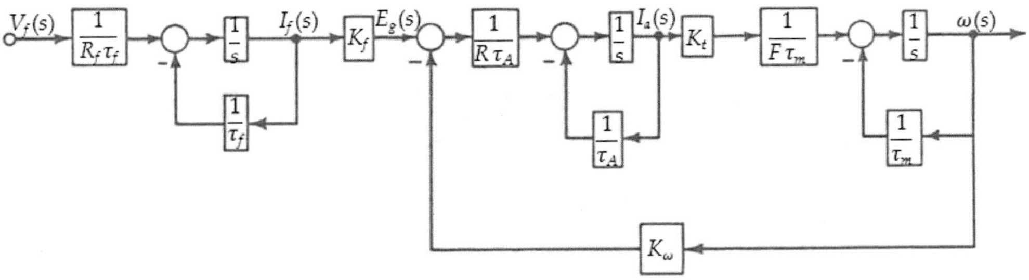

(b)

Figure 13-18 (a) Block diagram of the generator motor system of Fig. 13.17. (b) Alternate form of the block diagram of Fig. 13-17, to show explicitly the pure integrators of the system. There are three; hence the number of state variables is also three.

$$= \frac{K_t}{RF + K_tK_\omega}\left[\frac{1}{s^2\dfrac{\tau_A\tau_m RF}{RF+K_tK_\omega} + s\dfrac{(\tau_A+\tau_m)RF}{RF+K_tK_\omega} + 1}\right] \quad \text{[rad/s/V]} \tag{13-100}$$

이다. 이 결과는 또한 블록도의 사용없이 식 (13-92)를 (13-96)에 대입하고 그 다음 식 (13-98)에서 $T(s)$에 대해 치환함으로써 해석적으로 찾아질 수 있다. 따라서,

$$\frac{\omega(s)}{\dfrac{E_g(s) - K_\omega\omega(s)}{R(1+s\tau_A)}K_t} = \frac{1}{F(1+s\tau_m)} \tag{13-101}$$

또는

$$RF(1+s\tau_A)(1+s\tau_m)\omega(s) = K_tE_g(s) - K_\omega K_t\omega(s) \tag{13-102}$$

이며, 이로부터

$$\frac{\omega(s)}{E_g(s)} = \frac{K_t}{RF(1+s\tau_A)(1+s\tau_m) + K_\omega K_t} \quad \text{[rad/s/V]} \tag{13-103}$$

가 된다. 식 (13-100)의 중간 단계와의 비교는 두 표현식이 동일함을 드러낸다.

완전한 전달 함수는 물론 식 (13-100)에 (13-88)과 (13-89)를 곱함으로써 결정된다. 따라서

$$\frac{\omega(s)}{V_f(s)} = \frac{K_f K_t}{R_f(RF + K_\omega K_t)} \cdot \frac{1}{1 + s\tau_f} \left[\frac{1}{s^2 \dfrac{\tau_A \tau_m RF}{RF + K_\omega K_t} + s\dfrac{(\tau_A + \tau_m)RF}{RF + K_\omega K_t} + 1} \right] \quad [\text{rad/s/V}] \tag{13-104}$$

이다. 이 계통의 지배 미분 방정식의 특성 방정식은 식 (13-104)의 분모를 0과 같게 둠으로써 얻어진다. 이것은 계통에서 3번의 시간 지연의 존재를 가리키는 3차 방정식을 산출하여, 결과는 세개의 에너지 저장 소자의 존재와 완전히 부합한다.

그림 13-18 (b)에 나타난 것은, 출력이 상태 변수인, 순 적분기를 명확하게 보이기 위하여 그림 13-18 (a)의 블록도가 수정된 형태이다. 따라서, 이 계통의 상태 변수는 계자 전류, 전기자 전류, 그리고 전동기 속도이다. 상태 방정식은 앞 절에서 설명된 바와 같이 찾아진다. 이것은 다음의 변환된 형태로 이끈다:

$$sI_f(s) = -\frac{1}{\tau_f} I_f(s) + \frac{1}{R_f \tau_f} V_f(s) \qquad [\text{A/s}] \tag{13-105}$$

$$sI_a(s) = \frac{K_f}{R\tau_A} I_f(s) - \frac{1}{\tau_A} I_a(s) - \frac{K_\omega}{R\tau_A}\omega(s) \qquad [\text{A/s}] \tag{13-106}$$

$$s\omega(s) = \frac{K_t}{F\tau_m} I_a(s) - \frac{1}{\tau_m}\omega(s) \qquad [\text{rad/s}^2] \tag{13-107}$$

시간 영역에서 표현된 방정식은

$$\frac{dI_f}{dt} = -\frac{1}{\tau_f} I_f + \frac{1}{R_f \tau_f} V_f \qquad [\text{A/s}] \tag{13-108}$$

$$\frac{dI_a}{dt} = \frac{K_f}{R\tau_A} I_f - \frac{1}{\tau_A} I_a - \frac{K_\omega}{R\tau_A}\omega \qquad [\text{A/s}] \tag{13-109}$$

$$\frac{d\omega}{dt} = \frac{K_t}{F\tau_m} I_a - \frac{1}{\tau_m}\omega \qquad [\text{rad/s}^2] \tag{13-110}$$

이다. 마지막으로, 행렬 정식화는

$$\begin{bmatrix} \dfrac{dI_f}{dt} \\ \dfrac{dI_a}{dt} \\ \dfrac{d\omega}{dt} \end{bmatrix} = \begin{bmatrix} -\dfrac{1}{\tau_f} & 0 & 0 \\ \dfrac{K_f}{R\tau_A} & -\dfrac{1}{\tau_A} & -\dfrac{K_\omega}{R\tau_A} \\ 0 & \dfrac{K_t}{F\tau_m} & -\dfrac{1}{\tau_m} \end{bmatrix} \begin{bmatrix} I_f \\ I_a \\ \omega \end{bmatrix} + \begin{bmatrix} \dfrac{1}{R_f \tau_f} \\ 0 \\ 0 \end{bmatrix} V_f \tag{13-111}$$

이 된다. 거기에는 세개의 독립 에너지 저장 소자와 관련되는 세개의 상태 방정식이 있다.

13-5 DC MOTOR TRANSFER FUNCTIONS

두가지 형태의 직류전동기 전달 함수에 관심이 있다. 하나는 고정된 계자 전류인 전기자 제어 형태이다; 다른 하나는 일정한 전기자 전류가 흐르는 계자 제어 형태이다.

Armature-Controlled DC Motor

그림 13-19는 전기자 제어 직류전동기를 묘사한다. 전동기 속도는 인가 전동기 전기자 전압 V_t에서의 변동에 응하여 만들어진다. 간단을 위하여, 전기자 권선 누설 인덕턴스는 무시할 수 있다고 가정된다. 여기에서의 관심은 전동기 속도가 인가 전기자 전압과 관련되는 전달 함수를 전개하는 것이다. J가 부하와 전동기의 회전자의 총(total) 관성을 나타낸다고 하자. F는 전동기와 부하의 총 점성 마찰을 나타낸다고 하자. 전개에 있어서의 출발점은 전동기 축에 인가되는 것으로서 토크 방정식을 적는 것이다. 따라서,

$$T = K_t I_a = J\frac{d\omega}{dt} + F\omega \qquad \text{[N-m]} \tag{13-112}$$

이다. 여기서 T는 전동기 전자기적 토크이며 ω는 전동기 속도이다. 전기자 전류에 대한 표현식은

$$I_a = \frac{V_t - E_a}{R_a} = \frac{V_t - K_\omega \omega}{R_a} \qquad \text{[A]} \tag{13-113}$$

으로 주어진다. 여기서 E_a는 전동기 역기전력(counter-emf)이며, 또한 속도 전압 상

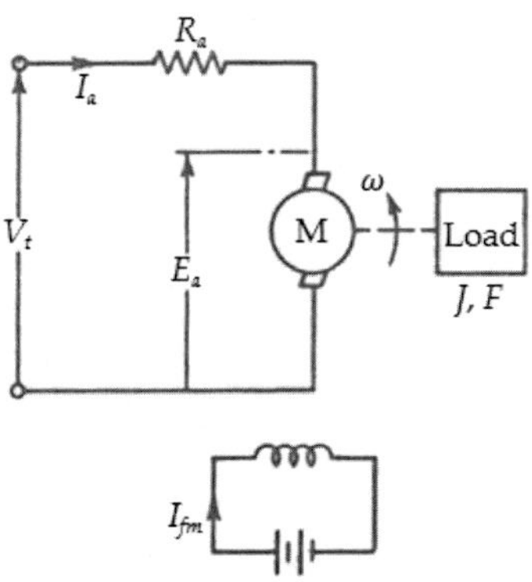

Figure 13-19 Armature-controlled dc motor, field current maintained constant.

수 K_ω는 [V/rad/s]로 표현된다. 적절한 블록도 표현으로 이끌기 위해서는, 식 (13-113)을 라플라스 표기로 적는 것이 가치가 있다. I_a와 ω 둘 다 변수임을 염두에 두면,

$$I_a(s) = [V_t(s) - K_\omega \omega(s)]\frac{1}{R_a} \qquad [\mathrm{A}] \tag{13-114}$$

를 가진다. 우변은 기준 입력량 $V_t(s)$와 출력 변수로부터 유도되는 양 $K_\omega\omega(s)$가 비교되고 그 다음 전기자 전류 변수를 산출하기 위하여 $1/R_a$이 곱해지는 것을 강조하여 표시되도록 적어졌다. 따라서 $1/R_a$로 표시된 블록이 뒤따라지는 합산점(summing point)에 대한 기호가 식 (13-114)를 나타내기 위해 만들어질 수 있다. 전동기의 역기전력은 항상 부 궤환량으로 다루어질 수 있음에 유의하는 것이 흥미롭다.

일단 $I_a(s)$를 이용할 수 있으면, 전자기적 토크와 관련되는 전달 함수는

$$\frac{T(s)}{I_a(s)} = K_t \qquad [\mathrm{N\text{-}m/A}] \tag{13-115}$$

이다. 마지막으로, 토크에 따른 전동기 속도의 변동을 설명하는 전달 함수는 라플라스 변환된 식 (13-112)로부터 얻어진다. 따라서

$$T(s) = Js\omega(s) + F\omega(s) \qquad [\mathrm{N\text{-}m}] \tag{13-116}$$

또는

$$\frac{\omega(s)}{T(s)} = \frac{1}{F(1+s\tau_m)} \qquad [\mathrm{rad/s/N\text{-}m}] \tag{13-117}$$

이다. 여기서

$$\tau_m = \frac{J}{F}\ [\mathrm{s}] = \text{mechanical time constant} \tag{13-118}$$

이다. 식 (13-114), (13-115), 그리고 (13-117)의 연속적인 블록도 표기는 그림 13-20에 묘사된 완전한 블록도로 이끈다.

전동기 속도와 전동기 인가 전압 사이의 원하는 전달 함수는 그림 13-20의 블록도에 식 (13-16)을 적용함으로써 찾아진다. 따라서,

$$\frac{\omega(s)}{V_t(s)} = \frac{(K_t/R_aF)[1/(1+s\tau_m)]}{1+(K_tK_\omega/R_aF)[1/(1+s\tau_m)]} \qquad [\mathrm{rad/s/V}]$$

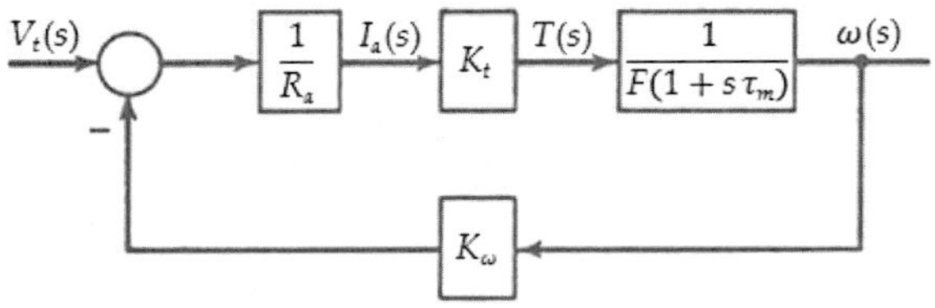

Figure 13-20 Block diagram representation of Fig. 13-19. The output variable is motor velocity.

또는

$$\frac{\omega(s)}{V_t(s)} = \frac{K_t}{K_t K_\omega + R_a F} \cdot \frac{1}{1 + s\tau_m{}'} \qquad [\mathrm{rad/s/V}] \tag{13-119}$$

이다. 여기서

$$\tau_m{}' = \tau_m \frac{R_a F}{R_a F + K_t K_\omega} = \frac{J R_a}{R_a F + K_t K_\omega} \qquad [\mathrm{s}] \tag{13-120}$$

이다. 식 (13-120)은 그림 13-20의 직접 전송 경로를 둘러싸며 나타나는 궤환 경로가 J/F의 공칭 값(nominal value)을 넘어 전동기 시정수를 줄이는 원인이 됨을 드러낸다. 이 관찰의 실제 양상은 전동기가 τ_m만으로 봄으로써 기대될 것보다 더 빠르게 동적으로 응답한다는 것이다.

궤환 공식의 적용으로 뒤따라지는 블록도 표현에 의존함이 없이 식 (13-119)의 전달 함수를 유도하기를 원한다면, 이것은 식 (13-113)을 (13-112)에 대입하고 그 다음 항을 재배열함으로써 이루어질 수 있다. 따라서

$$\frac{V_t - K_\omega \omega}{R_a} K_t = J\frac{d\omega}{dt} + F\omega \qquad [\mathrm{N\text{-}m}] \tag{13-121}$$

또는

$$\begin{aligned} V_t &= \frac{R_a F}{K_t}\left[\frac{J}{F}\frac{d\omega}{dt} + \frac{R_a F + K_\omega K_t}{R_a F}\omega\right] \\ &= \frac{R_a F + K_\omega K_t}{K_t}\left[\tau_m \frac{R_a F}{R_a F + K_\omega K_t}\frac{d\omega}{dt} + \omega\right] \qquad [\mathrm{V}] \end{aligned} \tag{13-122}$$

이다. 라플라스 변환하고 입력에 대한 출력의 비(ratio)로 정식화하면 식 (13-119)와 동일한 결과를 산출한다.

때때로 그림 13-19의 전동기는 제어 변수가 속도가 아니라 오히려 위치일 수 있는 궤환 제어 계통의 출력 작동기(output actuator)로 사용된다. 속도는 위치 변수 c의 도함수이기 때문에, 이 둘에 관련된 전달 함수는 다음과 같이 얻어진다:

$$\frac{dc}{dt} = \omega \qquad [\text{rad/s}] \tag{13-123}$$

0의 초기 조건에 대하여 라플라스 변환하면

$$c(s) = \frac{1}{s}\omega(s) \qquad [\text{rad}] \tag{13-124}$$

를 준다. 완전한 블록도는 이제 그림 13-21에 보여진 것으로 된다. 더욱이, 전동기 변위 변수와 인가 전기자 전압 사이의 완전한 전달 함수는

$$\frac{c(s)}{V_t(s)} = \frac{K_t}{K_\omega K_t + R_a F} \cdot \frac{1}{s(1 + s\tau_m{}')} \qquad [\text{rad/N-m}] \tag{13-125}$$

가 된다. 여기서 $\tau_m{}'$는 식 (13-120)으로 특정된다.

그림 13-22에 나타난 것은, 이 경우에는 명백히 전동기 속도와 전동기 변위인, 상태 변수의 편리한 인식을 허용하는 그림 13-21의 블록도의 형태이다. 첫번째 변환된 형태의 상태 방정식은 첫번째 적분기의 입력을 취하고 그것을 $s\omega(s)$와 같게 둠으로써 찾아진다. 따라서

$$\begin{aligned} s\omega(s) &= \frac{K_t V_t(s)}{R_a F \tau_m} - \frac{K_\omega K_t}{R_a F \tau_m}\omega(s) - \frac{1}{\tau_m}\omega(s) \\ &= \frac{K_t}{R_a F \tau_m} V_t(s) - \left(\frac{K_\omega K_t}{R_a F \tau_m} + \frac{1}{\tau_m}\right)\omega(s) \qquad [\text{rad/s}^2] \end{aligned} \tag{13-126}$$

이다. 두번째 상태 방정식은 식 (13-124)로 주어진다. 대응하는 시간 영역 표현식은

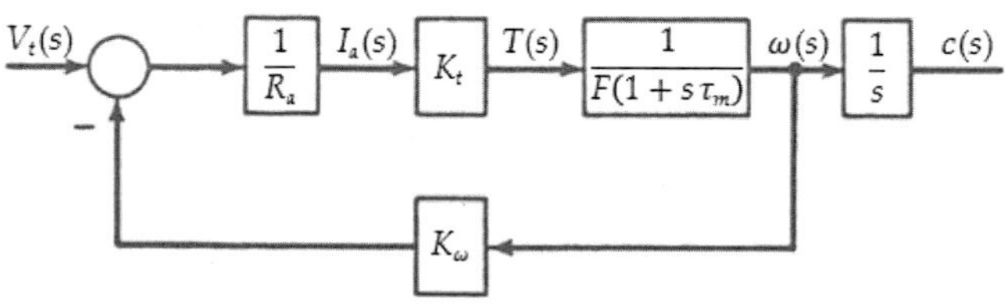

Figure 13-21 Block diagram of the motor of Fig. 13-19 when the output variable is motor displacement.

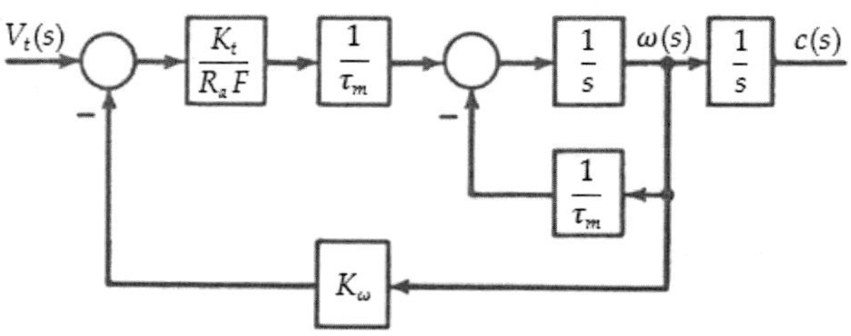

Figure 13-22 Alternative form of Fig. 13-21, drawn to facilitate writing the appropriate state equations.

$$\frac{d\omega}{dt} = \frac{K_t}{R_aF\tau_m}V_t - \left(\frac{K_\omega K_t}{R_aF\tau_m} + \frac{1}{\tau_m}\right)\omega \qquad [\text{rad/s}^2] \tag{13-127}$$

$$\frac{dc}{dt} = \omega \qquad [\text{rad/s}] \tag{13-128}$$

이다. 행렬 표기는 그러면 표준형으로

$$\begin{bmatrix} \dfrac{d\omega}{dt} \\ \dfrac{dc}{dt} \end{bmatrix} = \begin{bmatrix} -\left(\dfrac{K_\omega K_t}{R_aF\tau_m} + \dfrac{1}{\tau_m}\right) & 0 \\ 1 & 0 \end{bmatrix} \begin{bmatrix} \omega \\ c \end{bmatrix} + \begin{bmatrix} \dfrac{K_t}{R_aF\tau_m} \\ 0 \end{bmatrix} V_t \tag{13-129}$$

이다.

Field-Controlled DC Motor

이 형태의 운전에 대한 회로 배치가 그림 13-23에 보여져 있다. 전기자는 적절한 전류원으로부터 일정한 전류로 공급된다. 이 사실에 비추어 전자기적 토크의 변동은 계자 전류의 변동에 종속된다. 이것은 $T = K_T \Phi I_a$와 공극 자속 Φ가 포화가 없다고 가정된 조건에 대하여 계자 전류에 직접 관계된다는 것을 상기하면 명백하다. 그러므로, 이 경우에서 토크는 간단히

$$T = K_{tf} I_f \qquad [\text{N-m}] \tag{13-130}$$

으로 적어질 수 있다. 여기서 K_{tf}는 [N-m/field-A]의 단위로 표현된 전동기 상수이다. 전동기 축에서의 토크 방정식은 그러면

$$K_{tf} I_f = J\frac{d\omega}{dt} + F\omega \qquad [\text{N-m}] \tag{13-131}$$

이 된다. 여기서 J와 F는 앞에서와 같은 의미를 가진다. 라플라스 변환하고 입력에 대한 출력의 비(ratio)로 정식화하면 전동기 속도가 계자 전류와 관련되는 전달 함수를 산출한다. 따라서

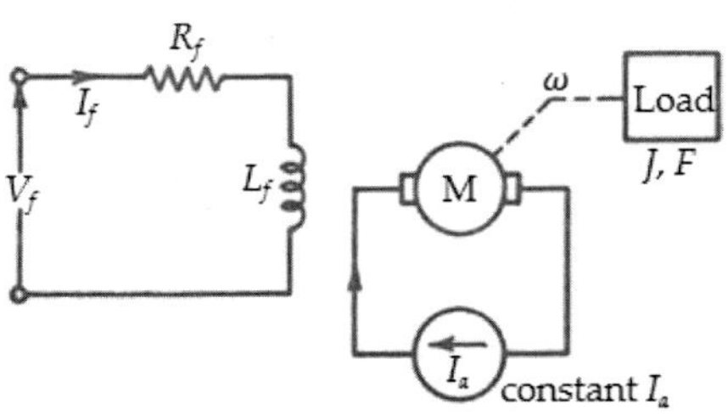

Figure 13-23 Field-controlled dc motor.

$$\frac{\omega(s)}{I_f(s)} = \frac{K_{tf}}{F(1+s\tau_m)} \qquad [\text{rad/s/A}] \tag{13-132}$$

이다.

다음으로 계자 전류는 통상의 전달 함수에 의해 인가 계자 전압과 관련된다. 따라서,

$$\frac{I_f(s)}{V_f(s)} = \frac{1}{R_f(1+s\tau_f)} \qquad [\text{A/V}] \text{ or } [\text{S}] \tag{13-133}$$

이다. 여기서 $\tau_f = L_f/R_f$이다. 마지막 두 식을 결합함으로써, 속도와 계자 전압 사이의 전달 함수로 귀결한다:

$$\frac{\omega(s)}{V_f(s)} = \frac{I_f(s)}{V_f(s)} \cdot \frac{\omega(s)}{I_f(s)} = \frac{K_{tf}}{R_f F} \cdot \frac{1}{1+s\tau_f} \cdot \frac{1}{1+s\tau_m} \qquad [\text{rad/s/V}] \tag{13-134}$$

마지막으로, 전동기 변위와 인가 계자 전압 사이의 관계식을 얻기 위해서는, 단지 마지막 식에 $[c(s)/\omega(s)] = 1/s$의 형태로 표현된 식 (13-124)를 곱하는 것이 필요할 뿐이다. 이것은

$$\frac{c(s)}{V_f(s)} = \frac{K_{tf}}{R_f F} \cdot \frac{1}{s(1+s\tau_f)(1+s\tau_m)} \qquad [\text{rad/V}] \tag{13-135}$$

를 산출한다. 식 (13-135)의 분모의 일견은 이제는 특성 방정식이 3차임을 드러낸다. 그림 13-24는 식 (13-135)의 블록도를 묘사한다.

특성 방정식의 3차 성질과 부합하여, 이 계통의 완전한 동적 거동을 설명하는 세개의 상태 방정식이 있다. 이 방정식은 그림 13-25에서 그려진 그 대신의 블록도를 참조함으로써 더 쉽게 밝혀진다. 명백히, 세개의 상태 변수는, 각각, 그림 13-

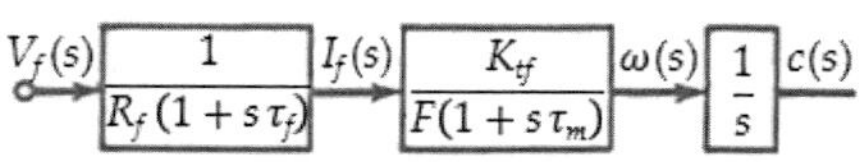

Figure 13-24 Block diagram of the system of Fig. 13-23.

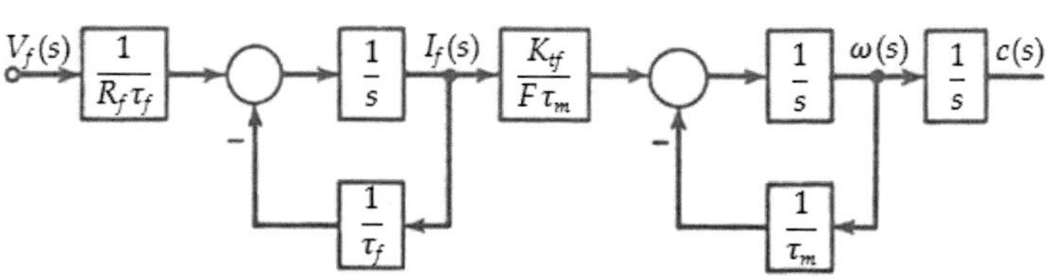

Figure 13-25 Alternative form of Fig. 13-24.

25에서 각 적분기의 출력량인, 계자 전류, 전동기 속도, 그리고 전동기 변위이다. 세개의 적분기와 관련된 세개의 상태 방정식의 변환된 형태는 그러면

$$sI_f(s) = \frac{1}{R_f\tau_f}V_f(s) - \frac{1}{\tau_f}I_f(s) \qquad [\text{A/s}] \tag{13-136}$$

$$s\omega(s) = \frac{K_{tf}}{F\tau_m}I_f(s) - \frac{1}{\tau_m}\omega(s) \qquad [\text{rad/s}^2] \tag{13-137}$$

$$sc(s) = \omega(s) \qquad [\text{rad/s}] \tag{13-138}$$

이다. 대응하는 1계 미분 방정식은 그러면

$$\frac{dI_f}{dt} = \frac{1}{R_f\tau_f}V_f - \frac{1}{\tau_f}I_f \qquad [\text{A/s}] \tag{13-139}$$

$$\frac{d\omega}{dt} = \frac{K_{tf}}{F\tau_m}I_f - \frac{1}{\tau_m}\omega \qquad [\text{rad/s}^2] \tag{13-140}$$

$$\frac{dc}{dt} = \omega \qquad [\text{rad/s}] \tag{13-141}$$

이 된다. 마지막으로 행렬 정식화는

$$\begin{bmatrix} \dfrac{dI_f}{dt} \\ \dfrac{d\omega}{dt} \\ \dfrac{dc}{dt} \end{bmatrix} = \begin{bmatrix} -\dfrac{1}{\tau_f} & 0 & 0 \\ \dfrac{K_{tf}}{F\tau_m} & -\dfrac{1}{\tau_m} & 0 \\ 0 & 1 & 0 \end{bmatrix} \begin{bmatrix} I_f \\ \omega \\ c \end{bmatrix} + \begin{bmatrix} \dfrac{1}{R_f\tau_f} \\ 0 \\ 0 \end{bmatrix} V_f \tag{13-142}$$

이다.

13-6 TWO-PHASE SERVOMOTOR TRANSFER FUNCTIONS

2상 서보 전동기의 정상 상태 특성은 10장에서 논의되었다. 여기에서는 주의가 전달 함수에 의해 설명되는 것으로서 이 전동기의 동적 거동으로 향해진다.

서보 전동기 전달 함수가 앞 절에서 직류전동기에 대하여 개괄된 과정을 따름으로써 유도될 수 있지만, 다양성을 위하여 외부 토크-속도 특성을 사용하는 그 대신의 접근법이 채용된다. 그림 10-13에 묘사된 것과 같은 전형적인 토크-속도 특성을 사용할 수 있는 것으로 가정된다. 더구나, 그림 13-26에 표시된 바와 같이, 서보 전동기는 고정된 기준 전압에서 운전되는 것으로 가정된다. 이 배열에서 입력 변수는 제어 권선 전압 V_c이다. 그러면 어떤 양이 출력 변수로 고려되어야 할 것인

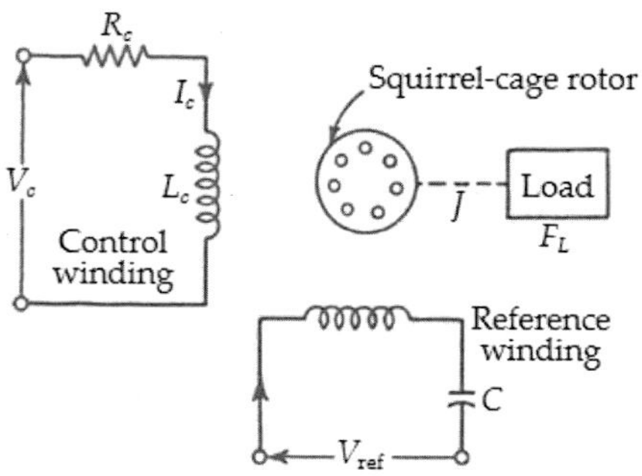

Figure 13-26 Two-phase servomotor with fixed reference winding voltage.

가? 그것은 속도 ω이어야 할 것인가 변위 c이어야 할 것인가? 그림 13-26의 조사는 주어진 제어 권선 전압의 적용이 스스로 출력 속도를 나타낸다는 것에 확실히 의심의 여지가 없게 한다. 하지만, 이것 만이 필연적으로 무엇이 출력 변수로 되어야 하는가를 확립하는데 있어서의 결정 인자는 아니다. 서보 전동기는 궤환 제어 계통에서 사용된다는 것이 서보 전동기가 충족할 기능으로 더 중요한 고려 사항임을 염두에 두어라. 제어 계통의 출력이 속도로 된다면, 속도가 제어 권선 전압과 관련되는 전달 함수를 유도하는 것이 적절하다. 다른 한편으로, 전동기 출력이 전위차계(potentiometer), 레졸버(resolver) 또는 싱크로(synchro) 같은 **위치 감응** 변환기(*position-sensitive* transducer)를 구동하기 위해 사용된다면, 명백히 전동기 변위가 출력 변수로 고려되어야 할 것이다.

당장의 주된 관심은 서보 전동기 전달 함수가 나타내는 일반형이다. 그 결과로서, 그림 10-13에서 보여진 토크-속도 곡선이 간단을 위하여 선형인 것으로 가정된다. 이 곡선의 조사는 증가된 전동기 토크가 제어 권선 전압에서의 증가에 의해 또는 고정된 V_c에 대하여 속도의 감소에 의해 생긴다. 수학적으로 표현된 발생 전동기 토크는

$$T = K_M V_c - F_M \frac{dc}{dt} \qquad [\text{N-m}] \tag{13-143}$$

이다. 여기서

K_M [N-m/V] = motor torque constant

F_M [N-m/rad/s] = motor equivalent viscous-friction constant

이다. F_M은 일정 V_c에서 더 이상 토크-속도 곡선의 기울기가 아님에 유의하는 것이 도움이 된다. 또한, 일단 토크-속도 곡선이 알려지면, 매개변수 F_M은 단지 일정한 속도에서 제어 전압에서의 변화의 단위당 토크에서의 변화이다. 이 토크를 반

대되는 부하 토크의 합(sum)과 같게 두면 전동기 변위가 제어 전압과 관련되는 지배 미분 방정식을 산출한다. 즉

$$K_M V_c - F_M \frac{dc}{dt} = J\frac{d^2c}{dt^2} + F_L \frac{dc}{dt} \qquad \text{[N-m]} \tag{13-144}$$

이다. 여기서

J [kg-m^2] = motor inertia + load inertia referred to motor shaft

F_L [N-m/rad/s] = viscous friction of load referred to motor shaft

이다. 재배열하고 라플라스 변환하면

$$K_M V_c(s) = (s^2 J + sF)c(s) \qquad \text{[N-m]} \tag{13-145}$$

로 이끈다. 여기서

$$F = F_M + F_L \qquad \text{[N-m/rad/s]} \tag{13-146}$$

이다. 따라서 원하는 전달 함수는

$$\frac{c(s)}{V_c(s)} = \frac{K_m}{s(1 + s\tau_m)} \qquad \text{[rad/V]} \tag{13-147}$$

이 된다. 여기서

$$K_m = \frac{K_M}{F} \qquad \text{[1/V-s]} \tag{13-148}$$

$$\tau_m = \frac{J}{F} \qquad \text{[s]} \tag{13-149}$$

이다.

종종 전동기 시정수 τ_m이 전동기가 계통의 부분인 제어 계통의 동적 응답을 결정하는데 있어서 중요한 역할을 한다. 이것은 τ_m의 크기가 서보 전동기 회전자와 반영된 부하 관성의 크기와 같은 물리적 요소의 관성 성질의 항으로 확립되기 때문이다. J의 크기가 출력 동력의 요구되는 수준과 서로 협조하기 때문에 이 요소는 원래 무시할 수 있는 것으로 줄여질 수 없는 것이다. 따라서, 많은 경우에서 전동기 관성은 계통이 시간에 따른 지령 신호의 변동에 따를 수 있을 한도(extent)를 확립하는 결정 인자이다.

Effect of the Control Winding Time Constant

식 (13-147)의 결과는, 그것이 제어 권선의 인덕턴스에 의해 생기는 시간 지연을 무시하기 때문에, 근사적이다. 서보 전동기 전달 함수의 더 정확한 설명은 제어 권선 전압이 실제로 제어 권선 전류 I_c를 생성하고 그 다음 전동기가 토크를 발생하는 것이 가능한 자속을 생성한다는 것을 인식함으로써 얻어질 수 있다. 전동기 축에서 적용되는 토크 방정식은 그러면

$$K_{ct}I_c - F_M\frac{dc}{dt} = J\frac{d^2c}{dt^2} + F_L\frac{dc}{dt} \qquad \text{[N-m]} \tag{13-150}$$

이 된다. 여기서 K_{ct}는 [N-m/field-A]의 단위로 표현된 토크 상수이다. 대응하는 전달 함수는

$$\frac{c(s)}{I_c(s)} = \frac{K_{ct}}{F}\cdot\frac{1}{s(1+s\tau_m)} \qquad \text{[rad/A]} \tag{13-151}$$

로 주어진다.

다음으로 그림 13-27과 그림 10-13을 비교한다. 고정된 속도에서 제어 권선 단자에서의 입력 임피던스는 일정하게 남아있다. 이를 테면 V_{c2}에서 운전된다면, 같은 속도에서 제어 전압에서의 V_{c3}으로의 갑작스러운 증가는 세로 좌표선을 따라 토크를 증가시킨다. 계자 권선 시정수를 무시할 수 없다면, V_{c2}가 V_{c3}으로 증가함에 따라, 그래서 제어 전류 역시 I_{c2}로부터 I_{c3}으로 증가하지만(그림 13-27에서), 시간 지연이 있다.

계자 전류는 그러므로 R-L 회로에 대한 통상의 전달 함수에 의해 제어 전압과 관련된다. 따라서

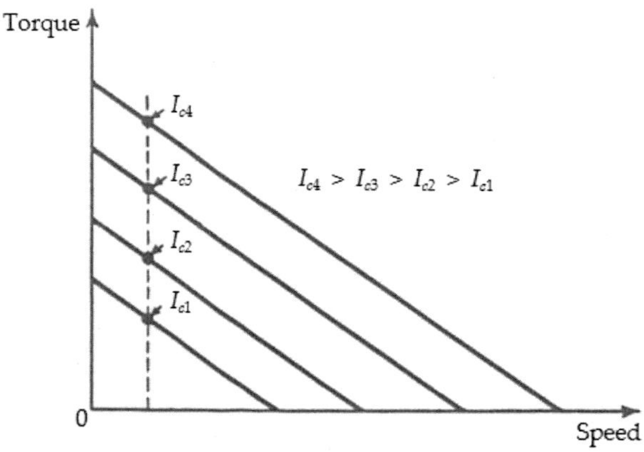

Figure 13-27 Linearized torque-speed curves showing variation of control winding current with control winding voltage at constant speed. Each straight line corresponds to a fixed control voltage: the higher line, the larger the control voltage.

$$\frac{I_c(s)}{V_c(s)} = \frac{1}{R_c(1 + s\tau_c)} \qquad [\text{A/V}] \quad \text{or} \quad [\text{S}] \tag{13-152}$$

이다. 여기서 $\tau_c = L_c/R_c$이다. 식 (13-151)과 (13-152)를 결합하면, 원하는 전달 함수로 귀결한다:

$$\frac{c(s)}{V_c(s)} = \frac{K_{ct}}{FR_c} \cdot \frac{1}{s(1 + s\tau_m)(1 + s\tau_c)} \qquad [\text{rad/V}]$$

또는

$$\frac{c(s)}{V_c(s)} = \frac{K_m/F}{s(1 + s\tau_f)(1 + s\tau_m)} \qquad [\text{rad/V}] \tag{13-153}$$

이 전개에서

$$\frac{K_{ct}}{R_c} = K_m \tag{13-154}$$

라는 것에 유의하는 것이 흥미롭다. 식 (13-147)과 (13-153)의 비교는 차이가 참으로 제어 계자 권선의 시정수에 놓여 있음을 나타낸다.

그림 13-28은 식 (13-153)의 블록도 표현을 묘사한다. 다시, 전동기 출력 변수가 변위로 취해지고 전동기 계자 권선 시정수가 해석에 포함될 때는 언제나, 결과가 3차 특성 방정식임에 유의하라. 물론 이것은 거기에 세개의 상태 변수와 세개의 상태 방정식이 있음을 의미한다. 그림 13-29의 참조는 변환된 형태로 상태 방정식이 다음과 같음을 드러낸다:

$$sI_c(s) = \frac{1}{R_c\tau_c} V_c(s) - \frac{1}{\tau_c} I_c(s) \qquad [\text{A/s}] \tag{13-155}$$

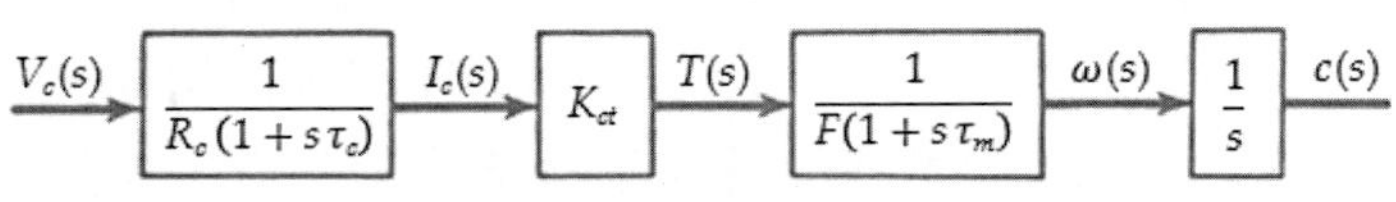

Figure 13-28 Block diagram of the system of Fig. 13-26.

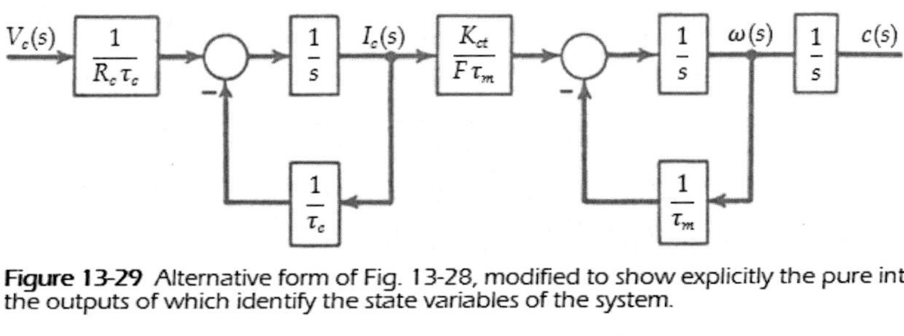

Figure 13-29 Alternative form of Fig. 13-28, modified to show explicitly the pure integrators, the outputs of which identify the state variables of the system.

$$s\omega(s) = \frac{K_{ct}}{F\tau_m} I_c(s) - \frac{1}{\tau_m}\omega(s) \qquad [\text{rad/s}^2] \tag{13-156}$$

$$sc(s) = \omega(s) \qquad [\text{rad/s}] \tag{13-157}$$

대응하는 1계 미분 방정식은

$$\frac{dI_c}{dt} = \frac{1}{R_c\tau_c} V_c - \frac{1}{\tau_c} I_c \qquad [\text{A/s}] \tag{13-158}$$

$$\frac{d\omega}{dt} = \frac{K_{ct}}{F\tau_m} I_c - \frac{1}{\tau_m}\omega \qquad [\text{rad/s}^2] \tag{13-159}$$

$$\frac{dc}{dt} = \omega \qquad [\text{rad/s}] \tag{13-160}$$

과 같이 적어질 수 있다. 행렬 정식화는 그러면 다음과 같다:

$$\begin{bmatrix} \dfrac{dI_c}{dt} \\ \dfrac{d\omega}{dt} \\ \dfrac{dc}{dt} \end{bmatrix} = \begin{bmatrix} -\dfrac{1}{\tau_c} & 0 & 0 \\ \dfrac{K_{ct}}{F\tau_m} & -\dfrac{1}{\tau_m} & 0 \\ 0 & 1 & 0 \end{bmatrix} \begin{bmatrix} I_c \\ \omega \\ c \end{bmatrix} + \begin{bmatrix} \dfrac{1}{R_c\tau_c} \\ 0 \\ 0 \end{bmatrix} V_c \tag{13-161}$$

13-7 AMPLIDYNE GENERATOR

앰플리다인(amplidyne) 발전기는, 보통 1에서 대략 50 [kW]의 범위에서, 높은 수준으로 발전할 수 있는 전력 증폭 장치이다. 제어 계통 응용에서는 그것이 종종 직류전동기를 구동하는 전력 단계로써 소용된다. 앰플리다인의 제어 계자 권선(몇 개의 부분이 있는)은 보통 전자(electronic) 증폭기의 출력 단계로부터 구동된다.

앰플리다인은 기본적으로 직류발전기이다. 그것은 장치에 대한 에너지의 원천으로 소용되는 적절한 전동기에 의해 일정한 속도에서 구동된다. 그것의 출력 전압의 크기는 제어 권선을 통하여 흐르는 계자 전류의 양에 의해 제어된다. 직류전동기의 전기자 권선이 종종 앰플리다인의 출력 단자를 가로질러 위치되기 때문에, 전달 함수가 유도될 때는 언제나 전동기 부하 효과를 산입하는 것이 중요하다.

앰플리다인의 운전의 원리는 단도직입적이다. 제어 권선 내에서 흐르는 작은 전류는 그림 13-30에 그려진 것과 같은 방향으로 되는 자속 Φ_d를 생성하도록 만든다. 전기자 권선이 전속도(full speed)에서 구동되기 때문에, 전압 E_q가 유도되며 그것은 q-q로 표시된 브러시에서 모인다. 단락 회로로 된 브러시와 낮은 저항의 전기자 권선 설계에 의해, 매우 큰 전기자 전류가 흐르도록 만들어질 수 있다. 예를 들어,

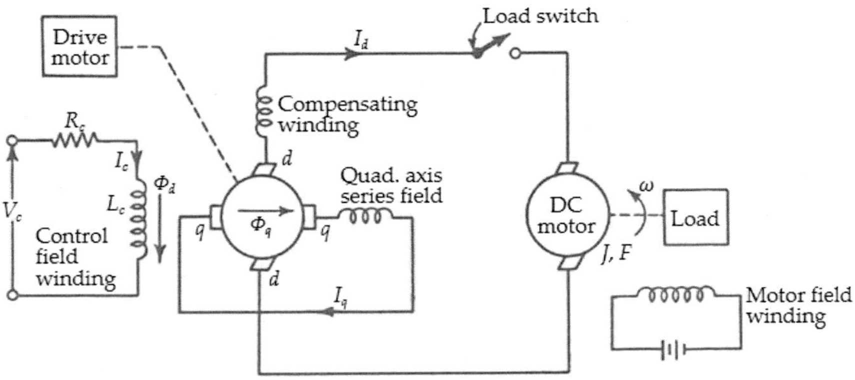

Figure 13-30 Amplidyne generator, showing windings and connected dc motor and load.

E_q가 1 [V]이며 전기자 권선 저항이 0.01 [Ω]이라면, 100 [A]의 전기자 전류로 귀결한다. 그러한 큰 전류와 관련된 막대한 전기자 반작용의 결과로, 매우 강한 자속 자계 Φ_q가 생성되며 이것은 원래의 자계 Φ_d에 직각인 방향이다. Φ_q 자계에 법선 방향(normal)으로 브러시의 두번째 조 *d-d*를 위치시킴으로써, 직류전동기에 인가할 수 있는 높은 수준의 전압원이 이용할 수 있게 만들어지며, 그 다음 기계 부하에 원하는 출력을 제공한다. 실제로는 브러시 *q-q*가 직권 계자를 통하여 단락 회로로 되는 것이 더 적은 횡축 전류로 확립되는 Φ_q의 요구되는 값을 가능하게 한다. 다른 수정은 직축 회로 내에 위치되는 보상 권선의 산입을 포함한다. 그것의 목적은 원래 자계 Φ_d의 감소로부터 전기자 전류 I_d에 의해 생성되는 전기자 반작용 자속을 예방하는 것이다. 보상 권선은, 정상 운전 동안에 나타나는 Φ_d의 적은 값의 관점에서 본질적인 조건인, 100 [%] 보상을 제공하도록 설계된다.

고립된 장치—연결된 부하가 없는—로서 앰플리다인의 전달 함수는 직축 유도 전압 E_d를 출력량으로 그리고 제어 전압 V_c를 입력량으로 고려함으로써 찾아진다. 따라오는 유도는 직축에서의 자속과 횡축에서의 자속 사이의 결합이 0이며 자화 곡선은 선형이라는 가정을 기초로 한다. 계자 권선에 대한 미분 방정식은 평소와 같이

$$V_c = R_c I_c + L_c \frac{dI_c}{dt} \qquad \text{[V]} \tag{13-162}$$

이다. 여기서

R_c [Ω] = control winding resistance

L_c [H] = control winding inductance

이다. 변환된 형태로 표현되면, 이 식은

$$\frac{I_c(s)}{V_c(s)} = \frac{1}{R_c(1+s\tau_c)} \qquad [A/V] \text{ or } [S] \tag{13-163}$$

이 된다. 여기서 $\tau_c = L_c/R_c$ [s]이며 제어 권선 시정수를 나타낸다.

제어 권선 전류의 존재는 직축 자속 Φ_d를 생성하고 그 다음 특히

$$E_q = K_1\Phi_d \qquad [V] \tag{13-164}$$

로 표현되는 기전력이 q-q 브러시를 가로질러 생긴다. 여기서 K_1은 전기자의 회전 속도는 물론 권선 계수를 포함한다. 식 (13-164)의 더 편리한 형태는 Φ_d가 I_c에 비례함을 상기함으로써 귀결하여

$$E_q = K_q I_c \qquad [V] \tag{13-165}$$

을 적을 수 있다. 여기서 K_q는 [V/control winding-A]로 표현된 제어 권선 암페어 당 유도되는 전압(number of volts generated per control-winding ampere)에 대한 비례 상수이다. 이 표현식의 라플라스 변환된 형태는 간단히

$$\frac{E_q(s)}{I_c(s)} = K_q \qquad [V/A] \text{ or } [\Omega] \tag{13-166}$$

이다.

횡축 회로에 대한 지배 미분 방정식은

$$E_q = R_q I_q + L_q \frac{dI_q}{dt} \qquad [V] \tag{13-167}$$

가 되는 것이 그림 13-30으로부터 바로 보여진다. 여기서

R_q [Ω] = total resistance in the quadrature axis circuit

L_q [H] = total inductance in the quadrature axis circuit

I_q [A] = current flowing in the quadrature axis

이다.

비(ratio)로 표현된 마지막 식의 변환된 형태는 그러면

$$\frac{I_q(s)}{E_q(s)} = \frac{1}{R_q(1+s\tau_q)} \qquad [A/V] \text{ or } [S] \tag{13-168}$$

이 된다. 여기서

$$\tau_q = \frac{L_q}{R_q} \qquad [\text{s}] \tag{13-169}$$

이다. 마지막으로, 개방된 앰플리다인 회로로 직축 브러시에서 나타나는 출력 전압은 간단히

$$E_d = K_d I_q \qquad [\text{V}] \tag{13-170}$$

이라는 것이 따라온다. 여기서 K_d는 [V/quadrature axis-A]로 표현된 횡축 암페어당 직축 회로에서 유도되는 전압(number of volts induced in the direct axis per quadrature axis ampere)을 나타낸다. 라플라스 변환된 표현식은

$$\frac{E_d(s)}{I_q(s)} = K_d \qquad [\text{V/A}] \quad \text{or} \quad [\Omega] \tag{13-171}$$

이다.

무부하인 앰플리다인 발전기에 대해 적용되는 전달 함수는 식 (13-163), (13-166), (13-168), 그리고 (13-171)을 곱함으로써 바로 따라온다. 따라서

$$\frac{E_d(s)}{V_c(s)} = \frac{K_d K_q}{R_c R_q} \cdot \frac{1}{(1 + s\tau_c)(1 + s\tau_q)} \tag{13-172}$$

이다. 이 운전 형태에서 특성 방정식은 2차이다. 명백히 이 결과의 유용성은 앰플리다인의 부하 전류 I_d를 무시할 수 있는 응용으로 제한된다. 이것은 확실히 부하 스위치가 닫혔을 때 그림 13-30에서 묘사된 상황에서의 경우는 아니다.

Amplidyne Transfer Function with Connected Load

이 배열에 대한 전달 함수는 직류전동기를 앰플리다인의 직축 회로의 부분으로써 그리고 이것이 부하 효과를 감안한다는 것을 의미하는 것으로 고려함으로써 찾아져야 한다. 결과적인 전달 함수는 그러면 앰플리다인-전동기 결합의 동력학의 수정된 설명을 제공한다. 이 유도의 경우에는, 부하 전류 I_d가 제어 자속 Φ_d에 영향을 가지지 않는 것을 보장하도록, 출력 회로가 완전히 보상되는 것으로 부가적인 가정이 이루어진다.

해석을 완성하기 위해서는 몇 개의 식을 더 필요로 한다. 첫째는 직축 회로에 키르히호프의 전압 법칙을 적용함으로써 얻어진다. 따라서

$$E_d = K_q I_c = I_d R_d + K_\omega \omega \qquad [\text{V}] \tag{13-173}$$

이다. 여기서 R_d는 직축 회로에서 찾아지는 총(total) 저항이고, ω는 전동기 속도이며, K_ω는 [V/rad/s]로 표현된 직류전동기에 의해 유기되는 속도당 전압(number of volts per radian per second)을 나타낸다. 간단을 위하여 직축에서의 인덕턴스는 무시할 수 있을 정도로 작다고 가정되었다. 라플라스 변환 표기로 표현되면 이 식은

$$\frac{E_d(s) - K_\omega \omega(s)}{R_d} = I_d(s) \qquad [\mathrm{A}] \tag{13-174}$$

가 된다. $E_d(s)$는 E_d의 라플라스 변환이고, $\omega(s)$는 ω의 라플라스 변환이며, $I_d(s)$는 I_d의 라플라스 변환임을 염두에 두어라. 또한, 식 (13-174)는 블록도 표현에서 합산점(summing point)에 대한 필요를 강조하기 위하여 좌변에 나타나도록 적어졌다. $\omega(s)$는 식 (13-174)의 정식화에서 궤환량으로 다루어 짐을 상기하라.

두번째 요구되는 식은 토크 상수 K_t를 통하여 직축 회로 전류에 대한 전동기 발생 토크와 관련된다. 라플라스 변환 표기로

$$\frac{T(s)}{I_d(s)} = K_t \qquad [\mathrm{N\text{-}m/A}] \tag{13-175}$$

를 가진다. 더욱이, 토크와 속도 사이의 관계식은 전동기 축에 적용되는 토크 방정식을 적는 것으로부터 따라온다. 따라서

$$T = J\frac{d\omega}{dt} + F\omega \qquad [\mathrm{N\text{-}m}] \tag{13-176}$$

이다. 여기에서 다시 J는 전동기 축으로 반영된 총(total) 관성을 나타내며 F는 전동기 축으로 반영된 총 점성 마찰을 나타낸다. 식 (13-176)에 대한 전달 함수는 그러면

$$\frac{\omega(s)}{T(s)} = \frac{1}{F(1 + s\tau_m)} \qquad [\mathrm{rad/s/N\text{-}m}] \tag{13-177}$$

이 된다. 여기서 $\tau_m = J/F$이다. 마지막으로, 속도보다는 변위에 주된 관심이 있는 응용에서는 용도가

$$\frac{c(s)}{\omega(s)} = \frac{1}{s} \qquad [\mathrm{s}] \tag{13-178}$$

로 이루어진다.

전체 계통 블록도가 이제 식 (13-163), (13-166), (13-168), (13-170), (13-174), (13-175),

(13-177), 그리고 (13-178)의 연속적인 블록 표현을 사용함으로써 그려질 수 있다. 결과가 그림 13-31에 묘사되어 있다. 운전 조건 동안의 직류전동기와 그것과 관련된 역기전력의 존재 때문에 한 개의 궤환 경로가 존재한다. 식 (13-16)을 사용함으로써 전동기 속도가 직축에서의 앰플리다인 유도 기전력과 관련되는 전달 함수가 얻어진다. 따라서,

$$\frac{\omega(s)}{E_d(s)} = \frac{K_t/[R_dF(1+s\tau_m)]}{1+[K_tK_\omega/R_dF(1+s\tau_m)]}$$
$$= \frac{K_t}{R_dF[1+(K_tK_\omega/R_dF)]}\cdot\frac{1}{1+s\tau_m{}'} \qquad [\text{rad/s/V}] \qquad (13\text{-}179)$$

이다. 여기서

$$\tau_m{}' = \tau_m\frac{1}{1+(K_tK_\omega/R_dF)} \qquad [\text{s}] \qquad (13\text{-}180)$$

이다.

완전한 앰플리다인-전동기 계통 전달 함수가 이제 식 (13-163), (13-166), (13-168), (13-170), (13-179), (13-175), 그리고 (13-178)의 적(곱, product)을 정식화함으로써 적어질 수 있다. 결과는

$$\frac{c(s)}{V_c(s)} = \frac{K_dK_q}{R_cR_q}\cdot\frac{K_t}{R_dF[1+(K_tK_\omega/R_dF)]}\cdot\frac{1}{s(1+s\tau_c)(1+s\tau_q)(1+s\tau_m{}')}$$
$$[\text{rad/V}] \qquad (13\text{-}181)$$

이다.

식 (13-172)와 이 표현식의 비교는 전동기의 존재가 전달 함수를 수정하는 정확한 방식을 드러낸다. 그것은 순(pure) 적분과 $\tau_m{}'$로 나타내어지는 단일 시간 지연(simple time lag)에 따르는 직접 전송 이득에서의 변화를 가져온다. 전동기가 앰플리다인 발전기에서 가지는 부하 효과가 무시되었다면, 결과는 더 큰 기계 시정수 그리고 다른 직접 이득(direct gain)이었을 것이다.

앰플리다인 시정수 τ_c와 τ_q의 크기는 장치의 크기(size of the unit)에 따라 변하지

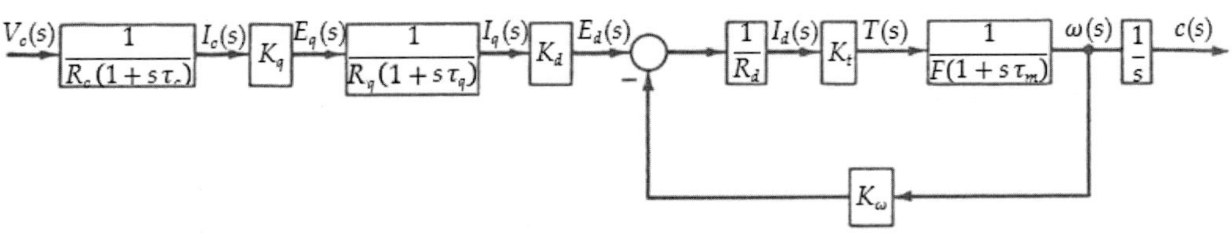

Figure 13-31 Block diagram representation of the amplidyne motor system of Fig. 13-30.

만, 종종 작은 장치에서의 0.05 [s]에서 큰 장치에서의 0.5 [s]의 범위에 놓인다. τ_m'의 값은 물론 전동기의 크기와 연결된 기계 부하의 성질에 종속되지만, 쉽게 수초 정도(order of several seconds)일 수 있다. 제어 계통에서 그러한 결합의 사용은 합성 전달 함수와 관련된 시간 지연 때문에 안정도 문제(stability problem)로 이끈다.

식 (13-181)의 일견은 4차로 되는 앰플리다인 전동기 계통의 특성 방정식을 드러낸다. 따라서, 거기에는 4개의 상태 변수와 4개의 상태 방정식이 있다. 그림 13-32는 상태 변수가 제어 권선 전류 I_c, 횡축 전류 I_q, 전동기 속도 ω, 그리고 전동기 변위 c라는 것을 드러낸다. 라플라스 표기로 상태 방정식은 4개의 적분기의 각 입력 신호를 각 적분기의 출력에 s를 곱한 것과 같게 둠으로써 찾아진다. 이것은

$$sI_c(s) = \frac{1}{R_c\tau_c}V_c(s) - \frac{1}{\tau_c}I_c(s) \qquad [\mathrm{A/s}] \tag{13-182}$$

$$sI_q(s) = \frac{K_q}{R_q\tau_q}I_c(s) - \frac{1}{\tau_q}I_q(s) \qquad [\mathrm{A/s}] \tag{13-183}$$

$$s\omega(s) = \frac{K_dK_t}{R_dF\tau_m}I_q(s) - \left(\frac{K_\omega K_t}{R_dF\tau_m} + \frac{1}{\tau_m}\right)\omega(s) \qquad [\mathrm{rad/s^2}] \tag{13-184}$$

$$sc(s) = \omega(s) \qquad [\mathrm{rad/s}] \tag{13-185}$$

로 이끈다. 행렬 정식화로 표현된 대응하는 시간 영역 방정식은 다음과 같다:

$$\begin{bmatrix} \dfrac{dI_c}{dt} \\ \dfrac{dI_q}{dt} \\ \dfrac{d\omega}{dt} \\ \dfrac{dc}{dt} \end{bmatrix} = \begin{bmatrix} -\dfrac{1}{\tau_c} & 0 & 0 & 0 \\ \dfrac{K_q}{R_q\tau_q} & -\dfrac{1}{\tau_q} & 0 & 0 \\ 0 & \dfrac{K_dK_t}{R_dF\tau_m} & -\left(\dfrac{K_\omega K_t}{R_dF\tau_m} + \dfrac{1}{\tau_m}\right) & 0 \\ 0 & 0 & 1 & 0 \end{bmatrix} \begin{bmatrix} I_c \\ I_q \\ \omega \\ c \end{bmatrix} + \begin{bmatrix} \dfrac{1}{R_c\tau_c} \\ 0 \\ 0 \\ 0 \end{bmatrix} V_c \tag{13-186}$$

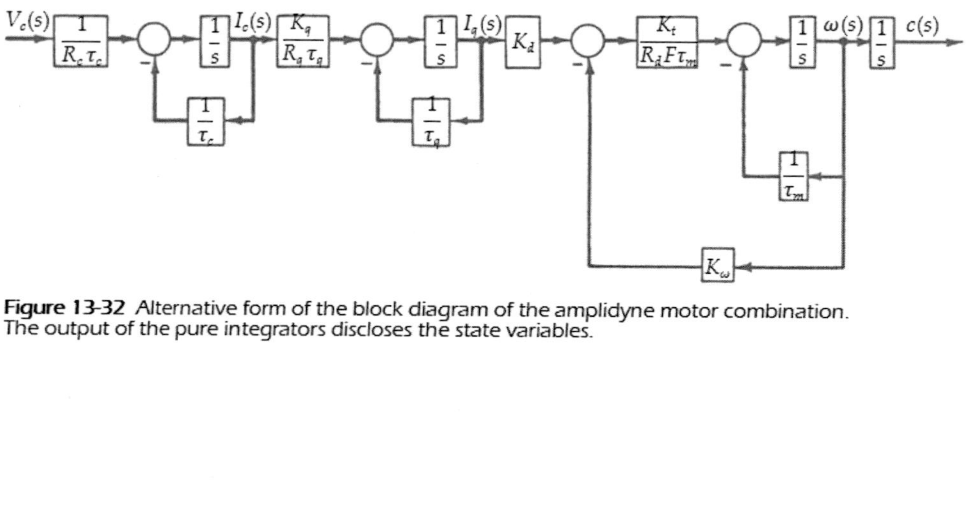

Figure 13-32 Alternative form of the block diagram of the amplidyne motor combination. The output of the pure integrators discloses the state variables.

13-8 A FEEDBACK VOLTAGE CONTROL SYSTEM

직류발전기의 정상 상태 및 동적 성능의 지식이 어떻게 일반적 방식으로 적용될 수 있는지를 설명하기 위하여, 주의가 그림 13-33에 묘사된 기본적인 전압 제어 계통으로 향한다. 이 제어 계통의 목적은 부하 전류에서의 변화에도 불구하고 본질적으로 변하지 않고 남아있을 부하를 가로지르는 단자 전압을 제공하는 것이다. 여기에서는 10 [kΩ] 전위차계에 의해 그려지는 전류가 모든 실제적인 목적에서 무시할 수 있기 때문에 부하 전류와 전기자 전류가 같게 되는 것으로 가정된다. 또한, 발전기 외부 특성이 그림 13-34에 의해 적절히 나타내어지는 것으로 가정한다. 곡선은 간단을 위하여 선형화되었다. 이 특성은, 예를 들어, 발전기가 고립되었으며 I_{f3}의 일정한 계자 전류에서 운전된다면, 20 [A]에 대응하는 부하 요구에 대하여 단자 전압에서 20 [V] 강하가 일어날 것이라는 것을 기술한다. 이것은 발전기에 대하여 1 [Ω]의 전기자 회로 저항 R_a에 부합한다. 물론 그림 13-33의 배열의 목적은 이 강하가 일어나는 것을 예방하고 그렇게 하는데 있어서 안정도를 유지하는 것이다.

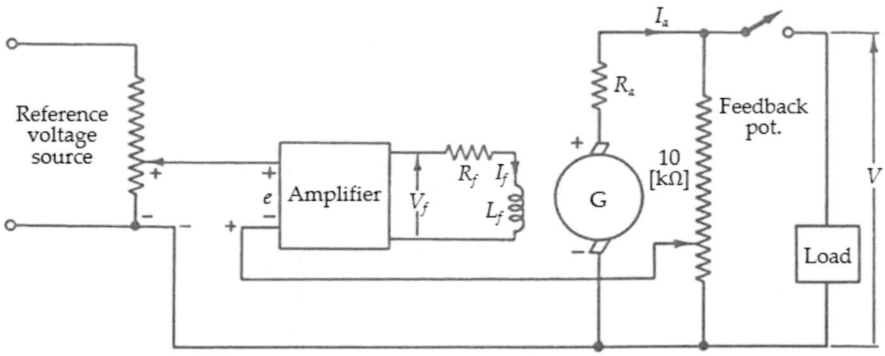

Figure 13-33 Elementary feedback voltage system.

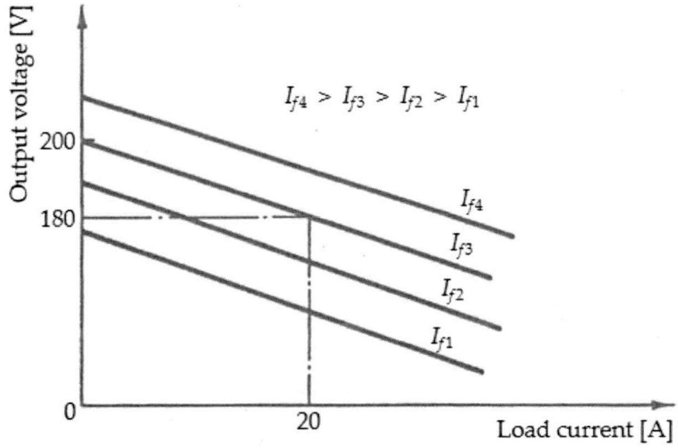

Figure 13-34 Generator output characteristics.

어떻게 이 자동 전압 조정 동작(automatic regulating action)이 이루어지는 지에 대한 설명을 진행하기 전에, 먼저 이용할 수 있는 특정한 무부하 전압을 만들기 위해 필요로 하는 기준 전압을 계산하자. 남아 있는 계통 매개변수는 다음과 같다고 가정한다:

K_a = amplifier gain constant = 2000 [V/V]

R_f = generator field winding resistance = 200 [Ω]

K_f = generated emf constant = 300 [V/field-A]

h = feedback factor = 0.1 [numeric]

유기 기전력 상수는 특정한 일정 원동기 속도에 대하여 정당하다. 궤환 인자는 궤환 전위차계의 활동완(슬라이더-암, slider-arm) 설정을 나타낸다. 무부하에서 원하는 출력이 200 [V]라고 가정하면, 식

$$\frac{e_o K_a}{R_f} K_f = 200 \qquad [\text{V}] \tag{13-187}$$

또는

$$\frac{e_o \times 2000}{200} \times 300 = 200 \qquad [\text{V}]$$

을 만족하는 증폭기 입력 전압 e_o를 필요로 한다. 따라서

$$e_o = \frac{1}{15} = 0.065 \qquad [\text{V}]$$

이다. 식 (13-187)은 단지 정상 상태에서 원하는 무부하 단자 전압을 산출하도록 무부하에서 증폭기 입력 신호가 어떻게 운전되는 지를 밝힐 뿐임이 명백할 것이다. 따라서 $e_o K_a$는 계자 전류를 생성하기 위하여 계자 회로에 인가되는 증폭기 출력 전압을 나타낸다. 이 계자 전류의 정상 상태 값은, $e_o K_a / R_f$를 산출하도록, 계자 전압을 R_f로 나눔으로써 찾아진다. 마지막으로, 이 양에 K_f를 곱함으로써 원하는 무부하 전압이 얻어진다. 요구되는 기준 전압은 어떻게 증폭기 입력 전압이 얻어지는 지를 나타내는 식으로부터 찾아진다. 그림 13-33의 일견은 그것이 기준 전압과 되먹여지는 출력 전압의 부분 사이의 **차이**(*difference*)라는 것을 드러낸다. 이것을 수학적으로 표현하면 일반적으로

$$E_R - hV = e \qquad [\text{V}] \tag{13-188}$$

을 가진다. 그러므로 다루고 있는 경우에 대하여

$$E_R = e_o + hV = 0.065 + 0.1 \times 200 = 20.065 \qquad [\mathrm{V}] \tag{13-189}$$

이다. 이 표현식은, 기준 전원에서 전위차계의 활동완이 20.065 [V]로 설정되었다면, 무부하에서 유기되는 출력 전압이 200 [V]일 것임을 기술한다. 명백히, 편의상, 기준 전위차계는 이 정보를 전달하도록 정해질 수 있다.

이제 어떻게 하여 그림 13-33의 폐루프 계통이 20 [A]의 범위로 부하 전류가 흐르는 것이 허용되도록 자동적으로 자기 수정 동작(self-correcting action)을 제공하는 지를 설명하자. 식 (7-12)로부터 단자 전압은

$$V = E_a - I_a R_a \qquad [\mathrm{V}] \tag{13-190}$$

에 의해 유기 기전력과 관련되는 것을 안다. 따라서, $I_a = 20$ [A]와 $R_a = 1$ [Ω]에 대하여, 단자 전압은 180 [V]의 값으로 떨어지려 한다. 하지만, 이 방향으로 움직임에 따라 궤환량 hV가 대응하여 더 적어지고, 식 (13-188)로 나타내어지는 바와 같이 증폭기 입력 신호는 증가한다. 증가된 증폭기 입력은 더 큰 계자 전류를 의미하며, 그 다음 단자 전압에서의 강하를 벌충하도록 증가된 E_a를 유기한다. 이 계통에서는 수정 동작이 존재하기 위해서는 단자 전압에서의 약간의 작은 강하가 허용되어야 하기 때문에 완전한 중화는 생기지 않는다.

이 계통의 블록도가 앞 절에서 사용된 과정을 따름으로써 전개될 수 있다. 계통의 각 부분의 전달 함수가 찾아지고 그 다음 전체 계통 전달 함수와 블록도를 산출하도록 결합된다. 증폭기에 대한 동작 신호를 제공하는 식의 라플라스 변환된 형태는 식 (13-188)로부터 얻어진다. 따라서

$$E_R(s) - hV(s) = e(s) \qquad [\mathrm{V}] \tag{13-191}$$

이다. $V(s)$가 출력 변수이기 때문에, 블록도에서 궤환 경로로부터 오는 $hV(s)$로 식을 나타내기 위하여 합산점이 사용된다. 증폭기에 대한 전달 함수는 명백히 이득 계수(gain factor)와 바로 관련된다. 따라서

$$\frac{V_f(s)}{e(s)} = K_a \tag{13-192}$$

이다. 여기서 $V_f(s)$는 계자 회로에 인가되는 증폭기 출력 전압을 나타낸다. 다음으로 계자 회로의 R-L 성질 때문에, 이전의 경험†은 계자 전류와 계자 전압이

†식 (13-57)의 유도를 보라.

$$\frac{I_f(s)}{V_f(s)} = \frac{1}{R_f(1+s\tau_f)} \qquad [\mathrm{S}] \tag{13-193}$$

에 의해 관련된다는 것을 말한다. 여기서 $\tau_f = L_f/R_f$이다. 계통을 따라 나아가, 다음으로 마지막 식의 계자 전류가 전달 함수

$$\frac{E_a(s)}{I_f(s)} = K_f \qquad [\mathrm{V/A}] \text{ or } [\Omega] \tag{13-194}$$

에 의해 설명되는 유기 기전력을 산출함에 유의한다. 전개에 있어서의 마지막 단계는, 마지막 식의 $E_a(s)$와 출력량 $V(s)$ 사이의 관계식을 제공하는, (13-190)의 라플라스 변환된 형태이다. 따라서

$$E_a(s) - I_a(s)R_a = V(s) \qquad [\mathrm{V}] \tag{13-195}$$

이다. 식 (13-191)과 (13-195)의 연속적인 블록 표현은 그림 13-35에 묘사된 완전한 블록도로 이끈다. 전기자 전류에서의 증가는 출력 전압을 줄이도록 작용하는 부(음) 입력 외란(negative input disturbance)으로 다루어짐에 유의하라.

계통 블록도로부터 이제는 출력 전압이 기준 신호 또는 부하 외란 또는 둘 다에서의 변화에 응하는 방식을 설명하는 표현식을 편리하게 적는 것이 가능함을 이해하는 것이 중요하다. 더욱이, 이 표현식은 정상 상태 성능은 물론 동적 거동에 대한 정보를 드러내도록 만들어질 수 있다. 설명을 위하여, 먼저 기준 입력에 대하여 출력 전압이 관련되는 전달 함수를 적자. 블록도에 식 (13-16)을 적용하면

$$\frac{V(s)}{E_R(s)} = \frac{[K_aK_f/R_f(1+s\tau_f)]}{1+[hK_aK_f/R_f(1+s\tau_f)]} = \frac{K}{1+hK}\cdot\frac{1}{1+s\tau_f{}'} \tag{13-196}$$

을 산출한다. 여기서

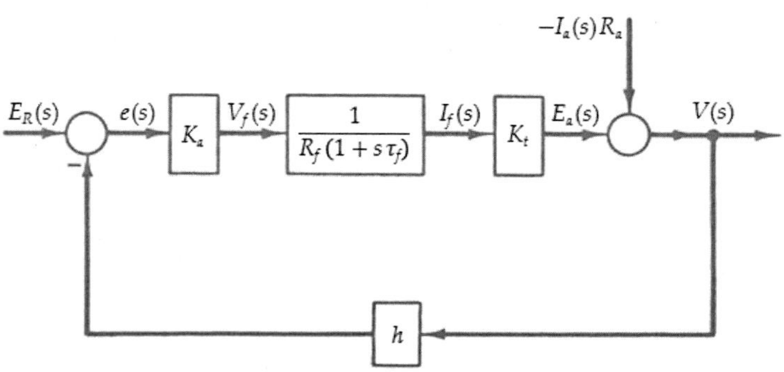

Figure 13-35 Block diagram for the system of Fig. 13-34.

$$K = \frac{K_a K_f}{R_f} = \text{direct transmission gain} \tag{13-197}$$

$$\tau_f{}' = \frac{\tau_f}{1 + hK} \qquad [\text{s}] \tag{13-198}$$

이다. 비슷한 방식으로 출력 전압과 전기자 전압 강하 사이의 전달 함수는

$$\frac{V(s)}{-R_a I_a(s)} = \frac{1}{1 + \left[hK_a K_f / R_f\left(1 + s\tau_f\right)\right]} = \frac{1}{1 + hK} \cdot \frac{1 + s\tau_f}{1 + s\tau_f{}'} \tag{13-199}$$

로 주어진다는 것이 보여질 수 있다. E_R과 I_a에 대응하는 출력 전압에 대한 완전한 표현식은 식 (13-196)과 (13-199)로부터 얻어진 결과를 겹침으로써 찾아진다. 따라서,

$$V(s) = \frac{K}{1 + hK} \cdot \frac{1}{1 + s\tau_f{}'} E_R(s) - \frac{R_a I_a(s)}{1 + hK} \cdot \frac{1 + s\tau_f}{1 + s\tau_f{}'} \qquad [\text{V}] \tag{13-200}$$

을 가진다.

마지막 식의 용도를 설명하기 위하여, 20.065 [V]의 기준 입력과 0의 전기자 전류에 대한 출력 전압의 값을 찾는 것을 원한다고 하자. 기준 입력의 라플라스 변환은

$$E_R(s) = \frac{20.065}{s} \qquad [\text{V}] \tag{13-201}$$

로 주어진다. 따라서

$$V(s) = \frac{K}{1 + hK} \cdot \frac{1}{1 + s\tau_f{}'} \cdot \frac{20.065}{s} \qquad [\text{V}] \tag{13-202}$$

이다. 식 (13-202)는 정상 상태는 물론 동적 응답에 대한 전체 정보를 제공한다는 것을 염두에 두어라. 지금은 관심이 정상 상태 값에 집중되기 때문에, 식 (13-202)에 최종치 정리(final value theorem)를 적용하면 원하는 결과를 산출한다. 따라서

$$V = \lim_{s \to 0} sV(s) = \frac{K}{1 + hK} \cdot 20.065 = \frac{3000}{301} \times 20.065 = 200 \qquad [\text{V}] \tag{13-203}$$

이다. 이것은, 물론, 정확하게 $E_R = 20.065$ [V]인 연결에서 미리 사용된 값이다. 식 (13-189)를 참조하라.

E_R에 더하여, 20 [A]의 전류를 부하에 내어 놓는 것으로 더 가정된다면, 식 (13-

200)에 최종치 정리를 적용하면 새로운 정상 상태 값이

$$V = \frac{K}{1+hK} \cdot 20.065 - \frac{20}{1+hK} = 200 - \frac{20}{301} = 200 - 0.0655 = 199.9345 \quad [\mathrm{V}] \tag{13-204}$$

라는 것을 드러낸다. 명백히, 출력 전압에서 매우 작은 강하 만이 폐루프 계통에서 생긴다. 폐루프 계통에서 발전기의 배치는, 인자 $1/(1+hK)$에 의한 축소로, 단자 전압에서의 정상(normal) 20 [V] 강하를 0.0655 [V]로 줄였다. 여기서 hK는 루프 이득 인자(loop gain factor)이다. 더욱이, 이 모든 것은 자동적으로 이루어졌다.

$E_R(s)$와 $I_a(s)$에 응하는 계통의 동적 거동을 설명하는 것을 원한다면, 통상의 과정이 적용되어야 한다. 먼저, $E_R(s)$와 $I_a(s)$에 대한 적절한 표현식이 식 (13-200)에 도입된다. 그 다음 부분 분수 전개와 관련된 계수의 후속 계산이 따라온다. 라플라스 변환쌍의 표에 의한 역 라플라스 변환의 적용은 출력 전압에 대한 완전한 시간해(time solution)를 제공한다. 이 예에서 출력 전압은 단일 에너지 저장 소자를 내포하는 어떤 계통에서 생기는 통상의 전압 확립(usual buildup)에 따라 상승하는 것이 보여질 것이다. 예를 들어 식 (13-12)를 보라.

PROBLEMS

13-1 그림 P13-1에 보여진 각 회로에 대하여 입력 전압에 대한 출력 전압과 관련된 전달 함수를 얻어라. 결과를 $(1+s\tau)$와 같은 인자를 포함하는 형태에 넣어라.

13-2 그림 P13-1의 회로에서 매개변수의 값은 다음과 같다: $L = 0.5$ [H], $R_1 = 2$ [Ω], 그리고 $R_2 = 3$ [Ω]. 단위 계단 입력 전압의 경우 출력 전압에 대한 완전한 표현식을 찾아라.

13-3 그림 P13-3에 묘사된 각 회로에 대하여 입력 전압에 대한 출력 전압과 관련된 전달 함수를 찾아라. 결과를 표준형(standard form)으로 다루어라.

13-4 그림 P13-4를 참조하라.

(a) E_i에 대한 E_o와 관련된 이 회로의 전달 함수를 유도하라.

(b) 입력 전압 E_i에 대한 커패시터 C_2를 가로지르는 전압과 관련된 전달 함수를 얻어라.

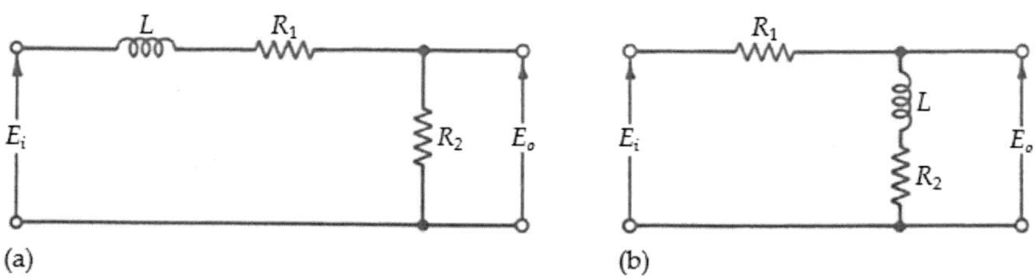

Figure P13-1.

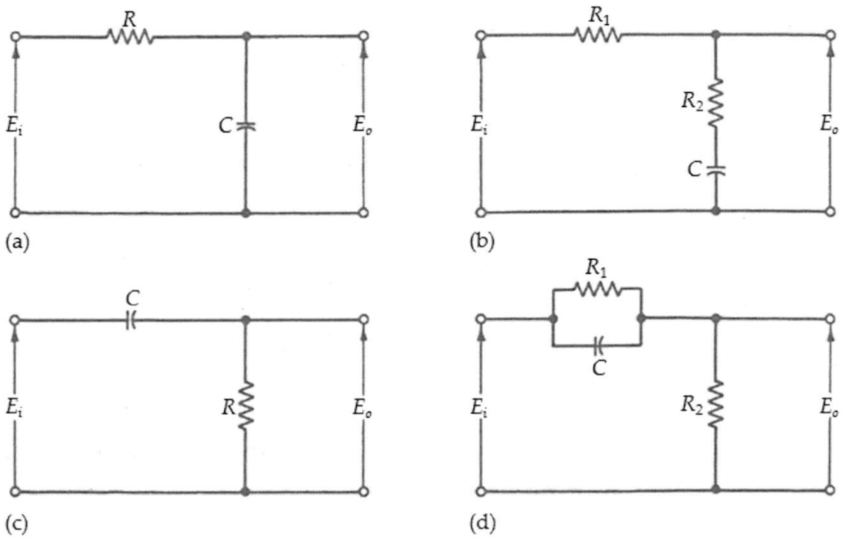

Figure P13-3.

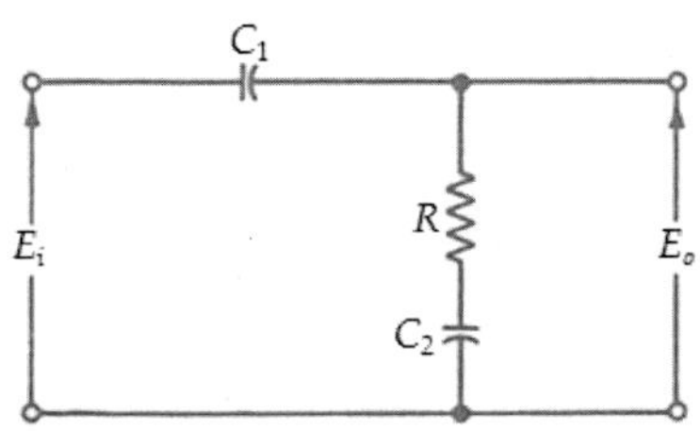

Figure P13-4.

(c) 직접 전송 경로 내에 순 적분 함수가 나타나는 블록도에 의해 E_o와 E_i 사이의 전달 함수를 나타내어라.

(d) 이 회로망에 대한 상태 변수를 밝히고 블록도에서 그것의 위치를 나타내어라.

13-5 전기회로의 입력에 대한 출력과 관련된 블록도가 그림 P13-5에 보여져 있다.

(a) 입력 E_i와 출력 E_o 사이의 전달 함수를 유도하라.

(b) 이 전달 함수가 적용되는 회로를 제시할 수 있는가? C는 커패시턴스, R은 저항을 나

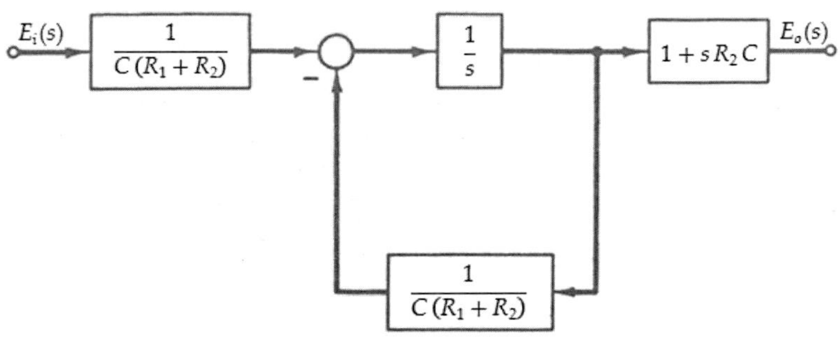

Figure P13-5.

타낸다.

13-6 그림 P13-3 (d)를 참조하라.

(a) 전달 함수 $E_o(s)/E_i(s)$를 유도하라.

(b) 입력 전압에 대한 커패시터를 가로지르는 전압과 관련된 전달 함수를 찾아라.

(c) 직접 전송 경로 내에 있는 순 적분의 항으로 입력과 출력 사이의 전달 함수를 나타내어라.

(d) 문제 (c)의 블록도에서 상태 변수를 밝혀라.

13-7 그림 P13-7에 묘사된 계통에서 입력 전압 E_i에 대한 전압 E_2와 관련된 전달 함수를 결정하라. 계통 매개변수는 다음과 같다:

Generator: $L_f = 50$ [H], $R_f = 50$ [Ω], $R_a = 1$ [Ω], $L_a = 1$ [H]
emf constant: $K_g = 100$ [V/field-A]
Low-pass filter: $L = 1$ [H], $R = 1$ [Ω]

13-8 그림 13-5의 전동기가 일정 계자 전류에서 운전된다. 전동기 매개변수는 다음과 같다: $R_a = 0.5$ [Ω], $L_a = 0$, $K_\omega = 2$ [V/rad/s], $K_t = 5$ [lb-ft/A], 그리고 $F = 1$ [lb-ft/rad/s]. 등가 관성은 42 [lb-ft-s^2]이다.

(a) 전기자 회로에 인가되는 전압에 대한 [rad/s]인 전동기 속도와 관련된 전달 함수에 대한 수치 표현식은 무엇인가?

(b) 인가된 전기자 전압이 200 [V] 크기의 계단 함수일 때, 전동기의 정상 상태 속도를 찾아라.

(c) 문제 (b)의 전압이 인가된 순간으로부터 사실상 정상 상태에 도달된 시간까지의 전

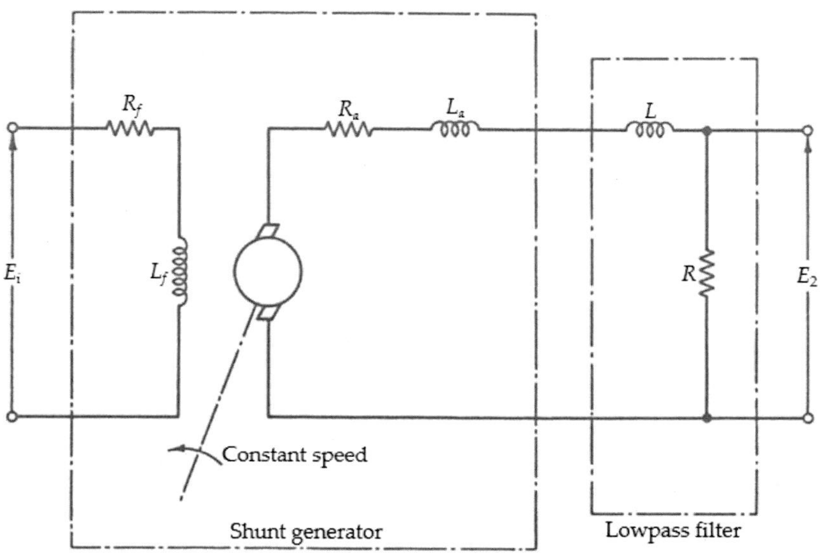

Figure P13-7.

동기 속도에 대한 완전한 표현식을 얻어라.

(d) 수치 값을 사용하여, 이 계통의 블록도를 보여라.

(e) 계통에 대한 상태 방정식을 적어라.

13-9 문제 13-8의 기계의 전기자에 대한 100 [V]의 적용은 무부하에서 47.6 [rad/s]의 출력 속도를 생성한다.

(a) 40 [lb-ft]의 부하 토크가 전동기 축에 인가되었을 때, 새로운 운전 속도를 찾아라.

(b) 새로운 속도에 도달되는데 얼마나 걸릴 것인가? 안정 시간(settling time)의 만족스러운 지표로 3배의 시정수를 사용하라.

13-10 전동기 전기자 누설 인덕턴스를 감안하여 문제 13-8을 반복하라. $L_a = 0.05$ [H]로 가정하라.

13-11 그림 P13-11의 계통의 매개변수는 다음과 같다:

$K_t = 0.0234$ [lb-ft/A] = torque constant

$K_n = 0.2$ [V/rps] = speed constant

$K_A = 0.15$ [V/V] = amplifier gain

$R_a = 0.2$ [Ω]

$L_a = 0.0$ [H]

$J = 2 \times 10^{-6}$ [slug-ft^2]

부하의 점성 마찰 계수는 무시할 수 있다.

(a) 증폭기 입력에 대한 출력 속도와 관련된, 이 계통에 대한 블록도를 전개하라.

(b) 수치 값을 사용하여, 폐루프 전달 함수에 대한 표현식을 찾아라.

(c) 이 계통에 대한 미분 방정식을 적어라.

(d) 이 계통 내에 등가 점성 마찰(즉, 제동 계수)이 있는가? 설명하라.

13-12 그림 P13-11의 계통에서 증폭기에 대한 단위 계단 입력에 대응하는 전동기 속도에 대

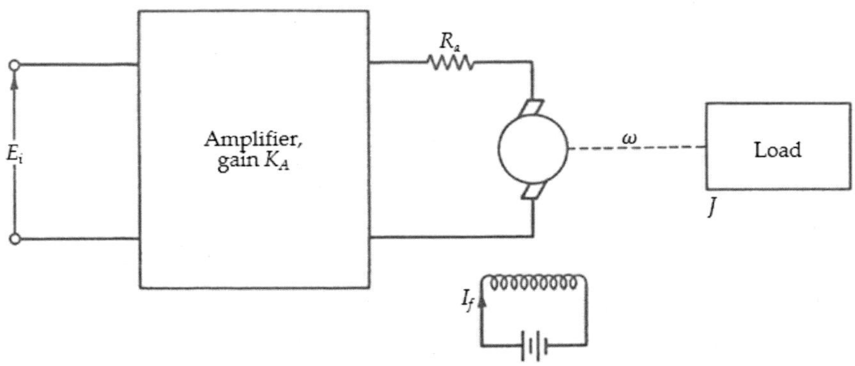

Figure P13-11.

한 완전한 해(solution)를 찾아라.

13-13 계통 매개변수를 나타내는 문자 기호의 항으로 그림 P13-13에 보여진 계통의 미분 방정식을 결정하라. 발전기와 전동기의 전기자 누설 인덕턴스는 둘 다 무시할 수 있는 것으로 고려하라. 또한, 발전기 전압 상수는 K_g [V/field-A]로, 전동기 속도 상수는 K_ω [V/rad/s]로, 그리고 전동기 토크 상수는 K_t [lb-ft/armature-A]로 취하라.

13-14 표준 행렬형(normal matric form)으로 표현된 상태 방정식의 항으로 그림 P13-13의 계통의 동적 거동을 표현하라.

13-15 속도 제어 계통이 그림 P13-15에 묘사되어 있다. 발전기 계자 권선은 저항 R_f와 인덕턴스 L_f를 가진다. R은 전동기와 발전기 둘 다의 전기자 회로 저항을 나타낸다고 하자. 전기자 권선 누설 인덕턴스는 무시할 수 있으며 0의 부하 토크가 인가된다. 또한, 발전기의 출력 전압은

$$K_g I_a = I_f R + K_\omega \omega \text{ [V]} \quad \text{where } K_g = \text{[V/field-A]}$$

로 설명되며 출력 속도와 발생되는 전동기 토크는

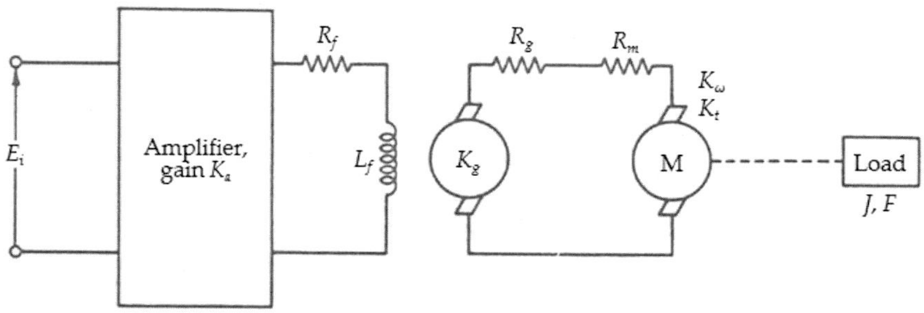

Figure P13-13.

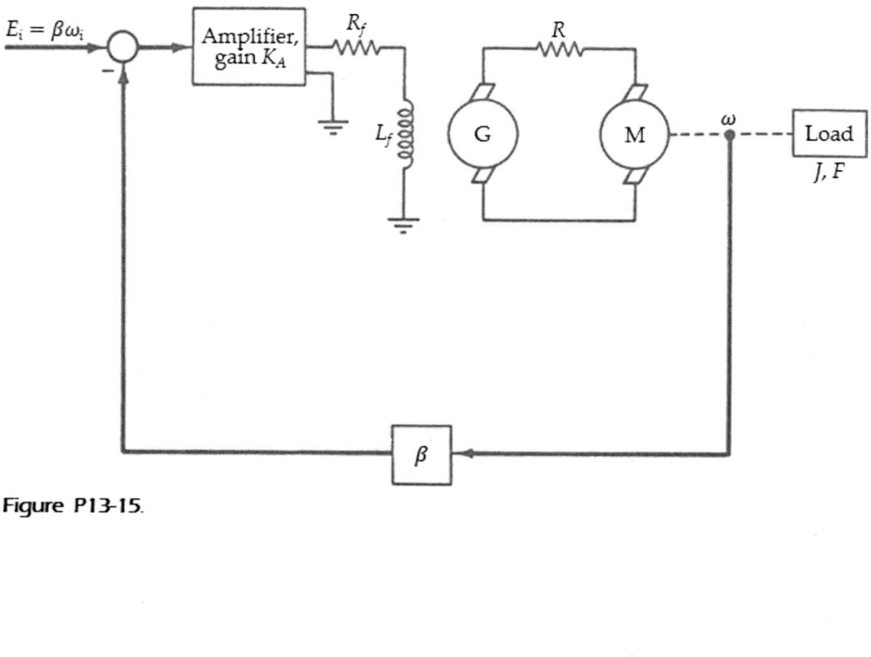

Figure P13-15.

$$K_t I_a = J\frac{d\omega}{dt} + F\omega \qquad \text{[lb-ft]} \quad \text{where} \quad K_t = \text{[lb-ft/armature-A]}$$

로 관련된다. 더욱이, β는 [V/rad/s]로 표현되는 회전 속도계(타코미터, tachometer) 상수이다.

(a) 각 블록의 전달 함수를 보이는 블록도를 전개하라.

(b) 이 계통의 특성 방정식은 무엇인가?

(c) 표준 행렬형으로 상태 방정식을 적어라.

13-16 계통이 그림 P13-16에 보여진 블록도로 나타내어진다.

(a) 폐루프 전달 함수에 대한 표현식을 찾아라.

(b) 특성 방정식은 무엇인가?

(c) 매개변수 K_e는 계통 동적 응답에 어떤 영향을 미치는가?

13-17 계통이 그림 P13-17에 묘사된 블록도로 나타내어진다.

(a) 폐루프 전달 함수를 결정하라.

(b) 특성 방정식에 대한 표현식은 무엇인가?

(c) 이 계통을 정의하는 미분 방정식을 적어라.

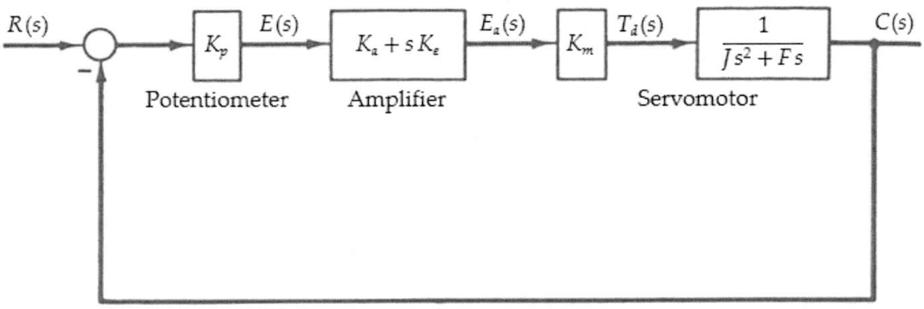

Figure P13-16.

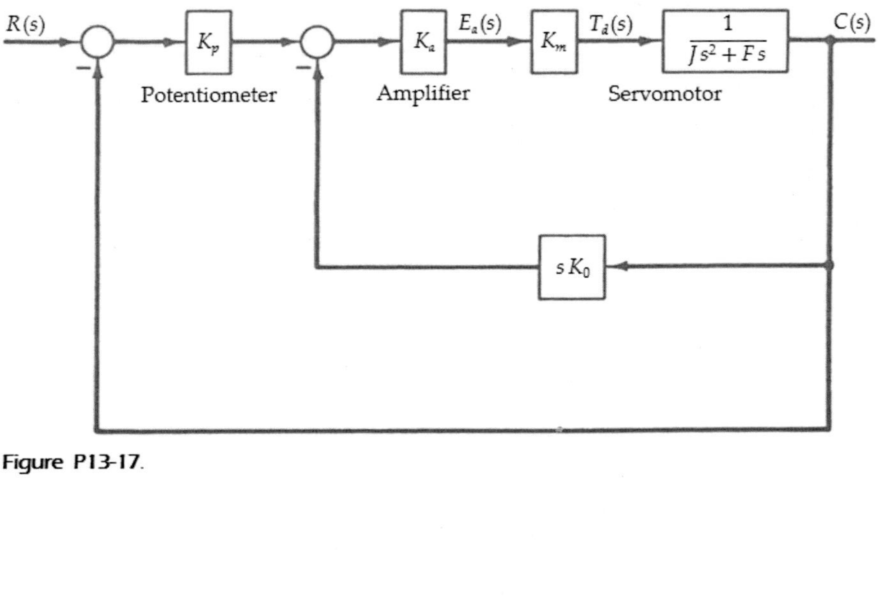

Figure P13-17.

(d) 동적 응답을 결정하는데 있어서 K_0은 어떤 역할을 하는가?

13-18 계통이 그림 P13-18에 보여진 블록도로 나타내어진다. 증폭기 부분은 입력 신호의 비례 성분은 물론 적분 성분을 내포하는 출력 신호를 제공하도록 설계되었다.

(a) 폐루프 전달 함수를 찾아라.

(b) 특성 방정식은 무엇인가?

(c) 문제 (b)의 결과를 문제 13-16과 13-17의 (b)와 비교하면 어떠한가?

13-19 그림 P13-19의 계통에서 기준 및 궤환 회전 속도계 발전기가 동일하다고 가정하라. 덧붙여, 계통은 다음과 같은 매개변수를 가진다:

K_a [V/V] = amplifier gain

R_f [Ω] = generator field winding resistance

L_f [H] = generator field winding inductance

K_f [V/field-A] = generator emf factor

R [Ω] = armature circuit resistance of motor and generator

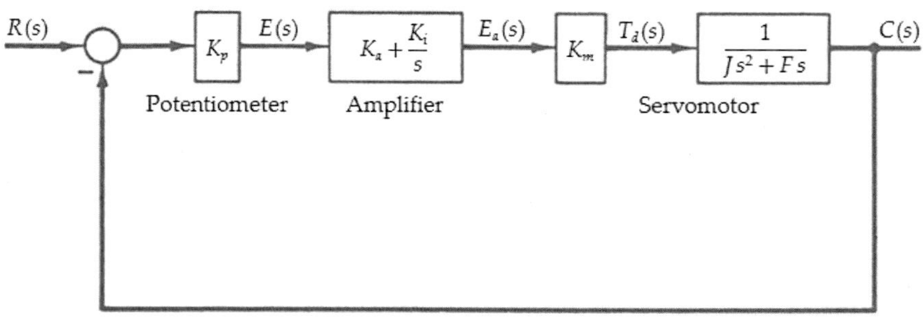

Figure P13-18.

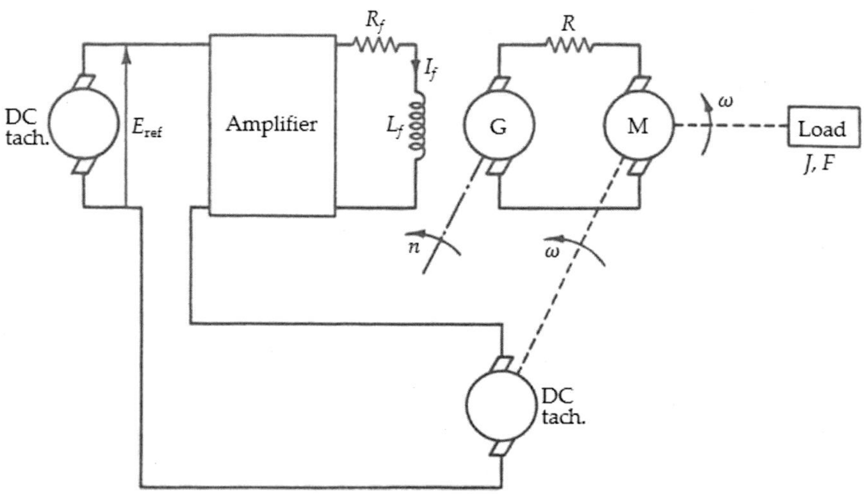

Figure P13-19.

K_t [lb-ft/armature-A] = motor torque constant

K_ω [V/rad/s] = motor speed constant

β [V/rad/s] = dc tachometer speed constant

J = system inertia in consistent units

F = system viscous friction coefficient in consistent units

(a) 각 블록의 전달 함수를 명백하게 나타내는, 이 계통의 완전한 블록도를 그려라.
(b) 상태 변수를 밝혀라.
(c) 행렬형으로 상태 방정식을 적어라.
(d) 이 계통의 특성 방정식을 결정하라.
(e) 동적 상태에서 진동이 가능한가? 설명하라.

13-20 10 [hp] 전기자 제어 직류전동기가 점성 마찰 계수가 2 [lb-ft/rad/s]이며 각 관성(angular inertia)이 17.5 [lb-ft-s^2]인 부하를 구동한다. 계자 권선은 타여자이며 고정되어 유지된다. 대응하는 전동기 매개변수는 다음과 같다:

$R_a = 0.3$ [Ω]

$K_\omega = 1.0$ [V/rad/s]

$K_t = 1.5$ [lb-ft/armature-A]

전기자 권선 인덕턴스는 무시할 수 있다.
(a) 210 [V]의 계단 인가된 전기자 전압에 대응하는 정상 상태 속도를 계산하라.
(b) 전동기가 문제 (a)의 정상 상태 속도의 95 [%]에 도달하기 위해서는 얼마나 긴 시간이 걸리는가?
(c) 이 전동기-부하 배치의 총(total) 점성 제동 계수의 값은 얼마인가?

13-21 문제 13-20의 전동기가 이제는 그림 13-23에 그려진 방식으로 계자 제어 직류기로 사용된다. 전기자는 일정 전류원으로부터 인가되는 것으로 가정된다. 계자 권선 매개변수는 다음과 같다: $R_f = 50$ [Ω] 그리고 $L_f = 20$ [H]. 더욱이, 이제는 [lb-ft/field-A]로 표현된 전동기 토크 상수(K_{tf})가 60이다.
(a) 블록도를 그려라.
(b) 100 [V]의 계단 인가된 계자 전압에 대한 정상 상태 속도의 값을 계산하라.
(c) 전동기가 문제 (b)의 최종 속도의 95 [%]에 도달하기 위해서는 근사적으로 얼마나 긴 시간이 걸리는가?
(d) 수치 값을 사용하여, 행렬형으로 상태 방정식을 적어라.

13-22 2상 서보 전동기가 전(full) 제어 권선 전압에서 4 [oz-in]의 정지 상태 토크를 가진다. 또한, 전 제어 전압에서, 무부하 속도는 100 [rad/s]인 것으로 알려져 있다. 전동기 토크 상수는 0.1 [oz-in/V] 또는 4 [oz-in/control-A]이다. 제어 권선 인덕턴스는 6 [H]이다. 선형 토크-속도 곡선과 0.5 [oz-in^2]의 회전자 관성을 가정하라.

(a) 제어 권선 전압에 대해 전동기 변위가 관련되는 완전한 수치 표현식을 결정하라.
(b) 문제 (a)의 결과가 200의 전압 이득을 가지는 증폭기로부터 구동되는 것으로 가정될 때, 직접 전송 함수(direct transmission funcrion)에 대한 전체(total) 표현식을 적어라.
(c) 문제 (b)의 직접 전송 함수 주위에 단위 궤환 루프(unity feedback loop)를 배치하고 폐루프 전달 함수를 찾아라.
(d) 문제 (c)의 계통의 특성 방정식은 무엇인가?
(e) 문제 (b)의 계통의 특성 방정식은 무엇인가?

13-23 앰플리다인 발전기가 문제 13-20의 직류전동기를 구동하는 전력단(power stage)으로 사용된다. 앰플리다인은 400 [Ω]의 제어 권선 저항, 0.1 [Ω]의 횡축 회로 저항, 그리고 0.5 [Ω]의 직축 회로 저항을 가진다. 더욱이, 제어 전류의 각 [mA]에 대하여 교차축(cross-axis)에서 유도되는 전압은 0.1 [V]이며, 횡축에서의 각 [A]에 대하여 직축 내에서 유도되는 전압은 5 [V]이다. 제어 권선의 인덕턴스는 50 [H]이며 횡축의 인덕턴스는 2 [mH]이다.
(a) 앰플리다인 제어 권선 전압에 대하여 전동기 출력 속도가 관련되는 전달 함수를 결정하라.
(b) 5 [V]의 제어 전압에 대하여 전동기의 정상 상태 속도를 계산하라.
(c) 이 앰플리다인-전동기 계통의 동적 응답의 확립에 있어서 지배적인 인자를 밝혀라.

13-24 단위 궤환 루프가 문제 13-23의 앰플리다인-전동기 배열 주위에 배치된다. 궤환 요소는 전동기 변위에 대하여 1 [V/rad]의 변환기 상수(transducer constant)를 가지는 위치 감응 장치(position-sensitive device)이다.
(a) 폐루프 전달 함수를 찾아라.
(b) 특성 방정식을 밝혀라.
(c) 얼마나 많은 과도 형태(trnsient mode)가 있는가?
(d) 각 과도 형태의 시정수를 계산하라.

13-25 그림 13-33의 계통을 참조하고, 매개변수는 578페이지에 나열된 것이라고 가정하라.
(a) 30.1 [V]의 기준 입력 전압에 대응하는 무부하 단자 전압을 계산하라.
(b) 폐루프 **이득**(closed loop *gain*)의 값은 얼마인가?
(c) 30.1 [V]의 계단 입력에 대응하는 출력 전압에 대한 완전한 해(solution)를 결정하라.
(d) 이 폐루프 계통의 시정수는 얼마인가?

13-26 그림 13-33의 계통 배치에서 30.1 [V]의 계단 기준 입력과 동시에 25 [A]의 부하 전류 요구에 대하여 출력 전압에 대한 완전한 해를 찾아라.

13-27 속도 제어 계통이 그림 P13-27에 보여진 배치를 가지도록 설계되었다. 계통 매개변수는 다음의 기호를 가진다:

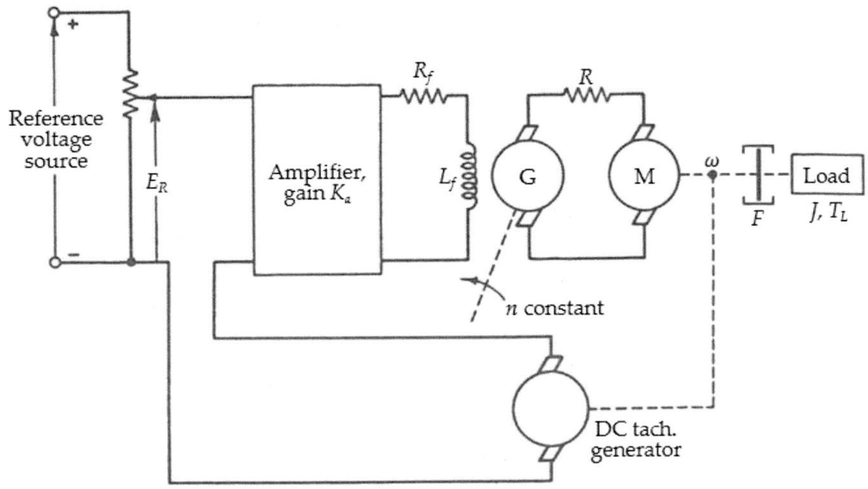

Figure P13-27.

K_a [V/V] = amplifier gain

R_f [Ω] = generator field winding resistance

L_f [H] = generator field winding inductance

K_f [V/field-A] = emf constant of generator

R [Ω] = combined armature circuit resistance of generator and motor

K_t [torque unit/armature-A] = motor torque constant

J [inertia unit] = equivalent inertia of motor and load

F = viscous friction coefficient of load, assume negligible

K_ω [V/rad/s] = motor speed-voltage constant

K_0 [V/rad/s] = dc tachometer speed-voltage constant

이 계통에 대한 완전한 블록도를 전개하고, 각 블록에 대한 전달 함수를 명확하게 보여라.

13-28 문제 13-27의 계통을 참조하고, 주어진 값의 기준 전압에 대하여 계통 매개변수의 항으로 무부하 정상 상태 속도에 대한 표현식을 찾아라.

13-29 문제 13-27의 계통을 참조하고, 토크 단위의 T_L의 인가 부하 토크에 대응하여 계통 매개변수의 항으로 속도에서의 최종 변화에 대한 표현식을 결정하라.

13-30 향렬형으로 그림 P13-27의 계통에 대한 상태 방정식을 결정하라. 계통은 인가 기준 전압 E_R과 T_L의 인가 부하 토크에 응하여 운전된다고 가정하라.

PART III

SUPPLEMENTS

SUPPLEMENT OF CHAPTER 1

PART III에서는 PART I, PART II에서는 다루지 않았지만 중요하거나, 보충이 필요하다고 생각되는 내용을 정리하여 수록한다. 따라서, 표, 그림, 그리고 연습문제의 번호를 해당 장의 번호에 이어서 표기할 것이다.

1A PERMANENT MAGNETISM

공극에 자속을 생성할 수 있지만 여자 코일을 요구하지 않는, 그리고 그러므로 전력의 소산이 없는, 자기 계통은, 특히 에너지 변환의 분야에서, 명백한 매력을 가진다. 그러한 자계를 마련할 수 있는 **영구자석**(*permanent magnet*)은 소크라테스 이전 시대(pre-Socratic times)부터 인간의 흥미를 불러일으켰지만, 단지 근년에 광범위한 산업 응용에서 이제 사용을 허용하는 품질, 크기, 그리고 형상의 영구자석을 제조하는 것이 가능하게 되었다. 불안정한 성질의 "영구(permanent)" 자성은 어떤 강자성체가 그림 1-9에서 최대 잔류 자속밀도(retentivity)로 나타내어진 히스테리시스 루프 위의 점에서 자화의 순환(cycle)을 통하여 달성될 때 생성된다. 이 잔류 자기는, 하지만, 진짜 영구적인 것과는 거리가 멀며, 기계적 진동, 원자의 열적 동요(thermal agitation), 또는 작은 역방향 자계의 세기의 적용에 의해 줄어들 수 있다.

그럼에도 불구하고, 어떤 물질은 오랜 세월 동안 철의 잔류 자기보다 훨씬 더 내구성이 있는 영구 자성을 가지는 것으로 알려져 있다. 그들은 보통, 세 가지 강자성 원소인, 철, 니켈, 그리고 코발트의 합금이다. 이 물질들은 일반적으로, 완성된 자석의 기계적 강도로 귀결하도록, 열처리(heat treatment)가 가해진다. 이 양상으로부터, 영구자석 물질을 나타내는 **단단한**(**경**, *hard*)이라는, 그리고 다른 자성체에 대해서는 **무른**(**연**, *soft*)이라는 용어(terminology)가 생겼다. 이 용어가 채택되었기 때문에, 자기적으로는 경(hard)이며, 기계적으로는 연(soft)인 몇 가지 물질이 개발되었다.

1-3절에서 설명된 연자성체(soft magnetic material)에서는, H의 낮은 값에서 물질의 쉬운 자화의 초기 단계는 자구벽 이동에 기인된다. H의 높은 값에서만, 자계의 세기가 낮아지자 마자 곧 없어지는, 탄성적 기여를 하는 자구 회전이 생긴다. 연자성체의 잔류 자기는 자구벽이 H가 인가되기 전에 점유했던 위치로 되돌아가지 않

는 자구에 기인된다. 많은 경자성체(hard magnetic material)의 합성과 열처리는, 자구벽 이동을 방해하는 구조인, 매우 작은 길게 늘여진 결정을 형성하는 물질을 생성한다. 자계의 영향하에 있는 강자성체에서는, 자화의 대부분이 180°를 통한 전체 자구의 배향(orientation)의 갑작스러운 비탄성 전환(inelastic switching)의 결과로써 일어난다. H가 제거된 후 전환된 배향에 있는 자구의 잔류(persistence)가 영구자석 물질의 높은 잔류 자기와 연자성체보다 수천 배 더 크게 될 수 있는 최대 항자력(보자력)(coercivity)을 생기게 한다.

그림 1-25는 H의 변동의 매우 큰 크기를 적용하여 얻어진 경자성체에 대한 안정 히스테리시스 루프(stable hysteresis loop)를 나타낸다. 그림 1-25의 점 a에서, 자구의 대부분의 비탄성적인 전환이 이미 생겼으며, H의 더 나아간 증가는, (1) $B_0 = \mu_0 H$에서의 증가와 (2) 연자성체에서 마주치는 것과 비슷한 자구의 **탄성** 회전(*elastic* rotation)에 기인하여, B에서의 증가로 귀결한다. 자구가 H의 방향으로 매우 잘 배향된 경우 외에는, 이 탄성 회전이 H가 증가되는 한 계속되지만, B에 대한 그것의 기여는 점점 더 적어진다. 그 결과로서, B–H 곡선의 기울기는 H의 매우 높은 값에서 값 μ_0에 접근한다. 그림 1-25에서, 제조자의 목록에서 인용되는 값인, 잔류 자속밀도 B_r과 항자력(보자력) H_c는 **물질이 충분히 포화되는 점을 지나서 구동된 후에**(*after the material has been driven past a well into saturation*) 얻어진 값임에 유의해야 할 것이다. 자성체 내에서의 자화의 세기 $\mathcal{M}$을 도입하면,

$$B = \mu_0(H + \mathcal{M}) = B_0 + B_{\mathcal{M}} \qquad [\mathrm{T}] \tag{1-70}$$

이다. 또한 자속밀도 B의 성분 $B_{\mathcal{M}}$은 인가 자계의 세기 H에 따른 물질의 원자 또는 분자 자기 모멘트의, 일부 또는 전부의, 정렬에 기인한다는 것이 보여졌다. 이상적인 영구자석 물질은, $H = H_c$에서, 모든 자구가 H의 방향으로 완전한 정렬로 일

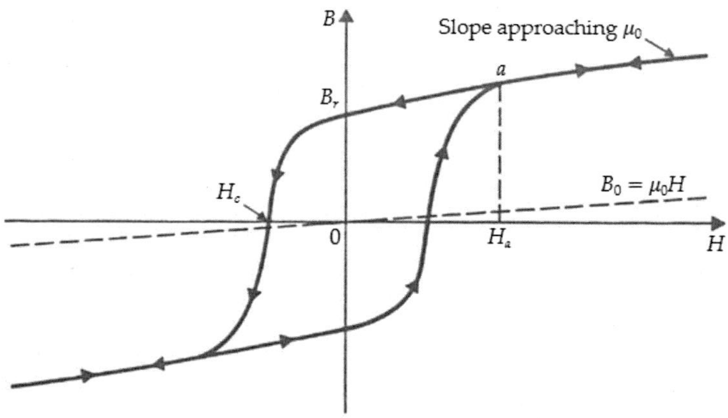

Figure 1-25 B–H curve for a hard magnetic material.

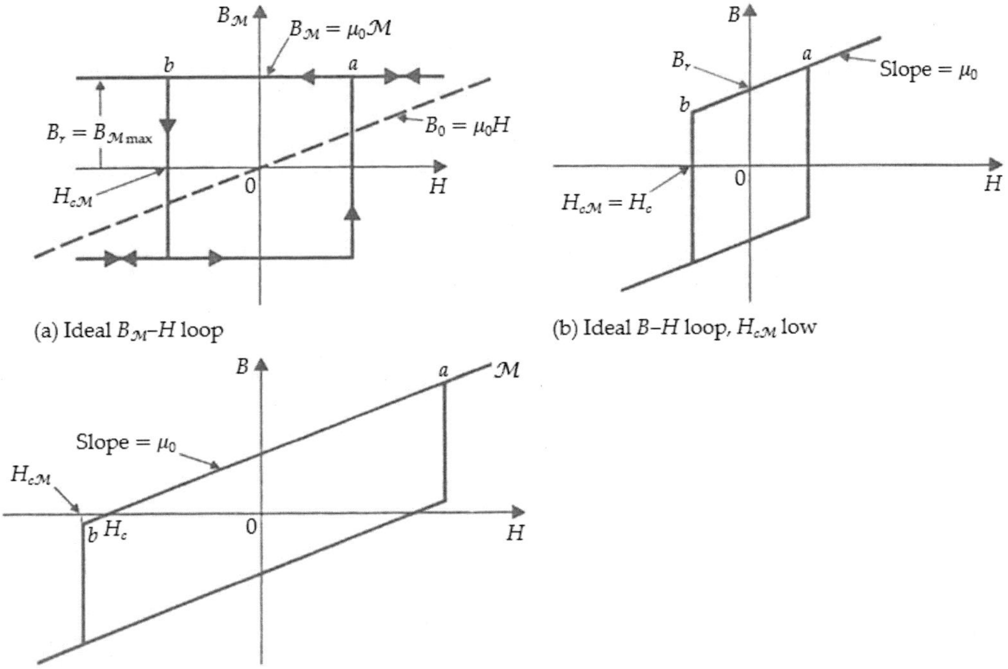

(a) Ideal $B_{\mathcal{M}}$–H loop

(b) Ideal B–H loop, $H_{c\mathcal{M}}$ low

(c) Ideal B–H loop, $H_{c\mathcal{M}}$ high

Figure 1-26 $B_{\mathcal{M}}$–H and B–H loops for an ideal permanent-magnet material.

제히 전환되고, 자화의 완전한 역전을 일으키는 $-H_c$가 적용될 때까지 그러한 정렬이 유지되는 물질일 것이다. 그러한 물질의 경우, $\mu_0\mathcal{M}$은 $B_{\mathcal{M}\max}$와 같을 것이다. 그러한 이상적인 물질의 $B_{\mathcal{M}}$–H 루프가 그림 1-26 (a)에 묘사되어 있다. 이상적인 물질의 B–H 루프는 이상적인 $B_{\mathcal{M}}$–H 루프의 세로 좌표에 직선 $B_0 = \mu_0 H$의 세로 좌표를 더함으로써 얻어지는 것이 될 것이다. 두 가지 가능한 결과가, H_c의 크기에 종속하여, 그림 1-26 (b)와 (c)에 보여져 있다. 그림 1-26 (b)와 (c)의 이상적인 루프 위의 점 b에 대응하는 실제 B–H 루프 위의 점의 위치는 실제 적용을 위한 물질의 적합성(suitability)을 결정하는데 있어서 중요한 인자이다.

그림 1-27에서는, 그림 1-25의 B–H 루프가 반복되며, B–H 루프의 세로 좌표로부터 $B_0 = \mu_0 H$를 뺌으로써 얻어진, $B_{\mathcal{M}}$–H의 대응하는 루프가 중첩되어 있다. 포화가 증가함에 따라, $B_{\mathcal{M}}$–H 곡선의 기울기는 0에 접근한다. $H = 0$에서, $B_{\mathcal{M}} = B_r$은 잔류자기이다.

영구자석의 사용에 있어서, 주된 관심을 갖는 영역은, **감자 곡선**(*demagnetization curve*)인, 루프의 2상한 부분이다. 경자성체의 환상 철심(toroidal core)이 코일에 둘러싸이며, 전류의 펄스(pulse)가 그림 1-25에서 $H_{\max} > H_a$가 되도록 코일을 통하여 지나간다면, 그림 1-28의 1상한은 전류가 0으로부터 올라가고 다시 0으로 떨어짐에

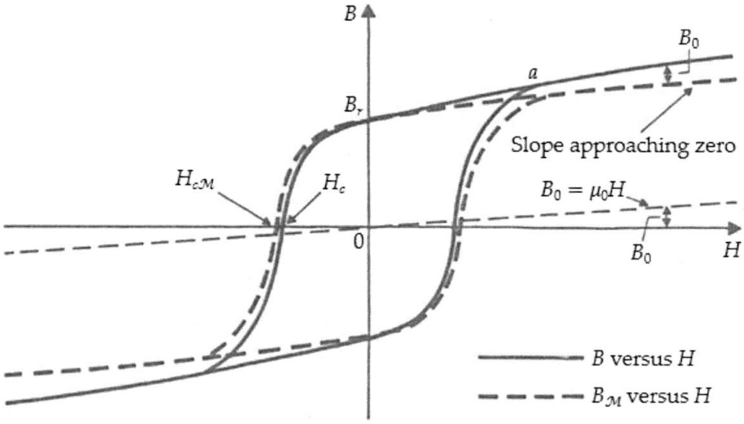

Figure 1-27 B–H and $B_{\mathcal{M}}$–H loops for the material of Fig. 1-25.

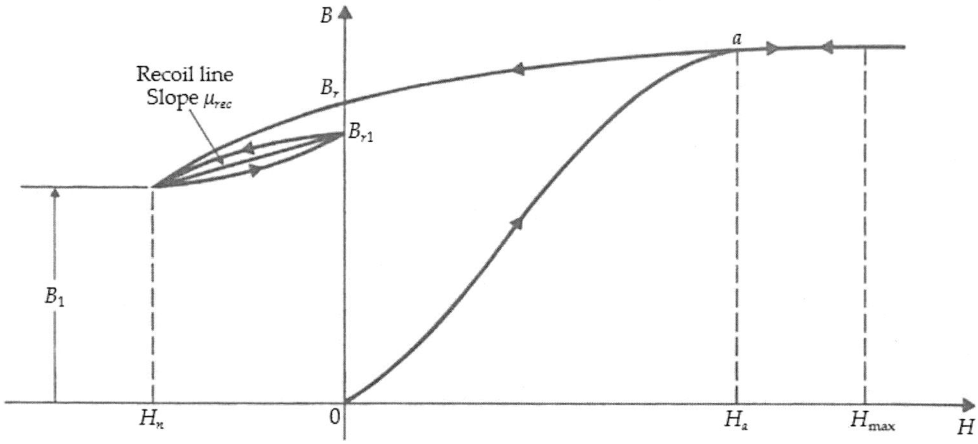

Figure 1-28 B–H locus of permanent-magnet material during initial magnetization and subsequent application of a demagnetizing field.

따라 쫓아갈 수 있는 B–H 궤적(B–H locus)를 나타낸다.

이제 크기 H_n의 역방향 자계의 세기가 환상 철심에 인가된다고 가정한다. 자속밀도는 그림 1-28에 보여진 크기 B_1로 떨어질 것이다; 그리고 H_n이 제거될 때, 자속 밀도는 마이너 루프(minor loop)를 따라 B_{r1}으로 되돌아갈 것이다. 따라서, 역자계의 적용은 철심의 잔류 자기 또는 영구 자성을 줄인다. H_n의 재적용(reapplication)은 자속밀도를 다시 줄일 것이며, 철심의 자속밀도가 근사적으로 앞에서와 같은 값 B_1로 되돌아가, 마이너 히스테리시스 루프를 완성한다. 마이너 히스테리시스 루프는 보통 작은 오차로 **반동선**(*recoil line*)이라 불리는 직선으로 대체될 수 있다. 이 선(line)은, $H = 0$—즉, $B = B_r$—에서의 원래 B–H 곡선의 기울기와 근사적으로 같은, **반동 투자율**(*recoil permeability*) μ_{rec}라 불리는 기울기를 가진다.

인가 자계의 세기의 부(음, negative) 값이 H_n을 초과하지 않는 한, 자석은 상당히 영구적인 것으로 간주될 수 있다. 하지만, H_n보다 더 큰 부(음) 자계가 인가된다면, 자속밀도는 B_1보다 더 낮은 값으로 줄어들 것이다; 그리고 H의 제거로, 새로우며 더 낮은 반동선이 확립될 것이다.

1B PERMANENT-MAGNET SYSTEMS WITH AIR GAPS

그림 1-29 (a)는 공극을 가진 영구자석을 보인다. 공극에 꼭 맞는 연자성체의 걸쇠(키퍼, keeper)가 있는 자석이 그림 1.58에서 설명된 것과 같은 자화 펄스를 받는다고 가정한다. 펄스의 끝에서 자석과 키퍼의 상태는 그림 1-29 (b)에서 있는 점 a와 같이 보여진다. 그 다음 증가하는 부(음)의 자계의 세기가 계통에 인가된다면, 그 것의 변동 상태는 그림 1-29 (b)의 2상한에서의 감자 곡선으로 나타내어질 것이다. 자화 펄스의 끝에서 계통이 상태 a에 있을 때, 키퍼가 공극으로부터 제거된 경우를 고려한다. 이제는 물질의 자화 $\mathcal{M}$이 이제는 증가된 자기저항의 자기회로에 자속을 생성해야 하기 때문에, 자석 내의 자속밀도는 줄어든다. 새로운 자속밀도는 얼마나 될 것인가?

공극은 별문제로 하고, 자속은 자석으로 제한되며 그 단면을 가로질러 균일하게 분포되는 것으로 가정될 것이다. 공극에서는, 그림 1-29 (c)에 묘사된, 약간의 프린징

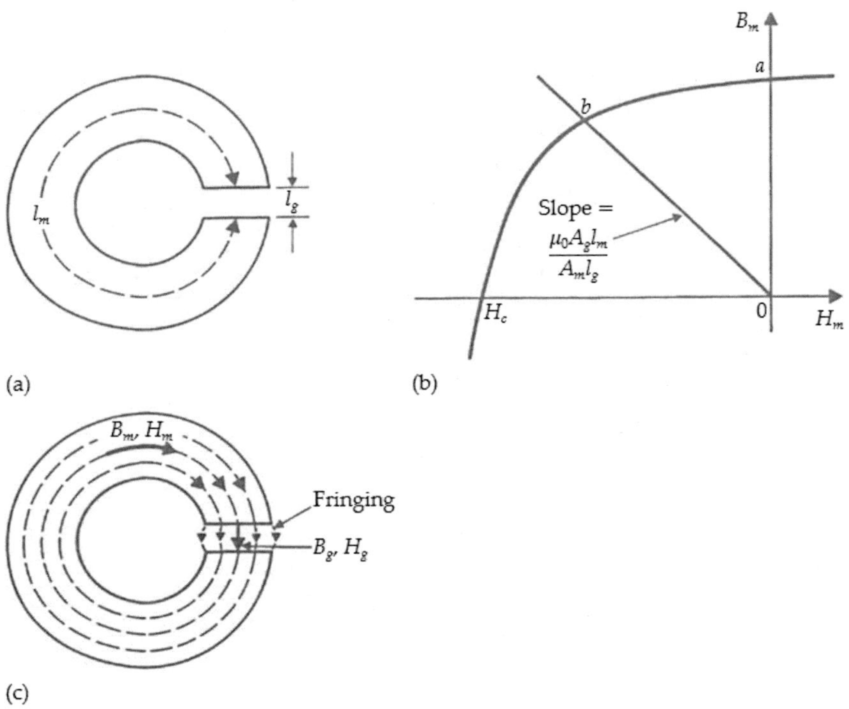

Figure 1-29 Permanent magnet with air gap.

의 존재는 자석 단면적 A_m보다 어느 정도 더 큰 공극 단면적 A_g를 고려함으로써 참작될 것이다. 그림 1-29 (c)에 보여진 경로 주위에 대한 주회 법칙의 적용은

$$H_m l_m + H_g l_g = 0 \tag{1-71}$$

을 산출하며, 이로부터

$$H_m = -H_g \frac{l_g}{l_m} \qquad [\text{A/m}] \tag{1-72}$$

이다. 따라서 공극의 존재는 영구자석 물질에 부(음) 자계(negative field)를 적용하는 것과 등가이다. 자속은 경로 주위에서 연속이어야 하기 때문에,

$$B_m A_m = B_g A_g \qquad [\text{Wb}] \tag{1-73}$$

이다. 따라서, $B_g = \mu_0 H_g$이기 때문에, 식 (1-72)와 (1-73)으로부터,

$$B_m = -\mu_0 \frac{A_g}{A_m} \cdot \frac{l_m}{l_g} H_m \qquad [\text{T}] \tag{1-74}$$

이다. 식 (1-74)로 기술된 직선이 그림 1-29 (b)에 보여져 있다. 여기서 감자 곡선과의 교점인 점 b는 키퍼가 제거된 철심의 자기적 상태를 나타낸다.

이 해석은 공극을 가진 자석의 운전 상태가 자석의 감자 곡선과 치수(dimension)에 의해 결정됨을 보인다. 막대 자석(bar magnet)과 키퍼가 그림 1-30에 보여진 형태로 자화되었다면, 키퍼가 제거되었을 때 공기 경로의 증가된 자속이 간단히 자화 곡선 위에서 더 낮은 상태로 귀결하였을 것이다.

식 (1-71)과 (1-73)으로부터,

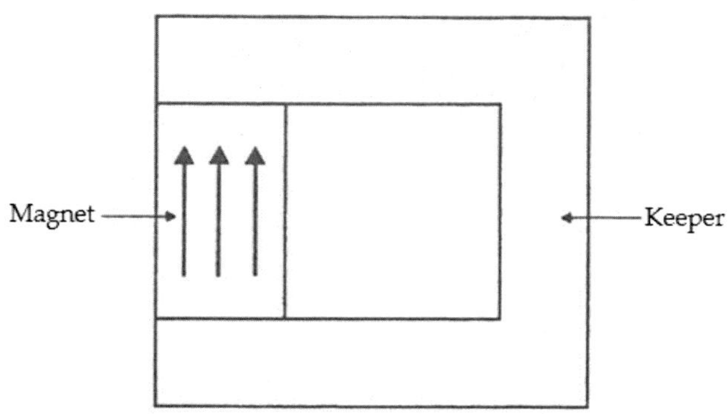

Figure 1-30 Bar magnet with keeper.

$$A_m l_m = \left(\frac{B_g A_g}{B_m}\right)\left(\frac{-H_g l_g}{H_m}\right) \qquad [\mathrm{m}^3] \tag{1-75}$$

이어서 자석의 체적은

$$V_m = |A_m l_m| = \left|\frac{B_g{}^2 V_g}{\mu_0 B_m H_m}\right| \qquad [\mathrm{m}^3] \tag{1-76}$$

으로 표현될 수 있다. 여기서 $V_g = A_g l_g$는 공극의 체적이며, $B_g = \mu_0 H_g$이다. 따라서, 체적 V_g의 공극에 자속밀도 B_g를 생성하기 위해서는, 물질이 적(product) $B_m H_m$의 최대치로 표현되는 상태에서 운전된다면 자석 물질의 최소 체적이 요구된다. 1-8절에서의 히스테리시스 손실의 논의에서, B–H도(B–H diagram)에서의 면적, 즉, B와 H의 적(product)이 에너지 밀도의 차원을 갖는다는 것이 보여졌다. 양(quantity) $B_m H_m$은 그러므로 물질의 **에너지 적**(*energy product*)으로 알려져 있다. 하지만, 그것은 자석 내에 저장되는 에너지를 나타내는 것은 아니다. H_m에 대한 에너지 적 $B_m H_m$의 전형적인 곡선이, 그것이 유도된 자화 곡선과 함께, 그림 1-31에 보여져 있다. 이 그림으로부터 가장 좋은 자석 설계는 점 b에서의 물질의 운전에 의해 얻어질 것이라는 것이 나타날 것이다. 이것은 부가적인 역 자계를 겪지 않을 고정된 공극을 가진 자석의 경우 참(true)일 것이다. 하지만, 그림 1-29의 계통은, 실제로는 드물게 만나는, 매우 간단한 계통이다; 그리고 실제 계통에서 최적 자석 설계를 얻기 위해서는, 다른 인자가 고려되어야 한다.

이제, 그림 1-32에 묘사된 것과 같은, 실제 계통에 더 가까운 근사화를 고려한다. 이 계통의 거동은 그림 1-29의 환상 자석(toroidal magnet)의 논의에서는 무시된 인자의 영향을 받을 것이다. 키퍼가 공극으로부터 제거될 때, 상당한 누설 자속이, 그림 1-32에서 ϕ_l에 대한 경로로 표시된 바와 같이, 공극을 가로지르지 않고 자극편(pole piece) 사이를 지나가, 주 자속 경로의 일부를 우회할 것이다. 이것을 참작하

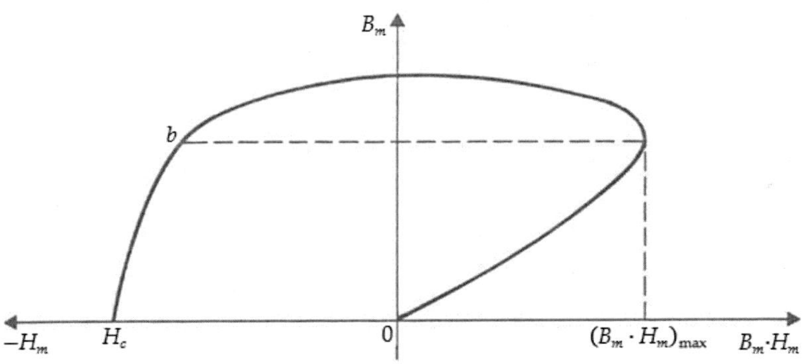

Figure 1-31 Demagnetization curve and derived energy-product curve.

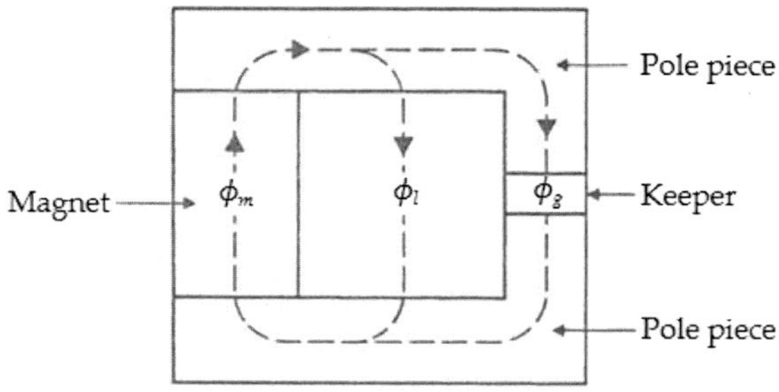

Figure 1-32 Practical permanent-magnet system.

기 위하여, 누설 계수(leakage factor) q가 도입될 수 있어서,

$$B_m A_m = q B_g A_g \qquad [\text{Wb}] \tag{1-77}$$

을 준다. 여기서

$$q = \frac{\text{Flux in magnet}}{\text{Flux in air gap}} \tag{1-78}$$

이다. 특정한 형태의 계통에 대한 누설 계수 q의 값은 자계 계산 또는 비슷한 계통에 대한 설계 경험을 기초로 한 추정에 의해 결정될 수 있다. 어떤 소형 전기기기의 경우에는, 그것이 4 정도로 클 수 있다; 다시 말하면, 자석 자속의 단지 4분의 1만이 유용하게 사용될 수 있다. B_m과 H_m 사이의 관계는 이제

$$B_m = \frac{-\mu_0 q A_g l_m}{A_m l_g} \cdot H_m \qquad [\text{T}] \tag{1-79}$$

로 되며 자석의 체적은

$$V_m = |A_m l_m| = \left| \frac{q B_g{}^2 V_g}{\mu_0 B_m H_m} \right| \qquad [\text{m}^3] \tag{1-80}$$

으로 표현된다. 그림 1-32에 있는 계통의 자극편이 고도로 포화된 조건에서 운전된다면, 식 (1-71)이 더 이상 정당하지 않을 것이기 때문에 그들의 자기저항이 식 (1-79)와 (1-80)의 관계에 더 영향을 미칠 것이다. 하지만, 그러한 자기저항의 효과는 보통 무시된다.

계통이 그 운전의 정상적인 과정 동안 감자 기자력에 지배될 때—전기기기의 경우에서와 같이—에는 영구자석이 감자 곡선 위에서가 아니라 반동선 위에서 동작할 것이다. 반동선은 실제로는 자석의 **안정화**(*stabilizing*)에 의해—즉, 자석이 초기

자화된 후 적어도 계통의 운용 중에 인가될 것보다 어느 정도 더 큰 안정화 기자력 H_s가 인가됨으로써—확립된다. 실제 계통의 운전점은 그러므로 그림 1-33에서의 b와 같은 어떤 점에 놓일 것이다. 여기에서, 요구되는 안정화의 정도(degree)는, 운용 중에 인가되는 감자 기자력에 의해서가 아니라, 그림 1-30의 막대 자석에 대해 설명된 것과 비슷한 결과로, 자화 후 계통에서 제거될 필요성(necessity to dismantle)에 의해 결정될 수 있다. 반동선과 식 (1-79)에서 기술된 **부하선**(*load line*)의 교점은 이제 B_m과 H_m의 운전 값을 줄 것이다. 그들의 적(product)은 $(B_mH_m)_{\max}$보다 작을 것이며, 그들을 식 (1-80)에 대입하면 요구되는 자석의 체적을 줄 것이다.

1C ALLOY PERMANENT-MAGNET MATERIALS

금세기(20세기) 초엽에 가장 일반적으로 사용된 영구자석 강(steel)은 단순히 1 [%]의 탄소(carbon, C)를 함유한 철 합금이었다. 이것은 대략 1600 [J/m^3]의 에너지 적과 약 400 [A/m]의 항자력을 가졌다. 35 [%]의 코발트와 더 적은 양의 크롬(크로뮴, chromium, Cr)과 중석(텅스텐, tungsten, wolfram, W)을 함유한, 훨씬 더 비싼 강은 대략 7500 [J/m^3]의 에너지 적과 약 20 [kA/m]의 항자력을 가졌다. 이 강들은 일반 방식(normal method)으로 성형될 수 있었으며 그 다음 경자성(그리고 기계적 강도)를 주기 위해 높은 온도에서 담금질되었다(quenched). 가공 작업(machining operation)은 담금질 후에 가능하였다.

1931년에 철, 니켈, 그리고 알루미늄(aluminum, Al)의 새로운 합금이 I. Mishima에 의해 발견되었다. 그것의 항자력은 대략 40 [kA/m]이지만, 에너지 적은 단지 약 10 [kJ/m^3]이었다. 하지만 이것은 매우 중요한 알니코(Alnico, Al-Co-Ni) 족(family)의

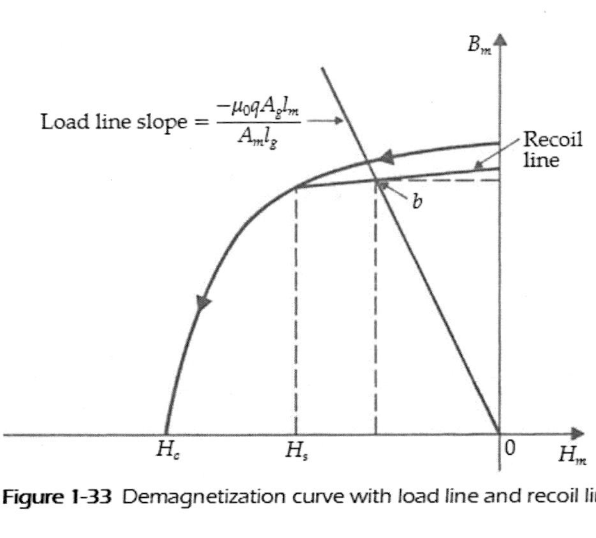

Figure 1-33 Demagnetization curve with load line and recoil line.

첫번째 일원이 되었다. 합금에 12 [%] 또는 더 많은 코발트를 첨가하고 자계 내에서 주물을 냉각하는 것이 물질이 차후에 냉각 동안에 인가된 자계의 방향으로 자화되었을 때 매우 더 높은 에너지 적을 산출한다는 것이 나중에 발견되었다. 이 방향과 직각(right angle)에서는 영구자석 성질이 훨씬 더 빈약했다. 일반적으로, 영구자석은 한 방향에서만 작용하는 것이 요구되기 때문에, 자석의 대부분이 이제는 자계로 다루어진다. 그림 1-34는 Alnico 5에 대한 감자 곡선뿐만 아니라 세가지 값의 에너지 적에 대한 궤적을 보인다. 이 감자 곡선의 수직축(vertical axis)에 가까이 있는 부분은 대략 $3\mu_0$의 매우 작은 기울기를 가진다. 최대 에너지 적은 감자 곡선이 근사적으로 직선인 부분으로부터 뚜렷하게 벗어나기 시작하는 영역과 근사적으로 같은 영역에서 생긴다. 부가적인 자계 내에서의 처리로, 균일한 결정 배향(uniform crystal orientation)이 이루어지는 다른 Alnico 합금은 Alnico 5보다 더욱 더 큰 에너지 적을 가진다. 다른 Alnico 합금은 Alnico 5보다 더 낮은 잔류 자속밀도와 더 높은 항자력을 가진다.

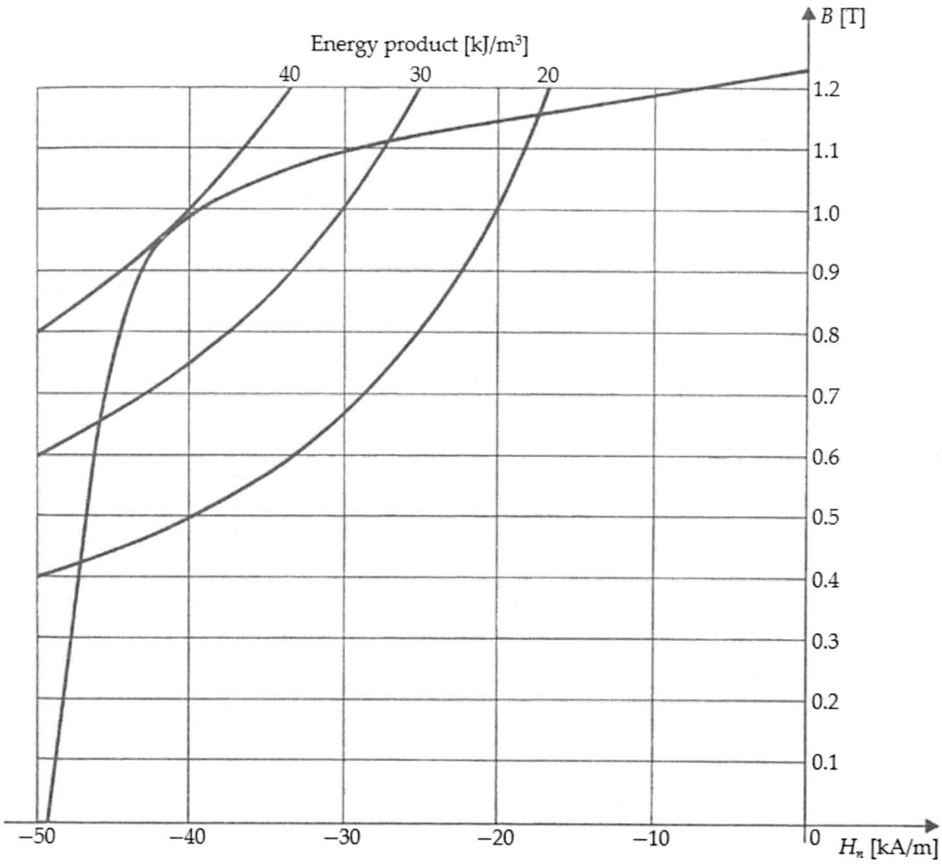

Figure 1-34 Demagnetization curve for Alnico 5.

Alnico의 기계적 성질은 형편이 좋지 않다. 자기적 경도(hardness)는 극도의 기계적 경도와 메짐성(깨지기 쉬움, brittleness)을 동반한다. 더욱이, 주물은 냉각 과정 에서 상당히 줄어든다. 기계적 공차(mechanical tolerance)에 근접하기 위해서는, 그러므로 연마 숫돌(abrasive wheel)로 자석을 형상으로 갈거나(grind) 자르는 것이 필요하다. 합금 자석은 1B절에서 설명된 바와 같이 자화 후에 안정화된다.

1D FERRITE PERMANENT-MAGNET MATERIALS

바륨(barium, Ba)과 스트론튬(strontium, Sr) 페라이트는 큰 크기로 제조될 수 있는 좋은 영구자석을 만들어낸다. Alnico와 몇 가지 다른 합금 물질보다 더 낮은 잔류자기와 에너지 적을 갖고 있는 한편, 매우 더 큰 항자력을 가지며 영구 자성의 현저한 감소없이 더 큰 감자 자계에 견딜 수 있다. 에너지 변환의 목적의 경우, 경자성 페라이트(hard magnetic ferrite)가 실제적으로 매우 유용하다.

페라이트 영구자석이 제조될 때에는, 가공되지 않은 물질이 함께 빻아지며 소결된 후, 결과적인 분말이 자계 내에서 압착 성형된다(pressed into shape). 때때로 압착(pressing)은 젖은 슬러리(wet slurry)의 형태인 물질로 이루어진다. 인가 자계는 원하는 방향(들)으로의 자화를 위하여 물질을 배향한다(orient); 이 자기적 처리 후에, 주조된 형상(molded shape)은 정확하게 제어되는 화로(furnace)에서 다시 구워진다(fired).

두 가지의 영구자석 페라이트 물질에 대한 감자 곡선이 그림 1-35에 보여져 있다. 페라이트 C는 확성기(loudspeaker) 자석을 위해 설계된 바륨 페라이트이다. 그러한 응용에서는, 자화 후에 감자 기자력 뿐만 아니라 해체(dismantling)도 기대되지 않는다. 그러므로 높은 항자력은 요구되지 않으며, 겨냥(목표, aim)은 가능한 한 높은 잔류 자기와 에너지 적을 달성하는 것이다. 페라이트 D는 감자 자계가 수리(service)하는 동안 인가될 전동기에서의 사용을 위해 설계된 스트론튬 페라이트이다. 수리의 어떤 단계에서는 전동기 전기자(motor armature)를 제거하는 것 역시 필요할 수 있다. 여기에서는 높은 항자력이 가장 중요하다. 일정한 에너지 적에 대한 두 가지 곡선 역시 그림 1-35에 보여져 있다.

페라이트 D에 대한 감자 곡선의 2상한 부분은 본질적으로 대략 $1.05\mu_0$의 증분기울기(incremental slope)를 갖는 직선이다. 1A절에서, 자성체 내에서의 자속밀도는 다음 표현식에 따라 자화 $\mathcal{M}$과 인가 자계의 세기 H로부터 생기는 것이 보여졌다:

$$B = \mu_0(H + \mathcal{M}) = B_0 + B_{\mathcal{M}} \qquad [\mathrm{T}] \tag{1-81}$$

자화 $\mathcal{M}$이 절대적으로 일정하게 남아있는 물질은 그러므로 수평 직선이 될 $B_{\mathcal{M}}$–H

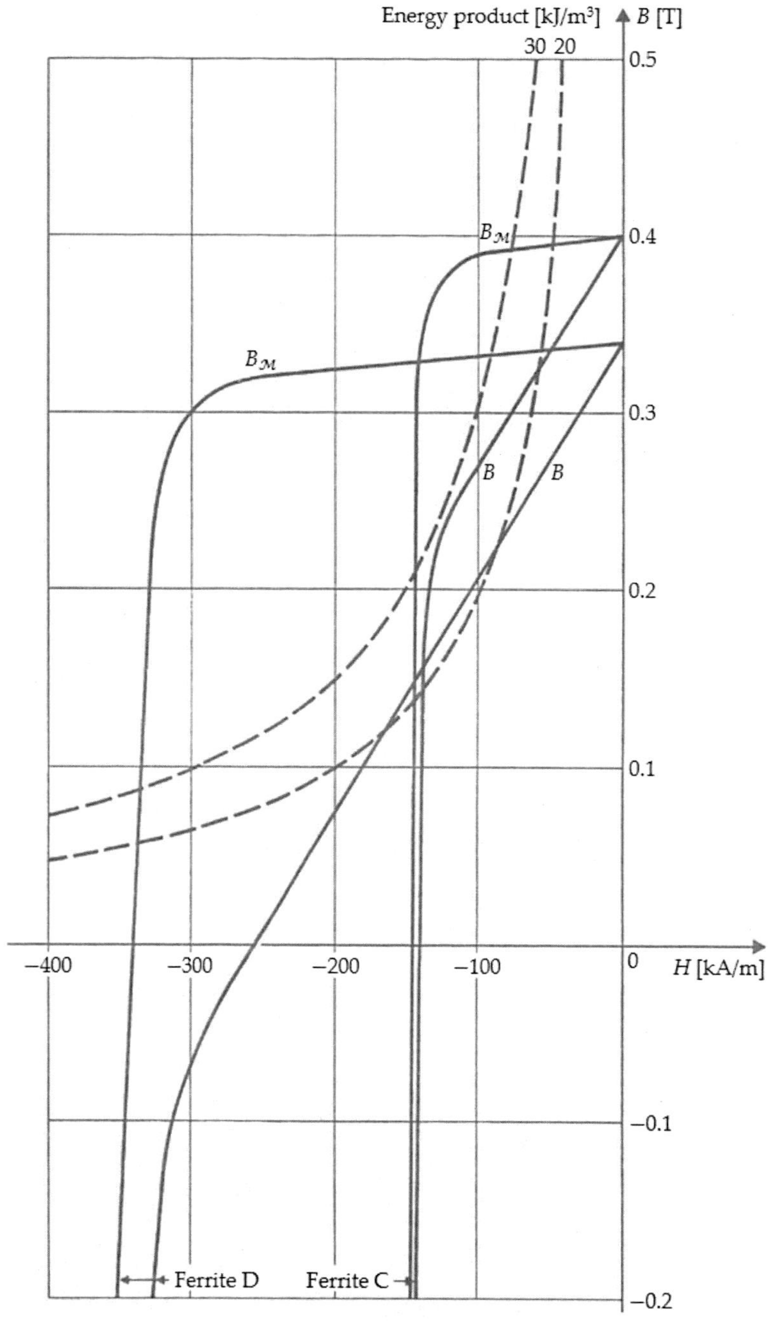

Figure 1-35 Demagnetization curves for Ferrite C and D.

관계와, μ_0의 증분 기울기인 B–H 관계를 가질 것이다(그림 1-26). 물질 D는 그러므로 자화의 이상적인 불변성(constancy)에 매우 가깝게 되며 H_c를 초과하여 부(음)의 H의 값에 대하여 이것을 유지한다. 그러한 페라이트는, 반동선이 사실상 감자 곡선과 일치하기 때문에, 안정화가 필요하지 않다. 이 페라이트를 포함하는 자기 계통의 해체는, 감자 곡선이 $B = 0$으로 떨어지는 직선이기 때문에, 자화의 손실을 일으키지 않을 것이다.

페라이트 물질의 매우 높은 값의 항자력 때문에, 자석에서 요구되는 길이는 보통, 전형적으로 공극 길이와 크기가 같을 정도로, 비교적 작다. 전기기계를 위해 설계된 몇 가지 이용할 수 있는 형상과 배향 방향이 그림 1-36에 보여져 있다. 자석은 보통 조립된 기계 내에서 집게(클립, clip) 또는 점착제에 의해 자리에 고정된다. 그들은 기계적으로 강하지 않으며 자기 계통의 구조 부재(구조를 이루는 재료, structural member)로는 사용될 수 없다.

1E RARE-EARTH PERMANENT-MAGNET MATERIALS

1960년에, Alnico-형 물질의 비교적 높은 잔류 자기와 페라이트에서 달성된 것보다 더 큰 항자력이 결합된, 새로운 종류의 영구자석 물질이 개발되었다. 이 물질은 한 가지 또는 그 보다 많은 희토류 원소(rare-earth element)를 포함한 철, 니켈, 그리고 코발트의 혼합물(compound)이다. 가장 유용한 것 중 한 가지는, 감자 곡선이 그림 1-37에 보여진 사마륨-코발트(Sa-Co)이다. 이 물질에 대한 에너지 적은, Alnico가 이를 수 있는 값의 약 4배인, 대략 160 [kJ/m^3]의 최대 값을 가진다.

감자 곡선은 역전된 자속밀도(reversed flux density)와 크기로 10^6 [A/m]를 초과하

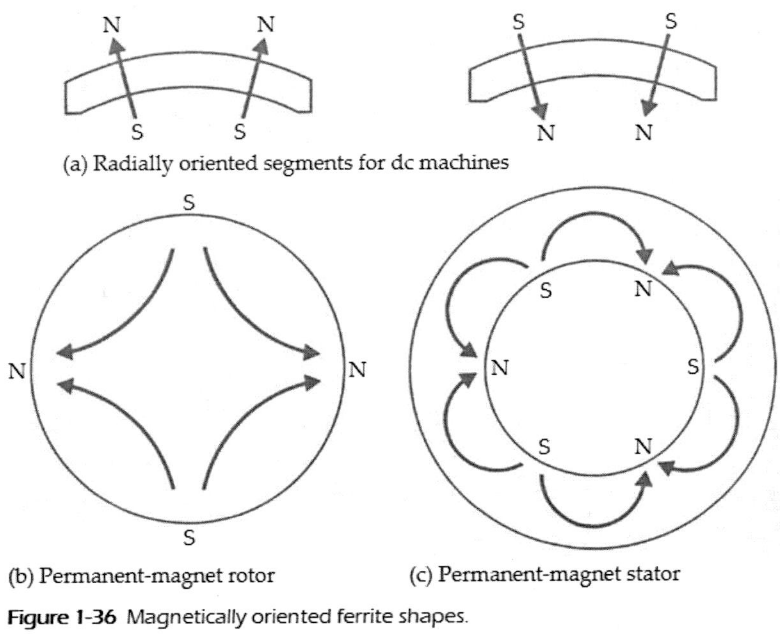

Figure 1-36 Magnetically oriented ferrite shapes.

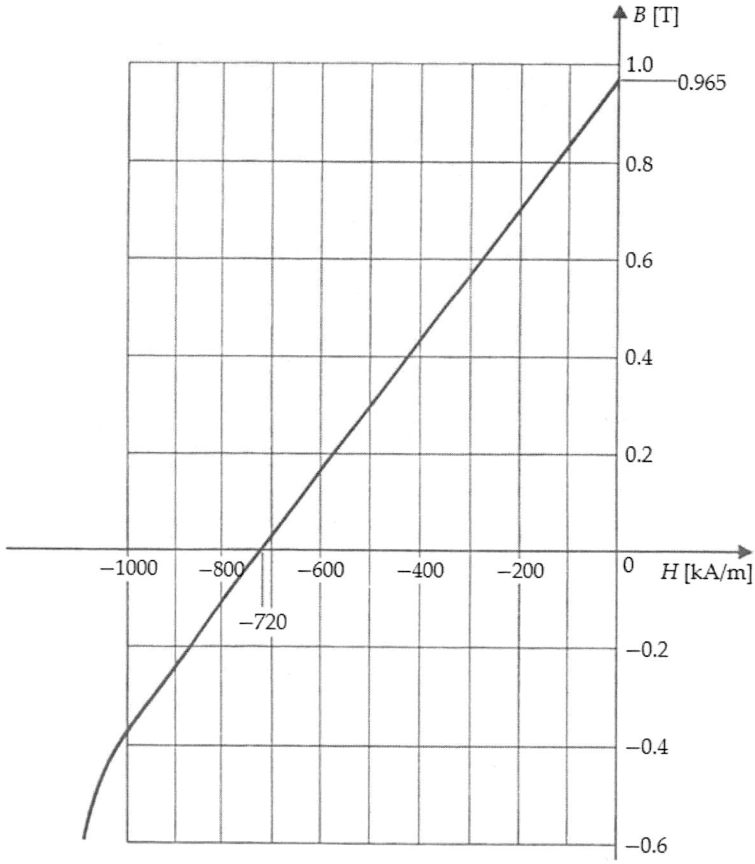

Figure 1-37 Demagnetization curve for samarium-cobalt.

는 부(음) 자계의 세기로만 직선으로부터 벗어나기 시작한다. 곡선의 직선 부분은, 역전 자화(reverse magnetization)가 10^6 [A/m]를 초과하지 않는다는 것을 조건으로, 약 $1.06\mu_0$의 기울기를 가지며, 이것은 또한 반동 투자율이기도 하다. 이 한계 내에서는, 반동선이 사실상 감자 곡선과 일치한다. 이 물질로 된 두 개의 비슷한 자석을 영구 감자(permanent demagnetization)를 일으킴이 없이 서로 반대 방향으로 마주보게 할 수 있다.

희토류 자석의 가격은 비교적 높지만, 저렴해지고 있다. 지금까지의 적용은 작은 크기와 중량이 중요한 요구 조건인 작은 자석으로 제한되어 왔었다.

1F DESIGN OF PERMANENT-MAGNET SYSTEMS

주어진 적용에서 합금 또는 페라이트 자석 중 어느 것을 사용할 것인가 하는 선택은 허용할 수 있는 계통의 체적과 중량, 받아들일 수 있는 비용, 그리고 복무(정비,

service)에서 만나게 될 감자 기자력의 크기 같은 인자에 좌우된다. 페라이트로 얻을 수 있는 에너지 적은 Alnico로 얻을 수 있는 것보다 사실상 작다; 그 결과, 자석 체적은 페라이트가 사용될 때 더 크다. 다른 한편으로, 페라이트의 상대 밀도(relative density)(비중, specific gravity)는 금속 자석의 단지 0.6에 불과하다. 이것은 페라이트로 설계된 계통이 금속 자석으로 설계된 등가 계통보다 더 작은 중량을 가질 수 있다는 것을 의미한다. 단위 에너지 적당(per unit of energy product) 페라이트 자석의 더 적은 비용도 또한, 설계에 페라이트가 사용될 때 부피가 더 큼에도 불구하고, 더 경제적인 경향이 있다.

더 낮은 자속밀도 때문에, 페라이트 자석의 단면적은 등가 금속 자석의 단면적보다 더 클 것이다. 다른 한편으로, 페라이트의 높은 항자력은 자석의 필요한 길이를 줄인다. 따라서, 페라이트 자석은 금속 등가 자석보다 더 짧으며 더 넓다. 이것은 응용에 따라 이점일 수도 아닐 수도 있다. 자석 계통의 복무(정비) 요구와 해체 가능의 필요성도 또한 자석의 선택이 이루어질 때 유념해야 한다.

그림 1-28에서 설명된 바와 같이, 영구자석의 운전 궤적은 반동선에 의해 이루어진다는 것을 보았다. 합금 자석의 경우에는, 이 반동선이 안정화 과정에 의해 확립된다. 그 후, 자석에 인가되는 부(음) 기자력은 안정화에서 사용된 크기를 초과하지 않아야 한다; 그렇지 않으면, 새로운 반동선이 생성된다. 안정화가 필요없는 페라이트 또는 희토류 자석의 경우에는, 반동선이 감자 곡선의 직선 부분과 일치한다.

일단 자석 물질이 결정되었으면, 자석 계통의 설계는 1B절의 식 (1-76), (1-80), 그리고 그림 1-33으로 나타내어진 선(line)을 따라 진행될 수 있다. 다른 한편으로, 반동선에 의해 이루어지는 B–H 관계의 선형성은 자석이 선형 모델에 의해 나타내어질 수 있다는 것을 제시한다. 그러한 모델은, 특히 복잡한 계통에서, 설계 계산을 단순화할 것이다.

그림 1-38 (a)는 단면적 A_m과 길이 l_m의 영구자석을 보인다. 자기 경로는 연자성체의 부분에 의해 완성되며, 연자성체 내에 자속을 생성하기 위해 요구되는 H의 값은 무시할 수 있다고 가정될 것이다. N [turn] 코일이 자기 경로 주위에 감긴다. 자석은 요구되는 반동선을 산출하도록 자화되고 안정화되었다고 가정될 수 있다. 그림 1-38 (b)는 자속 ϕ_m과 기자력 $\mathcal{F}_n$ 사이의 관계를 보인다. 이 관계는,

$$\phi_m = B_m A_m \qquad [\text{Wb}] \tag{1-82}$$

$$\mathcal{F}_n = H_n l_m \qquad [\text{A}] \tag{1-83}$$

를 사용하여, 물질의 반동선의 눈금을 다시 매김으로써 얻어진다. 여기서 H_n은 감

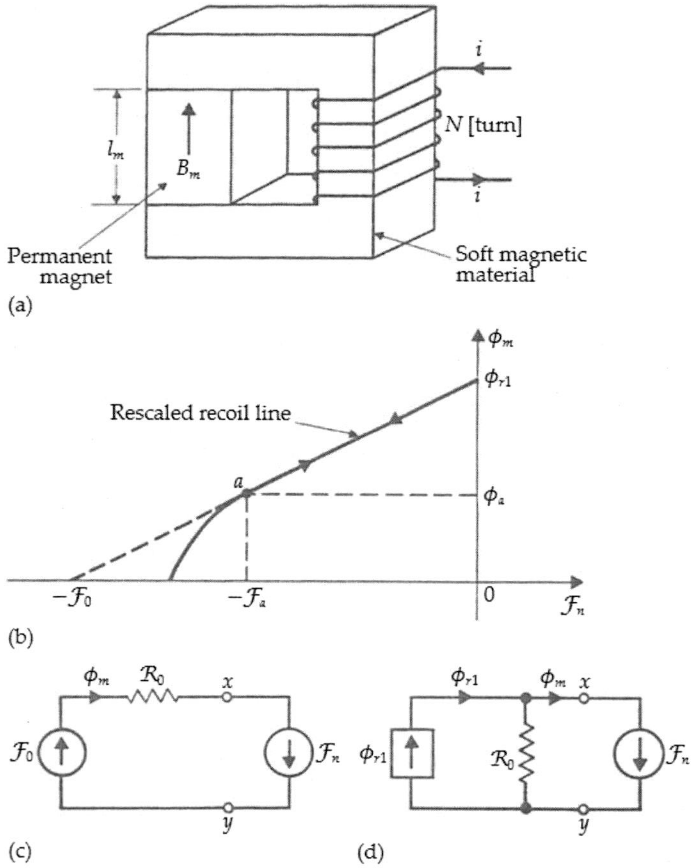

Figure 1-38 Linear model for a permanent-magnet system: (a) magnet system, (b) graphical analysis, (c) equivalent magnetic circuit with mmf source, and (d) equivalent magnetic circuit with flux source.

자 자계의 세기이다.

그림 1-38 (b)에서 왼쪽으로 연장된 눈금이 다시 매겨진 반동선이 $\mathcal{F}_n = -\mathcal{F}_0$에서 수평축과 만난다면, 선의 기울기는

$$\frac{\phi_{r1}}{\mathcal{F}_0} = \frac{1}{\mathcal{R}_0} \qquad [\text{Wb/A}] \tag{1-84}$$

이어서,

$$\phi_m = \phi_{r1} + \frac{\mathcal{F}_n}{\mathcal{R}_0}, \qquad \phi_m > \phi_a \qquad [\text{Wb}] \tag{1-85}$$

이다. 식 (1-84)와 (1-85)로부터,

$$\mathcal{R}_0\phi_m = \mathcal{F}_0 + \mathcal{F}_n, \qquad \mathcal{F}_n > -\mathcal{F}_a \qquad [\text{A}] \tag{1-86}$$

이다. 식 (1-86)은 그림 1-38 (c)의 등가 자기회로를 설명한다. 자석은 직렬로 자기저항 $\mathcal{R}_0$이 있는 기자력 $\mathcal{F}_0$의 원천(source)으로 나타내어질 수 있다. 등가 자기회로의 남은 부분은 간단히 코일 기자력

$$\mathcal{F}_a = Ni \qquad [\mathrm{A}] \tag{1-87}$$

이다.

그림 1-38 (c)의 직렬로 자기저항을 가진 기자력 원천은, 직류 전기회로에서 직렬 저항을 가진 기전력원(전압원, source of electromotive force)이 병렬로 같은 저항을 가진 전류원(current source)으로 변환될 수 있는 것과 똑같이, 병렬로 자기저항을 가진 자속 원천(flux source)으로 변환될 수 있다. 등가 자속 원천의 크기는

$$\frac{\mathcal{F}_0}{\mathcal{R}_0} = \phi_{r1} \qquad [\mathrm{Wb}] \tag{1-88}$$

이고, 등가 자기회로는 식 (1-86)으로 설명되며 또한 그림 1-38 (d)에 보여져 있다.

이 등가회로는, 공극이 도입된 그림 1-38 (a)와 비슷한, 그림 1-39 (a)에 보여진 것과 같은 자기 계통의 거동 설명에서 사용하기에 편리하다. 그림 1-39 (a)의 코일에서 전류가 0이라면, 계통의 등가 자기회로의 자속 원천 형태는 그림 1-39 (b)의 형태이다. 자성체에 대한 반동 투자율(반동선의 기울기)이 $\mu_r\mu_0$으로 정의된다면, 자

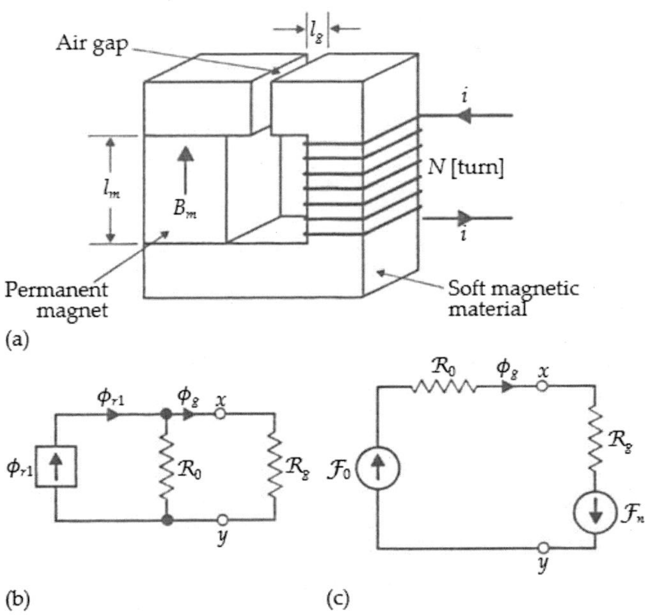

Figure 1-39 Linear model for a permanent-magnet system: (a) magnet system, (b) equivalent magnetic circuit, $i = 0$, and (c) equivalent magnetic circuit, $i \neq 0$.

기저항은

$$\mathcal{R}_0 = \frac{l_m}{\mu_r \mu_0 A_m} \qquad [\text{A/Wb}] \tag{1-89}$$

이다. 공극의 자기저항은

$$\mathcal{R}_g = \frac{l_g}{\mu_0 A_g} \qquad [\text{A/Wb}] \tag{1-90}$$

이며, 등가 자기회로로부터,

$$\phi_g = \frac{\mathcal{R}_0}{\mathcal{R}_0 + \mathcal{R}_g}\phi_{r1} \qquad [\text{Wb}] \tag{1-91}$$

이다. 덧붙여, 전류 i가 N [turn] 코일에 흐른다면,

$$\mathcal{F}_n = Ni \qquad [\text{A}] \tag{1-92}$$

이다. 이 경우 공극 자속에 대한 풀이(solution)는, 그림 1-39 (c)로 귀결하는, 자속 원천 자석 모델을 기자력 원천 모델로 대체함으로써 신속히 처리될 수 있다.

EXAMPLE 1-7 그림 1-39 (a)의 영구자석 계통에서, 자석은, 감자 곡선이 그림 1-34에 보여진, Alnico 5로 만들어졌다. 자석의 치수는 $l_m = 5$ [cm], $A_m = 9$ [cm^2] 이다. 공극 치수는 $l_g = 1$ [mm], $A_g = 8$ [cm^2] 이다. 코일은 500 [turn] 을 가진다. 자석은 자석 내에 $H_n = -40 \times 10^3$ [A/m]를 주는 전류 펄스에 의해 안정화되었다. 연자성체의 투자율은 그 속에 자속을 생성하기 위해 요구되는 기자력이 무시될 수 있을 정도로 높다. 또한, 공극 주위의 프린징과 누설 자속은 무시될 수 있다.

(a) 공극과 자석에서의 자속밀도를 결정하라.

(b) 영구 자화의 손실없이 허용될 수 있는 최대 부(음) 코일 전류를 결정하라.

Solution

(a) 반동선의 기울기가 $H_n = 0$에서의 감자 곡선의 기울기와 같다고 가정하여, 반동 투자율은

$$\mu_r \mu_0 = \frac{1.230 - 1.125}{24 \times 10^3} = 4.375 \times 10^{-6}$$

더 나아간 감자의 위험없이 허용될 수 있는 최소 자속밀도가 0.99 [T] 이어서 반동선은 점 $(-40 \times 10^3, 0.99)$에서 끝난다. 끝 점의 좌표와 $\mu_r\mu_0$의 값으로부터, 반동선의 방정식은

$$B = 1.165 + 4.375 \times 10^{-6} H_n \text{ [T]}, \qquad -40 \times 10^3 < H_n < 0 \text{ [A/m]}$$

식 (1-89)로부터,

$$\mathcal{R}_0 = \frac{5 \times 10^{-2}}{4.375 \times 10^{-6} \times 9 \times 10^{-4}} = 12.70 \times 10^6 \text{ [A/Wb]}$$

식 (1-90)으로부터,

$$\mathcal{R}_g = \frac{1 \times 10^{-3}}{4\pi \times 10^{-7} \times 8 \times 10^{-4}} = 0.995 \times 10^6 \text{ [A/Wb]}$$

반동선의 방정식으로부터, 이 안정화의 정도(degree)에 대한 잔류 자기는 $B_{r1} = 1.165$ [T]이어서, 식 (1-82)로부터,

$$\phi_{r1} = 9 \times 10^{-4} \times 1.165 = 1.049 \times 10^{-3} \text{ [Wb]}$$

그림 1-39 (b)의 등가 자기회로 또는 식 (1-91)로부터,

$$\phi_g = \frac{12.70 \times 10^6}{(12.70 + 0.995) \times 10^6} \times 1.049 \times 10^{-3} = 0.9728 \times 10^{-3} \text{ [Wb]}$$

$$B_g = \frac{\phi_g}{A_g} = \frac{0.9728 \times 10^{-3}}{8 \times 10^{-4}} = 1.216 \text{ [T]}$$

$$B_m = \frac{\phi_g}{A_m} = \frac{0.9728 \times 10^{-3}}{9 \times 10^{-4}} = 1.081 \text{ [T]}$$

(b) 영구 자화의 손실을 예방하기 위하여, 자속은 다음 값 아래로 줄어서는 안된다:

$$\phi_g = \phi_a = 0.99 \times 9 \times 10^{-4} = 0.891 \times 10^{-3} \text{ [Wb]}$$

그림 1-39 (c)에서 원천 기자력은

$$\mathcal{F}_0 = \phi_{r1}\mathcal{R}_0 = 1.049 \times 10^{-3} \times 12.7 \times 10^6 = 13.32 \times 10^3 \text{ [A]}$$

그러면, 그림 1-39 (c)로부터,

$$\begin{aligned}\mathcal{F}_n = \mathcal{F}_0 - (\mathcal{R}_0 + \mathcal{R}_g)\phi_a &= 13.32 \times 10^3 - (12.7 + 0.995) \times 10^6 \times 0.891 \times 10^{-3} \\ &= 1119 \text{ [A]}\end{aligned}$$

코일 전류는

$$i = \frac{\mathcal{F}_n}{N} = \frac{1119}{500} = 2.24 \text{ [A]}$$

EXAMPLE 1-8 그림 1-40은 2극 직류전동기의 자기 계통의 단면을 보인다. 회전자 직경은 50

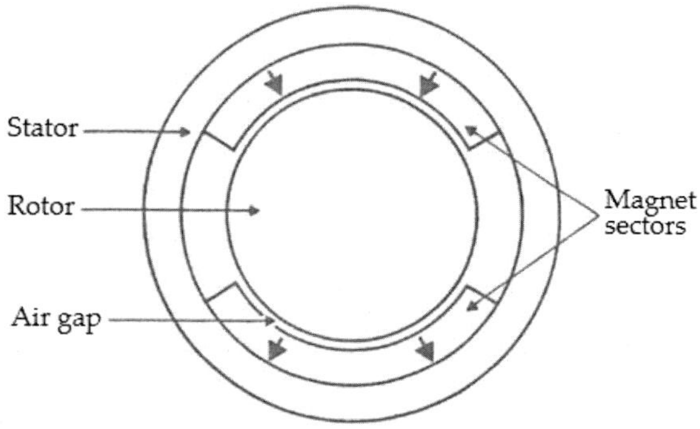

Figure 1-40 Direct-current motor magnet system for Example 1-8.

[mm], 공극은 길이로 2.5 [mm]이다. 자석 부분은 반경 방향으로 자화되었으며, 감자 곡선이 그림 1.65에 주어진, 페라이트 D로 만들어졌다. 식 (1-79)에 도입된 누설 계수 q는 1.10으로 취해질 수 있다. 자석 물질에 대한 반동선은 감자 곡선과 일치한다고 가정될 수 있다. 고정자 계철과 회전자 철심은 무한대(infinite)의 투자율을 갖는 것으로 가정될 수 있다. 공극에서의 프린징은 무시될 수 있다.

회전자의 표면에서 0.25 [T]의 자속밀도를 생성하기 위해 요구되는 자석 부분의 두께를 결정하라.

Solution 식 (1-5), (1-8)로부터, 자석 물질의 잔류 자기는 0.340 [T]이며, 반동 투자율은

$$\mu_r\mu_0 = \frac{0.34}{215 \times 10^3} = 1.58 \times 10^{-6}$$

반동선의 방정식은 그러므로

$$B = 0.340 + 1.58 \times 10^{-6} H_n \text{ [T]}, \qquad -80 \times 10^3 < H_n < 0 \text{ [A/m]}$$

자석 부분이 비교적 얇을 것이기 때문에, 한 개의 자석의 단면적은 한 개의 공극의 단면적과 같다고 가정될 수 있다. 따라서 $A_m = A_g$ [m²]이다. 이를 식 (1-79)에 대입하면 다음을 산출한다:

$$B_m = \frac{-4\pi \times 10^{-7} \times 1.10 l_m}{2 \times 2.5 \times 10^{-3}} \times H_m \text{ [T]}$$

여기서 l_m은 두 개의 자석 부분의 총 두께이다. 부하선에 대한 방정식은 그러므로

$$B_m = -0.276 \times 10^{-3} l_m H_m \text{ [T]}$$

이 선은 $B_m = 0.25$ [T]—즉,

$$0.25 = 0.340 + 1.58 \times 10^{-6} H_m \text{ [T]}$$

으로 주어지는 H_m—에서 반동선과 교차해야 한다. 이로부터,

$$H_m = -56.9 \times 10^3 \text{ [A/m]}$$

부하선에 대한 방정식에 B_m과 H_m을 대입하면 다음을 준다:

$$0.25 = (-0.276 \times 10^{-3})(-56.9 \times 10^3) l_m$$

이로부터,

$$l_m = 15.9 \times 10^{-3} \text{ [m]}$$

각 자석 부분은 그러므로 두께가 7.95 [mm]이어야 할 것이다.

1G FORCES IN SATURABLE MAGNETIC DEVICES

자속을 운반하는 강자성체의 부분 사이의 힘의 물리적 근원(physical origin)을 정렬된 자기 모멘트 사이의 인력으로부터 생기는 것으로 그릴 수 있지만, 이 개념은 힘의 계산을 위해서는 그리 유용하지 않다. 변위에 따른 인덕턴스의 변화율, 또는, 그 대신으로, 변위에 따른 자기저항의 변화율에 관련된 힘 또는 토크의 표현식을 유도하기 위해 에너지 보존 원리를 포함하는 간접 접근법이 1-9절에서 사용되었다. 간단한 설명을 위해, 전개는 철 부분이 무시할 수 있는 자계의 세기를 요구하거나 본질적으로 일정한 투자율을 가지는 것으로 간주될 수 있는 선형 자기 계통(magnetically linear system)으로 제한된다.

강자성 부분 사이의 힘을 기초로 한 실제 장치는 보통 최소 물질로 최대의 힘을 얻기 위해 포화 영역(saturation regime) 내에서 잘 운전된다. 이 경우, 쇄교 자속은 전류의 비선형 함수로 되며, 힘과 토크의 예측의 수단을 제공하기 위해 부가적인 개념이 도입되는 것이 필요하다.

예를 들어, 그림 1-41에서 단면으로 보여진 원통형 작동기(cylindrical actuator)를 고려한다. 코일 내에서의 전류 i가 공극을 가로지르며 강자성 폐경로를 도는 자속을 생성한다. 힘 F는 공극을 좁게 만드는 방향으로 가동자(플런저, plunger) 또는 전기자(armature)를 움직이려는 경향이 있다. 힘의 해석을 위한 출발점은 에너지 보존의 개념이다. 시간 Δt 내의 전기자의 작은 변위 Δx를 고려한다. 간단을 위하여, 철심 물질 내에서의 히스테리시스와 와류손을 무시하자. 더욱이, 기계손은 기계 계통과 관련시키고 권선 손실은 전기 계통과 관련시키자. 그러면, 에너지 보존으로부터, 전원으로부터 작동기로 들어오는, 저항손을 포함하지 않은, 전기 에너지 ΔW_e는 자계 내에 에너지 ΔW_m으로 저장되거나 기계 출력 W_o로 나타나야 한다. 즉,

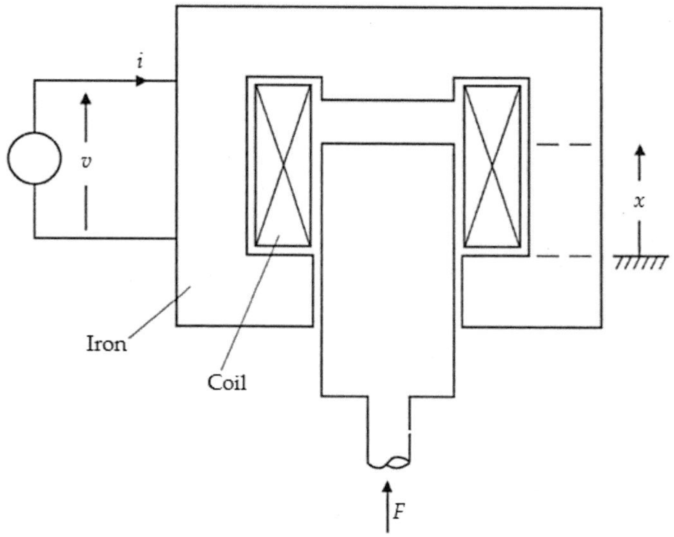

Figure 1-41 Cross section of cylindrical actuator.

$$\Delta W_e = \Delta W_m + \Delta W_o \qquad [J] \tag{1-93}$$

이다. 접근법은 주어진 시간 간격 내에서 에너지 입력과 주어진 변위에 대한 저장 에너지에 대한 표현식을 유도하는 것으로 될 것이다. 그 다음, 소거 과정에 의해, 기계적 출력 에너지와 따라서 힘을 얻을 것이다.

코일 쇄교 자속과 코일 전류 i 사이의 전형적인 비선형 관계가 플런저 위치 x_1에 대하여 그림 1-42에서 보여져 있다. 자계 내에 저장되는 에너지는 위치 x_1에서 전류 i가 0으로부터 증가됨에 따른 전원으로부터의 전력 입력 p를 고려함으로써 결정될 수 있다. 전원으로부터 작동기로 들어오는 전력은

$$p = vi = Ri^2 + i\frac{d\lambda}{dt} \qquad [W] \tag{1-94}$$

이다. 여기서 $\lambda = N\phi$ [Wb-t]는 쇄교 자속이며, R은 코일의 저항이다. 초기 저장 에너지가 0이기 때문에, 자계 내에 저장되는 에너지는 식 (1-94)의 두 번째 항에 있는 전력을 적분함으로써 얻어질 수 있다. 따라서,

$$W_m = \int_0^{\lambda_1} i\, d\lambda \qquad [J] \tag{1-95}$$

이다. 그림 1-42에서 보여진 바와 같이, 저장 에너지는, [Wb-A] 또는 [J]로 측정된, λ–i 관계와 λ-축 사이의 빗금친 면적으로 나타내어진다.

위치 $x = x_1$에서 플런저가 유지되며 전류가 초기에 값 i_1로 증가된다고 가정한다.

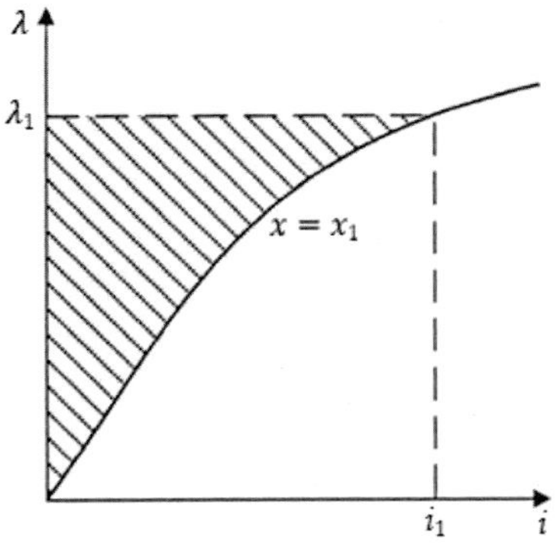

Figure 1-42 Shaded area representing stored energy.

이제 공극 길이가 변위 Δx에 의해 매우 천천히 감소된다고 가정한다. 느린 이동으로, 시간에 따른 쇄교 자속의 변화율은 무시될 수 있으며 코일 전류는 i_1에서 일정하게 머무는 것으로 고려될 수 있다. 초기 위치 x_1과 최종 위치 $x_2 = x_1 + \Delta x$에 대한 쇄교 자속-전류 곡선이 그림 1-43 (a)에서 보여져 있다. 변위 동안에, 동작점은 일

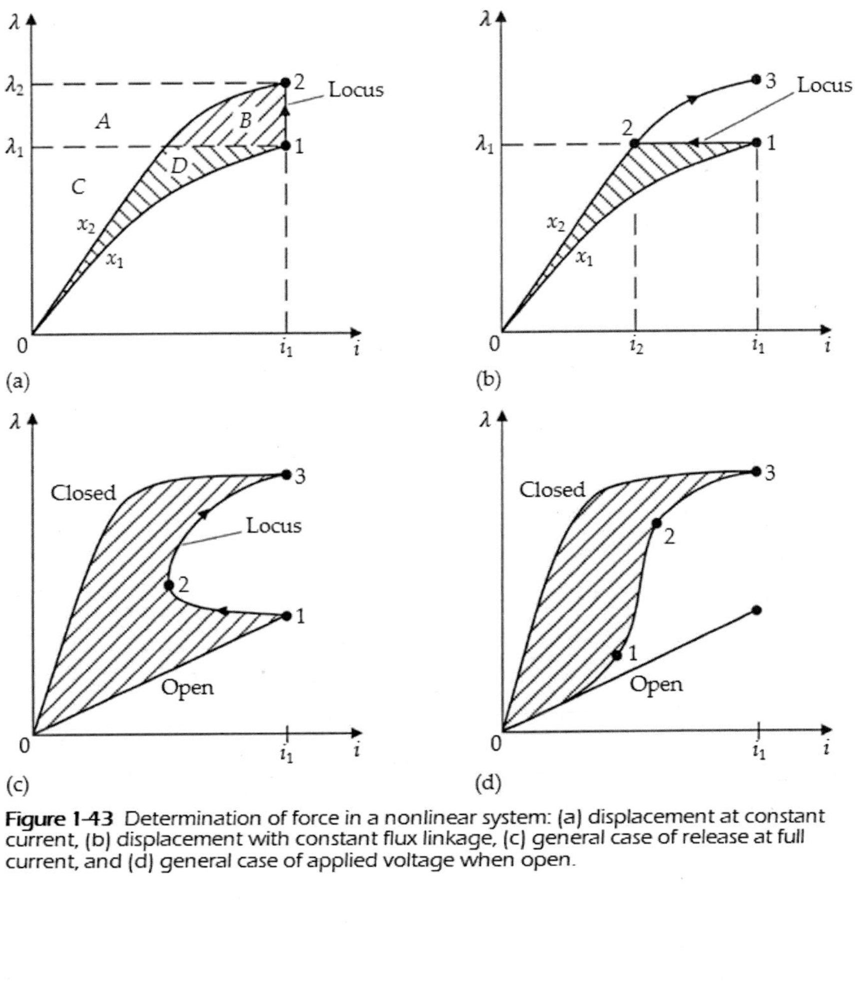

Figure 1-43 Determination of force in a nonlinear system: (a) displacement at constant current, (b) displacement with constant flux linkage, (c) general case of release at full current, and (d) general case of applied voltage when open.

정 전류 i_1에서 $x = x_1$에 대한 곡선 위의 점 1로부터 $x = x_2$에 대한 곡선 위의 점 2로 수직 궤적(vertical locus)을 따라 이동하고 쇄교 자속은 λ_1에서 λ_2로 증가한다. 변위 동안의 계통으로의 전기 입력 에너지는

$$\begin{aligned} \Delta W_e &= \int_{\lambda_1}^{\lambda_2} i_1 \, d\lambda = i_1(\lambda_2 - \lambda_1) \\ &= Area\ (A + B) \quad \text{in Figure 7.24 (a)} \quad [\text{J}] \end{aligned} \tag{1-96}$$

이다.

변위 동안의 저장 에너지에서의 증가는 상태 2에서의 저장 에너지 W_2 빼기 상태 1에서의 초기 저장 에너지 W_1과 같다. $x = x_1$에 대한 곡선을 사용하여,

$$W_1 = \int_0^{\lambda_1} i \, d\lambda = Area\ (C + D) \quad [\text{J}] \tag{1-97}$$

이다. 비슷하게, $x = x_2 = x_1 + \Delta x$에 대한 곡선을 사용하여,

$$W_2 = \int_0^{\lambda_2} i \, d\lambda = Area\ (A + C) \quad [\text{J}] \tag{1-98}$$

이다. 따라서, 변위 Δx 동안의 저장 에너지에서의 증가는

$$\begin{aligned} \Delta W_m &= W_2 - W_1 \\ &= Area\ (A + C) - Area\ (C + D) \\ &= Area\ (A - D) \quad [\text{J}] \end{aligned} \tag{1-99}$$

이다. 식 (1-96)과 (1-99)의 에너지 성분을 식 (1-93)에 대입하면,

$$\begin{aligned} \Delta W_o &= \Delta W_e - \Delta W_m \\ &= Area\ (A + B) - Area\ (A - D) \\ &= Area\ (B + D) \quad [\text{J}] \end{aligned} \tag{1-100}$$

과 같이 기계 출력 에너지를 준다.

기계 출력 에너지는 궤적 0-1-2-0에 의해 유계된(bounded) 빗금친 면적으로 나타내어짐을 보인다. 이것은 변위가 원인이 된 λ-i 곡선 아래의 면적에서의 증가와 같은 것으로 보인다. 이 면적은 에너지의 차원(dimension)을 가지며 λ-i 곡선과 λ 축 사이의 면적으로 되는 그림 1-42에서 보여진 저장 에너지와 상보(complementary)이다. 힘 결정에 있어서의 이것의 중요성 때문에, 용어 **수반 에너지(코에너지,** *coenergy*)가 주어졌으며,

$$W_m' = \int_0^i \lambda\, di \qquad [\text{J}] \tag{1-101}$$

으로 표현된다.

일정 전류 i_1에서 변위 Δx의 경우, 기계 에너지 출력은 이제 수반 에너지에서의 증가, 즉,

$$\Delta W_o = \Delta W_m' \qquad [\text{J}] \tag{1-102}$$

로 표현될 수 있다. 무한소 증분 변위(infinitesimal displacement increment) ∂x의 경우, 기계 에너지는 힘에 변위를 곱한 것임을 인정하여, 힘 F는

$$F = \left.\frac{\partial W_m'}{\partial x}\right|_{i=constant} \qquad [\text{N}] \tag{1-103}$$

으로 표현될 수 있다. 즉, 변위의 방향으로 작용하는 힘은 변위에 따른 수반 에너지의 증가이다. 식 (1-103)의 표현식은 쇄교 자속 그리고/또는 수반 에너지가 전류 i와 변위 x의 함수로 표현될 수 있을 때 특히 유용하다.

이제, 처음에, 위치는 x_1이며 코일 전류는 $i_1 = V/R$인 다른 제한된 경우를 고려하자. 여기서 V는 일정 전원 전압이며 R은 코일 저항이다. 플런저의 증분 변위 Δx는 쇄교 자속이 변위가 일어나는 짧은 시간 동안 사실상 일정하게 유지되도록 빠르게 이루어진다. 쇄교 자속은 이 짧은 변위 동안 감지할 수 있을 정도로 변하지 않을 수 있는 한편, 시간에 따른 변화율은 클 것이며, 코일 내에서의 결과적인 유도 전압은 그림 1-43 (b)의 궤적 1-2에서 보여진 바와 같이 변위 동안에 전류가 감소되는 원인이 될 것이다. 변위 Δx가 완료된 후에, 코일 전류는 궤적 2-3을 따라 원래의 값 i_1으로 오를 것이며 모든 입력 전기 에너지는 자계 저장 에너지로 될 것이다. 쇄교 자속 λ가 변위 Δx 동안에 λ_1에서 일정함으로써, 궤적 1-2와 관련된 전기 에너지 입력 ΔW_e는 0이다. 따라서, 식 (1-93)으로부터, 기계 출력 에너지는 오로지 계통 내에 저장된 에너지로부터만 얻어져야 한다. 즉,

$$\begin{aligned}\Delta W_o &= -\Delta W_m \\ &= -\left[\int_0^{\lambda_1} i\, d\lambda_{along\ 0\text{-}2} - \int_0^{\lambda_1} i\, d\lambda_{along\ 0\text{-}1}\right] \qquad [\text{J}]\end{aligned} \tag{1-104}$$

이다. 그림 1-43 (b)에서, 이 기계 출력 에너지는 0-1-2-0에 의해 유계된 빗금친 면적으로 나타내어진다.

변위 x의 특정한 값에서의 힘을 찾기 위하여, 증분 Δx는 무한소(infinitesimal) ∂x로 줄여질 수 있으며, 힘은

$$F = -\left.\frac{\partial W_m}{\partial x}\right|_{\lambda=constant} \quad [\mathrm{N}] \tag{1-105}$$

와 같이 표현될 수 있다. 이 형태의 힘 표현식은 코일 전류 그리고/또는 저장 에너지가 쇄교 자속 λ와 변위 x의 함수로써 표현될 때 유용하다.

두 가지 제한적인 경우의 조사는 주어진 위치와 전류 또는 쇄교 자속의 주어진 값에 대한 힘의 계산에 유용한 식 (1-103)과 (1-105)의 표현식을 제공하였다. 더 일반적인 상황에서는, 열린 위치로부터 닫힌 위치까지 움직임으로써 작동기가 한 총 기계적 일(total mechanical work done)을 찾는 것을 원할 수 있다. 이 두 위치에 대한 전형적인 λ-i 곡선이 그림 1-43 (c)에서 보여져 있다. 먼저, 작동기 플런저는 λ-i 곡선이 0-1인 열린 위치에서 유지되는 한편 일정 전압 V가 V/R의 코일 전류를 확립하는 상황을 고려한다. 그 다음 플런저가 놓아진다면, 동작점은 그림 1-43 (c)에서 1-2-3과 같은 궤적을 따라 움직일 수 있다. 결국, 공극이 닫혔을 때, 코일 전류는 점 3에서 값 V/R로 되돌아갈 것이다. 플런저가 매우 느리게 움직인다면, 이 궤적은 본질적으로 수직선으로 될 것이다. 플런저가 매우 빠르게 움직인다면, 초기 궤적 1-2는 일정 쇄교 자속에 가깝게 될 것이다. 어떤 경우에서든, 한 기계적 일이 둘러싸인 빗금친 면적과 같을 것이다. 이 기계적 일이 동작점의 궤적에 크게 의존한다는 점에 유의해야 할 것이다. 이 궤적의 완전한 해석은, 첫 번째는 전기 계통 관계식

$$V = Ri + \frac{d\lambda}{dt} \quad [\mathrm{V}] \tag{1-106}$$

이고, 두 번째는 기계 계통의 미분 방정식이며, 그리고 세 번째는 λ가 i의 함수로 표현되었는지 또는 i가 λ의 함수로 표현되었는지에 종속하는, 식 (1-103) 또는 (1-105)의 힘 표현식인, 3개의 방정식의 연립 풀이(simultaneous solution)를 포함한다.

그림 1-43 (d)는 플런저가 개방 위치에 있을 때 전압 V가 코일에 인가되는 어느 정도 더 실제적인 상황을 보인다. 코일 전류 i가 초기의 0의 값으로부터 증가함에 따라, 운전 궤적은 힘이 상당한 가속도와 변위를 생성하기에 충분할 때까지는 열린 λ-i 궤적에 가까울 것이다. 결국, 궤적은 닫힌 λ-i 곡선 위의 점 3에 도달할 것이다. 한 기계적 일은 궤적 0-1-2-3과 닫힌 위치에 대한 λ-i 곡선 0-3 사이의 빗금친 면적과 같을 것이다.

EXAMPLE 1-9 작동기에 대한 쇄교 자속-전류 관계가 한계 $0 < i < 5$ [A]와 $0.02 < g < 0.10$ [m] 사이에서 근사적으로

$$\lambda = \frac{0.08}{g} i^{1/2} \qquad [\text{Wb}]$$

와 같이 표현될 수 있다. 여기서 g는 공극 길이이다. 전류가 4 [A]로 유지될 때, $g = 0.06$ [m]의 공극의 경우 전기자에 작용하는 힘을 찾아라.

Solution 비선형 관계의 경우, 힘을 유도하기 위하여 식 (1-103) 또는 (1-105)를 사용하는 것을 고려할 수 있다. 쇄교 자속이 전류의 함수로 주어져 있기 때문에, 앞의 표현식이 더 편리하다. 수반 에너지 표현식은

$$W' = \int_0^i \frac{0.08}{g} i^{1/2}\, di = \frac{0.08}{g} \cdot \frac{2i^{3/2}}{3} \qquad [\text{J}]$$

그러면,

$$F = \left.\frac{\partial W'}{\partial g}\right|_{i=4} = \frac{-0.08}{g^2} \cdot \frac{2i^{3/2}}{3} = -119 \qquad [\text{N}]$$

부(음) 부호(negative sign)는 힘이 공극 g를 줄이는 방향임을 가리킨다.

PROBLEMS

1-28 Alnico 5로 만들어진 영구자석이 150 [mm]의 평균 직경과 500 [mm^2]의 단면적으로 그림 1-29 (a)에 보여진 형상을 가진다. 물질에 대한 감자 곡선은 그림 1-34에 보여져 있다.
프린징을 무시하여, 이 자석을 가로질러 1.05 [T]의 자속밀도를 생성할 수 있는 공극의 길이를 결정하라.

1-29 영구자석이 길이 4 [mm]와 단면적 2000 [mm^2]의 공극 내에 0.6 [T]의 자속밀도를 생성하는 것이 요구된다. 그림 1-32에 보여진 형상의 자석이 사용된다.
(a) 프린징과 누설 자속을 무시하여, 요구될 Alnico 5 물질의 최소 체적을 결정하고, 자석의 치수를 특정하라.
(b) 2.5의 누설 계수를 가정하여 문제 (a)를 반복하라.

1-30 문제 1-29의 자기 계통에서 공극이 자계의 세기를 요구하지 않는 이상적인 강자성체의 키퍼에 의해 닫혔다고 가정한다. 자석 물질의 반동 (비)투자율이 3.5라면, 자석 내의 자속밀도는 얼마인가?

1-31 그림 1-35의 페라이트 C 물질을 사용하여 문제 1-29 (a)를 반복하라. 이 자석의 형상과 체적을 Alnico 5로 만든 경우와 비교하라.

1-32 그림 P1-32는 도어 홀더(door holder)로서의 사용이 의도된 소형 자석 조립품을 보인다. 키퍼는 문에 부착되는 한편 나머지는 문틀(door frame)에 부착된다. 자석 물질은 그림 1-

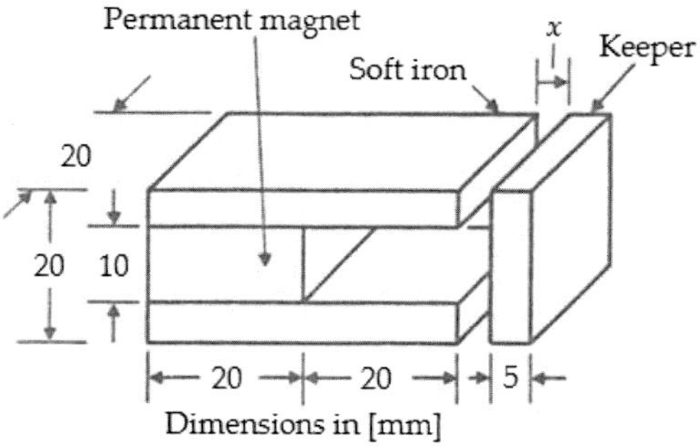

Figure P1-32.

35의 페라이트 D이다. 반동 특성(recoil characteristic)은 감자 특성(demagnetization characteristic)의 직선 부분과 일치한다고 가정될 수 있다. 연철 자극편(soft-iron pole piece)은 무한대의 투자율을 갖는다고 가정될 수 있다.

(a) 프린징과 누설 자속을 무시하여, 자기 계통에 대한 선형화된 자기회로를 전개하라.

(b) 필요한 힘을 마련하기 위하여 공극 내에 0.6 [T]의 자속밀도가 필요하다면, 공극의 최대 허용 길이는 얼마인가?

(c) 자석과 키퍼 사이에 연철 자극편에 의해 둘러싸이는 공기 공간 내에서 균일 자계를 가정하여 조립품에서 누설 경로의 자기저항을 추정하라.

(d) 문제 (c)의 누설을 포함하여 자기 등가회로를 그려라.

(e) 문제 (d)의 회로를 사용하여 문제 (b)를 반복하라.

1-33 영구자석 물질의 직사각형 블록(rectangular block)이 그림 1-38 (a)에 보여진 것과 비슷한 배열을 사용하여 자화된다. 블록은 길이 $l_m = 50$ [mm]와 1000 [mm^2]의 단면적을 가진다. 연자성체는 무한대의 투자율을 갖는 것으로 가정될 수 있다. 코일은 100 [turn]을 가진다. 그림 P1-33은 제조자에 의해 발표된 B–H 특성을 보인다.

(a) 물질이 0의 초기 자속밀도를 갖는 것으로 가정한다. 자석이 1.35 [T]의 잔류 자속밀도를 가지도록 자화하기 위해 요구되는 코일 전류 i의 첨두 값을 결정하라.

(b) 문제 (a)의 조건 하에서 자석을 자화하기 위해 요구되는 에너지를 근사적으로 결정

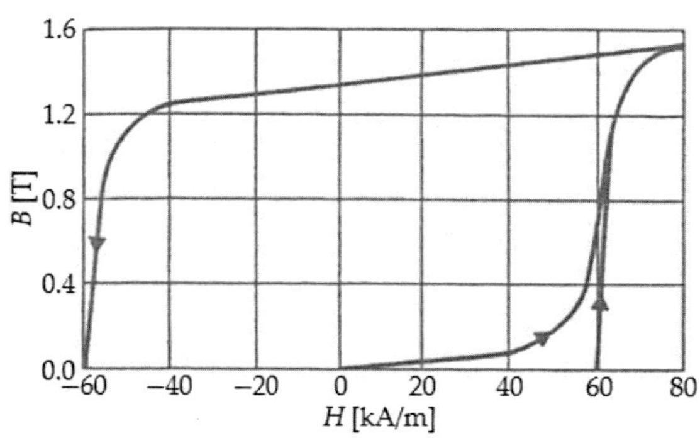

Figure P1-33.

하라. (코일 저항은 무시될 수 있다.)

(c) 자석 자화의 한 가지 방법은 대전된 정전용량기(커패시터)(charged capacitor)를 단자에 연결하는 것으로 이루어진다. 정전용량(커패시턴스, capacitance)가 100 [μF]라면, 필요한 자화 전류를 마련하기 위해 대전되는 커패시터에 인가되어야 하는 단자 전위차는 얼마인가?

(d) 문제 (c)에서 논의된 자화 방법은 자석을 감자시키는 경향이 있을 수 있는 진동 전류(oscillatory current)를 생성한다. 커패시터에 직렬로 정류기(rectifier)를 둠으로써 이 감자가 예방될 수 있음을 보여라.

1-34 그림 P1-34는 확성기의 영구자석 조립품의 단면도를 보인다. 1.2 [T]의 자속밀도가 원통형 공극 내에서 요구된다. 그림 P1-33의 B–H 특성을 가지는 영구자석 물질이 사용될 수 있다.

(a) 물질이 0의 초기 자속밀도를 갖는 것으로 가정한다. 자석이 1.35 [T]의 잔류 자속밀도를 가지도록 자화하기 위해 요구되는 코일 전류 i의 첨두 값을 결정하라.

(b) 영구자석 물질이 질량 밀도 7330 [kg/m^3]를 가진다면 영구자석의 질량은 얼마인가?

1-35 의도된 운전 범위에 걸쳐, 작동기의 쇄교 자속 λ, 전류 i, 그리고 가동부의 변위 x 사이의 관계가

$$\lambda = \frac{4 \times 10^{-4}}{x^2} i^{1/3} \qquad [\text{Wb}]$$

에 의해 근사화된다. $i = 0.6$ [A] 그리고 $x = 5$ [mm]일 때 x 방향에서의 힘을 결정하라.

1-36 회전 작동기(rotary actuator)가 그림 P1-36 (a)에 그려져 있다. 코일에 에너지가 공급되었을 때, 회전자는 초기 위치 $\beta = 0$로부터 $\beta = \pi/2$까지, 즉, 토크가 기계 부하에 의해 흡수되는 수직으로부터 수평 배향(orientation)까지 회전한다. 코일에 대한 쇄교 자속-전류 관계는 초기와 최종 회전자 위치에 대해 그림 P1-36 (b)에서 이상화된 형태로 보여져 있다.

(a) 코일 전류가 3 [A]에서 일정하게 유지되는 것으로 가정하여, 초기 위치로부터 최종

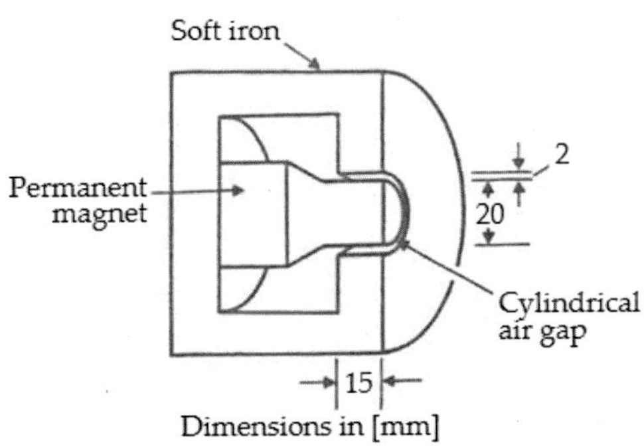

Figure P1-34.

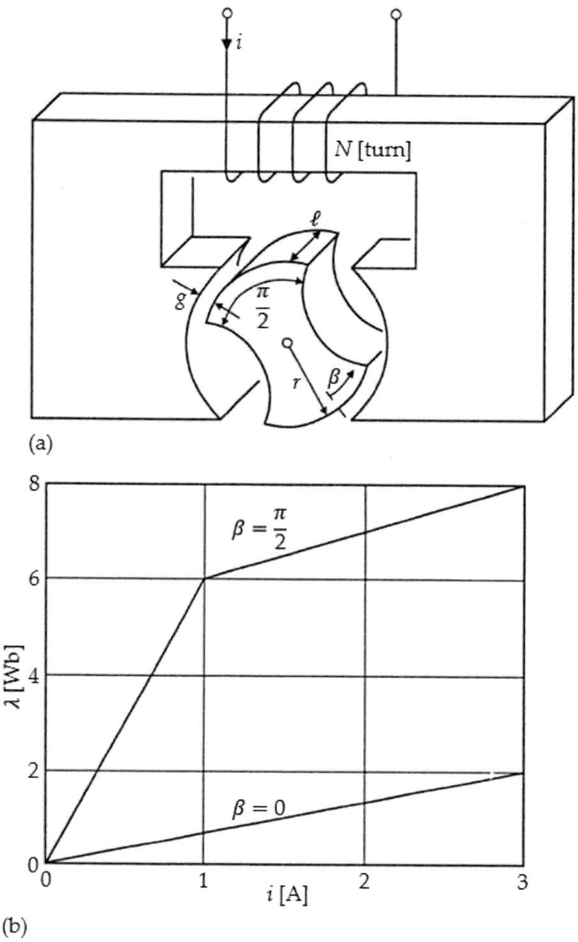

Figure P1-36.

위치까지 회전하는 작동기가 한 일을 결정하라.

(b) 문제 (a)의 운동 동안의 평균 토크를 결정하라.

(c) 코일 전류가 3 [A]까지 증가되는 한편 회전자는 위치 $\beta = 0$에서 유지되는 것으로 가정한다. 그 다음 부하가 없는 회전자가 $\beta = \pi/2$로 매우 빠르게 움직일 때, 한 일과 평균 토크를 추정하라.

1-37 그림 P1-37 (a)에서 보여진 스위치드 릴럭턴스 전동기는, 각각이 $\pi/6$ [rad]의 원호를 점유하는, 6개의 고정자 자극을 가진다. 회전자는, 각각이 $\pi/4$ [rad]의 원호인, 4개의 극을 가진다. 공극 반경은 50 [mm]이며 전동기의 축 방향 길이는 80 [mm]이다. 공극 길이는 0.5 [mm]이다. 각각이 200 [turn]을 가지는 고정자 코일에는, 그림 P1-37 (b)에서 보여진 바와 같이, 직렬 연결된 코일 a-a', b-b' 그리고 c-c'에 차례로 스위칭되어(switched) 전류 i가 공급된다. 근사화에 따라, 1.5 [T]의 공극 자속까지는 회전자 자극이 고정자 자극과 정렬됨에 따른 포화가 일어나지 않는다고 가정한다. 고정자 자극 쌍에 있는 코일에서의

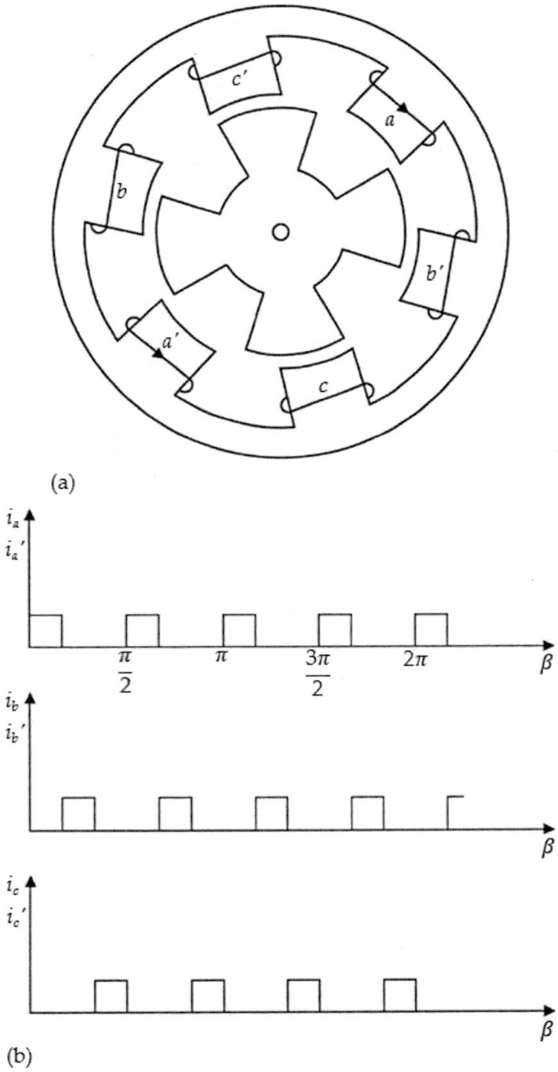

Figure P1-37.

의 더 높은 전류에 대해서는, 쇄교 자속-전류 관계의 기울기가 포화되지 않은 영역에서의 기울기의 10 [%]라고 가정한다. 회전자 공극이 에너지가 공급된(여자된, energized) 고정자 자극과 정렬되었을 때, 쇄교 자속-전류 관계는 닫힌 비포화 조건(closed unsaturated condition)에서의 기울기의 10 [%]로 선형이라고 가정한다. 상 코일(phase coil)에 공급된 10 [A]의 일정 전류로, 이 기계에 의해 생성되는 평균 토크를 결정하라.

SUPPLEMENT OF CHAPTER 2

여기에서는 변압기의 전압변동률에 대한 좀 더 상세한 설명과 함께 변압기의 병렬 운전, V-결선(V-connection; 개방 Δ-결선, open-delta connection), 단권변압기의 3상 결선, 변압기에 의한 상수 변환, 효율에 관한 보충 내용 등에 대하여 기술한다

2A VOLTAGE REGULATION OF TRANSFORMER

그림 2-38은 지상 역률(R-L), 단위 역률(순 저항), 그리고 진상 역률(R-C) 부하에 전력을 공급하고 있는 변압기의 2차로 환산한 페이서도이다. 여기서 $\bar{V}_2$는 변압기의 2차 단자 전압, $\bar{V}_2'$는 2차로 환산한 변압기의 1차 단자 전압, $\bar{I}_2$는 변압기의 2차 전류, $R_{eq} = R_1' + R_2$는 2차로 환산한 변압기의 등가 저항, $X_{eq} = X_1' + X_2$는 2차로 환산한 변압기의 등가 누설 리액턴스, $R_1' = R_1/a^2$ 및 $X_1' = X_1/a^2$은 2차로 환산한 1차 저항 및 누설 리액턴스, R_2 및 X_2는 2차 저항 및 누설 리액턴스, 그리고 θ_2는 부하 역률각이다.

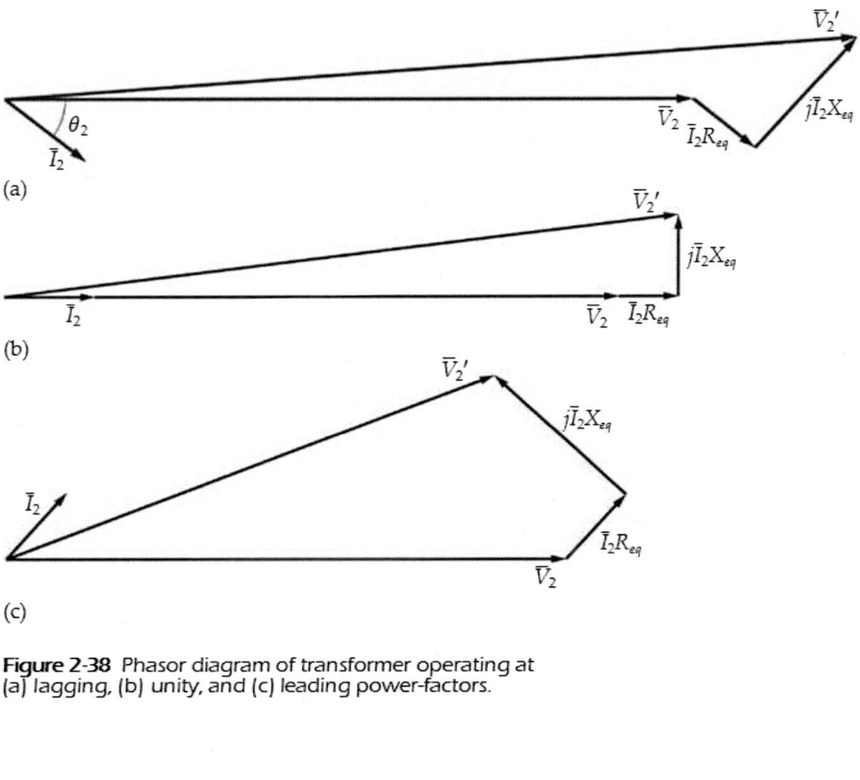

Figure 2-38 Phasor diagram of transformer operating at (a) lagging, (b) unity, and (c) leading power-factors.

부하 단자에 나타나는 전압은 부하가 연결된 경우에는 V_2이지만, 부하가 개방되면 이 전압 $\bar{V}_2$에 변압기의 등가 임피던스 강하를 합한 전압 V_2'가 나타날 것이다. 그림 2-38에서 알 수 있는 바와 같이, 지상 부하의 경우에는 V_2'가 V_2보다 더 크며, 순 저항 부하의 경우에도 V_2'가 V_2보다 약간 더 크지만, 진상 부하의 경우에는 V_2가 더 크게 나타난다.

전압변동률(voltage regulation)은 변압기의 중요한 특성 중 한 가지이다. 변압기에 부하가 걸리면 단자 전압이 변화하는데, 그 변화량은 변압기의 저항과 누설 리액턴스, 그리고 부하의 역률과 관련된다. 이 변동률은 변압기의 등가 임피던스에 의해 결정된다.

Definition of Voltage Regulation

역률 $\cos\theta_2$인 정격 부하를 변압기 2차측에 연결하고, 부하에 인가되는 전압이 2차 정격전압 V_{2n}, 부하 전류가 2차 정격 전류 I_{2n}이 되도록 하는 전압 V_1을 변압기 1차측에 인가한다. 그 다음 변압기에 연결된 부하를 개방했을 때 변압기의 출력단(2차측) 단자 전압이 V_{20}으로 되었다면, 전압변동률 ε은

$$\varepsilon = \frac{V_{20} - V_{2n}}{V_{2n}} \quad [\text{pu}] \qquad \times 100 \quad [\%] \tag{2-153}$$

과 같이 정의된다.

Percent Voltage Drop

변압기의 2차측을 단락했을 때 1차(또는 2차)에 흐르는 단락 전류가 정격 전류가 되도록 하는 1차 전압 V_e를 **임피던스 전압**(*impedance voltage*)이라 한다. 그리고 이때의 1차 입력 P_e를 **임피던스 와트**(*impedance watt*)라 한다. 임피던스 전압의 1차 정격 전압에 대한 백분율을 **백분율(%) 임피던스 (전압) 강하**(*percent impedance (voltage) drop*), 임피던스 와트의 정격 출력 또는 정격 입력에 대한 백분율을 **백분율 저항 (전압) 강하**(*percent resistance (voltage) drop*), 그리고 리액턴스 성분에 의한 전압 강하의 백분율을 **백분율 리액턴스 (전압) 강하**(*percent reactance (voltage) drop*)라 한다. 변압기의 % 저항 강하 R_{pc}, % 리액턴스 강하 X_{pc}, 그리고 % 임피던스 강하 Z_{pc}는 각각, 식(2-154), (2-155), 그리고 (2-156)와 같다:

$$\begin{aligned} R_{pc} &= \frac{P_e}{V_{1n} \times I_{1n}} \times 100 = \frac{I_{1n}^2 (R_1 + R_2')}{V_{1n} \times I_{1n}} \times 100 \\ &= \frac{I_{1n}(R_1 + R_2')}{V_{1n}} \times 100 \quad [\%] \end{aligned} \tag{2-154}$$

$$X_{pc} = \frac{I_{1n}(X_1 + X_2')}{V_{1n}} \times 100 \qquad [\%] \tag{2-155}$$

$$\begin{aligned} Z_{pc} = \sqrt{R_{pc}^2 + X_{pc}^2} &= \frac{I_{1n}\sqrt{(R_1 + R_2')^2 + (X_1 + X_2')^2}}{V_{1n}} \times 100 \\ &= \frac{V_e}{V_{1n}} \times 100 \qquad [\%] \end{aligned} \tag{2-156}$$

여기서 I_{1n}은 1차 정격 전류, V_{1n}은 1차 정격 전압, R_1 및 X_1은 1차 저항 및 누설 리액턴스, 그리고 R_2' 및 X_2'는 1차로 환산한 2차 저항 및 누설 리액턴스이다. 이와 같은 백분율 전압 강하는 2차 임피던스 전압, 2차 단락 전류, 2차 정격 전압 및 2차로 환산한 등가 임피던스를 이용하여 계산해도 같은 결과가 얻어진다.

덧붙여, 2차측을 단락하고, 1차 단자에 정격 전압을 인가한 경우의 1차 단락 전류 I_{1s}와, 1차 정격 전류 I_{1n}, 또는 2차 단락 전류 I_{2s}와 2차 정격 전류 I_{2n} 사이의 비는

$$\begin{aligned} \frac{I_{1s}}{I_{1n}} &= \frac{V_{1n}}{I_{1n}\sqrt{(R_1 + R_2')^2 + (X_1 + X_2')^2}} \\ &= \frac{I_{2s}}{I_{2n}} = \frac{V_{2n}}{I_{2n}\sqrt{(R_1' + R_2)^2 + (X_1' + X_2)^2}} = \frac{100}{Z_{pc}} \end{aligned} \tag{2-157}$$

과 같다.

Computation of Voltage Regulation

그림 2-39는 주어진 역률에서의 변압기의 전압변동률을 계산하기 위한 등가회로와 페이서도이다. 여기서 V_{20}은 무부하 시 2차 단자 전압, V_{1n}'는 2차로 환산한 1차 정격 전압, I_{2n}은 2차 정격 전류, R_1' 및 X_1'는 2차로 환산한 1차 저항 및 누설 리액턴스, R_2 및 X_2는 2차 저항 및 누설 리액턴스, θ_1은 변압기의 1차측에서 본 역률각, 그리고 θ_2는 부하의 역률각이다. 그림 2-39를 참고하여 전압변동률을 계산하면

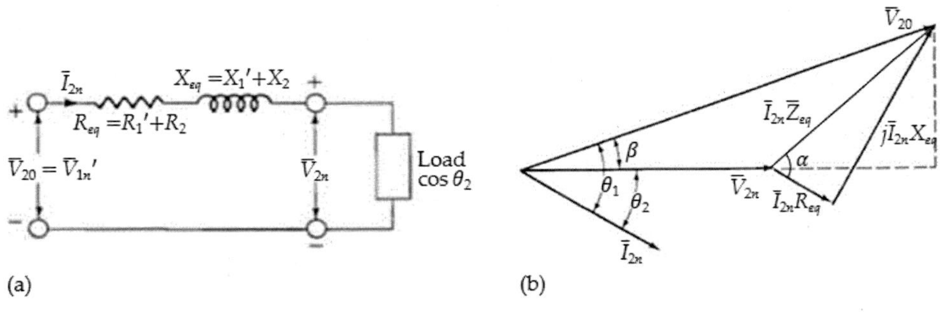

Figure 2-39 Computation of voltage regulation: (a) equivalent circuit, and (b) phasor diagram.

$$
\begin{aligned}
\varepsilon &= \frac{V_{20} - V_{2n}}{V_{2n}} \times 100 = \left(\frac{V_{20}}{V_{2n}} - 1\right) \times 100 \\
&= \left\{\frac{1}{V_{2n}}\sqrt{\left(V_{2n} + I_{2n}R_{eq}\cos\theta_2 + I_{2n}X_{eq}\sin\theta_2\right)^2 + \left(I_{2n}X_{eq}\cos\theta_2 - I_{2n}R_{eq}\sin\theta_2\right)^2} - 1\right\} \times 100 \\
&= \left\{\sqrt{\left(1 + \frac{I_{2n}R_{eq}}{V_{2n}}\cos\theta_2 + \frac{I_{2n}X_{eq}}{V_{2n}}\sin\theta_2\right)^2 + \left(\frac{I_{2n}X_{eq}}{V_{2n}}\cos\theta_2 - \frac{I_{2n}R_{eq}}{V_{2n}}\sin\theta_2\right)^2} - 1\right\} \times 100 \\
&\simeq \frac{I_{2n}R_{eq}}{V_{2n}} \times 100\cos\theta_2 + \frac{I_{2n}X_{eq}}{V_{2n}} \times 100\sin\theta_2 \\
&\quad + \frac{1}{200}\left\{\frac{I_{2n}X_{eq}}{V_{2n}} \times 100\cos\theta_2 - \frac{I_{2n}R_{eq}}{V_{2n}} \times 100\sin\theta_2\right\}^2 \\
&= R_{pc}\cos\theta_2 + X_{pc}\sin\theta_2 + \frac{1}{200}\{X_{pc}\cos\theta_2 - R_{pc}\sin\theta_2\}^2 \qquad (2\text{-}158)
\end{aligned}
$$

과 같이 구해진다. 식 (2-158)은,

$$
\frac{I_{2n}R_{eq}}{V_{2n}}\cos\theta_2 + \frac{I_{2n}X_{eq}}{V_{2n}}\sin\theta_2 = A; \qquad \frac{I_{2n}X_{eq}}{V_{2n}}\cos\theta_2 - \frac{I_{2n}R_{eq}}{V_{2n}}\sin\theta_2 = B
$$

$$
A^2 + B^2 + 2A = C
$$

로 두어,

$$
\sqrt{(1+A)^2 + B^2} - 1 = \sqrt{1 + A^2 + B^2 + 2A} - 1 = \sqrt{1+C} - 1 \qquad (2\text{-}159)
$$

로 나타내고, 식(2-159)에 있는 $\sqrt{1+C}$의 계산을 $-1 < x \leq 1$에 대한 $(1+x)^{1/2}$의 2항 급수(binomial series)

$$
(1+x)^{1/2} = 1 + \frac{1}{2}x - \frac{1}{2\cdot 4}x^2 + \frac{1\cdot 3}{2\cdot 4\cdot 6}x^3 - \cdots
$$

에 의해

$$
\begin{aligned}
(1+C)^{1/2} &= 1 + \frac{1}{2}C - \frac{1}{8}C^2 + \cdots = 1 + \frac{A^2}{2} + \frac{B^2}{2} + A - \frac{1}{8}\left(2A + A^2 + B^2\right)^2 + \cdots \\
&\simeq 1 + A + \frac{B^2}{2} \qquad (2\text{-}160)
\end{aligned}
$$

과 같이 근사화함으로써 얻어졌다. 식 (2-158)에서 매우 작은 우변 셋째 항을 무시하여 전압변동률을 다시 근사화하면

$$
\begin{aligned}
\varepsilon &\simeq R_{pc}\cos\theta_2 + X_{pc}\sin\theta_2 \\
&= \sqrt{{R_{pc}}^2 + {X_{pc}}^2}\left\{\frac{R_{pc}}{\sqrt{{R_{pc}}^2 + {X_{pc}}^2}}\cos\theta_2 + \frac{X_{pc}}{\sqrt{{R_{pc}}^2 + {X_{pc}}^2}}\sin\theta_2\right\} \\
&= Z_{pc}\{\cos\alpha\cos\theta_2 + \sin\alpha\sin\theta_2\} \\
&= Z_{pc}\cos(\alpha - \theta_2) \qquad (2\text{-}161)
\end{aligned}
$$

이 얻어진다. 여기서 각도 α는 등가 임피던스각(equivalent impedance angle)이라 불리며, 다음과 같이 주어진다:

$$
\begin{aligned}
\alpha &= \tan^{-1}\frac{X_{pc}}{R_{pc}} = \cos^{-1}\frac{R_{pc}}{Z_{pc}} = \sin^{-1}\frac{X_{pc}}{Z_{pc}} \\
&= \tan^{-1}\frac{X_{eq}}{R_{eq}} = \cos^{-1}\frac{R_{eq}}{Z_{eq}} = \sin^{-1}\frac{X_{eq}}{Z_{eq}}
\end{aligned} \qquad (2\text{-}162)
$$

전압변동률이 최대가 되는 조건은

$$
\varepsilon_{max} = \varepsilon|_{\theta_2=\alpha} = Z_{pc} \qquad (2\text{-}163)
$$

과 같이 부하 역률각이 등가 임피던스각과 같은 경우이며, 그 최대 전압변동률은 백분율 임피던스 강하 Z_{pc}와 같은 값이 된다. 또한, 순저항 부하(pure resistive load)인 경우에는, 역률이 단위 값(1)으로서, 전압변동률은 백분율 저항 강하와 같은 값이 되며, 이 값은 정격 용량에 대한 전부하 동손(full load copper loss)의 백분율로 나타난다:

$$
\begin{aligned}
\varepsilon|_{pf=1} &= \varepsilon|_{\theta_2=0} = R_{pc} = \frac{I_n R_{eq}}{V_n}\times 100 \\
&= \frac{{I_n}^2 R_{eq}}{V_n I_n}\times 100 = \frac{\text{full load copper loss}}{\text{rated volt}\cdot\text{amperes}}\times 100
\end{aligned} \qquad (2\text{-}164)
$$

그리고, 순유도성(pure inductive) 또는 순용량성 부하(pure capacitive load)의 경우에는, 역률이 0으로서, 전압변동률이 백분율 리액턴스 강하와 같은 값이 되며, 유도성 부하의 경우에는 정(양)의 값을 가지는 한편, 용량성부하의 경우에는 부(음)의 값을 가진다:

$$
\varepsilon|_{pf=0} = \varepsilon|_{\theta_2=\pm\frac{\pi}{2}} = \pm X_{pc} = \pm\frac{I_n X_{eq}}{V_n}\times 100 \;\; (+:\text{inductive},\ -:\text{capacitive}) \qquad (2\text{-}165)
$$

일반적으로 변압기의 전압변동률은 *R-L* (지상) 부하의 경우에는 무부하 단자 전압이 부하 시 단자 전압보다 높아 정(양)의 값을 가지는 한편, *R-C* (진상) 부하의 경우에는 부하 시 단자 전압이 무부하 단자 전압보다 높아 부(음)의 값을 가진다.

2B PARALLEL OPERATION OF TRANSFORMERS

변압기 부하의 증가와 경제 운전이라는 점에서, 여러 대의 변압기를 병렬로 운전할 필요가 생긴다. 변압기의 병렬 운전(병행 운전, parallel operation)에 필요한 조건은, 각 변압기가 자기 용량(self capacity)에 비례하여 부하를 분담하고, 순환 전류(circulating current)를 실용상 지장이 없을 정도로 제한하는 것이다. 이를 위해 각 변압기가 갖춰야 할 조건은 다음과 같다:

i) 1, 2차의 정격 전압 및 극성(polarity)이 같을 것,
ii) 권수비가 같을 것,
iii) 각 변압기의 백분율 임피던스(percent impedance)가 같을 것, 그리고
iv) 백분율 전압 강하와 백분율 리액턴스 강하의 비(ratio), 즉 등가 임피던스각이 같을 것.

덧붙여, 3상의 경우에는 아래의 조건이 추가로 필요하다:

i) 상순(phase sequence, 상회전의 방향, direction of phase order)이 같을 것, 그리고
ii) 또한 각변위(angular displacement)가 같거나 120°의 배수만큼 차이가 날 것.

극성이 서로 다른 경우에는, 권선의 소손을 방지하기 위하여 역병렬(reverse(inverse) parallel)로 접속해야 한다. 권수비가 다르면, 1, 2차의 정격 전압이 같더라도 순환 전류가 발생한다. 각 변압기의 백분율 임피던스가 같지 않으면, 부하 분담이 용량에 비례하여 나타나지 않는다. 또한, 백분율 저항 강하와 백분율 리액턴스 강하의 비가 같으면, 각 변압기의 분담 전류가 동상(동 위상, in phase)이 되어 가장 효율적인 병렬 운전이 가능하다. 그리고 3상에서 각변위가 120°의 배수만큼 차이가 나는 경우에는 같은 위상이 되는 상(phase)끼리 묶어 병렬 접속해야 한다.

위의 조건만 만족되면, 병렬 운전은 내철형, 외철형, 수냉식, 자냉식 등 다른 조건의 차이와는 아무런 상관이 없다.

Single-Phase Transformers

같은 권수비(*Same Turns-Ratios*). 단상 변압기의 병렬 결선과 등가회로가 그림 2-40에 보여져 있다. 그림 (c)에서의 전압 방정식은

$$\overline{V}_1' = \overline{I}_a\overline{Z}_A + \overline{V}_2 = \overline{I}_b\overline{Z}_B + \overline{V}_2 \qquad [\text{V}] \tag{2-165}$$

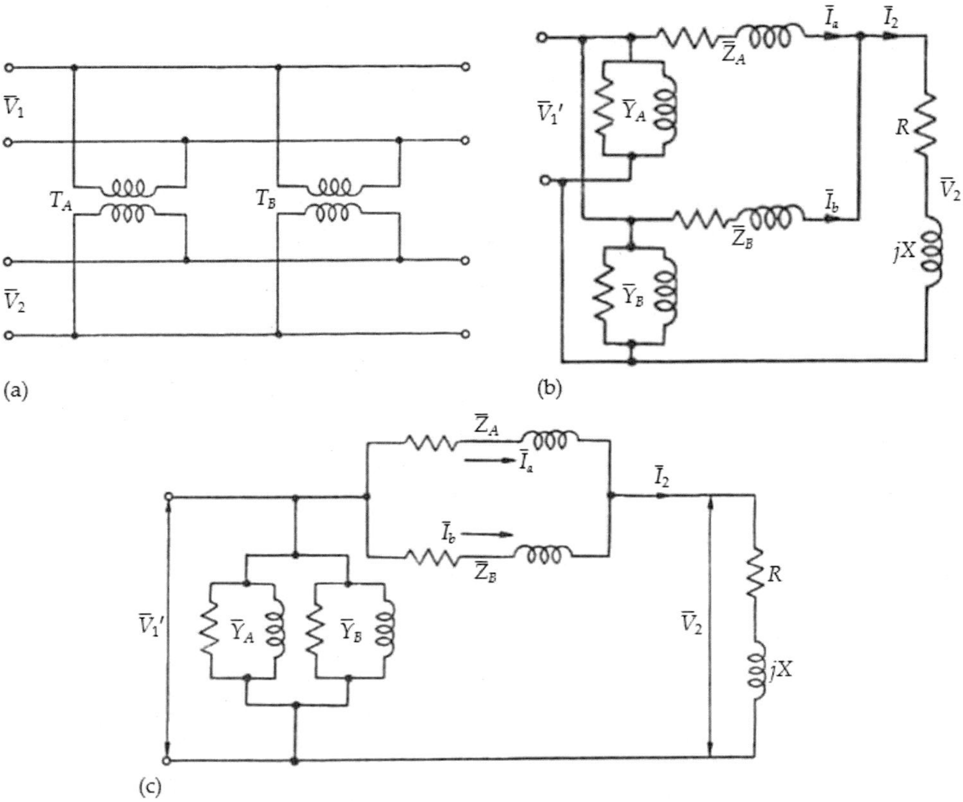

Figure 2-40 Parallel connection and equivalent circuits of single-phase transformers: (a) connection diagram, and (b), (c) equivalent circuits.

와 같다. 여기서 $\overline{V}_1'$는 2차로 환산한 1차 단자 전압, $\overline{V}_2$는 2차 단자 전압, $\overline{Z}_A, \overline{Z}_B$는 변압기 T_A, T_B의 2차 환산 등가 임피던스, 그리고 $\overline{I}_a, \overline{I}_b$는 변압기 T_A, T_B의 2차 전류이다. 여자 전류를 무시한 경우의 2차 전류는

$$\overline{I}_2 = \overline{I}_a + \overline{I}_b \qquad [A] \tag{2-166}$$

과 같이 각 변압기 전류의 페이서 합(phasor sum)이다. 각 변압기 전류는 등가 임피던스에 의해 결정되며, 저항과 리액턴스가 1, 2차에 어떻게 분포되어 있는가 와는 무관하다. 식 (2-165)와 (2-166)의 페이서도는 그림 2-41과 같다.

2대의 변압기로 병렬 운전하는 경우 변압기의 등가 임피던스 강하는

$$\overline{I}_a\overline{Z}_A = \overline{I}_b\overline{Z}_B = \overline{I}_2\overline{Z}_2 \qquad [V] \tag{2-167}$$

과 같다. 따라서, 각 변압기 전류 $\overline{I}_a, \overline{I}_b$는

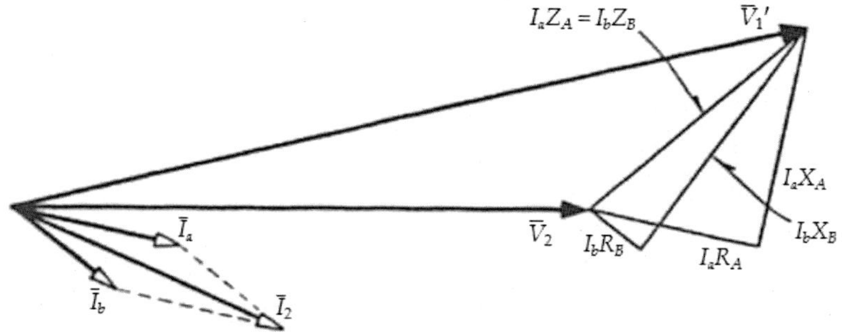

Figure 2-41 Phasor diagram of Fig. 2-40 (c) or Eqs. (2-165) and (2-166).

$$\bar{I}_a = \bar{I}_2 \frac{\bar{Z}_2}{\bar{Z}_A}; \qquad \bar{I}_b = \bar{I}_2 \frac{\bar{Z}_2}{\bar{Z}_B} \qquad [A] \tag{2-168}$$

이 된다. 여기서 $\bar{Z}_2$는 $\bar{Z}_A$, $\bar{Z}_B$의 합성 임피던스이다.

2대의 변압기 T_A, T_B를 병렬 운전하는 경우를 고찰한다. 각 변압기의 백분율 임피던스 강하 $\%I_AZ_A$, $\%I_BZ_B$는

$$\%I_AZ_A = \frac{I_AZ_A}{V} \times 100; \qquad \%I_BZ_B = \frac{I_BZ_B}{V} \times 100 \tag{2-169}$$

와 같다. 각 변압기의 부하 전류 I_a, I_b 사이의 비(ratio)는 식 (2-167), (2-169)로부터

$$\frac{I_a}{I_b} = \frac{Z_B}{Z_A} = \frac{(\%I_BZ_B)V}{I_B} \times \frac{I_A}{(\%I_AZ_A)V} = \frac{(\text{kVA})_A(\%I_BZ_B)}{(\text{kVA})_B(\%I_AZ_A)} \tag{2-170}$$

이 된다. 여기서 $(\text{kVA})_A = VI_A$, $(\text{kVA})_B = VI_B$는, 각각, 변압기 T_A, T_B의 정격 용량(rated capacity)이다. 식 (2-170)은 각 변압기의 분담 전류가 용량에 비례하고, 백분율 임피던스 강하에 반비례함을 의미한다. 따라서, 변압기 T_A의 정격 용량이 변압기 T_B의 정격 용량의 m배라 하면, $(\text{kVA})_A = m \times (\text{kVA})_B$가 되고,

$$\frac{I_a}{I_b} = \frac{m(\%I_BZ_B)}{(\%I_AZ_A)} \tag{2-171}$$

$$\frac{(\text{kVA})_a}{(\text{kVA})_b} = \frac{VI_a}{VI_b} = m \times \frac{(\%I_BZ_B)}{(\%I_AZ_A)} \tag{2-172}$$

가 얻어진다. 여기서 $(\text{kVA})_a$, $(\text{kVA})_b$는, 각각, 변압기 T_A, T_B의 부하 용량(load capacity) VI_a, VI_b이다. 따라서, 식 (2-172)로부터, 각 변압기가 용량에 비례하여 부하를 분담하려면 각 변압기의 백분율 임피던스 강하가 같아야 함을 알 수 있다. 각 변압기의 저항과 리액턴스의 비(ratio)가 같은 경우, $\bar{I}_a$와 $\bar{I}_b$는 동상(in phase)이므로,

식 (2-166)은

$$I_2 = I_a + I_b \qquad [A] \tag{2-173}$$

으로 되고, 식 (2-171), (2-173)으로부터,

$$\begin{aligned} I_a &= I_2 \frac{m(\%I_B Z_B)}{(\%I_A Z_A) + m(\%I_B Z_B)} \\ I_b &= I_2 \frac{(\%I_A Z_A)}{(\%I_A Z_A) + m(\%I_B Z_B)} \end{aligned} \qquad [A] \tag{2-174}$$

가 얻어진다. 두 변압기의 용량이 같은 경우에는, $m = 1$이므로, 식 (2-174)는

$$\begin{aligned} V_2 I_a &= V_2 I_2 \frac{(\%I_B Z_B)}{(\%I_A Z_A) + (\%I_B Z_B)} \\ V_2 I_b &= V_2 I_2 \frac{(\%I_A Z_A)}{(\%I_A Z_A) + (\%I_B Z_B)} \end{aligned} \qquad [VA] \tag{2-175}$$

로 되어, 각 변압기의 분담 전류의 비(ratio)가

$$\frac{V_2 I_a}{V_2 I_b} = \frac{(\%I_B Z_B)}{(\%I_A Z_A)} \qquad [VA] \tag{2-176}$$

과 같이 백분율 임피던스 강하의 역비(reverse(inverse) ratio)로 된다. 백분율 임피던스 강하는 같지만 용량이 서로 다른 경우에는, $(\%I_A Z_A) = (\%I_B Z_B)$, $V_2 I_A \neq V_2 I_B$이므로, 식 (2-174)가

$$\begin{aligned} V_2 I_a &= \frac{m}{1+m} V_2 I_2 \\ V_2 I_b &= \frac{1}{1+m} V_2 I_2 \end{aligned} \qquad [VA] \tag{2-177}$$

로 되어, 변압기 용량의 비(ratio)로 부하를 분담한다. 또한, 백분율 임피던스 강하와 용량이 모두 같은 경우에는, $(\%I_A Z_A) = (\%I_B Z_B)$, $V_2 I_A = V_2 I_B$이므로, 두 변압기는

$$V_2 I_a = V_2 I_b = \frac{1}{2} V_2 I_2 \qquad [VA] \tag{2-178}$$

과 같이 부하를 1/2씩 같게 분담한다. 변압기의 저항과 리액턴스의 비(ratio)가 같지 않은 경우에는, 그림 2-41과 같이 총 부하 전류는 $\bar{I}_a$와 $\bar{I}_b$의 페이서 합이 된다. 이 경우, $\bar{I}_a$와 $\bar{I}_b$의 크기는 정확하게 식 (2-174)와 같지는 않지만, 실용상 이 두 전

류 사이의 비(ratio)는 그리 큰 차이가 없어 이 식을 사용해도 오차가 없다고 생각할 수 있다. 때로는 변압기의 저항과 리액턴스의 비(ratio)를 일치시키기 위하여 누설 리액턴스가 작은 쪽의 변압기에 직렬로 외부에서 리액턴스를 넣어주는 경우도 있다.

서로 다른 권수비(*Different Turns-Ratios*). 권수비가 서로 다른 변압기를 병렬 운전하면 무부하일 때에도 순환 전류가 흐른다. 병렬 운전 중인 두 변압기의 권수비가 각각 a_A, a_B인 경우의 전압 방정식은

$$\begin{aligned}\overline{V}_{1A}/a_A &= \overline{V}_{2A} + \overline{I}_{2a}\overline{Z}_A \\ \overline{V}_{1B}/a_B &= \overline{V}_{2B} + \overline{I}_{2b}\overline{Z}_B\end{aligned} \qquad [\mathrm{V}] \qquad (2\text{-}179)$$

이며, 부하 전류는

$$\overline{I}_2 = \overline{I}_{2a} + \overline{I}_{2b} \qquad [\mathrm{A}] \qquad (2\text{-}180)$$

이다. 여기서 $\overline{Z}_A, \overline{Z}_B$는

$$\begin{aligned}\overline{Z}_A &= R_A + jX_A = \frac{R_{A1}}{{a_A}^2} + R_{A2} + j\left(\frac{X_{A1}}{{a_A}^2} + X_{A2}\right) \\ \overline{Z}_B &= R_B + jX_B = \frac{R_{B1}}{{a_B}^2} + R_{B2} + j\left(\frac{X_{B1}}{{a_B}^2} + X_{B2}\right)\end{aligned} \qquad [\Omega] \qquad (2\text{-}181)$$

이다. 1, 2차가 모두 병렬로 연결되므로,

$$\overline{V}_{1A} = \overline{V}_{1B} = \overline{V}_1; \qquad \overline{V}_{2A} = \overline{V}_{2B} = \overline{V}_2 \qquad [\mathrm{V}] \qquad (2\text{-}182)$$

가 성립한다. 식 (2-179)로부터,

$$a_A(\overline{V}_{2A} + \overline{I}_{2a}\overline{Z}_A) = a_B(\overline{V}_{2B} + \overline{I}_{2b}\overline{Z}_B) \qquad [\mathrm{V}] \qquad (2\text{-}183)$$

$$a_A\overline{I}_{2a}\overline{Z}_A - a_B\overline{I}_{2b}\overline{Z}_B = (a_B - a_A)\overline{V}_2 \qquad [\mathrm{V}] \qquad (2\text{-}184)$$

가 얻어진다. 식 (2-180), (2-184)를 풀어 $\overline{I}_{2a}, \overline{I}_{2b}$를 구하면

$$\overline{I}_{2a} = \frac{\begin{vmatrix}(a_B - a_A)\overline{V}_2 & -a_B\overline{Z}_B \\ \overline{I}_2 & 1\end{vmatrix}}{\begin{vmatrix}a_A\overline{Z}_A & -a_B\overline{Z}_B \\ 1 & 1\end{vmatrix}} = \frac{(a_B - a_A)\overline{V}_2 + a_B\overline{I}_2\overline{Z}_B}{a_A\overline{Z}_A + a_B\overline{Z}_B} \qquad [\mathrm{A}] \qquad (2\text{-}185)$$

$$\overline{I}_{2b} = \frac{\begin{vmatrix}a_A\overline{Z}_A & (a_B - a_A)\overline{V}_2 \\ 1 & \overline{I}_2\end{vmatrix}}{\begin{vmatrix}a_A\overline{Z}_A & -a_B\overline{Z}_B \\ 1 & 1\end{vmatrix}} = \frac{a_A\overline{I}_2\overline{Z}_A - (a_B - a_A)\overline{V}_2}{a_A\overline{Z}_A + a_B\overline{Z}_B} \qquad [\mathrm{A}] \qquad (2\text{-}186)$$

이 얻어진다. 따라서, $\bar{I}_2 = 0$, 즉, 무부하일 때에도

$$\left.\bar{I}_{2a}\right|_{\bar{I}_2=0} = \frac{(a_B - a_A)\bar{V}_2}{a_A\bar{Z}_A + a_B\bar{Z}_B} \qquad [\mathrm{A}] \qquad (2\text{-}187)$$
$$\left.\bar{I}_{2b}\right|_{\bar{I}_2=0} = \frac{-(a_B - a_A)\bar{V}_2}{a_A\bar{Z}_A + a_B\bar{Z}_B}$$

과 같은 순환 전류가 흐른다. 이 전류는 권수비가 같지 않음으로써 생기는 전류로서, $\left.\bar{I}_{2a}\right|_{\bar{I}_2=0} = -\left.\bar{I}_{2b}\right|_{\bar{I}_2=0}$이다.

$a_A = a_B$이면

$$\bar{I}_{2a} = \frac{\bar{Z}_B}{\bar{Z}_A + \bar{Z}_B}\bar{I}_2 \qquad [\mathrm{A}] \qquad (2\text{-}188)$$
$$\bar{I}_{2b} = \frac{\bar{Z}_A}{\bar{Z}_A + \bar{Z}_B}\bar{I}_2$$

이 성립하고,

$$\frac{\bar{I}_{2a}}{\bar{I}_{2b}} = \frac{\bar{Z}_B}{\bar{Z}_A} \qquad (2\text{-}189)$$

즉, 식 (2-170)과 같은 결과가 얻어진다.

2대 이상의 변압기의 경우(*In the Case of More Than Two Transformers*). 그림 2-42는 n대의 변압기가 병렬로 연결된 경우에 대한 2차로 환산한 등가회로이다. 각 변압기의 전류 $\bar{I}_{2a}, \bar{I}_{2b}, \cdots, \bar{I}_{2n}$은

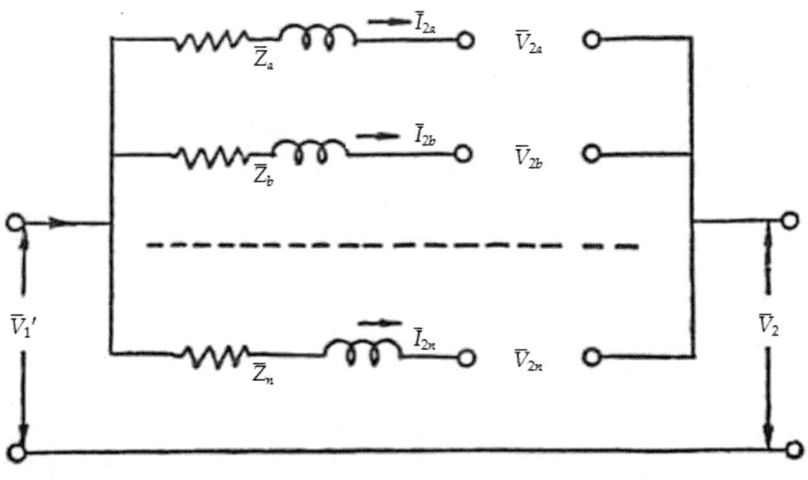

Figure 2-42 Parallel operation with more than two transformers.

$$\begin{aligned} \bar{I}_{2a} &= \bar{Y}_a(\bar{V}_1' - a_a\bar{V}_2) \\ \bar{I}_{2b} &= \bar{Y}_b(\bar{V}_1' - a_b\bar{V}_2) \\ &\vdots \\ \bar{I}_{2n} &= \bar{Y}_n(\bar{V}_1' - a_n\bar{V}_2) \end{aligned} \quad [\mathrm{A}] \tag{2-190}$$

이며, 전(total) 전류 $\bar{I}_2$는

$$\bar{I}_2 = \bar{I}_{2a} + \bar{I}_{2b} + \cdots + \bar{I}_{2n} = \sum_{k=a}^{n} \bar{Y}_k(\bar{V}_1' - a_k\bar{V}_2) \quad [\mathrm{A}] \tag{2-191}$$

이다. 여기서 $\bar{Y}_a = 1/\bar{Z}_a, \bar{Y}_b = 1/\bar{Z}_b, \cdots, \bar{Y}_n = 1/\bar{Z}_n$이다. 식 (2-191)로부터 2차 단자 전압 $\bar{V}_2$를 구하면

$$\bar{V}_2 = \frac{\bar{V}_1'\sum \bar{Y}_k - \bar{I}_2}{\sum a_k\bar{Y}_k} \quad [\mathrm{V}] \tag{2-192}$$

가 된다. 각 변압기의 전류는 식 (2-192)를 (2-190)에 대입하면 얻어진다. 따라서, r 번째 변압기의 전류 $\bar{I}_{2r}$은

$$\bar{I}_{2r} = \frac{a_r\bar{Y}_r}{\sum a_k\bar{Y}_k}\bar{I}_2 + \left(\frac{1}{a_r} - \frac{\sum \bar{Y}_k}{\sum a_k\bar{Y}_k}\right)a_r\bar{Y}_r\bar{V}_1' \quad [\mathrm{A}] \tag{2-193}$$

과 같다. 변압기가 a, b 2대인 경우에는, $\bar{I}_{2a}$가

$$\bar{I}_{2a} = \frac{a_a\bar{Y}_a}{a_a\bar{Y}_a + a_b\bar{Y}_b}\bar{I}_2 + \left(\frac{1}{a_a} - \frac{\bar{Y}_a + \bar{Y}_b}{a_a\bar{Y}_a + a_b\bar{Y}_b}\right)a_a\bar{Y}_a\bar{V}_1' \quad [\mathrm{A}] \tag{2-194}$$

와 같으며, $\bar{Y}_a = 1/\bar{Z}_a, \bar{Y}_b = 1/\bar{Z}_b$를 대입하면 식 (2-188)이 얻어진다.

Three-Phase Transformers

각변위(*Phase Displacement*). 단상 변압기의 병렬 운전의 경우에는, 1차와 2차의 위상이 동상이거나 180°의 위상차를 갖는 두 가지 경우 외에는 없으므로 매우 간단하다. 하지만, 3상 변압기의 경우에는 단자 전압이 동상일지라도 와이-결선과 델타-결선에 따라 권선 전압이 30°의 위상차를 가지며, 3상 전압 사이에 120°의 위상차가 있으므로, 병렬 결선에 특히 주의해야 한다. 위상이 맞지 않으면, 그 위상차로 인한 국부 순환 전류가 변압기 권선에 흐르고, 권선의 과열 및 소손을 가져오게 된다. 1차와 2차의 전압 (또는 전류) 사이의 **각변위**(*angular displacement, angular shift*; 위상 변위, *phase displacement, phase shift*)는, 그림 2-43과 같이, 3상 결선의 전압 (또는 전류) 페이서도에서 각각의 중성점과 동일 상(phase)의 끝점을 연결한 선 사이의 각

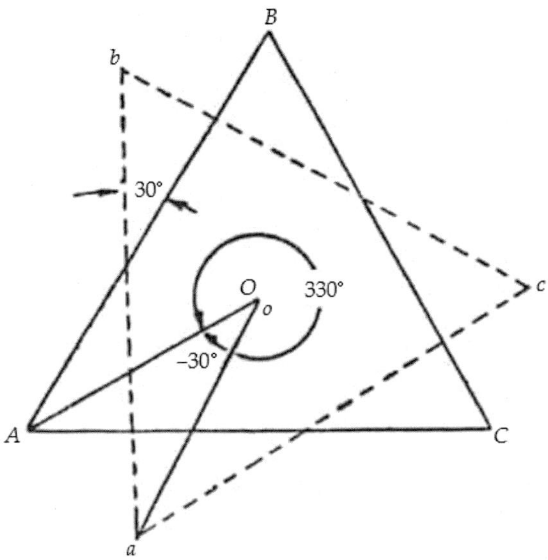

Figure 2-43 Definition of angular displacement.

도로 정의된다. 각변위는 1차가 2차보다 앞서는 각도를 정(양, positive)으로 한다. 단상 변압기의 병렬 운전에서는 극성을 고려해야 하는 한편, 3상 변압기의 병렬 운전에서는 각변위를 고려해야 한다. 변압기의 3상 결선은 델타-결선과 와이-결선의 조합으로 이루어지므로, 1차 및 2차의 전압 또는 전류 사이에 그림 2-44와 같은 각변위가 생긴다.

그림 2-45 (a)는 그림 2-44 (a)에 해당되는 결선도로서, *A*, *B*, *C*는 1차측 단자, *a*, *b*, *c*는 2차측 단자를 나타낸다. 1차측 상(phase) 1, 2, 3은 2차측 상 1′, 2′, 3′과 조합하여 변압기 작용을 한다. 따라서 1과 1′, 2와 2′, 그리고 3과 3′의 유기 전압은 각각 동상이며, 1, 2, 3 및 1′, 2′, 3′은 서로 120°의 위상차를 가진다. 그림 2-45 (b)는 이러한 관계를 나타내는 전압 페이서도이다. 델타-델타 결선의 전압 *OA*와 *oa* 사이의 각도, 즉 각변위로 다른 모든 전압의 위상 관계를 설명할 수 있다. 이 경우의 각변위 또는 위상 변위는 0°가 된다. 그림 2-44 (b)도 똑 같다.

그림 2-46 (a)는 그림 2-44 (c)에 해당되는 결선도이며, 이에 대한 전압 페이서도는 그림 2-46 (b)이다. 양측의 단자 전압 사이의 위상 관계를 조사하기 위하여 이 양측 전압 페이서를 겹쳐 놓은 그림 2-43을 고려한다. 그림에서 전압 페이서 *AB*, *BC*, *CA* 및 *ab*, *bc*, *ca*는 각각 1차 및 2차 단자 사이의 전압이며, *AB*와 *ab* 사이에는 330°의 위상차(*AB*가 앞섬)가 있음을 알 수 있다. 또한 *oa*는 *OA*보다 30° 앞선다. 따라서, 3상 변압기의 병렬 운전에서, 단자간 전압의 위상 관계 대신 중성점과 단자 사이의 전압의 위상 관계를 살펴보는 것이 훨씬 간단하고 확실하다.

그림 2-44 (a)와 (e)는 둘 다 델타-델타 결선이지만, (a)의 경우는 각변위가 0°, (e)

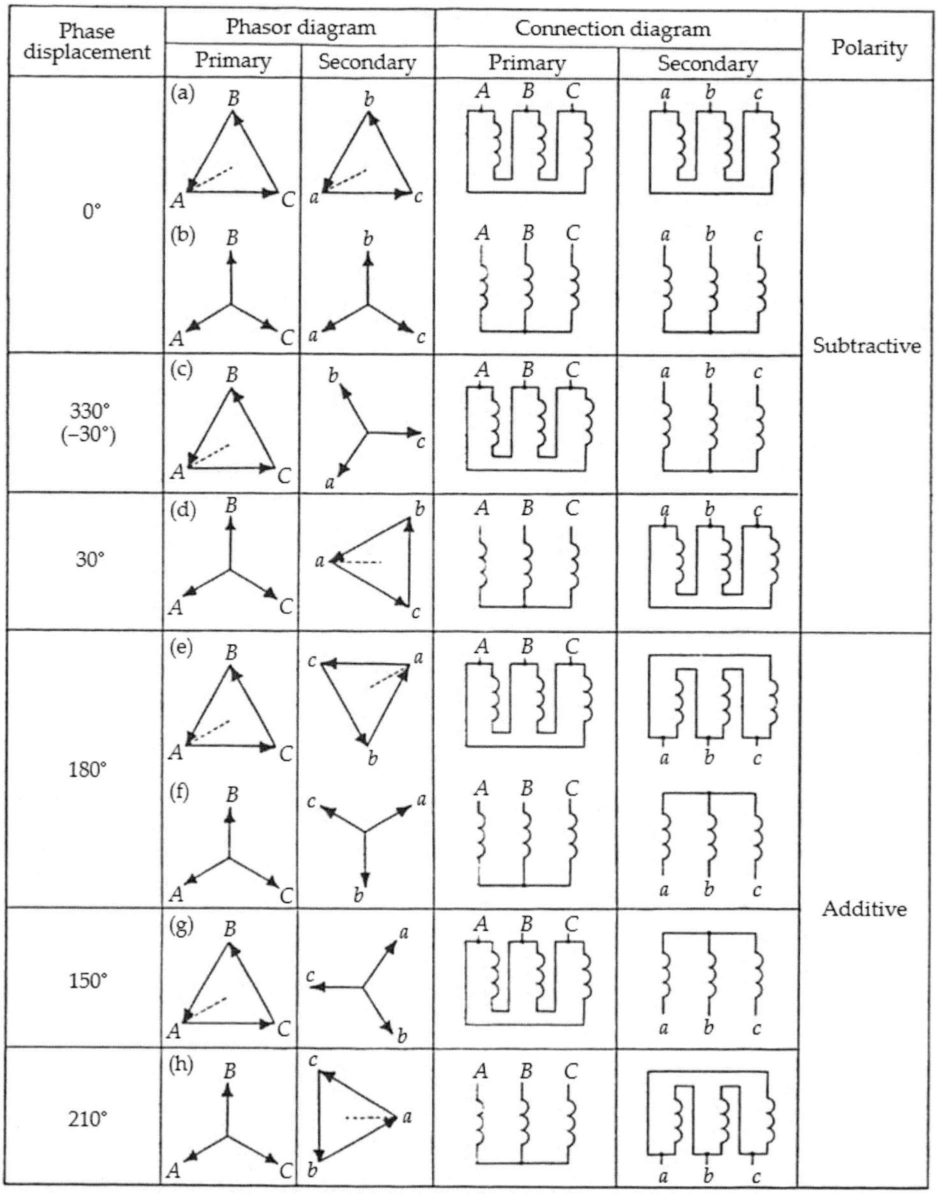

Figure 2-44 Angular displacements of three-phase transformers.

의 경우는 180°이어서, 이를 어떻게 조합하여도 2차에 동위상의 전압을 얻을 수 없으므로 이 양자의 병렬 운전은 불가능하다. 와이-와이 결선에서도 그림 2-44 (b)와 (f)의 병렬 운전은 불가능하다.

표 2-1은 3상 변압기 결선에서 병렬 운전이 가능한 조합과 불가능한 조합을 정리한 것이다. 표의 왼쪽 "가능(possible)" 칸의 첫번째에서 다섯번째 조합까지는 각변위가 서로 같으므로 병렬 운전이 가능하다. 여섯번째 조합에서는, 감극성(sub-

Table 2-1 Possible set of three-phase transformers for parallel operation

Possible	Impossible
Δ-Δ and Δ-Δ (same polarity)	Δ-Δ and Δ-Y
Y-Y and Y-Y (same polarity)	Y-Y and Δ-Y
Y-Δ and Y-Δ (same polarity)	Δ-Δ and Y-Δ
Δ-Y and Δ-Y (same polarity)	Y-Y and Y-Δ
Δ-Δ and Y-Y (same polarity)	
Δ-Y (subtractive) and Y-Δ (additive)	
Y-Δ (subtractive) and Δ-Y (additive)	

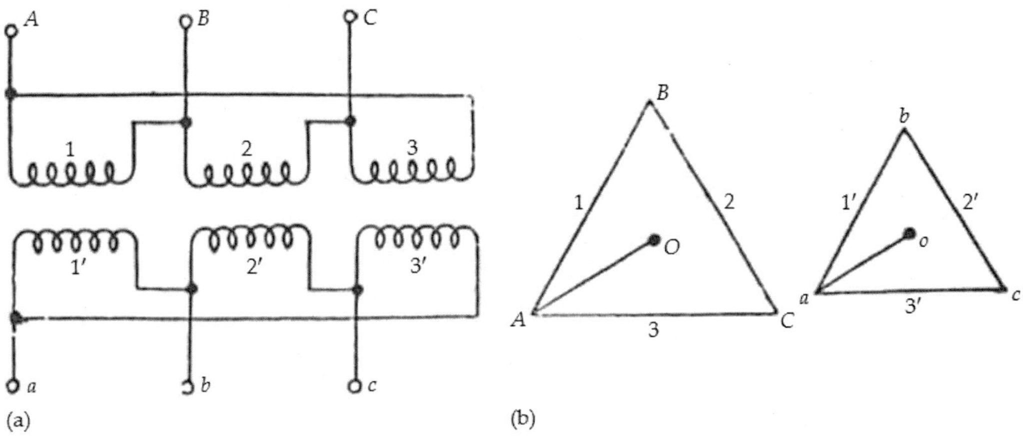

Figure 2-45 (a) Transformer connection and (b) angular displacement of Δ–Δ connection.

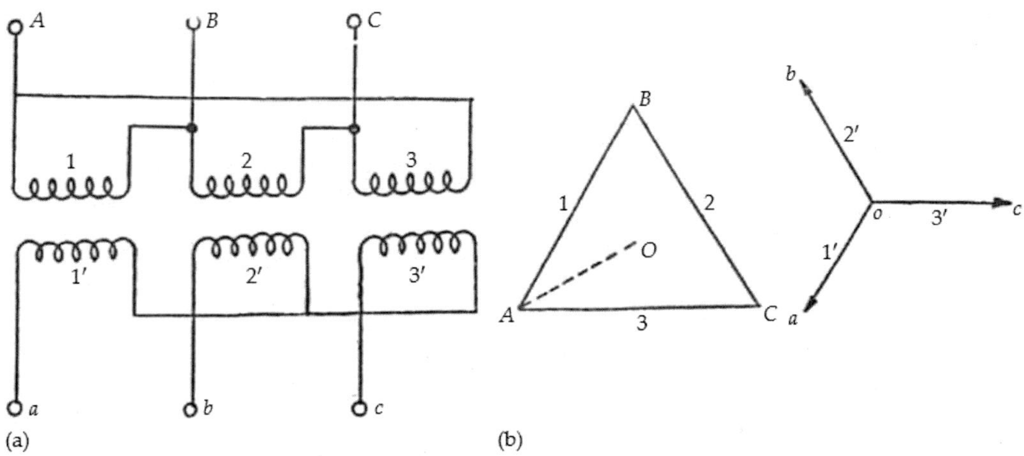

Figure 2-46 (a) Transformer connection and (b) angular displacement of Δ–Y connection.

tractive polarity) 델타-와이 결선의 각변위는 330°이며 가극성(additive polarity) 와이-델타 결선은 210°이다. 이 경우에는, 그림 2-47과 같은 위상 관계가 되므로, 2차측의 a_1과 b_2, b_1과 c_2, 그리고 c_1과 a_2를 연결하면 병렬 운전이 가능하다. 즉, A–a_1,

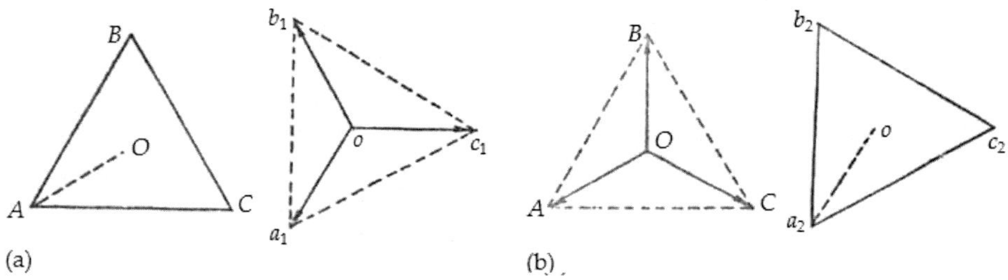

Figure 2-47 Phasor diagrams of (a) subtractive polarity Δ–Y, and (b) additive polarity Y–Δ connections.

$A–a_1$, $B–b_1$, $C–c_1$의 각변위는 330°이며, $A–b_2$, $B–c_2$, $C–a_2$(a_2, b_2, c_2를 한 상(120°)씩 순차적으로 바꾼)의 각변위도 210° + 120° = 330°가 되어 병렬 운전이 가능하게 된다. 마지막 조합의 경우도 여섯 번째 조합의 경우와 비슷하게 병렬 운전이 가능하다.

이러한 각변위의 문제만 해결되면, 그 밖의 조건은 단상 변압기의 경우와 같다.

부하 분담(*Load Division*). 3상 변압기가 동일한 3상 결선인 경우에는, 단상 변압기의 병렬 운전과 마찬가지로 각 변압기 뱅크(transformer bank)의 백분율 임피던스가 같아야 각 변압기 뱅크의 부하 분담이 용량에 비례한다. 하지만, 3상 결선이 서로 다른 변압기 뱅크를 병렬 운전하는 경우에는, 그렇지 않다.

그림 2-48과 같이 와이-와이 뱅크와 델타-델타 뱅크를 병렬 운전하는 경우를 검토한다. 이 병렬 운전 변압기 뱅크의 등가회로는 그림 2-49와 같다. 여기서 Z_a는 와이-뱅크의 권선 임피던스, Z_b는 델타-뱅크의 권선 임피던스, 그리고 I_a와 I_b는, 각각, 와이-뱅크와 델타-뱅크의 선전류(line current)이다. 그림 2-49의 등가회로를 참조하면,

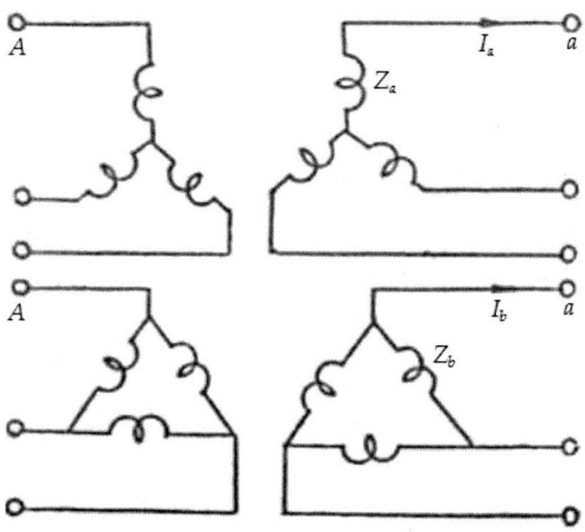

Figure 2-48 Parallel operation circuit with Y–Y and Δ–Δ connections.

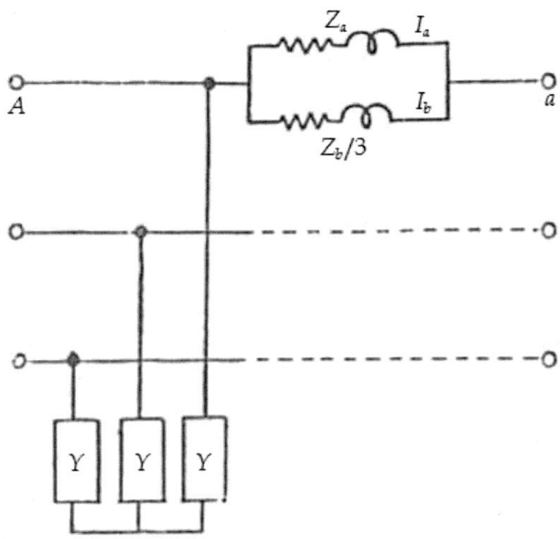

Figure 2-49 Equivalent circuit of parallel operation with Y–Y and Δ–Δ connections.

$$I_b \times \frac{Z_b}{3} = I_a \times Z_a$$

$$\frac{I_a}{I_b} = \frac{Z_b}{3Z_a} \tag{2-195}$$

가 성립한다. 따라서, $Z_a = Z_b/3$인 경우에는 $I_a = I_b$가 된다. 또한, 저항과 리액턴스의 비(ratio)가 같은 경우에는 변압기 전류 I_a와 I_b가 동상(in phase)이 된다. 이와 같은 경우는 단상 변압기 2대의 병렬 운전과 같게 생각할 수 있다.

2C V-CONNECTION (OPEN-DELTA CONNECTION)

V-결선(개방 델타(open-delta) 결선)은 2대의 단상 변압기를 이용하는 3상 결선법으로서, 3상 전력의 수전과 함께 장래의 부하 증가에 대비한 임시 설비로 사용하거나, 델타-델타 결선으로 사용하던 3상 계통에서 한대의 변압기가 고장 또는 정비를 위해 탈락되어야 하는 경우 나머지 두대의 변압기를 이용하여 3상 전력의 변환을 얻는 결선법이다.

무부하와 평형 3상 부하가 연결된 경우에 대한 V-결선의 결선도와 페이서도가 그림 2-50에 보여져 있다. 변압기는 이상 변압기라고 가정한다. 2차측이 무부하인 경우에 대한 전압 방정식은

$$\overline{V}_{ab} + \overline{V}_{bc} + \overline{V}_{ca} = 0$$

이므로

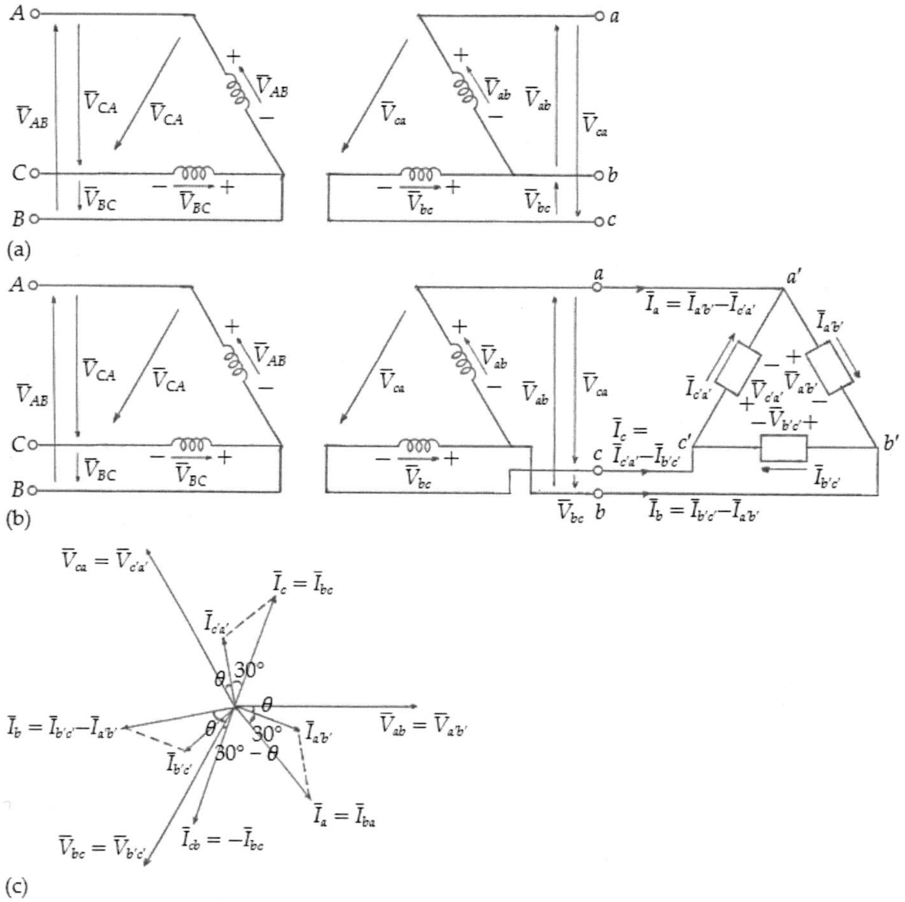

Figure 2-50 V-connection: (a) connection diagram at no-load, (b) with balanced three-phase load, and (c) phasor diagram of (b).

$$\overline{V}_{ca} = -(\overline{V}_{ab} + \overline{V}_{bc}) \qquad [\text{V}] \tag{2-196}$$

이 성립한다. 1차측에 인가되는 전원 전압이 상순 ABC인 3상 평형이라 하면, 1차 선간 전압으로 나타낸 2차 선간 전압은 다음과 같다:

$$\begin{aligned}\overline{V}_{ab} &= \overline{V}_{AB}/a\,; \qquad \overline{V}_{bc} = \overline{V}_{BC}/a = (\overline{V}_{AB}/a)\epsilon^{-j\frac{2\pi}{3}} \\ \overline{V}_{ca} &= -\left[\overline{V}_{AB}/a + (\overline{V}_{AB}/a)\epsilon^{-j\frac{2\pi}{3}}\right] = (\overline{V}_{AB}/a)\epsilon^{-j\frac{4\pi}{3}}\end{aligned} \qquad [\text{V}] \tag{2-197}$$

즉, 2차측의 단자 b와 c 사이에 대칭 3상의 나머지 1상 기전력이 발생한다. 여기서 a는 권수비이다. 따라서, 2차측에 3상 부하를 연결하면 3상 전력을 공급할 수 있다.

V-결선으로 공급할 수 있는 3상 전력의 계산을 위하여 V-결선된 출력 단자에 3상 평형 부하가 연결된 그림 2-50 (b)의 결선도와 (c)의 페이서도를 참조한다. V-결

선에 의해 부하로 공급되는 전력은 변압기 2차측의 단자 a와 b, 그리고 b와 c 사이에 있는 권선에서의 전력을 더한 값이다:

$$P_V = |\bar{V}_{ab}||\bar{I}_{ba}| \cos\angle(\bar{V}_{ab}, \bar{I}_{ba}) + |\bar{V}_{bc}||\bar{I}_{cb}| \cos\angle(\bar{V}_{bc}, \bar{I}_{cb})$$
$$= V_2 I_2 \cos(30° + \theta) + V_2 I_2 \cos(30° - \theta) = \sqrt{3} V_2 I_2 \cos\theta \qquad [W] \quad (2\text{-}196)$$

여기서 전압이 3상 평형이며, 또한 부하 전류 역시 3상 평형이어서 2차측 선전류 I_a, I_b, 그리고 $\bar{I}_c$도 3상 평형이므로, $|\bar{V}_{ab}| = |\bar{V}_{bc}| = V_2$, 그리고 $|\bar{I}_{ba}| = |\bar{I}_{cb}| = I_2$로 나타내었다. 따라서 V-결선으로 내어놓을 수 있는 전력은

$$S_V = \sqrt{3} V_2 I_2 \qquad [VA] \qquad (2\text{-}197)$$

이다. 그런데 이 단상 변압기 두대를 단상으로 사용하는 경우에 내어놓을 수 있는 총 전력은

$$S_{1\phi} = 2 V_2 I_2 \qquad [VA] \qquad (2\text{-}198)$$

이므로 변압기의 이용률은

$$\frac{S_V}{S_{1\phi}} \times 100 = \frac{\sqrt{3} V_2 I_2}{2 V_2 I_2} \times 100 = \frac{\sqrt{3}}{2} \times 100 = 86.6 \qquad [\%] \qquad (2\text{-}199)$$

이다. 또한 세대의 발전기로 Δ-Δ 결선에 의해

$$S_\Delta = 3 V_2 I_2 \qquad [VA]$$

의 전력을 공급하다가 한대를 제외하여 V-결선으로 전력을 공급하는 경우

$$\frac{S_V}{S_\Delta} \times 100 = \frac{\sqrt{3} V_2 I_2}{3 V_2 I_2} \times 100 = \frac{\sqrt{3}}{3} \times 100 = 57.7 \qquad [\%] \qquad (2\text{-}200)$$

의 전력을 내어놓을 수 있다.

2D THREE-PHASE CONNECTION OF AUTOTRANSFORMERS

단권변압기의 3상 결선법은 2권선 변압기의 3상 결선법과 비슷한 Y-결선, Δ-결선, V-결선, 그리고 (변)연장 Δ-결선(extended delta-connection)등이 있다.

Wye-Connection

단권변압기의 Y-결선(wye-connection)에 대한 결선도가 그림 2-51에 보여져 있다.

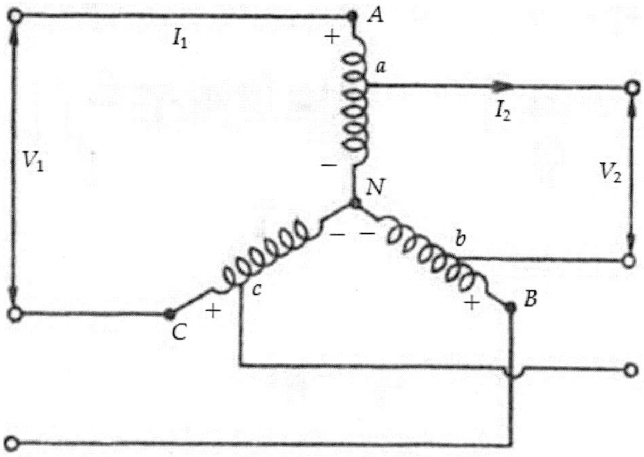

Figure 2-51 Wye-connection of autotransformers.

이 결선에서의 출력 용량 $S_{\rm Y}$와 변압기 등가 용량 $S_{\rm k}$는, 각각,

$$S_{\rm Y} = \sqrt{3}V_1 I_1 = \sqrt{3}V_2 I_2 \qquad \text{[VA]} \tag{2-201}$$

$$S_{\rm k} = 3 \times \frac{(V_1 - V_2)}{\sqrt{3}} I_1 = \sqrt{3}(V_1 - V_2) I_1 \qquad \text{[VA]} \tag{2-202}$$

이다. 그러므로 출력 용량에 대한 단권변압기 등가 용량의 비 $S_{\rm k}/S_{\rm Y}$는

$$\frac{S_{\rm k}}{S_{\rm Y}} = 3 \times \frac{\sqrt{3}(V_1 - V_2) I_1}{\sqrt{3} \cdot \sqrt{3} V_1 I_1} = \frac{V_1 - V_2}{V_1} \tag{2-203}$$

과 같다.

Delta-Connection

단권변압기의 Δ-결선(delta-connection)에 대한 결선도와 전압 페이서도가 그림 2-52에 보여져 있다.

이 결선에서의 출력 용량 S_Δ는 식 (2-201)과 마찬가지로

$$S_\Delta = \sqrt{3}V_1 I_1 = \sqrt{3}V_2 I_2 \qquad \text{[VA]} \tag{2-204}$$

가 된다. 이상 변압기라고 가정하면

$$N_m I_m = N_n I_n; \qquad \frac{N_m}{N_n} I_m = I_n; \qquad \frac{V_m}{V_n} I_m = I_n$$
$$\therefore V_m I_m = V_n I_n \qquad \text{[VA]} \tag{2-205}$$

와 같이 m 부분과 n 부분의 전력이 같다. 삼각 공식(trigonometric formula)을 이용

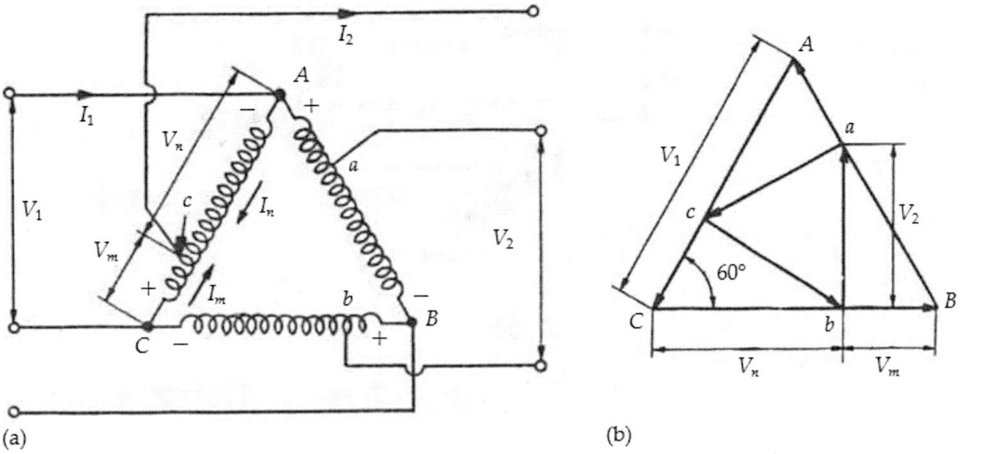

Figure 2-52 Delta-connection of autotransformers: (a) connection diagram, (b) voltage phasor diagram.

하면

$$V_2^2 = V_n^2 + V_m^2 - 2V_nV_m\cos 60° = V_n^2 + V_m^2 - 2V_nV_m$$
$$= (V_n + V_m)^2 - 3V_nV_m = V_1^2 - 3V_nV_m$$
$$\therefore V_n = \frac{(V_1^2 - V_2^2)}{3V_m} \quad [V] \tag{2-206}$$

이 얻어진다. 또한 식 (2-205)로부터

$$I_2 = I_m + I_n, \quad V_mI_m = V_nI_n; \quad \frac{V_m}{V_n} = \frac{I_n}{I_m}$$
$$\therefore \frac{V_m + V_n}{V_m} = \frac{I_m + I_n}{I_n}; \quad I_n = I_2\frac{V_m}{V_1} \quad [A] \tag{2-207}$$

이 얻어진다. 그러므로, 이 결선에서의 단권변압기 등가 용량 S_k는

$$S_k = 3V_mI_m = 3V_nI_n = 3 \times \frac{V_1^2 - V_2^2}{3V_m} \cdot \frac{V_m}{V_1}I_2 = \frac{V_1^2 - V_2^2}{V_1}I_2 \quad [VA] \tag{2-208}$$

과 같이 된다. 따라서, 출력 용량에 대한 단권변압기 등가 용량의 비 S_k/S_Δ는

$$\frac{S_k}{S_\Delta} = \frac{V_1^2 - V_2^2}{V_1}I_2/\sqrt{3}V_2I_2 = \frac{V_1^2 - V_2^2}{\sqrt{3}V_1V_2} \tag{2-209}$$

와 같다.

V-Connection (Open-Delta Connection)

그림 2-53은 단권변압기의 V-결선(V-connection; 개방 Δ-결선, open-delta connection)의 결선도이다. 단권 변압기의 V-결선에서는 권선의 접속 방향은 Δ-결선 때와 같게 그대로 두되, 두 단권변압기 중 한대의 탭(tap)의 위치는 반대로 해야 한다.
출력 용량에 대한 단권변압기 등가용량의 비 S_k/S_V는

$$\frac{S_k}{S_V} = \frac{2(V_1 - V_2)I_1}{\sqrt{3}V_1 I_1} = \frac{1}{\sqrt{3}/2} \cdot \frac{V_1 - V_2}{V_1} = \frac{V_1 - V_2}{0.866 V_1} \tag{2-210}$$

과 같다.

Extended Delta Connection

그림 2-54 (a)와 같이 세대의 단권변압기의 중간 탭을 Δ로 접속한 3상 결선법을 (변)

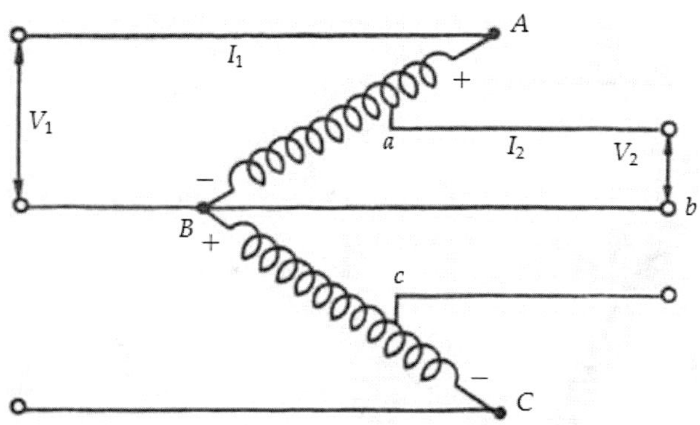

Figure 2-53 Open-delta connection of autotransformers.

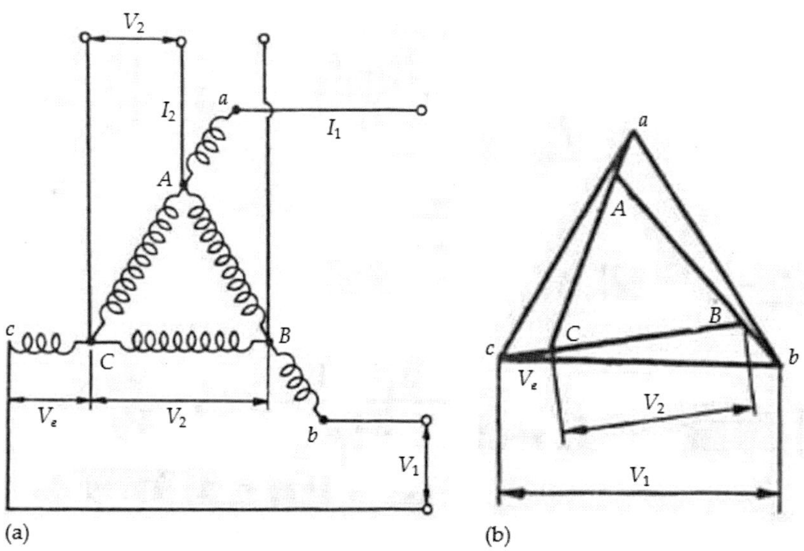

Figure 2-54 Extended delta-connection of autotransformers: (a) connection diagram, (b) voltage phasor diagram.

연장 델타 결선(extended delta-connection)이라 한다. 그림 2-54 (b)는 이 결선에서의 전압 페이서도이다. ΔBbc에 대하여 삼각 공식을 적용하면

$$V_1^2 = V_e^2 + V_m(V_2 + V_e)^2 - 2V_e(V_2 + V_e)\cos 120° = 3V_e^2 + 3V_eV_2 + V_2^2$$
$$3V_e^2 + 3V_eV_2 + (V_2 - V_1)^2 = 0$$
$$\therefore V_e = -\frac{V_2}{2} \pm \sqrt{\frac{V_1^2}{3} - \frac{V_2^2}{12}} \quad [\mathrm{V}] \tag{2-211}$$

와 같이 V_e를 구할 수 있다. 여기서 복부호에서는 정(양) 부호만 취한다. 따라서, 단권 변압기 한대의 등가 용량은

$$V_eI_1 = \left[-\frac{V_2}{2} + \sqrt{\frac{V_1^2}{3} - \frac{V_2^2}{12}}\right]I_1 \quad [\mathrm{VA}] \tag{2-212}$$

가 된다. 그러므로, 출력 용량에 대한 단권변압기 등가 용량의 비 $S_k/S_{E\Delta}$는

$$\frac{S_k}{S_{E\Delta}} = \frac{3\left[-\frac{V_2}{2} + \sqrt{\frac{V_1^2}{3} - \frac{V_2^2}{12}}\right]I_1}{\sqrt{3}V_1I_1} = \frac{\sqrt{3}}{V_1}\left[-\frac{V_2}{2} + \sqrt{\frac{V_1^2}{3} - \frac{V_2^2}{12}}\right]$$
$$= -\frac{\sqrt{3}}{2}\left(\frac{V_2}{V_1}\right) + \sqrt{1 - \frac{1}{4}\left(\frac{V_2}{V_1}\right)^2} \tag{2-213}$$

과 같이 구해진다.

EXAMPLE 2-9 그림 2-55와 같이 변압기를 결선하였을 때, 1차측 전압 과 2차측 전압 사이의 비를 결정하라. 여기서 A, B, 그리고 C는, 각각, 권선 CC', AA', 그리고 BB'의 중점이다.

SOLUTION 그림 2-54 (b)의 페이서도에서 V_1을 E_2로, V_2를 E_1로, 그리고 V_e를 E_1로 대체하고, 식 (2-211)을 사용하여 E_1을 구하면

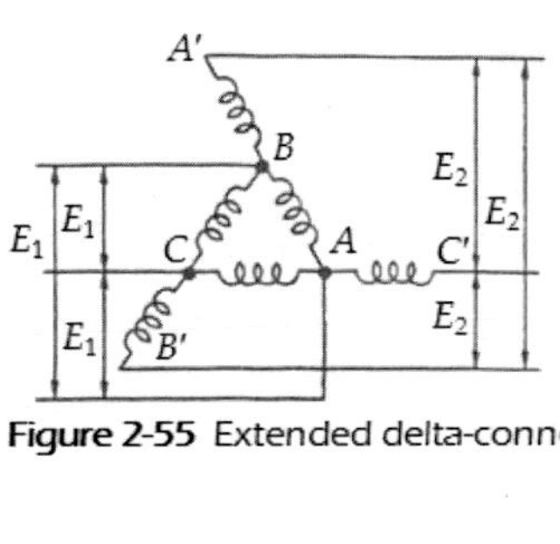

Figure 2-55 Extended delta-connection of autotransformers for Example 2-9.

$$E_1 = -\frac{E_1}{2} \pm \sqrt{\frac{E_2^{\ 2}}{3} - \frac{E_1^{\ 2}}{12}} \qquad [\mathrm{V}]$$

따라서,

$$\frac{E_2}{E_1} = \sqrt{7} \simeq 2.65$$

2E TRANSFORMATION OF NUMBER OF PHASES WITH TRANSFORMERS

송배전 계통에서는 주로 3상을 사용하며, 산업체나 공장에서는 3상 또는 단상, 그리고 가정에서는 단상을 사용하지만, 부하에 따라 2상, 6상, 12상 등을 필요로 하는 경우도 있다. 이런 경우에는 변압기를 이용하여 1차 3상에서 2차 2상, 6상 등으로 상수를 변환(변성)할 수 있다.

Three-Phase to Two-Phase Transformation

3상 전력을 2상으로 (또는 2상 전력을 3상으로) 변환하는 결선법으로는 2대의 단상 변압기를 사용하는 스코트 결선(Scott's connection; T-결선, T-connection), 마이어 결선(Meyer's connection), 그리고 3대의 단상 변압기를 사용하는 우드브릿지 결선(Wood-bridge's connection) 등이 있다.

Scott's Connection. 3상으로부터 상당히 대용량인 단상 부하, 예컨대, 단상 전기로(single-phase electric furnace) 같은 부하를 위한 전력을 얻어야 하는 경우가 있다. 이를 위해 가장 널리 사용되는 방법은, 1차를 3상, 2차를 2상으로 하여 이로부터 두개의 단상 부하에 전력을 공급하는, 즉, 3상을 2상으로 변환하는 방식이다. 이를 위한 변압기 결선법 중 가장 대표적인 것은 **T-결선**(*T-connection*)이라고도 불리는 **스코트 결선**(*Scott's connection*)이다.

그림 2-56 (a)와 같이 동일한 2대의 단상 변압기를 사용하여 **T-좌 변압기**(*teaser transformer*)라 불리는 변압기 T_T의 1차 권선의 (−) 단자로부터 $(\sqrt{3}/2)N_1 = 0.866\ N_1$인 위치에 탭(tap) C를 내고, (−) 단자는 **주좌 변압기**(*main transformer*)라 불리는 변압기 T_M의 1차 권선의 중간 탭 O에 접속한다. 그리고 변압기 T_M의 2차 권선의 (−) 단자를 서로 접속한다.

그 다음 변압기 T_M의 1차 권선의 (+) 단자를 A로, (−) 단자를 B로 하여, 단자 A, B, 그리고 C에 평형 3상 전압을 인가한다(변압기는 이상 변압기로 가정한다). 그러면 변압기 T_T의 2차 권선의 (+) 단자 a, 변압기 T_M의 2차 권선의 (+) 단자 b, 그리고 두 변압기 2차 권선의 (−) 단자 c에는, 그림 2-56 (b)와 같이 단자 a와 b 그리고 b와 c 사이에 평형 2상 전압이 나타난다. 그 이유는 다음과 같다.

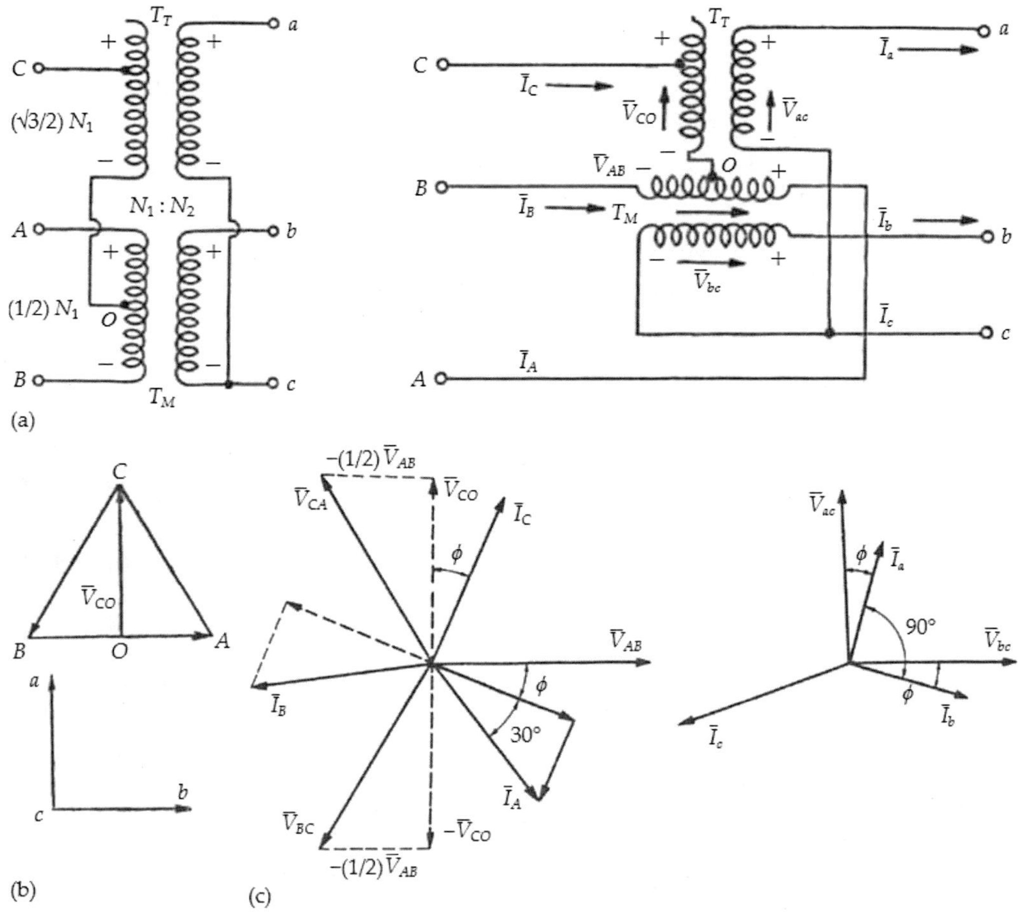

Figure 2-56 Scott's connection: (a) connection diagram, (b) voltage phasor diagram and (c) primary and secondary phasor diagram.

전압 $\overline{V}_{CO}$와 $\overline{V}_{ac}$, 그리고 $\overline{V}_{AB}$와 $\overline{V}_{bc}$는 동상이므로 $\overline{V}_{ac}$와 $\overline{V}_{bc}$는 서로 90°의 위상차가 난다. 따라서

$$V_{CO} = V_{BC}\sin 60° = \left(\sqrt{3}/2\right)V_{BC}, \quad V_{CO}/V_{ab} = \left(\sqrt{3}/2\right)N_1/N_2 \quad \text{[V]}$$

이므로

$$V_{ab} = \left(2/\sqrt{3}\right)(N_2/N_1)V_{CO} = (N_2/N_1)V_{BC} \quad \text{[V]}$$

이다. 또한

$$V_{AB}/V_{bc} = N_1/N_2$$

이므로

$$V_{bc} = (N_2/N_1)V_{AB} \qquad [\text{V}]$$

이다. 그런데 1차 인가 전압이 평형 3상으로서 $V_{AB} = V_{BC}$이므로 $V_{ab} = V_{bc}$가 되어, $\bar{V}_{ab}, \bar{V}_{bc}$는 크기가 같고 서로 90°의 위상차가 나는 평형 2상 전압이 된다.

2차측에 역률 $\cos\phi$인 평형 2상 부하가 연결된 경우를 검토한다. 1차측에는

$$\begin{aligned} &\frac{\sqrt{3}}{2}N_1\bar{I}_C = N_2\bar{I}_a \\ &\frac{1}{2}N_1\bar{I}_A - \frac{1}{2}N_1\bar{I}_B = N_2\bar{I}_b \qquad [\text{A}] \\ &\bar{I}_A + \bar{I}_B + \bar{I}_C = 0 \end{aligned} \tag{2-214}$$

를 만족하는 전류 $\bar{I}_A, \bar{I}_B$, 그리고 $\bar{I}_C$가 흐른다. 따라서 전류 $\bar{I}_A, \bar{I}_B$, 그리고 $\bar{I}_C$는

$$\begin{aligned} &\bar{I}_C = \frac{2}{\sqrt{3}}\cdot\frac{N_2}{N_1}\bar{I}_a \\ &\bar{I}_A = -\frac{1}{\sqrt{3}}\cdot\frac{N_2}{N_1}\bar{I}_a + \frac{N_2}{N_1}\bar{I}_b \qquad [\text{A}] \\ &\bar{I}_B = -\frac{1}{\sqrt{3}}\cdot\frac{N_2}{N_1}\bar{I}_a - \frac{N_2}{N_1}\bar{I}_b \end{aligned} \tag{2-215}$$

와 같으며, 그림 2-56 (c)와 같이 평형 3상이 된다.

이상과 같이 T-좌 변압기와 주좌 변압기를 같은 용량으로 하고 T-좌 변압기의 1차측 탭을 $0.866\,N_1$인 위치에 두면

$$I_A = I_B = I_C = \frac{2}{\sqrt{3}}\cdot\frac{N_2}{N_1}I_2 \qquad [\text{A}] \tag{2-216}$$

이 성립한다. 여기서 I_2는 $I_a = I_b = I_2$이다.

I_2를 두 변압기의 정격 2차 전류라 하면, 1차 전류는 정격 1차 전류 $(N_2/N_1)I_2$의 $(2/\sqrt{3}) = 1.15$배가 되므로 15 [%] 과부하가 된다. 따라서 1차측이 과부하가 되지 않도록 하려면 2차 부하 전류를 정격 전류의 $(\sqrt{3}/2)$배로 줄여야 하며, 이에 따라 이 변압기 뱅크(bank) 1차의 이용률은 $2/2.15 = 0.93$으로서 93 [%]가 된다. 그러므로, 이 결선의 최대 출력은

$$2\times\left(V_2\times\frac{\sqrt{3}}{2}I_2\right) = \sqrt{3}V_2I_2 \qquad [\text{VA}] \tag{2-217}$$

이 되며, 이 변압기 뱅크(bank) 2차의 이용률은

$$\frac{\sqrt{3}V_2I_2}{2V_2I_2} = 0.867 \qquad [\text{pu}] \tag{2-218}$$

과 같이 86.7 [%]가 된다. 여기서 V_2는 2차 정격 전압이다.

이 결선법은 최초로 1890년에 스콧트(Charles. F. Scott, 1864-1944)에 의해 나이아가라 발전소의 2상 교류를 3상으로 변성하여 송전하기 위해 고안되었다. 현재는 교류 전기 철도용 변압기나 2대의 단상 전기로에 적용하기 위한 변압기로 사용된다. 이와 같은 전력 응용 이외에 계측 회로에서의 3상-2상 변성과 같은 신호 변환 등에 광범위하게 사용된다.

EXAMPLE 2-10 동일 용량의 단상 변압기 2대로 T-결선을 하여 3300 [V]의 3상 간선에서 220 [V], 40 [kVA]의 2상 전력을 얻으려고 한다.

(a) 주좌 및 T-좌 변압기의 권수비를 결정하라.

(b) 1차와 2차의 선전류를 찾아라.

(c) 변압기의 정격 용량은 얼마인가?

(d) 2상 출력 40 [kVA]는 이 두 변압기의 정격 용량을 합한 것의 몇 [%]인가?

(e) 변압기의 1차 권수가 3600 [turn], 2차 권수가 240 [turn]이라면, T-좌 변압기의 1차 탭의 위치는 권수가 얼마인 점인가?

SOLUTION (a) 주좌 변압기의 권수비는

$$3300 \div 220 = 15$$

T-좌 변압기의 권수비는

$$\frac{\sqrt{3}}{2} \times 3300 \div 220 \simeq 12.99 \simeq 13$$

(b) 2차 전류는

$$I_2 = 40000 \div (2 \times 220) \simeq 90.91\ [\text{A}]$$

1차 전류는

$$I_1 = 40000 \div \left(\sqrt{3} \times 3300\right) \simeq 7\ [\text{A}]$$

(c) 필요로 하는 변압기의 정격 용량은

$$3300 \times 7 = 23100\ [\text{VA}] = 23.1\ [\text{kVA}]$$

(d) 변압기 정격 용량에 대한 2상 출력의 비(ratio)는

$$40 \div (2 \times 23.1) \simeq 0.866\ [\text{pu}] = 86.6\ [\%]$$

(e) T-좌 변압기의 탭은

$$\frac{\sqrt{3}}{2} \times 3600 \simeq 3117.7$$

즉, 3118 [turn]인 위치에 탭을 두면 된다.

Meyer's Connection. 그림 2-57 (a)와 같이 권수비 $N_1 : N_2$인 주좌 변압기 T_M의 1, 2

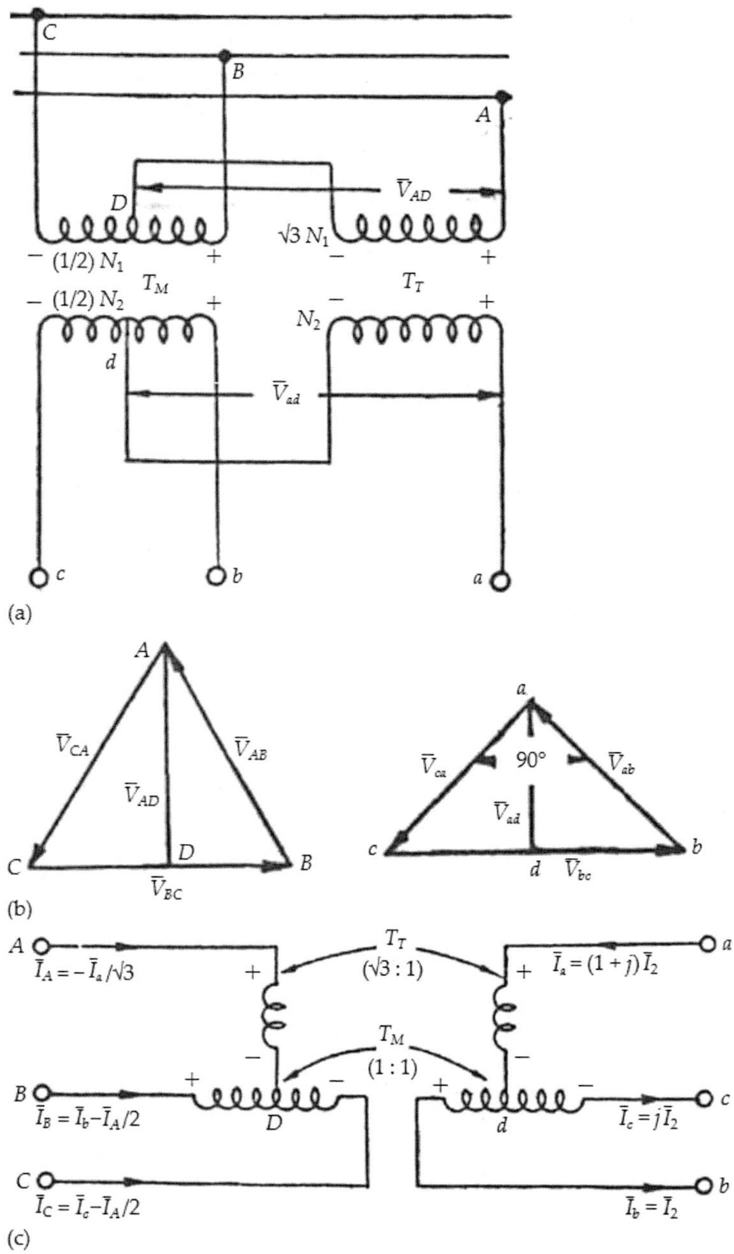

Figure 2-57 Meyer's connection: (a) connection diagram, (b) voltage phasor diagram and (c) current distribution.

차 권선에 중앙 탭을 내어 권수비 $\sqrt{3}N_1 : N_2$인 T-좌 변압기 T_T의 1, 2차 권선을 연결한다. 그리고 1차 단자 A, B, 그리고 C에 평형 3상 전압을 인가하면, 그림 2-57 (b)와 같이 2차 단자에 $\overline{V}_{ab}, \overline{V}_{ca}$의 평형 2상 전압이 나온다.

스코트 결선에서와 같이, 변압기 T_M의 1차측에 전압 $\overline{V}_{BC}$가 걸리면 변압기 T_T의

1차측에는 이보다 90° 앞서는 전압 $\overline{V}_{AD}$가 걸린다. 이 결선에서의 2차 전압 사이에는

$$\overline{V}_{ca} + \frac{1}{2}\overline{V}_{bc} + \overline{V}_{ad} = 0; \quad \overline{V}_{ca} = -\left(\frac{1}{2}\overline{V}_{bc} + \overline{V}_{ad}\right) \qquad [\mathrm{V}] \tag{2-219}$$

$$\overline{V}_{ab} + \frac{1}{2}\overline{V}_{bc} - \overline{V}_{ad} = 0; \quad \overline{V}_{ab} = -\frac{1}{2}\overline{V}_{bc} + \overline{V}_{ad} \qquad [\mathrm{V}] \tag{2-220}$$

의 관계가 성립한다. 따라서 그림 2-57 (b)에서와 같이 전압 $\overline{V}_{ca}$와 $\overline{V}_{ab}$ 사이의 위상차를 90°가 되도록 하기 위해서는 $V_{ad} = V_{ab}/2$이어야 하므로 주좌 변압기의 권수비가 $N_1 : N_2$일 때 T-좌 변압기의 권수비는 $\sqrt{3}N_1 : N_2$이어야 한다.

그림 2-57 (c)는 2차에 평형 2상 부하가 연결된 경우의 변압기 권선에서의 전류 분포를 나타낸 것이다. 각 변압기 권선의 피상 전력은

$$\begin{aligned}
&(\mathrm{VA})_{1T_\mathrm{T}} = (\mathrm{VA})_{2T_\mathrm{T}} = \left(V_2/\sqrt{2}\right)\cdot|1+j|\cdot I_2 = V_2 I_2 \\
&(\mathrm{VA})_{2T_\mathrm{M}} = V_{bc} I_2 = \sqrt{2} V_2 I_2 \\
&(\mathrm{VA})_{1T_\mathrm{M}} = V_{BD} I_B = V_{CD} I_C
\end{aligned} \qquad [\mathrm{VA}] \tag{2-221}$$

과 같다. 또한, $\overline{I}_B$와 $\overline{I}_C$를 2차 전류 $\overline{I}_2$로 나타내면

$$\begin{aligned}
&\overline{I}_B = \overline{I}_b - \frac{1}{2}\overline{I}_A = \overline{I}_b + \frac{1}{2\sqrt{3}}\overline{I}_a = \left[\frac{1}{2\sqrt{3}} + 1 + j\frac{1}{2\sqrt{3}}\right]\overline{I}_2 \\
&\overline{I}_C = \overline{I}_c - \frac{1}{2}\overline{I}_A = \overline{I}_c + \frac{1}{2\sqrt{3}}\overline{I}_a = \left[\frac{1}{2\sqrt{3}} + j\left(1 + \frac{1}{2\sqrt{3}}\right)\right]\overline{I}_2 \\
&I_B = I_C = \sqrt{\left(\frac{1}{2\sqrt{3}}\right)^2 + \left(1 + \frac{1}{2\sqrt{3}}\right)^2}\, I_2 = 1.32\, I_2
\end{aligned} \qquad [\mathrm{A}] \tag{2-222}$$

가 되어

$$(\mathrm{VA})_{1T_\mathrm{M}} = V_1 I_B = \sqrt{2} V_2 \times 1.32\, I_2 = 1.87\, V_2 I_2 \qquad [\mathrm{VA}] \tag{2-223}$$

이 성립한다. 따라서, 이 변압기 뱅크의 1차측 용량 S_p, 2차측 용량 S_s는

$$\begin{aligned}
S_p &= (\mathrm{VA})_{1T_\mathrm{T}} + (\mathrm{VA})_{1T_\mathrm{M}} = 2.87\, V_2 I_2 \\
S_s &= (\mathrm{VA})_{2T_\mathrm{T}} + (\mathrm{VA})_{2T_\mathrm{M}} = 2.41\, V_2 I_2
\end{aligned} \qquad [\mathrm{VA}] \tag{2-224}$$

와 같이 되므로, 이 변압기 뱅크의 이용률은 1차측은 69.8 [%](2/2.87 = 0.698), 2차측은 83 [%](2/2.41 = 0.83)이다.

Woodbridge's Connection. 1, 2차 권선이 1, 1'인 변압기의 권수비는 $N_1 : N_2$이며, 2, 2'및 3, 3'인 변압기의 권수비는 $N_1 : \left(2/\sqrt{3}\right)N_2$인 3대의 단상 변압기를 사용하여 3

상 전력으로부터 2상 4선식 전력을 얻는 결선법이다. 권선 1'에는 권수가, 각각, $[(1-1/\sqrt{3})/2]N_2$, $(1/\sqrt{3})N_2$, $[(1-1/\sqrt{3})/2]N_2$가 되도록 두개의 탭을 내며, 권선 2', 3'에는 중앙 탭을 낸다.

이 권선들을 그림 2-58과 같이 결선하고 단자 A, B, C에 3상 전압을 인가하면, a와 a', 그리고 b와 b' 사이에 2상의 전압이 나온다.

Three-Phase to Six-Phase Transformation

6상 전원은 수은 정류기(mercury rectifier), 회전 변류기(rotary converter) 등에 사용된다.

3상을 6상으로 변성하려고 하는 경우 변압기의 1차 3상측의 결선은 Δ-결선이나 Y-결선 중 어느 것을 사용해도 괜찮다. 2차측의 결선법으로는 환상 결선(ring connection), 2중 델타 결선(double-delta connection), 2중 성형 결선(double-star connection), 대각 결선(diagonal connection), 그리고 포크 결선(Fork's connection) 등의 방법이 있다.

Ring Connection. 그림 2-59와 같이, 3대의 단상 변압기의 2차 권선을 같은 권수의 두개의 권선으로 나누고, 1차에 평형 3상 전압을 인가한다. 2차측 기전력의 방향을 그림 2-59 (a)와 같이 중앙 단자에서 바깥쪽 단자로 향하는 방향이 되게 하면, 그 위상은 그림 2-59 (b)와 같이 정(양) 6상(positive six-phase)이 된다.

이 6개의 2차 권선을 그림 2-59 (c)와 같이 x_1-z_2-y_1-x_2-z_1-y_2의 순으로 연결하면 2차측은 환상 결선(ring connection)의 6상 전원이 된다.

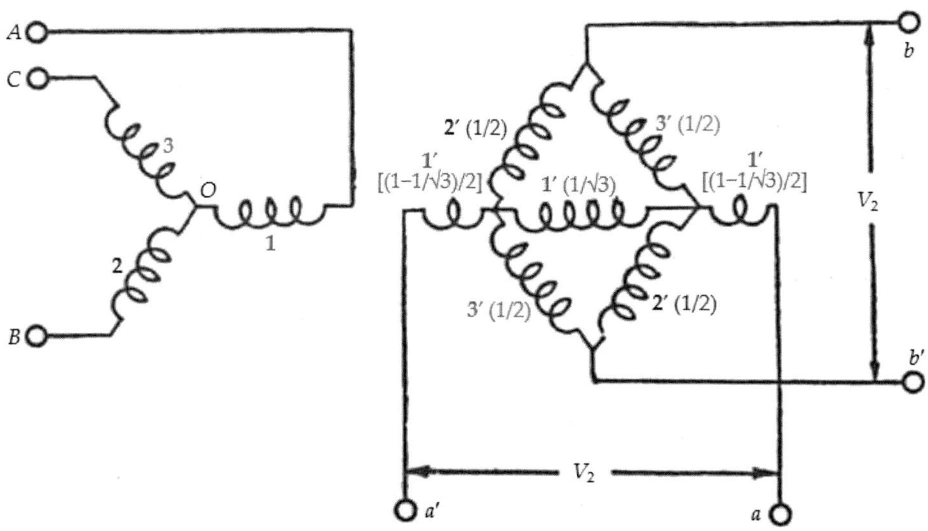

Figure 2-58 Woodbridge's connection.

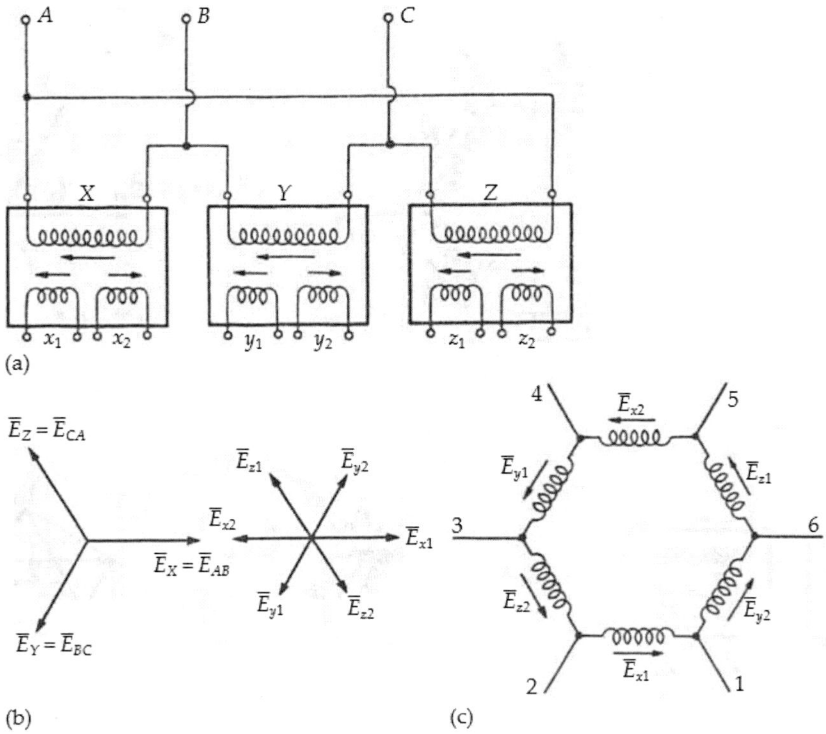

Figure 2-59 Ring connection.

Double-Delta Connection. 회전 변류기와 같이 부하가 언제나 6상 평형 부하인 경우에는 반드시 2상 권선 전부를 한 계통의 환상 접속으로 해야 할 필요는 없다.

그림 2-59 (a)에 있는 6개의 2차 권선을 x_1, y_1, z_1과 x_2, y_2, z_2의 2조로 나누어, 그림 2-60 (a)와 같이, 이 각각을 서로 독립으로 Δ-결선하여, 이 두개의 Δ-결선으로부터 6상을 얻는 결선법을 2중 델타 결선(double-delta connection)이라 한다. 그림 2-60 (b)는 2중 델타 결선에서의 전압의 페이서도이다.

Double-Star Connection. 그림 2-59 (a)에 있는 6개의 2차 권선의 중앙 단자를 모두 묶어 공통 단자로 하고, 6개 권선의 기전력의 위상순으로 단자 순서를 정하면 2차측은 성형 결선(star connection)의 6상 전원이 된다.

하지만, 부하가 회전 변류기와 같은 6상 평형 부하인 경우에는, 2중 델타 결선에서와 같이 2차 권선을 x_1, y_1, z_1과 x_2, y_2, z_2의 2조로 나누어, 이것을 각각 Y-결선하는 것이 일반적이다. 그림 2-61 (a)는 이 경우의 결선도이며, (b)는 평형 부하가 연결 된 경우의 전압 페이서도로서 이와 같은 결선법을 2중 성형 결선(double-star con-nection; 2중 와이 결선, double-wye connection)이라 한다.

2차 권선의 6개의 중앙 단자를 공통으로 하지 않고 2차 권선을 조별로 독립적으로 Y-결선한 경우에도 같은 전압 페이서도가 얻어진다.

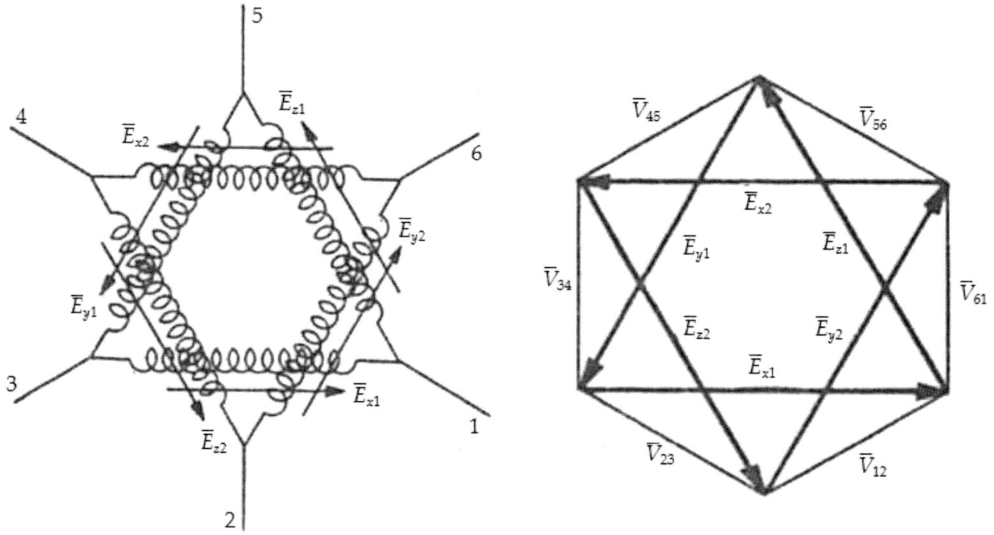

(a) (b)

Figure 2-60 Double delta connection.

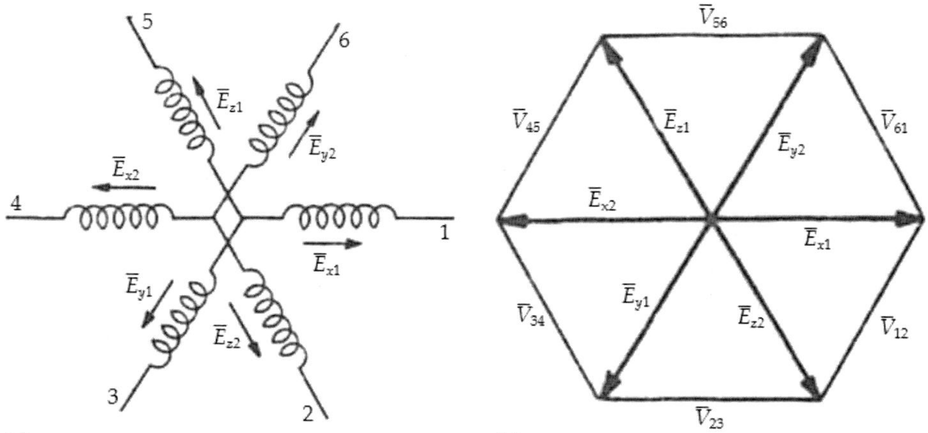

(a) (b)

Figure 2-61 Double star connection.

EXAMPLE 2-11 3대의 단상 변압기의 1차를 Y-결선으로, 2차를 2중 Δ-결선으로 하여 3상, 3000 [V]의 전력을 6상, 200 [V](인접 두 단자 사이의 전압)로 변성하고, 1500 [kVA]의 6상 부하에 전력을 공급하려고 한다. 변압기의 정격 용량, 1차와 2차 전압, 그리고 1차와 2차의 전부하 전압을 찾아라.

SOLUTION 변압기 정격 용량은

$$1500 \div 3 = 500 \text{ [kVA]}$$

1차 전압은

$$3000 \div \sqrt{3} = 1000 \times \sqrt{3} \simeq 1732 \text{ [V]}$$

2차 전압은

$$200 \times \sqrt{3} \simeq 346.4 \text{ [V]}$$

1차 전부하 전류는

$$500 \times 10^3 \div \left(1000 \times \sqrt{3}\right) \simeq 288.7 \text{ [A]}$$

2차 전부하 전류는

$$500 \times 10^3 \div (346.4 \times 2) \simeq 721.7 \text{ [A]}$$

Diagonal Connection. 그림 2-62 (a)와 같이 3대의 단상 변압기를 사용하여 각 2차 권선을 평형 6상 부하의 대응하는 단자 사이에 대각선의 형태로 결선하여 6상 전력을 얻는 결선법을 대각 결선(diagonal connection)이라 한다. 그림 2-62 (b)는 대각 결선의 전압의 페이서도이다.

$\overline{E}_a = \overline{V} = V\angle 0°$, 상순이 $ABC(abc)$라 하면, $\overline{V}_1 = (1/2)\overline{E}_a$, $\overline{V}_2 = -(1/2)\overline{E}_c$, $\overline{V}_3 = (1/2)$

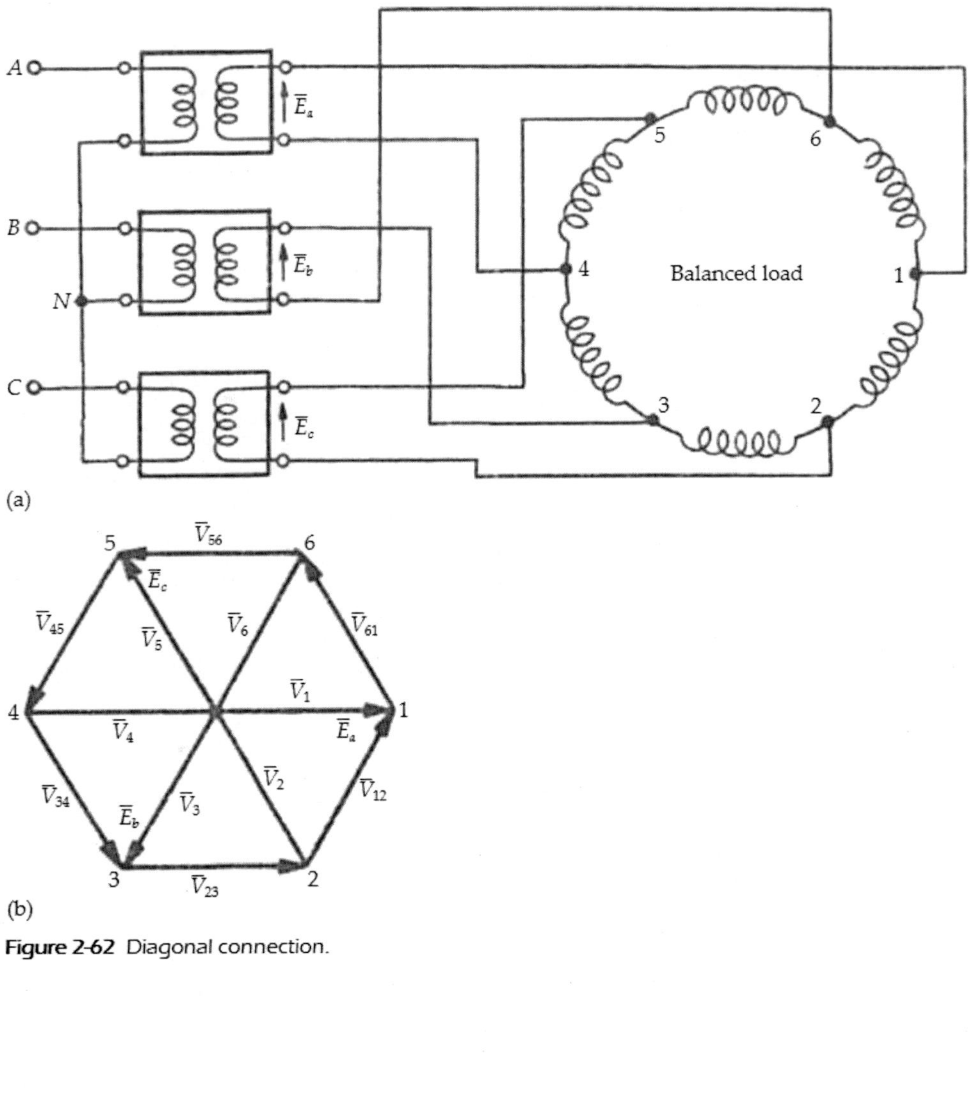

Figure 2-62 Diagonal connection.

$\overline{E}_b$, $\overline{V}_4 = -(1/2)\overline{E}_a$, $\overline{V}_5 = (1/2)\overline{E}_c$, 그리고 $\overline{V}_6 = -(1/2)\overline{E}_b$ 이므로, 단자 1, 2, 3, 4, 5, 그리고 6 사이의 선간 전압은

$$\begin{aligned}
\overline{V}_{12} &= \overline{V}_1 - \overline{V}_2 = \frac{1}{2}(\overline{E}_a + \overline{E}_c) = \frac{1}{2}V\left(1 + \epsilon^{-j\frac{4}{3}\pi}\right) = \frac{1}{2}V\epsilon^{j\frac{1}{3}\pi} = \frac{1}{2}V\epsilon^{-j\frac{5}{3}\pi} \\
\overline{V}_{23} &= \overline{V}_2 - \overline{V}_3 = -\frac{1}{2}(\overline{E}_c + \overline{E}_b) = -\frac{1}{2}V\left(\epsilon^{-j\frac{4}{3}\pi} + \epsilon^{-j\frac{2}{3}\pi}\right) = \frac{1}{2}V \\
\overline{V}_{34} &= \overline{V}_3 - \overline{V}_4 = \frac{1}{2}(\overline{E}_b + \overline{E}_a) = \frac{1}{2}V\left(\epsilon^{-j\frac{2}{3}\pi} + 1\right) = \frac{1}{2}V\epsilon^{-j\frac{1}{3}\pi} \\
\overline{V}_{45} &= \overline{V}_4 - \overline{V}_5 = -\frac{1}{2}(\overline{E}_a + \overline{E}_c) = -\frac{1}{2}V\left(1 + \epsilon^{-j\frac{4}{3}\pi}\right) = -\frac{1}{2}V\epsilon^{j\frac{1}{3}\pi} = \frac{1}{2}V\epsilon^{-j\frac{2}{3}\pi} \\
\overline{V}_{56} &= \overline{V}_5 - \overline{V}_6 = \frac{1}{2}(\overline{E}_c + \overline{E}_b) = \frac{1}{2}V\left(\epsilon^{-j\frac{4}{3}\pi} + \epsilon^{-j\frac{2}{3}\pi}\right) = -\frac{1}{2} = \frac{1}{2}V\epsilon^{-j\pi} \\
\overline{V}_{61} &= \overline{V}_6 - \overline{V}_1 = -\frac{1}{2}(\overline{E}_b + \overline{E}_a) = -\frac{1}{2}V\left(\epsilon^{-j\frac{2}{3}\pi} + 1\right) = \frac{1}{2}V\epsilon^{-j\frac{4}{3}\pi}
\end{aligned} \quad \text{[V]} \quad (2\text{-}225)$$

가 성립하는 평형 6상 전압이 된다. 이 결선법은 회전 변류기에 많이 사용된다.

Fork's Connection. 같은 권수인 3개의 2차 권선을 갖는 3대의 단상 변압기를 그림 2-63 (a)와 같이 결선하면 6상의 전압을 얻을 수 있으며, 이와 같은 결선법을 포크 결선(Fork's connection)이라 한다.

그림 2-63 (b)는 전압의 위상을 고려하여 나타낸 포크 결선의 결선도이다. 그림 2-63 (c)는 포크 결선에서의 2차 전압의 페이서도이다.

이 결선은 6상측의 부하가 수은 정류기인 경우에 많이 사용된다.

Phase Transformation in Case of More than Six Phases

보통의 용도에서는 6상까지로 충분하지만, 정류기기에서 교류를 직류로 변환하는 경우 상수(number of phases)가 많을수록 맥동(ripple)이 적은 직류를 얻을 수 있으므로, 12상 또는 그 이상의 상수를 사용하는 경우도 있다. 여기에서는 일반적인 원리만 간단히 검토한다.

그림 2-64는 서로 120°의 위상차를 갖는 2개의 전압을 이용하여 임의의 크기와 위상을 갖는 전압을 얻는 방법을 설명한 그림이다.

그림 2-64에서 전압 $\overline{V}_b$가 $\overline{V}_a$보다 위상이 120° 뒤지는 경우, 위상각이 $\overline{V}_a$보다 θ 만큼 앞서며 임의의 크기 V를 갖는 전압 $\overline{V}$는

$$\begin{aligned}
V\sin\theta &= V_b \sin 60° = \frac{\sqrt{3}}{2}V_b \\
V\sin(60° - \theta) &= V_a \sin 60° = \frac{\sqrt{3}}{2}V_a
\end{aligned} \quad \text{[V]} \quad (2\text{-}226)$$

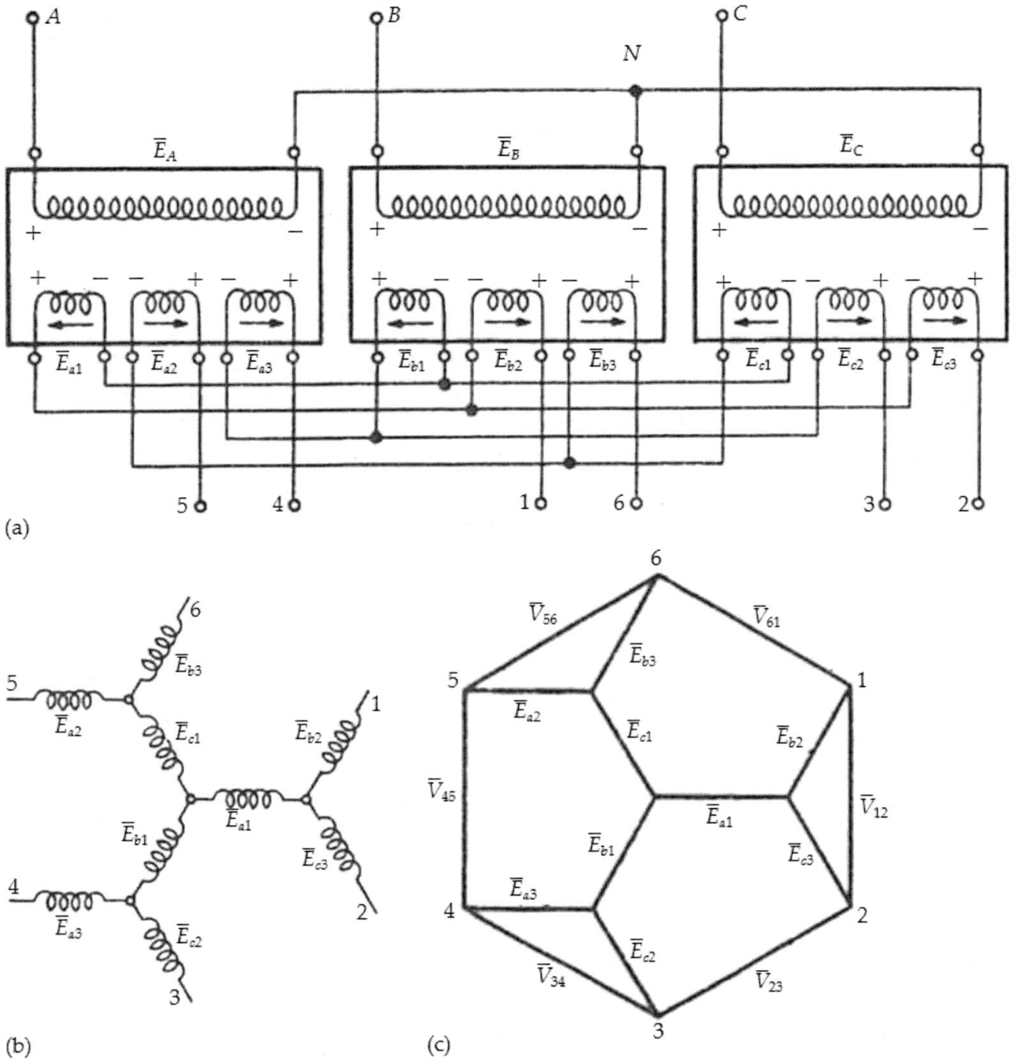

Figure 2-63 Fork's connection.

를 만족하도록 $\overline{V}_a$와 $\overline{V}_b$를 선택하면 얻을 수 있다. 예를 들어, $V = 100$ [V], $\theta = 15°$ 인 경우 V_a와 V_b는

$$\begin{aligned} V_b &= \frac{2}{\sqrt{3}} \times 100 \times \sin 15° = 29.89 \\ V_a &= \frac{2}{\sqrt{3}} \times 100 \times \sin 45° = 81.65 \end{aligned} \qquad [\mathrm{V}]$$

이다.

그림 2-65는 3상 변압기의 2차 권선을 이와 같은 비(ratio)로 선택, 조합하여 만든

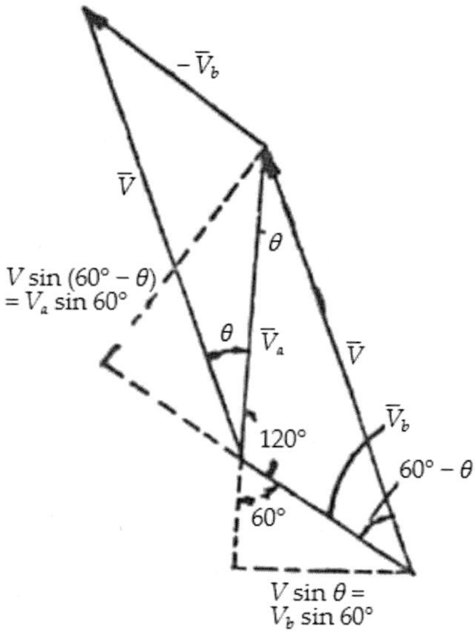

Figure 2-64 Obtaining method of voltage with any magnitude and phase angle.

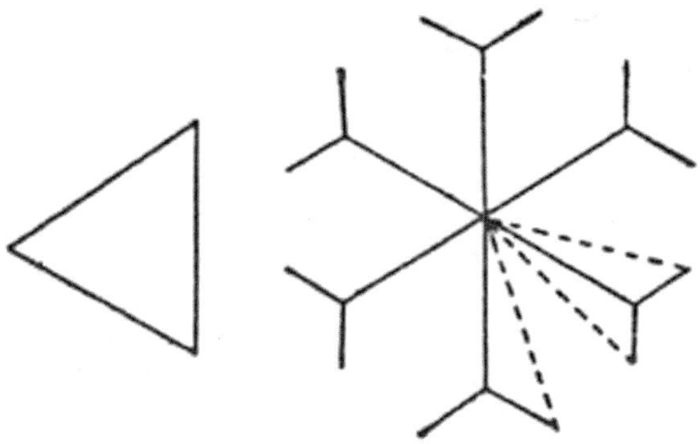

Figure 2-65 Phasor diagram of 12-phase.

12상 결선의 일례이다.

2F EFFICIENCY OF TRANSFORMER-REVISITED

전기기기의 성능을 나타내는 중요한 지표로 효율(efficiency)이 있다. 변압기의 경우에는 회전부와 공극이 없기 때문에 다른 어떤 전기기기보다 효율이 높다.

Measured Efficiency and Conventional Efficiency

에너지 변환 장치의 효율은

$$\text{Efficiency } \eta = \frac{\text{Output}}{\text{Input}} \qquad [\text{pu}] \tag{2-227}$$

과 같이 입력(input)에 대한 출력(output)의 비(ratio)로 정의된다. 이러한 효율에는 실측 효율(measured efficiency)과 규약 효율(conventional efficiency)이 있다. 실측 효율은 입력과 출력을 모두 시험에 의한 측정을 통하여 구한 효율이다.

그런데 입력이든, 출력이든 전기적인 양은 정확하게 측정하기가 매우 쉬운 한편, 기계적인 양의 정확한 측정은 상당히 어렵다. 그리고 에너지 보존 원리를 고려하면 에너지 변환 장치로 들어온 입력으로부터 에너지 변환 과정에서 발생하는 손실을 뺀 양은 출력이어야 하며, 마찬가지로 출력과 손실을 합한 에너지는 입력과 같지 않으면 안된다. 따라서 식 (2-227)은

$$\text{Efficiency } \eta = \frac{\text{Output}}{\text{Output} + \text{loss}} = \frac{\text{Input} - \text{loss}}{\text{Input}} \quad [\text{pu}] \tag{2-228}$$

과 같이 변형될 수 있다. 식 (2-228)에 의해 구한 효율을 규약 효율이라 한다. 식 (2-228)의 첫째 식은 출력과 손실을 전기적으로 측정할 수 있는 발전기에, 그리고 둘째 식은 입력과 손실을 전기적으로 측정할 수 있는 전동기에 적용한다. 변압기의 경우에는 실측 효율, 발전기 규약 효율, 그리고 전동기 규약 효율 어느 것으로든 효율을 구하는 것이 가능하지만, 통상적으로 출력을 기준으로 하는 발전기 규약 효율을 적용한다.

따라서, 변압기의 효율에 대한 표현식은

$$\begin{aligned}\eta &= \frac{V_2 I_2 \cos\theta_2}{V_2 I_2 \cos\theta_2 + \left(P_i + I_2{}^2 R_{e2}\right)} \\ &= 1 - \frac{\left(P_i + I_2{}^2 R_{e2}\right)}{V_2 I_2 \cos\theta_2 + \left(P_i + I_2{}^2 R_{e2}\right)} \quad [\text{pu}]\end{aligned} \tag{2-229}$$

이다. 여기서 V_2는 변압기의 출력(2차) 전압, I_2는 출력(2차; 부하) 전류, $\cos\theta_2$는 부하의 역률, $P_i = P_{h+e}$는 변압기의 철손(iron loss), 그리고 R_{e2}는 변압기의 2차로 환산한 등가 저항으로서 $I_2{}^2 R_{e2}$는 변압기의 동손(copper loss)이다.

Maximum Efficiency

변압기의 2차 출력은 부하 전류 I_2에 비례하고, 철손은 I_2에 관계없이 일정한 값이며, 동손은 I_2의 제곱에 비례한다. 그림 2-66은 부하 전류의 변동에 따른 변압기의

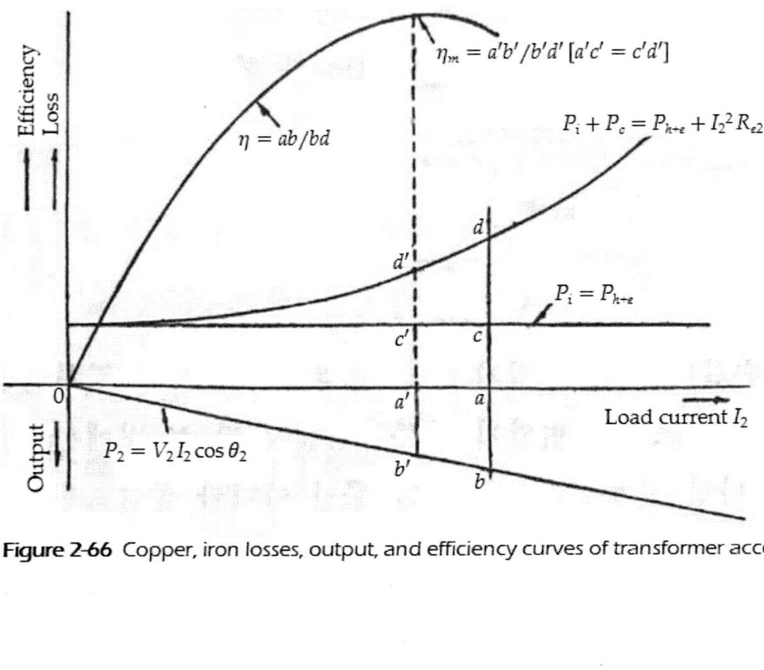

Figure 2-66 Copper, iron losses, output, and efficiency curves of transformer according to load current.

출력, 철손, 동손, 그리고 효율의 곡선을 나타낸 것이다. 그림에서 ab는 출력, ac는 철손, 그리고 cd는 동손이며, 이들을 합한 bd는 변압기의 입력이 된다.

그림에서 알 수 있는 바와 같이, 최대 효율은 효율 곡선의 부하 전류에 대한 기울기가 0일 때 나타나므로 최대 효율이 되기 위한 조건, 즉, η의 I_2에 대한 미분이 0이 되는 조건을 구하면

$$\begin{aligned}\frac{d\eta}{dI_2} &= \frac{V_2\cos\theta_2\left[V_2I_2\cos\theta_2+\left(P_i+I_2{}^2R_{e2}\right)\right]-V_2I_2\cos\theta_2\left[V_2\cos\theta_2+2I_2R_{e2}\right]}{\left[V_2I_2\cos\theta_2+\left(P_i+I_2{}^2R_{e2}\right)\right]^2}\\ &= \frac{V_2\cos\theta_2\left(P_i-I_2{}^2R_{e2}\right)}{\left[V_2I_2\cos\theta_2+\left(P_i+I_2{}^2R_{e2}\right)\right]^2}=0\\ \therefore P_i &= I_2{}^2R_{e2} \qquad (2\text{-}230)\end{aligned}$$

이 된다. 즉, 철손과 동손이 같게 되는 부하에서 최대 효율이 나타난다. 또한 최대 효율은

$$\begin{aligned}\eta_m &= \frac{V_2I_2\cos\theta_2}{V_2I_2\cos\theta_2+2P_i}\\ &= \frac{V_2I_2\cos\theta_2}{V_2I_2\cos\theta_2+2I_2{}^2R_{e2}}=\frac{V_2\cos\theta_2}{V_2\cos\theta_2+2I_2R_{e2}} \quad [\text{pu}] \qquad (2\text{-}231)\end{aligned}$$

이 된다.

최대 효율 시의 부하 전류 I_{2k}와 정격 부하(전부하) 전류 I_{2n} 사이의 비(ratio)를 구하면

$$\frac{I_{2k}}{I_{2n}}=\sqrt{\frac{I_{2k}{}^2R_{e2}}{I_{2n}{}^2R_{e2}}}=\sqrt{\frac{P_i}{P_{cn}}} \qquad (2\text{-}232)$$

이다. 여기서 P_{cn}은 정격 출력(정격 부하; 전부하) 시의 동손이다. 철손 P_i에 대한 정격 부하 시의 동손 P_{cn}의 비

$$\text{LR}=\frac{P_{cn}}{P_i} \qquad (2\text{-}233)$$

을 **손실비**(*loss ratio, LR*)라 한다. 따라서, 정격 부하 전류 I_{2n}에 대한 최대 효율 시의 부하 전류 I_{2k}의 비는 손실비의 역의 제곱근(reciprocal square root)과 같다. 즉,

$$\frac{I_{2k}}{I_{2n}}=\sqrt{\frac{1}{\text{LR}}} \qquad (2\text{-}234)$$

이다. 식 (2-234)에서 알 수 있는 바와 같이, LR = 1로 설계된 변압기는 정격 출력으로 운전될 때 최대 효율이 되며, LR < 1로 설계된 변압기는 정격 보다 큰 중부하에서, 그리고 LR > 1로 설계된 변압기는 정격 보다 작은 경부하에서 최대 효율이 나타난다. 또한, 에너지 변환 장치는 정격 출력에서의 운전을 기준으로 하여 설계되므로, LR < 1로 설계된 장치는 정격 운전 상태에서 철손이 동손보다 더 커 장치의 손실을 철손이 지배하는 **철기계**(*iron machine*)가 되며, LR > 1로 설계된 장치는 동손이 장치의 손실을 지배하는 **동기계**(*copper machine*)가 된다.

최대 효율이 변압기 전부하 전류의 몇 [%]에서 나타나게 하느냐 하는 문제는 설계에서뿐만 아니라 운전 효율의 향상이라는 측면에서도 중요한 요소가 된다. 전력용 변압기와 같이 항상 전부하 또는 그 근처에서 운전되는 변압기는 전부하에서 최대 효율이 나타나도록, 즉, LR = 1로 설계하는 것이 좋다. 하지만, 배전용 변압기는 전부하보다 작은 경부하에서 운전되는 시간이 많으므로 운전 효율을 높이기 위해서는 전체 운전 시간에서의 손실이 최소가 되도록 설계해야 한다.

변압기를 포함한 모든 전기기기에서, 철손은 부하의 유무에 관계없이 항상 일정한 크기의 손실로 나타나기 때문에 **무부하손**(*no-load loss*) 또는 **불변손**(*invariable loss*; **일정손**, *constant loss*; **고정손**, *fixed loss*)이라 불린다. 한편, 동손은 부하의 크기에 따라 그 크기가 변화하는 손실(보통 부하 전류의 제곱에 비례한다)로서, **부하손**(*load loss*) 또는 **가변손**(*variable loss*)이라 불린다. 따라서, 최대 효율이 나타나는 조건은 무부하손과 부하손, 또는 불변손과 가변손이 같아야 한다는 것이다. 이와 같은 무부하손과 부하손이 같아야 최대 효율이 된다고 하는 조건은 전기기기뿐만 아니라 에너지 변환 장치에서 일반적으로 성립하는 일반 원리(general principle)이다.

All-Day Efficiency

전기기기의 전체 운전 시간에서 나타나는 손실을 최소로 하기 위해서는 **전일 효율**(*all-day efficiency*) 또는 **에너지 효율**(*energy efficiency*)을 고려해야 한다. 변압기의 1차측은 항상 전원에 접속되어 부하에 관계없이 철손 P_i를 소비한다. 반면, 동손은 부하가 걸리는 시간에만 발생한다. 전일 효율을 최대로 한다는 것은 평균 부하 전류에서의 효율을 최대로 한다는 것이다. 따라서, 실제로 배전 변압기는 평균 부하가 상당히 낮기 때문에, 보통 정격 부하의 75 [%] 정도에서 최대 효율이 나타나도록 설계한다.

어떤 배전 변압기가 하루에 t_1시간 동안은 전류 I_{21}, 역률 $\cos\theta_{21}$, t_2 시간 동안은 전류 I_{22}, 역률 $\cos\theta_{22}$, t_3 시간 동안은 전류 I_{23}, 역률 $\cos\theta_{23}$, …의 부하로 운전되는 경우 전일 효율 η_d는

$$\eta_d = \frac{\sum t_j V_2 I_{2j} \cos\theta_{2j}}{\sum t_j V_2 I_{2j} \cos\theta_{2j} + \left(24P_i + \sum t_j {I_{2j}}^2 R_{e2}\right)} \qquad [\text{pu}] \qquad (2\text{-}235)$$

이다. 따라서, 전일 효율 η_d가 최대가 되는 조건은, $d\eta_d/dI_2 = 0$(또는 식 (2-235)의 분모가 최소, 또는 괄호 안의 양이 최소)으로부터,

$$\sum t_j {I_{2j}}^2 R_{e2} = \sum t_j P_{cj} = 24P_i, \qquad P_i = \frac{\sum t_j P_{cj}}{24} \qquad (2\text{-}236)$$

과 같이 하루 종일의 전체 철손과 전체 동손이 같은 경우로 얻어진다. 여기서 P_{cj}는 부하 전류가 I_{2j}일 때의 동손 ${I_{2j}}^2 R_{e2}$이다. 종일 전부하로 운전되는 변압기에서는 철손 P_i와 전부하 동손 P_{cn}이 같은 것이 효율적이다. 이에 비해, 사용 시간이 짧으면 짧을수록, 동손에 비하여 철손이 적은 변압기, 즉, 도체(구리)를 많이 사용하고, 철을 비교적 적게 사용하여 $\text{LR} > 1$인 동기계로 설계한 변압기가 유리하다.

일반적으로, 권선의 권수를 줄여 턴(turn)당 유기 전압을 높이면 동손은 감소하지만 자속의 증가로 인하여 철손이 증가하기 때문에, 전일 효율의 측면에서는 단면적이 큰 철심을 사용하여 자속밀도를 낮출 필요가 있다. 하지만, 여기에도 철손이 적은 변압기는 내부 임피던스가 크고, 따라서 전압변동률이 크다는 결점을 초래하기 때문에 한계가 있어서 이를 절충하여 설계해야 할 필요가 있다.

PROBLEMS

2-51 정격 1차, 2차 전압이 서로 같은 A, B 2대의 단상 변압기가 있다. 변압기 A는 정격 용량 10 [kVA], 임피던스 전압 5 [%], 변압기 B는 30 [kVA], 3 [%]이며, 저항과 리액턴스의 비는 A, B 둘 다 같다. 지금 변압기 A와 B를 병렬로 접속하는 경우에 대하여 다음을 구하라:

(a) 무부하인 경우 두 변압기 사이에 순환 전류가 흐르는가?

(b) 2차측에 36 [kVA]의 부하를 연결했을 때 각 변압기의 부하 분담을 결정하라.

2-52 1차로 환산한 등가 임피던스가 $3 + j2$ [Ω]이며 정격이 같은 두대의 변압기가 병렬 운전하고 있다. 지금 이 중 한대의 변압기를 1차로 환산한 등가 임피던스가 $2 + j3$ [Ω]인 같은 정격의 변압기로 교체하고 부하 전류는 변동이 없는 경우 각 변압기의 전류는 어떻게 바뀌는가?

2-53 73.5 : 22 [kV], 500 [kVA]인 두대의 단상 변압기가 있다. 변압기 A는 임피던스 전압이 8.414 [%], 변압기 B는 6.91 [%]이다. 이 두 변압기를 병렬로 연결할 때 허용되는 출력을 결정하라. 단, 저항과 리액턴스의 비는 둘 다 같다.

2-54 Y-Δ 결선의 3상 변압기군 A와 Δ-Y 결선의 3상 변압기군 B가 서로 병렬로 연결되어 있

다. 변압기군 A의 권수비가 31.8이라 하면, 변압기군 B의 권수비는 얼마여야 하는가?

2-55 용량 5000 [kVA]인 같은 특성을 가진 두대의 단상 변압기 A, B가 있다. 변압기 A에는 주간 12시간 동안 5000 [kVA], 야간 12시간 동안 1000 [kVA]의 부하가 걸리며, 변압기 B에는 3000 [kVA]의 일정 부하가 걸린다.

(a) 각 변압기의 정격 부하시의 부하손이 40 [kW]일 때, 이 두대의 변압기가 하루에 소비하는 부하손을 계산하라.

(b) 이 변압기와 부하를 모두 병렬로 접속하여 운전하는 경우의 부하손은 어떻게 바뀌는가?

2-56 같은 특성을 가진 두대의 단상 변압기를 V-결선으로 하여 15 [hp]의 3상 유도전동기를 운전하는 경우, 변압기 한대의 용량은 얼마로 하면 되는가? 단, 유도전동기의 효율은 85 [%], 역률은 86 [%]이다.

SUPPLEMENT OF CHAPTER 3

3A DEVELOPED TORQUE FOR SINUSOIDAL B AND NI: THE CASE OF AC MACHINES

식 (3-9)에 나타난 것과 같은 전자기적 토크에 대한 표현식은 B가 일정한 것으로 가정되며 모든 도체가 같은 방향으로 동일한 토크를 생성—실제 기계에서는 드물게 생기는 상황인—하는 것으로 가정되기 때문에 적용에 한계가 있다. 사실상 대부분의 교류기에서, 계자 권선은 고의로 거의 정현적으로 분포되는 자속밀도를 생성하도록 설계되며, 전기자 권선도 역시 비슷하게 회전자 구조의 원주를 따라 거의 정현적으로 분포되는 암페어-도체 분포를 산출하도록 배열된다. 이런 이유로, 이제 그러한 경우에 대해 적용되는 전자기적 토크 식의 전개를 고려해야 할 것이다.

전기자 권선 암페어-도체 분포를 그림 3-12 (a)와 (b)에 묘사된 바와 같은 전기자의 개별 도체를 통하여 흐르는 전류의 그림에 하나 하나 적용한다. 도체 내에 존재하는 전류의 순시 값은 정현적으로 분포되는 것으로 가정됨에 유의하라. 이 상황은 실제 기계에서 바로 이루어진다. 그림 3-12 (a)에 보여진 12 도체의 경우, 6개는 전류가 지면 안으로 흐르고 다른 6개는 지면 바깥으로 흐르며, 따라서 2극의 출현을 준다. 실제로 전기자 권선의 암페어-도체 분포와 관련된 자극수는 항상 계자 권선에 의해 생성되는 계자극의 수와 같다.

또한 더 많은 도체수로 더 정현에 가까운 암페어-도체 분포가 될 것임에 유의하라. 사실상, 실로 많은 도체수로, 그림 3-12 (c)에 보여진 것과 같은 정현 밀도의 전류판(current sheet)이 암페어-도체 분포를 나타내기 위해 사용될 수 있다. 물론 이것은 이 전류판이 순전히 정현 변동을 취한다는 것을 의미한다. 더욱이, 전기자 권선은 [A-t/rad]의 단위를 가지는 1 [turn]의 단일 판(single sheet)으로 고려될 수 있다. 그림 3-12 (c)에서는 분포가 더 이상 이산적이 아니기 때문에 호도당 단위(per-unit radian) 표기가 사용된다.

그림 3-12 (a)의 검토는 보여진 암페어-도체 분포의 경우, 그 자신에 의해 취해지는 전기자 권선이, 기자력이 오른쪽 방향으로 향하는, 솔레노이드(solenoid)처럼 보인다는 것을 드러낸다. 어떤 특정한 전기자 권선 분포에 대하여, 이 기자력의 총(total) 값은 암페어의 주회 법칙을 적용함으로써 찾아진다. 암페어의 주회 법칙의 본질은 0과 같지 않은 기자력을 둘러싸는 어떤 닫힌 자속 경로가 존재한다고 말해질 수 있다는 설명으로 구체화된다. 따라서, 닫힌 자속 경로가 공극을 두번 가로지

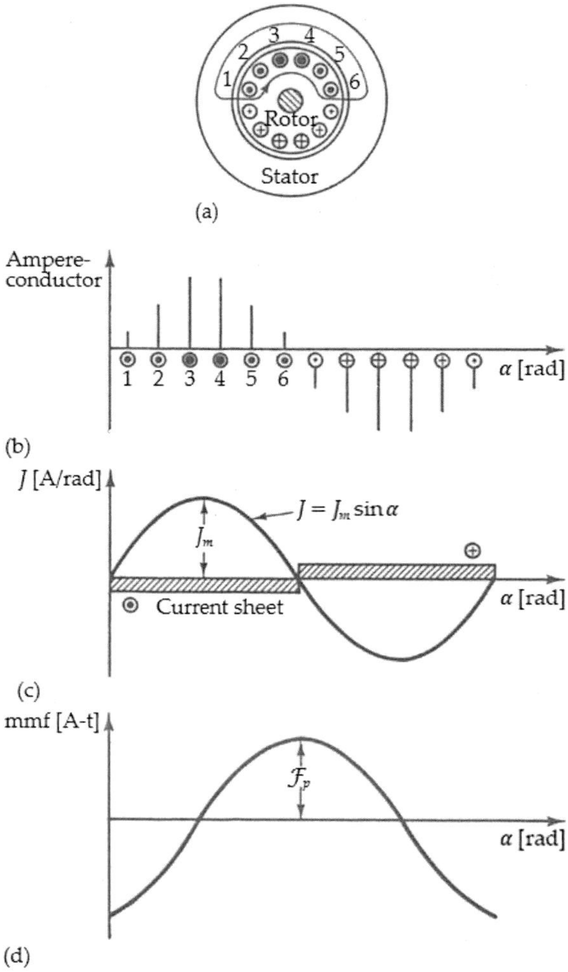

Figure 3-12 Development of the current sheet of sinusoidal density: (a) and (b) show finite ampere-conductor distribution; (c) current sheet representation; (d) corresponding mmf wave.

르며 그림 3-12 (a)에서 도체 1을 바로 둘러싸도록 취해진다면, 관련된 기자력은 이 단일 도체 내의 전류의 크기와 같다. 경로가 도체 1과 2를 포함하도록 확장된다면, 총 둘러싸이는 기자력은 이제 이 두 도체 내에 흐르는 전류의 합이다. 그러면 암페어의 주회 법칙은 기계의 기자력 특성을 얻기 위하여 전류판의 적분(또는 합산)을 포함한다는 것이 따라온다. 사실상, 같은 방향으로 전류를 운반하는 모든 도체를 보이는 그림 3-12 (a)에 묘사된 닫힌 자속 경로(0으로부터 π [rad]까지의 변위 범위에 걸친 전류판을 둘러싸는 것과 같은)의 경우, 이 전류판과 관련된 최대 기자력은

$$\mathcal{F} = \int_0^{\pi} J_m \sin\alpha \, d\alpha = 2J_m \qquad \text{[A-t]} \tag{3-49}$$

로 주어진다. 여기서 J_m은 전류판 밀도의 첨두치를 나타내며 $\mathcal{F}$는 자극쌍당(per pole pair) 기자력을 나타낸다. 식 (3-49)에서 상한(upper limit)이 특정되지 않고 남아있다면, 결과로 일어나는 적분은 그림 3-12 (d)에 나타내어진 부(음)의 여현 함수(negative cosine function)를 산출한다. 그러한 그림이 암페어의 주회 법칙으로부터 그려질 때는 언제나, 고정자를 떠나는 자속은 또한 고정자로 되돌아오는 자속이어야 한다는 사실을 인정하여, 가로 좌표가 항상 이 축의 위와 아래의 기자력 곡선의 면적이 같도록 위치된다.

식 (3-49)의 결과를 얻기 위하여 사용된 자속 경로가 두개의 공극을 포함하기 때문에, 극당(또는 가로지르는 공극당) 기자력은

$$\mathcal{F}_p = \frac{\mathcal{F}}{2} = J_m \qquad \text{[A-t/pole]} \tag{3-50}$$

이라는 것이 따라온다. 이 결과는 뒤에서 기본적인 전자기적 토크 방정식의 교류기에 대한 실용형(practical form)으로의 변환에서 유용할 것이다.

EXAMPLE 3-4 2극기가 그림 3-13 (a)에 보여진 고정자 구조를 가진다. 도체 1, 2, 3, 그리고 4는 지면에서 나오는 방향인 15 [A]의 전류를 운반한다. 대응하여, 도체 5에서 8은 지면으로 들어가는 방향의 같은 전류를 운반한다.

(a) 점 A에서 출발하여 시계 방향으로 전진하며 공극을 따라 변위의 함수로써 기자력을 그려라.

(b) 극당 기자력의 최대 값을 찾아라.

(c) 문제 (a)의 기자력파에 의해 생성되는 자속축의 위치를 밝혀라.

(d) 이 기자력 분포와 관련된 등가 전류판을 그려라.

SOLUTION (a) 점 A에서 출발하여, 그림 3-13 (a)에 묘사된 방식으로 공극을 두 번 가로지르며 도체 1을 둘러싸는 닫힌 경로를 그린다. 암페어의 주회 법칙에 의해 이 닫힌 경로에 의해 둘러싸이는 순(net) 기자력이 0이 아니기 때문에 그러한 자속선 경로가 존재한다. 실제 기계에서는 도체 1이, 전절 코일(full-pitch coil)에서는 도체 5가 될, 알맞은 도체에 연결된다. 따라서 도체 1을 둘러싸는 것은 도체 1과 5의 직렬 연결로 나타내어지는 1 [turn]을 둘러싸는 것을 의미한다. 따라서, 그러한 자속선을 생성하도록 작용하는 암페어-턴의 수는 여기에서는 15 [A-t]과 같다. 이 상황이 그림 3-13 (b)와 (c)에 도식적으로 나타내어져 있다. 점 A에서 출발하여 취해지는 자속 경로가 도체 1을 둘러싸는 곳에 도달할 때까지, 둘러싸이는 기자력은 0임을 관찰하라. 도체 1의 바로 뒤의 위치에서, 도체의 두께를 무시할 수 있다는 가정으로, 기자력에서의 계단 증가가 생기는 것으로 가정된다. A를 기초로 하여, 도체 1과 2 사이의 공간을 관통하여 그려진, 부가적인 자속선을 따라서는 둘러싸이는 추가적인 기자력이 없다. 따라서 그림 3-13 (c)에서, 자속파가 도체 2에 도달될 때까지는 15 [A-t]에서 일정하게 머무른다. A로부터 도체 1과 2를 막 둘러싸는 자속 경로를 그림으로써,

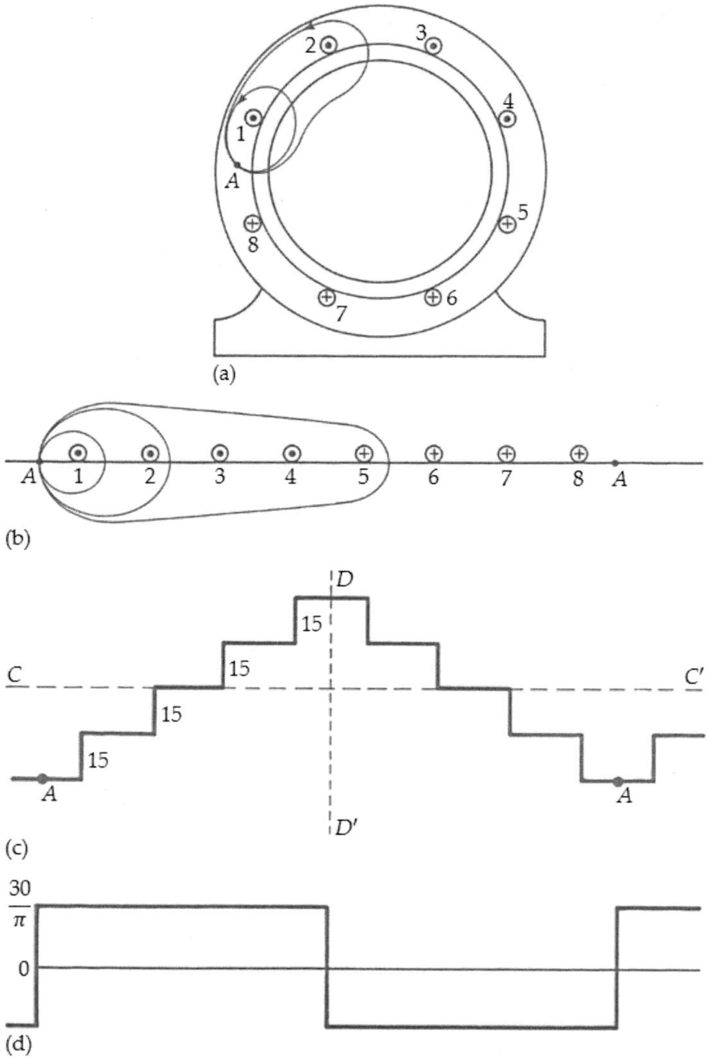

Figure 3-13 Determination of mmf distribution: (a) two-pole machine configuration; (b) plan view of the ampere-conductor distribution; (c) mmf distribution; (d) the equivalent current sheet.

그러한 경로에 의해 둘러싸이는 기자력에서의 추가적인 증가가 생긴다. 이것이 그림 3-13 (c)에서 곡선의 두번째 계단으로 보여져 있다. A를 출발점으로 한 이 과정의 계속은 그림 3-13 (c)의 합성 기자력파를 산출한다. 몇 개의 점이 유의할 가치가 있다. 자속 경로가 도체 1에서 4까지 둘러싸도록 그려졌을 때, 그러한 자속 경로의 경우 모든 도체가 같은 방향으로 전류를 운반하기 때문에 둘러싸이는 기자력은 최대이다. 따라서 도체 4까지 수행되는 이 공간 적분 과정은 모두 정(양)의 기여를 만든다. 과정이 도체 4의 뒤로 확장됨에 따라, 새로이 추가되는 도체가 이제는 반대 방향으로 흐르는 전류를 포함하기 때문에, 추가적인 기여가 부(음)로 된다. 따라서 자속 경로가 도체 1에서 5까지 포함하도록 그려진다면, 순(net) 둘러싸이는 기자력이 이제는 도체를 1에서 3까지 둘러싸도록 경로가 만들어졌을 때와 같다.

물론, 도체 1에서 8까지 둘러싸는 자속 경로는 순 기자력이 0이기 때문에 사실상 존재할 수 없다.

(b) 문제 (a)에서 공간 적분에 의해 자속파를 찾기 위한 닫힌 경로는, 설계에 의해 실제 기계에서 나타나는 상황으로서, 공극을 두 번 가로지른다는 것을 기초로 함을 염두에 두어라. 2중 가로지름은, 그러므로, 폐곡선적분과 관련된 기자력이 자극**쌍**(*pair* of poles)을 포함한다는 것을 함축한다. 따라서, 그림 3-13 (c)의 기자력 곡선은 기자력이 같게 나눠지는 두개의 자극에 대한 것이다. 이 점이 그림 3-13 (c)에서 기자력 곡선과 선 *C-C′* 사이의 면적을 같은 정(양)과 부(음)의 절반으로 나누는 선 *C-C′*를 그림으로써 강조될 수 있다. 이 경우에는, 부(음)의 절반은 N-극 자속을 나타내며 정(양)의 절반은 S-극 자속이다.

공간 적분 과정이 고정자 표면의 어떤 점에서라도 시작될 수 있다는 것이 유의할 만하다. 끝에서 요구되는 것은 이 자속을 생성하는 기자력에 의해 나타내어지는 바와 같이 결과적인 곡선이 N-극과 S-극 자속 사이에 동일하게 나누어진다는 것이 전부다.

일단 선 *C-C′*가 적절하게 확립되면, 이 경우에는 곡선 *C-C′*의 위(또는 아래)의 기자력파의 최대 높이가 30 [A-t]이라는 것이 따라온다. 따라서

$$\mathcal{F}_p = 30\ [\text{A-t/pole}]$$

이다.

(c) 닫힌 자속 경로 내의 철의 존재가 무시할 수 있는 효과를 생성한다는 가정으로, 기자력파에 의해 생성되는 자속의 축은, 그림 3-13 (c)에서 선 *D-D′*를 따르는, 기자력파 자신의 축과 같게 생긴다.

(d) 등가 전류판이 그림 3-13 (d)에 묘사되어 있다. 도체에 의해 운반되는 전류가 크기가 같으며 고정되어있기 때문에 분포는 직사각형이다. 암페어-도체 분포(여기에서는 전류판으로 나타내어진)는 기계의 공극을 따르는 기자력 분포를 생기게 하는 직각 관계(quadrature relationship)에 유의하여 취하라.

이제 공극의 원주를 따라 정현적으로 분포되는 자속밀도와 편의를 위하여 전류판 밀도로 나타내어진 암페어-도체 분포를 가지는 장치에 적용하는 기본 토크 공식을 전개할 위치에 있다. 또한, 일반성을 위하여, 전류판 밀도는 그림 3-14에서 묘사된 바와 같이 B-분포와 ψ [rad]만큼 위상이 어긋나는 것으로 가정된다. 과정은 실은 식 (3-9)를 이끄는 과정과 많이 다르지는 않지만, 몇 가지 수정을 필요로 한다. 다시 기본 힘 표현식 (3-7)로 출발하고 B를 그것의 정현 변동 $B_m \sin\alpha$로 대체할 수 있다. 더구나, 도체와 그것을 통하여 흐르는 전류 대신에, 이제는 전류판의 폭 $d\alpha$의 미소 띠(differential strip)인 전류 요소로 다룬다. 따라서, 식 (3-7)에 있는 i에 대하여

$$i = J\,d\alpha = J_m \sin(\alpha + \psi)\,d\alpha \qquad [\text{A}] \tag{3-51}$$

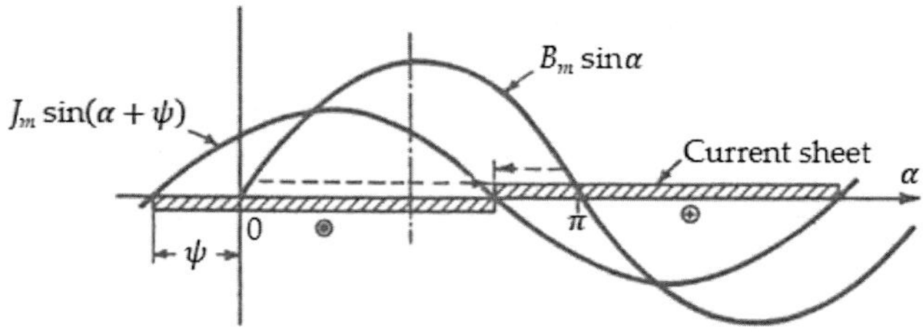

Figure 3-14 Configuration for development of the torque equation, showing the sinusoidally distributed flux density produced by the field winding and the current sheet, which represents the armature winding. The dashed arrows denote relative magnitude and direction of the electromagnetic torque developed per pole. The magnetic field and the current sheet are stationary relative to each other.

을 사용할 수 있다. 미소 전류 띠(elemental current strip)에서 나타나는 힘은 그러면

$$F_e = Bli = (B_m \sin\alpha)l[J_m \sin(\alpha+\psi)\, d\alpha] \qquad [\text{N}] \tag{3-52}$$

로 표현된다. 여기서 하첨자 e는 미소 전류 띠를 나타낸다. 물론 대응하는 토크는 회전자 반경 r을 곱함으로써 얻어진다. 따라서

$$T_e = B_m J_m lr \sin\alpha \sin(\alpha+\psi)\, d\alpha \qquad [\text{N-m}] \tag{3-53}$$

이다.

계자 분포의 하나의 자극 아래에 있는 전류판에서 발생되는 총(total) 토크를 결정하기 위하여, 자극 아래에 놓인 전류판의 각 요소에 의해 생성되는 미소 토크의 합(sum)을 취해야 한다. 달리 말해, 한 개 자극의 간격(span)인 π [elec. rad]에 걸쳐 식 (3-53)을 적분하는 것이 필요하다. 따라서

$$\begin{aligned} T_p &= \sum \text{torques on current elements beneath on pole} \\ &= B_m J_m lr \int_0^{\pi} \sin\alpha \sin(\alpha+\psi)\, d\alpha \qquad [\text{N-m}] \end{aligned} \tag{3-54}$$

이다. 여기서 T_p는 극당 발생되는 토크를 나타낸다. 명백하게 p개의 극을 가지는 계자 분포의 경우 총 합성 전자기적 토크는

$$T = pB_m J_m lr \int_0^{\pi} \sin\alpha \sin(\alpha+\psi)\, d\alpha \qquad [\text{N-m}] \tag{3-55}$$

이다. 식 (3-55) 안으로 삼각 항등식

$$\sin\alpha \sin(\alpha+\psi) = \frac{1}{2}\cos\psi - \frac{1}{2}\cos(2\alpha+\psi) \tag{3-56}$$

을 도입함으로써

$$T = pB_mJ_mlr\left[\int_0^{\pi}\frac{1}{2}\cos\psi\,d\alpha - \int_0^{\pi}\frac{1}{2}\cos(2\alpha+\psi)\,d\alpha\right] \qquad \text{[N-m]} \qquad (3\text{-}57)$$

을 얻는다. 괄호 속의 두번째 항은 0의 값을 가져서, 발생되는 전자기적 토크에 대한 마지막 표현식은

$$T = \pi\frac{p}{2}J_mB_mlr\cos\psi \qquad \text{[N-m]} \qquad (3\text{-}58)$$

이다. 이 식은 자속밀도와 암페어-도체(또는 전류판)의 정현 분포에 대하여 정당함을 염두에 두어라. 또한 전류판과 자속의 표시된 방향에 대하여, 발생되는 토크는 왼쪽 방향이며 $\psi > 90°(\pi/2\ [\text{rad}])$일 때 그것의 방향이 역전될 수 있음에 유의하라.

식 (3-58)의 조사는 토크가 공간 변위 각도 ψ에 종속된다는 것을 드러낸다. 따라서 $\psi = 0°$일 때, 하나의 자극 아래의 전체 전류판이 단방향 토크를 가지기 때문에 토크 발생을 위한 가장 좋은 **계자 형태**(best *field pattern*)가 나타난다. 그림 3-14에 묘사된 바와 같이 $\psi = 45°$일 때에는, 하나의 자극 아래의 전류판의 일부가 반대 방향 토크를 발생할 것이어서, 다른 모든 것이 같다면 줄여진 토크로 귀결함에 유의하라. 하지만, $\psi \neq 0°$이기 때문에 발생 토크가 최대가 될 수 없다고 추단해서는 안될 것이다. 약간의 교류기에서는, $\psi \neq 0°$에서의 운전이, 최적이 아닌 계자 형태에도 불구하고 발생 토크에서의 상당한 증가를 주는, J_m에서의 다양한 증가를 일으킨다.

종종, 자속밀도 곡선의 어떤 하나의 자극과 관련된 자속인, 극당 총 자속의 항으로 식 (3-58)을 표현하는 것이 편리하다. 그러한 하나의 자속이 그림 3-15에 보여져 있다. 그러나 더 나아가기 전에, 기계각(mechanical degree)과 전기각(electrical degree)을 구별하는 것이 필요하다. 자속밀도 곡선에서는 자극수에 관계없이, 각 자극이 π [elec. rad]의 간격이라는 것이 이미 지적되었다. 이제, 그림 3-12 (a)에서 보여진 바와 같은 배치에서는 항상 한 바퀴가 2π [mech. rad]이기 때문에, 자속밀도 곡선이 2-극을 가질 때에는 기계각과 전기각이 같다는 것이 따라온다. 하지만,

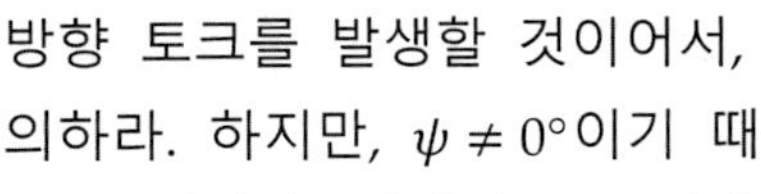

Figure 3-15 Relationships for computing flux per pole.

자속밀도 곡선이 4-극을 가질 때에는, 기계각의 값이 전기각의 값의 절반임이 명백하다. p-극 자속밀도 곡선의 경우에는 관계식이

$$\alpha_m = \frac{2}{p}\alpha \qquad [\text{rad}] \quad \text{or} \quad [\text{deg}] \tag{3-59}$$

이다. 여기서 α_m은 기계각을 나타내며 α는 전기각을 나타낸다. 그러므로, 그림 3-15에서 [m]로 표현된 극간격(pole pitch)은

$$\tau_p \equiv \text{pole pitch} = \alpha_{mp} r = \frac{2}{p}\alpha_p r = \frac{2}{p}\pi r \qquad [\text{m}] \tag{3-60}$$

이다. 여기서 r은 [m]로 나타낸 회전자의 반경이다. 더욱이, l의 축방향 길이를 가진 회전자의 경우 자속밀도 곡선의 하나의 자극과 관련된 면적은

$$A_p = l\tau_p = \frac{2}{p}\pi l r \qquad [\text{m}^2] \tag{3-61}$$

이다.

극당 자속에 대한 표현식으로 이끄는 계산에 있어서의 더 나아간 단순화가 사인파(sine wave)의 정(양)(또는 부(음))의 절반의 평균 값이

$$B_{\text{av}} = \frac{2}{\pi}B_m \qquad [\text{T}] \tag{3-62}$$

라는 것을 상기함으로써 생긴다. 따라서 그림 3-15의 사인파는 그림 3-15에서 일점쇄선으로 표시된 바와 같이 B_{av}의 높이를 가지며 전체 극간격에 걸쳐 펼쳐진 직사각파(rectangular wave)로 대체될 수 있다. 극당 자속에 대한 표현식은 그러면

$$\Phi = B_{\text{av}} A_p \qquad [\text{Wb}] \tag{3-63}$$

이라는 것이 따라온다. 식 (3-61)과 (3-62)를 (3-63)에 대입하면

$$\Phi = \frac{4}{p}B_m l r \qquad [\text{Wb}] \tag{3-64}$$

를 산출한다. 다시 이 결과는 자속밀도의 정현 변화에 대해 정당하다는 것을 염두에 두어라.

식 (3-64)에 의해, 발생되는 전자기적 토크에 대한 식이 극당 자속의 항으로 표현될 수 있다. 식 (3-64)를 (3-58)에 대입하면

$$T = \frac{\pi}{8} p^2 \Phi J_m \cos\psi \qquad [\text{N-m}] \tag{3-65}$$

를 산출한다.

식 (3-65)의 검토는 통상적인 전기-기계 에너지 변환 장치에서 토크의 발생을 위하여 만족되어야 하는 세가지 조건을 더 명백하게 지적한다: Φ로 나타내어진 계자 분포가 있어야 한다; J_m으로 나타내어진 암페어-도체 분포가 있어야 한다; 마지막으로, 두 분포 사이에 알맞은 공간-변위 각도가 존재해야 한다. 같으며 반대 방향인 토크가 도체에 의해 발생되는, 즉, $\psi = 90°$인 계자 형태라면 계자와 암페어-도체 분포를 둘 다 가지더라도 토크가 0일 수 있다는 것이 가능함에 유의하라.

또한 식 (3-65)의 토크 공식을 유도하기 위해 사용된 실로 새로운 개념은 없다는 것이 유의할 만하다. 그것은 단지 암페어의 법칙의 확장일 뿐이다.

3B TORQUE FOR NONSINUSOIDAL B AND UNIFORM AMPERE-CONDUCTOR DISTRIBUTION: THE CASE OF DC MACHINES

전형적인 분포가 그림 3-16에 묘사되어 있다. 다시 일반성을 위하여 암페어-도체 분포를 나타내는 전류판이 각도 ψ 만큼 위상이 어긋나 보여져 있다. 이 분포는, 7-3절에서 설명되는 바와 같이, 직류기에서 통상적으로 찾아진다. 유도의 출발점은, 다시 식 (3-7)에 표현된 것과 같은, 암페어의 법칙이다. 물론 가정된 분포에 부합하는 수정이 필요하게 된다. 전기자 권선이 전류판으로 나타내어졌기 때문에, 도체와 그것이 운반하는 전류보다는 전류판의 미소 띠(elemental strip)로 다룬다. 따라서 식 (3-7)에

$$i = J\,d\alpha \qquad [\text{A}] \tag{3-66}$$

과

$$B = B_\alpha \qquad [\text{T}] \tag{3-67}$$

을 도입한다. 여기서 B_α는 공극을 따르는 자속밀도의 비정현 변동을 나타낸다. B_α

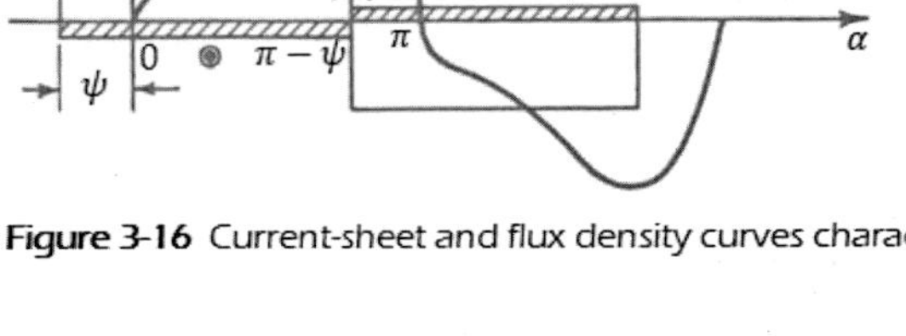

Figure 3-16 Current-sheet and flux density curves characteristic of dc machine.

에 대한 정확한 해석적 표현식은 얻기 어렵지만, 바로 이용할 수 있는 극당 자속으로 다루기 때문에, 걱정스러운 것은 아니다. 따라서 전류판의 미소 띠에 의해 발생되는 힘은

$$F_e = B_\alpha lJ\, d\alpha \qquad [\mathrm{N}] \tag{3-68}$$

이다. p-극기에 대한 대응하는 토크는 그러면

$$T_e = pJB_\alpha lr\, d\alpha \qquad [\mathrm{N\text{-}m}] \tag{3-69}$$

이다. 총(total) 합성 토크는 한 극간격에 걸친 식 (3-69)의 적분으로 얻어진다. 따라서

$$T = pJ\left[\int_0^{\pi-\psi} B_\alpha lr\, d\alpha - \int_{\pi-\psi}^{\pi} B_\alpha lr\, d\alpha\right] \qquad [\mathrm{N\text{-}m}] \tag{3-70}$$

이다. 괄호 속의 두번째 항은 $\pi-\psi$로부터 π까지의 영역에서는 B_α의 정(양)의 자극 아래에서 J가 부(음)이라는 사실을 감안하여 빼기 부호(minus sign)가 붙었다. 명백히, B_α에 대한 해석적 표현식 없이는, 토크에 대한 정확한 형태의 풀이(closed-form solution)를 바로 이용할 수 없다. 하지만, 이 분포가 적용되는 전기-기계 에너지 변환 장치에서는, 설계자가 의도적으로 $\psi = 0$으로 만든다. 이전의 경우와는 달리, 이것은 자극 아래에 부(음)의 토크로 기여하는 도체가 없는 것을 보장한다. $\psi = 0$의 도입은 전자기적 토크에 대한 표현식을

$$T = pJ\int_0^{\pi} B_\alpha lr\, d\alpha \qquad [\mathrm{N\text{-}m}] \tag{3-71}$$

과 같이 간단하게 한다.

이제 B_α를 피하기 위하여, 극당 자속—다른 고려로부터 얻을 수 있는 양—의 항으로 토크를 표현할 수 있다. B_α의 항으로 극당 자속 Φ는

$$\Phi = \int_0^{\pi} B_\alpha\, dA_p \qquad [\mathrm{Wb}] \tag{3-72}$$

이다. 그러나 면적 요소(area element)는

$$dA_p = lr\, d\alpha_m = lr\frac{2}{p}\, d\alpha \qquad [\mathrm{m^2}] \tag{3-73}$$

과 같이 표현될 수 있다. 따라서 식 (3-72)는

$$\Phi = \int_0^{\pi} B_\alpha l r \frac{2}{p}\, d\alpha = \frac{2}{p}\int_0^{\pi} B_\alpha l r\, d\alpha \qquad \text{[Wb]} \tag{3-74}$$

로 된다. 그러므로

$$\int_0^{\pi} B_\alpha l r\, d\alpha = \frac{p}{2}\Phi \qquad \text{[Wb]} \tag{3-75}$$

이다. 식 (3-75)를 (3-71)에 대입하면 분포가 $\psi = 0$으로 그림 3-16에 묘사된 것과 같을 때 발생되는 전자기적 토크에 대한 마지막 형태를 산출한다. 따라서

$$T = \frac{p^2}{2} J\Phi \qquad \text{[N-m]} \tag{3-76}$$

이다.

다시 전자기적 토크는 Φ로 표현된 계자 분포, J로 표현된 암페어-도체 분포, 그리고 두 분포 사이의 각도 변위에 종속된다는 것이 유의할 만한 가치가 있다. 물론 간단을 위하여 전류판이 자속밀도 곡선과 동상인 것으로 가정되었기 때문에 식 (3-76)에서는 ψ가 나타나지 않으며, 이것에 의해 전류판의 모든 부분이 단방향 토크를 겪는 것을 보장한다. 그림 3-16의 일견은 $\psi = 90°$인 경우 합성 전자기적 토크가 0이라는 것이 명백할 것이다.

EXAMPLE 3-5 2극기가 정현 계자 분포 $B_p \sin(\alpha - \psi)$ [T]를 가진다. 여기서 α와 ψ는 전기각이다. 전기자는, $\mathcal{F}_A$의 극당 크기를 가지는 삼각파 기자력과 관련된, 값 J의 균일 전류판으로 되어있다. 그림 3-17 (a)를 참조하라. 기계는 축방향 길이 l과 반경 r을 가진다.

(a) 최대 극당 자속에 대한 표현식을 결정하라.

(b) B_p, J, 그리고 Δ의 항으로 발생되는 전자기적 토크에 대한 표현식을 얻어라.

(c) $\mathcal{F}_A$와 극당 자속 Φ의 항으로 문제 (b)에서 찾아진 토크를 표현하라. $\Delta = \pi/2$ [rad]으로 가정하라.

(d) 문제 (b)에서 찾아진 토크가 공극 내의 모든 점에서 일정한가? 설명하라.

SOLUTION (a) 미소 자속에 대한 표현식은

$$d\phi = B\, dA \text{ [Wb]}$$

로 주어진다. 여기서 dA는 자속밀도 곡선 아래의 미소 면적을 나타낸다. 이 면적은 유효 축방향 길이 l과, $r\,d\alpha_m$으로 나타내어지는, 호의 길이(arc length)의 적(곱, product)이다. 여기에서는 물리적 미소 호 길이로 다루기 때문에 기계각 α_m을 사용하였다. 그림 3-17 (b)를 보라. 식 (3-59)의 사용에 의해, 미소 호 길이를 전기각의 항으로 $(2r/p)\,d\alpha$로 표현할 수 있다. 따라서, 미소 자속은 다음과 같이 적어질 수 있다(여기에서는 편의를 위하여 $\psi = 0$에 대하여):

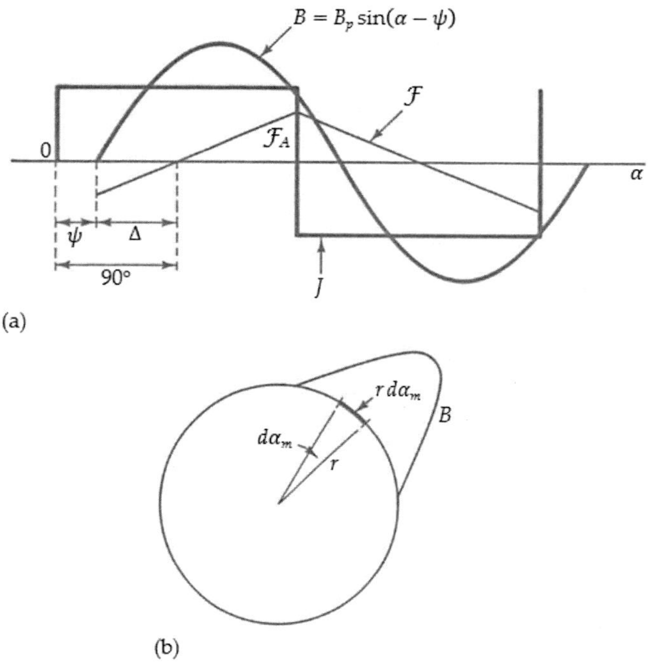

Figure 3-17 Configuration for Example 3-5: (a) relationship existing between flux density, mmf, and current sheet; (b) a view of the rotor showing one pole and the differential arc length $r\,d\alpha_m$.

$$d\phi_p = \frac{2Blr}{p} d\alpha = \frac{2B_p lr}{p} \sin\alpha\, d\alpha \text{ [Wb]}$$

극당 총(total) 자속은 이제 마지막 표현식을 π [elec. rad]과 같은 한 극간격에 걸쳐 적분함으로써 결정될 수 있다. 따라서

$$\Phi_p = \frac{2B_p lr}{p} \int_0^{\pi} \sin\alpha\, d\alpha = \frac{4B_p lr}{p} \text{ [Wb]}$$

이 결과는 식 (3-64)와 전적으로 합치함에 유의하라.

(b) i가 미소 전류 요소를 나타낸다고 하면, 값 J의 균일 전류판에 대하여

$$i = J\, d\alpha \text{ [A]}$$

를 적을 수 있다. 자극 자속밀도의 영향 아래에 있는 이 미소 전류 요소와 관련된 미소 힘은 $Bli = BJl\, d\alpha$이다. 이 힘이 기계 반경 r의 토크 팔(torque arm)에 작용할 때, 미소 토크 표현식은

$$BJlr\, d\alpha$$

가 된다. 이 양을 한 극간격(즉, π [elec. rad])에 걸쳐 적분함으로써, 계자 분포와 전류판의 상호 작용에 의해 생성되는 순(net) 토크는 한 극에 대하여 결정된다. 총(total) 토크는 극수

를 곱함으로써 얻어진다. 따라서 총 미소 토크는

$$dT = p(BJlr\, d\alpha)\ \text{[N-m]}$$

또는 생성되는 총 토크는

$$T = pJlr \int_0^{\pi} B\, d\alpha = pJlrB_p \int_0^{\pi} \sin(\alpha - \psi)\, d\alpha \qquad \text{[N-m]}$$

가 된다. 적분을 수행하고, 상한과 하한을 대입하여 간단히 하면, 결과는

$$T = 2B_pJlr \cos\psi \qquad \text{[N-m]}$$

ψ와 Δ가 여각(complementary angle)이기 때문에,

$$\psi = \frac{\pi}{2} - \Delta\ \text{[rad]}$$

이며, 이것을 앞의 식에 대입하고 간단히 하면 다음을 산출한다:

$$T = 2pB_pJlr \sin\Delta\ \text{[N-m]}$$

(c) $\Delta = \pi/2$ [rad]의 경우 마지막 식은 다음과 같이 간단하게 된다:

$$T = 2pB_pJlr\ \text{[N-m]}$$

이 마지막 표현식의 대수적 조작은 극당 자속과 극당 기자력의 크기로 연결될 수 있는 표현식으로 이끈다. 극당 자속은 마지막 표현식을 재배열함으로써 다음과 같이 연결된다:

$$T = p^2 \left(\frac{4}{p} B_p lr\right) \frac{J}{2} = p^2 \Phi_p \frac{J}{2}\ \text{[N-m]}$$

명백히, 괄호 속에 있는 양이 극당 자속이다.
$\mathcal{F}_A$를 이 공식 안으로 넣기 위해서는, $\Delta = \pi/2$ [rad]일 때, 자극쌍당 총 기자력이

$$\mathcal{F} = \pi J\ \text{[A-t/pole pair]}$$

로 주어짐을 인정하는 것이 필요하다(그림 3-11 (a)를 보라). 따라서 더 조작된 형태로 토크 방정식을 다시 적으면

$$T = p^2 \Phi_p \frac{1}{\pi} \left(\frac{\pi J}{2}\right)\ \text{[N-m]}$$

마지막으로 다음을 얻는다:

$$T = \frac{p^2}{\pi} \Phi_p \mathcal{F}_A \text{ [N-m]}$$

(d) 일정하지 않다. 전류판이 일정한 것이긴 하지만, 자속밀도는 그렇지 않다. 그러므로, 토크의 순시 값은 B의 값에 따라 변한다.

3C THE GENERAL TORQUE EQUATION

전자기적 토크에 대한 공식이 3-1, 3-4절에서 유도되었으며, 그것이 3A절에서 전기 기계의 일부에 있는 계자 분포가 다른 부분에 있는 암페어-도체 분포와 상호 작용하는 상황에 적용되었다. 권선 사이에 존재하는 그들과 관련된 자계의 정렬을 일으키는 상호 작용 때문에 기계 내에 토크가 생성된다. 각 권선 내에 전류가 존재하고 계자 형상이 적당한 동안은, 이 상호 결합에 기인하는 토크가 존재한다. 식을 전개하는 동안 전류가 **각** 권선(*each* winding)에 존재하는 것으로 가정이 이루어졌다. 하지만, 기계의 한 부분만 여자되었을 때 토크를 생성하는 것이 가능한 기계가 있다. 확실히 이 설명은, 자기저항이 위치에 따라 변하는 것으로 특성지어지는 기하학적 배치 내에서 자속이 흐를 때에는 언제나 힘이 존재할 수 있음을 보인, 1-10절의 결과에 비추어 그렇게 놀랄만한 것은 아니다. 식 (1-65)를 참조하라. 하지만, 여기에서 중요한 것은, 자기저항 변동과 관련된 토크는 3-1과 3A절에서 유도된 결과로부터 계산될 수 없다는 점을 인식하는 것이다. 그러므로 지금 전기-기계 에너지 변환 장치에 의해 발생되는 토크에 대한 일반 표현식(general expression)—개별적으로 여자된 상호 결합 권선의 **전자기적 토크**(*electromagnetic torque*)는 물론 **릴럭턴스 토크**(*reluctance torque*)의 계산을 허용하는—을 얻는 것을 검토하는 것이 보람이 있어 보인다.

일반 토크 식은 그림 3-18에 보여진 배치를 해석함으로써 유도될 수 있다. 전류 i_1이 공극 자속 계자를 생성하는 회전자 권선 내에서 흐르는 것으로 가정된다. 전류 i_2는 고정자 권선에 흐르는 것으로 가정된다. 이 전류는 직류, 단상 교류 전류, 또는 다상 고정자 권선에 적용되는 다상 계통의 상전류일 수 있다; 좌우간, i_2의 형태에 관계없이 고정자 전류가 보여진 암페어-도체 분포에 대한 원인이 되는 것으로 가정된다. 다음으로, 회전자가 약간의 미소 각도 $d\alpha$ 만큼 움직이는 것이 허용되는 것을 고려한다. 그러면 이것은 회전자 계자 분포와 고정자 암페어-도체 분포 사이의 결합에 있어서의 변화를 일으킨다. 더욱이, 두 권선의 유도 기전력이 영향을 받을 것이고, 에너지 입력에 영향을 미칠 것이다. 입력 에너지가 전원 단독으로 생긴다면, 변위 $d\alpha$에 대응하는 입력 에너지에서의 변화는

$$dW_e = e_1 i_1 dt + e_2 i_2 dt \qquad \text{[J]} \tag{3-77}$$

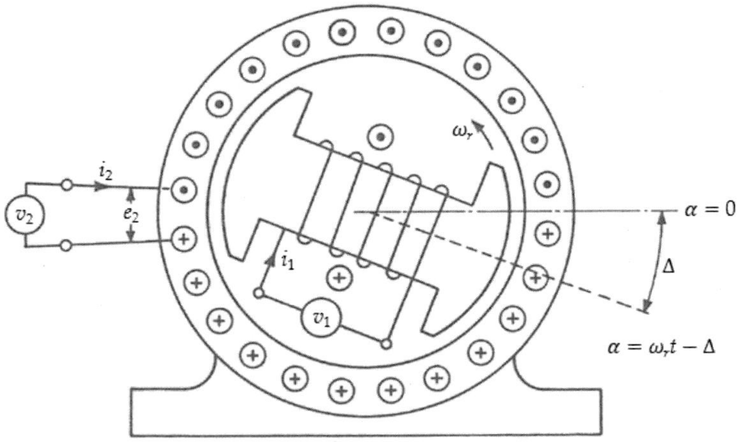

Figure 3-18 Geometrical configuration of an electric machine used in developing the general torque equation. Current i_1 flows in the rotor winding and current i_2 flows in the stator winding; together these produce the electromagnetic torque. The nonuniform air gap gives rise to a reluctance torque.

로 나타난다는 것이 따라온다. 그러나 패러데이의 법칙에 의해

$$e_1 = \frac{d\lambda_1}{dt} \quad \text{and} \quad e_2 = \frac{d\lambda_2}{dt} \qquad [\text{V}] \tag{3-78}$$

이다. 여기서 λ_1과 λ_2는, 각각 회전자와 고정자 권선의 총 쇄교 자속을 나타낸다. 특히, 이 양은 비선형성과 히스테리시스가 무시되는 것을 조건으로 자기(self-)와 상호 인덕턴스의 항으로 표현될 수 있다. 대부분 이것은 공극의 존재에 의해 정당화된다. 따라서

$$\lambda_1 = L_{11}i_1 + M_{12}i_2 \qquad [\text{Wb}] \tag{3-79}$$

$$\lambda_2 = M_{21}i_1 + L_{22}i_2 \qquad [\text{Wb}] \tag{3-80}$$

이다. 여기에서 L_{11}은 회전자 권선의 자기 인덕턴스, L_{22}는 고정자 권선의 자기 인덕턴스, 그리고 $M_{12} = M_{21}$는 회전자와 고정자 권선 사이의 상호 인덕턴스이다. i_1과 i_2가 그림 3-18의 배치에서는 같은 방향으로 자속을 생성하기 때문에 $M_{12} = M_{21}$에 대하여 정(양) 부호(positive sign)가 사용되었다.

식 (3-78)을 (3-77)에 대입하면 결과는

$$dW_e = i_1 d\lambda_1 + i_2 d\lambda_2 \qquad [\text{J}] \tag{3-81}$$

이다. 이 표현식은 전기 입력 에너지에서의 어떤 변화가 쇄교 자속에서의 변화를 통하여 일어난다는 것을 강조한다. 더구나, 에너지 균형 조건(energy balance condition)은 전기 입력 에너지에서의 이 변화가 자계 에너지에서의 변화 또는 자계에

의해 한(done) 기계적 일 또는 둘 다와 같을 것을 요구한다. 수학적으로 표현하면,

$$dW_e = dW_f + T\,d\alpha \qquad [\mathrm{J}] \tag{3-82}$$

이다. 여기서 T는 회전자 변위 $d\alpha$의 결과로 발생되는 총 토크를 나타내며 W_f는 전류 i_1과 i_2에 관련된 자계 에너지를 나타낸다. 그림 3-18의 2중 여자의 경우에는, 이 자계 에너지에 대한 표현식이

$$W_f = \frac{1}{2}L_{11}{i_1}^2 + \frac{1}{2}L_{22}{i_2}^2 + M_{12}i_1i_2 \qquad [\mathrm{J}] \tag{3-83}$$

으로 주어진다.

이 시점에서 회전자 변위 각도 α의 함수로써 자기 및 상호 인덕턴스의 변동 성질에 관하여 말하는 것이 순서이다. 식 (1-40)에 따라, 회전자의 자기 인덕턴스를

$$L_{11} = \frac{{N_1}^2}{\mathcal{R}_1} \qquad [\mathrm{H}] \tag{3-84}$$

로 표현할 수 있다. 여기서 N_1은 회전자 권선의 권수를 나타내며 $\mathcal{R}_1$은 회전자 권선에 의해 생성되는 자속의 자기저항을 나타낸다. 여기에서 회전자에 의해 취해지는 위치에 관계없이 대칭이며 동심으로(concentrically) 위치된 회전자 구조의 경우 자기저항 $\mathcal{R}_1$이 변하지 않고 남아있는다는 것을 유의할 만하다. 따라서 이 기하의 경우 L_{11}은 상수이다.

하지만, 고정자 권선의 경우에는, 상황이 다르다. 고정자 자기 인덕턴스에 대한 비슷한 표현식, 즉,

$$L_{22} = \frac{{N_2}^2}{\mathcal{R}_2} \qquad [\mathrm{H}] \tag{3-85}$$

가 적어질 수 있기는 하지만, 그림 3-18의 기하의 조사는 자기저항 $\mathcal{R}_2$가 회전자 위치에 따라 바뀜을 나타낸다. 이것은 그림 3-18에 묘사된 암페어-도체 분포를 생성하는 고정자 권선 내에서 i_2가 홀로 흐르도록 만들어지는 (i_1은 0으로 가정된다) 순간을 고려함으로써 바로 이해된다. 고정자는 따라서 수평과 일치하는 축 위에서 자속을 생성하는 솔레노이드처럼 거동한다. 명백히, 그러면 회전자가 이 수평축을 따라 놓일 때(즉, $\alpha = 0$ [rad])에는, 자기 경로가 두개의 작은 공극과 큰 양의 고투자율 철로 이루어지기 때문에, 이 자속에 의해 보여지는 자기저항이 최소가 될 것이다. 이 경로는 기계의 **직축**(*direct axis*)이라 불리며 최소 자기저항 $\mathcal{R}_d$로 이끈다. 회전자 철이 $\alpha = \pi/2$ [rad]으로 변위됨에 따라, 고정자 자속은 여전히 수평으로 향

하지만 회전자 철은 α가 증가함에 따라 수평축에서의 공극이 증가하는 수직 위치를 향하여 나아가기 때문에, 자기저항이 증가한다. $\alpha = \pi/2$ [rad]에서는, 이제는 자기 경로가 매우 큰 두개의 공극으로 이루어지기 때문에, 고정자 생성 자속에 의해 보여지는 자기저항은 최대이다. 고정자 생성 자속 자계에 관련된 회전자 정렬은 이제는 **횡축**(*quadrature axis*)에 있다고 일컬어진다. 이 자기저항의 최대 값을 $\mathcal{R}_q$라 하자. 자극편(pole piece)의 형상과 고정자 권선이 분포된 성질의 결과로,† 자기저항 $\mathcal{R}_2$의 변동은 α의 여현 함수(cosinusoidal function)이다. 회전자 구조의 각 전체 회전(each full revolution)에 대하여 각 최소와 최대 자기저항의 두개의 위치가 있기 때문에, L_{22}는 α의 2배 주파수 함수라는 것이 따라온다. 자기저항의 완전한 변동이 그림 3-19에 도식적으로 묘사되어 있다. 이 자기저항에 대한 해석적 표현식은

$$\mathcal{R}_2 = \frac{\mathcal{R}_d + \mathcal{R}_q}{2} - \frac{\mathcal{R}_d - \mathcal{R}_q}{2}\cos 2\alpha \qquad [\text{A-t/Wb}] \tag{3-86}$$

으로 주어진다. 이 표현식을 식 (3-85)에 대입하면 회전자 위치로 고정자 자기 인덕턴스 L_{22}의 변동을 나타내는 대응하는 식을 산출한다.

이제 마지막으로, 한다면, 회전자 변위에 따라 상호 인덕턴스 M_{12}가 변하는 방식을 결정하는 것이 남아있다. 이 정보를 얻기 위한 간단하면서도 직접적인 방법은 그림 3-18의 기계에 대해 간단한(단도직입적인) 시험을 수행하는 것이다. 회전자 권선에 고정된 정현 전압을 인가한다. 고정자 권선으로부터 전원 V_2를 제거하고, 적절한 실효치 지시 전압계(rms-reading voltmeter)로 대체한다. 전압계는 회전

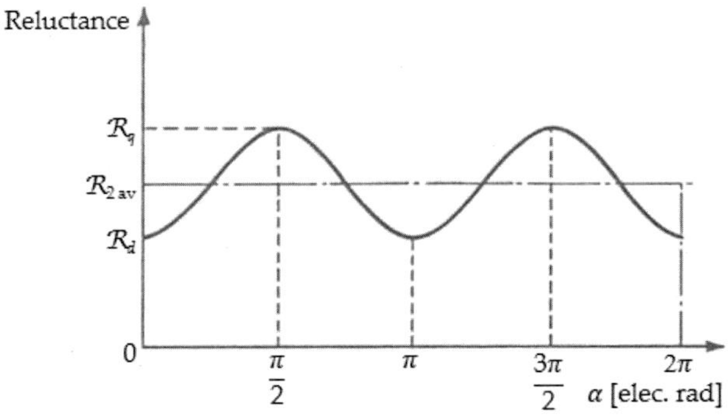

Figure 3-19 Variation of reluctance as a function of rotor displacement, as viewed from the stator winding. To a different scale this plot also represents the variation of L_{22} versus α.

†고정자 권선은 코일로 집중되어 있지 않고 오히려 고정자 구조의 전체 내원주(inner periphery)를 따라 슬롯 내에 분포된다.

자 권선 내에서의 변화하는 전류로 상호 결합을 통하여 유도되는 전압을 지시한다. 특히, 이 유도 기전력은 회전자 전류와

$$e_2 = M_{12}\frac{di_1}{dt} \qquad [\mathrm{V}] \tag{3-87}$$

에 의해 관련된다. i_1의 정현 변동의 경우, 일정한 실효치 회전자 전류 I_1에 의해, 고정자 권선 내에서 유도되는 기전력의 크기 E_2는

$$E_2 = \omega M_{12} I_1 \qquad [\mathrm{V}] \tag{3-88}$$

또는

$$M_{12} = \frac{E_2}{\omega I_1} = \frac{E_{2\,\max}\cos\alpha}{\omega I_1} \qquad [\mathrm{H}] \tag{3-89}$$

이다. 이 식에서 E_2의 값은 바로 회전자 자속 계자와 고정자 권선 사이의 결합의 여현 함수이다. 그림 3-18의 일견은, $\alpha = 0$ [rad]에서, 회전자 자속이 고정자 권선과 최대 쇄교를 가져서, 전압계의 최대 지시치 $E_{2\,\max}$를 기록하는 것을 보인다. $\alpha = \pi/2$ [rad]에서, 순(net) 쇄교 자속은 0이다(이상적으로). 따라서 E_2는 0이다. $\alpha = \pi$ [rad]에서, 고정자 권선과 쇄교하는 자속은 다시 한번 최대이지만, 자속 계자가 역전되기 때문에 고정자 유도 기전력은 역전된 극성을 겪는다. 따라서 상호 인덕턴스는 부(음)의 최대 값이다. 극치(extreme value) 사이의 M_{12}의 변동은 기계의 본래의 구조 양상 때문에 여현 함수에 따라 생긴다. 그림 3-20에 나타난 것은 회전자의 1 전회전(one full revolution)에 대한 상호 인덕턴스의 완전한 변동이다. 고정자 자기 인덕턴스와는 달리, 상호 인덕턴스는 회전자 변위에 따라 기본파 변동(fundamental

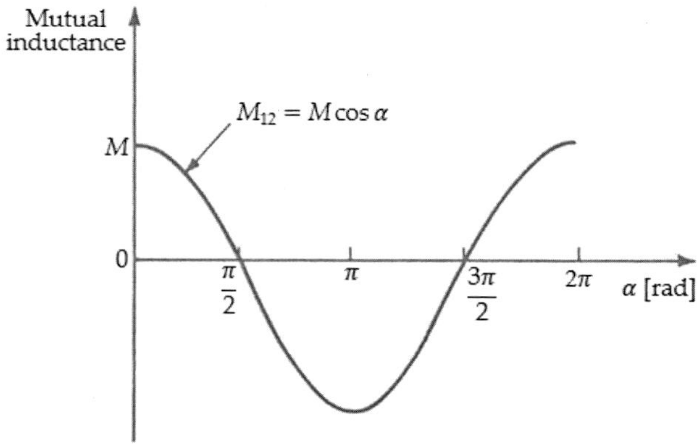

Figure 3-20 Variation of mutual inductance between the rotor and stator windings of the machine depicted in Fig. 3-18.

variation)을 가짐에 유의하라. 상호 인덕턴스의 최대 값을 M이라 하면,

$$M_{12} = M\cos\alpha \qquad [\text{H}] \tag{3-90}$$

이다.

앞의 결과는, 그림 3-18의 기하학적 배치의 경우, L_{11}은 회전자 변위에 무관한 한편, L_{22}와 M_{12}는 둘 다 α의 함수임을 입증한다. 이 사실을 염두에 두고, 이제 식 (3-81)로 돌아가 자기 및 상호 인덕턴스의 항으로 전기 입력 에너지에서의 변화를 계산할 수 있다. 식 (3-79)와 (3-80)을 (3-81)에 대입하면

$$dW_e = i_1 d(L_{11}i_1 + M_{12}i_2) + i_2 d(M_{12}i_1 + L_{22}i_2) \qquad [\text{J}] \tag{3-91}$$

로 이끈다. L_{11}은 상수이기 때문에, 그것의 미분은 0이다. 하지만 L_{22}와 M_{12}에 대해서는 그렇지 않다. 따라서 식 (3-91)은

$$dW_e = i_1L_{11}di_1 + i_1M_{12}di_2 + i_1i_2dM_{12} + i_2M_{12}di_1 + i_1i_2dM_{12} + i_2L_{22}di_2 + i_2{}^2dL_{22} \qquad [\text{J}] \tag{3-92}$$

로 된다. 또한, 자계 에너지가 취하는 변화는 식 (3-83)을 미분함으로써 바로 찾아진다. 따라서

$$dW_f = i_1L_{11}di_1 + i_2L_{22}di_2 + \frac{1}{2}i_2{}^2dL_{22} + M_{12}i_1di_2 + M_{12}i_2di_1 + i_1i_2dM_{12} \qquad [\text{J}] \tag{3-93}$$

이다. 식 (3-92)와 (3-93)이 (3-82)—에너지 균형 방정식—에 도입될 때 미소 전류를 포함하는 dW_e의 모든 항은, dW_f에 대한 표현식에서 부합하는 항을 가져서, 소거된다. 이것은 전류에서의 미소 변화는 기계적인 힘의 발생을 낳지 않는다는 것을 설명한다. 에너지 균형 방정식에서 남은 항은 그러면 다음과 같다:

$$i_2{}^2dL_{22} + 2i_1i_2dM_{12} = T\,d\alpha + \frac{1}{2}i_2{}^2dL_{22} + i_1i_2dM_{12} \qquad [\text{J}] \tag{3-94}$$

식 (3-94)의 좌변은 회전자 변위 $d\alpha$에 대응하는 전기 입력 에너지에서의 변화를 나타낸다. 우변의 마지막 두 항은 자계 에너지에서의 변화를 나타낸다. 입력 에너지의 나머지는 $T\,d\alpha$로 나타내어진 것과 같은 기계적인 일로 간다. 식 (3-94)로부터 그림 3-18의 기계에서 발생되는 토크에 대하여 원하는 일반 표현식은

$$T = \frac{1}{2}i_2{}^2\frac{dL_{22}}{d\alpha} + i_1i_2\frac{dM_{12}}{d\alpha} \qquad [\text{N-m}] \tag{3-95}$$

라는 것이 따라온다. 이것은 순시 총 발생 토크에 대한 표현식이다.† 그것은 i_1과 i_2의 순시 값은 물론 회전자 위치에 따른 고정자 자기 인덕턴스와 상호 인덕턴스의 변화에 종속한다.

식 (3-94)의 조사는 일반 토크 방정식의 유용한 다른 형태로 이끈다. i_1과 i_2가 일정하게 유지된다면, 자계 에너지에서의 변화는 정확히 전기 입력 에너지의 절반과 같다는 점에 유의하라. 그러므로 한(done) 기계적 일은 자계 에너지에서의 변화와 같다. 수학적으로 표현된 이것은

$$T = \left(\frac{\partial W_f}{\partial \alpha}\right)_{i_1,\, i_2 \text{ constant}} \qquad \text{[N-m]} \qquad (3\text{-}96)$$

이다. 여기에서는 이 연산에서 i_1과 i_2가 일정하게 유지된다는 것을 강조하기 위해 편미분이 사용되었다. 식 (3-96)은 몇 가지 방식에서 유용할 수 있다. 일단 특별한 적용은 0의 발생 토크에 대응하는 최대 또는 최소 자계 에너지의 위치를 드러낸다.

마지막으로, 식 (3-95)를 사용하여, 상호 결합의 토크가 다음의 두가지 다른 형태로 표현될 수 있음이 보여질 수 있다:

$$T = \frac{\pi}{8} p^2 \Phi \mathcal{F}_p \sin \Delta = \frac{\pi}{8} p^2 \Phi J_m \cos \psi \qquad \text{[N-m]} \qquad (3\text{-}97)$$

여기서

$$\Delta = \frac{\pi}{2} - \psi \qquad \text{[rad]} \qquad (3\text{-}98)$$

이다. 더욱이, 관련된 릴럭턴스 토크는

$$T_r = \frac{1}{4} \cdot \frac{V^2}{\omega} \cdot \frac{x_d - x_q}{x_d x_q} \sin 2\Delta \qquad \text{[N-m]} \qquad (3\text{-}99)$$

가 된다. 여기서

$$x_d = \omega L_d = \omega \frac{{N_2}^2}{\mathcal{R}_d} \quad \text{and} \quad x_q = \omega L_q = \omega \frac{{N_2}^2}{\mathcal{R}_q} \qquad [\Omega] \qquad (3\text{-}100)$$

†잠깐 생각하면, 기계 배치가 L_{11} 역시 α의 함수가 되도록 되었다면, 일반 토크 방정식은

$$T = \frac{1}{2} {i_1}^2 \frac{dL_{11}}{d\alpha} + \frac{1}{2} {i_2}^2 \frac{dL_{22}}{d\alpha} + i_1 i_2 \frac{dM_{12}}{d\alpha} \qquad \text{[N-m]} \qquad (3\text{-}95a)$$

로 될 것임이 명백할 것이다.

이다.

EXAMPLE 3-6 그림 3-21에 그려진 방식으로 두개의 코일이 균일한 공극으로 기계 내에 갖추어져 있다. 자기 및 상호 인덕턴스는

$$L_1 = 5\,[\text{H}], \quad M = 3\cos\alpha\ [\text{H}], \quad L_2 = 2\,[\text{H}]$$

로 주어진다. 권선 저항은 무시할 수 있다. 코일 2-2′는 처음에 코일 1-1′로부터 각도 α에 위치되어 있다. 코일 1-1′는 $10\sin\omega t$ [A]의 전류를 운반하도록 만들어져 있다. 여기서 ω는 코일 1-1′를 여자하는 전압원의 주파수이다.

(a) 코일 2-2′에 이상적인 전류원으로부터 −5 [A]의 직류 전류가 공급될 때 토크에 대한 표현식을 찾아라. 회전자의 변위가 일어날 것인가? 설명하라.

(b) 이제 코일 2-2′를 통하여 흐르는 전류가 $-5\sin\omega t$ [A]라고 가정하여 문제 (a)를 반복하라.

(c) α의 어떤 값에서 토크가 최대가 될 것인가?

SOLUTION (a) 여기에서는 식 (3-95a)가 적용될 수 있다. 하지만, L_1과 L_2가 상수로 주어졌기 때문에 dL_1/dt와 dL_2/dt는 0임에 유의하라. 따라서 전자기적 토크는 상호 인덕턴스에서의 변화 단독으로 생길 수 있다. 따라서

$$T = i_1 i_2 \frac{dM}{d\alpha} = (10\sin\omega t) \times (-5) \times \frac{d}{d\alpha}(3\cos\alpha) = 150\sin\alpha\sin\omega t\ [\text{N-m}]$$

명백히, 전원의 한 주기에 걸친 평균 토크는 0이며 그래서 이 경우에는 회전이 일어나지 않는다. 이 설명은 회전자가 순시적인 응답을 할 수 없을 정도로 전원 주파수가 충분히 빠르다는 가정을 기초로 한다.

(b) 이 경우에는 다음을 가진다:

$$T = (10\sin\omega t) \times (-5\sin\omega t) \times (-3\sin\alpha) = 150\sin\alpha\sin^2\omega t\ [\text{N-m}]$$

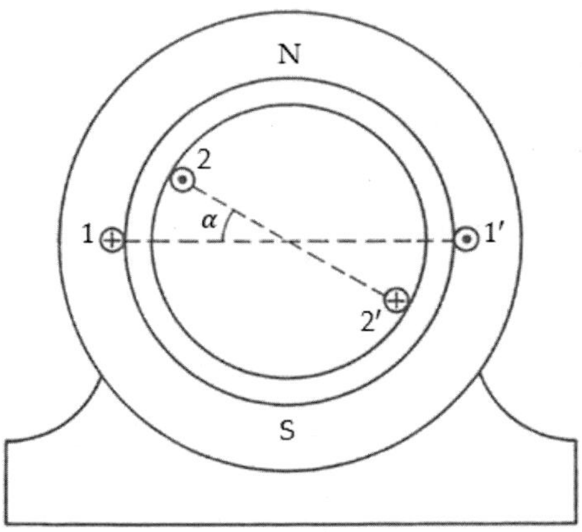

Figure 3-21 Configuration for Example 3-6.

삼각 항등식

$$\sin^2 \omega t = \frac{1}{2} - \frac{1}{2}\cos 2\omega t$$

을 도입하면

$$T = 75\sin\alpha - 75\sin\alpha\cos 2\omega t \text{ [N-m]}$$

을 산출한다.

이 경우에는, 0이 아닌 평균 토크가 존재한다. 사실, 특히 그것은 마지막 식의 우변 첫째 항과 같다. 물론, 둘째 항은 전원 주파수의 한 주기에 걸쳐 0이다.

(c) 마지막 식의 일견은 최대 토크가 $\alpha = 90°$에서 생긴다는 것을 명백하게 만든다. 따라서, 그림 3-21에서 코일 2-2′가 위치 α에 있는 동안 여자될 때, $75\sin\alpha$ [N-m]를 초과하는 억제력(restraining force)이 회전자 축에 나타나지 않는 것을 조건으로, 회전자는 $\alpha = 90°$의 위치에 도달할 때까지 시계 방향으로 회전할 것이다.

PROBLEMS

3-19 2극기가 고정자 주위의 내표면을 따라 슬롯 내에 균일하게 분포된 총 12개의 도체로 설비되어 있다. 도체는 적절한 단접속(end connection)에 의해 도체 1이 도체 7에 연결되도록 쌍으로 되어 있다. 비슷하게, 모든 도체가 직렬로 연결될 때까지 도체 2는 도체 8에 연결되는 등등으로 되어 있으며 10 [A] 전류의 흐름을 강제하는 직류 전원에 의해 여자된다.

(a) 공극을 따라 변위의 함수로써 기자력 분포를 그려라.

(b) [A-t/pole]의 값을 결정하라.

(c) 암페어-도체 분포의 등가 전류판을 그려라.

3-20 전동기가 그림 P3-20에 보여진 바와 같이 삼각파 계자 분포를 갖도록 설계되어 있다. 암페어-도체 분포는 값 J에서 균일하다. 기계는 p개의 극을 가진다고 가정하라. r [m]의

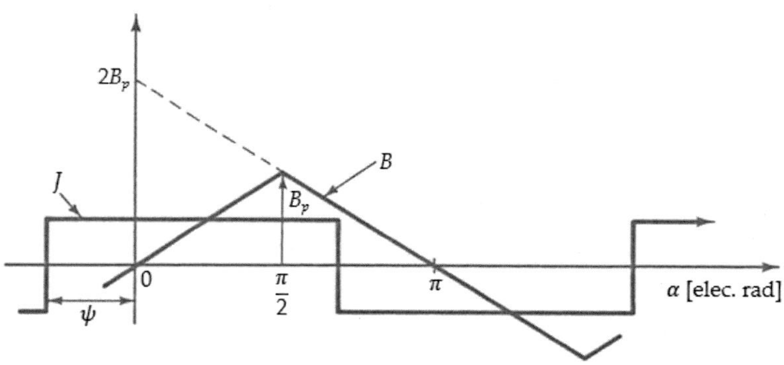

Figure P3-20.

회전자 반경과 l [m]의 공극 축방향 길이를 가진다.

(a) 극당 자속의 표현식을 찾아라.

(b) 극당 자속, ψ, 그리고 첨두 극당 기자력 $\mathcal{F}_p$의 항으로 발생되는 토크에 대한 식을 유도하라.

3-21 p-극기가 그림 P3-21에 묘사된 정현 전류판 변동과 일정한 계자 분포를 가진다. 기계는 축방향 길이 l과 반경 r을 가진다.

(a) 극당 최대 자속에 대한 표현식을 찾아라.

(b) B, J_m, 그리고 Δ의 항으로 발생되는 전자기적 토크에 대한 식을 결정하라.

(c) 토크가 공극을 따라 모든 점에서 일정한가? 설명하라.

3-22 그림 P3-22에 보여진 바와 같이 기계 내에 두개의 권선이 갖추어져 있다. 자기 및 상호 인덕턴스는

$$L_{11} = 2.2\ [\text{H}], \quad M_{12} = \sqrt{2}\cos\alpha\ [\text{H}], \quad L_{22} = 1.0\ [\text{H}]$$

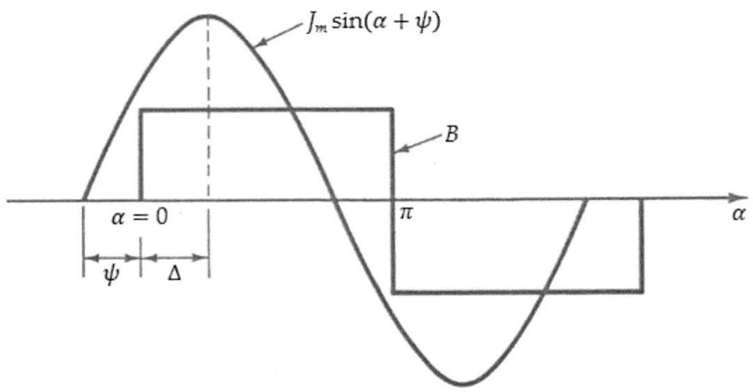

Figure P3-21.

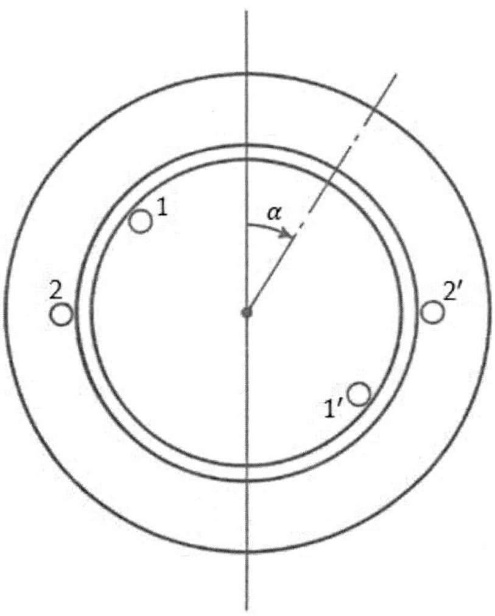

Figure P3-22.

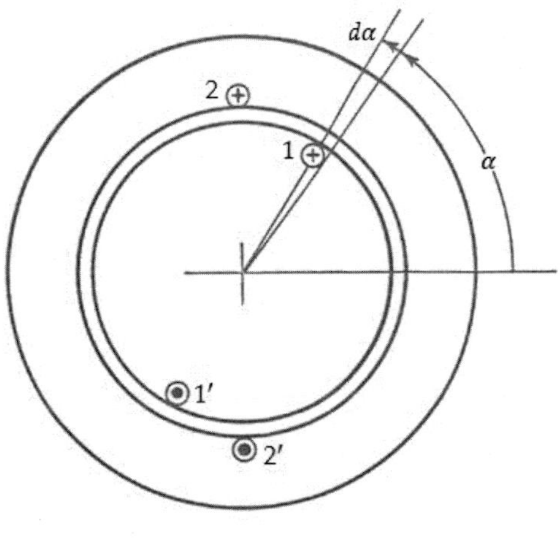

Figure P3-23.

이다. 권선 저항은 무시할 수 있다. 권선 2-2′가 단락되었을 때 권선 1-1′에 인가된 전압으로, 권선 1-1′ 내의 전류는 $i_1 = 10\sqrt{2}\sin\omega t$ [A]로 알려져 있다. 여기서 ω는 전원의 주파수이다.

(a) 회전자가 정지 상태일 때, 공간 각도 α의 항으로 [N-m]로 나타낸 순시 토크에 대한 표현식을 유도하라.

(b) $\alpha = 45°$일 때, [N-m]로 평균 토크를 계산하라.

(c) 회전자가 움직이는 것이 허용된다면, 회전자가 연속적으로 회전할 것인가 또는 정지 상태로 가려 할 것인가? 뒤의 경우라면, 그렇게 되는 α의 값은 얼마인가?

3-23 그림 P3-23의 기계 배치에서, 자기 및 상호 인덕턴스는 다음의 값을 가진다:

$$L_{11} = \frac{N_1^{\,2}}{\mathcal{R}}\ [\mathrm{H}],\quad M_{12} = \frac{2N_1N_2\alpha}{\pi\mathcal{R}}\ [\mathrm{H}]\quad \text{for}\ -\frac{\pi}{2} < \alpha < \frac{\pi}{2}\ [\mathrm{rad}],\quad L_{22} = \frac{N_2^{\,2}}{\mathcal{R}}\ [\mathrm{H}]$$

여기서 N_1은 고정자 권수를 나타내며 N_2는 회전자 권수를 나타낸다. 기계는 균일 공극으로 설비되어 있다. 각변위(angular displacement)에 따른 쇄교 자속의 변화율의 사용을 통하여, 토크는

$$T = i_1\frac{d\lambda_{12}}{d\alpha}\qquad [\mathrm{N\text{-}m}]$$

로 찾아진다. 더욱이, *Blri* 관계식의 사용을 통하여, 발생 토크의 표현식이 $T = 2N_1N_2B_2lri_2$ [N-m]로 찾아진다. 마지막으로, 에너지의 보존으로부터, 토크 방정식이

$$T = \frac{1}{2}i_1^{\,2}\frac{dL_{11}}{d\alpha} + \frac{1}{2}i_2^{\,2}\frac{dL_{22}}{d\alpha} + i_1i_2\frac{dM_{12}}{d\alpha}\qquad [\mathrm{N\text{-}m}]$$

로 적어질 수 있다. 세가지 방법에 의해 계산된 토크가 모두 동일함을 보여라.

3-24 그림 P3-23의 배치에서, $\alpha = \omega_0 t$라 하자. 쇄교 자속 관계식에 의해, 권선 1-1′ 내에서 유도되는 기전력은 $e_1 = d\lambda_{12}/dt$ [V]로 표현될 수 있다. 더욱이, *Blv* 관계식의 사용을 통하여, 기전력 방정식은 $e_1 = 2N_1N_2B_2lv$ [V]가 된다. 마지막으로, 속도 전압(speed voltage)에 대한 표현식은

$$e_{1s} = i_1\frac{dL_{11}}{dt} + i_2\frac{dM_{12}}{dt} = \left(i_1\frac{dL_{11}}{d\alpha} + i_2\frac{dM_{12}}{d\alpha}\right)\omega_0\qquad [\mathrm{V}]$$

으로 적어질 수 있다. 세가지 방법에 의해 계산된 속도 전압이 모두 동일함을 보여라.

3-25 그림 P3-23의 기계 배치에서 전류 i_1과 i_2에 대한 정(양) 방향은 그림에 나타난 점(dot)와 크로스(cross) 표시로 정의된다. 두 전류는 $i_1(t) = I$ [A]와 $i_2(t) = -(N_1/N_2)I$ [A]인 일정한 크기의 전류이며, 묘사된 바와 같이 $\alpha = 50°$라면, 회전자 위에서의 토크의 방향은 어느 방향인가? 설명하라. 같은 전류로, 자계 내에 저장되는 최대 에너지에 대한 α의

값은 얼마가 되어야 할 것인가? 설명하라.

3-26 그림 P3-26의 이상화된 균일 공극 기계에서, 양쪽 권선의 여자는 방사상 자계(radial field)를 생성한다. 코일 1은 회전축으로부터 반경 r_1 [m]에 놓여 있으며, 코일 2는 회전축으로부터 반경 r_2 [m]에 놓여 있다. 토크는

$$T_1 = 2N_1B_2lr_1i_1 \qquad [\text{N-m}]$$
$$T_2 = 2N_2B_1lr_2i_2 \qquad [\text{N-m}]$$

로 주어진다. 여기서 B_1은 코일 1 내의 i_1에 의해 생성되는 코일 2에서의 자속밀도이며, B_2는 코일 2 내의 i_2에 의해 생성되는 코일 1에서의 자속밀도이다.

(a) T_1과 T_2가 같은 크기를 가짐을 보여라.

(b) T_1과 T_2가 서로 반대 방향으로 작용함을 보여라.

3-27 (a) 2중 여자 배치에 대하여 식 (3-83)의 정당성을 증명하라.

(b) 어떻게 하여 식 (3-88)이 (3-87)로부터 따라오는 지를 설명하라

3-28 그림 3-18의 기계 배치에서, 회전자 권선은 여자되지 않으며 고정자 권선은 직류 전류 I_{dc}로 여자된다.

(a) 릴럭턴스 토크가 존재할 수 있는가? 왜인가?

(b) 있다면, 어떤 회전자 속도에서?

(c) 직축 자기 인덕턴스 L_d와 횡축 자기 인덕턴스 L_q의 항으로 릴럭턴스 토크에 대한 표현식을 유도하라.

3-29 그림 P3-23의 기계 배치가 전류 i_1과 i_2로 2중 여자된다. 최대 토크가 생기는 공간에서의 위치가 i_1과 i_2의 값에 의해 영향을 받는가? 설명하라.

3-30 릴럭턴스 토크 전동기가 공극의 주위를 따라 정현적인 자기저항 변동으로 그림 3-18의 배치를 가진다. 전동기는 120 [V], 60 [Hz] 전원으로부터 여자된다. 최소 자기저항 위치에서 고정된 회전자로, 선로 전류계(line ammeter)는 0.5 [A] (rms)를 지시한다. 최대 자

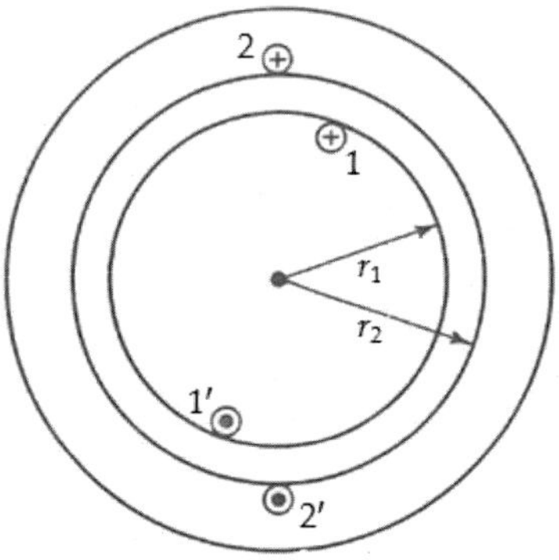

Figure P3-26.

기저항 위치에서는 2 [A]를 지시한다.

(a) 전동기가 10 [elec. deg]의 전력각에서 운전될 때 발생되는 동력을 [W]로 결정하라.

(b) 회전자의 회전 속도는 얼마인가?

(c) 이 전동기의 경우 최대 발생 동력은 [W]로 얼마인가?

3-31 불균일 공극으로 2중 여자 계통이

$$L_{11} = 6 + 1.5\cos 2\alpha \text{ [H]}, \quad L_{22} = 4 + \cos 2\alpha \text{ [H]}, \quad M = 6\cos\alpha \text{ [H]}$$

로 설명되는 인덕턴스를 가진다. 코일은 $i_1 = 0.5$ [A]와 $i_2 = 0.4$ [A]인 직류 전류에 의해 여자된다.

(a) α의 함수로써 발생 토크를 결정하라.

(b) α의 함수로써 저장 에너지를 찾아라.

(c) $\alpha = 30°$에 대하여 회전자 위에서의 토크의 크기와 방향을 찾아라.

3-32 전기 동력계(다이나모미터, dynamometer)(가동 코일(moving-coil)형) 계기가 그것의 선형 눈금(linear scale)에 의해 다른 측정 계기와 구별된다. 구조에서 가동 코일은 영구자석에 의해 생성되는 일정한 값의 자속 계자 내에서 제한되는 이동을 가지도록 선형 용수철(linear spring)에 의해 억제된다. 가동 코일에 부착된 지침(indicator needle)의 편향(deflection)이 코일 전류에 직접 비례하는 것을 보이는 표현식을 유도하라.

3-33 단일 여자 릴럭턴스 전동기가 가정된 전력각 변위 Δ에 대하여 그림 P3-33 (a)에 묘사된 바와 같이 공극의 주위에 걸친 자기저항의 변동을 가진다. 동시에 시간에 따른 자속의 변동이 그림 P3-33 (b)에 묘사되어 있다.

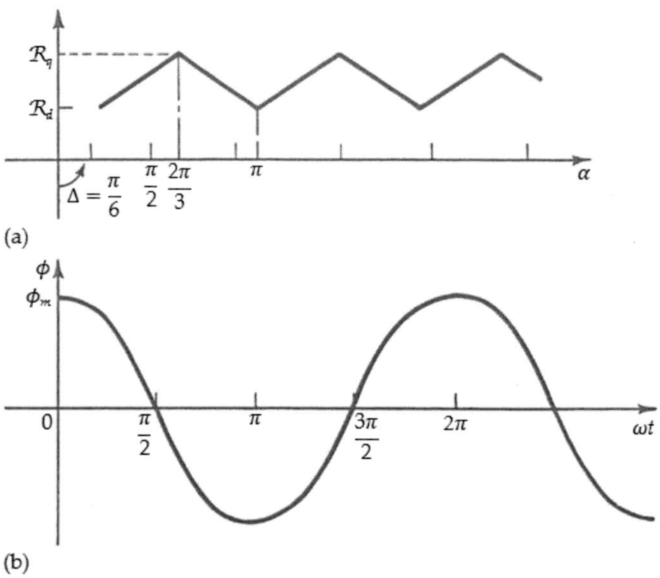

Figure P3-33.

(a) 주어진 자속과 자기저항 변동의 협동을 통하여 0이 아닌 순(net) 토크가 생성될 수 있는가? 설명하라.

(b) $\Delta = 30°$에 대하여 순시 토크의 변동을 그려라.

(c) 이 순시 변동과 관련된 토크의 평균 값을 계산하라.

3-34 기계 배치가 다음과 같이 나타내어질 수 있는 상호 및 자기 인덕턴스의 변동을 가진다:

$$M_{12} = 1 - \sin\alpha \text{ [H]}, \quad L_{11} = 1 + \sin\alpha \text{ [H]}, \quad L_{22} = 2(1 + \sin\alpha) \text{ [H]}$$

(a) 코일 1 내에서의 전류가 10 [A]에서 일정하게 유지되며 코일 2 내에서는 −20 [A]로 고정되었을 때 발생 토크의 값과 방향을 찾아라. $\alpha = 60°$로 취하라.

(b) 문제 (a)의 조건에 대하여, 각 전원에 의해 공급되는 에너지의 양을 계산하라.

(c) 문제 (a)의 코일 1의 전류가 10 [A] (rms)의 정현 전류로 바뀌고 코일 2는 단락 회로로 되었을 때, 코일 2 전류의 실효치를 찾아라. 60 [Hz], 120 [V] 전원으로 가정하라.

(d) 문제 (c)에서 생성되는 순시 토크에 대한 표현식을 결정하라.

(e) 문제 (c)에서 토크의 평균 값은 얼마인가?

SUPPLEMENT OF CHAPTER 4

4A CURRENT LOCUS

The Inverse Locus of a Linear Locus

그림 4-36과 같은 임피던스 평면(impedance plane, $\overline{Z}$-plane) 상에서 중심 (a, b), 반경 c인 원의 방정식

$$(R-a)^2 + (X-b)^2 = c^2 \tag{4-60}$$

의 괄호를 풀어 전개하면

$$R^2 + X^2 - 2aR - 2bX + a^2 + b^2 - c^2 = 0 \tag{4-61}$$

이므로, $C_1 = 1, C_2 = -2a, C_3 = -2b$, 그리고 $C_4 = a^2 + b^2 - c^2$으로 나타내면 원의 방정식의 일반형은

$$C_1(R+X)^2 + C_2R + C_3X + C_4 = 0 \tag{4-63}$$

이다. $C_1 = 0$이라면 식 (4-63)은

$$C_2R + C_3X + C_4 = 0 \tag{4-64}$$

인 직선의 방정식으로 되어, 직선은 원의 특수한 경우라고 할 수 있다.

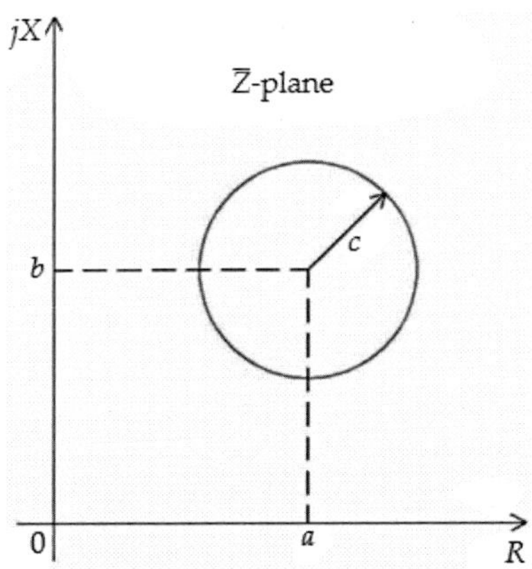

Figure 4-36 A circle locus on $\overline{Z}$-plane.

궤적이 그림 4-36과 같이 원으로 나타나는 임피던스 $\bar{Z} = R + jX$의 역인 어드미턴스의 궤적은 $\bar{Y} = G - jB = 1/\bar{Z} = 1/(R + jX)$의 관계로부터 어드미턴스 평면(admittance plane, $\bar{Y}$-plane) 상에서 (G, B)의 궤적으로 나타난다. 따라서

$$R + jX = \frac{1}{G - jB} = \frac{G + jB}{G^2 + B^2} \tag{4-65}$$

로부터

$$R = \frac{G}{G^2 + B^2}, \qquad X = \frac{B}{G^2 + B^2} \tag{4-66}$$

을 식(4-63)에 대입하면

$$C_1\left\{\frac{G^2}{(G^2 + B^2)^2} + \frac{B^2}{(G^2 + B^2)^2}\right\} + C_2\frac{G}{G^2 + B^2} + C_3\frac{B}{G^2 + B^2} + C_4 = 0 \tag{4-67}$$

또는

$$C_4(G^2 + B^2) + C_2G + C_3B + C_1 = 0 \tag{4-68}$$

과 같이 원의 방정식으로 되어, 어드미턴스는 $\bar{Y}$-평면 상에서 원의 궤적으로 나타난다. 즉, 원의 역궤적(inverse locus)은 원이다.

The Impedance and Admittance Locus Diagrams

L은 일정하며 R이 가변$(0 \sim \infty)$인 R-L 직렬 회로의 임피던스 궤적은, $\bar{Z}$-평면에서 원점으로부터 jX-축 방향으로 $X_L(= \omega L)$ 만큼 떨어져 있으며, R이 0으로부터 $+\infty$에 이르는, R-축에 평행인 반무한 직선(half-infinite line)이다. 이것이 그림 4-37에 보여져 있다. 이 R-L 회로에 대한 어드미턴스 궤적은 임피던스 궤적의 역궤적(inverse

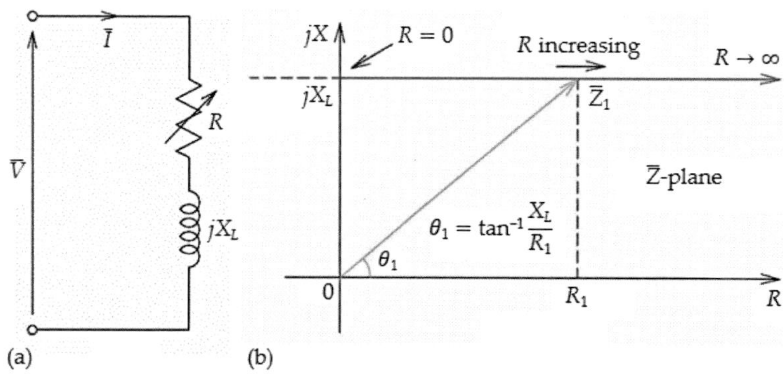

Figure 4-37 (a) A variable resistance R-L series circuit; (b) the impedance locus diagram of (a).

locus)이다. 이 어드미턴스 궤적은, 그림 4-38에 보여진 바와 같이, $\overline{Y}$-평면 상에서, 직경 $1/X_L$이며 원점을 통과하는, 제 4분면에 존재하는 반원이 된다.

The Current Locus Diagram

저항 R이 가변이며 인덕턴스 L은 일정한 R-L 직렬 회로에 일정한 전압 $\overline{V}$가 인가되는 경우 흐르는 전류의 궤적은 $\overline{I} = \overline{V}/\overline{Z} = \overline{Y}\overline{V}$이므로 어드미턴스 궤적의 눈금을 $\overline{V}$배 한 궤적이 된다. 즉, 인가 전압을 기준 위상으로 하면, $\overline{Y}$-평면의 가로축인 G-축과 세로축인 B-축의 눈금을 GV와 BV로 다시 매긴, 어드미턴스 궤적과 닮은꼴인 궤적이 된다. 여기서 V는 $\overline{V}$의 크기이다. 그 궤적도가 그림 4-39에 보여져 있다. 여기에서 어드미턴스가 $\overline{Y}_1$, $\overline{Y}_2$인 경우의 전류의 유효분과 무효분은, 각각,

$$\begin{aligned} I_{1R} &= I_1 \cos\theta_1, \quad & I_{1X} &= I_1 \sin\theta_1 \\ I_{2R} &= I_2 \cos\theta_2, \quad & I_{2X} &= I_2 \sin\theta_2 \end{aligned} \quad [\mathrm{A}] \tag{4-69}$$

이다.

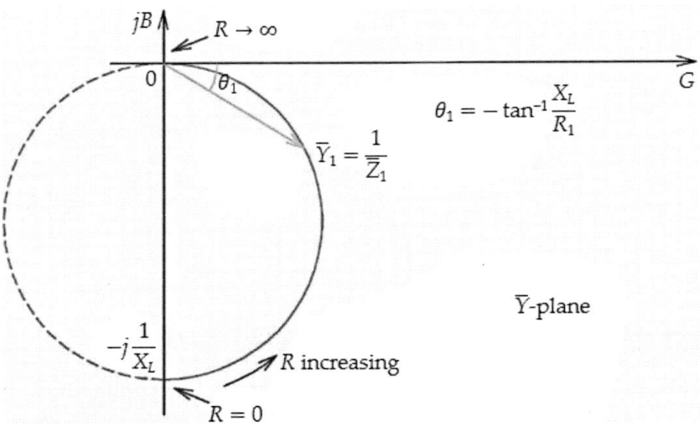

Figure 4-38 The admittance locus diagram of Fig. 4-37 (a).

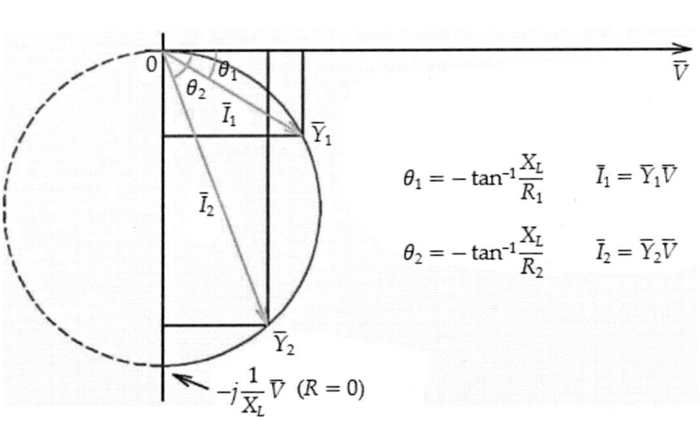

Figure 4-39 The current locus diagram in case of variable resistance R-L series circuit.

유도전동기의 회전자 전류의 궤적을 얻기 위하여 유도전동기의 2차(회전자) 전류에 대한 표현식 (4-20)을 편의를 위하여 여기에 다시 나타낸다. 따라서

$$\bar{I}_2 = \frac{\bar{E}_2}{(r_2/s) + jx_2} \qquad [\text{A}] \tag{4-70}$$

이다. 여기에서 $\bar{E}_2$는 회전자 구속 시(즉, $s = 1$)의 회전자 유도 기전력이며, x_2는 회전자 구속 시의 회전자 누설 리액턴스이다. 이로부터 회전자 전류의 크기는

$$I_2 = \frac{E_2}{Z_2/s} \qquad [\text{A}] \tag{4-71}$$

이다. 여기서 $Z_2 = r_2 + jsx_2$는 슬립 s일 때의 회전자 임피던스이다. 또한, 회전자 역률각을 θ_r이라 하면

$$\begin{aligned} \cos\theta_r &= \frac{r_2/s}{Z_2/s} = \frac{r_2}{Z_2} \\ \sin\theta_r &= \frac{x_2}{Z_2/s} = \frac{sx_2}{Z_2} \end{aligned} \tag{4-72}$$

이므로

$$\frac{Z_2}{s} = \frac{x_2}{\sin\theta_r} \tag{4-73}$$

이다. 따라서 회전자 전류의 궤적은 회전자 유도기전력 $\bar{E}_2$가 수평축인 복소 전류 평면에서 $\bar{E}_2$축과 좌표 원점에서 접하며 직경 E_2/x_2인 원 중에서 $-90° \le \theta_r \le 0°$인 우반원(right half-circle)이 된다. 왜냐 하면, 유도전동기의 회전자 회로는 R-L 회로로서 전류는 전압보다 90° 이내로 지상이기 때문이다. 그림 4-40은 이를 그림으로

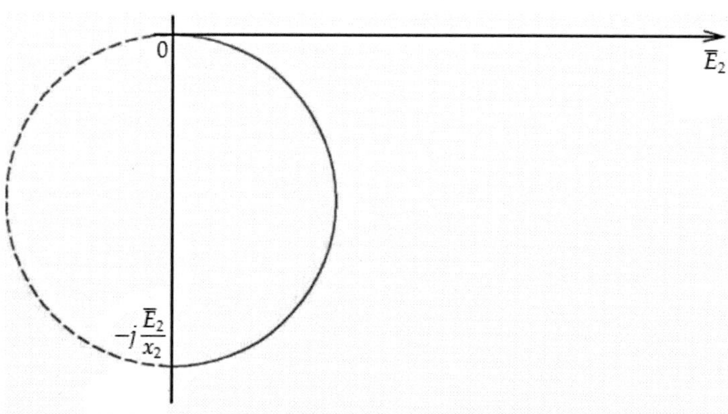

Figure 4-40 The rotor current phasor locus diagram of induction motor.

나타낸 유도전동기의 회전자 전류 페이서의 궤적도이다.

4B THE CIRCLE-DIAGRAM OF INDUCTION MOTOR

Heyland's Circle-Diagram

Principle. 원선도(circle-diagram)는 유도전동기에 실제 부하를 걸지 않고 여러가지 부하 상태에서의 특성을 그림 상에서 구하는 방법이다. 이러한 원선도에는 여러가지가 있으나 가장 많이 사용되는 것은 하이랜드(Alexander H. Heyland, 1869-1943)가 1894년에 고안하여 발표한 **하이랜드의 원선도**(*Heyland's circle-diagram*)이다. 이 원선도는 약간의 생략과 실제와 부합되지 않는 점이 있으나, 실용상으로는 큰 지장이 없다.

하이랜드의 원선도를 얻기 위해서는 그림 4-41과 같은 근사(간이) 등가회로를 사용한다. 그림 4-41에서 부하 전류 I_2'는

$$I_2' = \frac{V_1}{\sqrt{(R_1 + R_2' + R')^2 + (X_1 + X_2')^2}} \quad [\text{A}] \tag{4-74}$$

이다. 여기서 R_2'와 X_2'는 각각 1차(고정자)로 환산한 2차(회전자) 회로의 저항과 누설 리액턴스이며, $R' = [(1-s)/s] \cdot R_2'$는 슬립에 따라 변화하는 발생 기계 동력을 나타내는 가상 저항이다. $\bar{I}_2'$와 $\bar{V}_1$ 사이의 위상각은

$$\theta_2 = \cos^{-1} \frac{R_1 + R_2' + R'}{\sqrt{(R_1 + R_2' + R')^2 + (X_1 + X_2')^2}} \tag{4-75}$$

이다. 따라서, 그림 4-41의 회로에 대한 전압, 전류의 페이서도는 그림 4-42와 같이

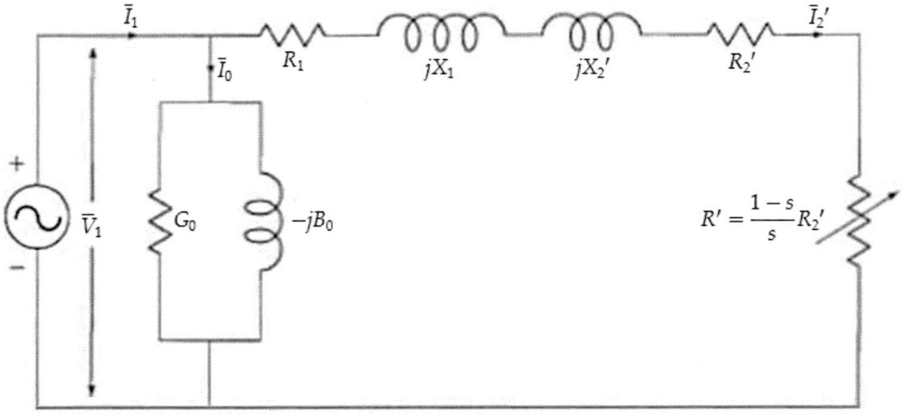

Figure 4-41 Approximated equivalent circuit of induction motor.

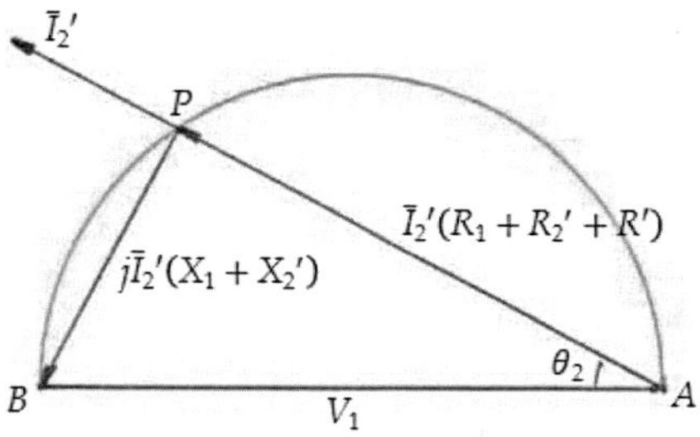

Figure 4-42 Locus circle of voltage drops with constant voltage.

된다. 리액턴스 강하와 저항 강하는 서로 직각인 페이서가 되므로 만일 공급 전압 $\bar{V}_1$이 일정하다면 교점 P는 항상 V_1을 직경으로 하는 원주 위에 있게 된다. 그림에서 부하에 따라 변화하는 것은 R' 뿐이다. R'가 바뀌면 전류가 바뀌고, 리액턴스 강하는 전류에 비례하여 변화한다. 따라서 선분 BP의 길이는 전류의 크기를 나타내는 페이서라고도 할 수 있다.

그림 4-43은 그림 4-42의 삼각형 ABP의 각 변을 $(X_1 + X_2')$로 나누어 나타낸 그림이다. NP는 I_2'가 되고 $\bar{I}_2'$는 $\bar{V}_1$ 보다 θ_2 만큼 뒤지므로, $\bar{V}_1$의 페이서는 NM과 직각이 된다. 그러면 2차 전류와 궤적원의 직경 사이의 관계는

$$I_2' = \frac{V_1}{X_1 + X_2'} \cdot \frac{X_1 + X_2'}{\sqrt{(R_1 + R_2' + R')^2 + (X_1 + X_2')^2}} = \frac{V_1}{X_1 + X_2'} \sin\theta_2 \qquad (4\text{-}76)$$

과 같다. 그림 4-44는 R'의 변화에 따른 전류 궤적의 변화를 나타낸 그림으로서, 전동기 부하의 변화에 따라 슬립 s가 변화하고 이에 따라 θ_2와 $\bar{I}_2'$가 변화하는 것을 나타낸다.

그림 4-45는 유도전동기의 무부하 페이서도이다. 전동기에 부하가 걸릴 때에는 $\bar{I}_1 = \bar{I}_0 + \bar{I}_2'$가 되므로 그림 4-45와 4-43을 중첩하면 그림 4-46이 얻어진다. 이것이 하이랜드의 원선도이다. V_1과 Y_0은 일정하고 $\bar{I}_0$와 $\bar{V}_1$ 사이의 위상차도 일정하므로

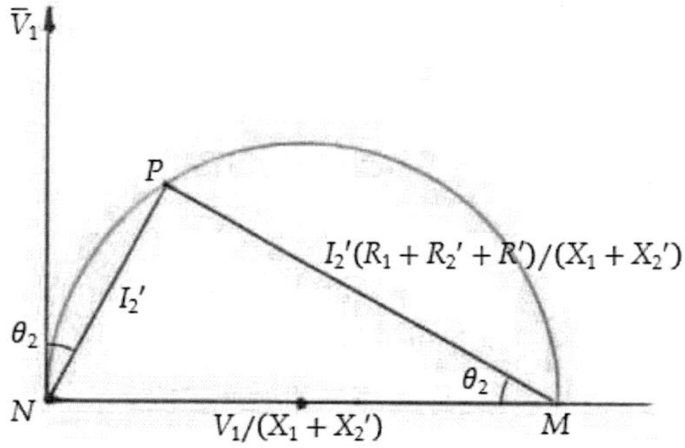

Figure 4-43 Locus circle of secondary current.

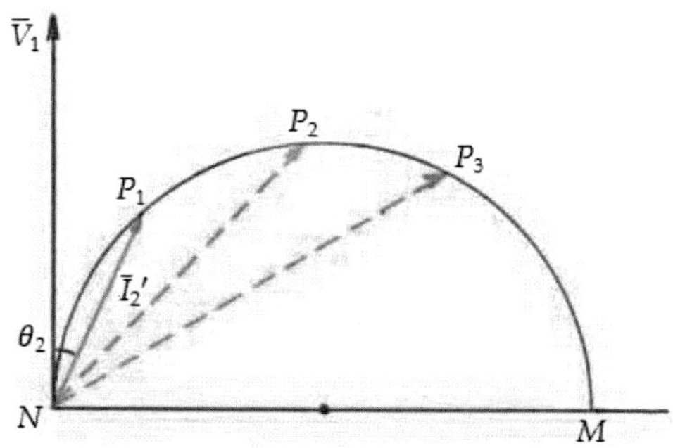

Figure 4-44 Variation of secondary current.

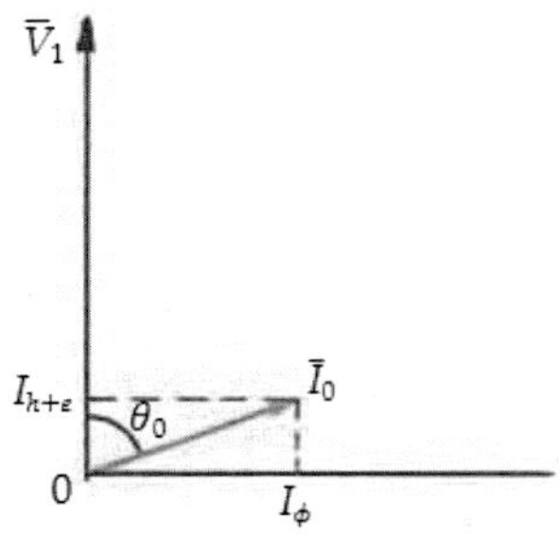

Figure 4-45 No-load phasor diagram of induction motor.

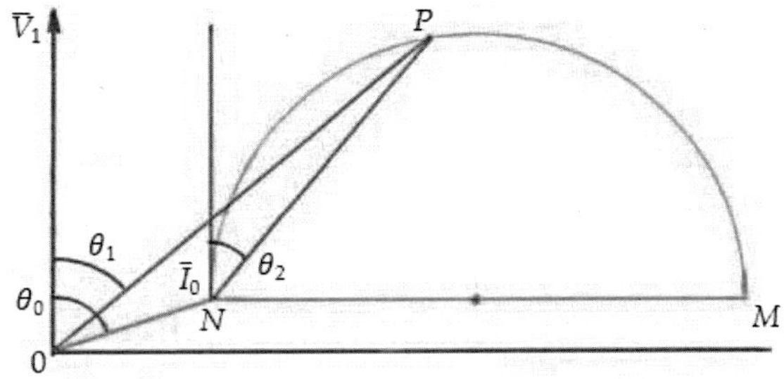

Figure 4-46 Heyland's circle-diagram of induction motor.

부하의 변화, 즉, $\bar{I}_2'$의 변화에 따른 유도전동기의 동작 특성을 그림으로부터 파악할 수 있다.

Composition of Heyland's Circle-Diagram. 3상 유도전동기의 원선도를 작성하려면 등가회로 매개변수를 구할 때와 같이 몇가지 실험이 필요하다. 무부하시와 회전자 구속시의 고정자 전류 페이서의 끝점이 각각 결정되면 원이 그려지고, 고정자와 회전자 동손의 분배점이 정해지면 작도에 의해 모든 특성을 산정할 수 있다. 고정자 권선이 Δ-결선인 경우에는 Y-결선으로 환산하여 산정하면 된다.

(1) 무부하 시험(no-load test): 고정자측에 정격 주파수의 정격 선간 전압 V_1을 인가하여 전동기를 무부하로 운전하며 선전류 I_0과 입력 P_0을 측정한다. 그러면 무부하 전류 $\bar{I}_0$과 그것의 유효분 I_{01} 및 무효분 I_{02}는, 각각,

$$\bar{I}_0 = I_{01} - jI_{02} \qquad [\text{A}] \tag{4-77}$$

$$I_{01} = \frac{P_0}{\sqrt{3}V_1} \qquad [\text{A}] \tag{4-78}$$

$$I_{02} = \sqrt{I_0^{\ 2} - I_{01}^{\ 2}} \qquad [\text{A}] \tag{4-79}$$

와 같다.

(2) 회전자 구속 시험(blocked-rotor test): 회전자를 구속하고, 고정자측에 정격 주파수에서 전부하 전류에 가까운 전류가 흐르도록 하는 저전압인 임피던스 전압(impedance voltage) V_e를 인가하여 고정자 전류 I_s'와 입력 P_s'를 측정한다. 그러면 정격 전압 하에서의 고정자 구속(단락) 전류 I_s와 입력 P_s의 환산식은

$$I_s = I_s'\left(\frac{V_1}{V_e}\right) \qquad [\text{A}] \tag{4-80}$$

$$P_s = P_s'\left(\frac{V_1}{V_e}\right)^2 \qquad [\text{W}] \tag{4-81}$$

과 같다. 따라서 고정자 구속시 고정자 전류의 유효분 I_{s1}과 무효분 I_{s2}는, 각각,

$$I_{s1} = \frac{P_s}{\sqrt{3}V_1} \quad [\mathrm{A}] \tag{4-82}$$

$$I_{s2} = \sqrt{I_s^2 - I_{s1}^2} \quad [\mathrm{A}] \tag{4-83}$$

이다.

(3) 고정자 권선의 저항 측정: 고정자측의 임의의 두 단자 사이에 직류 전압을 인가하여 전압 강하법에 의해 이 두 단자 사이의 저항을 측정하면, 그 절반의 값이 한 상 권선의 저항 값이다. θ [°C]의 실내 온도에서 측정한 두 단자 사이의 저항이 R_{AB}일 때, 운전시의 온도(75 [°C]로 본다)에서의 한 상 권선의 저항 R_1은

$$R_1 = \frac{R_{AB}}{2} \cdot \frac{234.5 + 75}{234.5 + \theta} \quad [\Omega] \tag{4-84}$$

이다.

이상의 측정 및 환산치를 이용하여 하이랜드의 원선도를 그리면 그림 4-47과 같이 된다. 그림 4-47 (a)에서, 세로축을 OV_1, 가로축을 OL로 하여, OV_1 위에 I_{01}, I_{s1},

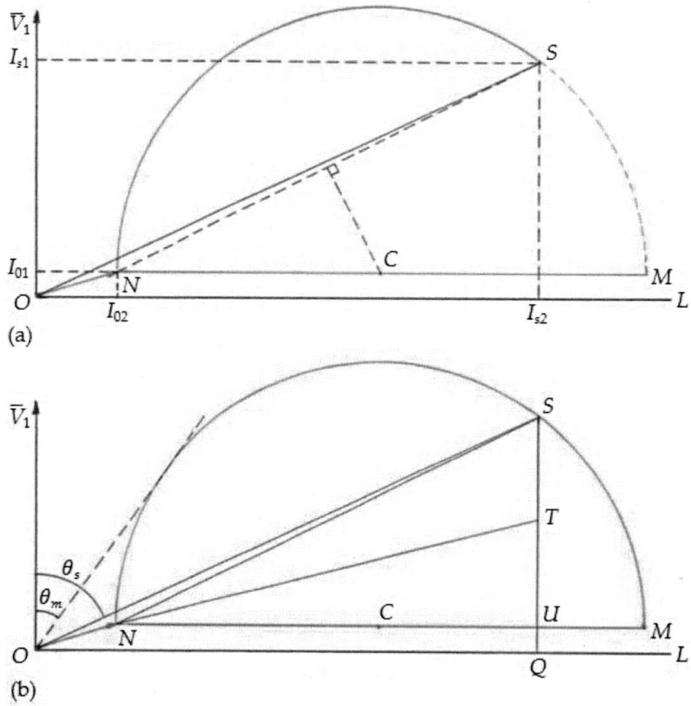

Figure 4-47 Construction of Heyland's circle-diagram.

OL 위에 I_{02}, I_{s2}를 취하고 그 교점을 각각 N, S라 하면, $ON = I_0, OS = I_s$이다. N에서 OL과 평행인 선 NM을 그리고, NS의 수직 2등분선이 NM과 만나는 점을 C라 하면 이 점 C가 원선도를 이루는 원의 중심이 된다. 그림 4-47 (b)에서, 점 C를 중심으로 하여 CN을 반경으로 하는 원을 그린다. 점 S에서 NM에 수선 SU를 내리고, $UT = 3(I_2')^2R_1/\sqrt{3}V_1$이 되도록 점 T를 정하여 점 N과 T를 연결한다.

동기속도에서는, 그림 4-41에서 $R' = \infty$인 경우로서, $\bar{I}_2' = 0, \bar{I}_1 = \bar{I}_0$이 되고, 전동기의 동작점은 그림 4-47 (b)의 점 N이 된다. 이 때의 입력

$$\left(\text{Effective component of } \bar{I}_0\right) \times V_1 \qquad \text{[W/phase]} \tag{4-85}$$

는 전동기의 철손이다. 슬립이 1, 즉 회전자 구속 상태는 점 S로서 $R' = 0$, $\tan\theta_e = (X_1 + X_2')/(R_1 + R_2')$이며, $NS = I_2', ON = I_0$이다. 그리고 이 때의 입력은

$$SQ \times V_1 \qquad \text{[W/phase]} \tag{4-86}$$

이다. 그런데 V_1은 일정하므로 눈금을 적당하게 조정하면 SQ로 입력을 나타낼 수 있다. 또한 $SQ = QU + UT + TS$, QU는 철손, 그리고 이 때의 출력은 0이므로, SU는 전(full) 동손이 된다. 또한, 그림 4-47 (b)에서 θ_s와 θ_m은, 각각, 회전자 구속시와 최대 역률시의 역률각이다. 그리고 UT와 TS 사이의 비(ratio)는

$$\begin{aligned} UT/TS = UT/(SU - UT) &= \frac{3(I_2')^2R_1}{\sqrt{3}V_1} \Bigg/ \left[\frac{3(I_2')^2(R_1 + R_2')}{\sqrt{3}V_1} - \frac{3(I_2')^2R_1}{\sqrt{3}V_1}\right] \\ &= \frac{(I_2')^2R_1}{(I_2')^2R_2'} = \frac{\text{Primary copper loss}}{\text{Secondary copper loss}} = \frac{R_1}{R_2'} \end{aligned} \tag{4-87}$$

로서 고정자 저항과 고정자 환산 회전자 저항 사이의 비이다. 따라서, 회전자 구속시의 총손실(총입력)은

$$SQ = \text{Core loss} + \text{Primary copper loss} + \text{Secondary copper loss} \tag{4-88}$$

이며, 이 때의 1차, 2차 동손은

$$\begin{aligned} UT &= \text{Blocked rotor Primary copper loss} \\ TS &= \text{Blocked rotor Secondary copper loss} \end{aligned} \tag{4-89}$$

이다.

Characteristic Values when the Motor is Operating with Load. 완성된 하이랜드의 원선도는 그림 4-48과 같다. 전동기로 동작할 때의 범위는 원호 SN 사이에 있는 점이다. 슬립 s인 점 P에서 어떤 부하를 구동하고 있는 경우의 특성 값을 고찰한다.

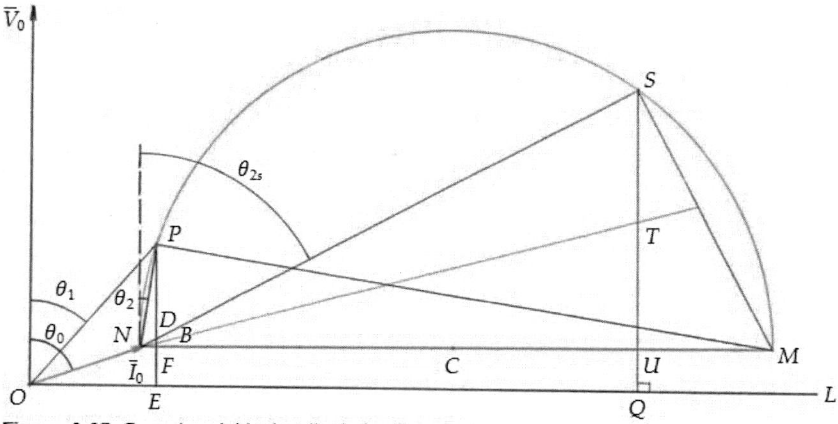

Figure 4-48 Completed Heyland's circle-diagram.

동작점 P에서 1차 전류 I_1은 OP, 2차 전류 I_2'는 NP이다. 그리고 θ_1은 $\bar{V}_1$과 $\bar{I}_1$ 사이의 위상각으로서, 1차 역률은 $\cos\theta_1$이다.

원선도 상에서 전동기 1차(고정자) 입력, 2차(회전자) 입력, 기계 동력, 그리고 토크를 얻기 위하여 원선도를 분석하자. ΔNPF와 ΔNMP는 닮음이므로

$$\frac{NP}{NF}=\frac{NM}{NP};\quad (NP)^2 = NM\cdot NF \tag{4-90}$$

이다. 또한 ΔNSU와 ΔNMS는 닮음이므로

$$\frac{NS}{NU}=\frac{NM}{NS};\quad (NS)^2 = NM\cdot NU \tag{4-91}$$

이다. 그리고 ΔDNF와 ΔSNU는 닮음이므로

$$\frac{DF}{SU}=\frac{NF}{NU}=\frac{(NP)^2}{(NS)^2} \tag{4-92}$$

이다. 따라서, NS는 회전자 구속시의 부하 전류, SU는 그 때의 동손이므로, DF는 부하 전류가 NP일 때의 동손이 되어야 한다. 그러면 1차 동손과 2차 동손 사이의 비(ratio)는

$$\frac{ST}{TU}=\frac{DB}{BF}=\frac{\text{Secondary copper loss}}{\text{Primary copper loss}} \tag{4-93}$$

이다. 유효 전류의 크기에 V_1(일정한 값)을 곱한 적당한 눈금을 취하면, PE = 1차 입력, FE = 철손, PD = 기계 동력(출력은 여기서 기계적 손실을 뺀 값), DF = 1, 2차

동손의 합, BF = 1차 동손, DB = 2차 동손, 그리고 PB = 2차 입력(또는 동기 와트(synchronous watt))이다. 또한 $PD/PE = \eta$ = 효율 (기계적 손실을 합한 출력의 효율), $DB/PB = s$ = 슬립, 그리고 $PD/PB = 1 - s$ = 속도 (= 2차 효율)이다.

역률, 효율, 그리고 슬립의 도식적 산정을 위해 역률, 효율, 그리고 슬립 선을 함께 나타낸 그림 4-49의 원선도를 고찰한다. 그림의 점 P에서의 역률은 $\cos\theta_1$이다. 세로축 상에 임의의 선분 OY를 취하여 그림과 같이 눈금을 매기고, 점 O를 중심으로 OY를 반경으로 하는 원을 그린다. OP의 연장선이 이 원과 만나는 점 K에서 가로축과 평행으로 KK'를 그리면 K'의 눈금이 역률 $\cos\theta_1$을 나타낸다. 그리고, 그림의 점 P에서의 효율은 PD/PE이다. SN의 연장선이 가로축 OL과 만나는 점 O'에서 OY와 평행인 임의의 선분 $O'J$를 취한다. 점 J에서 가로축과 평행으로 그은 직선이 $O'S$의 연장선과 만나는 점을 H라 한다. 선분 HJ를 그림과 같이 100등분하여 눈금을 매기면, $O'P$의 연장선과 선분 HJ가 만나는 점 V의 눈금이 효율 η를 나타낸다. HV가 효율을 나타낸다는 것은

$$\frac{DE}{O'E} = \frac{O'J}{JH}, \quad \frac{PE}{O'E} = \frac{O'J}{JV}, \quad \frac{DE}{PE} = \frac{JV}{JH}, \quad \frac{PE - DE}{PE} = \frac{JH - JV}{JH}$$

$$\therefore \frac{PD}{PE} = \frac{HV}{JH} = \frac{HV}{100} \times 100 = HV \qquad [\%] \tag{4-94}$$

에 의해 입증된다. 또한, 그림의 점 P에서의 슬립은 DB/PB이다. 점 N에서 가로축

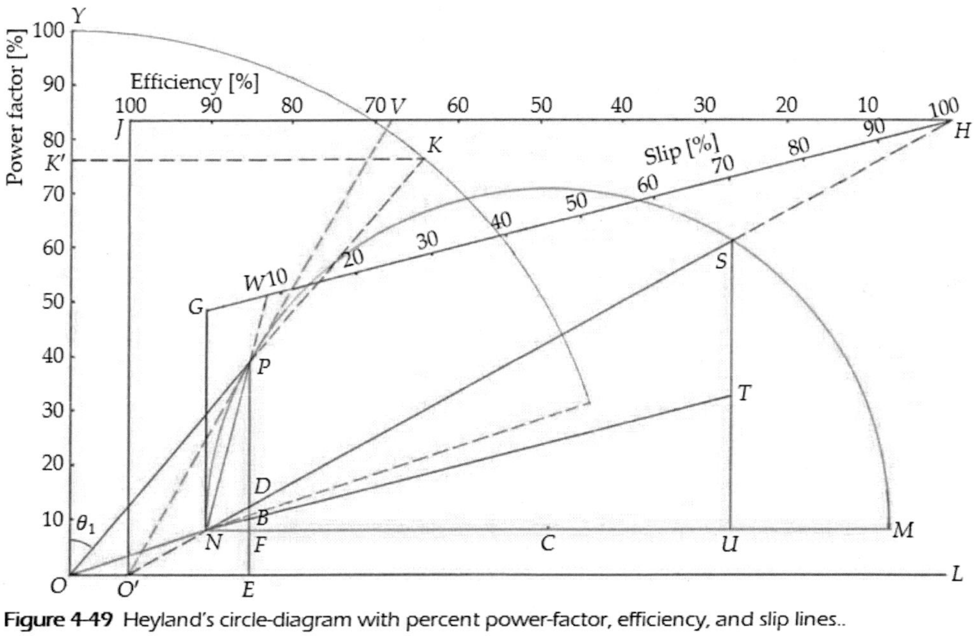

Figure 4-49 Heyland's circle-diagram with percent power-factor, efficiency, and slip lines..

과 평행으로 그은 직선과 점 H에서 NT와 평행으로 그은 직선이 만나는 점을 G라 한다. 선분 GH를 100등분하여 그림과 같이 눈금을 매기면 NP의 연장선과 선분 GH가 만나는 점 W의 눈금이 슬립 s를 나타낸다. GW가 슬립을 나타낸다는 것은

$$\frac{NB}{DB}=\frac{GH}{GN'},\quad \frac{NB}{PB}=\frac{GW}{GN}$$

$$\therefore \frac{DB}{PB}=\frac{GW}{GH}=\frac{GW}{100}\times 100=GW \qquad [\%] \tag{4-95}$$

에 의해 입증된다.

그림 4-50은 전동기의 운전 특성 값이 최대가 되는 운전점을 나타낸 원선도이다. $\cos\theta_1$의 최대 값은 θ_1이 최소인 경우이므로, 점 O에서 원에 그은 접선의 접점 P_1이 최대 역률을 발생하는 점으로서, 이 때의 출력은 P_1P_1'이다. $O'S$와 평행인 접선의 접점, 즉, 점 C에서 $O'S$에 그은 수직선과 원이 만나는 점 P_2가 최대 출력을 발생하는 점으로서, 최대 출력은 P_2P_2'이다. NT와 평행인 접선의 접점, 즉, 점 C에서 NT에 그은 수직선과 원이 만나는 점 P_3이 최대 토크를 발생하는 점이 되며, 이 때의 동기 와트는 P_3P_3'가 된다. 그리고 최대 효율의 점은 점 O'에서 원에 그은 접선의 접점 P_4이다.

EXAMPLE 4-7 10극, 75 [kW], 3000 [V], 50 [Hz], 3상 유도전동기의 시험 결과는 다음과 같다:

No-load test:	$V_1 = 3000$ [V],	$I_0 = 5.88$ [A],	$P_0 = 2258$ [W]
Blocked-rotor test:	$V_e = 710$ [V],	$I_s' = 19$ [A],	$P_s' = 6075$ [W]
Stator resistance:	$R_{AB} = 4.59$ [Ω]	$\theta = 17$ [°C]	

원선도법에 의하여 이 유도전동기의 각종 특성을 구하라.

SOLUTION 원선도를 얻기 위하여 다음의 계산을 한다:

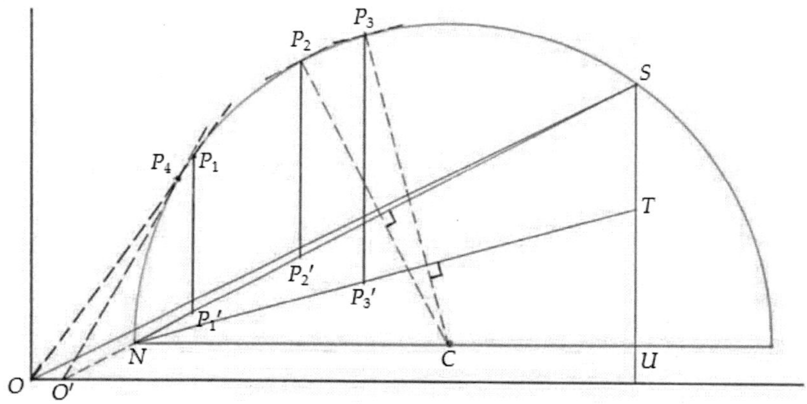

Figure 4-50 Heyland's circle-diagram with maximum characteristic value points.

$$I_{01} = \frac{P_0}{\sqrt{3}V_1} = \frac{2258}{\sqrt{3} \times 3000} = 0.434 \, [\text{A}]$$

$$I_{02} = \sqrt{{I_0}^2 - {I_{01}}^2} = \sqrt{5.88^2 - 0.434^2} = 5.86 \, [\text{A}]$$

$$I_s = I_s' \left(\frac{V_1}{V_e}\right) = 19 \times \frac{3000}{710} = 80.28 \, [\text{A}]$$

$$I_{s1} = \frac{P_s' V_1}{\sqrt{3}\, {V_e}^2} = \frac{6075 \times 3000}{\sqrt{3} \times 710^2} = 20.86 \, [\text{A}]$$

$$I_{s2} = \sqrt{{I_s}^2 - {I_{s1}}^2} = \sqrt{80.28^2 - 20.86^2} = 77.52 \, [\text{A}]$$

$$R_1 = \frac{R_{AB}}{2} \cdot \frac{234.5 + 75}{234.5 + \theta} = \frac{4.59}{2} \times \frac{309.5}{234.5 + 17} = 2.82 \, [\Omega]$$

어느 정도 정확한 길이 측정을 위하여 $I_s = 80.28$ [A]가 20 [cm] 이상이 되도록 원의 직경을 선택하기 위하여 1 [mm] = 0.35 [A]로 하여 원선도를 그리면 그림 4-51을 얻는다. 점 S와 N을 연결하고 길이를 측정하면 $I_2' = 74.5$ [A]이므로

$$UT = \frac{3(I_2')^2 R_1}{\sqrt{3}V_1} = \frac{\sqrt{3} \times 74.5^2 \times 2.82}{3000} = 9.06 \, [\text{A}]$$

정격 출력 75 [kW]일 때의 특성을 구하기 위하여 $O'H$를 결정한다:

$$O'H = i = \frac{1000P}{\sqrt{3}V_1} = \frac{75 \times 1000}{\sqrt{3} \times 3000} = 14.45 \, [\text{A}]$$

H에서 수평선을 그어 점 P를 결정하고, OP의 길이를 1 [mm] = 0.35 [A]로 환산하면

1차 전류 $I_1 = OP = 18.2$ [A]

역률 $\cos\theta_1 = OP'/OP = 0.868$ [pu]

효율 $\eta = PD/PE = 0.913$ [pu]

슬립 $s = GV/GS = 0.034$ [pu]

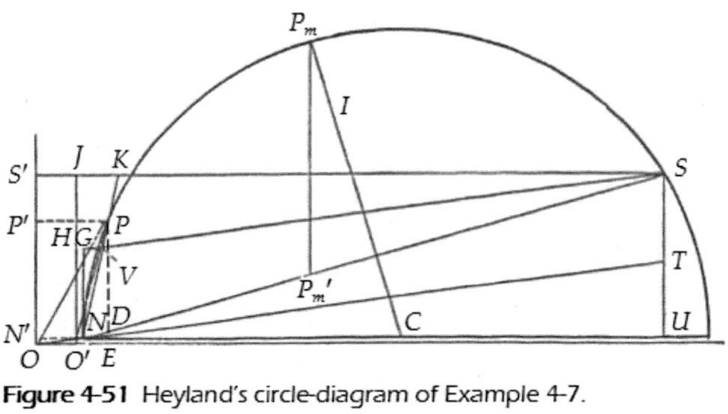

Figure 4-51 Heyland's circle-diagram of Example 4-7.

같은 방법으로, 다른 출력에 대한 특성 값을 구할 수 있다.
최대 출력은

$$P_m = \sqrt{3}V_1 \times \overline{P_m P_m{}'} \times 10^{-3} = \sqrt{3} \times 3000 \times 29.2 \times 10^{-3} = 152\ [\text{kW}]$$

Exact Circle-Diagram

하이랜드의 원선도는 몇 가지를 생략하였으나 실용상으로는 지장이 없다. 이러한 생략된 점을 모두 고려하여 작성한 것이 **정밀 원선도**(*exact circle-diagram*)로서, 이것은 사실과 부합되지만 원선도를 구하는 과정이 복잡하여 결과적으로는 오차가 더 커질 수도 있다.

정밀 원선도는 구하는 과정이 상당히 복잡하며, 그만큼 높은 정확도가 담보된다는 확증도 없어서 실용상 용도는 그리 높지 않다. 따라서 이해하기 어렵다고 생각되면 이 절은 건너뛰어도 괜찮다.

정밀 원선도에서는 T-형 또는 Π-형 등가회로를 사용한다.

Principle. 그림 4-52는 유도전동기의 정밀 등가회로이다. 이 등가회로에서 여자 어드미턴스와 여자 임피던스 사이의 관계는

$$Z_0 = R_0 + jX_0 = \frac{1}{Y_0} = \frac{1}{G_0 - jB_0} = \frac{G_0 + jB_0}{G_0{}^2 + B_0{}^2} \qquad [\Omega] \tag{4-96}$$

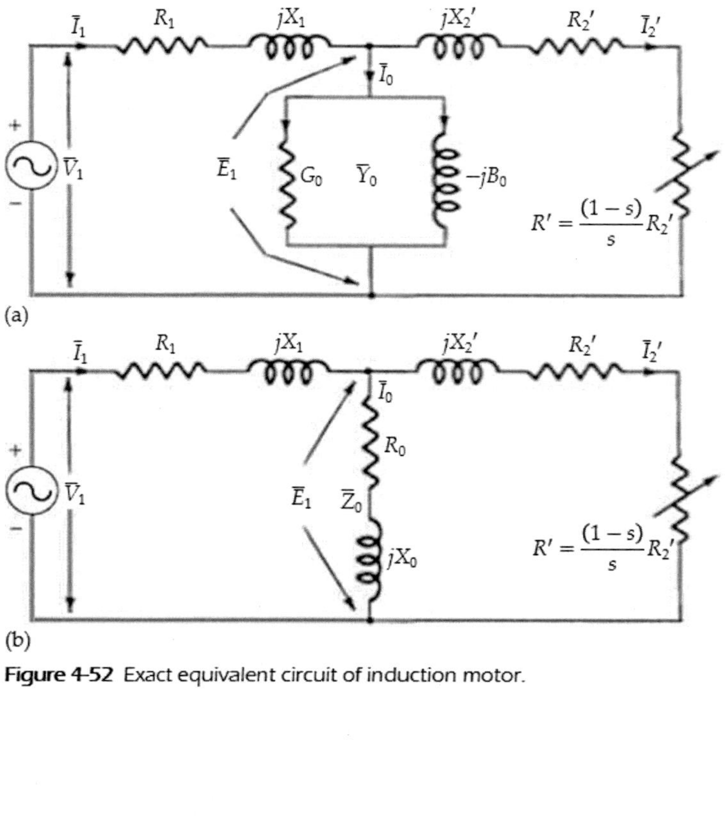

Figure 4-52 Exact equivalent circuit of induction motor.

$$R_0 = \frac{G_0}{{G_0}^2 + {B_0}^2}; \quad X_0 = \frac{B_0}{{G_0}^2 + {B_0}^2} \qquad [\Omega] \tag{4-97}$$

와 같다. 그러면 고정자 및 회전자 전류는

$$\bar{I}_1 = \frac{\bar{V}_1}{\bar{Z}_1 + \bar{Z}_0\bar{Z}_2'/(\bar{Z}_0 + \bar{Z}_2')} \qquad [A] \tag{4-98}$$

$$\bar{I}_2' = \bar{I}_1 \cdot \frac{\bar{Z}_0}{\bar{Z}_2' + \bar{Z}_0} = \frac{\bar{V}_1}{\bar{Z}_1 + \bar{Z}_2' + \bar{Z}_1\bar{Z}_2'/\bar{Z}_0} \qquad [A] \tag{4-99}$$

이다. 그림 4-53 (a)는 회전자 회로에 $-\bar{E}_1'$의 기전력을 화살표 방향으로 인가하여 회전자 전류 $\bar{I}_2'$가 0이 되도록 한 회로이다. 이 경우의 $-\bar{E}_1'$는

$$-\bar{E}_1' = \frac{\bar{V}_1\bar{Z}_0}{\bar{Z}_0 + \bar{Z}_1} \qquad [V] \tag{4-100}$$

이다. 그림 4-53 (a)의 회로에서 인가 전압 $\bar{V}_1$을 제거하고 단락한 그림 4-53 (b) 회로에서의 회전자 전류 $\bar{I}_2'$는

$$\bar{I}_2' = \frac{-\bar{E}_1'}{\bar{Z}_2' + \bar{Z}_n} = \frac{\bar{V}_1}{\bar{Z}_2' + \bar{Z}_n} \cdot \frac{\bar{Z}_0}{\bar{Z}_1 + \bar{Z}_0} = \frac{\bar{V}_1}{\bar{Z}_1 + \bar{Z}_2' + \bar{Z}_1\bar{Z}_2'/\bar{Z}_0} \qquad [A] \tag{4-101}$$

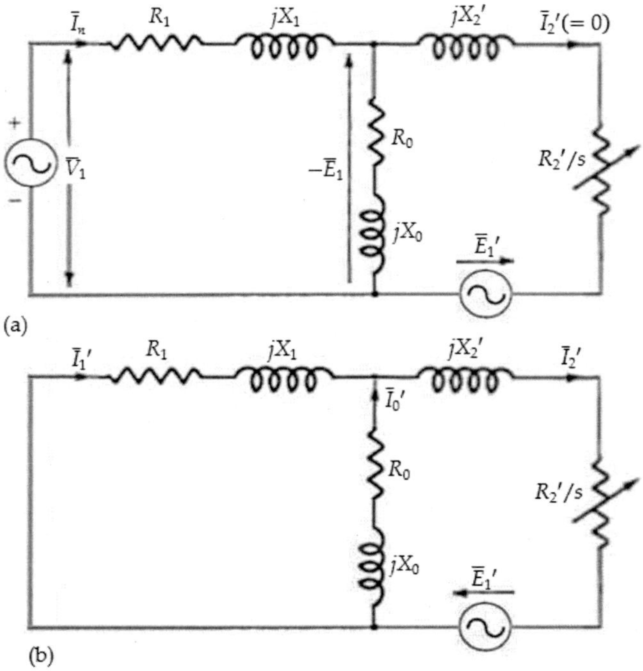

Figure 4-53 Analysis of equivalent circuit of induction motor.

이다. 여기서 $\overline{Z}_n = R_n + jX_n = \overline{Z}_1\overline{Z}_0/(\overline{Z}_1 + \overline{Z}_0)$는 그림 4-53 (b)의 회로에서 $\overline{Z}_1$과 $\overline{Z}_0$의 합성 임피던스이다. 식 (4-101)은 (4-99)와 같으므로 이 전류는 그림 4-54의 등가회로에 있어서의 회전자 전류와 같다.

따라서 하이랜드의 원선도에서와 마찬가지로 $\overline{E}_1'$가 일정하다면 $\overline{I}_2'$ 페이서의 끝점은 슬립 s의 변화에 따라 $E_1'/(X_n + X_2')$를 직경으로 하는 원의 원주를 따라 이동하게 된다. 그림 4-55는 그림 4-53 (b)의 회로에 대한 원선도이다. $s = 1$에 대응하는 원주 상의 점 S'에서 $N'M'$에 수직선을 내리고 $S'T' = (N'S')^2 \cdot R_2'/E_1'$가 되도록 점 T'를 정하면, 원주 상의 점 P'에 대응하는 토크는 $E_1' \times P'B'$이며, 기계적 출력은 $E_1' \times P'D'$인 것도 하이랜드의 원선도와 같다. 그림 4-53 (a)와 (b) 회로의 전류를 중첩하면 그림 4-54 회로의 전류가 얻어진다. 그리고 전압 V_1과 E_1' 사이의 비(ratio) m은 식 (4-100)으로부터

$$\frac{V_1}{E_1'} = \frac{|\overline{Z}_0 + \overline{Z}_1|}{|\overline{Z}_0|} = \frac{\sqrt{(R_0 + R_1)^2 + (X_0 + X_1)^2}}{\sqrt{{R_0}^2 + {X_0}^2}} = m \tag{4-102}$$

이다. 또한 $-\overline{E}_1$이 $\overline{V}_1$에 대하여 앞서는 위상각 α는

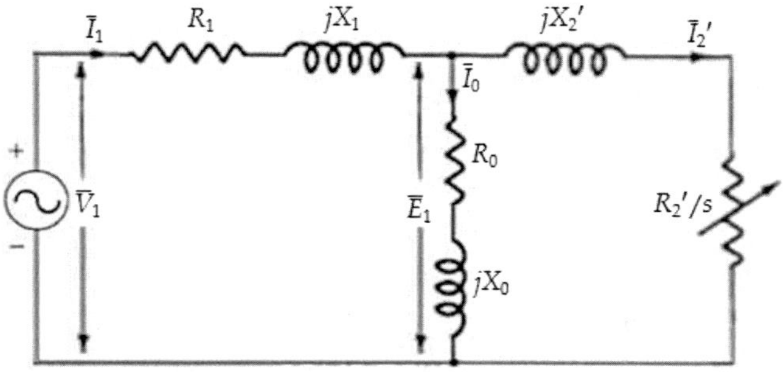

Figure 4-54 Equivalent circuit of induction motor.

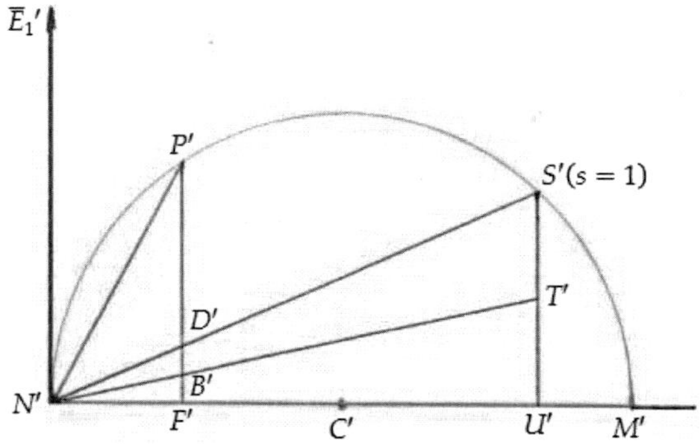

Figure 4-55 Circle-diagram of Fig. 4-53 (b).

$$\alpha = \tan^{-1}\frac{X_0}{R_0} - \tan^{-1}\frac{X_0 + X_1}{R_0 + R_1} \qquad \text{[rad]} \tag{4-103}$$

이다. 그림 4-53 (b) 회로의 회전자 전류 $\bar{I}_1'$는

$$\bar{I}_1' = \bar{I}_2' \cdot \frac{\bar{Z}_0}{\bar{Z}_0 + \bar{Z}_1} \qquad \text{[A]} \tag{4-104}$$

이므로 전류 I_2'와 I_1' 사이의 비는

$$\frac{I_2'}{I_1'} = \frac{|\bar{Z}_0 + \bar{Z}_1|}{|\bar{Z}_0|} = \frac{\sqrt{(R_0 + R_1)^2 + (X_0 + X_1)^2}}{\sqrt{R_0{}^2 + X_0{}^2}} = m \tag{4-105}$$

와 같이 식 (4-102)와 같게 되며, $\bar{I}_1'$가 $\bar{I}_2'$에 대하여 앞서는 위상각은

$$\alpha = \tan^{-1}\frac{X_0}{R_0} - \tan^{-1}\frac{X_0 + X_1}{R_0 + R_1} \qquad \text{[rad]} \tag{4-106}$$

과 같이 식 (4-103)과 같게 된다. 따라서, 그림 4-53 (a)의 $\bar{I}_n$과 (b)의 $\bar{I}_1'$와의 중첩으로 그림 4-54의 $\bar{I}_1$을 구하기 위해서는, 먼저 $-\bar{E}_1$ 페이서를 기준으로 하여 그린 그림 4-53 (b)에 대한 페이서도에서 $\bar{I}_2'$의 위상을 α만큼 앞서게 한 다음, 그 크기를 $1/m$배 하고, 다시 그 위상을 α만큼 앞서게 하여 $\bar{I}_1'$의 페이서를 그려, 이것과 $\bar{I}_n$의 페이서를 합해야 한다. 즉, 그림 4-56과 같이 $\bar{I}_2'$의 페이서를 $1/m$배하고 그 위상을 2α만큼 앞서게 하여 $\bar{I}_n$의 페이서에 합해야 한다.

그 대신으로, 그림 4-57과 같이 원의 직경 $N'M'$를 $1/m$배하고, 이것을 2α만큼 앞서게 한 NM을 직경으로 하는 원을 사용하면 된다. 이 새로운 원을 사용한 경우의 전동기의 기계적 출력과 토크는

$$E_1' \times P'D' = (V_1/m) \times P'D' = V_1 \times (P'D'/m) = V_1 \times PD \tag{4-107}$$

$$E_1' \times P'B' = (V_1/m) \times P'B' = V_1 \times (P'B'/m) = V_1 \times PB \tag{4-108}$$

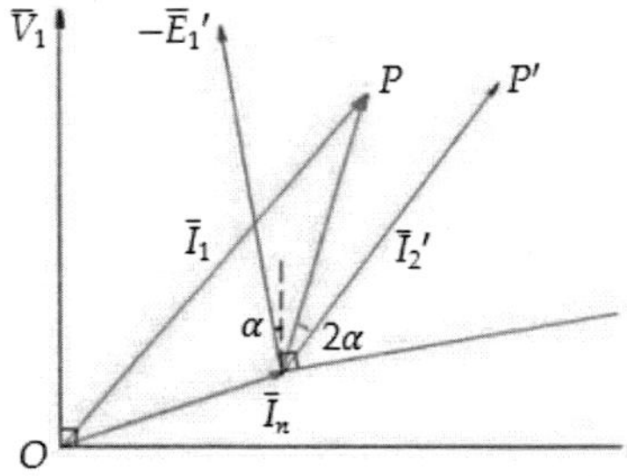

Figure 4-56 Current phasor diagram considered with phase.

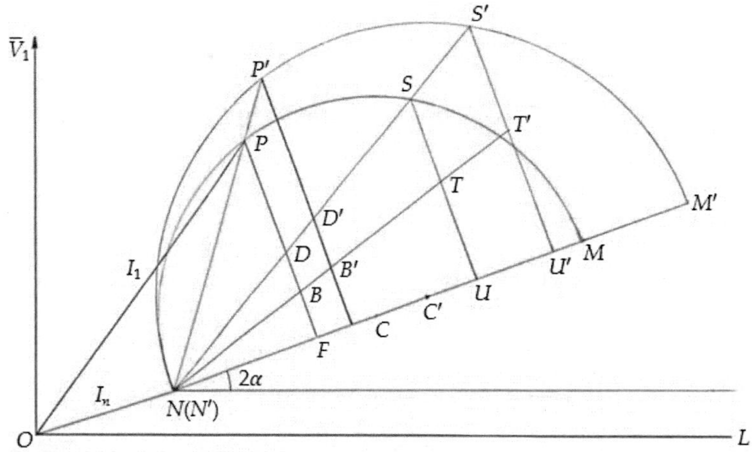

Figure 4-57 Circle-diagram of Fig. 4-54.

이 된다. 하이랜드의 원선도에서와 비슷한 작도에 의해 유도전동기의 여러가지 특성을 구할 수 있다. 회전자와 고정자 동손의 분배점 T는

$$ST = \frac{S'T'}{m} = \frac{(NS')^2 \cdot R_2'}{m \cdot V_1/m} = \frac{m^2 \cdot (NS')^2 \cdot R_2'}{V_1} \tag{4-109}$$

이다.

이상의 이론을 기초로 하여 구한 정밀 원선도가 그림 4-58이다. 점 P_1에서의 특성을 살펴보면,

OP_1 = 고정자 전류 I_1

P_1D = 기계적 출력 P_o

P_1E = 고정자 입력 P_1

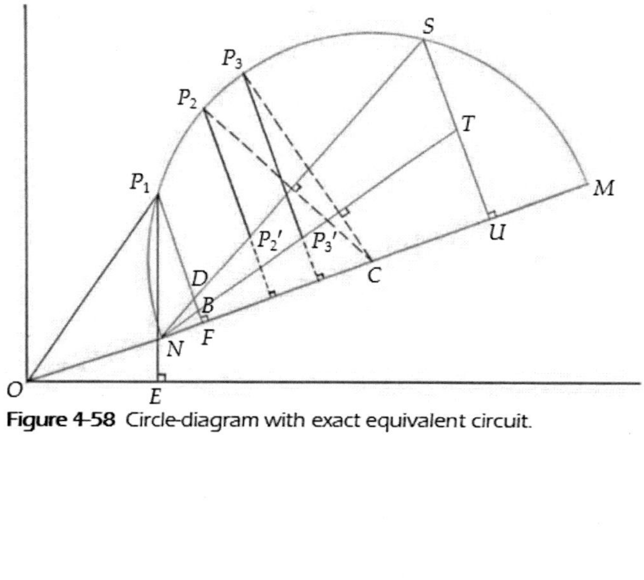

Figure 4-58 Circle-diagram with exact equivalent circuit.

$$DF = \text{동손 } P_c\ (P_{cu1} + P_{cu2})$$

$$P_1B = \text{회전자 입력 } P_2$$

$$P_1D/P_1E = \text{효율 } \eta$$

$$DB/P_1B = \text{슬립 } s$$

$$P_1D/P_1B = \text{속도 } 1-s$$

이다. 최대 출력 및 최대 토크를 구하기 위하여 원의 중심 C에서 NS, NT에 그은 수직선이 원과 만나는 교점을 각각 P_2, P_3이라 하고, P_2, P_3에서 NM에 내린 수직선과 NS, NT와의 교점을 각각 P_2', P_3'라 하면, 최대 출력과 최대 토크는

$$P_m = mV_1 \times P_2P_2' \qquad [\text{W}] \tag{4-110}$$

$$T_m = \frac{mV_1}{\omega} \times P_3P_3' \qquad [\text{N-m}] \tag{4-111}$$

이 된다.

그림 4-59는 정밀 원선도에서 역률, 효율, 그리고 슬립선을 작도하는 방법을 설명하는 그림이다. 먼저 백분율 역률선의 작도는 다음과 같이 한다. 점 O를 중심으로 임의의 반경의 원호 YY'를 긋고, OY를 100등분한다(점 O: 0, 점 Y: 100). 그리고 OP의 연장선이 원호 YY'와 만나는 교점을 점 K라 하고 점 K에서 OY에 내린 수직

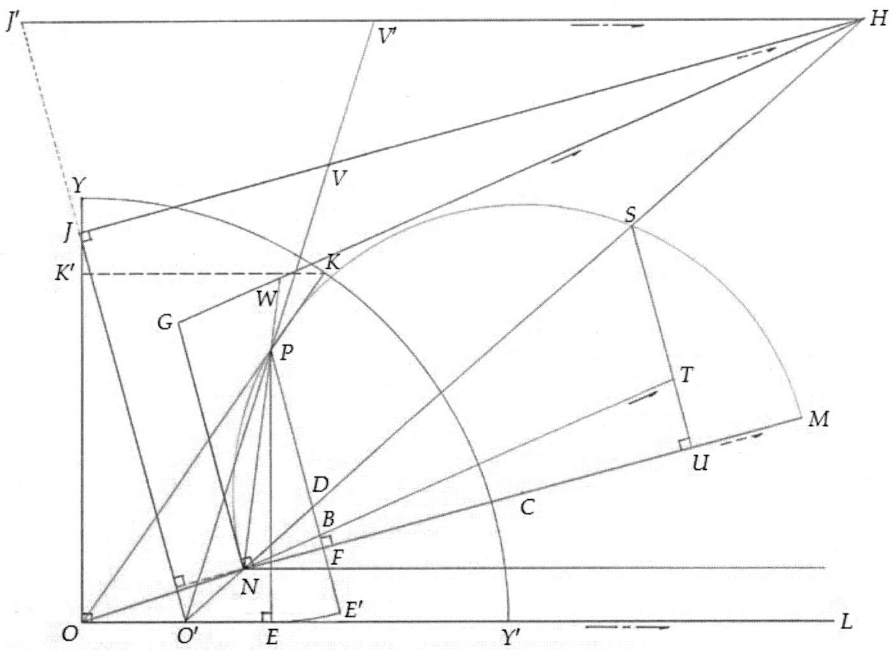

Figure 4-59 Construction of efficiency, slip, and power-factor lines.

선과 OY와의 교점을 K'라 한다. 그러면 점 K'의 눈금이 백분율 역률이다.

다음으로, 백분율 효율선의 작도는 다음과 같이 한다. SN의 연장선이 가로축 OL과 만나는 점을 점 O'라 하고, 점 O'에서 NM에 수직인 선 $O'J$를 긋는다. 점 J에서 그은 NM과 평행인 직선과 NS의 연장선과의 교점을 점 H라 한다. 그리고 점 H에서 그은 가로축과 평행인 직선과 $O'J$의 연장선과의 교점을 점 J'라 하고, HJ'를 100등분한다(점 H: 0, 점 J': 100). 또한 $O'P$의 연장선이 HJ 및 HJ'와 만나는 교점을 각각 V 및 V'라 하면, 점 V'의 눈금이 백분율 효율이다.

마지막으로 백분율 슬립선은 다음과 같이 작도한다. 점 N에서 그은 NM과 수직인 직선과 점 H에서 그은 NT와 평행인 직선의 교점을 점 G라 하고, GH를 100등분한다(점 G: 0, 점 H: 100)한다. 그리고 NP의 연장선과 GH와의 교점을 점 W라 하면, 점 W의 눈금이 백분율 슬립이다.

Composition of Exact Circle-Diagram. 정밀 원선도에서는 먼저 무부하시에 있어서의 고정자 유기 기전력을 상쇄하기 위한 전압분에 대한 공급 전압의 비(ratio)와 그 사이의 상차각 α를 구해야 한다. 유도전동기의 무부하시의 등가 임피던스 Z_n, 저항 R_n, 그리고 리액턴스 X_n은

$$Z_n = \frac{V_1}{\sqrt{3}I_n} \qquad [\Omega] \tag{4-112}$$

$$R_n = R_0 + R_1 = Z_n(I_{n1}/I_n) \qquad [\Omega] \tag{4-113}$$

$$X_n = X_0 + X_1 = Z_n(I_{n2}/I_n) \qquad [\Omega] \tag{4-114}$$

이다. 여기서 I_n은 무부하 전류이며, I_{n1}과 I_{n2}는 그것의 유효분과 무효분이다. 식 (4-113)으로부터 R_0이 구해진다. 그리고 회전자 구속시 여자 전류를 무시한 경우의 등가 임피던스 Z_s, 저항 R_s, 그리고 리액턴스 X_s는

$$Z_s = \frac{V_1}{\sqrt{3}I_s} \qquad [\Omega] \tag{4-115}$$

$$R_s = R_1 + R_2' = Z_s(I_{s1}/I_s) \qquad [\Omega] \tag{4-116}$$

$$X_s = X_1 + X_2' = Z_s(I_{s2}/I_s) \qquad [\Omega] \tag{4-117}$$

이다. 여기서 I_s는 회전자 구속시 전류이며, I_{s1}과 I_{s2}는 그것의 유효분과 무효분이다. 식 (4-116)으로부터 R_2'가 구해진다. 일반적으로 X_1과 X_2'를 분리하는 것은 불가능하지만, 유도전동기에서는 보통 양쪽의 값이 거의 같다. 따라서

$$X_1 \simeq X_2' = X_s/2 \qquad [\Omega] \tag{4-118}$$

이다. 그러면 식 (4-114)로부터 X_0이 구해진다. 또한 m과 α의 산정식은

$$m = \sqrt{{R_n}^2 + {X_n}^2} \Big/ \sqrt{{R_0}^2 + {X_0}^2} \tag{4-119}$$

$$\alpha = \tan^{-1}\frac{X_0}{R_0} - \tan^{-1}\frac{X_n}{R_n} \qquad [\text{rad}] \tag{4-120}$$

과 같다.

그림 4-60은 이상의 결과를 이용하여 그린 정밀 원선도이다. 수직선 OV_1과 수평선 OL을 그리고, OV_1 위에서 $ON' = I_{n1}$, $OS' = I_{s1}$ 인 점 N', S'를 취한다. 그리고, 점 N', S'에서 수평선을 그리고, 그 위에 $N'N = I_{n2}$, $S'S = I_{s2}$인 점 N, S를 취한다.

그 다음, 수평선에 대하여 2α의 각도로 점 N을 지나는 직선과 NS의 수직 2등분선의 교점을 C라 한다. 점 C가 중심, CN이 반경이며, 점 S를 지나는 반원호와 수평선에 대하여 2α의 각도로 점 N을 지나는 직선의 교점을 M이라 한다(원의 직경은 NM이다). 점 S에서 NM에 내린 수직선의 교점을 점 U라 한다. 그러면 전동기의 회전자 구속시 동손 SU 위에서 회전자 구속시 회전자 동손과 고정자 동손의 분배점 T는

$$ST = \frac{m^2 \cdot (NS)^2 \cdot R_2'}{V_1/\sqrt{3}} \tag{4-121}$$

에 의해 구해진다.

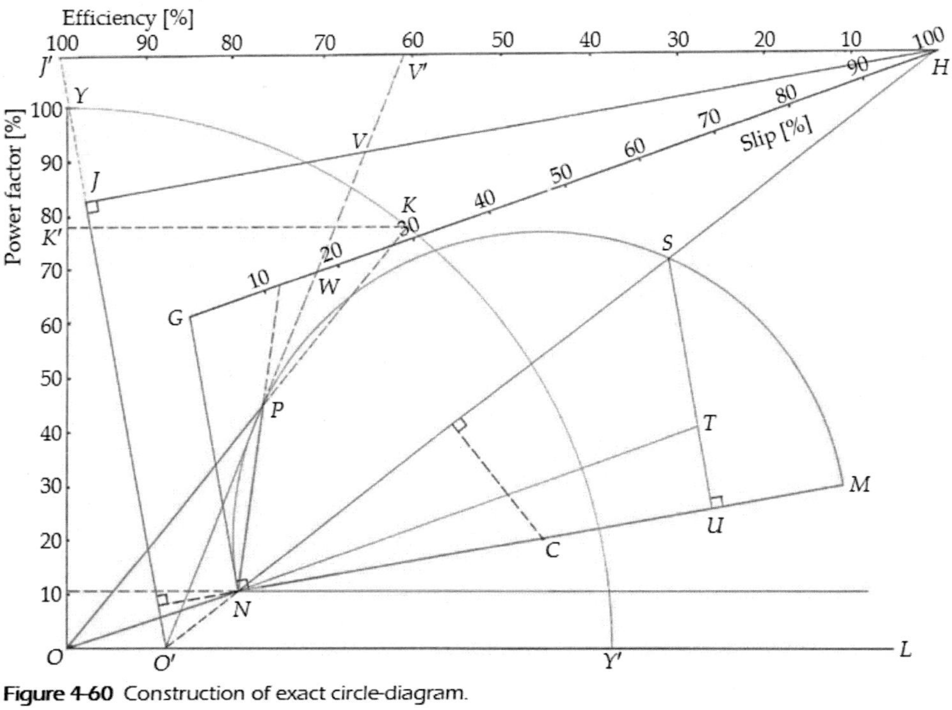

Figure 4-60 Construction of exact circle-diagram.

점 O에서 임의의 반경의 원호 YY'를 긋는다. SN의 연장선과 수평선 OL의 교점 O'를 취한다. 점 O'에서 NM에 수직인 직선 $O'J$를 긋는다. 점 J에서 그은 NM과 평행인 직선과 NS의 연장선의 교점을 점 H라 한다. 점 H에서 그은 가로축과 평행인 직선과 NS의 연장선의 교점을 점 J'라 한다. 점 N에서 NM과 수직인 직선을 긋는다. 점 N을 지나는 NM과 수직인 직선과 점 H에서 그은 NT와 평행인 직선의 교점을 점 G라 한다. OY, HJ', 그리고 GH를 100등분한다.

4C INDUCTION GENERATORS

Principle

다상 유도전동기에 부하가 걸려 운전하고 있을 때, 부하를 점차 감소시키면 슬립이 작아지고 속도는 동기속도에 가까워진다. 부하가 모두 없어져 이상적인 무부하로 되었다면, 슬립은 0이 되고 동기속도 n_s로 운전하게 된다. 이 때 다른 원동기에 의해 전동기축에 기계 동력을 가해주어 같은 방향으로 동기속도보다 높은 속도로 회전하게 하면 전동기에 어떤 현상이 일어나는지를 고찰한다.

회전자의 회전 방향은 같지만 동기속도보다 빠른 속도로 회전하므로 회전자계에 대한 회전자 도체의 상대 운동이 동기속도보다 낮은 속도로 운전하고 있을 때와는 반대이므로 회전자 도체가 자계를 끊는 방향이 반대로 되고 회전자 권선에 유도되는 기전력도 반대로 된다. 따라서 회전자 전류가 반대로 흘러 토크도 반대 방향이 되어 회전에 반하는 토크가 발생한다. 또한, 1차측의 여자 전류는 회전자계를 생성하는 전류이므로 동기속도보다 낮은 속도로 회전할 때와 같지만, 2차 전류는 방향이 반대로 되므로, 1차 전류에 의한 기전력을 상쇄시키는 1차 부하 전류의 방향이 반대로 된다. 즉, 유도기는 외부에서 인가된 전압에 반하여 외부 회로로 전류를 내어놓게 된다.

이와 같이 유도기에 기계 동력을 가하여 전동기의 경우와 같은 방향으로 동기속도보다 빠른 속도로 회전시키면 이 유도기는 발전기로 된다. 이것을 **유도발전기**(*induction generator*)라 한다.

그림 4-61은 유도발전기의 페이서도이다.

Characteristics of Induction Generator

유도기의 슬립은 식 (4-14)와 같이 정의되며, 편의를 위하여 여기에 다시 나타낸다:

$$s = \frac{n_s - n}{n_s} \qquad [\text{pu}] \tag{4-122}$$

유도발전기에서는 $n > n_s$이므로 슬립 s는 부(음)가 된다. 따라서 유도발전기의 모든

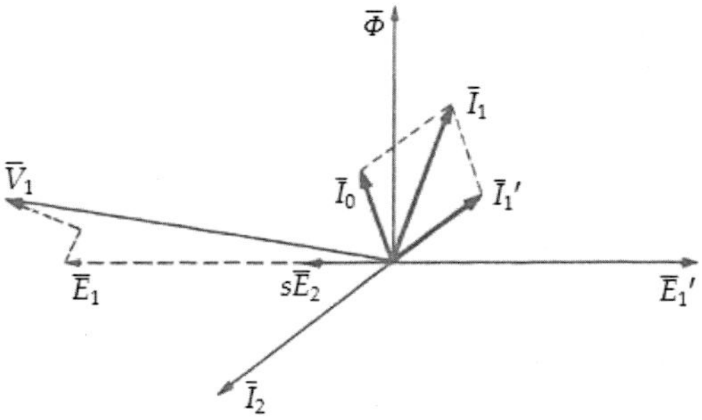

Figure 4-61 Phasor diagram of induction generator.

양을 표현하는 식은 유도전동기에 대한 식에 있는 s를 $-s$로 바꾸면 된다.

그림 4-62는 유도기의 슬립(또는 속도)에 대한 발생 토크 T, 출력 P, 그리고 전류 I를 나타낸 곡선이다. 슬립 s가 1에서 0까지는 유도전동기, 그리고 $s < 0$인 영역은 유도발전기로 동작하는 경우이다. 하지만, 실제 전동기 운전 상태에서는 s가 0에 가까운 매우 작은 값으로 동작하므로, 발전기로 동작하는 경우에도 s가 매우 작은 값에 지나지 않는다. 그림 4-62에서 $s > 1$인 경우를 고찰하자. $s = 1$은 회전자가 정지 상태이므로, $s > 1$인 영역은 회전자가 회전자계와 반대 방향으로 회전하는 경우에 해당한다. 이 때 토크는 정(양)이므로 회전자계의 방향으로 작용한다. 그런데도 불구하고 회전자는 토크와 반대 방향으로 회전하므로 출력은 부(음)가 되어 기계 동력을 외부에서 받고, 이것을 기계 내에서 열로 소비하는 작용을 한다. 즉, 기계는 제동기(breaker)로 동작한다.

유도발전기의 경우, 고정자에는 3상 교류 전압을 인가하여 여자 전류를 공급하고, 축에는 기계 동력을 인가하여 동기속도 이상으로 회전시켜야 하므로, 단독으로 사용할 수는 없다. 하지만, 유도발전기에 발전기와 부하에서 요구하는 무효 전류를 공급할 수 있는 커패시터가 설비되어 있으면 유도발전기 단독으로 사용될 수 있다.

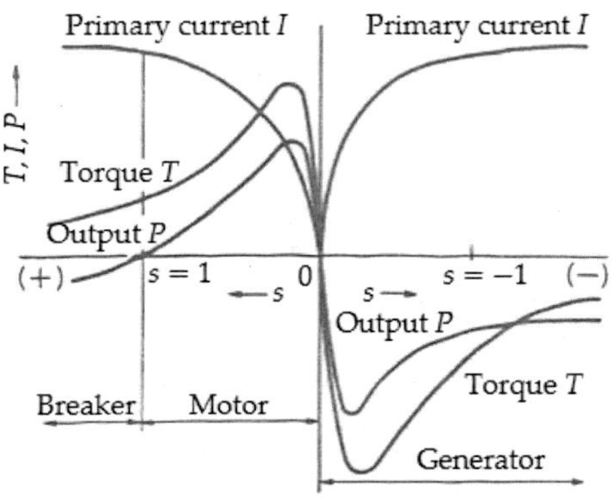

Figure 4-62 Torque, current, and output curves of induction machine.

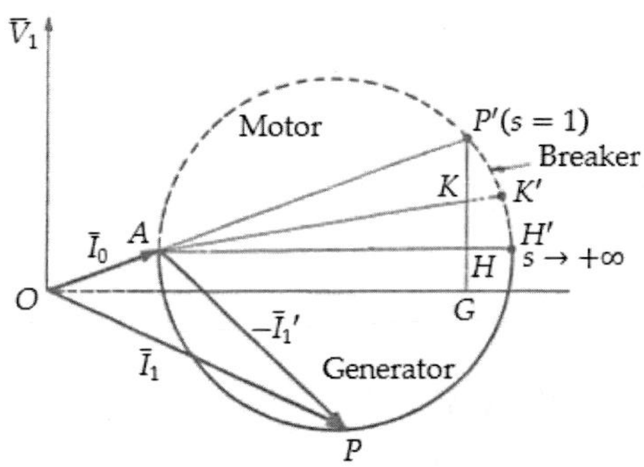

Figure 4-63 Primary current locus of induction generator.

보통은 동기발전기와 병렬로 연결하여 사용한다.

Circle-Diagram of Induction Generator

유도발전기의 1차 전류의 궤적은 그림 6-63의 실선과 같이 유도전동기의 원선도와 같은 원의 아래쪽 반원이 된다. 이것은 슬립이 부(음)이므로

$$\bar{I}_2 = \frac{-s\bar{E}_2}{r_2 - jsx_2} = \frac{-\bar{E}_2}{\frac{r_2}{s} - jx_2} \qquad [A] \tag{4-123}$$

이 되어 전압과 리액턴스의 부호가 전동기의 경우와는 반대로 되기 때문이다.

그림 4-63의 원호 $\widehat{AP'}$는 전동기, $\widehat{P'H'}$는 제동기, 그리고 $\widehat{APH'}$는 발전기로 동작하는 영역이다.

4D THREE-PHASE INDUCTION VOLTAGE REGULATORS

3상 유도전동기의 2차측을 구속하고 1차측에 전압을 인가하면 2차 권선에 전압이 유도된다. 여기에서 2차 권선의 각 상 단자를 각각 1차측의 각 상 단자에 적절하게 접속하면 2상 전압을 조정할 수 있다. 이와 같은 장치를 3상 유도 전압 조정기(three-phase voltage regulator)라 한다.

이것은 3상 유도전동기와 거의 같은 고정자와 회전자로 되어 있으며 고정자에는 2차 권선을, 회전자에는 1차 권선을 감는다. 또한 회전자 축은 고정자의 상하에 있는 베어링으로 지지되고 치차(gear) 장치를 사용하여 고정자의 내원주를 따라 임의의 각도만큼 돌리도록 되어 있다. 1차 권선은 보통 Y-결선으로 하며, 2차 권선은 선로에 직렬로 연결한다. 그림 4-64는 이를 나타낸 것이다. 1차 권선에 3상 전압을 인가하면 여자 전류가 흐르고 화전 자속이 생겨 1차와 2차의 각 상 권선에 기전력 $\bar{E}_1$과 $\bar{E}_2$가 유도된다. 이 경우의 자속은 단상 유도 전압 조정기의 교번 자속과는 달리 회전 자속이므로 2차 전압 $\bar{E}_2$의 크기는 회전자의 위치에 관계없이 일정하지만

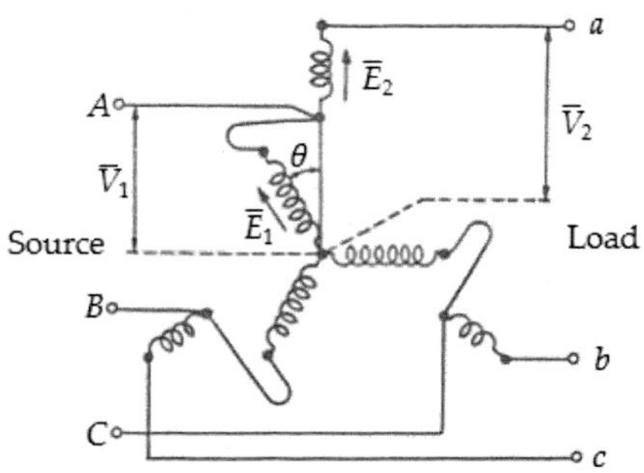

Figure 4-64 Connection diagram of three-phase induction voltage regulator.

만, 1차 상전압 $\overline{V}_1 = \overline{E}_1$에 대한 위상은 회전자의 위치에 따라 다르게 된다.

여기서 회전자를 $\overline{E}_1$과 $\overline{E}_2$가 서로 동상이 되는 위치에서 회전 자속의 회전 방향과 반대 방향으로 θ만큼 돌렸다고 하면, $\overline{E}_2$의 위상은 그림 4-65의 페이서도와 같이 $\overline{E}_1$보다 θ만큼 뒤지므로 이것과 $\overline{E}_1$과의 페이서합 $\overline{V}_2$가 부하측의 상전압이 된다. 회전자를 회전 자속의 회전 방향과 같은 방향으로 θ만큼 돌리면 $\overline{E}_2$의 위상은 $\overline{E}_1$보다 θ만큼 앞서므로 상반 원주 위의 점 a'에 오게 되어 $\overline{V}_2$와 크기가 같은 $\overline{V}_2'$가 된다. 이와 같이 하여 회전자를 0°에서 180°까지 돌리면 부하측의 상전압 $\overline{V}_2$를

$$\overline{V}_2 = \overline{E}_1 \pm \overline{E}_2 \qquad [\mathrm{V}] \tag{4-124}$$

의 범위 내에서 연속적으로 조정할 수 있다.

그림 4-66은 2차에 부하가 연결되었을 때 부하 전류, 권선 전류, 그리고 전원 전류 사이의 관계를 나타낸 페이서도로서, (a)는 회전자를 회전 자속의 회전 방향과 반대 방향으로 θ만큼 돌린 경우이며, (b)는 회전 자속의 회전 방향과 같은 방향으로 돌린 경우이다. 그림 4-66 (a)와 (b)에 있는 $\overline{V}_1$, $\overline{E}_2$, 그리고 $\overline{V}_2$의 크기는 같다. 그림과 같이 부하 역률이 단위 값인 경우에는, 부하 전류 $\overline{I}_2$는 부하측 상전압 $\overline{V}_2$와 동상이며, 1차 부하 전류 $\overline{I}_1'$는 $\overline{I}_2$보다 θ만큼 앞선다(권선의 위치가 고정자보다 θ만큼 앞서기 때문에). $\overline{I}_1'$와 여자 전류 $\overline{I}_0$의 페이서 합이 1차 권선 전류 $\overline{I}_1$이며, $\overline{I}_1'$와 $\overline{I}_2$의 페이서 합 $\overline{I}_A'$는 전원 전류에서 여자 전류를 뺀 값이다. 그리고 $\overline{I}_A'$와 $\overline{V}_1$은 동상이 된다(부하 역률이 단위 값이므로). 전원 전류는 $\overline{I}_A'$와 $\overline{I}_0$의 페이서 합인 $\overline{I}_A$이다.

그림 4-66의 (a)와 (b)를 비교해보면, $\overline{I}_A'$, $\overline{I}_A$, 그리고 $\overline{I}_0$은 크기가 같지만, 1차 권선 전류 $\overline{I}_1$은 그림 (b)의 경우가 더 크다. 그림 (a), (b) 어느 경우나 전원 전압에 대해 같은 2차 부하 전압을 얻을 수 있지만, 권선의 동손을 비교하면 그림 (b)의 경우가 더 큼을 알 수 있다. 따라서, 전압 조정기를 사용할 때에는 그림 (a)의 상태로 운전

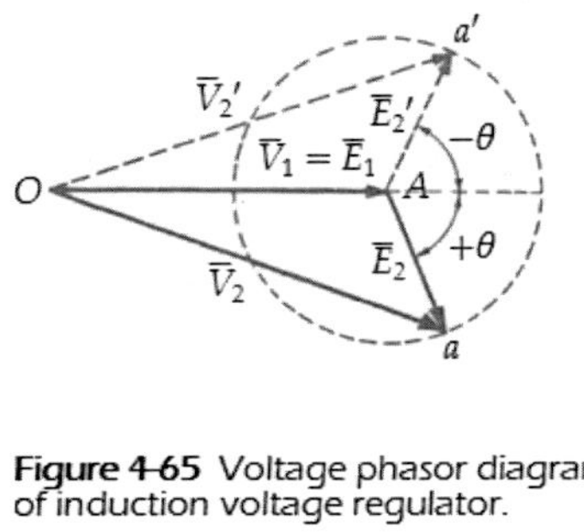

Figure 4-65 Voltage phasor diagram of induction voltage regulator.

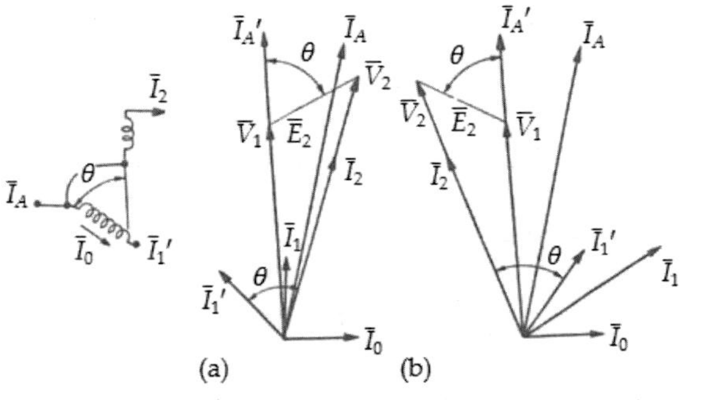

Figure 4-66 Phasor diagram of induction voltage regulator.

해야 한다.

3상 유도 전압 조정기의 정격 출력은 정격 2차 전압(이것은 정격 조정 전압을 의미하며, 부하측의 선간 전압이 아니다), 정격 2차 전류, 정격 주파수, 그리고 정격 역률에서의 피상 용량(kVA)로 나타낸다. 정격 역률은 2차 회로의 역률이며, 특별히 지정된 경우가 아니면 80 [%]로 한다. 따라서 정격 2차 상전압을 E_2 [V], 정격 2차 전류를 I_2 [A]라 하면, 정격 2차 전압은 $\sqrt{3}E_2$ [V]이므로 정격 출력은

$$P = = \sqrt{3}(\sqrt{3}E_2) \cdot I_2 \times 10^{-3} = 3E_2 I_2 \times 10^{-3} \qquad [\text{kVA}] \tag{4-125}$$

와 같다.

그림 4-66에서 알 수 있는 바와 같이, 3상 유도 전압 조정기에서는 1차 인가 전압에 대하여 2차에서 얻을 수 있는 조정된 전압은 위상차를 가진다. 이 위상차는 단일 부하이면 문제가 되지 않지만, 선로의 병렬 사용 등과 같은 경우에는 지장이 있다. 이를 방지하기 위해서는, 그림 4-67 (a)와 같이 2조의 전압 조정기를 사용하여 각 조의 직렬 권선은 선로에 직렬로, 분로 권선은 병렬로 연결함과 동시에 한쪽의 상순을 다른 쪽과 반대로 되게 하면, 그림 (b)와 같이 조정 전압이 같은 편각에 θ대하여 $\bar{E}_2, \bar{E}_2'$가 되고, 부하 전압 $\bar{V}_2$는 항상 전원 전압 $\bar{V}_1$과 동상이 된다. 이 방식의 조정기를 대각 유도 전압 조정기(twin induction voltage regulator)라 한다.

4E LINEAR INDUCTION MOTORS

이 절의 제목에서 단어 "선형(linear)"은 기계 내에서의 자기 포화의 결핍–즉, 성능의 수학적인 선형 해석을 허용하는 것으로 가정된 조건–을 의미하는 것이 아니다. 단어는, 그 대신, 여기에서 논의되는 전동기에 의해 생성되는 운동의 종류를 나타낸다. 이 운동은, 앞에서 논의된 전동기의 회전 운동에 대치되는, 병진적(translational), 또는 선형(linear)—즉, 선(line)—이다. 그림 1-22 또는 1-24의 작동기의 전기

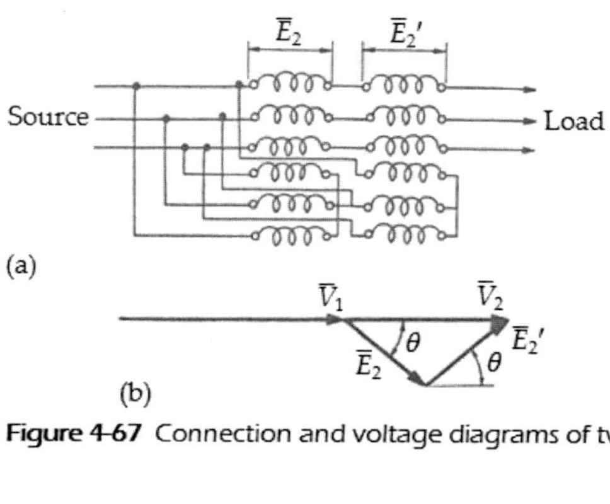

Figure 4-67 Connection and voltage diagrams of twin induction voltage regulator.

자의 운동은, 물론, 이 관점에서는 "선형"이지만, 범위(extent)가 제한된다. 선형 전동기(linear motor)에 의해 생성되는 운동은, 단지 궤도(track)의 길이에 의해 제한되어, 무한히 계속할 수 있다.

선형 유도전동기(linear induction motor, LIM)의 많은 서로 다른 배치가 고안되었다. 여기에서 가장 전적으로 논의될 배치는 운송 구동(translational drive)의 목적으로 개발된 배치이다. 그것의 운전은 농형 회전형 전동기의 운전으로부터 그것의 배치를 유도함으로써 가장 쉽게 이해된다.

LIM Configurations

그림 4-68의 농형 유도전동기의 펼친 그림에서, 2차의 도체로로 표시된 부분은 3-3절에서 설명된 회전자의 강자성 철심을 둘러싸는 도체의 원통인 농형 회전자 권선의 극단적인 경우이다.

용어 "고정자(stator)"와 "회전자(rotor)"는 LIM의 동작을 논의할 때에는 적절하지 않다. 그들은 그러므로, 1차 또는 2차 어느 쪽이든 가동부(moving member)일 수 있다는 이해와 함께, 각각, 용어 1차(primary)"와 "2차(secondary)"로 대체될 것이다.

가장 관심이 있는 LIM 배치는, 그림 4-68 (b)에 보여진 배치를 산출하기 위하여, 그림 4-11에서 보여진 것과 같은, 전개하는(펼치는) 과정(development process)에 의

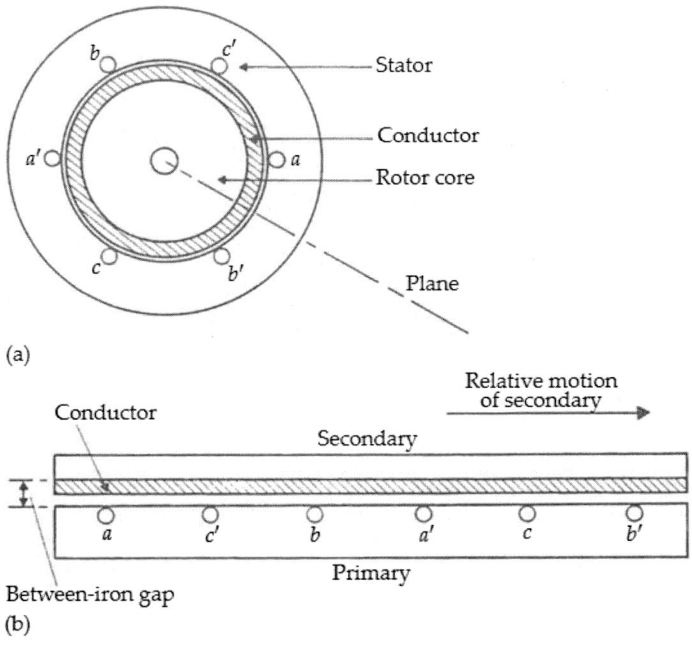

Figure 4-68 Development of a squirrel-cage rotary induction motor.

해 회전형 전동기로부터 유도될 수 있다. 그림 4-68 (a)의 기계에서 1차 여자에 의해 생성되어 정(양, positive)(반시계, counterclockwise) 방향으로 회전하며, 따라서 2차에 정(양)(반시계) 방향 토크를 생성하는 자속밀도파는 이제는 그림 4-68 (b)의 기계에서 왼쪽으로부터 오른쪽으로 움직이는 이동(진행) 자속밀도파(traveling flux-density wave)가 된다. 1차가 고정되었으며 2차가 움직일 수 있다면, 2차에 작용하는 힘은 진행파보다 약간 작은 속도에서 그것을 오른쪽으로 구동할 것이다. 2차가 고정되었으며 1차가 움직일 수 있다면, 1차에 작용하는 반작용 힘(force of reaction)이 그것을 왼쪽으로 구동할 것이다.

연속적인 힘이 주어진 거리에 걸쳐 발생되기 위해서는, LIM의 한 쪽 또는 다른 쪽이 같은 거리에 거쳐 확장되어야 한다. 어느 쪽이 확장되느냐 하는 것은 특별한 응용에 종속된다. 예를 들어, 운송 응용에서는, 차량(vehicle) 위에 "짧은(short)" 1차를 가지며 궤도 위에 "긴(long)" 2차를 가지는 것이 보통이다. 이 경우에는, 전력이 선로(rail) 또는 도선(wire) 위를 달리는 집전자(collector)를 통하여 차량으로 전달되어야 한다. 이 경우의 전동기 부분의 배치가 그림 4-69에 보여져 있으며, 그림 4-70은 그러한 LIM이 설비된 운송 시험 차량을 보인다. 어떤 계통에서는, 고정된 연속 또는 불연속 1차와 짧은 가동(움직이는, moving) 2차를 가지는 것이 바람직하다. 이 경우에는, 2차가 도전성인 강자성 판(conducting and ferromagnetic sheet)으로 이루어지거나, 펼친 농형(developed squirrel cage)의 형태로, 이것이 판(sheet)보다 더 효율적이기(효율이 좋기) 때문에, 만들어질 수 있다.

2차로 작용하는 도전판의 양 쪽에 한 개씩, 2개의 비슷한 1차 부분이 있는 그 대신의 LIM의 형태가 그림 4-71에 묘사되어 있다. 이 배치는 **양측식**(*double-sided*)이라고 일컬어지는 반면, 그림 4-70의 배치는 **편측식**(*single-sided*)이다. 운송 용도로 예정된 실험용 양측식 전동기가 그림 4-72에 묘사되어 있다. 고정된 2차 판의 짧은 부분이 1차의 왼쪽 끝으로부터 돌출되어 보여져 있다. 이 기계는 2500 [hp]으로 설계되었으며 250 [mi/h](miles per hour)의 설계 속도에서 운전된다.

대형 LIM은 보통 3상 1차 권선을 가지며 운송, 자재 운반 관리(materials handling), 압출기(extrusion press), 그리고 액체 금속(liquid metal)의 펌핑에 사용된다. 소형 LIM은 커튼 개폐 장치(curtain puller), 미닫이 문(sliding-door), 기타 등등에

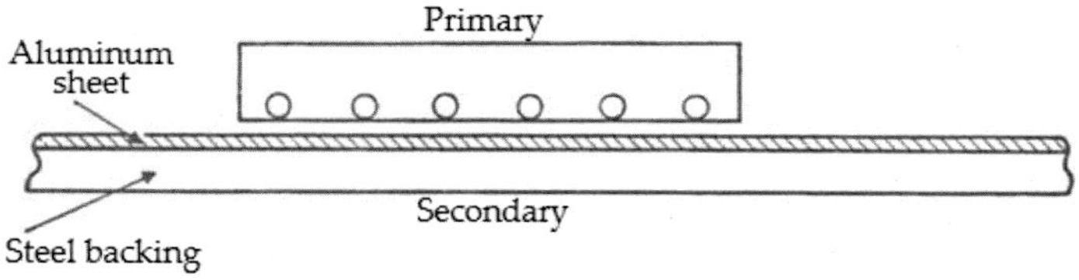

Figure 4-69 Single-sided LIM configuration for transportation.

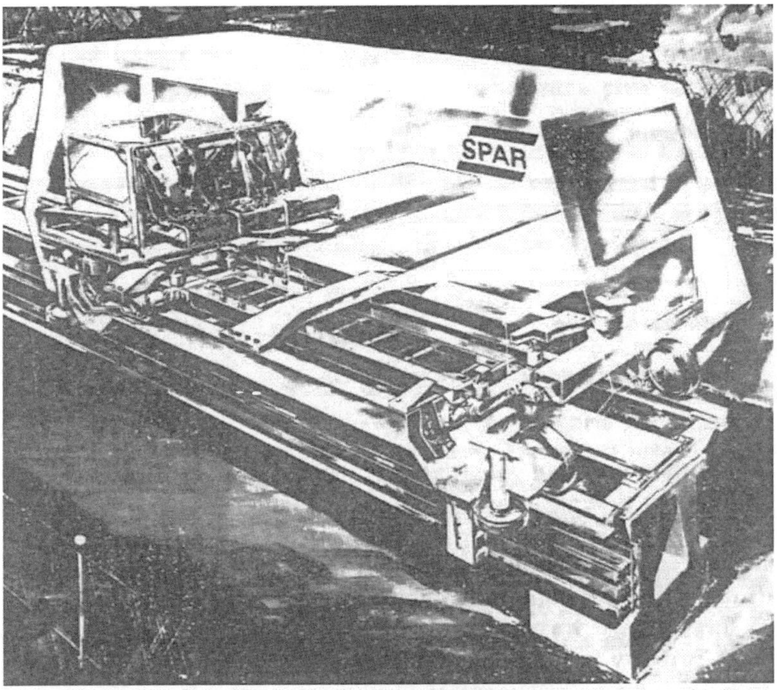

Figure 4-70 Test vehicle for single-sided, 200 [kW] LIM. (Spar Aerospace Limited)

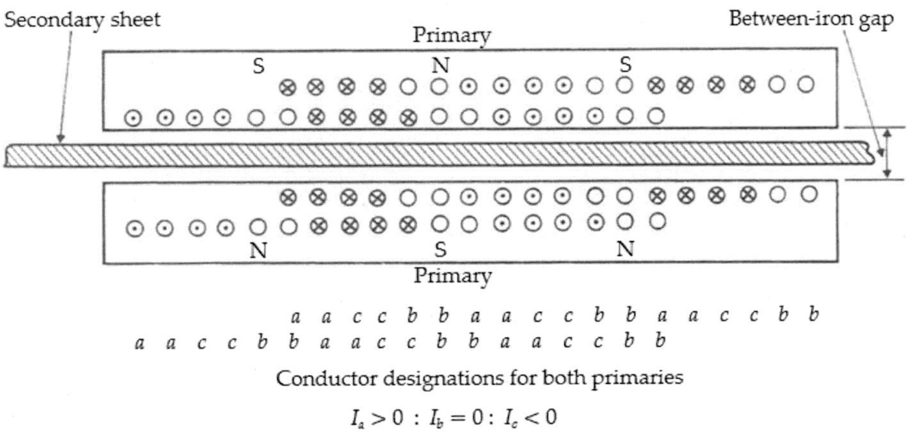

Figure 4-71 Double-sided, three-pole LIM configuration.

사용된다. 2차 위에 둘 다 탑재된 것과 또한 윗 덮개가 제거되어 해체된, 소형 기계가 그림 4-73에 묘사되어 있다. 윗 덮개의 내부는 매끄러우며 2차의 상부 플랜지(upper flange)를 따라 미끄러진다. 2차 플랜지 위에서 도르래 베어링(pulley bearing)에 의해 구동되는 회전 발전기(회전 속도계, tachogenerator)가 탑재된 LIM의 오른쪽 끝에 보여진다. 그림 4-73에 묘사된 모델은 3상 전력에 의해 여자되는 것으로 나타나 있지만, 소형 LIM은 9장에서 논의되는 단상 유도전동기에서와 같은

Figure 4-72 Experimental double-sided LIM. (Airesearch Manufacturing Company of California, a division of Garrett Corporation)

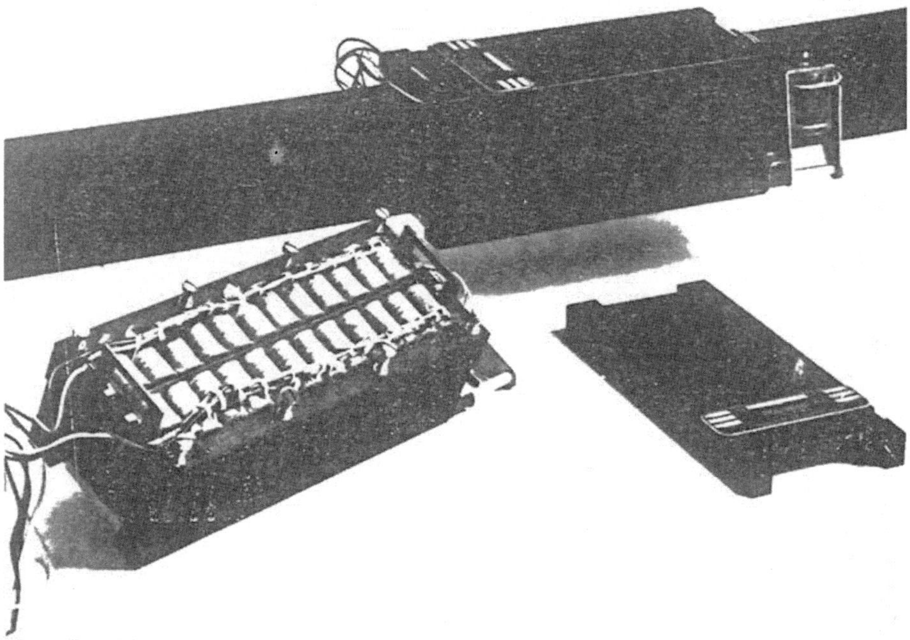

Figure 4-73 A small, three-phase, double-sided LIM.

은 방식으로 단상 전원으로부터 여자되는 2-권선 1차(two-winding primary)를 가질 수 있다.

LIM Performance

회전 유도전동기의 토크에 대한 회전 속도의 특성 곡선은, LIM의 경우에는, 선형전동기의 동기 속도(synchronous velocity)가 1차 권선에 대한 1차 전류에 의해 생성되는 진행파의 속도인, 추력(thrust)에 대한 속도의 곡선으로 대체된다. 회전 전동기의 경우에서와 같이, 진행파는 교류 전원의 한 주기 동안 2극 간격을 통하여 움직인다. LIM의 동기속도는

$$v_s = 2\tau f \qquad [\mathrm{m/s}] \tag{4-126}$$

로 표현된다. 여기서 τ는 극간격(pole pitch), 그리고 f 는 전원 주파수이다. 상대 운동이 LIM의 두 부분 사이에 일어난다면, 상대 속도 v가 동기 속도 v_s보다 작을 때, 전동기력(motoring force)이 일반적으로 생성된다. LIM의 슬립은 그러므로

$$s = \frac{v_s - v}{v_s} \tag{4-127}$$

로 표현된다. 극간격 τ가 넓은 범위에 걸쳐 어떤 원하는 값으로 만들어질 수 있기 때문에, 주어진 주파수에서 대한 LIM의 동기 속도 역시 어떤 원하는 값을 가질 수 있으며, 회전 기계의 경우에서와 같이 극수의 지배를 받지 않는다. 더욱이, 1차에서의 극수는, 그림 4-71에서 보여지는 바와 같이, 우수(짝수, even)이거나, 실로 정수(integer)가 필요하지 않을 수 있다.

그림 4-74에 보여진 LIM에 대한 전형적인 속도-추력 곡선은 상당히 높은 회전자 저항을 가진 유도전동기에 대한 속도–토크 곡선과 같은 일반적인 형상을 가진다. LIM의 2차의 높은 유효 저항에 대한 이유는, 4-극 전동기의 2차판 내에서 전류가 취하는 경로를 묘사한, 그림 4-75로부터 추단될 수 있다. 1차 아래에서의 전류의 일반적인 방향은 횡방향(transverse)인 한편, 전류, 자속, 그리고 운동 사이에 바람직한 직교 관계(orthogonal relationship)를 유지해야 할 것이지만, 이 직교성이 존재하지 않는 상당한 면적이 있다. 이 면적에서는, 운동 방향으로의 추력이 적거나 발생하지 않는다. 많은 에너지가 그러므로 대응하는 기계 동력의 발생없이 저항손으로 소산된다. 따라서, 전동기는 높은 슬립에서 대응하는 낮은 효율로 동작한

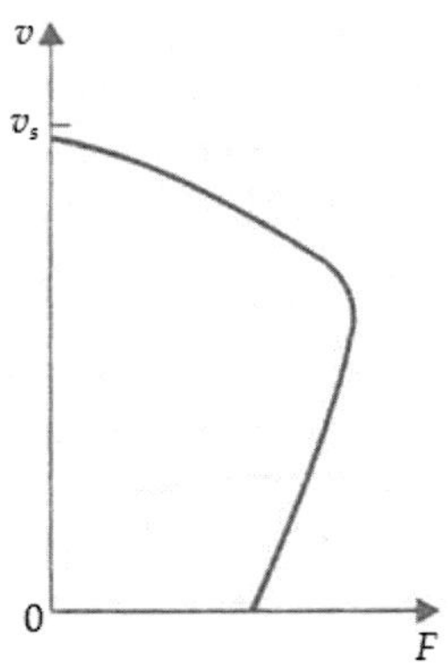

Figure 4-74 Velocity–thrust curve of a LIM.

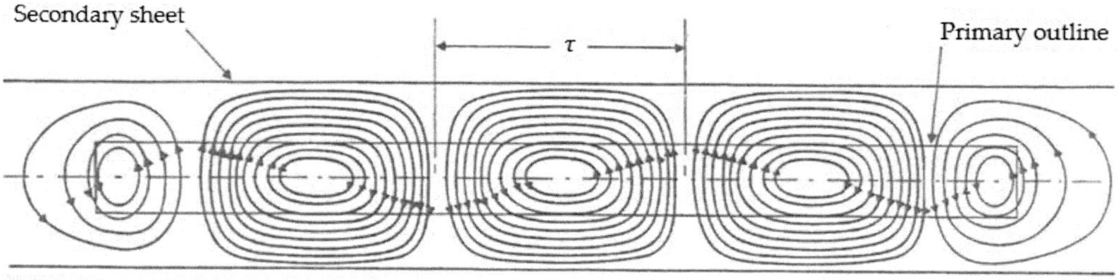

Figure 4-75 Secondary current paths.

다.

LIM의 운전 특성에 크게 영향을 미치는 두번째 인자는, 편측식 LIM에서의 1차의 강자성 표면과 2차 부분 사이 또는 양측식 LIM에서의 두 1차 부분 사이의 큰 공극(gap)이다. 전형적으로, 이 **철간 간격**(*between-iron gap*)은 같은 동력 정격의 전형적인 회전형 유도전동기에 대한 대략 1 [mm]와 비교하여 편측식 운송용 LIM에 대해서는 대략 25 [mm]일 수 있다. 이 공극은 큰 자화 전류를 필요로 하며 비교적 낮은 1차 역률의 원인이 된다.

회전형 유도전동기에서는 대응하는 현상이 없는, LIM에서 나타나는 현상은 **단부 효과**(*end effect*)로 알려져 있다. LIM 1차는 새로운 2차 도체가 철간 간격으로 연속적으로 들어오는 입구단(entry edge)과, 2차 도체가 연속적으로 떠나는 출구단(exit edge)을 가진다. 렌쯔의 법칙에 의해, 입구 영역에서의 2차 전류는 공극 자속의 확립을 방해하도록 작용한다. 그 결과, 전동기가 움직일 때, 입구단 가까이의 첫 자극쌍에 대한 평균 공극 자속밀도는 전동기의 뒤에 있는 자극 아래보다 상당히 낮을 수 있다. 또한, 렌쯔의 법칙에 의해, 전류가 2차 도체가 출구단을 떠난 후에 자속을 지속하는 것을 유지하려고 한다. 이 전류는 어떤 대응하는 추력의 발생 없이 저항손으로 귀결한다. 단부 효과는, 그러므로, 전동기가 결과적으로 낮은 효율이 되는 높은 유효 2차 저항을 가지는 원인이 된다. 그것은 또한 전동기가 생성할 수 있는 최대 추력을 줄인다. 그 효과는 물론 가장 현저하다.

LIM Equivalent Circuit

다극(multipole) LIM은 그림 4-7 (f) 또는 4-14 (a)에 보여진 형태의 등가회로에 의해 좋은 근사로 나타내어질 수 있다. 하지만, LIM의 물리적인 배치는 단위법 값으로 회전형 전동기와는 크게 다른 등가회로 매개변수로 귀결한다. 큰 철간 간격에 기인하여, 자화 리액턴스는 낮다. 유효 2차 저항은 2차 내에서의 전류 분포 때문에 그리고 또한 단부 효과 때문에 비교적 높다. 이 저항을 줄이기 위한 2차 도체 두께의 증가는 철간 간격과 자화 전류의 증가라는 역효과(adverse effect)를 가진다. 2차 누설 인덕턴스는, 전류의 많은 부분이 공극 자속의 전체(whole)와 쇄교하지 않는, 2차 전류 분포 때문에, 높게 되는 경향이 있다.

큰 철간 간격으로 인하여, LIM 내에서의 자속밀도가 낮기 때문에, 철손은 보통 무시된다. 마찰은 존재하지 않는다; 그리고 풍손이 무시될 수 있다면, LIM은 등가 회전손을 가지지 않는다. 따라서 기계의 2차로 전달되는 전체(entire) 전력은 출력 동력 또는 2차 저항손으로 변환된다. 그러므로, 회전형 전동기와의 상사(analogy)에 의해, 식 (4-23)으로부터,

$$P_{ma} = \frac{R_2'}{s}(I_A')^2 = R_2'(I_A')^2 + \left(\frac{1-s}{s}\right)R_2'(I_A')^2 \qquad [\mathrm{W}] \tag{4-128}$$

이다. 식 (4-128)의 우변 둘째 항은 상당(per-phase) 출력 동력을 나타낸다. 따라서, 3상 기계의 경우,

$$P_{mech} = Fv = \frac{3(1-s)}{s}R_2'(I_A')^2 \qquad [\mathrm{W}] \tag{4-129}$$

이다. 이 동력은 등가회로의 해석에 의해 결정될 수 있다.

PROBLEMS

4-63 그림 P4-63과 같은 3상 유도전동기의 원선도에서 P_0, P_1, 그리고 P_n은 각각 슬립 0, 1, 그리고 정격 상태에 대응하는 점이다. 무부하 전류, 기동 전류, 정격 전류, 그리고 역률은 각각 이 그림에서 어떻게 표시되는가?

4-64 6극, 25 [kW], 220 [V], 60 [Hz], 3상 유도전동기의 시험 결과가 다음과 같다:

No-load test:	$V_1 = 220$ [V],	$I_0 = 30$ [A],	$P_0 = 1470$ [W]
Blocked-rotor test:	$V_e = 50.5$ [V],	$I_s' = 91$ [A],	$P_s' = 2330$ [W]
Stator resistance:	$R_{AB} = 0.075$ [Ω]	$\theta = 16$ [°C]	

이 결과를 이용하여 하이랜드의 원선도를 그리고, 전부하에서의 특성을 구하라.

4-65 그림 P4-65와 같은 3상 유도전동기의 원선도를 이용하여 최대 역률을 구하라. 여기서

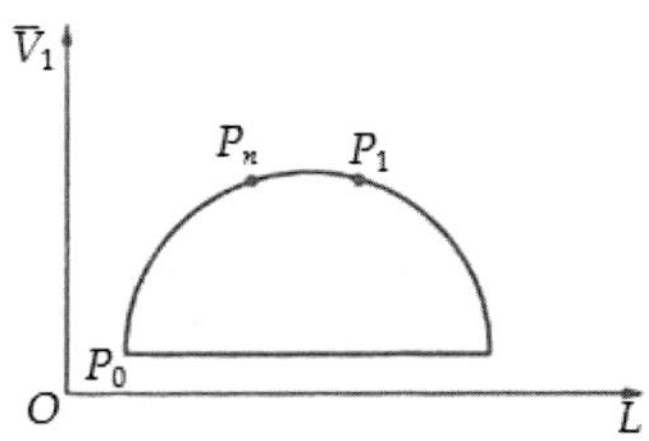

Figure P4-63.

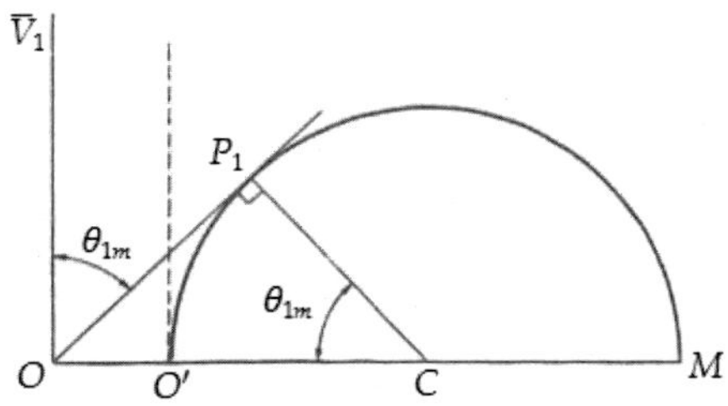

Figure P4-65.

총(total) 누설 리액턴스는 a [%], 여자 전류는 b [%]이며, 기계손과 철손은 무시할 수 있다.

4-66 3상 유도 전압 조정기에서 부하측 전압의 위상을 변화시키지 않으려면 어떤 방식으로 하면 되는가?

4-67 선로 용량 6000 [kVA]인 회로에 사용하는 3300 ± 330 [V] 3상 유도 전압 조정기의 정격 용량은 얼마인가?

4-68 200 ± 100 [V], 5 [kVA]인 3상 유도 전압 조정기의 정격 2차 전류는 얼마인가?

4-69 선형 유도전동기가 240 [mm]의 극간격과 5개의 극을 가진다. 그림 P4-69에 있는 형태의 등가회로에 대한 매개변수는 다음과 같다:

$$R_s = 0.11\ [\Omega] \qquad L_M = 6\ [\text{mH}]$$
$$R_R' = 0.24\ [\Omega] \qquad L_L = 1.2\ [\text{mH}]$$

(a) 20 [Hz] 공급기로 운전될 때 이 전동기의 동기 속도를 결정하라.

(b) 전동기가 300 [V] (L-L), 40 [Hz] 공급기로 45 [km/h]의 속도에서 운전될 때 추력, 기계 동력, 입력 전류, 그리고 역률을 결정하라.

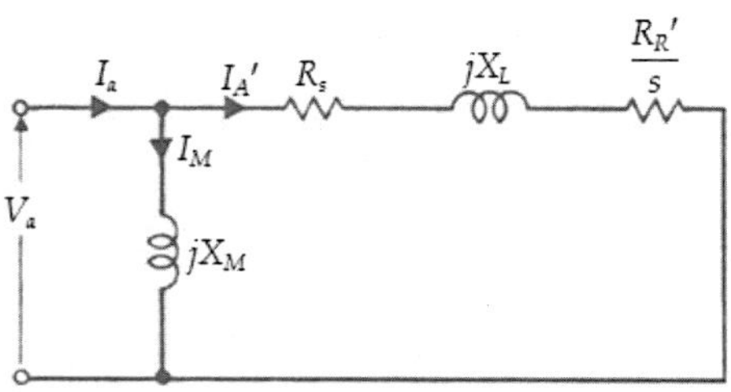

Figure P4-69.

SUPPLEMENT OF CHAPTER 5

5A VOLTAGE REGULATION OF SYNCHRONOUS GENERATOR

Potier's Phasor Diagram of Synchronous Generator

원통형 회전자 동기발전기의 1상에 대한 페이서도는 그림 5-27과 같다. 여기서 (a)는 지상 부하, 그리고 (b)는 진상 부하의 경우이다. 계자 기자력 $\bar{M}_f$에 의해 자속 $\bar{\Phi}_f$

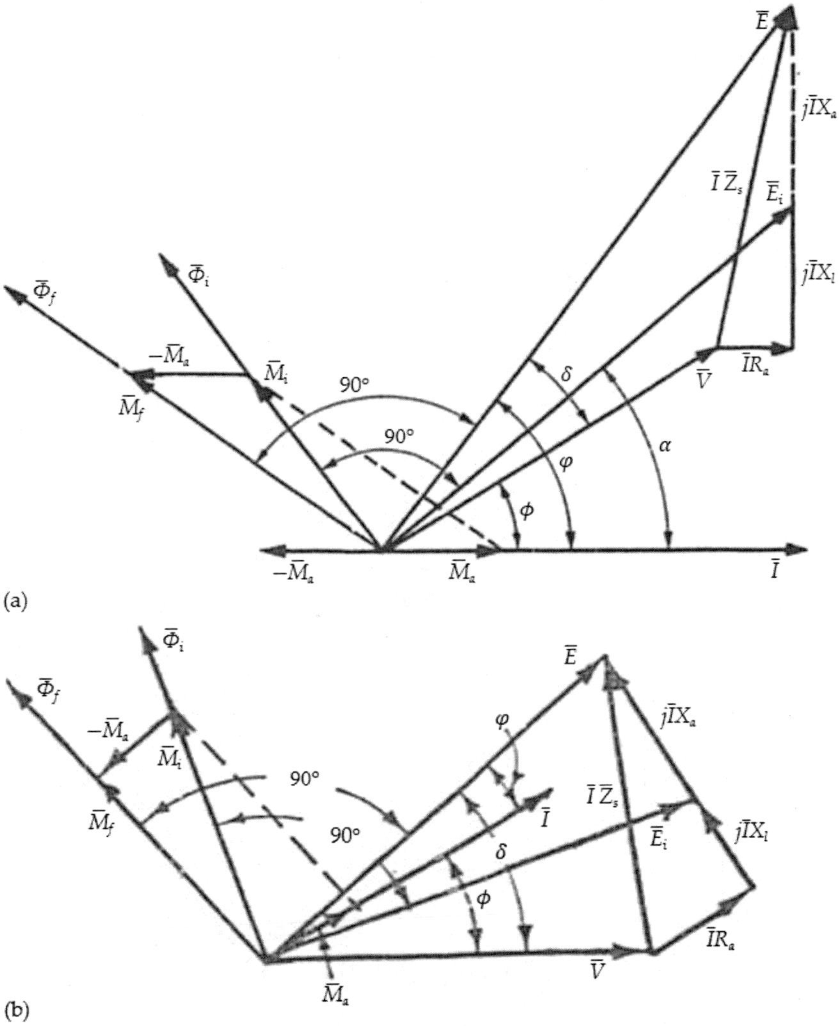

Figure 5-27 Potier's phasor diagram of cylindrical synchronous generator: (a) Lagging power-factor, and (b) Leading power-factor.

가 생기고, $\bar{\Phi}_f$ 보다 90° 뒤진 위상의 기전력 $\bar{E}$를 유기한다. 계자 자속에 의한 유기 기전력을 **공칭 유기 기전력**(*nominal induced emf*)이라 한다. $\bar{E}$에 의해 부하 전류 $\bar{I}$가 흐르고, $\bar{I}$와 같은 위상으로 전기자 반작용 기자력 $\bar{M}_a$가 생긴다. $\bar{M}_f$와 $\bar{M}_a$의 합성 기자력 $\bar{M}_i$에 의해 자속 $\bar{\Phi}_i$가 생기며, 이 $\bar{\Phi}_i$가 공극에 존재하는 자속이 된다. 전기자 권선은 $\bar{\Phi}_i$와 쇄교하여 90° 뒤진 기전력 $\bar{E}_i$를 유기하며, 이 $\bar{E}_i$를 **내부 전압**(*internal voltage*)이라 한다. $\bar{M}_f$는 그보다 90° 뒤진 기전력 $\bar{E}$를 유기하고, $\bar{M}_a$ 또한 그보다 90° 뒤진 기전력을 유기하지만 이 기전력은 전기자 반작용에 의한 기전력이므로 이를 전압 강하 $\bar{E}_a$로 보고 $(\bar{E}-\bar{E}_a)$가 $\bar{E}_i$라고 생각해도 된다. 또한 단자 전압 $\bar{V}$는 $\bar{E}_i$에서 전기자 권선의 저항 R_a에 의한 전압 강하 $\bar{I}R_a$와 누설 리액턴스 X_l에 의한 전압 강하 $j\bar{I}X_l$을 뺀 것이다. 그림 (b)는 진상 부하의 경우로서, $\bar{M}_f$가 $\bar{M}_i$보다 작게 나타나며, 이것은 전기자 반작용이 증자 작용을 한다는 것을 의미한다.

그림 5-28은 지상 부하인 철극 회전자 동기발전기의 1상에 대한 페이서도이다. 전기자 전류 $\bar{I}$와 동상(in phase)인 전기자 기자력 $\bar{M}_a$를 다음과 같이 2개의 성분으로 나눌 수 있다:

$$\begin{aligned}\text{Quadrature axis component } M_{aq} &= C_q M_a \cos\varphi = OQ \\ \text{Direct axis component } M_{ad} &= C_d M_a \sin\varphi = OG\end{aligned} \tag{5-66}$$

합성 기자력은

$$\begin{aligned}\text{Quadrature axis component } M_q &= M_{aq} = C_q M_a \cos\varphi = OQ \\ \text{Direct axis component } M_d &= M_f - M_{ad} = M_f - C_d M_a \sin\varphi = OH\end{aligned} \tag{5-67}$$

과 같다. 자속 $\bar{\Phi}_q, \bar{\Phi}_d$는 각각 기자력 $\bar{M}_q, \bar{M}_d$에 의한 자속으로서 기자력과 동상이다. $\overrightarrow{OA}=\bar{V}$는 발전기의 단자 전압(전류보다 ϕ만큼 앞섬)이며, $\overrightarrow{AB}=\bar{I}R_a$, $\overrightarrow{BC}=j\bar{I}X_l$이다. $\bar{E}_q=\overrightarrow{DC}$ 는 횡축 합성 자속 $\bar{\Phi}_q$에 의해 전기자에 유기되는 전압이며, $\bar{\Phi}_q$ 또는 $\bar{M}_q$보다 90° 뒤진다. $\bar{E}_d=\overrightarrow{OD}$는 직축 합성 자속 $\bar{\Phi}_d$에 의해 전기자에 유기되는 전압이며, $\bar{\Phi}_d$ 또는 $\bar{M}_d$보다 90° 뒤진다. $\bar{E}=\overrightarrow{OF}$는 계자 기자력 $\bar{M}_f$에 의해 유기되는 전압이며, $\bar{M}_d$와 $\bar{M}_f$가 같은 방향이므로, $\bar{E}_d$와 $\bar{E}$도 같은 방향이다.

그런데 I, V, 역률각 및 R_a, X_l을 알고 있을 때, 그림 5-28의 페이서도를 구하려면, $\bar{I}$와 $\bar{E}$ 사이의 각도 φ를 알아야 한다. 그림 5-28 (a)에서 $CF'=E_q/\cos\varphi$가 되고, 이것은 기자력 $M_{aq}/\cos\varphi=C_qM_a$에 대응하는 전압이므로, 그림 5-28 (b)와 같이 공극선에서 $0L=C_qM_a$에 대한 전압 LK가 $E_q/\cos\varphi$가 된다. 따라서, LK와 같게 CF'를 취하면 점 F'와 함께 $\bar{E}$의 방향이 결정되고 φ가 구해진다.

또한, E_d를 알고 있을 때, 주어진 단자 전압 V와 부하 전류 I에 대한 계자 기자력 M_f와 공칭 유기 기전력 E를 구해야 한다. 그림 5-28 (c)에서 $E_d=OD$에 대한 기

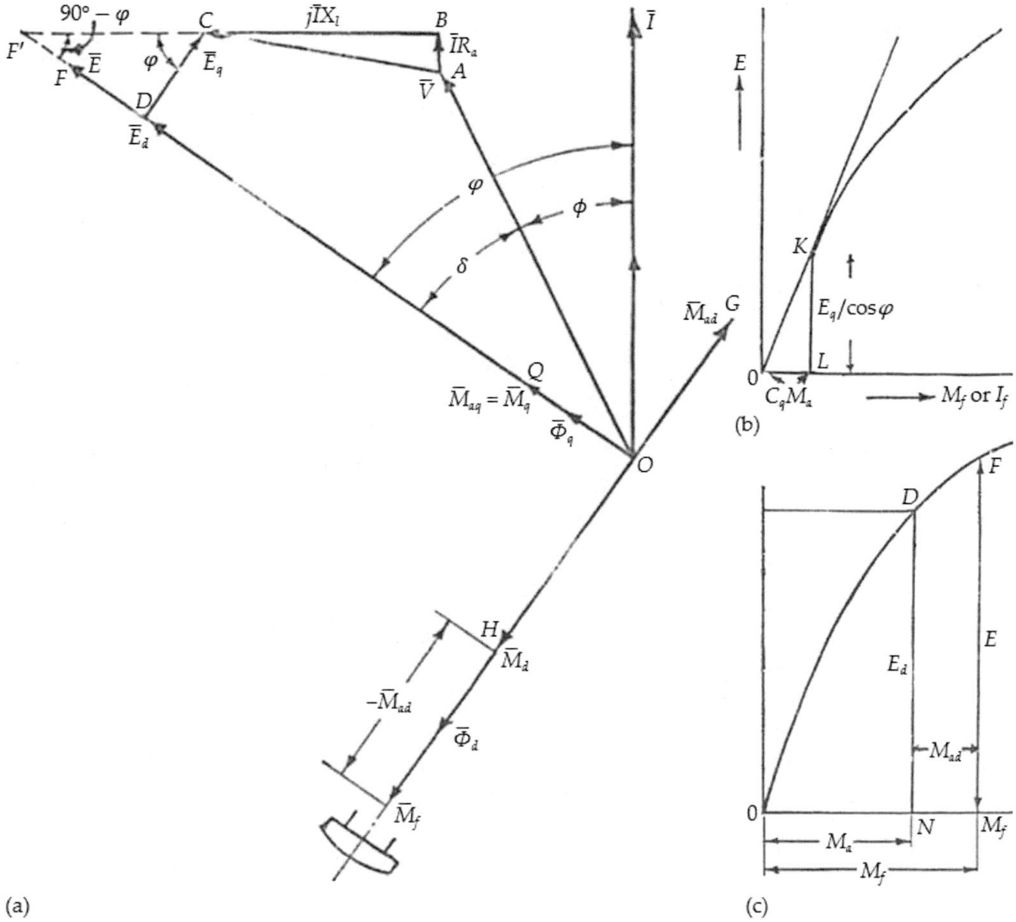

Figure 5-28 Phasor diagram of salient-pole rotor synchronous generator:
(a) Phasor diagram for lagging power-factor, (b) Calculation of E_q, and (c) Calculation of M_f.

자력 M_d는 $0N$ 이 되고, 여기에 직축 반작용 기자력 M_{ad}를 더해준 것이 M_f이다. 그러면 E는 M_f에 대한 전압이므로 무부하 포화 곡선에서 간단하게 구해진다.

그림 5-28 (a)로부터,

$$\tan\varphi = \frac{V\sin\phi + IX_l + \dfrac{E_q}{\cos\varphi}}{V\cos\phi + IR_a} \tag{5-68}$$

$$E_d = V\cos(\varphi - \phi) + IR_a\cos\varphi + IX_l\sin\varphi \tag{5-69}$$

가 구해진다.

Load Saturation Curves and Potier's Triangle

부하 포화 곡선(*Load Saturation Curve*). 발전기를 정격 속도로 돌리고, 이것에 일정 역률, 일정 전류의 부하를 걸었을 때, 단자 전압과 계자 전류 사이의 관계를 나타낸 곡선을 부하 포화 곡선이라 한다. 그림 5-29는 (a) 지상 역률 0, (b) 지상 역률 0.8, 그리고 (c) 단위 역률인 경우의 전부하 포화 곡선(정격 전류(부하)에 대한 부하 포화 곡선)과 (d) 무부하 포화 곡선을 나타낸 그림이다.

포시에르의 삼각형(*Potier's Triangle*). 그림 5-27과 같은 동기발전기의 페이서도는 90° 지상 0역률 전부하의 경우 그림 5-30과 같이 된다. 그림 5-30에서 저항 강하 $\bar{I}R_a$를 무시하면, 단자 전압 $\bar{V}$는 내부 전압 $\bar{E}_i$와 리액턴스 전압 $j\bar{I}X_l$ 사이의 산술 차(arithmetic difference)가 되고, 합성 기자력 $\bar{M}_i$는 계자 기자력 $\bar{M}_f$와 전기자 반작용 기자력 $\bar{M}_a$ 사이의 산술 차가 된다.

그림 5-29 (d)의 무부하 포화 곡선과 (a)의 지상 0역률 전부하 포화 곡선을 알고 있다고 가정한다. 무부하에서는 점 l로 표시되는 전압을 유기하다가, 0역률 전부하에서는 점 n으로 표시되는 전압으로 되었다고 하면, 그 원인은 전기자 반작용과 누설 리액턴스에 있으므로 직각 삼각형 lmn을 만들면, 선분 lm이 누설 리액턴스 전압, 선분 mn이 전기자 반작용의 계자 전류 환산 값이 된다. 이러한 삼각형 lmn을 **포시에르의 삼각형**(*Potier's triangle*)이라 한다.

포시에르의 삼각형은 일정 부하 전류(여기에서는 정격 전류)에 대해서는 자기 포화에 관계없이 일정하기 때문에 그림 5-29에서 Δlmn과 $\Delta l'm'n'$는 기하학적으로 합

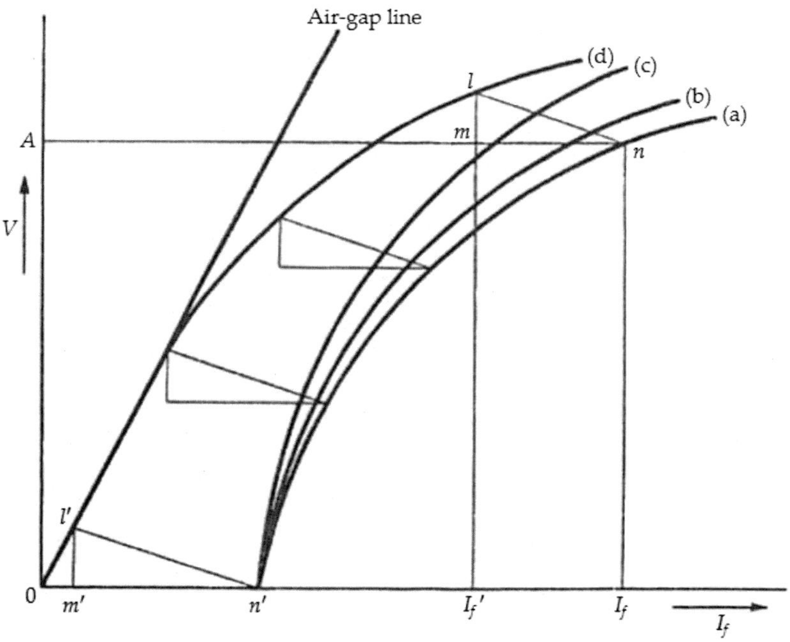

Full load saturation curves: (a) $pf = 0$ lagging, (b) $pf = 0.8$ lagging, and (c) $pf = 1$
No-load saturation curve (open-circuit characteristic curve): (d)

Figure 5-29 No-load and full load saturation curves of synchronous generator.

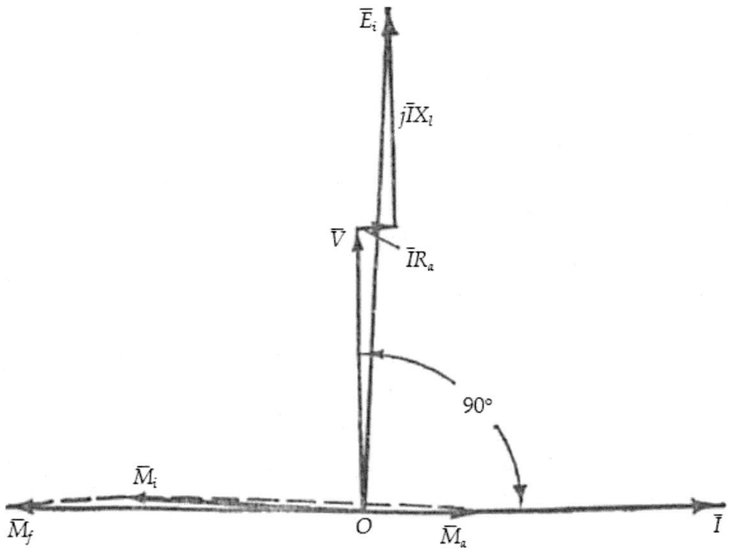

Figure 5-30 Potier's phasor diagram of synchronous generator in case of zero power-factor.

동이 된다. 따라서 그림 5-31과 같이 실험적으로 0역률 포화 곡선 상의 두 점 n, n'를 구하면 이 두 점과 무부하 포화 곡선으로부터 포시에르의 삼각형을 얻을 수 있다. 점 n은 0역률 전부하 포화 곡선 위에서의 정격 단자 전압의 점이다. 점 n'는 단자 전압이 0인 경우의 단락 정격 전류에 대한 계자 전류이므로 단락 특성 곡선으로부터 구해진다. 두 점 n, n'가 구해지면, n에서 수평축과 평행한 선을 긋고 $0'n = 0n'$가 되는 점 $0'$를 정하여, 점 $0'$에서 무부하 포화 곡선의 직선부(공극선)와 평행

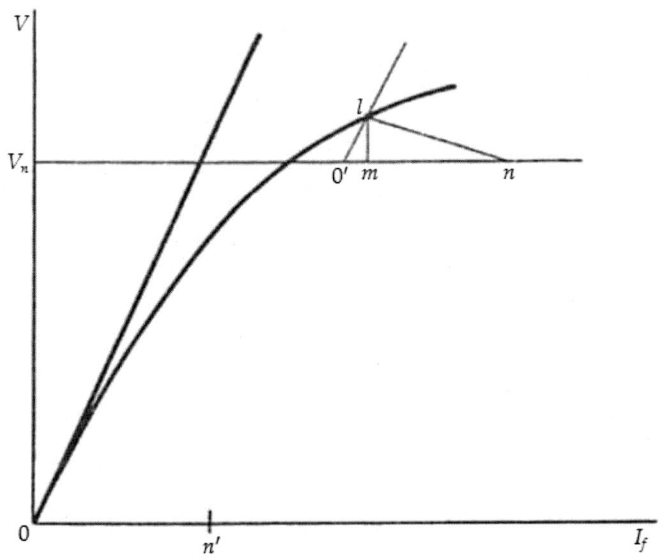

Figure 5-31 Searching of Potier's triangle.

한 선을 그어 무부하 포화 곡선과 만나는 점을 l이라 한다. 이 점 l에서 $0'n$에 수선을 내려 교점을 m이라 하면 삼각형 lmn이 포시에르의 삼각형이 된다.

Voltage Regulation of Synchronous Generator

전압변동률의 정의(*Definition of Voltage Regulation*). 동기발전기의 전압변동률은 여자 및 속도를 변화시키지 않고, 주어진 역률의 정격 출력에서 무부하로 했을 때의 전압 변동의 비율을 말하며, 보통 정격 전압에 대한 백분율([%]) 또는 [pu]로 나타낸다.

정격 단자 전압이 V, 정격 출력에서 무부하로 했을 때의 단자 전압을 V_0이라 하면, 전압변동률 ε은

$$\varepsilon = \frac{V_0 - V}{V} \quad [\text{pu}] \qquad \times 100 \quad [\%] \tag{5-70}$$

과 같이 정의된다. 전압변동률은 부하 전류의 크기에 따라 달라질 뿐만 아니라, 같은 부하 전류에서도 역률이 다르면 그 값이 달라진다. 그림 5-32는 이 관계를 나타낸 그림이다. 이와 같은 발전기의 부하 전류에 대한 단자 전압 특성을 **외부 특성**(*external characteristic*) 또는 **단자 특성**(*terminal characteristic*)이라 한다. 그림에서 알 수 있는 바와 같이, 유도 (지상) 부하의 경우에는 무부하 전압이 정격 단자 전압보다 높아 전압변동률이 정(양)의 값을 가지며, 용량 (진상) 부하의 경우에는 거꾸로 되어 전압변동률이 부(음)의 값을 가진다.

대체로, 동기발전기의 전압변동률은 자동 전압 조정기(automatic voltage regulator)를 병용하지 않는 기계에서는 역률 1.0일 때 15~18 [%], 역률 0.8(지상)일 때 25~30 [%] 정도이다. 자동 전압 조정기를 병용하는 기계에서는 역률 1.0일 때 18~25

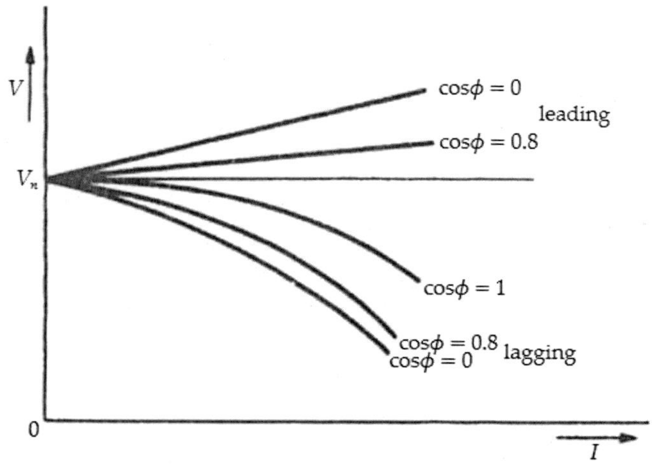

Figure 5-32 Voltage regulation of synchronous generator.

[%], 역률 0.8(지상)일 때 30~40 [%] 정도이다.

Calculation of Voltage Regulation

(1) Empirical A.I.E.E. Method

앞에서 논의된 바와 같이, 포시에르의 삼각형에서 누설 리액턴스 전압을 알아내면, 정격 전압 V, 전기자 저항 강하 IR_a, 그리고 누설 리액턴스 강하 IX_l을 그림 5-33과 같이 그릴 수 있으며, 내부 전압 E_i가 구해진다. 전기자 저항 R_a를 무시한 경우의 내부 전압 E_i는

$$E_i = \sqrt{(V\cos\phi)^2 + (V\sin\phi + IX_l)^2} \quad [\text{V}] \tag{5-71}$$

과 같이 된다. 그 다음, 그림 5-33 (a)에서 자기 포화를 고려하지 않은 경우의 무부하 정격 전압 V에 대한 계자 전류 I_{fg}를 공극선에서 구한다. 또한 단락 특성 곡선에서 단락 정격 전류 I에 대한 계자 전류 I_{fsh}(그림 5-29에서는 $0n'$가 됨)를 구한 후, 그림 5-33 (b)와 같이 I_{fg}와 I_{fsh}를 벡터적으로 합하면, OS가 전부하 전류가 흐를 때 정격 단자 전압을 얻기 위해 필요한 계자 전류가 된다.

그런데, 실제로는 필요한 자속이 발생하려면 자기 포화로 인하여 그림 5-33 (a)의 I_{fs}만큼 계자 전류가 더 흘러야 한다. I_{fs}는 내부 전압 E_i에 대한 자기 포화의 효과를

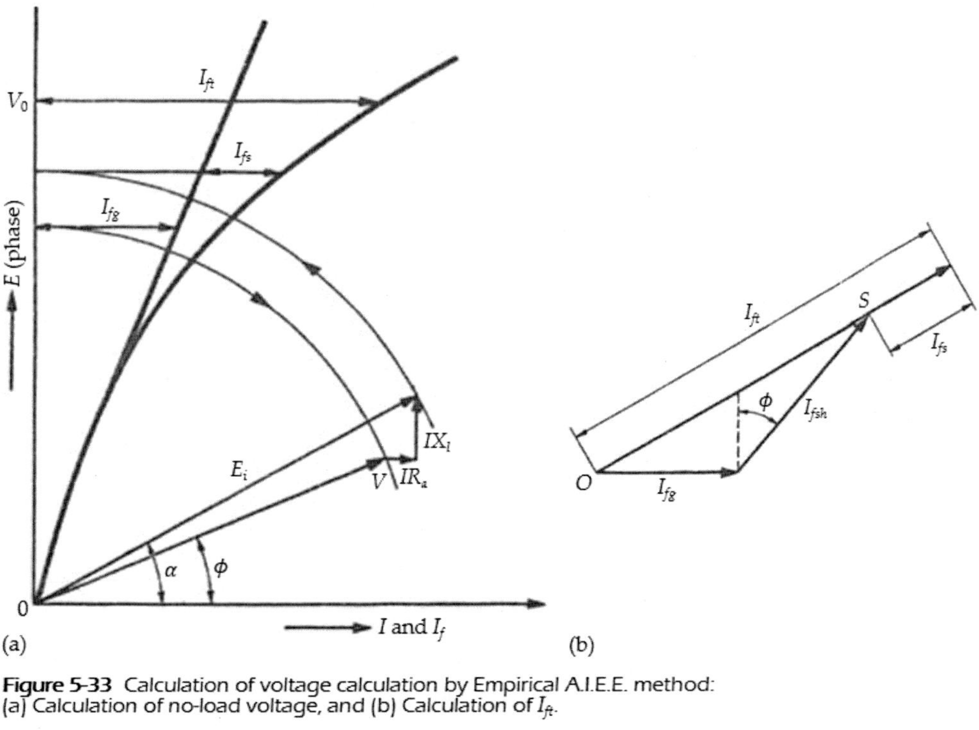

Figure 5-33 Calculation of voltage calculation by Empirical A.I.E.E. method: (a) Calculation of no-load voltage, and (b) Calculation of I_{ft}.

보상하기 위한 계자 전류 성분이다. 따라서, OS에 I_{fs}를 더한 I_{ft}가 정격 전류에서 정격 단자 전압을 얻기 위해 필요한 전체 계자 전류가 된다.

I_{ft}에 대한 무부하 전압을 무부하 포화 곡선에서 구하여 전압변동률을 계산한다.

(2) J.E.C.(Japanese Electrotechnical Committee) Method

그림 5-34 (a)의 무부하 포화 곡선 및 단락 곡선, (b)의 페이서도를 참고하면, 정격 전류에서 정격 전압을 얻기 위해 필요한 계자 전류 I_f는

$$I_f = \sqrt{I_{f1}^2 + I_{f2}^2 + 2I_{f1}I_{f2}\cos\varphi} \qquad [A] \tag{5-72}$$

와 같이 구해진다. 여기서 V는 정격 단자 전압(선간), I는 정격 전류, v는 전기자 1상의 전압 강하, I_{f1}은 무부하 포화 곡선 상에서 $V_r = V + \sqrt{3}\,v$에 대응하는 계자 전류, 그리고 I_{f2}는 단락 곡선 상에서 I에 대응하는 계자 전류이다. 계산에 필요한 삼각 공식(trigonometric formula)은

$$\varphi = 180° - (90° - \alpha + \phi) = 90° + \alpha - \phi$$
$$\cos\varphi = \cos(90° + \alpha - \phi) = -\sin(\alpha - \phi)$$

이다. 또한, α는 매우 작으므로 $\alpha \simeq 0$이라 하면 $\cos\varphi \simeq \sin\phi$가 되어, 식 (5-72)는

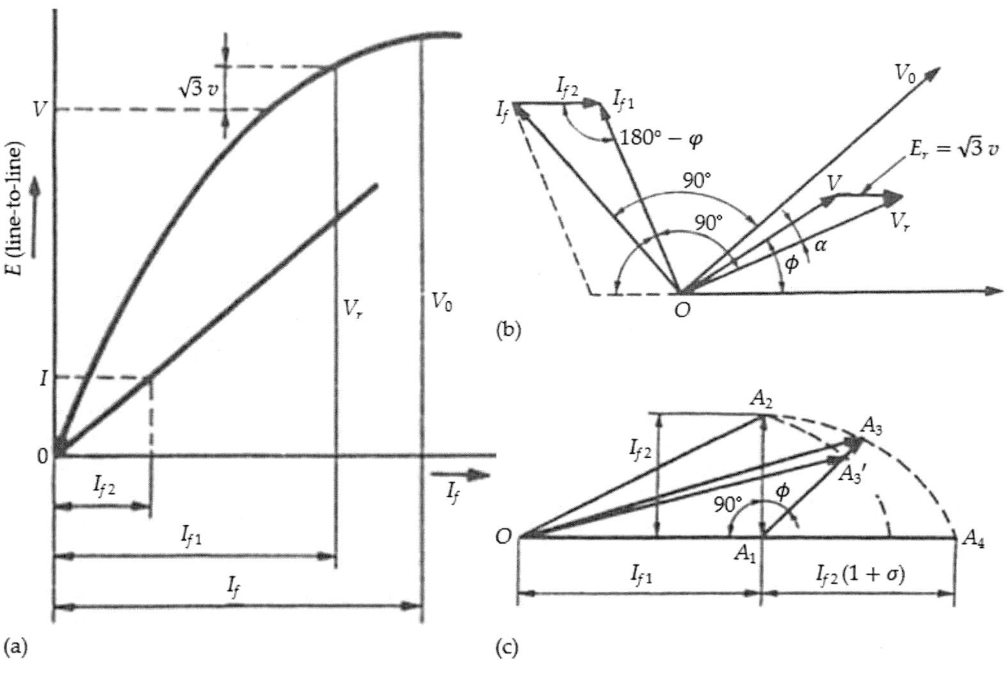

Figure 5-34 Calculation of voltage calculation by JEC method:
(a) Calculation of no-load voltage, (b) Calculation of field current, and (c) Correction of field current.

Table 5-1 Values of k according to power-factor

$\cos\phi$	1.0	0.95	0.90	0.85	0.80	0
Salient-pole generator	1.00	1.10	1.15	1.20	1.25	$1+\sigma$
Turbine generator	1.00	1.00	1.05	1.10	1.15	$1+\sigma$

$$I_f = \sqrt{{I_{f1}}^2 + {I_{f2}}^2 + 2I_{f1}I_{f2}\sin\phi} \quad [\mathrm{A}] \tag{5-73}$$

이 된다. 여기서 ϕ는 부하 역률각이다.

그런데, I_f는 부하 역률이 낮을수록 실측 값보다 작게 되므로 다음과 같이 보정한다. 그림 5-34 (c)에서, A_1이 중심이며 I_{f2}가 반경인 원을 그려, A_1A_2와 각도 ϕ를 이루는 직선과 원과의 교점을 A_3'라 하면, OA_3'가 식(5-72)의 계자 전류 I_f를 나타낸다. 이렇게 하면 앞에서 설명한 바와 같이, 실측 값보다 작게 되므로 A_1이 중심, I_{f2}가 반경인 원 대신 I_{f2}와 $(1+\sigma)I_{f2}$를 각각 반축의 길이로 하는 타원호(elliptical arc) $A_2A_3A_4$를 그려, A_1A_2와 각도 ϕ를 이루는 직선과 타원호와의 교점을 A_3이라 하면, OA_3이 보정된 계자 전류 I_f를 나타낸다. 여기서 σ는 $(1.2\times$ 정격 전압$)$에 대한 포화율(saturation factor)이다. 임의의 전압에서의 포화율은 다음과 같이 정의된다: 어떤 전압을 유기하기 위해 필요한 포화를 고려한 경우와 포화를 무시한 경우의 계자 전류 사이의 차이의 포화를 무시한 경우의 계자 전류에 대한 비(ratio).

역률 $\cos\phi$에서 A_1A_3은

$$A_1A_3 = k\,I_{f2} \tag{5-74}$$

가 되며, OA_3, 즉, 계자 전류 I_f는

$$I_f = \sqrt{{I_{f1}}^2 + k^2{I_{f2}}^2 + 2kI_{f1}I_{f2}\sin\phi} \quad [\mathrm{A}] \tag{5-75}$$

와 같이 된다. 여기서 k는

$$k = \frac{1+\sigma}{\sqrt{(1+\sigma)^2\cos^2\phi + \sin^2\phi}}$$

이며, 표로 나타낸 것이 표 5-1이다.

이 I_f에 대한 무부하 포화 곡선 상의 전압을 V_0으로 하여 전압변동률을 계산한다.

(3) 기전력법(Electro-motive Force Method)

임의의 역률인 전부하의 전압변동률을 구하는 방법 중 한 가지인 이 방법에서는, 먼저 실측에 의해 0역률 전부하 포화 곡선을 작도한 후, 임의의 역률에 대한 전부하 포화 곡선을 구한다. 0역률 전부하 포화 곡선을 얻기 위해서는, 피 시험기를 가변 전원에 연결하여 무부하 전동기로 동작시키고, 전동기의 전류가 정격 전류가 되도록 여자 전류를 조정하여, 전압과 여자 전류를 측정하는 시험을 전압을 바꾸며 가며 반복한다.

그림 5-35와 같은 발전기의 무부하 포화 곡선과 위와 같은 방법으로 얻어진 0역률 전부하 포화 곡선을 이용하여 임의의 역률에 대한 전부하 포화 곡선 MPP'를 얻는 방법은 다음과 같다. 그림 5-35 (b)에서 선분 BD를 저항 강하 IR_a와 같도록 하고, 점 D에서 수선 $A'D$를 긋는다. 또 역률각 ϕ를 그림과 같이 취하고 선 BC'를 긋는다. 임의의 여자 전류, 예컨대 그림 5-35 (a)의 점 c에서 수직선을 그으면, 곡선 $0L$과 MN 사이에 끼인 선분 ab는 동기 리액턴스 강하가 된다. 그림 5-35 (b)에서 점 B가 중심, 선분 ab가 반경인 원과 선 $A'D$의 교점을 점 A라 한다. 또한, 점 A가 중심, 선분 ac를 반경으로 하는 원과 선 BC'의 교점을 점 C라 하면, 선분 BC가 역

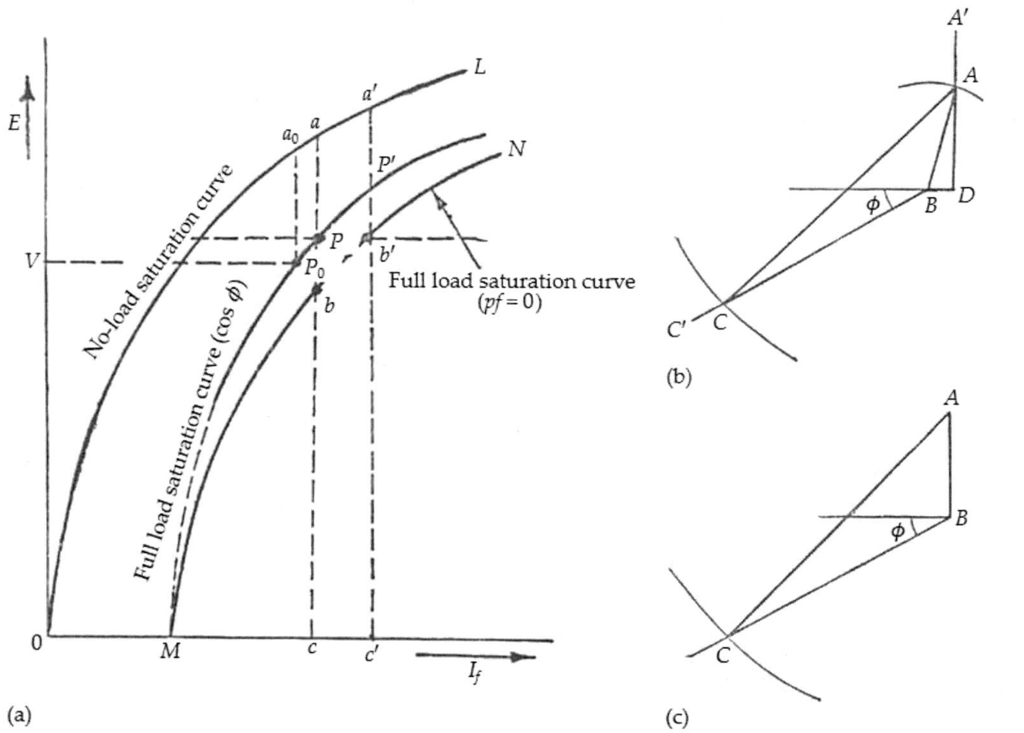

Figure 5-35 Calculation of voltage calculation by electro-motive-force method: (a) Obtaining the full load saturation curve, (b) Calculation of voltage drop, and (c) The case of resistance is neglected.

률 $\cos\phi$일 때의 여자 전류 $0c$에 대응하는 전부하 포화 곡선 상의 점 P가 된다. 즉, 선분 ca 위에 선분 BC와 같도록 선분 cP를 취하면 점 P가 역률 $\cos\phi$의 전부하 포화 곡선 상의 점이 된다.

다른 여자 전류에 대해서도 이와 같이 하여 역률 $\cos\phi$의 전부하 포화 곡선 상의 점들을 얻을 수 있으며, 이 점들을 이으면 임의의 역률에 대한 전부하 포화 곡선이 얻어진다. 그러면 무부하 포화 곡선과 임의 역률 전부하 포화 곡선으로부터, 임의의 역률일 때의 전압변동률이 산정될 수 있다. 또한 저항 강하 IR_a를 무시하면, 그림 5-35 (b)는 (c)와 같이 간단하게 된다.

이와 같이 하면, 곡선 MPP'가 정격 전압 V의 선과 P_0에서 만났다면, 선분 P_0a_0의 정격 전압에 대한 비율 또는 백분율이 전압변동률이 된다.

5B PARALLEL OPERATION OF SYNCHRONOUS GENERATORS-REVISITED

Necessary Conditions for Parallel Operation

동기발전기를 병렬 운전하기 위해 각 발전기가 만족해야 하는 조건은 다음과 같다:

i) 기전력의 크기가 같을 것,
ii) 기전력의 위상이 같을 것,
iii) 기전력의 주파수가 같을 것, 그리고
iv) 기전력의 파형이 같을 것.

즉, 모든 순간의 기전력의 순시치(instantaneous value)가 같아야 한다. 하지만, 용량이 반드시 같아야 할 필요는 없다. 첫째 조건은 계자 전류의 조정에 의해 만족시킬 수 있으며, 전압계로 확인할 수 있다. 둘째와 셋째 조건은 발전기의 속도, 즉 조속기(governor)에 의해, 원동기의 속도를 조정하여 만족시킬 수 있으며, 이것은 동기 검정기(synchroscope)를 이용하여 조사할 수 있다. 넷째 조건은 발전기 제작 상의 문제로서, 운전 중에는 그 영향이 매우 적다.

또한, 부하의 변동에 대해, 항상 각 발전기가 용량에 비례하여 부하를 분담하려면, 원동기가 다음의 조건을 만족해야 한다:

i) 균일한 각속도를 가질 것, 그리고
ii) 적당한 속도변동률(speed regulation)을 가질 것.

터빈 발전기와 수차 발전기에서는 회전 중의 각속도가 균일하여 첫째 조건이 만족되지만, 왕복동 기관(reciprocating engine)으로 구동되는 엔진 발전기에서는 플라이휠(flywheel)을 붙여 가능한 한 균일한 각속도에 가깝게 해야 한다. 또한, 단독 운전의 경우에는 부하 변동에 대해 속도변동률이 작은 것이 좋지만, 병렬 운전의 경우에는 부하의 분담을 원활하게 하기 위하여 수하 특성(drooping characteristic)의 적당한 속도변동률을 갖는 것이 필요하다. 하지만, 원동기에 대한 것은 최초에 설비할 때에 고려해야 할 조건이므로 동기발전기를 병렬 운전하려고 하는 경우에는 발전기에 필요한 조건만 고려하면 된다.

Method of Parallel Operation

그림 5-36에 보여진 바와 같이, 모선에 접속되어 운전 중인 발전기 *A*에 발전기 *B*를 병렬 운전하려고 하는 경우를 고려한다. 먼저, 발전기 *B*를 원동기로 서서히 구동하여 정격 속도에 가깝도록 하고, 계자 가변 저항기를 조정하여 단자 전압을 모선 전압과 같게 한다. 그 다음 발전기 *A*, *B*의 동기(synchronism)를 검정한다. 그림 M. 1에 있는 3개의 전등 L_1, L_2, L_3은 동기 검정기(synchroscope)의 한 가지 예로서, L_1은 상(phase) $a–a'$ 사이에, L_2는 상 $b–c'$ 사이에, 그리고 L_3은 상 $c–b'$ 사이에 각각 접속한다. 이 경우 두 발전기의 주파수가 일치하지 않으면 전등이 명멸한다(밝아졌다 어두워졌다를 반복한다). 발전기 *B*의 속도가 발전기 *A*보다 빨라 발전기 *B*의 주파수가 발전기 *A*보다 높은 경우에는, 전등이 L_1–L_2–L_3의 순서로 밝게 되어, 마치 빛이 반시계 방향으로 도는 것처럼 보인다. 반대로, 발전기 *B*의 주파수가 낮으

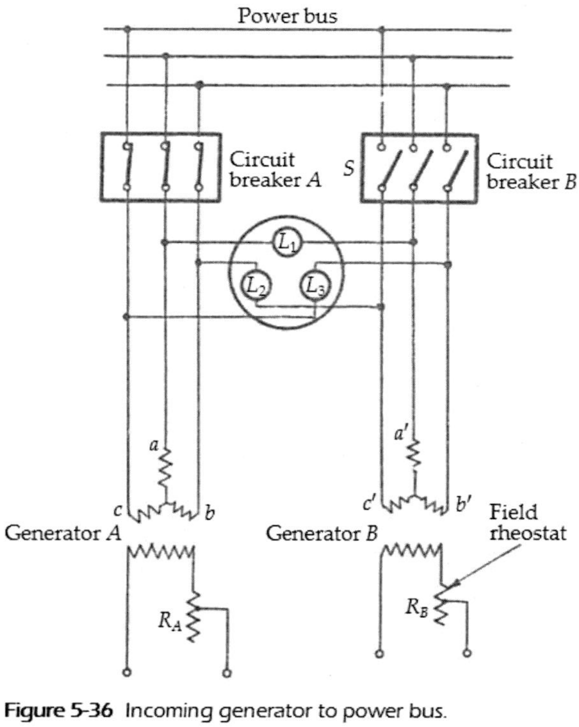

Figure 5-36 Incoming generator to power bus.

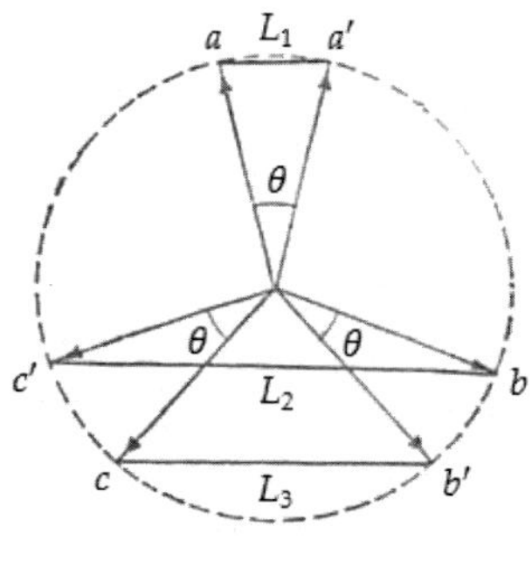

Figure 5-37 Voltage phasor diagram of synchronizing lamps.

면, 빛의 회전 방향은 L_1–L_3–L_2의 순서로 되므로, 빛의 회전 방향에 의해 속도의 느리고 빠름을 판단할 수 있다.

그림 5-37은 발전기 B의 위상이 A보다 각도 θ만큼 뒤진 순간에 전등 L_1, L_2, L_3에 걸리는 전압의 페이서도이다. L_1, L_2, L_3에 걸리는 전압은, 각각, $\overline{aa'}, \overline{bc'}, \overline{cb'}$이며, 발전기 A, B의 주파수를 f, f'라 하면, 각속도는 $\omega = 2\pi f$, $\omega' = 2\pi f'$이므로, $\theta = (\omega' - \omega)t$가 시시각각으로 변하기 때문에 $\overline{aa'}, \overline{bc'}, \overline{cb'}$의 길이도 변화하여 전등이 명멸한다. 시간에 따른 θ의 변화를 알자면, 페이서 a, b, c는 고정해 놓고 페이서 a', b', c'를 $(\omega' - \omega)$의 각속도로 돌리면 된다. 발전기 B의 속도가 빠르면 a', b', c'를 반시계 방향으로, 느린 경우에는 시계 방향으로 돌려 $\overline{aa'}, \overline{bc'}, \overline{cb'}$의 길이의 변화를 조사하면, 발전기 B의 속도와 빛의 회전 방향과의 관계를 알 수 있다. 이와 같이 하여 발전기 A에 대한 발전기 B의 속도의 느리고 빠름을 판단할 수 있으므로, 발전기 B의 속도를 조정하여 발전기 A, B의 주파수를 같게 할 수 있다.

발전기 B의 주파수가 A와 가깝게 되면 빛의 회전은 점차 완만해지며, 주파수가 완전히 일치하면 빛의 회전은 정지하고 각 전등은 일정한 광도(밝기)를 가진다. 위상도 일치하면 페이서 a, b, c와 a', b', c'가 완전히 일치하여, L_1은 꺼지고 L_2, L_3는 같은 밝기가 된다. 이 순간이 주파수가 일치하고 위상도 같게 된 순간이므로, 이때 차단기 S를 닫으면 발전기 A, B는 병렬 운전 상태로 된다.

이상의 설명은 동기 검정용으로 3개의 전등을 사용한 경우인데, 지침형 동기 검정기를 사용하는 경우에는 발전기 B의 주파수가 A보다 높은지 낮은지에 따라 지침이 좌우로 회전한다. 이 경우 지침의 회전 방향을 보고 발전기 B의 회전 속도를 조정한다. 동기 상태가 되면 지침이 동기점(synchronized point)에서 정지하므로 이때 S를 닫으면 된다.

지침형 동기 검정기(indicator type synchroscope)의 일종이 그림 5-38에 보여져 있다. 이 검정기는 계자 성층 철심 F와 자유로이 회전할 수 있는 전기자 철심 A로 구성되고, 코일 F, F'는 고저항 R_f를 통하여 모선에 접속된다. A에는 서로 직교하는 2개의 코일 a, b를 감고, a에는 저항 R, b에는 리액턴스 X를 연결하며, 이들을 병렬로 하여 슬립 링을 통하여 동기발전기 단자에 접속한다. 그러면, F의 전류는 V와, a의 전류는 V'와 동상이 되며, a와 b는 90°의 위상차를 가진다. V'와 V가 동상일때에는 코일 F와 a의 전류가 동상이며, a와 F의 자기 축(magnetic axis)이 일치하는 방향에서 A가 정지한다. V'가 180°의 위상차를 가질 때에는 위의 경우와는 반대인 방향에서 정지한다. 위상차가 90° 또는 270°일 때에는 b와 F의 자기 축이 일치하는 점에서 정지하고, A의 지침 P는 이들의 상차각(phase difference angle)을 지시한다.

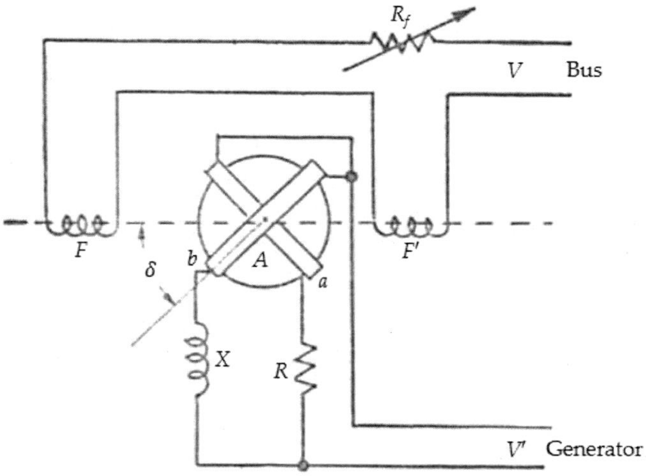

Figure 5-38 Indicator type synchroscope.

발전기와 모선의 주파수가 다를 때에는 시간에 따라 위상차 각이 변화하므로, A가 회전한다. 그 속도는 주파수 차이가 클수록 빠르고, 발전기 주파수가 모선 주파수보다 큰지 작은지에 따라 회전 방향도 반대로 된다. 발전기가 동기 속도에 이르면 지침이 위상차에 비례하는 위치에서, 그리고 위상차가 0이 되면 F의 자기 축 방향에서 정지한다.

대용량 기계에서는 동기화 조작을 수동으로 하면 오동작시킬 우려가 있으므로 병렬 운전의 조건이 만족되는 순간에 자동으로 차단기를 투입하는 자동 동기 장치를 사용한다. 하지만, 차단기는 투입 차단기의 접점이 동작하여 접촉자(contactor)가 닫힐 때까지 대략 0.2~0.7 [s]의 부동 시간(불감 시간, dead time)이 있으므로, 위상 일치점보다 그 만큼 빨리 지령(command)을 내릴 필요가 있다.

Reactive Circulating Current and Synchronizing Current

무효 순환 전류(*Reactive Circulating Current*). 무효 순환 전류는 병렬 운전 중인 발전기 사이의 여자 전류의 차이, 즉, 유기기전력의 차이에서 생기는 순환 전류이다.

병렬 운전 중인 같은 정격의 동일한 2대의 3상 발전기의 결선도가 그림 5-39에 보여져 있다. 발전기 A의 여자를 B보다 세게 한 경우, 무부하일 때

$$\bar{I}_c = \frac{\bar{E}_A - \bar{E}_B}{2\bar{Z}_s} \simeq \frac{\bar{E}_A - \bar{E}_B}{2jX_s} \quad [\text{A}] \qquad (5\text{-}76)$$

과 같은 순환 전류 $\bar{I}_c$가, 그림 5-40의 페이서도에 보여진 위상으로, 흐른다. 여기서 $\bar{Z}_s$는 발전기의 동기 임피던스, X_s는 동기 리액턴스이다. 이 전류 $\bar{I}_c$는 유기기전력보다 90° 지상 전류가 되므로, 발전기 A에 대해서는 전기자 반작용이 감자 작용을

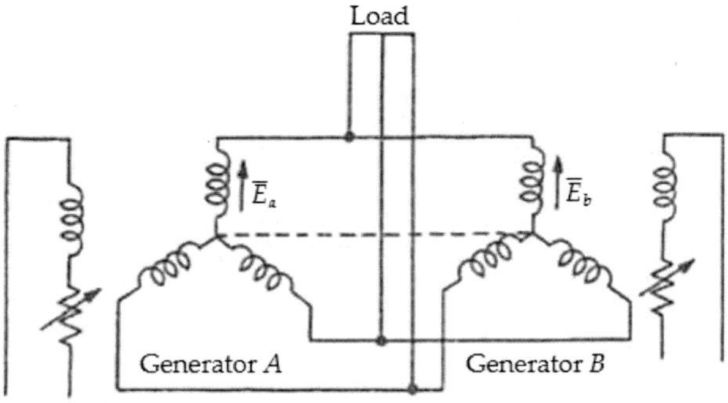

Figure 5-39 Three-phase circuit diagram of parallel operating generators.

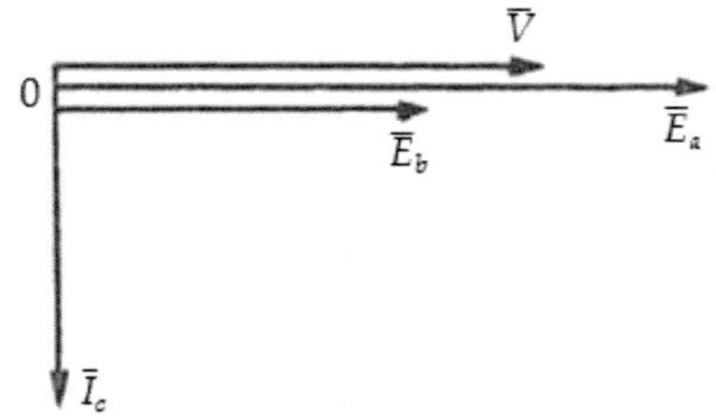

Figure 5-40 Phasor diagram of reactive circulating current.

하여 단자 전압이 $\bar{V}$가 되도록 발전기 A의 전압을 낮아지게 한다. 하지만, 발전기 B에 대해서는 그림 5-41과 같이 $-\bar{I}_c$로서 90° 진상 전류가 되어 증자 작용을 하여 단자 전압을 $\bar{V}$까지 오르게 하며, 결국 두 발전기의 전압이 같아지게 된다.

부하 전류 $\bar{I}$가 흐르는 경우의 페이서도는 그림 5-42와 같으며, 각 발전기의 전류 $\bar{I}_a$, $\bar{I}_b$는

$$\bar{I}_a = \frac{\bar{I}}{2} + \bar{I}_c; \qquad \bar{I}_b = \frac{\bar{I}}{2} - \bar{I}_c \qquad [\mathrm{A}] \tag{5-77}$$

이 된다. 또한 발전기 A의 역률은 $\cos\phi_a$, 발전기 B의 역률은 $\cos\phi_b$가 되어, 부하 역률 $\cos\phi$와는 다른 값이 된다. 이 전류 $\bar{I}_c$는 $\bar{V}$와 90°의 위상차가 있어 유효 전력이 발생하지 않으므로 **무효 순환 전류**(*reactive circulating current*)라 한다. 이 무효 순환 전류로 인하여 각 발전기가 분담하는 무효 전력이 서로 다르게 된다.

동기화 전류(*Synchronizing Current*). 병렬 운전 중인 발전기의 전압 사이에 위상차가 있을 때 나타나는 순환 전류이다.

그림 5-43과 같이 같은 부하를 1/2씩 분담하며 병렬 운전하고 있는 발전기 A, B에서 어떤 원인으로 인해 발전기 A의 유기 기전력의 위상이 발전기 B보다 δ_s만큼

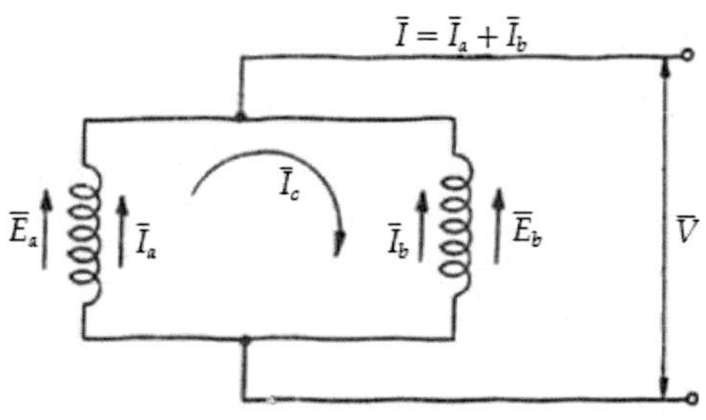

Figure 5-41 Simplified circuit diagram of parallel operating generators.

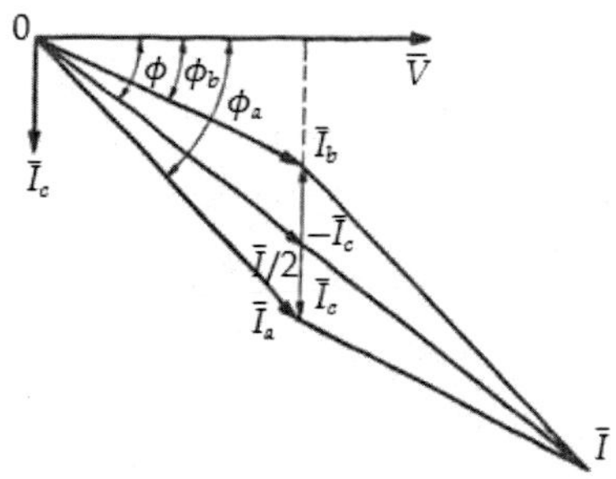

Figure 5-42 Phasor diagram of parallel operating generators with reactive circulating current.

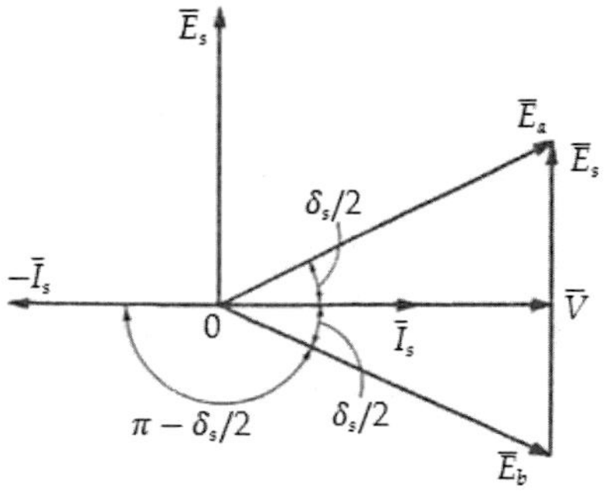

Figure 5-43 Phasor diagram of parallel operating generators with synchronizing current.

앞서게 된 경우를 고찰한다. 이 경우,

$$\overline{E}_s = \overline{E}_a - \overline{E}_b \qquad [V] \tag{5-78}$$

과 같은 발전기 A, B의 유기기전력의 차이에 해당하는 전압 $\overline{E}_s$가 이 2대의 발전기만으로 이루어지는 폐회로에 걸리게 되어

$$\overline{I}_s = \frac{\overline{E}_s}{2\overline{Z}_s} = \frac{\overline{E}_a - \overline{E}_b}{2\overline{Z}_s} \simeq \frac{\overline{E}_s}{2jX_s} \qquad [A] \tag{5-79}$$

와 같은 순환 전류 $\overline{I}_s$가 흐른다. 이 전류 $\overline{I}_s$는 전기자 저항을 무시하면 전압 $\overline{E}_s$보다 90° 뒤지며, 전압 $\overline{E}_a$보다는 $\delta_s/2$만큼 뒤진다. 또한, 전압 $\overline{E}_b$에 대해서는 $-\overline{I}_s$가 되므로 그 위상차는 $\pi - \delta_s/2$이다.

이 전류로 인한 전력은 발전기 A에 대해서는 매 상당(per each phase)

$$P_a = E_a I_s \cos\frac{\delta_s}{2} \qquad [W] \tag{5-80}$$

그리고 발전기 B에 대해서는

$$P_b = E_b I_s \cos\left(\pi - \frac{\delta_s}{2}\right) \qquad [W] \tag{5-81}$$

이 되는데, 이 전력은 발전기 A에 대해서는 정(양)의 값으로서 부하의 증가로 작용하는 한편, 발전기 B에 대해서는 부(음)의 값으로서 부하의 감소로 작용한다. 그림 5-43은 이 관계를 모두 나타낸 페이서도이다. 그림에서 $|\overline{E}_a| = E_a = |\overline{E}_b| = E_b = E_0$이라 하면,

$$E_a \cos\frac{\delta_s}{2} = E_b \cos\frac{\delta_s}{2} = E_0 \cos\frac{\delta_s}{2}$$

이므로, 발전기 A, B 사이의 수수 전력(주고 받는 전력)은

$$P = E_0 I_s \cos\frac{\delta_s}{2} = E_0 \frac{E_s}{2Z_s}\cos\frac{\delta_s}{2} = \frac{E_0^{\ 2}}{2Z_s}\sin\delta_s \qquad [\mathrm{W}] \tag{5-82}$$

가 된다. 이 전력 P는 발전기 A에는 (+) 부하가 되고, 발전기 B에는 (–) 부하가 된다. 즉, 발전기 A의 부하는 P만큼 증가하여 속도가 감소하고, 발전기 B의 부하는 P만큼 감소하여 속도가 증가한다. 이에 따라 발전기 A의 위상은 늦어지고, 발전기 B의 위상은 빨라져, 결국 두 발전기 A, B의 전압의 위상이 일치하게 된다. 이와 같이, 전류 I_s에 의해 유효 전력이 발생하고, 이 전력의 수수에 의해, 두 발전기가 동기로 되도록 동기화 작용을 하므로, 이 전류 I_s를 **동기화 전류**(*synchronizing current*)라 한다.

동기화력(*Synchronizing Power*). 병렬 운전 중인 발전기를 동기 상태로 유지하려는 작용은 동기화 전류에 의한 수수 전력의 위상차에 대한 미분 $dP/d\delta_s$가 클수록 그 효과가 크다. 즉, 동기화 전류 I_s에 의해 위상차 δ_s가 없어지도록 원래 상태로 복구시키려는 경향 P_s는

$$P_s = \frac{dP}{d\delta_s} = \frac{E_0^{\ 2}}{2Z_s}\cos\delta_s \simeq \frac{E_0^{\ 2}}{2X_s}\cos\delta_s \qquad [\mathrm{W/rad}] \tag{5-83}$$

과 같으며, 이를 **동기화력**(*synchronizing power*)이라 한다.

EXAMPLE **5-6** 무부하로 병렬 운전하고 있는 같은 정격의 두대의 3상 동기발전기가 있다. 대응하는 기전력 사이에 30°의 위상차가 있을 때, 한쪽 발전기로부터 다른 발전기로 공급되는 kW 전력은 얼마인가? 여기서 각 발전기의 기전력(선간)은 3300 [V], 동기 리액턴스는 5 [Ω]이며, 전기자 저항은 무시할 수 있다

SOLUTION 식 (5-82)에 의하여

$$P = \frac{E_0^{\ 2}}{2Z_s}\sin\delta_s \simeq \frac{E_0^{\ 2}}{2x_s}\sin\delta_s = \frac{E_0\left(\frac{3300}{\sqrt{3}}\right)^2}{2\times 5}\times\frac{1}{2} = 544.5\ [\mathrm{kW}]$$

EXAMPLE **5-7** 같은 정격이며, 원동기 기계 입력이 같은 두대의 3상 동기발전기 A, B가 병렬 운전하며 0.8 지상 역률 부하에 400 [A]의 전류를 부하에 공급하고 있다. 이 때 발전기 A의 여자를 증가하여 발전기 A의 전류를 250 [A]가 되도록 하였다. 부하는 불변일 때, 각 발전기의 역률과 발전기 B의 전류를 구하라.

SOLUTION 그림 5-44의 페이서도를 참고한다.

발전기 A, B의 전류 I_a, I_b의 페이서합은 400 [A]이다. A, B가 균등하게 부하를 분담하므로, 발전기 A의 부하 P_a, 발전기 B의 부하 P_b, 그리고 총 부하 P는

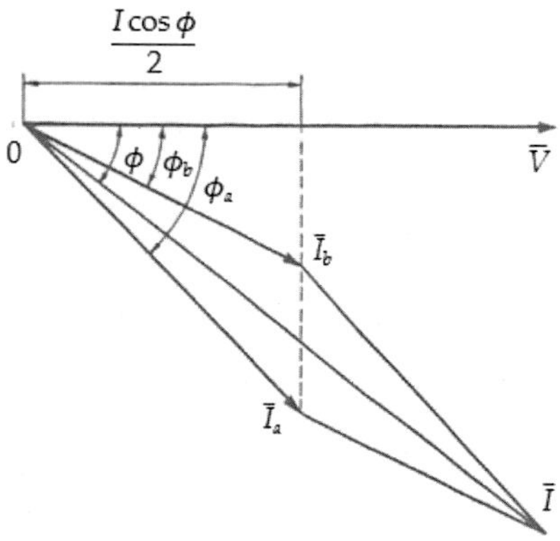

Figure 5-44 Phasor diagram of Example 5-7.

$$P_a = \sqrt{3}VI_a\cos\phi_a;\quad P_b = \sqrt{3}VI_b\cos\phi_b;\quad P = P_a + P_b = \sqrt{3}VI\cos\phi$$
$$\therefore P_a = P_b = \frac{1}{2}(P_a + P_b);\quad I_a\cos\phi_a = I_b\cos\phi_b = \frac{1}{2}I\cos\phi$$

$I_a = 250, I = 400,$ 그리고 $\cos\phi = 0.8$을 대입하면

$$250\cos\phi_a = I_b\cos\phi_b = \frac{1}{2}\times 400\times 0.8$$

그러므로

$$\cos\phi_a = 160/250 = 0.64\ [\text{pu}]$$
$$I_b\cos\phi_b = 160$$

무효분의 관계식 $I_a\sin\phi_a + I_b\sin\phi_b = I\sin\phi$에서

$$I_b\sin\phi_b = 400\sqrt{1-0.8^2} - 250\sqrt{1-0.64^2} = 47.5$$
$$\tan\phi_b = I_b\sin\phi_b/I_b\cos\phi_b = 47.5/160 = 0.297$$
$$\cos\phi_b = \cos\left(\tan^{-1}0.297\right) = 0.96\ [\text{pu}]$$

또한 발전기 B의 전류 I_b는

$$I_b = 160/\cos\phi_b = 160/0.96 = 166.9\ [\text{A}]$$

Division of Loads

병렬 운전을 하기 위해 연결된 발전기에 임의의 역률의 부하를 걸면, 이 부하에 대한 유효 전력의 배분은 각 발전기가 그것의 원동기로부터 받는 기계 동력에 비례하여 정해지며, 무효 전력의 배분은 각 발전기에 줄어진 여자의 크기에 따라 결정된다.

무효 전력의 배분(*Division of Reactive Power*). 병렬 운전 중인 각 발전기의 단자 전압은 크기가 같고 같은 위상이어야 한다. 발전기 A, B가 병렬 운전하고 있는 경우, 발전기 A의 여자를 증가시키면 두 발전기의 유기 전압 사이에 불평형이 생기므로

발전기 A, B 사이에 무효 순환 전류가 흐른다. 이 전류는 발전기 A에 대해서는 지상 전류가 되어 발전기 A의 단자 전압을 낮아지게 하고, 발전기 B에 대해서는 진상 전류가 되어 단자 전압을 높아지게 하여 결국 두 발전기의 단자 전압이 같아지도록 한다는 것이 앞에서 검토되었다. 이와 같은 무효 순환 전류가 흐르면, 발전기 A는 그만큼 무효 전류가 증가하고, 발전기 B는 감소한다. 즉, 병렬 운전하고 있는 발전기의 여자 전류를 변화시키면 무효 전력의 배분을 바꿀 수 있다.

유효 전력의 배분(*Division of Active Power*). 병렬 운전 중인 각 발전기의 유효 전력의 배분은 원동기로부터의 동력 입력의 조정에 의해 이루어진다. 발전기 A, B가 병렬 운전하고 있는 경우, 발전기 B의 원동기의 조속기(governor)를 조정하여 발전기 B의 기계 동력 입력을 증가시키면 B의 유기 전압의 위상이 A의 위상보다 앞서려 한다. 이로 인해, 발전기 A, B 사이에 동기화력이 작용하여 발전기 B의 유효 전류, 즉, 유효 부하는 증가하고, 발전기 A의 유효 부하(전류)는 감소하여 유효 전류 또는 유효 부하의 배분이 새롭게 된다. 이 경우, 선로의 주파수 및 전압을 일정하게 유지하기 위해서는, 발전기 A의 조속기도 조정하여 발전기 A로 들어가는 원동기 입력을 발전기 B의 조속기 조정에 의해 발전기 B에 추가로 주어진 원동기 입력만큼 감소시켜야 한다.

조속기 특성과 부하 배분(*Governor Characteristic and Load Division*). 병렬 운전 중에 계통의 부하가 변화한 경우, 부하의 배분은 각 발전기의 원동기에 있는 조속기의 특성에 따라 자동적으로 이루어진다. 일반적으로, 안정하게 병렬 운전이 이루어지려면 조속기의 속도-부하 특성이 수하 특성(drooping characteristic)을 가져야 한다. 조속기의 특성을 나타내는 **속도변동률**(*speed regulation*) 또는 **속도조정률**(*speed variation*) S는

$$S = \frac{N_0 - N}{N} \times 100 \qquad [\%] \tag{5-84}$$

와 같이 정의된다. 여기서 N은 정격 출력에서의 정격 회전 속도, N_0은 조속기를 조정하지 않고 정격 출력에서 무부하로 한 경우의 회전 속도이다. 대체로 속도변동률은 2~3 [%]이며, 보상기(compensator)에 의해 S의 값을 0~6 [%]로 조정할 수 있다. S의 값에 따라 속도-부하 특성 곡선의 기울기가 결정되는데, S의 값이 너무 작을 경우에는 속도 변동에 따르는 부하(전류)의 변화가 너무 심해 운전이 불안정하게 된다.

그림 5-45와 같이 서로 똑같은 속도-부하 특성을 가진 같은 정격의 두 발전기 A, B가 같은 부하를 지며 병렬 운전하고 있는 경우를 검토한다. 어떤 원인으로 발전기 A의 부하가 증가하여 I_a'로 된 경우, 그 속도는 느려지고, 발전기 B의 부하는

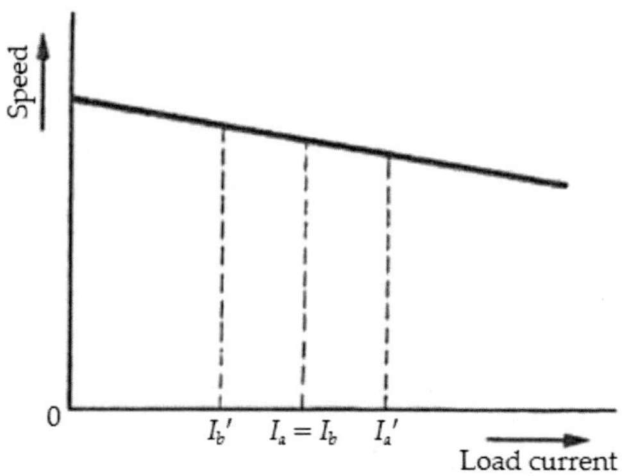

Figure 5-45 Speed variation of same generators.

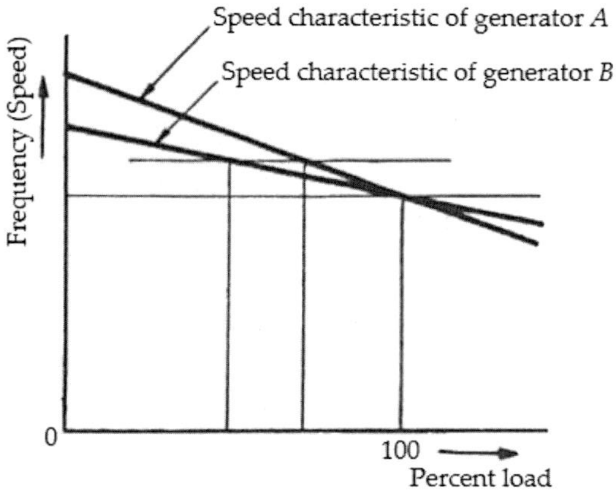

Figure 5-46 Speed variation of different generators.

I_b'로 감소하여 그 속도가 빨라진다. 따라서, 발전기 B의 위상이 A보다 앞서게 되어 동기화 전류에 의해 발전기 B로부터 발전기 A로 전력을 주게 되고, 결국에는 두 발전기의 부하 분담이 같아지게 된다. 이와 같은 작용은 속도 수하 특성이 클수록 좋지만 너무 지나치게 크면 속도변동률이 너무 커 부하 변동에 따른 주파수 특성이 매우 나빠지게 되므로, 보통 3~5 [%] 정도로 한다.

그림 5-46과 같이 서로 다른 속도변동률을 갖는 발전기를 병렬 운전하는 경우에는, 병렬 운전하는 두 발전기의 주파수가 같아야 한다는 것이 병렬 운전의 필요조건이다. 그림에서 확인할 수 있는 바와 같이, 각 발전기의 부하 분담이 전(full, 100 [%]) 부하에서는 각 발전기의 용량과 같게 되지만, 부분 부하에서는 각 발전기의 용량에 비례하지 않게 된다. 따라서, 발전기의 병렬 운전에 있어서 어떤 부하에 대해서든, 각 발전기의 용량에 비례하도록 부하가 배분되기 위해서는, 각 발전기의 백분율(percent; per-unit) 부하에 대한 속도변동률이 같아야 한다.

조속기에는 속도변동률을 조정하는 장치가 있으므로 이것으로 속도변동률을 같게 할 수 있다.

Hunting

난조 현상(*Hunting Phenomenon*). 병렬 운전 중인 동기발전기의 부하가 갑자기 증가한 경우에 나타나는 현상이다.

δ_1의 전력각(power angle; 부하각, load angle)으로 운전 중인 발전기에 갑자기 δ_2의 전력각에 해당하는 부하가 걸린 경우에 나타나는 현상을 검토한다. 회전자는 이 순간에 일시적으로 감속되어 새로운 부하에 대응하는 전력각 δ_2로 이동한다. 전력각이 δ_2가 되면 발전기의 감속 작용은 없어지지만, 회전자의 관성 모멘트 때문에 δ_2의 위치에 멈추지 않고 δ_2를 지나 δ_3의 위치까지 이동한다. 그러면 $\delta_3 - \delta_2$

의 위상차에 해당하는 동기화력이 작용하여 회전 속도를 높인다. 이 가속도로 인하여 전력각이 δ_2 쪽으로 감소하는데, 관성 때문에 δ_2가 되어도 멈추지 않고 지나치게 된다. 그러면, 동기화력이 부(음)이 되어 감속되므로 다시 δ_2를 지나 δ_3 부근까지 간다. 이와 같이 회전자가 δ_2를 중심으로 하여 진동하는 현상이 발생하는데, 이 현상을 난조(hunting)라 한다. 즉, 평균 속도는 동기 속도이지만, 순시 속도가 변화하는 현상이 난조이다.

이러한 진동 작용에 대해, 자극편(pole piece)의 와전류 및 계자 권선과 제동 권선(damper winding)에서의 유도 전류가 제동의 역할을 하여 난조를 억제하므로 진폭이 점점 줄어 들어 결국 전력각이 δ_2에 귀착된다. 하지만, 디젤 발전기처럼 원동기의 토크가 주기적으로 변화하는 경우에는, 이 주기가 난조의 주기에 접근하면 공진(resonance)이 발생하여 진폭이 점점 커지고 결국 발전기는 정지하게 된다.

난조 현상은 마치 스프링과 같은 탄성체에 장력(tension, tensile force)을 주어 잡아당긴 후 이것을 놓으면 탄성체가 주기적으로 진동하는 것과 같은 현상이다. 회전자의 관성 모멘트가 탄성체에, 제동 작용이 마찰에, 그리고 전력각에 기인한 동기화력이 장력에 대응된다.

부하가 변화하여 전력각 δ에서 평형되어야 하는 발전기가 회전자의 관성으로 인해 $\delta+\gamma$까지 이동하여 진동하는 경우를 검토한다. $\delta+\gamma$에서 δ로 돌아오려는 복원 토크(restoring torque)는

$$T = \frac{VE}{\omega X_s}[\sin(\delta+\gamma) - \sin\delta] \qquad [\mathrm{N\cdot m}] \tag{5-85}$$

와 같다. 그런데, γ가 매우 작으므로

$$\sin(\delta+\gamma) - \sin\delta = \sin\delta\cos\gamma + \cos\delta\sin\gamma - \sin\delta \simeq \gamma\cos\delta$$

와 같이 근사 계산을 하면 m상 발전기의 동기화 토크는

$$T = \frac{mVE}{\omega X_s}\gamma\cos\delta = k\gamma \qquad [\mathrm{N\cdot m}] \tag{5-86}$$

이 된다. 제동 권선 및 기타 부분에 의한 제동 계수(damping coefficient)를 D라 하면 제동 토크는

$$T_d = D\frac{d\gamma}{dt} \qquad [\mathrm{N\cdot m}] \tag{5-87}$$

과 같다. 회전자의 관성 모멘트 J에 의한 토크는

$$T_i = J\frac{d^2\gamma}{dt^2} \qquad [\text{N}\cdot\text{m}] \tag{5-88}$$

과 같다. 따라서, 각도 γ에 대한 난조의 동태 방정식(dynamic equation)은

$$J\frac{d^2\gamma}{dt^2} + D\frac{d\gamma}{dt} + k\gamma = 0 \tag{5-89}$$

와 같이 된다. 식 (5-89)를 풀어 γ를 구하면

$$\gamma = A\epsilon^{\alpha t} + B\epsilon^{\beta t} \qquad [\text{rad}] \tag{5-90}$$

이다. 여기서 α, β는

$$\alpha = \frac{-D + \sqrt{D^2 - 4kJ}}{2J}; \qquad \beta = \frac{-D - \sqrt{D^2 - 4kJ}}{2J} \tag{5-91}$$

과 같다.

식 (5-91)에서 $D^2 - 4kJ > 0$인 경우에는 진동, 즉, 난조가 발생하지 않는다. $D^2 - 4kJ < 0$일 때 난조가 발생하며, 이 경우의 γ는

$$\begin{aligned}\gamma &= A\epsilon^{\left(-\frac{D}{2J}+j\sqrt{\frac{k}{J}-\frac{D^2}{4J^2}}\right)t} + B\epsilon^{\left(-\frac{D}{2J}-j\sqrt{\frac{k}{J}-\frac{D^2}{4J^2}}\right)t} \\ &= \epsilon^{-\frac{D}{2J}t}\left[A\epsilon^{j\sqrt{\frac{k}{J}-\frac{D^2}{4J^2}}t} + B\epsilon^{-j\sqrt{\frac{k}{J}-\frac{D^2}{4J^2}}t}\right] \qquad [\text{rad}]\end{aligned} \tag{5-92}$$

와 같은 감쇠 진동파(decaying oscillating wave)가 되며, 그 진동 주파수는

$$f = \frac{1}{2\pi}\sqrt{\frac{mVE\cos\delta}{J}} \qquad [\text{Hz}] \tag{5-93}$$

이 된다. 식 (5-92)는 지수함수 곡선 $\epsilon^{-\frac{D}{2J}t}$에 따라 감쇠한다. 제동 D가 없는 경우의 주파수인 고유 진동 주파수(natural oscillating frequency) f_0은

$$f_0 = \frac{1}{2\pi}\sqrt{\frac{k}{\omega X_s J} - \frac{D^2}{4J^2}} \qquad [\text{Hz}] \tag{5-94}$$

와 같이 얻어진다.

난조의 원인과 방지책(*Causes and Preventing Methods of Hunting*). 난조의 정도가 가벼운 경우에는 동기화력의 변동에 따른 전류계, 전력계 등의 지침이 약간 동요하는 정도에 불과하다. 하지만, 동요가 심하면 발전기 자체가 동요하게 되어, 동기화력도 커지고 전류와 전력이 크게 변화하여 동기를 벗어나(동기 탈조, step out) 정지하게 된다.

난조가 발생하는 원인은 다음과 같다:

i) 원동기의 조속기 감도가 너무 예민한 경우,
ii) 원동기 토크에 고조파 성분이 포함되는 경우, 그리고
iii) 전기자 회로의 저항이 큰 경우.

첫째 원인은 부하 변동에 대응하여 원동기의 입력을 지나칠 정도로 예민하게 변화시키는 경우이다. 발전기 자체에도 동기화력이 생겨 부하 분담을 평균되게 하려는 성질이 있으므로 조속기의 감도가 너무 예민하면 오히려 좋지 않다. 이것은 제동호(dash pot)를 설치하여 조속기의 동작을 둔하게 함으로써 방지할 수 있다. 둘째 원인은 디젤 발전기 등에서 발생하는 문제로서, 이것을 제거하려면 적당한 플라이휠을 부착하면 된다. 셋째 원인은 병렬 운전하는 동기기가 멀리 떨어져 있고 이를 연결하는 송전선로가 길어 그 저항이 상당히 큰 경우이다. 저항이 어느 한계 값 이상으로 되면 제동 토크가 약화하여 난조가 감쇠하지 않고 영속적이 되며, 경우에 따라서는 제동 토크가 부(음)가 되어 상차각의 진폭이 더욱 커져 병렬 운전이 불가능하게 된다.

난조의 방지책으로는 다음과 같은 방법이 있다:

i) 회전자의 관성 J를 적당하게 하여, 발전기 회전자의 고유 주파수 식 (5-94)를 난조의 원인인 원동기의 강제 진동 주파수(forced oscillating frequency)에서 떨어지도록 한다.
ii) **제동 권선**(*damper winding, amortisseur winding*)을 설치하여 제동 계수 D를 크게 하면 식 (5-92)의 $\epsilon^{-\frac{D}{2J}t}$에 의하여 난조가 급격히 감쇠한다.

제동 권선은 동기기의 자극면에 유도전동기의 농형 회전자와 같은 단락봉을 삽입한 것이다. 회전자가 동기 속도로 회전하고 있는 경우에는 전기자 회전 기자력과의 상대 속도가 0이 되어 이 권선에는 전류가 흐르지 않는다. 하지만, 회전자에 난조가 생겨 순간적으로 동기 상태를 벗어나면, 제동 권선이 전기자 반작용 자속을 절단하여 이 권선에 전류가 흐른다. 이 전류에 의한 토크가 제동 작용을 하기 때문에 이 권선을 제동 권선이라 한다.

Stability

발전기의 출력은 원통극기의 경우

$$P = \frac{EV}{X_s}\sin\delta \qquad [\mathrm{W}] \tag{5-95}$$

그리고 철극기의 경우

$$P = \frac{EV}{X_d}\sin\delta + \frac{V^2(X_d - X_q)}{X_d X_q}\cdot\frac{1}{2}\sin 2\delta \qquad [\mathrm{W}] \tag{5-96}$$

과 같다. 원통형 회전자 발전기에서는 전력각(부하각) δ가 $\delta_m = 90°$, 철극 회전자 발전기에서는 $\delta_m = 60°$ 부근에서 극한(최대) 전력이 된다. 즉, 부하각 δ가 δ_m에 이를 때까지는 출력 P가 부하각 δ에 따라 증가하지만, δ_m 보다 커지면 δ가 커질수록 P가 감소한다. 이와 같은 극한 전력을 **정태 안정 극한 전력**(*static power limit*)이라 한다.

그런데, 부하가 급변하거나 선로의 개폐, 단락 사고 등의 경우에는 이들이 난조의 원인이 되므로, 난조의 정도가 심할수록 발전기에 걸 수 있는 부하는 작아진다. 그 이유는 난조 때문에 극한 전력을 초과하는 일이 일어나기 쉽기 때문이다. 이와 같이 여러 원인에 의한 과도 상태가 지난 다음에도 동기기가 탈조하지 않고 계속 운전될 수 있는 계통 교란 전의 출력에는 한도가 있다. 이 한도를 **과도 안정 극한 전력**(*transient power limit*)이라 한다. 과도 안정 극한 전력은 정태 안정 극한 전력보다 훨씬 더 낮은 값이다.

그림 5-47과 같이 동기전동기 B가 송전선로를 통하여 동기발전기 A로부터 전력을 받고 있는 경우를 검토한다. 이 경우의 A, B 양 기계의 유기기전력 사이의 상차각 δ에 대한 전동기 입력 P의 관계가 그림 5-48에 보여져 있다. 처음에는 입력 P_0에 대응하는 부하가 연결되어 전동기가 운전 중에 있다. 이때의 발전기와 전동기 사이의 상차각은 δ_0이다.

이때 부하가 급증하여 전동기 입력이 P_1로 증가된 경우의 과도 현상은 다음과 같다. 즉, 입력이 P_0에서 P_1로 증가하기 위해서는 상차각이 δ_0에서 δ_1로 증가하지 않으면 안된다. 그런데, 부하가 매우 갑자기 증가했다면 이에 따라 발전기를 구동하고 있는 원동기의 조속기가 즉시 동작하여 발전기 입력이 증가되어야 하는데, 원

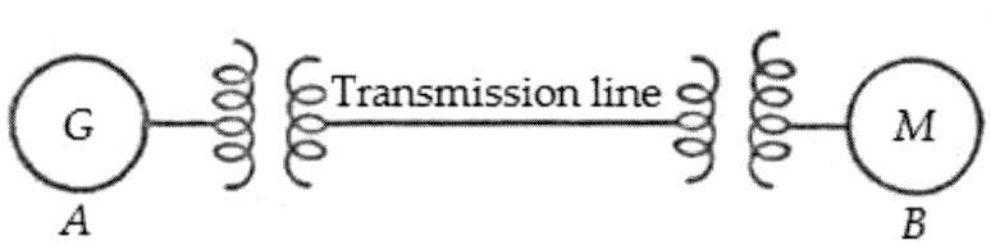

Figure 5-47 Single-line diagram of paralleled generator and motor.

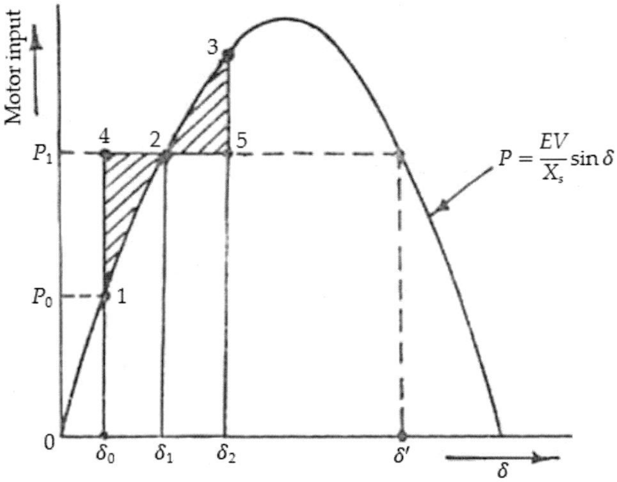

Figure 5-48 Motor power characteristic in case of sudden load variation.

동기가 동작하기 까지에는 다소 시간이 걸리므로 부하가 급변한 순간에 발전기가 받는 기계적 입력은 변함이 없다고 보아야 한다. 따라서, 이 순간에는 $P_1 - P_0$에 해당하는 전력이 부족하게 되므로 전동기의 회전자는 속도가 감소하고 회전체에 축적된 운동 에너지를 방출하여 부족한 입력을 보충해야 한다. 하지만, 발전기의 조속기가 동작하기 시작하면 발전기 입력이 증가하고, 이에 따라 전동기의 입력도 P_1로 증가하여 평형 상태가 된다. 즉, 전동기의 부하가 급증하면 발전기와 전동기가 모두 속도가 감소하지만, 전동기의 속도가 발전기보다는 더 많이 감소하므로, 두 기계 사이의 상차각은 δ_0에서 δ_1로 옮겨 간다. 그러나, 회전자에는 관성이 있기 때문에 이 상차각의 변동이 진동적이 되고 과도 상태가 지나면 새로운 상차각 δ_1이 되는 것이다.

이를 그림 5-48에서 설명하면 다음과 같다. 부하가 P_0에서 P_1로 급변한 순간에는 $P_1 - P_0$만큼 전력이 부족하여 전동기는 발전기보다 더 감속되어 두 기계 사이의 상차각은 δ_0에서 δ_1로 옮겨 간다. 이와 동시에 전동기의 입력 부족도 점점 줄어들고 δ_1에서는 입력이 부족하지 않게 된다. 그런데, 상차각의 이동 속도는 δ_0에서는 0이지만 δ_1에서 최대가 되므로, 회전자의 관성 때문에 δ_1에서 평형을 유지하지 못하고 δ_1을 넘어서서 더 이동하게 된다. 상차각이 δ_1을 넘어서면 전동기 입력이 출력보다 많게 되므로 전동기 회전자의 감속이 둔해져서 δ_2에 이르러서는 상차각이 더 이상 증가하지 않는다. δ_2는 그림의 면적 1241과 면적 2352가 같게 되는 상차각이다: δ_0에서부터 δ_1 사이에서 회전자가 방출한 에너지와 δ_1에서부터 δ_2 사이에서 회전자가 받는 운동에너지는 같다. δ_2에서는 전동기 입력이 과잉이 되므로 가속되기 시작하고 다시 δ_1을 향해 이동한다. 이와 같이 진동을 계속하게 되는데,

제동 계수에 의한 손실이 있으므로 점차 진동이 감쇠되어 결국 δ_1이 된다.

만일 P_1의 값이 너무 크면 면적 1241과 같은 면적 2352를 얻을 수 없다. 즉, 감속 작용으로 방출한 에너지를 회수할 수 없게 되므로 감속 상태가 그대로 계속되어 탈조해 버린다. 탈조하지 않고 안정 운전이 되기 위해서는 P_1이 면적 1241과 같은 면적 2352가 만들어지는 한계의 전력보다 작아야 한다.

PROBLEMS

5-34 병렬 운전하고 있는 두대의 3상 동기발전기 A, B가 있다. 각 발전기의 부하 P [kW], 선간 전압 V [V], 발전기 A의 선전류 I_a [A], 발전기 B의 선전류 I_b [A]일 때 발전기 A, B의 역률을 계산하라. 이 역률을 같게 하려면 어떻게 해야 하는가? 설명하라.

5-35 두대의 3상 동기발전기를 병렬 운전하고 있을 때, 이 중 한대의 여자 전류를 가감하면 어떤 현상이 나타나는가? 또 두 발전기의 부하가 서로 다를 때 이를 같게 하려면 어떻게 해야 하는가? 설명하라.

5-36 정격 출력 1000 [kVA], 정격 전압 3300 [V], 그리고 정격 역률 0.8인 3상 동기발전기 두대를 병렬 운전하여 정격 상태로 동작하고 있다. 이 때 한대의 발전기의 여자를 감소하여 그 발전기의 역률을 1로 하였을 때 다른 발전기의 전류와 역률은 얼마인가. 부하는 변화하지 않는다고 가정하라.

SUPPLEMENT OF CHAPTER 6

6A LINEAR SYNCHRONOUS MOTORS

어떤 형태의 회전 전기기계의 운전 원리든 병진 또는 선형 기계에 역시 적용될 수 있다. 따라서, 실제적으로 많이 적용되는 선형 유도전동기가 Supplement of Chapter 4의 4E절에서 간략히 논의되었다. 선형 동기기(linear synchronous machine, LSM)는, 지금 널리 사용되지는 않지만, 특히 운송 분야에서 널리 사용될 가능성을 보이기 때문에, 2가지 주된 형태의 운전 양식(mode of operation)을 순서대로 간단히 설명한다.

Iron-Cored LSMs

원통형 유도전동기와 그림 4-68에 묘사된 경우에서 시각화된 절단과 펼치는 과정이 동기기에 대해서도 역시 시각화될 수 있다. 대부분의 목적에 대하여, 요구되는 거리로 확장되는 부분으로서 권선 고정자의 선택은 제외되는 대가를 치른 고려가 유도전동기에서 했던 것과 똑같이 동기전동기에 적용된다. 철심 선형 동기전동기(iron-cored LSM)는 그러므로, 장 1차형(long-primary type) LSM이 실험용 견인 계통(experimental traction system)에서의 사용을 위해 만들어졌기는 하지만, 보통 단 1차형(short-primary type)이다. 정상적인 동기기의 회전자는 그림 4-68에서 보여진 농형 유도전동기의 제한된 경우에서와 같이 간단한 형태로 줄어질 수 없다. 직류로 여자되는 이산 권선 자극(discrete wound pole)의 긴 배열은 엄두를 못 낼 만큼 비싸게 될 것이다. 실제적인 해법이, 하지만, 교류와 직류 권선 둘 다가 고정자에 위치되는 단극 기계(homopolar machine)인, 로렌츠 유도자(인덕터) 교류기(Lorentz inductor alternator)에서 찾아진다.

실험실용 단극 동기기(homopolar synchronous machine)가 그림 6-19와 6-20에 보여져 있다. 보통 가동부(moving member)가 될, 단 1차가 기계의 대좌(base)에 고정된다. 보통 실제적인 LSM에서 수평 미끄럼 홈(가이드웨이)(horizontal guideway) 위에 설비될, 연장된 2차는 고정된 1차에 의해 구동될 수 있는 큰 수레바퀴(large wheel)의 형태로 만들어진다. 그림 6-20에 있는 1차 부분의 근접 모습(close view)은 공극 가까이의 슬롯 내에 있는 3상 교류 권선을 보이는 한편, 편리를 위하여 2개로 나누어진, 직류 권선은 교류 권선의 아래에 위치되어 있다. 실제로 직선 형태(linear form)로 될 이 단극 LSM의 그림이 그림 6-21에 보여져 있다. 계자

Figure 6-19 Experimental linear synchronous motor. (University of Toronto)

Figure 6-20 Close view of primary windings. (University of Toronto)

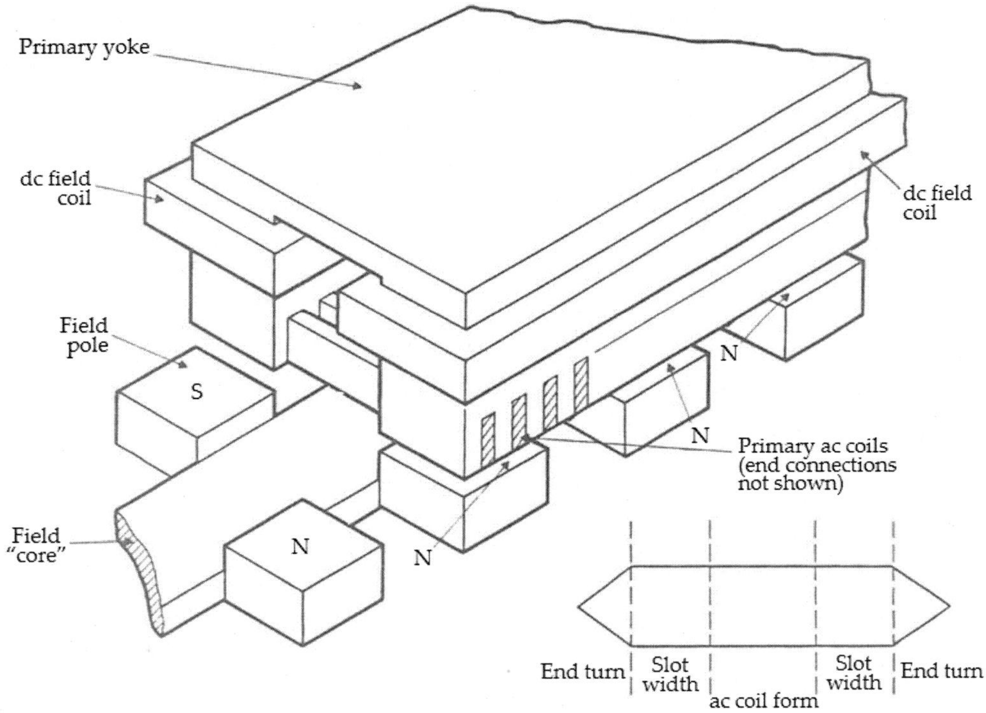

Figure 6-21 Homopolar linear synchronous motor.

코일 기자력은 1차의 한쪽에서는 아래로 가고, 2차 자극 구조를 가로지르며, 1차의 다른 쪽에서는 위로 가는 자속을 확립한다. 계자극(계자 자극, field pole)은, 1차가 2차에 대하여 움직임에 따라 1차 코일 내에 쇄교 자속의 변화율(rate of change)을 일으키며, 자속을 변조한다(modulate).

견인에 대해 철심 LSM을 적용할 때에는, 전동기 1차 뿐만 아니라 인버터도 차량(vehicle)에 장착하는 것이 필요하다. LSM 1차의 질량은 같은 동력 출력을 낼 능력이 있는 선형 유도전동기보다 더 클 수 있는 한편, LSM의 효율과 역률은 둘 다 LIM보다 더 좋다. 따라서 더 작은 정격의 인버터가 사용될 수 있다.

Air-Cored LSMs

그림 6-21에 묘사된 형태의 LSM에서 조차도, 가이드웨이에 놓이는 강자성체의 양(amount)이 많을 것이며, 차량에 장착되는 1차에 포함되는 강자성 철심의 중량 또한 그럴 것이다. 더욱이, 매우 고속에서의 그러한 기계의 사용은 높은 철손과 결과적인 비효율적인(효율이 낮은) 운전을 생성할 것이다.

LSM에서 강자성 계통의 준비를 요구하지 않고 요구되는 계자 자속을 생성하는 그 대신의 방법은 초전도 자석 코일(superconducting magnet coil)에 의해 사실상 무한히 유지될 수 있는 막대한 기자력에 의해 만들어지는 것이 가능하다. 그림 6-22에 묘사된 이 형태의 LSM에서는, 초전도 계자 코일이 차량의 아랫면에 장착되는 한편, 3상 (그리고 이제는 적절하게 이름 붙여진) 고정자 권선이 콘크리트 가이드웨이(concrete guideway)의 표면 위에 묻힌다. 요구되는 고정자 권선의 형태는 유도전동기 고정자의 펼쳐친 3상 권선의 연장으로 시각화될 수 있다. 초전도 자석 코일은 차량의 아랫면에 교호하는(alternate) N극과 S극을 생성하도록 여자된다.

고속 계통에 대한 가이드웨이 권선은 규칙적으로 간격이 띄어진 선로 변(track-side) 인버터로부터 공급될 것이다. 이 형태의 전동기의 이점의 한 가지는, 고속에서 신뢰성(reliability)이 의문스러운, 차량에서 전력을 얻는 계통(power pick-up system)을 요구하지 않는다는 것이다.

선형 동기전동기가 개루프 조건 하에서 운전될 수 있다고 하더라도, 부하에서의 갑작스러운 변동—예를 들면, 돌풍(wind gust) 또는 터널 입구에 기인한—이 동기 상실(loss of synchronism)의 원인이 될 수 있다. 극 위치 감지(pole-position sensing)가 회전형 동기전동기에 대해 설명된 것과 같은 폐루프 계통을 형성하도록 사용될 수 있다. 위치 감지를 요구하지 않는 부하각(load angle)의 폐루프 제어의 다른 방법도 또한 개발되었다.

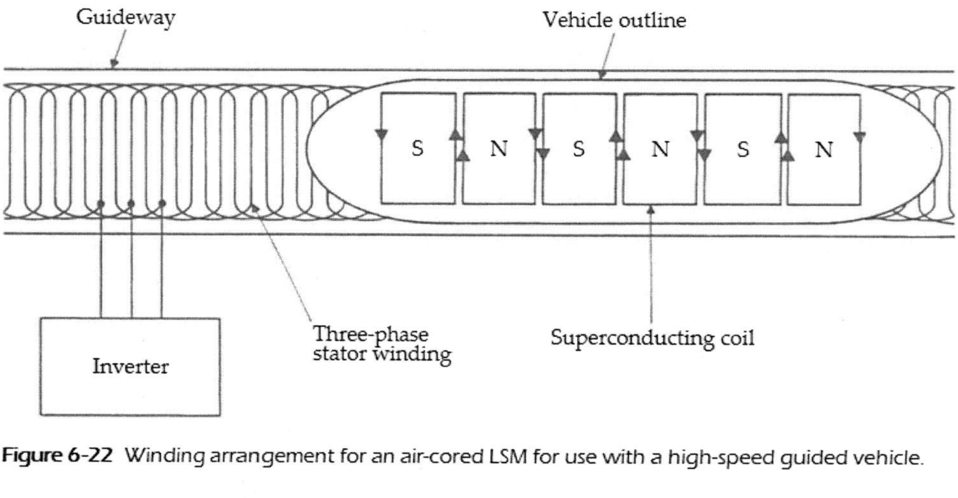

Figure 6-22 Winding arrangement for an air-cored LSM for use with a high-speed guided vehicle.

SUPPLEMENT OF CHAPTER 7

7A VOLTAGE REGULATION-REVISITED

일정 전압 회로에 전력을 공급하는 발전기는 부하가 변화하더라도 단자 전압이 일정할 것이 필요하다. 과거에는 전압을 감시하면서 수동으로 계자 회로의 가변 저항기를 조작하였지만, 현재는 궤환 제어 기법(feedback control technology)의 발전에 의해 자동으로 완전히 일정한 전압을 유지하는 것이 가능하게 되었다.

전압변동률은 계자 회로의 저항을 일정하게 유지하면서, 부하를 전부하에서 무부하로, 또는 무부하에서 전부하로 변화시킨 경우 전압이 얼마나 변화하였는지를 나타내는 용어이다. 즉, 전압변동률 ε의 정의는

$$\varepsilon = \frac{E - V}{V} \times 100 \qquad [\%] \tag{7-20}$$

과 같다. 여기서 V는 정격 부하가 걸렸을 때 정격 전류가 흐르는 정격 단자 전압이며, E는 부하를 개방했을 때의 무부하 단자 전압이다.

직류발전기의 전압변동률의 산정에 있어서, 계자 전류(또는 계자 저항)는 부하시의 단자 전압이 정격 전압이 되도록 조정되어 있다. 이를 무부하로 하는 경우, 타여자 발전기에서는 계자 전류가 변화하지 않지만, 분권 발전기에서는 단자 전압의 상승으로 인해 계자 전류가 증가한다. 따라서, 같은 발전기의 계자를 타여자와 분권으로 했을 때, 분권의 경우가 타여자의 경우보다 전압변동률이 더 크게 나타난다.

전압변동률은 일반적으로, 그림 7-24와 같이, 정격 부하(100 [%] 부하)인 경우의 변동률을 기준으로 한다. 전압변동률을 구하는 경우, 발전기의 회전 속도는 항상 일정하게 유지해야 한다. 하지만, 실제로는 무부하로 하면 원동기가 경부하 상태로 되므로 회전 속도가 상승한다. 이에 따라, 이러한 회전 속도의 상승을 포함한 전압변동률을 종합 전압변동률(overall voltage regulation)이라 하며, 발전기 단독의 전압변동률, 즉, 속도가 일정한 경우의 전압변동률을 고유 전압변동률(inherent voltage regulation)이라 한다.

7B PARALLEL OPERATION OF DC GENERATORS

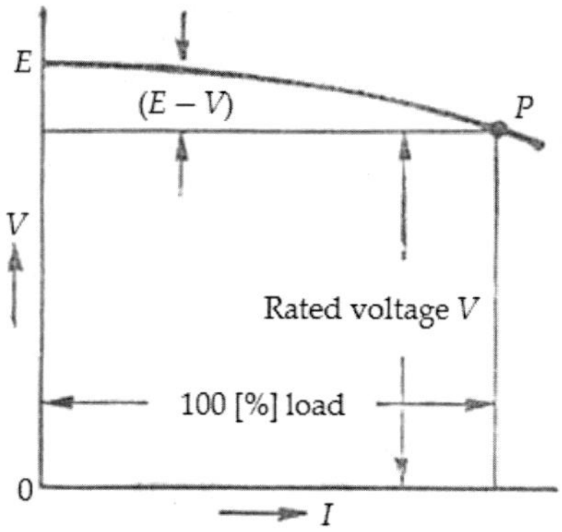

Figure 7-24 Voltage regulation of DC generator.

발전기의 하루 동안의 부하는 시간에 따라 상당히 변화하며, 1년의 부하는 계절에 따라 변화한다. 발전기를 포함한 전기기기는 대부분의 경우 전부하 시에 효율이 가장 좋으며, 부하의 감소에 따라 그 효율이 떨어진다. 따라서, 발전 효율을 높이려면 한 발전소에 여러 대의 발전기를 설비해 두고 부하의 크기에 따라 운전하는 발전기의 대수를 조절하여 각 발전기들이 항상 고효율로 운전되도록 하는 것이 필요하다. 또한, 이렇게 하면 한 발전기가 고장이 나더라도 완전히 정전시키지 않고 일부에는 전력을 공급할 수 있다. 그리고 예비 발전기를 두는 경우에도 발전소 전체 출력을 발전기 대수로 나눈 크기의 용량을 갖는 소용량 발전기를 준비해두면 충분하다. 이와 같은 이유 때문에, 발전기를 병렬 운전(parallel operation)하는 경우가 많다.

직류발전기는 그 전압이 모선 전압과 같아지려 하는 자기 조정(self-regulation) 현상이 있기 때문에, 발전기 용량이 서로 다르더라도 그 단자 전압만 같으면 병렬 운전할 수 있다. 이 경우 각 발전기의 계자를 조정함으로써 각 발전기 용량에 따라 부하를 적절하게 분담시킬 수 있다.

직류발전기의 부하 분담은 그 유기 전압과 전기자 회로의 저항에 의해 결정된다. 저항이 같으면 유기 전압이 높은 쪽이 더 큰 부하를 분담하며, 유지 전압이 같으면 부하는 전기자 회로의 저항에 역비례하여 분담된다. 이것이 앞에서 설명한 자기 조정 현상으로서, 이와 같이 되는 이유는 유기 전압에서 전기자 저항 강하를 뺀 전압 $E - I_aR_a$가 같아지도록 전기자 전류가 흐르기 때문이다. 따라서, 용량이 서로 다른 두대의 발전기를 병렬 운전하는 경우, 항상 각 발전기의 용량에 비례하여 부하가 분담되려면, 백분율 부하에 대한 외부 특성이 완전히 일치해야 한다. 즉, 무부하 전압 및 전압 변동률이 같아야 한다.

직류발전기의 병렬 운전을 위해 필요한 조건은 다음과 같다:

i) 전압이 같아야 한다. (하지만, 용량이 반드시 같을 필요는 없다.)
ii) 백분율 부하에 대한 외부 특성이 완전히 일치해야 한다. (달리 말해, 무부하 전압과 전압변동률이 같아야 한다.)
iii) 용량이 같으면 가정 이상적인 병렬 운전을 할 수 있다.

분권 발전기의 병렬 운전(*Parallel Operation of Shunt Generators*). 그림 7-25와 같이 두대의 분권 발전기를 병렬 운전하는 경우를 검토한다. 분권 발전기 G_A가 운전 중에 있을 때, 이것과 동일한 발전기 G_B를 병렬 운전시키려고 하는 경우, 2극 개폐기(two-pole switch) S_B를 열어둔 채로 G_B를 회전시켜 정격 속도가 되게 하고, G_B의 계자 전류를 조정하여 G_B의 단자 전압(유기 전압)을 모선 전압과 같게 한다. 그 다음, 발전기 G_B의 극성을 전압계로 확인한 후 S_B를 닫는다. 하지만, 이 상태에서는 발전기 G_B가 부하를 분담하지 않는다.

발전기 G_B가 부하를 분담하게 하려면, G_B의 여자를 강하게 하여 G_B의 유기 전압을 높여야 한다. 이 경우 모선 전압을 일정하게 유지하기 위해서는 발전기 G_A의 여자를 줄여야 한다. 이렇게 되었을 때의 발전기 G_A, G_B의 전압 방정식은

$$E_A - I_A R_a = E_B - I_B R_a = V \qquad [\mathrm{V}] \tag{7-21}$$

이 되고, 각 발전기의 분담 부하 전류는

$$I_A = \frac{E_A - V}{R_a}; \qquad I_B = \frac{E_B - V}{R_a} \qquad [\mathrm{A}] \tag{7-22}$$

가 된다. 여기서 E_A, E_B는 발전기 G_A, G_B의 유기 전압, R_a는 발전기의 전기자 저항, V는 발전기 단자 전압(모선 전압), 그리고 I_A, I_B는 발전기 G_A, G_B의 분담 부하 전류

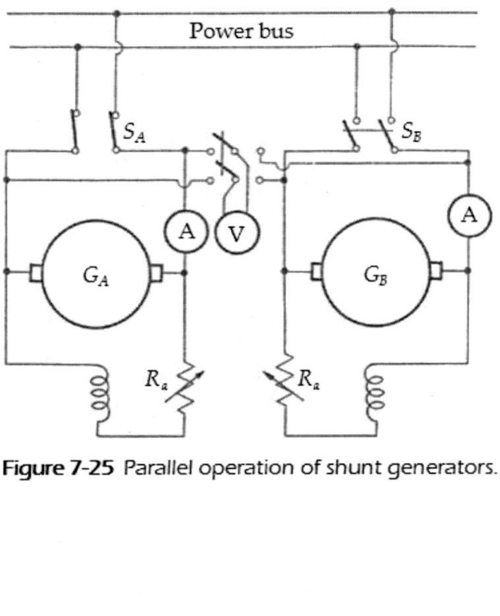

Figure 7-25 Parallel operation of shunt generators.

이다. 따라서 유기 전압 E_A, E_B가 같으면 전류 I_A와 I_B가 같게 된다. 하지만, 어느 한 발전기의 속도를 올리거나 여자 전류를 증가시켜 이 발전기의 유기 전압을 다른 발전기의 유기 전압보다 더 크게 하면, 이 발전기의 전류가 더 커져 더 많은 부하를 분담하게 된다.

또한, 발전기 G_A, G_B의 외부 특성이 둘 다 그림 7-26의 (a)로서 서로 일치하면, G_A, G_B의 분담 전류는 $I_A = I_B = A$로 같게 된다. 하지만, 두 발전기의 외부 특성이 서로 달라 G_A의 외부 특성이 그림 7-26 (a), G_B의 외부 특성이 (b)와 같은 경우에는, G_A, G_B의 분담 전류는, 각각, $I_A = A, I_B = B$로서, 분담 전류가 서로 다르게 된다. 즉, 전압변동률이 같지 않으면, 유기 전압이 같더라도 부하 분담이 균등하게 나눠지지 않는다.

병렬 운전 중인 발전기를 모선으로부터 분리하려고 하는 경우에는, 분리하려는 발전기의 계자 전류를 약하게 하여 유기 전압을 줄여, 그 발전기가 분담하고 있던 부하를 모두 다른 발전기로 옮기고 난 후에 개폐기(또는 차단기)를 열어야 한다.

복권 발전기의 병렬 운전(*Parallel Operation of Compound Generators*). 분권 발전기는 수하 특성(drooping characteristic)을 가지므로 안정한 병렬 운전이 가능하다. 복권 발전기의 경우에도 부족 복권 또는 차동 복권은 수하 특성을 가지므로 분권 발전기와 마찬가지로 안정한 병렬 운전이 가능하다. 하지만, 과복권 또는 직권 발전기의 경우에는 부하의 증가에 따라 전압이 상승하는 외부 특성을 가지므로, 안정한 병렬 운전을 위해서는, 직권 계자가 부하에 관계없이 항상 같은 세기로 동작하도록 하기 위하여 그림 7-27과 같이 저항이 극히 적은 균압 모선(equalizing bus)을 부가해야 한다.

그림 7-27과 같이 발전기 G_A, G_B가 부하를 분담하며 병렬 운전하고 있을 때, 어떤

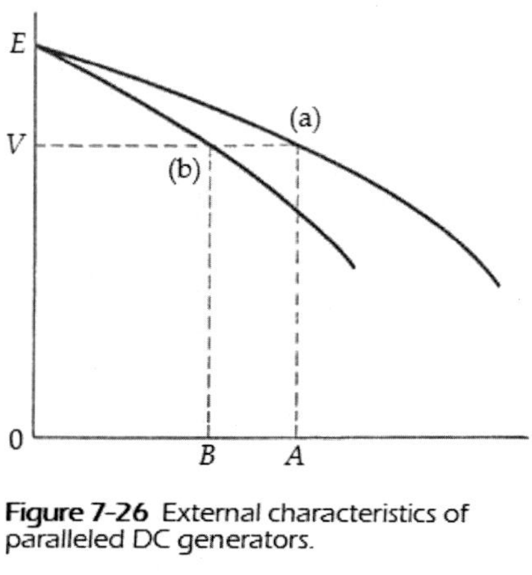

Figure 7-26 External characteristics of paralleled DC generators.

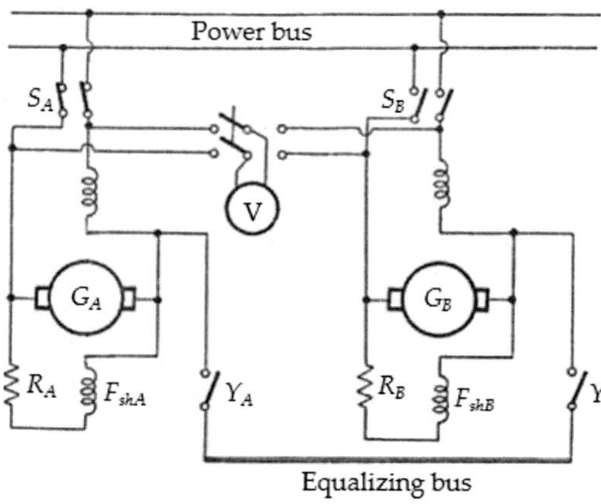

Figure 7-27 Parallel operation of compound generators.

떤 원인으로 G_A의 부하 전류 I_A가 증가하면 G_A의 직권 계자의 기자력이 증가하여 G_A의 유기 전압이 높아진다. 이리하여 G_A의 부하 전류는 점점 증가하고, 이와 반대로 G_B의 부하 전류는 점점 감소하여, 결국 모든 부하를 발전기 G_A가 부담하고 G_B는 무부하가 될뿐더러 전동기로 운전되도록 한다. 따라서, 이를 방지하기 위하여, 저항이 극히 적은 굵은 도선으로 두 직권 계자 권선의 한쪽 끝 사이를 연결해 놓으면, 두 기계의 직권 계자 권선은 이 도선과 모선 사이에 병렬로 되므로 발전기 G_A, G_B의 직권 계자 권선의 전류는 늘 2등분되어 안정하게 운전될 수 있다. 이 도선을 균압 모선(equalizing bus-bar)이라 한다

그림 7-27에서 G_A가 이미 운전 중에 있을 때 G_B를 병렬 운전하고자 하는 경우에는, G_B를 정격 속도가 되도록 회전시키고, G_B의 분권 계자 전류를 조정하여 G_B의 전압이 모선 전압과 같아지도록 한 후, Y_A, Y_B 및 T_B를 닫는다. 이 때, G_B의 직권 계자 권선에 부하 전류의 일부가 흐르게 되므로 G_B의 전압이 변화한다. 따라서, 다시 분권 계자 전류를 조정하여 두 발전기의 단자 전압이 완전이 같아지도록 한 후에 S_B를 닫는다. 그 다음 분권 발전기의 병렬 운전에서와 같은 방법으로 G_B에 부하를 분담시킨다. 두 발전기의 분권 계자 권선 F_{sA}, F_{sB}가 병렬로 연결되어 있기 때문에, 자동 차단기(automatic circuit breaker)를 사용하는 경우에는 보통 S_A, S_B측에만 삽입한다.

병렬 운전 중인 발전기를 분리하려면, 분권 계자를 약화시켜 부하 전류를 다른 발전기로 넘기고 S측 개폐기를 열고난 후 T측 개폐기를 열어야 한다. 이와 같이 복권 발전기의 병렬 운전에서는 단극 개폐기(single-pole switch)를 사용해야 한다.

직권 발전기의 병렬 운전(*Parallel Operation of Series Generators*). 직권 발전기를 병렬 운전하는 경우는 거의 없으며, 오히려 직렬로 연결하여 고압 정전류(constant) 송전에 사용되는 경우가 많다. 병렬 운전해야 하는 경우에는 복권 발전기와 마찬가지로 균압 모선을 부가해야 한다.

EXAMPLE 7-4 정격이 각각 200 [kW], 200 [V]와 300 [kW], 200 [V]인 두대의 직류 분권 발전기 A, B가 있다. 이 두 발전기를 210 [V]의 무부하 전압이 되도록 여자하고 병렬 연결하여 부하를 연결하였더니 1500 [A]의 전류가 흘렀다. 각 발전기가 분담하는 전류와 단자 전압을 계산하라. 외부 특성 곡선은 직선으로 가정하라.

SOLUTION 두 발전기는 모두 전압변동률이 5 [%]이며, 외부 특성 곡선이 직선이므로 용량에 비례하여 부하를 분담한다. 발전기 A의 분담 전류를 I_a라 하면, 발전기 B의 분담 전류 I_b는 $I_b = 1500 - I_a$이다:

$$200 : 300 = I_a : (1500 - I_a)$$

$$\therefore I_a = 600\ [\text{A}]; \qquad I_b = 900\ [\text{A}]$$

발전기 A의 정격 전류 I_A는

$$I_A = \frac{200 \times 10^3}{200} = 1000\,[\text{A}]$$

외부 특성 곡선이 직선이므로 전압 강하는 전류에 비례하여, 발전기 A의 전압 강하 ΔV는

$$\Delta V = 200 \times 0.05 \times \frac{600}{1000} = 6\,[\text{V}]$$

따라서 단자 전압 V는

$$V = E - \Delta V = 210 - 6 = 204\,[\text{V}]$$

PROBLEMS

7-25 병렬 운전하고 있는 두대의 직류 분권 발전기가 있다. 각 발전기의 전기자 저항은 0.1 [Ω]과 0.2 [Ω]이며, 유기 기전력이 110 [V]와 108 [V], 그리고 여자 전류가 4 [A]와 2 [A]이다. 이 중 한대의 발전기의 전기자 전류가 라 하면 부하 전류는 얼마인가?

7-26 전부하로 병렬 운전하고 있는 두대의 직류 분권 발전기가 있다. 그 중 한대는 정격이 100 [kW], 200 [V] 이고 전압변동률이 6 [%] 이며, 다른 한대는 200 [kW], 200 [V] 그리고 3 [%]이다. 부하가 감소하여 부하 전류가 1000 [A]로 되었을 때 각 발전기의 분담 전류를 찾아라.

SUPPLEMENT OF CHAPTER 8

8A PERMANENT-MAGNET (PM) DC MOTORS-REVISITED

영구자석(permanent-magnet, PM) 전동기는 수(a few) [W]로부터 100 [kW] 또는 그 이상의 동력 정격 범위로 만들어진다. 해석의 목적으로, 일정 계자 전류로 운전하는 4.7.1절에서 설명된 타여자 전동기와 비교될 수 있다. 전기자 반작용의 감자 효과에 의해 부과되는 해석은 옳게 적용된 PM 전동기에는 영향을 미치지 못한다는 한계(limitation)가 있다. 유의할 만한 유일한 비선형성(nonlinearity)은 브러시 접촉 저항(brush-contact resistance)과 손실 토크에 기인한 비선형성이다. 첫째 것은 무시할 수 있는 것으로 보여지는 한편, 뒤의 것은 종종 속도의 선형 함수(linear function)로 가정되며 해석에 포함될 수 있다. PM 전동기는 그러므로 보통 토크와 속도의 전체(entire) 운전 범위에 걸쳐 선형 장치(linear device)로 고려될 수 있다.

PM 전동기의 경우,

$$K_T\Phi = \text{constant} \qquad [\text{V-s/rad}] \tag{8-62}$$

이다. 식 (8-1)-(8-4)로부터, 기계의 거동은

$$E_a = K_E\Phi n = K_T\Phi\omega_m \qquad [\text{V}] \tag{8-63}$$

$$T = K_T\Phi I_a \qquad [\text{N}\cdot\text{m}] \tag{8-64}$$

$$V_t = E_a + R_a I_a \qquad [\text{V}] \tag{8-65}$$

$$T = T_{loss} + T_L \qquad [\text{N}\cdot\text{m}] \tag{8-66}$$

$$\omega_m = \frac{V_t}{K_T\Phi} - \frac{R_a T}{(K_T\Phi)^2} \qquad [\text{rad/s}] \tag{8-67}$$

로 설명될 수 있다. 여기서 n은 [rpm], ω_m은 [rad/s]로 나타낸 속도이다.

전동기 효율은, 주로 계자 권선에서의 전력 손실의 제거에 기인하여, 높다.

전형적인 소형 영구자석 전동기의 속도-토크 곡선이 그림 8-31에 보여져 있다. 그러한 전동기는 전체 속도와 토크 범위에 걸쳐 운전될 수 있지만, 단지 매우 짧은 기간 동안만 저지(실속) 토크(stalled torque)를 겪을 수 있다; 그렇지 않으면 과열될 것이다. 이 용도를 위해 설계된 어떤 PM 전동기—예를 들어, 부가적인 전기자 회로 저항 없이 전원을 가로질러 직접 켜지는(switching on)—는 또한 단순히 전

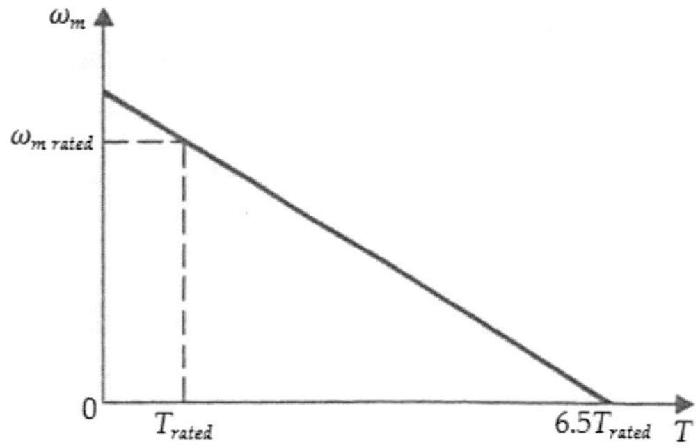

Figure 8-31 Speed-torque curve of a PM motor.

기자 단자를 함께 단락함으로써 얻어지는 발전 제동(dynamic braking)에 의해 빠르게 정지 상태로 할 수 있다. 이 운전과 직입 기동(across-the-line starting)은, 하지만, 기계의 과열 없이 반복적으로 계속해서는 안된다. 브러시와 정류자는 과도한 불꽃 발생(sparking) 없이 전부하 전류의 6배 또는 7배를 운반하도록 설계되어야 한다.

PM 전동기의 속도 제어는 단지 전기자의 단자 전위차 v_t를 바꿈으로써 만 얻어질 수 있다. 이것은 가변 직류 전원(variable dc source)을 사용하거나 전기자 회로 내에 외부 저항기(external resistor)를 포함함으로써 이루어질 수 있다. 이 두번째 방법의 불리한 점은 8-3절의 권선 계자 전동기(wound-field motor)에 대한 논의에서 설명되었다.

감자(demagnetization)는, 그것이 일어났을 때, 전기자 반작용의 효과에 기인하며 그림 8-32에 의해 나타내어질 수 있다. 전기자 전류가 흐를 때, 자속밀도는 자극의 한쪽 끝(one pole tip)에서는 증가하며 다른 쪽에서는 감소한다. 전기자 전류가 다시 0으로 되돌아갔을 때, 자속밀도 분포는 직사각 무부하 파형(rectangular no-load waveshape)으로 되돌아가야 할 것이다. 이것은 자극 끝(pole tip) 아래에서의 자속밀도의 최소 값이 자석(magnet)의 반동선(recoil line) 위에서의 자속밀도의 최소 값보다 작지 않을 때에만 생길 것이다.

알니코(Alnico) 물질의 경우, 반동선은, 최소 자극 끝 자속밀도가 반동선의 한계(limit)에서의 자계의 세기 H_s에 대응하는 자속밀도보다 낮지 않을, 그림 1-33에 보여진 것과 비슷할 것이다. 실로 전기자 전류가 이 한계를 초과할 정도로 컸다면, 원래의 것과 평행이며 더 낮은 새로운 반동선이 자극편(pole piece)의 단부(tip)에 대해 확립될 것이다. 전동기의 무부하 속도는, 극당 자속에서의 영구 감소(permanent reduction)에 기인하여, 증가될 것이다. 원래의 운전 특성을 회복하기 위해서는, 자석이 다시 자화되어야 할 것이며, 기계를 분해하는 것을 수반할 수 있다.

페라이트 자극편의 경우, 반동선은 그림 1-35에 묘사된 두가지 감자 곡선과 실질

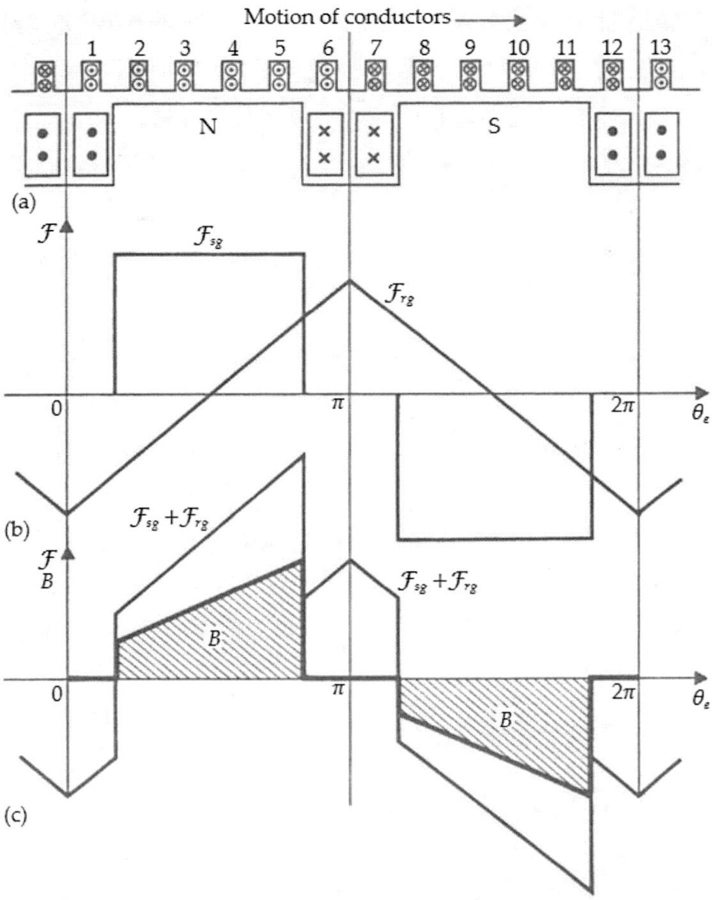

Figure 8-32 Magnetomotive-force and flux density distributions.

적으로 일치한다. 이 물질의 경우, 자극 끝 자속밀도가 감자 곡선의 직선의 한계 아래의 값으로 줄어서는 안된다. 하지만, 페라이트 D의 경우에는, 자극 끝 자속밀도의 부(음)의 값 조차도 영구 감자(permanent demagnetization) 없이 견뎌질 수 있다.

Construction of PM Motors

수 [kW] 정격까지의 소형 PM 전동기는 권선 계자 분권 전동기(wound-field shunt motor)와 현저하게 다르다. 그러한 소형기에서는 보통은, 입상 배향(grain-oriented)인, 페라이트 자석이 사용되며 제조 과정 동안—그들이 고정자 안으로 맞춰지기 전—에 자화된다. 그러한 자기 계통이 Supplement of Chapter 1의 예제 1-7에서 논의되었다.

주어진 정격에 대하여, 페라이트 자석으로 달성되는 공극 자속밀도가 권선 자극(wound pole)으로 달성되는 것보다 대체로 더 작기 때문에, 분권 전동기보다 어느 정도 더 큰 PM 전동기의 전기자를 만드는 것이 보통 필요하다. 하지만, 그럼에도 불구하고, 계자 코일의 제거에 기인하는 공간의 절약 덕분에, PM 전동기가 등가 권선 기계(equivalent wound machine)보다 훨씬 더 작다. 전형적으로, 권선 계자극(wound field pole) 대신 영구자석을 사용함으로써 기계 중량에서 30 [%]의 저감이 이루어질 수 있다.

대형 PM 전동기에서는, 페라이트 또는 합금(alloy)인, 큰 자석을 그들이 자화된 후에 고정자 안으로 조립하는 것이 가능하지 않다. 그러므로 고정자가 자화되지 않은 자극편(pole piece)으로 조립된 후에 자화 권선(magnetizing winding)과 함께 자극편을 설비하는 것이 필요하다. 이 권선은, 그들이 연속적으로 여자되지 않기 때문에, 큰 단면적이 필요하지 않다. 그럼에도 불구하고, 그것의 존재는 분권 전동기와 어느 정도 비슷한 기계 구조로 귀결한다. 그림 8-33은 자화 코일이 주 계자극(main field pole)에 갖춰진 4극, 30 [hp] PM 전동기를 보인다. 정류를 개선하기 위하여 (소형기에서는 문제가 아니다) 보극은 물론, 보상 권선 역시 갖춰진다. 이들은 전동기의 전기자 코일을 운반하는 코일로 정상적인 방식으로 감긴다.

그림 4-33에 있는 기계의 자극은 극제철(pole shoe)이 갖춰져 있음에 유의하라. 이들은 성층되었으며 고투자율 강(high-permeability steel)으로 만들어졌다. 자석의

Figure 8-33 Stator for 30 [hp] PM motor. (Canadian Westinghouse Company, Limited.)

반동 투자율(recoil permeability)이 매우 낮기 때문에, 그리고 실로 공기의 투자율에 접근할 수 있기 때문에, 이 극제철은, 그림 8-34에 묘사된 바와 같이, 전기자 기자력에 의해 생성되는 자속 성분에 대하여 낮은 자기저항의 분기 경로(shunt path)를 제공한다. 이 방식에서는, 전기자 반작용에 기인한 영구자석에서의 자속 분포의 왜곡(일그러짐, distortion)이 매우 줄어들며, 큰 전기자 전류를 감자(demagnetization) 없이 견딜 수 있다.

Alnico 자석이 사용될 때에는, 그들의 낮은 항자력(보자력, coercive force)이 자화 방향으로 길게 되는 것을 요구한다. 기계는 그러므로 등가 분권 전동기의 비율(proportion)에 접근하지만, 여전히 상당히 더 작다. 높은 항자력을 가지는 페라이트 자석은 자화 방향으로 훨씬 더 짧다; 그러나 그들의 낮은 잔류 자속밀도 덕분에 등가 Alnico 자석보다 단면적이 더 커야 한다. 이 단면적에서의 증가는 보통 더 긴 기계(longer machine)를 만듦으로써 이루어진다. PM 전동기의 직경에 대한 길이의 비(ratio)는 범위 $4 > (l/2r) > 2$에 걸쳐 변할 수 있다. 여기서 l은 전동기의 축 방향 길이이며, r은 반경이다. 권선 계자 전동기의 경우에는, 대응하는 범위가 $1.5 > (l/2r) > 0.5$이다.

전통적인 기계와 근본적으로 다른 전동기 배치는, 영구자석 물질이 넓게 사용된, **원판 전기자**(*disk-armature*) 또는 **인쇄 회로**(*printed-circuit*) 전동기이다. 그림 8-35는 그러한 기계의 구조를 묘사한다. 회전자는 비도전(nonconducting), 비자성(nonmagnetic) 물질의 원판(disk)으로 이루어진다. 원판의 양면(both sides)에 전체(entire) 전기자 권선과 정류자가 구리로 인쇄된다. 그러한 회전자의 한 면(one side)이 그림 8-35 (a)에 묘사되어 있다; 회전자의 다른 면(the other side)은 보여진 것과 동일하다. 면에서 면으로의 접속은 분리된 도체의 각 끝에 위치된 도금 관통 구멍(plated-through hole)으로 이루어진다. 도체는 3개의 별개의 밴드(distinct band)를 형성한다. 도체의 방향이 반경 방향에 가장 가까운, 중간 밴드는 단일권(single-turn) 전기자 코일의 "변(코일변, side)"을 형성한다. 안쪽과 바깥쪽 밴드는 코일의 단부 접

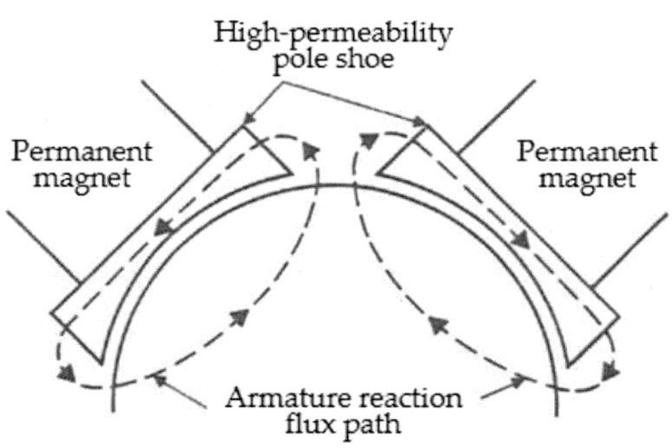

Figure 8-34 Paths for flux produced by armature mmf.

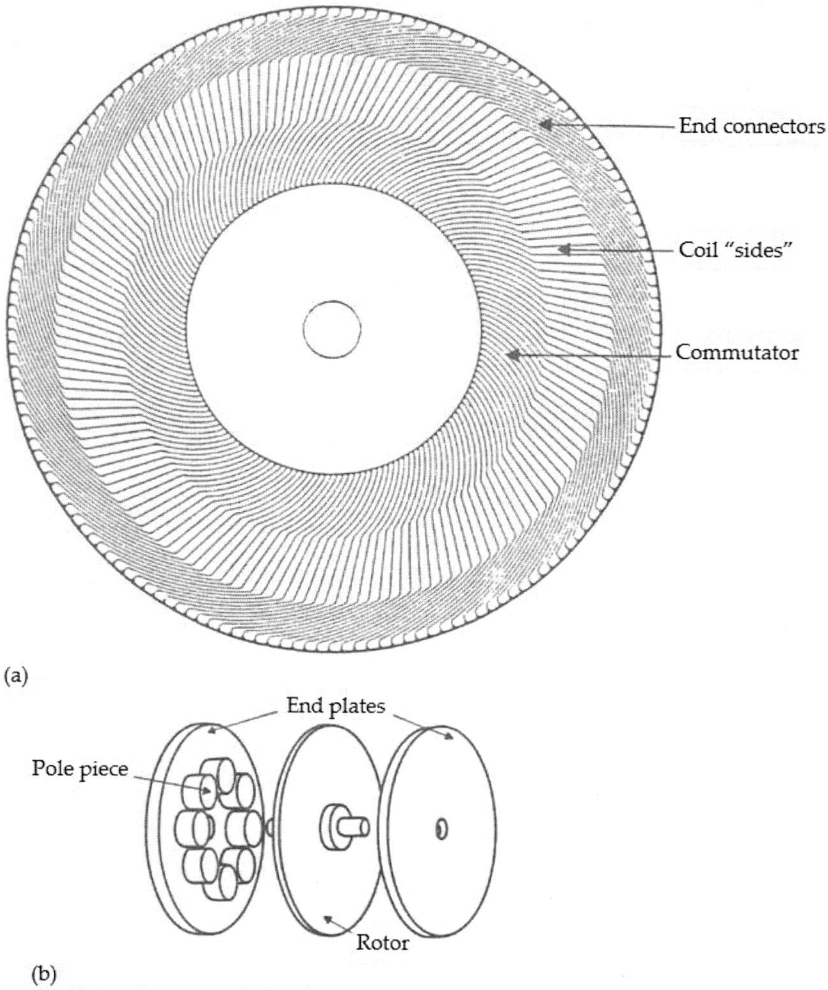

Figure 8-35 Printed-circuit motor.

속 도체(end connector)를 형성한다. 가장 안쪽의 밴드는 용수철(spring)에 의해 유지되는 축방향 브러시에 대한 정류자를 형성하는 부가적인 기능을 가진다. 고정자는 본질적으로 각각에 요구되는 수의 영구자석 자극편이 있는 2개의 강자성 끝 판(end plate)으로 이루어진다. 이 배치의 큰 이점은, 전동기가 제어 계통에서 사용될 때, 작은 회전자 관성(inertia)과 그 결과로 나타나는 전동기의 빠른 응답이다.

Motors with Rare-Earth/Cobalt Magnets

Supplement of Chapter 1의 1E절에서 간단히 논의된 희토류(rare-earth) 영구자석 물질은, 매우 높은 에너지적(energy product)으로 귀결하는, 높은 잔류 자속과 높은 최대 항자력(coercivity)을 다 가지고 있다. 이것은 그림 1-37에 있는 사마륨-코발트(samarium-cobalt, Sa-Co)에 대한 감자 곡선에 의해 설명된다. 따라서 이 물질은

PM 전동기의 구성을 위해 이상적으로 적당하다. Sa-Co 자석은 여전히 비교적 비싸지만, 증대되는 적용으로, 이 자석에 대한 자계 내의 저장 에너지 단위당 비용이 페라이트의 그것에 필적하게 될 것으로 기대된다. 그러므로 이 기술이 비싸지 않은 가격으로 개선된 성능과 줄어든 크기를 가진 PM 전동기의 생산을 허용할 것이라는 것이 있음직한 것으로 보인다. 당분간은, 대략 1 [kW] 정격까지의 전동기가 중량 절감이 크게 중요한 계통에 대하여 희토류/코발트 자석을 이용할 수 있다.

자성체가 그렇게 비싸기 때문에, 설계자는 주어진 동력 출력에 대하여 자석 물질의 최소 크기를 사용할 전동기 배치를 추구하였다. 두 가지 배치가 이 요구를 만족한다. 한 가지는 그림 8-35에서 설명된 인쇄 회로 전동기이다. Sa-Co PM 전동기에 대해 지금까지 개발된 두 번째 배치는, 전기자 권선과 정류자가 고정자 위에 위치되며 계자극이 회전자 위에 있는 "뒤집힌(inside-out)" 또는 정지 전기자 전동기이다. 이 경우에는, 본질적으로 전통적인 기계의 원통형 구조가 유지된다. 3-4절은 직류기의 정류자의 기능이 관계식

$$f = \frac{p}{2} n_r \qquad [\text{Hz}] \tag{8-68}$$

을 만족하기 위해 요구되는 주파수의 전기자 내의 교류 전류를 생성하는 것임을 확증하였다. 여기서 n_r은 [rps]로 나타낸 회전 속도이다. 이 관계식은 회전자 축 위에 정류자를 설비함으로써, 그것의 고정된 브러시에 대한 속도가 항상 n_r [rps]이어서, 모든 속도에서 만족된다.

정류자가 고정자 위에 설비될 때, 본질적인 상대 속도는 회전자 축 위에 브러시를 설비함으로써 얻어질 수 있다. 유일한 대수롭지 않은 복잡성은 브러시가 직류 전원의 정지 단자에 연결되어야 하며, 이것이 슬립링(slipring) 위에 지탱되는 부가적인 브러시를 통하여 이루어져야 한다는 것이다. 따라서, 전통적인 또는 인쇄 회로 배치에서의 2개와 비교하여, 뒤집힌 전동기의 전기자 회로에는 직렬로 접촉하는 4개의 브러시가 있다. 이 인자는 전지(배터리, battery)에 의해 동력이 공급될 수 있는 것과 같은 저전위(low-potential) 계통에서는 상당한 비선형성(nonlinearity)을 가져올 수 있다.

뒤집힌 기계의 회전자 위의 계자극의 두 가지 가능한 배치가 그림 8-36에 단면으로 묘사되어 있다. 그림 8-36 (a)는 중앙 회전자 철심에 접합된 Sa-Co 자극편을 보인다. 자극편 사이의 공간은 비자성 물질로 채워질 수 있으며 전체 자극 조립체(whole pole assembly)가 보호와 기계적 강도(strength)를 위해 비자성 투관(sleeve)으로 둘러싸인다. 이 배치는 길이가 길며 폭이 좁은 회전자와 적은 수의 자극을 가지는 기계에 대해 적합하다. 그림 8-36 (b)에 묘사된 다른 배치에서는, 자석이 강

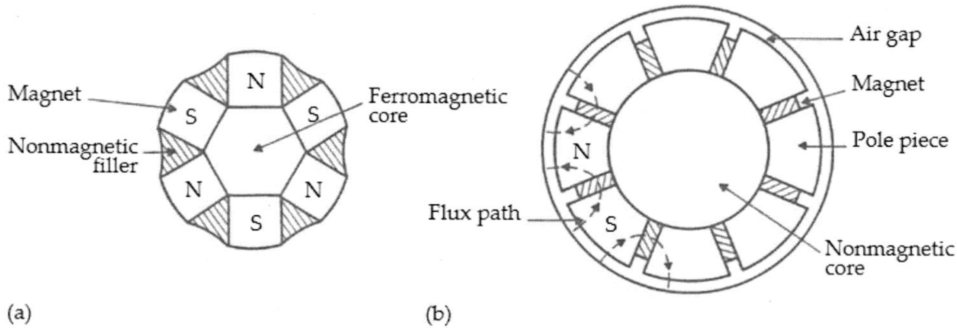

Figure 8-36 Rotor configurations for fixed-armature machines.

자성 자극편 사이에 조립된 직사각 블록(rectangular block)의 형태이다. 자석을 통하는 자속은 자극편 사이를 원주 방향으로 지나간다. 자속이 공극과 기계 고정자 이외의 다른 경로를 통하여 분로되지(shunted) 않도록 하기 위하여, 회전자의 철심 그리고 자석과 자극편을 보호하는 어떤 끝판(end plate)은 비자성이어야 한다.

고정된 전기자 구조는 다른 이점을 제공한다. 계자극이 코일을 요구하지 않기 때문에, 회전자 내에서 저항손이 생기지 않으며, 열 소산(heat-dissipation) 문제가 일어나지 않는다. 다른 한편으로, 고정자 위에 설비되는 전기자는 정상적인 직류기 배치 보다 더 쉽게 저항손 및 철손을 소산할 수 있다. 더욱이, 정지 권선은 원심력에 기인하여 슬롯에서 벗어나려는 경향이 없으며, 그러므로, 회전 전기자에서와 같은, 고속에서 필수인 기계적 고정(mechanical anchoring)이 필요하지 않다.

PROBLEMS

8-52 직류전동기가 모든 운전 조건 하에서 일정한 공극 자속을 유지하는 영구자석 계자를 가진다. 축 부하 없이, 전동기는 전기자가 120 [V] 직류 공급기에 연결되었을 때 6000 [rpm]의 속도에서 운전된다. 전기자 회로 저항은 2.5 [Ω]이다. 회전손은 무시될 수 있다. 전동기가 60 [V] 직류 공급기에 연결되었으며 0.5 [N·m]의 기계적 토크를 공급할 때의 전동기의 속도를 결정하라.

8-53 영구자석 회전속도계(tachometer)가, 그림 P8-52에 보여진 바와 같이, 환상 페라이트 자석(annular ferrite magnet)의 축방향 자계 내에서 회전하는 도전성 원판(conducting disk)으로 이루어진다. 페라이트 물질은 그림 1-35에 있는 페라이트 D에 대한 곡선으로 설명된다. 원판 내에서 유도되는 기전력은 하나는 원판의 바깥쪽 단부(outer edge)에 있으며 하나는 축에 있는 브러시의 사용에 의해 단자로 꺼내어진다.
매우 높은 투자율을 가지는 계철과 축으로 가정하고, 누설 자속을 무시하여, 회전 속도의 [rad/s]당 단자 전위차를 결정하라.

8-54 그림 8-35의 인쇄 회로 전동기가 그림 1-37에서 설명된 Sa-Co 물질로 만들어진 8개의

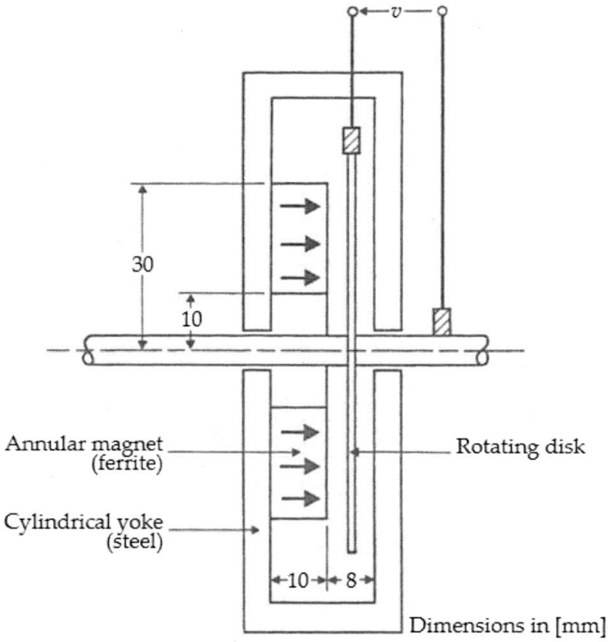

Figure P8-52.

자극을 가진다. 각 자극은 직경이 20 [mm]이다.

(a) 전기자 원판이 4 [mm]의 두께를 가지며 원판의 각 면의 간극(clearance)이 1 [mm]라고 가정하여, 최대 에너지적의 점에서 자성체가 동작하기 위해 요구되는 자극의 길이를 결정하라. 프린징과 끝 판(end-plate)의 자기저항은 무시될 수 있다.

(b) 극당 자속을 결정하라.

(c) 파권으로 가정하여, 5000 [rpm]에서 전기자 기전력을 결정하라.

(d) 각 인쇄된 도체가 8 [A]의 연속 전류를 운반할 수 있다고 가정하여, 5000 [rpm]에서 전동기의 동력 정격을 추정하라.

SUPPLEMENT OF CHAPTER 10

Chapter 10에서는 평형 또는 불평형 2상을 불평형 4상으로 다루기 위하여 도입하는 4상 대칭좌표법의 소개와 함께 이를 이용하여 2상 전동기의 평형 또는 불평형 2상 전원에 의한 운전 특성을 해석하는 방법에 대하여 설명하였다. 하지만 현대의 교류 전원의 표준은 3상으로서, 전력 계통에서의 고장 계산뿐만 아니라 평형 또는 불평형 2상, 심지어는 단상까지도 불평형 3상으로 고려하여 **3상 대칭 좌표법**(*method of three-phase symmetrical coordinates*)에 의하여 **영상분**(*zero-sequence*) 및 서로 상순이 반대인 **정상분**(*positive-sequence*)과 **역상분**(*negative-sequence*)의 대칭 3상으로 해석하는 것이 일반적이다. 이에 따라 여기에서는 불평형 3상을 3상 대칭 좌표법으로 해석하는 방법에 대하여 기술한다

10A METHOD OF THREE-PHASE SYMMETRICAL COORDINATES

대칭 좌표법은 불평형 3상 회로의 해석에 매우 유용한 해석법으로서, 발전기, 전동기 및 회전 변류기 등과 같은 회전기를 포함하는 회로, 선로의 고장 계산 또는 통신선에 미치는 전력선에 의한 유도 장애 등과 같은 문제에 대한 간단하면서도 정확한 해석법이다. 하지만, 때로는 이 방법이 문제를 더 복잡하게 하는 경우도 있어 그 유용성에는 한계가 있다.

대칭 좌표법은 불평형 또는 비대칭인 다상 전압(전류)를 평형 또는 대칭인 세 성분으로 분해하여 해석하는 방법이다. 그림 10-17은 대칭 또는 평형 전압의 조합에 의해 불평형 전압을 합성하는 방법을 나타낸 그림이다. 상순 *a-b-c*인 평형 3상 전압($\overline{V}_{a1}, \overline{V}_{b1}, \overline{V}_{c1}$), 상순이 반대(*a-c-b*)인 평형 3상 전압($\overline{V}_{a2}, \overline{V}_{b2}, \overline{V}_{c2}$) 및 크기가 같으

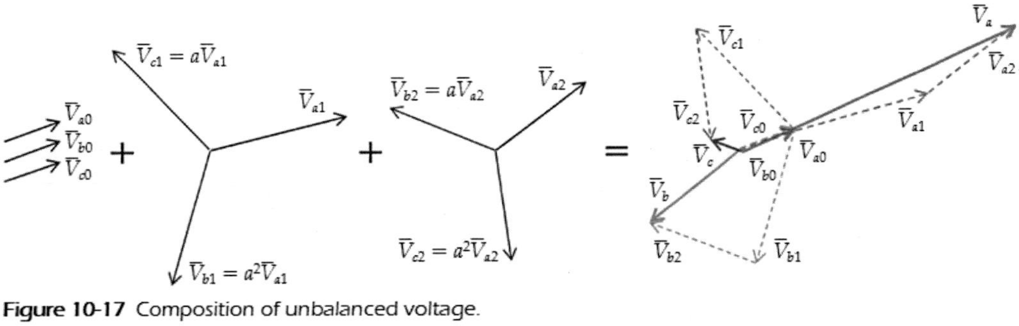

Figure 10-17 Composition of unbalanced voltage.

며 동상(in phase)인 세 전압($\overline{V}_{a0}, \overline{V}_{b0}, \overline{V}_{c0}$)을 a, b, c 상 별로 따로 합하면 불평형 3상 전압($\overline{V}_a, \overline{V}_b, \overline{V}_c$)을 얻을 수 얻을 수 있다. 또한 역으로 불평형 3상 전압을 앞에서의 3조의 전압 성분으로 분해할 수도 있다. 따라서

$$\begin{aligned} \overline{V}_a &= \overline{V}_{a0} + \overline{V}_{a1} + \overline{V}_{a2} \\ \overline{V}_b &= \overline{V}_{b0} + \overline{V}_{b1} + \overline{V}_{b2} \qquad [\text{V}] \\ \overline{V}_c &= \overline{V}_{c0} + \overline{V}_{c1} + \overline{V}_{c2} \end{aligned} \tag{10-92}$$

그리고

$$\begin{aligned} \overline{V}_a &= \overline{V}_{a0} + \overline{V}_{a1} \qquad\qquad\quad + \overline{V}_{a2} \\ \overline{V}_b &= \overline{V}_{a0} + \overline{V}_{a1}\angle(-120°) + \overline{V}_{a2}\angle 120° = \overline{V}_{a0} + a^2\overline{V}_{a1} + a\overline{V}_{a2} \qquad [\text{V}] \\ \overline{V}_c &= \overline{V}_{a0} + \overline{V}_{a1}\angle 120° + \overline{V}_{a2}\angle(-120°) = \overline{V}_{a0} + a\overline{V}_{a1} + a^2\overline{V}_{a2} \end{aligned} \tag{10-93}$$

이다. 여기서 a는

$$a = 1\angle 120° = \epsilon^{j\frac{2}{3}\pi} = -\frac{1}{2} + j\frac{\sqrt{3}}{2} \tag{10-94}$$

로 정의되는 회전 연산자(rotational operator)이다. $a^2 = 1\angle 240° = \epsilon^{j\frac{4}{3}\pi} = 1\angle(-120°) = \epsilon^{-j\frac{2}{3}\pi} = -\frac{1}{2} - j\frac{\sqrt{3}}{2}$ 그리고 $a^3 = 1\angle 0° = 1$을 관찰하라. 식 (10-93)의 세 식을 합하여 3으로 나누면

$$\overline{V}_{a0} = \frac{1}{3}(\overline{V}_a + \overline{V}_b + \overline{V}_c) \qquad [\text{V}] \tag{10-95}$$

가 구해진다. 마찬가지로, 식 (10-93)의 둘째 및 셋째 식에 a 또는 a^2을 곱하고 같은 연산을 수행하면

$$\begin{aligned} \overline{V}_{a1} &= \frac{1}{3}[\overline{V}_a + \overline{V}_b\angle 120° + \overline{V}_c\angle(-120°)] = \frac{1}{3}(\overline{V}_a + a\overline{V}_b + a^2\overline{V}_c) \\ \overline{V}_{a2} &= \frac{1}{3}[\overline{V}_a + \overline{V}_b\angle(-120°) + \overline{V}_c\angle 120°] = \frac{1}{3}(\overline{V}_a + a^2\overline{V}_b + a\overline{V}_c) \end{aligned} \qquad [\text{V}] \tag{10-96}$$

을 얻을 수 있다. 또한, $\overline{V}_{b1}, \overline{V}_{c1}$ 및 $\overline{V}_{b2}, \overline{V}_{c2}$는 120°의 위상차를 고려하면 다음과 같이 결정된다:

$$\begin{aligned} \overline{V}_{b1} &= a^2\overline{V}_{a1}, \qquad \overline{V}_{c1} = a\overline{V}_{a1} \\ \overline{V}_{b2} &= a\overline{V}_{a2}, \qquad \overline{V}_{c2} = a^2\overline{V}_{a2} \end{aligned} \qquad [\text{V}] \tag{10-97}$$

여기서 $\overline{V}_{a0}(= \overline{V}_{b0} = \overline{V}_{c0})$는 **영상분**(*zero-sequence component*) 전압, ($\overline{V}_{a1}, \overline{V}_{b1}, \overline{V}_{c1}$)은 **정상분**(*positive-sequence component*) 전압, 그리고 ($\overline{V}_{a2}, \overline{V}_{b2}, \overline{V}_{c2}$) 는 **역상분**(*negative-se-*

quence component) 전압이라 하며, 이 영상분, 정상분, 그리고 역상분을 총칭하여 **대칭분**(*symmetrical component*)이라 한다.

기하학적으로 불평형 전압의 대칭분을 구하는 방법이 그림 10-18에 보여져 있다. 세 전압의 합(sum)이 0이되는 경우(예를 들어, 세개의 선간 전압)에는 영상분은 없다. 그리고 $\bar{V}_a, \bar{V}_b, \bar{V}_c$가 상순 *a-b-c*인 평형 전압인 경우에는 $\bar{V}_{a0} = 0, \bar{V}_{a1} = \bar{V}_a, \bar{V}_{a2} = 0$으로서 영상분과 역상분은 없어지고, 정상분만 남는다.

전류의 경우에도 꼭 같은 관계가 성립한다. 따라서

$$\begin{aligned} \bar{I}_a &= \bar{I}_{a0} + \bar{I}_{a1} + \bar{I}_{a2} \\ \bar{I}_b &= \bar{I}_{a0} + \bar{I}_{a1}\angle(-120°) + \bar{I}_{a2}\angle 120° = \bar{I}_{a0} + a^2\bar{I}_{a1} + a\bar{I}_{a2} \\ \bar{I}_c &= \bar{I}_{a0} + \bar{I}_{a1}\angle 120° + \bar{I}_{a2}\angle(-120°) = \bar{I}_{a0} + a\bar{I}_{a1} + a^2\bar{I}_{a2} \end{aligned} \quad [\mathrm{A}] \qquad (10\text{-}98)$$

$$\begin{aligned} \bar{I}_{a0} &= \frac{1}{3}(\bar{I}_a + \bar{I}_b + \bar{I}_c) \\ \bar{I}_{a1} &= \frac{1}{3}[\bar{I}_a + \bar{I}_b\angle 120° + \bar{I}_c\angle(-120°)] = \frac{1}{3}(\bar{I}_a + a\bar{I}_b + a^2\bar{I}_c) \\ \bar{I}_{a2} &= \frac{1}{3}[\bar{I}_a + \bar{I}_b\angle(-120°) + \bar{I}_c\angle 120°] = \frac{1}{3}(\bar{I}_a + a^2\bar{I}_b + a\bar{I}_c) \end{aligned} \quad [\mathrm{A}] \qquad (10\text{-}99)$$

이다. 전압 또는 전류 페이서 뿐만 아니라 복소 임피던스, 복소 어드미턴스 등 임의의 3개의 3상 복소량은 모두 위와 같이 대칭분으로 분해할 수 있다. 3개라고 했지만 그 중 한 개 또는 2개가 0인 경우도 포함된다.

불평형 전압 또는 전류의 불평형률(unbalance factor)은 다음과 같이 정상분의 크기에 대한 역상분의 비(ratio)로 정의된다:

$$f_{\mathrm{un}} = \frac{|\bar{V}_{a2}|}{|\bar{V}_{a1}|}\ [\mathrm{pu}]\ \times 100\ [\%]; \qquad f_{\mathrm{un}} = \frac{|\bar{I}_{a2}|}{|\bar{I}_{a1}|}\ [\mathrm{pu}]\ \times 100\ [\%] \qquad (10\text{-}100)$$

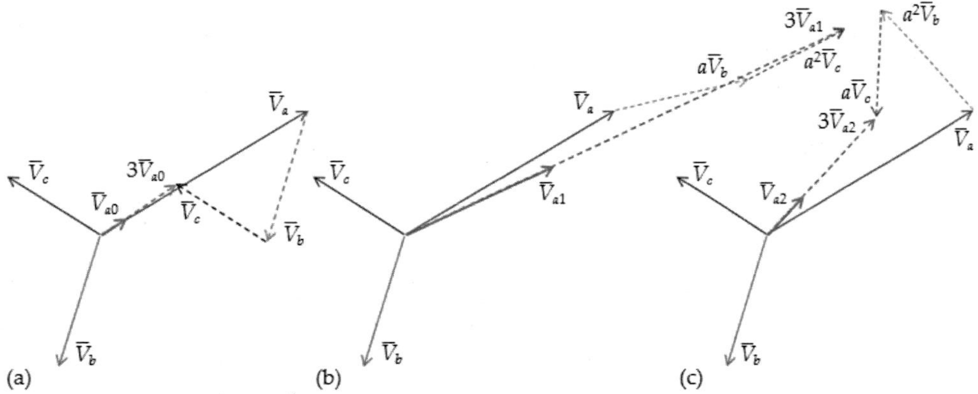

(a) (b) (c)

Figure 10-18 Graphical method to obtain symmetrical components of unbalanced voltage: (a) zero-, (b) positive-, and (c) negative-sequences.

Balanced Impedance and Unbalanced Voltage

평형 임피던스를 갖는 부하에 불평형 3상 전압이 인가된 경우에 대한 회로가 그림 10-19에 보여져 있다. 이 회로의 해석 순서는 다음과 같다:

1. 주어진 불평형 전압을 대칭분으로 분해한다.
2. 각 대칭분 전압에 대응하는 전류의 대칭분을 구한다. (이것은 평형 회로의 문제이므로 매우 쉽게 계산할 수 있다.)
3. 마지막으로 각 상에 대한 대칭분 전류들을 합함으로써 상전류를 구한다.

이상과 같은 해석 과정은 선형 회로에서 성립하는 중첩의 원리에 기초를 둔 방법이다.

그림 10-19 (a)는 Δ-Y 변압기의 2차측에서 유도된 상순 *a-b-c*인 불평형 3상 전압 $\overline{V}_a(=\overline{V}_{an}), \overline{V}_b(=\overline{V}_{bn})$, 그리고 $\overline{V}_c(=\overline{V}_{cn})$가 3상 4선식으로 상당 임피던스 $\overline{Z}$인 평형 3상 Y-부하에 인가되는 것을 나타낸 그림이다. 여기서 $\overline{Z}_L$은 선로의 임피던스이다. a상 전압의 대칭분은 식 (10-95), (10-96)으로부터

$$
\begin{aligned}
\overline{V}_{a0} &= \frac{1}{3}(\overline{V}_a + \overline{V}_b + \overline{V}_c) \\
\overline{V}_{a1} &= \frac{1}{3}(\overline{V}_a + a\overline{V}_b + a^2\overline{V}_c) \qquad [\mathrm{V}] \\
\overline{V}_{a2} &= \frac{1}{3}(\overline{V}_a + a^2\overline{V}_b + a\overline{V}_c)
\end{aligned}
\tag{10-101}
$$

이다. 그림 10-19 (b)는 각 상전압을 대칭분으로 분해하여 나타낸 그림이다. 세 전압 $\overline{V}_a, \overline{V}_b, \overline{V}_c$에 의한 선전류 $\overline{I}_a, \overline{I}_b, \overline{I}_c$를 구하기 위하여 영상분 전압 $(\overline{V}_{a0}, \overline{V}_{b0}, \overline{V}_{c0})$, 정상분 전압 $(\overline{V}_{a1}, a^2\overline{V}_{a1}, a\overline{V}_{a1})$, 그리고 역상분 전압 $(\overline{V}_{a2}, a\overline{V}_{a2}, a^2\overline{V}_{a2})$에 의한 전류를 따로 구해 합한다. 이 때 a상 선전류의 대칭분만 계산하면 다른 상의 것은 바로 구해지므로 a상에만 주목한다.

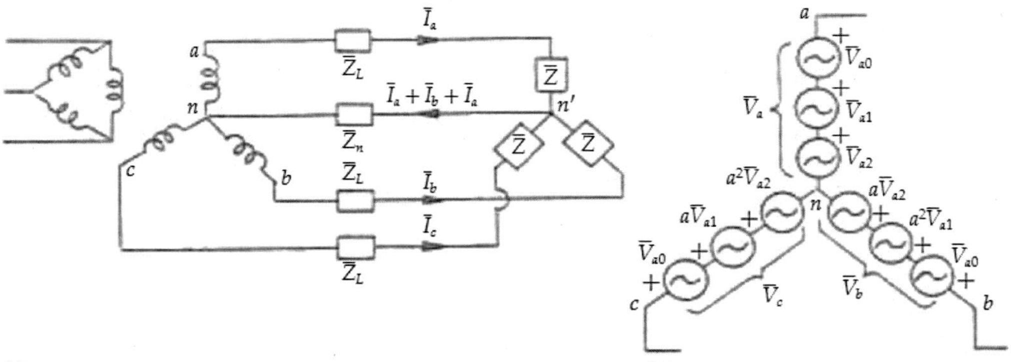

(a) (b)

Figure 10-19 3-phase, 4-wire network with balanced impedance and unbalanced source voltage: (a) line and load connections and (b) source voltages.

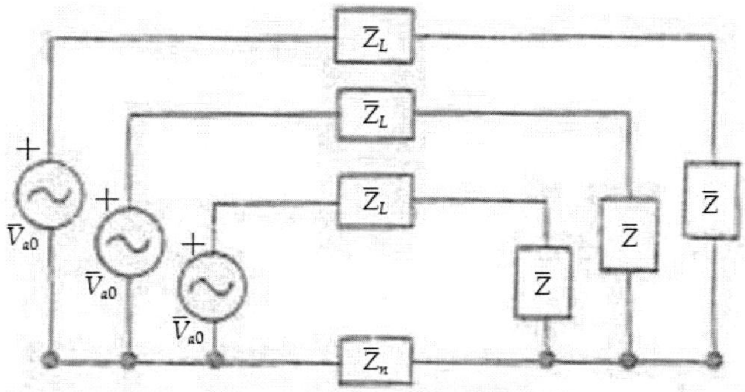

Figure 10-20 Simplified network for zero-sequence component of Fig. 10-19.

그림 10-20은 영상분에 대하여 그림 10-19를 간략화하여 나타낸 그림이다. 여기에서 어느 한 상의 폐회로에 대한 키르히호프의 전압 법칙은

$$\overline{V}_{a0} = \overline{Z}_L \cdot \overline{I}_{a0} + \overline{Z} \cdot \overline{I}_{a0} + \overline{Z}_n \cdot 3\overline{I}_{a0} \qquad [\mathrm{V}] \tag{10-102}$$

이다. 그러면 a상의 영상분 전류는

$$\overline{I}_{a0} = \frac{\overline{V}_{a0}}{\overline{Z}_L + \overline{Z} + 3\overline{Z}_n} \qquad [\mathrm{A}] \tag{10-103}$$

이다. 또한 a상에 대하여 통상의 평형 회로 해석법으로 구한 정상분 전압에 의한 정상분 전류는

$$\overline{I}_{a1} = \frac{\overline{V}_{a1}}{\overline{Z}_L + \overline{Z}} \qquad [\mathrm{A}] \tag{10-104}$$

이다. 그리고 a상의 역상분 전압에 의한 역상분 전류는

$$\overline{I}_{a2} = \frac{\overline{V}_{a2}}{\overline{Z}_L + \overline{Z}} \qquad [\mathrm{A}] \tag{10-105}$$

이다. 따라서 선로의 선전류는 식 (10-103)-(10-105)을 식 (10-98)에 대입하면 얻어진다.

키르히호프의 법칙을 이용하여 3상 회로를 해석하는 경우 3개의 상에 대한 3개의 독립적인 방정식으로부터 3개의 상의 선전류를 구하는 한편, 대칭 좌표법에서는 한 상(예를 들어, a상)에 대한 3개의 독립적인 방정식으로부터 그 선전류의 3개의 성분을 구한다. 따라서, 위의 예에서는 대칭 좌표법이 특별히 유리하다고 할 수 없다.

그림 10-21은 전자유도 장애를 방지하기 위한 전력선과 통신선의 연가(transposition)을 나타낸 그림이다. 3상 전력선에 의한 평행 왕복 통신선의 전자유도 장애 문제를 검토하는 경우 전력선로의 선전류를 대칭분으로 나누어 고찰하면 매우 쉽게 이해할 수 있다. 전력선을 연가하면 전전류의 정상분 또는 역상분에 의한 평행 통신선의 유도 전압은 대부분 평형되어 없어지지만 선전류의 영상분은 동일 방향의 전압을 유도하므로 이것을 평형시키기 위해서는 통신선도 연가해야 함을 알 수 있다.

Unbalanced Load

각종 불평형 부하를 대칭 좌표법으로 해석할 수 있다. 그림 10-22는 중성점이 연결되거나 접지된 불평형 Y-부하를 나타낸 그림이다. 상전압은

$$\begin{aligned} \overline{V}_{an} &= \overline{V}_a = \overline{Z}_a \cdot \overline{I}_a \\ \overline{V}_{bn} &= \overline{V}_b = \overline{Z}_b \cdot \overline{I}_b \qquad [\text{V}] \\ \overline{V}_{cn} &= \overline{V}_c = \overline{Z}_c \cdot \overline{I}_c \end{aligned} \tag{10-106}$$

와 같다. $\overline{I}_{a0} \to \overline{I}_0$, $\overline{I}_{a1} \to \overline{I}_1$, $\overline{I}_{a2} \to \overline{I}_2$로 간단히 표기하고, a상에 대한 대칭분의 식을 유도한다. 그러면 a상 전압의 대칭분은

$$\begin{aligned} \overline{V}_{a0} &= \frac{1}{3}(\overline{V}_a + \overline{V}_b + \overline{V}_c) \\ &= \frac{1}{3}(\overline{Z}_a\overline{I}_0 + \overline{Z}_a\overline{I}_1 + \overline{Z}_a\overline{I}_2 + \overline{Z}_b\overline{I}_0 + \overline{Z}_b a^2\overline{I}_1 + \overline{Z}_b a\overline{I}_2 \\ &\qquad + \overline{Z}_c\overline{I}_0 + \overline{Z}_c a\overline{I}_1 + \overline{Z}_c a^2\overline{I}_2) \end{aligned}$$

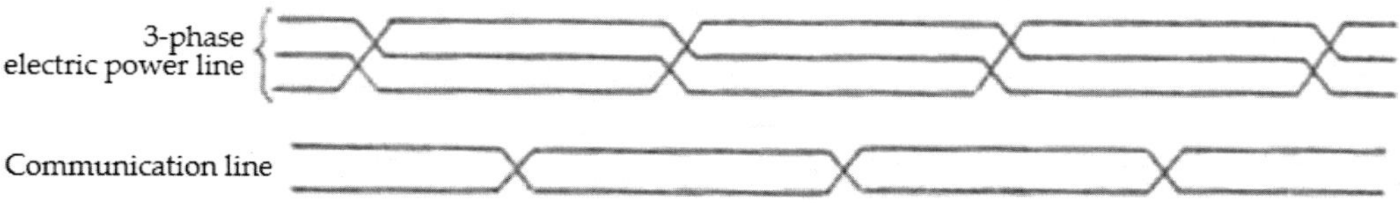

Figure 10-21 Transposition of electric power line and communication line.

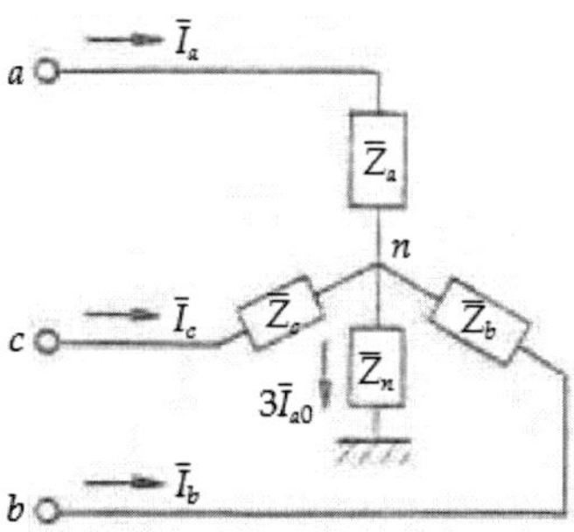

Figure 10-22 Unbalanced Y-load with neutral grounding.

$$= \frac{1}{3}(\overline{Z}_a + \overline{Z}_b + \overline{Z}_c)\overline{I}_0 + \frac{1}{3}(\overline{Z}_a + a^2\overline{Z}_b + a\overline{Z}_c)\overline{I}_1 + \frac{1}{3}(\overline{Z}_a + a\overline{Z}_b + a^2\overline{Z}_c)\overline{I}_2 \quad [\text{V}] \qquad (10\text{-}107)$$

$$\begin{aligned}\overline{V}_{a1} &= \frac{1}{3}(\overline{V}_a + a\overline{V}_b + a^2\overline{V}_c) \\ &= \frac{1}{3}(\overline{Z}_a + a\overline{Z}_b + a^2\overline{Z}_c)\overline{I}_0 + \frac{1}{3}(\overline{Z}_a + \overline{Z}_b + \overline{Z}_c)\overline{I}_1 \\ &\quad + \frac{1}{3}(\overline{Z}_a + a^2\overline{Z}_b + a\overline{Z}_c)\overline{I}_2 \quad [\text{V}] \qquad (10\text{-}108)\end{aligned}$$

$$\begin{aligned}\overline{V}_{a2} &= \frac{1}{3}(\overline{V}_a + a^2\overline{V}_b + a\overline{V}_c) \\ &= \frac{1}{3}(\overline{Z}_a + a^2\overline{Z}_b + a\overline{Z}_c)\overline{I}_0 + \frac{1}{3}(\overline{Z}_a + a\overline{Z}_b + a^2\overline{Z}_c)\overline{I}_1 \\ &\quad + \frac{1}{3}(\overline{Z}_a + \overline{Z}_b + \overline{Z}_c)\overline{I}_2 \quad [\text{V}] \qquad (10\text{-}109)\end{aligned}$$

이다. 또한, 불평형 임피던스의 대칭분은

$$\begin{aligned}\overline{Z}_{a0} &= \frac{1}{3}(\overline{Z}_a + \overline{Z}_b + \overline{Z}_c) \\ \overline{Z}_{a1} &= \frac{1}{3}[\overline{Z}_a + \overline{Z}_b\angle 120^\circ + \overline{Z}_c\angle(-120^\circ)] = \frac{1}{3}(\overline{Z}_a + a\overline{Z}_b + a^2\overline{Z}_c) \quad [\Omega] \quad (10\text{-}110) \\ \overline{Z}_{a2} &= \frac{1}{3}[\overline{Z}_a + \overline{Z}_b\angle(-120^\circ) + \overline{Z}_c\angle 120^\circ] = \frac{1}{3}(\overline{Z}_a + a^2\overline{Z}_b + a\overline{Z}_c)\end{aligned}$$

과 같다. 이 대칭분 임피던스는 형식적으로 정의된 것일 뿐이며 물리적 의미는 없다. $\overline{Z}_{a1}, \overline{Z}_{a2}$의 실수부가 부(음)로 되는 경우도 있다. 식 (10-110)은 (10-99)와 같은 형태임에 유의하라. 따라서, 대칭분 임피던스와 대칭분 전류로 나타낸 a상 전압의 대칭분은

$$\begin{aligned}\overline{V}_{a0} &= \overline{Z}_{a0}\overline{I}_{a0} + \overline{Z}_{a2}\overline{I}_{a1} + \overline{Z}_{a1}\overline{I}_{a2} \\ \overline{V}_{a1} &= \overline{Z}_{a1}\overline{I}_{a0} + \overline{Z}_{a0}\overline{I}_{a1} + \overline{Z}_{a2}\overline{I}_{a2} \quad [\text{V}] \qquad (10\text{-}111) \\ \overline{V}_{a2} &= \overline{Z}_{a2}\overline{I}_{a0} + \overline{Z}_{a1}\overline{I}_{a1} + \overline{Z}_{a0}\overline{I}_{a2}\end{aligned}$$

이 된다. $\overline{V}_{a0}$는 $\overline{I}_{a0}$뿐만 아니라 $\overline{I}_{a1}, \overline{I}_{a2}$의 함수이며, $\overline{V}_{a1}, \overline{V}_{a2}$도 마찬가지이다. 평형 부하인 경우에는 $\overline{Z}_a = \overline{Z}_b = \overline{Z}_c = \overline{Z}_{a0}$, $\overline{Z}_{a1} = 0$, 그리고 $\overline{Z}_{a2} = 0$이므로 $\overline{V}_{a0} = \overline{Z}_{a0}\overline{I}_{a0}$, $\overline{V}_{a1} = \overline{Z}_{a0}\overline{I}_{a1}$, 그리고 $\overline{V}_{a2} = \overline{Z}_{a0}\overline{I}_{a2}$가 된다. 즉, 3상 회로에서 평형인 같은 값의 3상 임피던스에서의 전압 강하의 영상분, 정상분, 그리고 역상분은 그 임피던스에 영상분, 정상분, 그리고 역상분 전류를 곱한 것과 같다.

그림 10-22의 회로에서 세 선로의 정상분 또는 역상분 전류의 합(sum)은 0이므로 중성 임피던스(중성선의 임피던스 또는 중성점의 접지 임피던스) $\overline{Z}_n$에는 정상

분 또는 역상분 전류는 흐르지 않는다. 하지만 영상분 선전류의 합 $3\bar{I}_{a0}$은 $\bar{Z}_n$을 흐르고 $3\bar{I}_{a0}\bar{Z}_n$의 실제 전압 강하가 발생한다. 따라서, 중성선은 정상분 또는 역상분 선전류에 대해서는 ∞의 임피던스를 나타내지만(즉, 중성선이 없는 상태와 같다) 영상분 선전류에 대해서는 실제 임피던스의 3배의 임피던스를 나타낸다(식 (10-103) 참조). 단, Y-부하의 중성점이 접지되었으며, 전원측도 Y-결선으로 그 중성점이 접지된 경우에만 (즉, 중성선 전류의 귀로가 완결된 경우에 한해) $3\bar{I}_{a0}$의 중성선 전류가 흐를 수 있음에 유의해야 한다.

그림 10-23은 중성선이 없는 불평형 Y-부하를 나타낸 것이다. 중성선이 없는 경우에는 세 선전류의 합이 0으로서 영상분 전류가 없으므로 식 (10-101)에서 $\bar{I}_{a0} = 0$으로 두면 a상의 대칭분 전압과 전류 사이의 관계식이

$$\begin{aligned}\bar{V}_{a0} &= \bar{Z}_{a2}\bar{I}_{a1} + \bar{Z}_{a1}\bar{I}_{a2}\\ \bar{V}_{a1} &= \bar{Z}_{a0}\bar{I}_{a1} + \bar{Z}_{a2}\bar{I}_{a2} \qquad [\mathrm{V}] \qquad (10\text{-}112)\\ \bar{V}_{a2} &= \bar{Z}_{a1}\bar{I}_{a1} + \bar{Z}_{a0}\bar{I}_{a2}\end{aligned}$$

와 같이 구해진다. 여기서 $\bar{Z}_{a0}$, $\bar{Z}_{a1}$, 그리고 $\bar{Z}_{a2}$는 식 (10-110)으로 정의된 Y-임피던스의 대칭분이다.

Y-결선의 선간 전압과 상전압 사이의 관계식

$$\bar{V}_{ab} = \bar{V}_{an} - \bar{V}_{bn}; \quad \bar{V}_{bc} = \bar{V}_{bn} - \bar{V}_{cn}; \quad \bar{V}_{ca} = \bar{V}_{cn} - \bar{V}_{an} \qquad [\mathrm{V}] \qquad (10\text{-}113)$$

을 이용하여 대칭분 선간 전압과 대칭분 상전압 사이의 관계식을 유도하자. 선간 전압의 상순을 ab-bc-ca라 하면 선간 전압 $\bar{V}_{ab}$의 정상분 $\bar{V}_{ab1}$은

$$\begin{aligned}\bar{V}_{ab1} &= \frac{1}{3}(\bar{V}_{ab} + a\bar{V}_{bc} + a^2\bar{V}_{ca}) = \frac{1}{3}(\bar{V}_{an} + a\bar{V}_{bn} + a^2\bar{V}_{cn}) - \frac{1}{3}(\bar{V}_{bn} + a\bar{V}_{cn} + a^2\bar{V}_{an})\\ &= \bar{V}_{an1} - \bar{V}_{bn1} \qquad [\mathrm{V}]\end{aligned}$$

이다. 또한 $\bar{V}_{bn1} = \bar{V}_{an1}\angle(-120°) = a^2\bar{V}_{an1}$이므로 선간 전압의 대칭분은

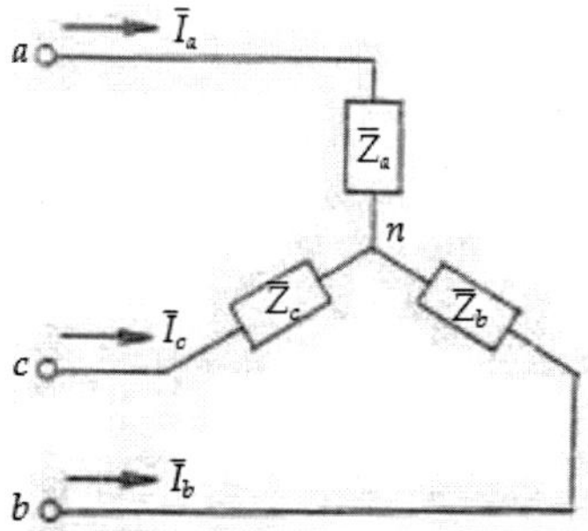

Figure 10-23 Unbalanced Y-load without neutral grounding.

$$\begin{aligned}\overline{V}_{ab1} &= \sqrt{3}\overline{V}_{an1}\angle 30^\circ \\ \overline{V}_{ab2} &= \sqrt{3}\overline{V}_{an2}\angle(-30^\circ) \qquad [\mathrm{V}] \\ \overline{V}_{ab0} &= 0\end{aligned} \tag{10-114}$$

와 같이 얻어진다. 식 (10-114)의 마지막 식은 $\overline{V}_{ab}+\overline{V}_{bc}+\overline{V}_{ca}=0$으로부터 구해진다.

그림 10-24는 Y-결선에서의 상전압과 선간 전압에 대한 정상분과 역상분을 나타낸 페이서도이다. a상 상전압의 영상분 $\overline{V}_{an0}$은 선간 전압의 대칭분으로부터는 구할 수 없다. 또한, 식 (10-114)는 중성선의 유무에 관계없이 성립한다.

불평형 Δ-결선 부하에 있어서의 대칭분 전압과 전류를 검토하기 위하여 그림 10-25의 불평형 Δ-부하를 고려한다. 각 임피던스에 걸리는 전압은

$$\overline{V}_{ab}=\overline{Z}_{ab}\overline{I}_{ab};\quad \overline{V}_{bc}=\overline{Z}_{bc}\overline{I}_{bc};\quad \overline{V}_{ca}=\overline{Z}_{ca}\overline{I}_{ca} \qquad [\mathrm{V}] \tag{10-115}$$

이다. $\overline{V}_{ab}$ 및 $\overline{I}_{ab}$의 대칭분을 $\overline{V}_{ab0}, \overline{V}_{ab1}, \overline{V}_{ab2}$ 및 $\overline{I}_{ab0}, \overline{I}_{ab1}, \overline{I}_{ab2}$라 하고, 임피던스 $\overline{Z}_{ab}$의 대칭분을 $\overline{Z}_{ab0}, \overline{Z}_{ab1}, \overline{Z}_{ab2}$라 하면 식 (10-111)과 같은 형식으로

$$\begin{aligned}0=\overline{V}_{ab0} &= \overline{Z}_{ab0}\overline{I}_{ab0}+\overline{Z}_{ab2}\overline{I}_{ab1}+\overline{Z}_{ab1}\overline{I}_{ab2} \\ \overline{V}_{ab1} &= \overline{Z}_{ab1}\overline{I}_{ab0}+\overline{Z}_{ab0}\overline{I}_{ab1}+\overline{Z}_{ab2}\overline{I}_{ab2} \qquad [\mathrm{V}] \\ \overline{V}_{ab2} &= \overline{Z}_{ab2}\overline{I}_{ab0}+\overline{Z}_{ab1}\overline{I}_{ab1}+\overline{Z}_{ab0}\overline{I}_{ab2}\end{aligned} \tag{10-116}$$

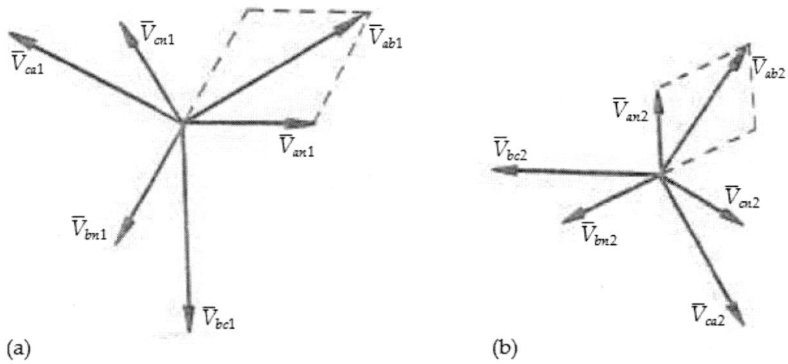

Figure 10-24 Symmetrical components of line-to-line and phase voltages at Y-connection: (a) positive-sequence and (b) negative-sequence.

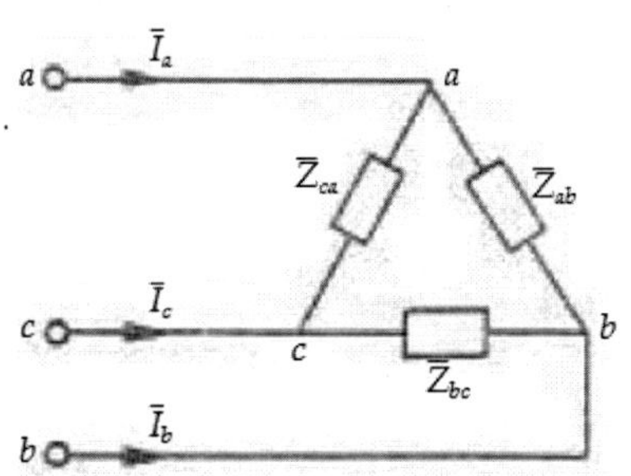

Figure 10-25 Unbalanced Δ-load.

이 성립한다. 그리고 Δ-부하의 대칭분 임피던스는

$$\begin{aligned}
\overline{Z}_{ab0} &= \frac{1}{3}(\overline{Z}_{ab} + \overline{Z}_{bc} + \overline{Z}_{ca}) \\
\overline{Z}_{ab1} &= \frac{1}{3}[\overline{Z}_{ab} + \overline{Z}_{bc}\angle 120° + \overline{Z}_{ca}\angle(-120°)] = \frac{1}{3}(\overline{Z}_{ab} + a\overline{Z}_{bc} + a^2\overline{Z}_{ca}) \qquad [\Omega] \quad (10\text{-}117) \\
\overline{Z}_{ab2} &= \frac{1}{3}[\overline{Z}_{ab} + \overline{Z}_{bc}\angle(-120°) + \overline{Z}_{ca}\angle 120°] = \frac{1}{3}(\overline{Z}_{ab} + a^2\overline{Z}_{bc} + a\overline{Z}_{ca})
\end{aligned}$$

과 같다. 선전류의 대칭분을 구해야 하는 경우에는 식 (10-116)으로부터 상전류의 대칭분을 구한 후, 대칭분 선전류와 대칭분 상전류 사이의 관계식

$$\overline{I}_{a1} = \sqrt{3}\overline{I}_{ab1}\angle(-30°); \quad \overline{I}_{a2} = \sqrt{3}\overline{I}_{ab2}\angle 30°; \quad \overline{I}_{a0} = 0 \qquad [A] \qquad (10\text{-}118)$$

을 이용하면 된다. 식 (10-118)은 Δ-전류의 상순이 *ab-bc-ca*인 경우의 식이다. 또한, 영상분 전류 $\overline{I}_{ab0}$은 선전류의 대칭분으로부터는 구할 수 없다.

이상과 같은 3상 대칭 좌표법에 관련된 내용을 요약하면 다음과 같다:

1. 3상 3선식에서는 회로의 평형, 불평형 또는 부하의 Δ, Y에 관계없이 세 선전류의 합은 0이므로 선전류의 영상분은 0이다.
2. 선간 전압 $\overline{V}_{ab}, \overline{V}_{bc}, \overline{V}_{ca}$의 합은 0이므로 선간 전압의 영상분은 항상 0이다.
3. Y-결선의 전원 또는 부하에서 선-중성점 사이의 전압 $\overline{V}_{an}, \overline{V}_{bn}, \overline{V}_{cn}$에는 $\overline{V}_{an} + \overline{V}_{bn} + \overline{V}_{cn} \neq 0$인 경우 영상분이 포함된다. 하지만, 그것이 선간 전압에는 나타나지 못한다.
4. Δ-결선의 전원 또는 부하에서 Δ-전류 $\overline{I}_{ab}, \overline{I}_{bc}, \overline{I}_{ca}$에는 $\overline{I}_{ab} + \overline{I}_{bc} + \overline{I}_{ca} \neq 0$인 경우 영상분이 포함된다. 하지만, 그것이 선전류에는 나타나지 못한다. (Δ-결선 부하에서 선간 전압의 영상분과 선전류의 영상분은 0임에도 불구하고 Δ 내에 영상분의 순환 전류—$\overline{I}_{ab0}, \overline{I}_{bc0}, \overline{I}_{ca0}$는 모두 동상이며 크기가 같으므로 Δ 내에 순환 전류를 형성한다—가 존재한다는 것이 이상하게 생각될지 모르지만 이것들은 실제의 전압, 전류가 아닌 편의상의 가상적 성분에 불과하다는 것에 유의해야 한다.)
5. 선간 전압이 평형이며 상순이 *ab-bc-ca*인 경우($\overline{V}_{ab2} = 0$), Y-결선의 상전압의 역상분은 0이다(식 (10-114) 참조).
6. 선전류가 평형이며 상순이 *a-b-c*인 경우($\overline{I}_{a2} = 0$), Δ-결선의 상전류의 역상분은 0이다(식 (10-118) 참조).

1과2, 3과 4, 그리고 5와 6은 각각 서로 쌍대(duality)의 관계이다.

Power Representation Using Symmetrical Components

Y-결선 3상 부하에서의 총 복소 전력(complex power) $\overline{S}$는 각 상 복소 전력의 합과 같다. 즉,

$$\overline{S} = P + jQ = \overline{V}_a\overline{I}_a^* + \overline{V}_b\overline{I}_b^* + \overline{V}_c\overline{I}_c^* \qquad [VA] \qquad (10\text{-}119)$$

이다. 여기서 $\overline{V}_a, \overline{V}_b, \overline{V}_c$는 3상 부하에서 중성점으로의 상전압 강하이고, $\overline{I}_a, \overline{I}_b, \overline{I}_c$는 중성점으로 유입하는 선로 전류이며, 기호 $*$는 복소 공액(complex conjugate)를 나타낸다. 전류의 상순이 *a-b-c*인 경우 대칭분으로 나타낸 전력은

$$\begin{aligned}\overline{S} &= \overline{V}_a\left(\overline{I}_{a0}^{\ *} + \overline{I}_{a1}^{\ *} + \overline{I}_{a2}^{\ *}\right) + \overline{V}_b\left(\overline{I}_{a0}^{\ *} + a\overline{I}_{a1}^{\ *} + a^2\overline{I}_{a2}^{\ *}\right) + \overline{V}_a\left(\overline{I}_{a0}^{\ *} + a^2\overline{I}_{a1}^{\ *} + a\overline{I}_{a2}^{\ *}\right) \\ &= (\overline{V}_a + \overline{V}_b + \overline{V}_c)\overline{I}_{a0}^{\ *} + (\overline{V}_a + a\overline{V}_b + a^2\overline{V}_c)\overline{I}_{a1}^{\ *} + (\overline{V}_a + a^2\overline{V}_b + a\overline{V}_c)\overline{I}_{a2}^{\ *} \\ &= 3\overline{V}_{a0}\overline{I}_{a0}^{\ *} + 3\overline{V}_{a1}\overline{I}_{a1}^{\ *} + 3\overline{V}_{a2}\overline{I}_{a2}^{\ *} \qquad [\text{VA}] \qquad (10\text{-}120)\end{aligned}$$

이다. 그리고 대칭분 전압과 전류의 실효치로 나타낸 유효 및 무효 전력은

$$\begin{aligned}P &= 3[V_{a0}I_{a0}\cos(\overline{V}_{a0}, \overline{I}_{a0}) + V_{a1}I_{a1}\cos(\overline{V}_{a1}, \overline{I}_{a1}) + V_{a2}I_{a2}\cos(\overline{V}_{a2}, \overline{I}_{a2})] \qquad [\text{W}] \\ Q &= 3[V_{a0}I_{a0}\sin(\overline{V}_{a0}, \overline{I}_{a0}) + V_{a1}I_{a1}\sin(\overline{V}_{a1}, \overline{I}_{a1}) + V_{a2}I_{a2}\sin(\overline{V}_{a2}, \overline{I}_{a2})] \qquad [\text{var}]\end{aligned} \qquad (10\text{-}121)$$

이다. 여기서 $(\overline{V}, \overline{I})$는 $\overline{V}$가 $\overline{I}$보다 앞서는 각도이다. 이 식은 총 유효 또는 무효 전력이 대칭분 유효 또는 무효 전력의 3배와 같음을 나타낸다. 서로 다른 종류의 대칭분 전압과 전류에 의한 전력의 발생은 없다.

이상의 결과는 Δ-결선 부하에서도 그대로 성립한다.

PROBLEMS

10-27 그림 P10-27의 단선도로 표시되는 3상 전력 계통에서 ×로 표시된 고장점에서 선 *a*는 지락되고 다른 두 선은 개방되었다. 고장점에서의 지락 전류는 $\overline{I}_a$ [A]이다.

(a) 변압기 2차측의 상전류의 대칭분에 대한 페이서도를 그려라.

(b) 변압기는 권수비 1 : 1의 이상(ideal) 단상변압기 3대로써 구성되어 있다. 문제 (a)의 결과로부터 1차측의 Δ-전류 및 선전류의 대칭분에 대한 페이서도를 그려라.

(c) 문제 (b)의 결과로부터 발전기의 상전류를 합성하라.

(d) 대칭분을 고려하지 않고 처음부터 실제의 각 전류들을 구하여 문제 (c)의 결과와 비교하라.

10-28 230 [V]의 평형 선간 전압(상순은 *a-b-c*)을 갖는 세 선 *a, b, c* 사이에 불평형 부하가 연결 되어 있다. 선 *a*와 *b* 사이에 연결된 부하는 역률 0.707로 100 [A]를 취하고, 선 *b*와 *c* 사이의 부하는 역률 0.8로 150 [A]를 취하며, 선 *c*와 *a* 사이의 부하는 역률 0.5로 28.4 [kW]를 취한다. 다음을 구하라: (a) 선전류, (b) 선 *a*와 *b*에 각각 전류 코일을 연결하여 2전력계법으로 전력을 측정할 때 각 전력계의 지시치, (c) 상전류의 대칭분, 그리고 (d) 선전류의 대칭분.

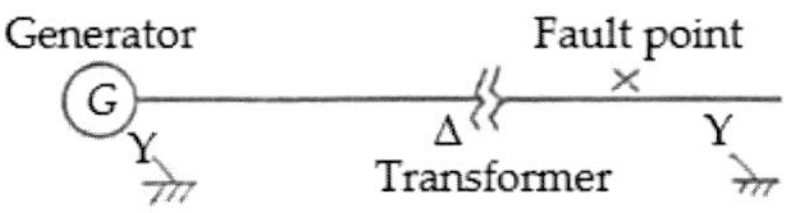

Figure P10-27.

SUPPLEMENT OF CHAPTER 11

11A STEPPER MOTORS-REVISITED

스텝 전동기(stepper motor; 스테핑 전동기, stepping motor)는 구동 축에서의 유한한 각도 변위를 생성하고 그것의 위치를 구동 축에 인가된 토크에 반하여 유지하는 능력이 있는 장치에 대한 요구에 응하여 개발되었다. 예를 들어, 공작 기계(machine-tool) 응용에서는, 그러한 전동기가, 치차 장치(gearing)를 통하여, 절삭 공구(cutting tool)와 가공물(workpiece) 둘 다를 매우 정확하게 위치하게 할 수 있으며, 그 뒤의 절단 작업(cutting operation) 동안 그 위치에 유지하게 할 수 있다. 더욱이, 스텝 전동기는 전류 펄스(current pulse)에 의해 운전되기 때문에, 계수적으로(디지털 방식으로, digitally) 저장된 지령 신호에 의해 제어될 수 있다. 그러므로 그것은 컴퓨터 제어 작업(computer-controlled operation)에 적절하다.

Variable-Reluctance Stepping Motors

이 형태의 전동기의 운전은 Supplement of Chapter 1의 1G절에서 이미 논의된 기본 원리에 종속된다. 구성의 한 가지 방법이, 8개의 자극을 가진 회전자와 회전자에 따라 배열된 분리된 3개의 8극 고정자를 가진 기계를 보이는, 그림 11-9에 묘사되어 있다. 고정자 상 "a"의 자극이 전류 i_a를 운반하는 직렬 연결 코일의 조합에 의해 교번 극성(alternate polarity)으로 전압이 가해진다. 이 조건에서는, 회전자 자극이 고정자 상 "a"의 자극에 정렬되려 하며 그렇게 정렬된 것이 그림 11-9에 보여져 있다. β가, 여느 때처럼, 그림에 보여진 위치로부터 반시계 방향으로 측정된, 회전자의 각변위(angular displacement)라면, 전류 i_a가 흐름에 따라 회전자에 발휘되는 공극 토크는

$$T = \frac{1}{2} i_a{}^2 \frac{dL_a}{d\beta} \qquad [\text{N}\cdot\text{m}] \tag{11-4}$$

이다. 여기서 L_a는 상 "a"에 있는 고정자 권선의 인덕턴스이다. 정(양) 또는 반시계 방향 회전 β를 일으키는 토크가 회전자 축에 인가된다면, 인덕턴스 L_a는 줄어들 것이며 부(음) 또는 시계 방향 토크 T가 전동기에 의해 발생될 것이다.

그림 11-9에서 보여질 수 있는 바와 같이, 상 "b" 고정자는, 그것의 자극이 반시계 방향으로 15° 이격되어 있는 것을 제외하고는, 상 "a" 고정자와 동일하다. 전류

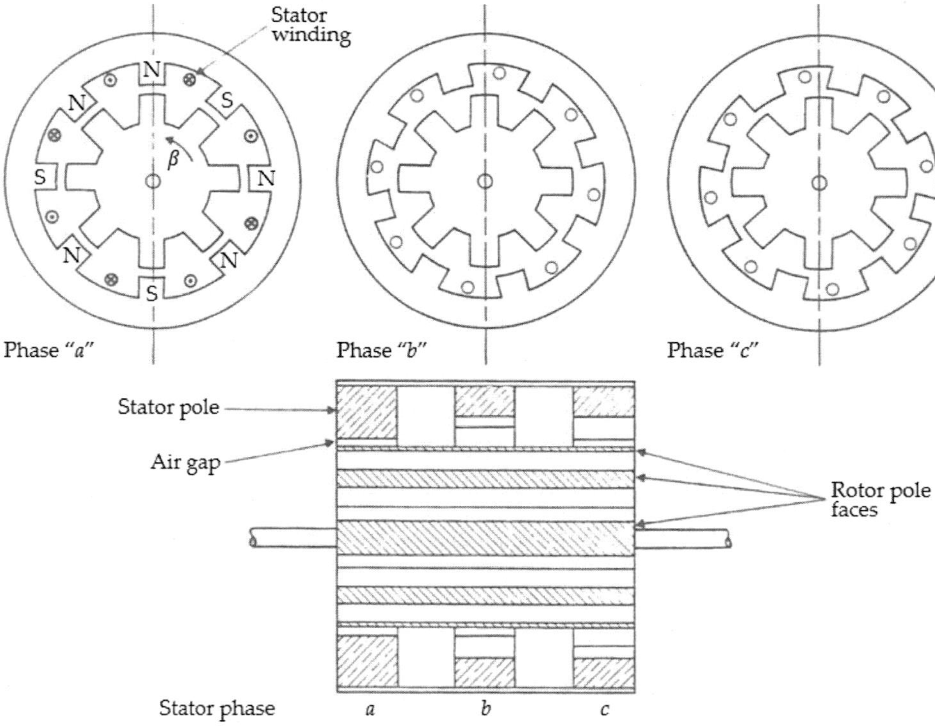

Figure 11-9 Variable-reluctance stepper motor – phase "a" stator energized (stator sections viewed from the left).

i_a가 이제 0으로 설정되고, i_b가 확립된다면, 전동기는 15°를 통하여 회전자를 반시계 방향으로 회전시키는 토크를 발생할 것이다. 고정자 "*c*"는 고정자 "*b*"에 대하여 15° 더 반시계 방향으로 이격되어 있다. 전류 i_b의 중지(interruption)와 전류 i_c의 확립은 그러므로 회전자의 더 나아간 15° 반시계 방향 회전으로 귀결한다. 마지막으로, 전류 i_c의 중지와 전류 i_a의 재확립은 회전자의 45° 회전—즉, 하나의 완전한 단계(스텝)(one complete step)—의 완성으로 귀결한다. 상순 *a*-*b*-*c*의 더 나아간 전류 펄스는 더 나아간 반시계 방향 단계(스텝, step)를 생성한다. 전류 상순의 *a*-*c*-*b*로의 역전은 역방향 회전을 생성한다.

고정자에 있는 상 "*a*" 권선의 인덕턴스는 회전자 자극이 고정자 자극에 정렬되었을 때 최대 또는 직축 값(direct-axis value)을 가질 것이다. 그것은 회전자 자극이 고정자 자극 사이의 중간에 있을 때 최소 또는 횡축 값(quadrature-axis value)을 가질 것이다. 인덕턴스의 이 두 한계 값 사이의 변동이 정현적이라고 가정된다면, 그림 6.49의 전동기에 대하여, L_a는, 회전에 의하여, β의 함수

$$L_a = L_0 + L\cos 8\beta \qquad [\text{H}] \tag{11-5}$$

와 같이 표현될 수 있다. 따라서 식 (11-4)로부터, 전류 i_a에 기인한 토크는

$$T = -4i_a^2 L \sin 8\beta \qquad [\mathrm{N \cdot m}] \tag{11-6}$$

이다. 이 토크는 $\beta = 0$에서 0임에 유의해야 할 것이다; 따라서 회전자 축에 인가된 어떤 부하 토크는 정렬 오류(alignment error)를 가져올 것이다.

스텝 전동기에 의해 구동되는 회전자와 기계 계통은 회전 관성(rotational inertia)을 가진다. 전동기의 자계 내에서의 위치 에너지 저장(potential-energy storage)은 구동 기구(driven mechanism)의 관성 내에서의 운동 에너지 저장(kinetic-energy storage)과 함께 회전자의 각 단계 이동(each step movement)이 만들어짐에 따라 진동하는 경향이 있는 2차계(second-order system)를 생성한다. 구동 기구가 적절한 마찰 또는 기계적인 일의 형태의 출력을 갖고 있지 않다면, 전동기와 기구는 부족 제동 진동 계통(underdamped oscillatory system)을 형성할 것이다. 이것은 바람직하지 않기 때문에, 어떤 부가적인 기계적 또는 전기적 제동(electrical damping)을 도입하는 것이 필요하다.

고정자 상의 2개가 정(양) 방향 회전에 대해 상순 *ab-bc-ca*로 동시에 여자된다면, 더 완강하며(stiffer) 더 강력한 계통으로 귀결한 것이다. 식 (11-5)와의 상사(analogy)에 의해, 상 "*b*" 고정자 권선의 인덕턴스는

$$L_b = L_0 + L \cos 8(\beta + 15^\circ) \qquad [\mathrm{H}] \tag{11-7}$$

로 표현될 수 있다. 상 "*a*"와 "*b*" 사이의 이동에 대한 상 "*a*"와 "*b*"의 동시 여자에 기인한 토크는 그러면, $i_a = i_b$이기 때문에,

$$T_{ab} = \frac{i_a^2}{2}\left[\frac{dL_a}{d\beta} + \frac{dL_b}{d\beta}\right] \qquad [\mathrm{N \cdot m}] \tag{11-8}$$

이다. L_a와 L_b를 식 (11-8)에 대입하면

$$T_{ab} = -4\sqrt{3}\, i_a^2 L \sin 8(\beta - 7.5^\circ) \qquad [\mathrm{N \cdot m}] \tag{11-9}$$

을 산출한다. 이 토크의 0의 값은 $\beta = 7.5^\circ$에서 생기며, 첨두 값은 한 쌍의 고정자 자극만의 작용에 기인하는 값의 $\sqrt{3}$배이다. 회전자 각도에서의 같은 정상 상태 오류에 대하여, 동시 여자 계통에 의해 발휘되는 토크는 전동기의 한 상만이 여자될 때의 크기의 $\sqrt{3}$배이다. 이 증가된 강성(stiffness)으로, 진동의 주파수 또한 증가될 것이다. 식 (11-9)로부터, 최대 복원 토크(restoring torque)는, 그림 11-9의 8극 전동기의 경우, 0-토크 위치로부터 12.5°의 변위에서 생긴다는 것을 주목할 수 있다. 이 최대 값 아래의 어떤 정상 부하(steady load)에 기인하는 부조(malfunction)는 가능하지 않다.

전술한 논의로부터 판단될 바와 같이, 전동기의 스텝 각도(step angle)는 자극수에 의해 결정된다. 전형적인 스텝 각도는 15°, 5°, 2°, 그리고 0.72°이다. 스텝 각도의 선택은 적용에 대해 요구되는 각도 분해능(angular resolution)에 좌우된다. 스텝 전동기가 운전될 수 있는 속도는 계통 내에 존재하는 제동의 정도(degree of damping)에 의해 제한된다. 전형적으로 200 [step/s]까지의 속도가 달성될 수 있다. 이 값보다 더 큰 회전의 정상(steady) 및 연속 속도(**비틀림**(**회전**, *slewing*))는 달성될 수 있지만, 계통의 운동 에너지가 너무 크게 되기 때문에, 전동기가 단일 스텝(single step)에서 계통을 정지시킬 수 없다.

Permanent-Magnet Stepping Motors

주어진 크기의 스텝 전동기에 의해 발생되는 토크는 영구자석 회전자가 사용된다면 증가될 수 있다. 덧붙여, 고정자 전류의 역전에 의해, 반발력(force of repulsion) 역시 회전자 위에서 발휘될 수 있다.

그림 11-10은 4극, 2상, 영구자석 전동기에 대한 고정자 배치를 보인다. 회전자는 그림 1-36 (b)에서 보여진 방식으로 자화되며, 전형적으로 페라이트로 만들어진다. 그림 11-10에 보여진 극성으로 상 *"a"* 권선 만을 여자하면 회전자를 묘사된 위치에서 유지할 것이다. 그림 11-10에 보여진 극성으로 상 *"b"* 권선을 부가적으로 여자하는 것은 정(양) 방향으로 22.5°의 이동으로 귀결할 것이다. 그 다음 상 *"a"* 권선의 여자를 끊는 것은 더 나아간 22.5°의 이동으로 귀결할 것이다. 상 *"a"* 권선 전류의 역전은 이제 더 나아간 22.5°의 이동을 생성할 것이며, 등등으로 운전될 수 있다.

고정자 극성을 역전시키기 위해 요구되는 절환(스위칭) 동작(switching operation)을 간단하게 하기 위하여 보통 각 상에 2중 코일(double coil)이 사용된다. 그림 11-10의 전동기에 대해 적절한 회로가 그림 11-11에 보여져 있다. 회로에서 보여진

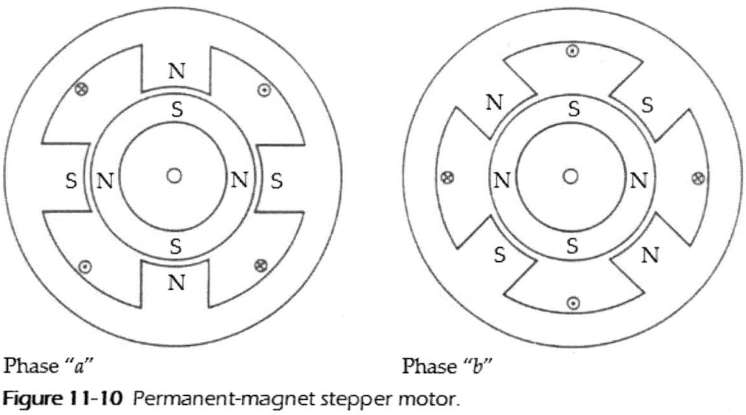

Figure 11-10 Permanent-magnet stepper motor.

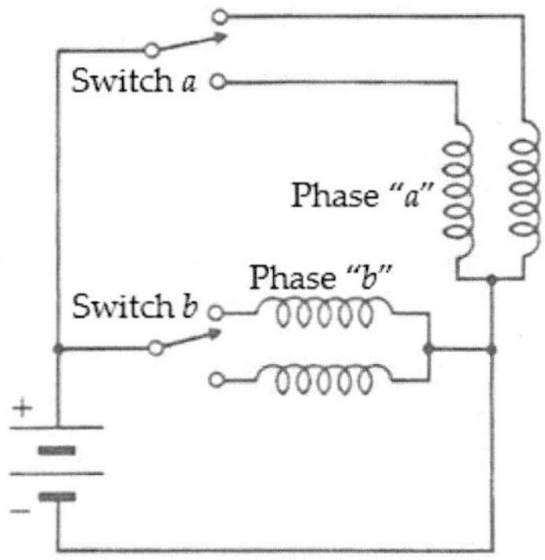

Figure 11-11 Circuit for the motor of Fig. 11-10.

스위치는 전자식(electronic)일 것이다. 전형적인 영구자석 전동기가 그림 11-12에 분해되어 보여져 있다. 이것은, 고정자 구조로부터 보여질 수 있는 바와 같이, 12극, 2상 기계이다. 각(each) 고정자는 원주 방향으로 감긴 환상 코일(circumferentially wound toroidal coil)의 쌍(pair)에 의해 여자된다. 한 개의 코일에서의 전류는 요구되는 극성으로 한 개의 고정자에 있는 12개의 자극을 모두 여자한다. 각 고정자는, 그러므로, 4개의 도선(lead)을 가진다. 축 방향 자속(axial flux)이 각 코일을 통하여 생성되며 그것의 양쪽(each side)에 있는 환상 강자성 판(annular ferromagnetic plate)

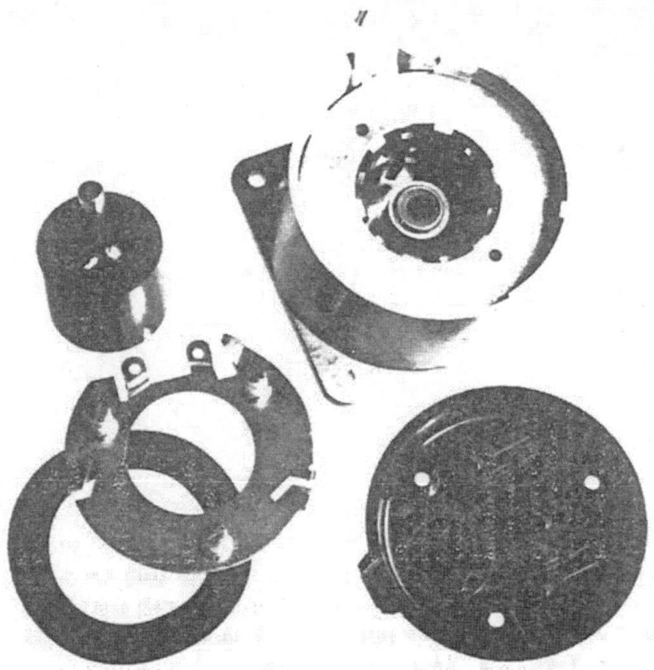

Figure 11-12 Permanent-magnet stepper motor.

으로 지나간다. 각 판은, 6극의 2조(two set)가 회전자 주위에 교번적으로 위치되도록, 판의 평면에 직각으로 6극 조합(six-poles set)으로 설비된다.

STEPPER MOTOR DRIVES

스텝 전동기(stepper motor)는 그것에 인가된 공급 전류의 각 펄스에 응답하여 특정한 각도를 회전하도록 설계된 전동기이다. 그것의 응용 분야는 지배적으로 디스크 구동에서의 녹음 헤드(recording head), 수치 제어 공작 기계, 인쇄기(프린터, printer)와 타자기(typewriter)에서의 용지 구동(paper drive)같은 위치 결정 장치(positioning device)에 있다.

많은 형태의 스텝 전동기가 있는 한편, 그들은, 한 가지는 릴럭턴스 회전자를 가진 것과 다른 한 가지는 영구자석 회전자를 가진, 두 가지 기본적인 형태로 분류될 수 있다. 그림 11-13 (a)에서 보여진 릴럭턴스 기계는 앞의 형태의 기본적인 예이다. 상(phase) a, b, 그리고 c에 순차적으로 인가된 전류 펄스는 각각 $\pi/12$ [rad] 또는 30°의 회전을 생성한다. 더 자주, 1°보다 더 작은 스텝 크기(step size)가 원해진다. 전형적인 스텝 전동기의 예가 그림 11-14에서 단면으로 보여져 있다. 이 기계는 32개의 회전자 치(rotor teeth) 또는 자극(pole)을 가진다. 6개의 고정자 자극의 각각은 3개의 치를 가진다. 그림 11-14에서 보여진 바와 같이, 회전자 치는 고정자 상 a에서의 전류에 의해 상 a 고정자 치와 정렬되어 있다. 회전자에서의 치의 수(number of teeth)는 상 b 자극의 치가 인접 회전자 치보다 앞서도록 선택되었다. 치와 슬롯 폭이 같은 경우, 앞섬은 치폭(tooth width)의 3분의 2이다. 상 a에서의 전

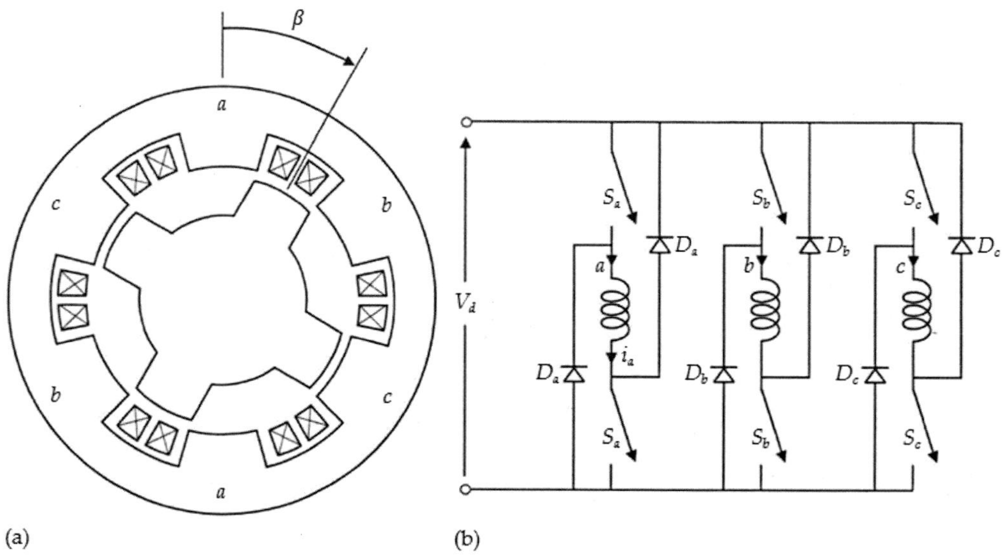

Figure 11-13 (a) Reluctance motor and (b) power converter.

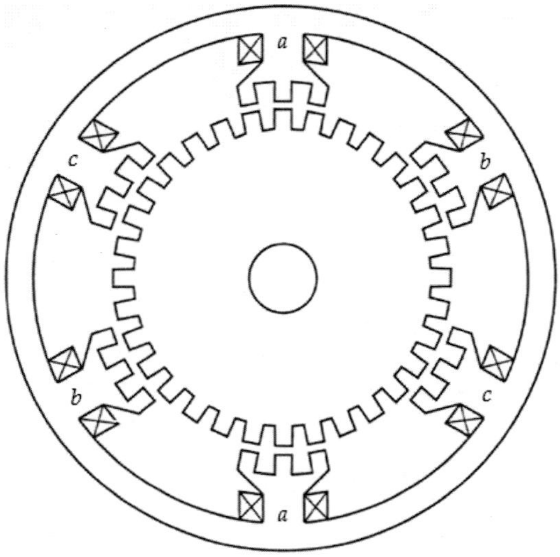

Figure 11-14 Reluctance-type stepper motor.

류의 제거에 뒤따르는 상 b에의 전류 펄스의 인가는 각도 $\Delta\beta$의 정(양, positive) 또는 반시계 방향 회전을 생성한다. 여기서

$$\Delta\beta = \frac{360}{2 \times 32} \times \frac{2}{3} = 3.75° \tag{11-10}$$

이다. 일반적으로, 이 형태의 기계에 대한 회전당 스텝 수(number of steps per revolution)는 $p_s p_r/2$이다. 예를 들어, $p_s = 6$ 그리고 $p_r = 32$에 대해서는 96이다.

릴럭턴스형 스텝 전동기의 다른 형태는, 한 더미(스택, stack)가 그림 11-15에서 전

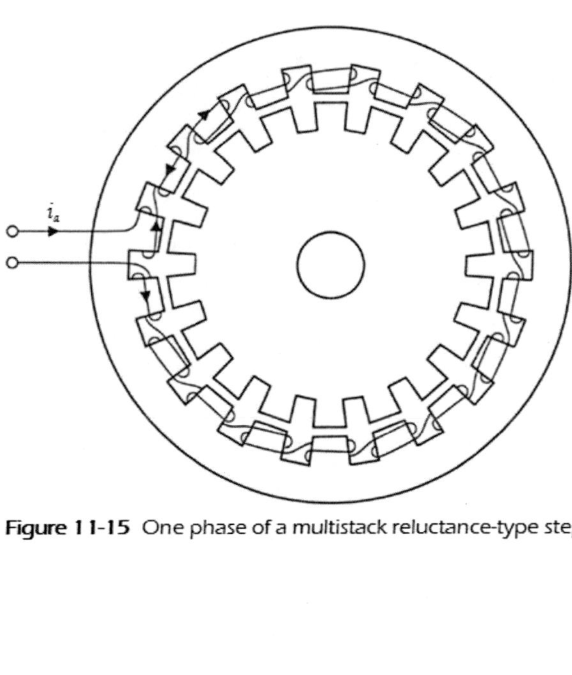

Figure 11-15 One phase of a multistack reluctance-type stepper motor.

형적인 기계에 대해 보여진, 다중 더미 배치(multistack configuration)을 가진다. 각 스택에서는, 회전자와 고정자가 같은 수의 치를 가진다. 인접 고정자 치는 상 전류를 운반하는 권선에 의해 생성되는 같으며 반대 방향인 기자력을 가진다. 같은 축 위에는, n개의 비슷한 스택이 있다. 이들 각각은 치 또는 극 간격(pole pitch)을 n으로 나눈 만큼 이웃과 순차적으로 이격된 고정자 또는 회전자를 가지며, 각각은 상 전류에 의해 여자된다. 이 간단한 구조를 사용하여, 회전당 스텝 수는 np_r과 같게 만들어진다. 3-스택 구조가 일반적인 한편, 더 많은 수의 스택이 더 작은 스텝 크기를 얻기 위해 사용될 수 있다.

영구자석 스텝 전동기의 간단한 예가 그림 11-16에서 보여져 있다. 원통형 자석 회전자는 여자된 고정자 상(stator phase)과 정렬하려는 경향이 있다. 릴럭턴스형 스텝 전동기와 대비하여, 상 전류의 방향이 이 기계에서는 중요하다. 차례 차례로 상 a, b, 그리고 c의 여자는 순방향(forward direction)의 60° 스텝을 생성한다. 이 형태의 기계의 이점은 상 전류가 제거되었을 때 회전자가 그것의 마지막 위치에 남아있으려는 경향이 있다는 것이다. 릴럭턴스 기계의 경우에는 그것의 위치를 유지하기 위해서는 계속적인 상 전류가 요구된다.

스텝 전동기 구동은 계수형(디지털) 제어 계통(digital control system)에서의 사용의 경우에 특히 적합하다. 보통, 기계 부하는 인가되는 펄스의 수를 셈으로써 간단히 원하는 각도에 위치될 수 있다. 앞선 장에서 논의된 위치 제어 계통과 대비하여, 대부분의 적용에 있어서 회전자 위치 센서가 요구되지 않는다. 스텝 전동기의 각 위치(angular position)가 바뀔 수 있는 최대 비율(maximum rate)은 6-2절과 supplement of Chapter 5의 5B절에서 동기기에 대해 묘사된 것과 많이 같은 방식으로 고정자와 동기로 남아있을 수 있는 회전자의 능력에 의해 지배된다.

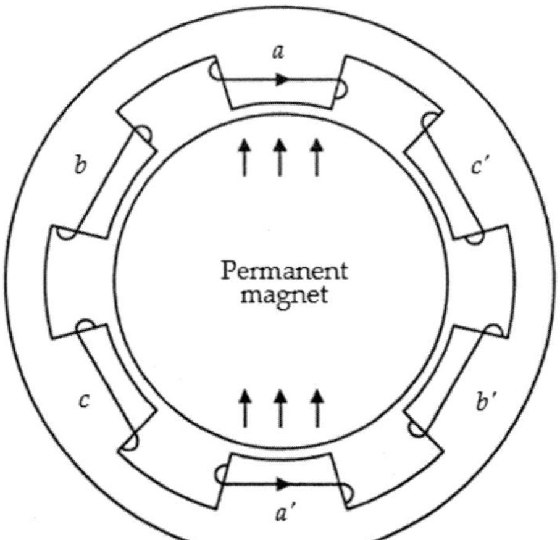

Figure 11-16 Permanent-magnet stepper motor.

PROBLEMS

11-10 2°의 스텝 크기를 갖는 스텝 전동기가 요구된다. 그림 11-14와 11-15에서 그려진 스텝 전동기 구조를 고려하여 이 스텝 크기를 달성하기 위한 고정자와 회전자 자극수에 대한 몇 가지 적절한 결합과 스택의 수를 결정하라.

APPENDICES

A. UNITS AND CONVERSION FACTORS

TABLE A-1 UNITS

Quantity	Symbol	Name of unit	Dimension
Fundamental			
Length	l, L	meter [m]	L
Mass	m, M	kilogram [kg]	M
Time	t	second [s]	T
Current	i, I	ampere [A]	I
Mechanical			
Force	F	newton [N]	MLT^{-2}
Torque	T	newton-meter [N-m]	ML^2T^{-2}
Angular displacement	θ	radian [rad]	—
Velocity	v	meter/second [m/s]	LT^{-1}
Angular velocity	ω	radian/second [rad/s]	T^{-1}
Acceleration	a	meter/second^2 [m/s^2]	LT^{-2}
Angular acceleration	α	radian/second^2 [rad/s^2]	T^{-2}
Spring constant (translational)	K	newton/meter [N/m]	MT^{-2}
Spring constant (rotational)	K	newton-meters [N-m]	ML^2T^{-2}
Damping coefficient (translational)	D, F	newton-second/meter [N-s/m]	MT^{-1}
Damping coefficient (rotational)	D	newton-meter-second [N-m-s]	ML^2T^{-1}
Moment of inertia	J	kilogram-meter^2 [kg-m^2]	ML^2
Energy	W	joule (watt-second) [J] ([W-s])	ML^2T^{-2}
Power	P	watt [W]	ML^2T^{-3}
Electrical			
Charge	q, Q	coulomb [C]	TI
Electric potential	v, V, E	volt [V]	$ML^2T^{-3}I^{-1}$
Electric field intensity	$\mathcal{E}$	volt/meter [V/m] newton/coulomb [N/C]	$MLT^{-3}I^{-1}$
Electric flux density	D	coulomb/meter^2 [C/m^2]	$L^{-2}TI$
Electric flux	Q	coulomb [C]	TI
Resistance	R	ohm [Ω]	$ML^2T^{-3}I^{-2}$
Resistivity	ρ	ohm-meter [Ω-m]	$ML^3T^{-3}I^{-2}$
Capacitance	C	farad [F]	$M^{-1}L^{-2}T^4I^2$
Permittivity	ε	farad/meter [F/m]	$M^{-1}L^{-3}T^4I^2$
Magnetic			
Magnetomotive force	$\mathcal{F}$	ampere(-turn) [A(-t)]	I
Magnetic field intensity	H	ampere(-turn)/meter [A(-t)/m]	$L^{-1}I$
Magnetic flux	ϕ, Φ	weber [Wb]	$ML^2T^{-2}I^{-1}$
Magnetic flux density	B	tesla (weber/meter^2) [T]	$MT^{-2}I^{-1}$
Magnetic flux linkage	λ	weber-turn [Wb-t]	$ML^2T^{-2}I^{-1}$
Inductance	L	henry [H]	$ML^2T^{-2}I^{-2}$
Permeability	μ	henry/meter [H/m]	$MLT^{-2}I^{-2}$
Reluctance	$\mathcal{R}$	ampere(-turn)/weber [A(-t)/Wb]	$M^{-1}L^{-2}T^2I^2$

TABLE A-2 CONVERSION FACTORS

Quantity	Multiply number of	by	to obtain
Length			
	meters	100	centimeters
	meters	39.37	inches
	meters	3.281	feet
	inches	0.0254	meters
	inches	2.54	centimeters
	feet	0.3048	meters
Force			
	newtons	0.2248	pounds
	newtons	10^5	dynes
	pounds	4.45	newtons
	pounds	4.45×10^5	dynes
	dynes	10^{-5}	newtons
	dynes	2.248×10^{-6}	pounds
Torque			
	newton-meters	0.7376	pound-feet
	newton-meters	10^7	dyne-centimeters
	pound-feet	1.356	newton-meters
	dyne-centimeters	10^{-7}	newton-meters
Energy			
	joules (watt-seconds)	0.7376	foot-pounds
	joules	2.778×10^{-7}	kilowatt-hours
	joules	10^7	ergs
	joules	9.480×10^{-4}	British thermal units
	foot-pounds	1.356	joules
	joules	1.6×10^{-19}	electron-volts
Power			
	watts	0.7376	foot-pounds/second
	watts	1.341×10^{-3}	horsepowers
	horsepowers	745.7	watts
	horsepowers	0.7457	kilowatts
	foot-pounds/second	1.356	watts

B. PITCH AND DISTRIBUTION FACTORS FOR MACHINE WINDINGS

구리와 철의 더 유효한 사용은 물론 공극 자계 분포에서 공간 고조파의 존재가 엄격하게 차별되도록 만들기 위하여, 교류기의 권선은 의도적으로 분포되고(distributed) 단절로 되어(pitched) 모든 상 턴(phase turns)이 총(total) 공극 자속과 완전히 쇄교하지 않는다. 3상 기계에서는, 권선의 분포가 각 상이 각 자극 아래의 60 [elec. deg]의 영역을 점유하도록 만들어진다. 더욱이, 각 상 코일은 180 [elec. deg] 보다 적게 펼쳐지도록 만들어진다; 즉, 간격(span)이 극간격(pole pitch) 보다 작다. 그러한 코일은 **분수절 코일**(*fractional-pitch coil;* **단절 코일**, *short-pitch coil*)이라 불린다. 분수절 코일의 사용은 자계의 기본파 성분에 의해 유도되는 기전력의 값에서의 약간의 저감을 의미함에도 불구하고, 공간 고조파의 저하가 훨씬 더 커 그 대가를 쉽사리 정당화한다.

The Pitch Factor

이 계수(factor)는 기계의 전기자 권선에서 유도되는 기전력에 대한 자계 고조파의 영향을 저감하는데 있어서의 선택된 코일 간격(코일 절, coil pitch)의 유효성의 측도(measure)로써 소용된다. 어떻게 이것이 생기는 지를 이해하기 위하여, 주의가 먼저 전절 코일(full-pitch coil)의 경우와 비교하여 유도 기전력의 기본파 값에서 생기는 저감으로 향한다. 그림 B-1을 참조하고, 코일이 정지 N-극과 S-극 기본파 자계 성분에 대하여 왼쪽으로 움직이는 두개의 코일변(coil side) 1과 2로 이루어졌다고 가정한다. 코일변 1 내에서 유도되는 전압은 그러므로 지면의 바깥으로 향하며, 2에서 유도되는 전압은 지면으로 들어가는 방향이다. 이 코일변 내에서의 순시 유도 기전력은 편리하게 그림 B-2에 의해 도식적으로 나타내어질 수 있다. 전압 $\bar{E}_1$

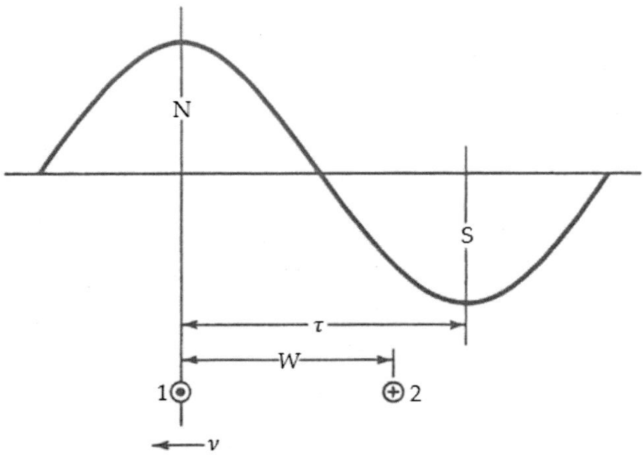

Figure B-1 Fractional-pitch coil in the fundamental field.

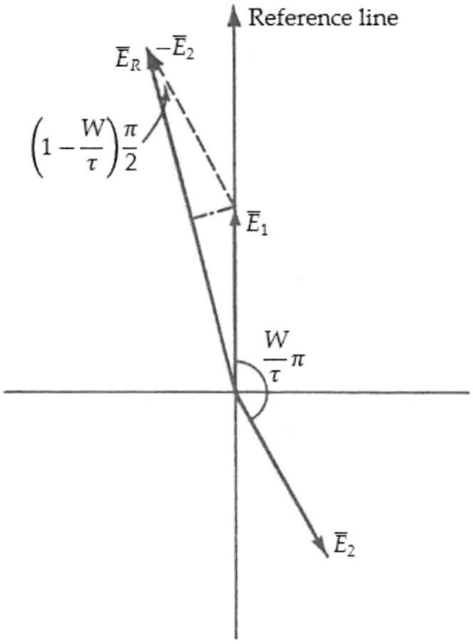

Figure B-2 Phasor diagram for the fractional-pitch coil.

과 $\bar{E}_2$는 각 코일변과 관련된 기전력의 최대 값을 나타낸다. 따라서, 순시치는 수직 기준선에 대한 이 첨두 전압의 사영(projection)을 얻음으로써 찾아진다. 물론, 각 코일변은 같은 첨두 전압을 가진다. $\bar{E}_1$을 기준선과 일치하게 두는 것은 코일변 1이 순시적으로 최대 자속밀도의 영향 아래에 있다는 것을 함축한다. 그림 B-2는 그림 B-1에 묘사된 상황의 페이서도 표현이다. 코일변 2가 코일변 1과는 역전된 극성의 자극의 영향 아래에 있다는 사실에 부합하여, 기준선에 대한 $\bar{E}_2$의 사영은 부(음)이다. 코일변 1과 2를 연결하는 단접속(end connection)이 코일 전압의 합산(addition)을 제공하기 때문에, 합성 코일 전압은 그림 B-2에서 $\bar{E}_1$에 $-\bar{E}_2$를 더함으로써 찾아진다. 여기에서 이 합성 코일 전압의 최대 값은 고정된 채로 남아있다는 것을 염두에 둘 만하다. 자속 자계에 대한 코일의 위치에 따라 변하는 순시 값은 $\bar{E}_R$ 페이서의 수직 사영으로 바로 찾아진다. 분수절 코일의 사용 때문에, 합성 전압은 코일변 전압의 대수합(algebraic sum)과 절대 같을 수 없다는 것에 유의하는 것이 중요하다. 사실상, **단절 계수**(*pitch factor*)는 간단히 **코일변당 유도되는 전압의 절대 합**(*absolute sum*)**에 대한 합성 코일 전압의 비**(*ratio*)로써 정의된다.

기본파 유도 전압에 대한 단절 계수의 편리한 해석적 표현식이 그림 B-2의 기하로부터 쉽사리 유도될 수 있다. W가 적절한 단위로 코일 폭(coil width)을 나타낸다고 하고, τ가 같은 단위로 극간격을 나타낸다고 하자. $\bar{E}_1$과 $\bar{E}_2$ 사이의 각도는 그러면 $W\pi/\tau$ [rad]이다. $\bar{E}_1$의 끝으로부터 $\bar{E}_R$로 수직 이등분선을 그리면 두개의 직각 삼각형을 드러낸다. 합성 전압은 그러면 코일변 전압의 항으로

$$E_R = 2E_1 \cos\left[\left(1 - \frac{W}{\tau}\right)\frac{\pi}{2}\right] \qquad [\mathrm{V}] \tag{B-1}$$

과 같이 표현될 수 있다. 기본파에 대한 단절 계수의 표현식은 그러므로

$$K_{p1} = \frac{E_R}{2E_1} = \cos\left[\left(1 - \frac{W}{\tau}\right)\frac{\pi}{2}\right] = \sin\frac{\pi}{2}\sin\left(\frac{W}{\tau}\frac{\pi}{2}\right) = \sin\left(\frac{W}{\tau}\frac{\pi}{2}\right) \tag{B-2}$$

이다. 극당 9개의 슬롯을 가진 기계의 경우, 7 슬롯의 코일 폭의 사용은 $K_{p1} = 0.940$의 값으로 이끈다. 따라서 기본파 유도 기전력에서 단지 6 [%]의 저감이 있다. 하지만, 고조파에서의 대응하는 저감은 훨씬 더 크다. 이것이 다음에 입증된다.

n이 공간 고조파 차수를 나타낸다면, 잠깐 생각하면 페이서도가 다른 코일변에 대한 한 코일변 전압과 관련된 회전의 양 만큼 다르다는 것을 드러낸다. 따라서 그림 B-2에서 수직과 $\bar{E}_2$가 만드는 각도는 n배로 증가된다. 따라서, n차 고조파 단절 계수에 대한 표현식은

$$K_{pn} = \frac{E_{Rn}}{2E_{cn}} = \cos\left[n\left(1 - \frac{W}{\tau}\right)\frac{\pi}{2}\right] = \sin\left(n\frac{\pi}{2}\right)\sin\left(n\frac{W}{\tau}\frac{\pi}{2}\right) \tag{B-3}$$

이 된다. 극당 9개의 슬롯을 가진 같은 기계에 대하여, 5차 고조파 단절 계수의 값은

$$K_{p5} = -0.174 \tag{B-4}$$

가 된다. 5차 고조파 계자 성분에 의해 유도되는 기전력은 기본파에 대한 6 [%]와 비교하여 근사적으로 83 [%]가 저감됨에 유의하라. 식 (B-4)에서 빼기(부, 음, minus) 부호는 권선의 단절화(chording)에 기인하는 부(음) 쇄교 자속에 의해 생기는 5차 고조파 전압에 대한 위상 역전을 나타낸다.

The Distribution, or Breadth, Factor

오로지 교류기의 60 [elec. deg]에 걸쳐 권선을 분포시킨 효과에만 집중하기 위하여, 단지 전절 코일(full-pitch coil)이 사용되는 것으로 가정된다. 다시 한번 유도가 먼저 기본파 자계파에 대하여 수행된다. 이 연결에서, 단층(single-layer), 2극, 3상 기계의 상 I의 모두를 구성하는 4개의 코일을 보이는 그림 B-3을 참조하라. 0의 순(net) 상전압에 대응하는 순간이 보여졌음에 유의하는 것이 도움이 된다. 이것은 그림 B-4의 페이서도에서 상전압을 나타내는 페이서(AE)는 기준선에 0의 사영을 가져야 한다. 그림 B-4에서 양 AB는 코일 1-13에서 유도되는 전압의 첨두 값을 나타낸다. 이 코일은 최대 전압의 위치로부터 각도 α 만큼 이격되어 있음에 유의하라.

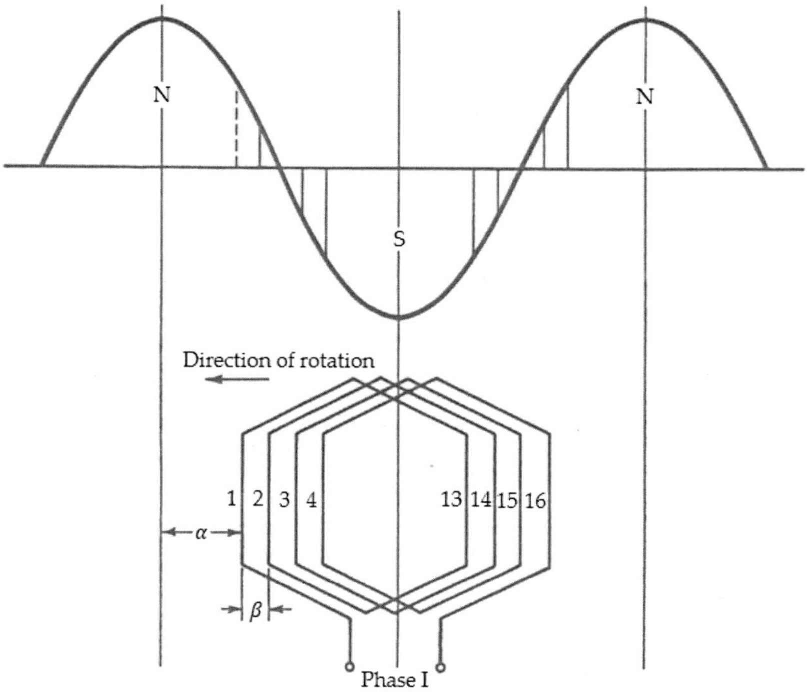

Figure B-3 Showing a distribution winding relative to the fundamental field flux at the instant of zero net phase voltage.

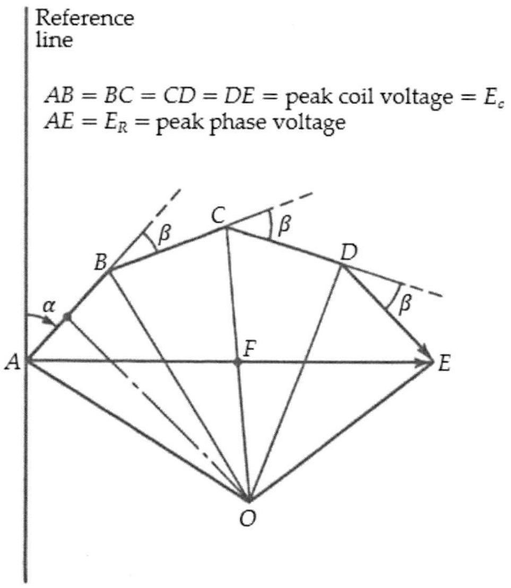

Figure B-4 Derivation of the distribution factor. Illustration is for four slots per pole per phase.

같은 시간에, 분포된 형태 때문에, 코일 2-14의 전압(BC로 나타내어진)은 그것의 첨두 값으로부터 각도 $(\alpha+\beta)$만큼 벗어나 있다. 여기서 β는 슬롯 사이의 각도를 나타낸다. 기준선으로의 BC의 사영이 AB의 사영보다 더 작음을 관찰하는 것이 흥미롭다. 그림 B-3의 일견은 이 코일이 자계 분포에서 거동하는 물리적 관계와의 일관성을 나타낸다. 코일 3-15는 그림 B-4에서 *CD*로 나타내어져 있다. 기준선으로의 그것의 사영은 부(음)이며, 따라서 코일변 3과 15는 각각 코일 1-13과 2-14에 대한 극성과는 역전된 극성의 자극의 영향 아래에 있음을 나타낸다. 코일 4-16은 그림 B-4에서 *DE*로 나타내어져 있다. 각 연속되는 코일 전압은 앞의 코일로부터 부가적인 양(슬롯 (간격) 각도 β와 같은) 만큼 변위된다. 효과는 합성 상전압이 개별 코일 전압의 절대 합보다 **작은**(*less*) 값으로 얻어진다는 것이다. 사실상, **분포 계수**(*distribution factor*)는 **합성을 포함하여 코일 전압의 절대 합에 대한 합성 전압의 비**(*ratio*)로써 정의된다.

그림 B-4의 조사는 분포 계수에 대한 편리한 해석적 표현식으로 이끈다. *AB, BC,* 그리고 기타 등등으로 나타내어진 각 코일 전압의 수직 이등분선을 그리면, 점 *A, B, C, D,* 그리고 *E*를 통하여 지나가는 원의 중심이 찾아질 수 있다. 그러면 양 *AB, BC, CD* 그리고 *DE* 또한 이 원의 같은 현(same chord)이다. 따라서,

$$\sphericalangle AOE = Q\beta \tag{B-5}$$

가 따라온다. 여기서 Q는 극당 상당 슬롯수를 나타낸다. 더욱이,

$$\sphericalangle AOB = \beta \tag{B-6}$$

$$\sphericalangle AOG = \frac{\beta}{2} \tag{B-7}$$

그리고

$$\sphericalangle AOF = \frac{Q\beta}{2} \tag{B-8}$$

이다. 합성 상전압의 첨두 값에 대한 표현식은

$$E_R = AE = 2(AF) = 2(OA)\sin\frac{Q\beta}{2} \qquad [\text{V}] \tag{B-9}$$

가 된다. 정의에 의해, 분포 계수는 그러면

$$K_d = \frac{E_R}{QE_c} = \frac{2(OA)\sin\frac{Q\beta}{2}}{Q2(AG)} = \frac{2(OA)\sin\frac{Q\beta}{2}}{Q2(OA)\sin\beta/2} = \frac{\sin\frac{Q\beta}{2}}{Q\sin\beta/2} \tag{B-10}$$

이다. 그림 B-4에서 보여진 기계에 대하여 식 (B-10)에 있는 양의 값은 $Q = 4$, $\beta = 15°$이다. 따라서 기본파에 대한 분포 계수의 값은 0.958이며, 따라서 5 [%] 저감을

나타낸다. 같은 기계에 대한 5차 고조파의 분포 계수의 값은 0.205로 찾아지며, 따라서 80 [%] 저감을 나타낸다.

단절은 물론 분포로 된 권선에 대한 순 권선 계수(net winding factor)는 단절 계수와 분포 계수의 적(곱, product)이다. 수학적으로는

$$K_{wn} = K_{pn} K_{dn} \tag{B-11}$$

로 표현된다. 여기서 두번째 하첨자 n은 n차 고조파를 나타낸다. K_{pn}과 K_{dn}이 주어진 고조파에 대하여 작을 때, 순(net) 권선 계수는 특별한 고조파를 대수롭지 않도록 하는 작은 값을 나타낸다.

C. DERIVATION OF THE PEAK MMF PER POLE OF A POLYPHASE WINDING

간단하게 시작하기 위하여, 3상이며 총(total) 6개의 슬롯이 있는 2극기를 고려한다. 각 상은 그러므로, 그림 C-1에 묘사된 바와 같이, 전절 권선(full-pitch winding)은 코일이 슬롯 1로부터 슬롯 4까지 펼쳐져 있다는 것을 의미하는, 단일 코일로 이루어진다. 균일 공극 기계의 경우, 이 코일을 통하여 흐르는 어떤 전류는 직사각형 기자력 분포를 생성한다. 총(total) 코일 기자력은 슬롯 1과 4 (공극으로 들어가는 자속으로 일컫는다) 그리고 슬롯 4와 1 사이에 (여기서는 자속이 같은 순간에 공극을 떠나는 것으로 가정된다) 같게 분포된다. 우선은 주의가 한 상(one phase)의 기자력 분포로 향해진다. 남아있는 상들의 효과는 곧 고려된다.

상 코일이 실효 값 I [A]의 정현적으로 변하는 전류를 운반하는 것으로 가정된다면, 직사각형 분포의 높이는, 다음의 표현식에 따라, 정(양) 최대 값과 부(음) 최대 값 사이에서 교번한다:

$$\mathcal{F} = \frac{\sqrt{2}}{2} z_s I \sin \omega t \qquad [\text{A-t}] \tag{C-1}$$

여기서 z_s는 슬롯당 도체수를 나타낸다. 독립변수가 $\pi/2$ [rad]일 때, 코일 기자력은 정(양)의 최대 값을 가짐에 유의하라. 일반적으로 적용할 수 있는 결과, 즉, 그림 C-1의 직사각형 분포에 내포된 기본파는 물론 고조파를 얻기 위해서는, 이 파(wave)에 푸리에 해석이 적용된다. 시간과 표시된 기준 위치 $\alpha = 0°$로부터의 공간 변위의 함수로 표현된 상 I에 대한 기자력 분포의 식은 그러면

$$\mathcal{F}_I(\alpha) = \sum_{n=1,3}^{\infty} a_n \cos n\alpha \qquad [\text{A-t}] \tag{C-2}$$

가 된다. 여기서

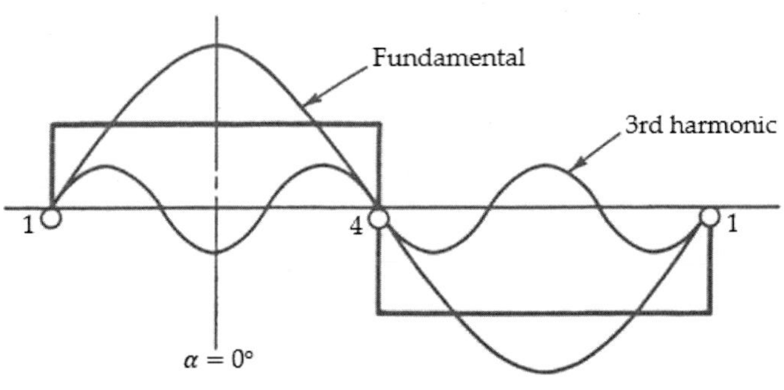

Figure C-1 Magnetomotive force distribution of full-pitch, single-coil phase winding in a uniform air-gap machine.

$$a_n = \frac{1}{\pi}\int_0^{2\pi} \mathcal{F} \cos n\alpha \, d\alpha \qquad \text{[A-t]} \tag{C-3}$$

이며 $\mathcal{F}$는 식 (C-1)로 주어진다.

식 (C-1)을 (C-3)에 대입하고 주어진 파가 4분의 1 파 대칭(quarter-wave symmetry)을 가짐에 유의하면,

$$a_n = \frac{4}{\pi}\int_0^{\pi/2} \frac{\sqrt{2}}{2} z_s I \sin \omega t \cos n\alpha \, d\alpha = 0.9 z_s I \sin \omega t \left(\frac{1}{n} \sin n \frac{\pi}{2}\right) \qquad \text{[A-t]} \tag{C-4}$$

를 적을 수 있다. 이 결과를 식 (C-2)에 대입하면

$$\mathcal{F}_I(\alpha) = 0.9 z_s I \sin \omega t \left(\cos \alpha - \frac{1}{3}\cos 3\alpha + \frac{1}{5}\cos 5\alpha - \frac{1}{7}\cos 7\alpha + \cdots\right) \text{[A-t]} \tag{C-5}$$

를 산출한다. 이제, 기계가 극당 상당 1 슬롯 대신 극당 상당 Q 슬롯으로 설비되어 있다면, 앞의 식은 두가지 수정을 도입하여 적용하도록 만들어질 수 있다: z_s를 $z_s Q$로 대체하고 각 고조파의 분포 계수를 포함시킨다. 따라서,

$$\mathcal{F}_I(\alpha) = 0.9 z_s Q I \sin \omega t \left(K_{d1} \cos \alpha - \frac{K_{d3}}{3}\cos 3\alpha + \frac{K_{d5}}{5}\cos 5\alpha - \cdots\right) \quad \text{[A-t]} \tag{C-6}$$

을 얻는다. 더구나, 각 코일이 분수절(fractional-pitch; 단절, short-pitch)로 되었다고 가정된다면, 식 (C-6)의 각 항은 각 고조파에 대한 단절 계수에 의해 더 수정되어야 한다. 따라서 단절 분포 권선의 한 상의 기자력 분포를 나타내는 완전한 표현식은

$$\mathcal{F}_I(\alpha) = 0.9 z_s Q I \sin \omega t \left(K_{w1} \cos \alpha - \frac{K_{w3}}{3}\cos 3\alpha + \frac{K_{w5}}{5}\cos 5\alpha - \cdots\right) \text{[A-t]} \tag{C-7}$$

이다. 여기서 $K_{wn} = K_{dn} K_{pn}$은 각각의 분포 및 단절 계수의 적(곱, product)으로 얻어지는 권선 계수(winding factor)이다.

관심이 주로 4-1절에서 설명된 방식으로 회전 기자력을 생성하기 위해 협조하는 3상 평형 권선에 의해 생성되는 합성 기자력에 있기 때문에, 먼저 상 II와 III의 기자력에 대한 표현식이 필요하다. 이들은 시간과 공간에서 요구되는 120° 변위를 도입함으로써 식 (C-7)로부터 바로 얻어진다. 따라서

$$\begin{aligned}\mathcal{F}_{II}(\alpha) = 0.9 z_s Q I \sin(\omega t - 120°) \Big[&K_{w1} \cos(\alpha - 120°) - \frac{K_{w3}}{3}\cos(3\alpha - 360°) \\ &+ \frac{K_{w5}}{5}\cos(5\alpha - 600°) - \cdots\Big] \qquad \text{[A-t]}\end{aligned} \tag{C-8}$$

$$\mathcal{F}_{III}(\alpha) = 0.9z_s QI\sin(\omega t - 240°)\left[K_{w1}\cos(\alpha - 240°) - \frac{K_{w3}}{3}\cos 3(\alpha - 240°) + \frac{K_{w5}}{5}\cos 5(\alpha - 240°) - \cdots\right] \quad \text{[A-t]} \quad \text{(C-9)}$$

이다.

각 개별 상의 기자력이 교번하는 특성을 가짐에 유의하는 것이 도움이 된다. 이것은 기본파는 물론 고조파에 대해서도 그렇다. 하지만, 합성 기본파 또는 고조파는 시간에 따라 회전하는 것으로 찾아진다. 어떤 특정한 고조파에 대하여 이것은 각 상에 대한 기여를 합함으로써 바로 확인된다. 따라서 기본파의 경우 결과는

$$\mathcal{F}_{r1}(\alpha) = \frac{3}{2}(0.9)z_s QIK_{w1}\sin(\omega t - \alpha) \quad \text{[A-t]} \quad \text{(C-10)}$$

으로 찾아진다. 4-1절에서 이미 입증된 바와 같이, 식 (C-10)은 정(양) α 방향으로 움직이는 이동(진행) 사인파(traveling sine wave)의 식이다. 그러므로 이 합성파의 **크기**(**진폭**, *amplitude*)는 삼각항(trigonometric term)의 계수임이 따라온다. 따라서

$$\mathcal{F}_A = \frac{3}{2}(0.9)z_s QK_{w1}I \quad \text{[A-t]} \quad \text{(C-11)}$$

이다. 인자 3은 3상으로 다루고 있기 때문에 나타난다. q-상 기계에 대해서는, 식 (C-11)이

$$\mathcal{F}_A = \frac{q}{2}(0.9)z_s QK_{w1}I \quad \text{[A-t]} \quad \text{(C-12)}$$

로 된다. 종종 이 양을 상당 총 권수(total number of turns per phase)(N)의 항으로 표현하는 것이 바람직하다. 이것은

$$N\,\text{[turn/phase]} = \frac{z_s}{2}\,\text{[turn/slot]} \times Q\,\text{[slot/(pole × phase)]} \times p\,\text{[pole]} \quad \text{(C-13)}$$

을 인지함으로써 가능하다. 따라서,

$$\frac{z_s Q}{2} = \frac{N}{p}\,\text{[turn/pole/phase]} \quad \text{(C-14)}$$

이다. 마지막 표현식을 식 (C-12)에 대입하면 다상 권선의 기자력 크기에 대한 최종적인 원하는 형태, 즉,

$$\mathcal{F}_A = 0.9q\frac{NK_{w1}}{p}I \quad \text{[A-t]} \quad \text{(C-15)}$$

를 산출한다.

비슷한 과정이 합성 회전 자계에서 고조파의 첨두 기자력의 표현식을 찾기 위해 따라질 수 있다. 세개의 상 각각의 3차 고조파 성분을 더하면 0을 산출한다—식 (C-7), (C-8), 그리고 (C-9)의 조사로부터 명백한 결과. 이 결론은 또한 모든 3의 배수 고조파에 적용할 수 있다. 따라서, 평형 3상 권선의 이동파에서 합성 3차 고조파 성분은 없다.

세개의 상 각각의 5차 고조파 기여의 덧셈(addition)은 다음의 결과로 이끈다:

$$\mathcal{F}_{r5}(\alpha) = \frac{3}{2}(0.9)z_s QI\frac{K_{w5}}{5}\sin(\omega t + 5\alpha) \qquad [\text{A-t}] \tag{C-16}$$

독립변수의 형태는 합성파의 5차 고조파 성분이 부(음) α 방향으로 움직인다는 것을 나타냄에 유의하라. 5차 고조파의 크기는 그러면 명백히

$$\mathcal{F}_{A5} = 3(0.9)\frac{z_s Q}{2}\frac{K_{w5}}{5}I = 3(0.9)\frac{N}{p}\frac{K_{w5}}{5}I \qquad [\text{A-t}] \tag{C-17}$$

이다. q-상 기계에 대해서는 이것이

$$\mathcal{F}_{A5} = 0.9q\frac{NK_{w5}}{5p}I \qquad [\text{A-t}] \tag{C-18}$$

로 된다.

마지막 표현식의 유도를 약간 생각하면 q-상 권선의 n-차 고조파의 합성 이동파의 크기에 대한 일반적인 표현식은

$$\mathcal{F}_{An} = 0.9q\frac{NK_{wn}}{np}I \qquad [\text{A-t}] \tag{C-19}$$

라는 것을 바로 드러낸다. $n = 1$을 대입하면, 식 (C-15)가 얻어진다.

D. REDUCTION FACTORS FOR POLYPHASE WINDINGS

저감 계수(*reduction factor*)는, 회전자 양으로 인가된 전압, 전류, 임피던스, 그리고 기타 등등을, 고정자 양으로 환산한 수치적 양(numerical quantity)이다. 이것은 고정자 내에서 환산된 양에 의해 생성되는 효과가 회전자 내에서 원래의 양에 의해 생기는 효과와 동일하다는 것을 의미한다. 저감 계수는 여러가지 전기적 양에 따라 다르며, 그들은 또한 회전자가 권선형인지 농형인지에 따라 다르다.

The Wound Rotor

거기에는 흥미로운 세가지 저감 계수가 있다: 전압으로 다루는 계수, 전류로 다루는 계수, 그리고 저항, 리액턴스, 그리고 임피던스로 다루는 계수. 2장에서 설명된 바와 같이, 저감 계수는 본질적으로 실제 회전자 권선을 고정자 권선과 같은 권수를 가지는 등가 회전자 권선으로 변환하는 변환비(transformation ratio)이다. E_1이 공극 자속에 의해 고정자 권선 내에서 상당 유도되는 정지 상태 기전력을 나타내며, E_2가 같은 공극 자속에 의해 회전자 권선 내에서 상당 유도되는 정지 상태 기전력을 나타낸다고 하면, 식 (4-9)와 (4-10)에 의해 이 두 양의 비(ratio)는

$$\frac{E_1}{E_2} = \frac{N_1 K_{w1}}{N_2 K_{w2}} = a_v \tag{D-1}$$

이다. 식 (D-1)은 회전자 권선과 관련된 **어떤**(*any*) 전압을 거꾸로 고정자로 환산하기 위한 저감 계수이다. 이 교재에서는 환산된 양을 나타내기 위해 사용되는 표기(convention)가 **프라임**(*prime*, ′) 기호이다. 따라서, 양 E_2를 고정자로 환산하여

$$E_2' = a_v E_2 \qquad [\mathrm{V}] \tag{D-2}$$

로 적는다. 식 (D-1)과의 비교는 E_2'는 E_1과 동일함을 보이며, 그것은 두 양이 모두 같은 공극 자속에 의해 절단되는 같은 유효 권수를 가지는 권선과 관련되기 때문일 것이다.

전류에 대한 저감 계수는 어떻게 회전자 전류가 흐르도록 만들어지는 지를 상기함으로써 유도될 수 있다. 이상적으로, 무부하에서 그리고 무시할 수 있는 회전손인 유도전동기의 경우, 회전자 전류는 0이다. 대응하여 슬립 역시 0이다. 부하가 회전자 축에 인가됨에 따라, 회전자 구조는 속도가 떨어지고, 회전자 권선 내에 유도되는 기전력이 생기고, 그 다음 부하에서 요구되는 에너지를 공급하기에 충분한 회전자 전류를 생성한다. 회전자 전류가 회전자의 q_2-상을 통하여 흐름에 따라, 원래의 고정자 기자력 $q_1 N_1 K_{w1} I_m$와 반대인 방향으로 작용하는 크기 $q_2 N_2 K_{w2} I_2$의 총(total) 회전자 기자력이 나타난다. 고정자 기자력은 공극 자속을 생성하는 유효 고

정자 기자력으로서, 그 값은 본질적으로 인가 고정자 전압에 의해 결정된다. 회전자 기자력의 이 반대되는 작용을 상쇄하고 인가 고정자 전압에 의해 요구되는 공극 자속의 값을 보존하기 위해서는, 고정자 기자력에서 총 회전자 기자력과 같으며 반대인 증가가 생겨야 한다. 증가된 고정자 전류를 I_2'라 하면, 평형에서

$$q_1 N_1 I_2' K_{w1} = q_2 I_2 N_2 K_{w2} \qquad [\text{A-t}] \tag{D-3}$$

을 적을 수 있다. 또는, 고정자 전류에서의 요구되는 증가는

$$I_2' = \frac{q_2 N_2 K_{w2}}{q_1 N_1 K_{w1}} I_2 = a_i I_2 \qquad [\text{A}] \tag{D-4}$$

가 된다. 여기서

$$a_i \equiv \frac{q_2 N_2 K_{w2}}{q_1 N_1 K_{w1}} = \text{current reduction factor} \tag{D-5}$$

이다. 어떤 회전자 상전류에 대한 a_i의 적용은 고정자 권선에서 그 전류의 등가 효과를 준다. 회전자와 고정자 상수(phases)가 같을 때, 전류에 대한 저감 계수는 전압에 대한 저감 계수의 역(inverse)이라는 것이 유의할 만하다.

주어진 회전자 저항의 효과를 고정자로 전달하는 방식은 동손(copper loss) 또는 단위법 저항 강하(per-unit resistance drop)를 보존하는 관계식으로부터 찾아질 수 있다. 예를 들어, 회전자 권선 저항 r_2와 회전자 전류 I_2에 대하여 단위법 저항 강하는 $I_2 r_2 / E_2$이다. 고정자 내에 위치될 때, 이 회전자 저항(이제는 r_2'로 불리는)의 효과는, 고정자 내에서 r_2'가 전류 I_2'를 운반하며 고정자 전압 E_1(또는 E_2')과 관련되어야 함에도 불구하고, 회전자 자체 내에서 생성되는 것과 같아야 한다. 등가는 다음의 식을 만족함으로써 보존된다:

$$\frac{I_2' r_2'}{E_2'} = \frac{I_2 r_2}{E_2} \tag{D-6}$$

그러면 고정자 내에서 나타나야 하는 것으로서의 회전자 저항은

$$r_2' = \frac{I_2}{I_2'} \cdot \frac{E_2'}{E_2} r_2 \qquad [\Omega] \tag{D-7}$$

이라는 것이 따라온다. 식 (D-1), (D-2), 그리고 (D-4)를 대입하면

$$r_2' = \frac{q_1}{q_2}\left(\frac{N_1 K_{w1}}{N_2 K_{w2}}\right)^2 r_2 = a_z r_2 \qquad [\Omega] \tag{D-8}$$

을 산출한다. 여기서

$$a_z = \frac{q_1}{q_2}\left(\frac{N_1 K_{w1}}{N_2 K_{w2}}\right)^2 = \text{reduction factor for resistance, reactance, and impedance} \tag{D-9}$$

이다. 같은 정당성으로 식 (D-9)가 리액턴스와 임피던스 량에 적용되는 것을 보이는 것은 간단한 문제이다. 이것은 독자들에게 연습 문제로 남겨둔다.

The Squirrel-Cage Rotor

농형 회전자는 종종 슬롯 내에 들어가 있으며 양 끝이 구리 단부환(end ring)에 의해 연결된 고체 구리봉(solid copper bar)으로 이루어져 있음을 염두에 두는 것이 도움이 된다. 이 구조의 결과로서, 각 봉은, 상(phase)을 구성하는 전통적인 정의의 항으로 간주되는, q_2-상 계통의 분리된 개별 상으로 고려될 수 있다. 각 봉(또는 도체)가 하나의 상이기 때문에, 상당 권수는 ½(두개의 도체가 1 [turn]을 만든다)이어야 하며, 권선 계수는 항등적으로 단위 값(unity, 1)이어야 한다는 것이 따라온다. 농형 회전자에 대한 전압 저감 계수는, 일반적인 결과인, 식 (D-1)에 $N_2 = ½$ [turn]과 $K_{w2} = 1$을 대입함으로써 바로 결정된다. 따라서

$$a_v = 2N_1 K_{w1} \tag{D-10}$$

이다.

회전자 봉의 수가 자극쌍 수에 의해 정수(integer)로 나누어지지 않을 때에는, 회전자 상수(number of rotor phases)는 봉의 수와 같다. 따라서, 이 상황 하에서는 농형 회전자에 대하여, 식 (D-3)이

$$q_1 I_2' N_1 K_{w1} = S_2\left(\frac{1}{2}\right)(1) I_2 \qquad [\text{A-t}] \tag{D-11}$$

또는

$$I_2' = \left(\frac{S_2}{2q_1 N_1 K_{w1}}\right) I_2 \qquad [\text{A}] \tag{D-12}$$

로 된다. 여기서 S_2는 회전자 슬롯의 수를 나타내며, 괄호 속의 양은 전류 저감 계수이다.

저항에 대한 저감 계수는 다시 식 (D-6)을 사용함으로써 찾아진다. 농형 회전자

에 대하여 이것은

$$r_2' = \frac{E_2'}{E_2} \cdot \frac{I_2}{I_2'} r_2 \qquad [\Omega] \tag{D-13}$$

으로 이끈다. 이 식에 적절한 전류와 전압 저감 계수를 도입하면

$$r_2' = \left[\frac{4q_1(N_1K_{w1})^2}{S_2}\right] r_2 \qquad [\Omega] \tag{D-14}$$

를 산출한다. 여기서 대괄호 속에 있는 양이 원하는 결과이다. 앞에서와 같이, 이 저감 계수는 저항은 물론 리액턴스와 임피던스에도 적용할 수 있다.

E. SATURATED SYNCHRONOUS REACTANCE METHOD BASED ON RESULTANT FLUX

종종, 동기기의 설계는 정격 전력(동력)이 정격 전압에서 내어놓아질 때 자화 곡선 위의 운전점이 곡선의 무릎부(knee)를 따르는 어딘가에 위치되도록 한다. 따라서, 기계는 부분적으로 포화된 상태에서 운전하는 것으로 설명될 수 있다. 자기회로의 포화의 정도(degree)에 대한 좋은 지표는 합성 자속 Φ_r 또는 그것과 관련된 기전력 E_r로 주어진다. 따라서, 동기발전기가 정격 전압과 특정된 역률에서 정격 전력을 내어놓는 것으로 가정된다면, 실제 전기자 유도 기전력 $\overline{E}_r$은 식 (5-22)에 의해 설명된 바와 같이 그리고 자화 곡선 위에 위치되는 것으로 찾아질 수 있다. 이것이 그림 E-1에 나타내어져 있다. 여기서 E_r은 포화 곡선 위에 점 a로 나타내어져 있으며 계자 전류 R에 의해 생성된다. 여기에서 철의 포화가 없다면, 전압 E_r은 더 적은 여자 R_{ag}에 의해 유도될 것이라는 것이 유의할 만한 가치가 있다. 본질에 있어서, 그러면, 이 조건 하에서 나타나는 포화의 정도는 이 두 양의 비(ratio)로써 나타내어진다. 즉, 자기회로의 자기저항이

$$k = \frac{R}{R_{ag}} = \frac{E_{r(ag)}}{E_r} \tag{E-1}$$

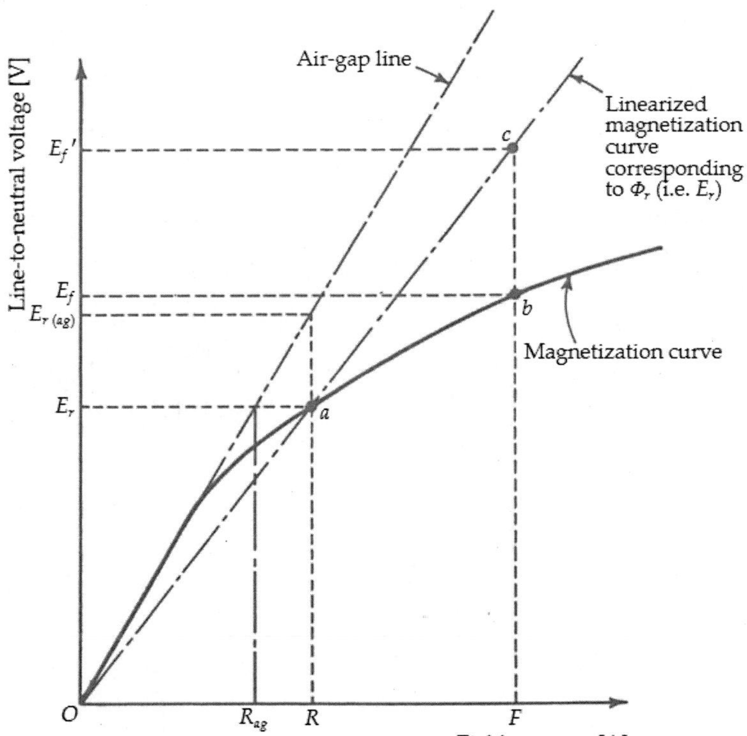

Figure E-1 Illustrating the saturated Synchronous reactance method based on E_r.

인 **포화율**(*saturation factor*) k에 의해 증가되었다. 이 식의 두번째 형태는 그림 E-1에서 닮은 삼각형(similar triangles)의 기하로부터 따라온다.

이제 포화의 정도가 Φ_r에서 고정되어 남아있으며 전기자 전류는 0으로 줄어드는 한편 계자 전류가 일정하게 남아있다면 이 발전기는 어떻게 작동할 것인가? 그림 E-1의 검토는 운전점이 합성 자속에 대응하는 선형화된 자화 곡선을 따라 a로부터 c로 움직일 것임을 드러낸다. 점 c는 원점으로부터 a를 통하여 그어진 선과 일정 계자 여자(F)에 위치된 세로 좌표선(ordinate line)의 교점(point of intersection)으로 찾아진다. c에 대응하는 무부하 전압은 E_f'로 인식되며 전기자 전류가 0으로 작아짐에 따라 공극 자속이 변하지 않고 남아있다면 생성될 무부하 단자 전압을 나타낸다. 이것은 실제로는 일어나지 않기 때문에, 명백하게 E_f'는 완전히 가상적인 양이다. 다른 한편으로, 계자 전류 F(E_f'와 관련된)는 가상이 아니라 실제이다. 사실상, F는 구하려고 하는 양이며, 앞의 구성은 단순히 F의 결정을 쉽게 하기 위해 도입되었다. 결정은 닮은 삼각형 OaR과 OcF로부터 바로 따라온다. 따라서

$$F = \frac{E_f'}{E_r} R \qquad [\mathrm{A}] \tag{E-2}$$

이다. 여기서 양들은 그림 E-1에서 나타내어진 바와 같이 정의된다.

식 (E-2)를 적용하는데 있어서, 양 E_r은 식 (5-22)에 의해 찾아진다; R은 실제 자화 곡선으로부터 찾아진다. E_f'는 그러면 예제 5-2에서 설명된 방식으로 동기 리액턴스법에 의해, 그러나 합성 자속에 의해 나타내어지는 포화의 정도에 대응하여 사용되는 동기 리액턴스의 값으로의 필요한 수정과 함께, 계산된다. x_s가 기계의 철 구조(iron structure)와 완전히 관련된다면, 포화 동기 리액턴스는 비포화(불포화) x_s를 포화율 k로 나눔으로써 찾아질 수 있다. 하지만, 식 (5-16)에 의해 나타내어진 바와 같이, 동기 리액턴스는 또한, 본질적으로 기계의 주 철 경로(main iron path)의 포화의 정도의 변화에 의해 영향을 받지 않고 남아있는, 누설 리액턴스의 효과를 포함한다. 따라서, 포화율은 식 (5-16)에서 단지 x_ϕ에만 적용되어야 한다. 이것은 포화 동기 리액턴스 x_{ss}에 대한 다음의 표현식으로 이끈다:

$$x_{ss} = x_l + \frac{x_s - x_l}{k} \qquad [\Omega] \tag{E-3}$$

여기서 x_l은 누설 리액턴스를 나타내며, k는 식 (E-1)로 주어지는 포화율, 그리고 x_s는 식 (5-18)로 주어지는 비포화 동기 리액턴스이다. 다음의 예제는 이 방법의 유효성을 설명한다.

EXAMPLE E-1 예제 5-1의 기계에 대하여, 정격 전기자 전류가 0.8 지상 역률 3상 평형 부하

에 내어놓아질 때 정격 단자 전압을 생성하는 계자 전류를 찾아라.

SOLUTION E_r과 R의 값은 식 (5-22)와 (5-23)으로 주어지며, 편의를 위하여 여기에 반복된다:

$$E_r = 8444.4\ [\text{V}] \quad \text{and} \quad R = 222\ [\text{A}]$$

포화율은 다음과 같이 찾아진다:

$$k = \frac{R}{R_{ag}} = \frac{222}{157} = 1.41$$

따라서 식 (E-3)에 의해 포화 동기 리액턴스는

$$x_{ss} = x_l + \frac{x_s - x_l}{k} = 1.9 + \frac{22 - 1.9}{1.41} = 16.2\ [\Omega]$$

따라서, 다음을 얻는다:

$$\begin{aligned}\bar{E}_f{}' &= V_t\angle 0° + \bar{I}_a(jx_{ss}) = 7967.4 + j418.4 \times (0.8 - j0.6) \times 16.2 \\ &= 7967.4 + 4042 + j5423 = 12009 + j5423 = 13177\angle 24.3°\ [\text{V}]\end{aligned}$$

마지막으로, 식 (E-2)에 의해 요구되는 여자 전류는

$$F = \frac{13177}{8444.4} \times 222 = 346\ [\text{A}]$$

으로 찾아지며, 이것은 일반적인 방법에 의해 찾아진 결과와 동일하다.

포화 동기 리액턴스법에 의해 전압변동률을 계산하고자 할 때에는, 그림 E-1의 일견은 식 (5-26)에서 사용된 단자 전압이 식 (E-2)에 의해 계산된 F의 값에 대응하는 실제 자화 곡선 위에서 찾아졌음을 드러낸다. 이것은 그림 E-1에서 점 b로 나타내어져 있다.

F. SLIP TEST FOR SALIENT-POLE SYNCHRONOUS MACHINES

동기기의 직축 동기 리액턴스와 횡축 동기 리액턴스에 대한 정보는 **슬립 시험**(*slip test*)으로 알려진 비교적 간단한 무부하 시험으로부터 얻어질 수 있다. 용어에 대한 이유는 곧 명확하게 될 것이다. 그림 F-1은, 리액턴스의 계산을 허용하는 계기를 포함하여, 시험을 위한 전선 배치를 묘사한다.

3상 고정자 권선에 정격 주파수의 가조정(조정할 수 있는) 전압을 인가하기 위해 3상 바리악(교류 가변 전압, variac)을 필요로 하며, 그것은 정격 기계 전압의 아래로 적절하게 설정된다. 이 전압의 적용은 동기발전기의 공극 내에, 동기속도 n_s로 이동하는, 회전 자극 조합(revolving set of magnetic poles)을 생성한다. 동시에, 분리된 원천(source)이 동기속도와 약간 다른 속도에서 회전 고정자 기자력과 **같은**(*same*) 방향으로 철극(돌극) 회전자 구조를 구동하기 위해 사용된다. 방향이 적절한 지를 확인하는 빠르고 쉬운 방법은 개방 계자 권선 단자를 가로질러 전압계를 두는 것이다. 작은 지시치가 기록된다면 방향이 적절하다. (왜 그런가?) 속도가 조정될 수 있는 용이함 때문에 분리된 구동원(drive source)으로 직류전동기의 사용이 편리하다.

회전자를 동기속도보다 약간 아래 또는 약간 위의 속도에서 구동함으로써, 회전자는 고정자의 회전하는 자극의 뒤로 또는 앞으로 미끄러지는 것이 나타난다. 그 결과, 그림 F-1에서 A로 표시된 선 전류계(line ammeter)에 의해 지시되는 바와 같이, 고정자 자극이 회전자 철의 자극 구조와 정렬된 위치에 있을 때, 따라서 고정자 기자력에 대해 최소 자기저항이 나타나고, 최소 자화 전류로 귀결하는 시간 주

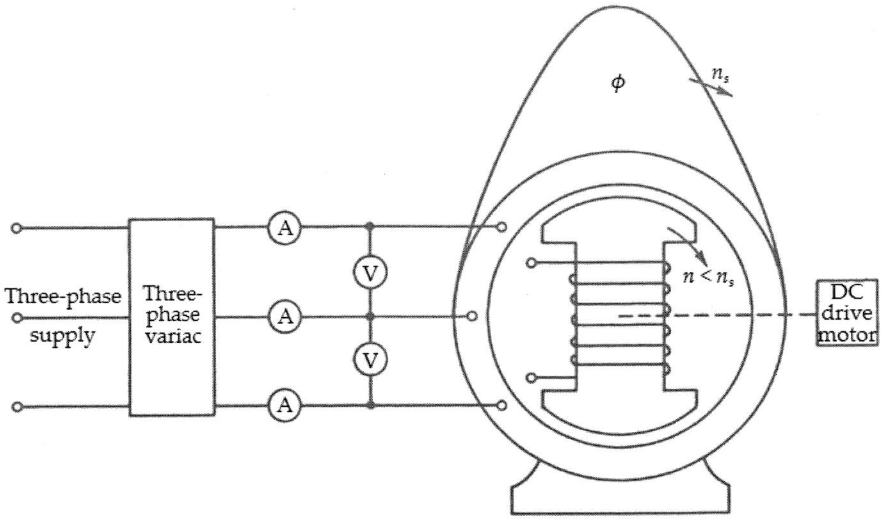

Figure F-1 Schematic diagram for the slip test.

기(period of time)가 있을 것이다. 약간 뒤의 순간에 회전자 자극 구조는 고정자 자극의 축에 대하여 직각의 위치에 있을 것이다. 따라서, 공극이 매우 크며, 그래서 인가 전압에 의해 요구되는 것과 본질적으로 같은 공극 자속을 확립하기 위하여 큰 자화 전류가 흘러야 한다. 전류에서의 증가가 꽤 상당하며, 선 전류계에 의해 쉽사리 기록될 수 있다. 이 최소로부터 최대 수준으로의 전류의 변동은 $n_s - n$에 직접 종속되는 주파수에서 일어남을 염두에 두어라. 명백하게, 이 시험에서 요구되는 한가지 기법은 참된 최대와 최소 값이 기록될 수 있도록 이 주파수를 충분히 작게 유지하는 것이다. 하지만, 동시에, 이 주파수가 릴럭턴스 동력(reluctance power)의 작용을 통하여 회전자 구조를 고정자 자극에 동기(synchronism)로 밀어 넣을 정도로 작게 만들어져서는 안된다. 사실상, 줄여진 전압에서 이 시험을 수행하는 이유는 확실히 회전자를 동기로 밀어 넣는 릴럭턴스 토크의 영향을 최소로 하기 위한 것이다. 공교롭게도, 하한(lower limit)은 이 인가 전압으로 두어져야 한다; 그렇지 않으면, 동기 리액턴스의 계산된 값이, 이미 판단을 그르치게 될 수 있는 것으로 아는, 비포화 값에 더 가까울 것이다.

바리악의 내부 임피던스가 무시할 수 있을 것 같지 않기 때문에, 선 전류계에서의 최소와 최대 값에서의 넓은 폭(wide swing)은 전압계 지시치에서의 약간의 동요(fluctuation)을 일으킬 것이다. 이것 역시 기록되어야 할 것이다. 또한 최대 전압 지시치는 최소 선전류와 관련되며, 최소 전압 지시치는 최대 전류에 따름을 유의하라.

직축 동기 리액턴스는, $V_{\max}$와 $I_{\min}$이 회전자 자극 축과 고정자의 자극이 정렬되었을 때 기록된 지시치이기 때문에, 이 $V_{\max}$와 $I_{\min}$을 사용하여 찾아진다. Y-결선 고정자 권선으로 가정하면, 직출 동기 리액턴스에 대한 표현식은 따라서

$$x_d = \frac{V_{\max}}{\sqrt{3}\, I_{\min}} \quad [\Omega] \tag{F-1}$$

이 된다. 세 전류계와 두 전압계의 평균 값이 사용되어야 할 것이다.

비슷한 논거에 의해, 횡축 동기 리액턴스는

$$x_q = \frac{V_{\min}}{\sqrt{3}\, I_{\max}} \quad [\Omega] \tag{F-2}$$

로부터 계산될 수 있음이 명백할 것이다.

식 (F-1)과 (F-2)로부터 얻어진 결과의 신뢰도는 선전류와 선전압에서의 변동을 기록하고 측정하기 위하여 오실로그래프법(oscillographyic method)을 사용함으로써 개선될 수 있다. 이것은 더 큰 슬립 주파수가 사용되는 것을 허용하며, 그 다음

동기로 들어갈 위험없이 더 높은 인가 전압이 사용되는 것을 허용한다. 더구나, 최대와 최소 값이, 지시 전류계와 전압계의 관성 효과는 완전히 무시되기 때문에, 훨씬 더 정확히 측정될 수 있다.

G. A SHORT BIBLIOGRAPHY

다음은 독자가 이 교재의 연구에 있어서 정보의 추가 출처로서 도움을 찾을 수 있는 간략하게 선택된 책의 목록이다.

CHAPMAN, STEPHEN, J., *Electric Machinery Fundamentals* (New York: McGraw-Hill Book Company, 1985).

EL-HAWARY, M. E., *Principles of Electric Machines with Power Electronic Applications* (Englewood Cliffs, NJ: Prentice-Hall, Inc., 1986).

FITZGERALD, A. E., C. KINGSLEY, JR., AND S. D. UMANS, *Electric Machinery* 4th ed. (New York: McGraw-Hill Book Company, 1983).

LIWSHITZ-GARIK, M. AND C. C. WHIPPLE, *Electric Machinery*, Vols. I and II (Princeton, NJ: D. Van Nostrand Co., Inc., 1946).

MCPHERSON, GEORGE, *An Introduction to Electrical Machines and Transformers* (New York: John Wiley & Sons, Inc., 1981).

NASAR, S. A. AND L. E. UNNEWEHR, *Electomechanics and Electric Machines* (New York: John Wiley & Sons, Inc., 1979).

SLEMON, GORDON R., *Electric Machines and Drives* (New York: McGraw-Hill Book Company, 1992).

SLEMON, GORDON R. AND ALAN STRAUGHEN, *Electric Machines* (New York: McGraw-Hill Book Company, 1980).

STEIN, ROBERT AND WILLIAM T. HUNT, *Electric Power System Components: Transformers and Rotating Machines* (New York: Van Nostrand Reinhold, 1979).

TORO, VINCENT DEL, *Basic Electric Machines* (Englewood Cliffs, NJ: Prentice-Hall, Inc., 1990).

박민호, 유도기기 (동명사, 1987).

박송배, 교류회로이론 (문운당, 1985).

이승원, 전기기기 (문운당, 1987)

이윤종, (신편) 전기기계 (동명사, 1979).

ANSWERS TO SELECTED PROBLEMS

Chapter 1

1-1 (a) $4/\pi$ [A/m] (b) 32×10^{-7} [N/m] (c) 0.32 [N/m]
1-3 (a) 0 (b) −0.1 [N/m], repulsion (c) same as (b)
1-5 20 [A]
1-7 (a) 98 [A-t] (b) 1.225 [A]
1-9 183.75 [A-t]
1-11 0.00475 [Wb]
1-13 357.4 [turn]
1-15 158.8
1-17 (a) 0.5 [H] (b) 0.0025 [J]
1-19 2.41 [W]
1-21 0.302 [J/cycle]
1-23 Hysteresis: 1400 [W] @ 60 [Hz], 2100 [W] @ 90 [Hz];
Eddy: 400 [W] @ 60 [Hz], 900 [W] @ 90 [Hz]
1-25 $F = (B^2/\mu)bg$ [N]
1-27 (a) 0.53 [A] (b) 0.4975 [J] (c) 0.165 [J] (d) 4.72 [H]

Chapter 2

2-1 (a) 0.00108 [Wb] (b) 1.44 [in]
2-3 ϕ decreases, I_m remains constant
2-5 (a) 0.01126 [Wb] (b) 1.5 (c) Increase exceeds 50 [%] (d) 90 [Hz]
2-7 (a) 97.65 [%] (b) $2453.2\angle 0.33°$ (c) 2.216 [%]
2-9 96.68 [%]
2.11 4.82 [%]
2-13 0.7055 [A]
2-15 206 [A]
2-17 Purely capacitive
2-20 87.8 [V]
2-21 $0.8566 + j0.8072$
2-23 Leading load with *pf* angle of 28.6°
2-25 1 [A]
2-27 10 [H]
2-30 (a) 1.9 [H] (b) 0.2 [H]
2-33 (a) 1.48 [%] (b) 0.575 [Ω] (c) 55 [kW], 16.5 [kW] (d) 22 [kVA], 440/330 [V]
2-35 $621\angle(-68.75°)$ [A], high side
2-37 $48.4\angle(-60.46°)$ [A], $50\angle(-36.9°)$
2-39 (a) 225 [kVA] 25 [kVA] (c) 200 [kVA]
2-42 (a) 0.0206, 0.0206 (b) 95.63 [%]
2-43 0.0256 [pu], 0.016 [pu]
2-45 2 [Ω]

2-47 0.866
2-49 (a) 120.09 [V] (b) 126.6 [V]

Chapter 3

3-1 (a) 0.09425 [Wb] (b) 39.27 [V] (c) 3.927 [Wb/s]
3-3 (a) 4.8 [N-m] (b) 50 [V] (c) 83.33 [rad/s]
3-5 (a) 0.0024 [Wb] (b) 0.144 [Wb-t] (c) $0.144 \cos 5\pi t$ (d) 2.26 (e) 0 (f) 1.96 [V]
3-7 (a) $\phi = Blr(\pi - 2\theta_0)$ (b) $e = 2NBlv$ (c) 7.54 [V] (d) 4.8 [V]
3-9 (a) $\phi = 2.4 \cos \omega_0 t$ (b) 130.6 [V] (c) 130.6 [V] (d) 150.8 [V] (e) 0
3-12 532 [A-t/pole]
3-15 (a) 8620 [A-t] (b) 53.1 [N-m] (c) 104 [V] (d) 0.00122 [Wb]

Chapter 4

4-2 900 [rpm], 1.8 [Hz]
4-5 (a) $1.50\phi_m$ directed CW 60° from vertical in 1st quad. (b) $1.50\phi_m$ @ 120 CW 4th quad.
4-9 $\mathcal{F}_m \cos(\omega t - \alpha)$
4-10 (a) 1800 [rpm] (b) 3 [Hz] (c) 90 [rpm] (d) 1800 [rpm] (e) 0 (f) yes
4-13 (a) 700 [rpm] (b) 1700 [rpm]
4-16 87.45 [%]
4-17 99.3 [A]
4-19 (a) $21.68\angle(-25.3°)$ (b) 8.38 [hp] (c) 80.3 [%] (d) 36.32 [N-m]
(e) $56.73\angle(-78.4°)$ [A]
4-21 (a) 0.288 lagging (b) 0.98 lagging (c) 5.41 [kW]
4-23 (a) $160.5\angle(-27.53°)$ (b) 90.49 [%]
4-25 (a) 0.9 lagging (b) 87.35 [%] (c) 41 [hp]
4-28 (a) yes (b) 5 [hp] (c) slightly less (d) ½
4-30 16.7 [%] drop
4-33 (a) 0.096 (b) 45.55 [N-m]
4-35 0.0333 [Ω]
4-37 (a) 40.033 [A], 13.52 [kW] (b) 593.5 [V] 71.75 [kW]
4-40 1.215 [Ω]
4-41 $r_1 = 0.1174$ [Ω], $r_2' = 0.13$ [Ω], $x_1 + x_2' = 0.9$ [Ω], $r_t = 136.6$ [Ω], $x_\phi = 15.7$ [Ω]
4-43 (a) 6 [A], 0.301 lag (b) 534 [W]
4-45 (a) 160 [V]
4-47 (a) 900 [rpm] (b) 945 [rpm]
4-49 (a) −0.2 (b) 1440 [rpm] (c) 60 [kW]
4-51 (a) 32 [V] (b) 6 [V] in quadrature with sE_2
4-53 (a) 10 [V] (b) 3 [kW]
4-56 1.1 [Ω]
4-57 25.87 [Ω]

Chapter 5

5-1 1.8 [pu]
5-2 17.8 [A]
5-5 (a) $340\angle 14.75°$ [V] (329 [V] (c) 233 [kW]
5-7 (a) 10.56 [A] (b) 12.68 [A]
5-9 (a) 1.58 [Ω] (b) 1.284 [Ω] (c) 33.06 [A]

5-11 11.3 [turn/pole]
5-13 36.6 [A]
5-15 (a) 31.5 [%] (b) −18.38 [%]
5-17 40.55 [%]
5-19 2 [Ω]
5-21 (a) 192.25 [V] (b) 35.9° (c) 35.9°
5-23 (a) 112.78 [V] (b) 8.74° (c) 45.64°
5-25 (a) 101 [V] (b) 3.054 [A]
5-27 275∠24.42° [V]
5-29 (a) 7500 (b) 164.9 [A] (c) 50.9°

Chapter 6

6-1 (a) 0.605 leading (b) 1000 [V/phase]
6-4 (a) 293∠9.1°
6-5 (a) 0.778 leading (b) 10000∠(−14.7°) (c) 1517.2 [kW]
6-7 (a) 2/3 [pu] (b) 2.6 [pu]
6-8 (a) motor (b) −30°
6-11 (a) 24.85 [A], 0.79 leading (b) 280.3∠(−25.03°)
6-13 627 [N-m]
6-15 (a) 2.58 [pu] (b) 0.375 [pu]
6-18 $x_d = 0.7$ [pu], $x_q = 0.4$ [pu]
6-19 1.805 [pu], 0.72 leading
6-20 (a) 72° (b) 1.926 [pu]
6-22 481
6-24 0.797 lagging

Chapter 7

7-2 (b) $3.73E_m$
7-3 (b) $3.86E_m$
7-8 (a) 366.7 [Ω] (b) 12 [V] (c) 176.5 [Ω] (d) 0.068 [A] (e) 436 [rpm]
7-9 190 [V]
7-11 (a) 0.01 [Wb] (b) 1.24 [Wb] (c) 1.16 [Wb]
7-13 (a) 366.7 [Ω] (b) 17.3 [V] (c) 1.48 [A]
7-15 (a) 258 [V] (b) 58.3 [A] (c) 1.54 [A] (d) 236 [V]
7-17 (a) 8.125 [Ω] (b) 210 [V] (c) 84.1 [%], 454 [N-m]
7-19 (a) 11.2 [Ω] (b) 552 [V]
7-21 (a) 250 [V] (b) 270 [V] (c) 8.56 [A] (d) 276 [V]
7-24 38.7 [Ω]

Chapter 8

8-1 (a) 1192.27 [rpm] (b) 6.8 [%]
8-3 998.2 [rpm]
8-5 (a) 430.6 [rpm] (b) 672.6 [N-m] (c) 40.7 [hp]
8-7 (b) $\omega = 2847/\sqrt{T}$ (c) 47.6 [rad/s] (d) 50.6 [rad/s] (e) 6.3 [%]
8-9 (a) 40.16 [A], 42.16 [A] (b) 73.2 [N-m] (c) 10.6 [hp]
8-11 (a) 1112 [rpm] (b) 93.4 [%] (c) 119.6 [%]

8-13 (a) 134 [Ω] (b) 880 [rpm]
8-15 (a) 0.009 [Wb] (b) 129 [N-m] (c) 0.58 [kW] (d) 15.35 [%]
8-17 (a) 229 [A] (b) 1413 [rpm]
8-19 (a) 260 [A] (b) 576.2 [N-m] (c) 86.76 [%]
8-21 (a) 72.92 [N-m] (b) 1342.3 [rpm] (c) 81.3 [%]
8-23 1432.4 [rpm] or 150 [rad/s]
8-25 69 [Ω]
8-27 (a) 2.045 [Ω] (b) 10.226 (c) 62.06 [%]
8-29 (a) 24.355 [rad/s] (232.57 [rpm]) (b) 80.59 [%]
8-31 67.5 [rad/s] (644.6 [rpm])
8-34 (a) 1. external armature resistance, 2. field control, 3. armature voltage control
(b) 1. 2000 [rpm], 200 [hp]; 2. 500 [rpm], 200 [hp]; 3. 2000 [rpm], 200 [hp]
8-36 880 [rpm], 77.5 [A]
8-39 80.6 [%]
8-42 (a) 24.4 [Ω] (b) 262 [V] (c) 175 [Ω]
8-45 $0.585V_p$
8-47 (a) 393 [rpm] (b) 379 [rpm] (c) 3.7 [%]
8-49 (a) 176.93 [rpm] (b) 191 [rpm], 7.9 [%] (c) 381.57 [rpm], 3.8 [%]
8-51 189.44 [Hz]

Chapter 9

9-1 Yes
9-5 CW: 671 [A-t]; CCW: 1432 [A-t]
9-7 $8\angle 90°$ [A]
9-9 (a) $95\angle 14.7°$ (b) $37\angle(-40.6°)$
9-11 $123.9\angle 20.9°$, $68.7\angle 93.19°$
9-13 (a) 7.854 [A], 0.57 lagging (b) 0.411 [hp] (c) 62.28 [%]
9-15 1224 [W], 20.34 [A]
9-17 (a) $r_2' = 3.34$ [Ω], $x_1 = x_2' = 3.211$ [Ω], $(x_\phi/2) = 49.21$ [Ω] (b) 65.28 [W] (c) 546.5 [Ω]
9-19 (a) 8 [A], 0.772 lagging (b) 1.303 [hp] (c) 71.49 [%]
9-21 (a) 49.8 [%] rated torque (b) 213 [μF] (c) 266.67 [%] rated torque

Chapter 10

10-1 (a) $25.5\angle(-13.35°)$ (b) $104.2\angle 25.06°$ (c) $9.24\angle 106.1°$ (d) $21.52\angle 119.4°$
10-5 (a) $60\angle(-210°)$ (b) $60\angle(-120°)$
10-7 (a) $18.83\angle(-143.5°)$ (b) No
10-9 (a) No (b) $75\angle 0°$ (c) $25\angle 0°$
10-11 (a) $90\angle 0°$, $60.8\angle(-99.46°)$, $70\angle(-180°)$, $60.8\angle 99.46°$ (b) $70\angle 0°$ (c) Yes (d) $10\angle 0°$
(e) $10\angle 0°$
10-13 $123.9\angle 20.9°$, $68.7\angle 93.19°$
10-15 (a) $100\angle 0°$ (b) $20\angle 0°$
10-16 3.37 [syn. W] or 0.0179 [N-m]
10-19 (a) $115.2\angle(-0.68°)$, $75.52\angle(-50.84°)$ (b) $61.314\angle(-113.62°)$ [mA]
10-21 (a) 5.23 [syn. W] (0.01386 [N-m]) (b) 2.614 [syn. W] (0.00693 [N-m]) (c) 0.000039
10-24 (a) 13.173 [syn. W] (b) 13.7 [syn. W] (c) 9.21 [syn.W]
10-25 6.964

Chapter 11

11-1 (a) $0.863T_m$ CCW (b) 18°
11-3 0, a condition of equilibrium
11-5 48 [bit/s]
11-7

Coil A-A'				Coil B-B'			
$Q1$	$Q2$	$Q3$	$Q4$	$Q1$	$Q2$	$Q3$	$Q4$
1	1	0	0	0	0	0	0
0	0	0	0	0	0	1	1
0	0	1	1	0	0	0	0
0	0	0	0	1	1	0	0

11-8 (a) 7.2° (b) 40

Chapter 12

12-3 Line-to-neutral voltage: 26, 26, −52; Line-to-line: 0, 78, −78
12-4 Line-to-neutral voltage: 26, −52, 26; Line-to-line: 78, −78, 0
12-11 0.06 [pu]
12-13 0.275 [pu]
12-14

α	0°	5°	10°	15°	20°	25°	30°
ε_h	0	0.023	0.31	0.022	0.007	−0.001	0

12-15 (a) $-0.1736E_1$ (b) $0.3472E_1$ (c) Yes

Chapter 13

13-1 (a) $T(s) = \frac{1}{\alpha}\left(\frac{1}{1+s\tau}\right)$ where $\alpha = \frac{R_1+R_2}{R_2}$, $\tau = \frac{L}{R_1+R_2}$ (b) $T(s) = \frac{1}{\alpha}\left(\frac{1+s\alpha\tau}{1+s\tau}\right)$
13-3 (a) $T(s) = \frac{1}{1+s\tau}$ where $\tau = RC$ (b) $T(s) = \frac{1+s\tau}{1+s\alpha\tau}$, $\tau = R_2C$, $\alpha = \frac{R_1+R_2}{R_2}$
(c) $T(s) = \frac{s\tau}{1+s\tau}$, $\tau = RC$ (d) $T(s) = \frac{1+s\alpha\tau}{1+s\tau}$, $\tau = \frac{R_1R_2C}{R_1+R_2}$, $\alpha = \frac{R_1+R_2}{R_2}$
13-5 (a) $T(s) = \frac{1+sR_2C}{1+s(R_1+R_2)C}$ (b) Same as Fig. 13-3
13-7 (a) $\frac{E_1}{E_2}(s) = \frac{1}{(s+1)^2}$
13-9 (a) 45.72 [rad/s] (b) 6 [s]
13-11 (b) $\frac{\omega(s)}{E_1(s)} = \frac{4.71}{1+5.37\times10^{-4}s}$ (c) $5.37\times10^{-4}\dot{\omega} + \omega = 4.71e_i$
13-13 $L_fJR\ddot{\omega} + \left(JRR_f + RFL_f + K_tK_wL_f\right)\dot{\omega} + R_f(RF + K_tK_w)\omega = K_aK_gK_tE_f$ where $R = R_m + R_g$
13-14 $\begin{bmatrix}\dot{I}_f\\ \dot{\omega}\end{bmatrix} = \begin{bmatrix}-\frac{1}{\tau_f} & 0\\ \frac{K_gK_t}{RF\tau_m} & -\frac{K_tK_w+RF}{RF\tau_m}\end{bmatrix}\begin{bmatrix}I_f\\ \omega\end{bmatrix} + \begin{bmatrix}\frac{K}{R_f\tau_f}\\ 0\end{bmatrix}E_i$ where $\tau_f = L_f/R_f$, $\tau_m = J/F$, and $R = R_m + R_g$
13-17 (a) $M(s) = \frac{K_pK_aK_m}{Js^2+(F+K_aK_mK_o)s+K_pK_aK_m}$ (b) $Js^2 + (F + K_aK_mK_o)s + K_pK_aK_m = 0$
(c) provides damping of transient terms
13-20 (a) 150 [rad/s] (b) 7.5 [s] (c) 7 [lb-ft/rad/s]
13-21 (b) 600 [rad/s] (c) 26.62 [s] (d) $\begin{bmatrix}\dot{I}_f\\ \dot{\omega}_m\end{bmatrix} = \begin{bmatrix}-2.5 & 0\\ 24/7 & -5/7\end{bmatrix}\begin{bmatrix}I_f\\ \omega_m\end{bmatrix} + \begin{bmatrix}1/20\\ 0\end{bmatrix}V_f$
13-25 (a) 300 (b) 10 (c) $v(t) = 300\left(1 - \epsilon^{-1204t}\right)u(t)$ (d) 1/1204 [s]
13-28 (a) $\omega_{oss} = \frac{K_aK_gK_t}{R_f(K_tK_w+RF)s+K_aK_gK_tK_o}E_r$

Supplement of Chapter 1

1-28 20 [mm]

1-29 (a) 56×10^{-3} [m^3]; 2×10^3 [mm^2] $\times$ 44.4 [mm] (b) 0.140 [m^3]; 5×10^3 [mm^2] $\times$ 44.4 [mm]
1-30 1.23 [T]
1-31 77 [m^3]; 2×10^3 [mm^2] $\times$ 15.9 [mm]
1-32 (b) 3.05 [mm] (c) 4×10^6 [A/Wb] (e) 2.05 [mm]
1-33 (a) 40 [A] (b) 4.2 [mJ] (c) 84 [V]
1-34 $ab = 300$ [mm^2]; $cd = 300$ [mm^2] (b) 0.288 [kg]
1-35 2429 [N]
1-36 (a) 16 [J] (b) 10.2 [N-m] (c) 1.7 [N-m]
1-37 18.4 [N-m]

Supplement of Chapter 2

2-51 (a) Not flow (b) $S_A = 6$ [kVA]; $S_B = 30$ [kVA]
2-52 (a) Increasing to 1.02 times both transformers
2-53 9110 [kVA]
2-54 95.4
2-55 (a) $P_{lA} = 499.2$ [kWh] (480 + 19.2); $P_{lB} = 345.6$ [kWh]; $P_{Dl} = 844.8$ [kWh]
(b) $P_{lA} = 384$ [kWh] (307.2 + 76.8); $P_{lB} = 384$ [kWh] (307.2 + 76.8); $P_{Dl} = 768$ [kWh]
2-56 10 [kVA]

Supplement of Chapter 3

3-19 (b) 30 [A-t/pole]
3-21 (a) $\phi = Blr(2\pi/p)$ (b) $T = p^2 \frac{\phi}{\pi} J_m \sin \Delta$ (c) T varies
3-25 $\alpha = 0°$
3-28 (a) Yes because $R_d \neq R_q$ (b) standstill (c) $T = \frac{1}{4} p \left(\frac{V}{\omega}\right)^2 \left(\frac{L_d - L_q}{L_d L_q}\right) \sin 2\Delta$
3-30 (a) 15.45 [W] (b) 3600 [rpm] (c) 45 [W]

Supplement of Chapter 4

4-65 $\cos \theta_{1m} = \frac{1}{1+2ab\times 10^{-2}}$
4-67 600 [kVA]
4-68 28.9 [A]

Supplement of Chapter 5

5-36 258 [A]; 0.55 [pu]

Supplement of Chapter 7

7-25 134 [A]
7-26 400 [A]; 600 [A]

Supplement of Chapter 8

8-52 2670 [rpm]
8-53 76 [mV/rad/s]
8-54 (a) 3.45 [mm] (b) 157 [mWb] (c) 52.6 [V] (d) 595 [W]

Supplement of Chapter 10

10-27 (a), (b), (c) 그림 A10-27 (d) $\bar{I}_a \neq 0; \bar{I}_b = \bar{I}_c = 0; \bar{I}_{a'b'} = \bar{I}_a; \bar{I}_{b'c'} = \bar{I}_{c'a'} = 0; \bar{I}_{a'} = \bar{I}_{a'b'} - \bar{I}_{c'a'} - \bar{I}_a, \bar{I}_{b'} = \bar{I}_{b'c'} - \bar{I}_{a'b'} = -\bar{I}_a, \bar{I}_{c'} = \bar{I}_{c'a'} - \bar{I}_{b'c'} = 0$

10-28 (a) $\bar{V}_{ab} = 230\angle 0°, \bar{V}_{bc} = 230\angle(-120°), \bar{V}_{ca} = 230\angle 120°$ [V]라 하면 $\bar{I}_{ab} = 100\angle(-45°), \bar{I}_{bc} = = 150\angle(-120° - 36.7°), \bar{I}_{ca} = 247\angle(120° - 60°)$; $\bar{I}_a = 290\angle(-100.5°), \bar{I}_b = 208.7\angle 176.8°, \bar{I}_c = 378\angle 46.21°$ [A] (b) $P_a = 50.6$ [kW], $P_b = 21.6$ [kW] (c), (d)는 식 (10-99)를 이용하라.

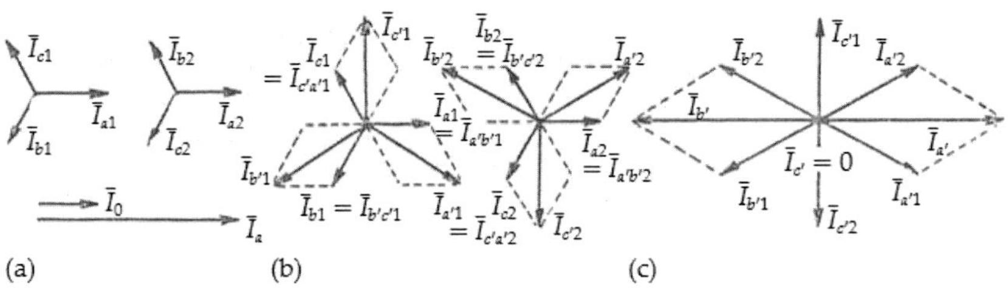

Figure A10-27.

Supplement of Chapter 11

11-10 For Fig. 11-14: 6 & 60, 8 & 45, 4 & 90; For Fig. 11-15: 2 & 90, 3 & 60, 4 & 45.

INDEX

라

마

바

사

아

우드브릿지 결선(Woodbridge's connection), 655
워드-레오나드 계통(Ward-Leonard system), 553-554
원격 위치 조정(remote positioning), 싱크로(synchro)를 사용한, 509-511
원선도(circle-diagram), 701
  정밀(exact), 710
  하이랜드의(Heyland's), 701
원통형 회전자(cylindrical rotor), 238
위상 변위(phase displacement, phase shift), 각변위를 보라
유기 전압(generated voltage), 유도 전압(induced voltage)을 보라
유도발전기(induction generator), 718
유도(용량)기(인덕터, inductor), 32
유도전동기(induction motor):
  구조 특징(construction feature), 141
  또한 단상과 3상(single- and three-phase) 유도전동기를 보라
유도 전압(induced voltage):
  교류기(ac machine), 135, 137, 149
  변압기(transformer), 58
  직류기(dc machine), 152, 320
응용(application):
  단상 전동기(single-phase motor), 448
  동기전동기(synchronous motor), 301
  싱크로(synchro), 509
  직류전동기(dc motor), 389
  3상 전동기(three-phase motor), 218

자

차